面向新工科的电工电子信息基础课程系列教材

教育部高等学校电工电子基础课程教学指导分委员会推荐教材

江苏省精品教材

电路理论基础

(第4版)

邢丽冬　潘双来　编著

清華大學出版社

北　京

内容简介

本书内容符合教育部高等学校电工电子基础课程教指委制定的“电路理论基础”“电路分析基础”课程教学基本要求，满足后续开设“信号与线性系统”“自动控制原理”等课程的电类专业的课程设置。

全书共11章，主要内容有：电路基本概念和基本定律，电阻电路等效法分析，电阻电路系统法分析，正弦交流电路相量法分析，特殊正弦交流电路稳态分析，非正弦周期交流电路的谐波法分析，二端口网络，非线性电路，动态电路过渡过程的时域分析，动态电路过渡过程的复频域分析，磁路和带铁芯线圈的交流电路。另有电路计算机辅助分析与仿真的附录，以电子版(扫描二维码)形式呈现。每章附有习题，书末有部分习题答案，以电子版(扫描二维码)形式提供。

本书适合高等学校电类专业使用，也可供工程科技人员参考。

图书在版编目(CIP)数据

电路理论基础/邢丽冬，潘双来编著. —4版. —北京：清华大学出版社，2023.2
面向新工科的电工电子信息基础课程系列教材
ISBN 978-7-302-62749-4

Ⅰ. ①电… Ⅱ. ①邢… ②潘… Ⅲ. ①电路理论－高等学校－教材 Ⅳ. ①TM13

中国国家版本馆CIP数据核字(2023)第022504号

责任编辑：文　怡
封面设计：王昭红
责任校对：申晓焕
责任印制：沈　露

出版发行：清华大学出版社
网　址：http://www.tup.com.cn，http://www.wqbook.com
地　址：北京清华大学学研大厦A座　　**邮　编**：100084
社 总 机：010-83470000　　**邮　购**：010-62786544
投稿与读者服务：010-62776969，c-service@tup.tsinghua.edu.cn
质量反馈：010-62772015，zhiliang@tup.tsinghua.edu.cn
课件下载：http://www.tup.com.cn，010-83470236
印 装 者：三河市铭诚印务有限公司
经　销：全国新华书店
开　本：185mm×260mm　**印　张**：31　**字　数**：716千字
版　次：1999年10月第1版　2023年3月第4版　**印　次**：2023年3月第1次印刷
印　数：1～1500
定　价：89.00元

产品编号：088024-01

前言

本书第 1 版于 2000 年出版，第 2 版于 2007 年出版，第 3 版于 2015 年出版，此次是第 4 版。编写本书的主要目标是适应新工科人才培养的需要，进一步加强工程实践教育。本书参照教育部高等学校电工电子基础课程教学指导分委员会制定的《"电路理论基础"课程教学基本要求》和《"电路分析基础"课程教学基本要求》，实现基础扎实、视野开阔、工程意识强、创新素质高的综合型人才的培养目标，展现"高等学校教学质量和教学改革工程"取得的成果。新版教材在保持重视电路基本概念、基本理论、基本分析方法特色的基础上，利用多媒体技术手段扩展工程实践实验的内容，加强了理论与实践的结合。为适应专业课程前移的需要，对课程体系进行了新的调整，使教材结构更顺畅更紧凑，突出"循序渐进、主线突出、脉络清晰、结构精练"的特色。补充了设计应用性的例题、习题，启发学生的创新思维；增加了电工先驱人物介绍，激励学生科学探索精神；拓展了学科前沿成果案例。更新了电路分析中的常用仿真软件，使学生更易上手，更能体会计算机技术在电路分析和设计中的应用。与本书配套的《电路学习指导与习题精解》《电路实验与实践》也做了配套修订，以方便广大学生学习和教师参考。新版教材共有 11 章，另有一个附录。内容主要分为四大部分，呈"三级跳"模式。第一部分为第 1 章电路的基本概念和基本定律，介绍电路元件及元件的电压电流关系，电路的拓扑约束关系，两类约束关系为电路分析奠定理论基础，即为"助跑"。第二部分为直流电路分析，包括第 2 章等效法分析和第 3 章系统法分析，这些分析方法掌握的好坏直接关系到正弦交流电路的分析，为"第一跳"。第三部分为正弦交流电路的分析，其中：第 4 章一般正弦交流电路分析，强调相量的概念，理解阻抗和导纳的概念后，直流电路的分析方法就可直接应用了；第 5 章特殊正弦交流电路（含互感、变压器、谐振、三相等），介绍这些电路中特有的概念，如反映阻抗、折合阻抗、串联谐振、并联谐振、相电压（流）与线电压（流）的概念；第 6 章非正弦交流电路也纳入这部分，此为"第二跳"。第二部分和第三部分可统一为电路的稳态分析，为后续模拟电子技术课程打基础。二端口网络是局部电路，其功能随激励源的性质而变，将其独成一章为第 7 章。单独设一章为第 8 章非线性电路的分析。第四部分为动态电路的分析，即电路过渡过程的分析，包括暂态和稳态，第 9 章动态电路时域分析（一阶电路的三要素法和二阶电路不同响应模式）及状态方程，第 10 章动态电路复频域分析，此为"第三跳"。考虑学生前修课程的滞后，将动态元件（电容、电感）的伏安关系调整到正弦交流电路（第 4 章）中介绍。为满足电气工程专业"电机学"课程的需求，单设磁路和带铁芯线圈交流电路一章为第 11 章。附录电路计算机辅助分析与仿真删除了专业性较强的 Saber 软件介绍（如有需要可参考第 3 版），增加了入门容易的 Multisim 软件的介

前言

绍，附录以电子版(扫描二维码)形式呈现，供需要学习软件的读者使用。

本书力求从平面转换到立体，全方位涵盖丰富的课程内容。本书适合作为高等学校电气类、自动化类和电子信息类等专业电路相关课程的教材和参考书。本书参考学时为56～80学时(不含实验)，书中加注"*"的章节内容为选学内容，可根据专业需求、学时要求和学生水平不同选择使用，个别章节如非线性电路、线性动态电路的复频域分析及磁路部分内容略去不影响授课的连续性。本书的修订在潘双来指导下，由邢丽冬主持完成，参加修订的还有方天治、谢捷如、王芸、刘剑、刘巧珏等，计算机仿真部分内容由王芸和刘剑完成，视频动画由刘巧珏完成。本书也凝聚了前辈们的智慧和心血，特别是艾燃、龚余才、周璧玉老师，在此表示深深的谢意。对本书参考的所有教材和文献的作者，对出版过程中给予帮助和支持的同志们一并表示衷心的感谢。

本书虽为修订教材，但不足和错误之处在所难免，恳请广大读者批评指正。意见请寄南京航空航天大学自动化学院(邮编210016)或发电子邮件至 tupwenyi@163.com。

编　者

于南京航空航天大学

2022年12月

目录

第 1 章　电路基本概念和基本定律 …… 1
1.1　实际电路和电路模型 …… 2
1.2　电路中的基本电气量 …… 3
1.2.1　电流、电压及其参考方向 …… 3
1.2.2　电功率和电能量 …… 5
1.3　电路中的基本元件 …… 7
1.3.1　电阻元件 …… 7
1.3.2　电压源和电流源 …… 11
1.3.3　受控源 …… 14
1.4　电路基本定律 …… 19
1.4.1　基尔霍夫电流定律 …… 19
1.4.2　基尔霍夫电压定律 …… 20
习题 …… 24
第 2 章　电阻电路等效法分析 …… 30
2.1　电路等效变换 …… 31
2.2　一端口电阻网络 …… 32
2.2.1　电阻的串联、并联和串并联 …… 32
2.2.2　电阻的 Y-△等效变换 …… 35
2.2.3　平衡电桥 …… 37
2.3　电源等效变换 …… 38
2.3.1　无伴电源等效 …… 38
2.3.2　有伴电源等效 …… 39
2.4　含受控源无源一端口网络等效 …… 41
2.5　替代定理 …… 43
2.6　戴维南定理和诺顿定理 …… 44
2.6.1　戴维南定理 …… 44
2.6.2　诺顿定理 …… 48
2.7　最大功率传输定理 …… 50
习题 …… 53

目录

第 3 章　电阻电路系统法分析 …… 60

3.1　支路电流法 …… 61

3.2　回路(网孔)电流法 …… 64

3.3　节点电压法 …… 73

3.4　含运算放大器的电阻电路 …… 79

3.4.1　运算放大器 …… 79

3.4.2　含运算放大器电路的节点法分析 …… 83

3.5　齐性定理和叠加定理 …… 85

3.5.1　齐性定理 …… 85

3.5.2　叠加定理 …… 86

3.6　系统法的一端口等效 …… 90

*3.7　对偶原理 …… 91

习题 …… 92

第 4 章　正弦交流电路相量法分析 …… 100

4.1　电容元件和电感元件 …… 101

4.1.1　电容元件 …… 101

4.1.2　电感元件 …… 103

4.2　正弦量及其相量表示 …… 106

4.2.1　正弦量的时域表示 …… 107

4.2.2　正弦量的频域(相量)表示 …… 109

4.3　相量形式的电阻、电感和电容元件伏安关系 …… 112

4.4　相量形式电路定律、欧姆定律 …… 115

4.5　正弦稳态电路分析 …… 126

4.6　正弦稳态功率 …… 130

4.7　最大功率传输 …… 135

习题 …… 138

第 5 章　特殊正弦交流电路稳态分析 …… 149

5.1　耦合电感电路的分析 …… 150

5.1.1　耦合电感元件 …… 150

5.1.2　具有耦合的两线圈串联 …… 154

5.1.3　具有耦合的两线圈并联 …… 155

5.1.4　耦合电感的三端接法 …… 157

5.1.5 具有耦合电感电路分析 …… 159
5.2 空心变压器电路 …… 162
5.3 全耦合变压器和理想变压器 …… 164
5.3.1 全耦合变压器 …… 164
5.3.2 理想变压器 …… 166
5.3.3 全耦合变压器的电路分析 …… 168
5.4 实际变压器的电路模型 …… 170
5.5 谐振电路 …… 171
5.5.1 RLC 串联谐振 …… 171
5.5.2 GCL 并联谐振 …… 177
5.6 三相电路 …… 183
5.6.1 电能配送 …… 183
5.6.2 三相电源及其联接 …… 184
5.6.3 三相负载及其联接 …… 187
5.6.4 对称三相电路的计算 …… 187
5.6.5 不对称三相电路的概念 …… 191
5.6.6 三相电路的功率 …… 194
*5.7 人体电阻电路模型及触电事故 …… 198
习题 …… 199
第 6 章 非正弦周期交流电路的谐波法分析 …… 210
6.1 非正弦周期函数的傅里叶级数展开式 …… 211
6.2 非正弦周期量的有效值和平均值及平均功率 …… 215
6.2.1 非正弦周期电流或电压的有效值和平均值 …… 215
6.2.2 非正弦周期激励电路的平均功率 …… 216
6.3 非正弦周期交流电路的稳态分析 …… 218
*6.4 对称三相电路中的高次谐波 …… 223
*6.5 谐波污染与谐波治理 …… 226
6.5.1 谐波污染及危害 …… 226
6.5.2 谐波治理 …… 227
习题 …… 227
第 7 章 二端口网络 …… 232
7.1 二端口网络概述 …… 233

目录

7.2 二端口网络的方程和参数 …… 234
7.2.1 Z 参数方程 …… 234
7.2.2 Y 参数方程 …… 236
7.2.3 T 参数方程 …… 238
7.2.4 H 参数方程 …… 239
7.2.5 二端口网络各参数之间的关系 …… 240
7.3 二端口网络的等效电路及联接 …… 242
7.3.1 T形等效电路 …… 243
7.3.2 Π形等效电路 …… 243
7.3.3 非互易网络的等效电路 …… 244
7.3.4 二端口网络的联接 …… 246
7.4 有载二端口网络 …… 249
7.5 二端口电阻网络的互易定理 …… 252
7.5.1 特勒根定理 …… 252
7.5.2 互易定理 …… 254
7.6 二端口元件 …… 257
7.6.1 回转器和负阻抗变换器 …… 258
7.6.2 RC有源滤波器 …… 262
习题 …… 266
第8章 非线性电路 …… 276
8.1 非线性元件 …… 277
8.1.1 非线性电阻元件 …… 277
8.1.2 非线性电容元件 …… 279
8.1.3 非线性电感元件 …… 280
8.1.4 开关器件 …… 280
8.2 非线性电阻的串联和并联 …… 283
8.3 非线性电阻电路的解析法和图解法 …… 285
8.3.1 解析法 …… 285
8.3.2 图解法 …… 286
8.4 分段线性化法 …… 289
8.5 小信号分析法 …… 292
*8.6 非线性电路方程的列写 …… 294

8.6.1 非线性电阻电路的节点方程 …… 294
8.6.2 非线性动态电路的状态方程 …… 295
*8.7 牛顿-拉夫逊法 …… 297
习题 …… 300
第9章 动态电路过渡过程的时域分析 …… 305
9.1 动态电路方程 …… 306
9.2 初始条件和初始状态 …… 307
9.3 一阶电路的零输入响应 …… 310
9.3.1 RC 电路的零输入响应 …… 310
9.3.2 RL 电路的零输入响应 …… 313
9.4 一阶电路的零状态响应 …… 316
9.4.1 RC 电路在直流输入时的零状态响应 …… 316
9.4.2 RL 电路在直流输入时的零状态响应 …… 318
9.4.3 RL 电路接入正弦激励的零状态响应 …… 319
9.5 一阶电路的全响应——三要素法 …… 323
*9.6 脉冲序列作用下的 RC 电路 …… 330
*9.7 直流斩波电路 …… 332
9.8 单位阶跃函数和单位冲激函数 …… 335
9.8.1 单位阶跃函数 …… 335
9.8.2 单位冲激函数 …… 337
9.8.3 单位冲激函数与单位阶跃函数之间的关系 …… 338
9.9 一阶电路的阶跃响应和冲激响应 …… 339
9.9.1 阶跃响应 …… 339
9.9.2 冲激响应 …… 341
9.10 二阶电路的零输入响应 …… 345
9.11 二阶电路的零状态响应和全响应 …… 353
9.11.1 激励为阶跃函数的零状态响应 …… 353
9.11.2 激励为冲激函数的零状态响应 …… 354
9.11.3 二阶电路的全响应 …… 356
*9.12 电容电压和电感电流的跃变 …… 358
*9.13 任意激励下的零状态响应——卷积积分 …… 361
9.13.1 卷积积分 …… 361

目录

9.13.2 卷积积分的图解 …… 364
9.14 状态方程 …… 366
9.14.1 状态和状态变量 …… 366
9.14.2 状态方程和输出方程 …… 367
9.14.3 状态方程的列写 …… 368
习题 …… 370
第10章 动态电路过渡过程的复频域分析 …… 385
10.1 拉普拉斯变换的定义 …… 386
10.2 拉普拉斯变换的基本性质 …… 388
10.2.1 线性性质 …… 388
10.2.2 时域微分 …… 388
10.2.3 时域积分 …… 390
10.2.4 时域平移(时域延时) …… 391
10.2.5 复频域平移 …… 392
10.2.6 卷积定理 …… 393
10.3 拉普拉斯反变换 …… 394
10.3.1 部分分式展开法 …… 394
10.3.2 留数法(围线积分法) …… 399
10.4 电路定律的复频域形式 …… 400
10.4.1 电路的 s 域模型 …… 400
10.4.2 复频域阻抗与复频域导纳 …… 404
10.5 应用拉普拉斯变换分析线性动态电路 …… 405
10.6 网络函数 …… 411
10.6.1 网络函数的定义与分类 …… 411
10.6.2 网络函数的物理意义与求法 …… 412
10.7 网络函数的应用 …… 413
10.7.1 $H(s)$的零点和极点 …… 413
10.7.2 $H(s)$的极点、零点与冲激响应 …… 416
10.7.3 $H(s)$与频率特性 …… 418
10.7.4 复频域二端口网络 …… 422
10.7.5 对给定激励 $f(t)$ 求系统的零状态响应 $y_f(t)$ …… 424
10.7.6 根据 $H(s)$ 写出微分方程 …… 425

目录

*10.8 用拉普拉斯变换解微积分方程 …… 426
习题 …… 430
第11章 磁路和带铁芯线圈的交流电路 …… 440
11.1 磁路的概念和铁磁材料的磁特性 …… 441
11.1.1 磁路概念 …… 441
11.1.2 铁磁材料的主要特性及磁滞回线 …… 442
11.2 磁路基本定律 …… 444
11.2.1 磁路欧姆定律 …… 445
11.2.2 基尔霍夫磁通定律 …… 446
11.2.3 基尔霍夫磁位差(磁压)定律 …… 446
11.3 恒定磁通磁路计算 …… 447
11.3.1 无分支磁路计算 …… 447
11.3.2 分支磁路计算 …… 452
11.4 磁饱和与磁滞对电压、电流及磁通波形的影响 …… 452
11.4.1 磁饱和对电压电流及磁通波形的影响 …… 452
11.4.2 磁滞对电压电流及磁通波形的影响 …… 454
11.5 铁芯中的功率损耗 …… 455
11.5.1 涡流和涡流损耗 …… 455
11.5.2 磁滞损耗 …… 456
11.5.3 磁损耗(铁损) …… 458
11.6 带铁芯线圈的交流电路 …… 458
11.7 铁芯变压器 …… 462
*11.8 小功率变压器的设计 …… 465
11.8.1 铁芯尺寸的计算和铁芯的选用 …… 465
11.8.2 初、次级各绕组匝数的计算 …… 466
11.8.3 初、次级绕组线径的计算和选用 …… 467
11.8.4 绕组层数和绝缘层厚度的计算 …… 467
11.8.5 漆包尺寸的计算和校核 …… 469
习题 …… 471
附录 电路计算机辅助分析与仿真 …… 477
附录A PSpice软件 …… 478
A.1 OrCAD/PSpice简介 …… 478

目录

A.2 OrCAD/PSpice 功能 …… 478

A.3 OrCAD/PSpice 运用 …… 478

附录 B MATLAB 软件 …… 478

B.1 MATLAB 简介 …… 478

B.2 Simulink 运用 …… 478

附录 C Multisim 软件 …… 478

C.1 Multisim 简介 …… 478

C.2 Multisim 应用实例 …… 478

部分习题答案 …… 480

参考文献 …… 481

第1章 电路基本概念和基本定律

本书讨论的是由实际电路抽象而成的理想化的电路模型,以及与之相关的电路理论基础,包括电路的基本概念、基本定理、定律、基本分析方法和基本应用。

本章首先介绍实际电路和电路模型的概念,在此基础上介绍电路分析中的基本电气量,构成电路的基本元件,元件自身的伏安关系,元件与元件之间的电压、电流的约束关系,这两类关系是电路分析的基本理论依据。

视频 1-1
学科前沿

1.1 实际电路和电路模型

实际电路是由若干**电气器件或设备**(electric devices)按照一定的方式相互连接而构成的总体,根据其功能,常常也称为某某系统。

实际电路的种类很多,其主要功能:一是实现电能的转换传输和分配,如电力系统,其由分布在各地的各类发电厂、升压或降压变电所、输电线路及电力用户组成,完成电能的生产、电压变换、电能的输配及使用,其涉及的电气设备有发电机、变压器、输电线等。二是实现电信号的传输、处理和再现,如通信系统,其由信号源、发送设备、信道、接收端组成,在整个通信系统中涉及的调制器、解调器等也都是电子设备。这些系统,按其功能不同还可细分为各个模块:控制电路、测试电路、电气照明电路等。

不论哪种电路,其内在本质的规律是一致的,涉及的电气器件的电磁性能可以在一定工作条件下用数学模型来描述。因此,为了便于分析、设计电路,在电路理论中,将实际电路中的各个器件或其部件的主要物理特征抽象出来,建立相应的物理模型,称为**理想电路元件**(ideal electric element),简称元件,由电路元件构成的**电路**(electric circuit),即实际电路的**电路模型**(circuit model),它是在一定精确度范围内对实际电路的一种近似。可见"实际电路"和"电路"在概念上是有差异的,不可混为一谈。

因为电路模型是由理想电路元件相互连接而构成的,所以对实际电路的抽象实质上是不考虑内部物理过程的一些理想电路元件的组合。例如实际电阻器通有电流时,主要表现为电能的损耗(转变为热能),因而可将它理想化为反映电能损耗的电路元件——电阻元件;实际电感线圈在电路中主要表现为磁场能量的储存,因而可理想化为储存磁场能量的电路元件——电感元件;若线圈的能量损耗不可忽略,则可将它抽象为电感元件和电阻元件的串联组合;电路器件的电场储能性质可用电容元件加以抽象。

应当指出,用理想元件的组合来模拟实际电路,只能在一定条件下近似地反映实际器件中所发生的物理过程。根据工作条件及要求精确度的不同,同一器件可能用不同的电路元件组合来予以模拟。如一个电感线圈用于高频,线圈匝间的电容效应不能忽略时,表征此线圈的较精确的模型除了前述电感元件及电阻元件外,还应包含电容元件。本课程的任务不是研究如何建立实际器件的理想化模型问题,而是根据已有的电路模型来探讨其基本定律、定理及分析方法。

上述电路中某一物理现象被认为是集中在一个元件中发生的,即这些元件不可再分。例如电能损耗、磁场储能和电场储能是分别集中在电阻元件、电感元件和电容元件中进行的。于是在任何时刻从具有两个端子(钮)的集总元件的一个端子(钮)流入的电流，将恒等于从另一端子（钮）流出的电流，且该元件的端电压是单值的。满足上述条件的元件称为集总参数元件，由其构成的电路称为**集总参数电路**（circuit with lumped parameters）。然而在实际电路中，能量损耗和电磁场都是连续分布在器件内部及电路中的。若电路工作频率较低，确切地说，当实际电路的各向尺寸较之电路工作时电磁波的波长可以忽略不计时，从电磁波传输的观点看，可将该电路视为集中在空间的一个点，这样的实际电路可抽象为一个集总参数电路，或者说该电路满足集总化的条件。若电路的工作频率为 f，电磁波的传播速度为 v，则电磁波的波长 $\lambda=v/f$，电路集总化的条件就是：电路的各向尺寸 $d\ll\lambda$。一个实际电路的工作频率越高，电磁波波长越短，符合集总化条件的电路尺寸就越小。反之，若电路尺寸越大，则符合集总化条件的工作频率就越低。例如，2 m 长的一段馈线，在工频 50 Hz 时，如馈线周围介质是空气，电磁波的速度（光速）为 3×10^8 m/s，电磁波波长 $\lambda=v/f=6\times10^6$ m，可视为集总参数元件；若将此馈线作为电视机天线的引线，电视信号频率一般在 50 MHz 以上，若以 $f=50$ MHz 计算，波长 $\lambda=6$ m，显然不能满足集总化条件。本书研究集总参数电路，所指电路没有特殊说明一律为集总参数电路模型。

1.2 电路中的基本电气量

电磁学中的物理量较多，而电路分析中所有元件被认为是集总参数元件，其内部的物理特征及物理存在，如外形尺寸、材料、构造等均不做考虑，只考虑元件对外显示的物理特性，即与电能量有关的物理量，这些物理量有电流、电压、功率和能量，这些量为电路中的基本电气量。

1.2.1 电流、电压及其参考方向

物理上把单位时间内通过导体任一横截面的电荷量，即电荷对时间的变化率称为电流强度，简称**电流**（current）。

视频 1-2 电工先驱——安培

在数学上，电流 i、电荷 q 和时间 t 之间的关系为

$$i=\frac{\mathrm{d}q}{\mathrm{d}t} \tag{1-1}$$

i 和 q 都是时间的函数。若电流不随时间变化，则称为**直流电流**（direct current，DC），用大写字母 I 表示；若电流随时间变化，则称为**交流电流**（alternating current，AC），最常见的为正弦交流。在电路分析中，不仅要求出电流的大小，而且还要确定它们的方向。

电流在导体或一个电路元件中流动的实际方向是指正电荷定向移动的方向。在电路分析中，如果电路结构复杂，或电源大小、方向随时间变化，如正弦交流，往往对某一段电路中电流的实际方向无法预先判断，有时电流的实际方向还在不断地改变，因此很难在电路中标明电流的实际方向。为此，引入了“参考方向”的概念。**参考方向**（reference direction）是分析电路前任意选定的，因而所选的参考方向并不一定是电流的实际方向。

有了参考方向还必须借助电流的代数值才能说明电流的实际方向。这里的代数值,是根据所假定的参考方向和电路的各种约束关系求解出来的,求解出来之前用变量表示。

例如在图1-1中,用实线箭头标出了元件A与元件B中的电流参考方向。若解出的电流为 $i_1=3\ \text{A}$,$i_2=-4\ \text{A}$。式中的数值表示电流的大小分别为3 A和4 A,而数值的正负 $i_1>0$ 表示参考方向与实际方向(图中用虚线箭头表示)一致;$i_2<0$,则表示参考方向与实际方向相反。所以参考方向也称为参考正方向或假定的正方向。

图1-1 电流参考方向与它的实际方向之间的关系

可见,只有参考方向而无代数表达式就不能确定实际方向;反之,没有参考方向,表达式(包括列写的方程式)就没有意义,同样也不能知道实际方向。电流的参考方向在电路中一般用画在元件旁或元件引线上的箭头表示。也可用双下标表示,如 i_{AB},其参考方向是由A指向B。

视频1-3 电工先驱——伏特

物理上把单位正电荷受电场力作用从A点移动到B点所做的功,称为这两点之间的电势差或电位差,简称**电压**(voltage)。A点称为高电位端或正极性端,用"+"表示;B点称为低电位端或负极性端,用"−"表示。为了与其量纲"V"区分,这里用 u_{AB} 表示,在数学上可表达为

$$u_{AB}=\frac{\mathrm{d}w}{\mathrm{d}q} \tag{1-2}$$

为分析方便,与电流一样,可选定一个方向作为电压的参考方向,当其代数值为正值($u>0$)时,表示电压的实际方向与其参考方向一致;反之,当代数值为负值($u<0$)时,则表示实际方向与参考方向相反。电压的参考方向也是任意指定的。

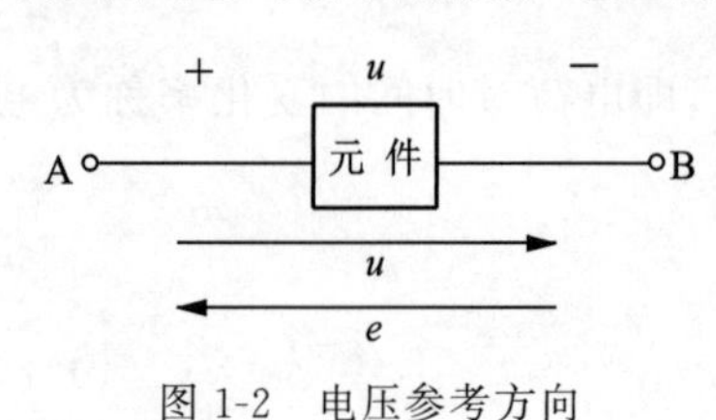

图1-2 电压参考方向

如图1-2所示电路中,正极指向负极的方向就是电压的参考方向。有时为了方便起见,也可用一个箭头来表示电压的参考方向,也可用双下标表示,如 u_{AB}。从"+"到"−"常称为**电压降**(voltage drop),而"−"到"+"也常称为**电压升**(voltage rise)。在电路分析中不太常用**电动势**(electromotive force,EMF)的概念,电动势是对电源而言的,它是指非电场力将单位正电荷从负极经电源内部移动到正极时所做的功。因此,电动势参考方向的定义与电压的定义只是方向不同。图1-2所示电动势用 e_{AB} 表示,则有 $u_{AB}=-e_{AB}=e_{BA}$。而**电位**或**电势**(potential)的概念则常用到,一般地,将电路中某个节点设为零电位,其他节点与此节点间的电压则称为这些节点的电位。与电流一样,将恒定的电压称为直流电压,用大写字母 U 表示,随时间交替变化的电压称为交流电压,用小写"u"来表示常用的正弦交流电压。

对于电流或电压的实际方向不断改变的情况,有了参考方向就可得到很好的说明。

设某元件中的电流参考方向如图 1-3(a)所示，其表达式为 $i(t)=I_{\mathrm{m}}\sin\omega t$，式中 $\omega=\dfrac{2\pi}{T}$，波形如图 1-3(b)所示。当 $0<t<\dfrac{T}{2}$时，$i(t)>0$，表示这段时间内电流的实际方向与参考方向一致。当$\dfrac{T}{2}<t<T$ 时，$i(t)<0$，则表示这段时间内电流的实际方向与参考方向相反。因此用一个参考方向并借助表达式即可说明任意瞬间的实际方向，这对分析电路无疑是很方便的。

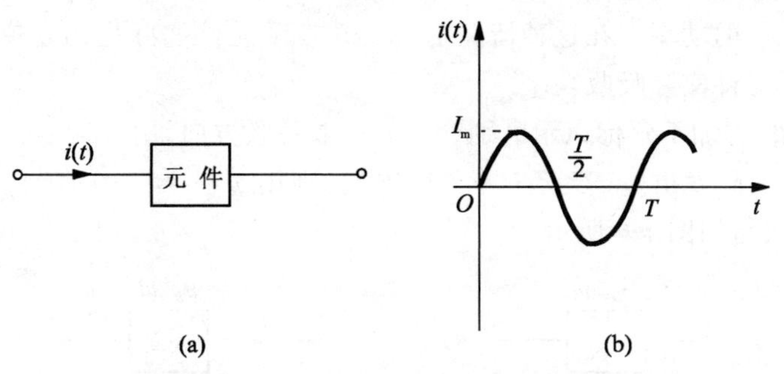

图 1-3　正弦电流参考方向和波形

参考方向在电路分析中起着十分重要的作用，没有参考方向，复杂电路的分析很难进行。

电流和电压是电路分析中最基本的两个电气量，也是最重要的两个电气量。对一个元件或一段电路的端电压和其间电流的参考方向，可以独立地任意指定。如果指定电流从标以电压"+"极性的一端流入，从标以"−"极性的一端流出，即电流的参考方向与电压的参考方向一致，这种参考方向称为**关联参考方向**(associated reference direction)，简称关联方向，如图 1-4 所示。若默认某个元件或某段电路的电压电流的参考方向为关联参考方向，则只需标出一个参考方向，或者电压方向，或者电流方向。

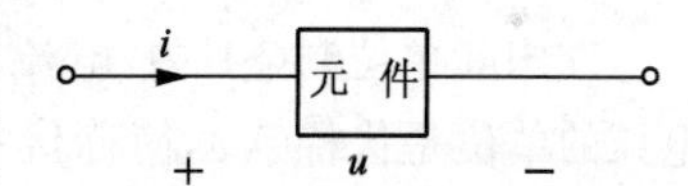

图 1-4　电压和电流的关联参考方向

今后，在任何瞬间 t 的电流和电压将用 $i(t)$和 $u(t)$表示，且往往简写为 i 和 u。

1.2.2　电功率和电能量

正电荷从电路元件的电压"+"极经元件移到电压的"−"极，是电场力对电荷做功的结果，这时元件吸收电能量，即将电能转换成其他形式的能量。相反地，正电荷从电路元件的电压"−"极经元件移到电压"+"极是非电场力对电荷做功的结果，此时元件将其他形式的能量转换为**电能**(electric energy)，即元件向电路提供能量。

根据电压的定义，A、B 两点间的电压等于电场力将单位正电荷由 A 点移动到 B 点时所做的功。可知 dt 时间内将电荷 dq 由 A 点移动到 B 点电场力所做的功为

$$\mathrm{d}w=u\,\mathrm{d}q$$

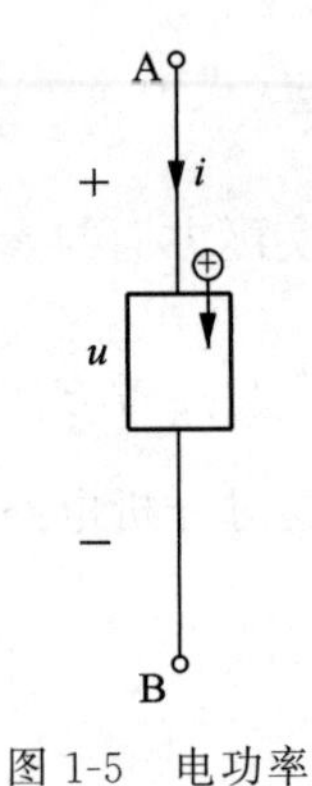

图 1-5 电功率

该瞬间电场力做功的速率称为**瞬时功率**(instantaneous power),用 p 表示。若 u、i 为关联方向,如图 1-5 所示,则

$$p(t)=\frac{\mathrm{d}w}{\mathrm{d}t}=u\frac{\mathrm{d}q}{\mathrm{d}t}=u(t)i(t)$$

根据定义,式中 p 是元件吸收的功率。但 u、i 的值可能为"+",也可能为"−",因此 p 的值也有"+"或"−"之可能。若 p 为"+"(即 $p>0$),表示元件实际吸收功率,若 p 为"−"($p<0$),表示元件实际是发出功率。

若电压参考方向与电流参考方向非关联,则 $p=ui$ 表示元件发出的功率。在这种情况下,$p>0$ 表示元件实际发出功率;$p<0$ 表示元件实际吸收功率。

为不致混淆,可加下角标以示区别。若 u、i 取关联方向,用 $p_{吸}=ui$ 表示($p_{吸}>0$ 实际吸收,$p_{吸}<0$ 实际发出)。若 u、i 非关联方向,则用 $p_{发}=ui$ 表示($p_{发}>0$ 实际发出,$p_{发}<0$ 实际吸收),如图 1-6 所示。

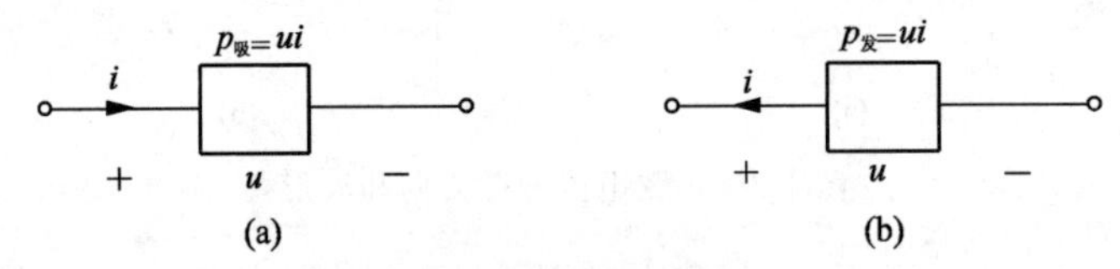

图 1-6 吸收功率和发出功率

视频 1-4 电工先驱——焦耳

电功率的积分就是电能量,在关联参考方向下,电路元件在 $t_0 \sim t$ 的时间内吸收的电能量为

$$w(t_0,t)=\int_{t_0}^{t}p(\xi)\mathrm{d}(\xi)=\int_{t_0}^{t}u(\xi)i(\xi)\mathrm{d}(\xi)$$

在国际单位制(SI)中,电流单位是安培(A),简称安;电荷的单位是库仑(C),简称库;电压的单位是伏特(V),简称伏;能量的单位是焦耳(J),简称焦;功率的单位是瓦特(W),简称瓦。这些单位在实际应用中有时嫌小,如计量大容量电机的功率和高压设备的电压;有时又嫌太大,如计量电子电路中的电压和电流。所以常常在这些单位前加词头,形成辅助单位,如

$$2\ \mathrm{kV}(千伏)=2\times10^{3}\ \mathrm{V}(伏)$$
$$8\ \mu\mathrm{A}(微安)=8\times10^{-6}\ \mathrm{A}(安)$$

常用国际制单位词头如表 1-1 所示。在日常用电及工程上,还常用千瓦小时(kW·h)作电能量的单位,生活中称 1 千瓦小时为"1 度电"。

表 1-1 常用单位词头

因　数	10^9	10^6	10^3	10^{-3}	10^{-6}	10^{-9}	10^{-12}
符　号	G	M	k	m	μ	n	p
中文名称	吉	兆	千	毫	微	纳	皮

例 1-1 图 1-7 中,各元件 u、i 的参考方向及其代数值均已给出,试求各元件的功率。

解 图 1-7(a)中电压、电流为关联方向,所以

$$p_{1吸}=u_1 i_1=5\times 2=10\ \mathrm{W} \quad (实际吸收)$$

图 1-7(b)中电压、电流为非关联方向,所以

$$p_{2发}=u_2 i_2=25\times 30\times 10^{-3}$$
$$=0.75\ \mathrm{W}=750\ \mathrm{mW} \quad (实际发出)$$

图 1-7(c)中电压、电流为关联方向,所以

$$p_{3吸}=u_3 i_3=4.5\times(-1.5)=-6.75\ \mathrm{W} \quad (实际发出)$$

图 1-7(d)中电压、电流为非关联方向,所以

$$p_{4发}=u_4 i_4=(-75)\times 50\times 10^{-6}$$
$$=-3.75\times 10^{-3}\ \mathrm{W}=-3.75\ \mathrm{mW} \quad (实际吸收)$$

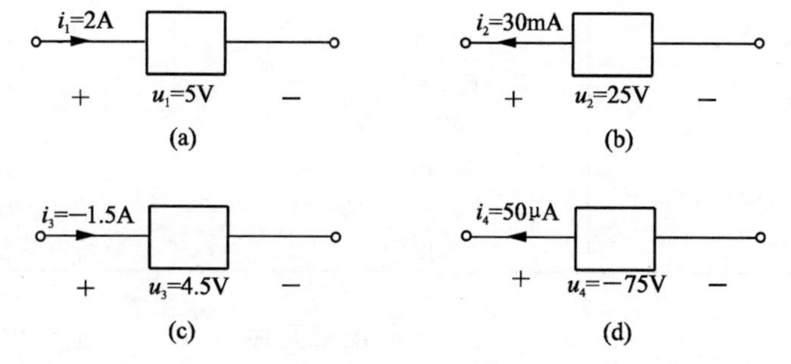

图 1-7 例 1-1 图

1.3 电路中的基本元件

电路元件是构成电路的基本理想元件,它是从实际电路中抽象模拟出的。电路元件自身的电压、电流关系,简称伏安关系(VAR),是电路分析中的第一类约束关系。根据其自身是否有能量产生,分为**有源元件**(active element)和**无源元件**(passive element),有源元件如电压源、电流源;无源元件如电阻元件、电感元件和电容元件,本节仅介绍电阻元件;电感元件和电容元件留待第 4 章正弦交流电路中介绍。根据其与外电路连接端钮的多少,可分为二端子元件和多端子元件。若表征元件特性的代数关系是一个线性关系,则该元件称为线性元件;若表征元件特性的代数关系是一个非线性关系,则该元件称为非线性元件。

1.3.1 电阻元件

通常导电的材料都有阻止电荷流动的特性。这种物理性质,即阻止电流通过的能力称为**电阻**(resistance)。用符号 R 表示,任何均匀截面材料的电阻取决于截面积 S 及其长度 l,如图 1-8(a)所示,其数学式为

$$R = \rho \frac{l}{S}$$

式中,ρ 称为材料的电阻率,单位是 Ω·m(欧姆·米),良导体如铜、铝等,其电阻率小;而绝缘体,如云母、玻璃等,其电阻率很高。表 1-2 所示为某些常用材料的电阻率,并标明了哪些材料是导体、绝缘体或半导体。

表 1-2 常用材料的电阻率

材料名称	电阻率/(Ω·m)	用处
银	1.64×10^{-8}	导体
铜	1.72×10^{-8}	导体
铅	2.8×10^{-8}	导体
金	2.45×10^{-8}	导体
炭	4×10^{-5}	半导体
锗	47×10^{-2}	半导体
硅	6.4×10^{2}	半导体
纸张	10^{10}	绝缘体
云母	5×10^{11}	绝缘体
玻璃	10^{12}	绝缘体
聚四氟乙烯	3×10^{12}	绝缘体

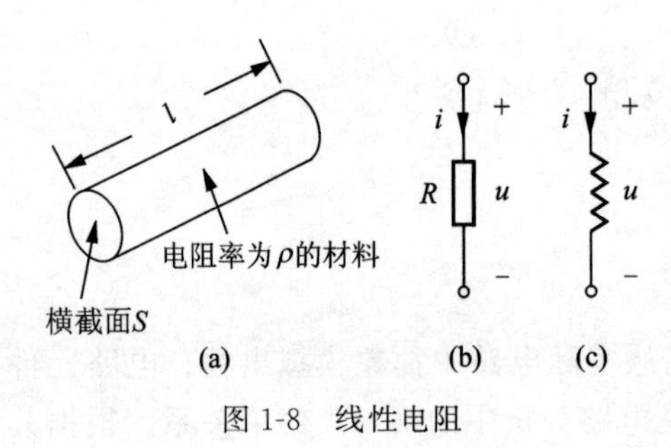

图 1-8 线性电阻

电阻元件(resistor)通常由合金和碳化合物制成,电阻元件在电路中的符号如图 1-8(b)所示,图中 R 即表示图中元件为电阻元件,也表示该电阻元件的电阻值,电阻元件一般都简称为电阻 R。图中电阻两侧的小圆圈是元件与外电路连接端,称为**端子**(**钮**)(terminal),两个端子引出可形成电能传输的一个出口,称为**端口**(port),由此称电阻元件是二端元件或单端口元件。电阻是电路中最简单的无源元件。图 1-8(c)为一些仿真软件中的电阻符号。

视频 1-5
电工先驱——欧姆

欧姆(Georg Simon Ohm,1787—1854),德国物理学家,发现了电阻、电压和电流之间的关系,称为**欧姆定律**(Ohm's law),若电阻元件的电压和电流为关联参考方向时,其欧姆定律的数学式可表示为

$$\left.\begin{aligned} u &= Ri \\ i &= u/R \\ R &= u/i \end{aligned}\right\} \tag{1-3}$$

式中,R 是一个实常数,即线性电阻。电压 u 的单位为伏特(V),电流 i 的单位为安培(A),电阻 R 的单位为欧姆(Ω),简称欧。

令 $G=\dfrac{1}{R}$,则式(1-3)变为

$$\left.\begin{aligned} u &= i/G \\ i &= Gu \\ G &= i/u \end{aligned}\right\} \tag{1-4}$$

式中，G 称为电阻元件的**电导**(conductance)。电导的单位为西门子(S)，简称西。

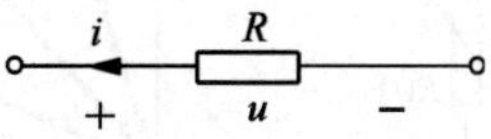

若电阻元件的电压和电流为非关联方向(见图 1-9)，则欧姆定律应写为

图 1-9　u、i 为非关联方向

$$\left.\begin{aligned} u &= -Ri \\ i &= -Gu \end{aligned}\right\} \tag{1-5}$$

所以伏安关系(VAR)表达式必须与参考方向联合使用。

视频 1-6 电工先驱——西门子

如果把电阻元件的电压取为横坐标(或纵坐标)，电流取为纵坐标(或横坐标)，画出电压和电流的关系曲线，这条曲线称为该元件的伏安特性曲线。伏安特性是 u-i(或 i-u)平面上通过坐标原点的直线的电阻称为线性电阻(linear resistance)，该直线不随时间变化，则称为**线性时不变电阻**(linear time invariant resistance)。电压和电流在关联参考方向下，若此直线处在平面 1、3 象限上，则为线性正电阻；若处在 2、4 象限上，则称为线性负电阻。

若已知某线性电阻元件在关联参考方向下的伏安特性如图 1-10 所示，则其电阻值可由式(1-6)确定：

$$R = \frac{u}{i}\bigg|_{\text{特性曲线上某点p}} = \frac{U_{\mathrm{p}}}{I_{\mathrm{p}}} \tag{1-6}$$

若两个电阻元件的伏安特性画在同一平面上，电阻大者其伏安特性与电流轴之间的夹角也大。电阻值为此夹角的正切值，即伏安特性的斜率。如图 1-11 所示的两条伏安特性对应电阻 $R_2 > R_1$。

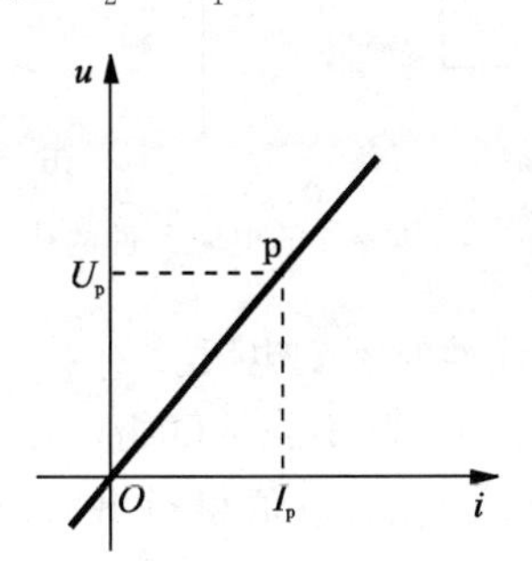

图 1-10　线性电阻元件的伏安特性

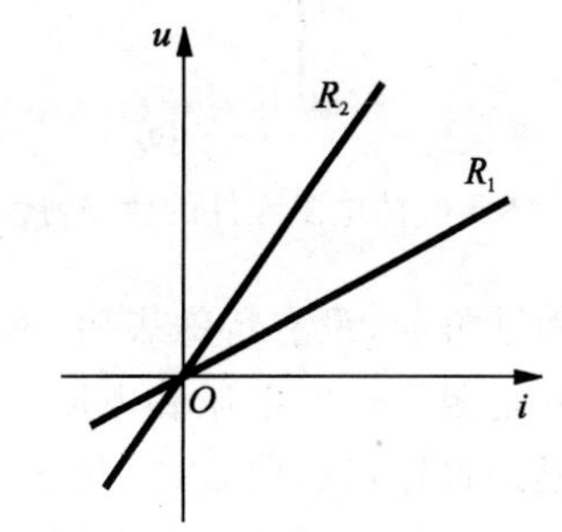

图 1-11　两个线性电阻元件的伏安特性

在电压和电流为关联参考方向时，任一时刻电阻元件吸收的电功率为

$$p_{吸} = ui = Ri^2 = \frac{u^2}{R} = Gu^2 = \frac{i^2}{G} \tag{1-7}$$

电阻 R、电导 G 是正实常数，所以 $p_{吸} \geqslant 0$，说明任何时刻电阻元件绝不可能发出电能。它吸收(消耗)的电能全部转变成热能或其他能量。所以线性电阻元件($R>0$)是无源元件。

从 t_0 到 t 时间内，电阻元件吸收的电能为

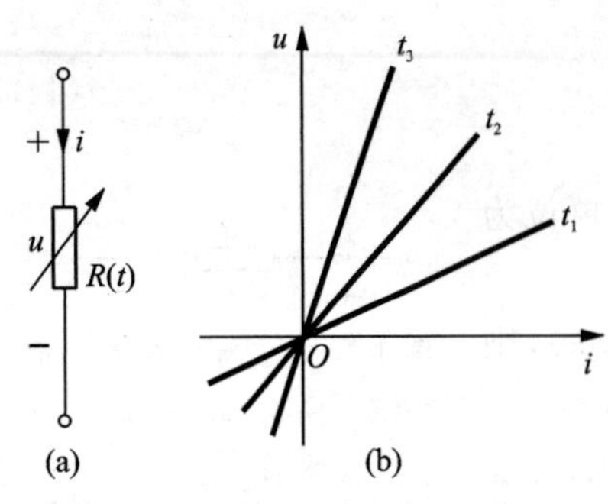

图 1-12　线性时变电阻及其伏安特性

$$w=\int_{t_0}^{t}Ri^2(\xi)\mathrm{d}\xi$$

电阻参数随时间变化的电阻元件称为线性时变电阻元件,其电路符号及伏安特性如图 1-12(a)、(b)所示,表达式为

$$u=R(t)i$$

由上式可知,时变电阻元件的伏安特性是随时间改变的。

"开路"(open circuit)与**"短路"**(short circuit)可看作两个特殊的线性电阻元件($R=\infty,R=0$),"开路"也称为"断路",如图 1-13(a)所示,其伏安特性与 u 轴重合,如图 1-13(b)所示,不论 u 为何值 i 总为零,其表达式为

$$f(u,i)=i=0,\qquad \text{对任意 } u \tag{1-8}$$

此时,电压 u 不可再用式(1-3)的伏安关系求解,而是将其转移到外电路计算。"短路"如图 1-14(a)所示,其伏安特性与 i 轴重合,如图 1-14(b)所示,不论 i 为何值,u 总为零。其表达式为

$$f(u,i)=u=0,\qquad \text{对任意 } i \tag{1-9}$$

此时,电流 i 不可再用式(1-3)的伏安关系求解,而是将其转移到外电路计算。

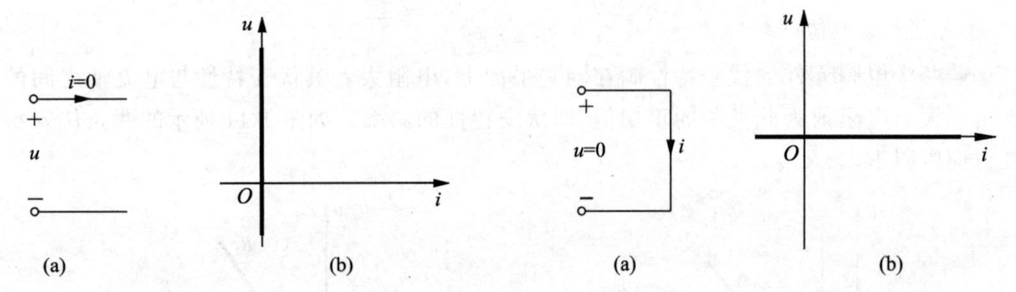

图 1-13　$R=\infty$的电阻元件的伏安特性　　图 1-14　$R=0$ 的电阻元件的伏安特性

为了叙述方便,没有特殊表明,本书所提电阻均为线性时不变电阻。

非线性电阻元件的电压和电流之间的关系不是线性函数(不服从欧姆定律),它的伏安特性或是通过原点的曲线,或是不通过原点的曲线(或直线)。值得指出的是,有些非线性电阻元件的伏安特性还与电压或电流的方向有关。也就是说,当元件两端的电压方向不同时,流过它的电流不同,即 u-i 平面上的伏安特性第一象限内的曲线与第三象限内的曲线不是对称于原点的,称为非双向性元件。而线性电阻元件的伏安特性则与电压或电流的方向无关,因此线性电阻元件是双向性元件。

实际电阻器件如电阻器、电炉、电烙铁等,它们的伏安特性曲线或多或少都是非线性的。但在一定条件下这些器件(特别是金属膜电阻器、线绕电阻器等)的伏安特性近似为一条过原点的直线,用线性电阻元件作为它们的电路模型进行电路分析可以得出令人满意的结果。

电阻器根据其结构和材料可分为线绕电阻器、薄膜电阻器、实心电阻等，据其敏感的物理量不同分为压敏电阻器、热敏电阻器、光敏电阻器、力敏电阻器、气敏电阻器、湿敏电阻器等。实际电阻器件除了标注电阻值外，还标注额定功率。使用电阻器件时，电阻器件吸收的功率应小于其额定功率。

1.3.2 电压源和电流源

实际电路中提供电能量或电信号的器件，统称为电源。

本节介绍的电压源和电流源是独立电压源与独立电流源的简称。加“独立”二字是为了与以后介绍的非独立电源相区别。

电压源(voltage source)和**电流源**(current source)是有源元件。

电压源是一种理想的有源二端元件，元件的电压保持为某给定的时间函数，而与通过它的电流无关。也就是说，它有如下两个特点：

(1) 元件的电压不会因为它所联接的外电路不同而改变；

(2) 元件中的电流与它联接的外电路有关。

电压源在电路中的图形符号如图 1-15(a)所示，其中 u_S 为电压源的电压，而“+”“−”号则是其参考极性。如果电压源的电压 u_S 为常数，即 $u_S=U_S$ 为常数，这种电压源称为直流电压源，也称稳压源。直流电压源还可以用图 1-15(b)的符号来表示，长线段表示电压源的高电位端，短线段表示低电位端。图 1-15(b)也是表示电池的图形符号。

图 1-16 所示为直流电压源在整个时间范围内的波形。

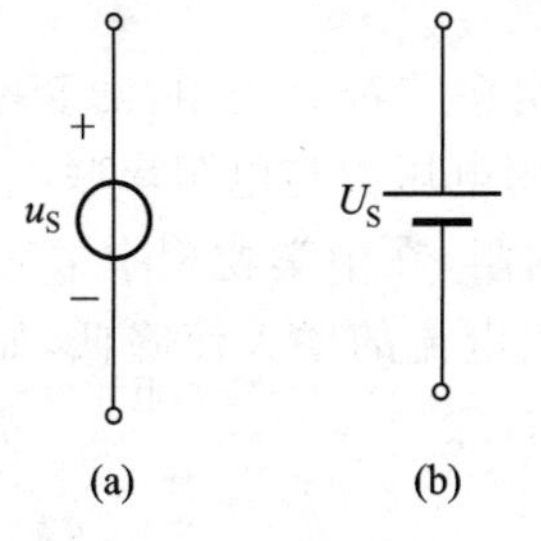

图 1-15　电压源

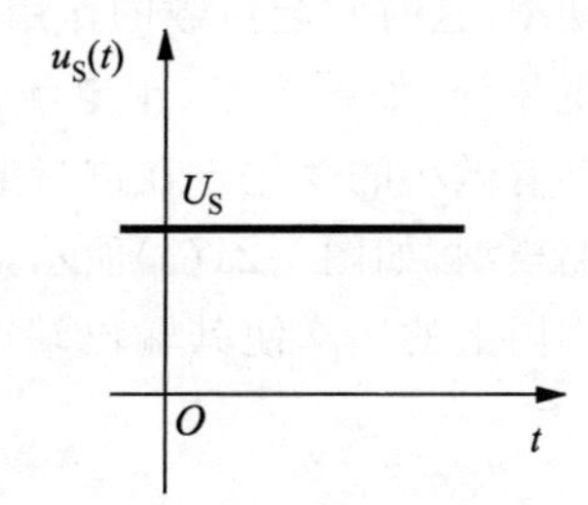

图 1-16　直流电压源波形曲线

图 1-17 所示为常见的典型电压源的电压波形。图(a)为正弦电压，图(b)为方波电压。

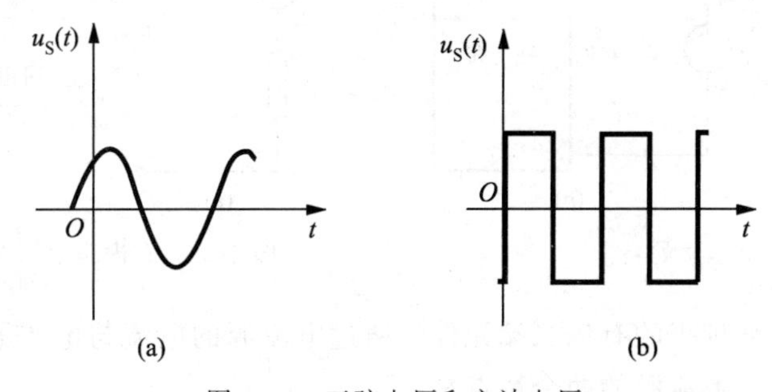

图 1-17　正弦电压和方波电压

图 1-18 所示为直流电压源在 i-u 平面上的伏安特性，它是一条与电流轴平行的直线。对于一般电压源，其伏安特性如图 1-19 所示，图中 $u_S(t_1)$，$u_S(t_2)$，$u_S(t_3)$，…为 u_S 在 t_1，t_2，t_3，…瞬间的值。

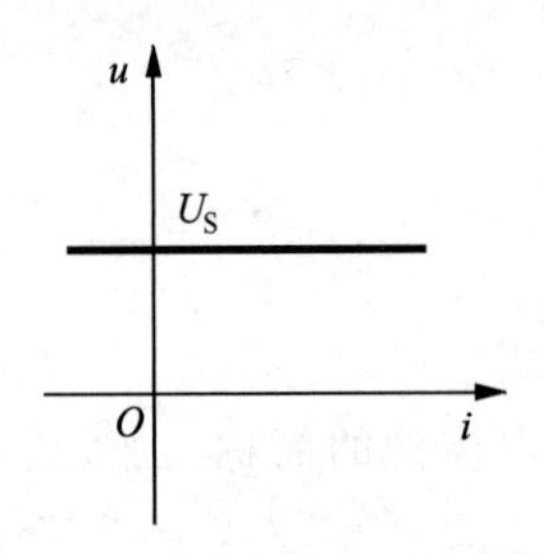

图 1-18　直流电压源的伏安特性

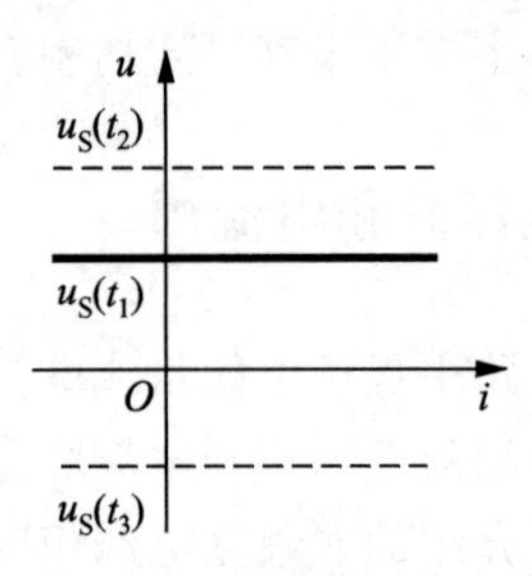

图 1-19　一般电压源的伏安特性

若令一个电压源的电压 $u_S=0$，它相当于短路，此电压源的伏安特性与 i-u 平面上的电流轴重合。

图 1-20 示出电压源的两个特点。图 1-20(a)表示电压源没有接外电路（电压源处于开路），此时 $i=0$，电压源两端的电压为 u_S。图 1-20(b)表示电压源接有外电路，电流 i 的大小及实际方向将随外电路的不同而不同，但端电压 u 始终为 u_S 而不受外电路的影响。

当电压源开路时，$i=0$，这时电压源既不发出功率也不吸收功率。当电压源接有外电路时，由于电压源的电压是给定的，但电流的大小及实际方向则与外电路有关。如果电压源的电压 u 及其电流 i 取非关联参考方向，如图 1-20(b)，其功率为 $p_{发}=ui$。在这种情况下，若 $p_{发}>0$ 表示电压源发出功率，其实际作用就是电源；反之，$p_{发}<0$，则表示电压源吸收功率，这时它起负载的作用。

实际的电压源，如蓄电池、干电池、发电机、开关电源等都有内阻，随着电流的变化，其输出电压会有微小的变化。在进行电路分析时，采用电压源与电阻串联组合作为实际电压源的电路模型，如图 1-21(a)所示，R_S 称为电源内阻，在中学物理中常表示为 r。正是由于电源内阻上的压降使其输出端电压会随着输出电流的增大而降低，如图 1-21(b)所示。

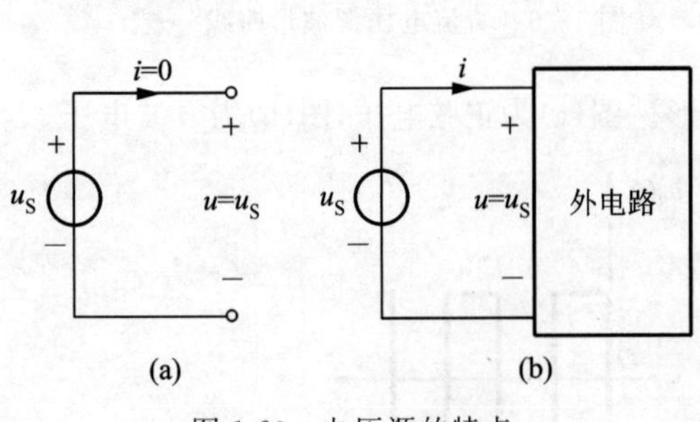

图 1-20　电压源的特点

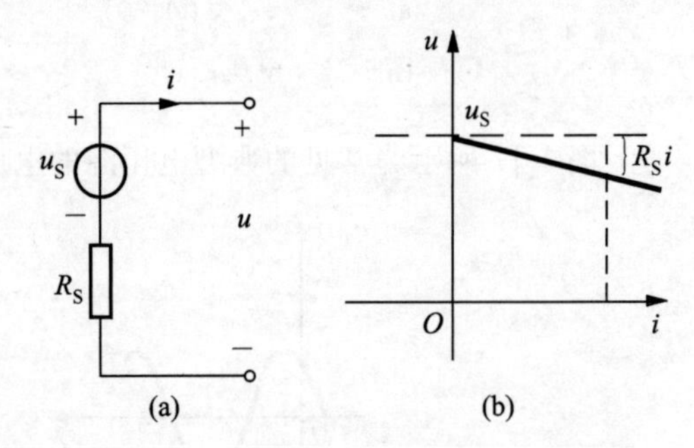

图 1-21　有内阻电压源及其伏安特性

电流源也是一种理想的有源二端元件。通过电流源的电流与电压无关，而总是保持为给定的时间函数。电流源的两个特点是：

(1) 元件中的电流不会因为它所联接的外电路不同而改变;

(2) 元件的电压与它所联接的外电路有关。

电流源在电路中的图形符号如图 1-22 所示,i_S 表示电流源的电流,箭头所指的方向为 i_S 的参考方向。

若电流源的电流 $i_S=I_S$ 为常数,则称为直流电流源,也称为恒流源。它的伏安特性在 i-u 平面上是一条与电压轴平行的直线,如图 1-23 所示。对于一般电流源,其伏安特性如图 1-24 所示。

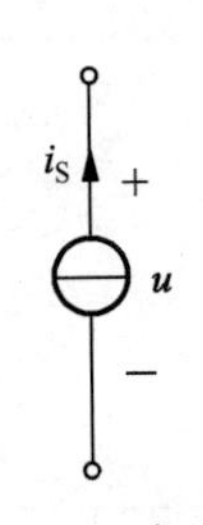

图 1-22 电流源

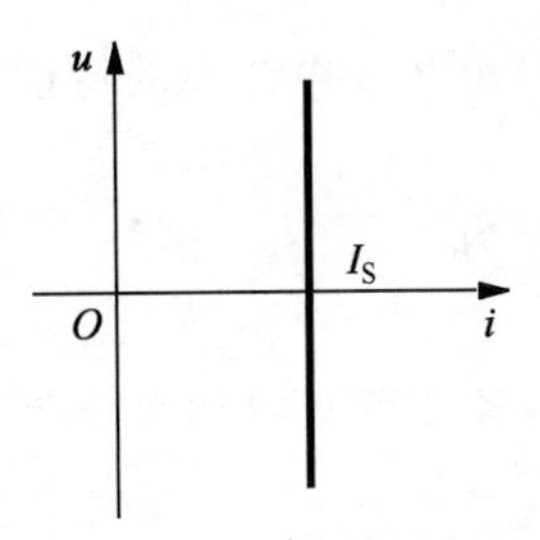

图 1-23 直流电流源的伏安特性

若一个电流源的电流 $i_S=0$,则此电流源的伏安特性与 i-u 平面上的电压轴重合,它相当于开路。这一概念在以后的电路分析中是很有用的。

图 1-25 示出电流源的两个特点。图 1-25(a)表示电流源处于短路,此时电流源的端电压 $u=0$,而 $i=i_S$,短路电流即为电流源的电流;图 1-25(b)表示电流源接有外电路,电压 u 的大小及实际极性将随外电路不同而不同,但电流始终为 i_S 而不受外电路的影响。

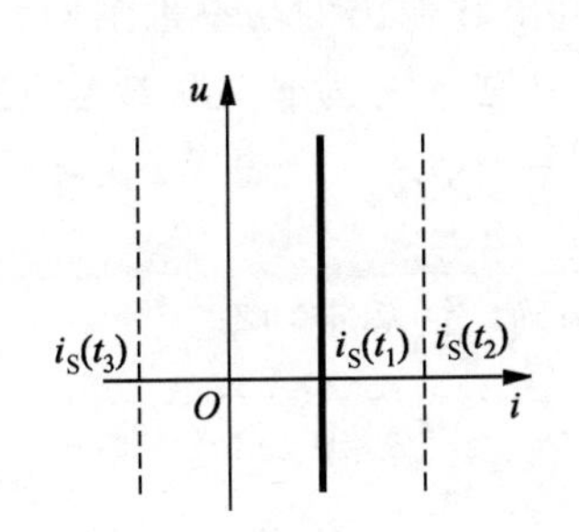

图 1-24 一般电流源的伏安特性

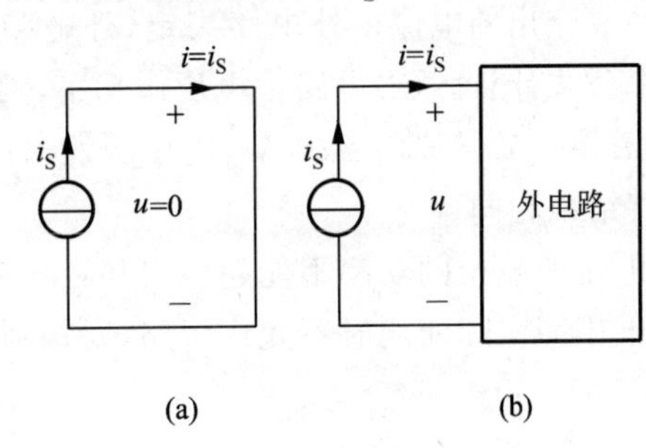

图 1-25 电流源的特点

当电流源短路时,$u=0$,这时电流源既不发出功率,也不吸收功率。当电流源接有外电路时,由于电流源的电流是给定的,但电压的大小及实际极性与外电路有关。若电流源的电流和电压取非关联参考方向,如图 1-25(b)所示,其功率为 $p_{发}=ui$。若 $p_{发}>0$,则表示电流源发出功率;若 $p_{发}<0$,则表示电流源吸收功率。

光电管、光电池等器件的工作特性比较接近电流源。目前已有产生恒定电流的电子产品——稳流源,它的特性很接近电流源,LED 供电专用电源为电流源。

例 1-2 图 1-26 所示电路,计算电压源发出的功率和流过的电流 i。

解 图 1-26(a)电路中,5 Ω 电阻电压、电流为关联参考方向,由欧姆定律得

$$i=\frac{u}{R}=\frac{5}{5}=1\ \text{A}$$

对电压源而言为非关联参考方向,所以电压源发出的功率为

$$p_{发}=ui=5\times1=5\ \text{W}$$

图1-26(b)电路中,同理得

$$i=\frac{u}{R}=\frac{5}{1}=5\ \text{A}$$

$$p_{发}=ui=5\times5=25\ \text{W}$$

图1-26(c)电路中,由2 A电流源的特性知

$$i=-2\ \text{A}$$

电压源发出的功率为

$$p_{发}=ui=5\times(-2)=-10\ \text{W}$$

式中负号说明电压源实际吸收功率。

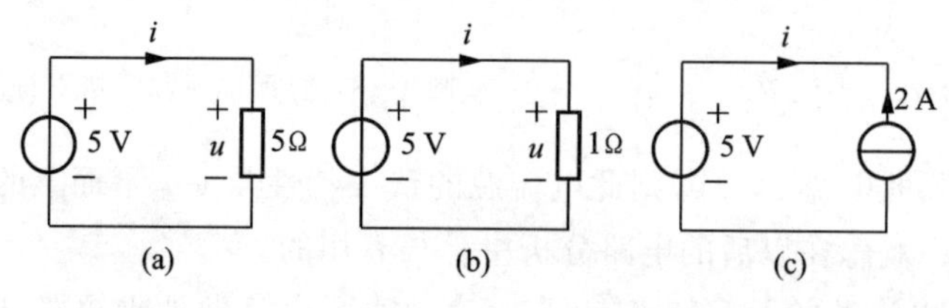

图1-26 例1-2图

评注 ① 图1-26中同一个电压源发出的功率或流出的电流 i 不同说明:电压源发出的功率或流出的电流由外电路决定,外电路不同,则流出和输出的功率也不同。若用吸收功率公式计算图(c)电路中电压源功率,因对电压源来说,u、i 为非关联参考方向,则 $p_{吸}=-ui=-5\times(-2)=10\ \text{W}$,电压源发出的功率 $p_{发}=-p_{吸}=-10\ \text{W}$(实际吸收功率),计算结果相同。

② 电压源发出的功率不能超过由其自身材料和结构确定的额定功率。

③ 电压源实际使用时不允许短路,要特别注意。

1.3.3 受控源

在电路理论中,除了独立电源外,还有一种**非独立电源**(dependent source),即所谓的**受控源**(controlled source)。受控电压源的电压和受控电流源的电流并不是给定的时间函数,而是受电路中其他支路的电流或电压控制的。因此受控源又称为非独立电源,受控源为多端元件。受控源和其他电路元件一起用来模拟晶体管、场效应管等多端器件。

根据控制量是电压还是电流,受控的是电压源还是电流源,受控源可分为四种。

(1) 电压控制型电压源(VCVS),简称压控电压源,如图1-27(a)所示,从2-2′两端看进去是一个电压源,其电压受1-1′两端的电压控制,呈开口状态,压控电压源的特性为

$$\begin{cases} i_1 = 0 \\ u_2 = \mu u_1 \end{cases} \tag{1-10}$$

（2）电压控制型电流源(VCCS)，简称压控电流源，如图 1-27(b)所示。从 2-2′两端看进去是一个电流源，其电流受 1-1′两端的电压控制，呈开路状态，压控电流源的特性为

$$\begin{cases} i_1 = 0 \\ i_2 = g u_1 \end{cases} \tag{1-11}$$

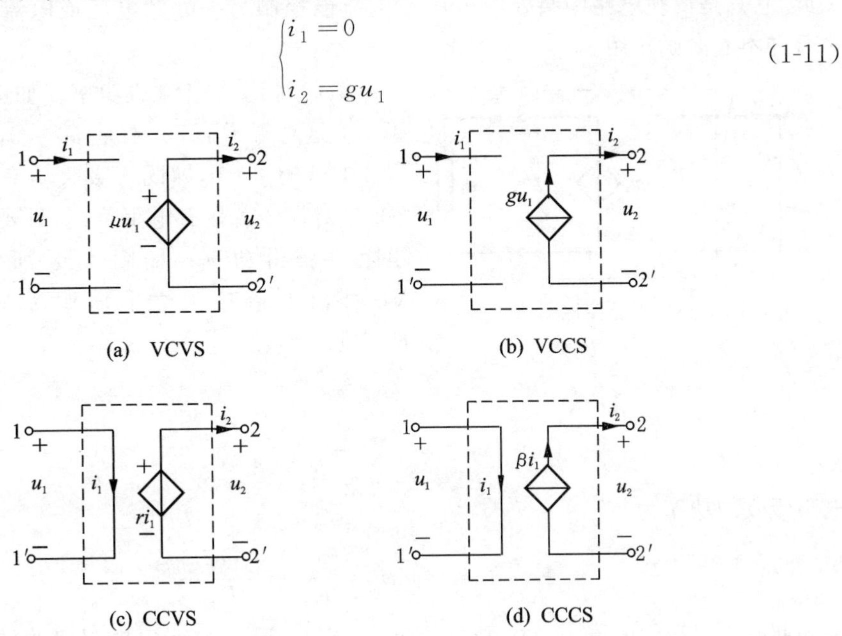

(c) CCVS

(d) CCCS

图 1-27　受控源

（3）电流控制型电压源(CCVS)，简称流控电压源，如图 1-27(c)所示，从 2-2′两端看进去是一个电压源，其电压受 1-1′端的电流控制，呈短路状态，流控电压源的特性为

$$\begin{cases} u_1 = 0 \\ u_2 = r i_1 \end{cases} \tag{1-12}$$

（4）电流控制型电流源(CCCS)，简称流控电流源，如图 1-27(d)所示，从 2-2′端看进去是一个电流源，其电流受 1-1′端的电流控制，呈短路状态，流控电流源的特性为

$$\begin{cases} u_1 = 0 \\ i_2 = \beta i_1 \end{cases} \tag{1 13}$$

图 1-27 中采用菱形符号表示受控电压源或受控电流源以便与独立源相区别，参考方向的表示方法与独立源相同。μ、g、r、β 是控制系数，其中 μ 和 β 无量纲，g 和 r 分别具有电导和电阻的量纲。当这些控制系数为常数时，被控制量与控制量成正比，这种受控源为线性受控源。本书只考虑线性受控源，常将“线性”二字略去。

图 1-27 中所示的四种受控源，控制量及受控源两对端子画在一起，标注得比较清楚。但在很多场合下，输入端不一定是开路或短路，控制量和受控量两者可能相距较远，而且不一定标出控制量所在的端子，如控制电压为某元件的电压时，1-1′端子就不另外标出，

这就要根据受控源旁标注的控制量在电路中确定。

必须指出,受控源与独立源不同。独立源在电路中起着激励的作用,因为有了它才能在电路中产生电流和电压(响应);而受控源则不同,它的电压或电流是受电路中其他电压或电流所控制的,当这些控制电压或电流为零时,受控源的电压或电流也就为零。因此,它只是反映电路中某处的电压或电流能控制另一处的电压或电流这一现象而已,本身并不起激励作用。

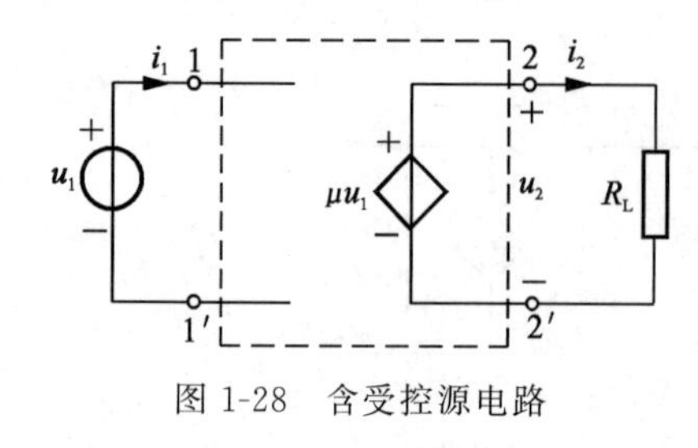

图 1-28　含受控源电路

最后讨论受控源的功率。如图 1-27 所示,对于 1-1′这对端子而言,不是 $u_1=0$,就是 $i_1=0$,所以 1-1′端的 $p=0$,即既不吸收功率也不发出功率。2-2′这对端子若接有电阻负载,只要受控源不为零,电阻将获得功率。如图 1-28 所示虚线框内为 VCVS,1-1′端接独立电压源 u_1,2-2′端接电阻 R_L,则

$$u_2=\mu u_1$$

$$i_2=\frac{u_2}{R_L}$$

电阻吸收的功率为

$$p_{2吸}=u_2 i_2=\frac{u_2^2}{R_L}=\frac{(\mu u_1)^2}{R_L}$$

因为此时 1-1′端的电流 $i_1=0$,独立源 u_1 没有功率输出,所以电阻吸收的功率是由受控电压源 μu_1 提供的。对其他几种受控源也可做类似的分析。可见受控源是一种有源元件。受控电源向电路提供的能量不像独立源来自本身,而是来自于使该受控源正常工作的外加独立电源。在电路分析中,受控源不能作为激励单独使用。

在电子电路中,广泛使用各种晶体管、场效应管、运算放大器等多端器件。这些器件的某些端钮的电压或电流受另一些端钮电压或电流的控制,此种情况下可用受控源模拟多端器件电压、电流的这种控制关系。

1. 晶体管

晶体管(transistor)是一种半导体器件,**双极型晶体管**(bipolar junction transistor, BJT)是一种常用的晶体三极管,由它构成的单元电路具有检波、整流、放大、开关、稳压等多种功能。

晶体三极管按结构可分为 NPN 型和 PNP 型,其电路符号如图 1-29 所示,它们都有三个电极:发射极 e、基极 b 和集电极 c。图 1-29 中的箭头表示电流实际方向,NPN 型管的电流从集电极 c 和基极 b 流入,从发射极 e 流出,发射极箭头指向外;PNP 型管的电流方向从发射极 e 流入,集电极 c 和基极 b 流出,发射极箭头指向内。

晶体管是一种非线性器件,但在一定条件下(合适的静态工作点,输入信号幅度小,或输入信号变化量很小),可以用线性受控源等效替代(等效概念将在第 2 章中介绍)。

以 NPN 型管为例，共发射极连接时，如图 1-30(a)所示，其等效电路如图 1-30(b)所示，输入端等效为一个电阻 r_{be}，输出端等效为受基极电流 i_b 控制的受控电流源 βi_b，r_{be} 的值一般为几百欧姆到几千欧姆，可据发射极静态电流值算出。由图 1-30(b)可得出

$$i_c = \beta i_b$$

$$i_e = i_b + i_c = (1+\beta) i_b$$

由图 1-30(b)等效电路可分析含晶体管电路。

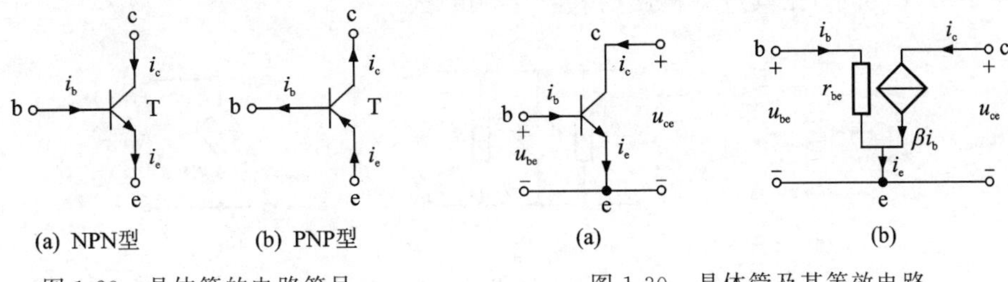

图 1-29　晶体管的电路符号　　图 1-30　晶体管及其等效电路

2. 场效应管

视频 1-7
场效应管

场效应管(Field Effect Transistor，FET)是利用电场效应控制电流的半导体器件。场效应管按结构可分**结型场效应管**(Junction Field Effect Transistor，JFET)和**绝缘型场效应管**(Insulated Gate Field Effect Transistor，IGFET)，IGFET 也称为**金属-氧化物-半导体三极管**(Metal-Oxide-Semiconductor Field-Effect Transistor，MOSFET)，简称 MOS 管。由于 MOS 管性能优越，因此发展迅速，应用广泛。

MOS 管有 N 沟道和 P 沟道两类，而每一类又分增强型和耗尽型，图 1-31 所示为场效应管电路符号，它为四端元件，其中三个引出电极为：栅极(g)、漏极(d)、源极(s)，b 为基极。图 1-31(a)、(b)为**增强型**(enhancement)绝缘栅型场效应管，简称 EMOS，EMOS 在电压 $u_{gs}=0$ 时没有导电沟道，用竖直虚线表示漏源间没有原始导电沟道。图 1-31(a)为 N 沟道 MOS 管，简称 NMOS，符号中箭头方向表示 P(衬底)指向 N(沟道)。图 1-31(b)为 P 沟道 MOS 管，简称 PMOS，符号中箭头方向为 N(沟道)指向 P(衬底)。图 1-31(c)、(d)为**耗尽型**(depletion)绝缘栅型场效应管，其在电压 $u_{gs}=0$ 时具有原始导电沟道，符号中 d 与 s 之间用实线连接表示，图 1-31(c)、(d)中箭头方向意义同图 1-31(a)、(b)。

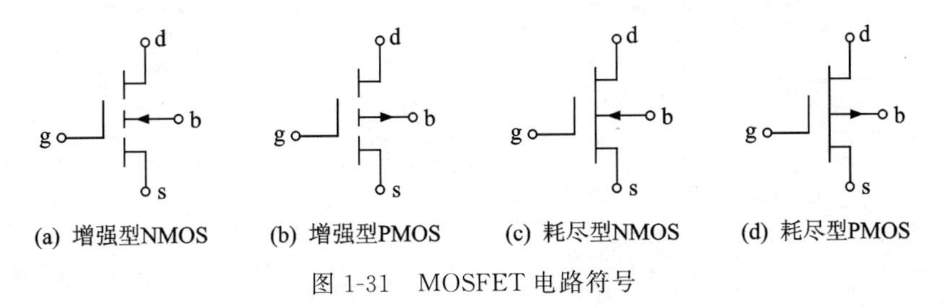

图 1-31　MOSFET 电路符号

类似晶体管小信号等效电路，场效应管在合适的静态工作点下，其小信号模型也近似为线性受控源，所不同的是场效应管是个电压控制器件，需要有合适的栅源电压 u_{gs}，场效应管工作在线性放大区，其漏极输出可等效为受控于输入电压 u_{gs} 的恒流源 $g_m u_{gs}$。

图 1-32(a)为场效应管共源接法，在一般分立元件 MOSFET 中，通常将基极 b 与源极 s 接在一起构成三端元件。对于低频小信号场效应管，其微变等效电路如图 1-32(b)所示，由于低频段输入电阻 R_{gs} 和漏极电阻 R_{ds} 为高电阻，可看作开路，故其简化等效电路如图 1-32(c)所示，据其可分析含场效应管的电路。

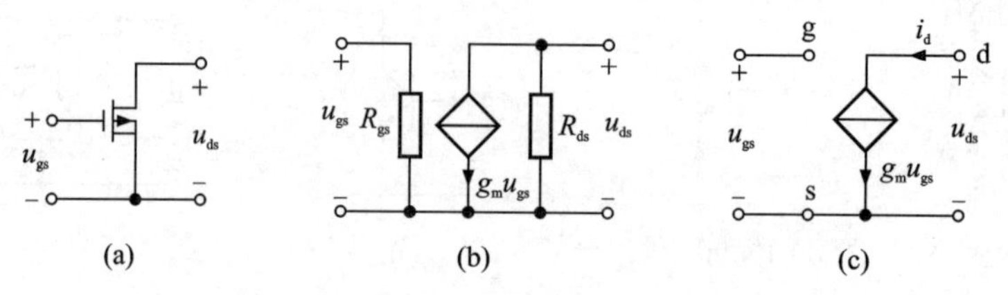

图 1-32　场效应管及其微变等效电路

3. 绝缘栅双极晶体管

绝缘栅双极晶体管(Insulated-Gate Bipolar Transistor，IGBT)结合了 MOSFET 和 BJT 特性，既具有 BJT 的输出导通特性，又像 MOSFET 那样是电压控制型器件，在高电压和大电流的应用上，大量地取代了 MOSFET 与 BJT。

图 1-33(a)所示为 N 沟道的 IGBT 的电路符号，图 1-33(b)为其简化等效电路。IGBT 有三个极：栅极 g、集电极 c、发射极 e。

例 1-3　图 1-34 表示一个晶体管放大器的简单电路模型。设晶体管的输入电阻 $r_{be}=1\ \text{k}\Omega$，电流放大系数 $\beta=50$，试求输出电压与输入电压的比值(称为电压增益)$\dfrac{u_o}{u_i}$。

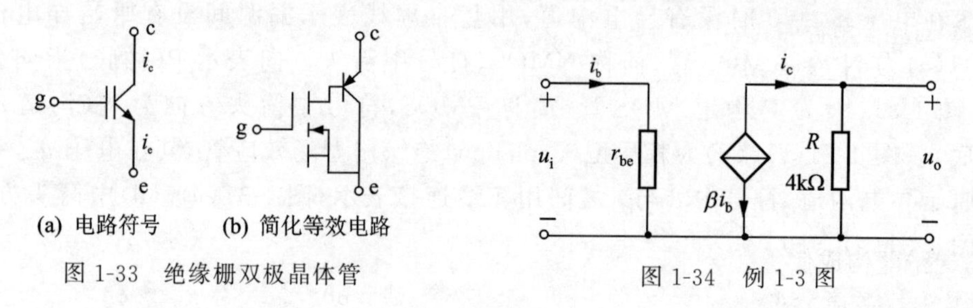

图 1-33　绝缘栅双极晶体管

图 1-34　例 1-3 图

解　根据欧姆定律有

$$u_o = Ri_c = R(-\beta i_b)$$

$$u_i = r_{be} i_b$$

故电压增益为

$$\frac{u_o}{u_i} = \frac{-R\beta}{r_{be}} = \frac{-4\times 10^3 \times 50}{10^3} = -200$$

1.4 电路基本定律

前面介绍了一些构成电路的基本元件，其他更多的元件将在课程进程中逐步介绍。元件的电压-电流关系（VCR）也称为伏安关系（VAR），是元件的自身约束，电路分析中称为第一类约束。本节介绍第二类约束，即元件相互联接形成元件与元件之间的电压、电流之间的约束，也称为**拓扑约束**（topological constraint），表示这类约束关系的是**基尔霍夫定律**（Kirchhoff's laws）。

在介绍基尔霍夫定律之前，先介绍电路分析中常用的术语。

（1）电路图：用电路元件符号表示电路连接关系的图，称为电路图。图1-35为电阻和电压源组成的电路图。

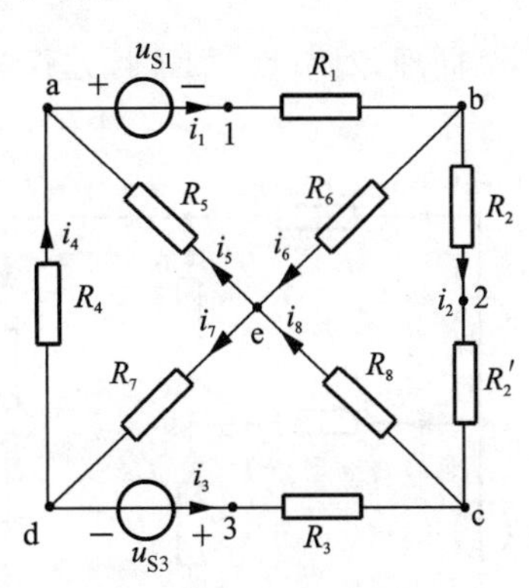

图1-35 支路、节点、回路

（2）支路：通常将电路中通过同一个电流的每个分支称为**支路**（branch），如图1-35所示的电路中，a1b、b2c、c3d、ad、ae、……都是支路。a1b、c3d支路中含有电源，称为含源支路；其他支路中没有电源，称为无源支路。支路中至少有一个元件存在。

（3）节点：三条或三条以上支路的联接点称为**节点**（node）。在图1-35的电路中，共有五个节点，即a、b、c、d、e。

以上关于支路、节点的定义只是一种约定，当然可以有其他的约定。例如可将每一个二端元件规定为一条支路；将两条或两条以上支路的联接点规定为一个节点。对于同一电路，采用这样的规定，得出的支路数、节点数一般都比按前述规定得出的要多，电路分析时会列较多的方程，因此图中点1、点2和点3一般不作为节点分析。

（4）回路：电路中由支路构成的闭合路径称为**回路**（loop）。循回路绕行一周，回路中的节点只经过一次。如图1-35所示电路中，a1bea、a1b2cea、aeda等都是回路。而a1ea、b2eb不构成实际回路，称为**广义回路**（generalized loop），或称假想回路。**平面电路**（planar circuit）中，回路内部不含有支路的回路称为**网孔**（mesh）。

（5）端口（port）：电路中任意两个端子引出形成一个口，称为端口。端口与任意一条或多条支路即构成假想回路。如图1-35所示电路中，ab、ac、bd等都可视为端口；ab端口与a1b支路形成一个假想回路，它与adcb等支路构成另一个假想回路。

基尔霍夫定律是集总电路的基本定律。它包括电流定律和电压定律。

1.4.1 基尔霍夫电流定律

基尔霍夫电流定律（Kirchhoff's Current Law，KCL）：在集总电路中，任何时刻对任一节点，联接于该节点的所有支路电流的代数和恒等于零，即

$$\Sigma i = 0 \tag{1-14}$$

例如，对图 1-35 所示的电路，首先确定各支路电流的参考方向，并规定流出节点的电流为正，对节点 a 应用 KCL 有

$$i_1 - i_4 - i_5 = 0 \tag{1-15}$$

亦可规定流入节点的电流为正。这里所讲的流出或流入节点都是对电流的参考方向而言的。式(1-15)可改写为

$$i_4 + i_5 = i_1$$

此式表明：任何时刻流入任一节点的支路电流必等于流出该节点的支路电流，即

$$\sum i_{入} = \sum i_{出}$$

同理，对节点 e，KCL 方程为

$$i_5 - i_6 + i_7 - i_8 = 0 \tag{1-16}$$

KCL 给支路电流加上了线性约束。例如方程(1-15)和方程(1-16)为支路电流 $i_1, i_2, \cdots, i_8$ 的常系数(系数为 1、0 或 −1)线性齐次代数方程。

KCL 也可用于包围几个节点的闭合面(即所谓广义节点)。如图 1-36 所示的电路，闭合面 S 内有 2 个节点 b、c。各支路参考方向已设定，应用 KCL 有

节点 b　　$-i_2 - i_4 + i_5 = 0$

节点 c　　$i_3 - i_5 - i_6 = 0$

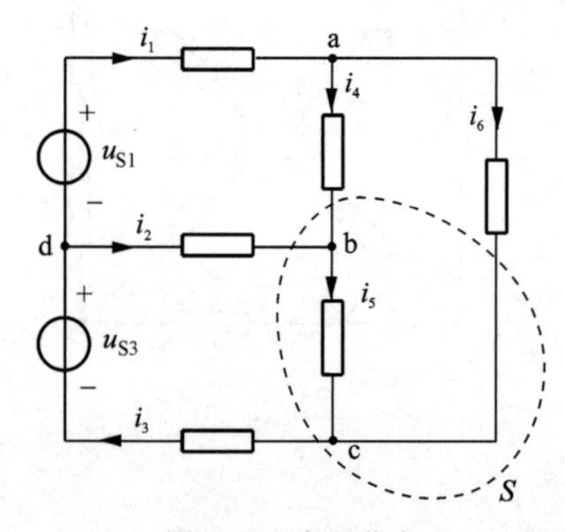

图 1-36　广义节点

将以上两式相加，得

$$-i_2 + i_3 - i_4 - i_6 = 0$$

可见，通过一个闭合面的电流代数和也总是等于零，即流出闭合面的电流等于流入该闭合面的电流，据此可直接写出广义节点的 KCL 方程。

对于具有 n 个节点的电路，可列写出$(n-1)$个独立的 KCL 方程。

基尔霍夫电流定律(KCL)是电流连续性或电荷守恒的体现。

1.4.2 基尔霍夫电压定律

基尔霍夫电压定律(Kirchhoff's Voltage Law，KVL)：在集总电路中，任何时刻沿任一回路，构成该回路的所有支路电压的代数和恒等于零，即沿任一回路有

$$\Sigma u = 0 \tag{1-17}$$

在写式(1-17)时，首先需要指定一个绕行回路的方向，若规定电压的参考方向与回路绕行方向一致者为正，反之则为负。

图 1-37 所示为某电路中的一个回路，绕行方向如图所示，若按图中所标明的电压参考方向"+"指向"−"与绕行方向一致，则 KVL 方程为

$$u_1 + u_2 + u_3 + u_6 - u_5 - u_4 = 0 \tag{1-18}$$

KVL 不仅适用于上述回路，对广义回路也适用。如图 1-38 中的广义回路 ADEFA 及

ABCDA,可认为 AD 之间有一条虚设的支路,其电压为 u_{AD},于是

$$u_{AD}+u_6-u_5-u_4=0 \tag{1-19}$$

$$u_1+u_2+u_3-u_{AD}=0 \tag{1-20}$$

由式(1-19)
$$u_{AD}=u_4+u_5-u_6 \tag{1-21}$$

由式(1-20)
$$u_{AD}=u_1+u_2+u_3 \tag{1-22}$$

而由式(1-21) 和式(1-22) 得
$$u_1+u_2+u_3=u_4+u_5-u_6$$

说明由式(1-21)及式(1-22)计算出的 u_{AD} 相等,即电路中两节点间的电压是单值的,不论沿哪条路径两节点间的电压值是相同的。基尔霍夫电压定律实质上是电压与路径无关这一性质的反映。

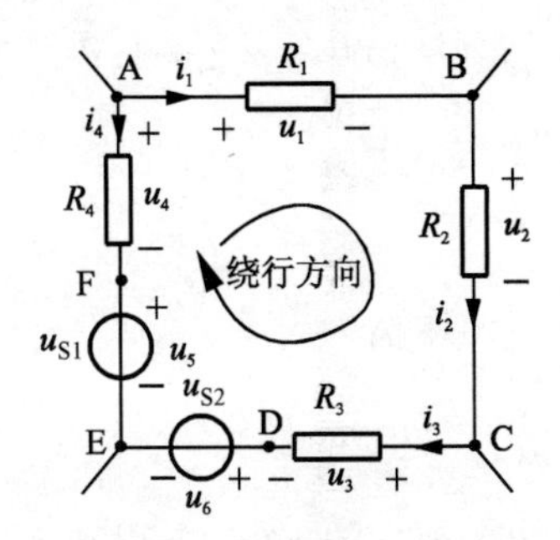

图 1-37 基尔霍夫电压定律

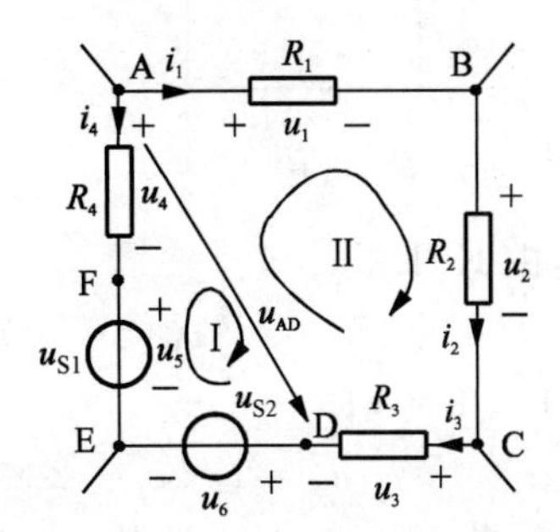

图 1-38 KVL 适用于广义回路

KVL 给支路电压加上了线性约束关系,例如式(1-18)为支路电压 u_1、u_2、u_3、……的常系数(系数为 1、0 或 −1)线性齐次代数方程。

如果回路仅由电阻和电压源组成,电阻上的电压可用电阻与电流的乘积来表示,这样式(1-18)变为

$$R_1i_1+R_2i_2+R_3i_3+u_{S2}-u_{S1}-R_4i_4=0$$

经整理
$$R_1i_1+R_2i_2+R_3i_3-R_4i_4=u_{S1}-u_{S2}$$

即
$$\Sigma R_ki_k=\Sigma u_{Sk}$$

它表示沿任一(仅含电阻和电压源的)回路的绕行方向,电阻电压降的代数和等于电压源电压升的代数和。

图 1-39 所示电路,a、b 两个端子形成一个端口,ab 左右部分电路各形成一个一端口网络,a、b 端子之间电压定义为端口电压 u_{ab},其电压可分别由三条路径(支路)求出,结果与选择的路径无关。

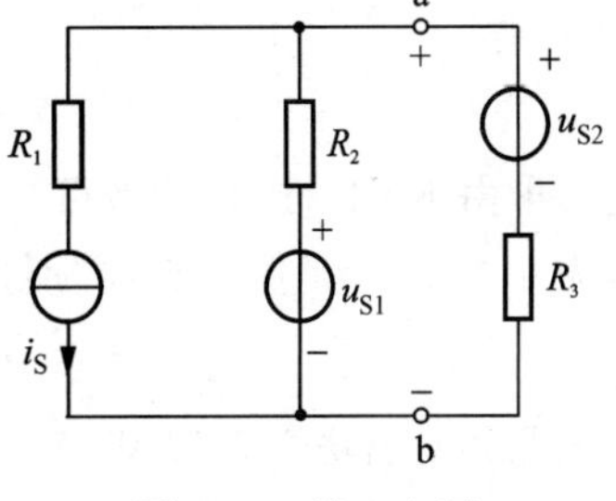

图 1-39 端口电压

对于具有 n 个节点,b 条支路的电路可列写出 $(b-n+1)$ 个独立的 KVL 方程。

KCL 规定了电路中各支路电流必须服从的约束关系,KVL 规定了电路中各支路电压必须服从的约束关系。每个元件的电压、电流形成一个自身约束。KCL 和 KVL 连同各元件的 VAR 是电路中的两类约束关系,它们共同构成了分析集总参数电路的基础。

例 1-4 电路如图 1-40 所示。试问电压源 u_S 为多少伏方可使电流 $i_4=1$ A。

解 已知部分支路的电压或电流,可用 KCL 和 KVL 推算出其他支路的电压和电流。

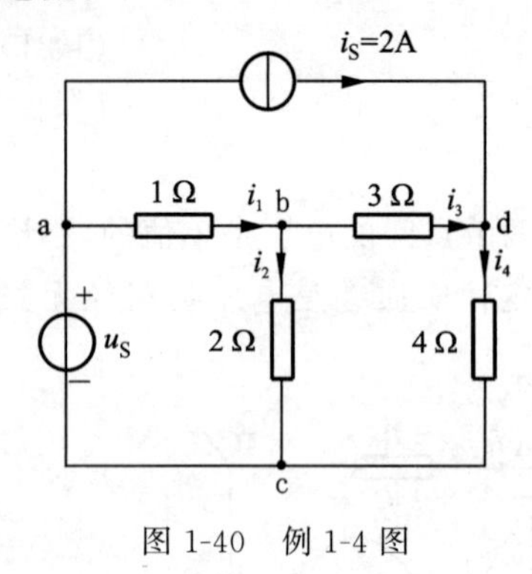

图 1-40 例 1-4 图

在计算之前,应先设定各支路电流及电压的参考方向,如图 1-40 所示,一般取关联方向。对节点 d,由 KCL

$$i_3=i_4-i_S=1-2=-1\ \text{A}$$

对回路 bcdb,由 KVL

$$\begin{aligned}u_{bc}&=u_{bd}+u_{dc}\\&=3i_3+4i_4\\&=3\times(-1)+4\times1=1\ \text{V}\end{aligned}$$

$$i_2=\frac{u_{bc}}{2}=0.5\ \text{A}$$

对节点 b,由 KCL

$$i_1=i_2+i_3=0.5-1=-0.5\ \text{A}$$

对回路 acba,由 KVL

$$u_S=1\times i_1+2\times i_2=-0.5+2\times0.5=0.5\ \text{V}$$

此例中节点数 $n=4$,支路数 $b=6$,故可列写出 3 个独立的 KCL 方程和 3 个独立的 KVL 方程,由于两条支路电流已知,故可用的独立的 KCL 方程为两个。又由于电流源端电压未知,可用的 KVL 方程也只有两个。

例 1-5 求例 1-4 中电压源及电流源的功率。

解 电路重画于图 1-41 中,欲求电压源 u_S 的功率,须先求出其电流。对节点 a,由 KCL

$$i_{u_S}=i_1+i_S=-0.5+2=1.5\ \text{A}$$

因为 u_S 与 i_{u_S} 为非关联方向,所以

$$p_{发}=u_S i_{u_S}=0.5\times1.5=0.75\ \text{W}\quad(实际发出)$$

欲求电流源 i_S 的功率,须借助 KVL 将端电压 u_{i_S} 求出,u_{i_S} 的参考方向如图 1-41 所示,对回路 adba,由 KVL 有

$$u_{i_S}=1\times i_1+3\times i_3=-3.5\ \text{V}$$

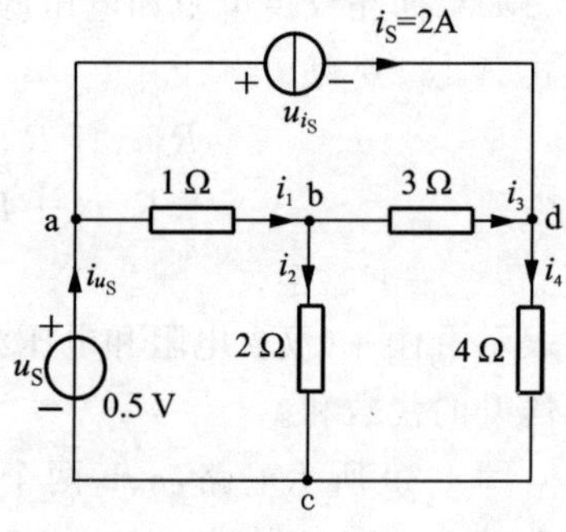

图 1-41 例 1-5 图

此式可由 KVL 推出,读者可自行寻找能直接写出此式的规律。

因为 u_{i_S} 与 i_S 是关联方向,所以

$$p_{吸}=u_{i_S}i_S=-3.5\times2=-7\ \text{W}\quad(实际发出)$$

两电源共发出功率 7.75 W,各电阻消耗的功率为 $i_1^2\times1+i_2^2\times2+i_3^2\times3+i_4^2\times4=7.75$ W,发出功率与消耗功率相等,功率平衡,说明计算正确。

例 1-6 图 1-42(a)所示电路,已知流过 40 Ω 电阻的电流为 2 A,求电流源电流 i_S 及其功率。

解 为清楚分析思路和方便计算,先画出标注有关量参考方向的电路如图 1-42(b)所示。

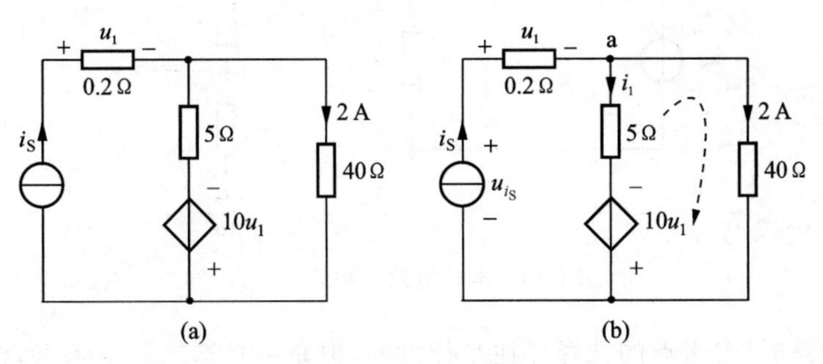

图 1-42 例 1-6 图

对节点 a,由 KCL

$$i_S = i_1 + 2 \qquad ①$$

对右边网孔,由 KVL

$$10u_1 - 5i_1 + 40 \times 2 = 0 \qquad ②$$

根据欧姆定律,有

$$u_1 = 0.2i_S \qquad ③$$

应用消元法联立求解式①、②、③得

$$i_S = 30\ \text{A}$$

$$u_1 = 6\ \text{V}$$

由 KVL 得出的任意二端电压与选择的计算路径无关,则电流源端电压 u_{i_S} 为

$$u_{i_S} = u_1 + 2 \times 40 = 6 + 80 = 86\ \text{V}$$

电流源 i_S 与其端电压 u_{i_S} 为非关联参考方向,其发出的功率为

$$p_{发} = i_S u_{i_S} = 30 \times 86 = 2580\ \text{W}$$

在电子电路中,常把金属机壳作为导体将一些应连接在一起的元件分别就近与机壳相连,例如图 1-43(a)中电源的负极与 R_1 的一端本应相连,在实际设备中可分别与机壳相连而无须再另用导线,图中“⊥”是接机壳的图形符号。机壳往往也称为“**地**”(ground),虽然它并不与大地相连接。在对电子电路进行电压测量时,为方便计算,常把电压表的“－”端接机壳,而以“＋”端依次接触电路中各个节点,测得各节点与机壳间的电压(电表反向偏转读数记为负值)。因此,机壳又称为电路的参考节点,各节点至参考节点间的电压降则为该点的**电位**(electric potential)也称**节点电压**(node voltage)。例如图 1-43(a)中,a 点的电位实际上即为 a 点至参考点 c 的电压降 u_{ac},相应地可记为 u_a。参考节点又称为“零点”或“零电位点”。对节点电压,通常无须标示参考极性,参考点被认为是节点电压的“－”端。

根据上述特点,电子电路有一种简化的习惯画法,即电源不用图形符号表示而改为只标出其极性及电压值。这样,图 1-43(a)可改画为图 1-43(b),b 端标出“$+u_S$”,意为电压源的正极接在 b 端,其电压值为 u_S,电源的另一极(负极)则接在参考点 c,且不再标示。

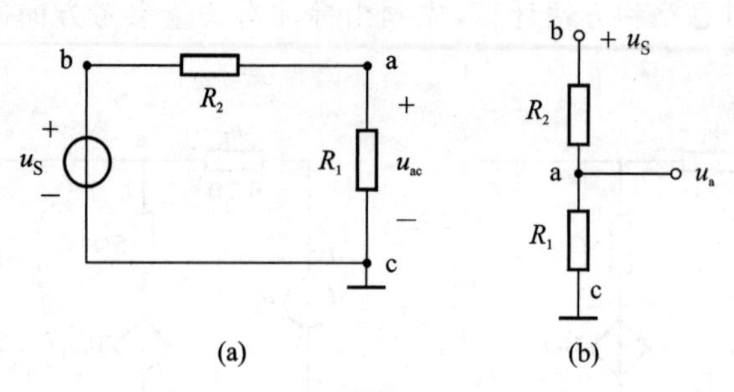

图 1-43　电子电路习惯表示形式

在分析电路时,参考点的选择往往是任意的,但是一旦选择好参考点,则电路中各点的电位也随之确定。若改变参考点,则电路中各点的电位也随之改变,但任意两点的电压是不随参考点的改变而改变的。

例 1-7　用电位表示的电路如图 1-44(a)所示,求电压 U_{mn}。

解　初学者往往对图 1-44(a)所示形式不习惯,不妨把它改画成图 1-44(b)。由图根据基尔霍夫电压定律和欧姆定律可知

$$U_m = \frac{20}{2+3} \times 3 = 12\ \text{V}$$

$$U_n = -\frac{10+5}{5+10} \times 5 + 10 = 5\ \text{V}$$

由两点电位之差即为两点间电压得

$$U_{mn} = 12 - 5 = 7\ \text{V}$$

注意　此例中各表示电源的电位点能画成对地的电压源,而两个分别表示电源的电位点之间不可直接用电压源替代。此例还可应用任意两点形成一个端口的概念,通过 KVL 计算得到,读者自行练习。

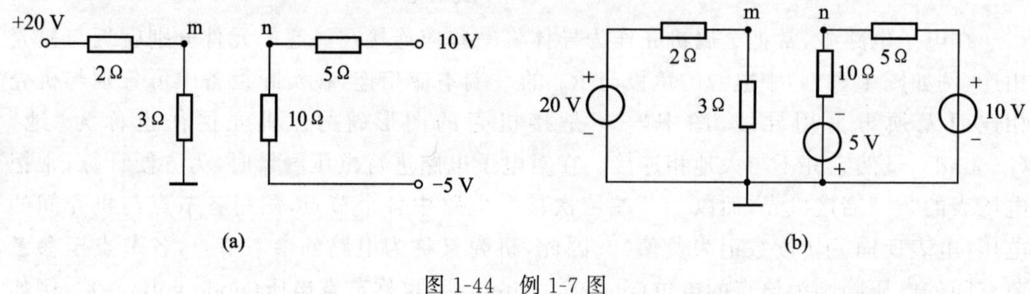

视频 1-8 小制作(LED摩天轮)

图 1-44　例 1-7 图

习题

1-1　根据图题 1-1 所示参考方向,判断各元件是吸收还是发出功率,其功率各为多少?

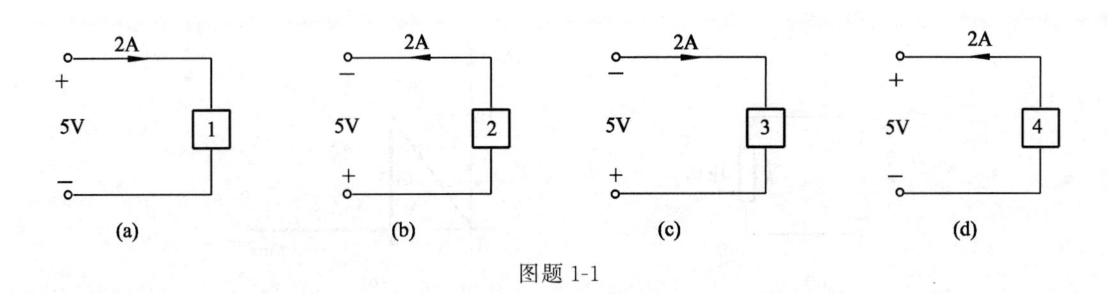

图题 1-1

1-2　各元件的条件如图题 1-2 所示。

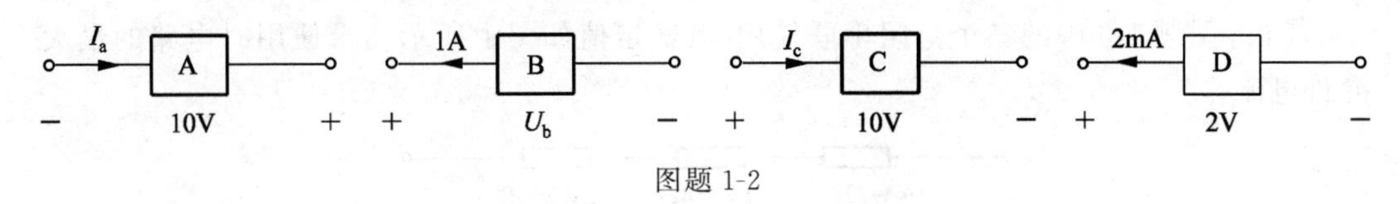

图题 1-2

(1) 若元件 A 吸收功率为 10 W，求 I_a；

(2) 若元件 B 发出功率为(−10 W)，求 U_b；

(3) 若元件 C 吸收功率为(−10 W)，求 I_c；

(4) 求元件 D 吸收的功率。

1-3　电路如图题 1-3 所示，求各电路中所标出的未知量 u、i、R 或 p 的值。

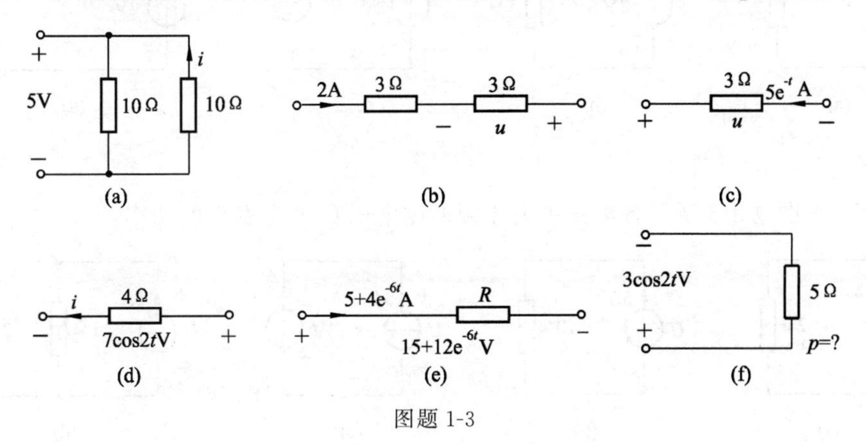

图题 1-3

1-4　根据图题 1-4 所指定的参考方向，写出各电阻的电压电流约束方程，并画出各元件伏安特性曲线的示意图。

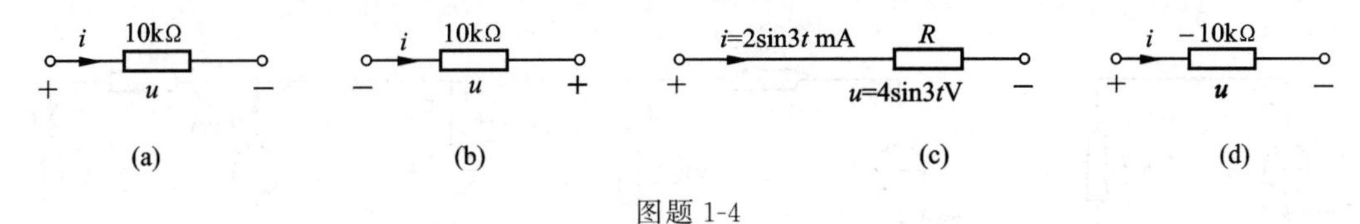

图题 1-4

1-5　图题 1-5(a)电阻的电压波形如图题 1-5(b)所示。试绘出该电阻的电流波形和瞬时功率波形图。

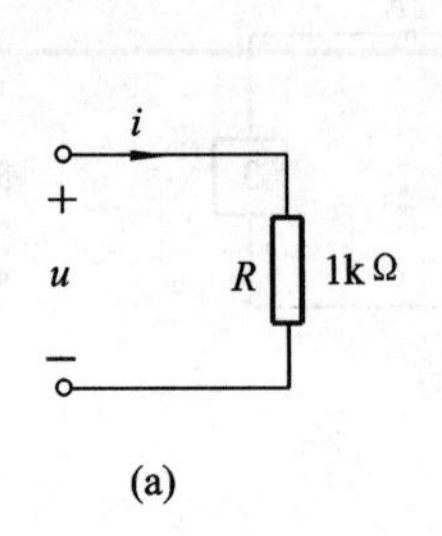

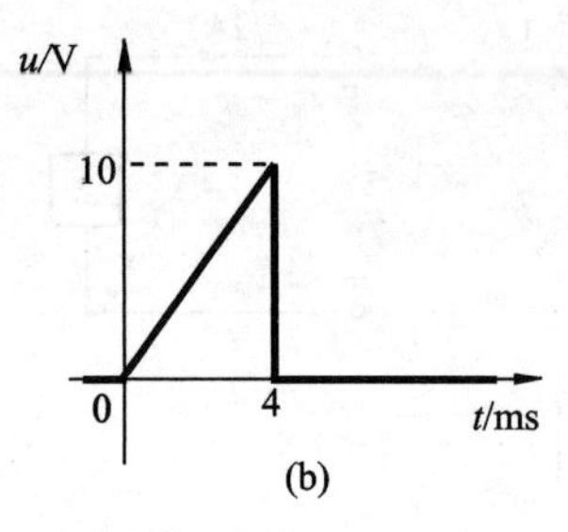

图题 1-5

1-6　图题 1-6 中的三个电阻串联使用，其额定值如图中所示。求使用时电路的最大允许电流。

图题 1-6

1-7　求图题 1-7 所示各电路中电压源流过的电流 I 和它发出的功率。

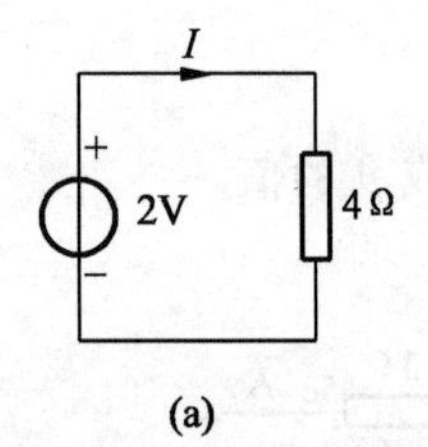

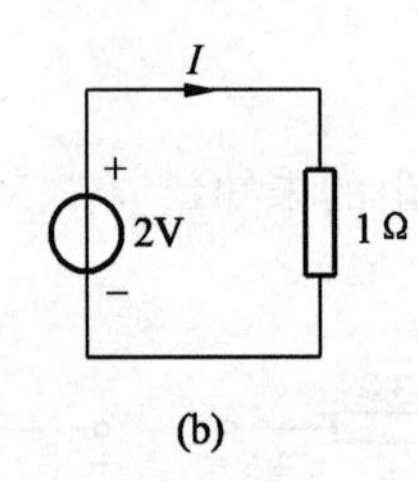

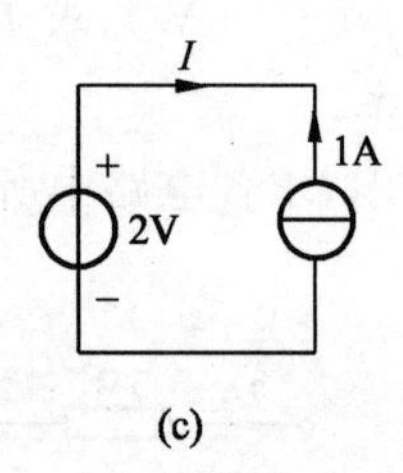

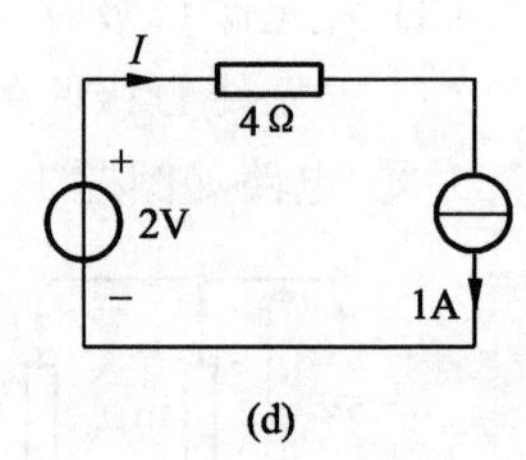

图题 1-7

1-8　求图题 1-8 所示各电路中电流源的端电压 U 和它发出的功率。

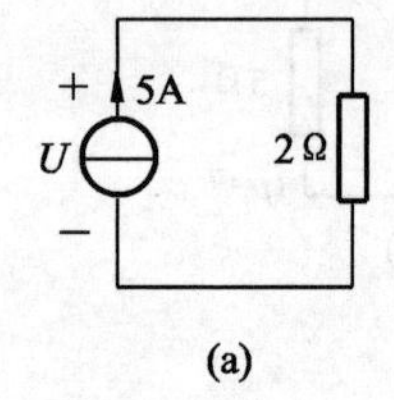

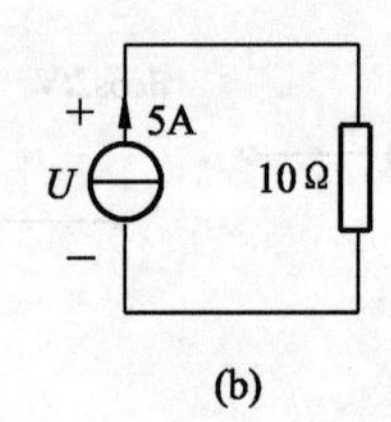

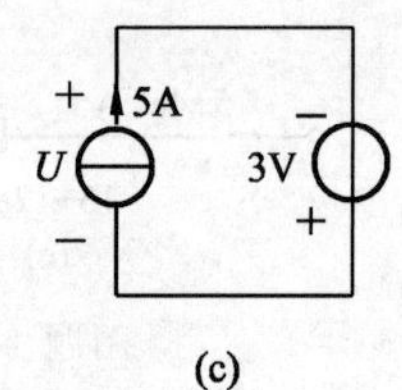

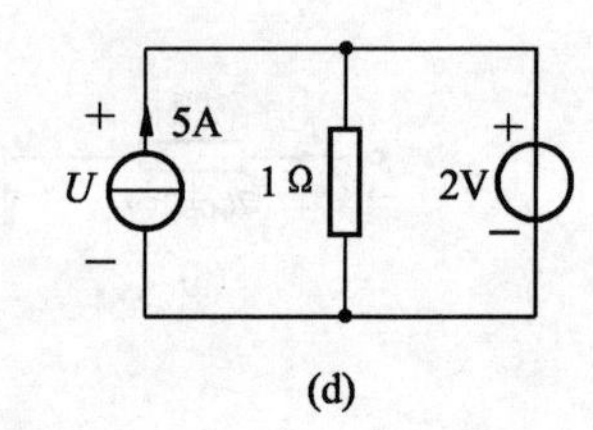

图题 1-8

1-9　求图题 1-9 所示各电路中的电压 u 和电流 i。

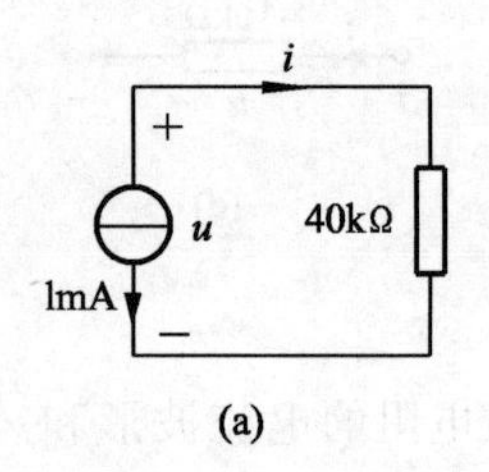

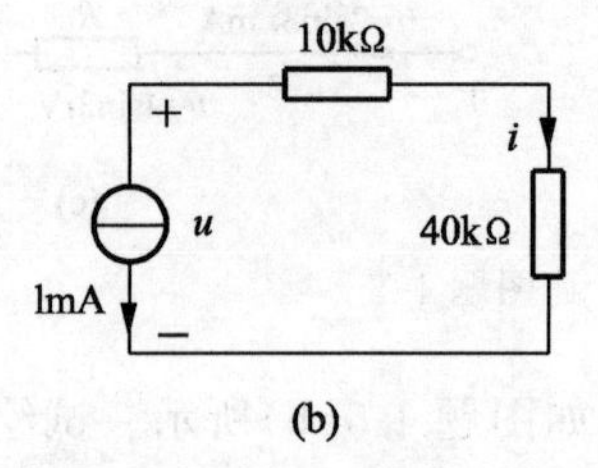

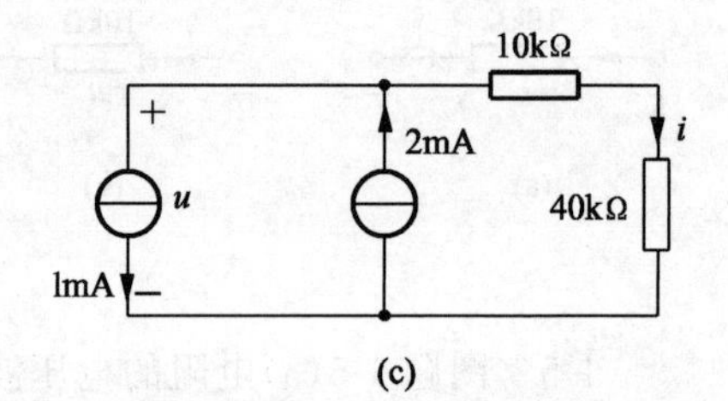

图题 1-9

1-10　图题 1-10 所示各电路中的电源对外部是提供功率还是吸收功率？其功率为多少？

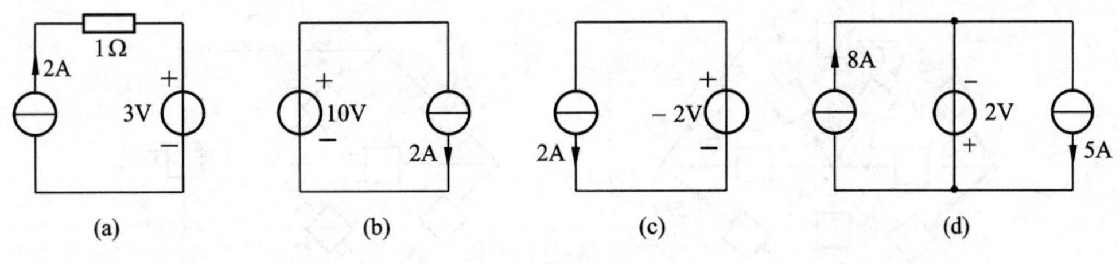

图题 1-10

1-11　我国自长江三峡水电站至南京的高压直流输电线示意图如图题 1-11 所示。输电线每根对地耐压为 500 kV，导线容许电流 1 kA。每根导线电阻为 20.5 Ω（全长 826 km）。试问当首端线间电压 U_1 为 1000 kV 时，可传输多少功率到南京？传输效率是多少？

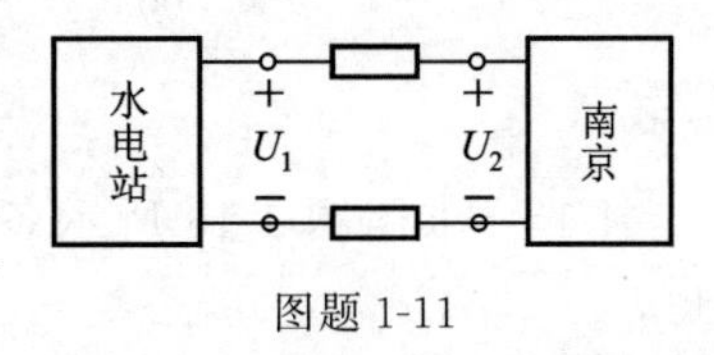

图题 1-11

1-12　试求图题 1-12 所示电路中各电阻上的电压，电阻上消耗的功率，并计算电压源和电流源所提供的功率。

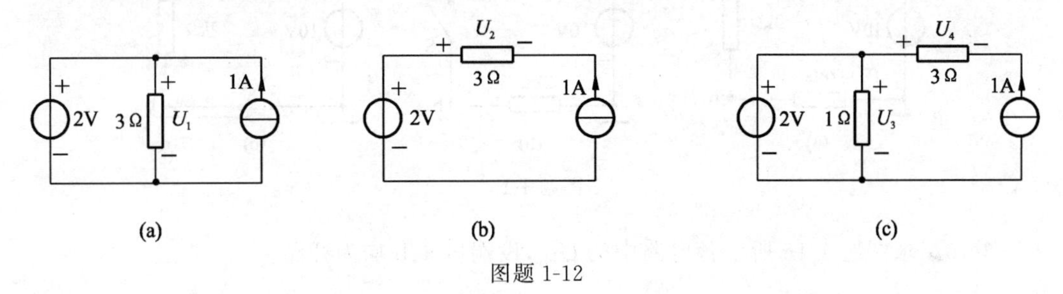

图题 1-12

1-13　电路如图题 1-13 所示。

(1) 求图题 1-13(a)电路中受控电压源的端电压和它的功率；

(2) 求图题 1-13(b)电路中受控电流源的电流和它的功率；

(3) 试问(1)、(2)中的受控源是否可以用电阻或独立电源替代？若能，所替代元件的参数值为多少？并说明如何联接。

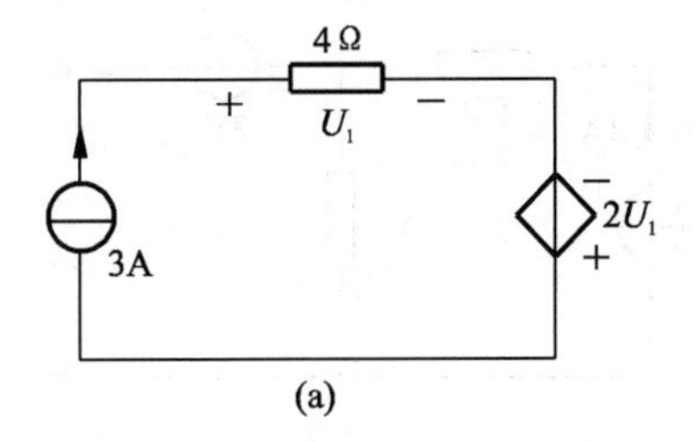

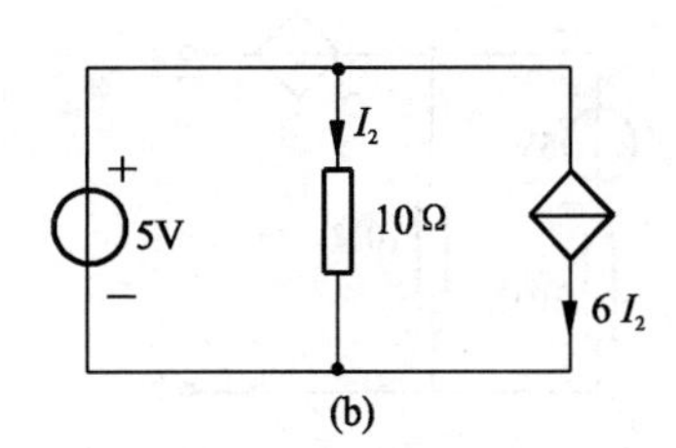

图题 1-13

1-14　电路如图题 1-14 所示,求:(1)图题 1-14(a)中未知的支路电流;(2)图题 1-14(b)中的 U_1、U_2 和 U_3。

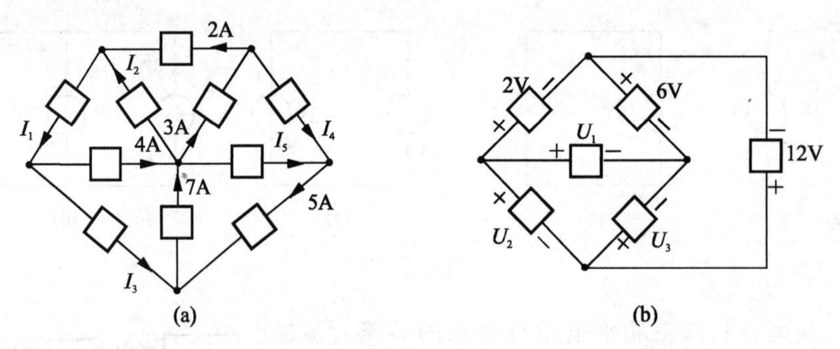

图题 1-14

1-15　求图题 1-15 所示各电路开关 S 打开及闭合时 a、b 点的电位 u_a、u_b 及电压 u_{ab}。

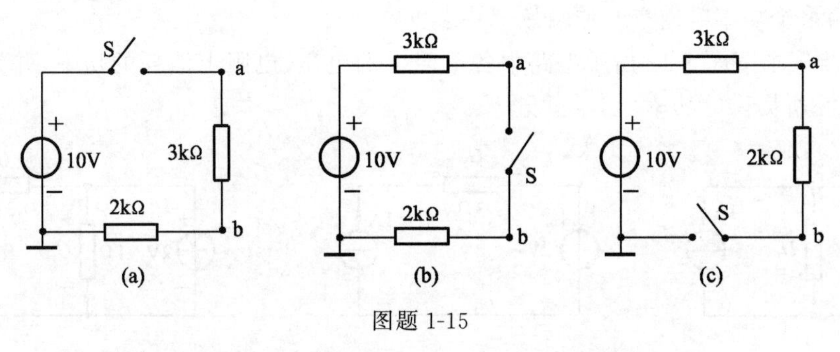

图题 1-15

1-16　求图题 1-16 所示各电路中的 U_{ab},设端口 a、b 均为开路。

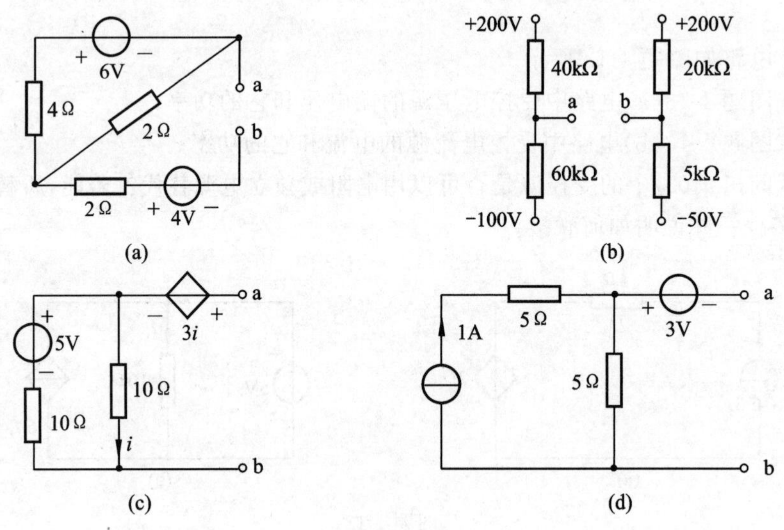

图题 1-16

1-17　图题 1-17 所示电路中，已知 $U_{AB}=10\ V$，试求 R 值。

1-18　电路如图题 1-18 所示，求 m、n 两点间的电压 U_{mn}。

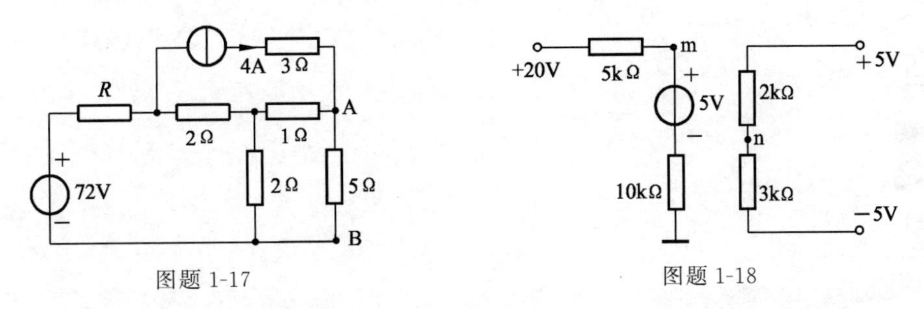

图题 1-17　　图题 1-18

1-19　电路如图题 1-19 所示，求：(1)a 点的电位 U_a；(2)1 A 电流源发出的功率。

1-20　求图题 1-20 所示电路中的电流 i 和电压 u。

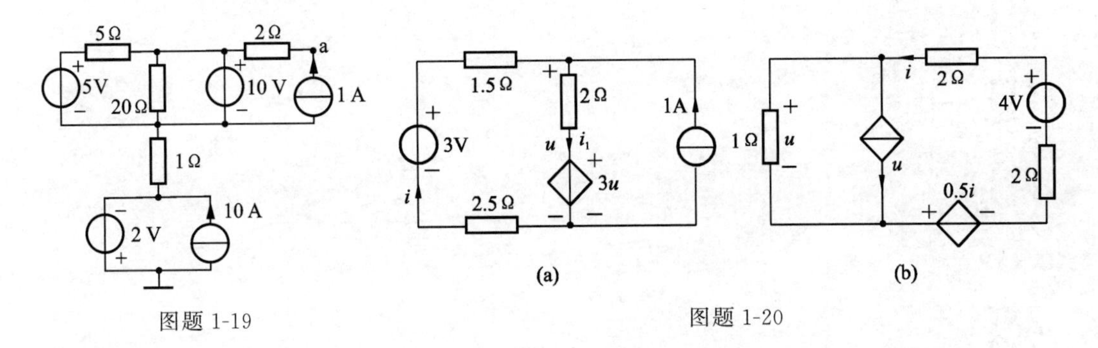

图题 1-19　　图题 1-20

1-21　求图题 1-21 所示电路中的电压 u，并求受控源吸收的功率。

1-22　图题 1-22 所示电路中，灯泡负载 R_L 的额定电压 6 V，额定功率 1.8 W。求电压源 U_S 为何值时才能使灯泡工作在额定状态。

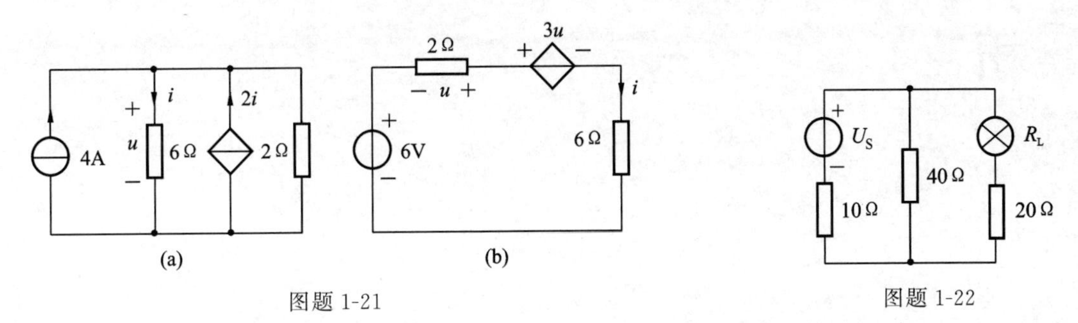

图题 1-21　　图题 1-22

第2章 电阻电路等效法分析

由非时变线性无源元件、线性受控源和独立电源组成的电路称为非时变线性电路，以后简称**线性电路**(linear circuit)。本书的绝大部分内容是线性电路分析。线性电路的分析方法在电气工程诸多领域都有应用，在不同研究领域，电路往往称为**网络**(network)或**系统**(system)。

电路中独立电压源产生的电压、电流源产生的电流是能量或信号的输入，一般称为**激励**(excitation)，而在其作用下电路中各个元件、各条支路中产生的电压、电流即为输出，一般称为**响应**(response)。当激励为直流，响应也是直流，电路称为**直流电路**(direct circuit)，简称 DC；若激励是周期性交变的，则称为**交流电路**(alternating circuit)，其最基本的形式是正弦交流，简称 AC。在分析电路过程中，电路参数和结构都不发生改变，称为**稳态**(steady state)过程分析；当电路结构和(或)参数发生改变，则电路将从一个稳态向另一个稳态过渡，这个过渡过程称为**暂态**(transient state)过程。本书将在第 9 章介绍动态电路的过渡过程分析，在第 9 章之前均为稳态分析。

本书以电阻电路分析为起点介绍电路分析基本方法。所谓的**电阻电路**(resistive circuit)是指直流电路或者电路中的无源元件没有电容、电感只有电阻的线性电路。

电路分析的基础是 KCL、KVL 以及元件 VAR 的两类约束关系，只要电路的结构和参数一定，就可据此列出所需求解电气量的方程。若电路分析时并不需要求出全部的电压、电流，而只需要计算其中的一部分，则可以将不含待求电压或电流的电路部分，利用电路的某些特性加以简化，达到求解简便的目的。本章介绍的等效变换法就是简化电路的方法。

2.1 电路等效变换

等效(equivalent)是指两个物理对象在物理意义、作用效果或物理规律上是相同的，它们之间可以相互替代，而保证结论不变，这种互相替换称为**等效变换**(equivalent transformation)。下面以一端口网络介绍电路的等效变换。图 2-1 为两个一端口网络 N_1、N_2，其内部结构和参数不同。根据基尔霍夫电流定律，对一个端口来说，一个端子流出的电流一定等于另一个端子流入的电流，所以只要在一个端子处标注电流参考方向即可。如图 2-1 端子 1 流出电流 i 必然等于流入端子 1′的电流 i。图 2-1(a)、(b)两个网络 N_1、N_2 的 1-1′端，以左的部分称为外电路，若电路分析中只关心外电路的电压、电流或功率，而不需要知道一端口内部的细节情况，端口的伏安关系(VAR)相同，则端口网络对外等效，通过**等效变换**可以将一个端口对外化为最简二端口网络(即一端口网络)。由此可见，对同一个外电路而言，只要两个一端口网络端口伏安关系相同，则对外电路就是等效的。特别强调，等效仅对外电路等效，而对内部电路来说一般是不等效的。

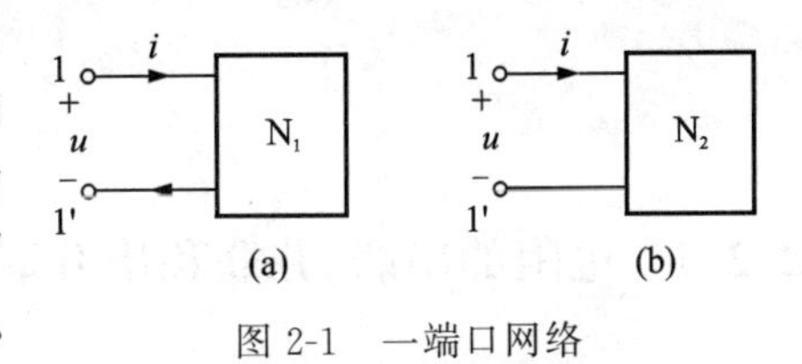

图 2-1 一端口网络

若端口内部不含独立源，则称为无源一端口网络，端口的伏安关系(关联参考方向，

如图 2-1)所示表示为

$$u=ki \tag{2-1}$$

式中 k 值与端口 u、i 无关,仅与端口内部元件连接方式和元件参数有关。若 k 为正实常数,表示一个线性正电阻值;若 k 为负实常数,表示一个线性负电阻值,k 统称为一端口电路的**等效电阻** R_{eq}(equivalent resistance),通常也称为**输入电阻** R_i(input resistance)。相应地,$1/R_{eq}$ 称为一端口网络的**等效电导** G_{eq}(equivalent conductance),也称为**输入电导** G_i(input conductance)。本书统一将等效电阻和输入电阻用 R_i 表示;等效电导、输入电导用 G_i 表示。

若一端口内部含有独立源,则称为有源一端口网络,端口的伏安关系(关联参考方向)可表示为

$$u=ki+a \tag{2-2}$$

式中 k 表示电阻值、a 表示电压源值,这两个量与端口 u、i 无关,仅与端口内部结构和元件参数有关,此时一端口网络可等效为一个电压源与电阻的串联;或等效为一个电流源和电导的并联。总之,等效变换的目的是将复杂的一端口网络等效成简单的一端口,从而简化电路的分析计算。等效概念的运用是电路分析的重要方法之一,它将贯穿于整个电路课程学习之中,也是后续课程学习以及今后工程分析的常用思维方法。

2.2 一端口电阻网络

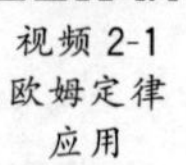

视频 2-1 欧姆定律应用

图 2-2(a)、(b)所示的一端口网络中只含有电阻元件,称为一端口电阻网络或二端电阻网络,用 N_R 表示。由 2.1 节可知,一个无源一端口网络可等效为一个电阻。

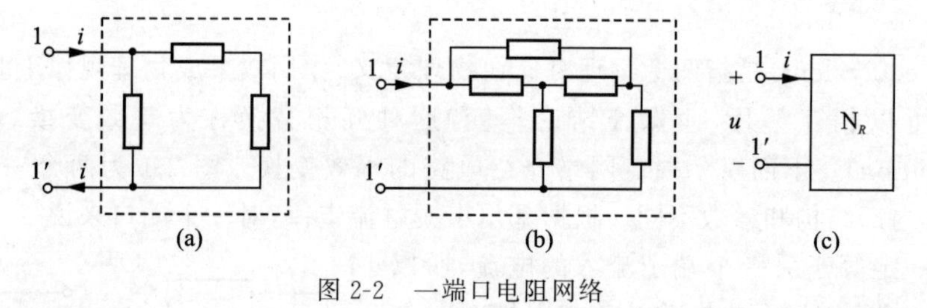

图 2-2 一端口电阻网络

2.2.1 电阻的串联、并联和串并联

图 2-3(a)表示 n 个电阻 $R_1,R_2,\cdots,R_n$ 串联形成的一端口网络,据 KVL 及电阻元件的 VAR 则可证明等效的一端口网络为 2-3(b),串联总电阻 R_i 为

$$R_i=R_1+R_2+\cdots+R_n=\sum_{k=1}^{n}R_k \tag{2-3}$$

电阻 R_i 称为这些串联电阻的**等效电阻**。

电阻串联时,各电阻上的电压为

$$u_k = R_k i = \frac{R_k}{R} u \tag{2-4}$$

可见,各个串联电阻的电压与其电阻值成正比。式(2-4)称为分压公式。注意图2-3中电压参考方向,若电阻电压与端口电压方向不一致,则式(2-4)前标以"—"。

分压电路可用一个具有滑动接触端的三端电阻器来组成,如图2-4所示。这种可变电阻器又称为"**电位器**"(potentiometer)。电压 u_S 施加于电阻 R 的两端,即ab端,随着c端的滑动,在cb端间可得到从零至 u_S 连续可变而极性不变的电压。

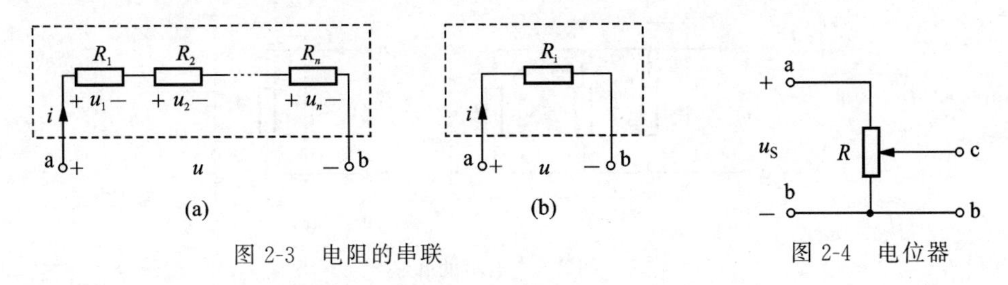

图2-3 电阻的串联

图2-4 电位器

例2-1 图2-5(a)所示电路为双电源直流分压电路,试说明 U_A 可在+15~−15 V连续变化。电位器电阻为 R,α 表示ac间的电阻在电位器总电阻 R 中所占比例的数值,$0 \leqslant \alpha \leqslant 1$。

解 不妨把用电位表示的电路改画成电路中习惯画法,如图2-5(b)所示。由该图可知

当滑动端a移至b时,$\alpha = 1$,$U_A = 15$ V

当滑动端a移至c时,$\alpha = 0$,$U_A = -15$ V

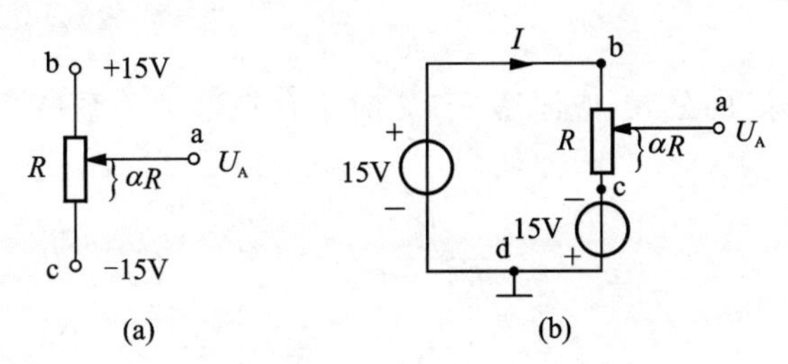

图2-5 例2-1图

当滑动端a在其他位置时,U_A 可计算如下:

设电流 I 的参考方向如图2-5所示,由KVL及欧姆定律可得

$$RI - 15 - 15 = 0$$

解得

$$I = \frac{30}{R}$$

故得

$$U_A = U_{ad} = U_{ac} + U_{cd} = \alpha RI - 15 = (30\alpha - 15)\ \text{V}$$

此为沿acd路径算得的结果,如沿abd路径计算,可得同样的结果,即

$$U_A = U_{ad} = U_{ab} + U_{bd} = -(1-\alpha)RI + 15 = (30\alpha - 15)\ \text{V}$$

当滑动端移动时,α 随之而变,U_A 亦随之而变。$\alpha=1, U_A=15$ V; $\alpha=0.5, U_A=0$; $\alpha=0, U_A=-15$ V。故知,当滑动端 a 点移动时,U_A 可在 $+15\sim-15$ V 连续变化。

图 2-6(a)表示 n 个电阻并联形成的一端口。$G_1, G_2, \cdots, G_n$ 表示各电阻的电导,并联的总电导 G_i 为

$$G_i = G_1 + G_2 + \cdots + G_n = \sum_{k=1}^{n} G_k \tag{2-5}$$

电导 G_i 称为并联电阻的等效电导,请读者通过 KCL 及电阻 VAR 证明此结果。

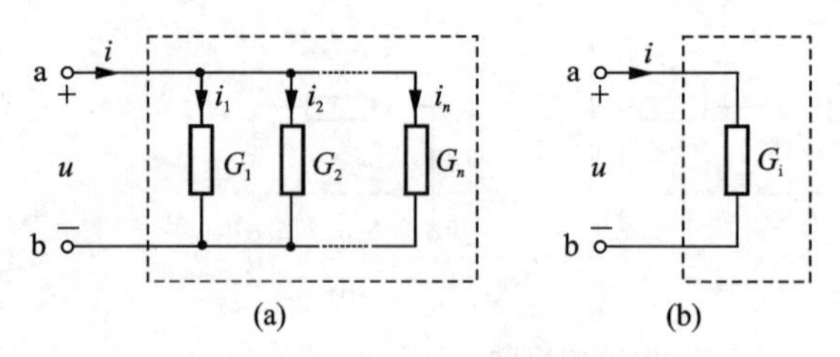

图 2-6　电阻的并联

电阻并联时,各电阻中的电流为

$$i_k = G_k u = \frac{G_k}{G} i \tag{2-6}$$

可见各并联电阻中的电流与它们各自的电导值成正比。式(2-6)称为分流公式。

当 $n=2$ 时,即两个电阻并联时,见图 2-7(a),其等效电阻为

$$R_i = \frac{R_1 R_2}{R_1 + R_2} \tag{2-7}$$

这就是所谓"积被和除"的公式(应注意 $n\geqslant 3$ 时不存在这种关系!)。已知总电流 i,分支电流为

$$\left.\begin{aligned} i_1 &= \frac{R_2}{R_1 + R_2} i \\ i_2 &= \frac{R_1}{R_1 + R_2} i \end{aligned}\right\} \tag{2-8}$$

若图 2-7(a)中某个电阻为零,则为该电阻被短路的情况,由式(2-8)可知,被短接支路电流为零,短接(短路)支路电流则为 i。

电阻的串联和并联相结合的联接方式称为电阻的串并联,或称混联。图 2-8(a)电路中,R_3、R_4 串联后与 R_2 并联,再与 R_1 串联。这些电阻的等效电阻为

$$R_i = R_1 + \frac{R_2(R_3 + R_4)}{R_2 + R_3 + R_4}$$

图 2-8 中再次明确元件的串联是首尾相接,中间没有分支,它们流过同一电流,如 R_3、R_4 为串联,R_1 与 R_2 或 R_3 都不是串联关系;元件并联是指某两端施加同一电压,如 R_2 与 R_3 或 R_4 都不能视为并联,而 R_3 与 R_4 串联等效电阻与 R_2 为并联,这才是正确的。

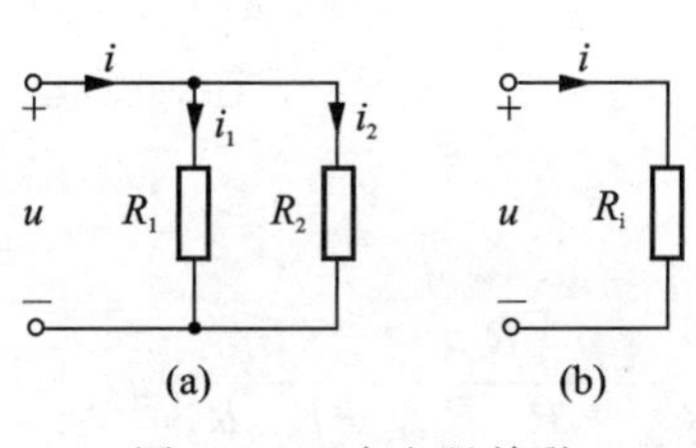

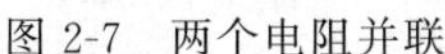
图 2-7 两个电阻并联

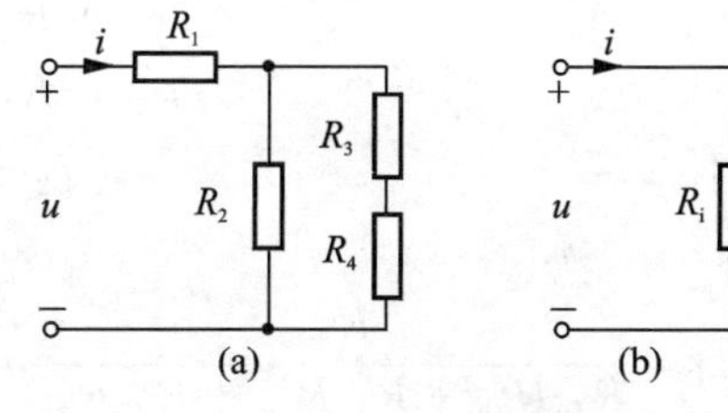

图 2-8 电阻的串并联

2.2.2 电阻的 Y-△等效变换

在电路中,有时电阻的联接既非串联又非并联,如图 2-9(b)所示电路,若求端口的等效电阻,就无法通过串并联化简来进行,通常可用 Y 形联接与△形联接的等效变换来求得。

Y 形联接与△形联接都是通过三个端子与外部电路相联。等效变换要求它们的对外 VAR 相同,即当它们的对应端子间的电压相同时,流入对应端子的电流也必须分别相等,即对外电路等效。为示区别,电阻下标用两端子标号表示。

下面来推导等效变换时两组联接方式下电阻参数的关系,图 2-9(a)、(b)分别示出了接到端子 1、2、3 的 Y 形联接与△形联接的三个电阻。

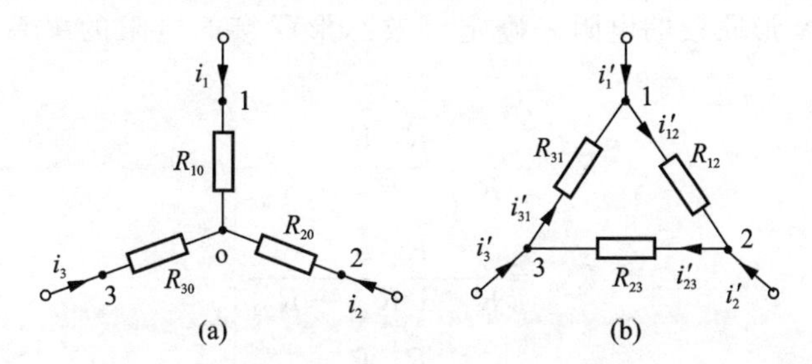

图 2-9 电阻的 Y 形联接与△形联接的等效变换

设它们对应端子间有相同的电压 u_{12}、u_{23}、u_{31},若它们彼此等效,则流入对应端子的电流必须相等,即有

$$i_1=i'_1,\quad i_2=i'_2,\quad i_3=i'_3$$

在△形联接的电路中,流入三个端子的电流分别为

$$\left.\begin{aligned}i'_1&=i'_{12}-i'_{31}=\frac{u_{12}}{R_{12}}-\frac{u_{31}}{R_{31}}\\i'_2&=i'_{23}-i'_{12}=\frac{u_{23}}{R_{23}}-\frac{u_{12}}{R_{12}}\\i'_3&=i'_{31}-i'_{23}=\frac{u_{31}}{R_{31}}-\frac{u_{23}}{R_{23}}\end{aligned}\right\}\tag{2-9}$$

对 Y 形联接的电路,可据 KVL 得出流入端子的电流与端子间电压的关系为

$$u_{12}=R_{10}i_1-R_{20}i_2$$
$$u_{23}=R_{20}i_2-R_{30}i_3$$

又由 KCL

$$i_1+i_2+i_3=0$$

解出电流

$$\left.\begin{aligned}i_1&=\frac{R_{30}}{R_{10}R_{20}+R_{20}R_{30}+R_{30}R_{10}}u_{12}-\frac{R_{20}}{R_{10}R_{20}+R_{20}R_{30}+R_{30}R_{10}}u_{31}\\i_2&=\frac{R_{10}}{R_{10}R_{20}+R_{20}R_{30}+R_{30}R_{10}}u_{23}-\frac{R_{30}}{R_{10}R_{20}+R_{20}R_{30}+R_{30}R_{10}}u_{12}\\i_3&=\frac{R_{20}}{R_{10}R_{20}+R_{20}R_{30}+R_{30}R_{10}}u_{31}-\frac{R_{10}}{R_{10}R_{20}+R_{20}R_{30}+R_{30}R_{10}}u_{23}\end{aligned}\right\}\tag{2-10}$$

若两个电路等效,则不论电压 u_{12}、u_{23}、u_{31} 为何值,流入对应端子的电流就必须相等,故式(2-10)和式(2-9)中电压 u_{12}、u_{23} 和 u_{31} 前的系数就应该对应相等,于是得

$$\left.\begin{aligned}R_{12}&=\frac{R_{10}R_{20}+R_{20}R_{30}+R_{30}R_{10}}{R_{30}}=R_{10}+R_{20}+\frac{R_{10}R_{20}}{R_{30}}\\R_{23}&=\frac{R_{10}R_{20}+R_{20}R_{30}+R_{30}R_{10}}{R_{10}}=R_{20}+R_{30}+\frac{R_{20}R_{30}}{R_{10}}\\R_{31}&=\frac{R_{10}R_{20}+R_{20}R_{30}+R_{30}R_{10}}{R_{20}}=R_{30}+R_{10}+\frac{R_{30}R_{10}}{R_{20}}\end{aligned}\right\}\tag{2-11}$$

式(2-11)就是由 Y 形联接的电阻来确定等效△形联接的电阻的关系式。由式(2-11)可以解得

$$\left.\begin{aligned}R_{10}&=\frac{R_{31}R_{12}}{R_{12}+R_{23}+R_{31}}\\R_{20}&=\frac{R_{12}R_{23}}{R_{12}+R_{23}+R_{31}}\\R_{30}&=\frac{R_{23}R_{31}}{R_{12}+R_{23}+R_{31}}\end{aligned}\right\}\tag{2-12}$$

式(2-12)是由△形联接的电阻来确定等效 Y 形联接的电阻的关系式。

式(2-11)中各电阻若用电导表示,则有

$$\left.\begin{aligned}G_{12}&=\frac{G_{10}G_{20}}{G_{10}+G_{20}+G_{30}}\\G_{23}&=\frac{G_{20}G_{30}}{G_{10}+G_{20}+G_{30}}\\G_{31}&=\frac{G_{30}G_{10}}{G_{10}+G_{20}+G_{30}}\end{aligned}\right\}\tag{2-13}$$

式(2-12)与式(2-13)形式具有某种规律性,注意其特点对快速掌握 Y-△等效变换很有益。

若 Y 形联接的三个电阻相等,即 $R_1=R_2=R_3=R_Y$,则等效△形联接的电阻也相

等，它们等于

$$\left.\begin{aligned} R_{\triangle}=R_{12}=R_{23}=R_{31}=3R_{\mathrm{Y}} \\ \text{反之} \qquad R_{\mathrm{Y}}=\frac{1}{3}R_{\triangle} \end{aligned}\right\} \tag{2-14}$$

Y 形联接与△形联接的等效变换在三相电路分析中是很有用的。

2.2.3 平衡电桥

图 2-10 为电阻的桥形联接，也称为**桥形电路**(bridge circuit)。电路中 R_3 称为桥，R_1、R_2、R_4、R_5 称为桥臂，当 R_3 断开以后，R_1 和 R_4 串联，R_2 与 R_5 串联，据此可判断电路是否为桥形电路。A、B 形成一个端口，一般可通过 Y-△变换求出端口看进去的等效电阻，读者自行推导练习。

图 2-10 桥形电路中，若有$\frac{R_1}{R_4}=\frac{R_2}{R_5}$或者 $R_1R_5=R_2R_4$，即桥对臂电阻乘积相等，电桥处于平衡状态，称为**电桥平衡**(bridge circuit equilibrium)。此时有 R_3 两端电位相等，其上电压为零，所以 R_3 断开或者短接都不影响电路的求解。

例 2-2 图 2-11 所示电路，在 $R=1\ \mathrm{k\Omega}$ 及 $R=\frac{5}{3}\ \mathrm{k\Omega}$ 时，计算电压源发出的功率。

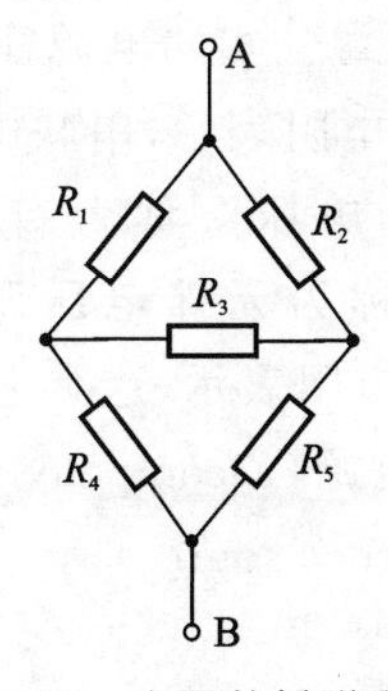

图 2-10 电阻的桥形联接

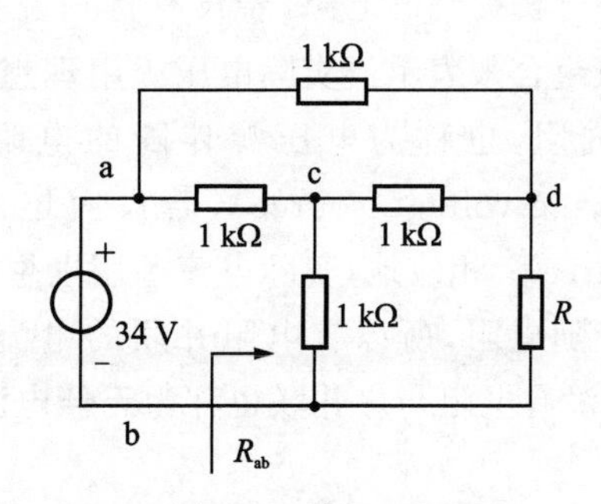

图 2-11 例 2-2 图

解 电压源以右部分电路看作一个端口，其为桥形电路。当 $R=1\ \mathrm{k\Omega}$ 时，满足电桥平衡条件，电桥平衡，R_{cd} 短接或断开都不影响电路求解。先计算端口看进去的等效电阻

$$R_{\mathrm{ab}}=\frac{1+1}{2}=1\ \mathrm{k\Omega}$$

根据能量守恒，电压源发出的功率即为 R_{ab} 吸收的功率，故

$$P_{\text{发}}=P_{\mathrm{R}}=\frac{U^2}{R_{\mathrm{ab}}}=\frac{34^2}{1}=1156\ \mathrm{mW}=1.156\ \mathrm{W}$$

当 $R=\frac{5}{3}\ \mathrm{k\Omega}$ 时，电桥不再处于平衡状态，此时应用 Y-△等效变换计算。桥形电路

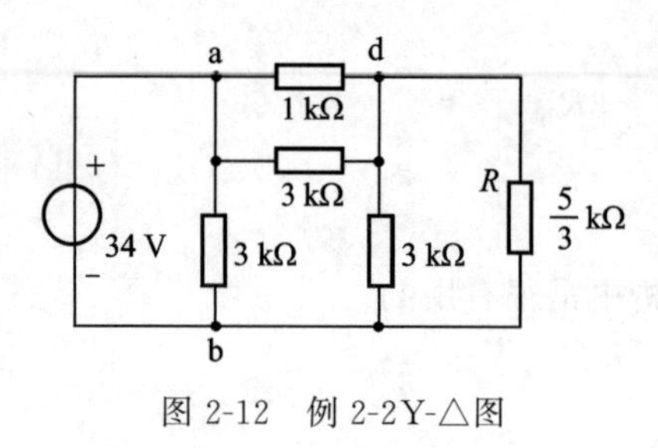

图 2-12　例 2-2Y-△图

经 Y 形等效变换为△形联接后等效电路如图 2-12 所示。先计算 ad、bd 等效电阻分别得

$$R_{\mathrm{ad}}=\frac{1\times 3}{1+3}=\frac{3}{4}\ \mathrm{k\Omega}$$

$$R_{\mathrm{bd}}=\frac{3\times\frac{5}{3}}{3+\frac{5}{3}}=\frac{15}{14}\ \mathrm{k\Omega}$$

计算 ab 端口等效电阻为

$$R_{\mathrm{ab}}=\frac{3\times(R_{\mathrm{ab}}+R_{\mathrm{bd}})}{3+(R_{\mathrm{ad}}+R_{\mathrm{bd}})}=\frac{17}{15}\ \mathrm{k\Omega}$$

电源发出功率为

$$P_{发}=P_{\mathrm{R}}=\frac{U^2}{R_{\mathrm{ab}}}=\frac{34^2}{\left(\frac{17}{15}\right)}=1.02\ \mathrm{W}$$

也可桥形电路经△形等效变换为 Y 型后计算,请读者自行练习。

2.3　电源等效变换

在电路分析提到的电源,若没有特别说明时,均指理想电源。实际电源往往用理想电源与电阻组合来表示。实际电压源用理想电压源串联一个电阻表示,串联电阻 R_{S} 称为电源的内阻,也称为电压源伴随的电阻,有电阻串联的电压源称为**有伴电压源**(accompanying voltage source),若没有电阻与之串联,则称为**无伴电压源**(solitary voltage source);相应地,实际电流源用理想电流源并联一个电阻表示,这个电阻也称为电流源的伴随电阻,所以有电阻并联的电流源称为**有伴电流源**(accompanying current source),若没有电阻与之并联也称为**无伴电流源**(solitary current source)。

2.3.1　无伴电源等效

当 n 个无伴电压源串联时,形成一个端口,如图 2-13(a),可以用一个电压源等效替代。其等效电压源的电压 u_{S}[如图 2-13(b)]为各串联电压源电压的代数和,即

$$u_{\mathrm{S}}=u_{\mathrm{S1}}+u_{\mathrm{S2}}+\cdots+u_{\mathrm{S}n}=\sum_{k=1}^{n}u_{\mathrm{S}k}$$

当 n 个电流源并联时,形成一个端口,可用一个电流源等效替代,如图 2-14 所示。等效电流源的电流 i_{S} 为各电流源电流的代数和,即

$$i_{\mathrm{S}}=i_{\mathrm{S1}}+i_{\mathrm{S2}}+\cdots+i_{\mathrm{S}n}=\sum_{k=1}^{n}i_{\mathrm{S}k}$$

注意图 2-13、图 2-14 中各电源方向的一致性。

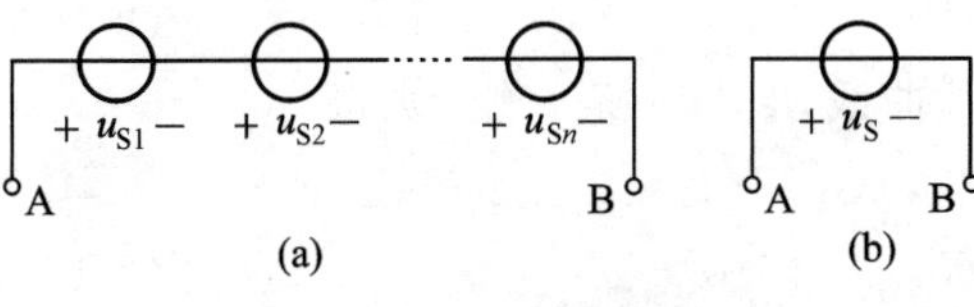

图 2-13　电压源的串联

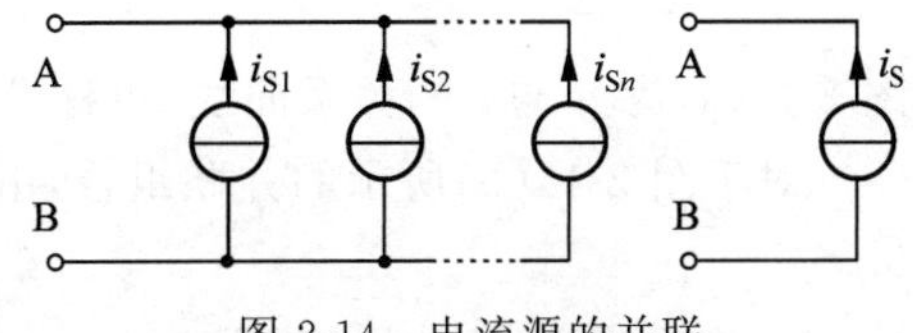

图 2-14　电流源的并联

从外部性能等效的角度来看，任何一条支路[如图 2-15(a)中所示的电流源 i_S 或电阻 R]与电压源 u_S 并联后，总可以用一个等效电压源替代，等效电压源的电压仍为 u_S，但等效电压源中的电流不再等于替代前的电压源的电流，即对内部并不等效。

同理，任何一条支路与电流源 i_S 串联后，总可以用一个等效电流源替代，等效电流源的电流仍为 i_S。如图 2-15(b)所示。注意图 2-15 中电阻都不是相应电源的伴随电阻，对外电路而言，仍是无伴电源。

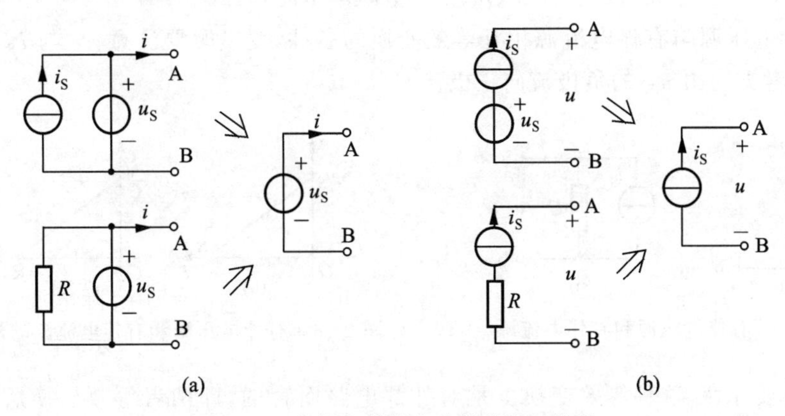

图 2-15　电源与其他支路的串联和并联

只有电压相等的电压源才允许并联，只有电流相等的电流源才允许串联。

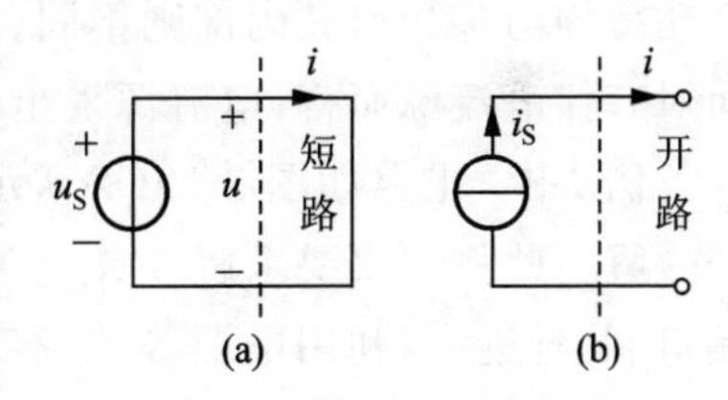

图 2-16　电源短路和开路

另外，电压源不能短路，电流源不能开路。若电压源短路，如图 2-16(a)所示，从虚线处向左看是电压源 u_S，则 $u=u_S$，而向右看是短路，$u=0$，这与电压单值性相矛盾。若电流源开路，如图 2-16(b)所示，从虚线处向左看是电流源 i_S，则 $i=i_S$，而向右看是开路，$i=0$，这是与电流连续性矛盾的。实际电源往往是有伴的。

无伴电压源与无伴电流源之间不能进行等效变换。

2.3.2　有伴电源等效

有伴电压源和有伴电流源之间才可以进行相互等效，如图 2-17 所示。

在图 2-17(a)中，按图示电压、电流的参考方向，由 KVL 得

$$u=u_S-Ri \tag{2-15}$$

图 2-18(a)为 u 与 i 的关系曲线,也称端口外特性曲线,它是一条直线。

对于图 2-17(b)所示的并联组合,由 KCL

$$i=i_S-Gu \tag{2-16}$$

其 u、i 关系曲线(外特性)如图 2-18(b)所示,也是一条直线。若两者对外电路等效,则应有相同的外特性曲线。比较图 2-18(a)、(b),应有

$$u_S=\frac{i_S}{G} \quad 及 \quad i_S=\frac{u_S}{R}$$

即

$$\left.\begin{aligned} G&=\frac{1}{R} \\ i_S&=Gu_S \quad (或\ u_S=Ri_S) \end{aligned}\right\} \tag{2-17}$$

这就是有伴电压源与有伴电流源相互等效变换的条件,变换时要注意 u_S 与 i_S 的参考方向,i_S 的参考方向由 u_S 的负极流向正极。

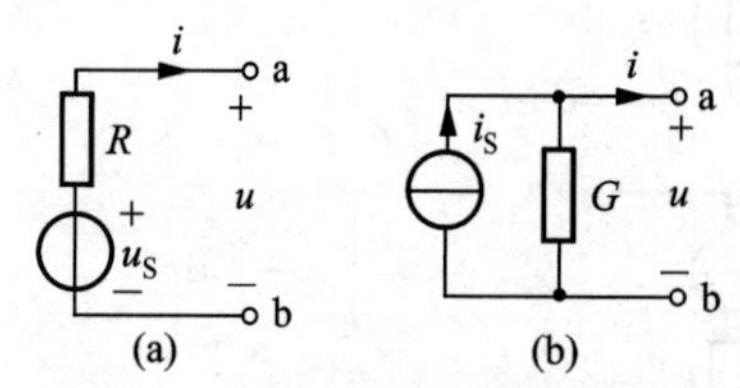

图 2-17　有伴电压源和有伴电流源

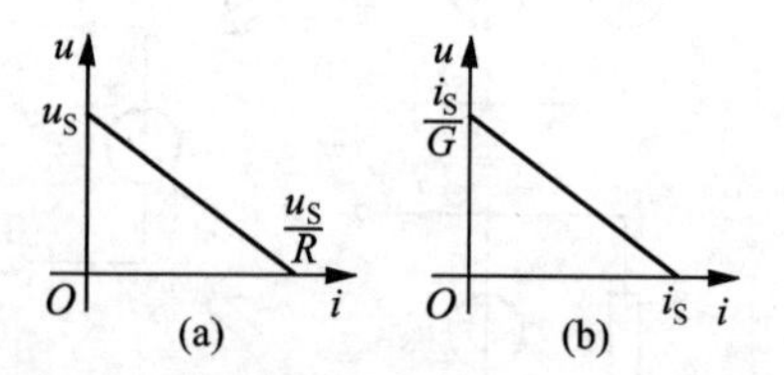

图 2-18　有伴电压源和有伴电流源的外特性

此外还要注意,这种等效变换也是对外部电路而言的,即两者等效变换后对外电路无任何影响,但其内部情况有所不同。例如,不接外电路,即 $i=0$ 时,两种电路对外部来说功率均为零。但其内部则不同。对有伴电压源而言,由于 $i=0$,电压源的功率亦为零;而对有伴电流源而言,电流源发出的功率全部为电导所吸收。

例 2-3　电路如图 2-19(a)所示,试求电压 u_{ab}。

解　此例中仅要求解 3 Ω 电阻上电压,因此,除了这条支路外都可以等效化简。从端口 ab 看进去,利用电源等效、有伴电压源与有伴电流源相互等效变换,将图 2-19(a)电路除 ab 支路外的端口逐步化简成图 2-19(b)、(c)、(d),最后将 ab 端口网络化简成为一条 1 V 电压源与 7 Ω 电阻串联的支路,再将 a、b 间的 3 Ω 电阻联接上构成简单回路如图 2-19(e)所示,应用分压公式得

$$u_{ab}=-\frac{3}{3+7}\times 1=-0.3\ \text{V}$$

此结果印证了 2.1 节所述有源一端口网络等效为电压源与电阻串联支路的结论。等效变换中特别要注意电源参考方向的相互设定,即电流源从电压源的负极端指向电压源的正极端。

受控电压源、电阻的串联组合与受控电流源、电导的并联组合亦可用本节提供的方法进行等效变换。此时把受控源当作独立源来处理,不过应注意在变换过程中控制量

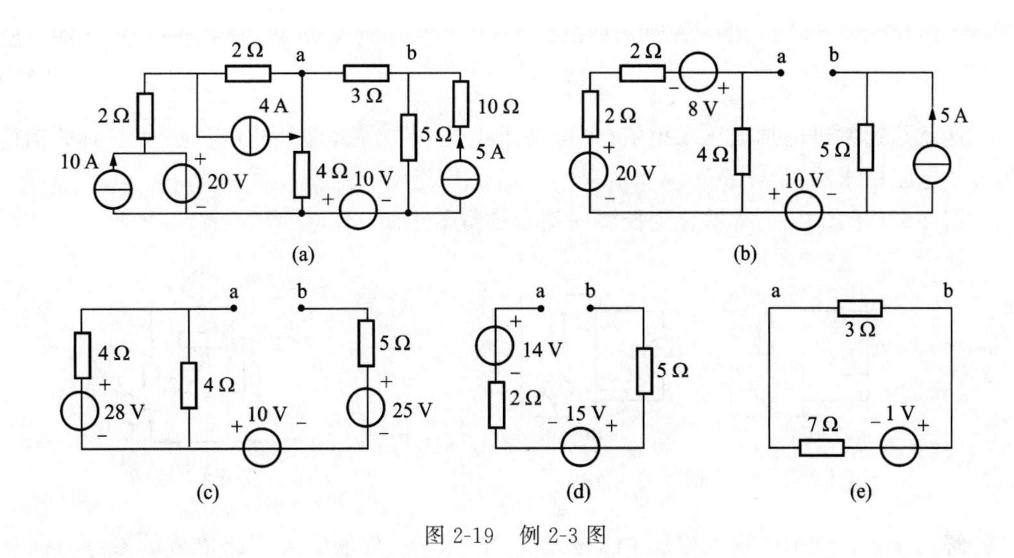

图 2-19　例 2-3 图

(或者控制支路)必须保持完整而不被改变。当然,控制系数及其量纲将随着变换有所变化。

例 2-4　电路如图 2-20(a),试求电流 i。

解　利用等效变换条件,可将图 2-20(a)中的有伴电流源和有伴受控电压源进行等效变换,如图 2-20(b)所示。再将图 2-20(b)中的有伴受控电流源变有伴成受控电压源,如图 2-20(c)所示。由图 2-20(c)据 KVL 可得

$$(3+1+2)i-i+2-12=0$$

$$5i=10$$

$$i=2\ \text{A}$$

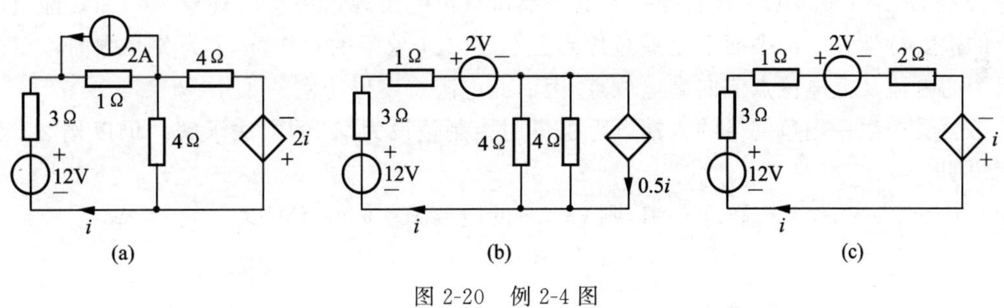

图 2-20　例 2-4 图

2.4　含受控源无源一端口网络等效

一个端口中除了电阻还含有受控源(受控源的控制量为端口或内部的电压、电流),但不含独立源即激励,则为含受控源的无源一端口网络,此时端口的电压与电流的比值为常数(可为负值或零),此常数为端口看进去的等效电阻,也称为入端电阻 R_{i}。若在端口处外加电压源 u_{S}(或电流源 i_{S}),可求得端口电流 i(或电压 u),如图 2-21(a)和(b)所示。则有

$$R_{\mathrm{i}}=\frac{u_{\mathrm{S}}}{i}=\frac{u}{i_{\mathrm{S}}} \tag{2-18}$$

这就是通常讲的加电压求电流(加电流求电压)的方法,即外施电源法。下面举例说明等效电阻的求法。

例 2-5 求图 2-22 所示含受控源一端口的等效电阻。

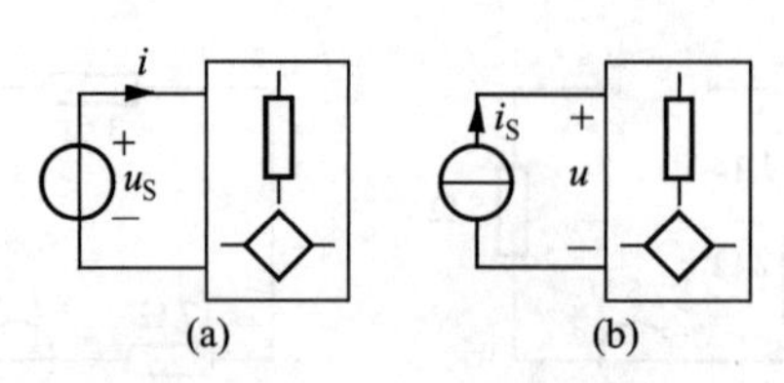

图 2-21 一端口网络的入端电阻

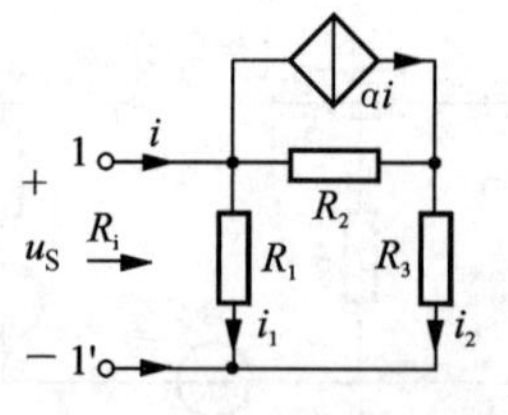

图 2-22 例 2-5 图

解 在端口处加一输入电压 u_{S},按式(2-18)求 R_{i},先假定各支路电流的参考方向如图 2-22 所示,然后按 KVL、KCL 列出方程。由 KVL

$$u_{\mathrm{S}}=R_2(i_2-\alpha i)+R_3 i_2=(R_2+R_3)i_2-\alpha R_2 i$$

又 $$u_{\mathrm{S}}=R_1 i_1$$

由 KCL $$i=i_1+i_2$$

从这些式子中消去非端口变量 i_1、i_2,即可得

$$R_{\mathrm{i}}=\frac{u_{\mathrm{S}}}{i}=\frac{R_1R_3+(1-\alpha)R_1R_2}{R_1+R_2+R_3}$$

上式的分子中出现负项,故在一定条件下 R_{i} 可能为零甚至为负值。设 $R_1=R_2=2\ \Omega$,$R_3=1\ \Omega$,当 $\alpha=1.5$ 时,$R_{\mathrm{i}}=0$;$\alpha<1.5$ 时,R_{i} 为正值;当 $\alpha>1.5$ 时,R_{i} 为负值,例如 $\alpha=2$ 时,$R_{\mathrm{i}}=-0.4\ \Omega$。含有受控源的一端口有可能出现这种负阻现象。一个线性负电阻的伏安特性在 i-u 平面上是通过原点且位于 2、4 象限的直线(u,i 为关联方向),负电阻中的电流从低电位点流向高电位点,因而此电阻将发出功率。

含受控源一端口网络的入端电阻也可用控制量设为“1”的方法求解。仍以例 2-5 为例说明。

在图 2-22 中,令控制量 $i=1$,则 CCCS 的电流 $\alpha i=\alpha$,由 KVL

$$u_{\mathrm{S}}=R_2(i_2-\alpha)+R_3 i_2=(R_2+R_3)i_2-\alpha R_2 \tag{①}$$

$$u_{\mathrm{S}}=R_1 i_1 \tag{②}$$

由 KCL

$$i_1+i_2=i=1 \tag{③}$$

则由式②解出 i_1,代入式③解出 i_2,代入式①得

$$u_{\mathrm{S}}=(R_2+R_3)\left(1-\frac{u_{\mathrm{S}}}{R_1}\right)-\alpha R_2$$

解出

$$u_{\mathrm{S}}=\frac{R_1R_3+(1-\alpha)R_1R_2}{R_1+R_2+R_3}$$

由定义可得

$$R_{\mathrm{i}}=\frac{u_{\mathrm{S}}}{i}=\frac{R_1R_3+(1-\alpha)R_1R_2}{R_1+R_2+R_3}$$

结果与外施电源法相同。此例还可以利用电源的等效变换，先将端口等效成简单网络，再用外施电源法或控制量设为“1”的方法，其求解过程将更为简单，请读者自行尝试。

2.5 替代定理

替代定理(substitution theorem)也称为置换定理，是对电路进行等效变换的一种形式。定理表述为：在给定的任意一个线性或非线性电路中，若已知第 k 条支路的电压 u_k 和电流 i_k，则该支路可以用下列任一种元件替代：①电压为 u_k 的电压源；②电流为 i_k 的电源源。替代后电路中各支路电压和电流均保持为原值，即替代前后各支路电压和电流唯一解不变。一般情况下，电路的解是唯一的。

替代定理说明如下：

设原电路第 k 条支路的电流、电压分别为 i_k 和 u_k，将该支路抽出，其余部分用 N_1 和 N_2 表示，如图 2-23(a)表示。若将第 k 支路用电压源 $u_{\mathrm{S}}=u_k$ 替代，如图 2-23(b)所示；若将第 k 支路用电流源 $i_{\mathrm{S}}=i_k$ 替代，如图 2-23(c)所示。由于前后电路的几何结构完全相同，若节点编号、支路编号均一致，则两者有相同的 KCL 和 KVL 方程。两个电路中，各支路的电压、电流约束关系除第 k 条支路外，也完全相同。只有第 k 条支路的电流 i_k 用电流源替代了，即 $i_{\mathrm{S}}=i_k$，而该电流源端电压 u_k' 可以是任意的。但原电路的全部电压和电流又将满足新电路的全部 KCL 和 KVL 方程，再根据两电路的解均唯一的假定，必须 $u_k=u_k'$。当然 N_1 内部各支路的电压、电流替代前后也均一致。上述说明是针对二端网络 N_2 来替代的；相应地，也能对二端网络 N_1 作替代。

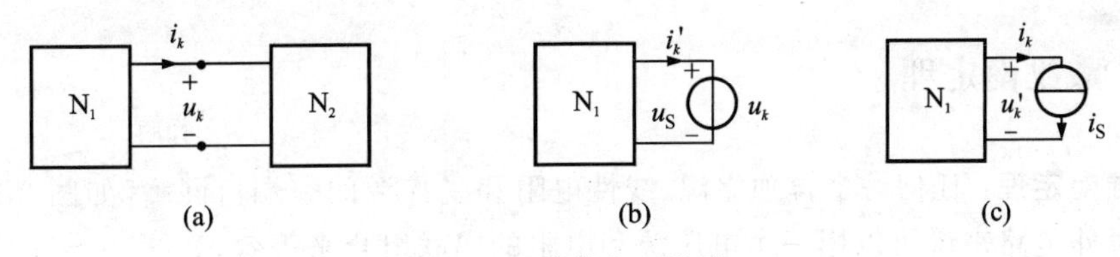

图 2-23 替代定理说明

以上说明仅用到 KCL 和 KVL，所以替代定理对线性电路和非线性电路均适用。

替代定理不但可用于某一条支部，也可推广到一端口网络(但有一个条件限制，即该端口网络内某部分电压或电流不能是外部受控源的控制量)，此时所替代的电压源电压或电流源电流由端口电压或电流来确定。

例 2-6 图 2-24(a)所示电路，已知电阻 R_{L} 中电流为电压源支路电流 I 的 $\frac{1}{6}$。求电阻 R_{L} 的值。

解 因为已知有关两条支路的电流关系，先将电压源 U_{S} 支路用电流源 I 替代，如

图 2-24(b)所示，再运用等效变换得图 2-24(c)，由欧姆定律得

$$\frac{I}{6}=\frac{2I}{3+R_{\mathrm{L}}}$$

解出

$$R_{\mathrm{L}}=9\ \Omega$$

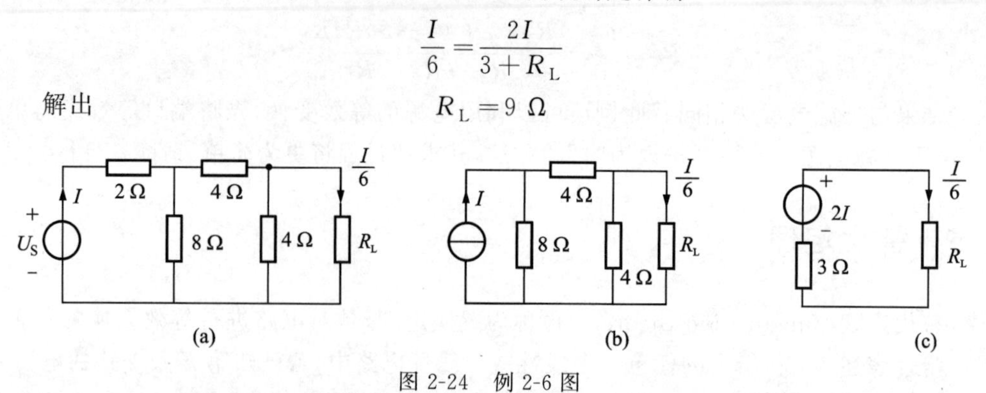

图 2-24　例 2-6 图

评注　“替代”与“等效”在概念上有所不同。等效化简电路是对外电路而言，要求伏安关系相同，具体的电压和电流值要与外电路共同决定；而替代是对电路中某已知支路电流或某一已知电压支路进行的。

2.6　戴维南定理和诺顿定理

图 2-25 所示含电阻和独立源的有源一端口网络，由 2.1 节知其等效为一个电压源与电阻串联支路，或一个电流源与电阻并联的最简一端口网络，但若应用电源等效变换方法则不易得到最简的等效电路。**戴维南定理**(Thevenin's theorem)和**诺顿定理**(Norton's theorem)很好地解决了这个问题。

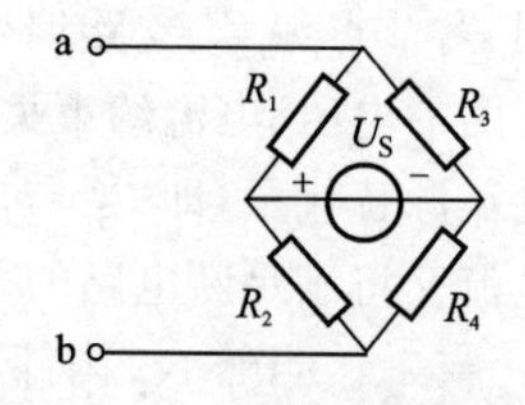

图 2-25　有源一端口网络

2.6.1　戴维南定理

戴维南定理：任何一个含独立源、线性电阻和受控源的一端口网络，如图 2-26(a)中的 N_S，对外电路来说可以用一个电压源和电阻的串联组合来等效，如图 2-26(b)所示，电压源的电压 u_{oc} 是原一端口的开路电压，如图 2-26(c)所示；电阻 R_i 是原一端口的输入电阻，即网络内独立源为零时端口的等效电阻，亦称除源电阻，如图 2-26(d)所示。

视频 2-2
电工先驱
——戴维南

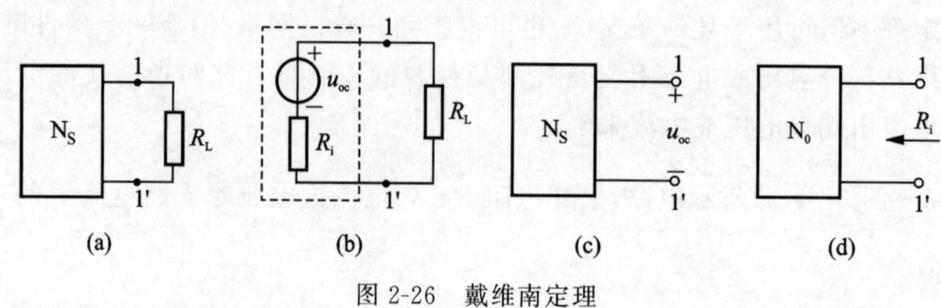

图 2-26　戴维南定理

图 2-26(b)虚线框内所述电压源和电阻的串联电路称为戴维南等效电路。用戴维南等效电路替换含源一端口网络后,对外部电路作用相同。

戴维南定理证明如下:如图 2-27 (a)所示,N_S 为含源一端口网络。根据替代定理,用电流源 $i_S=i$ 替代 R_L,如图 2-27(b)所示。再应用叠加原理(将在第 3 章中详细介绍),将电源分为两组,一组是一端口内部的所有独立源,另一组是电流源 i_S,如图 2-27(c)、(d)所示。图 2-27(c)为电流源 i_S 不作用,由一端口内部独立源作用时,1-1′端口处的电压 $u'=u_{oc}$,即原一端口的开路电压。图 2-27(d)所示为仅有 i_S 作用,N_S 内部各独立源全部为零(用 N_0 表示),这时 1-1′端口处的电压为 $u''=-R_i i_S=-R_i i$,R_i 为 N_0 的等效电阻,或称除源电阻,所以

$$u=u'+u''=u_{oc}-R_i i$$

这是一端口网络 N_S 在端口处的电压和电流关系。对图 2-27(e)所示的电压源与电阻的串联电路,若令电压源的电压等于一端口的开路电压 u_{oc},而电阻等于一端口内的独立源置零后的等效电阻 R_i,则此串联电路的电压与电流关系与上式完全一致,因此图 2-27(a)中的 N_S 可用图 2-27(e)的等效串联电路替换。戴维南定理得证。

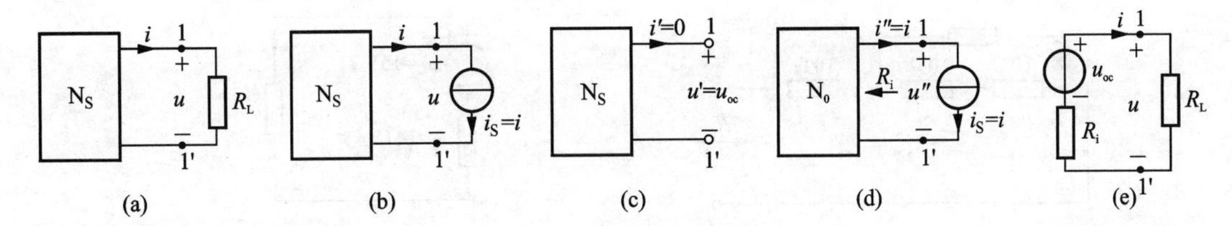

图 2-27 戴维南定理证明

以上证明是以外电路为电阻 R_L 进行讨论的。若将 R_L 换成其他二端电路,也可含独立源、受控源(其控制量不得在 N_S 内部),或是非线性电阻,上述证明仍然成立。

应用戴维南定理,关键是要求出一端口 N_S 的开路电压和降源电阻。注意:①N_S 内部的电阻应为线性电阻;②当 N_S 内部含有受控源时,这些受控源只能受 N_S 内部(包括端口)相关电压或电流控制;当然 N_S 内部的电压或电流也不能作为外电路中的受控源的控制量。请读者自行思考 2.1 节式(2-2)所述 $u=ki+a$ 中参数与戴维南等效电路对应元件关系。

例 2-7 电路如图 2-28(a)所示,试求 6 Ω 电阻中的电流 i。

解 ab 左边有源一端口网络,将△形联接的三个电阻化为 Y 形联接后,运用 2.3 节电源等效变换方法能化简成为最简等效电路。这里通过戴维南定理来计算,先求图 2-28(b)的开路电压。由于 cd 线中无电流,按分流公式可求出

$$i_2=2\times\frac{10}{10+(5+10)}=0.8\ \text{A}$$

$$i_3=2\times\frac{5+10}{10+(5+10)}=1.2\ \text{A}$$

$$u_{oc}=10i_1+5i_2+6-5=15\ \text{V}$$

求除源电阻,将各独立源置零,即电源源处开路,电压源处短路,如图 2-28(c)所示。通过串、并联计算得除源电阻

$$R_{\mathrm{i}}=10+\frac{5(10+10)}{5+10+10}=14\ \Omega$$

最后按图 2-28(d)的戴维南等效电路求得

$$i=\frac{15}{14+6}=0.75\ \mathrm{A}$$

此例也可通过 i_3 求出 u_{oc},请读者自行练习。

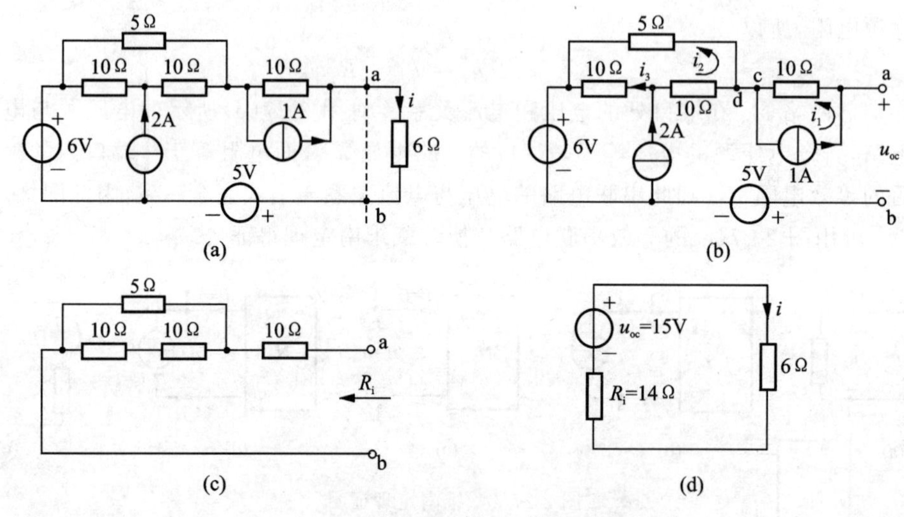

图 2-28 例 2-7 图

例 2-8 电路如图 2-29(a)所示,试求其戴维南等效电路。

解 先求开路电压。由 KVL

$$6i+4i=4+2i$$

所以

$$i=0.5\ \mathrm{A}$$

于是

$$u_{\mathrm{oc}}=-6i+4=1\ \mathrm{V}$$

求除源电阻时,独立源置零,受控源保留,如图 2-29(b)所示。这时用加电压求电流或控制量为"1"法,求其除源电阻。由 KCL

由 KVL

$$\begin{cases}i_{\mathrm{i}}=i_1-i\\ u_{\mathrm{i}}=5i_{\mathrm{i}}+4i_1-2i\\ 6i+4i_1-2i=0\end{cases}$$

从以上三式中消去 i_1 及 i,得

$$u_{\mathrm{i}}=5i_{\mathrm{i}}+4\times\frac{1}{2}i_{\mathrm{i}}+2\times\frac{1}{2}i_{\mathrm{i}}=8i_{\mathrm{i}}$$

$$R_{\mathrm{i}}=\frac{u_{\mathrm{i}}}{i_{\mathrm{i}}}=8\ \Omega$$

等效电路如图 2-29(c)所示。

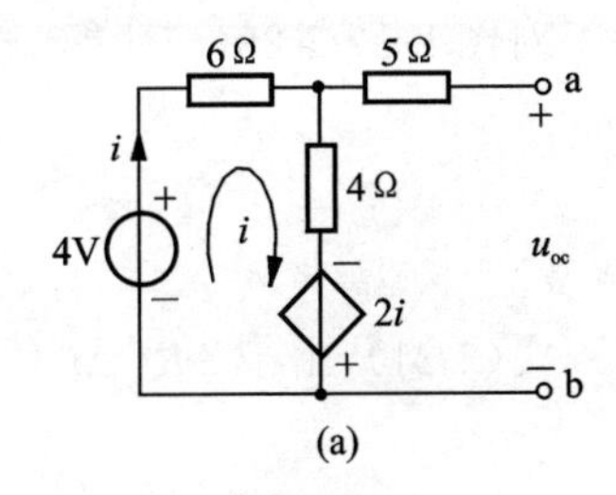

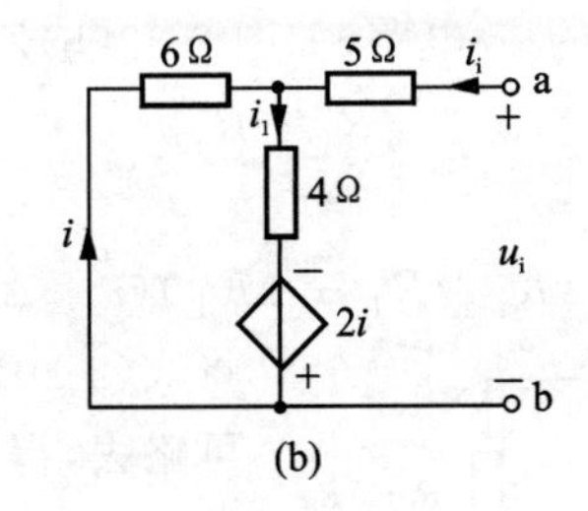

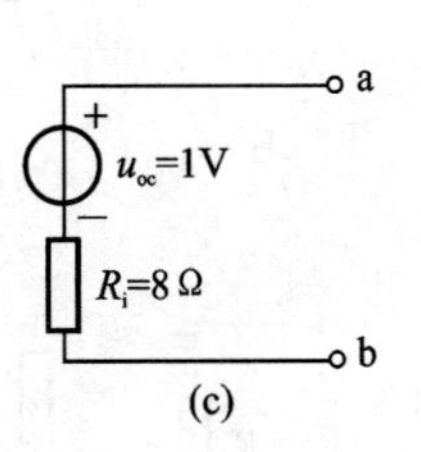

图 2-29 例 2-8 图(一)

此外，一端口的短路电流 i_{sc}，与其戴维南等效电路的短路电流 i_{sc} 一致。如图 2-30(a)与(b)所示。由图 2-30(b)可知

$$i_{sc}=\frac{u_{oc}}{R_i}$$

即戴维南降源电阻

$$R_i=\frac{u_{oc}}{i_{sc}} \tag{2-19}$$

可知只要求出一端口 N_S 的开路电压 u_{oc} 及短路电流 i_{sc}，由式(2-19)即得戴维南降源电阻，此法称为"开路短路法"。若 $u_{oc}=0$，i_{sc} 也等于零，此时就不能用式(2-19)求 R_i。

如例 2-8 中 $u_{oc}=1$ V，短路电流可通过图 2-31 中 5 Ω 上电流求出。

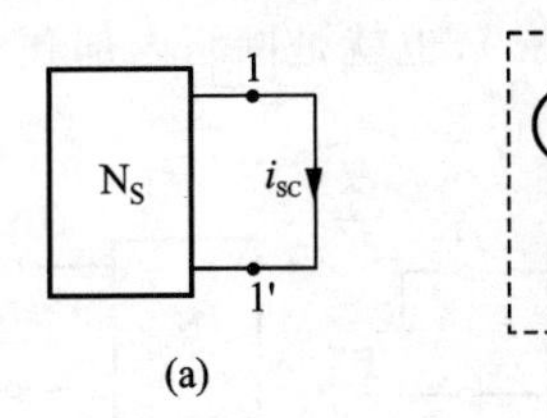

图 2-30 例 2-8 图(二)

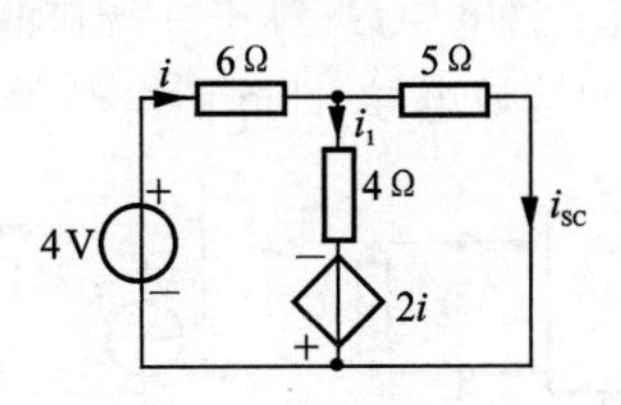

图 2-31 例 2-8 图(三)

由 KCL
$$i_1+i_{sc}=i$$
由 KVL
$$6i+4i_1-2i=4$$
$$4i_1-2i-5i_{sc}=0$$

解得

$$i_{sc}=\frac{1}{8}\ \text{A}$$

所以
$$R_i=\frac{u_{oc}}{i_{sc}}=8\ \Omega$$

此结果与除源后外施电压法和控制量为"1"法求解结果一致。

例 2-9 图 2-32(a)中，若电阻 R_L 有微小变化 ΔR_L，电流 i 将随之改变 Δi，求电流 i 对电阻 R_L 的灵敏度

$$S_{R_L}^{i}=\frac{\Delta i}{i}\bigg/\frac{\Delta R_L}{R_L}$$

解 作出 R_L 变化后的等效电路,如图 2-32(b)所示。对图 2-32(a)有

$$(R_i+R_L)i=u_{oc} \tag{2-20}$$

对图 2-32(b)有

$$(R_i+R_L+\Delta R_L)(i+\Delta i)=u_{oc} \tag{2-21}$$

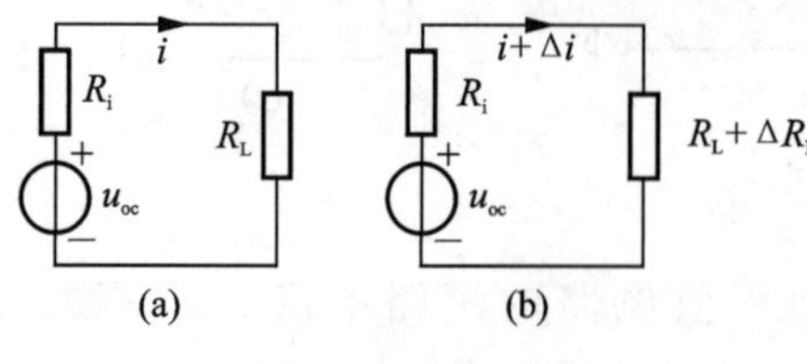

图 2-32 例 2-9 图

将式(2-20)代入式(2-21),由于 $\Delta R_L\Delta i$ 项很小可略去,得

$$\Delta R_L i+(R_i+R_L)\Delta i=0$$

即

$$\frac{\Delta i}{i}=-\frac{\Delta R_L}{R_i+R_L}=-\frac{\Delta R_L/R_L}{R_i/R_L+1}$$

所以灵敏度为

$$S_{R_L}^{i}=-\frac{1}{R_i/R_L+1}$$

2.6.2 诺顿定理

应用电阻和电压源串联电路与电导和电流源并联电路的等效交换,可推得诺顿等效电路。

诺顿定理指出:任何一个含独立源、线性电阻和受控源的一端口网络,对外电路来说,可以用一个电流源和电导的并联电路来等效替换。这里电流源的电流等于一端口的短路电流 i_{sc},电导 G_i 等于一端口的输入电导(参见图 2-33),也就是网络内部独立源置零时,端口的等效电导,即除源电导。

视频 2-3 电工先驱——诺顿

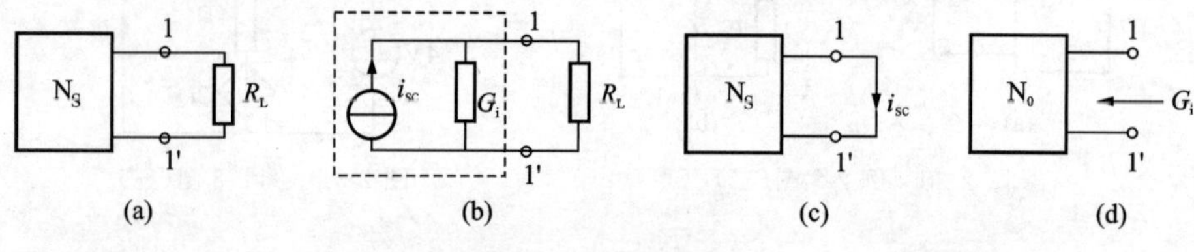

图 2-33 诺顿定理

证明 任意一个有源一端口网络 N_S,如图 2-34(a)所示,根据戴维南定理得其等效电路如图 2-34(b)所示,由于 u_{oc}/R_i 正好等于图 2-34(b)一端口的短路电流 i_{sc},即等于 N_S 的端口短路电流。故图 2-34(c)即为图 2-34(a)的诺顿等效电路。

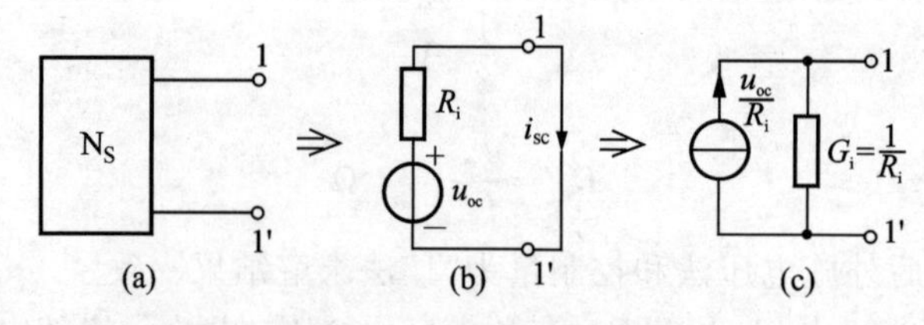

图 2-34 诺顿定理证明

例 2-10 求图 2-35(a)所示一端口的诺顿等效电路。

解 先求短路电流 i_{sc},1-1′端短接后标出其参考方向,电路如图 2-35(b)所示,由 KCL 得

$$i_{sc}=i+2$$

对节点 2，由 KCL 得

$$i_1+i_2+i=0$$

由 KVL

$$20i_1+15=10i$$

$$20i_2+5=10i$$

解得

$$i=0.5\ \text{A}$$

$$i_{sc}=2+i=2.5\ \text{A}$$

再求除源电导。如图 2-35(c)所示，降源电阻为

$$R_i=10+\frac{20\times 20}{20+20}=20\ \Omega$$

除源电导为 $$G_i=\frac{1}{R_i}=0.05\ \text{S}$$

诺顿等效电路如图 2-35(d)所示。

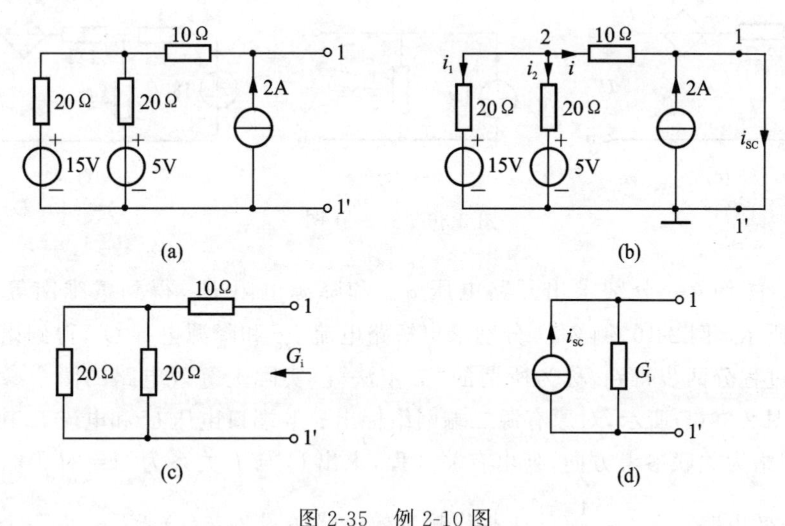

图 2-35 例 2-10 图

例 2-11 求图 2-36(a)所示 ab 端口的诺顿等效电路。

解 ab 短接，将有伴受控电流源等效成有伴受控电压源，如图 2-36(b)所示，求短路电流 i_{sc}。图(b)中左、右网孔分别依顺时针绕行方向列出 KVL 方程

$$\begin{cases}3I_1+6(I_1+i_{sc})=18\\3I_1=2i_{sc}+1.5I_1\end{cases}$$

联立解出

$$i_{sc}=1\ \text{A}$$

再求除源电阻，如图 2-36(c)所示，再将电路图 2-36(c)化简成图 2-36(d)，这里特别注意控制量转移处理方法，用外加电源 U 或 I 求出除源电阻，由 KVL 得

$$U=-1.5I_1+4I$$

代入 $I=1.5I_1$

得 $R_i=\dfrac{U}{I}=3\ \Omega$

除源电导 $G_i=\dfrac{1}{R_i}=\dfrac{1}{3}\ \text{S}$

ab 端口的诺顿等效电路如图 2-36(e)所示。

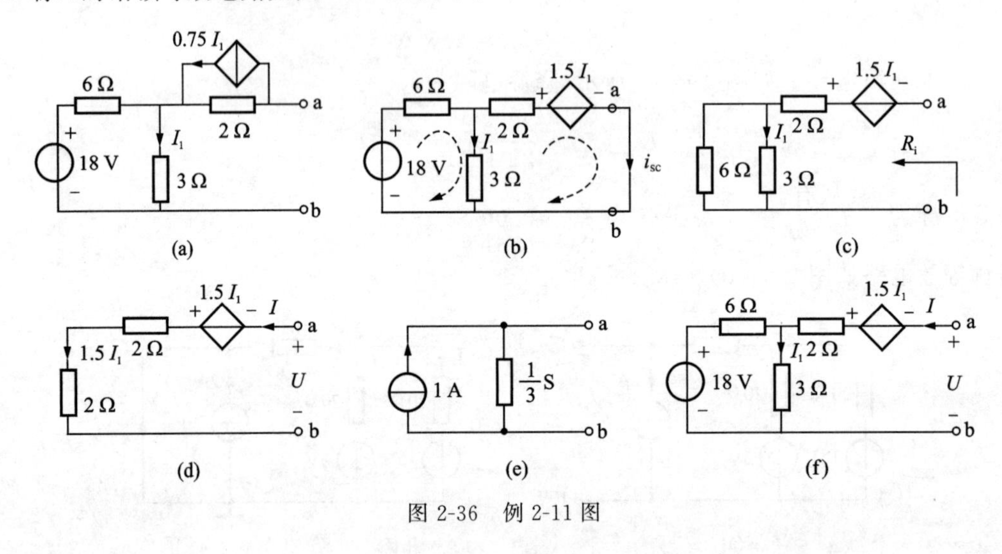

图 2-36　例 2-11 图

注释　① 例 2-8 分别求出开路电压 u_{oc} 和降源电阻 R_i,得到戴维南等效电路如图 2-29(c)所示;例 2-10、例 2-11 分别求出短路电流 i_{sc} 和降源电导 G_i,得到诺顿等效电路,其计算过程分两步得到,称为所谓的"二步法"。实际上等效电路的两个参数一步也能得到,如图 2-36(f)所示,对原有源二端网络标出 a、b 端口电压 U 和电流 I,其方向对所求一端口网络为关联参考方向,列出有关方程,求出 U 与 I 关系为 $U=3I+3$,由此式即得戴维南等效电路;或 $I=\dfrac{1}{3}U-1$ 得诺顿等效电路如图 2-36(e)所示。由一个端口关系式得到对应等效电路两个参数的方法称为所谓的"一步法"。

② 对同一个电路来说,戴维南等效电路和诺顿等效电路同时存在。若等效电阻 R_i 为零或等效电导为∞,则其只有戴维南等效电路,即电路等效为一个电压源;若等效电阻为∞或等效电导为零,则其只有诺顿等效电路,电路等效为一个电流源。

2.7　最大功率传输定理

含源一端口网络所接的负载电阻不同,传输给负载的功率也不同,既不是负载电阻越大传输的功率越大,也不是负载电阻越小传输的功率越大。为了分析负载能从含源一端口网络获得最大功率的条件，含源一端口网络可以用戴维南(或诺顿)等效电路代替，如图 2-37 所示。设负载电阻为 R_L，图 2-37(a)电路中的电流为

$$i=\frac{u_{oc}}{R_i+R_L}$$

负载电阻 R_L 消耗的功率为

$$p=i^2R_L=\left(\frac{u_{oc}}{R_i+R_L}\right)^2R_L$$

若 R_L 可变，令 $\frac{dp}{dR_L}=0$，即可求得 R_L 获得最大功率的条件：

$$\frac{dp}{dR_L}=\frac{u_{oc}^2(R_i+R_L)^2-u_{oc}^2\cdot 2R_L(R_i+R_L)}{(R_i+R_L)^4}=\frac{u_{oc}^2(R_i-R_L)}{(R_i+R_L)^3}=0$$

可得

$$R_L=R_i \tag{2-22}$$

因此，负载从有源一端口网络获得最大功率的条件是：负载电阻 R_L 应与该有源一端口网络的戴维南(或诺顿)降源电阻 R_i 相等，这常称为最大功率传输定理。满足这一条件时，称为负载与电源匹配。此时负载获得的最大功率为

$$P_{max}=\left(\frac{1}{2}u_{oc}\right)^2/R_L=\frac{u_{oc}^2}{4R_L} \tag{2-23}$$

若用诺顿电路，如图 2-37(b)所示，则

$$P_{max}=\left(\frac{1}{2}i_{sc}\right)^2R_L=\frac{1}{4}i_{sc}^2R_L \tag{2-24}$$

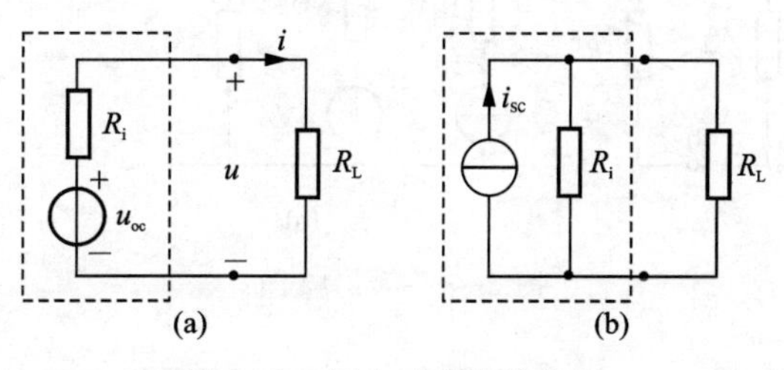

图 2-37 最大功率传输定理

必须注意，一端口网络和它的等效电路只对外电路等效，其内部的工作情况(例如其内部功率)是不等效的。因此不能用等效电路计算一端口网络内部消耗的功率或工作效率等，除非负载的功率来自内阻为 R_i 的电压源或电流源。

用电压源供电的电路在任意工作状态(负载电阻为 R)时的传输效率为

$$\eta=\frac{i^2R}{i^2(R_i+R)}=\frac{R}{R_i+R}$$

由上式可见，R 越大 η 越高；当 $R=R_i$ 时，$\eta=50\%$，即匹配时电路传输效率是相当低的，因为有一半电功率消耗在电源内阻上。因此在电力工程中不允许电路工作在匹配状态，只能工作在 $R>R_i$ 的状态下。但在电子工程中，由于传输的功率数值小，获得最大功率成为矛盾的主要方面，而效率问题往往无关紧要，因此，在电子工程中应尽量使电路工作

在匹配状态。

例 2-12 电路如图 2-38(a)所示,负载 R_L 为何值时能获得最大功率?并求最大功率的值 P_{max}。

解 求最大功率问题,实质上是戴维南定理的应用。断开负载 R_L,电路如图 2-38(b)所示,先求开路电压 u_{oc},由 KCL、KVL 列出方程

$$\begin{cases} i_1 + i_2 = 2 \\ 6i_1 + 6 - 3i_2 = 0 \end{cases}$$

联立求得

$$\begin{cases} i_1 = 0 \\ i_2 = 2\ \text{A} \end{cases}$$

所以

$$u_{oc} = 3i_2 = 3 \times 2 = 6\ \text{V}$$

再求除源电阻 R_i

$$R_i = \frac{3 \times 6}{3 + 6} = 2\ \Omega$$

构成戴维南等效电路如图 2-38(c)所示。当 $R_L = R_i = 2\ \Omega$ 时,应用最大功率公式直接计算得

$$P_{max} = \frac{u_{oc}^2}{4R_i} = \frac{36}{4 \times 2} = 4.5\ \text{W}$$

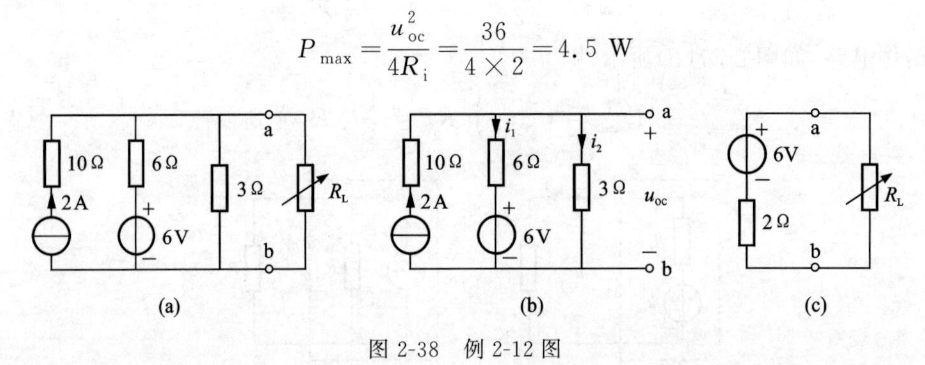

图 2-38 例 2-12 图

例 2-13 电路如图 2-39(a)所示,负载 R_L 为何值时能获得最大功率?并求最大功率的值 P_{max}。

解 该例题是戴维南定理的应用。采用所谓"二步法",断开负载 R_L,电路如图 2-39(b)所示,先求开路电压 u_{oc},由分压关系及 KVL 得

$$U_{oc} = \frac{7}{2+7} \times 9 - \frac{5}{4+5} \times 9 = 2\ \text{V}$$

第二步求除源电阻,独立源置零电路如图 2-39(c)所示,由电阻串、并联关系得

$$R_i = \frac{2 \times 7}{2+7} + \frac{4 \times 5}{4+5} = \frac{34}{9}\ \Omega$$

构成戴维南等效电路如图 2-39(d)所示。当 $R_L = R_i = \frac{34}{9}\ \Omega$ 时,应用最大功率公式直接计算得

$$P_{\max}=\frac{u_{\mathrm{oc}}^{2}}{4R_{\mathrm{i}}}=\frac{4}{4\times\dfrac{34}{9}}=\frac{9}{34}\approx 0.26\ \mathrm{W}$$

+ 9 V − 2 Ω 4 Ω a b 7 Ω 5 Ω R_L (a)
+ 9 V − 2 Ω 4 Ω a + u_{oc} − b 7 Ω 5 Ω (b)
2 Ω 4 Ω a R_i b 7 Ω 5 Ω (c)
a + 2 V − $\frac{34}{9}$ Ω R_L b (d)

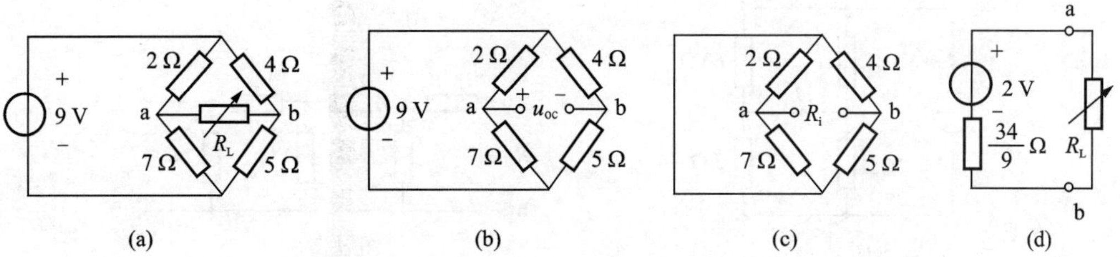

图 2-39　例 2-13 图

习题

2-1　求图题 2-1 所示各电路的等效电阻 R_{ab}。图题 2-1(h)中分开关 S 断开和闭合两种情况。

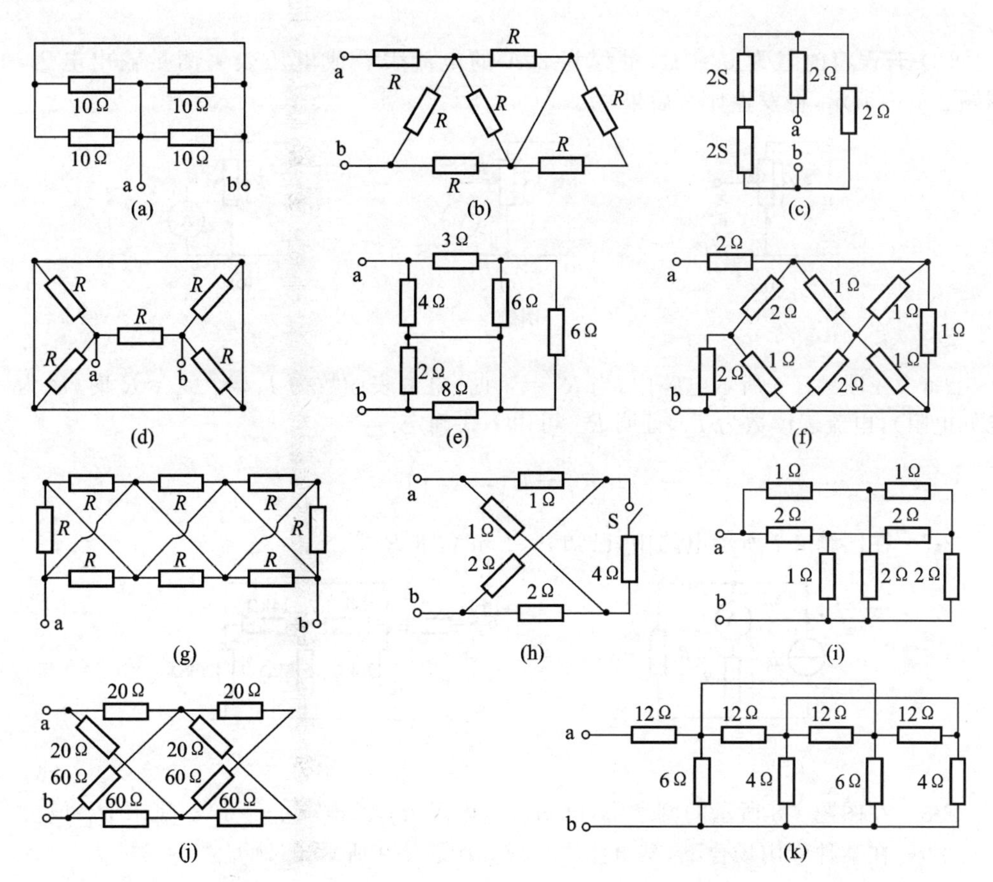

图题 2-1

2-2　图题 2-2 所示电路。(1) 当 $R=60\ \Omega$ 时,求 I_o;(2) 当 R 为何值时,恰好使电流 I_o 为零。

2-3　图题 2-3 所示为一无限梯形网络。试求 a、b 端的等效电阻 R。

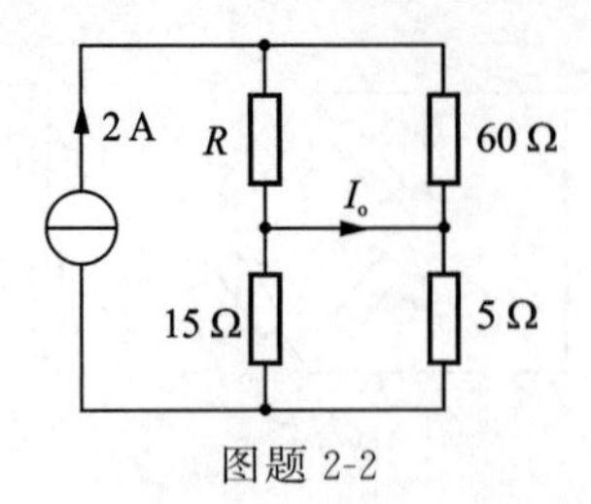

图题 2-2

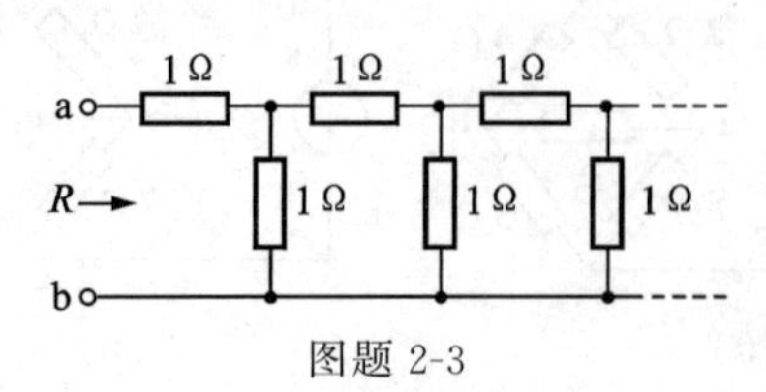

图题 2-3

2-4　一个 220 V 电源的电热器,由两根同样的 50 Ω 的镍铬电阻丝组成,这两个电阻丝串联,则提供低热;若并联,则提供高热。求其在低热和高热状态下的功率。

2-5　有一滑线电阻器作分压器使用[见图题 2-5(a)],其电阻 R 为 500 Ω,额定电流为 1.8 A。若已知外加电压 $u=500$ V,$R_1=100\ \Omega$。

(1) 求输出电压 u_2;

(2) 用内阻为 800 Ω 的电压表去测量输出电压,如图题 2-5(b)所示,问电压表的读数为多大?

(3) 若误将内阻为 0.5 Ω,量程为 2 A 的电流表看成电压表去测量输出电压,如图题 2-5(c)所示,将发生什么后果?

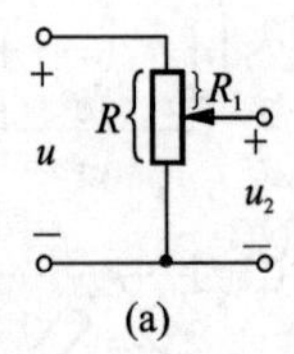

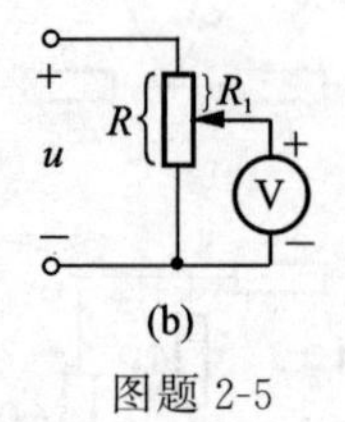

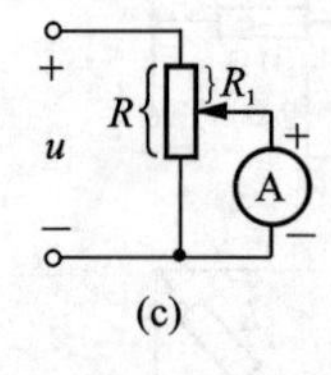

图题 2-5

2-6　在图题 2-6 所示电路中,当 $R_L=\infty$ 时,电流表读数为 I_1,当 $R_L=R$ 时(R 为一已知电阻),电流表读数为 I_2,证明 R_x 可由下式确定:

$$R_x=R\left(\frac{I_1}{I_2}-1\right)$$

2-7　在图题 2-7 所示电路中,已知 $i=1$ mA,求 R 值。

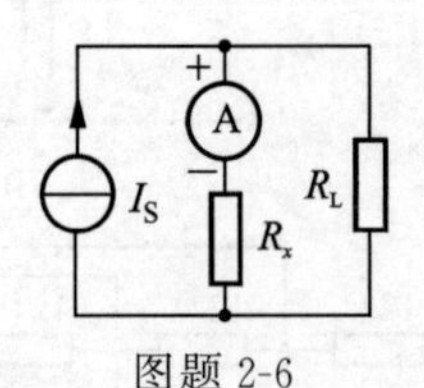

图题 2-6

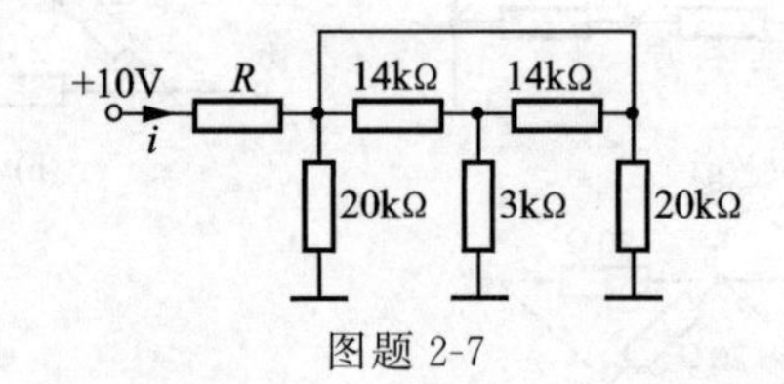

图题 2-7

2-8　在图题 2-8 所示的网络中,已知流过电阻 R_L 的电流 $i_L=1$ A,试求 R_L 值。

2-9　在某种应用场合下,某电路设计成如图题 2-9 所示,且满足:

(a) $U_o/U_S=0.05$　　(b) $R_{ab}=40\ \text{k}\Omega$

若负载电阻 5 kΩ 是固定的,求满足设计要求条件下的电阻 R_1 和 R_2。

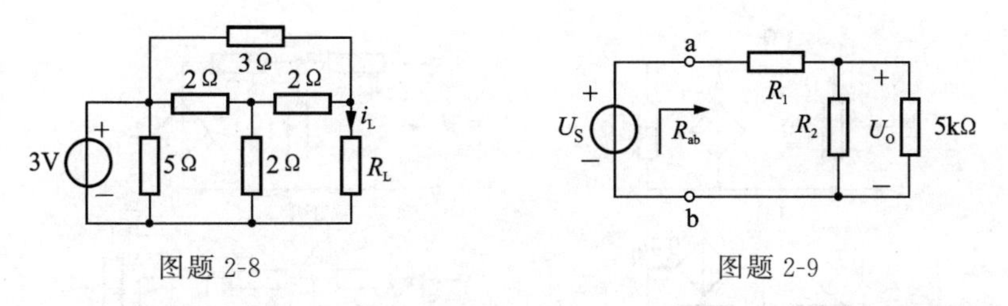

图题 2-8　　　　图题 2-9

2-10　利用电源等效变换化简图题 2-10 所示各二端网络。

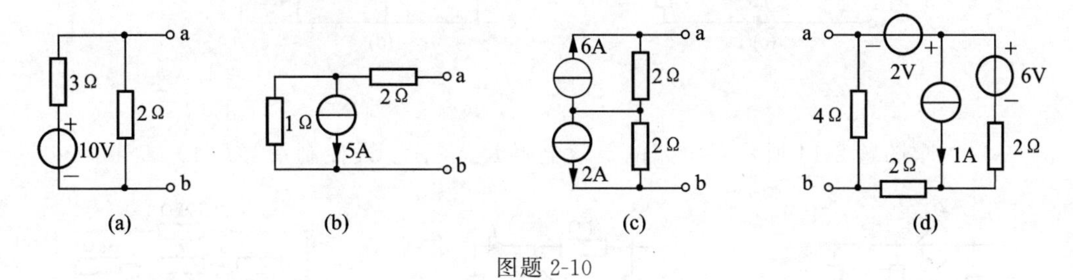

图题 2-10

2-11　化简图题 2-11 所示各二端网络。

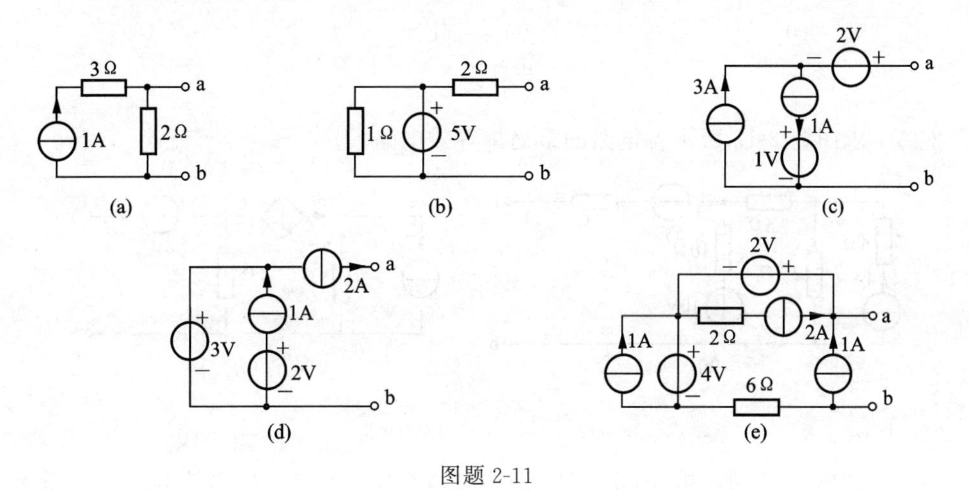

图题 2-11

2-12　应用电源等效变换的方法求图题 2-12 所示电路中的电流 i。

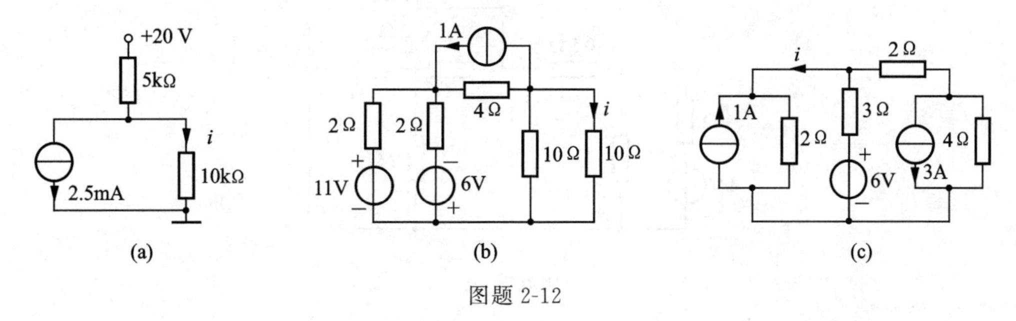

图题 2-12

2-13　求图题 2-13 所示各电路的等效电阻 R_i。

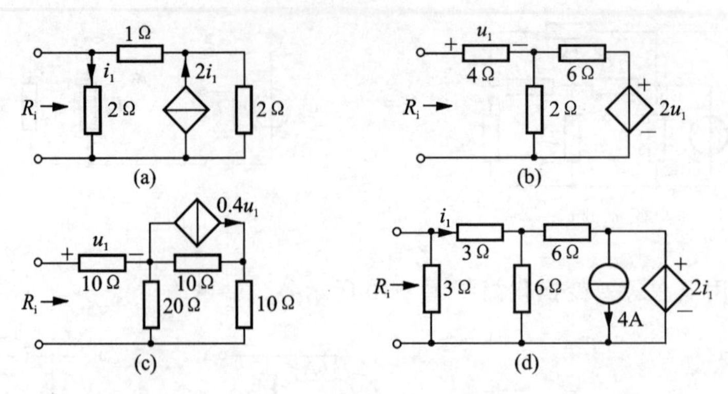

图题 2-13

2-14　求图题 2-14 所示各电路的等效电阻 R_i(提示：设控制量等于 1)。

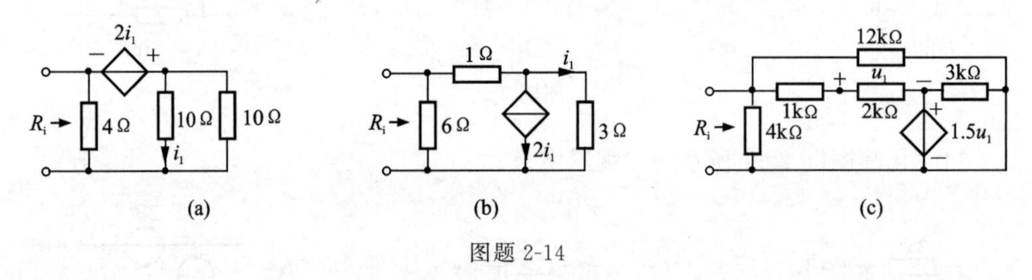

图题 2-14

2-15　求图题 2-15 所示各电路的最简单等效电路。

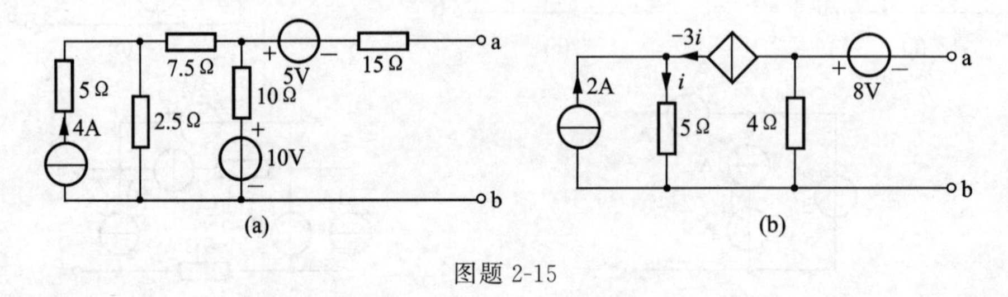

图题 2-15

2-16　图题 2-16 所示电路，求：(1) 虚线右边部分电路的端口等效电阻；(2) 电流 i；(3) 利用替代定理求电流 i_o。

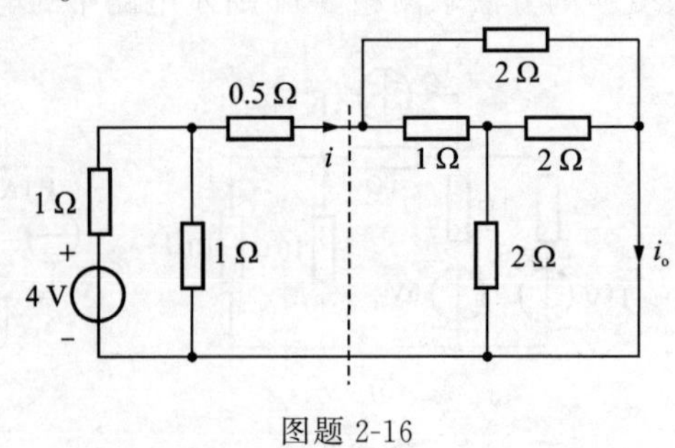

图题 2-16

2-17　试证明图题 2-17(a)电路的戴维南等效电路如图题 2-17(b)所示。

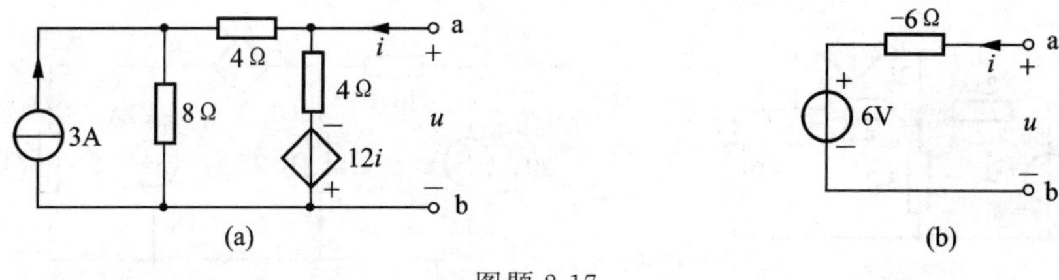

图题 2-17

2-18　试用戴维南定理求图题 2-18 所示各电路的电流 i。

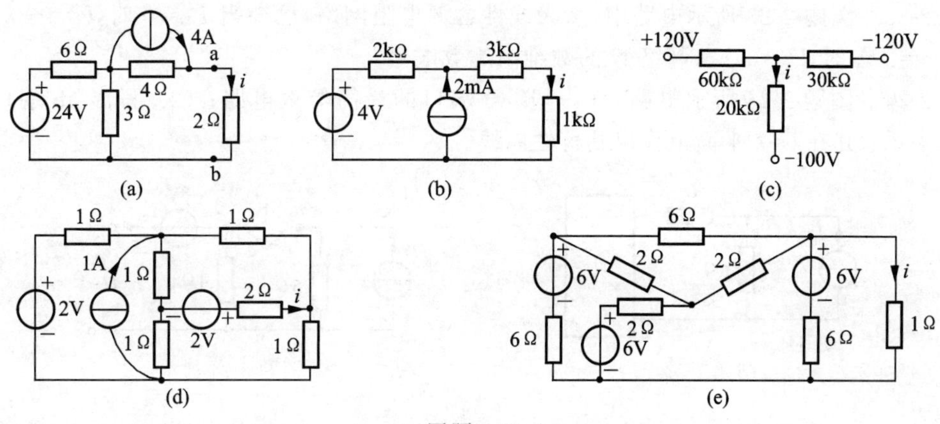

图题 2-18

2-19　在图题 2-19 所示电路中，已知 R_x 支路的电流为 0.5 A，试求 R_x。

2-20　在图题 2-20(a)电路中，测得 $U_2=12.5$ V，若将 A、B 两点短路，如图 2-20(b)所示，短路线电流为 $I=10$ mA，试求网络 N 的戴维南等效电路。

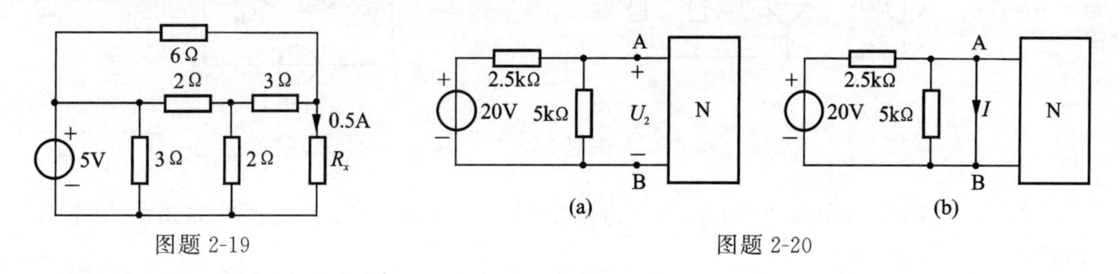

图题 2-19　　　　图题 2-20

2-21　用诺顿定理求图题 2-21 所示电路的电压 u。

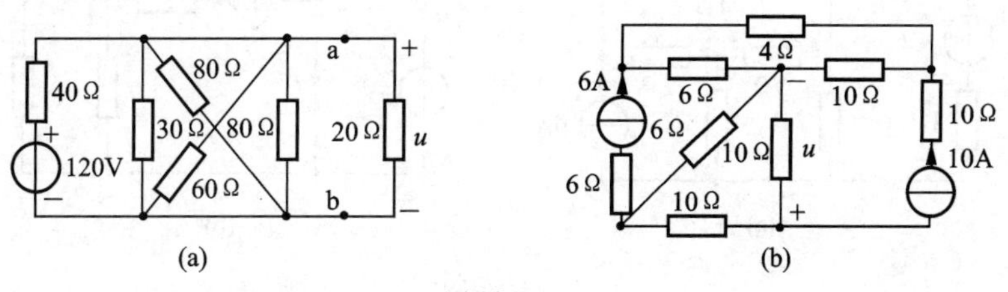

图题 2-21

2-22　用诺顿定理求图题 2-22 所示各电路中的电流 i。

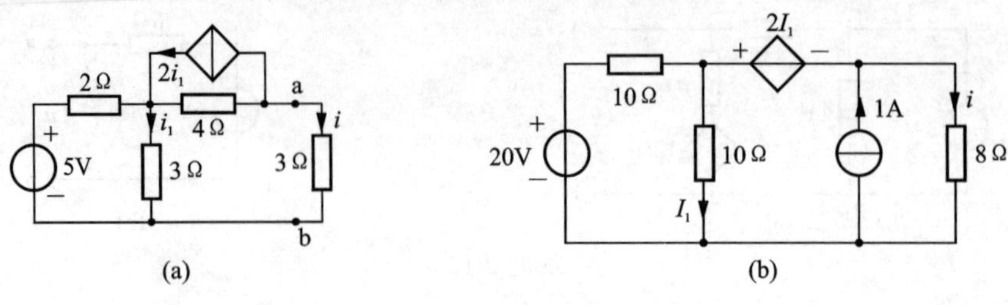

图题 2-22

2-23　图题 2-23 所示电路中,N 为线性含源电阻网络,已知当 $I_S=0$ 时,$U=-2$ V;当 $I_S=2$ A 时,$U=0$。求网络 N 的戴维南等效电路。

2-24　图题 2-24 所示电路。(1) 求 ab 端口的最简等效电路;(2) 写出 ab 端口的 U-I 关系;并在 U-I 平面上作出其特性曲线。

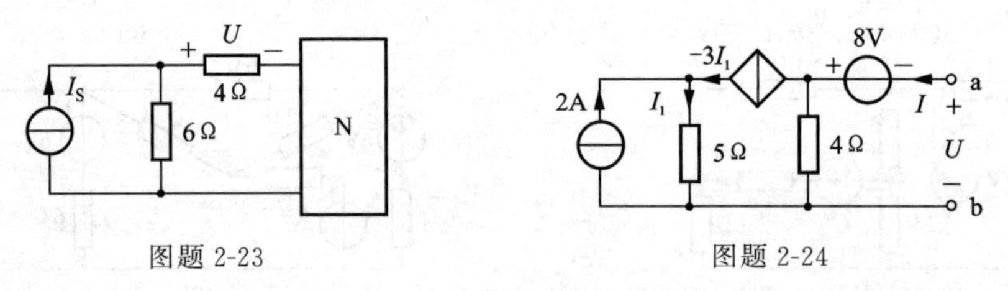

图题 2-23　　　　图题 2-24

2-25　电路如图题 2-25 所示,试求当负载电阻 R_L 为何值时可获得最大功率,并求最大功率的值。

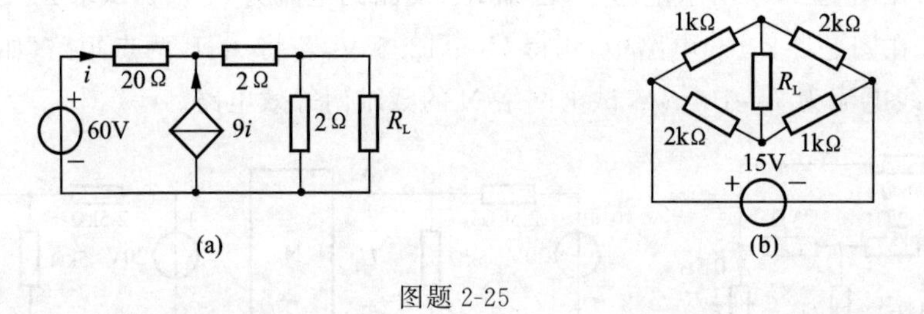

图题 2-25

2-26　电路如图题 2-26 所示,R_x 为何值时,R_x 可获得最大功率?此最大功率为何值?

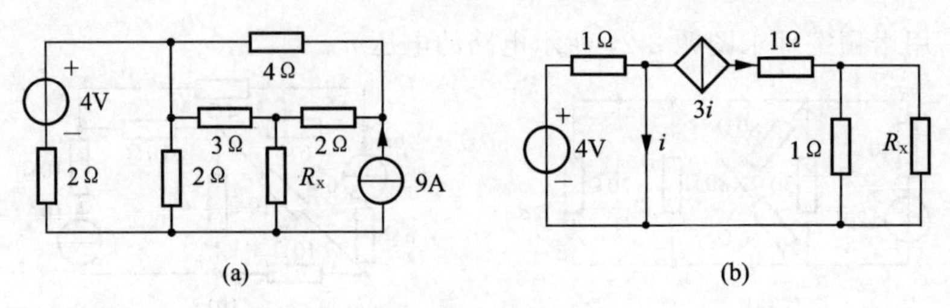

图题 2-26

2-27 图题2-27所示电路。(1) 画出a、b端以左部分的戴维南等效电路;(2) 若负载电阻$R_L=2\ \Omega$,求R_L消耗的功率;(3) 当R_L为何值时,它能获得最大功率,并求此最大功率P_{max}。

2-28 图题2-28所示电路中,线性有源二端网络N_1与R_2并联构成二端网络N。自N端口a、b向右看的除源电阻为R_{ab}。设$R=0$时,$u=u_1$;$R=\infty$时,$u=u_2$。求证:当R为任意值时,电压

$$u=\frac{R_{ab}u_1+Ru_2}{R_{ab}+R}$$

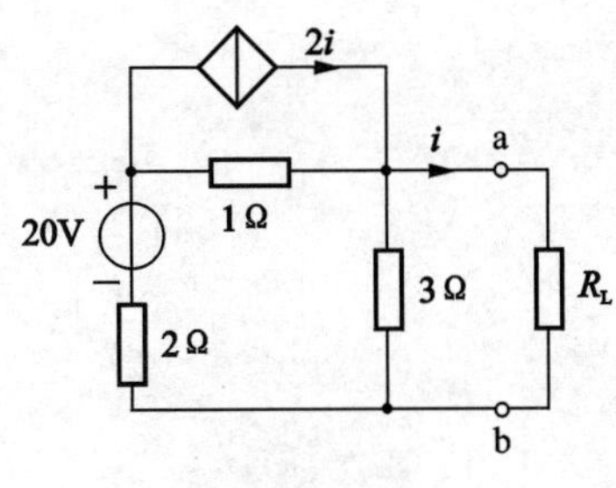

图题2-27

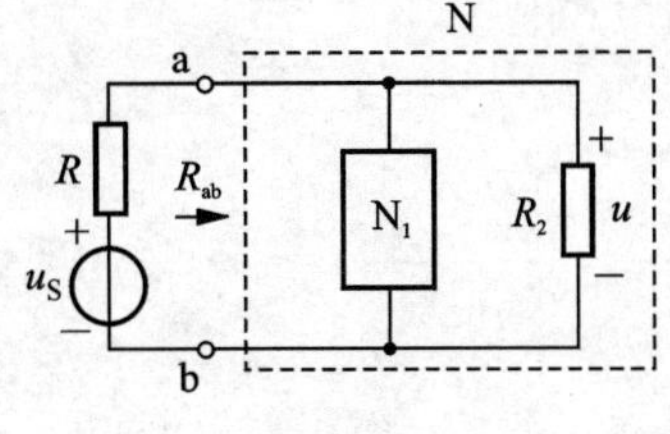

图题2-28

第3章 电阻电路系统法分析

第2章介绍的电路等效法分析适合求解某一个元件或某一条支路的电压、电流情况，当需要分析电路中多个元件或多条支路的电压、电流时，要实施多次等效变换显然是低效的。

本章介绍的系统法是从电路整体出发，一般不改变电路的结构，选择一组完备的独立变量(电压或电流)，列写一组电路方程进行求解的方法。这里的完备性是指选定的变量能够表示电路中所有支路的电压和电流；独立性是指选定的变量间不可以相互表示。系统分析法亦称为独立变量法。对于拓扑结构已定(即电路由哪些元件构成、元件之间的联接方式等)、参数已定(即电源、受控源及电阻元件值等)的电路，遵循基尔霍夫定律推导出直接列写设定变量的代数方程。系统法具有一定的普遍性，是计算机辅助分析电路所用的基本方法，本书附录介绍了三种电路仿真软件供读者学习。

对于含 b 条支路、n 个节点的电路，具有 b 个支路电压和 b 个支路电流共 $2b$ 个待求变量，由于支路电压和支路电流可通过 VAR 互相表示，因此只需要求解 b 个支路电压或 b 个支路电流即可，这就是所谓的支路分析法。选择支路电压为求解变量的称为支路电压法，选择支路电流为求解变量的称为支路电流法。本书介绍支路电流法。

b 条支路、n 个节点电路含有$(b-n+1)$个独立回路和$(n-1)$个独立节点，选择$(b-n+1)$个独立回路电流为变量列写方程求解电路的方法，称为回路电流法，当选择的回路为网孔时，亦称为网孔电流法。选择$(n-1)$个独立电压为变量列写方程求解电路的方法，称为节点电压法。

3.1 支路电流法

支路电流法，简称支路法。

图3-1所示电路由电压源和电阻构成，共有6条支路、4个节点。其中6条支路，分别假设了6个支路电流变量，其参考方向选定如图3-1所示。电路中取A、B、C、D 4个节点，在这些节点上，据KCL列出支路电流方程如下：

节点A　$-i_1-i_2+i_5=0$　(3-1a)

节点B　$i_1-i_3+i_4=0$　(3-1b)

节点C　$i_2+i_3-i_6=0$　(3-1c)

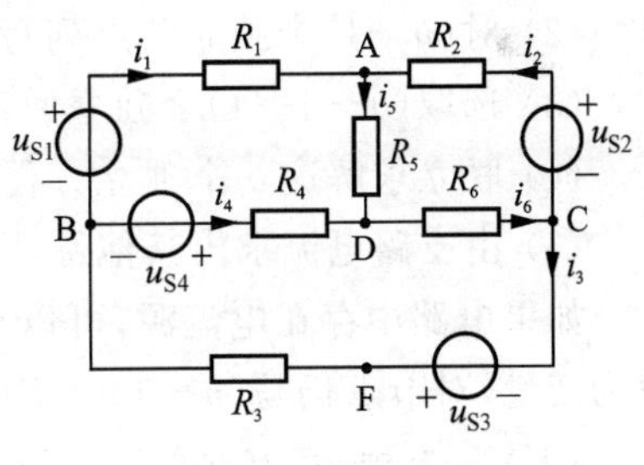

图3-1　支路分析

对于最后一个节点D列出方程$-i_4-i_5+i_6=0$，就等于上面三式相加而得的结果，所以是不独立的。由于每一支路接在两个节点之间，因而每一支路电流对一个节点为流出，则对另一个节点为流入。若对所有的节点写KCL方程，每一支路电流将出现两次，一次为正，一次为负。因此，所有 n 个节点的KCL方程之和必恒为零。这表明，对电路的每一个节点写出KCL方程，则所得的 n 个方程是非独立的(线性相关)。但是，从这 n 个方程中去掉任意一个，余下的$(n-1)$个方程一定是互相独立的。因此，在含有 n 个节点的电路中能够按KCL只能列出$(n-1)$个独立方程。或者说：电路的独立节点数比节点总数少1。本例中总共有4个节点,列出了3个独立节点电流方程。当然选哪3个节点来列方程是任意的。

显然仅有KCL电流方程是不可解的,还需运用KVL列出其他方程。根据KVL可知,沿着任一回路绕向一周,电阻上电位降的代数和应等于电压源上电位升的代数和。据此得到下面的方程:

回路BADB $\quad R_1i_1+R_5i_5-R_4i_4=u_{S1}-u_{S4}$ (3-2a)

回路CADC $\quad R_2i_2+R_5i_5+R_6i_6=u_{S2}$ (3-2b)

回路FBDCF $\quad R_3i_3+R_4i_4+R_6i_6=u_{S3}+u_{S4}$ (3-2c)

这里取了电路的3个网孔(即内部不包含任何支路的回路)作为回路。取网孔作为列方程的回路,能保证所列回路电压方程是独立的。因为其余的回路,必将是几个网孔的合成,在这种回路上列出的KVL方程就等于各个被合成回路(即网孔)上KVL方程的代数总和,因而是不独立的,但每一个网孔却不能由别的网孔来合成,因而网孔上的电压方程都是独立的。由此可见,一个平面电路中独立回路电压方程的数目等于此电路的网孔数。当然取网孔列方程是获得独立回路电压方程的充分条件,而不是必要条件。在本例中也可取大回路BACFB代替网孔FBDCF等,只要保证这一个回路不是由其他已取回路合成而得就可以。独立回路的取法:先任选一个回路,然后每选择一个回路至少新增一条支路,那么所选的这个回路就是独立的。一个电路的独立回路数恒等于$b-n+1$,其中n为节点数,b为支路数。于是任一电路按照基尔霍夫定律可列出的独立方程数合计为

$$(n-1)+(b-n+1)=b \tag{3-3}$$

它刚好等于未知量支路电流的数目,因此可以求得唯一的一组解。

支路电流法求解的步骤如下:

(1) 选定各支路电流的参考方向,并标出电流变量;

(2) 对$(n-1)$个独立节点列写KCL方程;

(3) 选取$(b-n+1)$个独立回路,列写KVL方程;

(4) 联立求解这b个独立方程,得出各支路电流;

(5) 由支路电流求出其他待计算量,如支路电压或功率。

如果电路中存在电流源,可以有两种方法处理,第一种方法是电流源支路电流不再设为变量,对节点仍写$(n-1)$个KCL方程,选取不包含电流源支路的回路,(优先选择网孔)写KVL方程,其方程总数与变量个数相等,这种方法称为少设变量法。第二种方法是电流源支路不再作为变量,而将电流源上电压设为变量,对节点仍列$(n-1)$个KCL方程,对回路列$(b-n+1)$个KVL方程,列写电压方程时仍选择网孔为独立回路,把电流源支路用电压源支路替代纳入回路KVL电压方程。

例3-1 图3-2(a)所示电路,求各支路电流。

解法1 电路共有3条支路、2个节点,可列出1个独立KCL方程和2个独立KVL方程。中间为电流源支路、其电流已知,不再设为变量,设出其他两条支路电流变量,标出参考方向如图3-2(b)所示。列写一个独立节点的KCL方程为

$$i_2-i_1=1 \quad ①$$

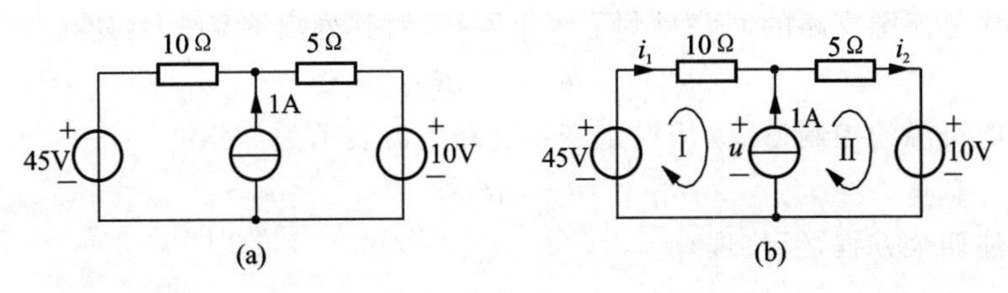

图 3-2 例 3-1 图

不含电流源支路的回路只有一个(即外围回路),列写 KVL 方程

$$10i_1+5i_2=-10+45 \quad ②$$

联立式①、式②求解得

$$i_1=2\ \text{A},\quad i_2=3\ \text{A}$$

解法 2 增设电流源上电压 u,选择两个网孔的绕行方向如图 3-2(b)所示。列写一个 KCL 方程和两个 KVL 方程为

$$i_2-i_1=1$$

网孔 Ⅰ $\qquad 10i_1+u=45$

网孔 Ⅱ $\qquad 5i_2-u=-10$

联立求解上述 3 个方程,可得

$$i_1=2\ \text{A},\quad i_2=3\ \text{A},\quad u=25\ \text{V}$$

比较上述两种方法,第 1 种方法方程数少,相对简单,但若要求计算电流源的功率,则第 2 种方法更直接。

若电路中存在受控源,则将受控源看作相应的独立源,列写支路法所必须的方程,然后将受控源的控制量用设定支路电流表示,作为辅助方程补充。

例 3-2 图 3-3 所示是含受控源的电路,试求电阻 R_3 上的电压 u_3。

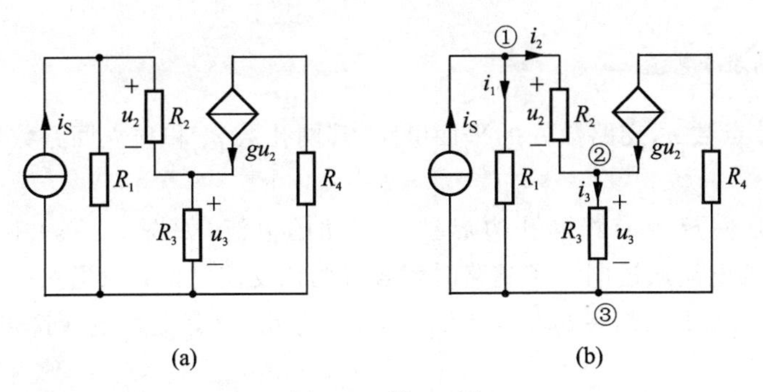

图 3-3 例 3-2 图

解 电路有 5 条支路、3 个节点,标出节点序号及非电流源支路电流 i_1、i_2、i_3 变量的参考方向如图 3-3(b)所示。图中 3 个节点,可列出两个独立的 KCL 方程(对节点①和②)为

$$i_1+i_2=i_S$$

$$i_3-i_2=gu_2$$

选择不含电流源支路的回路只剩下一个网孔,对其列出 KVL 方程有

$$R_2 i_2 + R_3 i_3 - R_1 i_1 = 0$$

将受控电流源的控制量 u_2 用设定变量支路电流表示为

$$u_2 = R_2 i_2$$

联立上述四个方程,经整理有

$$\begin{cases} i_1 + i_2 = i_S \\ -(1+gR_2)i_2 + i_3 = 0 \\ -R_1 i_1 + R_2 i_2 + R_3 i_3 = 0 \end{cases}$$

用行列式求解,得

$$i_3 = \begin{vmatrix} 1 & 1 & i_S \\ 0 & -(1+gR_2) & 0 \\ -R_1 & R_2 & 0 \end{vmatrix} \Bigg/ \begin{vmatrix} 1 & 1 & 0 \\ 0 & -(1+gR_2) & 1 \\ -R_1 & R_2 & R_3 \end{vmatrix}$$

$$= \frac{-R_1(1+gR_2)i_S}{-(1+gR_2)R_3 - R_1 - R_2} = \frac{R_1(1+gR_2)i_S}{R_1 + R_2 + (1+gR_2)R_3}$$

所以 $$u_3 = i_3 R_3 = \frac{R_1 R_3 (1+gR_2) i_S}{R_1 + R_2 + (1+gR_2)R_3}$$

由于电路中每一个支路的电压和电流两个变量的关系仅取决于该支路中元件本身的参数,故用支路电流法解出了支路电流后支路电压和功率也就可以计算出来。当然也可以设定支路电压作为变量,解出支路电压,支路电流也就随之而定,即所谓的支路电压法,请读者自行学习。

3.2 回路(网孔)电流法

1. 回路(网孔)电流

对于一个节点数 n,支路数 b 的平面电路,其网孔数 m 和独立回路数 l 为

$$l = m = b - n + 1$$

网孔电流是假想的沿着网孔边界独自流动的电流,如图 3-4(a)中虚线所示 I_{l1}、I_{l2}[①],这些假想的电流通过同一条支路时就合成为该支路电流;只通过一条支路时,则为该支路电流,即 $I_1 = I_{l1}$,$I_3 = I_{l2}$,$I_2 = I_{l2} - I_{l1}$。为此,所有支路电流都可以用网孔电流表示。

图 3-4(b)、(c)中,假想沿着外围大的回路也有独自流动的电流 I_{l3},则支路电流可以用 I_{l1} 和 I_{l3} 表示,如图 3-4(b)所示;也可以用 I_{l2} 和 I_{l3} 表示,如图 3-4(c)所示。在图 3-4(b)中:$I_1 = I_{l1} + I_{l3}$,$I_2 = -I_{l1}$,$I_3 = I_{l3}$;在图 3-4(c)中:$I_1 = I_{l3}$,$I_2 = I_{l2}$,$I_3 = I_{l2} + I_{l3}$。由此可知,选择的回路不同,支路电流可以用不同的回路电流表示,但支

① 注:直流量常用变量的大写表示。

路电流是确定的，独立回路的个数($b-n+1$)也是确定的。

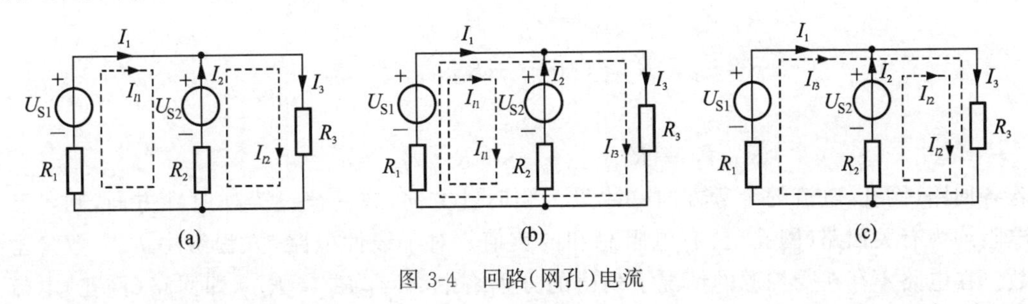

图 3-4 回路(网孔)电流

以网孔电流为变量列写电路方程求解的方法称为网孔电流法，简称网孔法，如图 3-4(a)所示。

以回路电流为变量列写电路方程求解的方法称为回路电流法，简称回路法，如图 3-4(b)或图 3-4(c)所示。考虑方便，叙述时不再对两者加以区别，统一为回路(网孔)法。

2. 回路(网孔)方程

在图 3-4(a)中，选定左右两个网孔，列写 KVL 方程

$$\left.\begin{aligned} R_1I_1-R_2I_2&=U_{S1}-U_{S2} \\ R_2I_2+R_3I_3&=U_{S2} \end{aligned}\right\} \tag{3-4}$$

将方程组(3-4)中的支路电流用回路电流表示，则方程为

$$\left.\begin{aligned} R_1I_{l1}+R_2I_{l1}-R_2I_{l2}&=U_{S1}-U_{S2} \\ -R_2I_{l1}+R_2I_{l2}+R_3I_{l2}&=U_{S2} \end{aligned}\right\} \tag{3-5}$$

比较式(3-4)和式(3-5)可知，方程组(3-4)不可解，方程组(3-5)可解。方程组(3-5)虽然是 KVL 方程，但其隐含了一个 KCL 方程：$I_2=-I_{l1}+I_{l2}=-I_1+I_3$。由此可知，以网孔电流(回路电流)为变量列写 KVL 方程要比支路电流为变量列写的方程数少($n-1$)个。

将方程组(3-5)整理后可得

$$\begin{cases} (R_1+R_2)I_{l1}-R_2I_{l2}=U_{S1}-U_{S2} & \text{(3-6a)} \\ -R_2I_{l1}+(R_2+R_3)I_{l2}=U_{S2} & \text{(3-6b)} \end{cases}$$

根据观察即能列出这样的一组网孔电流方程，把式(3-6)概括为如下一般形式：

$$\left.\begin{aligned} R_{11}I_{l1}+R_{12}I_{l2}&=u_{S11} \\ R_{21}I_{l1}+R_{22}I_{l2}&=u_{S22} \end{aligned}\right\} \tag{3-7}$$

式中，R_{11}、R_{22} 分别为网孔Ⅰ、网孔Ⅱ的**自电阻**(self resistance)，它们分别是各自网孔内所有电阻的总和，例如 $R_{11}=R_1+R_2$，$R_{22}=R_2+R_3$。R_{12} 称为网孔Ⅰ与网孔Ⅱ的**互电阻**(mutual resistance)，它是该两网孔的公有电阻，即 $R_{12}=-R_2$，出现负号是网孔电流 I_{l1} 和 I_{l2} 以相反的方向流过公有电阻 R_2。两网孔电流同向流过公有电阻时互电阻为正，异向为负。另外，式(3-7)中有 $R_{12}=R_{21}$。u_{S11}、u_{S22} 分别为网孔Ⅰ、网孔Ⅱ中各电压源电位升的代数和，$u_{S11}=u_{S1}-u_{S2}$，$u_{S22}=u_{S2}$。

推广至具有 m 个回路（网孔）的电路，则回路（网孔）电流方程的形式应为

$$\left.\begin{array}{l} R_{11}i_{l1}+R_{12}i_{l2}+\cdots+R_{1m}i_{lm}=u_{S11} \\ R_{21}i_{l1}+R_{22}i_{l2}+\cdots+R_{2m}i_{lm}=u_{S22} \\ \cdots \\ R_{m1}i_{l1}+R_{m2}i_{l2}+\cdots+R_{mm}i_{lm}=u_{Smm} \end{array}\right\} \tag{3-8}$$

若各回路（网孔）电流的参考方向一律设为顺时针方向，或一律设为逆时针方向，则各互电阻均为有关回路（网孔）公有电阻总和的负值。对于线性电路，方程组中 R 参数为常数。在电路不存在受控源的情况下列出的方程组中，必有 $R_{ki}=R_{ik}$，即回路（网孔）电流方程组的系数行列式，具有以自电阻为主对角线对称的形式。后续回路（网孔）法分析电路时，将应用式(3-8)系数行列式中自电阻、互电阻形成规律直接列写电路方程。

对图 3-4(b)中选定的回路电流列写电路方程，回路 l_1 自电阻为 R_1+R_2，回路 l_3 自电阻为 R_1+R_3，互电阻为 R_1，两回路径 R_1 时绕向相同取正，由此列写的回路电流方程为

$$\left.\begin{array}{l} (R_1+R_2)I_{l1}+R_1I_{l3}=U_{S1}-U_{S2} \\ R_1I_{l1}+(R_1+R_3)I_{l3}=U_{S1} \end{array}\right\} \tag{3-9}$$

读者可自行列出图 3-4(c)的回路电流方程。

回路电流解出，则可进一步解出支路电流、电压及功率。仔细观察图 3-4 中各支路电流和回路电流，可以发现当某条支路经过的回路电流只有 1 个时，则回路电流就为该支路电流，这时，直接用支路电流表示回路电流，这样可以减少变量的表示，有利于方程的列写，但支路电流和回路电流两者有本质的区别。

例 3-3 列出图 3-5 所示电路的回路（网孔）电流方程。

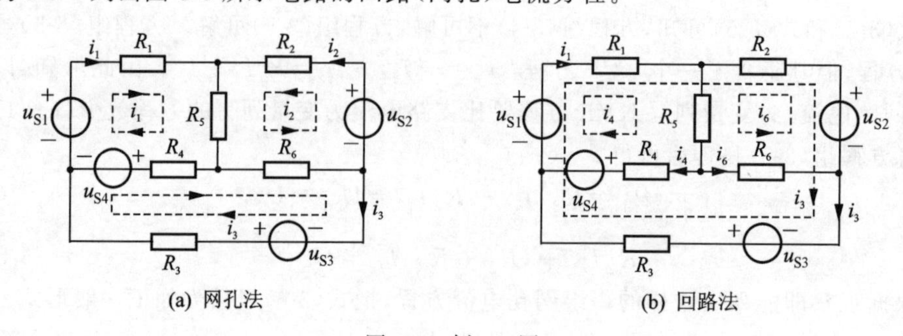

图 3-5 例 3-3 图

解 标出网孔电流如图 3-5(a)所示，此时网孔电流为电路三个外围边界支路电流。由式(3-8)列出网孔电流方程为

$$\begin{cases} (R_1+R_4+R_5)i_1+R_5i_2-R_4i_3=u_{S1}-u_{S4} \\ R_5i_1+(R_2+R_5+R_6)i_2+R_6i_3=u_{S2} \\ -R_4i_1+R_6i_2+(R_3+R_4+R_6)i_3=u_{S3}+u_{S4} \end{cases}$$

标出回路电流如图 3-5(b)所示，此时回路电流为 R_4、R_6 及 R_3 支路上的电流，列出

回路电流方程为

$$\begin{cases}(R_1+R_4+R_5)i_4+R_5i_6+R_1i_3=u_{S1}-u_{S4}\\ R_5i_4+(R_2+R_5+R_6)i_6-R_2i_3=u_{S2}\\ R_1i_4-R_2i_6+(R_1+R_2+R_3)i_3=u_{S1}-u_{S2}+u_{S3}\end{cases}$$

由例 3-3 可知，当电路中没有电流源支路时，网孔法方程列写比回路法方程列写要清晰。因此，优先选择网孔法。

例 3-4 求图 3-6 电路中各支路电流。

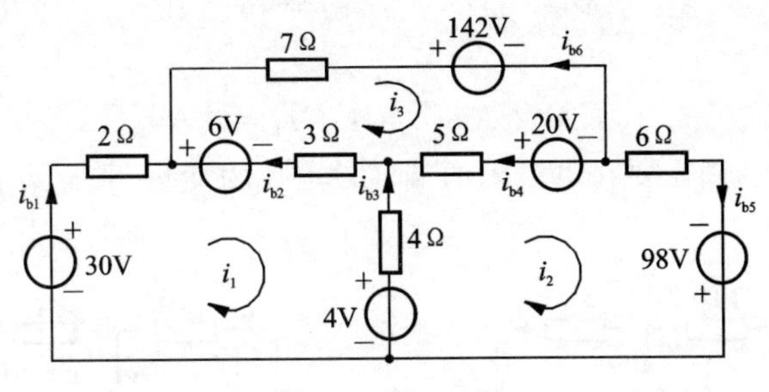

图 3-6 例 3-4 图

解 本题说明用网孔法的解题步骤。

该电路共有 6 条支路、3 个网孔，如果用支路电流法，需列写 6 个独立方程，计算麻烦。现选择网孔法，则只需要 3 个网孔电流方程，设 3 个网孔电流 i_1、i_2、i_3，参考方向如图 3-6 所示。列出电路的网孔电流方程为

网孔 1 $(2+3+4)i_1-4i_2-3i_3=30-6-4$

网孔 2 $-4i_1+(4+5+6)i_2-5i_3=-20+98+4$

网孔 3 $-3i_1-5i_2+(7+5+3)i_3=-142+20+6$

整理得

$$9i_1-4i_2-3i_3=20$$
$$-4i_1+15i_2-5i_3=82$$
$$-3i_1-5i_2+15i_3=-116$$

解上列联立方程，得网孔电流 $i_1=2\ \text{A}$，$i_2=4\ \text{A}$，$i_3=-6\ \text{A}$。

由网孔电流，求出支路电流（参考方向如图 3-6 所示）

$i_{b1}=i_1=2\ \text{A}$， $i_{b2}=i_3-i_1=-6-2=-8\ \text{A}$， $i_{b3}=i_2-i_1=4-2=2\ \text{A}$

$i_{b4}=i_3-i_2=-6-4=-10\ \text{A}$， $i_{b5}=i_2=4\ \text{A}$， $i_{b6}=-i_3=-(-6)=6\ \text{A}$

求这样 6 个未知支路电流只需 3 个联立方程，而且建立网孔方程是很容易的。比起用支路电流法简便多了。

回路（网孔）分析法的步骤可归纳如下：

(1) 设定回路（网孔）电流的参考方向，回路（网孔）绕行方向与回路（网孔）电流方向一致，通常设为顺时针方向；

(2) 利用自电阻，互电阻及回路（网孔）电压源电位升的代数和等概念直接列写回路

(网孔)电流方程;

(3) 联立求解回路(网孔)电流方程组,进而求出支路电流或其他待求电压。

当电路中有电流源时,可以使电流源支路只存在于一个回路中,则该回路电流即为电流源电流,这样就少设一个变量,再取其他回路电流为变量列写方程。

例 3-5 用回路法求解例 3-1 电路中各支路电流。

解 图 3-7(a)为例 3-1 的图,这里用回路法求解。首先选定回路电流如图 3-7(b)所示,则外围大回路电流设为支路电流 i_1,右边回路电流为 1 A,列出回路方程为

$$(10+5)i_1+5\times 1=45-10$$

解得

$$i_1=2\ \text{A},\ i_2=1+i_1=3\ \text{A}$$

此题若用网孔法,则需要在电流源两端增设电压为变量,独立方程数增加,计算起来就比较麻烦了。

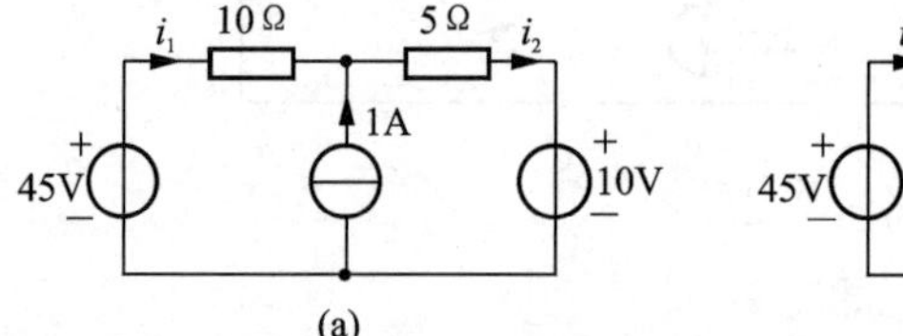

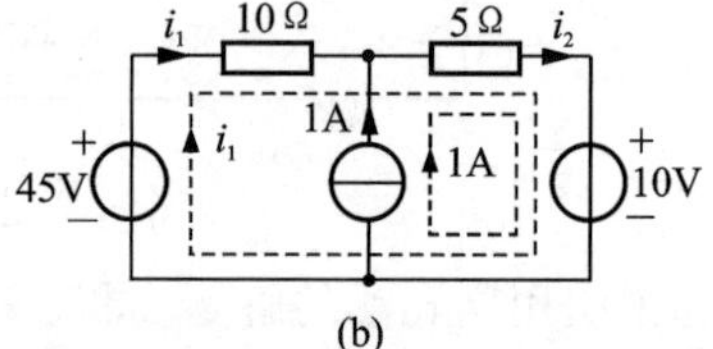

图 3-7 例 3-5 图

例 3-6 图 3-8 所示电路,(1) 列出网孔电流方程;(2) 求电流源发出的功率。

解 设三个网孔电流为 i_1、i_2、i_3,电流源两端的电压 u',其参考方向如图 3-8 所示。

(1) 列出网孔电流方程为

$$3i_1-i_2-2i_3+u'=7$$

$$-i_1+6i_2-3i_3=0$$

$$-2i_1-3i_2+6i_3-u'=0$$

$$i_1-i_3=7$$

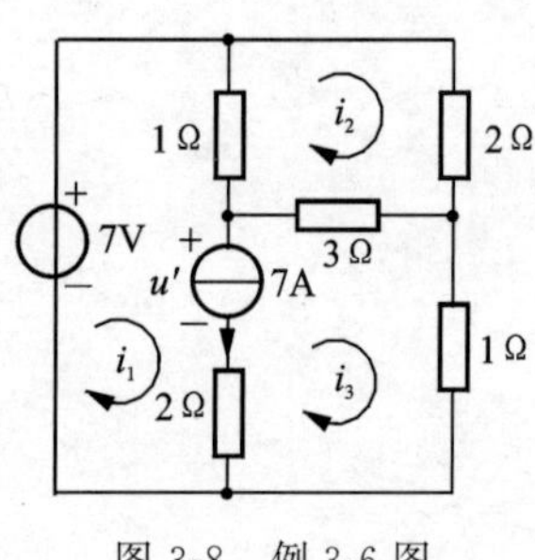

图 3-8 例 3-6 图

由于 u'是未知量,而电流源支路的电流等于电流源电流,故需增添 $i_1-i_3=7$ 这一方程,就能解出 4 个未知量 i_1、i_2、i_3 和 u'。

联立求解得

$$i_1=9\ \text{A},\quad i_2=2.5\ \text{A},\quad i_3=2\ \text{A},\quad u'=-13.5\ \text{V}$$

(2) 电流源发出的功率为

$$P=-7u'=94.5\ \text{W}$$

此例也可像例 3-5 一样,将电流源支路仅放在一个回路中,可少设一个变量,少列一个方程。当电路较复杂或者电流源支路较多时,如何将每个电流源支路仅放在一个回路中,需要动一番脑筋。后面,我们借助图论的一些知识,根据其规律,可以方便地解决这一问题。

例 3-7 应用网孔电流法列出图 3-9 所示电路的网孔电流方程。

解 设网孔电流 i_1、i_2，把受控源暂看作独立源列方程，然后将受控源的控制量用设定的网孔电流表示，即

$$u=50u_1=50\times 25i_1=1250i_1$$

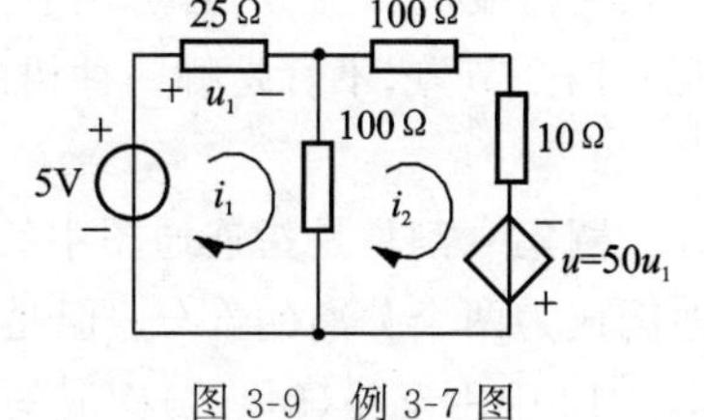

图 3-9 例 3-7 图

电路的网孔电流方程为

$$125i_1-100i_2=5$$

$$-100i_1+210i_2=u=1250i_1$$

整理方程式，将变量归并到一起，受控电压源项被移至方程等式左边，得

$$125i_1-100i_2=5$$

$$-1350i_1+210i_2=0$$

注意此时方程式中 $R_{12}=-100$，$R_{21}=-1350$，$R_{12}\neq R_{21}$。

3. 网络的线图和独立变量

用一线段来表示电路中的一条支路，线段与线段间用点联接，点表示电路中的节点。这样得到的线段、点组成的几何结构图称为线图或拓扑图，简称为图。可见，一个图 G 是节点和支路的一个集合，每条支路与两个节点相联接。如图 3-10(a)所示，对图中的每一支路规定一个方向，则称为有向图，如图 3-10(b)所示，否则称为无向图，如图 3-10(a)所示。若图的任意两节点之间至少存在着一条由支路构成的路径，则该图就称为连通图，如图 3-10(a)所示，否则就称为非连通图或分离图，如图 3-10(c)所示。若图 G_1 中的节点和支路都是图 G 的节点和支路，则图 G_1 称为图 G 的子图。

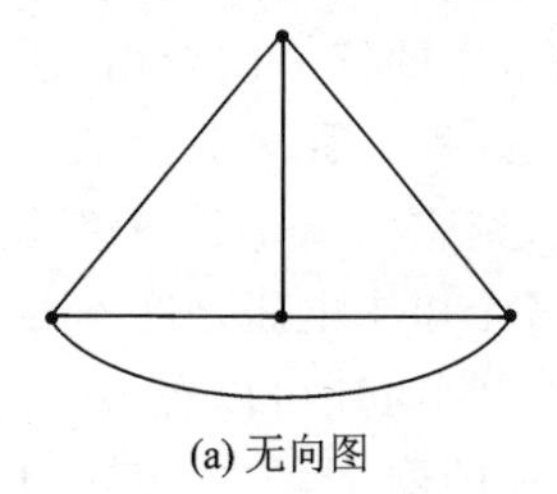
(a) 无向图

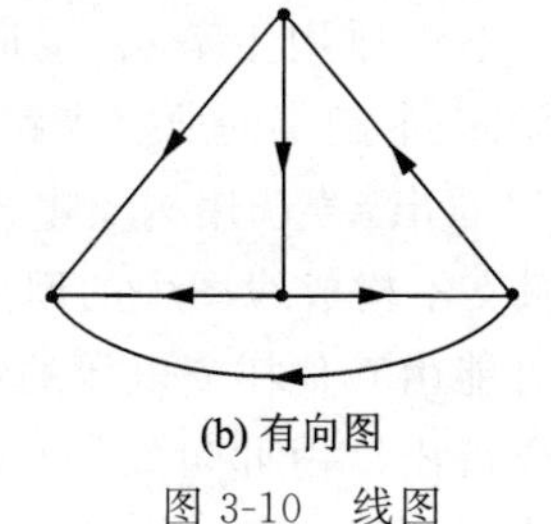
(b) 有向图

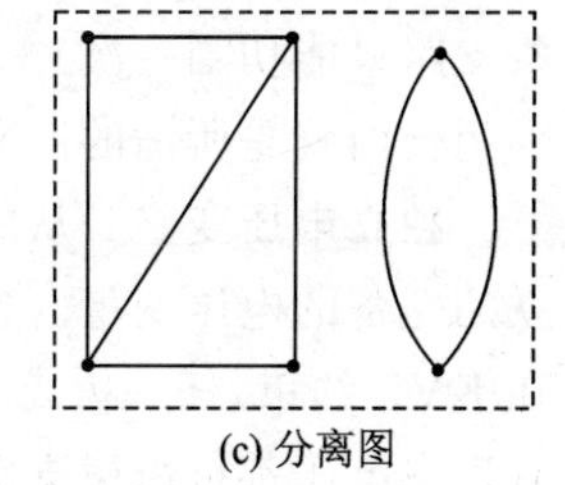
(c) 分离图

图 3-10 线图

树、树支、连支 一般连通图具有闭合回路，在网络中移去一些支路，某些回路便被破坏。若移去足够的支路，使全部节点仍被剩下的支路连成一体，而无一回路存在，由这些支路所构成的线图，称为“树”。可见连通图 G 的一个树是 G 的一个连通子图，包含所有的节点，不包含任何回路。同一网络的线图，树的结构有很多种。例如图 3-11(a)所示为一个简单的电桥电路的线图，树的结构就有 16 种，图 3-11(a)、(b)、(c)画出了其中的三种(树以实线表示)。

构成树的各支路称为树支。图中除树支以外的其他支路称为连支，连支的集合称为树余。根据树的定义可知，树支数等于节点数减 1，若设网络有 n 个节点，b 条支路，则树支数 t 为

$$t = n - 1 \tag{3-10}$$

这是因为:第一个树支联接两个节点;此后每增加一个节点,便增加一个树支;连接全部节点所需要的树支数,必然比节点的总数少1。例如图3-11(a)电桥电路的线图有a、b、c及d四个节点,不管是哪一种树的结构,树支数都是$4-1=3$。显然,连支数l为

$$l = b - t = b - (n-1) = b - n + 1 \tag{3-11}$$

割集 割集是指连通图中符合下列条件的支路集合(set),当将该集合除去时,使连通图成为两个分离的部分;但是只要少移去其中任何一条支路,图仍然是连通的。例如图3-12中由支路(3,4,1)构成的割集,图上用虚线并标以Q_1表示这个割集。它将节点a与图中的其余部分分开。(1,5,2),(2,6,3)以及(1,5,6,3)分别构成割集Q_2,Q_3和Q_4;但(1,5,6)不是割集,因为去掉这些支路不能将连通图分为两个分离部分;(2,5,1,3)也不是割集,因为少移去支路3,图仍分离为两部分。

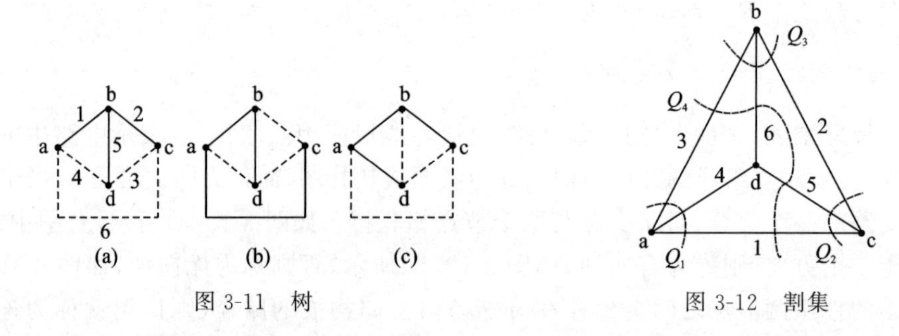

图3-11 树　　图3-12 割集

为了确定一个割集,常采用作闭合面(高斯面)的方法。在一个连通图上画一闭合面,将图分成面内、面外两个连通部分,则闭合面切割的所有支路构成一个割集(注意每条支路只能切割一次)。由于KCL不仅适用于节点,也适用于网络中的任一闭合面,这个闭合面就是所谓的广义节点,所以一个割集的所有支路电流的代数和为零。

独立电压变量 从图3-11可以看出,若选用树支电压为变量,则它们一定是一组独立的完备的电压变量。这是由于树支不构成线图中的回路,因此各个树支电压之间不存在KVL约束,任一树支电压都不可能由其他树支电压的组合得出。同时还可以看出,所有连支电压都可由树支电压的组合得出。由此可知,对于一个具体的网络,先选定它的树的结构,以其树支电压为变量,就可保证所选出的是完备的独立电压变量。如以一组电压为变量,其独立变量数等于网络线图的树支数。

独立电流变量 从网络线图连支的含义可知,对网络选定了树的结构,则全部连支电流为一组独立变量。由于每一节点至少有一条树支与之相联,故各个连支电流之间不存在KCL约束,即任一连支电流都不可能由其他连支电流的组合来表示。而所有树支电流都可由连支电流的组合得出,如图3-13所示(实线表示树支、虚线表示连支,其中所设i_1,i_2,i_3即为连支电流)。因此,若先选定一网络的树结构,以连支电流为变量,则可保证所选的是完备的独立电流变量。若以一组连支电流为变量,其独立变量数等于网络线图的连支数。

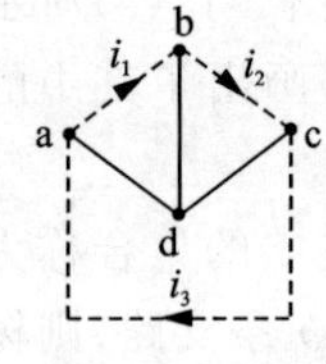

图3-13 连支

4. 基本回路

对一个网络选定树后，如果每次只接上一条连支，这就可以形成一个闭合回路，这回路是由一条连支及其他有关的树支组成，称为基本回路，基本回路亦称为单连支回路。设想连支电流在基本回路中连续流动，形成一个回路电流，称为基本回路电流。这样，电路有 $b-(n-1)$ 条连支，就会有 $b-(n-1)$ 个基本回路及基本回路电流。图 3-14 表示图 3-1 电路其中三种可能的树及其对应的基本回路，箭头表示基本回路的参考方向，这方向与连支电流参考方向一致。对图 3-14(a)所选的树来说，基本回路恰好就是网孔。

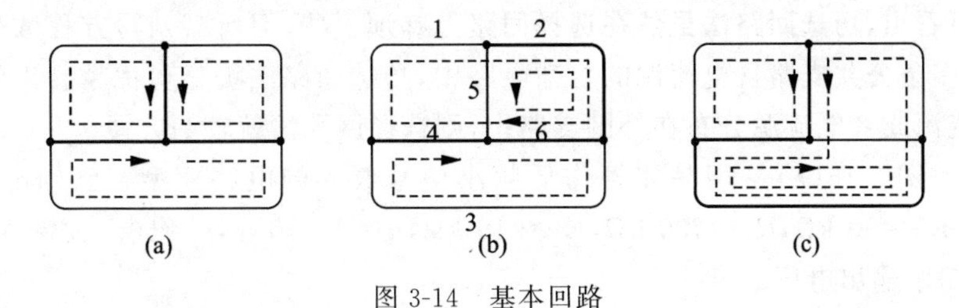

图 3-14　基本回路

对于一个具体的网络，回路可以有很多，因此，可以设想很多回路电流，但是对于一个确定树结构的网络，其基本回路随之而定。因为每一基本回路电流代表一个连支电流，而连支电流是一组完备的独立变量，所以由各个基本回路电流组成的一组电流变量必定是一组完备的独立变量。

对于含有电流源的电路可以这样选择基本回路。首先选择一个树，其树不含有电流源支路，只含有电压源和部分电阻支路，则电流源支路必为连支，由树支和连支构成的基本回路中，有些回路的电流为已知的电流源电流，则可不列该回路方程，只列其他的基本回路方程，此种方法称为“巧选回路法”。

例 3-8　利用巧选回路法列写例 3-6 中电路回路电流方程。

解　例 3-6 电路如图 3-15(a)电路，将电流源支路选为连支，电压源支路及必要的电阻支路选为树支，构成一种树(图中粗线)，其所选的树和基本回路如图 3-15(b)所示，三个回路中，回路Ⅰ的基本电流为电流源的电流 7 A，回路Ⅱ的电流为 i_2，回路Ⅲ的电流为 i_3，只需对回路Ⅱ、Ⅲ列出回路电流方程，其方程

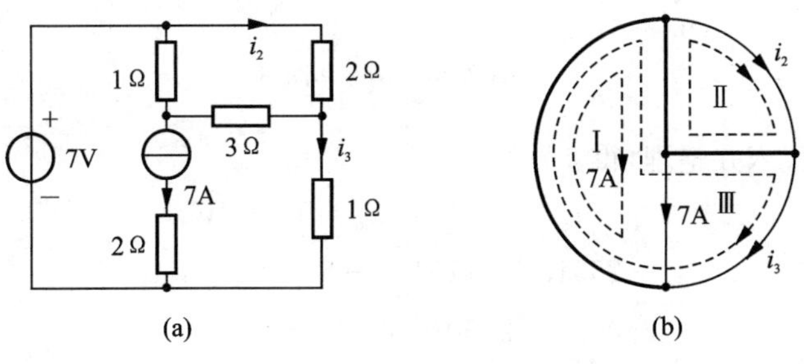

图 3-15　例 3-8 图

回路Ⅱ　$(1+2+3)i_2-1\times7-(1+3)i_3=0$

回路Ⅲ　$(1+3+1)i_3+1\times7-(1+3)i_2=7$

经整理有

$$6i_2-4i_3=7$$
$$-4i_2+5i_3=0$$

联立求解得

$$i_2=2.5\ \text{A},\quad i_3=2\ \text{A}$$

结果与例3-6一样,而计算过程就显得简单。

此例可看出,巧选回路法虽然在选择回路上麻烦了些,但所需列写方程数少了,计算量就小,在多条公共支路含电流源的复杂电路中,巧选回路法更显得优越。当然,若电路中没有电流源或者电流源分布在外围支路中,则选择网孔法就较为方便。

例3-9　图3-16(a)是用晶体管作低频小信号放大的电路模型。已知电路参数为$R_b=1\ \text{k}\Omega$,$R_c=50\ \text{k}\Omega$,$R_f=200\ \text{k}\Omega$,$R_L=10\ \text{k}\Omega$,$\mu=2\times10^{-4}$,$\alpha=50$。设输入信号电压$u_i=10\ \text{mV}$,求输出电压u_o。

解　本题含受控源电路,仍暂将其看作独立源。

电路中有两个受控源,μu_o是VCVS,可将其等效为CCVS,即

$$\mu u_o=\mu R_L i_o$$

αi_b是CCCS,可将它与伴随电阻R_c等效为$\alpha R_c i_b$与电阻R_c串联,成为CCVS,如图3-16(b)所示,设网孔电流为i_1、i_2、i_3,列网孔电流方程,并注意到$i_b=i_1-i_2$,$i_o=i_3$。该电路的网孔电流方程为

网孔Ⅰ　$R_b i_1-R_b i_2=u_i-\mu R_L i_3$

网孔Ⅱ　$-R_b i_1+(R_b+R_f+R_c)i_2-R_c i_3=\mu R_L i_3+\alpha R_c(i_1-i_2)$

网孔Ⅲ　$-R_c i_2+(R_c+R_L)i_3=-\alpha R_c(i_1-i_2)$

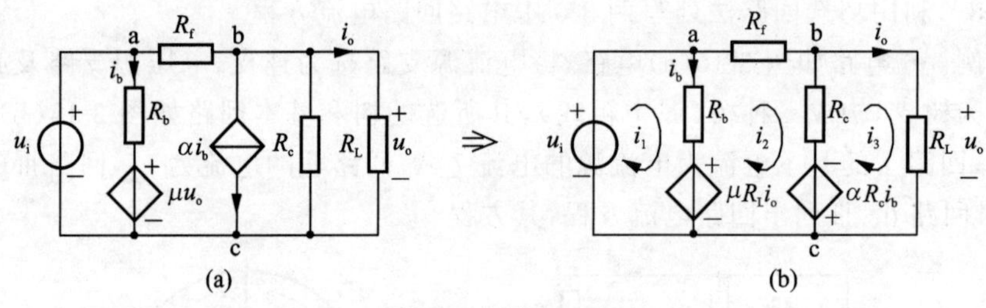

图3-16　例3-9图

将元件数值代入并整理,得

$$i_1-i_2+2\times10^{-3}i_3=10\times10^{-3}$$
$$-2501i_1+2751i_2-50.002i_3=0$$
$$2500i_1-2550i_2+60i_3=0$$

解得　$i_3=-0.4347\ \text{mA}$

所以　$u_o=R_L i_3=-4.347\ \text{V}$

例 3-10 电路如图 3-17(a)所示，试选一树使之只需要一个回路电流方程即能求出 i_1 的值。

解 此例中有两个电流源分布在公共支路上，不改变电路结构，采用“巧选回路法”分析。所选的树和基本回路如图 3-17(b)所示，其中回路Ⅰ的电流为 i_1，回路Ⅱ的电流为 $i_{S1}(6\ \mathrm{A})$，回路Ⅲ的电流为 $i_{S2}(0.4i_1)$，因此只有 i_1 为未知量，故只需列出一个回路电流方程即可求得 i_1。列出第一个回路电流方程

$$R_{11}i_1+R_{12}i_{S1}+R_{13}i_{S2}=0 \qquad ①$$

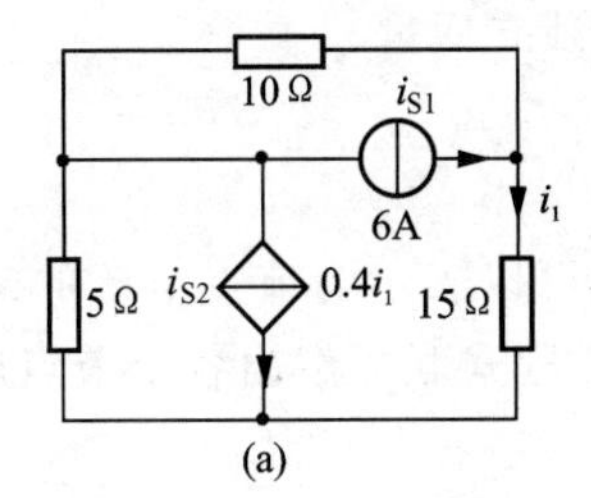

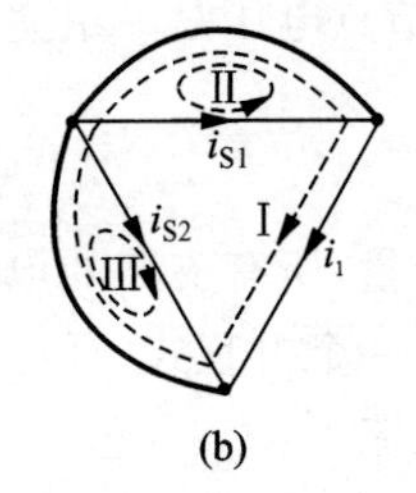

图 3-17 例 3-10 图

其中 $R_{11}=10+15+5=30\ \Omega$，$R_{12}=-10\ \Omega$，$R_{13}=5\ \Omega$

又知 $i_{S1}=6\ \mathrm{A}$，$i_{S2}=0.4i_1$，代入式①得

$$30i_1-10\times 6+5\times 0.4i_1=0$$

所以

$$i_1=\frac{60}{32}=1.875\ \mathrm{A}$$

评注：① 同一个电路对应的线图，其树的选择是多种的。例 3-10 采用“巧选回路法”分析，选择 i_1 支路为连支的基本回路，只需列出一个回路电流方程即可求得 i_1。

② 基本回路数($b-n+1$)等于连支数。选择树时，要将所有电流源(含受控电流源)选为连支，列出基本回路电流方程，例 3-8 和例 3-10“巧选回路法”均基于这种思考。

3.3 节点电压法

选用支路电压作为求解电路的变量，虽然可以借助相应的线图结构保证所设置的变量是一组完备的独立电压变量，但对于一个结构比较复杂的电路，有时树的结构就相当复杂，建立电路方程也并非易事。一般常采用节点电压作为变量来建立方程，这一分析电路的方法称为节点电压分析法，简称节点法。

1. 节点电压

若指定电路中的某一个节点作为参考点，令它的电位为零电位，则其余各节点与这一参考点的电位差称为各节点的节点电位，通常也称为节点电压。知道了电路的各个节点电压，各个支路电压便可由该支路两端节点电压的差值得出

$$u_{ij}=u_i-u_j$$

式中,u_{ij} 为支路 ij 的支路电压,它联接在节点 i 与节点 j 之间,u_i 为节点 i 的节点电压,u_j 为节点 j 的节点电压,由此可见,节点电压是完备的变量。

一个有 n 个节点的电路,除指定的参考点外,有 $n-1$ 个节点电压,即节点电压变量数有 $n-1$ 个,它等于电路的树支数,也就是独立电压变量数。对于选定的树结构,各个节点经过有关树支到达参考点的路径是唯一的,节点电压就是这一路径中各个树支电压的代数和,例如,图 3-18 所示线图,其电路的节点电压与树支电压的关系为 $u_a=u_{ab}+u_{bd}$,$u_c=u_{cb}+u_{bd}$。而树支电压是一组独立变量。因此,任一节点电压不可能由其他节点电压得出。可见,节点电压是一组完备的独立变量。

2. 节点电压方程

以节点电压为变量,所有支路的电流都可以表示为节点电压的函数。根据 KCL,对每一个节点可以写出一个方程式。将这些方程式联立解出各个节点电压后,便可求出各个支路电压及支路电流。

如图 3-19 的电路,有四个节点。以节点④为参考点,即令 $u_4=0$,分别设其他三个节点电压为 u_1、u_2、u_3。

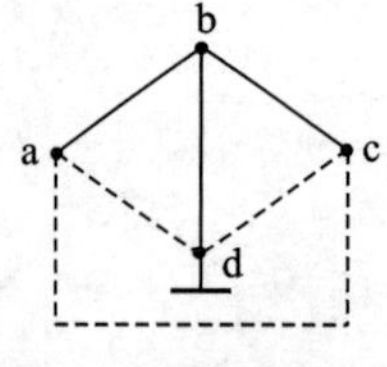

图 3-18　节点电压

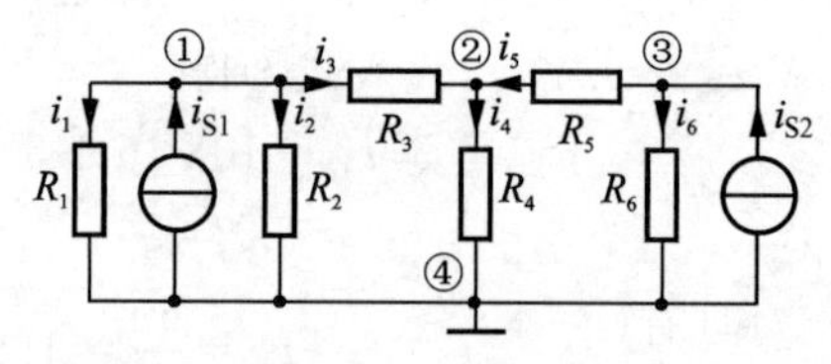

图 3-19　节点分析

在节点①、②、③运用 KCL 得

$$\left.\begin{aligned}&i_1+i_2+i_3=i_{S1}\\&-i_3+i_4-i_5=0\\&i_5+i_6=i_{S2}\end{aligned}\right\}\tag{3-12}$$

由欧姆定律及支路电压与节点电压之间的关系,可得

$$\left.\begin{aligned}&G_1u_1=i_1\\&G_2u_1=i_2\\&G_3(u_1-u_2)=i_3\\&G_4u_2=i_4\\&G_5(u_3-u_2)=i_5\\&G_6u_3=i_6\end{aligned}\right\}\tag{3-13}$$

将式(3-13)代入式(3-12),得

$$\begin{aligned}&G_1u_1+G_2u_1+G_3(u_1-u_2)=i_{S1}\\&-G_3(u_1-u_2)+G_4u_2-G_5(u_3-u_2)=0\\&G_5(u_3-u_2)+G_6u_3=i_{S2}\end{aligned}$$

对上式进行整理,可得

$$\left.\begin{aligned} &(G_1+G_2+G_3)u_1-G_3u_2+0=i_{S1}\\ &-G_3u_1+(G_3+G_4+G_5)u_2-G_5u_3=0\\ &0-G_5u_2+(G_5+G_6)u_3=i_{S2} \end{aligned}\right\} \tag{3-14}$$

对照图3-19,观察式(3-14)可以得出：等号左边为各节点电压作用在和该节点所联接的所有电导支路上的电流,减去相邻由电导支路直接联接的节点电压作用在本节点上的电流；等号右边为流入该节点的电流源电流之代数和。为此把式(3-14)概括为如下的形式：

$$\left.\begin{aligned} &G_{11}u_1+G_{12}u_2+G_{13}u_3=i_{S11}\\ &G_{21}u_1+G_{22}u_2+G_{23}u_3=i_{S22}\\ &G_{31}u_1+G_{32}u_2+G_{33}u_3=i_{S33} \end{aligned}\right\} \tag{3-15}$$

式中,G_{11}、G_{22}、G_{33} 分别称为节点①、节点②、节点③的**自电导**(self conductance),它们分别是各节点上所有电导的总和。如上例中,$G_{11}=G_1+G_2+G_3$,$G_{22}=G_3+G_4+G_5$,$G_{33}=G_5+G_6$。G_{12} 称为节点①和节点②的**互电导**(mutual conductance),它是该两节点间的公有电导的负值。G_{13}、G_{21}、G_{23}、G_{31}、G_{32} 分别为其下标数字所示节点间的互电导,分别为有关两节点间公有电导的负值。若两节点间无电导支路直接连接,则互电导为零。例如,$G_{23}=-G_5$,$G_{13}=0$。另外,$G_{12}=G_{21}$,$G_{23}=G_{32}$,$G_{13}=G_{31}$。

i_{S11}、i_{S22}、i_{S33} 分别为流入节点①、②、③的电流源电流的代数和,例如 $i_{S11}=i_{S1}$,$i_{S33}=i_{S2}$。

推广至对具有$(n-1)$个独立节点的电路,节点电压方程的形式为

$$\left.\begin{aligned} &G_{11}u_1+G_{12}u_2+\cdots+G_{1(n-1)}u_{n-1}=i_{S11}\\ &G_{21}u_1+G_{22}u_2+\cdots+G_{2(n-1)}u_{n-1}=i_{S22}\\ &\cdots\\ &G_{(n-1)1}u_1+G_{(n-1)2}u_2+\cdots+G_{(n-1)(n-1)}u_{n-1}=i_{S(n-1)(n-1)} \end{aligned}\right\} \tag{3-16}$$

i_{S11}、i_{S22}、……、$i_{S(n-1)(n-1)}$ 分别为流入节点①、②、……、$(n-1)$的电流源(含有伴电压源等效为有伴电流源,有伴受控电压源等效为有伴受控电流源)电流的代数和。

对于线性电路,方程组中 G 参数为常数。在电路不存在受控源的情况下,必有 $G_{ki}=G_{ik}$,即节点电压方程组的系数行列式,具有以自电导为主对角线的对称的形式。

一般来说,如果电路的独立节点数少于网孔数,节点分析法与网孔分析法相比联立方程就少些,较易求解。用自电导、互电导概念能快速列写出各节点电压方程。

节点分析法对平面和非平面电路都适用。网孔分析法只适用于平面电路,节点分析法则无此限制,因此,节点法更具有普遍意义。目前,在计算机辅助网络分析中节点分析法被广泛应用。

例3-11 列出图3-20所示电路的节点电压方程。

解 本题说明用节点分析法的解题步骤。

该电路共有5个节点,选其中的节点⑤为参考点,标以接地符号,设其余4个节点电压分别为 u_1、u_2、u_3、u_4,计算各自电导与互电导,列出节点电压方程。例如,直接汇集于节

点①的电导总和为 $G_{11}=0.1+1+0.1=1.2\ \mathrm{S}$，互电导 $G_{12}=G_{21}=-1\ \mathrm{S}$，$G_{13}=G_{31}=0$，$G_{14}=G_{41}=-0.1\ \mathrm{S}$，又电流源电流是流入节点①的，故 $i_{S11}=1\ \mathrm{A}$，对节点①可得

$$1.2u_1-u_2-0.1u_4=1$$

同理，对节点②、③、④可得

$$-u_1+2.5u_2-0.5u_3=-0.5$$

$$-0.5u_2+1.25u_3-0.25u_4=0.5$$

$$-0.1u_1-0.25u_3+0.6u_4=0$$

解出节点电压数值后，再根据类似式(3-13)所表示的支路伏安关系可算出各支路电流。

节点分析法的步骤可归纳如下：

(1) 选定参考节点，并标出其余$(n-1)$个节点的序号；

(2) 利用自电导、互电导及流入节点电流源电流的代数和等概念直接列写$(n-1)$个节点电压方程；

(3) 解得节点电压后，再求出其他待求量。

当电路只有两个节点，而支路数却很多(如图 3-21 所示)时，令一个节点 b 为参考节点，则只需列出一个节点方程

$$(G_1+G_2+\cdots+G_n)u_a=G_1u_{S1}+G_2u_{S2}+\cdots+G_nu_{Sn}$$

即可求出节点电压(即支路电压)为

$$u_a=\frac{\Sigma G_k u_{Sk}}{\Sigma G_k} \tag{3-17}$$

式(3-17)称为**弥尔曼定理**(Meermann's theorem)。

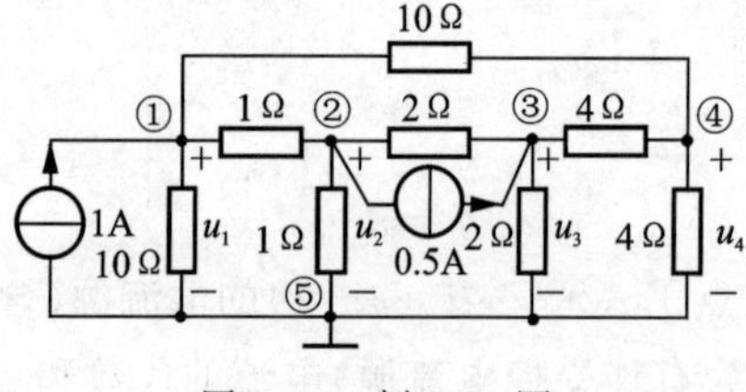

图 3-20　例 3-11 图

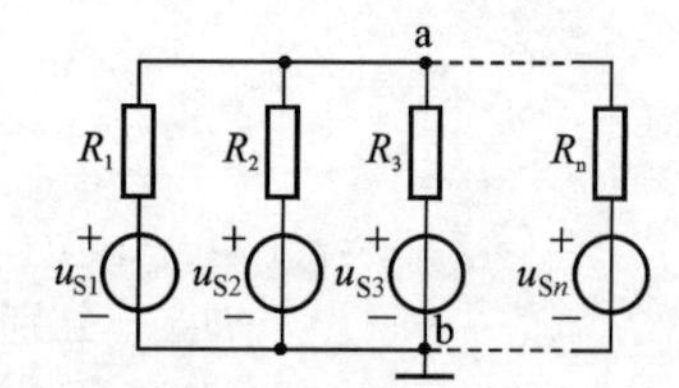

图 3-21　弥尔曼定理示意图

例 3-12　对图 3-22 所示的电路，写出它的节点电压方程。

解　本题说明电路中含有有伴电压源支路时的处理方法。以节点④为参考点，对节点①，有

$$\left(\frac{1}{R_1}+\frac{1}{R_2}+\frac{1}{R_6}\right)u_1-\frac{1}{R_2}u_2-\frac{1}{R_6}u_3=-i_S+\frac{u_S}{R_1}$$

对节点②、③同样可列出方程(略)。

列节点电压方程时，若遇到有伴电压源支路，如本题 u_S 与 R_1 串联，可以把有伴电压源组合等效变换为有伴电流源组合。但在求解各支路电流时，应回到原电路图计算，如 $i_1=(u_1-u_S)/R_1$，而有电流源和电阻串联时，则该电阻不能

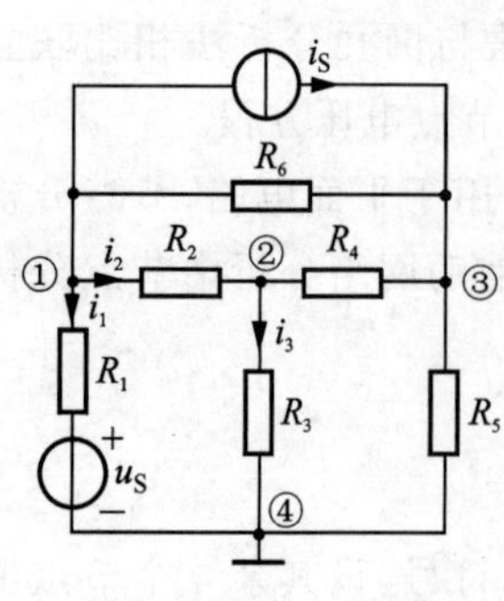

图 3-22　例 3-12 图

作为自电导和互电导，请读者自行理解其原因。

例 3-13 列出图 3-23(a)电路的节点电压方程。

解 本题说明电路中含有无伴电压源支路时如何运用节点分析法的问题，在这种情况下，可选电压源的一端作为参考节点，则电压源另一端的节点电压就属已知，其值即是电压源的电压值。在本例的电路中，若选电压源负端为参考节点，则 $u_1=u_S$。此时电路就只有两个未知的节点电压 u_2 和 u_3。对节点②和③列出节点电压方程

$$-G_1u_1+(G_1+G_3+G_4)u_2-G_3u_3=0$$

$$-G_2u_1-G_3u_2+(G_2+G_3+G_5)u_3=0$$

把 $u_1=u_S$ 代入上面两个方程中，解联立方程即可求出 u_2 和 u_3。

若想列出节点①的节点电压方程，必须在电压源支路中假设一个电流 i，把电压源当作电流源处理，对节点①的方程为

$$(G_1+G_2)u_1-G_1u_2-G_2u_3=-i$$

若改设节点③为参考节点[见图 3-23(b)]，则电压源跨接于节点①、④之间，也必须在电压源支路中设出电流 i，对三个节点都应列方程

$$(G_1+G_2)u_1-G_1u_2=-i$$

$$-G_1u_1+(G_1+G_3+G_4)u_2-G_4u_4=0$$

$$-G_4u_2+(G_4+G_5)u_4=i$$

为解出四个未知量 u_1、u_2、u_4 和 i，必须增加一个补充方程，即 $u_1-u_4=u_S$。

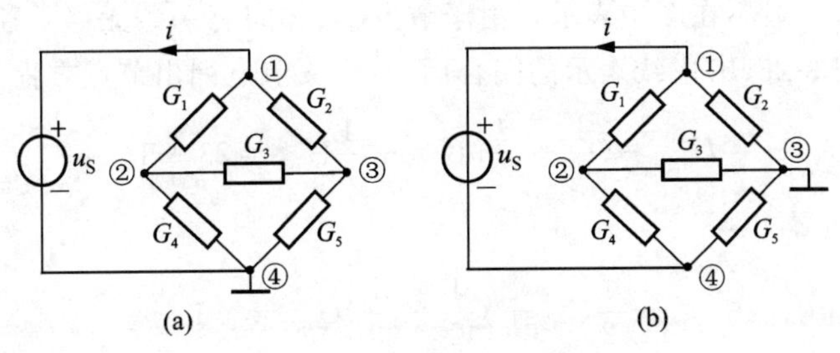

图 3-23 例 3-13 图

例 3-14 列出图 3-24 电路的节点电压方程。

解 本题说明电路中有受控源时列写节点电压方程的方法。

对含受控源的电路列写节点电压方程时，可先把受控源当作独立源列方程，然后将控制量用节点电压表示。

本例取节点③为参考节点，列出节点电压方程

对节点① $\left(\dfrac{1}{R_1}+\dfrac{1}{R_2}\right)u_1-\dfrac{1}{R_1}u_2=i_{S1}$

对节点② $-\dfrac{1}{R_1}u_1+\left(\dfrac{1}{R_1}+\dfrac{1}{R_3}\right)u_2=-i_{S1}-gu_1$

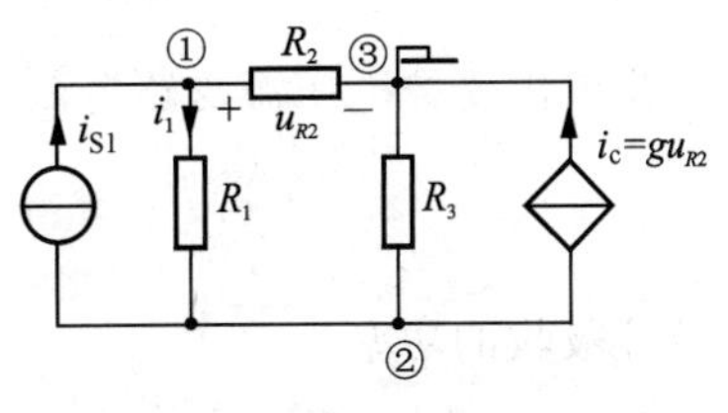

图 3-24 例 3-14 图

将受控源控制量用节点电压表示，即

$$i_c=gu_{R2}=gu_1$$

整理上述方程可得

$$(G_1+G_2)u_1-G_1u_2=i_{S1}$$

$$(-G_1+g)u_1+(G_1+G_3)u_2=-i_{S1}$$

方程中 $G_{12}=-G_1$，而 $G_{21}=-G_1+g$，$G_{12}\neq G_{21}$。可见当电路中存在受控源时，节点电压方程的系数行列式对主对角线一般不再对称。

例 3-15 用节点电压法求图 3-25 电路中受控源功率。

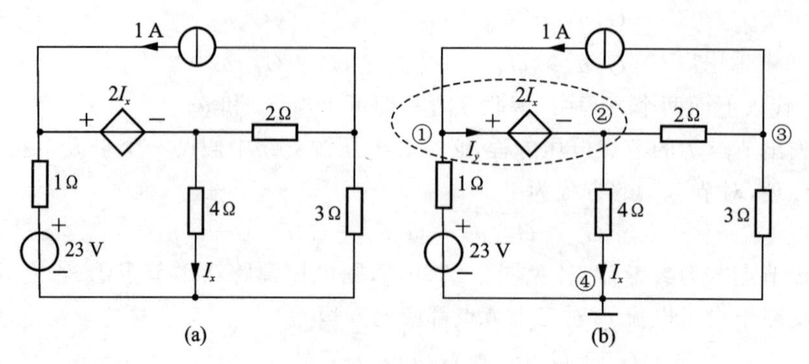

图 3-25 例 3-15 图

解 标出各节点序号，选取节点④为参考节点，如图 3-25(b)所示。设定各节点电压参考极性是参考节点④为"−"，其他各节点均为"+"。节点电压法分析时，电压参考方向均作这种设定，一般不在图中表示。由于节点①、②间有一条无伴受控电压源支路，应用广义节点，如图 3-25(b)虚线表示的闭合面，对广义节点列出节点方程为

$$U_{n1}+\left(\frac{1}{4}+\frac{1}{2}\right)U_{n2}-\frac{1}{2}U_{n3}=23+1 \qquad ①$$

对节点③有

$$-\frac{1}{2}U_{n2}+\left(\frac{1}{2}+\frac{1}{3}\right)U_{n3}=-1 \qquad ②$$

对广义节点及控制量关系的辅助方程有

$$U_{n1}-U_{n2}=2I_x \qquad ③$$

$$I_x=\frac{1}{4}U_{n2} \qquad ④$$

联立求解方程式①～④得

$$U_{n1}=18\ \text{V},U_{n2}=12\ \text{V},U_{n3}=6\ \text{V}$$

进一步求出受控电压源支路电流

$$I_y=1-\frac{U_{n1}-23}{1}=6\ \text{A}$$

受控源吸收的功率

$$P=2I_xI_y=2\times3\times6=36\ \text{W}$$

评注 ① 例 3-15 介绍了遇到无伴受控电压源支路运用"广义节点"概念的处理方

法。列写节点电压方程其实质是 KCL 方程。

② 就该例而言,计算方法有多种,因电流源处在外围网孔,选择网孔法计算最佳。

3.4 含运算放大器的电阻电路

在分析具有运算放大器的电路时,当运算放大器处于正常放大工作区时,也可将运算放大器看作理想运算放大器,应用其虚断、虚短特性进行分析,两者计算结果相差甚微,所以通常采用后者进行分析计算。

3.4.1 运算放大器

视频 3-1 运算放大器

运算放大器(operational amplifier,OP Amp),简称"运放",是目前应用非常广泛的具有很高放大倍数的电路单元。它可以由分立的元件实现,也可以实现在半导体集成芯片中。随着半导体集成技术的发展,大部分运放是以单芯片的形式存在。

图 3-26 所示为典型的运放集成芯片式样。一个典型的双列八引脚集成芯片(DIP)如图 3-27(a)所示,引脚 8 是不用的,引脚 1 和 5 一般不外接元件。5 个重要的引脚如下。

图 3-26 典型的运算放大器

(1) 引脚 2:反相输入端(inverting input);

(2) 引脚 3:同相输入端(non-inverting input);

(3) 引脚 6:输出端(output);

(4) 引脚 7:正电源端(V^+)(positive supply voltage);

(5) 引脚 4:负电源端(V^-)(negative supply voltage)。

运算放大器的电路符号如图 3-27(b)所示,用一矩形框表示,其中三角形"▷"表示"放大器"。运放有两个输入端和一个输出端。两个输入以负(−)和正(+)标记,分别是指反相和同相输入。若输入加到同相端,则输出与其相同极性的信号;若输入加到反相输入端,则输出与输入极性相反。不要误认为是电压的参考方向。电源端 V^+ 和 V^- 联接直流偏置电压。

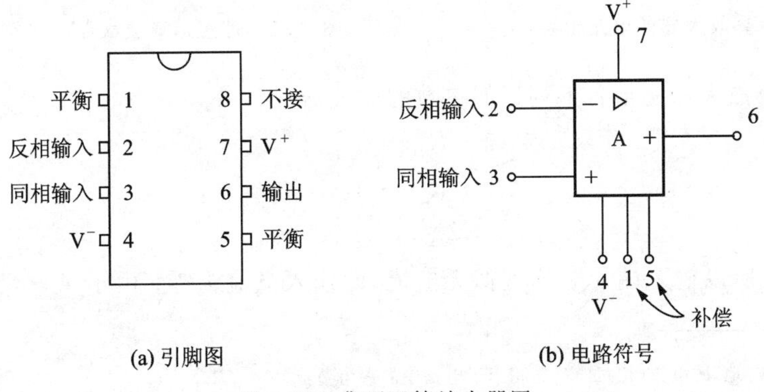

图 3-27 典型运算放大器图

作为一个有源元件，运算放大器必须有电压源赋以动力，以维持运放内部晶体管正常工作。V^+ 端接正电压，V^- 端接负电压，这里电压的正、负是对“地”或公共端[①]而言的，如图 3-28 所示。在电路图中，为简单起见，常常不画出运放的工作电源，故电路符号如图 3-29 所示。当运放的差模输入电压(u_2-u_1)在一定范围时，放大器对输入信号进行无失真放大，运放工作在线性区域，运算放大器的输出信号与两个输入端信号电压差成正比。若电压 $u_i=u_2-u_1$ 为输入，u_o 为输出时，则有

$$u_o=Au_i=A(u_2-u_1) \tag{3-18}$$

式中，A 称为运算放大器的开环电压放大倍数或开环增益(open loop voltage gain)。

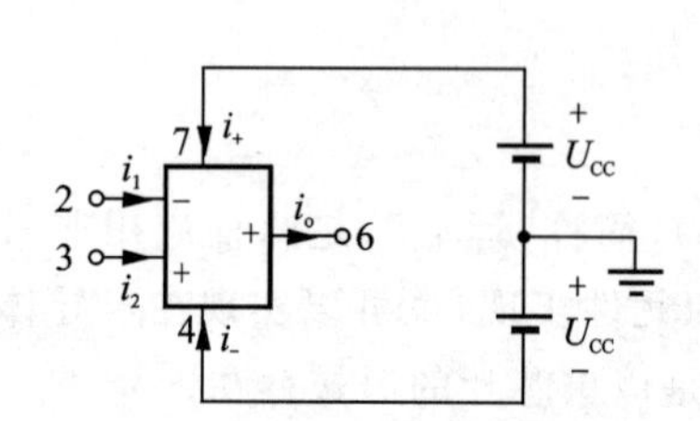

图 3-28　运算放大器的电源供给

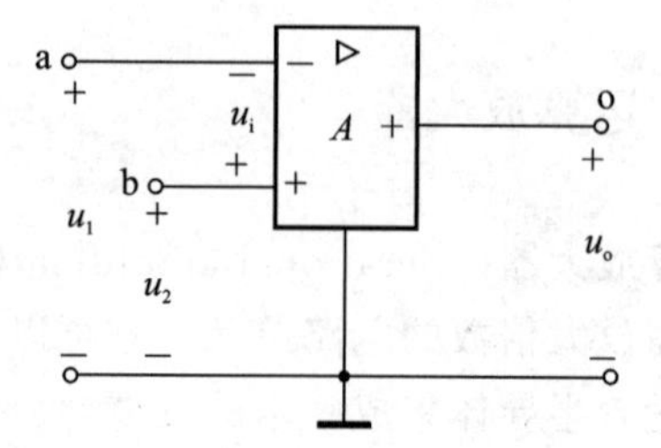

图 3-29　运算放大器

由式(3-18)可以看出，图 3-29 所示运算放大器可以用电压控制电压源来模拟。若计及运算放大器的输入电阻 R_i 和**输出电阻 R_o**(output resistance)，其模型将如图 3-30 所示。由于常用的运算放大器的输入电阻 R_i 很大，输出电阻 R_o 很小，开环增益 A 非常大，所以我们常把它近似看作理想的运算放大器，**理想运算放大器**(ideal operational amplifier)的电路符号如图 3-31(a)所示，增益 A 用“∞”表示。有时，为简化起见，可将接地的连接线省略掉，用图 3-31(b)所示的电路符号表示[②]，而不使用图 3-30 的模型。

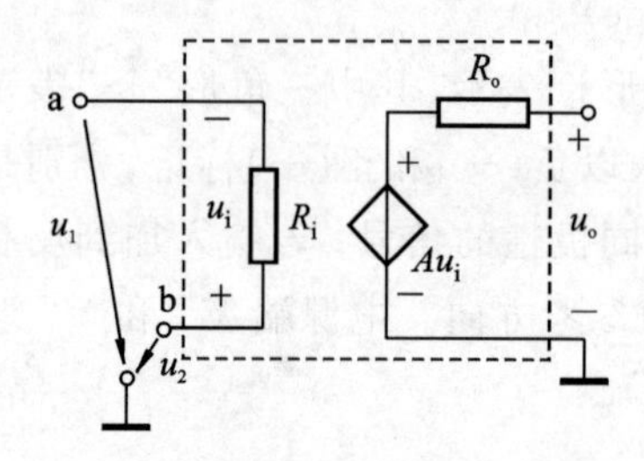

图 3-30　运算放大器的电路模型

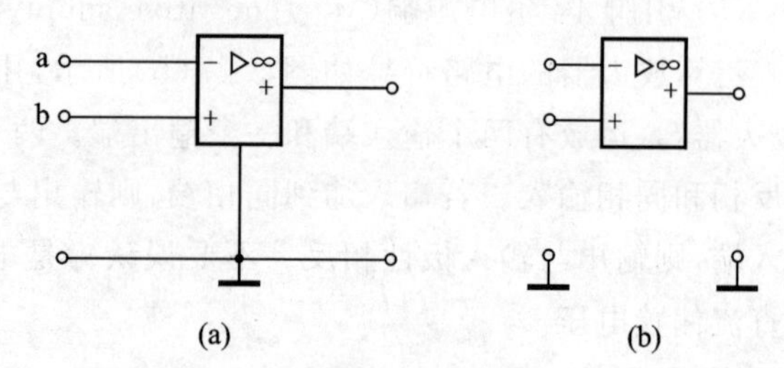

图 3-31　理想运算放大器电路符号

理想运算放大器是指有下列近似参数的放大器：

$$\left.\begin{aligned} R_i &\to \infty \\ R_o &\to 0 \\ A &\to \infty \end{aligned}\right\} \tag{3-19}$$

由于 $R_i\to\infty$，所以输入端 a、b 均近似无电流，即输入电流为零；由于 $A\to\infty$ 而输出电压

① 公共端或“地”的电压(位)是零，它相当于电路中的参考节点。

② 目前有些运放产品的引出端中往往不存在公共端或接地端，而接地端是通过偏置电源实现的，如图 3-28 所示。

u_o 为有限值，由式(3-18)可见，将有 $u_i=(u_2-u_1)\to 0$，即输入端 a、b 之间的电压 u_i 被强制为零，a、b 两点等电位。理想运算放大器，简称理想运放。

综上所述，理想运放具有如下特征：

输入端无电流，相当于断路，但内部却是接通的，所以称为"虚断路"，简称"虚断"。

输入端 a、b 等电位，相当于短路，但又无电流，所以称为"虚短路"，简称"虚短"。

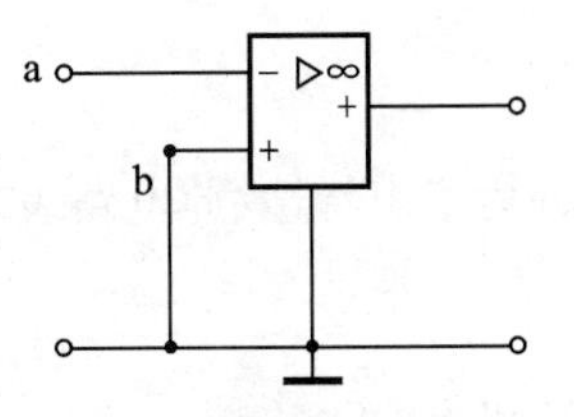

图 3-32 理想运算放大器的"虚地"接法

若运放有一输入端接地，如图 3-32 中 b 端接地，即 b 点电位为零，则根据"虚断""虚短"特性，输入端 a 的电位也为零。这时称 a 点为"虚接地"，简称"虚地"。

断路和短路是两个矛盾的概念，但对于理想运算放大器，"虚断"和"虚短"必须同时满足。以后将会看到，这两个概念对于分析含有理想运放的电路是极为有用的。

当然，理想运放实际上是不存在的，但随着微电子技术的发展，目前集成运放的性能指标越来越趋于理想。将一个实际运放作为理想运放来进行分析，其误差甚微，工程上是可以接受的。本书中讨论的运放，一般均指理想运放。

例 3-16 图 3-33 电路由理想运放构成的电压跟随器电路，试分析其输出电压 u_o 与输入电压 u_i 之间的关系。

解 由理想运放"虚短"特性，$u_+=u_-$，由 KVL 得

$$u_o=u_i$$

图 3-33 所示电路实现输出电压和输入电压相同的功能，即输出电压随着输入电压的变化而变化，故称为**电压跟随器**(voltage follower)，同时由运放"虚断"特性有 $i_1=0$，即输入电阻 R_i 为无限大，所以电压跟随器可以在电源与负载间起到"隔离作用"。

例如图 3-34(a)所示电阻分压器电路，在未接负载电阻 R_L 时，$u_2=\dfrac{R_2}{R_1+R_2}u_1$，若接上负载电阻 R_L，必将影响 u_2 的大小。若通过电压跟随器把 R_L 接入，如图 3-34(b)，则 u_2 仍等于 $\dfrac{R_2}{R_1+R_2}u_1$，所以负载的影响被"隔离"了。

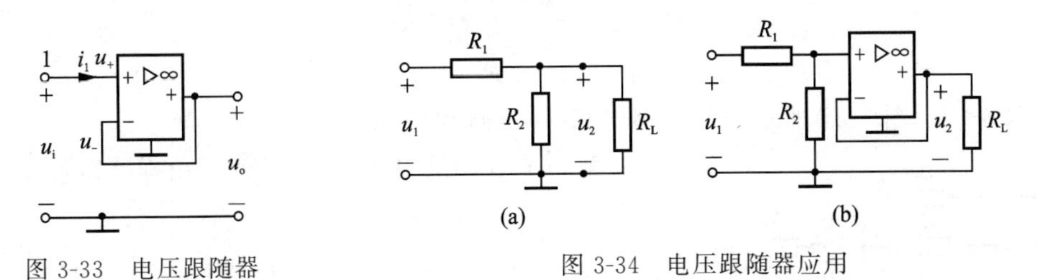

图 3-33 电压跟随器

图 3-34 电压跟随器应用

例 3-17 图 3-35 所示是一个由理想运放和外围电阻构成的一个反相比例放大器，试分析输出电压 u_o 与输入电压 u_i 之间的关系。

解 由"虚断"特性得 $i_-=0$，

所以有

$$i_1=i_2$$

即
$$\frac{u_i-u_1}{R_1}=\frac{u_1-u_o}{R_2}$$

而由虚短特性（此电路表现为“虚地”）知

$$u_1=u_-=u_+=0$$

所以有
$$\frac{u_o}{u_i}=-\frac{R_2}{R_1}$$

此结果说明图 3-35 所示电路输出电压 u_o 与输入电压 u_i 之比由 R_2/R_1 的比值确定，式中“−”号说明 u_o 与 u_i 的极性相反，故该电路称为**反相比例放大器**（inverting proportional amplifier）。

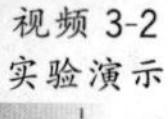

视频 3-2
实验演示

例 3-18 图 3-36 所示电路称为同相比例放大器。试求 u_o/u_i。

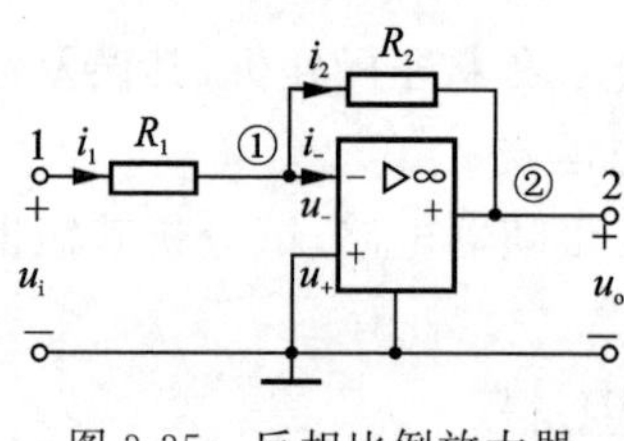

图 3-35 反相比例放大器

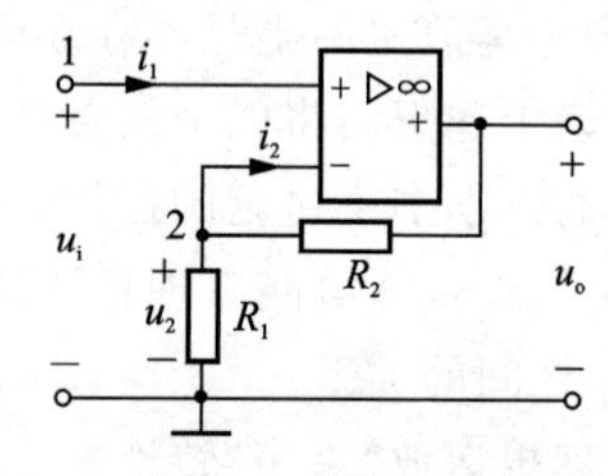

图 3-36 例 3-18 图

解 由“虚断”有

$$i_1=i_2=0$$

所以
$$u_2=\frac{R_1}{R_1+R_2}u_o$$

而由“虚短”有

$$u_i=u_2$$

所以
$$u_i=\frac{R_1}{R_1+R_2}u_o$$

则
$$\frac{u_o}{u_i}=1+\frac{R_2}{R_1}$$

例 3-19 图 3-37 所示为加法器电路，试求输出电压 u_o。

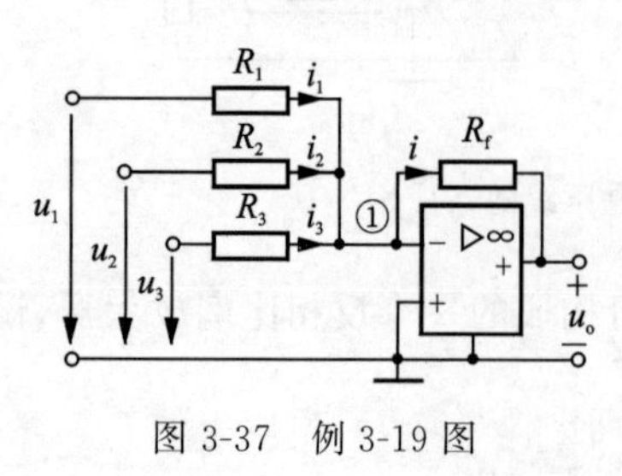

图 3-37 例 3-19 图

解 节点①的电压用 u_{n1} 表示，由虚断特性得

$$i_1+i_2+i_3=i$$

即
$$\frac{u_1-u_{n1}}{R_1}+\frac{u_2-u_{n1}}{R_2}+\frac{u_3-u_{n1}}{R_3}=\frac{u_{n1}-u_o}{R_f}$$

由虚短（虚地）特性得 $u_{n1}=0$，故

$$\frac{u_1}{R_1}+\frac{u_2}{R_2}+\frac{u_3}{R_3}=-\frac{u_o}{R_f}$$

所以
$$u_o = -R_f\left(\frac{u_1}{R_1}+\frac{u_2}{R_2}+\frac{u_3}{R_3}\right)$$

若令 $R_1=R_2=R_3=R_f$，则有

$$u_o = -(u_1+u_2+u_3)$$

式中负号说明输出电压与输入电压的实际方向相反。

3.4.2 含运算放大器电路的节点法分析

当含运放电路较复杂或者含有多级运放时，用节点法分析更方便些。此时，运放输入端考虑“虚断”列方程，而输出端不列方程，由“虚短”弥补。下面通过具体例题说明。

例 3-20 求图 3-38 所示电路的输出电压与输入电压之比 u_o/u_i。

解 用节点法列写节点电压方程，并注意到“虚断”特性。

$$\left.\begin{aligned}
&\text{节点①}\quad (G_1+G_2+G_3+G_4)u_1 - G_4u_2 - G_3u_o = G_1u_i \\
&\text{节点②}\quad -G_4u_1+(G_4+G_5)u_2 - G_5u_o = 0
\end{aligned}\right\}\tag{3-20}$$

由虚地得，$u_2=0$，方程(3-20)变为

$$\left.\begin{aligned}
&(G_1+G_2+G_3+G_4)u_1 - G_3u_o = G_1u_i \\
&-G_4u_1 - G_5u_o = 0
\end{aligned}\right\}\tag{3-21}$$

由式(3-21)可得

$$\frac{u_o}{u_i}=\frac{-G_1G_4}{(G_1+G_2+G_3+G_4)G_5+G_3G_4}$$

例 3-21 求图 3-39 所示电路的电压比 u_o/u_i。

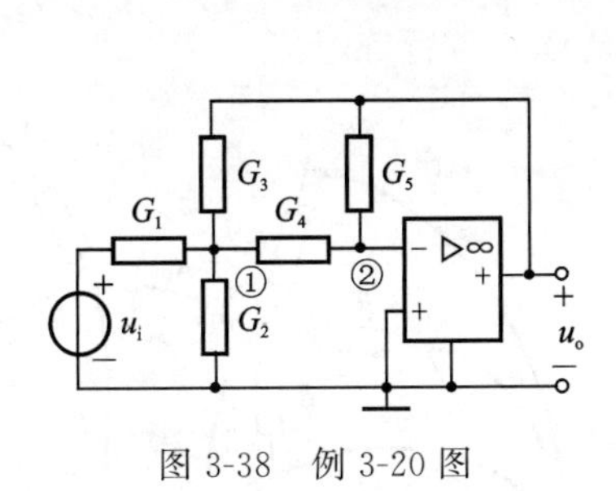

图 3-38 例 3-20 图

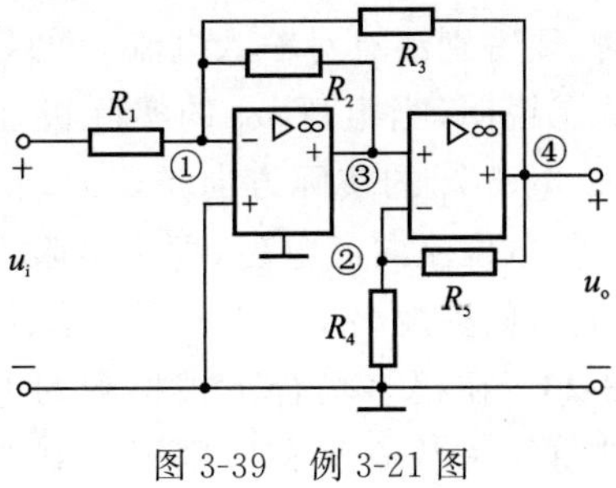

图 3-39 例 3-21 图

解 先用节点法对节点①、②列节点电压方程

$$\left(\frac{1}{R_1}+\frac{1}{R_2}+\frac{1}{R_3}\right)u_1-\frac{1}{R_2}u_3-\frac{1}{R_3}u_o-\frac{1}{R_1}u_i=0$$

$$\left(\frac{1}{R_4}+\frac{1}{R_5}\right)u_2-\frac{1}{R_5}u_o=0$$

由虚短特性，$u_3=u_2$，$u_1=0$，则方程为

$$-\frac{1}{R_2}u_2-\frac{1}{R_3}u_o=\frac{1}{R_1}u_i$$

$$\left(\frac{1}{R_4}+\frac{1}{R_5}\right)u_2-\frac{1}{R_5}u_o=0$$

消去 u_2，经整理得

$$\frac{u_o}{u_i}=-\frac{R_2R_3(R_4+R_5)}{R_1(R_3R_4+R_2R_4+R_2R_5)}$$

目前，运算放大器电路在工程上应用极其广泛，可以构成各种各样的应用电路，下面再举两个例子。

视频 3-3
运算放大器
工程应用

例 3-22 电路如图 3-40 所示，虚线框内是一负阻变换器，若在 2-2′端口接入负载电阻 R_L，则 1-1′端口的等效电阻为 $R_i=-R_L$。

证明 由虚断特性，有

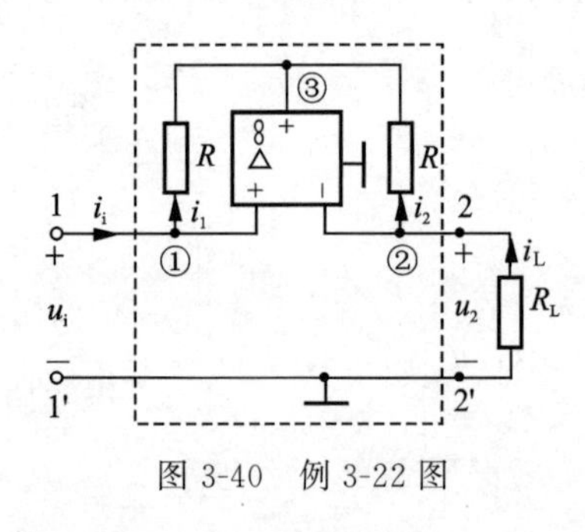

图 3-40 例 3-22 图

$$i_i=i_1,\quad i_L=i_2$$

又

$$i_1=\frac{u_1-u_3}{R}$$

$$i_2=\frac{u_2-u_3}{R}$$

由虚短特性，有

$$u_1=u_2,\quad 即\quad u_i=u_2$$

所以

$$i_1R=i_2R,\quad 即\quad i_i=i_L$$

这样

$$R_i=\frac{u_i}{i_i}=\frac{u_2}{i_L}=-R_L \qquad ①$$

R_L 前的“－”号是因 u_2 与 i_L 为非关联方向所致。

此例用节点法不如直接法方便，节点①有一个输入电流 i_i，在对节点①列写节点电压方程时，要特别注意对输入电流 i_i 的处理，具体请读者自行练习。

上式①说明，当电压 u_i 的实际极性上“＋”下“－”时，电流 i_i 的实际方向是流向端子 1。此时电流从低电位流向高电位，即负电阻不仅不吸收功率，而且向外发出功率。这就是负阻现象。

例 3-23 在很多场合下被检测的电路不允许将元件拆下来检查。有些则因为制造时就固化了，无法拆下。图 3-41 的电路，若要检查 R_k 是否损坏，又不能将其拆下，可用运放组成如图 3-41 下半部所示的电路。

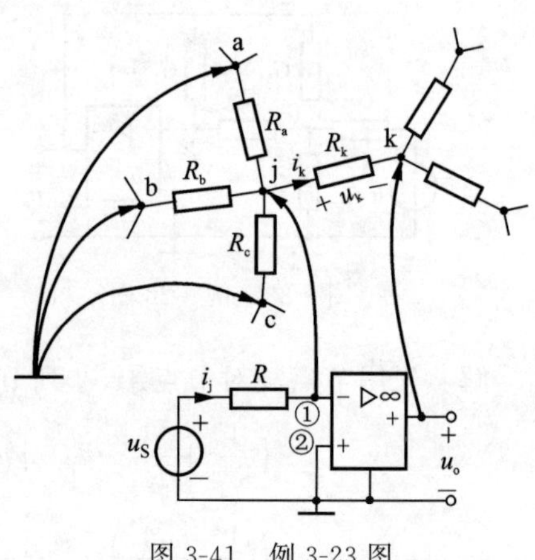

图 3-41 例 3-23 图

如图 3-41 所示，R_k 接在节点 j、k 之间，将接在节点 j 的所有其他元件的另一端(本例中为节

点 a、b、c)用测棒将它们接地。再用测棒将运放的反相输入端与节点 j 相接,运放输出端与节点 k 相接。因为运放的同相输入端是接地的,$u_2=0$,由“虚地”特性,$u_1=u_j=0$,而节点 a、b、c 均接地,故节点 a、b、c、j 等电位,R_a、R_b、R_c 中无电流,又根据“虚断”特性,有

$$i_j=i_k$$

而

$$i_j=\frac{u_S}{R},\quad i_k=\frac{u_k}{R_k},\quad 即\quad \frac{u_S}{R}=\frac{u_k}{R_k}$$

故

$$R_k=\frac{R}{u_S}u_k$$

式中,u_S、R 可预先选定,u_k 可用电压表直接测出,这样就可算出 R_k 的值。从图中可以看出,$u_o=-u_k$,所以测出 u_o 也可以,而且测量 u_o 可避免电压表内阻造成的测量误差。

3.5 齐性定理和叠加定理

通过电路系统法分析,可以得出电路的一些一般规律,这些规律反映线性电路的固有性质,可以作为电路定理使用。应用电路定理可以使电路的分析得以简化,线性电路满足齐次性和可加性,齐性定理和叠加定理反映线性电路这一基本性质,与第 2 章介绍过的戴维南定理和诺顿定理是电路分析的重要定理。

3.5.1 齐性定理

齐性定理(homogeneity theorem)指出:在只有一个激励(独立电源)的线性电路中,当激励增大或缩小 K 倍(K 为实常数),则电路的响应(任意支路电压或电流)也相应增大或缩小 K 倍,即响应与激励成正比关系。若电路中有多个激励源,则所有的激励源都变化 K 倍,相应的响应也随之变化 K 倍。齐性定理通常也称齐性原理。

例 3-24 图 3-42 所示电路,$R=4\ \Omega$。(1) 已知 $i=1$ A,求 u_S 的值;(2) 若 $u_S=86$ V,求输出端电阻上电流 i。

解 (1) 由 KCL、KVL 及欧姆定律响应,倒退得

$$i_1=1.5\ \text{A},\quad i_2=\frac{11}{4}\ \text{A},\quad i_3=\frac{21}{4}\ \text{A}$$

$$u_S=Ri_3+2Ri_2=21+22=43\ \text{V}$$

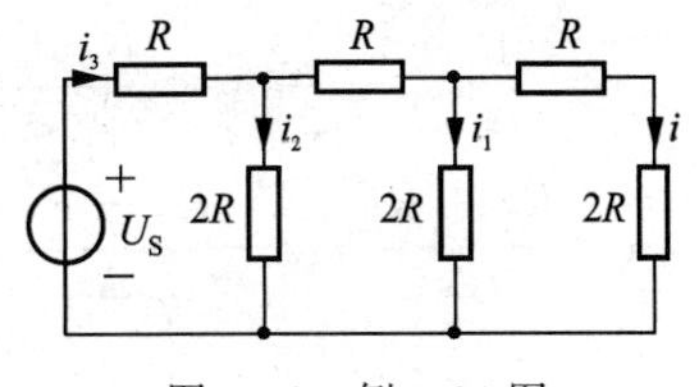

图 3-42 例 3-24 图

(2) 当 $u_S=86$ V 时,激励是原来的 2 倍,根据齐性定理,响应也是原来的 2 倍,得

$$i=2\ \text{A}$$

例 3-25 用齐性原理求图 3-43 电路中 10 Ω 电阻上的电压 u。

解 先设 $u'=10$ V,则 10 Ω 电阻中电流为 1 A,由图很容易算出 $i'_S=3$ A。而题中 $i_S=1.5$ A,由齐性原理可得

$$u=10\times\frac{1.5}{3}=5\ \text{V}$$

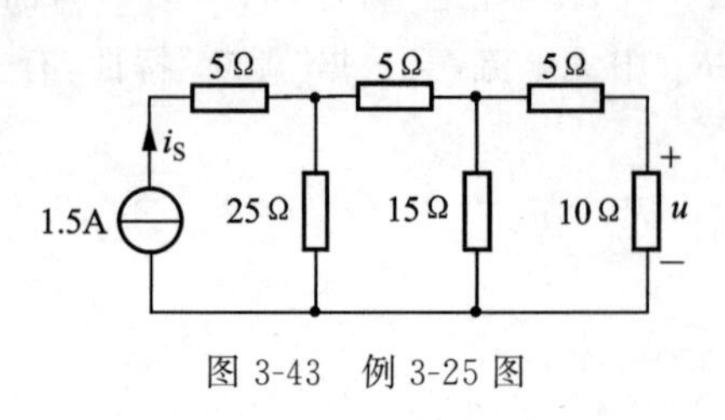

图 3-43　例 3-25 图

这种方法是从网络距电源最远端开始的,先设某一电压或电流为一便于计算的值(如本例中设 $u'=10$ V),然后根据 KCL、KVL 倒退算到电源端,最后按齐性原理予以修正。这种方法有时称为"倒退法",它比用串并联化简计算要简捷得多。网络的级数越多越显示出此法的优越性。

3.5.2　叠加定理

叠加定理(superposition theorem)指出:在线性电路中,任一支路响应(电流或任意两点间的电压)都是电路中各个激励(独立电源)单独作用时在该支路中产生的响应之代数和。现就图 3-44 所示的线性电路予以说明。

在图 3-44 所示电路中,3 个独立回路(网孔)电流已在图中示出。因为 i_{S3} 仅属一个回路,所以 $i_{l3}=i_{S3}$,可少列一个回路电流方程;但 i_{S4} 属于两个回路,设其端电压为 u,因此还需要 3 个方程:

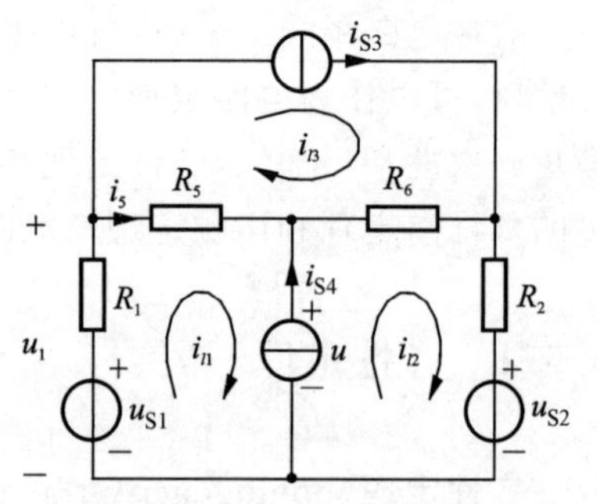

图 3-44　3 个独立回路电路

$$\begin{cases}(R_1+R_5)i_{l1}+u-R_5i_{l3}=u_{S1}\\(R_2+R_6)i_{l2}-u-R_6i_{l3}=-u_{S2}\\-i_{l1}+i_{l2}=i_{S4}\end{cases}$$

即
$$\begin{cases}(R_1+R_5)i_{l1}+u=u_{S1}+R_5i_{S3}\\(R_2+R_6)i_{l2}-u=-u_{S2}+R_6i_{S3}\\-i_{l1}+i_{l2}=i_{S4}\end{cases}$$

用行列式求解,得

$$\left.\begin{aligned}i_{l1}&=\frac{1}{\Delta}u_{S1}-\frac{1}{\Delta}u_{S2}+\frac{R_5+R_6}{\Delta}i_{S3}-\frac{R_2+R_6}{\Delta}i_{S4}\\i_{l2}&=\frac{1}{\Delta}u_{S1}-\frac{1}{\Delta}u_{S2}+\frac{R_5+R_6}{\Delta}i_{S3}+\frac{R_1+R_5}{\Delta}i_{S4}\\u&=\frac{R_2+R_6}{\Delta}u_{S1}+\frac{R_1+R_5}{\Delta}u_{S2}+\frac{R_2R_5-R_1R_6}{\Delta}i_{S3}+\frac{(R_1+R_5)(R_2+R_6)}{\Delta}i_{S4}\end{aligned}\right\}\tag{3-22}$$

式中,$\Delta=R_1+R_2+R_5+R_6$。

式(3-22)中,u_{S1}、u_{S2}、i_{S3}、i_{S4} 前的系数均为常数。所以回路电流 i_{l1}、i_{l2} 及电流源的端电压 u 都是这些电压源电压和电流源电流的线性函数。而支路电流是回路电流的线性组合,支路电压(或任意两点间的电压)与支路电流之间又为线性关系,所以支路电流和支路电压也均为各个电压源和电流源的线性函数。若以本例中的 i_5 与 u_1 为例

$$i_5 = i_{l1} - i_{l3}$$

$$u_1 = u_{S1} - R_1 i_{l1}$$

将式(3-22)的关系代入，则有

$$\begin{aligned} i_5 &= \frac{1}{\Delta}u_{S1} - \frac{1}{\Delta}u_{S2} - \frac{R_1+R_2}{\Delta}i_{S3} - \frac{R_2+R_6}{\Delta}i_{S4} \\ &= i_5^{(1)} + i_5^{(2)} + i_5^{(3)} + i_5^{(4)} \end{aligned} \tag{3-23}$$

$$\begin{aligned} u_1 &= \frac{\Delta - R_1}{\Delta}u_{S1} + \frac{R_1}{\Delta}u_{S2} - \frac{R_1(R_5+R_6)}{\Delta}i_{S3} + \frac{R_1(R_2+R_6)}{\Delta}i_{S4} \\ &= u_1^{(1)} + u_1^{(2)} + u_1^{(3)} + u_1^{(4)} \end{aligned}$$

式(3-23)说明，i_5 由 4 部分组成。当 u_{S1} 单独作用时，$u_{S2}=0$，$i_{S3}=i_{S4}=0$，则 R_5 中的电流 $i_5^{(1)}=\frac{1}{\Delta}u_{S1}$，而 $i_5^{(2)}=-\frac{1}{\Delta}u_{S2}$，$i_5^{(3)}=-\frac{R_1+R_2}{\Delta}i_{S3}$，$i_5^{(4)}=-\frac{R_2+R_6}{\Delta}i_{S4}$ 分别为 u_{S2}、i_{S3}、i_{S4} 单独作用时在 R_5 中产生的电流。可见，这 4 个电源共同作用时 R_5 中的电流等于这些电源单独作用时在该电阻中所产生的电流的总和。对 u_1 亦是如此。上述各电源单独作用的情况如图 3-45 所示，对其中各图进行计算可得到上述相同的结果。由此说明线性电路的叠加定理成立。

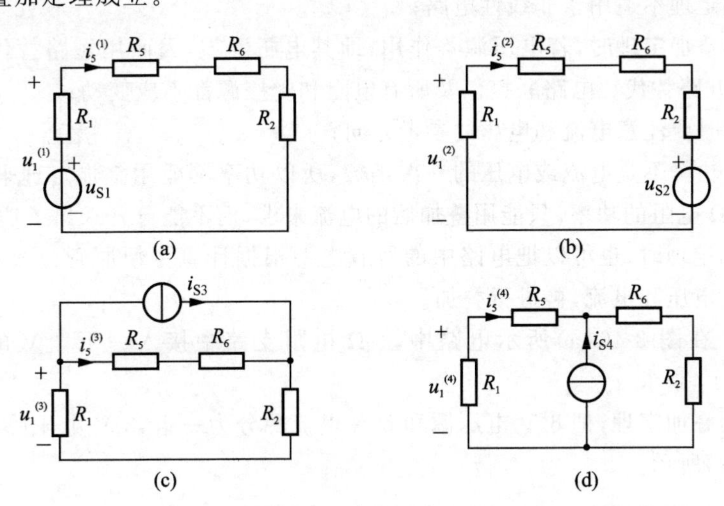

图 3-45　图 3-44 电路电源单独作用分图

当电路中有(线性)受控源时，这些受控源的作用反映在回路电流方程的自电阻或互电阻中，因此任一支路电流(或电压)仍可按独立电源单独作用时所产生的电流(或电压)叠加计算。而受控源则始终保留在电路中。

例 3-26　电路如图 3-46(a)所示，试用叠加定理求电压 u_x。

解　按叠加定理作出图 3-46(b)和(c)，图中受控源仍保留，控制关系、控制系数均不变。

在图 3-46(b)中，电流源单独作用，有

$$\frac{u_x'}{2} + \frac{u_x'}{4} + \frac{1}{2}u_x' = 5$$

$$u_x' = 4\ \text{V}$$

在图 3-46(c)中,电压源单独作用,有
$$\frac{u_x''}{2}+\frac{u_x''+6}{4}+0.5u_x''=0$$
$$\frac{5u_x''}{4}=-\frac{6}{4}$$
$$u_x''=-6/5=-1.2\ \text{V}$$
所以
$$u_x=u_x'+u_x''=4-1.2=2.8\ \text{V}$$

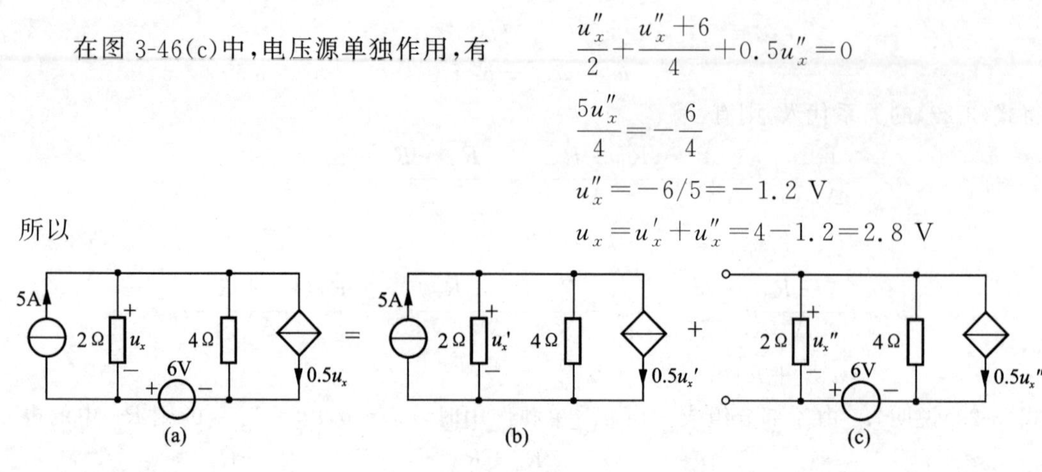

图 3-46 例 3-26 图

叠加定理在线性电路分析中起着重要的作用,它是分析线性电路的基础。线性电路的许多定理可应用叠加定理导出。

使用叠加定理时,应注意下列几点:

(1) 叠加定理不适用于非线性电路;

(2) 应用叠加定理时,若电压源不作用,即其电压置零,因而用短路替代;电流源不作用时,则用开路替代。电路联接以及所有电阻和受控源都不应变动;

(3) 叠加时要注意电流和电压的参考方向;

(4) 由于功率不是电流或电压的一次函数,所以功率不能用叠加定理来计算。如上例中,欲求 4 Ω 电阻的功率,只能用叠加后的电流来求,而不能分开求出了功率再叠加。

应用叠加定理时,也可以把电路中的所有电源根据计算方便原则分成几组,求各组分别作用时的电压和电流,再进行叠加。

例 3-27 在图 3-46(a)所示电路中,4 Ω 电阻支路中接入一个 3 V 的电压源,如图 3-47(a)所示,重求 u_x。

解 应用叠加定理,把 6 V 电压源和 5 A 电流源分为一组,3 V 电压源为另一组,如图 3-47(b)、(c)所示。

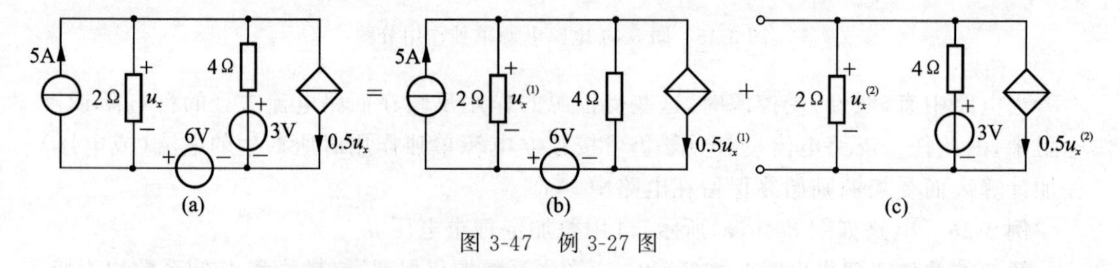

图 3-47 例 3-27 图

在图 3-47(b)中,利用例 3-26 结果得 $u_x^{(1)}=2.8\ \text{V}$

在图 3-47(c)中
$$\frac{u_x^{(2)}}{2}+\frac{u_x^{(2)}-3}{4}+0.5u_x^{(2)}=0$$

$$\frac{5u_x^{(2)}}{4}=\frac{3}{4}$$

$$u_x^{(2)}=\frac{3}{5}=0.6\ \text{V}$$

所以
$$u_x=u_x^{(1)}+u_x^{(2)}=2.8+0.6=3.4\ \text{V}$$

由例 3-27 计算结果可知，对于一个线性电阻电路，其响应电压(电流)总是可以表示为各个激励源间的线性组合。如图 3-44 中所解的电压(电流)可以表示为

$$u=k_1u_{S1}+k_2u_{S2}+k_3i_{S3}+k_4i_{S4} \tag{3-24}$$

式(3-24)就是齐性原理的表达式，此结论对求解一些“黑匣子”(不知具体电路结构和参数，只知端口条件)电路非常有用。

例 3-28 图 3-48 所示电路中 N_S 为有源线性三端口网络。已知：当 $I_{S1}=8$ A，$U_{S2}=10$ V 时，$U_x=10$ V；当 $I_{S1}=-8$ A，$U_{S2}=-6$ V 时，$U_x=-22$ V；当 $I_{S1}=U_{S2}=0$ 时，$U_x=2$ V。试求：当 $I_{S1}=2$ A，$U_{S2}=4$ V 时，U_x 的值。

解 电路中除了端口外接电流源和电压源的值变化外，N_S 内部没有变化，因此其对 U_x 作用的结果可以看成常数，可将 U_x 设为

$$U_x=k_1I_{S1}+k_2U_{S2}+k_3$$

代入所给的电压、电流值，有

$$\begin{cases}10=8k_1+10k_2+k_3\\-22=-8k_1-6k_2+k_3\\2=0+0+k_3\end{cases}$$

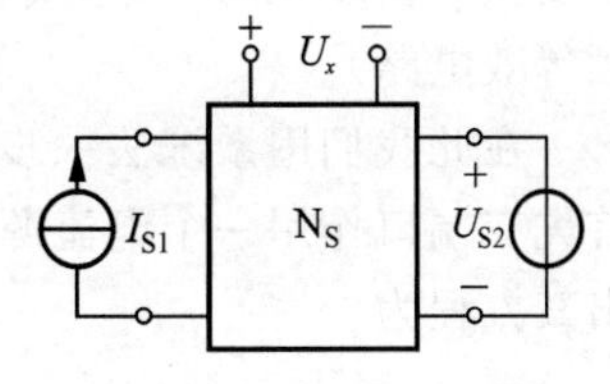

图 3-48 例 3-28 图

联立求解得

$$k_1=6,\quad k_2=-4,\quad k_3=2$$

所以

$$U_x=6I_{S1}-4U_{S2}+2=6\times2-4\times4+2=-2\ \text{V}$$

例 3-29 图 3-49(a)所示电路方框内为含独立电源的线性电阻网络。已知 $u_S=5$ V 时，端口开路电压 $u_o=7$ V；当 $u_S=8$ V 时，$u_o=10$ V。若 $u_S=10$ V，端口接电阻 $R_2=10\ \Omega$，电路如图 3-49(b)所示，其端口输出电阻 $R_o=2\ \Omega$，求电阻 R_2 端电压 u_2。

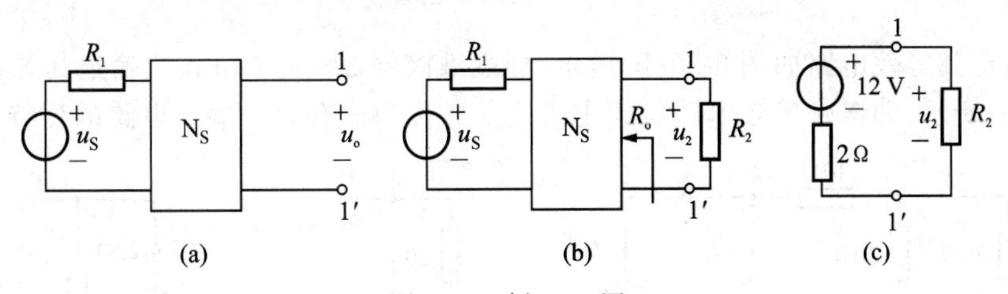

图 3-49 例 3-29 图

解 设 k_1 为 $u_S=1$ V 单独作用产生的响应电压，k_S 为含源线性电阻网络 N_S 单独作用产生的响应电压，端口开路时的响应电压可表示为

$$u_o=k_1u_S+k_S$$

由齐次定理和叠加定理知

$$\begin{cases}5k_1+k_S=7\\8k_1+k_S=10\end{cases}$$

解得 $k_1=1, k_S=2$

所以,端口开路电压 $u_{oc}=10k_1+k_S=12\text{ V}$

图 3-49(b)输出 1-1′端等效为戴维南等效电路如图 3-49(c)所示,故 R_2 端电压为

$$u_2=\frac{12}{2+10}\times 10=10\text{ V}$$

3.6 系统法的一端口等效

学习了电路的系统分析方法后,对于复杂的一端口等效再用第 2 章介绍的分步等效会速度慢些,若结合系统法分析则快速直接。

例 3-30 用系统法再求例 2-9 一端口的最简等效电路。

解 例 2-9 端口电路如图 3-50(a)所示,此电路前面第 2 章已经分析过,通过电源等效变换一步步化简电路,或者应用戴维南定理(诺顿定理)直接得到戴维南等效电路(诺顿等效电路)。

在此我们用系统法一步得到端口的电压电流关系,从而直接确定其最简等效电路。首先在端口作用一个电流源 i',电压为 u',其参考方向如图 3-50(a)所示,应用节点法列出其方程为

$$\left(\frac{1}{20}+\frac{1}{20}+\frac{1}{10}\right)u_1-\frac{1}{10}u_2=\frac{15}{20}+\frac{5}{20}$$

$$-\frac{1}{10}u_1+\frac{1}{10}u_2=2+i'$$

联立求解,有

$$u_2=50+20i'$$

即 $$u'=20i'+50 \quad ①$$

或 $$i'=\frac{1}{20}u'-2.5 \quad ②$$

由式①确定其等效电路如图 3-50(b)所示,即戴维南等效电路;由式②确定其等效电路如图 3-50(c)所示,即诺顿等效电路。式①或式②亦称为该有源一端口电路的外特性。

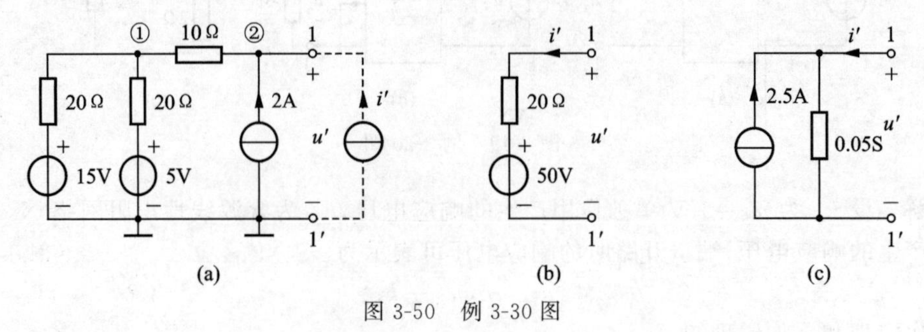

图 3-50 例 3-30 图

例 3-31 图 3-51(a)所示电路，求其戴维南等效电路。

解 在 ab 端口作用一个电压源，其电压为 u'，电流为 i'，参考方向如图 3-51(b)所示，标出网孔电流，列出网孔电流方程有

$$(6+4)i+4i'=4+2i$$
$$4i+(5+4)i'=u'+2i$$

联立求解，消去 i 得

$$u'=8i'+1$$

画出其戴维南等效电路如图 3-51(c)所示。

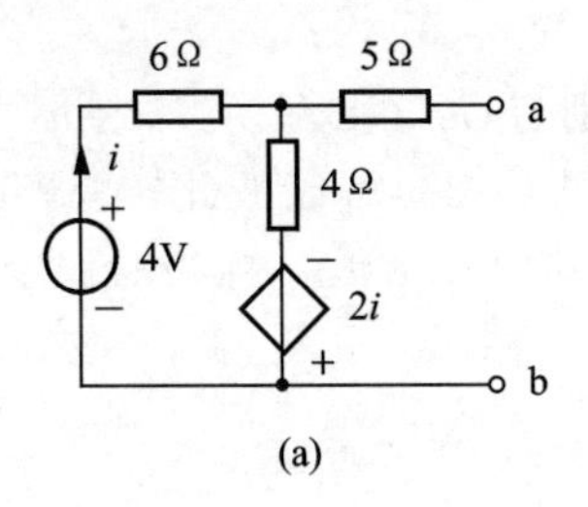

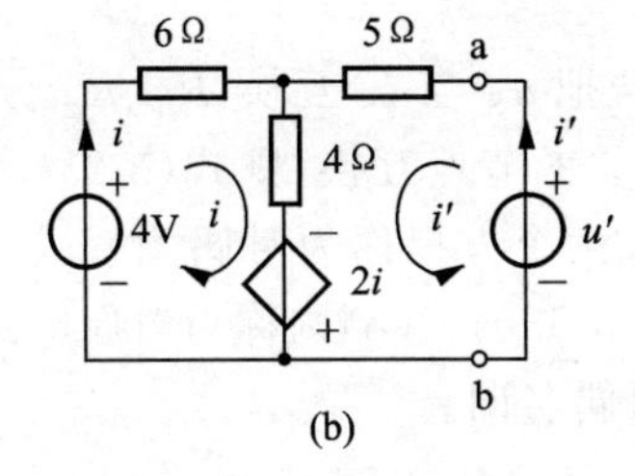

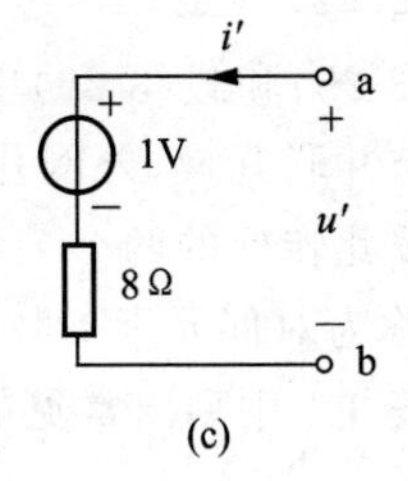

图 3-51 例 3-31 图

注释 有源一端口网络如图 3-52 所示，其等效电路可通过各种方法得到。若求得 $u=A+Bi$，则有 $u_{oc}=A$；$R_i=B$，得到戴维南等效电路；若求得 $i=C+Du$，则有 $i_{sc}=C$，$G_i=D$，得到诺顿等效电路，即所谓"一步法"。

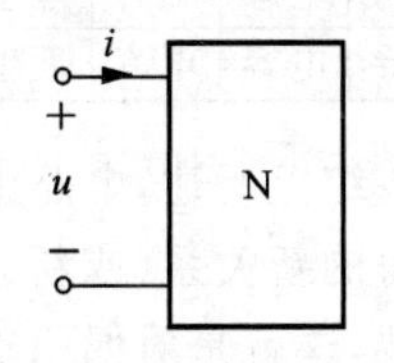

图 3-52 有源一端口网络

*3.7 对偶原理

当电压、电流的参考方向关联时，电阻的电压和电流的关系为 $u=Ri$，电导的电流和电压的关系为 $i=Gu$，电容的电流和电压关系为 $i=C\dfrac{du}{dt}$，电感的电压和电流关系为 $u=L\dfrac{di}{dt}$，电容、电感元件将在第 4 章介绍。在以上这些关系中，若把电压 u 与电流 i 互换，电阻 R 与电导 G 互换，电容 C 与电感 L 互换，则对应关系式就可以彼此转换，这些互换元素称为对偶元素。

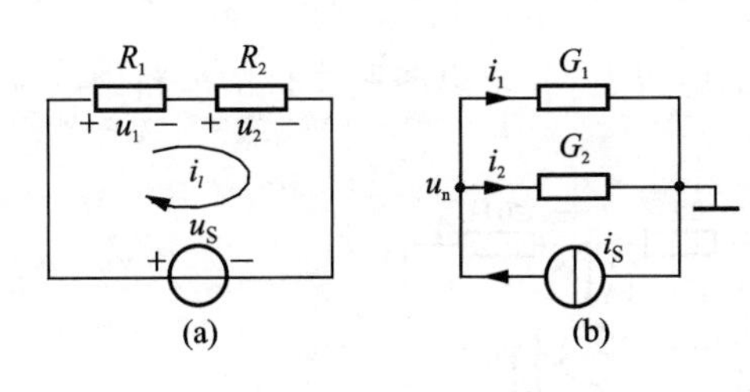

图 3-53 对偶电路

图 3-53 示出了两个电路，其中图 3-53(a)的电路由电阻 R_1、R_2 和电压源 u_S 串联组成；图 3-53(b)的电路由电导 G_1、G_2 和电流源 i_S 并联组成。图 3-53(a)电路，它有一个内网孔，一个外网孔，且有

$$\left.\begin{aligned} &\text{KVL 方程} && u_S=u_1+u_2 \\ &\text{分压公式} && u_1=\frac{R_1}{R_1+R_2}u_S \\ &\text{网孔电流方程} && u_S=R_1 i_l+R_2 i_l \end{aligned}\right\} \tag{3-25}$$

图 3-53(b)电路，它有一个独立节点，一个参考节点，且有

$$\left.\begin{aligned} &\text{KCL 方程} && i_S=i_1+i_2 \\ &\text{分流公式} && i_1=\frac{G_1}{G_1+G_2}i_S \\ &\text{节点电压方程} && i_S=G_1 u_n+G_2 u_n \end{aligned}\right\} \tag{3-26}$$

在式(3-25)和式(3-26)中，若把 u_S 与 i_S 互换，R_1、R_2 分别与 G_1、G_2 互换，i_l 与 u_n 互换，串联与并联互换，外网孔和参考节点互换，则式(3-25)和式(3-26)可以彼此转换，我们把可以彼此转换的两个关系或两个方程称为对偶关系式。其中 u_S 和 i_S 称为对偶变量，R 和 G 称为对偶元素参数，图 3-53(a)、(b)则称为对偶电路。

表 3-1 中列出常见的对偶名词。

表 3-1 常见的对偶名词

电阻	电感	电压	理想电压源	短路	串联	节点	节点电压	节点法	磁链	KVL	CCVS	VCVS
电导	电容	电流	理想电流源	开路	并联	网孔	网孔电流	网孔法	电荷	KCL	VCCS	CCCS

综上所述，电路中某些元素之间的关系(或方程)，用它们的对偶元素对应地转换后，所得的新关系(或新方程)也一定成立，这个新关系(或新方程)与原有关系(或方程)互为对偶，这就是对偶原理。

对偶原理的应用价值在于，若已知原电路的方程及其解答，根据对偶关系即可直接写出其对偶电路的方程及其解答。另外，根据对偶关系，使电路的计算方法及对公式的记忆工作量减少了一半。

必须注意，两个电路互为对偶，绝非这两个电路等效。“对偶”与“等效”是两个不同的概念，不可混淆。

对偶电路在滤波电路、模拟电路以及某些电路分析中有较大的用途。

习题

3-1 用支路电流法求图题 3-1 所示各电路的电流 i_1，并求出图题 3-1(b)电路中电流源的功率。

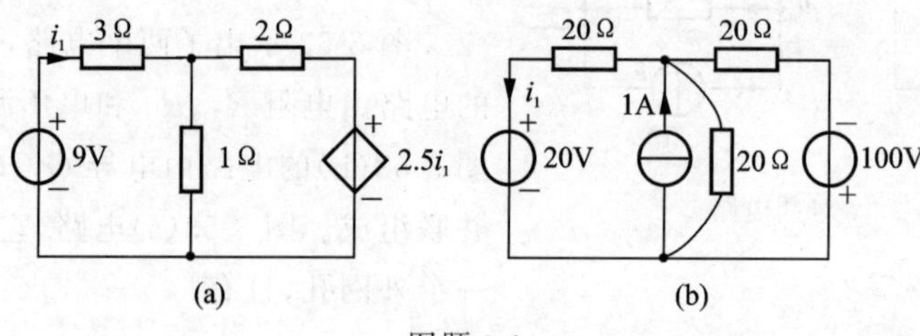

图题 3-1

3-2 对图题 3-2 所示各电路，用支路电流法写出求解所需的方程。

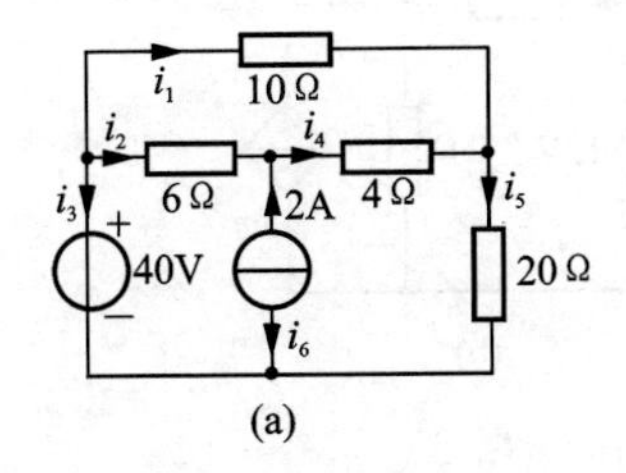

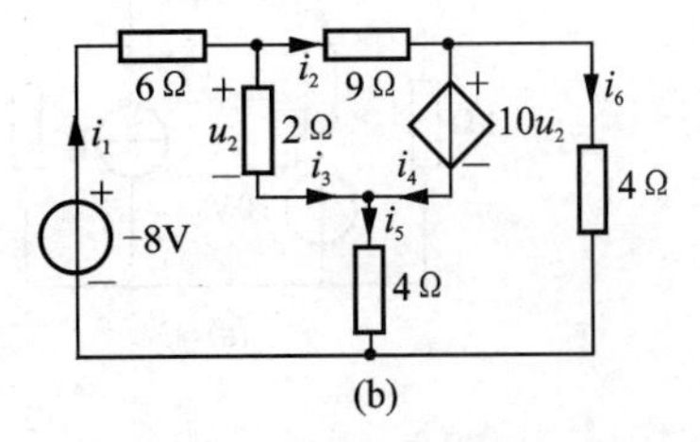

图题 3-2

3-3 用网孔分析法求图题 3-3 所示电路中的 i_x。

3-4 电路如图题 3-4 所示，用回路分析法求电流源的端电压 u。

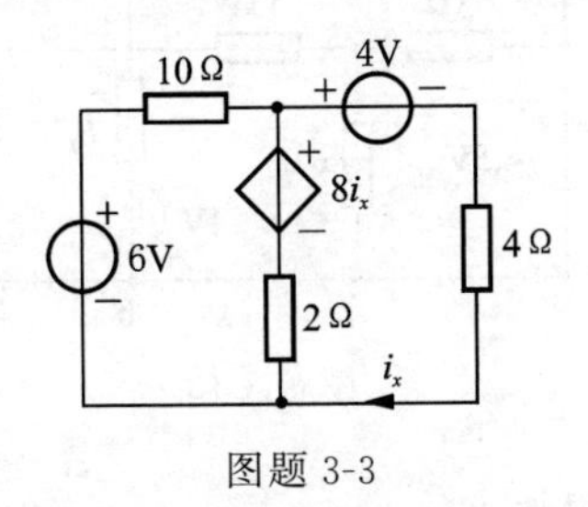

图题 3-3

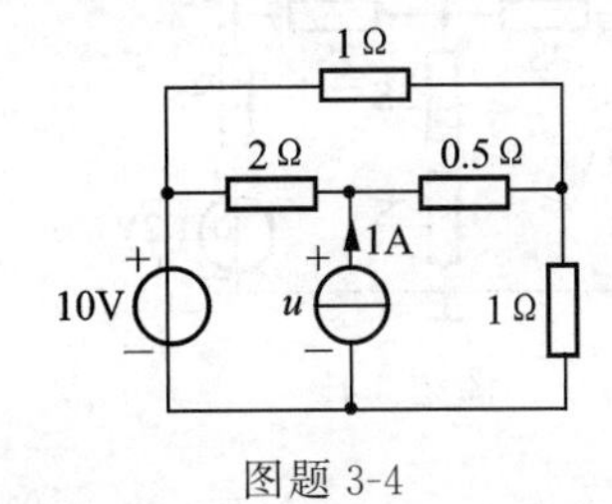

图题 3-4

3-5 用网孔分析法求图题 3-2(a)中电流源发出的功率。

3-6 用回路分析法求图题 3-2(b)中的电压 u_2 和独立电压源发出的功率。

3-7 电路如图题 3-7 所示，用回路分析法求 4 Ω 电阻的功率。

3-8 求图题 3-8 所示电路中各独立源发出的功率。

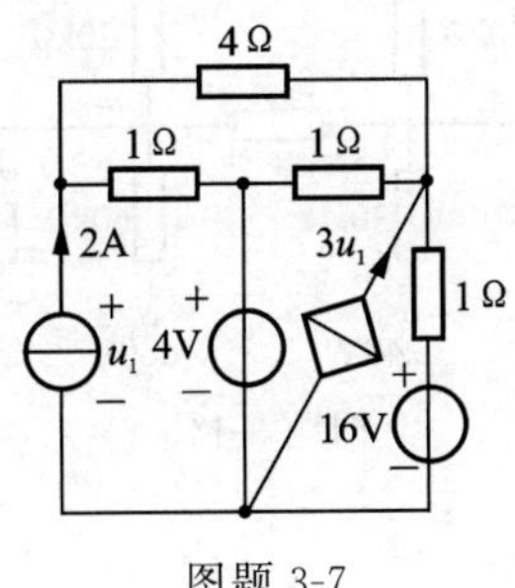

图题 3-7

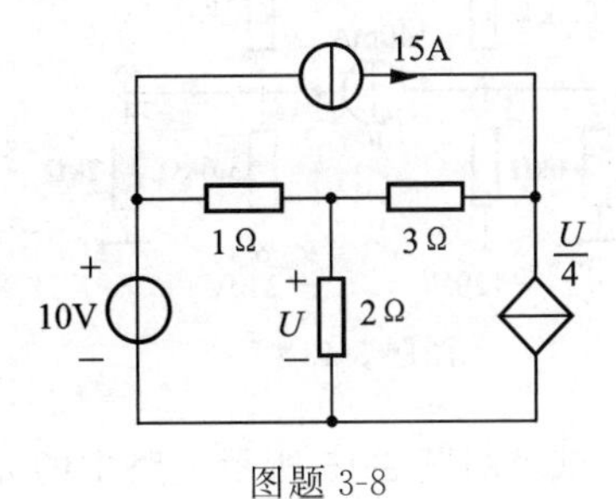

图题 3-8

3-9 已知某电路求解网孔电流的方程组为

$$\begin{cases}3i_1 - i_2 - 2i_3 = 1 \\ -i_1 + 6i_2 - 3i_3 = 0 \\ -2i_1 - 3i_2 + 6i_3 = 6\end{cases}$$

试画出该电路的结构图。

3-10 用节点分析法求图题 3-10 所示电路中的 u 和 i。

3-11 用节点分析法求图题 3-11 所示电路中的 u_a、u_b、u_c(图中 S 代表西门子)。

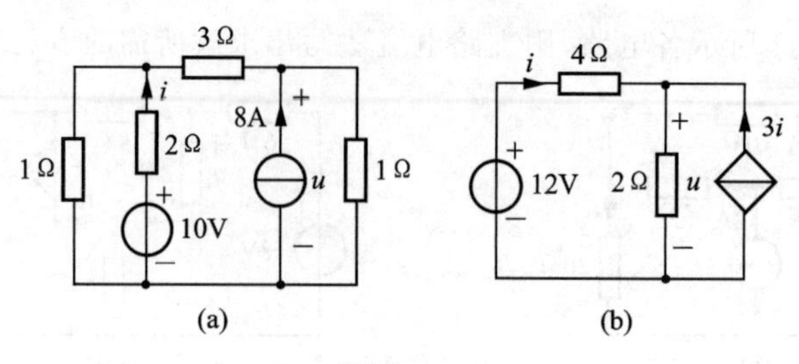

图题 3-10

3-12　图题3-12电路中欲使开关的开启与闭合不影响电路的工作状态，试求电阻 R_L 值。

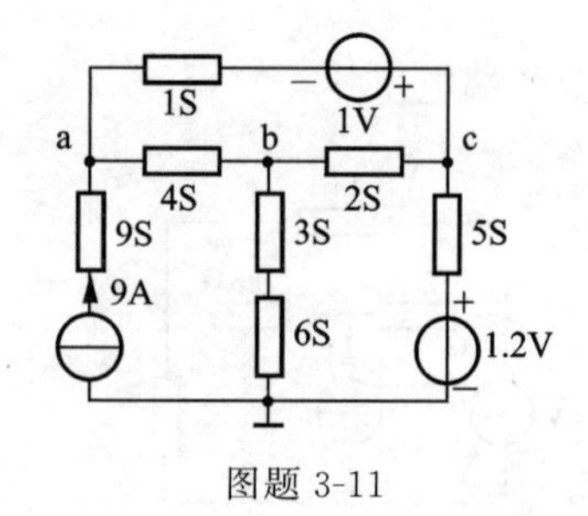

图题 3-11

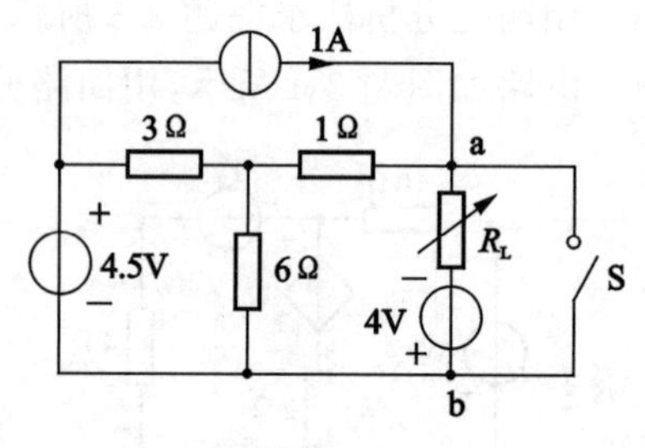

图题 3-12

3-13　求图题 3-13 所示电路中电流源两端的电压 u。

(1) 用节点分析法；

(2) 对电流源之外的电路作等效变换后再求这一电压。

3-14　求图题 3-14 所示电路中 3 kΩ 电阻上的电压 u。

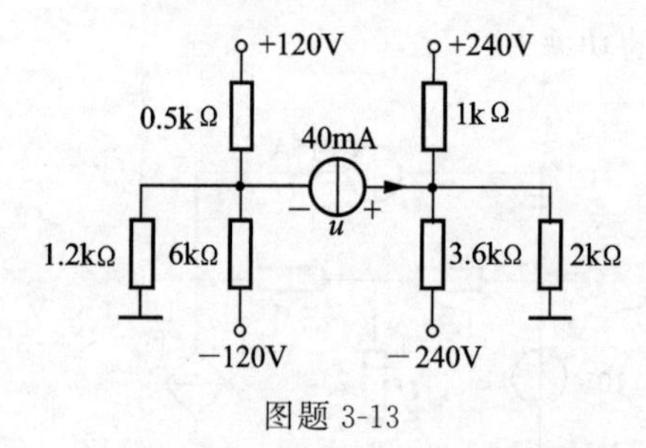

图题 3-13

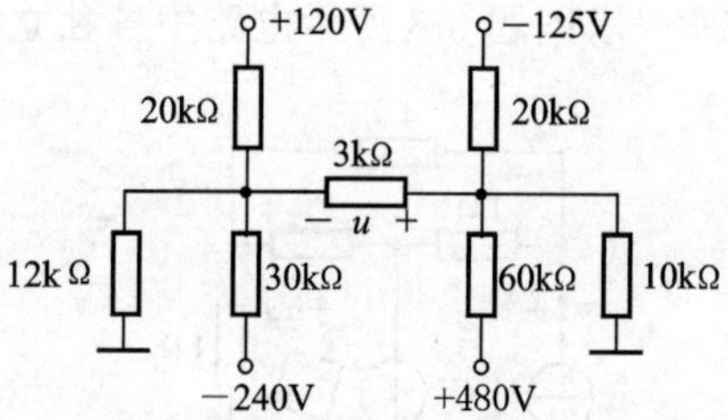

图题 3-14

3-15　试求图题 3-15 所示电路中的 u_1。

3-16　用节点分析法解图题 3-16 所示电路的 u_1、u_2。如将受控电流源改为 $4u_1$，重解 u_1、u_2。

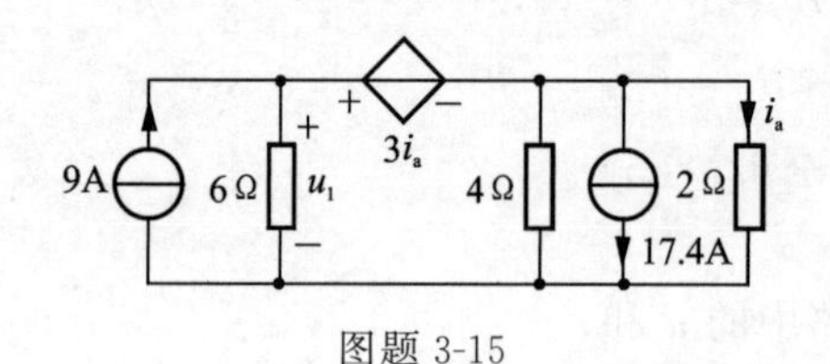

图题 3-15

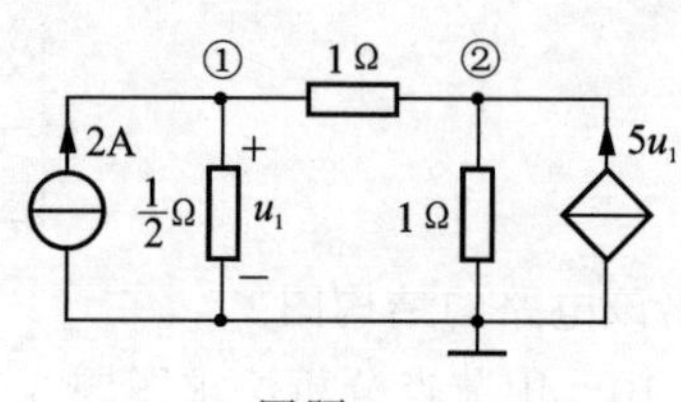

图题 3-16

3-17　图题 3-17 所示电路，分别求各独立源发出的功率。

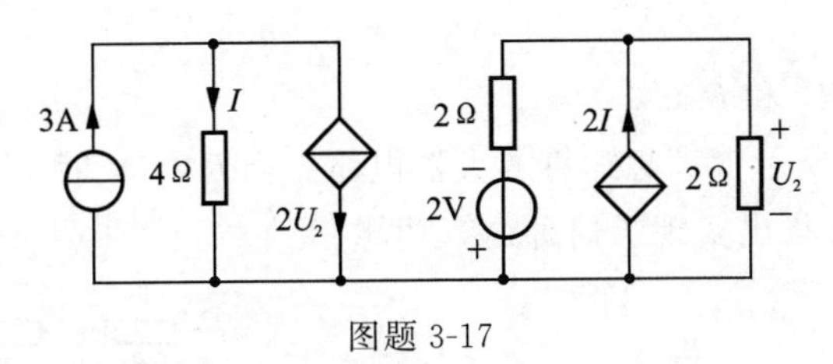

图题 3-17

3-18　用节点分析法求图题 3-18 所示电路中的电流 I。

3-19　图题 3-19 所示电路中，当电阻 R_L 调至阻值 4 Ω 时获得最大功率 6.25 W，求此时电压源 U_S 的值($U_S>0$)。

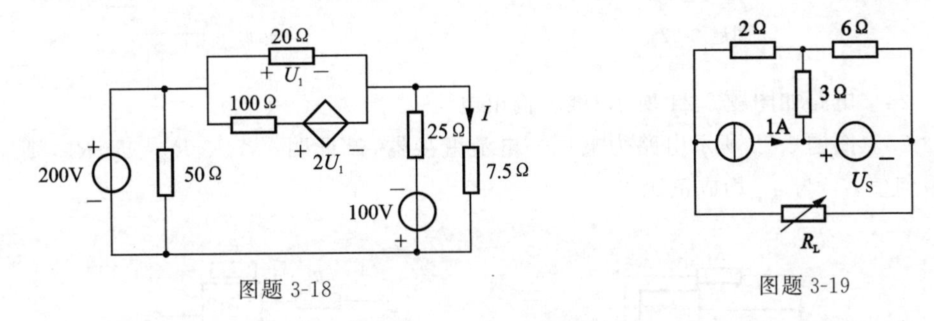

图题 3-18　　　　图题 3-19

3-20　试用虚断路和虚短路的概念求图题 3-20 所示两电路中的 i_1、i_2 及 u_o 的表达式。

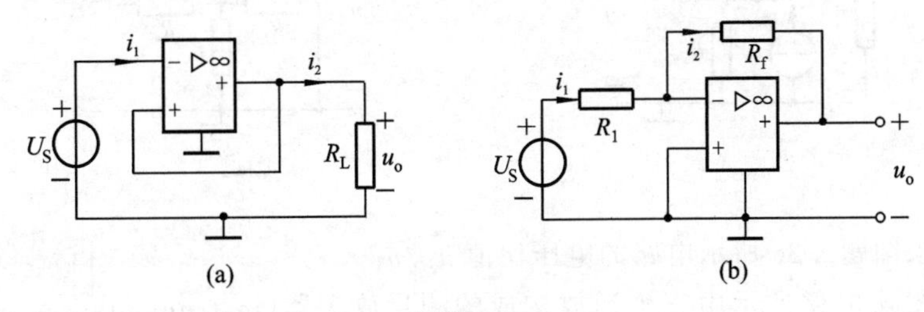

图题 3-20

3-21　图题 3-21(a)所示为一同相放大器，它可用图题 3-21(b)所示电压控制电压源表示。求受控源控制系数 k 值。

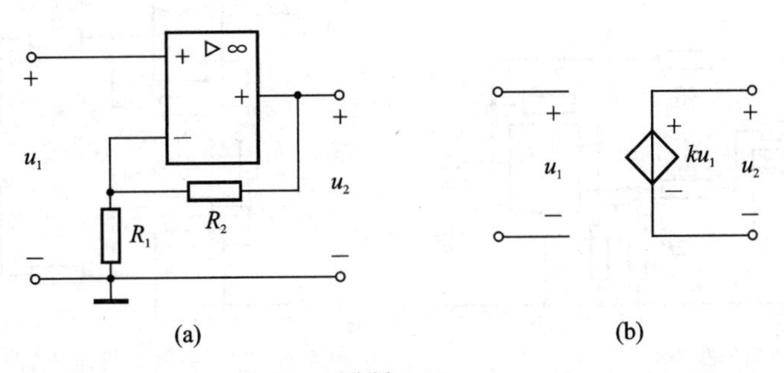

图题 3-21

3-22　设图题 3-22 所示电路所要求的输出为

$$u_o = -(3u_1 + 0.2u_2)$$

已知 $R_3 = 10\ \mathrm{k}\Omega$,求 R_1 和 R_2。

3-23　图题 3-23 所示含理想运算放大器电路。当 $R = R_f$ 时,求输出量 u_o 与输入量 u_{i1}、u_{i2}、u_{i3} 的关系,并指出实现了何种运算功能。

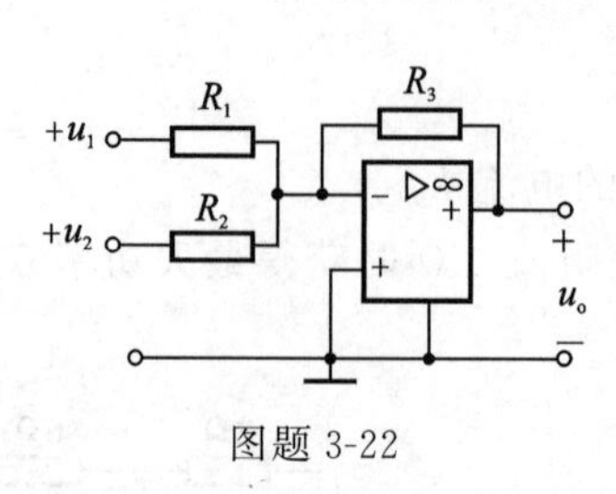

图题 3-22

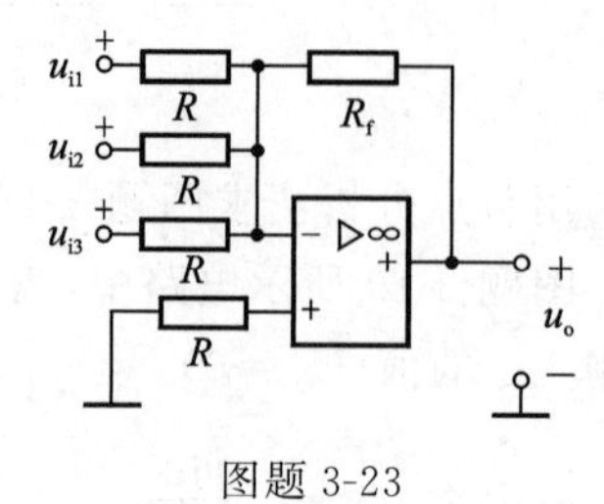

图题 3-23

3-24　电路如图题 3-24 所示,试求输出电压 u_o。

3-25　图题 3-25 所示电路为电压—电流变换器,试证明:若 $R_1R_4 = R_2R_3$,则无论 R_L 取何值,i_L 与 u_S 均成正比。

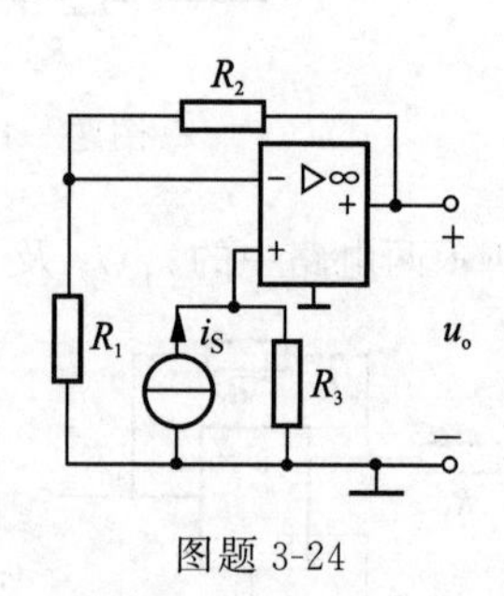

图题 3-24

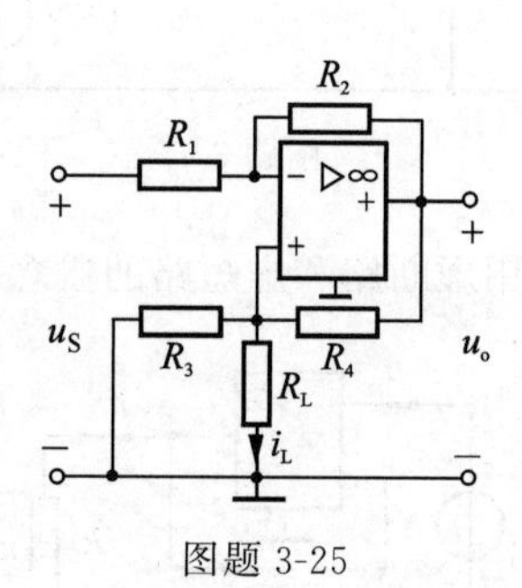

图题 3-25

3-26　求图题 3-26 所示电路的电压比值 u_o/u_i。

3-27　图题 3-27 所示由三个运放构成的测量放大器(instrumentation amplifier)是一种精密测量场合下广泛使用的放大电路。已知输入电压分别为 u_1 和 u_2,试求输出电压 u_o。

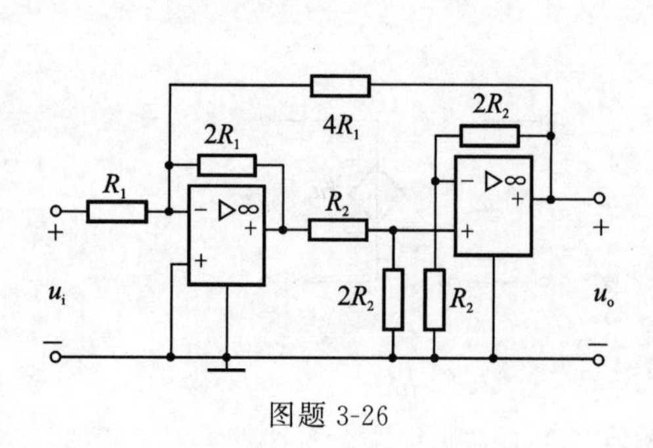

图题 3-26

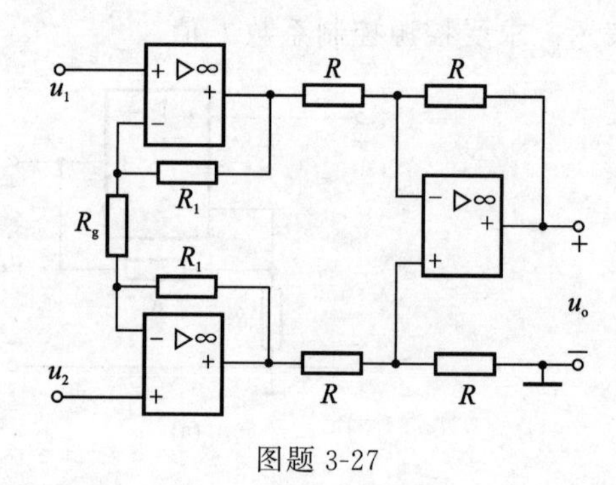

图题 3-27

3-28　用叠加定理求图题 3-28 所示各电路中的电压 u_2。

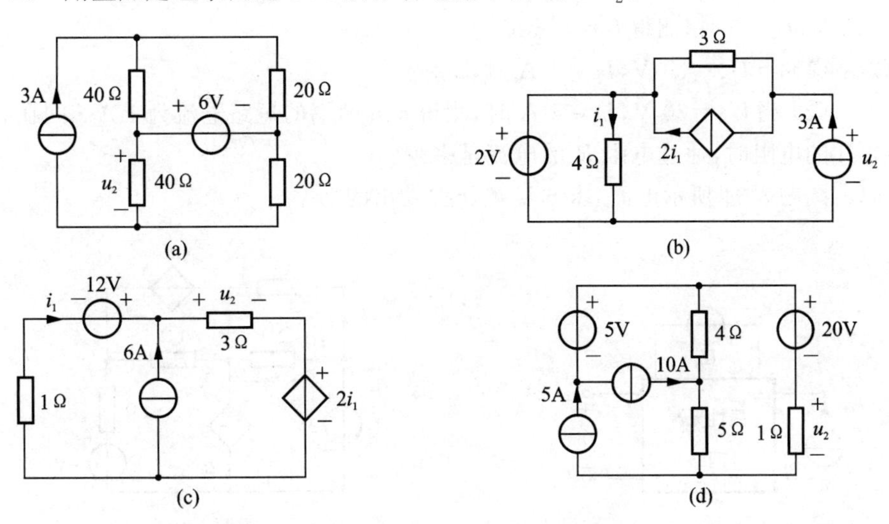

图题 3-28

3-29　图题 3-29 所示电路中 N 为含源线性电阻网络，当 $I_{S1}=0, I_{S2}=0$ 时，$U_x=-20$ V；当 $I_{S1}=8$ A，$I_{S2}=12$ A 时，$U_x=80$ V；当 $I_{S1}=-8$ A，$I_{S2}=4$ A 时，$U_x=0$ V。求 $I_{S1}=I_{S2}=20$ A 时，U_x 是多少？

3-30　电路如图题 3-30 所示，当 2 A 电流源未接入时，3 A 电流源向网络提供的功率为 54 W，$u_2=12$ V；当 3 A 电流源未接入时，2 A 电流源向网络提供的功率为 28 W，$u_3=8$ V。求两电源同时接入时，各电流源的功率。

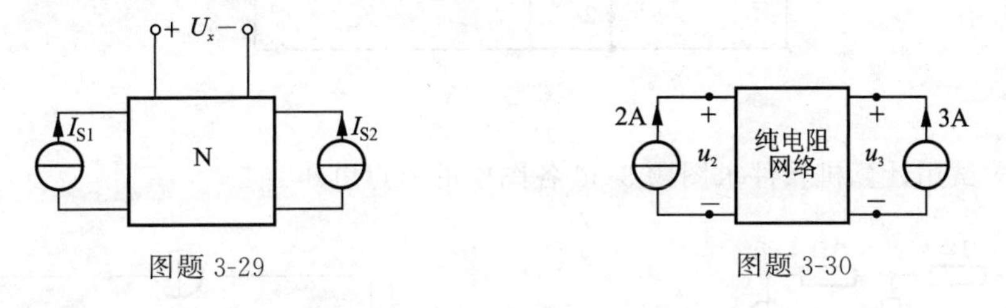

图题 3-29　　　　图题 3-30

3-31　图题 3-31 所示电路，当 $I_S=2$ A 时，$I=-1$ A；当 $I_S=4$ A 时，$I=0$。若要使 $I=1$ A，求 I_S 的值。

3-32　图题 3-32 所示电路，欲使 $I_x=\frac{1}{8}I$，求 R_x 的值。

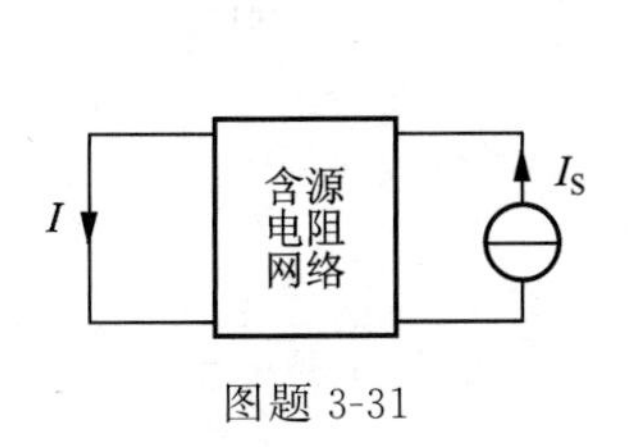

图题 3-31

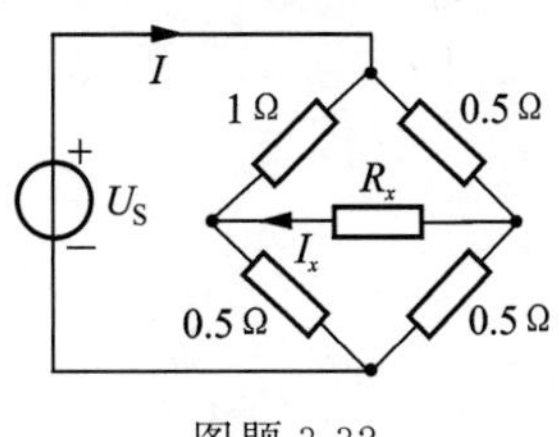

图题 3-32

3-33　图题 3-33 所示直流电路,当电压源 $U_S=18$ V,电流源 $I_S=2$ A 时,测得 $U=0$;当 $U_S=18$ V,$I_S=0$ 时,测得 $U=-6$ V。

试求:(1) 当 $U_S=30$ V,$I_S=4$ A 时,$U=$?

(2) 当 $U_S=30$ V,$I_S=4$ A 时,测得 a、b 两端的短路电流为 1 A。问在 a、b 端接 $R=2\ \Omega$ 的电阻时,通过电阻 R 的电流是多少?

3-34　图题 3-34 所示电路,求 6 V 电压源发出的功率。

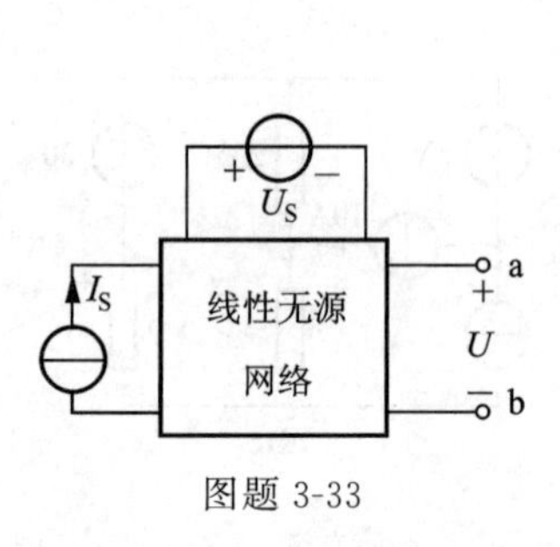

图题 3-33

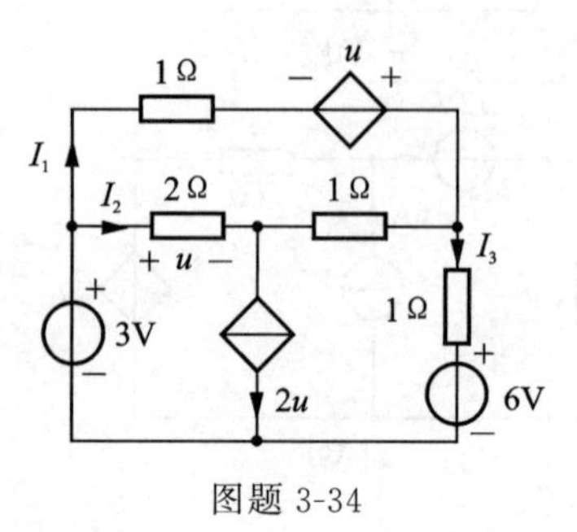

图题 3-34

3-35　图题 3-35 所示电路,(1) 若 R_x 获得最大功率 $P_{max}=1.5$ W,求 U_S 值(设 $U_S>0$);(2) 若电压源为 $2U_S$,其他均不变,再求 R_x 吸收的功率。

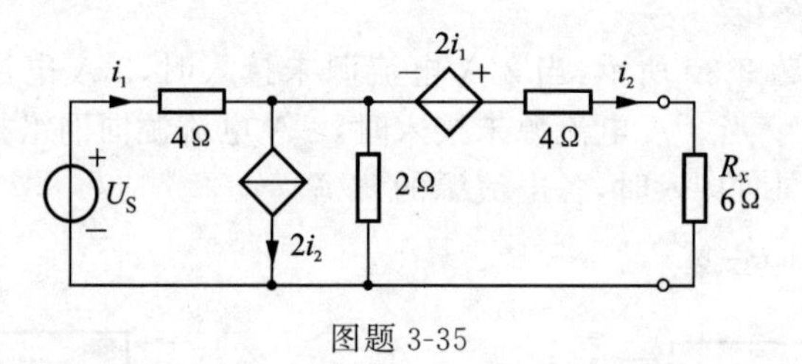

图题 3-35

*3-36　试用计算机软件求图题 3-36 各图中的节点电压。

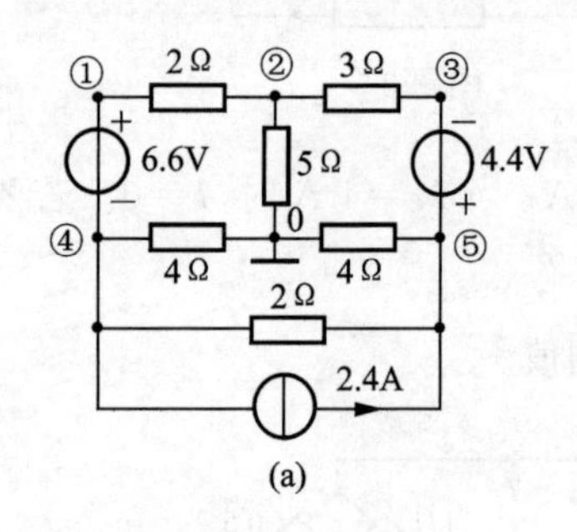

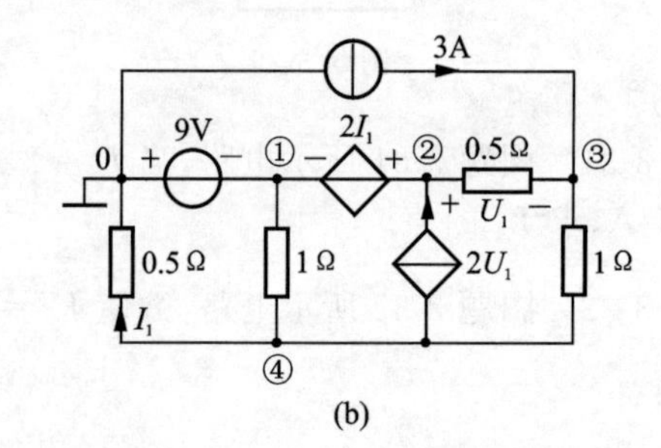

图题 3-36

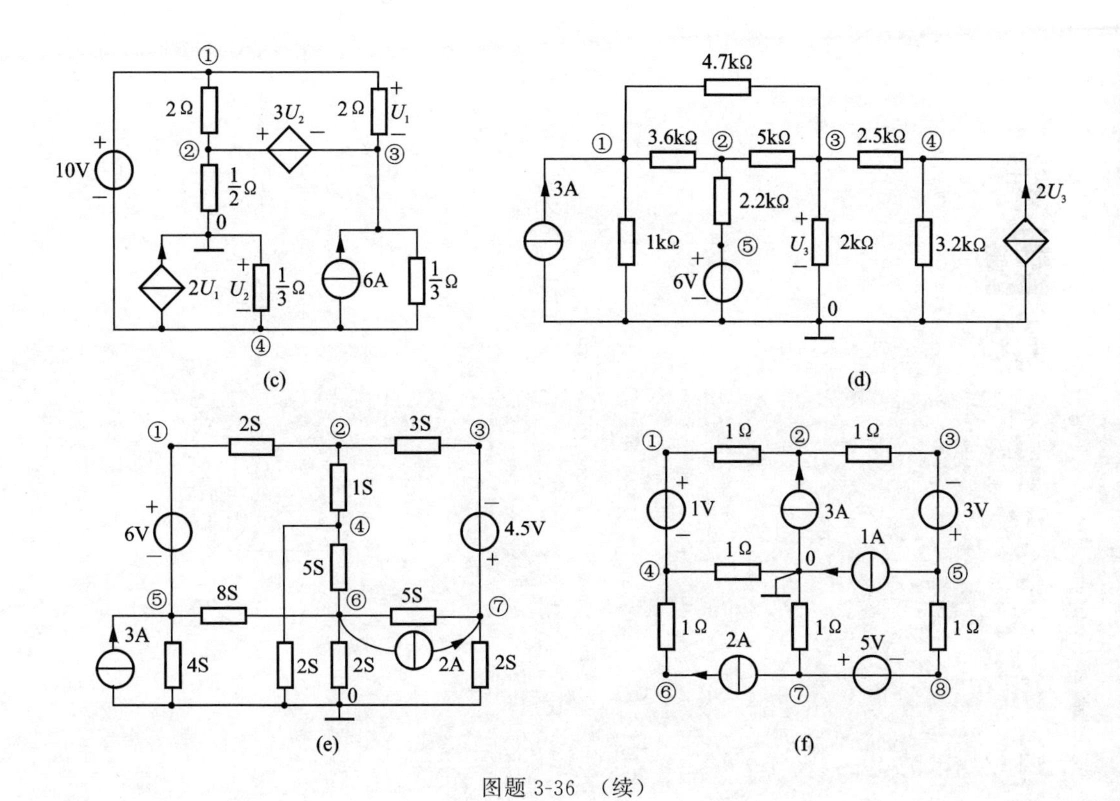

①
2Ω
2Ω
+
U1
−
3U2
+
−
②
③
10V
+
−
1/2Ω
0
2U1
+
U2
−
1/3Ω
6A
1/3Ω
④
(c)
4.7kΩ
①
3.6kΩ
②
5kΩ
③
2.5kΩ
④
3A
2.2kΩ
2U3
1kΩ
⑤
+
U3
−
2kΩ
3.2kΩ
+
6V
−
0
(d)
①
2S
②
3S
③
1S
+
6V
−
④
−
4.5V
+
5S
⑤
8S
⑥
5S
⑦
3A
4S
2S
2S
2A
2S
0
(e)
①
1Ω
②
1Ω
③
+
1V
−
3A
−
3V
+
1A
④
1Ω
0
⑤
1Ω
2A
1Ω
5V
+
−
1Ω
⑥
⑦
⑧
(f)

图题 3-36 （续）

第4章 正弦交流电路相量法分析

当线性电路在正弦电源激励下已达到稳态时，电路中的响应(电压、电流等)都是与输入激励同频率的正弦量。处于正弦稳态的电路称为正弦稳态电路(sinusoidal steady-state circuit)。工程上，正弦稳态电路常称为正弦交流电路，对其分析在电气工程、控制工程等领域具有重要的理论意义和工程应用价值。本章详细讨论相量法在正弦稳态电路分析中的应用。

4.1 电容元件和电感元件

4.1.1 电容元件

工程中电容器应用极为广泛。电容器虽然品种规格繁多，但就其构成原理来说，都是由两块金属极板中间隔着某种介质所组成。加上电压后，两极板上分别聚集起等量异号的电荷，在介质中建立起电场，并储存有电场能量。电源移去后，电荷可以继续聚集在极板上，电场继续存在。所以电容器是一种能够储存电场能量的实际器件。**电容元件**(capacitor)是实际电容器的理想化模型。

视频4-1 电工先驱——库仑

线性电容元件在电路中的符号如图4-1(a)所示。图中$+q$和$-q$(q是代数量)，是该元件正极板和负极板上的电荷量。当然，极板的正、负是任意指定的。若电容元件上电压的参考方向规定由正极板指向负极板，则任何时刻正极板上的电荷q与其两端的电压u有以下关系：

$$q = Cu \tag{4-1}$$

式中，C称为该元件的**电容**(capacitance)，是一个正实常数，反映电场储能性质的电路参数。

在SI单位制中，电荷q的单位是库仑(C)，电容C的单位是法拉(F)。实际电容器的电容往往比1 F小得多。通常采用微法(μF)和皮法(pF)作为单位，它们的换算关系为

$$1\ \mu\text{F} = 10^{-6}\ \text{F},\quad 1\ \text{pF} = 10^{-12}\ \text{F}$$

若把电容元件的电荷q取为纵坐标(或横坐标)，电压u取为横坐标(或纵坐标)画出电荷与电压的关系曲线，该曲线称为电容元件的**库伏特性**。库伏特性是通过u-q(或q-u)平面上坐标原点的一条直线的电容，称为线性电容元件，如图4-1(b)所示。

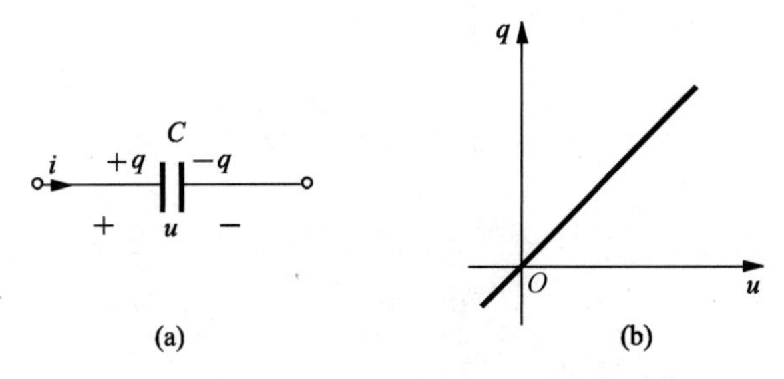

图4-1 线性电容元件的符号及其库伏特性

当极板间电压 u 变化时,极板上电荷量也随之改变,于是在电容电路中出现电流(极板之间的介质中是位移电流,极板外的导线中是传导电流,两者是连续的)。若指定电流的参考方向为流进正极板,即与电压 u 为关联方向,则电流

$$i=\frac{\mathrm{d}q}{\mathrm{d}t} \tag{4-2}$$

把式(4-1)代入,得

$$i=C\ \frac{\mathrm{d}u}{\mathrm{d}t} \tag{4-3}$$

式(4-3)是线性电容的 **VAR**,是在 u、i 关联方向下得到的。该式说明:线性电容元件的电流与该时刻电压的变化率成正比。当电压不随时间变化时电流为零,这时电容元件相当于开路。所以电容元件有隔断直流(简称隔直)的作用。常用于放大器级间耦合、滤波、去耦、旁路及信号调谐。

线性电容元件的电压 u 和电流 i 之间的关系也可用积分形式表示,即

$$u(t)=\frac{q(t)}{C}=\frac{1}{C}\int_{-\infty}^{t}i(\xi)\mathrm{d}\xi \tag{4-4}$$

或写成
$$u(t)=u(t_0)+\frac{1}{C}\int_{t_0}^{t}i(\xi)\mathrm{d}\xi \tag{4-5}$$

式(4-4)中,$u(t_0)=\frac{1}{C}\int_{-\infty}^{t_0}i(\xi)\mathrm{d}\xi=\frac{q(t_0)}{C}$,是在初始时刻 t_0 电容上的电压,称为初始电容电压或电容电压的初始值。一般取 $t_0=0$,于是式(4-5)又可写成

$$u(t)=u(0)+\frac{1}{C}\int_{0}^{t}i(\xi)\mathrm{d}\xi \tag{4-6}$$

从式(4-6)可见,在任何时刻 t,电容元件的电压 $u(t)$ 与初始值 $u(0)$ 以及从 0 到 t 的所有电流值有关,所以电容元件是一种**记忆元件**(memory element)。

在电压和电流取关联方向时,电容元件吸收的功率为

$$p_{\text{吸}}=ui=Cu\frac{\mathrm{d}u}{\mathrm{d}t}$$

从 t_1 到 t_2 时间内元件吸收的电能为

$$\begin{aligned}
w_C(t_1,t_2)&=\int_{t_1}^{t_2}u(\xi)i(\xi)\mathrm{d}\xi\\
&=\int_{t_1}^{t_2}Cu(\xi)\ \frac{\mathrm{d}u(\xi)}{\mathrm{d}\xi}\mathrm{d}\xi\\
&=C\int_{u(t_1)}^{u(t_2)}u(\xi)\mathrm{d}u(\xi)\\
&=\frac{1}{2}Cu^2(t_2)-\frac{1}{2}Cu^2(t_1)\\
&=w_C(t_2)-w_C(t_1)
\end{aligned}$$

电容元件在任何时刻所储存的**电场能量**(energy of electric field)为

$$w_C(t)=\frac{1}{2}Cu^2(t)$$

元件在 t_1 到 t_2 时间内吸收的电能等于元件在 t_2 和 t_1 时刻的电场能量之差。

当电压的绝对值 $|u|$ 增加时，$w_C(t_2)>w_C(t_1)$，$w_C>0$，元件吸收能量，且全部转变为电场能；当 $|u|$ 减小时，$w_C(t_2)<w_C(t_1)$，$w_C<0$，元件将电场能量释放出来并转变成电能。可见它并不把吸收的能量消耗掉，而是以电场能量的形式储存起来，所以电容元件是一种“储能元件”。由于它不会释放出多于它所吸收或储存的能量，因此它是一种无源元件。

若电容元件的库伏特性在 u-q 平面上不是通过原点的直线，此元件称为非线性电容元件。若电容元件的库伏特性不随时间改变，则称为非时变电容元件。

今后为了叙述方便，把线性电容元件简称为电容，所以“电容”这个术语及其相应的符号 C，一方面表示一个电容元件，另一方面也表示这个元件的参数。

电容器是为了获得一定大小的电容而特意制成的，一般情况下电容器的电路模型用电容元件即可。电容器按结构可分为固定电容、可变电容、微调电容。按介质材料可分为气体介质电容、液体介质电容、无机固体介质电容、有机固体介质电容。按极性可分为有极性电容和无极性电容。在分析精度要求较高的情况下，还应考虑介质损耗和漏电流，其模型就应采用电容元件与电阻元件并联（或串联）形式。此外，电容效应在很多场合下是客观存在的，如一对架空输电线之间就有电容，晶体三极管的三个极之间也都存在着电容，甚至一个线圈各线匝之间也都有电容（简称匝间电容），只是因为此电容很小，在电流和电压随时间变化不太快（频率较低）时，其电容效应可略去不计。

4.1.2 电感元件

电感元件（inductor）是实际线圈的理想化模型。假想它是由无阻导线绕制而成的线圈。线圈中通过电流 i 时，将产生磁通 ϕ_L，若磁通 ϕ_L 与线圈的 N 匝都交链，则磁通链 $\psi_L=N\phi_L$，如图 4-2 所示。

ϕ_L 和 ψ_L 是由线圈本身的电流产生的，称为自感磁通和自感磁通链。规定磁通 ϕ_L 和磁通链 ψ_L 的参考方向与电流参考方向之间满足右手螺旋定则，在这种参考方向下，任何时刻线性电感元件的自感磁通链 ψ_L 与电流 i 是成正比的，即

$$\psi_L=Li \tag{4-7}$$

式中，L 称为该元件的自感或电感，是一个正实常数，是表征磁场储能性质的电路参数。

在 SI 单位制中，磁通和磁通链的单位是韦伯（Wb），电感的单位是亨利（H），简称亨。

视频 4-2 电工先驱——亨利

线性电感元件在电路中的图形符号如图 4-3(a)所示。

电感元件的特性是由 i-ψ_L（或 ψ_L-i）平面上的曲线表征的，该曲线称为元件的韦安特性。线性电感元件的韦安特性是通过坐标原点的一条直线，如图 4-3(b)所示。

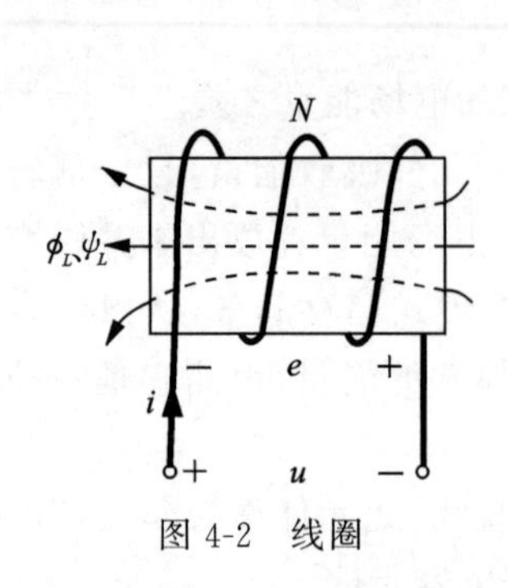

图 4-2 线圈

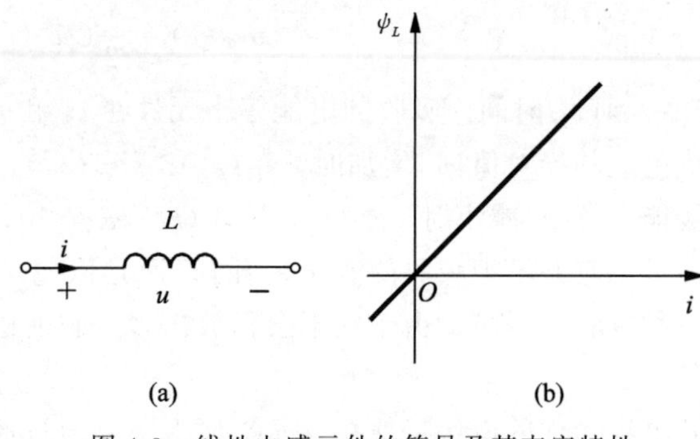

图 4-3 线性电感元件的符号及其韦安特性

视频 4-3
电工先驱
——法拉第

在电压 u 和电流 i 取关联方向下，u 的参考方向与 ψ_L 的参考方向之间也为右手螺旋定则，见图 4-2。由法拉第电磁感应定律知，电感元件两端的感应电压为

$$u=\frac{\mathrm{d}\psi_L}{\mathrm{d}t} \tag{4-8}$$

将式(4-7)代入式(4-8)，即得电感元件电压与电流的关系式

$$u=L\ \frac{\mathrm{d}i}{\mathrm{d}t} \tag{4-9}$$

注意，式(4-9)中 u、i 是关联方向。

楞次定律指出：线圈中磁通变化引起的感应电动势其方向总是试图产生感应电流来阻止磁通变化。若所指定的电动势 e 的参考方向(定义为参考低电位点指向参考高电位点)与电流 i 的参考方向相同(见图 4-2)，则由以上陈述可得

$$e=-L\ \frac{\mathrm{d}i}{\mathrm{d}t} \tag{4-10}$$

而电压的参考方向定义为参考高电位点指向参考低电位点。于是，若选择电压 u 和电流 i 的参考方向为关联参考方向，则有

$$u=-e=L\ \frac{\mathrm{d}i}{\mathrm{d}t} \tag{4-11}$$

因此，式(4-11)亦即式(4-9)是满足楞次定律的。

式(4-9)是线性电感元件的 VAR。该式说明，任何时刻线性电感元件上的电压与该时刻电流的变化率成正比。当电流不随时间变化时电压为零，这时电感元件相当于短路，所以在直流稳态下，即电流恒定不变时，电感元件相当于短路。而高频时，常用作扼流圈。

电感元件的 VAR 也可用积分形式表示，对式(4-9)取积分可得

$$i(t)=\frac{1}{L}\int_{-\infty}^{t}u(\xi)\mathrm{d}\xi \tag{4-12}$$

或写成

$$i(t)=i(t_0)+\frac{1}{L}\int_{t_0}^{t}u(\xi)\mathrm{d}\xi \tag{4-13}$$

式中，$i(t_0)=\frac{1}{L}\int_{-\infty}^{t_0}u(\xi)\mathrm{d}(\xi)=\frac{\psi_L(t_0)}{L}$是初始时刻 t_0 电感元件中的电流，称为初始电

流或电感电流的初始值。一般也取 $t_0=0$,则式(4-13)又可写为

$$i(t)=i(0)+\frac{1}{L}\int_0^t u(\xi)\mathrm{d}\xi \tag{4-14}$$

式(4-14)指出,在任何时刻 t,电感元件中的电流 $i(t)$ 与初始值 $i(0)$ 以及从 0 到 t 的所有电压值有关。所以电感元件也是一种记忆元件。

在电压、电流取关联参考方向时,电感元件吸收的功率为

$$p_{吸}=ui=Li\frac{\mathrm{d}i}{\mathrm{d}t}$$

从 t_1 到 t_2 时间内元件吸收的电能为

$$\begin{aligned}w_L(t_1,t_2)&=\int_{t_1}^{t_2}u(\xi)i(\xi)\mathrm{d}\xi\\&=\int_{t_1}^{t_2}Li(\xi)\frac{\mathrm{d}i(\xi)}{\mathrm{d}\xi}\mathrm{d}\xi\\&=L\int_{i(t_1)}^{i(t_2)}i(\xi)\mathrm{d}i(\xi)\\&=\frac{1}{2}Li^2(t_2)-\frac{1}{2}Li^2(t_1)\end{aligned}$$

电感元件在任何时刻 t 所储存的**磁场能量**(energy of magnetic field)为

$$w_L(t)=\frac{1}{2}Li^2(t)$$

元件在 t_1 到 t_2 时间内吸收的电能等于元件在 t_2 和 t_1 时刻的磁场能量之差。

$$w_L=w_L(t_2)-w_L(t_1)$$

当电流 $|i|$ 增加时,$w_L(t_2)>w_L(t_1)$,$w_L>0$,元件吸收能量并全部转变成磁场能量;当电流 $|i|$ 减少时,$w_L(t_2)<w_L(t_1)$,$w_L<0$,元件将磁场能量释放出来转变成电能。可见它并不把吸收的能量消耗掉,而是以磁场能量的形式储存起来。所以电感元件是一种储能元件。由于它不会释放出多于它所吸收或储存的能量,因此它也是一种无源元件。

空心线圈可以用线性电感元件来表征其储存磁场能量的特性。由于空心线圈的电感量一般不大,而线圈导线电阻的损耗有时不可忽略,所以常用线性电阻元件和线性电感元件的串联组合作为它的模型。

非线性电感元件的韦安特性不是通过 i-ψ 坐标原点的直线。非线性电感元件的典型例子就是具有铁芯的线圈。在线圈中放入铁芯后,电感量虽然明显增大,但一般说来电感已不再是常数。若铁芯中含有较大的空气隙,或者铁磁材料在非饱和状态下工作,韦安特性仍近似是线性的,在这种情况下,铁芯线圈可以当作线性电感元件来处理。

若电感元件的韦安特性不随时间改变,则称为非时变电感元件。

以后为了叙述方便,把线性电感元件简称为电感,所以“电感”这个术语及相应的符号 L,一方面表示一个电感元件的名称,另一方面也表示这个元件的参数。

例 4-1 图 4-4(a)所示电感元件上的电压波形如图 4-4(b)。试求电流 i_L 并画出其波形。设 $i_L(0)=0$。

解 根据式(4-13),用积分方法求 i 的函数表达式。由于电压波形不能用一个函数描述,积分须分段进行。

当 $0<t\leqslant 1$ s 时

$$i_L(t)=i_L(0)+\frac{1}{L}\int_0^t u\,\mathrm{d}\xi=0+\frac{1}{2}\int_0^t 4\xi\,\mathrm{d}\xi=t^2\ \mathrm{A}$$

$$i_L(1)=1\ \mathrm{A}$$

当 $1<t\leqslant 2$ s 时

$$i_L(t)=i_L(1)+\frac{1}{L}\int_1^t u\,\mathrm{d}\xi=1+\frac{1}{2}\int_1^t (8-4\xi)\,\mathrm{d}\xi=(-t^2+4t-2)\ \mathrm{A}$$

$$i_L(2)=2\ \mathrm{A}$$

当 $t>2$ s 时

$$i_L(t)=2\ \mathrm{A}$$

即

$$i_L(t)=\begin{cases}0 & (t\leqslant 0)\\ t^2 & (0<t\leqslant 1\ \mathrm{s})\\ -t^2+4t-2 & (1\ \mathrm{s}<t\leqslant 2\ \mathrm{s})\\ 2 & (t>2\ \mathrm{s})\end{cases}$$

$i_L(t)$的波形如图 4-4(c)所示。

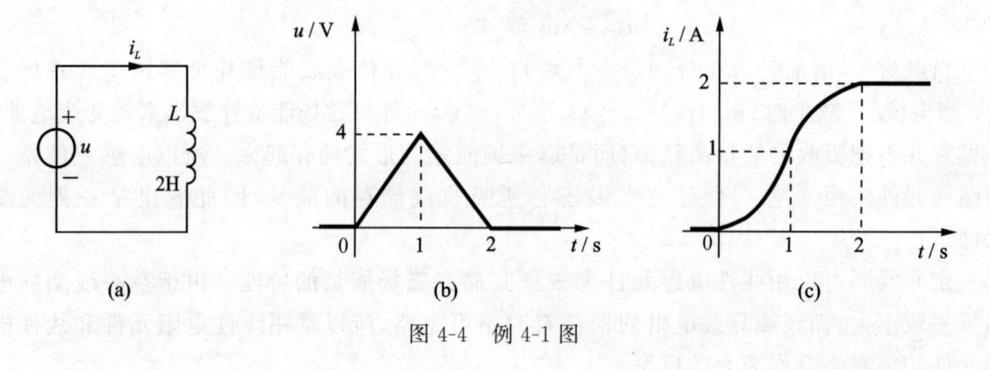

图 4-4　例 4-1 图

由 4.1 节可知,电容、电感元件伏安关系是微分关系或积分关系,由此列写出的电路方程将是微分方程或积分方程。为了简化方程的求解,引入正弦量及其相量表示,将微分方程变换为相量形式的代数方程,应用相量法进行分析计算。

4.2　正弦量及其相量表示

随时间按正弦规律变化的电气量,如电压和电流等,统称为正弦量。由于正弦量是随时间变化的量,所以正弦量均用小写字母表示,如 $u(t)$,$i(t)$,可简写为 u,i。

4.2.1 正弦量的时域表示

1. 正弦波形

正弦量随时间变化的图像称为正弦波形，简称**正弦波**(sine wave)，如图 4-5(b)所示。

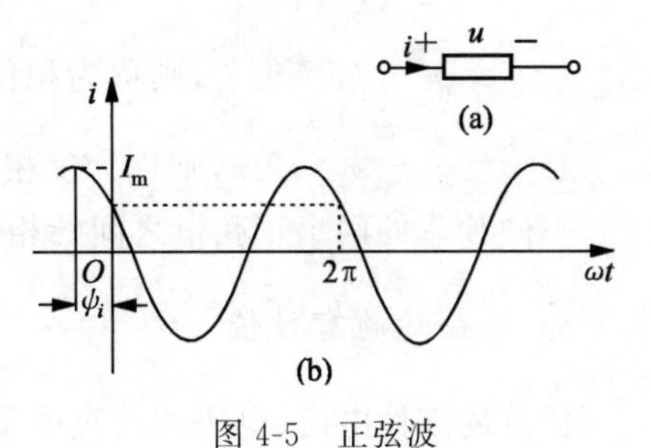

图 4-5 正弦波

2. 正弦量的三要素

图 4-5(a)表示一段正弦交流电路，设电流 i 在图示参考方向下的瞬时值表达式用余弦函数表示为

$$i = I_m \cos(\omega t + \psi_i) \tag{4-15}$$

式中，I_m 称为正弦电流 i 的最大值或振幅；ω 称为正弦电流 i 的角频率，单位是弧度/秒(rad/s)，$(\omega t + \psi_i)$称为正弦量的相角或相位，它反映了正弦量的变化过程；ψ_i 称为正弦电流的初相角或初相，它是正弦量在 $t=0$ 时刻的相角，为了使正弦量表达式唯一，规定 $|\psi_i| \leqslant \pi$，$(\omega t + \psi_i)$及 ψ_i 的单位是弧度或度，I_m、ω、ψ_i 称为正弦量的三要素。

正弦量用余弦函数表示是为了与复数的实部相对应，后面介绍相量时会看到，当然用正弦函数表示也可以，只要表达统一即可。

3. 周期和频率

视频 4-4 电工先驱——赫兹

正弦量变化一个循环所经历的时间称为周期，用 T 表示，单位为秒(s)。正弦量每秒变化的循环个数称为频率，用 f 表示，单位为赫兹(Hz)。周期与频率的关系为

$$f = \frac{1}{T} \tag{4-16}$$

ω 与 T、f 的关系为

$$\omega = \frac{2\pi}{T} = 2\pi f \tag{4-17}$$

我国工业电网正弦电流的频率(简称工频)为 50 Hz。人耳能听到的声音频率为 20 Hz～20 kHz。无线电广播所用的频率较高，一般是数百 kHz 到数百 MHz。

4. 相位差

两个同频率的正弦量的相位之差称为**相位差**(phase difference)，用 φ 表示。如

$$u(t) = U_m \cos(\omega t + \psi_u)$$

$$i(t) = I_m \cos(\omega t + \psi_i)$$

则有

$$\varphi = (\omega t + \psi_u) - (\omega t + \psi_i) = \psi_u - \psi_i$$

可见两个同频率的正弦量的相位差 φ 就等于它们的初相之差，且为一常数，而与时间无关。φ 一般采用主值范围的角度 $|\varphi| \leqslant \pi$ 表示。

若 $\varphi=\psi_u-\psi_i>0$，则称电压 u 超前于电流 i 一个相角 φ，也可以说电流 i 滞后于电压 u 一个角度 φ。

若 $\varphi=\psi_u-\psi_i<0$，则称电压及滞后于电液 i 一个相角 φ，或者电流 i 超前电压 u 一个角度 φ。

若 $\varphi=\psi_u-\psi_i=0$，即相位差为零，则称为同相。

若 $\varphi=\psi_u-\psi_i=\pm\dfrac{\pi}{2}$，则称为相位正交。

若 $\varphi=\psi_u-\psi_i=\pm\pi$，则称为反相。

不同频率的两个正弦量之间的相位差与时间有关不再是常数，也无任何实际意义。

5. 正弦量的有效值

任意周期性电流、电压的瞬时值是随时间变化的，而最大值只是特定瞬间的数值，它们都不能确切地衡量周期性电气量在能量转换方面的平均效果，为此，工程上定义了一个用于衡量平均做功能力的量值，即有效值，有效值用大写字母表示。

以电流为例，若周期电流通过一个电阻 R 做功的平均效果与某一量值为 I 的直流电流通过同一电阻相同时间内所做的功相等，该直流的量值 I 就称为周期电流 i 的**有效值**(effective value)。即

$$\frac{1}{T}\int_0^T i^2R\,\mathrm{d}t=I^2R$$

或

$$I=\sqrt{\frac{1}{T}\int_0^T i^2\,\mathrm{d}t} \tag{4-18}$$

由式(4-18)可知，周期电流的有效值乃是瞬时值的平方在一个周期内取平均值后的平方根。因此，有效值从其计算表达式来看，又称为**方均根值**(rootmean-square value)。

上面的讨论是以电流为例的，所得的结论完全适用于其他周期量。如电压等，不仅限于正弦量。

当周期电流为正弦量时，将 $i=I_m\cos(\omega t+\psi_i)$ 代入式(4-18)得

$$\begin{aligned}I&=\sqrt{\frac{1}{T}\int_0^T I_m^2\cos^2(\omega t+\psi_i)\,\mathrm{d}t}\\&=\sqrt{\frac{I_m^2}{T}\int_0^T\left[\frac{1+\cos2(\omega t+\psi_i)}{2}\right]\mathrm{d}t}\\&=\sqrt{\frac{I_m^2}{T}\left[\frac{t}{2}+\frac{\sin2(\omega t+\psi_i)}{4\omega}\right]_0^T}\\&=\frac{I_m}{\sqrt{2}}=0.707I_m\end{aligned} \tag{4-19}$$

式(4-19)表明，正弦量的最大值与有效值之间有固定的$\sqrt{2}$倍关系。因此有效值可以代替最大值作为正弦量的一个要素，并且可以把正弦量的表达式写成如下形式：

$$u=\sqrt{2}U\cos(\omega t+\psi_u)$$

$$i=\sqrt{2}I\cos(\omega t+\psi_i)$$

在工程上，一般所说的正弦电压、电流的大小都是指有效值。如照明用电的电压为220 V，就是指有效值，其最大值$U_m=\sqrt{2}\times 220=311$ V，一般电气设备铭牌上的额定电压和额定电流值也是指有效值。交流电压表和电流表也都按有效值刻度。但是，器件和电力设备的耐压是指器件或设备的绝缘可以承受的最大电压，所以当这些器件应用于正弦电路时，就要按正弦电压的最大值来考虑。

4.2.2　正弦量的频域(相量)表示

一个正弦量可以用瞬时值表达式和正弦波形来表示，但在分析运算过程中，用这两种表示方法都很麻烦。如两个频率相同但初相不同的正弦量相加，若用瞬时值表达式计算，算式将很冗长。若将其波形图解相加，亦很麻烦，且不准确。

引进相量则可使计算变得较为简单。下面以电流$i=\sqrt{2}I\cos(\omega t+\psi_i)$为例来讨论正弦量的相量。设一复指数函数，其模等于该正弦电流的最大值，辐角等于其相角，并根据欧拉公式将其转换成实部与虚部，即

$$\sqrt{2}I\mathrm{e}^{\mathrm{j}(\omega t+\psi_i)}=\sqrt{2}I\cos(\omega t+\psi_i)+\mathrm{j}\sqrt{2}I\sin(\omega t+\psi_i)$$

可见其实部正是原给定的正弦电流i，可写成

$$i=\mathrm{Re}[\sqrt{2}I\mathrm{e}^{\mathrm{j}(\omega t+\psi_i)}] \tag{4-20}$$

式中，Re[·]是“取实部”的意思。

式(4-20)中括号里的复指数函数可用复平面上的向量来表示，如图4-6(a)所示。向量的模为$\sqrt{2}I$，而其辐角为$\omega t+\psi_i$。该向量在复平面上以原点为中心，按角速率ω逆时针方向旋转，所以亦称旋转向量。此旋转向量在实轴上的投影正好等于投影时刻电流i的瞬时值。

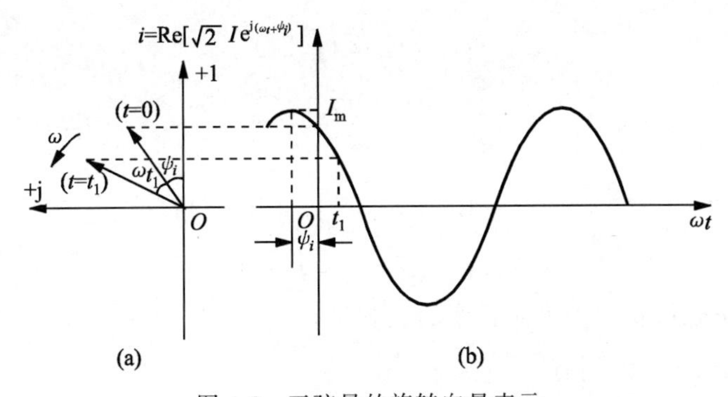

图4-6　正弦量的旋转向量表示

在单一频率正弦电源激励的电路中，各部分电压电流都是与电源频率相同的正弦量，因而在分析计算时，常常只需确定最大值(或有效值)和初相两个要素即可。为此将

式(4-20)重写为

$$i=\mathrm{Re}[\sqrt{2}I\mathrm{e}^{\mathrm{j}(\omega t+\psi_i)}]=\mathrm{Re}[\sqrt{2}I\mathrm{e}^{\mathrm{j}\psi_i}\mathrm{e}^{\mathrm{j}\omega t}] \tag{4-21}$$

视频4-5 电工先驱——斯泰因梅茨

式中,复常数 $I\mathrm{e}^{\mathrm{j}\psi_i}$ 是将正弦量 i 的有效值和初相角合成为一个复数表示,这个复常数称为正弦量 i 的**相量**(phasor),记为

$$\dot{I}=I\mathrm{e}^{\mathrm{j}\psi_i}=I\angle\psi_i \tag{4-22}$$

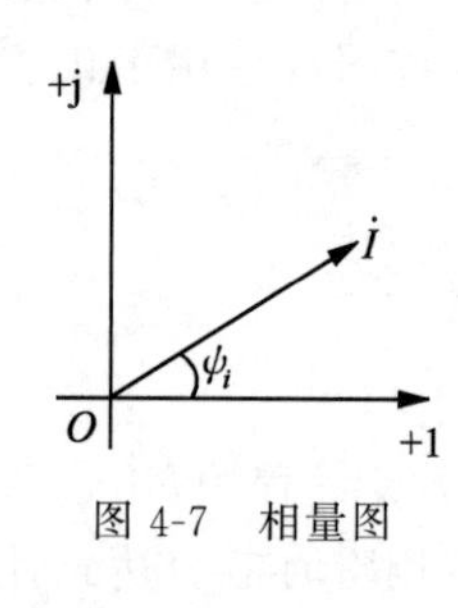

图 4-7 相量图

这里 $\dot{I}$ 就是表示正弦电流 i 的相量。上面加的小圆点用以与有效值 I 相区别。相量 $\dot{I}$ 可用图 4-7 表示,这种图称为**相量图**(phasor diagram)。后面默认水平方向为横轴,垂直方向为纵轴,坐标系不再画出。为避免与表示正弦电流 i 的重合,这里用符号"j"表示虚数单位。

定义了相量之后,可将式(4-22)代入式(4-21),得

$$i=\mathrm{Re}[\sqrt{2}\dot{I}\mathrm{e}^{\mathrm{j}\omega t}] \tag{4-23}$$

注意式(4-22)与式(4-23)的区别:式(4-23)表示实数范围内的正弦时间函数 $\sqrt{2}I\cos(\omega t+\psi_i)$;式(4-22)则把正弦量的有效值和初相角这两个要素用一个复常数表示出来。所以用相量 $\dot{I}$ 来表示正弦量 i,是指 $\dot{I}$ 与 i 之间有相互对应的关系,绝不能认为相等。用式(4-22)的相量形式替代正弦量,运算会有很多便利之处。

正弦量的加减和微分积分运算都可以通过对应的相量进行。例如:

1. 两同频率正弦电流加减运算

设

$$i_1=\sqrt{2}I_1\cos(\omega t+\psi_1)$$

$$i_2=\sqrt{2}I_2\cos(\omega t+\psi_2)$$

$$i=i_1+i_2$$

根据式(4-23),可将 i_1 和 i_2 写成

$$i_1=\mathrm{Re}[\sqrt{2}\dot{I}_1\mathrm{e}^{\mathrm{j}\omega t}]$$

$$i_2=\mathrm{Re}[\sqrt{2}\dot{I}_2\mathrm{e}^{\mathrm{j}\omega t}]$$

从而

$$i=i_1+i_2=\mathrm{Re}[\sqrt{2}\dot{I}_1\mathrm{e}^{\mathrm{j}\omega t}]+\mathrm{Re}[\sqrt{2}\dot{I}_2\mathrm{e}^{\mathrm{j}\omega t}]$$

$$=\mathrm{Re}[\sqrt{2}(\dot{I}_1+\dot{I}_2)\mathrm{e}^{\mathrm{j}\omega t}]$$

可见,两同频率正弦量相加仍为同频率的正弦量。

令 $i=\mathrm{Re}[\sqrt{2}\ \dot{I}\mathrm{e}^{\mathrm{j}\omega t}]$,则有

$$\mathrm{Re}[\sqrt{2}\dot{I}\mathrm{e}^{\mathrm{j}\omega t}]=\mathrm{Re}[\sqrt{2}(\dot{I}_1+\dot{I}_2)\mathrm{e}^{\mathrm{j}\omega t}]$$

上式对任何时刻 t 均成立,故有

$$\dot{I}=\dot{I}_1+\dot{I}_2$$

同理,若 $i_3=i_1-i_2$,则 $\dot{I}_3=\dot{I}_1-\dot{I}_2$。由此,两个正弦量加减运算可变换为两个正弦量对应相量的加减运算。

2. 正弦量的微分和积分运算

设 $i=\sqrt{2}I\cos(\omega t+\psi_i)$,则

$$\begin{aligned}\frac{\mathrm{d}i}{\mathrm{d}t}&=\frac{\mathrm{d}}{\mathrm{d}t}[\sqrt{2}I\cos(\omega t+\psi_i)]\\&=\frac{\mathrm{d}}{\mathrm{d}t}[\mathrm{Re}(\sqrt{2}\dot{I}\mathrm{e}^{\mathrm{j}\omega t})]\\&=\mathrm{Re}\left[\frac{\mathrm{d}}{\mathrm{d}t}(\sqrt{2}\dot{I}\mathrm{e}^{\mathrm{j}\omega t})\right]\\&=\mathrm{Re}[\sqrt{2}(\mathrm{j}\omega\dot{I})\mathrm{e}^{\mathrm{j}\omega t}]\end{aligned}$$

表明正弦量的一阶导数仍为一个同频率的正弦量,其相量等于原正弦量的相量乘以 $\mathrm{j}\omega$。相量的模为原相量的 ω 倍,辐角超前于原相量辐角 90°。即 $\mathrm{d}i/\mathrm{d}t$ 的相量为

$$\mathrm{j}\omega\dot{I}=\omega I\angle\psi_i+90^\circ$$

类似地,$\int i\mathrm{d}t$ 的相量为

$$\frac{1}{\mathrm{j}\omega}\dot{I}=\frac{I}{\omega}\angle\psi_i-\frac{\pi}{2}$$

正弦量的微分积分运算变换为正弦量对应相量的乘除运算。

上述运算为正弦交流电路列出的微分方程变换为相量形式的代数方程建立了数学基础。为此,在以后的正弦量运算中,均可以先将正弦量对应的相量写出,对其进行相量运算(复数运算)后,再将其结果表示为正弦量。换句话说,正弦量的运算,可以变换为其对应相量的运算。

例 4-2 设两个同频率正弦电压分别为

$$u_1=100\sqrt{2}\cos(\omega t+30^\circ)\ \mathrm{V}$$

$$u_2=50\sqrt{2}\cos(\omega t+60^\circ)\ \mathrm{V}$$

求 $u=u_1+u_2$。

解 u_1 和 u_2 的相量分别为

$$\dot{U}_1=100\angle 30^\circ\ \mathrm{V}$$

$$\dot{U}_2=50\angle 60^\circ\ \mathrm{V}$$

于是

$$\begin{aligned}\dot{U}=\dot{U}_1+\dot{U}_2&=100\angle 30^\circ+50\angle 60^\circ\\&=86.6+\mathrm{j}50+25+\mathrm{j}43.3\\&=111.6+\mathrm{j}93.3\\&=145.5\angle 39.9^\circ\ \mathrm{V}\end{aligned}$$

所以 $$u = u_1 + u_2 = 145.5\sqrt{2}\cos(\omega t + 39.9°)\ \text{V}$$

相量的计算可以通过计算器的复数运算功能快速完成。

4.3 相量形式的电阻、电感和电容元件伏安关系

在正弦交流电路中，研究元件上的电压电流约束关系时，不仅要知道它们数值上的关系（通常是指有效值之间的关系），还要知道它们的相位关系。若元件上的电压电流都用相量形式表示，则其数值和相位关系可在一个表达式中反映出来。

1. 电阻元件

在正弦交流电路中，流经电阻元件的电流及其端电压，在关联参考方向下，如图 4-8(a)所示，由欧姆定律

$$u_R = Ri_R$$

设电流为

$$i_R = \sqrt{2} I_R \cos(\omega t + \psi_i)$$

则其电压

$$\begin{aligned} u_R = Ri_R &= \sqrt{2} RI_R \cos(\omega t + \psi_i) \\ &= \sqrt{2} U_R \cos(\omega t + \psi_u) \end{aligned}$$

它们的波形如图 4-9(a)所示，电压与电流的数值关系为

$$U_R = RI_R$$

两者相位关系

$$\psi_u = \psi_i$$

若用相量表示，为

$$\dot{U}_R = R\dot{I}_R \tag{4-24}$$

它们的相量图如图 4-9(b)所示。式(4-24)是电压相量和电流相量的约束关系式。在以后用相量法分析或计算电路时，常直接画出标注电压相量电流相量的电路图，如图 4-8(b)所示，称为元件的相量模型。它与式(4-24)关系相对应。

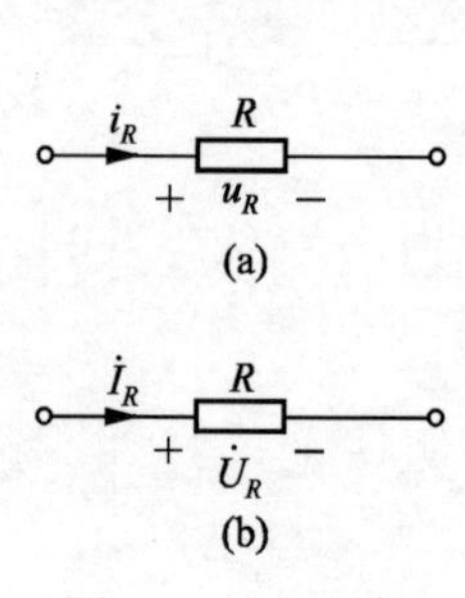

图 4-8 电阻元件

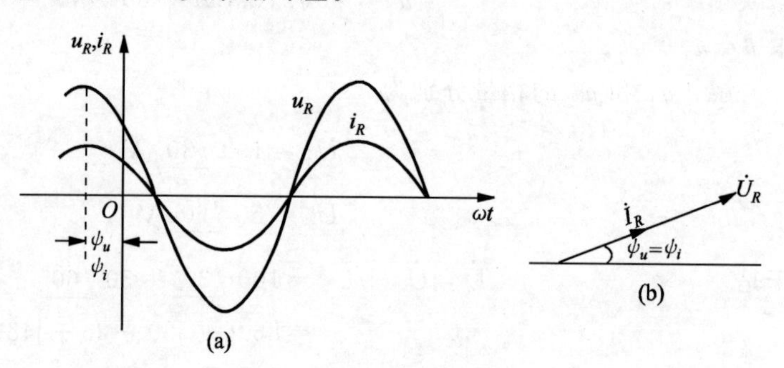

图 4-9 电阻元件电压、电流波形及相量图

2. 电感元件

图 4-10(a)所示的电感元件的 VAR 在关联参考方向下为

$$u_L = L\frac{\mathrm{d}i_L}{\mathrm{d}t}$$

设电流为

$$i_L = \sqrt{2}I_L\cos(\omega t + \psi_i)$$

则其电压为

$$\begin{aligned} u_L &= \frac{\mathrm{d}i_L}{\mathrm{d}t} \\ &= \sqrt{2}\omega L I_L\cos\left(\omega t + \psi_i + \frac{\pi}{2}\right) \\ &= \sqrt{2}U_L\cos(\omega t + \psi_u) \end{aligned}$$

由上式可知电压与电流的有效值关系为

$$U_L = \omega L I_L$$

两者的相位关系为

$$\psi_u = \psi_i + \frac{\pi}{2}$$

u_L 和 i_L 的波形如图 4-11(a)所示。反映 u_L 和 i_L 关系的相量表达式为

$$\dot{U}_L = \mathrm{j}\omega L\dot{I}_L \tag{4-25}$$

式(4-25)表明电感电压相量的模是电流相量模的 ωL 倍,且 $\dot{U}_L$ 越前 $\dot{I}_L$ $\pi/2$ 弧度。它们的相量图如图 4-11(b)所示。图 4-10(b)为电感元件的相量模型。

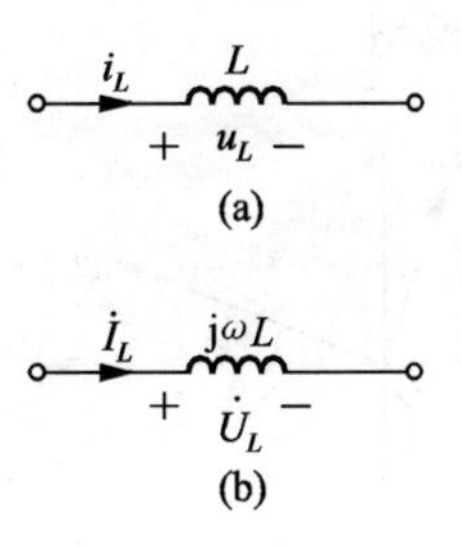

图 4-10 电感元件

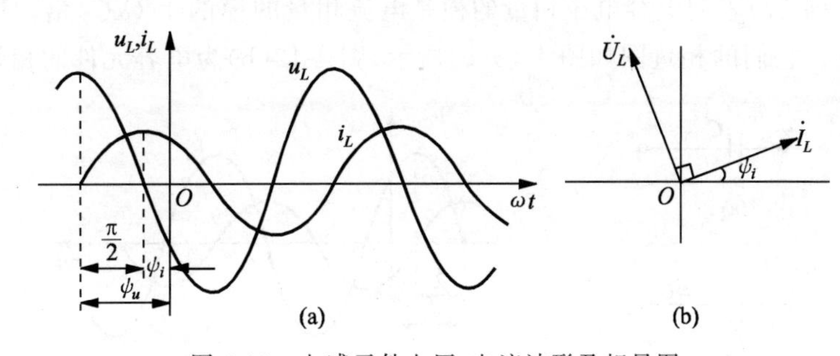

图 4-11 电感元件电压、电流波形及相量图

若令 $X_L = \omega L$,则式(4-25)可写成

$$\dot{U}_L = \mathrm{j}X_L\dot{I}_L \tag{4-26}$$

表明当电压(有效值)一定时,X_L 越大,电流(有效值)越小。X_L 代表电感元件阻碍电流的能力,称为电感元件的电抗,简称感抗,单位为 Ω。感抗 $X_L = \omega L$,可见频率越高则感抗越大,这是因为电流的频率越高,即变化越快,则感应电动势就越大的缘故。直流电的频率为零,所以电感在直流电路中对电流不呈现阻力,相当于短路。

3. 电容元件

当正弦电压加于电容 C 时电容中将出现正弦电流,在关联参考方向下,如图 4-12(a)所示,其瞬时值关系为

$$i_C = C\frac{\mathrm{d}u_C}{\mathrm{d}t}$$

若 $u_C=\sqrt{2}U_C\cos(\omega t+\psi_u)$,则电流为

$$\begin{aligned} i_C &= C\frac{\mathrm{d}u_C}{\mathrm{d}t}=\sqrt{2}\,\omega CU_C\cos\left(\omega t+\psi_u+\frac{\pi}{2}\right) \\ &=\sqrt{2}\,I_C\cos(\omega t+\psi_i) \end{aligned}$$

可见,电压与电流的有效值关系为

$$I_C=\omega CU_C$$

即

$$U_C=\frac{1}{\omega C}I_C$$

两者的相位关系为

$$\psi_i=\psi_u+\frac{\pi}{2}$$

u_C 和 i_C 的波形图如图 4-13(a)所示。

反映 u_C 和 i_C 关系的相量表达式为

$$\dot{U}_C=\frac{\dot{I}_C}{\mathrm{j}\omega C}=-\mathrm{j}\,\frac{1}{\omega C}\dot{I}_C \tag{4-27}$$

式(4-27)表明电容电压相量的模是电流相量的模的 $1/(\omega C)$ 倍,且 $\dot{U}_C$ 滞后于 $\dot{I}_C$ $\pi/2$ 弧度。它们的相量图如图 4-13(b)所示,图 4-12(b)为电容元件的相量模型。

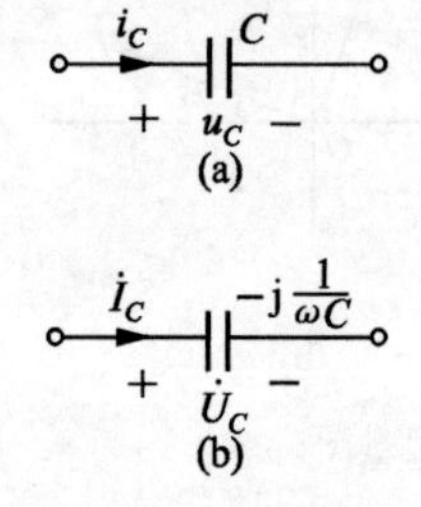

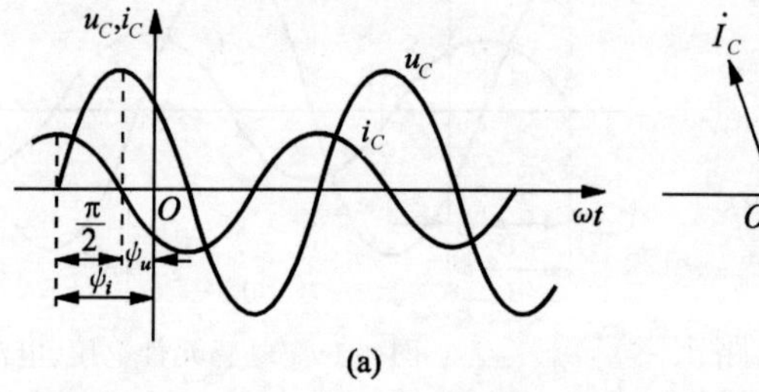

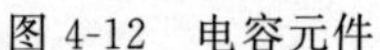

图 4-12　电容元件

图 4-13　电容元件电压、电流波形及相量图

若令 $X_C=-1/(\omega C)$,则式(4-27)可写成

$$\dot{U}_C=\mathrm{j}X_C\dot{I}_C \tag{4-28}$$

式(4-28)说明,当电压一定时,$|X_C|$越大,电流越小。$|X_C|$代表电容元件阻碍电流的能力,X_C 称为电容元件的电抗,简称容抗,单位也是 Ω。$|X_C|=1/(\omega C)$,可见容抗绝对值大小与频率成反比。这是因为频率越高,电容元件充电速率越大,在同样的电压下,单位

时间内移动的电荷也越多,电流就越大,所以容抗绝对值与 ω 成反比。对直流来说,频率为零,致使容抗绝对值为无穷大,相当于开路。

例 4-3 设有一正弦电流源 $i=10\sqrt{2}\cos(100t-30°)$A,若该电流源的电流分别通过:(1) 20 Ω 的电阻;(2) 0.5 H 的电感;(3) 500 μF 的电容。试求各个元件端电压的相量,并画出相量图。

解 先把正弦电流用相量表示为

$$\dot{I}=10\,\angle -30°\ \text{A}$$

(1) 通过 20 Ω 的电阻,根据式(4-24)有

$$\dot{U}_R=R\dot{I}=20\times 10\,\angle -30°=200\,\angle -30°\ \text{V}$$

(2) 通过 0.5 H 的电感,根据式(4-26)有

$$\dot{U}_L=\text{j}\omega L\dot{I}=\text{j}100\times 0.5\times 10\,\angle -30°=500\,\angle 60°\ \text{V}$$

(3) 通过 500 μF 的电容,根据式(4-27)有

$$\dot{U}_C=-\text{j}\,\frac{1}{\omega C}\dot{I}=-\text{j}\,\frac{1}{100\times 500\times 10^{-6}}\times 10\,\angle -30°$$

$$=200\,\angle -120°\ \text{V}$$

相量图如图 4-14 所示。

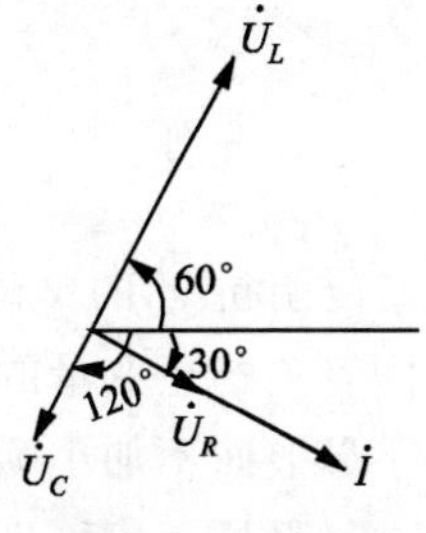

图 4-14 例 4-3 图

4.4 相量形式电路定律、欧姆定律

1. 基尔霍夫定律的相量形式

KCL 和 KVL 的瞬时值表达式为

$$\Sigma i=0$$

$$\Sigma u=0$$

根据 4.2.2 节所述的相量相加减运算,可以得到 KCL 和 KVL 的相量形式为

$$\Sigma\dot{I}=0 \tag{4-29}$$

$$\Sigma\dot{U}=0 \tag{4-30}$$

相量形式的电路定律仍然成立。

2. 欧姆定律的相量形式——复阻抗

4.3 节讨论了 R、L、C 元件伏安关系的相量形式,它们表示在一定频率下各元件的电压相量与电流相量的比值是一个常数,只不过为复数而已。将此概念推广到图 4-15(a)所示的线性无源一端口网络[①]。在正弦稳态下,端口电压相量与电流相量之比定义为该一

① 网络与电路两个词在电路课程中不加严格区分。网络这个词常用在系统理论中。

端口网络的**复阻抗**(complex impedance)(或等效复阻抗),用大写字母 Z 表示。

$$Z=\frac{\dot{U}}{\dot{I}} \quad 或 \quad \dot{U}=\dot{I}Z \tag{4-31}$$

式(4-31)与直流电路欧姆定律的形式相似,故称为欧姆定律的相量形式,由此可将 R、L、C 元件的相量形式 VAR 统一起来。

电阻元件 $Z_R=\frac{\dot{U}_R}{\dot{I}_R}=R$

电感元件 $Z_L=\frac{\dot{U}_L}{\dot{I}_L}=\mathrm{j}X_L=\mathrm{j}\omega L$

电容元件 $Z_C=\frac{\dot{U}_C}{\dot{I}_C}=\mathrm{j}X_C=-\mathrm{j}\frac{1}{\omega C}$

复阻抗 Z 的单位为 Ω,在电路中用图 4-15(b)的符号表示。应注意复数 Z 和代表与时间有关的正弦量的相量意义不同,它并不对应于任何正弦函数,为了区分起见,复数 Z 的字母上面不加小圆点。

复阻抗写成极坐标形式为

$$Z=\frac{\dot{U}}{\dot{I}}=\frac{U\angle\psi_u}{I\angle\psi_i}=\frac{U}{I}\angle\psi_u-\psi_i=|Z|\angle\varphi_z$$

复阻抗的模 $|Z|$ 表示该电路电压与电流有效值之比,幅角 φ_z 表示电压 u 与电流 i 的相位差,即该电路的阻抗角。

复阻抗写成代数形式为

$$Z=R+\mathrm{j}X$$

其实部 R 为电阻,虚部 X 称为**电抗**(reactance),两者在电路中是串联结构,如图 4-15(c)所示。

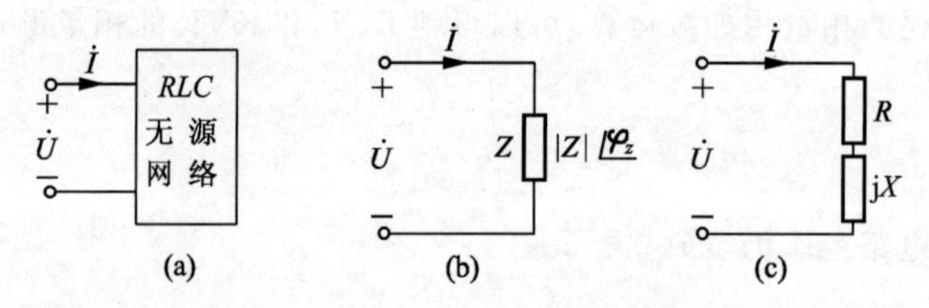

图 4-15 一端口网络的复阻抗

当 $X=0$,$Z=R$ 时,网络为(电)阻性,电压与电流同相;当 $X>0$,即 $\varphi_z>0$ 时,电压超前于电流,网络呈(电)感性;当 $X<0$,即 $\varphi_z<0$ 时,电压滞后于电流,网络呈(电)容性。

复阻抗 Z 的模 $|Z|$ 与电阻 R 及电抗 X 三者大小符合直角三角形关系,如图 4-16 所示,称为**阻抗三角形**(impedance triangle),不难看出

$$\left.\begin{aligned} R &= |Z|\cos\varphi_z \\ X &= |Z|\sin\varphi_z \end{aligned}\right\} \tag{4-32}$$

$$\left.\begin{aligned} |Z| &= \sqrt{R^2 + X^2} \\ \varphi_z &= \arctan\frac{X}{R} \end{aligned}\right\} \tag{4-33}$$

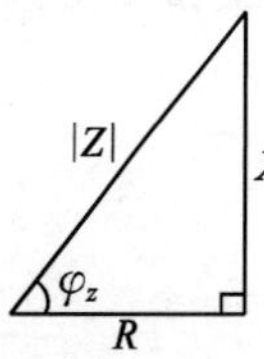

图 4-16　阻抗三角形

3. 复导纳

线性无源一端口网络[如图 4-15(a)]的**复导纳**(complex admittance)(等效复导纳)定义为

$$\frac{\dot{I}}{\dot{U}} = Y \tag{4-34}$$

复导纳的单位为西门子(用 S 表示),电路符号如图 4-17(a)所示。

复导纳的代数形式为

$$Y = G + \mathrm{j}B$$

其实部 G 为电导,虚部 B 为**电纳**(susceptance),两者为并联结构,如图 4-17(b)所示。

复导纳的极坐标形式为

$$Y = |Y| \underline{/\varphi_y}$$

复导纳的模 $|Y|$ 表示该电路电流与电压有效值之比,幅角 φ_y 表示电流与电压的相位差,即该电路的导纳角。

复导纳 Y 的模 $|Y|$ 与电导 G、电纳 B,三者大小符合直角三角形关系,如图 4-18 所示。称为**导纳三角形**(admittance triangle)。由此可知

$$\left.\begin{aligned} G &= |Y|\cos\varphi_y \\ B &= |Y|\sin\varphi_y \end{aligned}\right\} \tag{4-35}$$

$$\left.\begin{aligned} |Y| &= \sqrt{G^2 + B^2} \\ \varphi_y &= \arctan\frac{B}{G} \end{aligned}\right\} \tag{4-36}$$

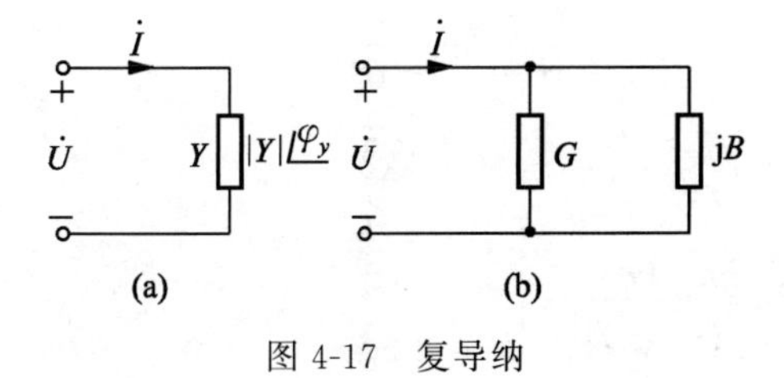

图 4-17　复导纳

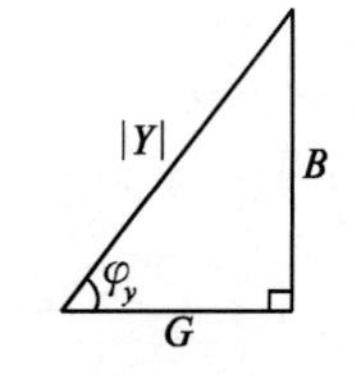

图 4-18　导纳三角形

由式(4-36)可知,根据导纳角 φ_y 的正、负(即 $B>0$ 或 $B<0$),可判断电路所呈现的是容性还是感性性质。

对于单个电阻元件、电感元件或电容元件分别有

$$Y_R = 1/R = G$$

$$Y_L = -\mathrm{j}\,\frac{1}{\omega L} = -\mathrm{j}\,\frac{1}{X_L} = \mathrm{j}B_L\,,\ B_L = -\frac{1}{\omega L}$$

$$Y_C = \mathrm{j}\omega C = -\mathrm{j}\,\frac{1}{X_C} = \mathrm{j}B_C\,,\ B_C = \omega C$$

式中,G 为电导;B_L 称为电感的电纳,简称感纳;B_C 称为电容的电纳,简称容纳;三者单位均为 S。

4. 复阻抗与复导纳的等效变换

对同一无源线性一端口网络的端口特性,可用复阻抗 Z 表示,也可用复导纳 Y 表示。由 Z 和 Y 的定义可以得出

$$Y = \frac{1}{Z} = \frac{1}{|Z|}\angle{-\varphi_z} \quad 或 \quad Z = \frac{1}{Y} = \frac{1}{|Y|}\angle{-\varphi_y} \tag{4-37}$$

由于 $\dot{U} = Z\dot{I} = R\dot{I} + \mathrm{j}X\dot{I}$,说明 R 与 $\mathrm{j}X$ 为串联,如图 4-19(a) 所示;$\dot{I} = Y\dot{U} = G\dot{U} + \mathrm{j}B\dot{U}$,$G$ 与 $\mathrm{j}B$ 是并联,如图 4-19(b) 所示。

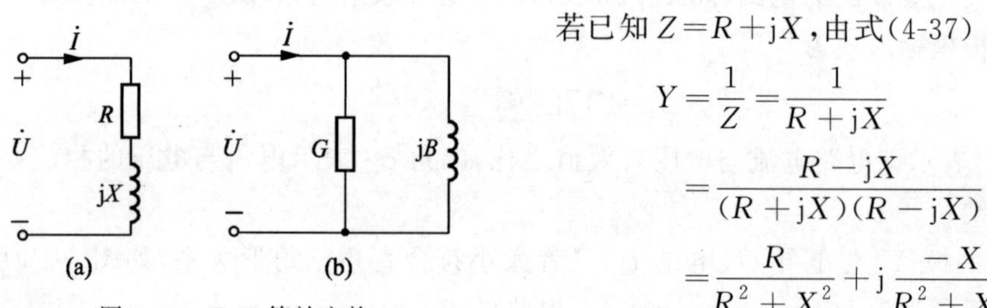

图 4-19　Z、Y 等效变换

若已知 $Z = R + \mathrm{j}X$,由式(4-37)

$$\begin{aligned} Y &= \frac{1}{Z} = \frac{1}{R + \mathrm{j}X} \\ &= \frac{R - \mathrm{j}X}{(R + \mathrm{j}X)(R - \mathrm{j}X)} \\ &= \frac{R}{R^2 + X^2} + \mathrm{j}\,\frac{-X}{R^2 + X^2} \\ &= G + \mathrm{j}B \end{aligned}$$

所以

$$\left.\begin{aligned} G &= \frac{R}{R^2 + X^2} \\ B &= \frac{-X}{R^2 + X^2} \end{aligned}\right\} \tag{4-38}$$

反之,若已知 $Y = G + \mathrm{j}B$,则

$$Z = \frac{1}{Y} = \frac{1}{G + \mathrm{j}B} = \frac{G - \mathrm{j}B}{(G + \mathrm{j}B)(G - \mathrm{j}B)}$$

$$= \frac{G}{G^2 + B^2} + \mathrm{j}\,\frac{-B}{G^2 + B^2} = R + \mathrm{j}X$$

所以

$$\left.\begin{aligned} R &= \frac{G}{G^2 + B^2} \\ X &= \frac{-B}{G^2 + B^2} \end{aligned}\right\} \tag{4-39}$$

式(4-38)是将 R、X 串联电路变换为并联电路的等效条件。式(4-39)是将 G、B 并联电

路变换为串联电路的等效条件。但要注意，一般情况下 $R \neq 1/G$，除非 $B=0$；$X \neq -1/B$，除非 $G=0$。

$|Z|$、R、X 组成阻抗三角形，$|Y|$、G、B 组成导纳三角形。同一网络的等效阻抗的阻抗三角形与其等效导纳的导纳三角形是相似三角形。读者可自行推证。

5. 复阻抗(复导纳)的串联和并联

引入了复阻抗和复导纳的概念后，由 KCL、KVL 和欧姆定律的相量形式可知，复阻抗(复导纳)的串并联等效与直流电阻(电导)的有关结果相似。

当 n 个阻抗串联时，根据 KVL，其等效阻抗为

$$Z = Z_1 + Z_2 + \cdots + Z_n$$

当 n 个导纳并联时，根据 KCL，其等效导纳为

$$Y = Y_1 + Y_2 + \cdots + Y_n$$

当两个阻抗 Z_1 和 Z_2 并联时，如图 4-20 所示，其等效阻抗也是“积被和除”的形式，即

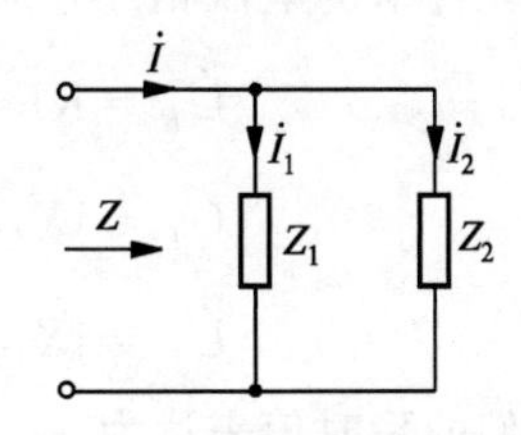

图 4-20 两个复阻抗并联

$$Z = \frac{Z_1 Z_2}{Z_1 + Z_2}$$

若总电流 $\dot{I}$ 已知，则分流公式与电阻电路相似，即

$$\dot{I}_1 = \dot{I}\,\frac{Z_2}{Z_1 + Z_2} \qquad \dot{I}_2 = \dot{I}\,\frac{Z_1}{Z_1 + Z_2}$$

再如阻抗串联分压公式也与电阻电路的有关公式相似，就不一一列举了。

以上公式读者可自行推证。

例 4-4 已知 R、L、C 串联电路，如图 4-21(a)所示，其中 $R=30\ \Omega$，$L=0.14$ H，$C=10\ \mu$F，端电压 $u=100\sqrt{2}\cos(1000t+30°)$ V。试求电路中的电流 i 和各元件上电压的瞬时值表达式。

解 作出图 4-21(a)对应的相量模型电路，如图 4-21(b)所示。其中电压相量为

$$\dot{U} = 100\ \angle 30°\ \text{V}$$

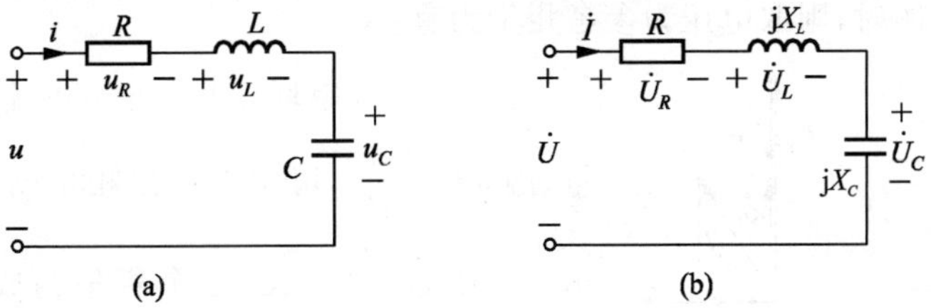

图 4-21 例 4-4 图

电路的复阻抗为

$$Z = R + \mathrm{j}X_L + \mathrm{j}X_C = R + \mathrm{j}\omega L + \frac{1}{\mathrm{j}\omega C}$$

$$=30+\mathrm{j}1000\times0.14+\frac{1}{\mathrm{j}1000\times10\times10^{-6}}$$
$$=30+\mathrm{j}40$$
$$=50\angle 53.13^\circ\ \Omega$$

由欧姆定律

$$\dot{I}=\frac{\dot{U}}{Z}=\frac{100\angle 30^\circ}{50\angle 53.13^\circ}=2\angle -23.13^\circ\ \mathrm{A}$$

各元件上的电压相量分别为

$$\dot{U}_R=R\dot{I}=30\times2\angle -23.13^\circ=60\angle -23.13^\circ\ \mathrm{V}$$
$$\dot{U}_L=\mathrm{j}X_L\dot{I}=\mathrm{j}140\times2\angle -23.13^\circ=280\angle 66.87^\circ\ \mathrm{V}$$
$$\dot{U}_C=\mathrm{j}X_C\dot{I}=-\mathrm{j}100\times2\angle -23.13^\circ=200\angle -113.13^\circ\ \mathrm{V}$$

它们的瞬时值表达为

$$i=2\sqrt{2}\cos(1000t-23.13^\circ)\ \mathrm{A}$$
$$u_R=60\sqrt{2}\cos(1000t-23.13^\circ)\ \mathrm{V}$$
$$u_L=280\sqrt{2}\cos(1000t+66.87^\circ)\ \mathrm{V}$$
$$u_C=200\sqrt{2}\cos(1000t-113.13^\circ)\ \mathrm{V}$$

在本例中，电感电压有效值和电容电压有效值都高于电源的端电压（有效值），这是由于电感电压与电容电压反相，彼此抵消的结果。

在正弦交流电路分析中，常将各相量作在同一坐标平面上以反映 KCL、KVL 以及电压电流的关系，这种相量图比较直观，是分析电路的一个辅助手段。图中除了按比例画出各相量的模外，最重要的是确定各相量的相位关系。在作相量图时，可以选择某一相量作为参考相量，而其他有关相量就可根据它来逐一确定。参考相量的初相一般取为零，也可取其他值，视具体情况而定。在作串联电路的相量图时，一般取电流为参考相量，从而确定各元件的电压相量，由 KVL，电压相量 $\dot{U}$ 可按向量求和的方法作出。在作并联电路的相量图时，则取电压为参考相量为宜。

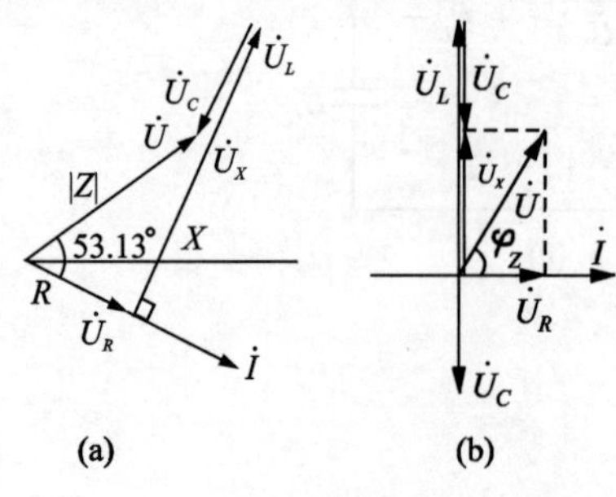

图 4-22　电压三角形和阻抗三角形

图 4-21 是串联电路，可选电流 $\dot{I}$ 作为参考相量，因 $\omega L>\frac{1}{\omega C}$，可定性作出相量图如图 4-22(a) 所示。图中 $\dot{U}_R$、$\dot{U}_X$、$\dot{U}$ 三个相量构成一个直角三角形，称为电压三角形，与阻抗三角形相似（因为将阻抗三角形每边乘以 I 便得到电压三角形）。也可设参考相量 $\dot{I}$ 的初相为零，在 $\omega L>\frac{1}{\omega C}$的情况下，可定性作出相量图如图 4-22(b)所示。

例 4-5 电路如图 4-23 所示，已知 $R=30\ \Omega$，$\frac{1}{\omega C}=40\ \Omega$，$U=180$ V。求：$\dot{I}$ 和 Y。

解 设 $\dot{U}=180\ \underline{/0^\circ}$ V，则

$$\dot{I}_R=\frac{\dot{U}}{R}=\frac{180\ \underline{/0^\circ}}{30}=6\ \underline{/0^\circ}\ \text{A}$$

$$\dot{I}_C=\frac{\dot{U}}{-\text{j}\ \frac{1}{\omega C}}=\frac{180\ \underline{/0^\circ}}{-\text{j}40}=4.5\ \underline{/90^\circ}\ \text{A}$$

$$\dot{I}=\dot{I}_R+\dot{I}_C=6+\text{j}4.5=7.5\ \underline{/36.9^\circ}\ \text{A}$$

$$Y=\frac{\dot{I}}{\dot{U}}=\frac{7.5\ \underline{/36.9^\circ}}{180\ \underline{/0^\circ}}=0.0417\ \underline{/36.9^\circ}=0.0333+\text{j}0.025\ \text{S}$$

借助相量图进行电路分析计算，并联电路一般选电压为参考相量，定性作出相量图，其电流三角形和导纳三角形如图 4-24 所示。它们均为直角三角形，利用几何三角关系得

$$|Y|=\sqrt{G^2+B_C^2}=\sqrt{(\frac{1}{30})^2+(\frac{1}{40})^2}=\frac{1}{24}\ \text{S}$$

$$\varphi_y=\arctan\frac{B_C}{G}=36.87^\circ$$

$$Y=\frac{1}{24}\ \underline{/36.87^\circ}\ \text{S}$$

$$\dot{I}_R=G\dot{U}=6\ \underline{/0^\circ}\ \text{A}$$

$$\dot{I}_C=\text{j}B_C\dot{U}=\frac{1}{40}\times180\ \underline{/90^\circ}=4.5\ \underline{/90^\circ}\ \text{A}$$

$$\dot{I}=Y\dot{U}=\frac{1}{24}\times180\ \underline{/36.87^\circ}=7.5\ \underline{/36.87^\circ}\ \text{A}$$

其结果与解析法相同。正弦交流电路供助相量图分析计算是重要的方法之一。

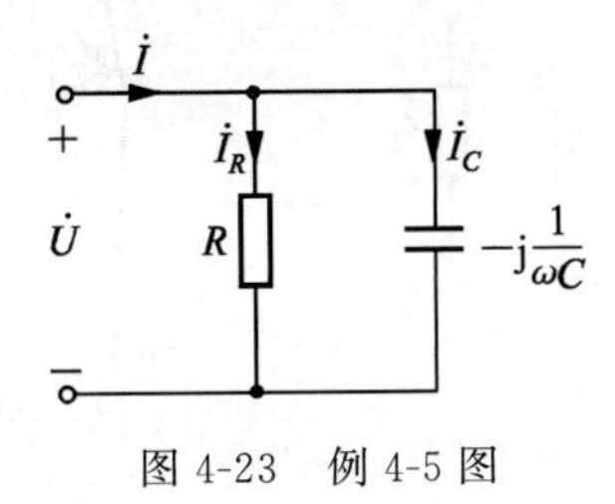

图 4-23 例 4-5 图

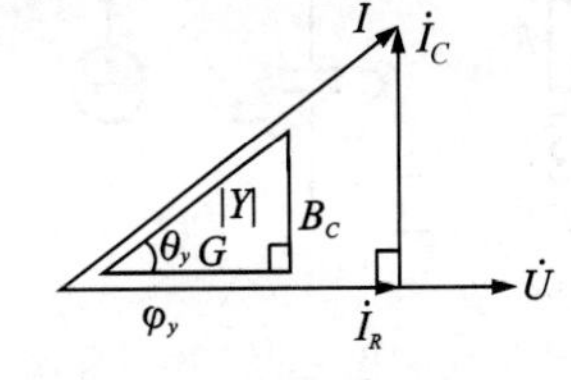

图 4-24 电流三角形和导纳三角形

例 4-6 图 4-25(a)所示电路中，已知 $i_S=\sqrt{2}\cos(10^4t)$ A，$R=10\ \Omega$，$L=5$ mH，$C=2\ \mu$F，求支路电流 i_1、i_2 和端电压 u。

解 相量模型电路如图 4-25(b) 所示，取电流 i_S 的相量为参考相量 $\dot{I}_S=1\ \underline{/0^\circ}$ A 。由给定参数可求出各阻抗为

$$Z_1 = R + \mathrm{j}\omega L = 10 + \mathrm{j}50\ \Omega$$

$$Z_2 = -\mathrm{j}\,\frac{1}{\omega C} = -\mathrm{j}50\ \Omega$$

由分流公式

$$\dot{I}_1 = \dot{I}_S \frac{Z_2}{Z_1 + Z_2} = 1\ \underline{/0^\circ} \times \frac{-\mathrm{j}50}{10 + \mathrm{j}50 - \mathrm{j}50}$$

$$= -\mathrm{j}5 = 5\ \underline{/-90^\circ}\ \mathrm{A}$$

$$\dot{I}_2 = \dot{I}_S \frac{Z_1}{Z_1 + Z_2} = 1\ \underline{/0^\circ} \times \frac{10 + \mathrm{j}50}{10 + \mathrm{j}50 - \mathrm{j}50}$$

$$= 1 + \mathrm{j}5 = 5.10\ \underline{/78.69^\circ}\ \mathrm{A}$$

或由 KCL $\qquad \dot{I}_2 = \dot{I}_S - \dot{I}_1 = 1 + \mathrm{j}5 = 5.10\ \underline{/78.69^\circ}\ \mathrm{A}$

则各支路电流的瞬时值表达式为

$$i_1 = 5\sqrt{2}\cos(10^4 t - 90^\circ)\ \mathrm{A}$$

$$i_2 = 5.10\sqrt{2}\cos(10^4 t + 78.69^\circ)\ \mathrm{A}$$

显然可以看到支路电流有效值 I_1、I_2 都大于总电流有效值 I_S,这是因为 $\dot{I}_1$、$\dot{I}_2$ 两电流近乎反相所致,从图 4-26 的相量图中可以看得比较清楚。此时,Z_1、Z_2 并联的等效阻抗为

$$Z_{eq} = \frac{Z_1 Z_2}{Z_1 + Z_2} = \frac{(10 + \mathrm{j}50)(-\mathrm{j}50)}{10 + \mathrm{j}50 - \mathrm{j}50}$$

$$= 250 - \mathrm{j}50 = 255.0\ \underline{/-11.31^\circ}\ \Omega$$

可见$|Z_{eq}|$大于$|Z_1|$或$|Z_2|$,而不像并联电阻那样,等效电阻总小于各并联电阻。

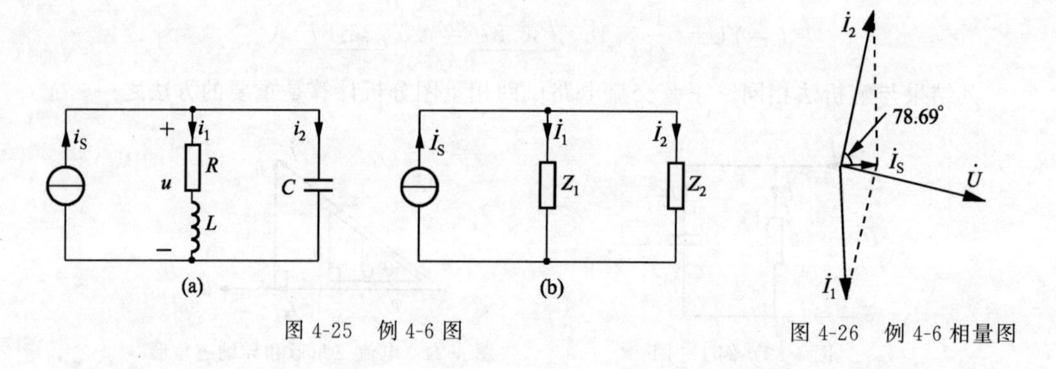

图 4-25　例 4-6 图

图 4-26　例 4-6 相量图

端电压 $\dot{U}$ 为

$$\dot{U} = Z_{eq}\dot{I}_S = 255\ \underline{/-11.31^\circ} \times 1\ \underline{/0^\circ} = 255\ \underline{/-11.31^\circ}\ \mathrm{V}$$

所以 $\qquad u = 255\sqrt{2}\cos(10^4 t - 11.31^\circ)\ \mathrm{V}$

端电压 $\dot{U}$ 也可以由 $\dot{U} = Z_1\dot{I}_1$ 或 $\dot{U} = Z_2\dot{I}_2$ 求得

$$\dot{U}=Z_1\dot{I}_1=50.99\ \underline{/78.69^\circ}\times 5\ \underline{/-90^\circ}=255\ \underline{/-11.31^\circ}\ \mathrm{V}$$

$$\dot{U}=Z_2\dot{I}_2=50\underline{/-90^\circ}\times 5.1\ \underline{/78.69^\circ}=255\ \underline{/-11.31^\circ}\ \mathrm{V}$$

例4-4和例4-6说明：在串联电路或并联电路中，由于元件参数和性质的适当选配，能出现分电压大于总电压，分电流大于总电流的情况，但这不是普遍规律。而在电阻电路中，不可能出现这种情况。

例4-7 在图4-27的正弦交流电路中，已知$U=166.2\ \mathrm{V}$，$\omega=1000\ \mathrm{rad/s}$，$R_1=50\ \Omega$，$R_2=30\ \Omega$，$L=0.04\ \mathrm{H}$，$C=25\ \mu\mathrm{F}$。试求各支路电流。

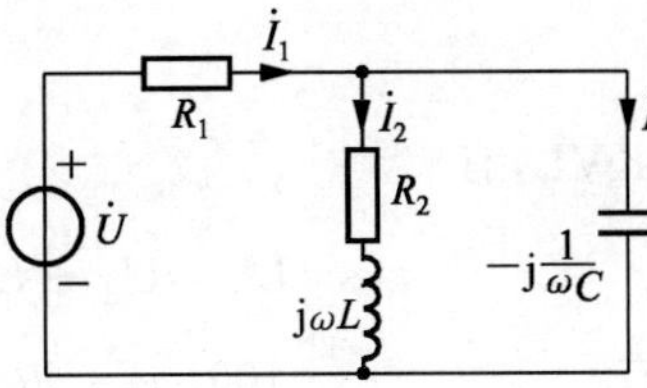

图4-27 例4-7图

解 并联部分的等效阻抗

$$Z_{并}=\frac{(R_2+\mathrm{j}\omega L)\left(-\mathrm{j}\dfrac{1}{\omega C}\right)}{R_2+\mathrm{j}\omega L-\mathrm{j}\dfrac{1}{\omega C}}$$

$$=\frac{(30+\mathrm{j}0.04\times 1000)\left(-\mathrm{j}\dfrac{1}{1000\times 25\times 10^{-6}}\right)}{30+\mathrm{j}0.04\times 1000-\mathrm{j}\dfrac{1}{1000\times 25\times 10-6}}$$

$$=\frac{(30+\mathrm{j}40)(-\mathrm{j}40)}{30}=160/3-\mathrm{j}40$$

$$=53.33-\mathrm{j}40\ \Omega$$

$$Z_{总}=R_1+Z_{并}=50+53.33-\mathrm{j}40=103.33-\mathrm{j}40$$

$$=110.80\ \underline{/-21.16^\circ}\ \Omega$$

设$\dot{U}=166.2\ \underline{/0^\circ}\ \mathrm{V}$，则各支路电流为

$$\dot{I}_1=\frac{\dot{U}}{Z_{总}}=\frac{166.2\ \underline{/0^\circ}}{110.8\ \underline{/-21.16^\circ}}=1.50\ \underline{/21.16^\circ}\ \mathrm{A}$$

$$\dot{I}_2=\dot{I}_1\frac{-\mathrm{j}\dfrac{1}{\omega C}}{R_2+\mathrm{j}\omega L-\mathrm{j}\dfrac{1}{\omega C}}=1.50\ \underline{/21.16^\circ}\times\frac{-\mathrm{j}40}{30}$$

$$=2.00\ \underline{/-68.84^\circ}\ \mathrm{A}$$

$$\dot{I}_3=\dot{I}_1\frac{30+\mathrm{j}40}{30}=1.50\ \underline{/21.16^\circ}\times\frac{50\ \underline{/53.13^\circ}}{30}$$

$$=2.50\ \underline{/74.29^\circ}\ \mathrm{A}$$

例4-8 如图4-28所示的电路中，电压表Ⓥ、$\mathrm{V_1}$和$\mathrm{V_2}$的读数分别为100 V、171 V和240 V，若$Z_2=\mathrm{j}60\ \Omega$，试求阻抗Z_1。

解 方法一

这是串联电路，Z_1与Z_2的电流一致。根据电压表$\mathrm{V_2}$的读数及Z_2可以求得I。

若以电流 $\dot{I}$ 为参考相量,则

$$\dot{I}=\frac{240}{60}\angle 0^\circ=4\angle 0^\circ\ \text{A}$$

于是

$$\dot{U}_2=Z_2\dot{I}=240\angle 90^\circ\ \text{V}$$

设

$$\dot{U}_1=171\angle\varphi_1$$

$$\dot{U}_\text{S}=100\angle\varphi$$

由 KVL,有

$$\dot{U}_\text{S}=\dot{U}_1+\dot{U}_2$$

即有 $100\angle\varphi=171\angle\varphi_1+240\angle 90^\circ$

即 $100\cos\varphi+\text{j}100\sin\varphi=171\cos\varphi_1+\text{j}171\sin\varphi_1+\text{j}240$

两边实部相等 $100\cos\varphi=171\cos\varphi_1$

两边虚部相等 $100\sin\varphi=171\sin\varphi_1+240$

解得 $\varphi_1=-69.42^\circ$ 或 -110.58°,故有

$$Z_1=\frac{\dot{U}_1}{\dot{I}}=\frac{171\angle -69.42^\circ}{4\angle 0^\circ}=42.75\angle -69.42^\circ$$

$$=15.03-\text{j}40.02\ \Omega$$

阻抗 Z_1 为容性(另一解答 $Z_1=-15.03-\text{j}40.02\ \Omega$,$Z_1$ 的实部为负值,即相当于负电阻,通常不予考虑)。

方法二

由 KVL,$\dot{U}_\text{S}=\dot{U}_1+\dot{U}_2$,根据各电压表读数(相量的模),设阻抗 Z_1 为容性,以电流 $\dot{I}$ 为参考相量作出相量图如图 4-29 所示。

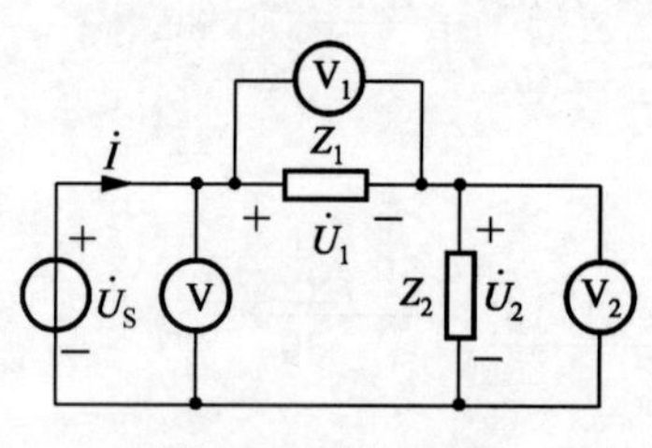

图 4-28 例 4-8 图

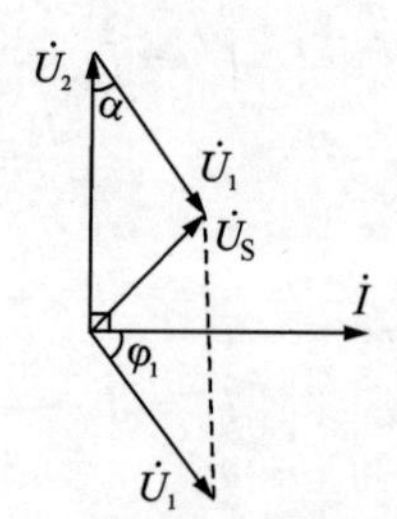

图 4-29 例 4-8 相量图

因电压 $\dot{U}_1$、$\dot{U}_2$、$\dot{U}_\text{S}$ 构成一个任意三角形,由余弦定理得

$$\cos\alpha=\frac{U_1^2+U_2^2-U_\text{S}^2}{2U_1U_2}=\frac{171^2+240^2-100^2}{2\times 171\times 240}=0.9362$$

所以

$$\alpha = 20.58^\circ$$

$$\varphi_1 = 180^\circ - 90^\circ - \alpha = 69.42^\circ$$

由欧姆定律得

$$Z_1 = \frac{U_1}{I} \angle -69.42^\circ = \frac{171}{4} \angle -69.42^\circ$$

$$= 42.75 \angle -69.42^\circ = 15.03 - \mathrm{j}40.02\ \Omega$$

例 4-9 图 4-30 的电路中，R 的中点 o 为参考零电位点。设电源电压 U 已知，且 $\omega Cr = 1$，试求点 a、b、c、d 的电位相量。

解 方法一

设 $\dot{U} = \dot{U}_{ac} = U \angle 0^\circ$，由于点 o 是 R 的中点，有

$$\dot{U}_{ao} = \frac{1}{2}\dot{U}, \quad \dot{U}_{co} = -\frac{1}{2}\dot{U} = \frac{1}{2}\dot{U} \angle 180^\circ$$

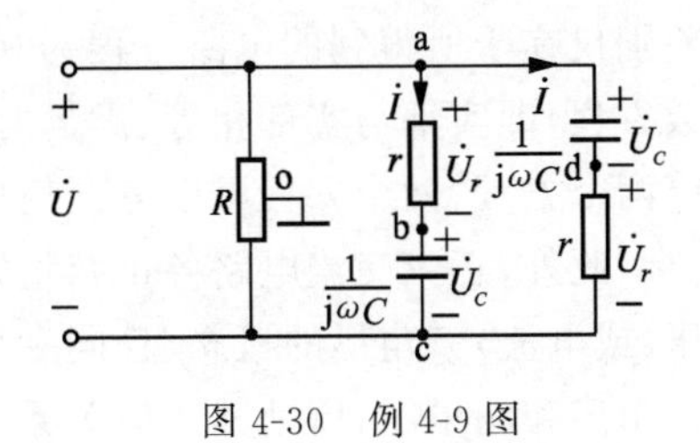

图 4-30 例 4-9 图

两条 r、C 支路的电流

$$\dot{I} = \frac{\dot{U}}{r + \frac{1}{\mathrm{j}\omega C}} = \frac{\mathrm{j}\omega C}{1 + \mathrm{j}\omega rC}\dot{U}$$

由 KVL 得

$$\dot{U}_{bo} = \dot{U}_{bc} + \dot{U}_{co} = \frac{1}{\mathrm{j}\omega C}\frac{\mathrm{j}\omega C\dot{U}}{1 + \mathrm{j}\omega Cr} - \frac{1}{2}\dot{U}$$

$$\dot{U}_{do} = \dot{U}_{dc} + \dot{U}_{co} = r\frac{\mathrm{j}\omega C\dot{U}}{1 + \mathrm{j}\omega Cr} - \frac{1}{2}\dot{U}$$

代入 $\omega Cr = 1$，得

$$\dot{U}_{bo} = -\mathrm{j}\frac{1}{2}\dot{U} = \frac{\dot{U}}{2} \angle -90^\circ, \quad \dot{U}_{do} = \frac{\dot{U}}{2} \angle 90^\circ$$

方法二

作出相量图，利用特殊的几何关系进行分析。

设 $\dot{U}_{ac} = \dot{U} = U \angle 0^\circ$，既然 o 点为 R 的中点，它也是 U_{ac} 的中点。r、C 支路中，电流 $\dot{I}$ 超前电压 $\dot{U}$；而 $\dot{U}_r$ 与 $\dot{I}$ 同相，$\dot{U}_C$ 滞后 $\dot{I}$ 90°，且 $\dot{U}_r + \dot{U}_C = \dot{U}$，据此可作出图 4-31 所示的相量图。又 $\omega Cr = 1$ 或 $r = 1/\omega C$，可知 $U_r = U_C$，即△abc 为等腰直角三角形，△adc 也是等腰直角三角形。于是，四边形 abcd 为正方形，从而 $\dot{U}_{ao}$，$\dot{U}_{bo}$，$\dot{U}_{co}$，$\dot{U}_{do}$ 大小相等，相位依次滞后 90°，即

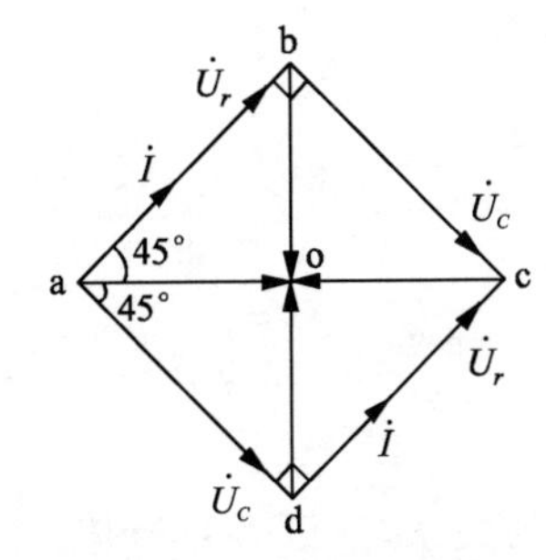

图 4-31 例 4-9 相量图

$$\dot{U}_{ao} = \frac{1}{2}\dot{U}, \quad \dot{U}_{bo} = \frac{\dot{U}}{2} \angle -90^\circ$$

$$\dot{U}_{co} = \frac{\dot{U}}{2} \angle 180^\circ, \quad \dot{U}_{do} = \frac{\dot{U}}{2} \angle 90^\circ$$

4.5 正弦稳态电路分析

从前面几节的讨论中可以看出,正弦交流电路引入相量后,电路基本定律的相量形式在形式上与电阻电路相同。对于电阻电路,有

$$\Sigma i=0,\quad \Sigma u=0,\quad u=Ri$$

对于正弦交流电路,则有

$$\Sigma \dot{I}=0,\quad \Sigma \dot{U}=0,\quad \dot{U}=Z\dot{I}$$

所以分析计算线性电阻电路的各种方法和电路定理,均适用于正弦交流电路的分析,其差别仅在于所得到的电路方程为相量形式的线性复数方程。复数方程可对应为两个实数方程,即实部与实部相等、虚部与虚部相等两个方程,或者模与模相等、幅角与幅角相等两个方程,两个方程可以分开使用。

此外,正弦交流电路各正弦量之间有相位关系,由此引进了阻抗(或导纳)三角形、电压(或电流)三角形的概念,且同一个电路,这两个三角形是相似三角形,为此可利用这些三角形和相量图,借助其几何关系,使分析计算得到简化。对于一般阻抗的串联也有阻抗三角形与电压三角形相似的关系,只不过不再是直角三角形,如图 4-32 所示,仍以电流 $\dot{I}$ 为参考相量。

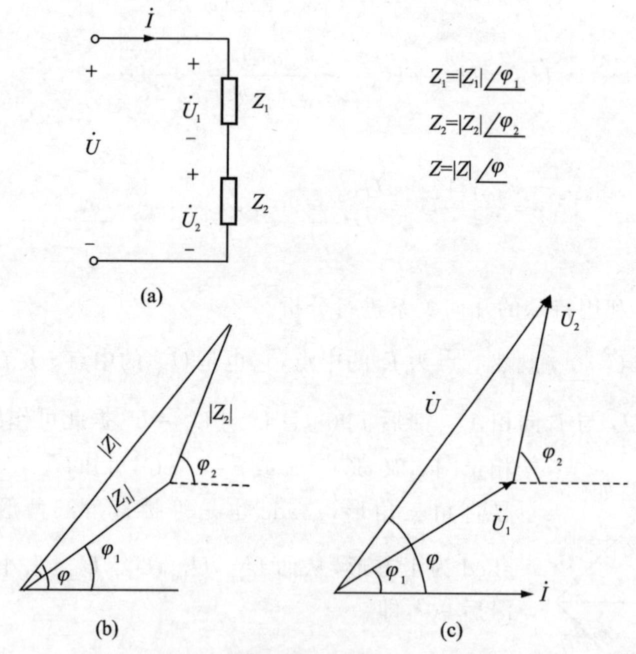

图 4-32 阻抗三角形与电压三角形

对于阻抗并联,也有相应的导纳三角形与电流三角形相似的关系,请读者自行体会。这些是正弦交流电路所独有的特点。

下面再举例说明电阻电路中的系统分析法和等效变换法的具体应用。

例 4-10 试用回路法求图 4-33 所示电路中各支路电流。已知 $\dot{U}_{S1}=55-j30\ V$，$\dot{U}_{S2}=10\ \underline{/0^\circ}\ V$，$R=10\ \Omega$，$X_L=10\ \Omega$，$X_C=-15\ \Omega$。

解 设回路电流为 $\dot{I}_{l1}$、$\dot{I}_{l2}$，方向如图 4-33 所示，列出回路电流方程

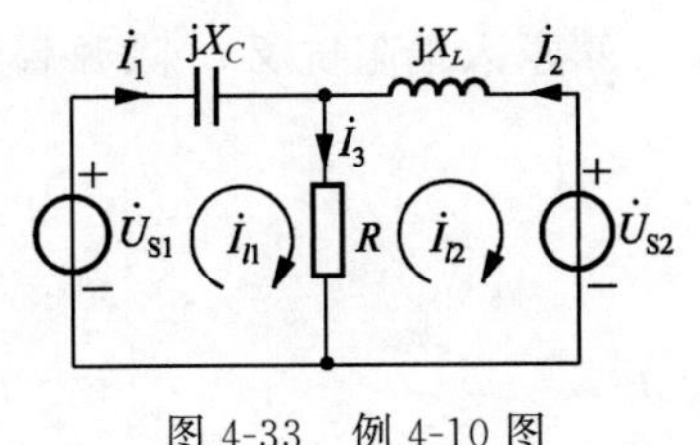

图 4-33 例 4-10 图

$$\begin{cases}(10-j15)\dot{I}_{l1}-10\dot{I}_{l2}=55-j30\\-10\dot{I}_{l1}+(10+j10)\dot{I}_{l2}=-10\end{cases}$$

解得

$$\dot{I}_{l1}=\frac{\begin{vmatrix}55-j30 & -10\\-10 & 10+j10\end{vmatrix}}{\begin{vmatrix}10-j15 & -10\\-10 & 10+j10\end{vmatrix}}=\frac{750+j250}{150-j50}$$

$$=5\ \underline{/36.87^\circ}\ A=4+j3\ A$$

$$\dot{I}_{l2}=\frac{\begin{vmatrix}10-j15 & 55-j30\\-10 & -10\end{vmatrix}}{150-j50}=\frac{450-j150}{150-j50}$$

$$=3\ \underline{/0^\circ}\ A$$

所以各支路电流为

$$\dot{I}_1=\dot{I}_{l1}=5\ \underline{/36.87^\circ}\ A$$

$$\dot{I}_2=-\dot{I}_{l2}=-3\ A=3\ \underline{/180^\circ}\ A$$

$$\dot{I}_3=\dot{I}_1+\dot{I}_2=4+j3-3=3.16\ \underline{/71.57^\circ}\ A$$

瞬时值表达式

$$i_1=5\sqrt{2}\cos(\omega t+36.87^\circ)\ A$$

$$i_2=3\sqrt{2}\cos(\omega t+180^\circ)\ A$$

$$i_3=3.16\sqrt{2}\cos(\omega t+71.57^\circ)\ A$$

例 4-11 电路如图 4-34(a)所示。求 a、b 端口的等效电路。

解 先求开路电压 $\dot{U}_{oc}$，以 b 点为参考点，列出节点电压方程为

$$\begin{cases}\left(\frac{1}{1-j1}+\frac{1}{j2}+\frac{1}{2}\right)\dot{U}_1-\frac{1}{2}\dot{U}_{oc}=\frac{10\ \underline{/-45^\circ}}{1-j1}\\-\frac{1}{2}\dot{U}_1+\left(\frac{1}{2}+\frac{1}{5}\right)\dot{U}_{oc}=0.1\dot{U}_1\end{cases}$$

整理化简得

$$\begin{cases}\dot{U}_1 - 0.5\dot{U}_{oc} = 5\sqrt{2} \\ -0.6\dot{U}_1 + 0.7\dot{U}_{oc} = 0\end{cases}$$

解得
$$\dot{U}_{oc} = 7.5\sqrt{2} = 10.61\ \text{V}$$

再求入端阻抗 Z_i。除源后外加电源如图 4-34(b)所示。列出节点 a 的电流方程

$$\dot{I} = \frac{\dot{U}}{5} - 0.1\dot{U}_1 + \frac{\dot{U} - \dot{U}_1}{2} \tag{4-40}$$

又因
$$\dot{U}_1 = \frac{\dot{U} - \dot{U}_1}{2}\,\frac{(1-\text{j}1)\text{j}2}{1-\text{j}1+\text{j}2}$$

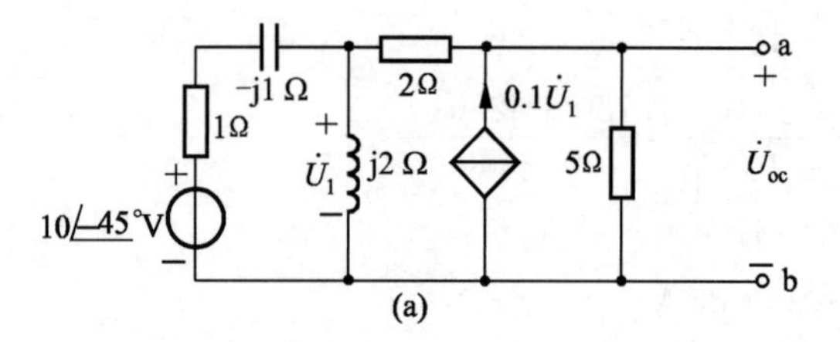

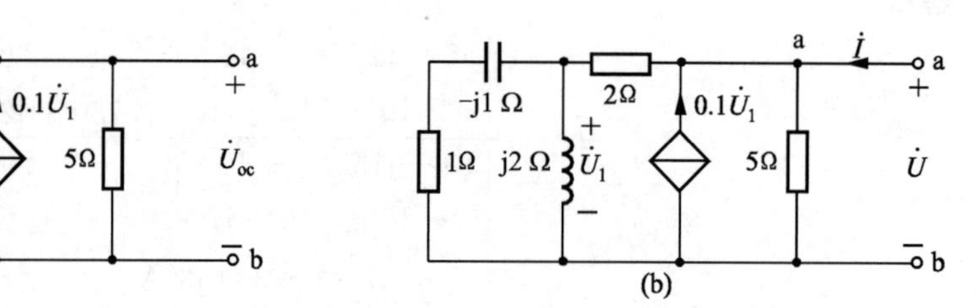

图 4-34　例 4-11 图

化简得　$\dot{U}_1 = \frac{1}{2}\dot{U}$，代入式(4-40)得到

$$\dot{U} = 2.5\dot{I}$$

所以
$$Z_i = \frac{\dot{U}}{\dot{I}} = 2.5\ \Omega$$

入端阻抗 Z_i 还可用控制量为“1”方法求得，请读者自行求之。

等效电路如图 4-35 所示。

例 4-12　求图 4-36 所示交流电桥的平衡条件。

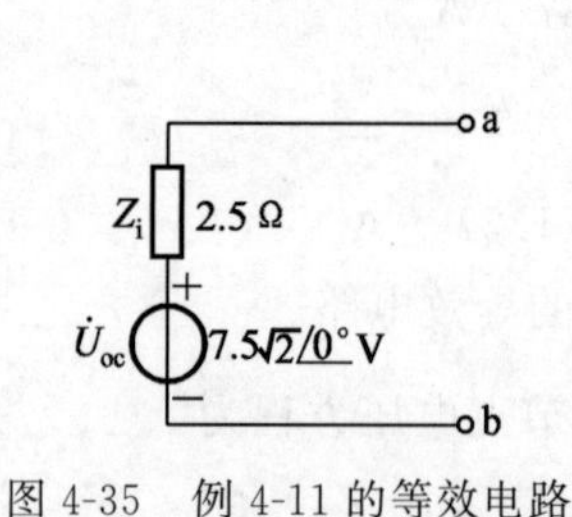

图 4-35　例 4-11 的等效电路

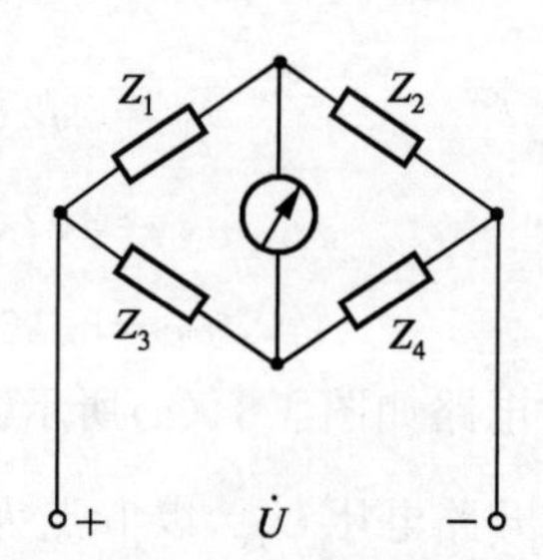

图 4-36　例 4-12 图

解　与直流电桥分析一样，交流电桥的平衡条件为

$$Z_1 Z_4 = Z_2 Z_3 \tag{4-41}$$

即
$$|Z_1||Z_4|\underline{/\varphi_1 + \varphi_4} = |Z_2||Z_3|\underline{/\varphi_2 + \varphi_3}$$

可见，欲使交流电桥平衡必须同时满足两个条件，即

$$|Z_1||Z_4|=|Z_2||Z_3|$$

$$\varphi_1+\varphi_4=\varphi_2+\varphi_3$$

所以,在调节交流电桥使其平衡时,必须调节两个参数(根据交流电桥平衡收敛原理,两个参数一般需交替反复调节,最后趋于平衡)。在测量技术中,往往针对待测阻抗的性质,根据上述平衡条件,设计出多种类型的交流电桥,以满足测量中的不同要求。

若阻抗以代数形式表示,还可以得出另一种形式的平衡条件。

设 $Z_1=R_1+jX_1, Z_2=R_2+jX_2, Z_3=R_3+jX_3, Z_4=R_4+jX_4$,代入式(4-41)

$$(R_1+jX_1)(R_4+jX_4)=(R_2+jX_2)(R_3+jX_3)$$

$$(R_1R_4-X_1X_4)+j(R_1X_4+R_4X_1)=(R_2R_3-X_2X_3)+j(R_2X_3+R_3X_2)$$

两个平衡条件为

$$R_1R_4-X_1X_4=R_2R_3-X_2X_3$$

$$R_1X_4+R_4X_1=R_2X_3+R_3X_2$$

例 4-13 含有理想运算放大器的电路如图 4-37 所示。已知 $R_1=R_2=R_3=R_4=R_5=1\ \Omega, C_1=1\ \text{F}, C_2=2\ \text{F}$。试求输出电压与输入电压之比 $\dot{U}_o/\dot{U}_S$。

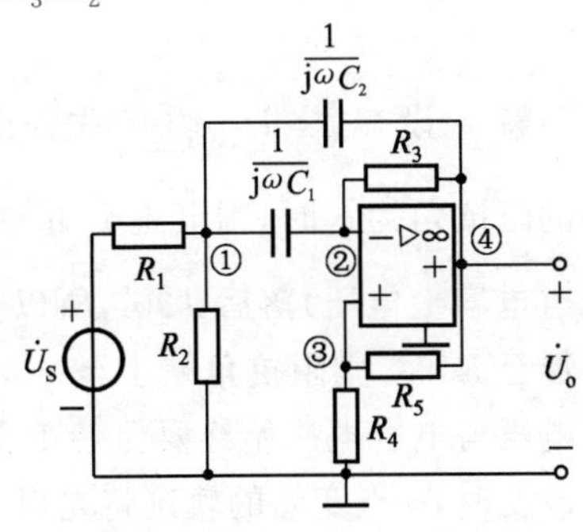

图 4-37 例 4-13 图

解 含运算放大器复杂电路一般采用节点分析法。求解时需要注意两点:一是在列节点②、③的方程时,要注意理想运算放大器的虚断特性(输入端电流为零);二是运放输出端的电流为未知量,故不宜对节点④列方程,方程数不足将由虚短特性所对应的方程 $\dot{U}_2=\dot{U}_3$ 所补充,即

$$\begin{cases}\left(\frac{1}{R_1}+\frac{1}{R_2}+j\omega C_1+j\omega C_2\right)\dot{U}_1-j\omega C_1\dot{U}_2-j\omega C_2\dot{U}_o=\frac{\dot{U}_S}{R_1}\\-j\omega C_1\dot{U}_1+\left(\frac{1}{R_3}+j\omega C_1\right)\dot{U}_2-\frac{1}{R_3}\dot{U}_o=0\\\left(\frac{1}{R_4}+\frac{1}{R_5}\right)\dot{U}_3-\frac{1}{R_5}\dot{U}_o=0\\\dot{U}_2=\dot{U}_3\end{cases}$$

代入数据后得

$$\begin{cases}(2+j3\omega)\dot{U}_1-j\omega\dot{U}_2-j2\omega\dot{U}_o=\dot{U}_S\\-j\omega\dot{U}_1+(1+j\omega)\dot{U}_2=\dot{U}_o\\\dot{U}_2=\dot{U}_3=0.5\dot{U}_o\end{cases}$$

消去 $\dot{U}_1$、$\dot{U}_2$ 和 $\dot{U}_3$ 可得

$$\frac{\dot{U}_o}{\dot{U}_S}=\frac{-j\omega}{1-\omega^2+j0.5\omega}$$

例 4-14 移相电路如图 4-38(a)所示,若可变电阻 R 从 0 变化到∞。求 $\dot{U}_{mn}$ 与 $\dot{U}_{ab}$ 的相位差变化情况。

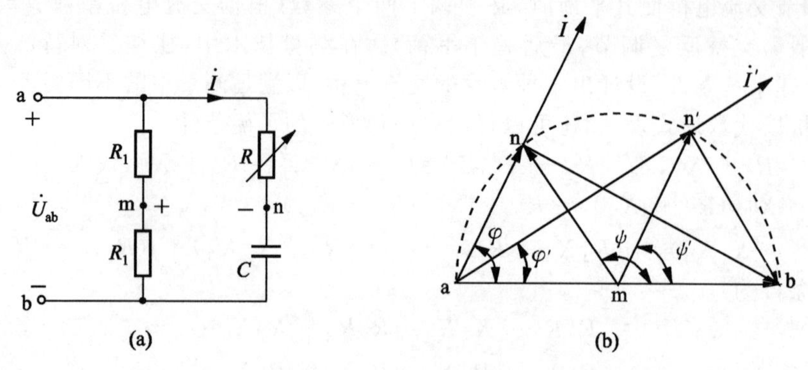

图 4-38 例 4-14 图

解 设 $\dot{U}_{ab}=U_{ab}\angle 0°$,先作出有向线段 ab 表示 $\dot{U}_{ab}$,m 点在 ab 的中点。设 R、C 支路的阻抗角为 φ 时,则电流 $\dot{I}$ 超前于 $\dot{U}_{ab}$ 的角度为 φ。$\dot{U}_{an}$(电阻上电压)与电流 $\dot{I}$ 同相,$\dot{U}_{nb}$(电容上电压)落后 $\dot{I}$ 90°,所以 an⊥nb(△anb 就是右边支路的电压三角形)。当电阻增加至 R'时,则阻抗角减小至 φ',同上方法,可作出这时的电压三角形 an′b。因为电阻上电压与电容电压始终要保持正交,即∠anb=90°,∠an′b=90°,而 ab 维持不变,可见当 R 改变时,n 点变动的轨迹将是以 ab 为直径的半圆周(如图中虚线),当 $R=0$ 时,n 点与 a 点重合,当 $R\to\infty$时,n 点与 b 点重合。m 点到 n 点间的连线即表示 $\dot{U}_{mn}$,可见当 R 从 0 变到∞时,$\dot{U}_{mn}$ 超前于 $\dot{U}_{ab}$ 的角度 ψ 从 π 变到 0。

若右边支路中,电阻 R 与电容 C 的位置互换,则 R 从 0 变到∞时,$\dot{U}_{mn}$ 落后于 $\dot{U}_{ab}$ 的角度 ψ 从 0 变到 π。读者可自行分析。

4.6 正弦稳态功率

任一网络 N,如图 4-39 所示,在图示关联参考方向下,输入网络的瞬时功率 p 等于电压与电流瞬时值的乘积,即

$$p=ui$$

设正弦电压和电流分别为

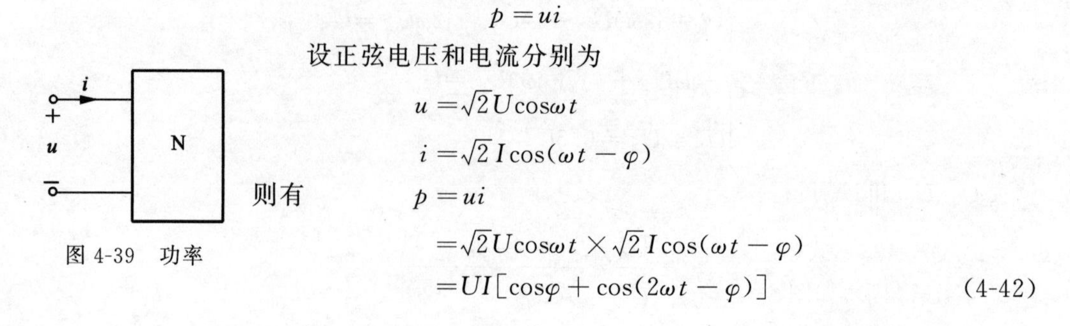

图 4-39 功率

$$u=\sqrt{2}U\cos\omega t$$

$$i=\sqrt{2}I\cos(\omega t-\varphi)$$

则有

$$\begin{aligned}p&=ui\\&=\sqrt{2}U\cos\omega t\times\sqrt{2}I\cos(\omega t-\varphi)\\&=UI[\cos\varphi+\cos(2\omega t-\varphi)]\end{aligned}\tag{4-42}$$

式中，φ 是端口电压与电流的相位差，可见瞬时功率由恒定分量 $UI\cos\varphi$ 和正弦分量两部分组成，正弦分量的频率是电压频率的两倍。

瞬时功率的实用意义不大，通常用平均功率 P（又称有功功率）来反映网络实际吸收的功率。根据定义，**平均功率**(average power)为

$$P=\frac{1}{T}\int_0^T p\,\mathrm{d}t=\frac{1}{T}\int_0^T UI[\cos\varphi+\cos(2\omega t-\varphi)]\mathrm{d}t$$
$$=UI\cos\varphi=UI\lambda \tag{4-43}$$

上式表明，**有功功率**(active power)就是式(4-42)瞬时功率的恒定分量。它不仅与电压、电流的有效值有关，还与电压、电流的相位差有关，$\lambda(=\cos\varphi)$ 称为电路的**功率因数**(power factor，PF)，φ 又称为功率因数角，对于无源网络也就是阻抗角。当电流与电压的参考方向关联时，$UI\cos\varphi$ 表示吸收功率。

有功功率与负载的阻抗角有关，故不能用有功功率表示发配电设备的发配电能力，或者称为容量。发电机正常情况下的端电压是由发配电设备的绝缘性能限定的，称为额定电压，用 U_N 表示。可提供电流的最大值由导线的线径，材料和散热条件确定，称为额定电流，用 I_N 表示。额定电压 U_N 与额定电流 I_N 的乘积，表示发配电设备的容量，即表示它可能提供的最大功率，但是实际提供的平均功率与负载的功率因数 λ 有关。例如 $U_N=1000$ V，$I_N=100$ A 的发电机，当负载 $\lambda(=\cos\varphi)=0.5$ 时，只能发出 $1000\times100\times0.5=50$ kW。只有当负载的 $\lambda=\cos\varphi=1$ 时，才能发出 100 kW 的功率，通常把电压和电流有效值的乘积定义为**视在功率**(apparent power)，用 S 表示，即

$$S=UI \tag{4-44}$$

视在功率与有功功率具有相同的量纲，但它并非是负载所吸收的有功功率，为区分起见，视在功率的单位用伏安(VA)或千伏安(kVA)。

比较式(4-43)与式(4-44)可得

$$P=S\cos\varphi=S\lambda$$

或

$$\lambda=\cos\varphi=\frac{P}{S}$$

即功率因数等于有功功率与视在功率之比。

工程上还引用**无功功率**(reactive power)的概念，无功功率用 Q 表示，其定义为

$$Q=UI\sin\varphi \tag{4-45}$$

它与有功功率不同，不表示单位时间做的功，只表示能量交换的情况，因此无功功率虽具有功率的量纲，但工程上却采用乏(Var)或无功伏安作其单位。

由式(4-45)可知，当电路为感性时，$\varphi>0$，Q 为正值；当电路为容性时，$\varphi<0$，Q 为负值。即无功功率有正负之分，习惯上把电感当作“吸收”无功功率的元件，把电容当作“发出”无功功率的元件。这只是一种相对的说法，假如由 R、L、C 串联组成的正弦电路，电感吸收能量时，正是电容释放能量；反之，电感释放能量时，正是电容吸收能量。

由式(4-43)～式(4-45)可知，S、P、Q 三者也组成直角三角形，称为功率三角形，如图 4-40 所示。

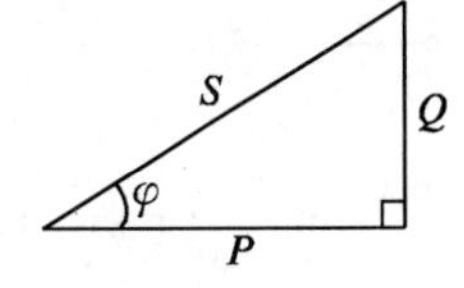

图 4-40 功率三角形

若无源一端口网络用等效阻抗表示,如图 4-41(a)所示,设阻抗为 $Z=R+\mathrm{j}X$(为感性),其阻抗三角形如图 4-41(b)所示。各电压相量构成电压三角形如图 4-41(c)所示,图 4-41(d)是其功率三角形,三者均为直角三角形,且有一锐角 φ 相等,故三者是相似三角形。由于有功功率 $P=UI\cos\varphi=U_RI$,无功功率 $Q=UI\sin\varphi=U_XI$,所以在电压三角形中,$\dot{U}_R$ 又称为电压 $\dot{U}$ 的有功分量,$\dot{U}_X$ 又称为电压 $\dot{U}$ 的无功分量。

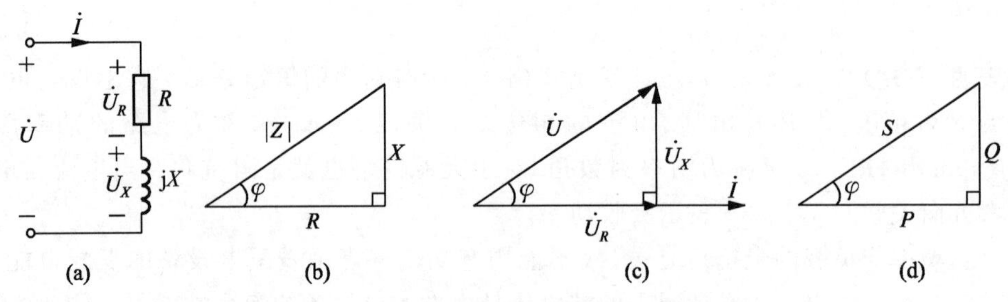

图 4-41　一端口网络及其阻抗、电压、功率三角形

对偶地,无源线性一端口网络的导纳三角形、电流三角形和功率三角形也是相似的直角三角形,总电流也可分为有功分量和无功分量。

下面来讨论功率因数的提高问题。

前面已经提到,电路的功率因数直接影响发电设备的利用率;另一方面,当输送相同的功率时,功率因数低,则电流越大,流过线路时的损耗也越大。为了提高发电设备的利用率和降低输电线上的损耗,需要提高功率因数,即所谓的**功率因数校正**(power factor correction,PFC)。

电力系统的负载多数是感性负载,因此为了提高功率因数,一般在感性负载两端并联电容器。因为这样做就可以用电容器的无功功率来补偿感性负载的无功功率,减少甚至消除感性负载与电源之间原有的能量交换,又不会影响原感性负载的工作状态,这种提高功率因数的方法称为**无功补偿**(reactive power compensation)。

例 4-15　在图 4-42(a)所示的 50 Hz,220 V 的电路中,一感性负载吸收有功功率 $P=10$ kW,功率因数 $\cos\varphi_1=0.6$。若要使功率因数提高到 0.9,求并接电容器的电容值。

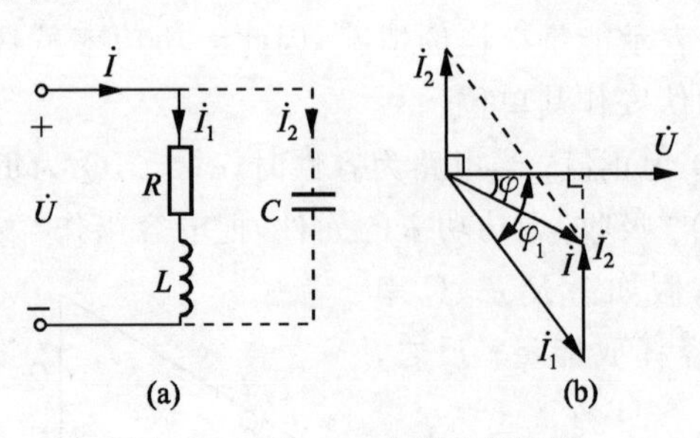

图 4-42　例 4-15 电路及相量图

解　为了清楚地看出在感性负载两端并联电容的作用,先定性地画出电路的电压、电流相量图,如图 4-42(b)所示。由图可以看出,并联电容以后,并不改变原负载的工作情况,但使来自电源的电流显著地减小了。

原来的功率因数 $\cos\varphi_1=0.6$,$\varphi_1=53.1°$

功率因数提高到 $\cos\varphi=0.9$ 时,$\varphi=25.8°$

有功功率不因并联电容而改变,故有

$$I_1=\frac{P}{U\cos\varphi_1}=\frac{10000}{220\times0.6}=75.8\ \text{A}$$

$$I=\frac{P}{U\cos\varphi}=\frac{10000}{220\times0.9}=50.5\ \text{A}$$

由相量图可知

$$\begin{aligned}I_2&=I_1\sin\varphi_1-I\sin\varphi\\&=75.8\sin53.1^\circ-50.5\sin25.8^\circ\\&=38.6\ \text{A}\end{aligned}$$

所以
$$C=\frac{I_2}{U\omega}=\frac{38.6}{220\times2\pi\times50}=559\ \mu\text{F}$$

并联电容提高功率因数的作用是使整个电路从电源"吸收"的无功功率减小,但原感性负载所需的无功功率并未改变。

若将 $\cos\varphi$ 提高到 1,则有

$$I=\frac{P}{U}=\frac{10000}{220}=45.5\ \text{A}$$

$$I_2=I_1\sin\varphi_1=75.8\ \sin53.1^\circ=60.6\ \text{A}$$

$$C=\frac{I_2}{U\omega}=\frac{60.6}{220\times2\pi\times50}=877\ \mu\text{F}$$

由以上计算可看出,功率因数从 0.6 提高到 0.9,线路电流从 75.8 A 降到 50.5 A,减小 25.3 A,需要 559 μF 电容。而将功率因数从 0.9 提高到 1,线路电流从 50.5 A 降到 45.5 A,减小了 5 A,却需要 877−559=318 μF 电容。可见后者虽将 $\cos\varphi$ 提高到 1,但增加的电容所带来效果并不显著。所以一般并不要求提高到 1,达到 0.9 左右即可。此外,根据功率三角形和无功功率的变化情况,可以推导出所需电容 C 的另一种计算公式(请读者自行推证)。

$$C=\frac{P(\tan\varphi_1-\tan\varphi)}{\omega\ U^2}\tag{4-46}$$

无源一端口等效阻抗的阻抗角就等于功率因数角,为此也可以通过补偿前后的阻抗计算阻抗角来确定补偿电容 C,相对来说,式(4-46)是比较简捷的计算方法。

因为正弦交流电路中的有功功率 P、无功功率 Q 和视在功率 S 三者可构成功率三角形,为了计算上的方便,可把有功功率作为实部、无功功率作为虚部组成复数

$$\widetilde{S}=P+\text{j}Q\tag{4-47}$$

则此复数的模等于视在功率,而其辐角则等于功率因数角(无源时为阻抗角),即

$$S=|\widetilde{S}|=\sqrt{P^2+Q^2}$$

$$\cos\varphi=\frac{P}{\sqrt{P^2+Q^2}}=\frac{P}{S}$$

此复数 $\widetilde{S}$ 称为复功率,它与复阻抗一样,只是一个计算用的复数,而不代表正弦量,因此

不能作为相量看待，其记号“～”用以区别于视在功率 S。

下面讨论复功率与电压相量和电流相量的关系。

因为 $$P=UI\cos\varphi \qquad Q=UI\sin\varphi$$

所以 $$\widetilde{S}=UI\cos\varphi+\mathrm{j}UI\sin\varphi=UI\mathrm{e}^{\mathrm{j}\varphi}$$

而 $$\varphi=\psi_u-\psi_i$$

所以 $$\widetilde{S}=UI\mathrm{e}^{\mathrm{j}(\psi_u-\psi_i)}=U\mathrm{e}^{\mathrm{j}\psi_u}I\mathrm{e}^{-\mathrm{j}\psi_i}=\dot{U}\dot{I}^{*} \tag{4-48}$$

即复功率等于电压相量与电流相量的**共轭复数**（conjugate complex number）的乘积。当一端口网络内部不含独立电源时，有

$$\dot{U}=Z\dot{I}=(R+\mathrm{j}X)\dot{I}$$

或 $$\dot{I}=Y\dot{U}=(G+\mathrm{j}B)\dot{U}$$

则复功率 $$\widetilde{S}=Z\dot{I}\dot{I}^{*}=ZI^2=(R+\mathrm{j}X)I^2$$
$$=RI^2+\mathrm{j}XI^2 \tag{4-49}$$

或 $$\widetilde{S}=\dot{U}(Y\dot{U})^{*}=Y^{*}U^2=(G+\mathrm{j}B)^{*}U^2$$
$$=GU^2-\mathrm{j}BU^2 \tag{4-50}$$

其 Z 和 Y 分别为一端口网络的等效复阻抗和等效复导纳。

利用特勒根定理①可以证明，电路中的复功率具有守恒性。即某些元件（或支路）发出的复功率，恒等于另一些元件（或支路）吸收的复功率。

对于任意正弦交流电路，电路中总的有功功率是电路各部分有功功率之和；总的无功功率是各部分无功功率之和，但在一般情况下，总的视在功率并不是各部分视在功率之和。对于无源元件组成的二端网络来说，所有有功功率为电阻元件上有功功率之和，所有无功功率为电容、电感元件上无功功率之和。

例 4-16 求出图 4-43 所示电路中各支路的复功率，并核验复功率守恒。已知：$I_S=10\ \mathrm{A}, R_1=20\ \Omega, \mathrm{j}\omega L=\mathrm{j}25\ \Omega, R_2=10\ \Omega, -\mathrm{j}\dfrac{1}{\omega C}=-\mathrm{j}15\ \Omega$。

解 设 $\dot{I}_S=10\underline{/0^\circ}\ \mathrm{A}$，$\dot{I}=\dot{I}_S$，由已知得

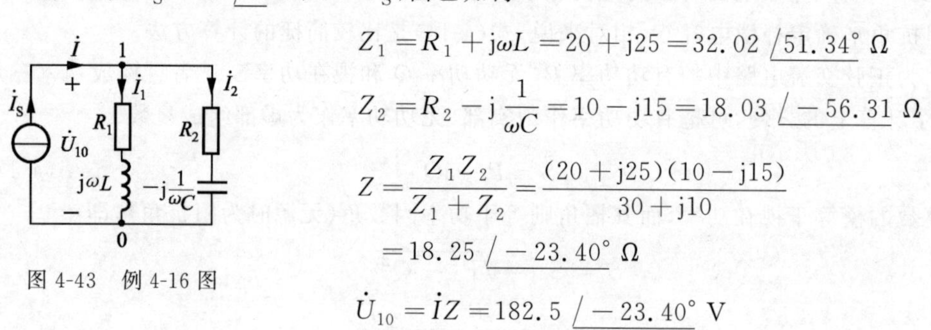

图 4-43 例 4-16 图

$$Z_1=R_1+\mathrm{j}\omega L=20+\mathrm{j}25=32.02\underline{/51.34^\circ}\ \Omega$$

$$Z_2=R_2-\mathrm{j}\frac{1}{\omega C}=10-\mathrm{j}15=18.03\underline{/-56.31}\ \Omega$$

$$Z=\frac{Z_1Z_2}{Z_1+Z_2}=\frac{(20+\mathrm{j}25)(10-\mathrm{j}15)}{30+\mathrm{j}10}$$
$$=18.25\underline{/-23.40^\circ}\ \Omega$$

$$\dot{U}_{10}=\dot{I}Z=182.5\underline{/-23.40^\circ}\ \mathrm{V}$$

① 定理阐述详见本书 7.5.1 节。

由式(4-50),第一支路"吸收"的复功率

$$\widetilde{S}_{1吸}=U_{10}^2Y_1^*=U_{10}^2\left(\frac{1}{Z_1}\right)^*$$

$$=\frac{182.5^2}{32.02\angle{-51.34^\circ}}=1040.17\angle{51.34^\circ}$$

$$=649.79+\mathrm{j}812.23\ \mathrm{VA}$$

第二支路"吸收"的复功率

$$\widetilde{S}_{2吸}=U_{10}^2Y_2^*=U_{10}^2\left(\frac{1}{Z_2}\right)^*$$

$$=\frac{182.5^2}{18.03\angle{+56.31^\circ}}=1847.27\angle{-56.31^\circ}$$

$$=1024.68-\mathrm{j}1537.02\ \mathrm{VA}$$

电流源"发出"的复功率

$$\widetilde{S}_{发}=\dot{U}_{10}\dot{I}_S^*=182.5\angle{-23.40^\circ}\times 10$$

$$=1825\angle{-23.40^\circ}$$

$$=1674.90-\mathrm{j}724.79\ \mathrm{VA}$$

$$\widetilde{S}_{1吸}+\widetilde{S}_{2吸}=1674.47-\mathrm{j}724.79\ \mathrm{VA}$$

考虑到计算误差,可见复功率守恒,即

$$\widetilde{S}_{发}=\widetilde{S}_{1吸}+\widetilde{S}_{2吸}$$

但

$$S_{发}\neq S_{1吸}+S_{2吸}$$

$$(1825\neq 1040.17+1847.27)$$

本例也可先求出 $\dot{I}_1$、$\dot{I}_2$,再用 $\widetilde{S}=\dot{U}\dot{I}^*$ 求解。

4.7 最大功率传输

在实际应用中,有时需要研究负载在什么条件下获得最大功率。这类问题可由戴维南定理归结为一个内阻抗为 Z_i 的正弦电源向负载 Z_L 供电的问题。如图 4-44 所示,在 U_S 和 Z_i 已给定的情况下,负载 Z_L 应满足什么条件才能吸收最大的有功功率?

在图 4-44 所示电路中,设 $Z_i=R_i+\mathrm{j}X_i$,$Z_L=R_L+\mathrm{j}X_L$,则

$$I=\frac{U_S}{\sqrt{(R_i+R_L)^2+(X_i+X_L)^2}}$$

$$P_L=R_LI^2=\frac{R_LU_S^2}{(R_i+R_L)^2+(X_i+X_L)^2}$$

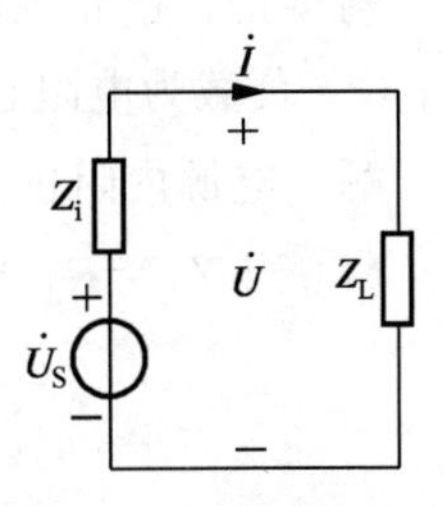

图 4-44 最大功率传输

首先来看 P_L 与 X_L 的关系,由于 X_L 在上式的分母中,故知在 R_L 为任意值下 $X_L=-X_i$ 时,P_L 达极大值,即

$$P'_{\mathrm{L}}=\frac{R_{\mathrm{L}}U_{\mathrm{S}}^{2}}{(R_{\mathrm{i}}+R_{\mathrm{L}})^{2}}$$

令 P'_{L} 对 R_{L} 的导数为零,即得 P'_{L} 为最大值的条件

$$\frac{\mathrm{d}P'_{\mathrm{L}}}{\mathrm{d}R_{\mathrm{L}}}=\frac{\mathrm{d}}{\mathrm{d}R_{\mathrm{L}}}\left[\frac{R_{\mathrm{L}}U_{\mathrm{S}}^{2}}{(R_{\mathrm{i}}+R_{\mathrm{L}})^{2}}\right]=0$$

所以 $$R_{\mathrm{L}}=R_{\mathrm{i}}$$

综上所述,在 U_{S} 和 Z_{i} 给定的情况下,负载吸收最大功率的条件是

$$R_{\mathrm{L}}=R_{\mathrm{i}},\quad X_{\mathrm{L}}=-X_{\mathrm{i}}$$

即 $$Z_{\mathrm{L}}=Z_{\mathrm{i}}^{*}$$

此时,负载阻抗与电源内阻抗称为**共轭匹配**(conjugate matching)或称最佳匹配。此最大功率为

$$P_{\mathrm{Lmax}}=\frac{R_{\mathrm{L}}U_{\mathrm{S}}^{2}}{(2R_{\mathrm{i}})^{2}}=\frac{U_{\mathrm{S}}^{2}}{4R_{\mathrm{i}}} \tag{4-51}$$

若负载的阻抗角不变,而模可变,什么条件下可获得最大功率呢?设负载阻抗为

$$Z_{\mathrm{L}}=|Z_{\mathrm{L}}|\angle\varphi=|Z_{\mathrm{L}}|\cos\varphi+\mathrm{j}|Z_{\mathrm{L}}|\sin\varphi$$

则 $$I=\frac{U_{\mathrm{S}}}{\sqrt{(R_{\mathrm{i}}+|Z_{\mathrm{L}}|\cos\varphi)^{2}+(X_{\mathrm{i}}+|Z_{\mathrm{L}}|\sin\varphi)^{2}}}$$

负载电阻的功率为

$$P_{\mathrm{L}}=I^{2}|Z_{\mathrm{L}}|\cos\varphi=\frac{U_{\mathrm{S}}^{2}|Z_{\mathrm{L}}|\cos\varphi}{(R_{\mathrm{i}}+|Z_{\mathrm{L}}|\cos\varphi)^{2}+(X_{\mathrm{i}}+|Z_{\mathrm{L}}|\sin\varphi)^{2}}$$

要使 P_{L} 达最大值,同样令 $\frac{\mathrm{d}P_{\mathrm{L}}}{\mathrm{d}|Z_{\mathrm{L}}|}=0$,可求得

$$|Z_{\mathrm{L}}|=\sqrt{R_{\mathrm{i}}^{2}+X_{\mathrm{i}}^{2}} \tag{4-52}$$

因此在只可改变负载阻抗的模的情况下,负载获得最大功率的条件是负载阻抗的模应与电源内阻抗的模相等,这种匹配称为**模匹配**(mode matching)。在这一条件下,当负载是纯电阻时,即 $|Z_{\mathrm{L}}|=R_{\mathrm{L}}$ 时,获得最大功率的条件是 $R_{\mathrm{L}}=\sqrt{R_{\mathrm{i}}^{2}+X_{\mathrm{i}}^{2}}$,而不是 $R_{\mathrm{L}}=R_{\mathrm{i}}$。显然,在这种情况下负载所获得的功率不及共轭匹配时所获得的功率大,即若阻抗角 φ 也可调节,还能使负载得到更大一些的功率。

例 4-17 电路如图 4-45 所示,试求下列情况下负载的功率。若(1) 负载为 5 Ω 电阻;(2) 负载为电阻且为模匹配;(3) 负载为共轭匹配。

解 电源内阻抗为 $Z_{\mathrm{i}}=5+\mathrm{j}10=11.2\angle 63.4^{\circ}\ \Omega$

(1) 当 $Z_{\mathrm{L}}=R_{\mathrm{L}}=5\ \Omega$ 时,则

$$\dot{I}=\frac{14.1\angle 0^{\circ}}{5+\mathrm{j}10+5}=\frac{14.1\angle 0^{\circ}}{10\sqrt{2}\angle 45^{\circ}}=1.0\angle -45\ \mathrm{A}$$

$$P_{\mathrm{L}}=I^{2}R_{\mathrm{L}}=1.0^{2}\times 5=5\ \mathrm{W}$$

(2) 当 $Z_L=R_L=|Z_i|=11.2\ \Omega$ 时,则

$$\dot{I}=\frac{14.1\angle 0^\circ}{5+\mathrm{j}10+11.2}=\frac{14.1\angle 0^\circ}{16.2+\mathrm{j}10}$$

$$=\frac{14.1\angle 0^\circ}{19.0\angle 31.7^\circ}=0.742\angle -31.7^\circ\ \mathrm{A}$$

$$P_L=0.742^2\times 11.2=6.2\ \mathrm{W}$$

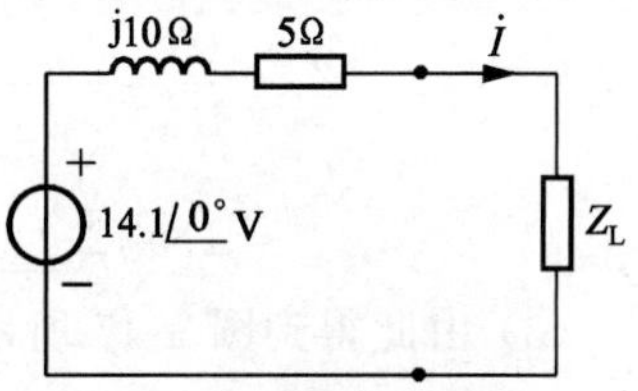

图 4-45 例 4-17 图

(3) 当 $Z_L=Z_i^*=5-\mathrm{j}10\ \Omega$ 时,则

$$\dot{I}=\frac{14.1\angle 0^\circ}{5+\mathrm{j}10+5-\mathrm{j}10}=1.41\angle 0^\circ\ \mathrm{A}$$

$$P_L=1.41^2\times 5=9.9\ \mathrm{W}$$

可见共轭匹配时,负载所获得的功率最大。

例 4-18 图 4-46(a)所示电路,为使 Z_L 获得最大功率,Z_L 应为何值？此时获得的最大功率为多少？

解 求负载获得最大功率这类问题,一般均采用戴维南定理,将电路化为单回路电路。

(1) 先将负载两端 A、B 断开,在图 4-46(b)所示的相量模型电路中求开路电压 $\dot{U}_{oc}$。由弥尔曼定理得

$$\dot{U}_1=\frac{1+\frac{1}{\sqrt{2}}\angle 0^\circ/(-\mathrm{j})}{1+1/(-\mathrm{j})}=\frac{1+\mathrm{j}\frac{1}{\sqrt{2}}}{1+\mathrm{j}}$$

故
$$\dot{U}_{oc}=2\dot{U}_1+\dot{U}_1=\frac{3(1+\mathrm{j}/\sqrt{2})}{1+\mathrm{j}}=2.60\angle -9.74^\circ\ \mathrm{V}$$

(2) 用控制量为“1”的方法[如图 4-46(c)所示]求 AB 处的入端阻抗 Z_i。

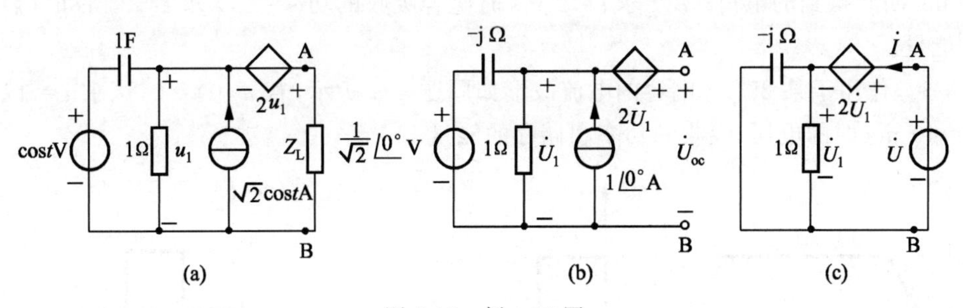

图 4-46 例 4-18 图

令 $\dot{U}_1=1\angle 0^\circ$,则
$$\dot{U}=2\dot{U}_1+\dot{U}_1=3\dot{U}_1=3\angle 0^\circ$$

$$\dot{I}=\dot{U}_1\left(\frac{1}{1}+\frac{1}{-\mathrm{j}}\right)=(1+\mathrm{j})\dot{U}_1=1+\mathrm{j}$$

所以
$$Z_i=\frac{\dot{U}}{\dot{I}}=\frac{3\dot{U}_1}{(1+j)\dot{U}_1}=\frac{3}{1+j}$$
$$=1.5\sqrt{2}\angle -45^\circ=1.5-j1.5\ \Omega$$

(3) 由此得到图 4-47 所示的戴维南等效电路。当 $Z_L=Z_i^*=1.5+j1.5\Omega$ 时,可获得最大功率,此时最大功率为

$$P_{max}=\frac{U_{oc}^2}{4R_i}=\frac{2.60^2}{4\times 1.5}=1.13\ W$$

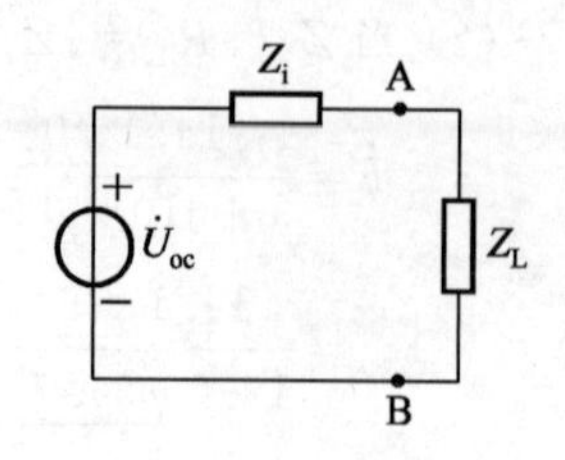

图 4-47 例 4-18 的戴维南等效电路

习题

4-1 已知电容元件电压 u 的波形如图题 4-1(b)所示,试求 $i(t)$ 并绘出波形图。若已知其电流 i 的波形,如图题 4-1(c)所示。设 $u(0)=0$,试求 $u(t)$ $(t\geqslant 0)$ 并绘出波形图。若 $u(0)$ 改为 −20 V,则结果如何?

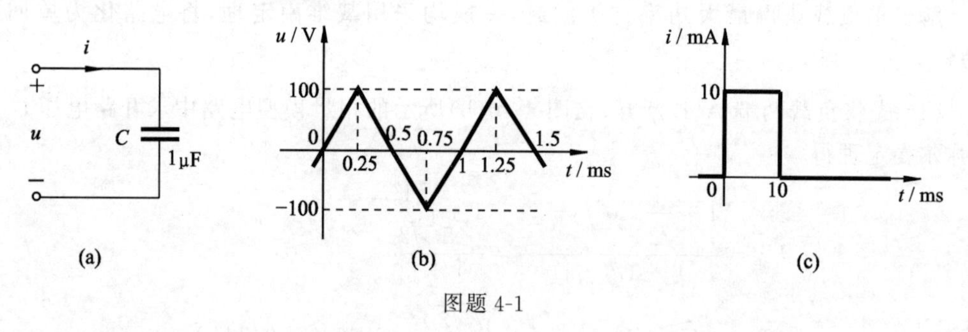

图题 4-1

4-2 图题 4-2 所示为一电容的电压和电流波形。(1) 求 C 值;(2) 计算电容在 $0<t<1$ ms 期间得到的电荷;(3) 求 $t=2$ ms 时电容吸收的功率;(4) 求 $t=2$ ms 时电容储存的能量。

4-3 作用于某 25 μF 电容的电流波形如图题 4-3 所示,若 $u(0)=0$,试求 $t=17$ ms 及 $t=40$ ms 时的电压、吸收的功率和储存的能量。

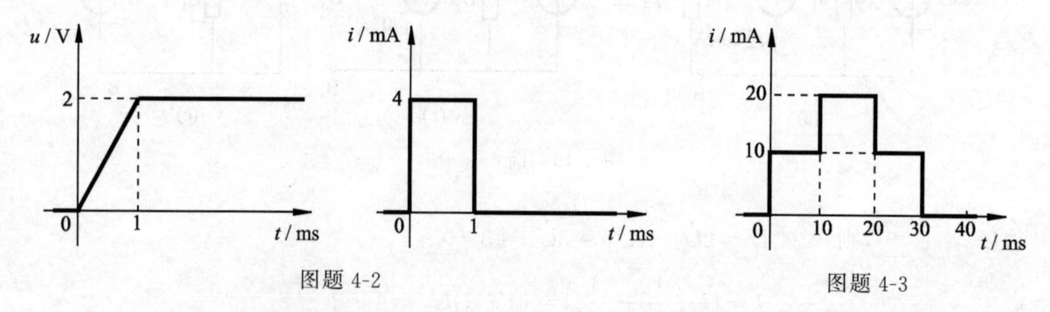

图题 4-2

图题 4-3

4-4 图题 4-4 所示电路,电感 $L=10$ mH,当通过电感的电流分别为(a) 直流 10 mA;(b) $10\sqrt{2}\cos(100\pi t)$ A;(c) $5e^{-6t}$ mA;(d) $20te^{-100t}$ mA。求对应的电感两端的电压。

4-5 10 μH 电感的电压波形如图题 4-5 所示，设 $i(0)=0$，试求 $i(t)(t\geqslant 0)$，并绘出其波形。

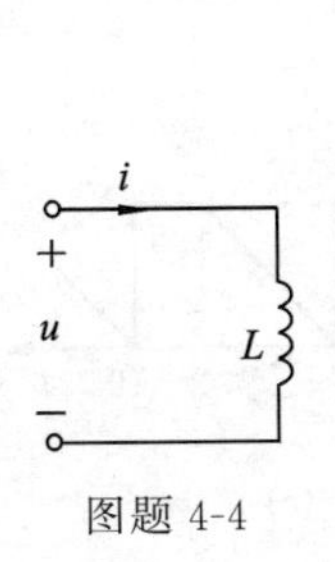

图题 4-4

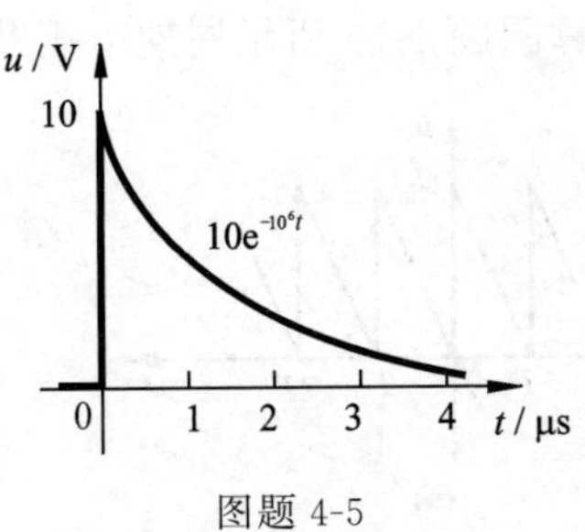

图题 4-5

4-6 在关联参考方向下某电感电流及电压的波形如图题 4-6 所示。

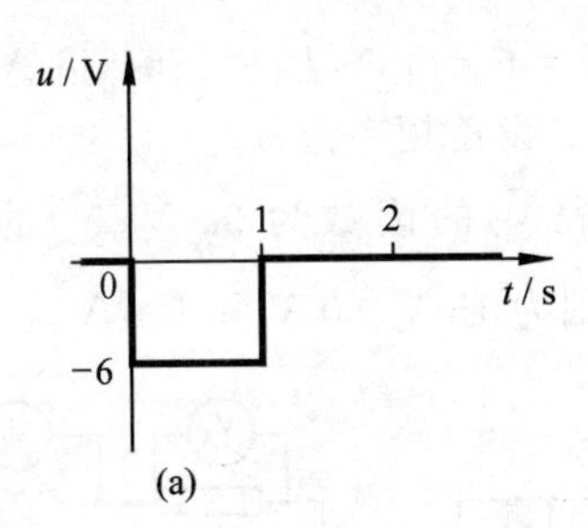

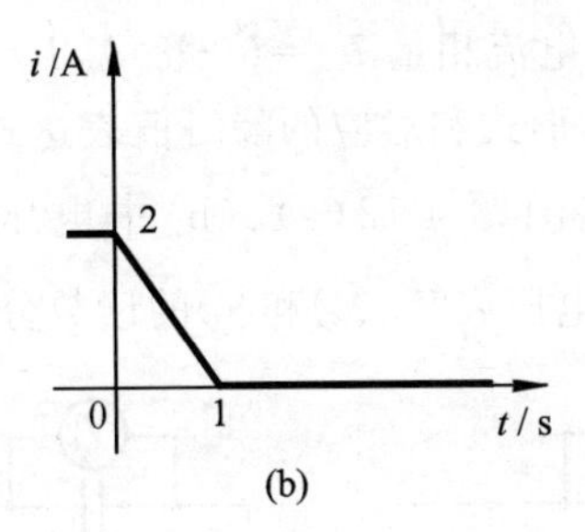

图题 4-6

(1) 试求电感 L；

(2) 试求在 $0<t<1$ s 期间磁场能量的瞬时值 $w_L(t)$；

(3) 若图题 4-6 中两波形的时间单位由秒改为毫秒，试重新计算(1)、(2)中的量。

4-7 某元件电压 u 和电流 i 的波形如图题 4-7 所示，u 和 i 为关联参考方向，试绘出该元件吸收功率 $p(t)$ 的波形，并计算该元件从 $t=0$ 至 $t=2$ s 期间所吸收的能量，它可能是什么元件？

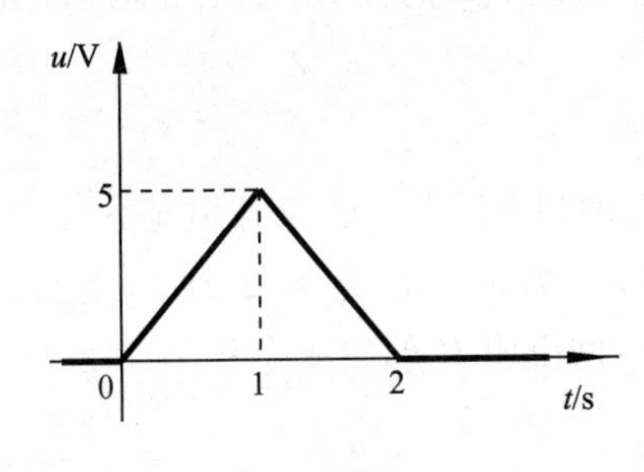

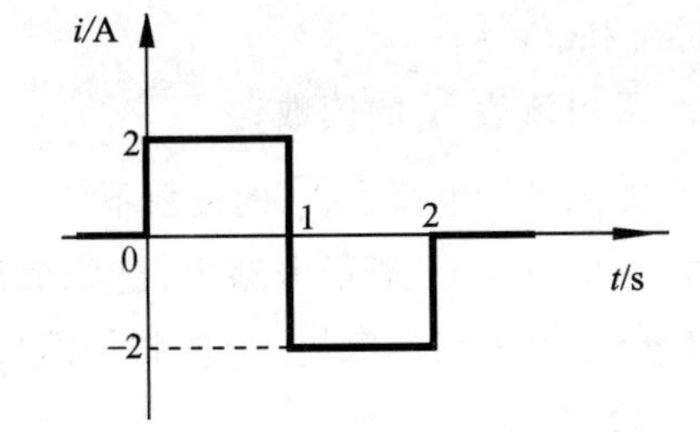

图题 4-7

4-8 已知 $u_A=200\cos 314t$ V，$u_B=100\sqrt{2}\cos(314t-120°)$ V。

求：(1) 以上正弦交流电压的有效值、初相、频率及周期；

(2) u_A 与 u_B 的相位差；

(3) 在同一坐标平面上画出 u_A 及 u_B 的波形图。

4-9　求下列电流的有效值,并写出其对应的相量。

(1) $i=10\cos\omega t$ A; (2) $i=\cos 2t+\sin 2t$ A; (3) $i=10\cos\omega t+20\sin(\omega t+30^\circ)$ A

4-10　试计算图题 4-10 所示周期电压及电流的有效值。

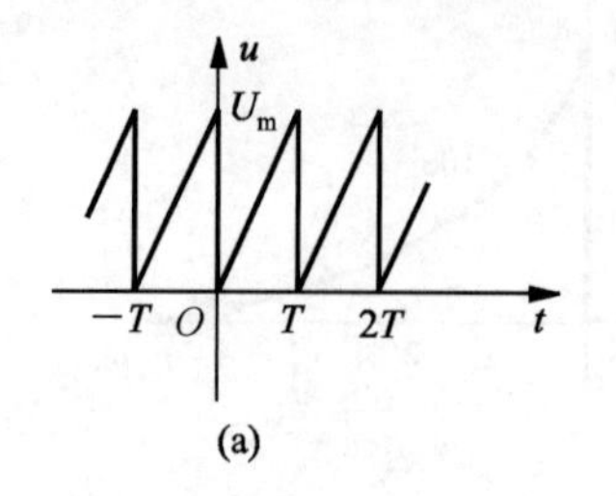

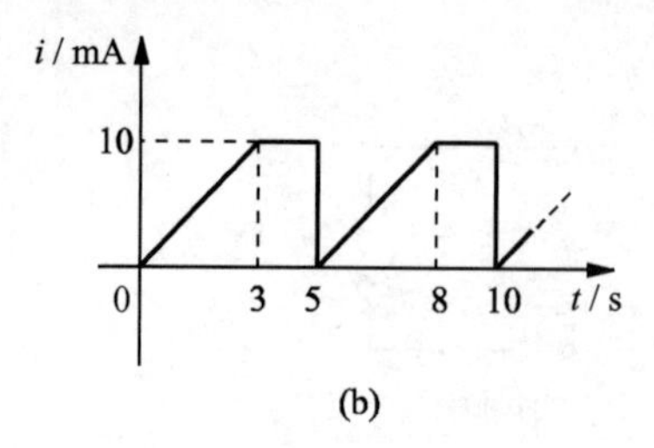

图题 4-10

4-11　已知电流相量 $\dot{I}_1=6+\mathrm{j}8$ A, $\dot{I}_2=-6+\mathrm{j}8$ A, $\dot{I}_3=-6-\mathrm{j}8$ A, $\dot{I}_4=6-\mathrm{j}8$ A。试写出其极坐标形式和对应的瞬时值表达式。设角频率为 ω。

4-12　已知图题 4-12(a)、(b)中电压表Ⓥ₁的读数为 30 V,Ⓥ₂的读数为 60 V;图题 4-12(c)中电压表Ⓥ₁、Ⓥ₂和Ⓥ₃的读数分别为 15 V、80 V 和 100 V。

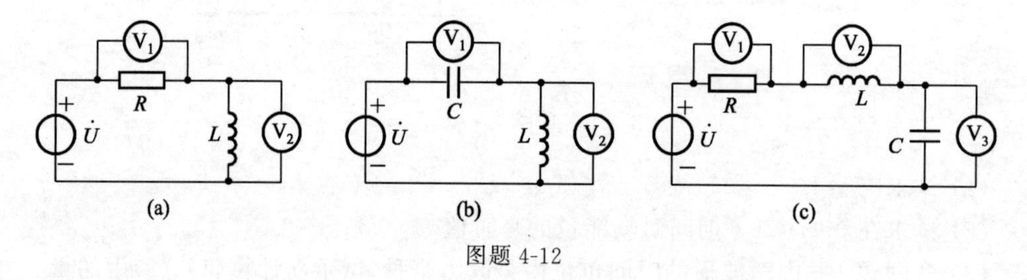

图题 4-12

(1) 求三个电路端电压的有效值 U 各为多少(各表读数表示有效值);

(2) 若外施电压为直流电压(相当于 $\omega=0$),且等于 12 V,再求各表读数。

4-13　图题 4-13 所示电路中,已知电流表Ⓐ₁、Ⓐ₂和Ⓐ₃的读数(正弦有效值)分别为 5 A、20 A 和 25 A。

(1) 求电流表Ⓐ的读数;

(2) 如果维持电流表Ⓐ₁的读数不变,而把电源的频率提高一倍,再求其他各表的读数。

4-14　图题 4-14 所示电路中,已知激励电压 u_1 为正弦电压,频率为 1000 Hz,电容 $C=0.1\ \mu$F。要求输出电压 u_2 的相位滞后 u_1 60°,问电阻 R 的值应为多少?

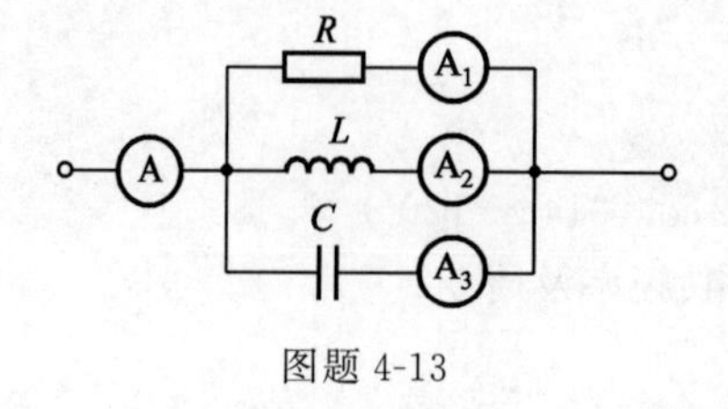

图题 4-13

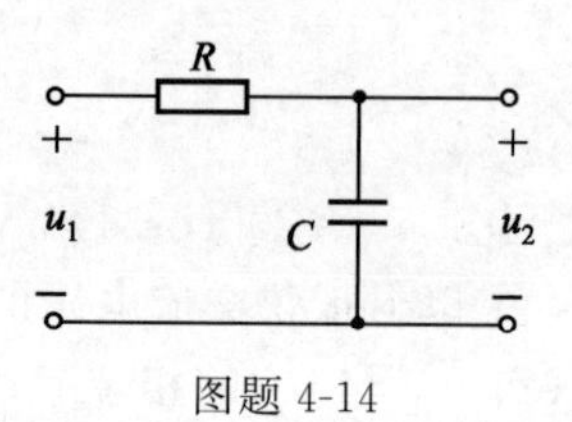

图题 4-14

4-15 图题4-15所示电路中,已知 $i_S=10\sqrt{2}\cos(2t-36.9°)$ A,$u=50\sqrt{2}\cos 2t$ V。试确定 R 和 L 之值。

4-16 图题4-16所示正弦交流电路中,已知电压有效值 U、U_R、U_C 分别为10 V、6 V、3 V。

求:(1) 电压有效值 U_L;(2) 以电流为参考相量,画出相量图。

4-17 图题4-17所示电路中,若 $i_S=2\sqrt{2}\cos(2t+45°)$ A,$u=10\cos 2t$ V,试确定 R 和 C 的值。

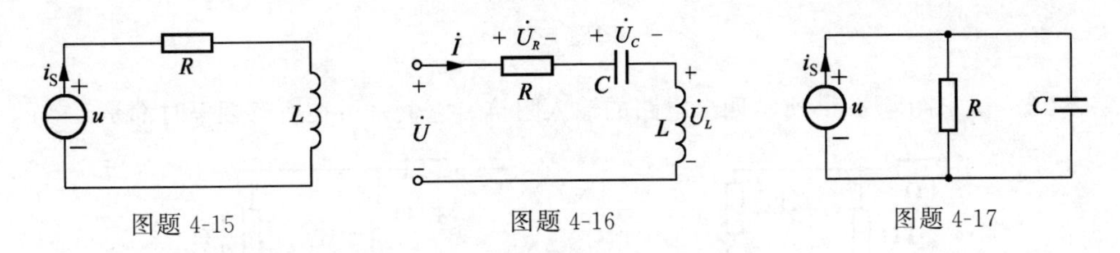

图题4-15　　图题4-16　　图题4-17

4-18 电路如图题4-18所示,已知电流表Ⓐ₁的读数为3 A、Ⓐ₂为4 A,求Ⓐ表的读数。若此时电压表读数为100 V,求电路的复阻抗及复导纳。

4-19 图题4-19相量模型电路中,已知电路支路电流 $\dot{I}_R=2$ A。求:(1) 端口电压电流的相位差 φ;(2) 电源电压 $\dot{U}$。

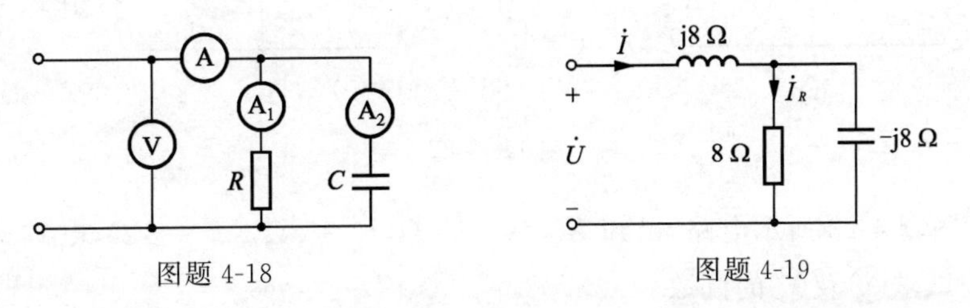

图题4-18　　图题4-19

4-20 图题4-20所示电路,试确定方框内最简单的等效串联组合的元件值。

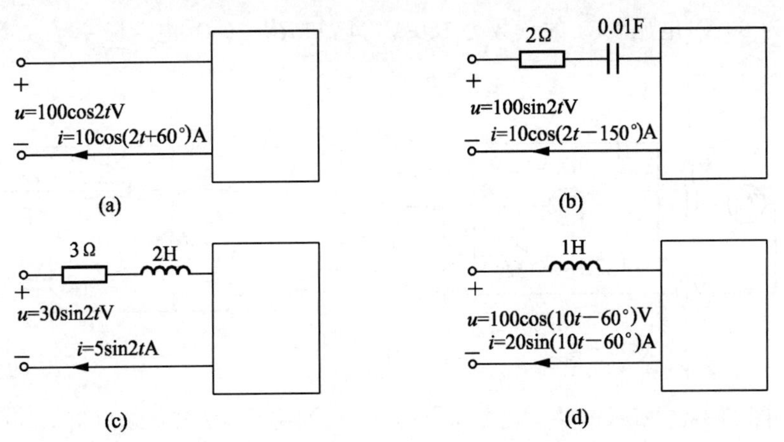

图题4-20

4-21　图题 4-21 所示两个电路中,已知 $Z=R+\mathrm{j}\omega L$,求输入阻抗,并说明输入阻抗具有什么特性?

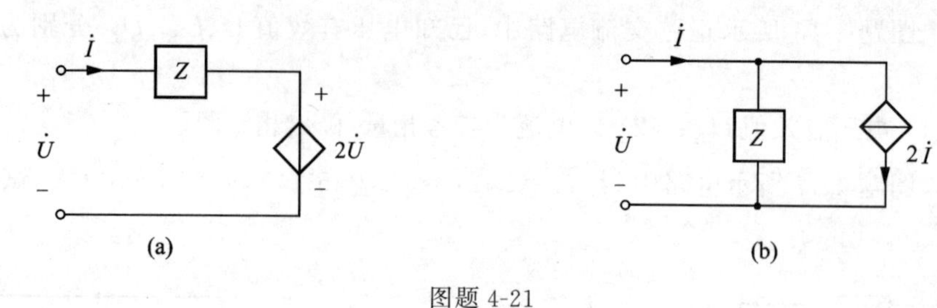

图题 4-21

4-22　试求图题 4-22 所示四个电路的输入阻抗。它们是否在所有频率时都是等效的。

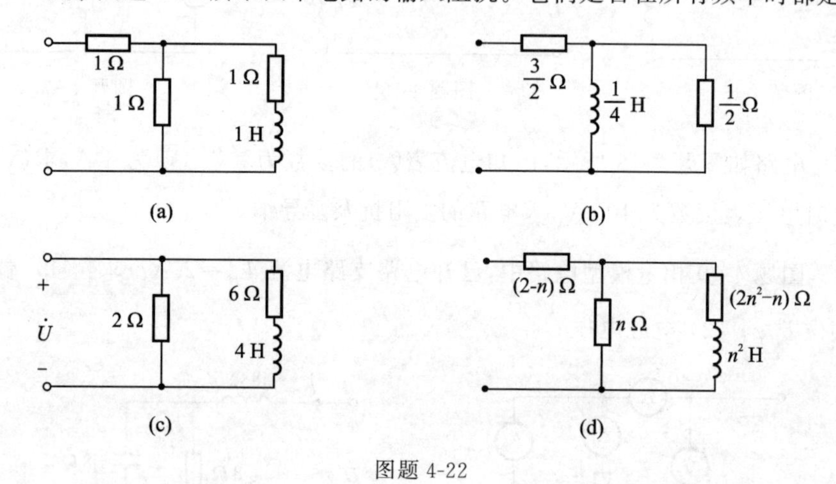

图题 4-22

4-23　图题 4-23 所示电路,已知 $X_C=-10\ \Omega$,$R=5\ \Omega$,$X_L=5\ \Omega$,电磁式电表指示为有效值。试求Ⓐ₀及Ⓥ₀的读数。

4-24　图题 4-24 所示为测量 r 和 C 电路,已测得电压表Ⓥ₃的读数为 193 V,电压表Ⓥ₁的读数为 60 V,电压表Ⓥ₂的读数为 180 V。已知 $R=20\ \Omega$,电源频率 $f=50$ Hz。求 r 和 C。

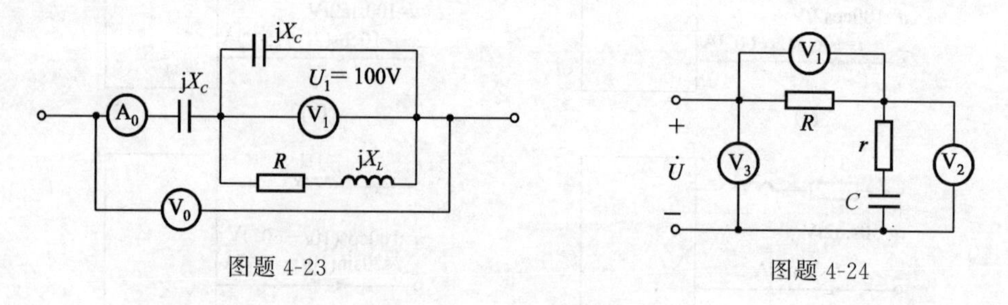

图题 4-23　　图题 4-24

4-25　图题 4-25 所示电路。已知 $u_{\mathrm{S}}(t)=50\sqrt{2}\cos 1000t$ V。求电流 $i_{\mathrm{ab}}(t)$。

4-26　图题 4-26 所示正弦交流电路中,已知 $U_{\mathrm{S}}=100$ V,$I_R=3$ A,$I_L=1$ A,$\omega=$

1000 rad/s，且有 u_L 超前 u_S 60°。试求参数 R、L、C 的值。

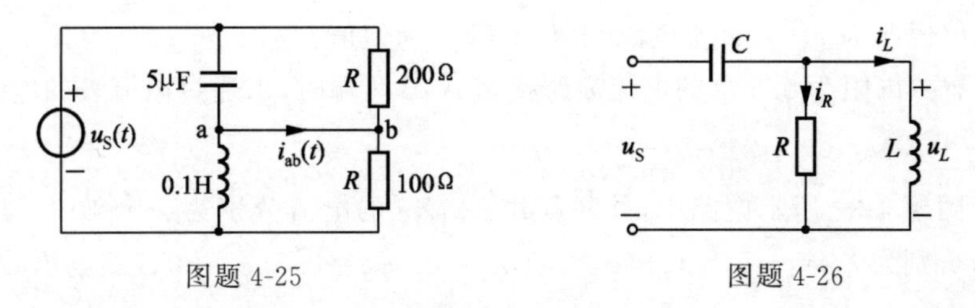

图题 4-25　　　　图题 4-26

4-27　二相电动机一个绕组的电阻 $R=750\ \Omega$，电感 $L=215\ \text{mH}$。这个绕组需要一个和电源电压相位差 $\pi/2$ 的电压，因此采用图题 4-27 所示移相电路。为了使绕组上的电压对电源电压相移 $\pi/2$，求电容 C 的值，同时，若绕组上的电压为 85 V，电源电压应为多少（用相量图帮助分析）？

4-28　图题 4-28 所示，在单相感应电动机中（例如单相电风扇），要求有两套完全相同的线圈，设每套线圈的电阻为 2120 Ω，感抗也是 2120 Ω。如在一组线圈中串联一只电容器使两线圈电流相等，但相位相差 90°，求接入工频电源时应串联多大的电容？

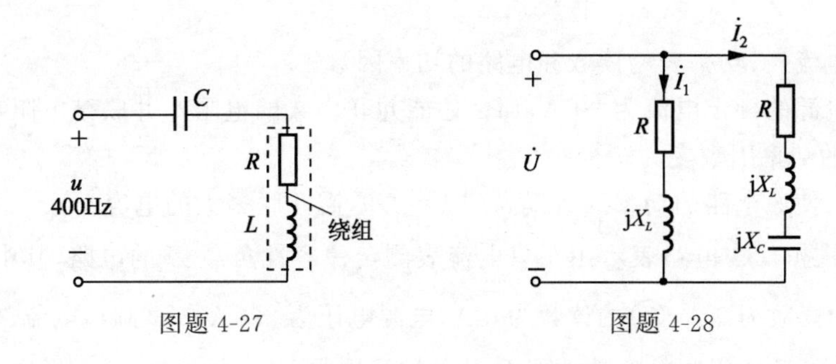

图题 4-27　　　　图题 4-28

4-29　图题 4-29 所示 RC 选频电路，被广泛用于正弦波发生器中，通过电路参数的恰当选择，在某一频率下可使输出电压 $\dot{U}_2$ 与输入电压 $\dot{U}_1$ 同相。若 $R_1=R_2=250\ \text{k}\Omega$，$C_1=0.01\ \mu\text{F}$，$f=1000\ \text{Hz}$，试问 $\dot{U}_2$ 与 $\dot{U}_1$ 同相时的 C_2 应是多少？

4-30　图题 4-30 所示电路中，方框部分的阻抗 $Z=(2+\text{j}2)\Omega$；电流的有效值 $I_R=5\ \text{A}$，$I_C=8\ \text{A}$，$I_L=3\ \text{A}$，电路消耗的总功率为 200 W，求总电压的有效值 U。

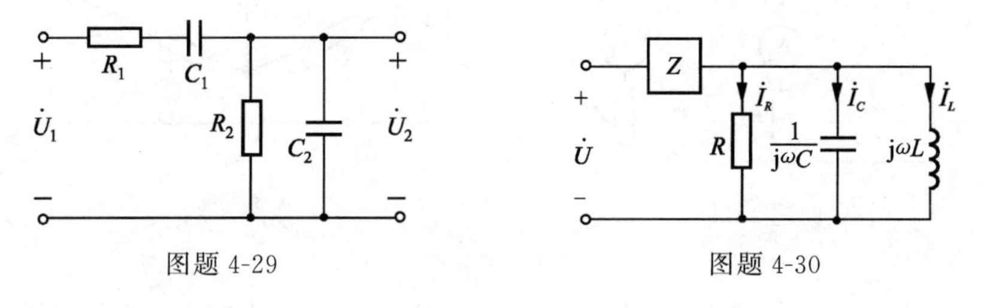

图题 4-29　　　　图题 4-30

4-31　图题 4-31 所示电路中，已知 $R_1=1\ \Omega$，$R_2=1\ \Omega$，$X_L=-X_C=\sqrt{3}\ \Omega$，电源电压 $\dot{U}=20\underline{/0^\circ}\ \text{V}$。

(1) 求 $\dot{I}$、$\dot{U}_{\mathrm{AB}}$ 及电路的有功功率和功率因数；

(2) 当电源改为 20 V 直流电源时，I 和 U_{AB} 为何值？

(3) 当有一内阻为 0.5 Ω 的电流表跨接在 A、B 两端时，求通过电流表的电流（电源电压仍为 $20\underline{/0^\circ}$ V）。

4-32　图题 4-32 所示电路中，并联负载 Z_1、Z_2 的电流分别为 $I_1=10$ A，$I_2=20$ A，其功率因数分别为 $\lambda_1=\cos\varphi_1=0.8(\varphi_1<0)$，$\lambda_2=\cos\varphi_2=0.5(\varphi_2>0)$，端电压 $U=100$ V，$\omega=1000$ rad/s。

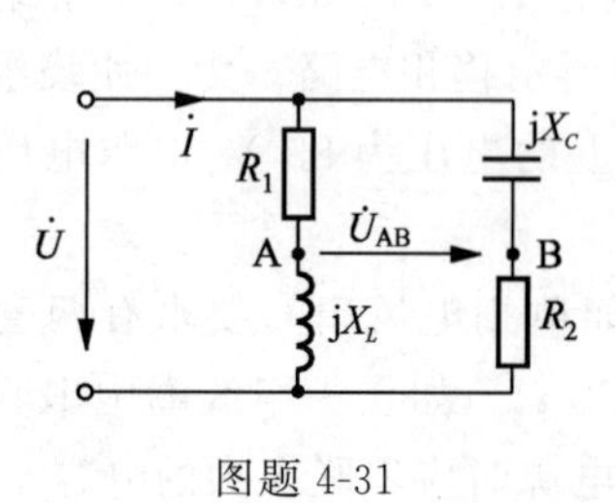

图题 4-31

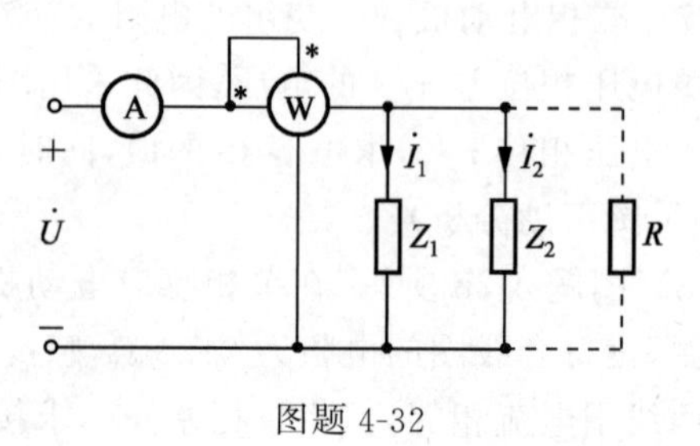

图题 4-32

(1) 求电流表、功率表的读数和电路的功率因数 λ；

(2) 若电源的额定电流为 30 A，那么还能并联多大的电阻？并联该电阻后功率表的读数和电路的功率因数变为多少？

(3) 如果使原电路的功率因数提高到 $\lambda=0.9$，需并联多大的电容？

4-33　图题 4-33 电路表示用三只电流表测定一容性负载 Z 的电路，其中Ⓐ₁的读数为 7 A，Ⓐ₂的读数为 2 A，Ⓐ₃的读数为 6 A，电源电压为 220 V。试画出电流、电压的相量图，并计算负载 Z 所吸收的有功功率 P 及其功率因数。

4-34　图题 4-34 所示**交流电桥**（Maxwell 电桥）已达平衡。求出被测元件 R_4 和 L 值与电桥其他各臂中元件值的关系式（电源的角频率为 ω）。

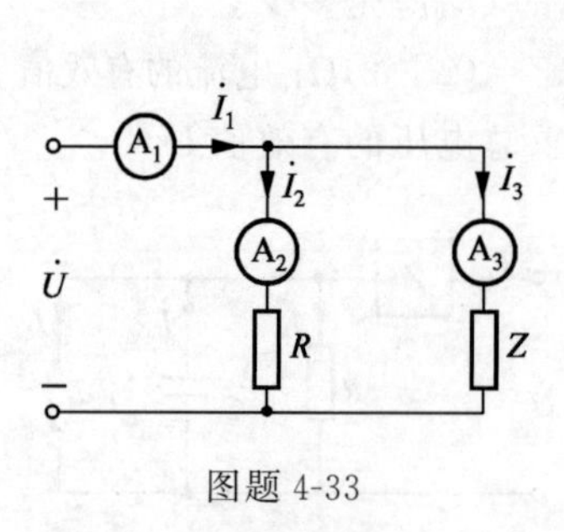

图题 4-33

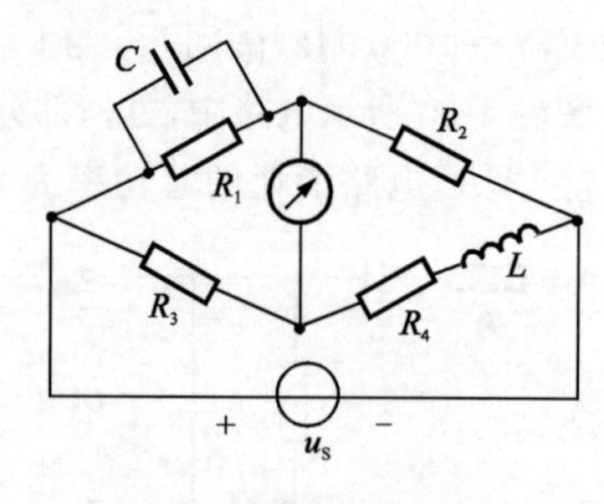

图题 4-34

4-35　图题 4-35 所示网络中，已知 $u_1(t)=10\cos(1000t+30^\circ)$ V，$u_2(t)=5\cos(1000t-60^\circ)$ V，电容器的阻抗 $Z_C=-\mathrm{j}10$ Ω。试求网络 N 的入端阻抗和所吸收的平均功率及功率因数。

4-36 电路如图题4-36所示。(1) 当S闭合时,各表读数为Ⓥ=220 V,Ⓐ=10 A,Ⓦ=1100 W;(2) 当S打开时,各表读数为Ⓥ=220 V,Ⓐ=12 A,Ⓦ=1870 W。求电路中各参数R_1、X_1、R_2和X_2,并判断X_2是容性还是感性。

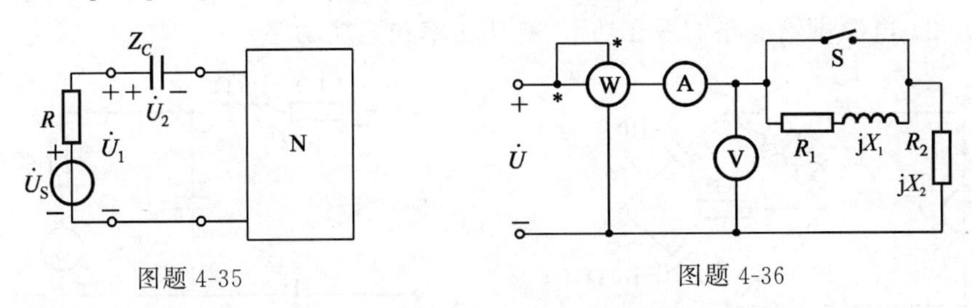

图题4-35　　图题4-36

4-37 图题4-37所示正弦交流电路,已知各电压有效值分别为$U_1=U_2=10$ V,$U=17.32$ V,电源频率50 Hz。

(1) 画出电压相量图;(2) 求R_1和L的值。

4-38 图题4-38所示正弦交流电路中,已知$U=60$ V,$I=3$ A,且$\dot{I}$与$\dot{U}$同相。

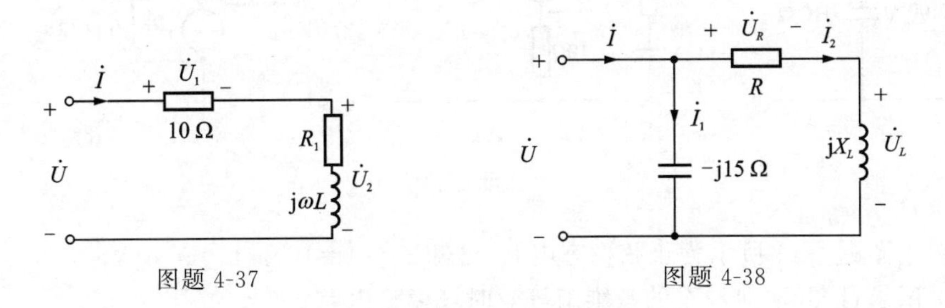

图题4-37　　图题4-38

(1) 画出电压、电流相量图(以$\dot{U}$为参考相量);

(2) 求参数R及X_L的值;

(3) 求电压源发出的有功功率P和无功功率Q。

4-39 电路如图题4-39所示。试求节点A的电位和电流源供给电路的有功功率、无功功率。

4-40 图题4-40所示电路中,已知$u_C=2\cos(t+30°)$ V。求电流i_S和各元件吸收的复功率,并验证复功率守恒。

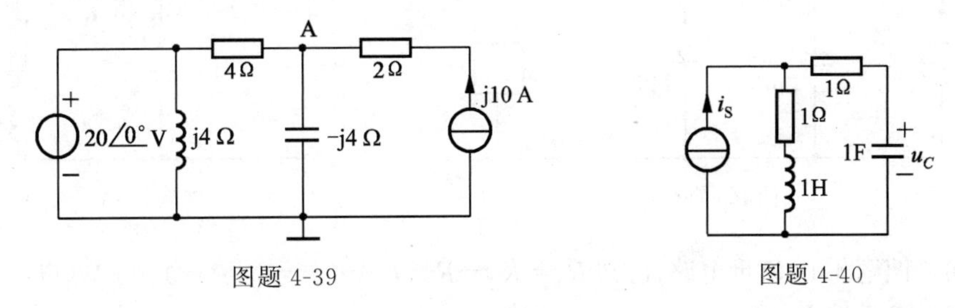

图题4-39　　图题4-40

4-41　图题 4-41 所示电路中，已知 $\dot{U}=10\angle 0^\circ$ V，求电流 $\dot{I}$。

4-42　图题 4-42 所示电路，已知电流表读数为 1.5A。

求：(1) $\dot{I}$、$\dot{U}_1$；

(2) 电源供给电路的视在功率、有功功率和无功功率。

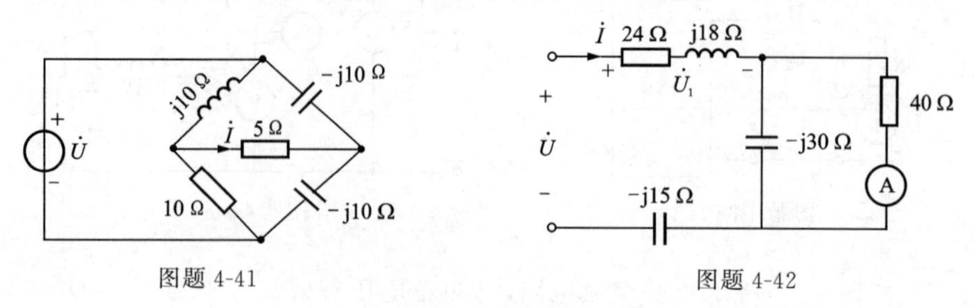

图题 4-41　　　　图题 4-42

4-43　求图题 4-43 所示一端口网络的戴维南等效电路或诺顿等效电路。

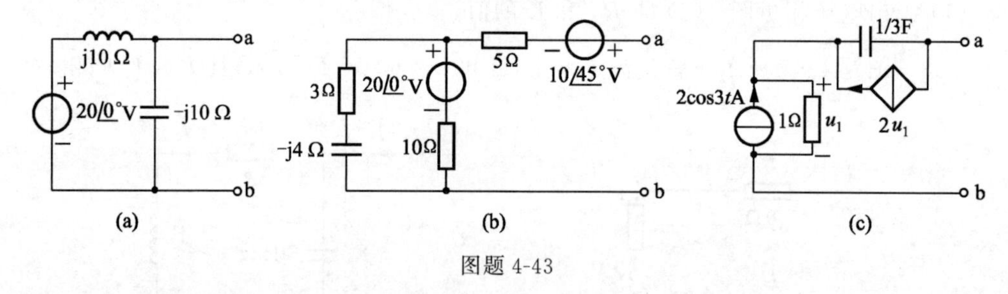

图题 4-43

4-44　图题 4-44 所示为正弦稳态电路，已知 $i_S(t)=10\cos 120\pi t$ mA。

(1) 试求自 ab 端向左看的戴维南等效时域模型电路；

(2) 如果电流源的频率加倍，对上述等效电路有何影响？

(3) 试求自 ab 端向左看的诺顿等效相量模型电路；

(4) 如果负载 Z 是一个 1 μF 的电容，试求它两端的电压 $u(t)$。

4-45　图题 4-45 所示电路，当外施正弦电压为 100 V，$f=50$ Hz 时，各支路电流有效值相等，即 $I_1=I_2=I$，且电路消耗的功率为 866 W。若电源电压大小不变，而频率为 25 Hz 时，试求在这种情况下各支路电流的大小及电路所消耗的功率。

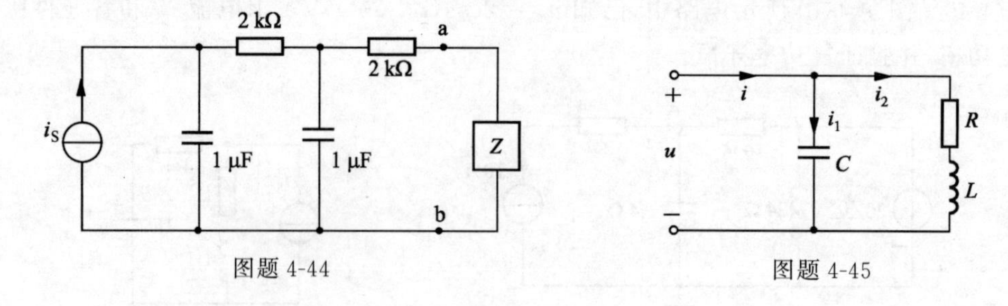

图题 4-44　　　　图题 4-45

4-46　图题 4-46 所示电路，已知 $R_1=R_2=R_3$，$I_1=I_2=I_3$，$P=1500$ W，$U=150$ V，$f=50$ Hz，求元件 R_1、R_2、R_3、L 及 C 的值。

4-47　图题 4-47 所示电路，设负载是两个元件的串联组合，求负载获得最大平均功率时其元件的参数值，并求此最大功率。

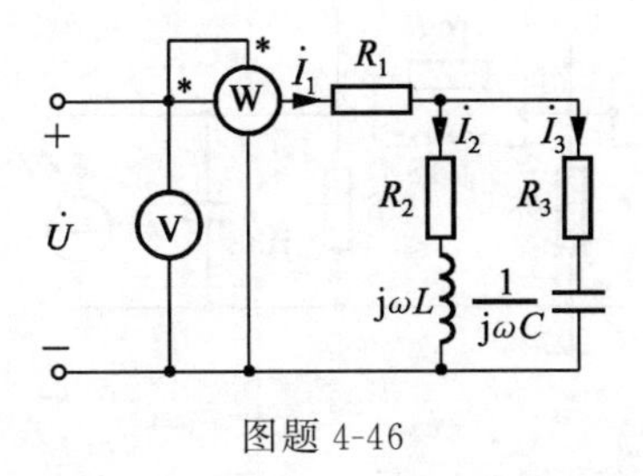

图题 4-46

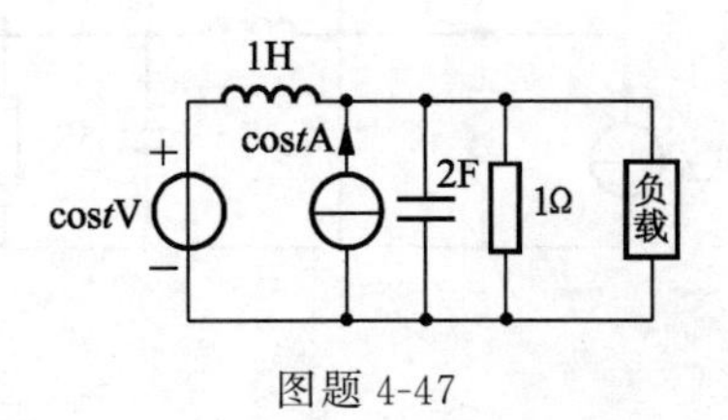

图题 4-47

4-48　为使图题 4-48 所示电路中的 Z_L 获得最大功率，问 $Z_L=$？此时 $P_{max}=$？

4-49　图题 4-49 所示电路中，$u_S=2\cos\omega t$ V，$\omega=10^6$ rad/s，$r=1\ \Omega$。问负载阻抗 Z_L 为多少时可获得最大功率？求出此最大功率。

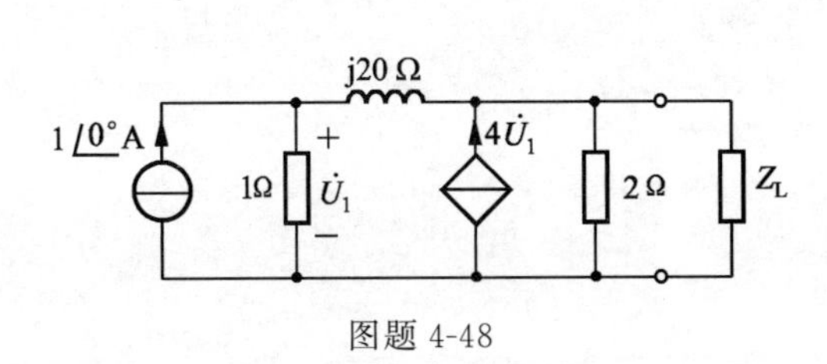

图题 4-48

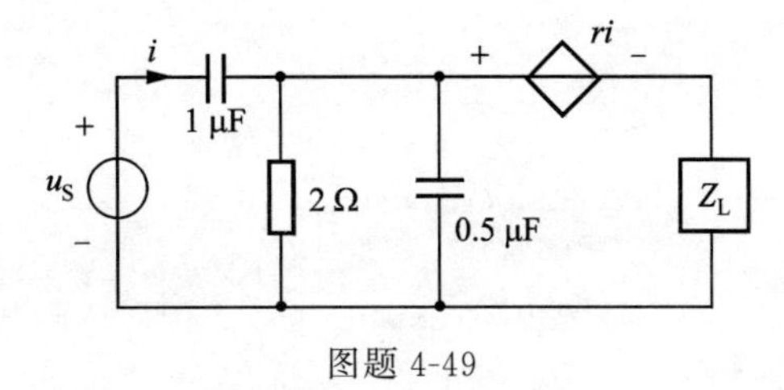

图题 4-49

*4-50　某有源网络如图题 4-50 所示，接有阻抗 Z 支路，当 $Z=0$ 时，测得支路 B 中电流为 $\dot{I}_S$；当 $Z=\infty$ 时，测得 B 支路中 $\dot{I}=\dot{I}_0$，设对于支路 Z 端口的入端阻抗为 Z_A。试证：当 Z 为任意值时，有 $\dot{I}=\dot{I}_S+\frac{\dot{I}_0-\dot{I}_S}{Z+Z_A}Z$。

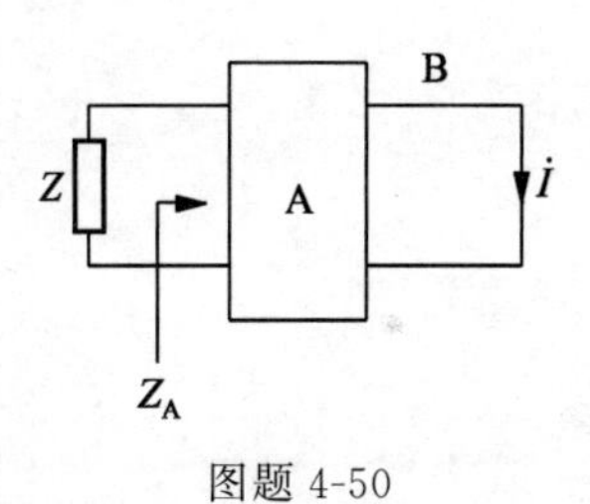

图题 4-50

*4-51　试用计算机软件求图题 4-51 各题的节点电压。

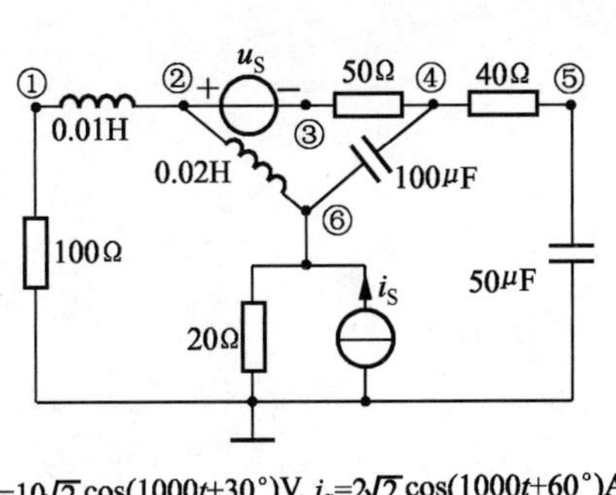

(a)

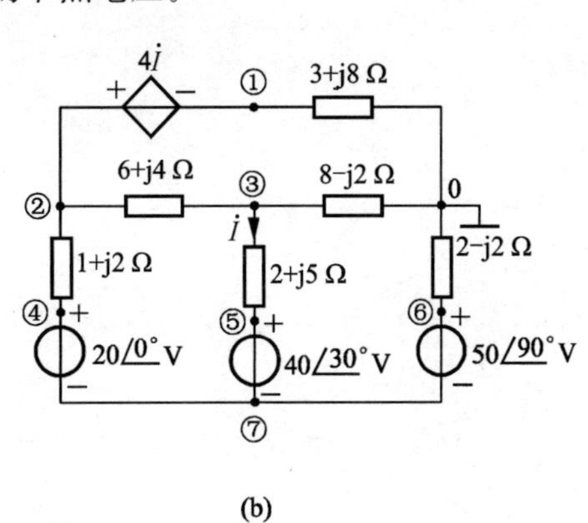

(b)

图题 4-51

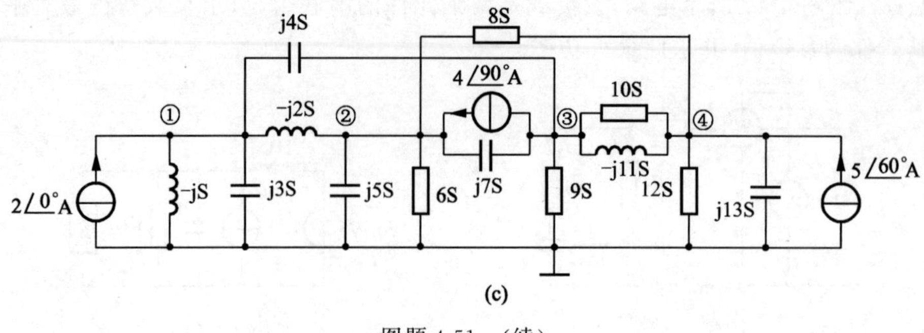
j4S
8S
4∠90°A
10S
①
−j2S
②
③
④
2∠0°A
−jS
j3S
j5S
6S
j7S
9S
−j11S
12S
j13S
5∠60°A
(c)

图题 4-51 (续)

第5章 特殊正弦交流电路稳态分析

对于一般正弦交流电路分析,只要借助相量概念,将所有的正弦电压、电流量表示为相量,元件的参数表示为阻抗(导纳),建立相量形式的电路模型,应用直流电路的所有分析方法,就能顺利分析一般正弦交流电路。但对于正弦交流电路出现特殊情况时,如三相输电电路,不但考虑一相的电压、电流和功率,还要考虑三相的工作情况;耦合电感电路,既要考虑线圈的自感,还要考虑线圈之间的互感。这些都使正弦交流电路的分析、计算变得复杂,但是基于相量法的基础,只要掌握这些特殊电路的内在规律,对这类电路的分析、计算就不再那么困难。

5.1 耦合电感电路的分析

5.1.1 耦合电感元件

4.1 节讨论的电感元件,其磁通和感应电动势是由线圈自身的电流变化引起的,所以也称自感元件。若线圈的磁通和感应电动势是由邻近线圈的电流变化引起的,则称线圈间存在**互感**或**耦合电感**(coupled inductor)。具有互感的两个(或几个)线圈称为互感线圈或耦合线圈,其电路模型就是互感元件。互感元件为多端元件,也称为耦合电感元件。

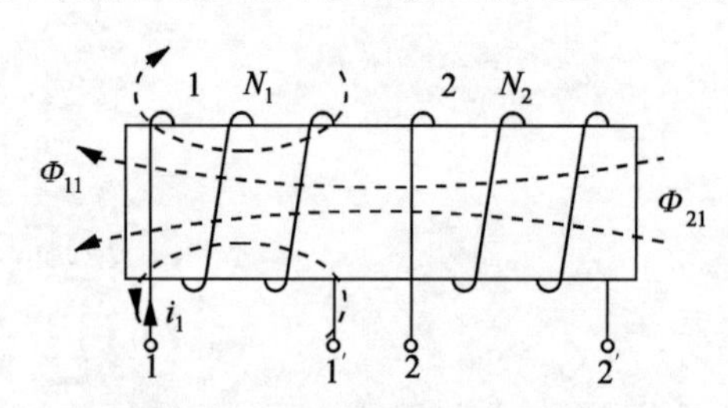

图 5-1 两线圈的耦合电感

图 5-1 表示两个耦合的线圈 1 和 2,匝数分别为 N_1 和 N_2。当线圈 1 通以电流 i_1 时,则在线圈 1 中产生自感磁通 Φ_{11},Φ_{11} 的一部分(或全部)将穿过线圈 2,用 Φ_{21} 表示,显然有 $\Phi_{21} \leqslant \Phi_{11}$。这种一个线圈的部分磁通穿过另一线圈的现象,称为**磁耦合**(magnetic coupling)。Φ_{21} 称为耦合磁通。为了下面叙述上的方便,将产生磁场的电流 i_1 称为施感电流。

假设两个线圈均为细线密绕。也就是说,线圈各匝所交链的磁通相同,于是有

$$\psi_{11} = N_1 \Phi_{11}$$

$$\psi_{21} = N_2 \Phi_{21}$$

ψ_{11} 称为自感磁通链,ψ_{21} 称为互感磁通链。

如果线圈周围没有铁磁物质,互感磁通链与施感电流是成正比的,可以如同定义自感系数一样,把下列比值定为**互感系数**(mutual inductance coefficient)。

$$M_{21} = \frac{\psi_{21}}{i_1} = \frac{N_2 \Phi_{21}}{i_1} \tag{5-1a}$$

此式表示线圈 1 对线圈 2 的互感系数,同理

$$M_{12} = \frac{\psi_{12}}{i_2} = \frac{N_1 \Phi_{12}}{i_2} \tag{5-1b}$$

表示线圈 2 对线圈 1 的互感系数。

习惯上,磁通或磁通链的参考方向与施感电流的参考方向满足右手螺旋定则,因而

互感系数本身为大于零的常数。

互感系数的单位为H(亨)。可以证明 $M_{12}=M_{21}$，表明互感的互易性质，所以在只有两个线圈耦合时，可以略去下标，即令

$$M=M_{12}=M_{21} \tag{5-2}$$

工程上为了定量地描述两个耦合线圈的耦合紧密程度，常用耦合系数 k 来表示，**耦合系数**(coupling coefficient)定义为

$$k=\frac{M}{\sqrt{L_1L_2}} \tag{5-3}$$

假设线圈为密绕，则由

$$L_1=\frac{N_1\Phi_{11}}{i_1},\quad L_2=\frac{N_2\Phi_{22}}{i_2}$$

及式(5-1)与式(5-2)可以导出

$$k^2=\frac{M^2}{L_1L_2}=\frac{M_{21}M_{12}}{L_1L_2}=\frac{\dfrac{N_2\Phi_{21}}{i_1}\ \dfrac{N_1\Phi_{12}}{i_2}}{\dfrac{N_1\Phi_{11}}{i_1}\ \dfrac{N_2\Phi_{22}}{i_2}}=\frac{\Phi_{21}\Phi_{12}}{\Phi_{11}\Phi_{22}}$$

$$k=\sqrt{\frac{\Phi_{21}\Phi_{12}}{\Phi_{11}\Phi_{22}}}$$

由于 $\Phi_{21}\leqslant\Phi_{11}$，$\Phi_{12}\leqslant\Phi_{22}$，所以必有 $k\leqslant1$。$k=0$ 时，表明两线圈没有磁耦合，k 越大说明耦合越紧密；$k=1$ 时，每个线圈产生的磁通将全部穿过另一个线圈，即 $\Phi_{21}=\Phi_{11}$，$\Phi_{12}=\Phi_{22}$，这种情况称为**全耦合**(perfect coupling)。

两个线圈之间的耦合程度或耦合系数 k 的大小，与线圈的结构、两线圈的相对位置以及周围磁介质有关。若两个线圈靠得近或密绕在一起，如图5-2(a)所示，则 k 值接近于1；反之，如它们相隔甚远，或者两者轴线互相垂直，如图5-2(b)所示，则 k 值就很小，甚至接近于零。由此可见，改变或调整它们相互位置，可以改变耦合系数大小(当 L_1、L_2 一定时)，也就相应地改变了互感 M 的大小。

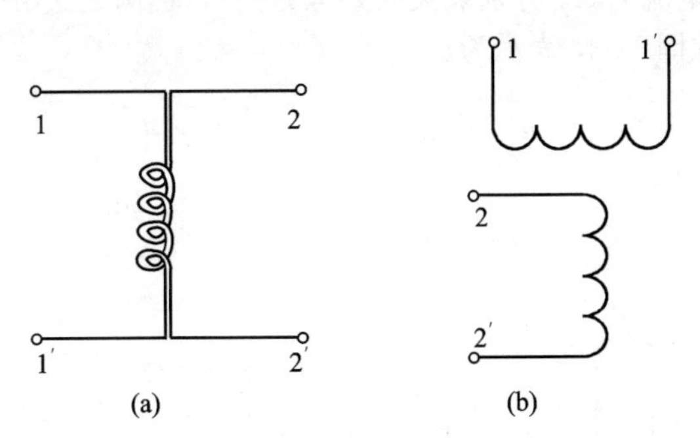

图5-2 耦合系数与相互位置的关系

当施感电流 i_1 变动时，根据电磁感应定律，除了因自感磁通变化在线圈1中产生自感电压外，还将通过耦合磁通 Φ_{21} 的变化在线圈2中产生感应电压，这个电压称为互感

电压,记为 u_{M21}。根据线圈 2 的绕向来选择 u_{M21} 和 Φ_{21} 的参考方向,它们符合右手螺旋定则,则有

$$u_{M21}=\frac{\mathrm{d}\psi_{21}}{\mathrm{d}t} \tag{5-4}$$

同理,如果线圈 2 通以电流 i_2,它在线圈 2 中产生自感磁通 Φ_{22},其一部分(或全部)穿过线圈 1,此时由施感电流 i_2 在线圈 1 中产生的互感磁通,用 Φ_{12} 表示,且 $\Phi_{12}\leqslant\Phi_{22}$。在线圈 1 中产生的互感磁通链 $\psi_{12}=N_1\Phi_{12}$。当电流 i_2 变动时会在线圈 1 中产生互感电压 u_{M12},按照右手螺旋定则规定 u_{M12} 和 Φ_{12} 的参考方向,有

$$u_{M12}=\frac{\mathrm{d}\psi_{12}}{\mathrm{d}t} \tag{5-5}$$

将 $\psi_{21}=M_{21}i_1$ 和 $\psi_{12}=M_{12}i_2$ 分别代入式(5-4)和式(5-5),互感电压将为

$$\left.\begin{aligned} u_{M21}&=M_{21}\frac{\mathrm{d}i_1}{\mathrm{d}t}=M\frac{\mathrm{d}i_1}{\mathrm{d}t}\\ u_{M12}&=M_{12}\frac{\mathrm{d}i_2}{\mathrm{d}t}=M\frac{\mathrm{d}i_2}{\mathrm{d}t}\end{aligned}\right\} \tag{5-6}$$

若互感电压与互感磁通的参考方向不满足右手螺旋定则,则互感电压表达式前就要加一个负号。

由以上讨论可以看出,按右手螺旋定则所规定的互感电压参考方向与施感电流的参考方向和两个线圈的绕向都有关系。如果分析含互感的电路都像图 5-1 所示那样画出两线圈的绕向,将多有不便。通常采用标记**同名端**(corresponding terminals)(对应端)的方法来反映线圈间的耦合关系。同名端是指两个耦合线圈中的这样一对端钮:当电流由该对端钮分别流入两个线圈时,它们产生的磁通是相互增强的。如图 5-1 中,1 与 2 是同名端(当然,1′和 2′也是同名端)。在电路图中同名端常用相同符号“·”或“ * ”加以标记。这样,就可以把图 5-1 的两个耦合线圈用图 5-3 的图形符号来表示。有了同名端之后,互感电压表达式之前的“+”“-”号便可由电压与电流的参考方向来确定,即施感电流从同名端流入线圈,互感电压的“+”极在同名端一侧,如图 5-3 和图 5-4 所示,即施感电流和互感电压相对于同名端一致。若线圈中都通有电流,则各线圈的自感电压和互感电压同时存在,自感电压 u_{L1}、u_{L2} 与其电流 i_1、i_2 分别取关联参考方向时,仍满足式(4-9),线圈总电压用 u_1、u_2 表示时,则图 5-3 线圈 VAR 表示为

$$\left.\begin{aligned} u_1&=u_{L1}+u_{M12}=L_1\frac{\mathrm{d}i_1}{\mathrm{d}t}+M\frac{\mathrm{d}i_2}{\mathrm{d}t}\\ u_2&=u_{L2}+u_{M21}=L_2\frac{\mathrm{d}i_2}{\mathrm{d}t}+M\frac{\mathrm{d}i_1}{\mathrm{d}t}\end{aligned}\right\} \tag{5-7}$$

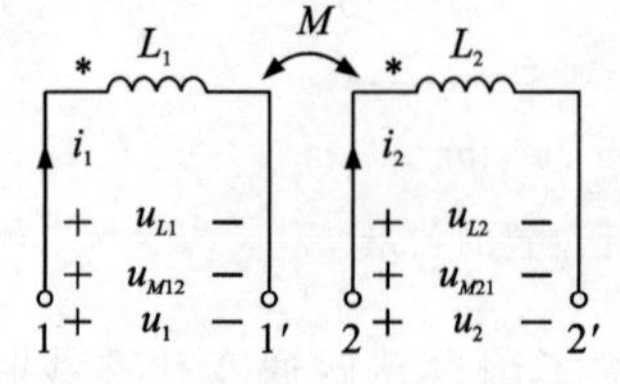

图 5-3　图 5-1 的图形符号

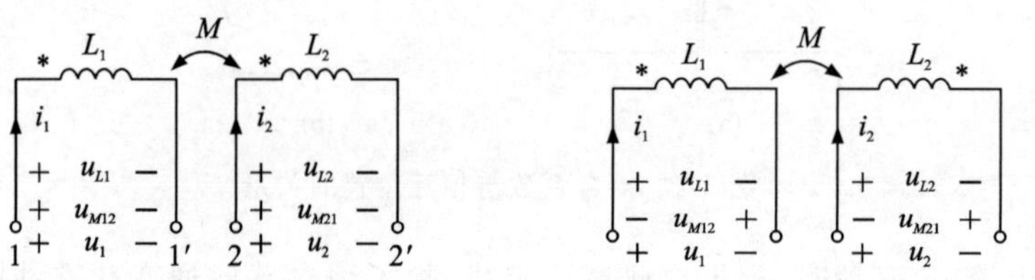

图 5-4　耦合电感的 VAR

图 5-4 所示耦合电感的 VAR 表示为

$$\left.\begin{aligned} u_1 &= u_{L1} - u_{M12} = L_1 \frac{\mathrm{d}i_1}{\mathrm{d}t} - M\frac{\mathrm{d}i_2}{\mathrm{d}t} \\ u_2 &= u_{L2} - u_{M21} = L_2 \frac{\mathrm{d}i_2}{\mathrm{d}t} - M\frac{\mathrm{d}i_1}{\mathrm{d}t} \end{aligned}\right\} \tag{5-8}$$

具有耦合的两个线圈是一个整体，即耦合电感元件，对外的伏安关系是一对表达式，也称为**外特性**(external characteristic)。对由两个以上线圈构成的互感，其伏安关系的分析相似。耦合电感元件可构成变压器、互感器等器件，现代的无线充电器及电动汽车的无线充电桩即是以耦合电感作为工作基础。

视频 5-1 无线充电

例 5-1 耦合电感电路如图 5-5 所示，已知 $L_1=1$ H，$L_2=0.5$ H，$M=0.5$ H，电流源 $i_{S1}=2e^{-t}$ A，$i_{S2}=10\cos 4t$ A。求电压 $u_1(t)$ 和 $u_2(t)$。

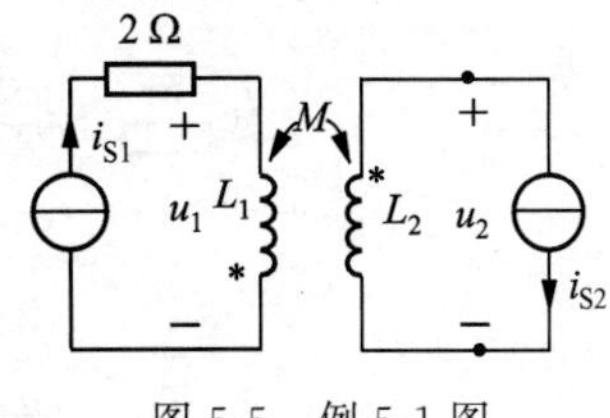

图 5-5 例 5-1 图

解 根据电流源性质和耦合电感的伏安关系，有

$$u_1(t) = L_1\frac{\mathrm{d}i_{S1}}{\mathrm{d}t} + M\frac{\mathrm{d}i_{S2}}{\mathrm{d}t} = -2e^{-t} - 20\sin 4t \text{ V}$$

$$u_2(t) = -L_2\frac{\mathrm{d}i_{S2}}{\mathrm{d}t} - M\frac{\mathrm{d}i_{S1}}{\mathrm{d}t} = 20\sin 4t + e^{-t} \text{ V}$$

在分析计算含有耦合电感的电路时，电路基本定律 KCL、KVL 仍然适用，只是在列写 KVL 的表达式时，应考虑由于耦合作用而引起的互感电压。例如图 5-6 所示的两个互感线圈，设在电路中它们的电流分别为 i_1 和 i_2。由于两者之间有互感，每个线圈除电阻电压和自感电压外尚有互感电压，设线圈电阻为 R_1 和 R_2，根据设定的参考方向与同名端关系有

$$u_1 = R_1 i_1 + L_1\frac{\mathrm{d}i_1}{\mathrm{d}t} \pm M\frac{\mathrm{d}i_2}{\mathrm{d}t} \tag{5-9a}$$

$$u_2 = R_2 i_2 + L_2\frac{\mathrm{d}i_2}{\mathrm{d}t} \pm M\frac{\mathrm{d}i_1}{\mathrm{d}t} \tag{5-9b}$$

式中，互感电压前的“+”号对应于图 5-6(a)的情况，“−”号则对应于图 5-6(b)的情况。

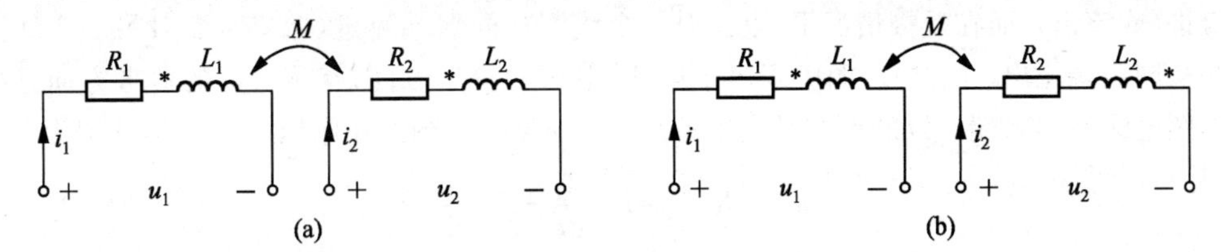

图 5-6 互感电压

当电源为正弦量时，式(5-9)可以写成相量形式，即

$$\begin{aligned} \dot{U}_1 &= R_1\dot{I}_1 + \mathrm{j}\omega L_1\dot{I}_1 \pm \mathrm{j}\omega M\dot{I}_2 \\ \dot{U}_2 &= R_2\dot{I}_2 + \mathrm{j}\omega L_2\dot{I}_2 \pm \mathrm{j}\omega M\dot{I}_1 \end{aligned} \tag{5-10}$$

其对应的相量模型电路如图 5-7 所示，图 5-7(a)对应式(5-10)中互感电压的“+”号，图 5-7(b)对应式(5-10)中互感电压的“−”号。也可用图 5-8 所示的电路表示，图 5-8(a)对应式(5-10)互感电压的“+”号。图 5-8(b)对应式(5-10)互感电压的“−”号，其中将互感电压当作电流控制电压源(CCVS)看待。

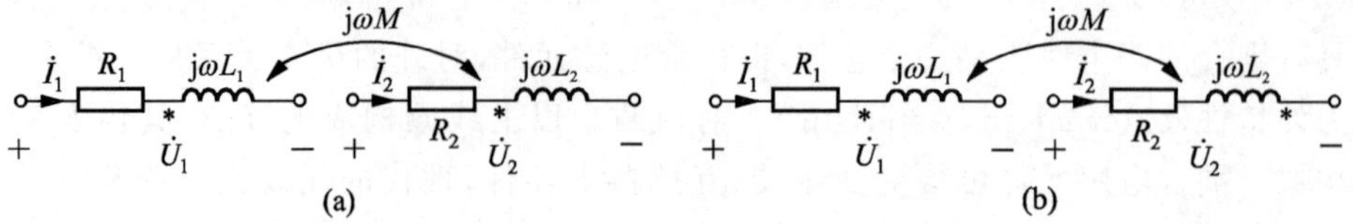

图 5-7　耦合线圈的相量模型

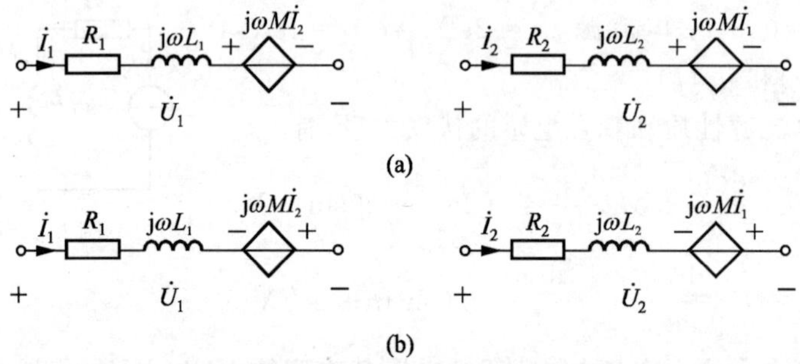

图 5-8　耦合线圈的等效电路

处理含耦合电感电路的一般方法是将其等效为无互感的等效电路，根据耦合电感的不同联接方式，将其等效为无耦合的等效电感，这种方法称为**去耦**(decoupling)等效法或互感消去法。

5.1.2　具有耦合的两线圈串联

具有耦合的两线圈串联，因同名端的位置不同可分为两种情况：两者顺向串联，如图 5-9(a)所示；两者反向串联，如图 5-9(b)所示。在顺接情况下，电流从两个线圈的同名端流进(或流出)，而在反接情况下，电流对一个线圈从同名端流进(流出)，而对另一个线圈则是从同名端流出(流进)。图中画出了电流、电压的参考方向，互感电压的参考方向是按与施感电流对同名端一致的原则画出来的。根据 KVL，线圈的端电压 u_1 和 u_2 分别为

$$u_1 = R_1 i + L_1 \frac{\mathrm{d}i}{\mathrm{d}t} \pm M \frac{\mathrm{d}i}{\mathrm{d}t}$$

$$u_2 = R_2 i + L_2 \frac{\mathrm{d}i}{\mathrm{d}t} \pm M \frac{\mathrm{d}i}{\mathrm{d}t}$$

串联两线圈中流过的是同一电流。式中互感电压前的“+”号对应于图 5-9(a)的顺接情况，“−”号对应于图 5-9(b)的反接情况。于是电压 u 为

$$u = u_1 + u_2 = (R_1 + R_2)i + (L_1 + L_2 \pm 2M) \frac{\mathrm{d}i}{\mathrm{d}t}$$

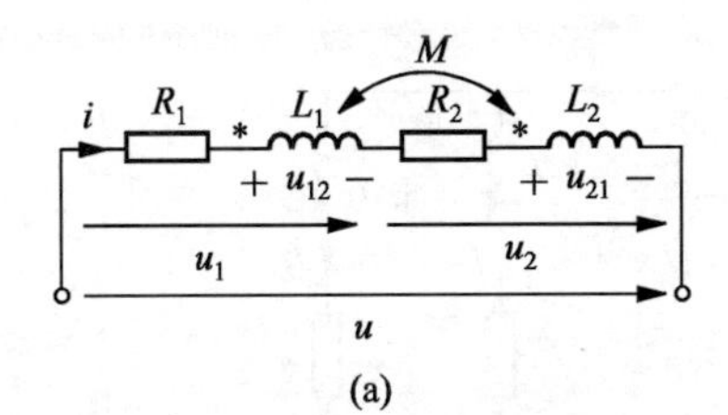

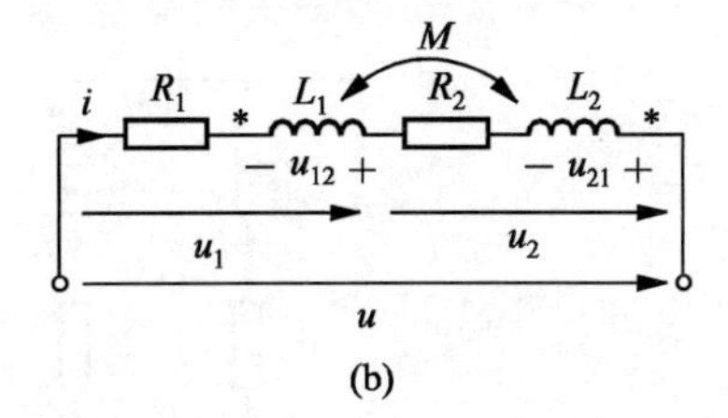

图 5-9 耦合电感的串联

在正弦电流的情况下，应用相量法可得

$$\dot{U}_1 = R_1\dot{I} + j\omega L_1\dot{I} \pm j\omega M\dot{I}$$

$$\dot{U}_2 = R_2\dot{I} + j\omega L_2\dot{I} \pm j\omega M\dot{I}$$

$$\dot{U} = \dot{U}_1 + \dot{U}_2 = (R_1 + R_2)\dot{I} + j\omega(L_1 + L_2 \pm 2M)\dot{I} = R\dot{I} + j\omega L\dot{I} \tag{5-11}$$

可见，图 5-10(a)、(b)所示的电路与一个电阻 $R=R_1+R_2$ 和电感 $L=L_1+L_2\pm 2M$ 串联组合的电路等效。等效电感 $L=L_1+L_2\pm 2M$，即顺接时等效电感增加，反接时等效电感减小。这说明反接时，互感有削弱电感的作用。互感的这种作用称为互感的"容性"效应。在一定的条件下，当有一个线圈的电感小于互感 M 时，则该线圈将呈现容性。图 5-10(a)、(b)分别为顺接和反接时的相量图。图 5-10(a)顺接是按 $M<L_1$ 绘制的，图 5-10(b)反接是按 $M>L_1$ 绘制的，这时线圈 1 呈现"容性"($\dot{U}_1$ 落后于 $\dot{I}$)。

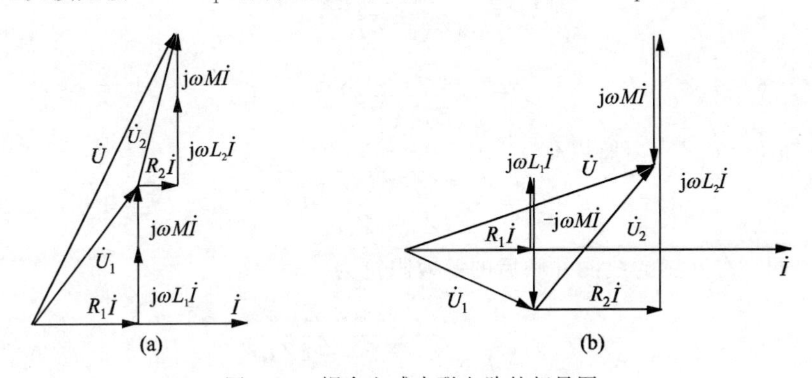

图 5-10 耦合电感串联电路的相量图

上述等效结果是通过瞬时值表达式和相量法推得的，其结果两者完全相同，也就是说互感消去的结果与所加的电压、电流无关，仅与联接方式和本身的参数有关。为了推导方便，后续的去耦等效均采用在正弦交流激励下的相量法推导。

5.1.3 具有耦合的两线圈并联

具有互感的两线圈的并联也有两种接法，如图 5-11 所示。图 5-11(a)所示为同名端在同一侧，称为同侧并联，图 5-11(b)称为异侧并联。

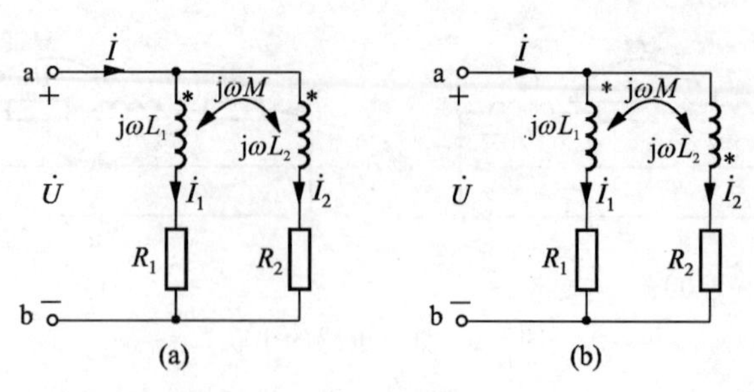

图 5-11　耦合电感的并联

在正弦电流情况下，按照图 5-11 所示的参考方向，有

$$\dot{U}=(R_1+\mathrm{j}\omega L_1)\dot{I}_1\pm\mathrm{j}\omega M\dot{I}_2$$

$$=Z_1\dot{I}_1\pm Z_M\dot{I}_2 \tag{5-12a}$$

$$\dot{U}=(R_2+\mathrm{j}\omega L_2)\dot{I}_2\pm\mathrm{j}\omega M\dot{I}_1$$

$$=Z_2\dot{I}_2\pm Z_M\dot{I}_1 \tag{5-12b}$$

式中，互感电压项(即含有 M 或 Z_M 的项)前面的符号，上面的对应同侧并联，下面的对应异侧并联(以下同)。求解上列两个方程，可得

$$\dot{I}_1=\frac{Z_2\mp Z_M}{Z_1Z_2-Z_M^2}\dot{U}$$

$$\dot{I}_2=\frac{Z_1\mp Z_M}{Z_1Z_2-Z_M^2}\dot{U}$$

由 KCL 可知 $\dot{I}=\dot{I}_1+\dot{I}_2$，所以有

$$\dot{I}=\frac{Z_1+Z_2\mp 2Z_M}{Z_1Z_2-Z_M^2}\dot{U}$$

于是可求得两个有互感的线圈并联后的等效阻抗为

$$Z_{\mathrm{eq}}=\frac{\dot{U}}{\dot{I}}=\frac{Z_1Z_2-Z_M^2}{Z_1+Z_2\mp 2Z_M} \tag{5-13}$$

不考虑电阻，即 $R_1=R_2=0$ 的情况下，有

$$Z_{\mathrm{eq}}=\mathrm{j}\omega\,\frac{L_1L_2-M^2}{L_1+L_2\mp 2M}$$

即并联等效电感为

$$L_{\mathrm{eq}}=\frac{L_1L_2-M^2}{L_1+L_2\mp 2M} \tag{5-14}$$

例 5-2　两个有互感的线圈同侧并联，接于正弦电压源，如图 5-12 所示。已知：$R_1+\mathrm{j}\omega L_1=40+\mathrm{j}60\ \Omega$，$R_2+\mathrm{j}\omega L_2=30+\mathrm{j}40\ \Omega$，$\mathrm{j}\omega M=\mathrm{j}40\ \Omega$，若 $\dot{U}=120\,\underline{/0^\circ}$ V。求各线圈的复功率，并说明线圈之间的能量传递过程。

解 根据电路图列方程有

$$(R_1 + j\omega L_1)\dot{I}_1 + j\omega M\dot{I}_2 = \dot{U}$$

$$j\omega M\dot{I}_1 + (R_2 + j\omega L_2)\dot{I}_2 = \dot{U}$$

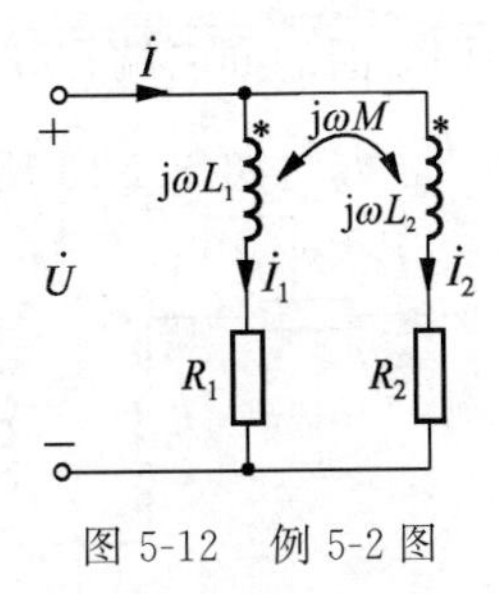

图 5-12 例 5-2 图

代入数据

$$(40 + j60)\dot{I}_1 + j40\dot{I}_2 = 120$$

$$j40\dot{I}_1 + (30 + j40)\dot{I}_2 = 120$$

解方程得

$$\dot{I}_1 = \frac{\begin{vmatrix} 120 & j40 \\ 120 & 30 + j40 \end{vmatrix}}{\begin{vmatrix} 40 + j60 & j40 \\ j40 & 30 + j40 \end{vmatrix}} = \frac{3600}{400 + j3400}$$

$$= 0.1229 - j1.0444$$

$$= 1.0516 \underline{/-83.29^\circ} \text{ A}$$

$$\dot{I}_2 = \frac{\begin{vmatrix} 40 + j60 & 120 \\ j40 & 120 \end{vmatrix}}{\begin{vmatrix} 40 + j60 & j40 \\ j40 & 30 + j40 \end{vmatrix}} = \frac{4800 + j2400}{400 + j3400}$$

$$= 0.8601 - j1.3106$$

$$= 1.5676 \underline{/-56.73^\circ} \text{ A}$$

$$\widetilde{S}_1 = \dot{U}\dot{I}_1^* = 120(0.1229 + j1.0444)$$

$$= 14.75 + j125.33 \text{ VA} \quad (= P_1 + jQ_1)$$

$$\widetilde{S}_2 = \dot{U}\dot{I}_2^* = 120(0.8601 + j1.3106)$$

$$= 103.21 + j157.27 \text{ VA} \quad (= P_2 + jQ_2)$$

第一线圈吸收的有功功率为 $P_1 = 14.75$ W，但第一线圈电阻 R_1 消耗有功功率为 $P_{R_1} = I_1^2 R_1 = 1.0516^2 \times 40 = 44.24$ W，尚缺 $44.24 - 14.75 = 29.49$ W，而第二线圈电阻 R_2 消耗有功功率为 $P_{R_2} = I_2^2 R_2 = 1.5676^2 \times 30 = 73.72$ W，多出 $103.21 - 73.72 = 29.49$ W，这多吸收的功率就是通过互感耦合由第二线圈传输给第一线圈的，正好弥补其不足的部分。

5.1.4 耦合电感的三端接法

互感元件是一个四端元件，将两线圈串联或并联后，对外只有两个引出端，称为两端接法。如果将不同线圈的两个端钮先联在一起作为一端，形成三个引出端，分别接于电路的三个节点，如图 5-13 所示，称为**三端接法**(three terminal connection)。图中公共端为两线圈的同名端，此时称为同名端同侧相联。若设流经各引出端的电流分别为 $\dot{I}_1$、$\dot{I}_2$ 和 $\dot{I}_3$，方向如图 5-13 所示，则有

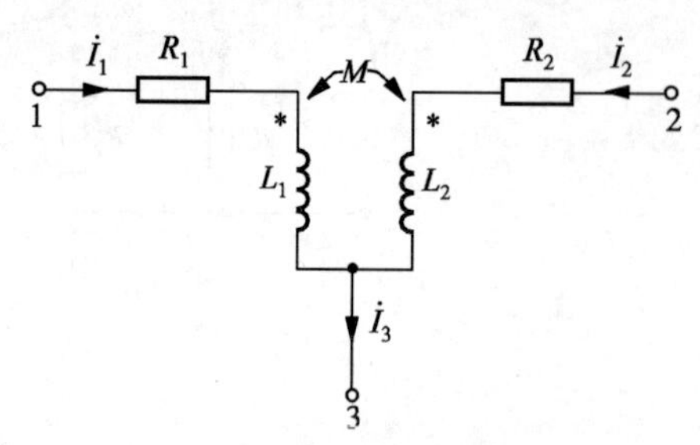

图 5-13 耦合电感的三端接法

$$\dot{U}_{13}=(R_1+\mathrm{j}\omega L_1)\dot{I}_1+\mathrm{j}\omega M\dot{I}_2 \tag{5-15a}$$

$$\dot{U}_{23}=(R_2+\mathrm{j}\omega L_2)\dot{I}_2+\mathrm{j}\omega M\dot{I}_1 \tag{5-15b}$$

$$\dot{I}_1+\dot{I}_2=\dot{I}_3 \tag{5-16}$$

将式(5-16)写成

$$\dot{I}_2=\dot{I}_3-\dot{I}_1$$

及

$$\dot{I}_1=\dot{I}_3-\dot{I}_2$$

分别代入式(5-15a)和式(5-15b)得

$$\dot{U}_{13}=[R_1+\mathrm{j}\omega(L_1-M)]\dot{I}_1+\mathrm{j}\omega M\dot{I}_3 \tag{5-17a}$$

$$\dot{U}_{23}=[R_2+\mathrm{j}\omega(L_2-M)]\dot{I}_2+\mathrm{j}\omega M\dot{I}_3 \tag{5-17b}$$

由方程(5-17a)和方程(5-17b)可得图 5-13 电路的等效电路如图 5-14(a)所示。

若公共端为两线圈的异名端，则称为同名端异侧相联，相应的等效电路如图 5-14(b)所示。此电路中等效电感 M 前的符号与同侧相联时相反。

图 5-14 电路中各等效电感元件相互之间已无耦合存在，故称为去耦等效电路或无互感等效电路。注意，图 5-14 电路中的节点 0 是新增加的，并非原电路图 5-13 中的节点 3。另外，等效电感可能为负值(如图 5-14(b)中的 $-M$)，这只是计算上的需要，并无实际意义。

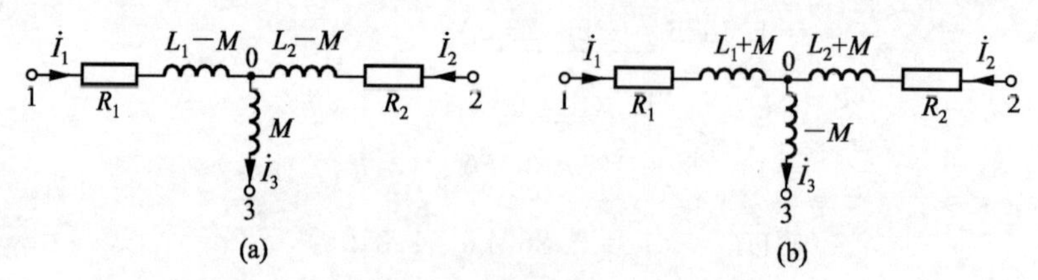

图 5-14 去耦等效电路

事实上，前面所述串、并联接法可看成三端接法的特殊情况，串联时 1、2 两端接于电路，3 悬空；并联时 1、2 两端合为一端，3 为另一端接于电路。由三端接法的互感消去也可求得串、并联时的等效电感，结果与前面所得一致，请读者自行推导。

例 5-3 电路如图 5-15(a)所示，已知 $R_1=3\ \Omega$，$R_2=5\ \Omega$，$\omega L_1=7.5\ \Omega$，$\omega L_2=12.5\ \Omega$，$\omega M=6\ \Omega$，电压 $U=50\ \text{V}$，求当开关 S 断开时和闭合时各支路电流。

解 S 断开时，如图 5-15(a) 是顺向串联，设 $\dot{U}=50\underline{/0^\circ}\ \text{V}$，则

$$\dot{I}=\frac{\dot{U}}{R_1+R_2+\mathrm{j}\omega(L_1+L_2+2M)}$$

$$=\frac{50}{3+5+\mathrm{j}(7.5+12.5+2\times 6)}=1.52\underline{/-75.96^\circ}\ \text{A}$$

S闭合时，电路如图5-15(b)所示，对应的去耦等效电路如图5-15(c)所示。电路总阻抗为

$$Z_{总}=R_1+j(\omega L_1+\omega M)+\frac{[R_2+j(\omega L_2+\omega M)](-j\omega M)}{R_2+j(\omega L_2+\omega M)-j\omega M}=3+j(7.5+6)+$$

$$[5+j(12.5+6)](-j6)/[5+j(12.5+6)-j6]=6.41\angle 51.48^\circ\ \Omega$$

$$\dot I_1=\frac{\dot U}{Z_{总}}=\frac{50}{6.41\angle 51.48^\circ}=7.80\angle -51.48^\circ\ \text{A}$$

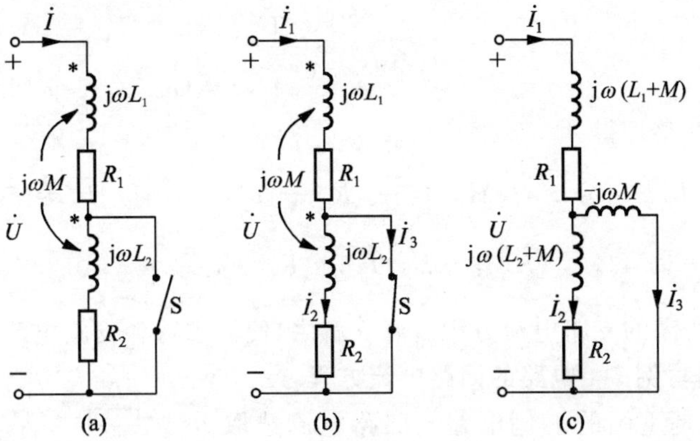

图5-15　例5-3图

利用分流公式求 $\dot I_2$、$\dot I_3$ 得

$$\dot I_2=\frac{-j\omega M}{R_2+j(\omega L_2+\omega M)-j\omega M}\dot I_1=\frac{-j6}{5+j(12.5+6)-j6}\times 7.80\angle -51.48^\circ$$

$$=3.48\angle 150.32^\circ\ \text{A}$$

$$\dot I_3=\frac{R_2+j(\omega L_2+\omega M)}{R_2+j(\omega L_2+\omega M)-j\omega M}\dot I_1=\frac{5+j(12.5+6)}{5+j(12.5+6)-j6}\times 7.80\angle -51.48^\circ$$

$$=11.10\angle -44.8^\circ\ \text{A}$$

5.1.5 具有耦合电感电路分析

对于含有互感的正弦交流电路，仍用相量法进行分析，第4章讲过的各种分析方法及定理，除节点法外均可运用。在用各种方法进行分析计算时，应该注意互感元件的特点，就是在考虑电压时，不仅要计及自感电压，还要计及互感电压，而互感电压前的"+""−"号，要看施感电流与互感电压的参考方向相对同名端是否一致。下面通过几个例题来具体说明各种方法的运用及需要注意的问题。

例5-4　如图5-16所示电路，试列写其支路电流方程。

解　设各支路电流的参考方向如图示。对节点a，由KCL

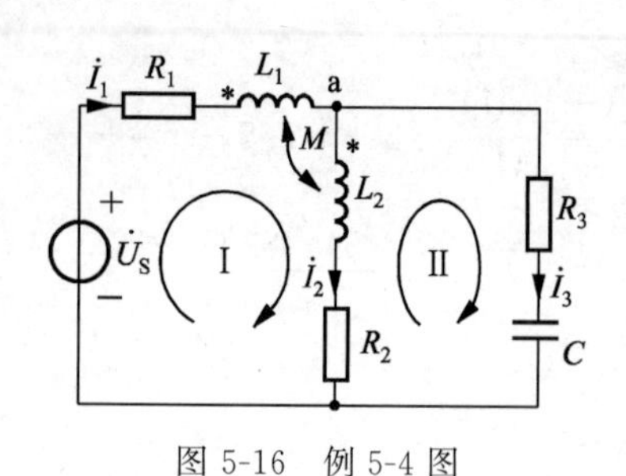

图 5-16 例 5-4 图

$$\dot{I}_1=\dot{I}_2+\dot{I}_3 \quad ①$$

由 KVL (对回路Ⅰ及回路Ⅱ)

$$R_1\dot{I}_1+\dot{U}_{L1}+\dot{U}_{L2}+R_2\dot{I}_2=\dot{U}_S \quad ②$$

$$R_3\dot{I}_3-\mathrm{j}\frac{1}{\omega C}\dot{I}_3-R_2\dot{I}_2-\dot{U}_{L2}=0 \quad ③$$

式中,$\dot{U}_{L1}$ 及 $\dot{U}_{L2}$ 均要计及自感电压及互感电压,分别为

$$\dot{U}_{L1}=\mathrm{j}\omega L_1\dot{I}_1+\mathrm{j}\omega M\dot{I}_2$$

$$\dot{U}_{L2}=\mathrm{j}\omega L_2\dot{I}_2+\mathrm{j}\omega M\dot{I}_1$$

代入式②及式③并整理得

$$[R_1+\mathrm{j}\omega(L_1+M)]\dot{I}_1+[R_2+\mathrm{j}\omega(L_2+M)]\dot{I}_2=\dot{U}_S \quad ④$$

$$-\mathrm{j}\omega M\dot{I}_1-(R_2+\mathrm{j}\omega L_2)\dot{I}_2+\left(R_3-\mathrm{j}\frac{1}{\omega C}\right)\dot{I}_3=0 \quad ⑤$$

式①、④、⑤即为所需的支路电流方程。联立解之,便可求得各支路电流。

例 5-5 试列写例 5-4 电路的回路电流方程。

解 图 5-17 是重画的上例电路。回路电流选取如图所示。

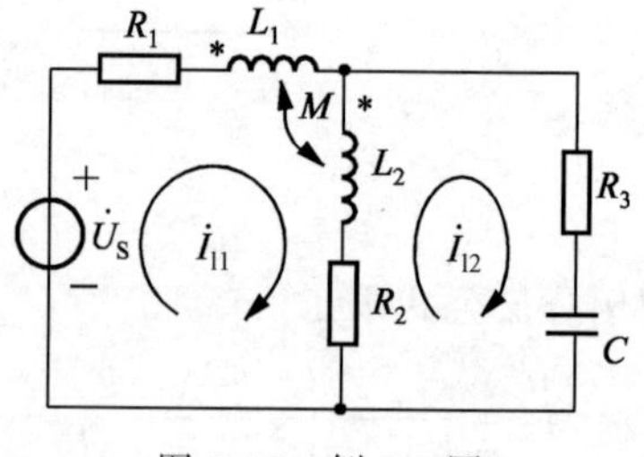

图 5-17 例 5-5 图

在列回路方程时,要特别注意互感电压,这时施感电流是回路电流。

例如在列回路电流 $\dot{I}_{l1}$ 的方程时,因耦合电感 L_1 与 L_2 在同一回路,当 $\dot{I}_{l1}$ 流过 L_1 时,在 L_2 中有互感电压 $\dot{U}_{M21}^{(1)}=\mathrm{j}\omega M\dot{I}_{l1}$,而 $\dot{I}_{l1}$ 流过 L_2 时,在 L_1 中有互感电压 $\dot{U}_{M12}^{(1)}=\mathrm{j}\omega M\dot{I}_{l1}$,因互感电压与回路电流(即施感电流)方向与同名端一致。故互感电压 $\dot{U}_{M12}^{(1)}$、$\dot{U}_{M21}^{(1)}$ 前冠以"+"号,这时 $2\mathrm{j}\omega M$ 应归入自阻抗。

L_2 上还有一个回路电流 $\dot{I}_{l2}$,在 L_1 中的互感电压 $\dot{U}_{M12}^{(2)}=-\mathrm{j}\omega M\dot{I}_{l2}$,这里取"−"号是因为 $\dot{U}_{M12}^{(2)}$ 与 $\dot{I}_{l2}$ 对同名端不一致,这时 $-\mathrm{j}\omega M$ 应归入互阻抗。同样可列回路电流 $\dot{I}_{l2}$ 的方程。

最后经整理的方程为

$$[(R_1+R_2)+\mathrm{j}\omega(L_1+L_2+2M)]\dot{I}_{l1}-[R_2+\mathrm{j}\omega(L_2+M)]\dot{I}_{l2}=\dot{U}_S$$

$$-[R_2+\mathrm{j}\omega(L_2+M)]\dot{I}_{l1}+\left[(R_2+R_3)+\mathrm{j}\left(\omega L_2-\frac{1}{\omega C}\right)\right]\dot{I}_{l2}=0$$

此题先按"异侧三端接法"消去互感,再对无互感电路列回路方程更方便,请读者自行练习比较。

例 5-6 电路如图 5-18 所示。已知 $\dot{U}_{S1}=12\angle 0^\circ$ V,$\dot{U}_{S2}=10\angle 53.1^\circ$ V,$R_1=4\ \Omega$,$R_2=5\ \Omega$,$X_C=-3\ \Omega$,$X_{L1}=6\ \Omega$,$X_{L2}=6\ \Omega$,$X_M=2\ \Omega$。试求流经电阻 R_2 中的电流 $\dot{I}$。

解 利用戴维南定理,先求 a、b 处的开路电压,如图 5-19(a)所示。

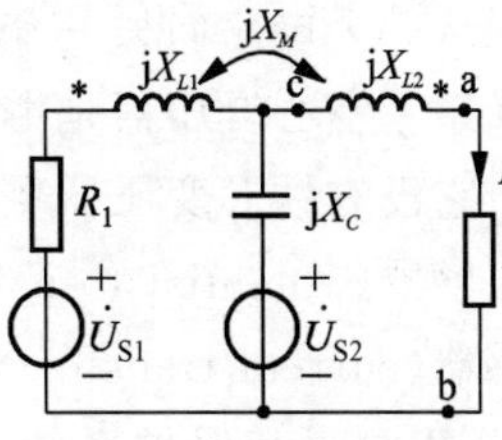

$$\begin{aligned}\dot{I}_1&=\frac{\dot{U}_{S1}-\dot{U}_{S2}}{R_1+jX_{L1}+jX_C}\\&=\frac{12\angle 0^\circ-10\angle 53.1^\circ}{4+j6-j3}\\&=\frac{12-(6+j8)}{4+j3}\\&=-j2=2\angle -90^\circ\ \text{A}\end{aligned}$$

图 5-18 例 5-6 图

$$\begin{aligned}\dot{U}_{oc}&=jX_M\dot{I}_1+jX_C\dot{I}_1+\dot{U}_{S2}=j2\times 2\angle -90^\circ-j3\times 2\angle -90^\circ+10\angle 53.1^\circ\\&=4+j8=8.94\angle 63.43^\circ\ \text{V}\end{aligned}$$

再求 ab 端口的入端阻抗,若两互感线圈无公共节点,则必须用加电压求电流的方法,本例中两互感线圈三端接法,采用互感消去法要简捷得多,如图 5-19 (b),有

$$\begin{aligned}Z_i&=j(X_{L2}-X_M)+\frac{[R_1+j(X_{L1}-X_M)][jX_M+jX_C]}{R_1+j(X_{L1}-X_M)+jX_M+jX_C}\\&=j4+\frac{(4+j4)(-j)}{4+j3}\\&=0.16+j2.88\ \Omega\end{aligned}$$

组成戴维南等效电路如图 5-19(c)所示,则

$$\dot{I}=\frac{\dot{U}_{oc}}{Z_i+R_2}=\frac{8.94\angle 63.43^\circ}{0.16+j2.88+5}=1.51\angle 34.26^\circ\ \text{A}$$

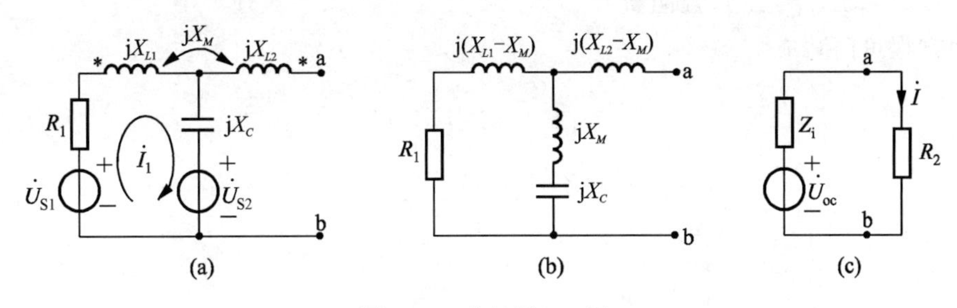

图 5-19 求解例 5-6 图

应当指出:在应用戴维南定理求解含互感的电路时,不可将有互感的两线圈分开,如本例中不能在图 5-18 中的 cb 处将网络分割开来。

5.2 空心变压器电路

当具有互感的两个线圈分别接上电源和负载时,就构成了变压器电路,如图5-20所示。

变压器(transformer,简称T)是电工、电子技术中常用的电气设备,它是利用互感来实现从一个电路向另一个电路传输能量或信号的一种器件,尽管这两个电路没有直接电的联系。空心变压器是由两个绕在非铁磁性材料制成的芯子上且具有互感的线圈组成的。它没有铁芯变压器在铁芯内产生的各种损失,常用于高频电路中的仪用变压器也就是互感器(potential transformer,PT),是电压互感器(voltage transformer,VT)和电流互感器(current transformer,CT)的统称。它能将高电压变成低电压、大电流变成小电流,用于测量和保护系统,本节主要讨论空心变压器的各种等效电路以及功率传输的情况。

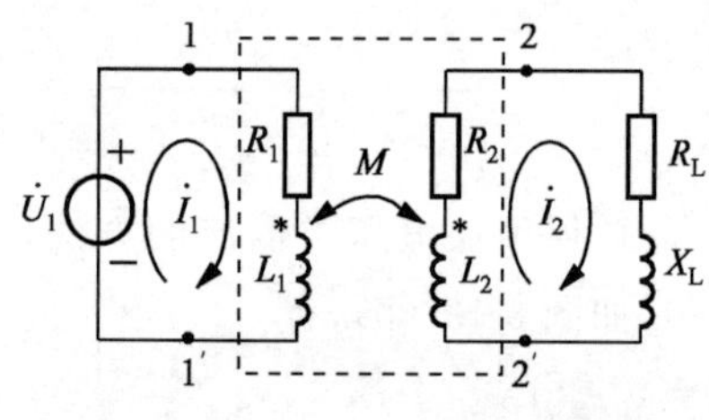

图5-20 含空心变压器电路

图5-20虚线框内所示为空心变压器的电路模型。与电源相联的一边称为原边(初级),其线圈(有时又称为绕组)称为原线圈,R_1、L_1分别表示原线圈的电阻和电感;与负载相联的一边称为副边(次级),其线圈称为副线圈,R_2、L_2分别表示副线圈的电阻和电感;M为两线圈的互感。这些均为空心变压器的参数。R_L、X_L为负载的电阻和电抗。

设原副边的电流参考方向如图5-20所示,则由KVL可得原副边回路的电压方程

$$(R_1 + jX_{L1})\dot{I}_1 - jX_M\dot{I}_2 = \dot{U}_1$$

$$-jX_M\dot{I}_1 + (R_2 + jX_{L2} + R_L + jX_L)\dot{I}_2 = 0$$

若设 $Z_{11} = R_1 + jX_{L1}$(原边回路除源阻抗)

$Z_{22} = (R_2 + R_L) + j(X_{L2} + X_L) = R_{22} + jX_{22}$(副边回路阻抗)

$Z_M = jX_M$(互阻抗)

则上面方程可简写成

$$\begin{aligned} Z_{11}\dot{I}_1 - Z_M\dot{I}_2 &= \dot{U}_1 \\ -Z_M\dot{I}_1 + Z_{22}\dot{I}_2 &= 0 \end{aligned} \tag{5-18}$$

解得

$$\dot{I}_1 = \frac{\begin{vmatrix} \dot{U}_1 & -Z_M \\ 0 & Z_{22} \end{vmatrix}}{\begin{vmatrix} Z_{11} & -Z_M \\ -Z_M & Z_{22} \end{vmatrix}} = \frac{\dot{U}_1 Z_{22}}{Z_{11}Z_{22} - Z_M^2} = \frac{\dot{U}_1}{Z_{11} + \dfrac{(\omega M)^2}{Z_{22}}} \tag{5-19}$$

$$\dot{I}_2=\frac{Z_M\dot{U}_1}{Z_{11}Z_{22}-Z_M^2}=\frac{\mathrm{j}\,\dfrac{\omega M}{Z_{11}}\dot{U}_1}{Z_{22}+\dfrac{(\omega M)^2}{Z_{11}}} \tag{5-20}$$

式(5-19)的分母 $Z_{11}+\dfrac{(\omega M)^2}{Z_{22}}$ 是当副边接有负载时从原边看进去的输入阻抗，其中 $\dfrac{(\omega M)^2}{Z_{22}}$ 称为**反映阻抗**(reflected impedance)，它是副边的回路阻抗 Z_{22} 通过互感反映到原边的等效阻抗。若用符号 Z_{ref1} 表示上述反映阻抗，有

$$Z_{\text{ref1}}=\frac{(\omega M)^2}{Z_{22}}=\frac{(\omega M)^2(R_{22}-\mathrm{j}X_{22})}{(R_{22}+\mathrm{j}X_{22})(R_{22}-\mathrm{j}X_{22})}$$

$$=\frac{(\omega M)^2R_{22}}{R_{22}^2+X_{22}^2}-\mathrm{j}\,\frac{(\omega M)^2X_{22}}{R_{22}^2+X_{22}^2}=R_{\text{ref1}}+\mathrm{j}X_{\text{ref1}}$$

式中

$$R_{\text{ref1}}=\frac{(\omega M)^2R_{22}}{R_{22}^2+X_{22}^2}$$

称为反映电阻

$$X_{\text{ref1}}=-\frac{(\omega M)^2X_{22}}{R_{22}^2+X_{22}^2}$$

称为反映电抗。显然反映阻抗的性质与 Z_{22} 的性质相反，即感性(容性)变为容性(感性)。反映电阻吸收的功率就是副边回路吸收的功率。式(5-19)可用图 5-21(a)所示的等效电路来表示，称为原边等效电路。

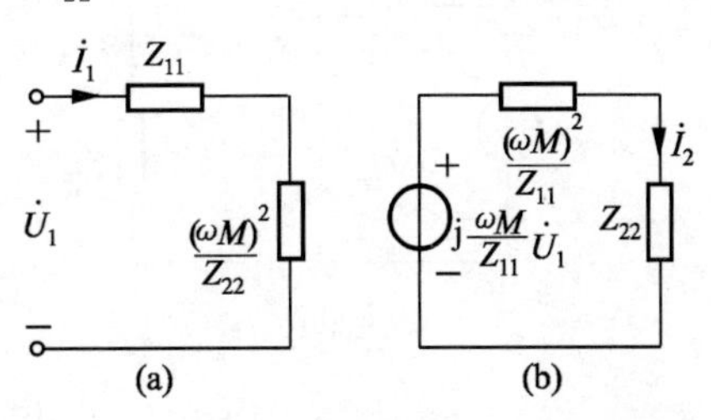

图 5-21　空心变压器原边和副边等效电路

运用同样的方法，式(5-20)也可用图 5-21(b)所示的等效电路来表示。它是从副边看进去的含源一端口的等效电路，其中等效电源的电压 $\dfrac{\mathrm{j}\omega M}{Z_{11}}\dot{U}_1$ 就是副边的开路电压，$\dfrac{(\omega M)^2}{Z_{11}}$ 是原边回路阻抗 Z_{11} 通过互感反映到副边的反映阻抗 Z_{ref2}。

例 5-7　图 5-22 所示电路中，$R_1=3\ \Omega$，$\omega L_1=4\ \Omega$，$R_2=10\ \Omega$，$\omega L_2=17.3\ \Omega$，$\omega M=2\ \Omega$，$\dot{U}_S=20\underline{/30^\circ}$ V。试求 $\dot{I}_1$、$\dot{I}_2$ 及 $\dot{I}$。

解　对于原边回路，电路可等效为图 5-22(b)，其原边回路阻抗

$$Z_{11}=R_1+\mathrm{j}\omega L_1=3+\mathrm{j}4\ \Omega$$

副边回路阻抗

$$Z_{22}=R_2+\mathrm{j}\omega L_2=10+\mathrm{j}17.3\ \Omega$$

副边开路，设原边回路电流用 $\dot{I}_0$ 表示，则

$$\dot{I}_0=\frac{\dot{U}_S}{Z_{11}}=\frac{20\underline{/30^\circ}}{3+\mathrm{j}4}=4\underline{/-23.13^\circ}\ \text{A}$$

副边等效电路如图 5-22(c)所示,得

$$\dot{I}_2=\frac{\mathrm{j}\omega M\dot{I}_0}{\dfrac{(\omega M)^2}{Z_{11}}+Z_{22}}=\frac{\mathrm{j}2\times 4\ \angle -23.13^\circ}{\dfrac{2^2}{3+\mathrm{j}4}+10+\mathrm{j}17.3}=0.41\ \angle 9.04^\circ\ \mathrm{A}$$

$$\dot{U}_2=R_2\dot{I}_2=10\times 0.41\ \angle 9.04^\circ=4.1\ \angle 9.04^\circ\ \mathrm{V}$$

原边等效电路如图 5-22(d)所示,有

$$\dot{I}_1=\frac{\dot{U}_\mathrm{S}}{Z_{11}+\dfrac{(\omega M)^2}{Z_{22}}}=\frac{20\ \angle 30^\circ}{3+\mathrm{j}4+\dfrac{2^2}{10+\mathrm{j}17.3}}=4.06\ \angle -21.01^\circ\ \mathrm{A}$$

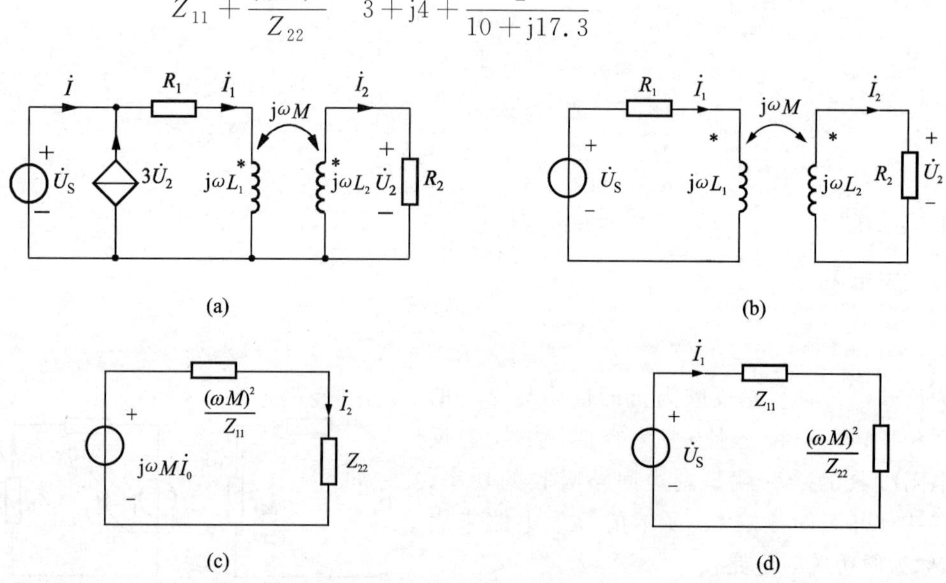

图 5-22 例 5-7 图

回到电路图 5-22(a),有

$$\begin{aligned}\dot{I}&=\dot{I}_1-3\dot{U}_2=4.06\ \angle -21.01^\circ-3\times 4.1\ \angle 9.04^\circ\\&=-8.36-\mathrm{j}3.39=9.02\ \angle -157.93^\circ\ \mathrm{A}\end{aligned}$$

此例注意图 5-22(c)中电压源 $\mathrm{j}\omega M\dot{I}_0$,它是副边开路时原边感应过来的互感电压,也就是戴维南等效电路的开路电压,其极性应由施感电流 $\dot{I}_0$ 的方向及同名端来判断。

5.3 全耦合变压器和理想变压器

5.3.1 全耦合变压器

如果变压器的两个线圈的耦合系数为 1,不计损耗,这样的变压器称为**全耦合变压器**

(perfect coupling transformer)。它的电路可用图 5-23 来表示。在图示参考方向下,电压、电流的相量关系为

$$\left.\begin{aligned}\dot{U}_1 &= \mathrm{j}\omega L_1\dot{I}_1 + \mathrm{j}\omega M\dot{I}_2 \\ \dot{U}_2 &= \mathrm{j}\omega M\dot{I}_1 + \mathrm{j}\omega L_2\dot{I}_2\end{aligned}\right\} \tag{5-21}$$

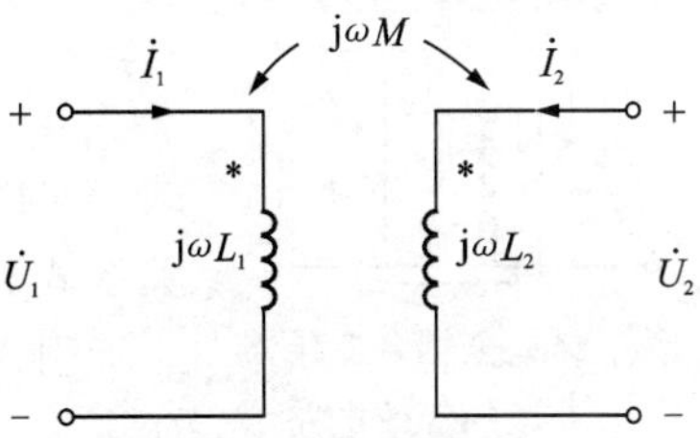

图 5-23 全耦合变压器

由式(5-21)可得

$$\dot{I}_1 = \frac{\dot{U}_2 - \mathrm{j}\omega L_2\dot{I}_2}{\mathrm{j}\omega M} \tag{5-22}$$

将全耦合关系式 $M=\sqrt{L_1L_2}$ 和式(5-22)代入式(5-21)的第一个方程,可得

$$\dot{U}_1 = \frac{L_1}{M}\dot{U}_2 = \sqrt{\frac{L_1}{L_2}}\dot{U}_2 \tag{5-23}$$

式(5-23)表明全耦合变压器原、副边电压的比值等于原、副边线圈电感比值的平方根 $\sqrt{L_1/L_2}$,这一比值称为全耦合变压器的变比,用 n 来表示,n 的数值也等于原边与副边线圈的匝数比。

由于全耦合时磁通间的关系有

$$\Phi_{12}=\Phi_{22},\Phi_{21}=\Phi_{11}$$

而

$$\psi_1=\psi_{11}+\psi_{12}=N_1(\Phi_{11}+\Phi_{12})=N_1(\Phi_{11}+\Phi_{22})=N_1\Phi$$

$$\psi_2=\psi_{22}+\psi_{21}=N_2(\Phi_{22}+\Phi_{21})=N_2(\Phi_{22}+\Phi_{11})=N_2\Phi$$

式中,$\Phi(=\Phi_{11}+\Phi_{22})$是线圈的总磁通,或称主磁通。于是可得

$$u_1=\frac{\mathrm{d}\psi_1}{\mathrm{d}t}=N_1\frac{\mathrm{d}\Phi}{\mathrm{d}t}$$

$$u_2=\frac{\mathrm{d}\psi_2}{\mathrm{d}t}=N_2\frac{\mathrm{d}\Phi}{\mathrm{d}t}$$

所以有

$$\frac{u_1}{u_2}=\frac{N_1}{N_2}=n$$

即

$$u_1=nu_2$$

这样,由式(5-23)可得出全耦合时

$$\sqrt{\frac{L_1}{L_2}}=\frac{N_1}{N_2}=n$$

式中,N_1 和 N_2 分别为原边线圈和副边线圈的匝数。

在全耦合变压器中,输入电压和输出电压的关系由原、副边线圈的匝数决定,在正弦交流稳态下,有

$$\dot{U}_1=n\dot{U}_2 \tag{5-24}$$

将式(5-24)和全耦合关系式 $M=\sqrt{L_1L_2}$ 及 $n=\sqrt{L_1/L_2}$ 代入式(5-22),可得全耦合变压器原、副边线圈间电流关系为

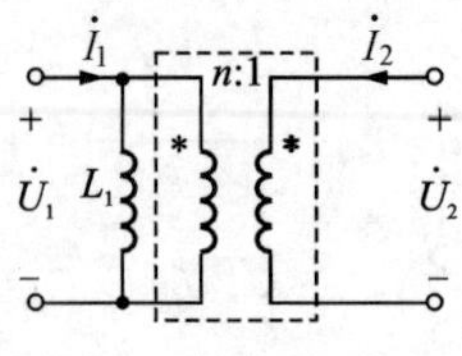

图 5-24　全耦合变压器的等效电路

$$\dot{I}_1 = \frac{\dot{U}_1}{\mathrm{j}\omega L_1} - \frac{1}{n}\dot{I}_2 \tag{5-25}$$

式(5-24)和式(5-25)就是全耦合变压器原、副边间电压和电流的关系式。

引入变比 n 以后,全耦合变压器的电路模型可等效为图 5-24 所示。

5.3.2　理想变压器

若两个全耦合线圈的自感 L_1 和 L_2 趋向无穷大,但保持 L_1 和 L_2 的比值仍为 n 的平方,则式(5-25)即化简为

$$\dot{I}_1 = -\frac{1}{n}\dot{I}_2 \tag{5-26}$$

在这种情形下的全耦合变压器就成为**理想变压器**(ideal transformer),其电压和电流的关系为

$$\left.\begin{aligned} u_1 &= nu_2 \quad 或 \quad \dot{U}_1 = n\dot{U}_2 \\ i_1 &= -\frac{1}{n}i_2 \quad 或 \quad \dot{I}_1 = -\frac{1}{n}\dot{I}_2 \end{aligned}\right\} \tag{5-27}$$

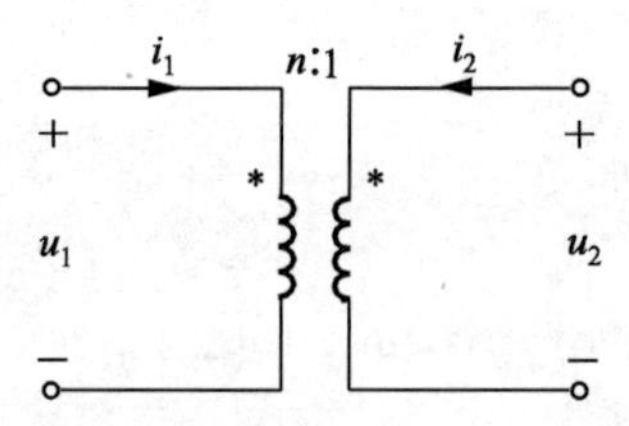

图 5-25　理想变压器电路符号

理想变压器的电路符号如图 5-25 所示,它的唯一参数是称为**变比**(transformation ratio)的常数 n,即两线圈的**匝比**(turns ratio)。$n=N_1/N_2$,N_1 与 N_2 分别为原线圈和副线圈的匝数。

理想变压器也可用受控源组成的电路模型来表示,根据式(5-27),其电路模型如图 5-26(a)或(b)所示。

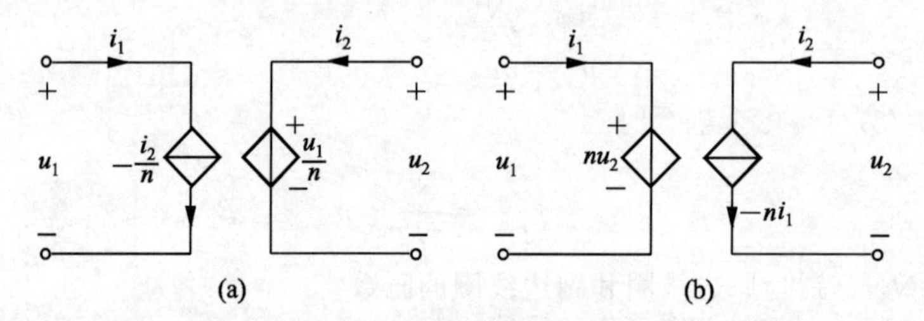

图 5-26　理想变压器模型

理想变压器是一种理想化的电路元件模型,其理想化条件是①变压器本身无损耗;②耦合系数 $k=\dfrac{M}{\sqrt{L_1L_2}}=1$(全耦合);③$L_1$、$L_2$ 和 M 均为无限大。但实际的变压器线圈的电感 L_1 和 L_2 不可能趋于无穷大。含铁芯的变压器当工作在铁芯不饱和区时,它的磁导率很大,因而电感较大,将铁芯损耗忽略,就可以近似地视为理想变压器。

理想变压器可用来变换电压或电流，还可用来变换阻抗。如图5-27(a)所示，当副边接负载 Z_L 时，从原边看进去的输入阻抗将是

$$Z_i=\frac{\dot{U}_1}{\dot{I}_1}=\frac{n\dot{U}_2}{-\frac{1}{n}\dot{I}_2}=n^2\left(\frac{\dot{U}_2}{-\dot{I}_2}\right)=n^2 Z_L \tag{5-28}$$

即副边负载经过理想变压器折合到原边为 n^2Z_L，它亦称为副边阻抗对原边的**折合阻抗**(referred impedance)，等效电路如图5-27(b)所示，可见，通过改变匝比 n，可以在原边得到不同的入端阻抗。在工程中，常用理想变压器变换阻抗的性质来实现匹配，使负载获得最大功率。

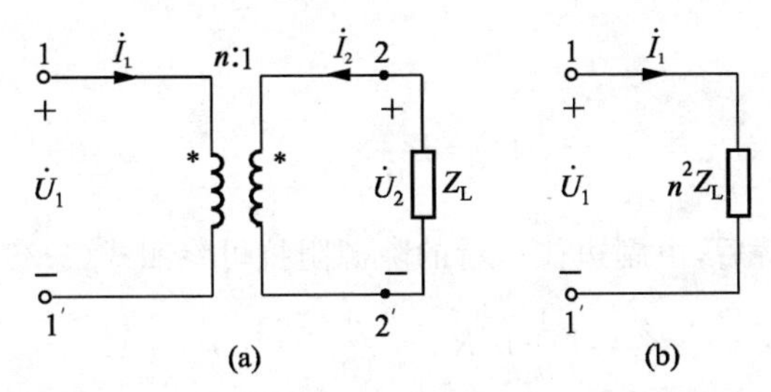

图5-27 接负载的理想变压器及其等效电路

理想变压器是一个既不耗能，也不储能的多端元件。因为它吸收的瞬时功率恒等于零，即

$$u_1i_1+u_2i_2=0$$

可见，在任一瞬间，副边输出功率恒等于原边输入的功率。就是说它具有改变电压、电流和阻抗的作用，但并不改变功率。

理想变压器的电路符号与互感元件颇为相似，但实际上两者是截然不同的。差别之处在于理想变压器的自感和互感系数均为无限大，故不能引用电感参数来分析，而是直接应用式(5-27)的约束关系；互感元件是储能元件，而理想变压器则不是。理想变压器也不同于各种实际变压器，它是一种理想化模型，其伏安关系为代数关系，既可工作于交流又可工作于直流，对电源频率和波形无任何限制。

电力变换技术中用到的**斩波器**(chopper)也称为**直流-直流变换器**(DC/DC converter)，它是将输入的直流电转变为交流电，通过变压器改变电压之后再转换为直流电输出，从端口特性来说，可看成理想直流变压器。

例5-8 在图5-28所示的电路中，已知 $U_S=220$ V，$R_1=100\ \Omega$，$Z_L=3+\mathrm{j}3\ \Omega$，$n=10$，求流经 Z_L 的电流。

解 设 $\dot{U}_S=220\underline{/0^\circ}$ V

方法一

先将 Z_L 折合到原边，即

$$Z'_L=n^2Z_L=300+\mathrm{j}300\ \Omega$$

则有 $$\dot{I}_1=\frac{\dot{U}_S}{R_1+Z'_L}=\frac{220\angle 0^\circ}{100+300+\mathrm{j}300}=0.44\angle -36.9^\circ\ \mathrm{A}$$

在图 5-28 所示参考方向下

$$\dot{I}_1=\frac{1}{n}\dot{I}_2$$

所以 $$\dot{I}_2=n\dot{I}_1=4.4\angle -36.9^\circ\ \mathrm{A}$$

方法二

用戴维南定理。将 Z_L 移去,副边开路,此时由于 $\dot{I}_2=0$,故 $\dot{I}_1=\frac{1}{n}\dot{I}_2=0$,从而 $\dot{U}_1=\dot{U}_S$,而

$$\dot{U}_{oc}=\dot{U}_2=\frac{1}{n}\dot{U}_1=\frac{1}{10}\times 220\angle 0^\circ=22\angle 0^\circ\ \mathrm{V}$$

将 $\dot{U}_S$ 用短路代替后,由副边往里看的除源阻抗可参照式(5-28),为

$$Z_i=\left(\frac{1}{n}\right)^2R_1=\frac{1}{100}\times 100=1\ \Omega$$

组成戴维南等效电路接上负载 Z_L,如图 5-29 所示,于是可得 Z_L 中的电流为

$$\dot{I}_2=\frac{\dot{U}_{oc}}{Z_i+Z_L}=\frac{22\angle 0^\circ}{1+3+\mathrm{j}3}=4.4\angle -36.9^\circ\ \mathrm{A}$$

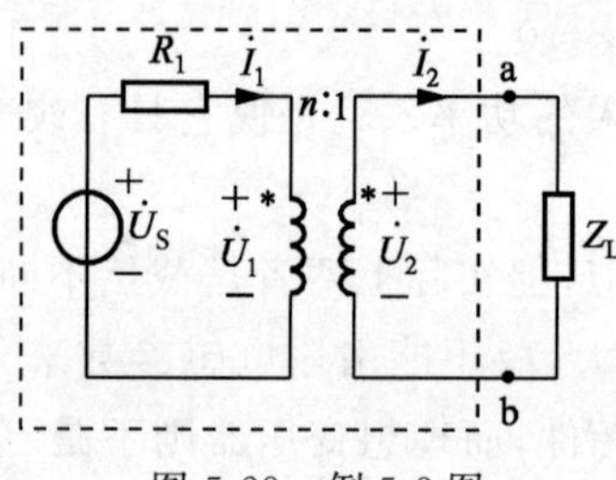

图 5-28 例 5-8 图

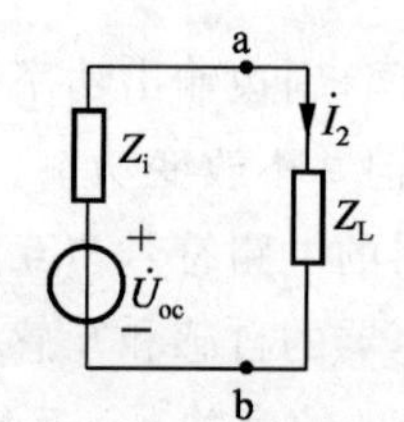

图 5-29 例 5-8 的戴维南等效电路

5.3.3 全耦合变压器的电路分析

全耦合变压器其实就是两个全耦合的互感线圈,可以用一个理想变压器并联电感组成它的电路模型,5.3.1 节已经介绍。全耦合变压器和理想变压器有差别,前者一般是储能元件,而后者不是储能元件。当全耦合变压器等效电路中的 $L_1\to\infty$ 时,它就成为理想变压器。

例 5-9 全耦合变压器如图 5-30(a)所示,试求其初、次级的电流和电压。各阻抗值的单位为 Ω,$\dot{U}_S=1\angle 0^\circ$ V。

解 全耦合变压器的模型如图 5-30(b)所示,其匝比

$$n=\sqrt{\frac{L_1}{L_2}}=\sqrt{\frac{8}{2}}=2$$

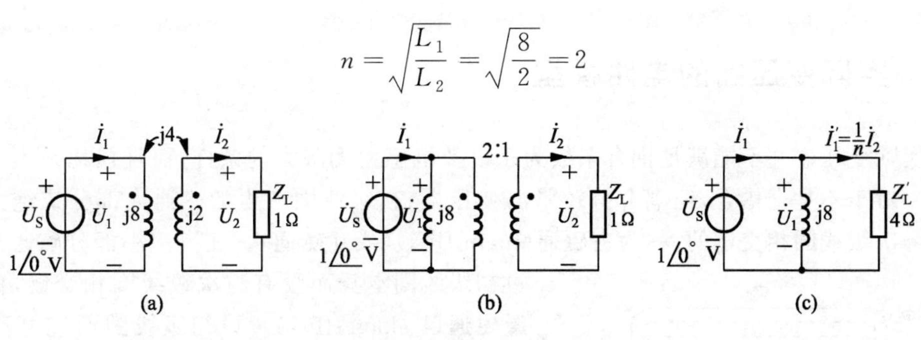

图 5-30　例 5-9 图

通过理想变压器折合到初级的阻抗为

$$Z_L'=n^2Z_L=2^2\times 1=4\ \Omega$$

电路如 5-30(c)所示，电源提供的电流即初级电流为

$$\dot{I}_1=\frac{1}{4}+\frac{1}{\text{j}8}=0.25-\text{j}0.125\ \text{A}$$

次级电流为

$$\dot{I}_2=n\dot{I}_1'=n\frac{\dot{U}_S}{Z_L'}=2\times\frac{1}{4}=0.5\ \text{A}$$

$\dot{I}_2$ 也可用 $\dot{U}_2/Z_L$ 求得。

次级电压

$$\dot{U}_2=\frac{1}{n}\dot{U}_1=\frac{1}{2}\times 1\angle 0^\circ=0.5\angle 0^\circ\ \text{V},\quad \dot{I}_2=\frac{\dot{U}_2}{Z_L}=\frac{0.5\angle 0^\circ}{1}=0.5\ \text{A}$$

也可用回路法对原电路进行计算，结果是相同的，但用例示方法则比较简便。

全耦合的**自耦变压器**(auto-transformer)起同样的阻抗变换作用，等效电路如图 5-31(a)和(b)所示。图中 L_1 为接电源部分的线圈电感量，$n=\sqrt{\frac{L_1}{L_2}}=\frac{N_1}{N_2}$为匝比，它们的原边等效电路如图 5-31(c)所示。

在图 5-31(a)中，$n>1$ 使阻抗变大；图 5-31(b)中，$n<1$ 使阻抗变小。

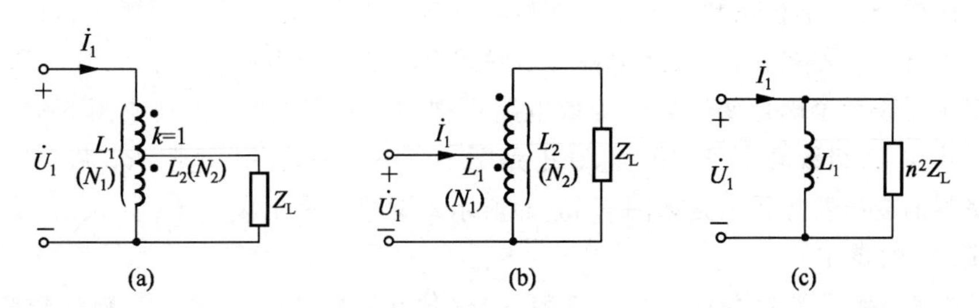

图 5-31　全耦合自耦变压器及其初级等效电路

5.4 实际变压器的电路模型

实际变压器并不能满足耦合系数为1以及电感为无限大的条件,而且损耗是不可避免的。对于不是全耦合,但耦合得较紧的变压器,初级线圈产生的磁通大部分或绝大部分是与次级线圈相交链的,称为**主磁通**(main flux)(或互磁通)。还有一小部分磁通只穿过初级线圈本身而没有与次级线圈相交链,称为**漏磁通**(leakage flux)。设初级线圈通过电流 i_1 时,产生的总磁通为 Φ_{11},其中与次级线圈相交链的主磁通为 Φ_{21},未与之相交链的漏磁通为 Φ_{S1},如图5-32所示。按电感的定义,令

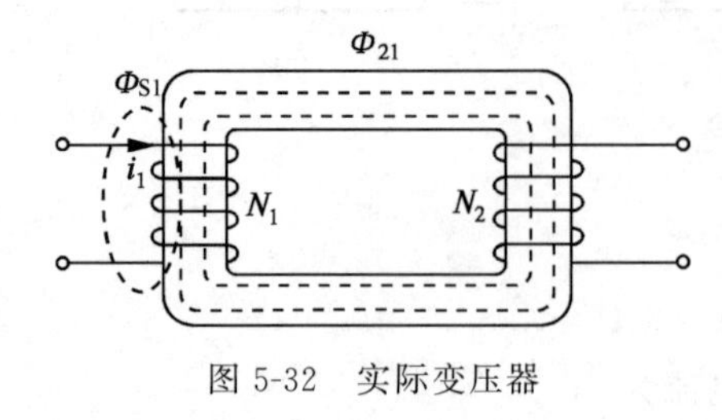

图5-32 实际变压器

$$L_{S1}=\frac{N_1\Phi_{S1}}{i_1} \tag{5-29}$$

L_{S1} 称为初级线圈的漏电感。

将线圈的磁通分为主磁通与漏磁通,意味着可以将线圈的总电感分为两个电感的串联

$$\begin{aligned}L_1&=\frac{N_1\Phi_{11}}{i_1}=\frac{N_1(\Phi_{21}+\Phi_{S1})}{i_1}\\&=\frac{N_1}{N_2}\frac{N_2\Phi_{21}}{i_1}+\frac{N_1\Phi_{S1}}{i_1}\\&=nM+L_{S1}\end{aligned}$$

或

$$L_{S1}=L_1-nM \tag{5-30a}$$

同理,对次级线圈可得

$$L_{S2}=L_2-\frac{1}{n}M \tag{5-30b}$$

L_{S1} 及 L_{S2} 各自反映本线圈漏磁通的作用,彼此间没有互感。而初级线圈的另一部分电感 nM 及次级绕组的另一部分电感 $\frac{1}{n}M$,则反映主磁通的作用,因而它们是理想的全耦合。这样,对于耦合系数小于1的变压器的耦合电路如图5-33(a)所示,可以等效地画成在全耦合变压器初、次级回路中各自串联漏电感的等效电路,如图5-33(b)所示。利用理想变压器表示全耦合变压器的等效电路可把图5-33(b)进一步画成图5-33(c)。考虑到变压器初、次级线圈本身的损耗,在电路图中应添加等效串联电阻 R_1 和 R_2,于是得到比较完善的变压器等效电路如图5-33(d)所示。漏感 L_{S1}、L_{S2} 与 L_1、L_2、M、n 之间的关系由式(5-30)确定。

图5-33(d)所示等效电路对耦合系数 $k\neq1$ 的互感电路也适用。对耦合较紧,接近全耦合,特别是相互耦合的线圈电感量都较大的变压器电路,应用这一等效电路更合适。

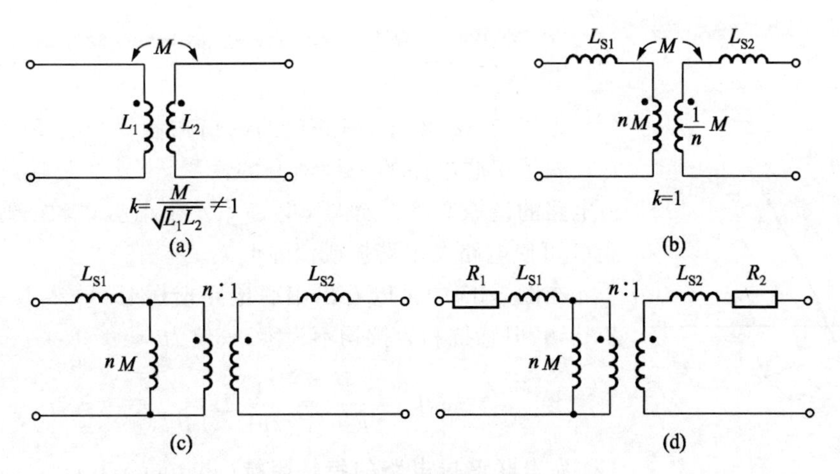

图 5-33　实际变压器及其等效电路

对于铁芯变压器，一般其初、次级线圈的耦合接近全耦合，线圈的阻抗一般比负载阻抗大得多，只要变压器本身功耗远小于它所传输的功率，在对电路作比较粗略的估算分析时，把它看成理想变压器，与实际计算出入并不很大。

5.5　谐振电路

由 R、L、C 元件构成的一端口电路，正弦激励时在某个特定条件下，端口的电压和电流出现同相的情况，说明电路发生了**谐振**(resonance)。谐振现象是正弦交流电路的一种特定的工作状态，它在无线电和电工技术中得到广泛的应用，如选频、滤波等。但另一方面，发生谐振时又有可能破坏某些系统的正常工作，甚至造成危害。所以对谐振现象的研究，具有十分重要的意义。

5.5.1　RLC 串联谐振

对于图 5-34 所示的 RLC 串联电路，在正弦电压 $\dot{U}$ 激励下，其复阻抗为

$$Z=R+\mathrm{j}\left(\omega L-\frac{1}{\omega C}\right)=R+\mathrm{j}(X_C+X_L)=R+\mathrm{j}X$$

当 X=0，即

$$\omega_0 L-\frac{1}{\omega_0 C}=0 \tag{5-31}$$

$Z=R$ 为纯电阻，端电流 $\dot{I}$ 与电压 $\dot{U}$ 同相，这时电路的工作状态称为谐振状态。由于谐振发生在 RLC 串联电路中，所以称为**串联谐振**(series resonance)。由式(5-31)可得出串联谐振的角频率为

$$\omega_0=\frac{1}{\sqrt{LC}} \tag{5-32a}$$

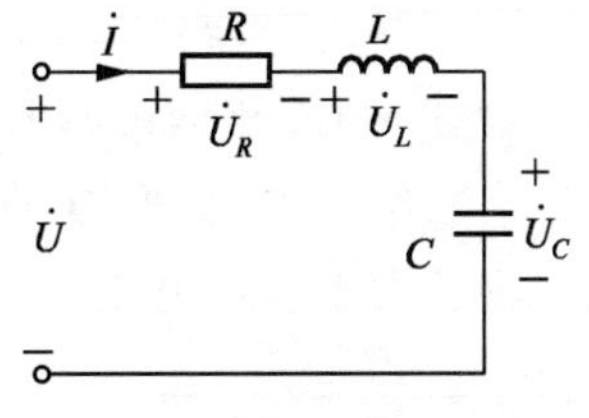

图 5-34　串联谐振电路

谐振频率为

$$f_0=\frac{1}{2\pi\sqrt{LC}} \tag{5-32b}$$

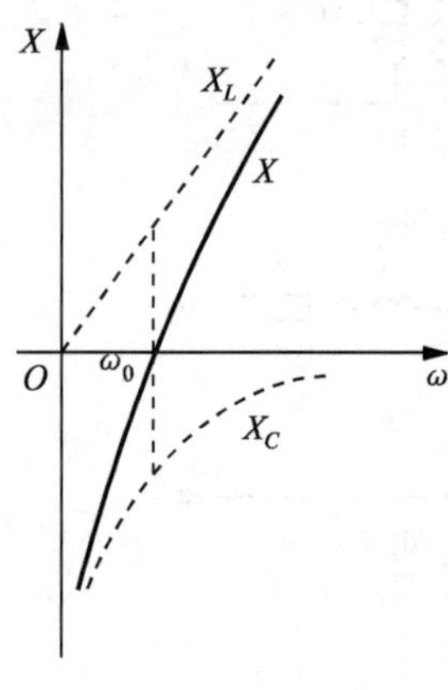

图 5-35 电抗曲线

由式(5-32)可知，串联电路的谐振频率只与 L、C 有关。它反映了串联电路的一种固有的性质，当外加激励源的频率与电路的谐振频率一致时，电路才发生谐振，因而改变 ω、L 或 C 可使电路发生谐振或消除谐振。

在图 5-35 中可以看出串联电路谐振时，虽然 $X=X_C+X_L=0$，但感抗和容抗均不为零，其值为

$$\omega_0 L=\frac{1}{\omega_0 C}=\frac{1}{\sqrt{LC}}L=\sqrt{\frac{L}{C}}=\rho \tag{5-33}$$

ρ 称为串联谐振电路的**特性阻抗**(characteristic impedance)。在无线电技术中，通常用特性阻抗 ρ 与回路电阻 R 的比值表征电路的谐振性能，用 Q[①] 来表示，即

$$Q=\frac{\rho}{R}=\frac{\omega_0 L}{R}=\frac{1}{\omega_0 RC}=\frac{1}{R}\sqrt{\frac{L}{C}} \tag{5-34}$$

Q 称为谐振回路的**品质因数**(quality factor)或**谐振系数**(resonance ratio)，工程上简称为 Q 值，是一个无量纲的量。

谐振时，由于 $X=0$，故电路中的电流为

$$\dot{I}=\dot{U}/Z=\dot{U}/R$$

此时电流与电压同相，电路阻抗最小，所以在电压一定时，电流有效值最大。

谐振时各元件的电压分别为

$$\dot{U}_R=R\dot{I}=R\,\frac{\dot{U}}{R}=\dot{U}$$

$$\dot{U}_L=\mathrm{j}\omega_0 L\dot{I}=\mathrm{j}\omega_0 L\,\frac{\dot{U}}{R}=\mathrm{j}Q\dot{U}$$

$$\dot{U}_C=-\mathrm{j}\,\frac{1}{\omega_0 C}\dot{I}=-\mathrm{j}\,\frac{1}{\omega_0 C}\,\frac{\dot{U}}{R}=-\mathrm{j}Q\dot{U}$$

这说明，谐振时电阻元件上的电压与外加电压相等；电感和电容元件上的电压均为外加电压的 Q 倍，两者大小相等，相位相反，故总的电抗电压为零，即

$$\dot{U}_X=\dot{U}_L+\dot{U}_C=\mathrm{j}Q\dot{U}-\mathrm{j}Q\dot{U}=0$$

图 5-36 是 RLC 串联电路谐振时的电流、电压相量图。

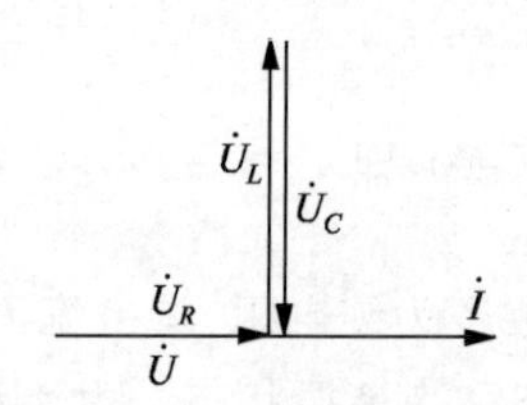

图 5-36 串联谐振时电流、电压相量图

上述结果表明，当 Q 值较高谐振时，电感电容元件上的电压将远大于外加电压，且两者相互抵消。根据这一特点，

① Q 还用来表示无功功率，注意不要混淆。

串联谐振又称**电压谐振**(voltage resonance)。收音机的选频电路就是利用这一特点,把微弱的输入电压信号通过谐振变成电抗元件上较大的电压信号送入下一级进行放大。而在电力系统中,由于外加电压已较大,若发生谐振,电抗元件将会因电压过大而有可能被损坏,所以应避免发生谐振。

例 5-10 一电感量 $L=200\ \mu\text{H}$ 的线圈与可变电容器组成一串联谐振电路,接于 $\omega=5\times10^6\ \text{rad/s}$ 的信号源。调节电容 C 使电路发生串联谐振。设信号源电压 $U_S=10\ \text{mV}$,品质因数 $Q=100$。求谐振时的电容量,电路中的电流及电容上的电压。

解

$$\omega_0=\frac{1}{\sqrt{LC}}=\omega=5\times10^6\ \text{rad/s}$$

$$C=\frac{1}{\omega_0^2 L}=\frac{1}{(5\times10^6)^2\times200\times10^{-6}}=200\ \text{pF}$$

$$Q=\frac{1}{R}\sqrt{\frac{L}{C}}$$

$$R=\frac{1}{Q}\sqrt{\frac{L}{C}}=\frac{1}{100}\sqrt{\frac{200\times10^{-6}}{200\times10^{-12}}}=10\ \Omega$$

$$I_0=\frac{U_S}{R}=\frac{10\ \text{mV}}{10}=1\ \text{mA}$$

$$U_{C0}=QU_S=100\times10\ \text{mV}=1\ \text{V}$$

例 5-11 图 5-37 为用 Q 表测量线圈的电感量和 Q 值的原理电路。U_S 为仪器内部的信号源,其频率可调。C_S 为仪器内部的标准可变电容器,信号源的频率及 C_S 的电容量都可在仪器面板上直接读出。L_X 为被测电感线圈。Q 表内有电压表 V(内阻极高,可视为开路)可以直接读出 C_S 上的电压。测量的具体步骤是选定某一频率 f_0,在信号源电压调节为固定值 20 mV 时调节 C_S 达到谐振(谐振的标志是电压表的读数达到最大值)。

设 $f_0=1\ \text{MHz}$,C_S 调到 165 pF 时,测得其最大电压值为 1.6 V,求被测电感线圈的电感量及其 Q 值。

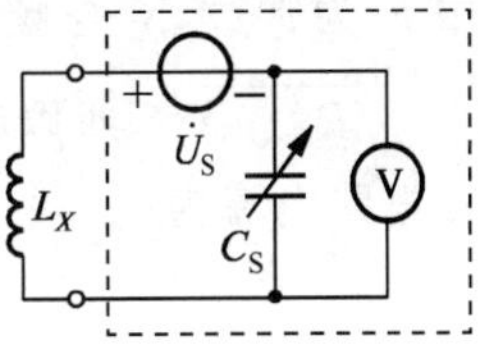

解

$$L_X=\frac{1}{\omega_0^2 C}=\frac{1}{(2\pi\times10^6)^2\times165\times10^{-12}}=1.54\times10^{-4}\ \text{H}=154\ \mu\text{H}$$

$$Q=\frac{U_{C0}}{U_S}=\frac{1.6}{20\times10^{-3}}=80$$

图 5-37 例 5-11 图

由于 C_S 可视为无损耗电容,故此 Q 值即为被测线圈的 Q 值。

例 5-12 电路如图 5-38 所示。已知 $U_1=10\ \text{V}$,$R_1=2\ \Omega$,$X_{L1}=10\ \Omega$,$X_{C1}=-8\ \Omega$,$X_{L2}=9\ \Omega$,$X_M=6\ \Omega$。求:

(1) R_2 为何值电路会发生谐振;

(2) 谐振时 I_1、I_2 和 R_2 消耗的功率各为多少?

解 (1) 反映电抗 $X_{\text{ref1}}=\dfrac{-(\omega M)^2X_{22}}{R_{22}^2+X_{22}^2}=\dfrac{-6^2\times9}{R_2^2+9^2}$

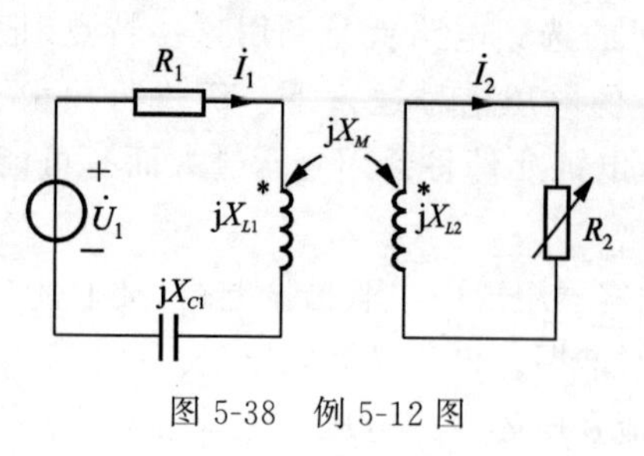

图 5-38 例 5-12 图

当 $jX_{L1}+jX_{\text{ref1}}+jX_{C1}=j10-j8-j\dfrac{6^2\times 9}{R_2^2+9^2}=$ j0 时,电路发生谐振,即

$$\frac{6^2\times 9}{R_2^2+9^2}=10-8=2$$

所以

$$R_2^2=\frac{6^2\times 9}{2}-9^2=9^2$$

$$R_2=9\ \Omega$$

(2) 反映电阻

$$R_{\text{ref1}}=\frac{6^2\times 9}{9^2+9^2}=2\ \Omega$$

所以

$$I_1=\frac{U_1}{R_1+R_{\text{ref1}}}=\frac{10}{2+2}=2.5\ \text{A}$$

$$P_{R_2}=I_1^2R_{\text{ref1}}=2.5^2\times 2=12.5\ \text{W}$$

因为

$$P_{R_2}=I_2^2R_2$$

所以

$$I_2=\sqrt{\frac{P_{R_2}}{R_2}}=\sqrt{\frac{12.5}{9}}=1.1785\ \text{A}$$

下面讨论串联电路的频率特性。

在 RLC 串联电路中,当外加电压有效值不变时,电流、各电压、阻抗(或导纳)的模及阻抗角(或导纳角)是随频率的变化而变化的,这些量与频率的关系统称为**频率特性**(frequency characteristic),而表明电流大小与频率的关系曲线又称为**谐振曲线**(resonant curve)。

由于串联电路的阻抗为

$$Z=R+j\left(\omega L-\frac{1}{\omega C}\right)=R+j(X_L+X_C)=R+jX \tag{5-35}$$

其中 R 为常数,X 与频率的关系已在前面讨论过,现在图 5-39(a)中用虚线画出,因为 $|Z|=\sqrt{R^2+X^2}$,所以串联电路阻抗的频率特性如图 5-39(a)中的实线所示。

电路电流为

$$\dot{I}=\frac{\dot{U}}{Z}=\frac{\dot{U}}{R+j\left(\omega L-\dfrac{1}{\omega C}\right)}=I\angle{-\varphi}$$

其中

$$I=\frac{U}{|Z|}=\frac{U}{\sqrt{R^2+\left(\omega L-\dfrac{1}{\omega C}\right)^2}} \tag{5-36}$$

$$\varphi=\arctan\frac{\omega L-\dfrac{1}{\omega C}}{R} \tag{5-37}$$

式(5-36)表明电流有效值与频率的关系,当外加电压的有效值保持不变时,由此式可得电

流的谐振曲线通常称**幅频特性**(amplitude frequency characteristic),如图 5-39(b)所示。式(5-37)表明了电流、电压间的相位差与频率的关系,称为电流的**相频特性**(phase frequency characteristic),相频特性曲线如图 5-39(c)所示。当 $\omega<\omega_0$ 时,$|X_C|>X_L$,电路呈容性;当 $\omega>\omega_0$ 时,$|X_C|<X_L$,电路呈感性;当 $\omega=\omega_0$ 时,$|X_C|=X_L$,$Z=R$,电路呈纯电阻性。

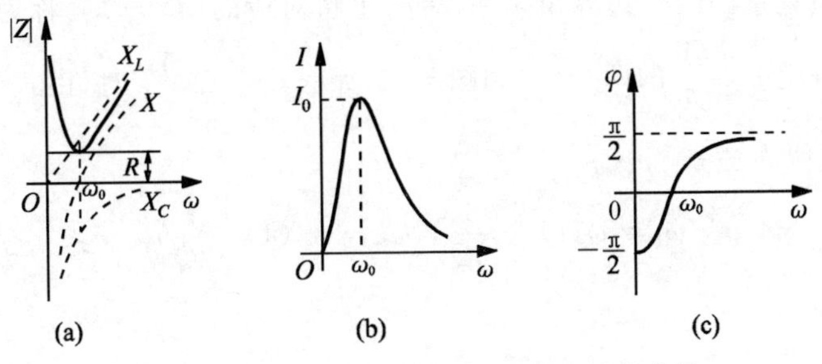

图 5-39 阻抗曲线、谐振曲线和相频特性曲线

从图 5-39(b)电流的谐振曲线可以看出,只有在谐振频率附近一段频带宽度内,电路电流才有较大的幅值(或有效值),在 $\omega=\omega_0$,即谐振频率处出现峰值。当 ω 偏离谐振频率 ω_0 时,由于电抗 $|X|$ 的增加,电流将从谐振时的最大值(U/R)下降,表明电路逐渐增加了对电流的扼制能力。所以串联谐振电路具有选择最接近于谐振频率附近的电流的性能。这种性能在无线电技术中称为**选频特性**(frequency selective characteristic)。不难看出,电路选择性的好坏与电流的谐振曲线在谐振频率附近的尖锐程度有关,即与电流的变化陡度有关,而电流的变化陡度又与电路的 Q 值有很大关系。下面就来讨论这个问题。

为了使谐振曲线对不同的 I_0、ω_0 通用,我们对谐振点处的 I_0、ω_0 归一化处理,即把频率特性曲线的横坐标改为 $\omega/\omega_0=\eta$(称为相对失谐),把纵坐标改为 I/I_0,其中 $I_0=U/R$,考虑到 $Q=\omega_0L/R=1/(\omega_0CR)$,则可将式(5-36)改写为

$$\frac{I}{I_0}=\frac{1}{\sqrt{1+Q^2\left(\eta-\frac{1}{\eta}\right)^2}} \tag{5-38}$$

式(5-38)左边的比值称为相对抑制比,表明电路在 ω 偏离谐振频率时,对非谐振电流的抑制能力。式(5-38)说明,相对抑制比与 Q 有关,图 5-40 画出了 $Q=1,2,10$ 三条曲线,因为对于 Q 值相同的任何 RLC 串联谐振电路,只有一条曲线与之对应,所以这种曲线称为串联电路的通用谐振曲线。由图可见,Q 值越大,曲线形状就越尖锐,当 η 稍微偏离 1 时(即 ω 稍偏离 ω_0),I/I_0 就急剧下降,表明电路对非谐振频率的电流具有较强的抑制能力,即谐振电路的选择性好;反之 Q 值小,选择性差。

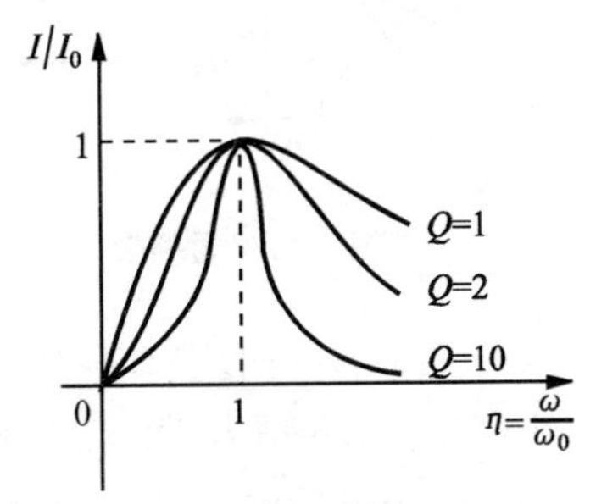

图 5-40 串联电路的通用谐振曲线与 Q 值的关系

为在数量上表示电路对频率的选择能力，工程上规定，将谐振曲线上$\frac{I}{I_0} \geqslant \frac{1}{\sqrt{2}}$对应的频率范围定义为**通频带**(passband)，它规定了信号能顺利通过的一个频率范围。通频带又称为**带宽**(bandwidth,BW)，用BW表示，即

$$\mathrm{BW} = \omega_2 - \omega_1 \tag{5-39}$$

式中，ω_2、ω_1是通频带的两个边界角频率(有时也将对应的$(f_2 - f_1)$称为通频带)。在谐振曲线上，它们对应$\frac{I}{I_0} = \frac{1}{\sqrt{2}}$的两个点，如图5-41所示。当$Q \gg 1$时，由式(5-38)可进一步导出$\omega_1$和$\omega_2$近似为

$$\omega_1 = \omega_0 \left(1 - \frac{1}{2Q}\right), \omega_2 = \omega_0 \left(1 + \frac{1}{2Q}\right)$$

可得

$$\mathrm{BW} = \frac{\omega_0}{Q} \tag{5-40}$$

说明ω_0一定时，Q越大，通频带越窄。

最后我们来讨论U_L和U_C的频率特性。

电感电压为

$$U_L = \omega L I = \frac{\omega L U}{\sqrt{R^2 + \left(\omega L - \frac{1}{\omega C}\right)^2}} \tag{5-41}$$

电容电压为
$$U_C = \frac{1}{\omega C} I = \frac{U}{\omega C \sqrt{R^2 + \left(\omega L - \frac{1}{\omega C}\right)^2}} \tag{5-42}$$

它们的曲线如图5-42所示($Q=1.2$)。曲线变化趋势可定性说明如下：

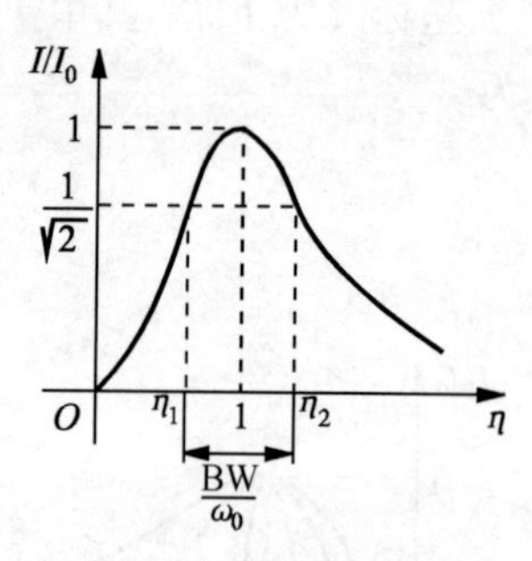

图5-41 通频带

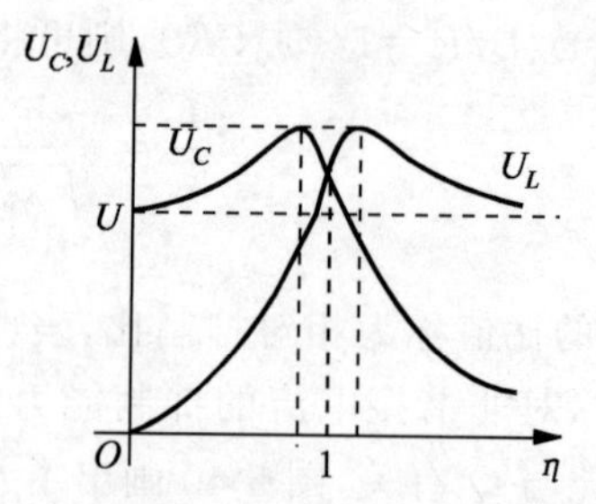

图5-42 串联谐振电路的U_L、U_C的频率特性

(1) 对U_L-ω曲线来说，当$\omega=0$时，$U_L=0$，当ω由0增大到ω_0时，X_L和I都在增大，所以U_L也在增大，过ω_0点时，X_L还在直线上升，电流却在下降，但下降不多，结果U_L仍继续上升。在这以后，若Q值很小($Q<1/\sqrt{2}$)，随着ω的增加，因为I下降的速度比X_L上升的速度慢，U_L将一直上升，到$\omega \to \infty$时，趋近于电源电压值U；若Q值较大($Q>1/\sqrt{2}$)，则随着ω的增加，因电流下降的速度会渐渐超过X_L上升的速度，U_L将在

达到最大值 $U_{L\max}$ 后，再下降而趋于电源电压值 U。

(2) 对 U_C-ω 曲线来说，$\omega=0$ 时，$U_C=U$，此时若 Q 很小($Q<\frac{1}{\sqrt{2}}$)，则因 $|X_C|=\frac{1}{\omega C}$。随着 ω 的上升，$|X_C|$ 变小，且其下降速度大于电流上升速度，U_C 将一直下降，到 $\omega\to\infty$ 时而趋于零，若 Q 较大($Q>1/\sqrt{2}$)，在 ω 到达 ω_0 之前，U_C 将上升而达到最大值 $U_{C\max}$，然后下降，直至 $\omega\to\infty$ 时而趋于零。

用一般求极值的方法求出 U_L 和 U_C 出现最大值时所对应的频率为

$$\omega_L=\frac{\omega_0}{\sqrt{1-\frac{1}{2Q^2}}} \tag{5-43}$$

$$\omega_C=\omega_0\sqrt{1-\frac{1}{2Q^2}} \tag{5-44}$$

以上分析可知，当 $Q>0.707$ 时，U_L、U_C 的幅频特性出现峰值，它们分别处于谐振频率的两侧，形状与 Q 值有很大关系，Q 值越大，峰值越高，且越接近于谐振频率。当 $Q\gg1$ 时，两峰值非常接近于谐振频率，在工程分析中，可近似认为谐振时的 U_{C0} 及 U_{L0} 为最大。

虽然 U_L 和 U_C 的最大值出现在不同频率处，但其值是相等的，均为

$$U_{L\max}=U_{C\max}=\frac{QU}{\sqrt{1-\frac{1}{4Q^2}}} \tag{5-45}$$

5.5.2 GCL 并联谐振

图 5-43 为 G、C、L 并联接于电流源，它与电压源作用下的 RLC 串联电路互为对偶，所以 GCL 并联电路的谐振条件及特点，可以在 5.5.1 节分析的基础上，根据对偶关系，得出与串联谐振对偶的关系。GLC 并联电路的复导纳 $Y=G+\mathrm{j}(\omega C-\frac{1}{\omega L})$，谐振时 $B=\omega_0 C-\frac{1}{\omega_0 L}=0$，由此得到谐振角频率 $\omega_0=\frac{1}{\sqrt{LC}}$；**并联谐振**(parallel resonance)时，$Y=G$，导纳最小，在 I_S 一定时，电压 U 最大；并联谐振电路的品质因数 $Q=\frac{\omega_0 C}{G}=\frac{1}{G\omega_0 L}$；电感支路电流 $\dot{I}_{L0}=-\dot{I}_{C0}=-\mathrm{j}Q\dot{I}_S$ 等。

实际工程中常遇到电感线圈与电容并联的谐振电路，如图 5-44 所示，其中电感线圈用 R 和 L 的串联组合来表示，与电容并联后的复导纳为

$$Y=\frac{1}{R+\mathrm{j}\omega L}+\mathrm{j}\omega C=\frac{R}{R^2+\omega^2L^2}+\mathrm{j}\left(\frac{-\omega L}{R^2+\omega^2L^2}+\omega C\right)=G_{\mathrm{eq}}+\mathrm{j}B_{\mathrm{eq}}$$

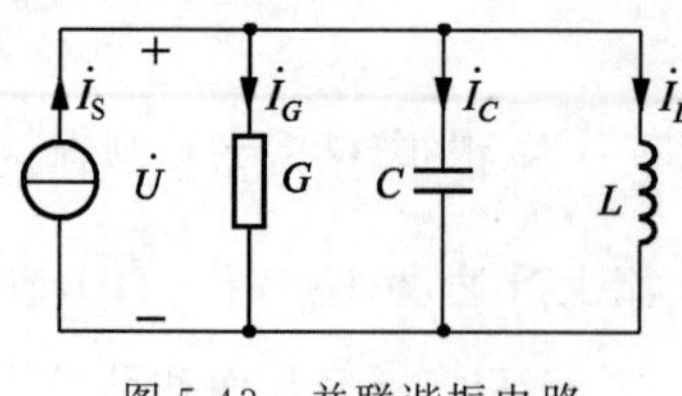

图 5-43　并联谐振电路

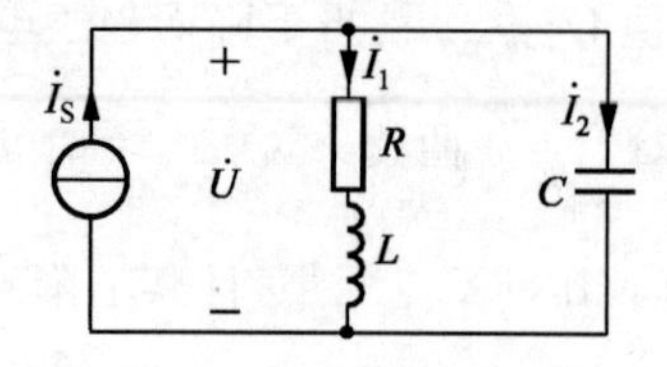

图 5-44　常用并联谐振电路

当端口电压与电流同相时，发生并联谐振。此时

$$B_{eq}=\frac{-\omega_0 L}{R^2+\omega_0^2 L^2}+\omega_0 C=0$$

由上式可得电路的谐振角频率为

$$\omega_0=\sqrt{\frac{L-CR^2}{L^2C}}=\frac{1}{\sqrt{LC}}\sqrt{1-\frac{CR^2}{L}} \tag{5-46}$$

谐振频率为

$$f_0=\frac{1}{2\pi\sqrt{LC}}\sqrt{1-\frac{CR^2}{L}} \tag{5-47}$$

可见，电路的谐振频率决定于电路的参数，而且只有当 $1-\frac{CR^2}{L}>0$，即 $R<\sqrt{\frac{L}{C}}$ 时，ω_0 才是实数。若 $R>\sqrt{\frac{L}{C}}$，ω_0 为虚数，电路不发生谐振。

并联谐振时，由于电纳等于零，此时复导纳将为

$$Y_0=G_0=\frac{R}{R^2+\omega_0^2L^2}=\frac{CR}{L}$$

这时，整个电路相当于一个电阻，若以 R_0 表示，则

$$R_0=\frac{1}{G_0}=\frac{L}{CR}$$

端电压为

$$\dot{U}_0=\frac{\dot{I}_S}{Y_0}=\frac{L}{CR}\dot{I}_S$$

所以谐振时各支路电流为

$$\dot{I}_{10}=\dot{U}_0 Y_1=\frac{L}{CR}|Y_1|\dot{I}_S\angle-\varphi_1$$

$$\dot{I}_{20}=\dot{U}_0\mathrm{j}\omega_0 C=\frac{L}{CR}\omega_0 C\dot{I}_S\angle\frac{\pi}{2}$$

设 $\dot{I}_S=I_S\angle 0^\circ$，则各电流相量如图 5-45 所示，可见 $\dot{I}_{10}$ 的虚部与 $\dot{I}_{20}$ 相互抵消，因此，并联谐振也称**电流谐振**(current resonance)。电感中的磁场能量与电容中的电场能量进行交换，而不与电源交换，故电路的无功功率为零。

当 R 很小，即 $R\ll\sqrt{\frac{L}{C}}$ 时，由式(5-46)和式(5-47)将有

$$\omega_0 \approx \frac{1}{\sqrt{LC}}$$

或
$$f_0 \approx \frac{1}{2\pi\sqrt{LC}}$$

即并联谐振频率与串联谐振频率近似相等。于是我们可以仿照串联谐振电路 Q 值，定义电感线圈与电容并联谐振电路的 Q 值，串联电路的 Q 值等于谐振时电容或电感电压与电源电压之比，在电感线圈与电容并联电路中则可以定义 Q 值为谐振时电容电流或电感线圈中的无功电流与电流源电流之比，即 $Q=\frac{\omega_0 L}{R}\approx\frac{1}{\omega_0 CR}$，与串联电路有相同形式，因为 R 与 L 均为线圈的参数，故有时也将此时的 Q 值称为线圈的 Q 值。不过要注意，若电流源具有内阻 R_S，则整个电路的 Q 值就会小于线圈的 Q 值。

图 5-44 的电路可等效为图 5-46 所示的 G_{eq}、L_{eq}、C 并联电路，一般情况下

$$G_{eq}=\frac{R}{R^2+\omega^2 L^2}$$

$$L_{eq}=\frac{R^2+\omega^2 L^2}{\omega^2 L}$$

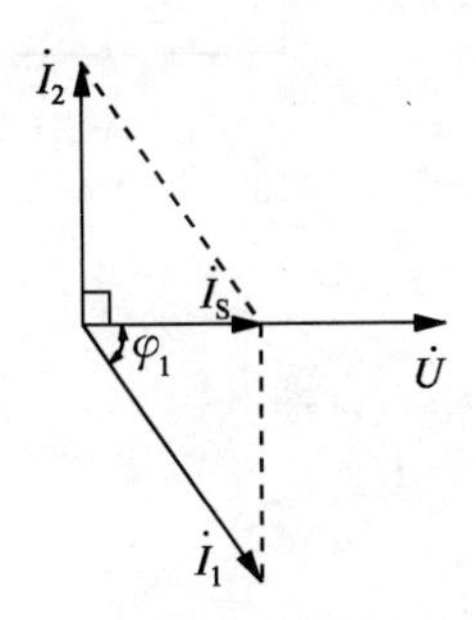

图 5-45 并联谐振电路的相量图

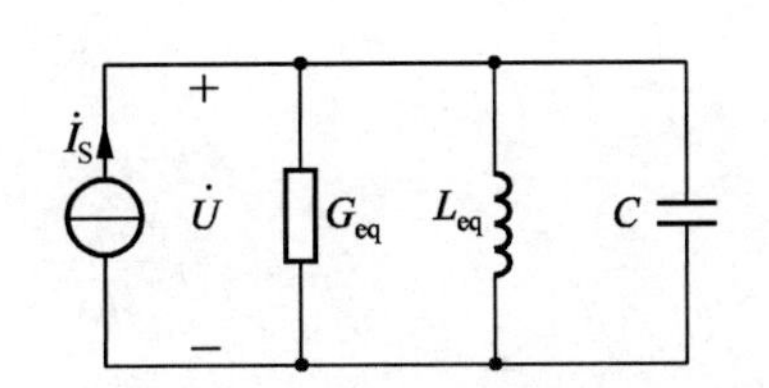

图 5-46 图 5-44 的等效电路

当 R 很小$\left(R\ll\sqrt{\frac{L}{C}}\right)$，即线圈 Q 值较高时，在谐振频率附近（通常称小失谐情况），即 $\omega\approx\omega_0$ 时

$$G_{eq}=\frac{R}{R^2+\omega^2 L^2}\approx\frac{R}{\omega^2 L^2}\approx\frac{R}{\omega_0^2 L^2}\approx\frac{R}{\frac{1}{LC}L^2}=\frac{CR}{L}$$

$$L_{eq}=\frac{R^2+\omega^2 L^2}{\omega^2 L}\approx\frac{\omega^2 L^2}{\omega^2 L}=L$$

这样处理可使分析获得简化。

与串联谐振电路一样，以上讨论的都是改变电源的频率，若所调节的是 L 或 C，则电路中的各量随调节参数的变化的规律需另作讨论。

例 5-13 图 5-47(a)所示电路中，信号源电压 $U_S=3$ V，内阻 $R_S=30$ kΩ，线圈电感 $L=54$ μH，电阻 $R=9$ Ω，电容 $C=100$ pF，试求：电路的谐振频率 f_0，品质因数 Q 及谐

振时的电压 U。

解　首先对电路作等效变换如图 5-47(b)所示,各参数分别为

$$I_S=\frac{U_S}{R_S}=100\ \mu\text{A}$$

$$G_S=\frac{1}{R_S}=\frac{10^{-4}}{3}\ \text{S}$$

$$L_e\approx L=54\ \mu\text{H}$$

$$G_e\approx\frac{RC}{L}=\frac{10^{-4}}{6}\ \text{S}$$

将 G_e 与 G_S 并联,等效电路如图 5-47(c)所示,则有

$$G=G_S+G_e=\frac{10^{-4}}{2}\ \text{S}$$

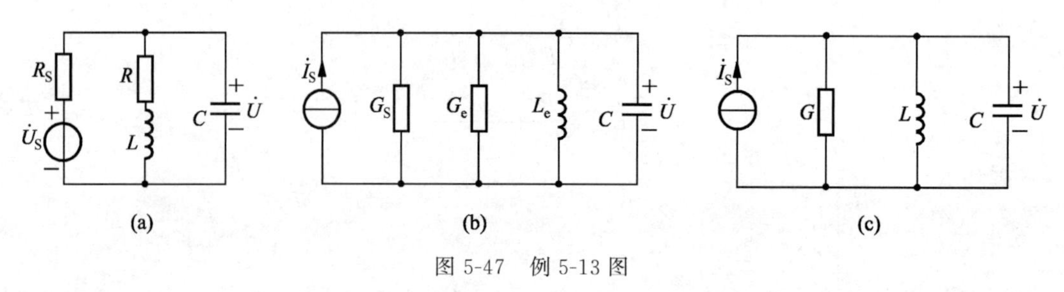

图 5-47　例 5-13 图

于是得

$$\omega_0=\frac{1}{\sqrt{LC}}=1.36\times10^{7}\ \text{rad/s}$$

$$f_0=\frac{\omega_0}{2\pi}=2.17\ \text{MHz}$$

$$Q=\frac{\omega_0 C}{G}=27.2$$

谐振时,整个电路等效为一个电阻

$$R_0=\frac{1}{G}=20\ \text{k}\Omega,\quad U=R_0 I_S=2\ \text{V}$$

串联和并联谐振电路都普遍应用于收音机的调谐和电视机的选台技术上,也用于将音频信号从射频载波中分离出来,作为一个例子,参见图 5-48 所示的调幅(AM)收音机的电路框图。入射的调幅无线电波(有成千个频率不同的广播电台)由天线接收,一个谐振电路(或带通滤波器)用于从许多电台中只选出一个入射的无线电波,所选出的信号一般都是非常微弱的,所以需要多级放大,以便产生能听见的音频信号,所以在图中有射频放大器(RF)放大选出来的广播信号,中频放大器(IF)放大由 RF 信号所决定的内部产生的信号,而音频放大器则放大到达扬声器(喇叭)前的音频信号。这样对信号的三级处理要比用一个放大器在全部信号带范围内提供同样的放大量容易得多。

视频 5-2
电路与系统的通信

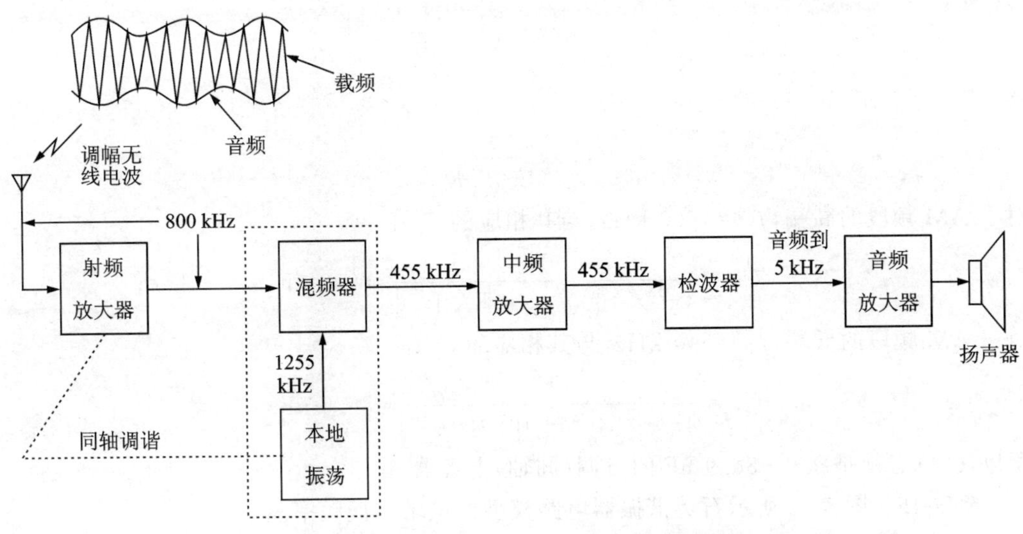

图 5-48 超外差式 AM 收音机的简单方框图

图 5-48 所示的 AM 收音机称为超外差式接收机，在早期研制的收音机中，每个放大级必须调谐到输入信号的频率。因此，每一段必须有多个调谐电路才能覆盖全部 AM 波段(540～1600 kHz)。为了避免这个问题，现代收音机都要采用混频器或外差电路，不管收到的 RF 信号频率的大小，混频器总是产生同样的中频信号(IF=455 kHz)并保持着加载在输入信号上的音频信号。为了产生固定的中频(IF)信号，两个在机械上同轴的可变电容器能在外部控制下同时转动，这个过程称为同轴调谐，本地振荡器与 RF 放大器联动产生相应的 RF 信号，该 RF 信号又与入射的无线电波在一起通过混频器产生输出信号，输出信号中包括这两个信号的频率差和频率和。比如，若谐振电路调谐到接收 800 kHz 的信号，则本地振荡器必然产生一个 1255 kHz 的 RF 信号，而混频器的输出为两者之和(1255+800=2055 kHz)以及两者之差(1255－800=455 kHz)。但是实际上用的是其差值(455 kHz)，不管调到哪个电台，455 kHz 的频率是中频放大器各级的唯一谐振频率，在检波器那一级，选出原始的音频信号(也包括语音信息)。检波器的功能基本上是去除 IF 信号而保留音频信号。音频信号被放大后去驱动扬声器，扬声器相当于一个能量转换器，将电信号转换为声音信号。

这里对 AM 收音机的讨论主要关心的是它的调谐电路。调频(FM)接收的工作原理与调幅(AM)不一样，工作在更宽的频段范围内。但是其调谐部分基本相同。

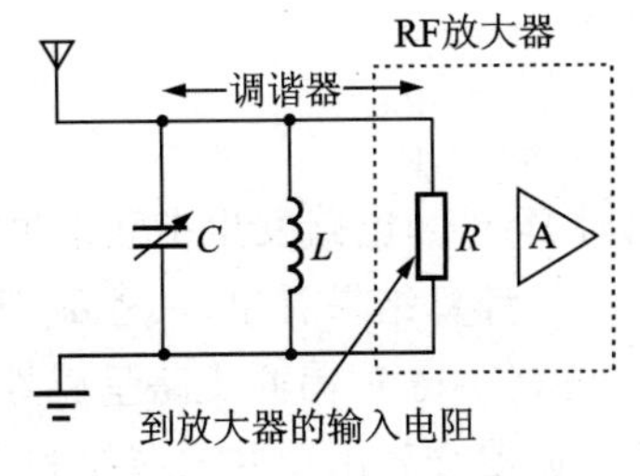

图 5-49 例 5-14 的调谐电路

例 5-14 图 5-49 画出了一台 AM 收音机的调谐电路，已知 $L=1\ \mu\text{H}$，要使谐振频率可由 AM 频段的一端调整到另一端，问 C 的值应该是什么范围？

解 AM 广播段的频率范围是 540～1600 kHz，需要计算该频段的低端和高端，图 5-49 的调谐电路是并联型的，可以应用 5.5.2 节的公式得

$$\omega_0 = 2\pi f_0 = \frac{1}{\sqrt{LC}}$$

或

$$C = \frac{1}{4\pi^2 f_0^2 L}$$

对于 AM 频段的高端,$f_0 = 1600$ kHz,与其相应的 C 值

$$C_1 = \frac{1}{4\pi^2 \times 1600^2 \times 10^6 \times 10^{-6}} = 9.9 \text{ nF}$$

对于 AM 频段的低端,$f_0 = 540$ kHz,与其相应的 C 值

$$C_2 = \frac{1}{4\pi^2 \times 540^2 \times 10^6 \times 10^{-6}} = 86.9 \text{ nF}$$

所以,C 值必须是 9.9~86.9 nF 的可调(同轴)电容器。

例 5-15 图 5-50 所示石英谐振器电路模型。试求谐振频率。

解 这是 LC 混联电路,其入端导纳为

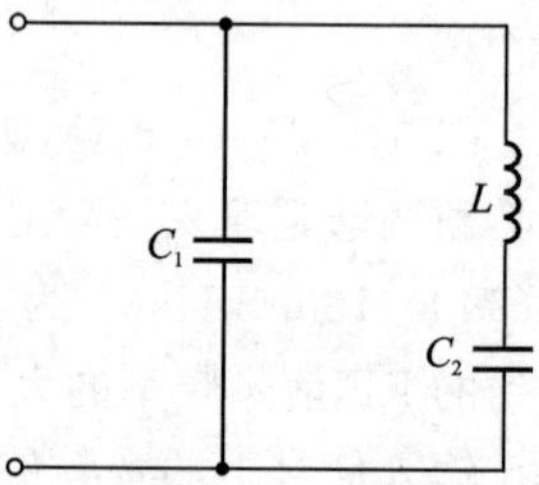

$$Y = \text{j}\omega C_1 + \frac{\text{j}\omega C_2 \times \frac{1}{\text{j}\omega L}}{\text{j}\omega C_2 + \frac{1}{\text{j}\omega L}}$$

$$= \text{j}\,\frac{\omega[C_1(1-\omega^2 LC_2) + C_2]}{1-\omega^2 LC_2} = \text{j}B$$

图 5-50 例 5-15 图

令其分子为零,

$$\omega[C_1(1-\omega^2 LC_2) + C_2] = 0$$

得

$$\omega_P = \sqrt{\frac{C_1 + C_2}{LC_1C_2}} = 0$$

$$\omega_P = \sqrt{\frac{C_1 + C_2}{LC_1C_2}},\ \omega = 0(\text{舍去})$$

此时 $Y=0$,电路发生并联谐振。

令 Y 分母为零,得

$$1-\omega^2 LC_2 = 0$$

$$\omega_S = \sqrt{\frac{1}{LC_2}}$$

此时 $Y=\infty$,电路发生串联谐振。

从计算结果看出,$\omega_S < \omega_P$ 某一角频率处 C_2 与 L 发生串联谐振;当电源角频率大于 ω_S 时,C_2 与 L 串联支路呈感性,再与 C_1 发生并联谐振。随着电源角频率不断变化,石英谐振器交替出现并联谐振和串联谐振。

5.6 三相电路

目前世界上许多国家的电力系统，绝大多数采用的是三相交流输电系统。这是因为三相交流电在电能的产生、输送和应用上有显著优点，例如与单相比较，相同尺寸的发电机，采用三相方式可提高输出功率；输送相同的功率，采用三相方式可节省导电材料。三相电机具有结构简单、价格低廉、维护方便、运行平稳可靠等优点。日常生活中使用的单相电源是取自三相供电系统中的一相。三相电路是一种结构比较复杂的正弦交流稳态电路，它由三个相同频率电源、三相负载和三相输电线组成，其三个相电路之间有特定的关系，这种关系给三相电路的分析带来一定方便。

5.6.1 电能配送

一个电力系统基本上由发电、输电与配电三部分组成。当地电力公司由发电厂发出(典型值)18 kV 的电压，其电功率达到几百兆伏安(MVA)。如图 5-51 所示，用三相升压变压器将电功率输送到传输线上去。为什么要用变压器将电压升高？假设要传送 100 000 VA 功率到 50 km 的远方去。根据 $S=UI$，若线电压是 1 000 V，则传输线上必须承受 100 A 的负荷，就要求传输线的直径很大。而若线电压是 10 000 V，则传输线负荷只有 10 A，所以小电流传输降低了对导线尺寸的要求，从而大大节省材料，也减小了传输线上的损耗 I^2R。可见，为了使损耗最小，要求用一个升压变压器。否则，大部分的发电功率都会在传输线上损耗掉。

视频 5-3 电力与能源系统

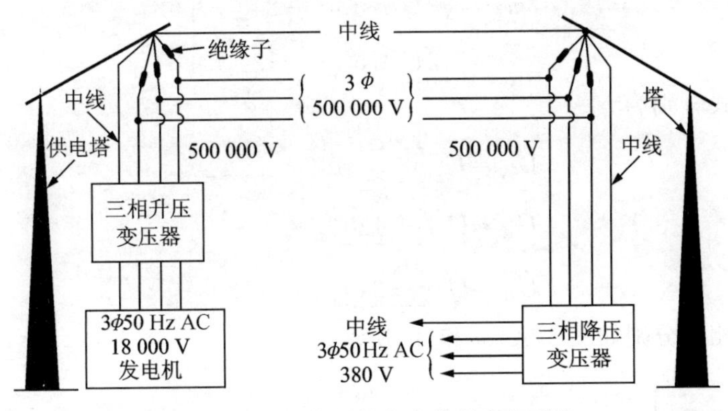

图 5-51 一个典型的电力输送配电系统

变压器能方便和经济地升压、降压以及配送电力。这些变压器的功能也是广泛采用交流发电(而不是直流发电)的主要原因之一，所以在一定发电功率条件下，电压越高越好。现今，在用的最高电压是 1 MV，1 000 kV 特高压输电比 500 kV 输电损耗下降约 30%。随着科学技术的发展，电压还可能提高。

除发电厂之外，电能通过称作电力网的电源网络发送到几百千米甚至几千千米以外的地方。电网中的三相功率传送是通过传输线,而传输线是高高地架在金属铁塔上的。电力铁塔的形状和尺寸各有不同。铝制传输线或钢加强型传输线直径可达 40 mm,并能承受高达 1380 A 的电流负荷。目前,我国已掌握了世界上电压等级最高、输送容量最大,送电距离最远、技术水平最高的输电技术,全国共建成十几个距离在 1000～3000 km,容量大于 600 万 kW 的±800 kV 或±1100 kV 的特高压直流输电工程,直流输电比三相交流输电更具优点。

视频 5-4
特高压输电

在电力分站,用配送变压器降压,降压的过程一般是分级进行的。电力分配到各地的方法可以用高空电缆,也可以是地下电缆,将电力分配到各个居民、商业或工业用户中去。在电源接收终端,当地的工业或居民用户得到的是 220/380 V 电源,居民用电的配送变压器通常装在电力设备公司的电线柱上。若需要直流电流,则要用转换的方法,将交流电转换为直流电。我国采用 50 Hz 交流电,美国、日本等国家采用 60 Hz,采用这个频率是考虑综合成本,频率太高,变压设备的损耗会增加,给发电机的制造也带来很多问题。

5.6.2 三相电源及其联接

对称三相电源(symmetric three-phase source)是由三个频率相同、幅值相等而初相依次相差 120°的正弦电压源,按一定方式联接而成,这三个电压源依次称为 A 相、B 相和 C 相,分别记为 u_A、u_B、u_C,它们的瞬时值表达式为(以 u_A 为参考正弦量)

$$\left.\begin{aligned} u_A &= \sqrt{2}U\cos\omega t \\ u_B &= \sqrt{2}U\cos(\omega t - 120^\circ) \\ u_C &= \sqrt{2}U\cos(\omega t - 240^\circ) \\ &= \sqrt{2}U\cos(\omega t + 120^\circ) \end{aligned}\right\} \tag{5-48}$$

它们的相量形式分别为

$$\dot{U}_A = U \angle 0^\circ \tag{5-49a}$$

$$\dot{U}_B = U \angle -120^\circ \tag{5-49b}$$

$$\dot{U}_C = U \angle -240^\circ = U \angle 120^\circ \tag{5-49c}$$

它们的波形和相量分别如图 5-52(a)和(b)所示。

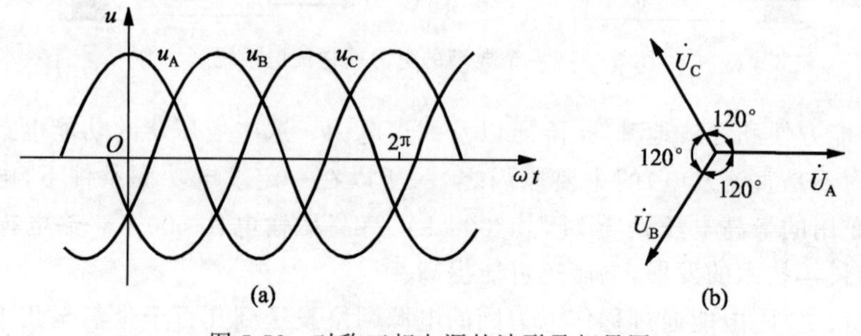

图 5-52　对称三相电源的波形及相量图

由图 5-52(a)所示的波形可见，在任何瞬时、对称三相电压源的电压和恒为零，即

$$u_A + u_B + u_C = 0$$

这一性质，同样可由图 5-52(b)所示的相量图得出，即

$$\dot{U}_A + \dot{U}_B + \dot{U}_C = 0$$

上述三相电源到达最大值的先后次序称为**相序**(phase sequence)。其相序(指达到最大值或零值的次序)为 A→B→C→A，称为正序或顺序，图 5-52(a)所示的波形以及相应的式(5-48)、图 5-52(b)的相量图均代表正序。与此相反，若 C 相超前 B 相 120°，B 相越前 A 相 120°，即相序为 C→B→A→C，称为负序或逆序。今后无特殊说明，三相电源的相序均认为是正序。

三相电源的联接有两种方式，即星形(Y)联接和三角形(△)联接。

1. 星形联接

三相电压源的负极性端联在一起，称为三相电源的**中性点**(neutral point)(或零点)，用 N 表示。各相电压源的正极性端 A、B、C 引出三条线与负载相联，称为**端线**(terminal line)(俗称火线)，有时从中性点 N 还引出一条线 NN′，称为**中线**(neutral line)，也称**零线**(zero line)，接地后也称地线，如图 5-53(a)所示。具有三根端线及一根中线的三相电路称为**三相四线制**(three-phase four-wire system)。若只接三根端线而不接中线，则称为**三相三线制**(three-phase three-wire system)。

电源各相的自身电压，也就是端线与中线间电压 $\dot{U}_{AN}$、$\dot{U}_{BN}$、$\dot{U}_{CN}$ 称为电源的**相电压**(phase voltage)，端线之间的电压称为**线电压**(line voltage)，如 $\dot{U}_{AB}$、$\dot{U}_{BC}$、$\dot{U}_{CA}$。流过电源各相的电流称为**相电流**(phase current)，流过各端线的电流称为**线电流**(line current)，流过中线的电流称为**中线电流**(neutral line current)。很显然，对于星形联接的三相电源，相电流和线电流为同一电流。对称三相电源星形联接时，线电压与相电压满足 KVL，其关系可直接从相量图上得到，如图 5-53(b)所示。相量图有时也画成图 5-53(c)形式。图中各相量关系为

$$\dot{U}_{AB} = \dot{U}_{AN} - \dot{U}_{BN} = \sqrt{3}\dot{U}_{AN}\angle 30^\circ \tag{5-50a}$$

$$\dot{U}_{BC} = \dot{U}_{BN} - \dot{U}_{CN} = \sqrt{3}\dot{U}_{BN}\angle 30^\circ = \sqrt{3}\dot{U}_{AN}\angle -90^\circ \tag{5-50b}$$

$$\dot{U}_{CA} = \dot{U}_{CN} - \dot{U}_{AN} = \sqrt{3}\dot{U}_{CN}\angle 30^\circ = \sqrt{3}\dot{U}_{AN}\angle 150^\circ \tag{5-50c}$$

可见三个线电压 $\dot{U}_{AB}$、$\dot{U}_{BC}$、$\dot{U}_{CA}$ 也是对称的，且其有效值为相电压有效值的$\sqrt{3}$倍，即

$$U_l = \sqrt{3}U_p \tag{5-51}$$

式中，U_l 和 U_p 分别为线电压和相电压的有效值。在相位关系上，$\dot{U}_{AB}$、$\dot{U}_{BC}$、$\dot{U}_{CA}$ 的相位分别超前于 $\dot{U}_{AN}$、$\dot{U}_{BN}$、$\dot{U}_{CN}$ 的相位 30°。

星形联接的三相电源，其优点是中点可以接地，可以同时给出两种电压——线电压和相电压。

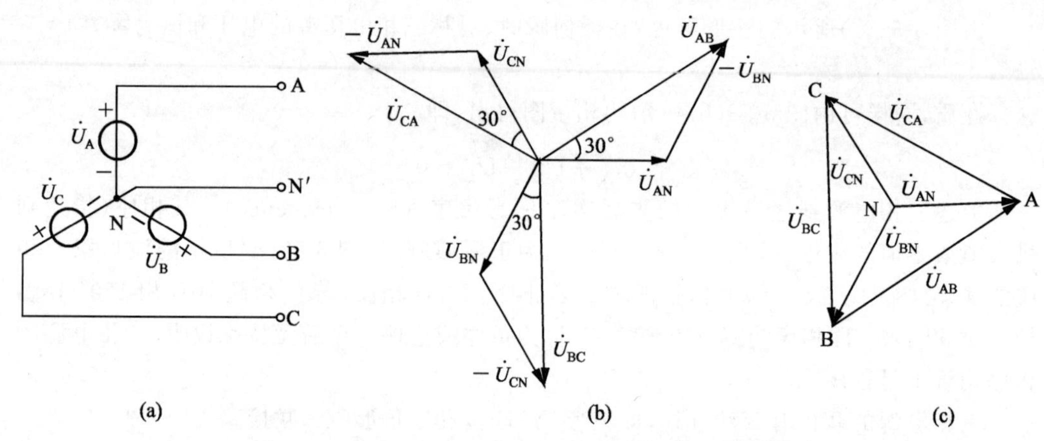

图 5-53　对称三相电源的星形联接及线、相电压相量图

2. 三角形联接

三相电源按 A—B—C 相的次序，将首尾依次联接，形成一个闭合三角形，再从 A、B、C 引出三条端线，如图 5-54 所示。显然，三角形联接时，线电压与相电压为同一电压，即 $\dot{U}_{AB}=\dot{U}_A$，$\dot{U}_{BC}=\dot{U}_B$，$\dot{U}_{CA}=\dot{U}_C$，亦即 $U_l=U_p$，但线电流不等于相电流。在三角形联接中不会出现中点与中线，所以这种联接只有三相三线制。

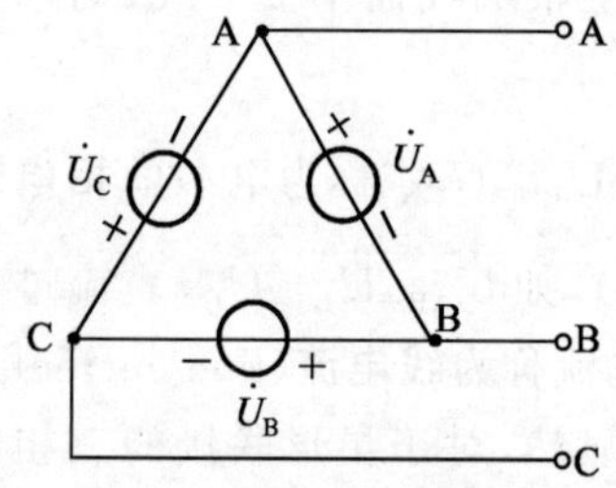

图 5-54　对称三相电源三角形联接

注意，当电源作三角形联接时，必须按图 5-54 所示的正确方法联接，这样，用三相电压源组成的回路中，电压之和 $\dot{U}_A+\dot{U}_B+\dot{U}_C=0$，在不接负载时，回路中的电流为零，即电源内部不会有环流。若联接方法不正确，例如误将 $\dot{U}_A$ 接反，如图 5-55(a)所示，则回路电压之和不再为零，而是

$$-\dot{U}_A+\dot{U}_B+\dot{U}_C=-2\dot{U}_A$$

相应的相量图如图 5-55(b)所示，由于电源内部阻抗(图中未画出)很小，所以在上述电压作用下，电源内部会产生很大的环流，使电源损坏。为了避免接错，可用如图 5-55(c)的简易方法来判断，当图中电压表指示为零时，则表示联接顺序正确，可以将回路闭合；若电压表指示为一相电压的 2 倍，则表示有一相(或两相)接反。

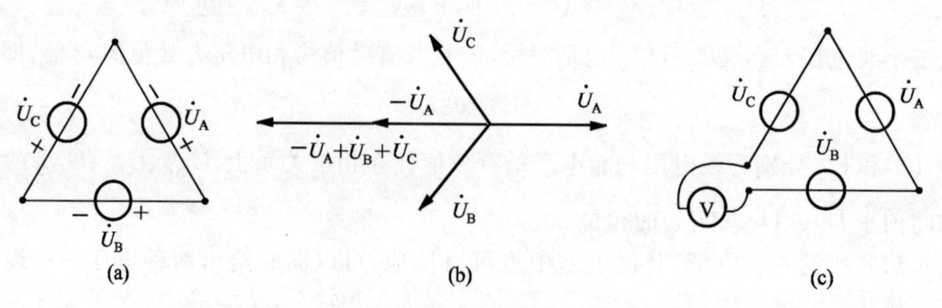

图 5-55　不正确的三角形联接及判断方法

5.6.3 三相负载及其联接

由三相电源供电的负载 Z_A、Z_B、Z_C 或 Z_{AB}、Z_{BC}、Z_{CA} 称为三相负载。三相负载有两类：一类是由三个单相负载(如电灯、电炉等)各自作为一相所组成的；另一类是负载本身就是三相的，如三相电动机等。若每相负载的阻抗相等，即 $Z_A=Z_B=Z_C=Z$，称为对称三相负载。

三相负载也有两种联接方式：星形联接和三角形联接，如图 5-56(a)、(b)所示。图 5-56(a)中的 N′和引线 N′N 也分别称为中点和中线。

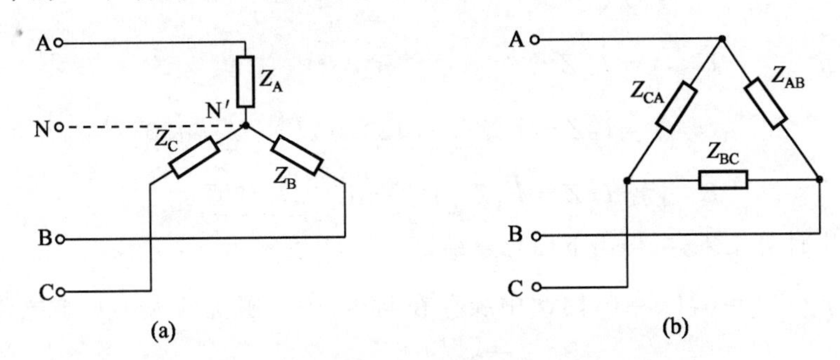

图 5-56 三相负载及其联接

三相负载的线电压、相电压、线电流、相电流的定义与三相电源中有关定义相同。

5.6.4 对称三相电路的计算

三相电路是一种复杂交流电路，正弦交流电路的分析方法，对三相电路完全适用。而由对称三相电源和对称三相负载组成的对称**三相电路**(symmetrical three-phase circuit)在工程上应用较多，其由于电路的对称性而具有的一些特殊规律性，可以使对称三相电路的分析得以简化。

1. 对称的三相四线制 Y-Y 系统

如图 5-57 所示，Z 为负载阻抗，Z_l 为端线阻抗，Z_N 为中线阻抗。由弥尔曼定理可得

$$\dot{U}_{N'N}=\frac{\dfrac{1}{Z_l+Z}(\dot{U}_A+\dot{U}_B+\dot{U}_C)}{\dfrac{3}{Z_l+Z}+\dfrac{1}{Z_N}}$$

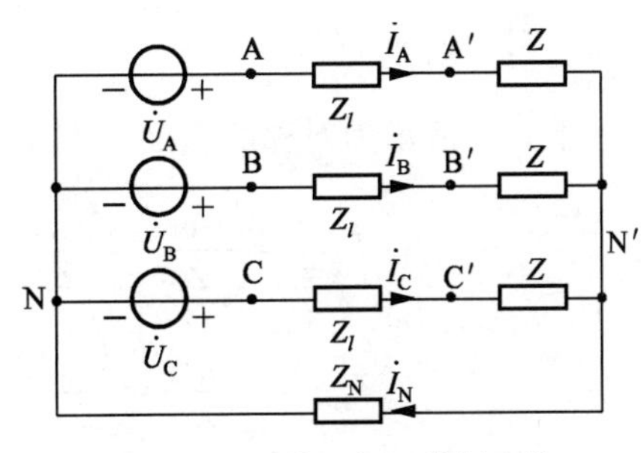

图 5-57 对称三相四线制电路

因为电源是三相对称的，即 $\dot{U}_A+\dot{U}_B+\dot{U}_C=0$，所以有 $\dot{U}_{N'N}=0$，即 N′与 N 点等电位，于是可求得三相负载上的相电流和相电压分别为

$$\dot{I}_{\mathrm{A}}=\frac{\dot{U}_{\mathrm{A}}-\dot{U}_{\mathrm{N'N}}}{Z_l+Z}=\frac{\dot{U}_{\mathrm{A}}}{Z_l+Z} \tag{5-52a}$$

$$\dot{I}_{\mathrm{B}}=\frac{\dot{U}_{\mathrm{B}}}{Z_l+Z}=\frac{\dot{U}_{\mathrm{A}}\angle -120^\circ}{Z_l+Z}=\dot{I}_{\mathrm{A}}\angle -120^\circ \tag{5-52b}$$

$$\dot{I}_{\mathrm{C}}=\frac{\dot{U}_{\mathrm{C}}}{Z_l+Z}=\frac{\dot{U}_{\mathrm{A}}\angle 120^\circ}{Z_l+Z}=\dot{I}_{\mathrm{A}}\angle 120^\circ \tag{5-52c}$$

$$\dot{I}_{\mathrm{N}}=\frac{\dot{U}_{\mathrm{N'N}}}{Z_{\mathrm{N}}}=0$$

$$\dot{U}_{\mathrm{A'N'}}=\dot{I}_{\mathrm{A}}Z \tag{5-53a}$$

$$\dot{U}_{\mathrm{B'N'}}=\dot{I}_{\mathrm{B}}Z=\dot{I}_{\mathrm{A}}Z\angle -120^\circ=\dot{U}_{\mathrm{A'N'}}\angle -120^\circ \tag{5-53b}$$

$$\dot{U}_{\mathrm{C'N'}}=\dot{I}_{\mathrm{C}}Z=\dot{I}_{\mathrm{A}}Z\angle 120^\circ=\dot{U}_{\mathrm{A'N'}}\angle 120^\circ \tag{5-53c}$$

根据以上计算结果,可得出下面几点结论:

(1) 由于$\dot{U}_{\mathrm{N'N}}=0$,$\dot{I}_{\mathrm{N}}=0$,因此中线存在与否,中线阻抗的大小对于电路的计算是没有影响的。

(2) 因为$\dot{U}_{\mathrm{N'N}}=0$,所以各相的计算具有独立性。我们可画出一相(一般选A相)的计算电路,如图5-58所示,在此电路中必须将N′点与N点短接,中线阻抗Z_{N}也不能列入。根据此电路可求出一相(A相)中的电流及电压。

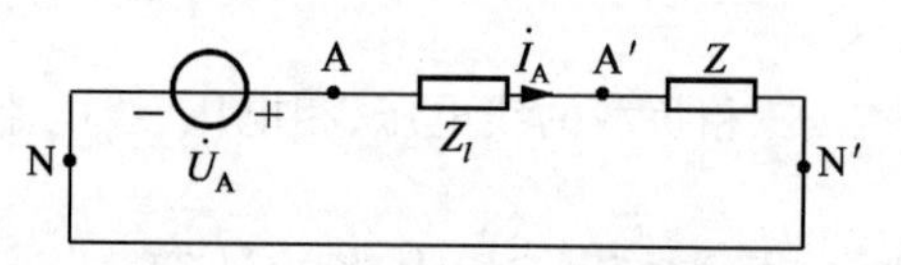

图5-58　一相计算电路(A相)

(3) 由式(5-52)及式(5-53)可见,在对称三相电路中,负载的三个相电流$\dot{I}_{\mathrm{A}}$、$\dot{I}_{\mathrm{B}}$、$\dot{I}_{\mathrm{C}}$及负载的三个相电压$\dot{U}_{\mathrm{A'N'}}$、$\dot{U}_{\mathrm{B'N'}}$、$\dot{U}_{\mathrm{C'N'}}$等都是对称的。因此求得一相(A相)的电流及一相(A相)电压后,另外两个(B、C相)的电流及电压可据此特点直接写出。

上述结论就是对称三相电路化为一相的计算方法,原则上可推广到其他形式的三相对称系统中去,因为可以通过星形和三角形的等效互换,化成对称的Y-Y三相电路来处理。

2. 对称△-△系统

图5-59所示为对称的△-△系统,三相电源直接加在三相负载上,各相电流分别为

$$\dot{I}_{\mathrm{A'B'}}=\frac{\dot{U}_{\mathrm{A'B'}}}{Z}=\frac{\dot{U}_{\mathrm{AB}}}{Z}$$

$$\dot{I}_{\mathrm{B'C'}}=\frac{\dot{U}_{\mathrm{B'C'}}}{Z}=\frac{U_{BC}}{Z}=\frac{\dot{U}_{\mathrm{A'B'}}\angle -120^\circ}{Z}=\dot{I}_{\mathrm{A'B'}}\angle -120^\circ$$

$$\dot{I}_{\mathrm{C'A'}}=\frac{\dot{U}_{\mathrm{C'A'}}}{Z}=\frac{U_{CA}}{Z}\ \frac{\dot{U}_{\mathrm{AB}}\angle 120^\circ}{Z}=\dot{I}_{\mathrm{A'B'}}\angle 120^\circ$$

负载的线电流

$$\left.\begin{aligned}\dot{I}_A&=\dot{I}_{A'B'}-\dot{I}_{C'A'}=\dot{I}_{A'B'}-\dot{I}_{A'B'}\angle 120^\circ=\sqrt{3}\dot{I}_{A'B'}\angle -30^\circ\\\dot{I}_B&=\dot{I}_{B'C'}-\dot{I}_{A'B'}=\dot{I}_{B'C'}-\dot{I}_{B'C'}\angle 120^\circ=\sqrt{3}\dot{I}_{B'C'}\angle -30^\circ=\sqrt{3}\dot{I}_{A'B'}\angle -150^\circ\\\dot{I}_C&=\dot{I}_{C'A'}-\dot{I}_{B'C'}=\dot{I}_{C'A'}-\dot{I}_{C'A'}\angle 120^\circ=\sqrt{3}\dot{I}_{C'A'}\angle -30^\circ=\sqrt{3}\dot{I}_{A'B'}\angle 90^\circ\end{aligned}\right\}\tag{5-54}$$

线电流与相电流的相量图如图 5-60 所示。

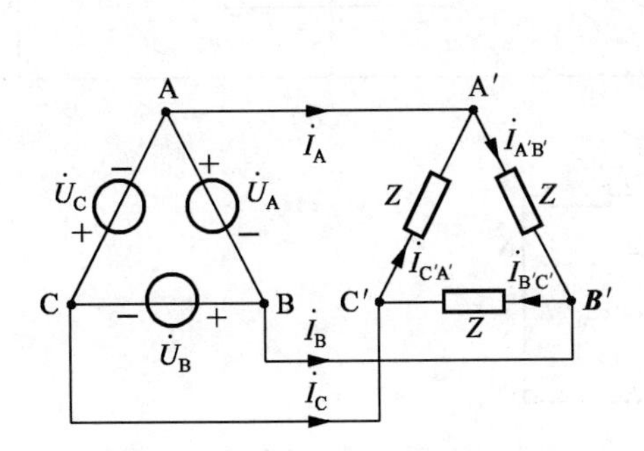

图 5-59 对称的△-△三相电路

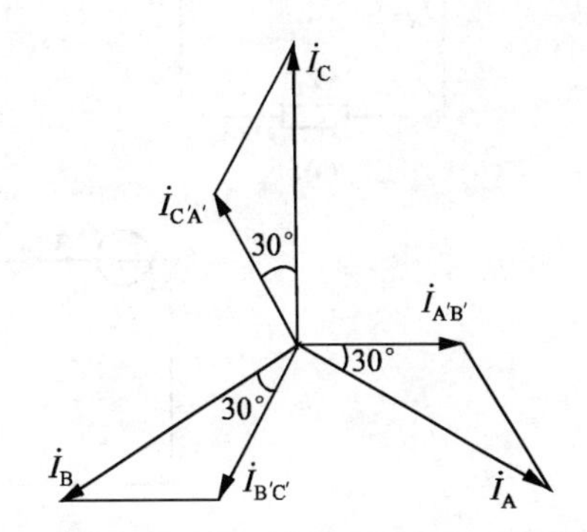

图 5-60 对称三角形负载的线电流、相电流相量图

上述讨论表明，在三角形联接中，当相电流是对称时，线电流也是对称的，且其有效值为相电流有效值的$\sqrt{3}$倍，即

$$I_l=\sqrt{3}I_p\tag{5-55}$$

在相位关系上，$\dot{I}_A$、$\dot{I}_B$、$\dot{I}_C$ 的相位分别落后于相电流 $\dot{I}_{A'B'}$、$\dot{I}_{B'C'}$、$\dot{I}_{C'A'}$ 的相位 30°。对于三角形联接的电源，线电流与相电流也有类似关系，不再另行讨论。

对于三角形联接的电源或负载，线电压等于相应的相电压，即

$$U_l=U_p$$

在对称△-△系统分析中，若计及端线阻抗，即图 5-59 中 AA′、BB′、CC′之间接有阻抗 Z_l，则电源线电压和负载线电压不相等。此时将电源和负载分别进行△-Y 等效变换，整个系统化为图 5-57 形式的 Y-Y 系统，利用“化为一相”的计算方法，算出线电流、Y 负载相电压，再回到原电路图 5-59 中，利用△形联接负载的线电流与相电流关系，得出原电路各相负载的相电流及相电压。下面以具体例题实现。

例 5-16 在图 5-61(a)所示的对称三相电路中，已知端线阻抗 $Z_l=1+\mathrm{j}2\ \Omega$，$Z_1=12+\mathrm{j}16\ \Omega$，$Z_2=48+\mathrm{j}36\ \Omega$，对称三相电源的线电压 U_2 为 380 V，试求各线电流及各负载的相电流。

解 对于同时存在两种不同联接形式的复杂电路，可先将三角形联接的负载变换为等效星形联接负载。本例中可先将接成△形的 Z_2 等效变换为 Y 形的 Z_2'，如图 5-61(b)所示，该图是对称电路(节点法仍可证明)，N 点与 N′及 N″点为等电位点，可画出单相(A 相)电路如图 5-61(c)所示。

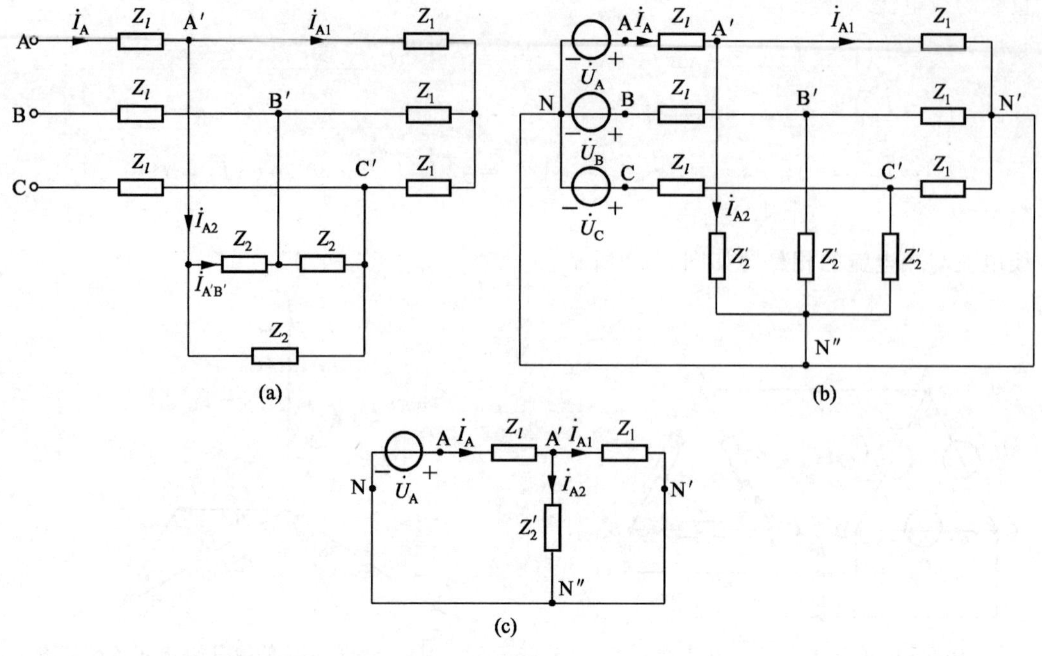

图 5-61　例 5-16 图

以 $\dot{U}_{\mathrm{A}}$ 为参考相量,即

$$\dot{U}_{\mathrm{A}}=\frac{U_l}{\sqrt{3}}\angle 0^{\circ}=\frac{380}{\sqrt{3}}\angle 0^{\circ}=220\angle 0^{\circ}\ \mathrm{V}$$

根据△-Y 等效变换条件,得

$$Z_2'=\frac{Z_2}{3}=\frac{48+\mathrm{j}36}{3}=16+\mathrm{j}12=20\angle 36.9^{\circ}\ \Omega$$

在图 5-61(c)中

$$\dot{I}_{\mathrm{A}}=\frac{\dot{U}_{\mathrm{A}}}{Z_l+\dfrac{Z_1Z_2'}{Z_1+Z_2'}}=17.97\angle -48.3^{\circ}\ \mathrm{A}$$

$$\dot{I}_{\mathrm{A1}}=\dot{I}_{\mathrm{A}}\frac{Z_2'}{Z_1+Z_2'}=9.08\angle -56.4^{\circ}\ \mathrm{A}$$

$$\dot{I}_{\mathrm{A2}}=\dot{I}_{\mathrm{A}}\frac{Z_1}{Z_1+Z_2'}=9.08\angle -40.2^{\circ}\ \mathrm{A}$$

由图 5-61(a)可见,$\dot{I}_{\mathrm{A2}}$ 是△形负载的线电流。根据式(5-54)可求出其相电流。

$$\dot{I}_{\mathrm{A'B'}}=\frac{\dot{I}_{\mathrm{A2}}}{\sqrt{3}\angle -30^{\circ}}=\frac{9.08\angle -40.2^{\circ}}{\sqrt{3}\angle -30^{\circ}}=5.24\angle -10.2^{\circ}\ \mathrm{A}$$

其他所求之量,读者可根据对称关系自行推出。三相电路分析时,电源侧一般都是对称的,其具体联接形式不具体画出,只给出对外联接的端钮,电路分析时,可以接成Y形也可接成△形。

5.6.5 不对称三相电路的概念

在三相电路中,不论是电源、负载还是联接线,只要有一部分不对称,就称为不对称三相电路。不对称三相电路的电压、电流不再有对称关系,不可再用“一相”法计算。可以应用各种分析复杂电路的方法求解。

本节仅以负载不对称的Y-Y系统为例进行分析计算,从中找出由于负载不对称而引起的电压、电流的一些特点。

图5-62为负载不对称的Y-Y系统。先讨论不接中线(即图中S断开)时的情况,对此电路应用节点法可得

$$\dot{U}_{\mathrm{N'N}}=\frac{\dfrac{\dot{U}_{\mathrm{A}}}{Z_{\mathrm{A}}}+\dfrac{\dot{U}_{\mathrm{B}}}{Z_{\mathrm{B}}}+\dfrac{\dot{U}_{\mathrm{C}}}{Z_{\mathrm{C}}}}{\dfrac{1}{Z_{\mathrm{A}}}+\dfrac{1}{Z_{\mathrm{B}}}+\dfrac{1}{Z_{\mathrm{C}}}}$$

由于负载不对称,显然$\dot{U}_{\mathrm{N'N}}\neq 0$,由KVL

$$\dot{U}_{\mathrm{AN'}}=\dot{U}_{\mathrm{A}}-\dot{U}_{\mathrm{N'N}}$$

$$\dot{U}_{\mathrm{BN'}}=\dot{U}_{\mathrm{B}}-\dot{U}_{\mathrm{N'N}}$$

$$\dot{U}_{\mathrm{CN'}}=\dot{U}_{\mathrm{C}}-\dot{U}_{\mathrm{N'N}}$$

式中,$\dot{U}_{\mathrm{A}}$、$\dot{U}_{\mathrm{B}}$、$\dot{U}_{\mathrm{C}}$是互为120°相位差的对称电源电压,分别减去同一电压相量($\dot{U}_{\mathrm{N'N}}$),则$\dot{U}_{\mathrm{AN'}}$、$\dot{U}_{\mathrm{BN'}}$、$\dot{U}_{\mathrm{CN'}}$必然不对称。从图5-63所示相量图可以看出:①N′与N点在相量图上不重合了,这一现象称为中性点位移;②各相负载电压大小不一样了,有的相电压高(如$U_{\mathrm{BN'}}$),以致有可能超过额定值,从而使该相负载损坏;有的相电压低(如$U_{\mathrm{AN'}}$),以致低于正常工作电压,从而使该相负载不能正常工作。另一方面,当任一相负载阻抗变动时都会影响$\dot{U}_{\mathrm{N'N}}$的大小,将导致各负载相电压的变化,各相完全失去了独立性,整个系统将不能正常工作。

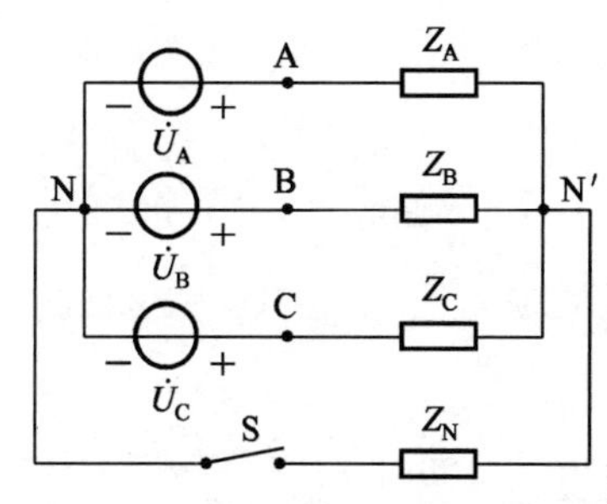

图5-62 不对称三相Y-Y电路

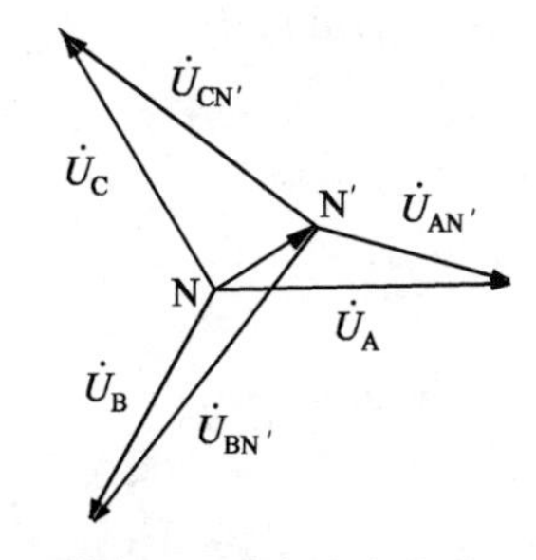

图5-63 中性点位移

解决这一问题的有效方法是接上阻抗很小的中线,即接中线(图中S闭合)的情况。如果 $Z_N=0$,则 $\dot{U}_{N'N}=0$,负载各相电压变为对称,从而保证了各相负载都能正常工作。这说明在不对称的三相Y-Y系统中是必须接中线的,且在电气安装工程中规定,中线上不允许接入开关和保险丝,以保证中线不致断开。

接入中线后,可保持负载相电压的对称,但因负载阻抗不相等,相电流不对称,中线电流一般不再为零。

例 5-17 图5-64(a)为判定相序的一种电路,称为相序器。其中两个灯泡相同,电阻均为 R,且取 $\frac{1}{\omega C}=R$,将它接于对称的三相电源上。试求灯泡上的电压。

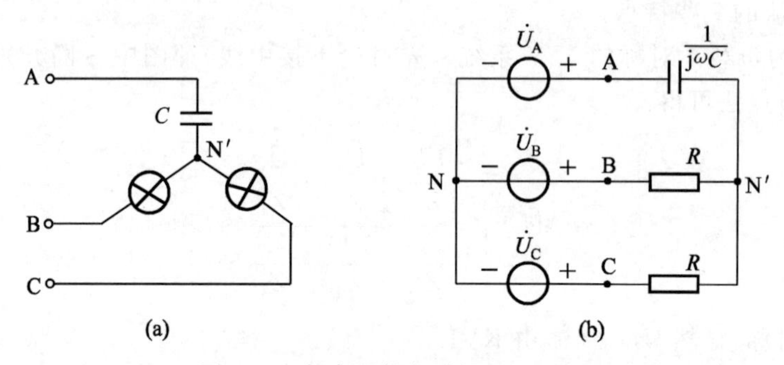

图5-64 相序的判定(例5-17电路)

解 该电路是一不对称三相电路,设 $\dot{U}_A=220\angle 0^\circ$ V,$\dot{U}_B=220\angle -120^\circ$ V,$\dot{U}_C=220\angle 120^\circ$ V,$\frac{1}{R}=G$,则据弥尔曼定理得

$$\begin{aligned}\dot{U}_{N'N}&=\frac{\dot{U}_A j\omega C+\dot{U}_B G+\dot{U}_C G}{j\omega C+2G}\\&=\frac{j220+220\angle -120^\circ+220\angle 120^\circ}{2+j}\\&=\frac{-220+j220}{2+j}\\&=139.1\angle 108.4^\circ \text{ V}\end{aligned}$$

B相灯泡所承受的电压为

$$\begin{aligned}\dot{U}_{BN'}&=\dot{U}_B-\dot{U}_{N'N}\\&=220\angle -120^\circ-139.1\angle 108.4^\circ\\&=329.2\angle -101.6^\circ \text{ V}\end{aligned}$$

C相灯泡所承受的电压为

$$\begin{aligned}\dot{U}_{CN'}&=\dot{U}_C-\dot{U}_{N'N}=220\angle 120^\circ-139.1\angle 108.4^\circ\\&=88.2\angle 138.4^\circ \text{ V}\end{aligned}$$

由以上计算结果可看出,B 相灯泡电压高(灯亮),C 相灯泡电压低(灯暗)。根据此例接法和灯泡的亮暗可以判定相序为：电容—亮灯—暗灯—电容。这种相序器只能判定相的顺序,不能确定哪一相是 A 相、B 相还是 C 相。实用相序器为避免灯泡损坏,每相可采用两只 220 V 灯泡串联。

相序不同,将导致三相电动机的转动方向不同,这一特点在工程上有广泛的应用。

出现负载不对称的一种情况就是故障,极限情况就是断路或短路故障,此时,只要电源侧保持不变,故障后的负载电压、电流就很容易计算了。如图 5-65 中,若 A 相负载断开,而其他两相负载不变,同为阻抗 Z,如图 5-65(a)所示；若 A 相短路,则如图 5-65(b)所示。

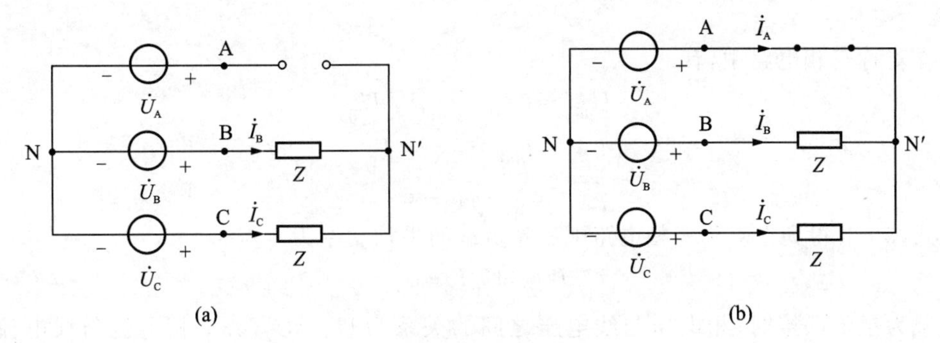

图 5-65　开路或短路故障电路

由图 5-65(a)可知

$$\dot{I}_B=-\dot{I}_C=\frac{\dot{U}_{BC}}{2Z}$$

$$\dot{U}_{BN'}=-\dot{U}_{CN'}=\frac{1}{2}\dot{U}_{BC}$$

而图 5-65(b)中,则有

$$\dot{I}_B=\frac{\dot{U}_{BA}}{Z}=-\frac{\dot{U}_{AB}}{Z}$$

$$\dot{I}_C=\frac{\dot{U}_{CA}}{Z}$$

$$\dot{I}_A=-(\dot{I}_B+\dot{I}_C)=-\left(\frac{\dot{U}_{BA}}{Z}+\frac{\dot{U}_{CA}}{Z}\right)=\frac{1}{Z}(\dot{U}_{AB}-\dot{U}_{CA})$$

$$=\sqrt{3}\ \frac{\dot{U}_{AB}}{Z}\ \angle -30^\circ$$

由以上计算可看出,若对称负载某相断开,其他相负载电压和电流都将减小为原来的$\sqrt{3}/2$ 倍；而若某相负载短路,其他相负载电压、电流都将增加为原来的$\sqrt{3}$倍,短路相负载电流为原来的 3 倍。

5.6.6 三相电路的功率

在三相电路中,三相负载的平均功率等于各相负载平均功率之和,即

$$\begin{aligned}P &= P_A + P_B + P_C \\ &= U_{pA} I_{pA} \cos\varphi_A + U_{pB} I_{pB} \cos\varphi_B + U_{pC} I_{pC} \cos\varphi_C \end{aligned} \tag{5-56}$$

式中,U_{pA}、U_{pB}、U_{pC} 为各相电压的有效值,I_{pA}、I_{pB}、I_{pC} 为各相电流的有效值;φ_A、φ_B、φ_C 分别为 A 相、B 相、C 相电压与其对应的相电流之间的相位差,即各相负载的阻抗角。当采用关联参考方向时,计算结果 P 为正值表示吸收功率,P 为负值表示发出功率。

在对称三相电路中,有

$$U_{pA} = U_{pB} = U_{pC} = U_p$$

$$I_{pA} = I_{pB} = I_{pC} = I_p$$

$$\varphi_A = \varphi_B = \varphi_C = \varphi$$

代入式(5-56)得到在对称三相电路中三相负载的平均功率为

$$P = 3U_p I_p \cos\varphi \tag{5-57}$$

当负载为星形联接时,相电压与线电压之间的关系为 $U_p = U_l/\sqrt{3}$;相电流与线电流相等,即 $I_p = I_l$,代入式(5-57)得

$$P = \sqrt{3} U_l I_l \cos\varphi \tag{5-58}$$

当负载为三角形联接时,相电压与线电压相等,即 $U_p = U_l$,相电流与线电流之间的关系为 $I_p = I_l/\sqrt{3}$,代入式(5-57),同样可得式(5-58)的结果。因此在对称三相电路中,不论负载的联接方式如何,它的三相功率都可按式(5-58)来计算。必须注意,式中 φ 仍然是相电压与相电流之间的相位差,即 φ 是负载的阻抗角。

三相负载的无功功率为各相负载无功功率之和,即

$$\begin{aligned}Q &= Q_A + Q_B + Q_C \\ &= U_{pA} I_{pA} \sin\varphi_A + U_{pB} I_{pB} \sin\varphi_B + U_{pC} I_{pC} \sin\varphi_C \end{aligned} \tag{5-59}$$

在对称三相电路中,不论负载作星形联接还是作三角形联接,负载的总无功功率为

$$Q = 3U_p I_p \sin\varphi = \sqrt{3} U_l I_l \sin\varphi \tag{5-60}$$

三相负载的视在功率为

$$S = \sqrt{P^2 + Q^2}$$

在对称三相负载中,不论负载作星形还是三角形联接,其视在功率为

$$S = 3U_p I_p = \sqrt{3} U_l I_l \tag{5-61}$$

三相负载的功率因数为

$$\cos\varphi' = \frac{P}{S}$$

在不对称三相电路中,φ'不是电压与电流之间的相位差,仅是一个计算量,而在对称

三相电路中，φ'才与 φ 意义相同，即

$$\cos\varphi' = \frac{P}{S} = \frac{\sqrt{3}U_l I_l \cos\varphi}{\sqrt{3}U_l I_l} = \cos\varphi$$

对称三相电路中的瞬时功率有一个很可贵的特点，详见下面的讨论。

设对称三相 Y 形联接负载的阻抗角为 φ（感性），以 A 相电压为参考相量，则各自瞬时功率为

$$\begin{aligned}
p_{\mathrm{A}} &= u_{\mathrm{pA}} i_{\mathrm{pA}} = \sqrt{2}U_{\mathrm{p}}\cos\omega t \times \sqrt{2}I_{\mathrm{p}}\cos(\omega t - \varphi) \\
&= U_{\mathrm{p}} I_{\mathrm{p}}[\cos\varphi + \cos(2\omega t - \varphi)] \\
p_{\mathrm{B}} &= u_{\mathrm{pB}} i_{\mathrm{pB}} = \sqrt{2}U_{\mathrm{p}}\cos(\omega t - 120^\circ) \times \sqrt{2}I_{\mathrm{p}}\cos(\omega t - \varphi - 120^\circ) \\
&= U_{\mathrm{p}} I_{\mathrm{p}}[\cos\varphi + \cos(2\omega t - \varphi - 240^\circ)] \\
p_{\mathrm{C}} &= u_{\mathrm{pC}} i_{\mathrm{pC}} = \sqrt{2}U_{\mathrm{p}}\cos(\omega t + 120^\circ) \times \sqrt{2}I_{\mathrm{p}}\cos(\omega t - \varphi + 120^\circ) \\
&= U_{\mathrm{p}} I_{\mathrm{p}}[\cos\varphi + \cos(2\omega t - \varphi + 240^\circ)]
\end{aligned}$$

因为 $\cos(2\omega t - \varphi) + \cos(2\omega t - \varphi - 240^\circ) + \cos(2\omega t - \varphi + 240^\circ) = 0$

所以

$$p = p_{\mathrm{A}} + p_{\mathrm{B}} + p_{\mathrm{C}} = 3U_{\mathrm{p}} I_{\mathrm{p}} \cos\varphi = P$$

可见，在对称三相电路中，三相负载的瞬时功率并不随时间变化，即任何一瞬间都等于平均功率。这种性质称为瞬时功率平衡或平衡制。对三相电机来说，三相瞬时总功率等于常数意味着机械转矩不随时间变化，这样就避免了电机在运转时因转矩变化而产生的振动，这是对称三相电路的一个优点。

下面讨论三相功率的测量问题。

对于对称三相四线制电路，由于各相功率相同，所以只要用一只功率表测出任一相功率，将读数乘以三即为负载的总功率，这种测量方法常称为一表法。图 5-66 为用一只功率表测量 A 相功率的接线图。

对于三相四线制不对称电路，则必须用三只功率表分别测出三相功率，然后相加。这种方法称为三表法，接线如图 5-67 所示。

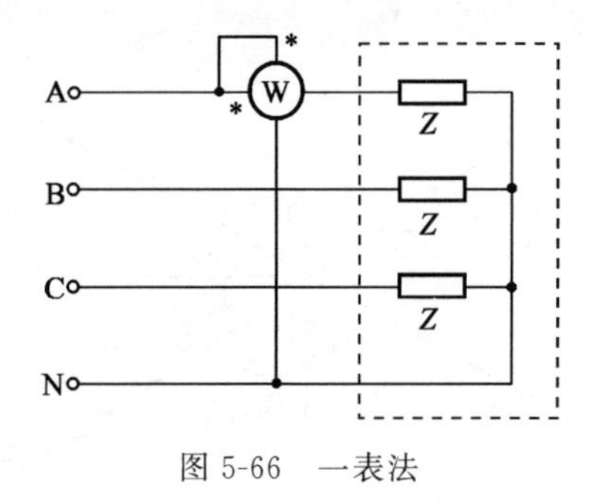

图 5-66　一表法

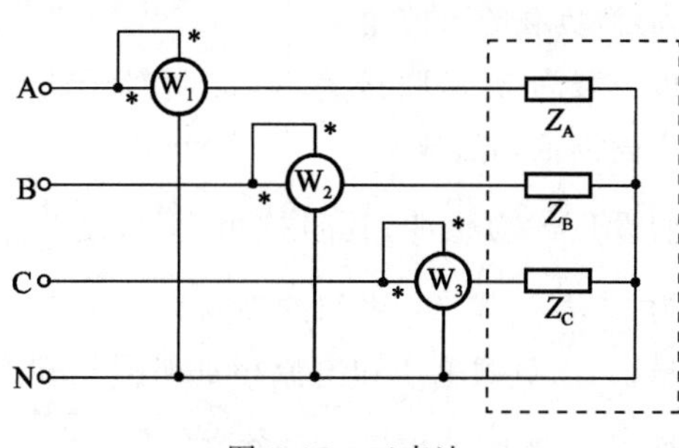

图 5-67　三表法

若为三相三线制电路，不论负载对称与否，可使用两个功率表测量三相功率，称为两表法，其联接方式如图 5-68 所示。两个功率表的电流线圈分别串入任意两端线中（图示为 A、

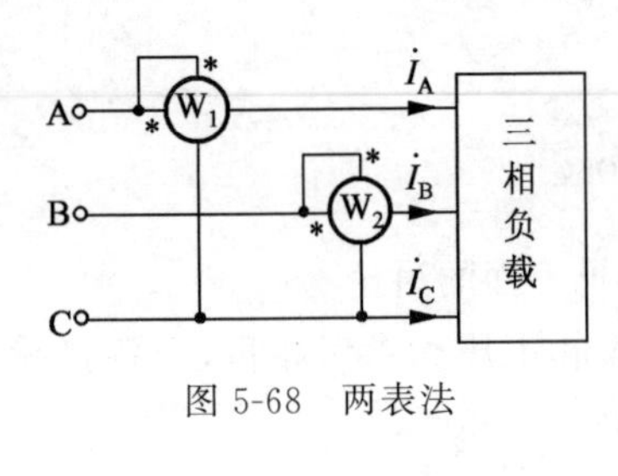

图 5-68 两表法

B线)，它们的电压线圈的无"＊"(星号)端，共同接到第三条端线上(图示为C线，此种接法称为共C接法)。可见，这种测量方法中功率表的接线只触及端线而不触及负载或电源，因此与负载及电源的联接方式无关。在这种联接方式下，两个功率表读数的代数和等于要测量的三相功率。功率表的读数是其电压线圈承受的电压、电流线圈中的电流以及电压和电流之间相位差的余弦的乘积。

现在来说明两表法的原理，设负载为星形联接，则三相瞬时功率为

$$\begin{aligned}p&=p_A+p_B+p_C\\&=u_{AN'}i_A+u_{BN'}i_B+u_{CN'}i_C\end{aligned}$$

在三相三线制中，$i_A+i_B+i_C=0$，即 $i_C=-i_A-i_B$，代入上式，并经整理得

$$\begin{aligned}p&=(u_{AN'}-u_{CN'})i_A+(u_{BN'}-u_{CN'})i_B\\&=u_{AC}i_A+u_{BC}i_B\end{aligned}\tag{5-62}$$

根据正弦电流电路中平均功率的定义可求得式(5-62)的三相平均功率为

$$\begin{aligned}P&=\frac{1}{T}\int_0^T p\,dt=U_{AC}I_A\cos\varphi_1+U_{BC}I_B\cos\varphi_2\\&=P_1+P_2\end{aligned}\tag{5-63}$$

式中，φ_1 及 φ_2 分别为 u_{AC} 与 i_A 及 u_{BC} 与 i_B 之间的相位差。可见式(5-63)正好等于图5-68所示电路中两功率表读数的代数和，即Ⓦ₁的读数为 P_1，Ⓦ₂的读数为 P_2。在实际测量中，当某个功率表所接线电压与线电流的相位差大于90°时，该表的指针将会反向偏转，为了取得读数，需将表的电流线圈两端对调(即将功率表面板右下侧的旋钮，转至"－"端)，使指针正偏转，并将读数记为负值。必须指出，一个功率表的读数是没有意义的。

在负载对称时，两个功率表的读数为

$$\begin{aligned}P_1&=U_{AC}I_A\cos(30°-\varphi)=U_lI_l\cos(30°-\varphi)\\P_2&=U_{BC}I_B\cos(30°+\varphi)=U_lI_l\cos(30°+\varphi)\end{aligned}\tag{5-64}$$

式中，φ 为负载的阻抗角。

以负载为Y形联接为例，证明对于式(5-64)两个功率表读数仍然成立。

假设负载为感性，其阻抗角为 φ，设 $\dot{U}_{AC}$ 与 $\dot{I}_A$ 夹角为 φ_1，$\dot{U}_{BC}$ 与 $\dot{I}_B$ 之间的夹角为 φ_2，以 $\dot{U}_{AN}$ 为参考相量，画出负载电压和电流相量如图5-69所示。

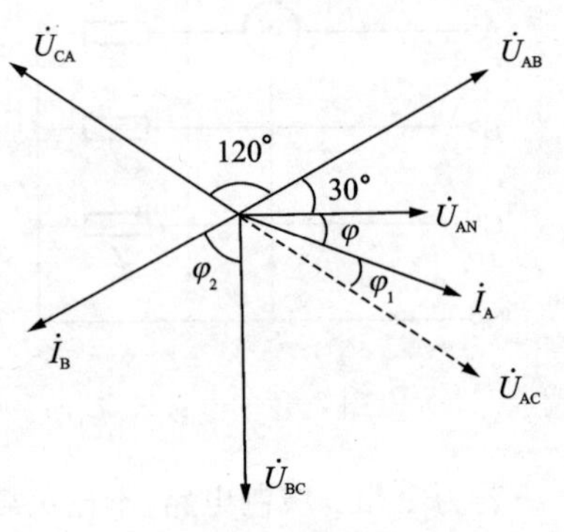

图 5-69 相量图

据图5-69所示相量图可知，$\dot{U}_{CA}$ 与 $\dot{U}_{AN}$ 相位差为150°，$\dot{U}_{AC}$ 与 $\dot{U}_{CA}$ 反相，所以 $\dot{U}_{AN}$ 与 $\dot{U}_{AC}$ 间差30°，而 $\dot{U}_{AN}$ 与 $\dot{I}_A$ 之间差阻抗角 φ，所以 $\dot{U}_{AC}$ 与 $\dot{I}_A$

的相位差 $\varphi_1=30°-\varphi$，即 $\dot{U}_{AC}$ 滞后 $\dot{I}_A$ 相角为 φ_1，而 $\dot{U}_{AB}$ 与 $\dot{I}_A$ 之间相位差为 $30°+\varphi$，$\dot{U}_{BC}$ 与 $\dot{I}_B$ 的相位差 $\varphi_2=30°+\varphi$，由此得证式(5-64)正确。若负载为△形联接，证法类似，由读者自行完成。

两个功率表读数为

$$\begin{aligned}P_1+P_2&=U_{AC}I_A\cos(30°-\varphi)+U_{BC}I_B\cos(30°+\varphi)\\&=U_lI_l[\cos(30°-\varphi)+\cos(30°+\varphi)]\\&=\sqrt{3}U_lI_l\cos\varphi=P\end{aligned}$$

当负载为纯电阻，即 $\varphi=0$ 时，$P_1=P_2$，即两功率表的读数相等。

当负载阻抗角 $\varphi=60°$(感性)时，$P_2=0$，即Ⓦ₂读数为零。

当负载阻抗角 $\varphi=-60°$(容性)时，$P_1=0$，即Ⓦ₁的读数为零。

当负载阻抗角 $|\varphi|>60°$ 时，当负载为感性时，Ⓦ₂读数 P_2 为负值，若负载为容性，则Ⓦ₁读数 P_1 为负值。当负载对称时，由两个功率表的读数也可算得负载的总无功功率为 $Q=\sqrt{3}(P_2-P_1)$。

例 5-18 某三相电动机，接于线电压为 380 V 的三相对称电源，若电动机吸收的总功率为 2.5 kW，$\cos\varphi=0.866$，如图 5-70 所示。试计算两个功率表的读数。

解 电路中两个功率表接法为共 B 接法，求功率表的读数，只要求出它们相关联的电压、电流相量即可。

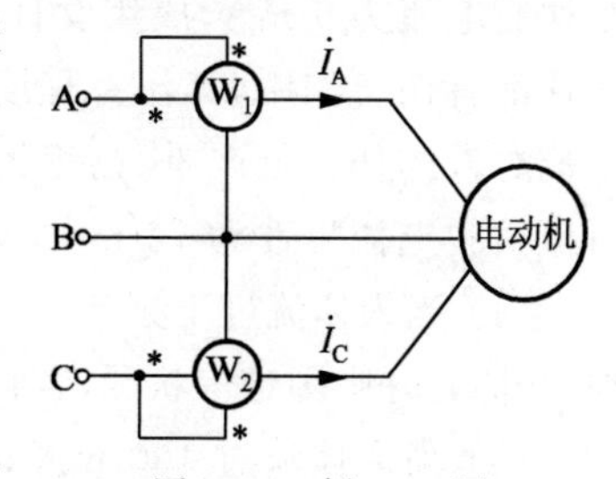

图 5-70 例 5-18 图

由于三相电动机为一对称负载，所以

$$I_l=\frac{P}{\sqrt{3}U_l\cos\varphi}=\frac{2.5\times10^3}{\sqrt{3}\times380\times0.866}=4.386\ \text{A}$$

$\varphi=\arccos0.866=30°$(电动机为感性)

设电源与负载均为星形联接，并设 A 相电压为参考相量，即 $\dot{U}_{AN}=220\angle0°$ V，则有

$$\dot{I}_A=4.386\angle-30°\ \text{A}$$

$$\dot{U}_{AB}=380\angle30°\ \text{V}$$

$$\dot{I}_C=\dot{I}_A\angle120°=4.386\angle90°\ \text{A}$$

$$\dot{U}_{CB}=-\dot{U}_{BC}=-\dot{U}_{AB}\angle-120°=380\angle90°\ \text{V}$$

各功率表的读数为

$$\begin{aligned}P_1&=U_{AB}I_A\cos(\widehat{\dot{U}_{AB},\dot{I}_A})\\&=380\times4.386\times\cos(30°+30°)\\&=833.3\ \text{W}\end{aligned}$$

$$\begin{aligned}P_2&=U_{CB}I_C\cos(\widehat{\dot{U}_{CB},\dot{I}_C})\\&=380\times4.386\times\cos(90°-90°)\\&=1666.7\ \text{W}\end{aligned}$$

$$P_1+P_2=833.3+1666.7=2500\ \text{W}$$

与题给定的 2.5 kW 相符。式中,$\widehat{\dot{U}_{AB},\dot{I}_A}$表示两个相量的夹角。

*5.7 人体电阻电路模型及触电事故

触电(electric shock)是人体意外接触电气设备或线路的带电部分而造成的人身伤害事故。人体触电时,通过人体的电流会导致合理机能失常或破坏,如烧伤、肌肉抽搐、呼吸困难、心脏停搏甚至危及生命。

触电的危害程度与流经人体电流的大小、频率及持续时间长短等因素有关。

(1) 人体对 0.5 mA 以下的工频(50 Hz)电流一般是没有感觉的。

(2) 当人体流过工频 1 mA 或直流 5 mA 电流时,人体就会有麻、刺、痛的感觉。试验资料表明:对不同的人引起感觉的最小电流是不一样的,工频下成年男性平均约为 1.01 mA,成年女性约为 0.7 mA,这一数值称为感知电流。

(3) 人体触电后能自主摆脱电源的电流称为摆脱电流。对于不同的人,摆脱电流不相同。工频下成年男性最大摆脱电流平均为 16 mA,成年女性为 10.5 mA。成年男性最小摆脱电流为 9 mA,成年女性约为 6 mA,试验证明:直流电流、高频电流、冲击电流对人体都有伤害作用,其伤害程度较工频电流要轻。一般而言,频率为 25~300 Hz 的交流电流对人体伤害最严重,频率为 1 000 Hz 以上时,对人体伤害程度明显减轻。人体平均直流摆脱电流男性为 76 mA,女性约为 51 mA。

(4) 当人体流过工频 20~50 mA 或直流 80 mA 电流时,人就会产生麻痹、痉挛、刺痛,血压升高,呼吸困难等状况,若自己不能摆脱电源,就有生命危险,这个电流称为致命电流。

(5) 当人体流过 100 mA 以上电流时,人就会呼吸困难,心脏停搏。

一般情况下,8~10 mA 以下的工频电流,50 mA 以下的直流电流可以当作人体允许的**安全电流**(safe current),但这些电流长时间通过人体也是有危险的。人体通过 100 mA 电流即可致命。

可以通过建立简单的人体电路模型,研究电流流经人体的情况。人体阻抗不是纯电阻,主要由人体电阻决定。人体电阻主要是皮肤电阻,表皮 0.05~0.2 mm 厚的角质层的电阻较大,皮肤干燥时,电阻为 6~10 kΩ,甚至高达 100 kΩ,而一旦潮湿(如出汗等)可降到 1 kΩ 左右,皮肤有伤口角质层被破坏时,皮肤电阻也只有 800~1 200 Ω。人体内部组织电阻相对恒定,为 500~800 Ω。当人体接触带电体时,人体就相当于电路元件接入电路,此时,人体阻抗通常包括外部阻抗(与触电时所穿衣服、鞋袜以及身体的潮湿情况有关,从几千欧姆到几十兆欧姆不等)和内部阻抗(与触电者的皮肤阻抗和体内组织阻抗有关)。一般认为,接触到真皮里,一只手臂或一条腿的电阻约为 500 Ω,人体总的电阻可按 1~2 kΩ 考虑。

常见的人体触电形式是单相触电,如图 5-71(a)所示示意图,人站在地面上,身体触及到电源的一根火线。在三相四线中性点接地系统中,发生单相触电时人体将承受 220 V 电压，如果不迅速脱离，就可危及生命。

图 5-71(b)所示为一简化了的人体触电的电路模型，其中 $R_1 \sim R_4$ 分别表示头颈部、臂部、胸腹部和腿部的电阻，它们各有典型的电阻值，R_{P1}、R_{P2} 分别为手部和脚部的皮肤电阻，给出各电阻值就可计算出人体各部分流过的电流值，看出流经人体电流是否危险。

图 5-71(b)中，若 $R_2 = R_3 = R_4 = 50\ \Omega$，$R_{P1} = R_{P2} = 450\ \Omega$，运用电阻电路分析法可算出：$i_1 = i_2 = 275\ \text{mA}$，$i_3 = i_4 = 137.5\ \text{mA}$。

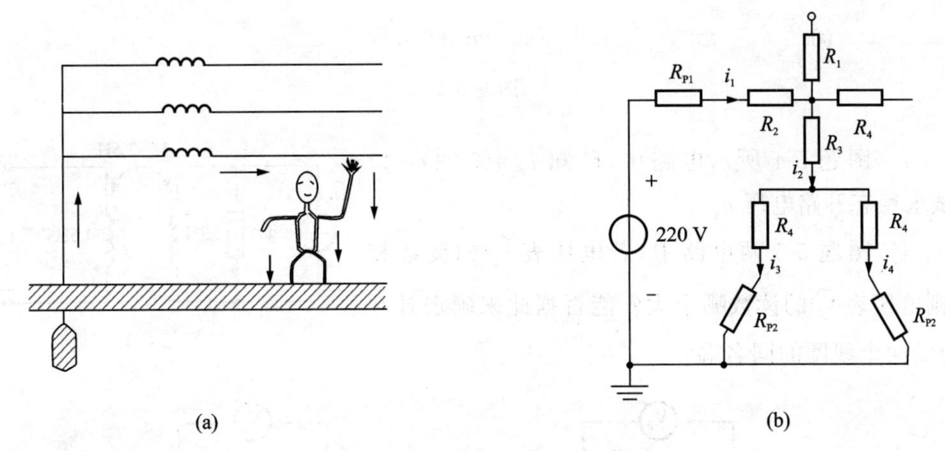

图 5-71　人体触电示意图

可见，流经人体臂、胸腹的电流为 275 mA，流经双脚的电流为 137.5 mA，都远远超过了安全电流值，如果触电将导致伤害事故。

习题

5-1　耦合电感如图题 5-1(a)所示，已知 $L_1 = 4\ \text{H}$，$L_2 = 2\ \text{H}$，$M = 1\ \text{H}$，若电流 i_1 和 i_2 的波形如图题 5-1(b)所示，试绘出 u_1 及 u_2 的波形。

5-2　图题 5-2 所示耦合电感电路。已知电源电压 $u_S = 10\cos(2\pi \times 10^3 t)$ V。当 2-2′线圈开路时，$i_1 = 0.1\sin(2\pi \times 10^3 t)$ A，$u_o = -0.9\cos(2\pi \times 10^3 t)$ V；当 2-2′线圈短路时，$i_{2sc} = 0.9\sin(2\pi \times 10^3 t)$ A。求 L_1、L_2、M 及耦合系数 k。

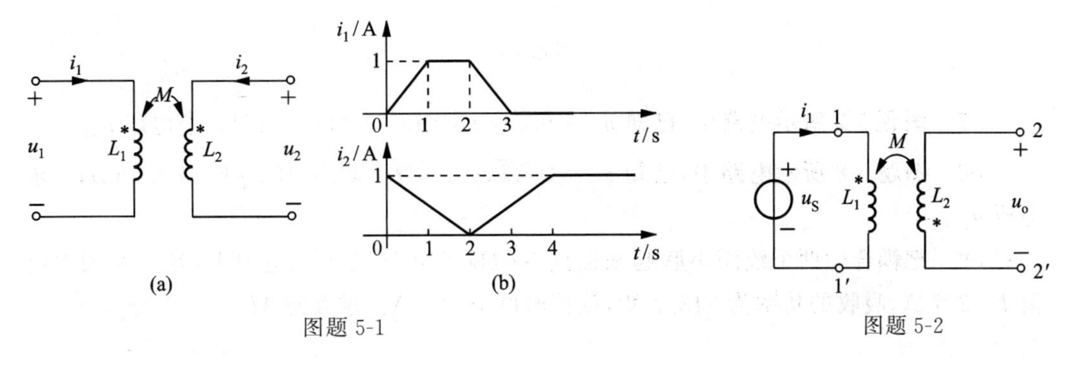

图题 5-1　　　　图题 5-2

5-3　图题5-3所示各电路,已知 $L_1=1$ H,$L_2=0.25$ H,$M=0.25$ H,求 $u_1(t)$ 及 $u_2(t)$。

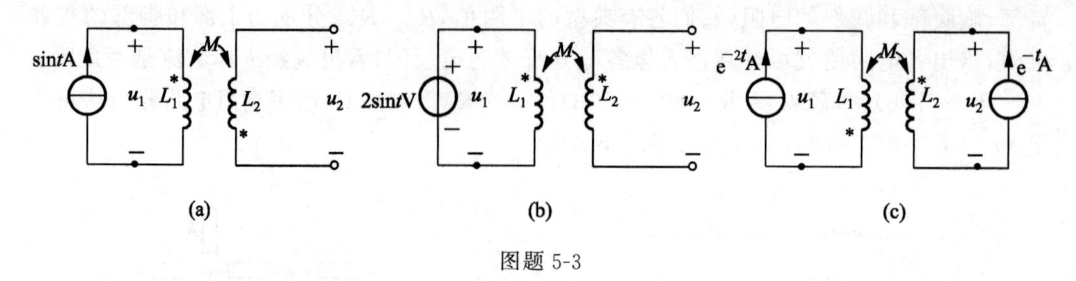

图题5-3

5-4　图题5-4所示电路中,已知 $i_S=5\sqrt{2}\cos 2t$ A,试求稳态开路电压 u_{oc}。

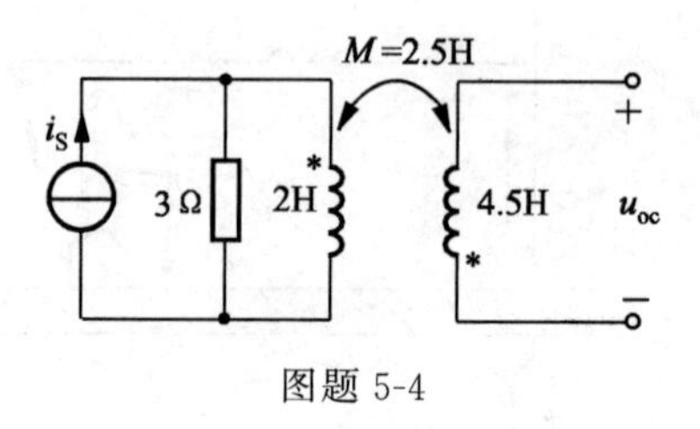

图题5-4

5-5　图题5-5两电路中,若电压表Ⓥ₁的读数相等,则电压表Ⓥ₂的读数哪个大?能否据此来确定具有耦合的两个线圈的同名端?

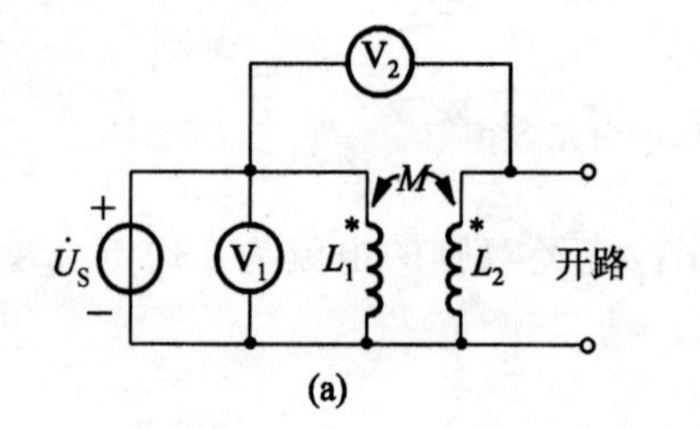
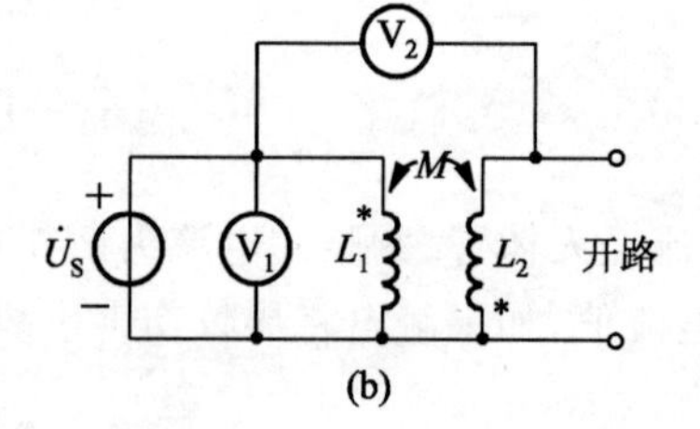

图题5-5

5-6　图题5-6所示电路,a、b端开路,求 $u_1(t)$ 和 $u_2(t)$。

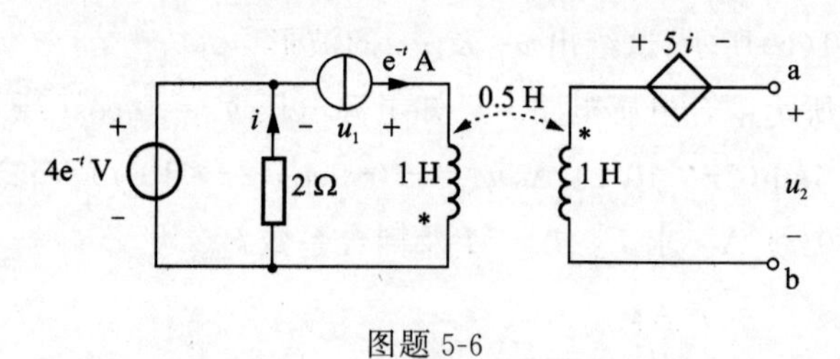

图题5-6

5-7　图题5-7所示电路中,已知 $u_S=20\sqrt{2}\cos 1000t$ V,$M=1$ mH。求电压 u_{ab}。

5-8　图题5-8所示电路中,已知 $u_S=20\sqrt{2}\cos 1000t$ V,$C=100$ μF,$M=1$ mH。求电压 u_C。

5-9　把耦合的两个线圈串联起来接到50 Hz、220 V的正弦电源上,顺接时测得电流 $I=2.7$ A,吸收的功率为218.7 W,反接时电流为7 A。求互感 M。

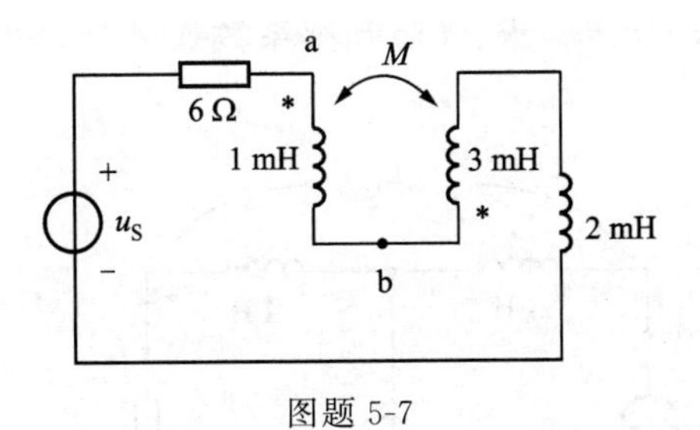

图题 5-7

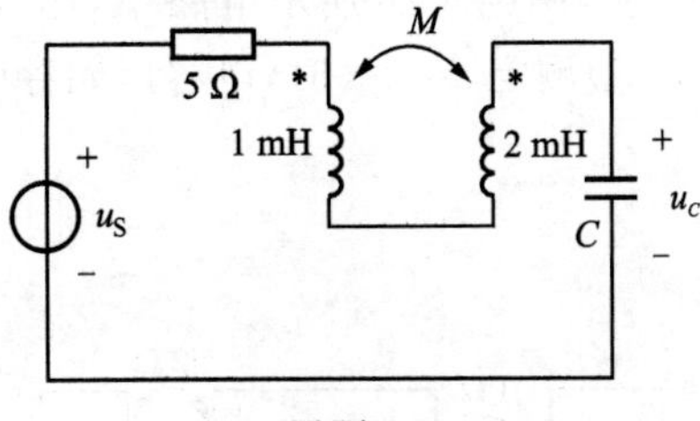

图题 5-8

5-10　已知图题 5-10 所示电路中，$L_1=0.01$ H，$L_2=0.02$ H，$M=0.01$ H，$R_1=5$ Ω，$R_2=10$ Ω，$C=20$ μF。试求当两线圈顺接和反接时的谐振角频率。若在这两种情况下加电压均为 6 V，试求两线圈上的电压 U_1 和 U_2。

5-11　图题 5-11 所示电路，$\dot{U}_S=100\angle 0°$ V，$\dot{I}_S=2\angle 0°$ A，$\omega L_1=20$ Ω，$\omega L_2=30$ Ω，$\omega M=15$ Ω，$\dfrac{1}{\omega C}=40$ Ω，$R=60$ Ω，用戴维南定理求 $\dot{I}_R$。

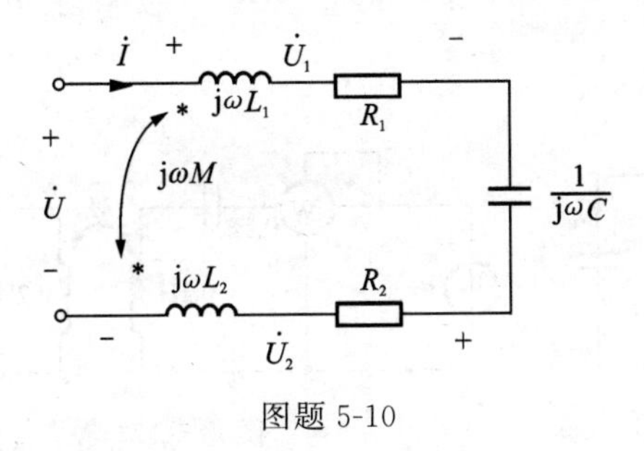

图题 5-10

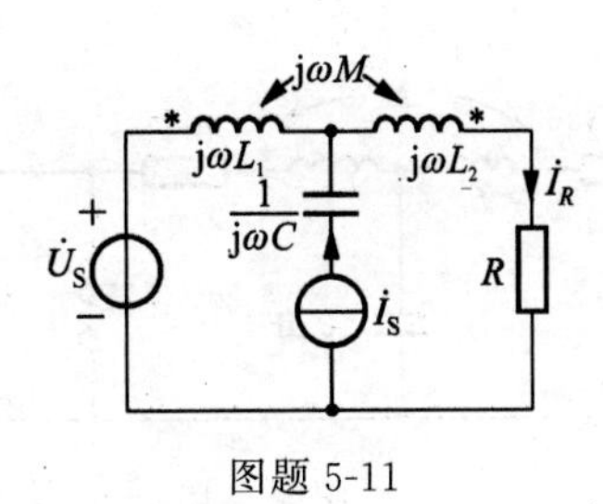

图题 5-11

5-12　图题 5-12 是一个空心自耦变压器电路。已知 $R_1=R_2=3$ Ω，$\omega L_1=\omega L_2=4$ Ω，$\omega M=2$ Ω，输入端电压 $\dot{U}_1=10$ V。试求：(1) 输出端的开路电压 $\dot{U}_0$；(2) 若在输出端 a、b 间接入一个阻抗 $Z=0.52-j0.36$ Ω，再求输出电压 $\dot{U}_{ab}$。

5-13　图题 5-13 所示电路，R、L_1、L_2、M 均为已知，C 可调，为使负载电流 $i=0$，正弦电压源的频率应取何值？

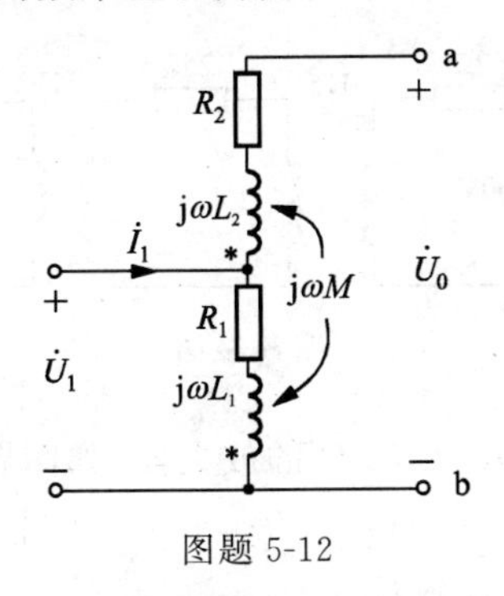

图题 5-12

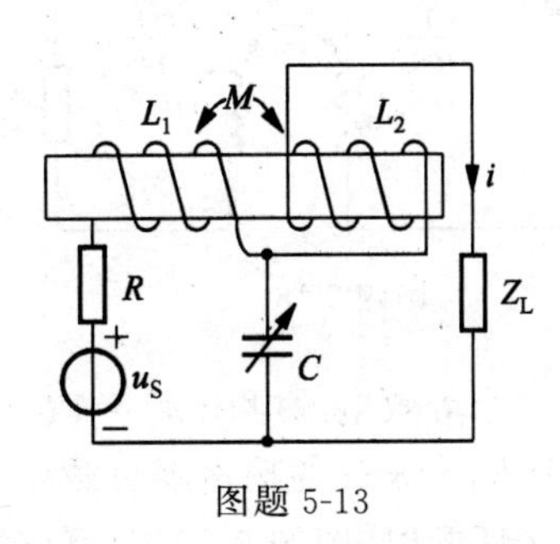

图题 5-13

5-14　试计算图题 5-14 所示的电路的入端阻抗 Z_i。

5-15　图题 5-15 所示电路中，已知 $i_S=2\cos4t$ A。求：(1)互感系数 M；(2)电流 $i_o(t)$；(3)测定 $t=2$ s 时，电容所储存的能量。

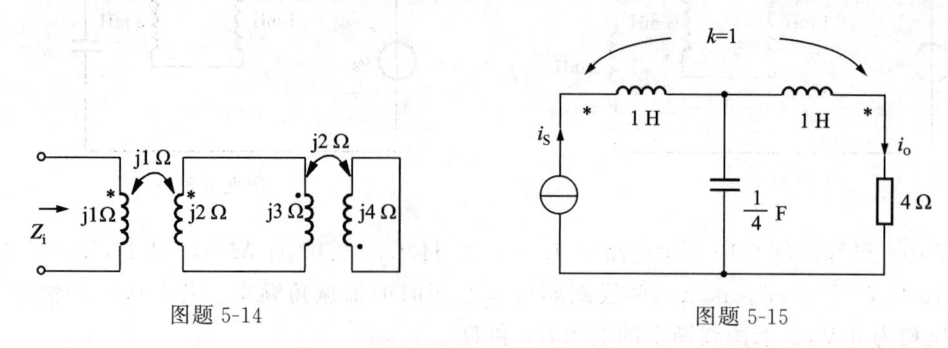

图题 5-14　　图题 5-15

5-16　图题 5-16 所示电路中，已知 $u_S=200\sqrt{2}\cos200t$ V，$L_1=1$ H，$L_2=0.5$ H，$M=0.25$ H，求 i_C。

5-17　图题 5-17 所示电路中，功率表的读数为 24 W，$u_S=2\sqrt{2}\sin10t$ V，试确定互感 M 的值。

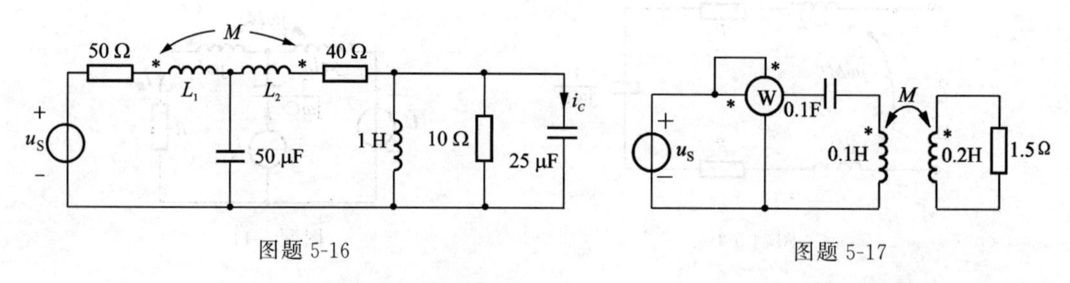

图题 5-16　　图题 5-17

5-18　空心变压器电路如图题 5-18 所示。已知 $U_1=10$ V，$\omega=10^6$ rad/s，$L_1=L_2=1$ mH，$\dfrac{1}{\omega C_1}=\dfrac{1}{\omega C_2}=1$ kΩ，$R_1=10$ Ω，$R_2=40$ Ω，为使 R_2 上获得最大功率，试求所需的 M 值，负载 R_2 上的功率和 C_2 的电压。

5-19　图题 5-19 所示电路，求 5 Ω 电阻的功率及电源发出的功率。

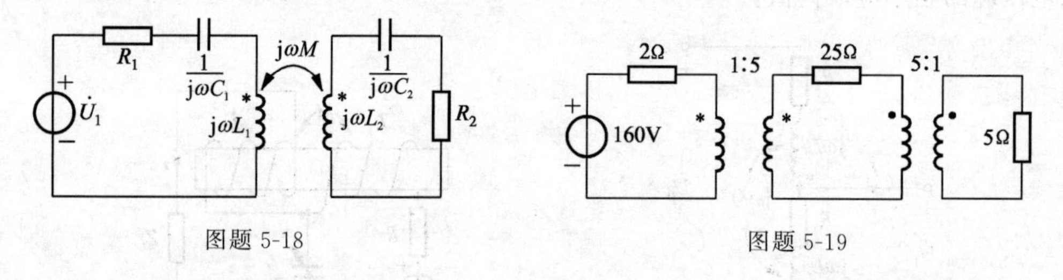

图题 5-18　　图题 5-19

5-20　一个等效电源电压 $u_S=12\cos2t$ V、内阻 $R_S=72$ Ω 的放大器，如图题 5-20 所示，要接一个 $R_L=8$ Ω 的扬声器负载。

(1) 求未匹配时[图题 5-20(a)]负载吸收的平均功率 P_L；

(2) 若用变比为 n 的理想变压器使之匹配[图题 5-20(b)]，试求 n 和此时的 P_L。

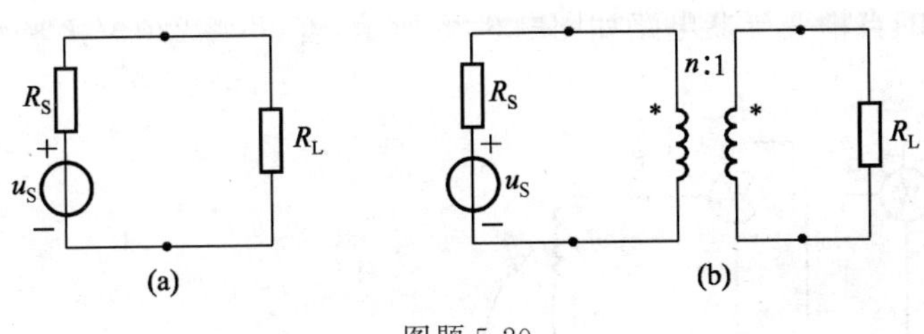

图题 5-20

5-21　图题5-21所示电路中，理想变压器的匝比为1∶2，$R_1=R_2=10\ \Omega$，$\dfrac{1}{\omega C}=50\ \Omega$，$\dot{U}=50\ \underline{/0^\circ}\ \mathrm{V}$。求流过 R_2 的电流。

5-22　图题5-22所示电路中回路Ⅰ是一个信号传输电路，为了抑制频率为27.75 MHz的一个强干扰信号，附加一个吸收回路，即图中的回路Ⅱ。该回路与回路Ⅰ通过互感耦合，如图所示，回路Ⅱ本身的谐振频率为27.75 MHz。若设耦合系数为0.25，试比较吸收回路存在和不存时传输回路输出端干扰信号的大小。u_1、u_2 分别为输入、输出信号。

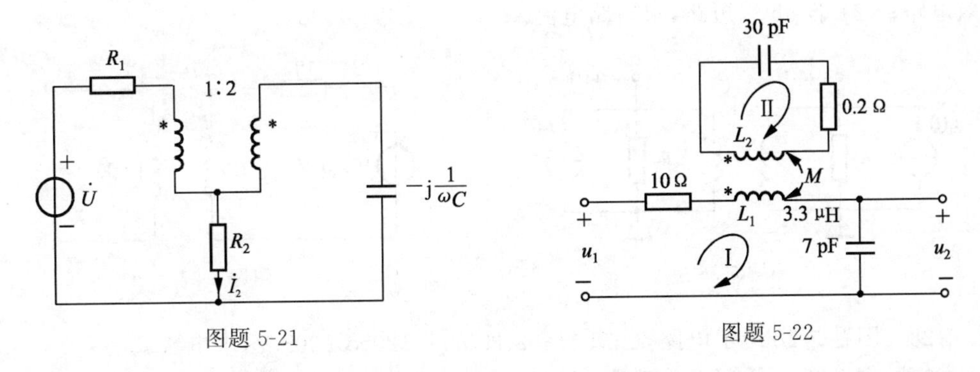

图题 5-21　　图题 5-22

5-23　图题5-23所示正弦电路。已知 $i_S(t)=1.414\cos 100t$ A，T为理想变压器。试求负载阻抗 Z_L 为何值时，其获得的功率最大，并求此最大功率 $P_{\max}$。

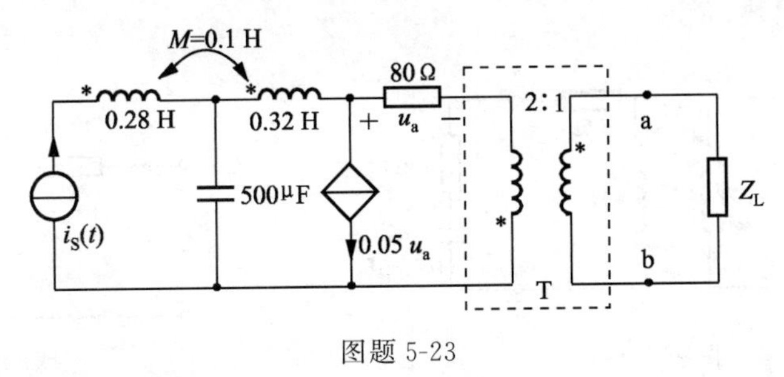

图题 5-23

5-24　一个正弦稳态网络如图题5-24所示，已知 $R_1=20\ \Omega$，$\omega L_1=80\ \Omega$，$R_2=30\ \Omega$，$\omega L_2=50\ \Omega$，$\omega M=40\ \Omega$，$\dot{U}=120+\mathrm{j}20$ V。试求三个功率表测得的功率值。并根据所得结果说明网络中的能量传递过程。

5-25　理想的自耦变压器电路如图题5-25所示，若$U_{ac}=220\text{ V}$，$U_{bc}=200\text{ V}$，试求电流I_1、I_2。

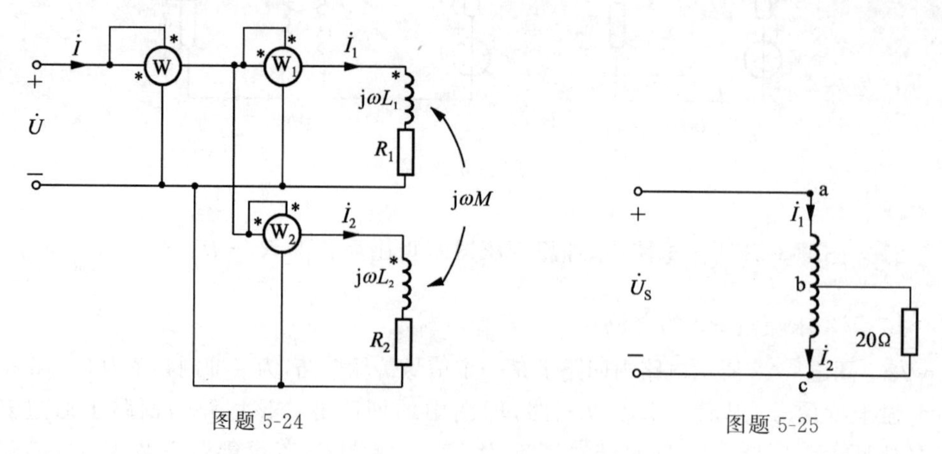

图题 5-24　　　　　　　　　　图题 5-25

5-26　图题5-26电路，求$u_1(t)$及$u_2(t)$。

*5-27　全耦合变压器如图题5-27所示，各阻抗值的单位为Ω。(1) 求ab端的戴维南等效电路；(2) 若ab端短路，求短路电流。

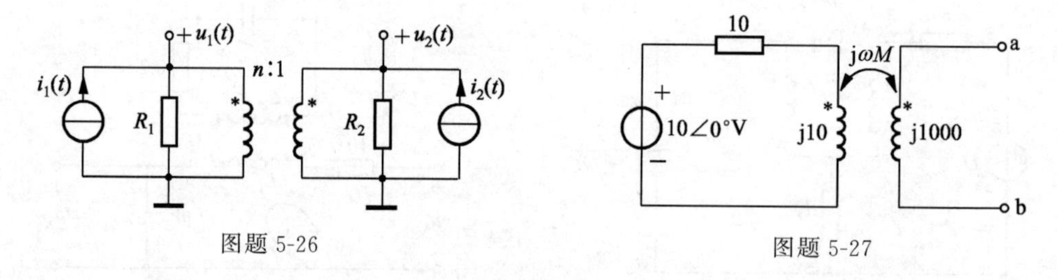

图题 5-26　　　　　　　　　　图题 5-27

5-28　图题5-28所示电路，已知$M=2\text{ H}$，$u_S=120\cos 100t\text{ V}$，求电流$i_1$。

5-29　在图题5-29所示电路中，电源电压$U=10\text{ V}$，角频率$\omega=3000\text{ rad/s}$，调节电容使电路达到谐振。谐振时，电流$\dot{I}_0=100\text{ mA}$，电容电压$U_{C0}=200\text{ V}$，试求R、L、C的值及回路的品质因数。

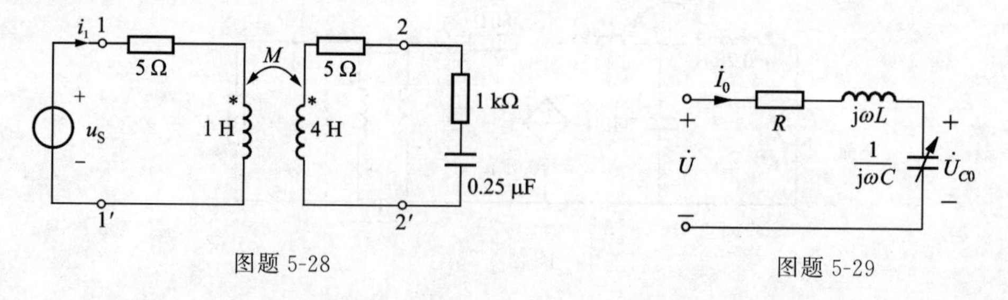

图题 5-28　　　　　　　　　　图题 5-29

5-30　串联谐振电路实验中，电源电压$U_S=1\text{ V}$保持不变。当调节电源频率达到谐振时，$f_0=100\text{ kHz}$，回路电流$I_0=100\text{ mA}$；当电源频率变到$f_1=99\text{ kHz}$时，回路电流$I_1=70.7\text{ mA}$。试求：(1) R、L和C之值；(2) 回路的品质因数Q。

5-31　当电源电压 $u=\sqrt{2}\cos 5000t$ V 时，R、L、C 串联电路发生谐振，已知 $R=5\ \Omega$，$L=400$ mH。求电容 C 的值，并求电路中电流和各元件电压的瞬时表达式。

5-32　R、L、C 串联电路的端电压 $u=10\sqrt{2}\cos(2500t+15°)$ V，当电容 $C=8\ \mu$F 时，电路中吸收的功率为最大，且为 100 W。

(1) 求电感 L 和电路的 Q 值；

(2) 作电路的相量图。

5-33　图题 5-33 所示正弦稳态电路，已知 $u_S=30\sqrt{2}\cos 100t$ V。

(1) 当 $C=500\ \mu$F 时，求电路消耗的有功功率 P 和无功功率 Q；

(2) 若要使电路消耗的平均功率最大，则电容 C 应选何值；

(3) 电路谐振时，计算电容电压 u_C。

5-34　图题 5-34 所示电路中，如果改变电容 C，毫伏表的指示值如何变化？C 为何值时指示值最小？该最小指示值为多少？

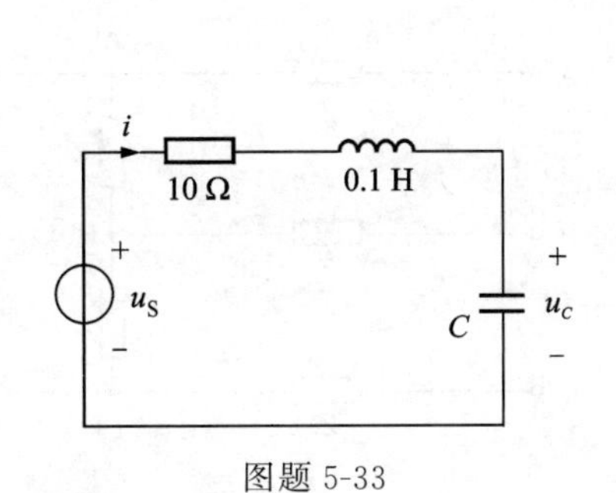

图题 5-33

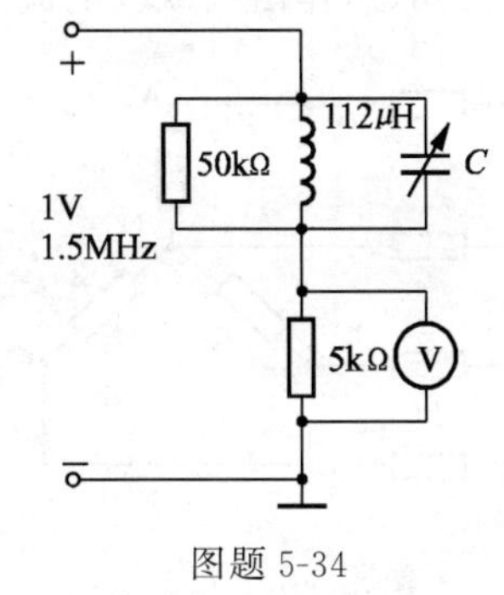

图题 5-34

5-35　图题 5-35 所示电路中，已知 $I_S=1$ A，$R_1=R_2=100\ \Omega$，$L=0.2$ H。如当 $\omega=1000$ rad/s 时电路发生谐振，求电路谐振时电容 C 的值和电流源的端电压 U。

5-36　图题 5-36 所示电路中，已知正弦电压 u_S 的有效值为 2.2 V，$\omega=10^4$ rad/s，试问互感 M 为何值时可使电路发生电压谐振？谐振时各元件上的电压和电流为多少？

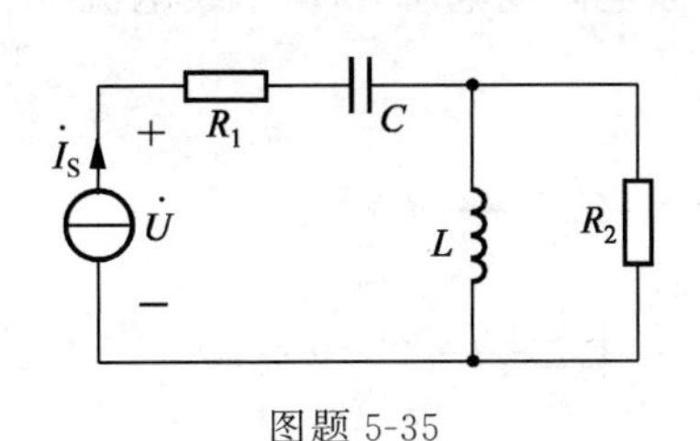

图题 5-35

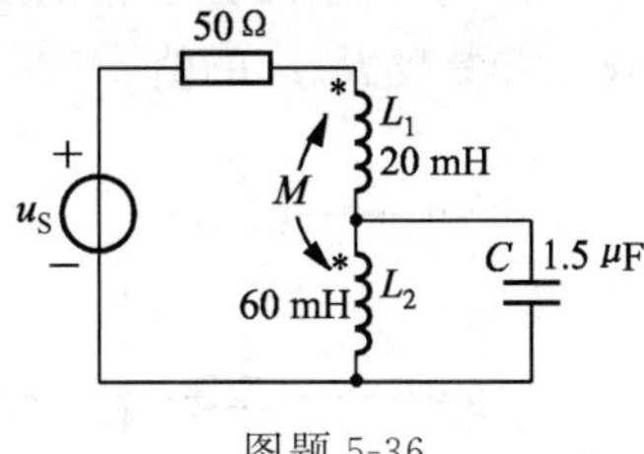

图题 5-36

5-37　在图题 5-37 所示电路中，试问 C_1 和 C_2 为何值才能使电源频率为 100 kHz 时电流不能流过负载 R_L，而在频率为 50 kHz 时，流过 R_L 的电流最大。

5-38　图题 5-38 所示电路中，正弦电压 u 的有效值 $U=200$ V，电流表Ⓐ₂的读数为零。求电流表Ⓐ₁的读数。

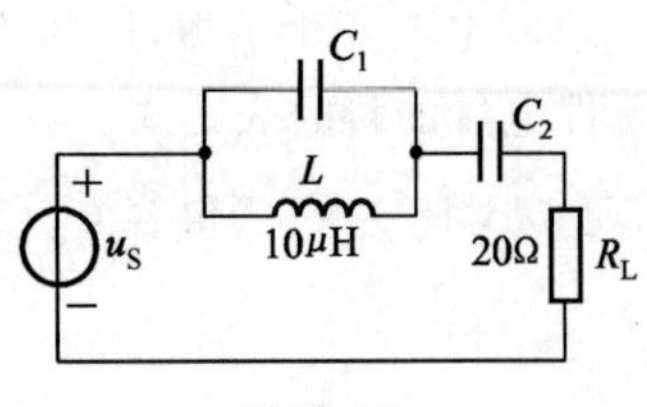

图题 5-37

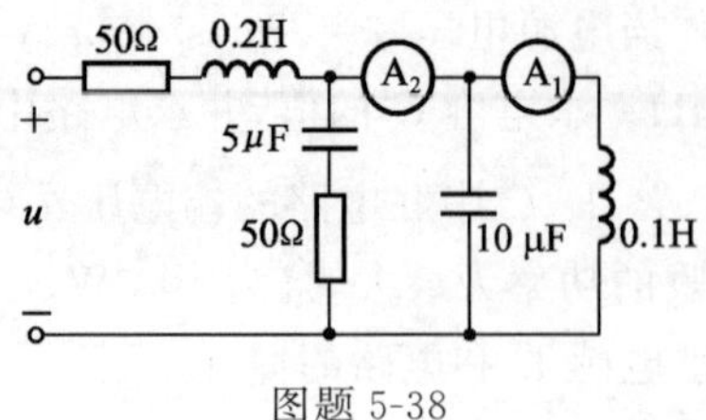

图题 5-38

5-39　图题 5-39 所示对称三相电路，已知星形负载 $Z=165+\mathrm{j}84\ \Omega$，端线阻抗 $Z_l=2+\mathrm{j}1\ \Omega$，中线阻抗 $Z_N=1+\mathrm{j}1\ \Omega$，电源端线电压 $U_l=380$ V。求负载的电流 i_A、i_B 和线电压 $\dot{U}_{B'C'}$、$\dot{U}_{C'A'}$，并以 $\dot{U}_{A'N'}$ 为参考相量，作出负载端电压与电流的相量图。

5-40　图题 5-40 所示对称三相电路，已知线电压 $U_l=380$ V（电源端），三角形负载 $Z=4.5+\mathrm{j}14\ \Omega$，端线阻抗 $Z_l=1.5+\mathrm{j}2\ \Omega$。求线电流和负载的相电流，并以电源端相电压 $\dot{U}_{AN}$ 为参考相量，作出负载线电流与相电流的相量图。

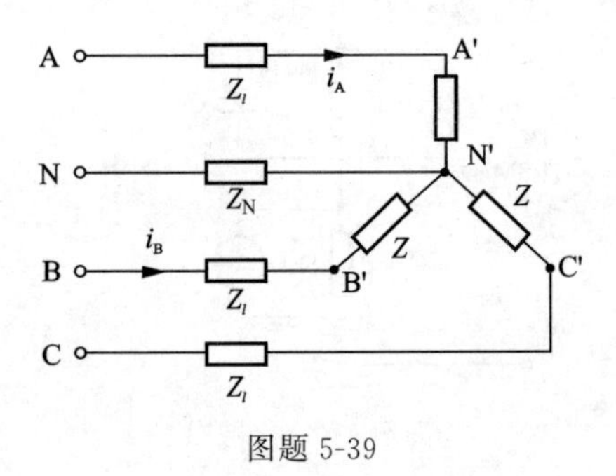

图题 5-39

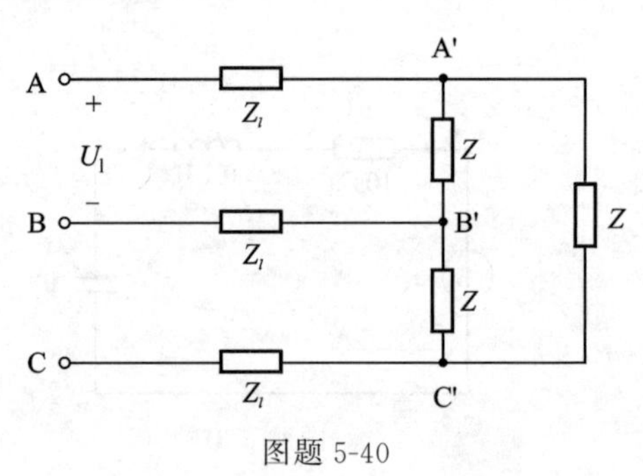

图题 5-40

5-41　图题 5-41 所示对称三相电路中，已知 $\dot{U}_{AB}=380\underline{/10^\circ}$ V，$\dot{I}_A=5\underline{/10^\circ}$ A。

(1) 求三相负载总功率 P；

(2) 若 A 相负载断开，求此时负载的总功率。

5-42　图题 5-42 所示对称三相电路，已知工频电源线电压 380 V，线电流 11 A，三相功率 4356 W。求参数 R、L 的值。

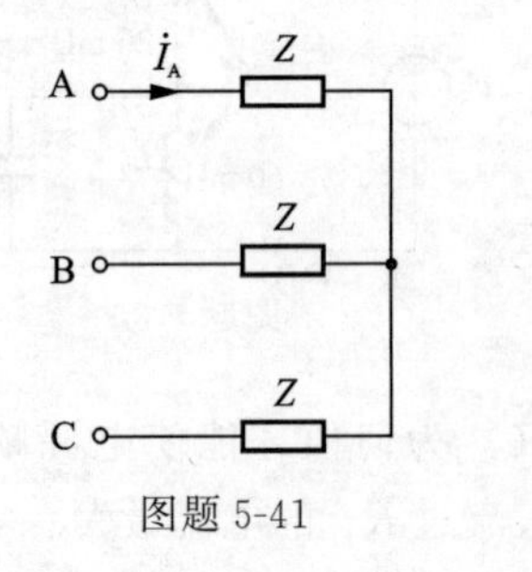

图题 5-41

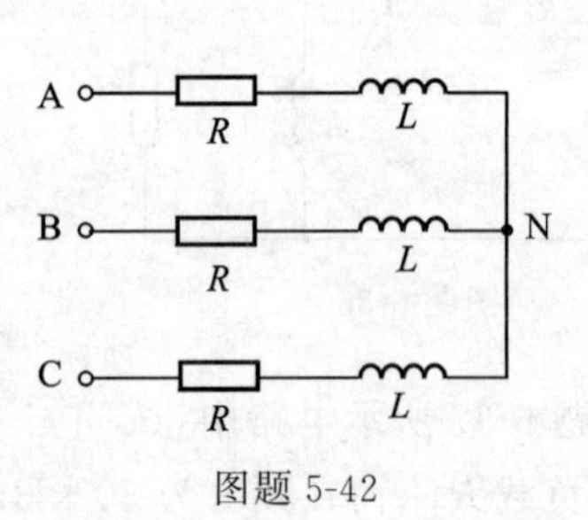

图题 5-42

5-43　对称三相电路如图题 5-43 所示，已知负载阻抗 $Z_\triangle=21+\mathrm{j}22.5\ \Omega$。求：(1) 三相电源发出的总功率；(2) 三角形负载吸收的总功率。

5-44 对称三相电源向两组 Y 形负载供电，如图题 5-44 所示，当中线开关 S 闭合时电流表读数为 1 A。(注：在照明系统中，中线上不允许装开关。)

(1) 若开关 S 打开，电流表读数是否改变，为什么？

(2) 若 S 仍闭合，C 相负载 Z_l 断开，电流表读数是否改变，为什么？

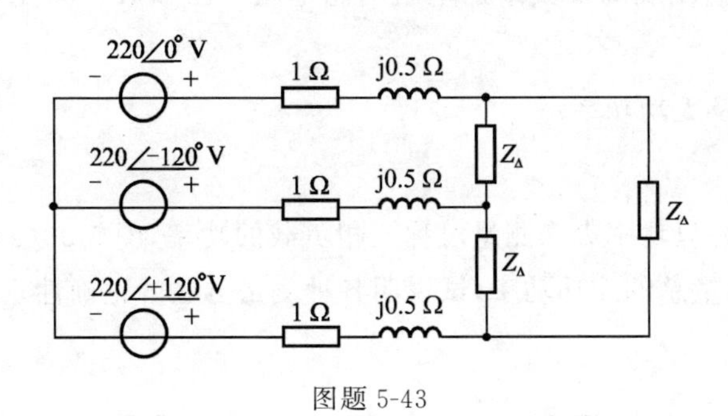

图题 5-43

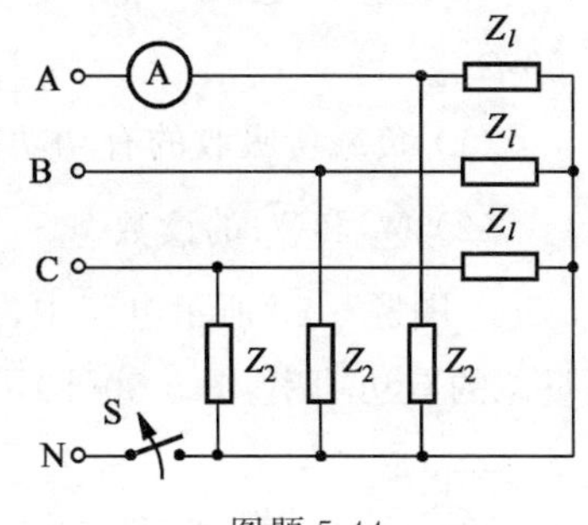

图题 5-44

5-45 图题 5-45 所示对称三相电路。已知 $\dot{U}_{AB}=380\angle 0°$ V，$\dot{I}_A=1\angle -60°$ A，则功率表读数各为多少？

5-46 图题 5-46 所示电路，已知功率表读数为 500 W，求三相负载的总功率。

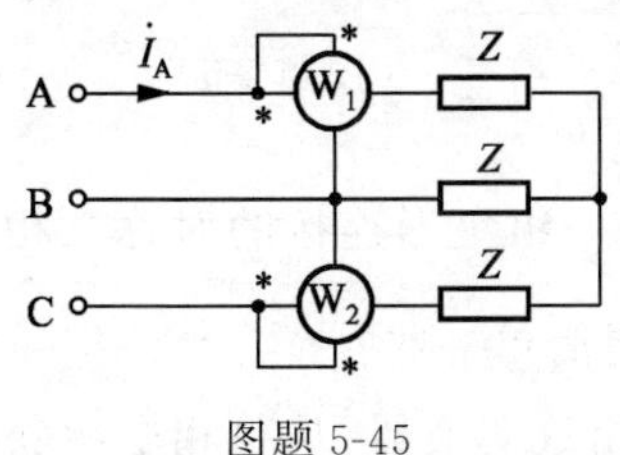

图题 5-45

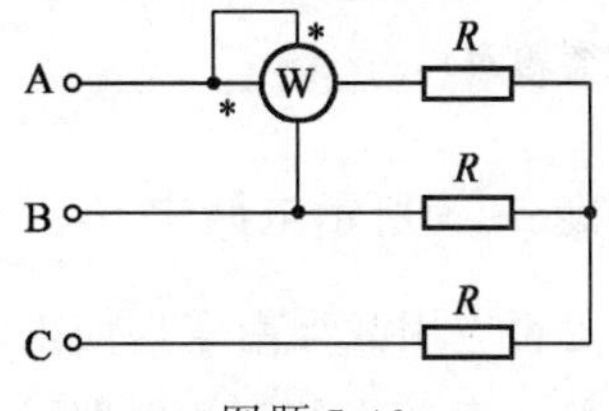

图题 5-46

5-47 三相对称感性负载接到三相对称电源上，在两线间接一功率表如图题 5-47 所示。若线电压 $U_{AB}=380$ V，负载功率因数 $\cos\varphi=0.6$，功率表读数 $P=275.3$ W。求线电流 I_A。

5-48 图题 5-48 所示对称三相电路，已知电源线电压 380 V，星形负载阻抗 $Z_1=3+\mathrm{j}4\ \Omega$，三角形负载阻抗 $Z_2=9+\mathrm{j}12\ \Omega$，线路阻抗 $Z_L=0.5\ \Omega$。设相电压 $\dot{U}_{AN}$ 为参考相量。

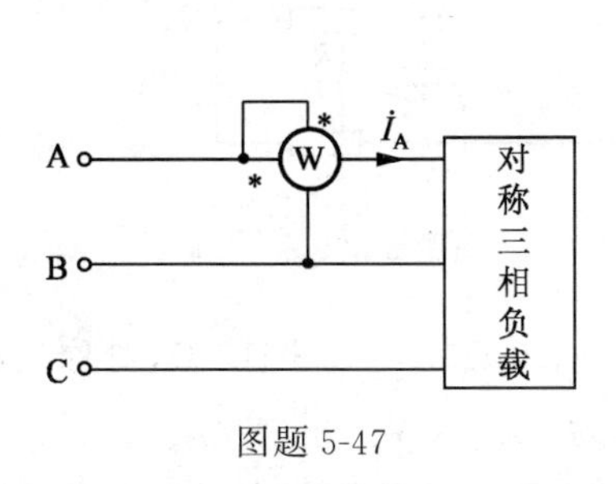

图题 5-47

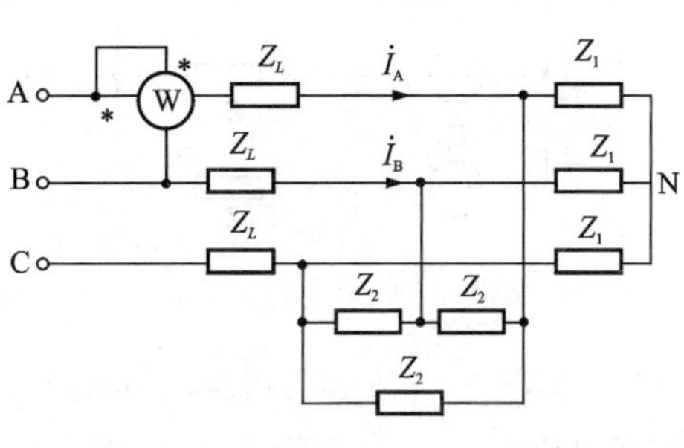

图题 5-48

(1) 求线电流 $\dot{I}_A$、$\dot{I}_B$；(2) 计算图中功率表的读数；(3) 画出两表法测电源侧三相电路总有功功率的接线图。

5-49　图题 5-49 所示为星形连接的三相对称负载，电源线电压为 380 V，电路中接有两只功率表Ⓦ₁和Ⓦ₂，R_g 等于Ⓦ₁的电压线圈及其附加电阻的总电阻。已知 $R=60\ \Omega$，$\omega L=80\ \Omega$。

求：(1) 负载所吸收的有功功率及无功功率；

(2) Ⓦ₁和Ⓦ₂的读数。

5-50　图题 5-50 所示电路中，用一只功率表来测量对称三相负载的功率，图 5-50(a) 可测量总的有功功率，图 5-50(b) 可测量总的无功功率，试说明各种测量方法的正确性。

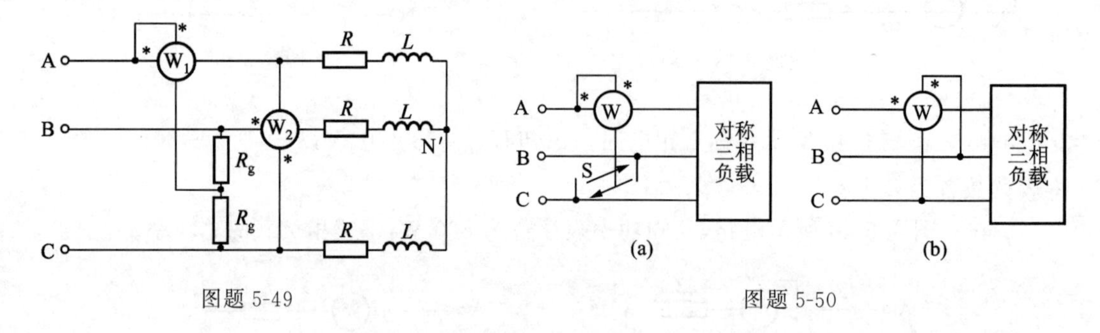

图题 5-49　　图题 5-50

5-51　图题 5-51 所示电路中，$\dot{E}_A$、$\dot{E}_B$、$\dot{E}_C$ 是一组星形连接的对称三相电源。试求 $\dot{I}_1$ 及 $\dot{U}_{N'N}$。可否应用戴维南定理使求解过程变得简单一些？

5-52　供给功率较小的三相电路可利用所谓相数变换器，从单相电源获得对称的三相电压。图题 5-52 是一种最简单的变换电路，如已知负载 $R=20\ \Omega$，电源频率为 50 Hz。为使负载得到对称的三相电压，试求 L 与 C 的值。

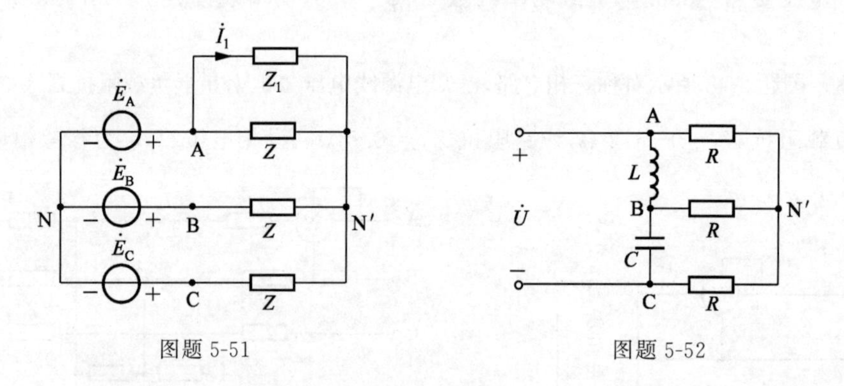

图题 5-51　　图题 5-52

5-53　图题 5-53 所示三相四线制电路，已知 $Z_1=-\mathrm{j}10\ \Omega$，$Z_2=5+\mathrm{j}12\ \Omega$，对称三相电源的线电压 380 V，当 S 闭合时，电阻 R 吸收的功率为 24.2 kW。

试求：(1) 开关 S 闭合时图中各表的读数。根据功率表的读数能否求得整个负载吸收的总功率？

（2）开关 S 打开时图中各表的读数有无变化，功率表的读数有无意义？

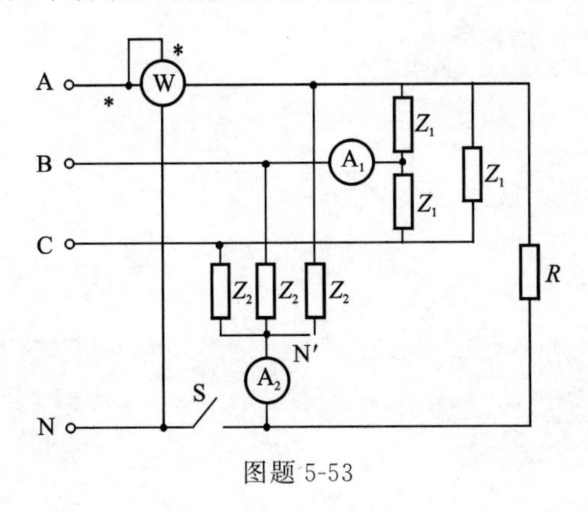

图题 5-53

第6章 非正弦周期交流电路的谐波法分析

在电气工程、无线电及电子工程中，除了正弦交流电路外，非正弦交流电路也是经常遇到的。例如，实际交流发电机产生的电压波形受到干扰，发生畸变与正弦波形或多或少有些差别，严格来讲是非正弦的；通信电路传输的各种信号大多是非正弦的；目前广泛应用的数字电路中，电压、电流也都是非正弦的。另外，当电路中有非线性元件时，即使电源是理想的正弦波，也会产生非正弦的响应。

本章主要讨论非正弦周期激励作用下线性电路的稳态分析。

数学中非正弦周期函数可利用傅里叶级数分解为一系列不同频率的正弦量之和。根据线性电路的叠加定理，电路在非正弦周期激励下的响应，等于各个频率的正弦分量单独作用下在电路中所产生响应的叠加，而响应的每个频率分量可利用正弦稳态分析的相量法求得。

6.1 非正弦周期函数的傅里叶级数展开式

视频 6-1 电工先驱——傅里叶

一个周期为 T 的周期函数

$$f(t)=f(t+T)$$

只要满足狄里赫利条件[①]就可以展开为傅里叶级数，工程实践中所遇到的非正弦周期激励，通常均能满足条件。于是有

$$f(t)=a_0+\sum_{k=1}^{+\infty}(a_k\cos k\omega_1 t+b_k\sin k\omega_1 t) \tag{6-1}$$

式中，$\omega_1=\dfrac{2\pi}{T}$，a_0、a_k、b_k 称为傅里叶系数。利用三角函数的正交性，可导出这些系数的计算公式为

$$\left.\begin{aligned}
a_0&=\frac{1}{T}\int_0^T f(t)\mathrm{d}t\\
a_k&=\frac{2}{T}\int_0^T f(t)\cos k\omega_1 t\,\mathrm{d}t\\
&=\frac{1}{\pi}\int_0^{2\pi} f(t)\cos k\omega_1 t\,\mathrm{d}(\omega_1 t)\\
b_k&=\frac{2}{T}\int_0^T f(t)\sin k\omega_1 t\,\mathrm{d}t\\
&=\frac{1}{\pi}\int_0^{2\pi} f(t)\sin k\omega_1 t\,\mathrm{d}(\omega_1 t)
\end{aligned}\right\} \tag{6-2}$$

上式中的积分区间亦可取$\left(-\dfrac{T}{2},\dfrac{T}{2}\right)$和$(-\pi,\pi)$。

将式(6-1)中频率相同(即 k 值相同)的正弦项和余弦项合并为一项，则式(6-1)可写为

① $f(t)$在任一周期内：连续或具有有限个第一类间断点；具有有限个极大值和极小值；可积。

$$f(t)=A_0+\sum_{k=1}^{+\infty}A_{km}\cos(k\omega_1 t+\psi_k) \tag{6-3}$$

式(6-1)及式(6-3)中各系数间的关系:

$$\left.\begin{aligned}A_{km}&=\sqrt{a_k^2+b_k^2}\\ \tan\psi_k&=-b_k/a_k\\ a_0&=A_0\\ a_k&=A_{km}\cos\psi_k\\ b_k&=-A_{km}\sin\psi_k\end{aligned}\right\} \tag{6-4}$$

式(6-3)中,常数项 A_0 称为周期函数 $f(t)$ 的直流分量或恒定分量,各正弦函数项称为**谐波**(harmonic wave)分量。频率与原周期函数相同的谐波分量 $A_{1m}\cos(\omega_1 t+\psi_1)$ 称为基波分量,简称**基波**(fundamental harmonic)。其他各项统称为**高次谐波**(higher harmonic),高次谐波的频率为基波的整数倍。$k=2$ 的项称为二次谐波;$k=3$ 的项称为三次谐波;……。直流分量也可视为零频率的谐波分量。

将一个非正弦周期函数展开为傅里叶级数,其主要的工作是求傅里叶系数。工程上常见的周期函数的波形往往具有某些对称的特性,研究这些特性与傅里叶系数的关系,可使计算得以简化,下面分别讨论三种对称情况。

视频 6-2
傅里叶级数

(1) $f(t)$ 为奇函数,即

$$f(t)=-f(-t)$$

其波形对称于坐标原点。图 6-1 所示为两个奇函数的波形。

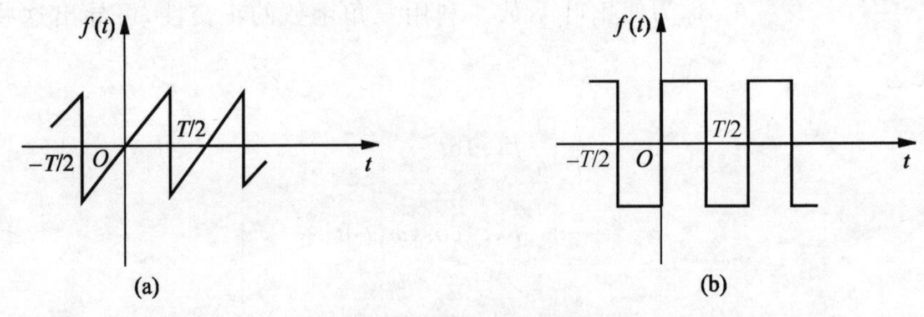

图 6-1 周期性奇函数

奇函数的傅里叶展开式中只含奇函数的分量,故其傅里叶系数为

$$a_0=0,\quad a_k=0$$

$$b_k=\frac{2}{T}\int_{-\frac{T}{2}}^{\frac{T}{2}}f(t)\sin k\omega_1 t\,\mathrm{d}t=\frac{4}{T}\int_{0}^{\frac{T}{2}}f(t)\sin k\omega_1 t\,\mathrm{d}t$$

(2) $f(t)$ 为偶函数,即

$$f(t)=f(-t)$$

其波形对称于纵轴。图 6-2 所示为两个偶函数的波形。

偶函数的傅里叶展开式中只含偶函数的分量,故其傅里叶系数为

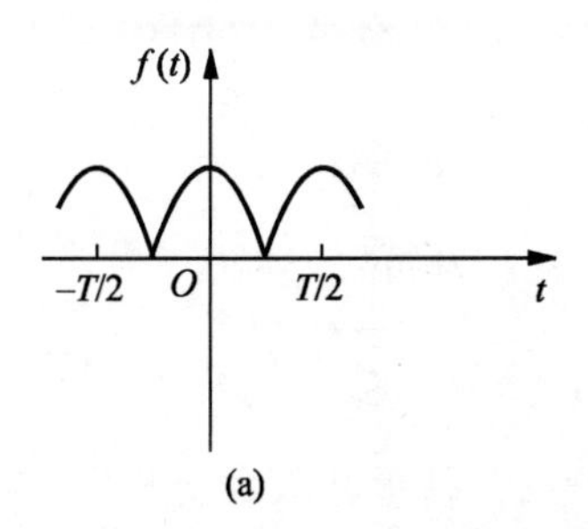

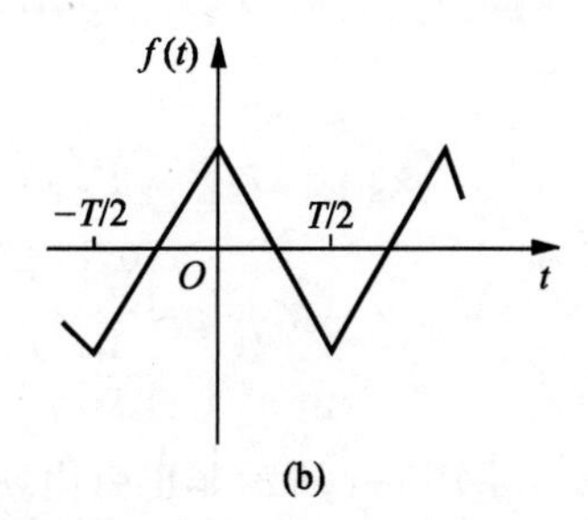

图 6-2 周期性偶函数

$$a_0=\frac{2}{T}\int_0^{\frac{T}{2}}f(t)\mathrm{d}t$$

$$a_k=\frac{4}{T}\int_0^{\frac{T}{2}}f(t)\cos k\omega_1 t\,\mathrm{d}t$$

$$b_k=0$$

(3) $f(t)$为奇谐波函数(半波对称函数),即

$$f(t)=-f\left(t+\frac{T}{2}\right)$$

其相隔半周期的两个函数值大小相等,符号相反。图 6-3 所示为两个奇谐波函数的波形,其波形移动半周期后与原波形对称于横轴。就一个周期内的波形来看,后半周对横轴的镜像是前半周的重复,如图 6-3 中虚线所示,因此称为**半波对称**(half-wave symmetry),亦称镜对称。具有此种对称性的函数只含有奇次谐波分量,故称为奇谐波函数。

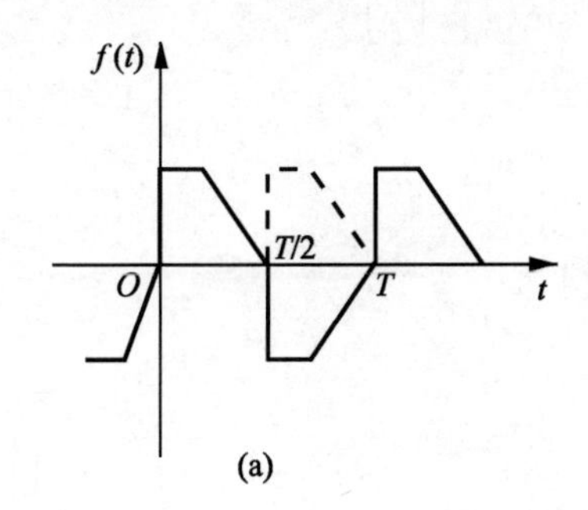

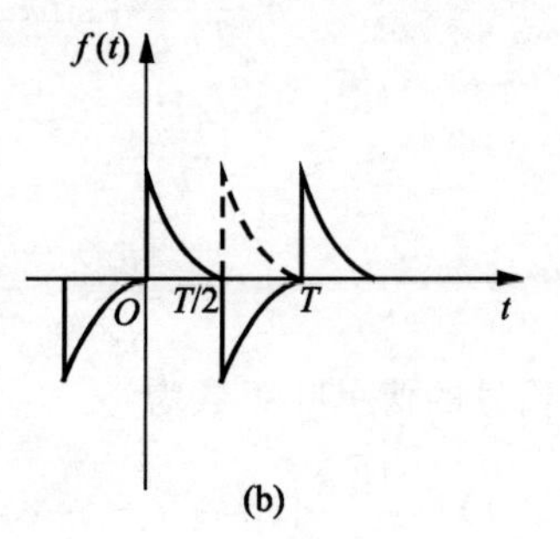

图 6-3 镜像对称函数

半波对称函数的傅里叶展开式中,每一项也必然是半波对称的。所以直流分量必然为零,而谐波分量应满足

$$\begin{aligned}A_{km}\cos(k\omega_1 t+\psi_k)&=-A_{km}\cos\left[k\omega_1\left(t+\frac{T}{2}\right)+\psi_k\right]\\&=-A_{km}\cos(k\omega_1 t+k\pi+\psi_k)\end{aligned}$$

由上式可知,当 $k=$偶数时,A_{km} 必须为零。这就证明了半波对称函数只含奇次谐波分量,其傅里叶系数为

$$a_0=0$$

$$a_k=\begin{cases}0, & k\text{ 为偶数}\\ \dfrac{4}{T}\displaystyle\int_0^{\frac{T}{2}}f(t)\cos k\omega_1 t\,\mathrm{d}t, & k\text{ 为奇数}\end{cases}$$

$$b_k=\begin{cases}0, & k\text{ 为偶数}\\ \dfrac{4}{T}\displaystyle\int_0^{\frac{T}{2}}f(t)\sin k\omega_1 t\,\mathrm{d}t, & k\text{ 为奇数}\end{cases}$$

例 6-1 求图 6-4 所示非正弦周期信号(方波信号)的傅里叶级数展开式。

解 根据图示波形可知,该信号函数既对称于纵轴,为偶函数;又具有半波对称性质,为奇谐波函数。故其傅里叶级数只含奇次谐波的余弦项,只需计算

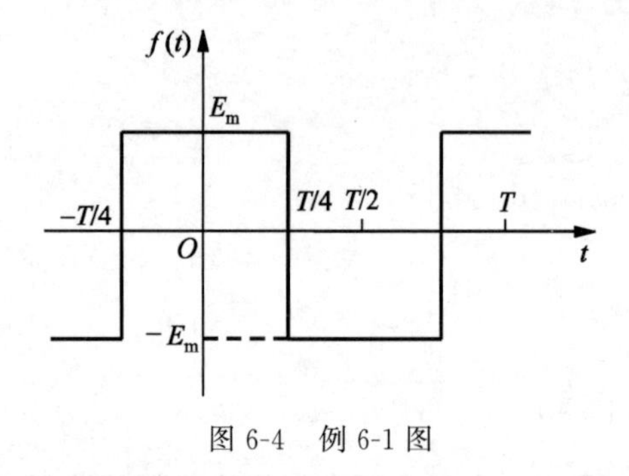

图 6-4 例 6-1 图

$$a_k=\frac{4}{T}\int_0^{\frac{T}{2}}f(t)\cos k\omega_1 t\,\mathrm{d}t,\quad k\text{ 为奇数}$$

从波形图可写出

$$f(t)=\begin{cases}E_m, & 0<t<\dfrac{T}{4}\\ -E_m, & \dfrac{T}{4}<t<\dfrac{T}{2}\end{cases}$$

所以

$$\begin{aligned}a_k&=\frac{4}{T}\left(\int_0^{\frac{T}{4}}E_m\cos k\omega_1 t\,\mathrm{d}t-\int_{\frac{T}{4}}^{\frac{T}{2}}E_m\cos k\omega_1 t\,\mathrm{d}t\right)\\&=\frac{4E_m}{Tk\omega_1}\left(\sin k\omega_1 t\Big|_0^{\frac{T}{4}}-\sin k\omega_1 t\Big|_{\frac{T}{4}}^{\frac{T}{2}}\right)\\&=\begin{cases}\dfrac{4E_m}{k\pi}, & k=1,5,9,\cdots\\ -\dfrac{4E_m}{k\pi}, & k=3,7,11,\cdots\end{cases}\end{aligned}$$

于是,图示信号的傅里叶级数为

$$f(t)=\frac{4E_m}{\pi}\left(\cos\omega_1 t-\frac{1}{3}\cos 3\omega_1 t+\frac{1}{5}\cos 5\omega_1 t-\frac{1}{7}\cos 7\omega_1 t+\cdots\right)$$

应该指出,式(6-3)中的系数 A_{km} 与计时起点的选择无关,这是因为构成非正弦周期函数的各次谐波的幅值以及各次谐波对该函数波形的相对位置总是一定的,而各次谐波的初相位 ψ_k 将随计时起点的改变而改变。由于系数 a_k 与 b_k 与初相 ψ_k 有关,因此随计时起点选得不同而异。如将图 6-4 波形的计时起点提前 $T/4$,如图 6-5 所示。此时信号的波形对称于原点,为奇函数,傅里叶展开式中仅有奇谐波的正弦项,即

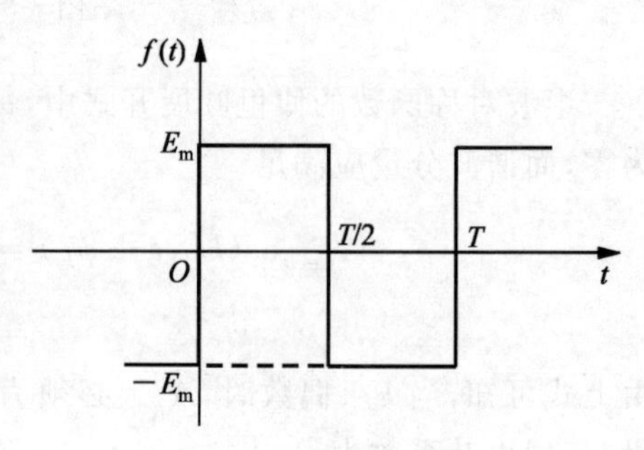

图 6-5 周期性方波

$$f(t)=\frac{4E_{\mathrm{m}}}{\pi}\left(\sin\omega_1 t+\frac{1}{3}\sin 3\omega_1 t+\frac{1}{5}\sin 5\omega_1 t+\cdots\right)$$

可见,函数是否为奇函数或偶函数可能与计算起点的选择有关,但是否为奇谐波函数与计时起点无关。适当选择计时起点,可使计算简化。

如果取上列展开式的前三项,即取到五次谐波,分别画出各次谐波的曲线后再相加,就得出图 6-6(a)中虚线所示的合成曲线。图 6-6(b)是取到十一次谐波时的合成曲线,比较两个图形可见,谐波项数取得越多,合成曲线越接近原来的波形。

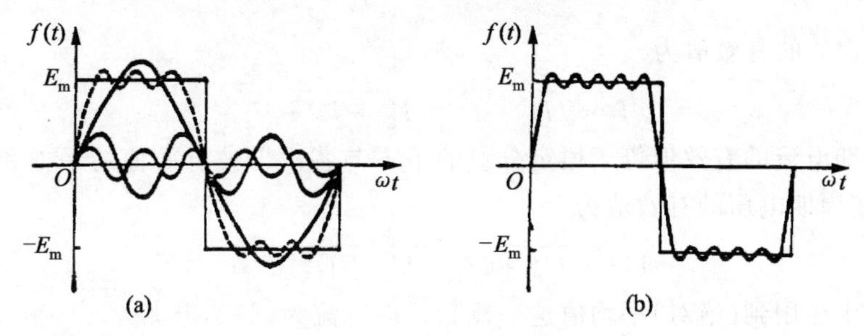

图 6-6　谐波合成示意图

由于级数的收敛性,在具体分析时,一般只需取级数的前面若干项,就能在一定的精度上近似地表达原周期函数。应予考虑的谐波数目视傅里叶级数的收敛速度、电路的频率特性和计算精度的要求而定。

6.2　非正弦周期量的有效值和平均值及平均功率

6.2.1　非正弦周期电流或电压的有效值和平均值

前文已指出,周期电流 i 的有效值就是它的方均根值,即

$$I=\sqrt{\frac{1}{T}\int_0^T i^2\mathrm{d}t} \tag{6-5}$$

非正弦周期电流的有效值虽可按上式直接计算,但讨论有效值 I 与各次谐波有效值的关系在电路分析中是很有用的。

设非正弦周期电流 i 的傅里叶级数为

$$i(t)=I_0+\sum_{k=1}^{+\infty}I_{k\mathrm{m}}\cos(k\omega_1 t+\psi_k)$$

将其代入式(6-5),得

$$I=\sqrt{\frac{1}{T}\int_0^T\left[I_0+\sum_{k=1}^{+\infty}I_{k\mathrm{m}}\cos(k\omega_1 t+\psi_k)\right]^2\mathrm{d}t}$$

将上式积分号内直流分量与各次谐波之和的平方展开,然后分别求每一项在一周期内的平均值。这些平均值可分为四类:

$$\frac{1}{T}\int_0^T I_0^2\mathrm{d}t = I_0^2$$

$$\frac{1}{T}\int_0^T I_{km}^2\cos^2(k\omega_1 t+\psi_k)\mathrm{d}t = \frac{I_{km}^2}{2} = I_k^2$$

$$\frac{1}{T}\int_0^T 2I_0 I_{km}\cos(k\omega_1 t+\psi_k)\mathrm{d}t = 0$$

$$\frac{1}{T}\int_0^T 2I_{km}I_{qm}\cos(k\omega_1 t+\psi_k)\cos(q\omega_1 t+\psi_q)\mathrm{d}t = 0, q\neq k$$

于是可以得出 i 的有效值为

$$I=\sqrt{I_0^2+I_1^2+I_2^2+I_3^2+\cdots} \tag{6-6}$$

即非正弦周期电流的有效值等于恒定分量的平方与各次谐波有效值的平方和的平方根。同理,非正弦周期电压的有效值为

$$U=\sqrt{U_0^2+U_1^2+U_2^2+U_3^2+\cdots}$$

在实践中还用到(绝对)平均值这一概念。以电流为例,其定义为

$$I_{av}=\frac{1}{T}\int_0^T |i|\mathrm{d}t \tag{6-7}$$

在实用中多把"绝对"略去,而称为平均值(注意不要与恒定分量混淆)。按式(6-7)可得正弦电流的平均值为

$$I_{av}=\frac{1}{T}\int_0^T |I_m\cos\omega t|\mathrm{d}t=\frac{4I_m}{T}\int_0^{T/4}\cos\omega t\mathrm{d}t$$

$$=\frac{4I_m}{T\omega}\sin\omega t\Big|_0^{T/4}=\frac{2I_m}{\pi}=\frac{2\sqrt{2}}{\pi}I\approx 0.9I$$

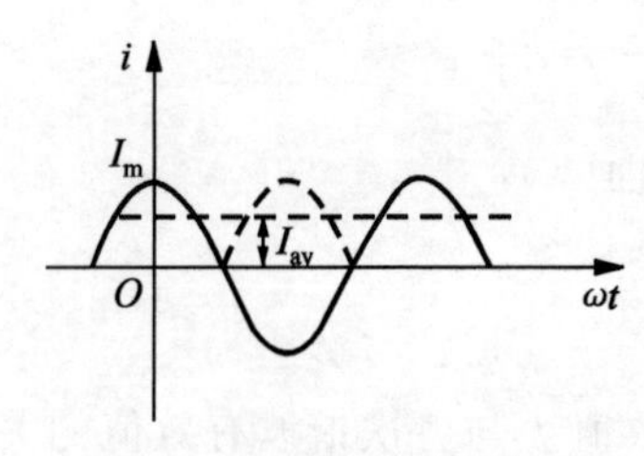

图 6-7 正弦电流的平均值

电流绝对值即将负半周的值变为对应的正值,I_{av} 相当于经全波整流后取平均值(见图 6-7)。

对于同一非正弦周期电流,用不同类型的仪表进行测量时,可测得不同的值。用磁电式仪表测量所得结果是电流的恒定分量,用电磁式或电动式仪表测量所得结果是电流的有效值,用全波整流式仪表,测的是电流的平均值。对于全波整流式仪表如果其刻度是按 $I=1.1I_{av}$ 的关系表示成有效值,若测量的是正弦电流,读数为有效值;若测量的是非正弦电流,读数为平均值的 1.1 倍,而并非有效值。可见,在测量非正弦周期电流和电压时,要注意选择合适的仪表,在本章习题中没有特殊说明,认为是电磁式仪表,测的是有效值。

6.2.2 非正弦周期激励电路的平均功率

电路的某一部分或某一支路,一般可视为一个二端网络。二端网络的电压 u 和电流 i 采用关联参考方向时,它所吸收的瞬时功率和平均功率分别为

$$p(t)=ui$$

$$P=\frac{1}{T}\int_0^T p\,\mathrm{d}t=\frac{1}{T}\int_0^T ui\,\mathrm{d}t$$

如非正弦周期电压、电流用傅里叶级数表示，则平均功率

$$P=\frac{1}{T}\int_0^T\left[U_0+\sum_{k=1}^{+\infty}U_{k\mathrm{m}}\cos(k\omega_1 t+\psi_{ku})\right]\times\left[I_0+\sum_{k=1}^{+\infty}I_{k\mathrm{m}}\cos(k\omega_1 t+\psi_{ki})\right]\mathrm{d}t$$

将上式积分内两个级数的乘积展开，分别计算各项的平均值。与计算有效值类似，式中有以下类型的项：

$$\frac{1}{T}\int_0^T U_0 I_0\,\mathrm{d}t=U_0 I_0$$

$$\frac{1}{T}\int_0^T U_{k\mathrm{m}}I_{k\mathrm{m}}\cos(k\omega_1 t+\psi_{ku})\cos(k\omega_1 t+\psi_{ki})\,\mathrm{d}t$$

$$=\frac{1}{2}U_{k\mathrm{m}}I_{k\mathrm{m}}\cos(\psi_{ku}-\psi_{ki})=U_k I_k\cos\varphi_k$$

$$\frac{1}{T}\int_0^T U_0 I_{k\mathrm{m}}\cos(k\omega_1 t+\psi_{ki})\,\mathrm{d}t=0$$

$$\frac{1}{T}\int_0^T I_0 U_{k\mathrm{m}}\cos(k\omega_1 t+\psi_{ku})\,\mathrm{d}t=0$$

$$\frac{1}{T}\int_0^T U_{k\mathrm{m}}I_{q\mathrm{m}}\cos(k\omega_1 t+\psi_{ku})\cos(q\omega_1 t+\psi_{qi})\,\mathrm{d}t=0,q\neq k$$

因此二端网络吸收的平均功率

$$P=U_0 I_0+U_1 I_1\cos\varphi_1+U_2 I_2\cos\varphi_2+\cdots$$

$$=U_0 I_0+\sum_{k=1}^{+\infty}U_k I_k\cos\varphi_k \tag{6-8}$$

上式说明，非正弦周期电路中的平均功率等于直流分量构成的功率与各次谐波的平均功率之和。由于三角函数的正交性，频率不同的电压和电流只能构成瞬时功率，只有同频率的电压和电流谐波构成平均功率。

例 6-2 图 6-8 所示二端网络的电压、电流为

$$u=100+100\sin\omega_1 t+50\sin 2\omega_1 t+30\sin 3\omega_1 t\ \mathrm{V}$$

$$i=10\sin(\omega_1 t-60^\circ)+2\sin(3\omega_1 t+45^\circ)\ \mathrm{A}$$

求电压、电流的有效值以及二端网络吸收的平均功率。

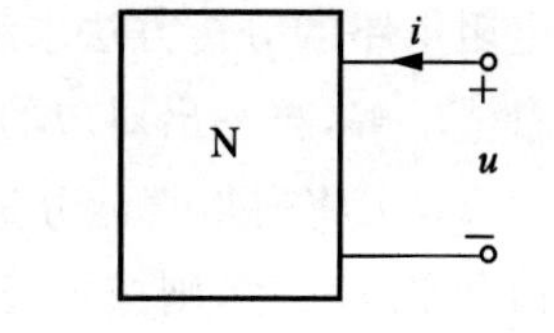

图 6-8 例 6-2 图

解 由给定的 u，i 可知各次谐波的有效值及平均功率

$U_0=100\ \mathrm{V}$， $I_0=0$， $P_0=0$

$U_1=\dfrac{100}{\sqrt{2}}\ \mathrm{V}$， $I_1=\dfrac{10}{\sqrt{2}}\ \mathrm{A}$， $P_1=U_1 I_1\cos\varphi_1=250\ \mathrm{W}$，$(\varphi_1=60^\circ)$

$U_2=\dfrac{50}{\sqrt{2}}\ \mathrm{V}$， $I_2=0$， $P_2=0$

$U_3=\dfrac{30}{\sqrt{2}}\ \mathrm{V}$， $I_3=\sqrt{2}\ \mathrm{A}$， $P_3=U_3 I_3\cos\varphi_3=21.2\ \mathrm{W}$，$(\varphi_3=-45^\circ)$

因此,电压与电流的有效值为

$$U=\sqrt{100^2+\frac{100^2}{2}+\frac{50^2}{2}+\frac{30^2}{2}}=129.2\ \text{V}$$

$$I=\sqrt{\frac{10^2}{2}+2}=7.21\ \text{A}$$

二端网络吸收的平均功率为

$$P=P_0+P_1+P_2+P_3=0+250+0+21.2=271.2\ \text{W}$$

若已知非正弦电流一个周期内的函数式,亦可用式(6-5)直接求得有效值。

6.3 非正弦周期交流电路的稳态分析

工程中常见的非正弦周期函数均可分解为一系列不同频率的谐波分量(包括直流分量)之和。若非正弦激励为电压源,可将其等效为一系列谐波电压源的串联;若激励是电流源,则可等效为一系列谐波电流源的并联。根据线性电路的叠加定理,非正弦周期函数激励下的稳态响应,等于各谐波分量单独作用时电路的稳态响应的瞬时值之和。

因此,非正弦周期交流电路的稳态分析就变为对各次谐波单独作用下的电路进行稳态分析,然后将响应的各次谐波分量叠加。这种方法称为**谐波分析方法**(harmonic analysis method),简称谐波法,在对各次谐波进行分析时,利用相量法最为有效。具体计算步骤简述如下:

(1) 把给定的激励源函数展开成傅里叶级数,按级数的收敛速度和计算精度要求取前面若干项,激励源被分解为多个谐波分量。若电路有多个不同频率的激励源作用,也可以当作不同的谐波分量。

(2) 分别求出激励源的恒定分量及各次谐波分量单独作用时的响应。对恒定分量用电阻电路的分析方法求解,此时电容看作开路,电感视为短路。对各次谐波分量先用相量法求解,再写出对应的瞬时值表达式。

(3) 将所得直流分量和各谐波分量的瞬时值相加,就是所求的稳态响应。若求有效值和平均功率,则按式(6-6)、式(6-8)分别求之。

例 6-3 已知图 6-9(a)所示电路中的电压

$$u(t)=10+20\sqrt{2}\cos\omega t+10\sqrt{2}\cos3\omega t\ \text{V}$$

且已知 $R_1=R_2=10\ \Omega,\omega L_1=30\ \Omega,\dfrac{1}{\omega C_1}=30\ \Omega,\omega L_2=3.75\ \Omega,\dfrac{1}{\omega C_2}=20\ \Omega$。

求电流 $i_1(t)$和 $i_2(t)$。

解 非正弦周期电压的展开式已给出。因而可对各谐波分量进行计算,各次谐波分量习惯于用下标区别。

电压 $u(t)$的直流分量单独作用时,电感相当于短路,电容相当于开路,电路如图 6-9(b)

所示，电流 I_{10} 和 I_{20} 分别为

$$I_{10}=\frac{U_0}{R_1}=\frac{10}{10}=1\ \text{A}$$

$$I_{20}=0$$

基波分量单独作用时的电路用相量模型表示，如图 6-9(c)所示。因为 $\omega L_1=30\ \Omega=\frac{1}{\omega C_1}$，所以 L_1、C_1 并联谐振，对外电路相当于断开，R_1、R_2、C_2 相当于串联。因为 $\dot{U}_1=20\ \text{V}$，所以

$$\dot{I}_{11}=\dot{I}_{21}=\frac{\dot{U}_1}{R_1+R_2-\text{j}\dfrac{1}{\omega C_2}}=\frac{20\angle 0^\circ}{20-\text{j}20}=\frac{1}{\sqrt{2}}\angle 45^\circ\ \text{A}$$

瞬时值表达式为

$$i_{11}(t)=i_{21}(t)=\cos(\omega t+45^\circ)\text{A}$$

三次谐波单独作用，因为 L_1、C_1 并联部分的复阻抗 Z_{11} 为

$$Z_{11}=\frac{\text{j}3\omega L_1\dfrac{1}{\text{j}3\omega C_1}}{\text{j}3\omega L_1+\dfrac{1}{\text{j}3\omega C_1}}=\frac{\text{j}90(-\text{j}10)}{\text{j}90-\text{j}10}=\frac{900}{\text{j}80}=-\text{j}11.25\ \Omega$$

而 $\text{j}3\omega L_2=\text{j}3\times 3.75=\text{j}11.25$，所以中间支路串联谐振，相当于短路，如图 6-9(d)所示。又因为

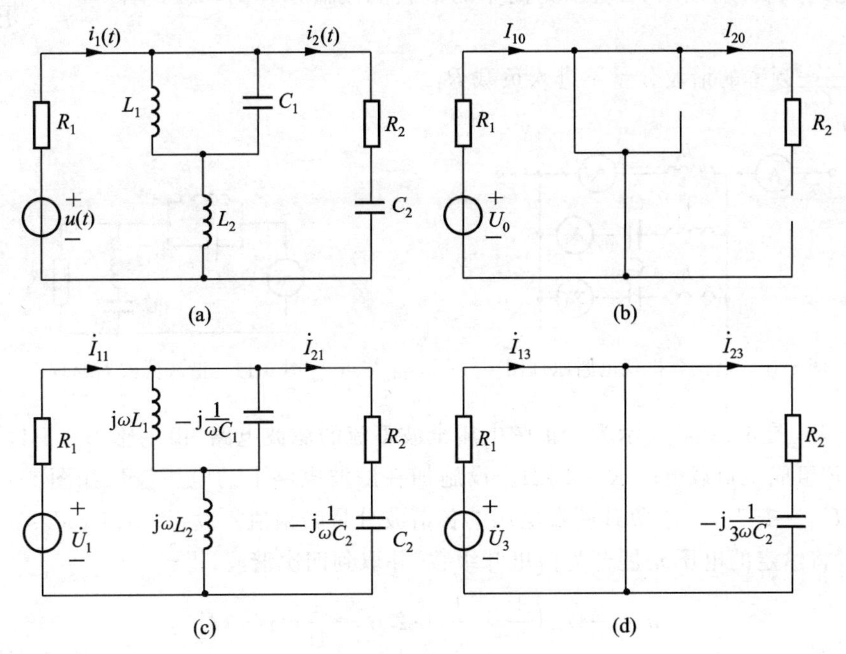

图 6-9　例 6-3 图

$$\dot{U}_3 = 10\ \underline{/0°}\ \text{V}$$

所以
$$\dot{I}_{13} = \frac{\dot{U}_3}{R_1} = \frac{10\ \underline{/0°}}{10} = 1\ \text{A}$$

$$\dot{I}_{23} = 0$$

瞬时值表达式为

$$i_{13} = \sqrt{2}\cos 3\omega t\ \text{A}$$

$$i_{23} = 0$$

将属于同一支路的电流的各分量相加,得

$$i_1(t) = 1 + \cos(\omega t + 45°) + \sqrt{2}\cos 3\omega t\ \text{A}$$

$$i_2(t) = \cos(\omega t + 45°)\ \text{A}$$

此例看出,非正弦周期电源激励下的电路,在不同的谐波下有不同的谐振特性,据此可选择合适的LC串联支路或LC并联支路构成的电路,实现将电压或电流的谐波分量分离出来的谐波分析仪。图6-10所示简单谐波分析仪电路原理图,此电路中,电感L_0通过直流,L_1中通过$\omega_1 = \frac{1}{\sqrt{L_1C_1}}$频率谐波分量,$L_2$中通过$\omega_2 = \frac{1}{\sqrt{L_2C_2}}$频率谐波分量,不同次的谐波电流只能通过不同的支路,这些支路称为调谐支路;也可以利用调谐到一定频率上的LC串联支路或并联支路实现谐波滤波器,滤除电源中某个或某些谐波分量,使其不能进入负载,图6-11所示为简单的谐波滤波器原理图,其可消除$\omega_1 = \frac{1}{\sqrt{L_1C_1}}$和$\omega_2 = \frac{1}{\sqrt{L_2C_2}}$频率的谐波分量不进入负载$R_L$。

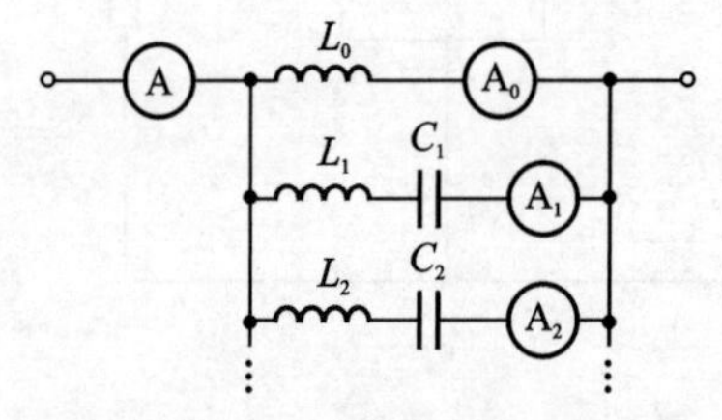

图6-10　谐波分析仪电路原理图

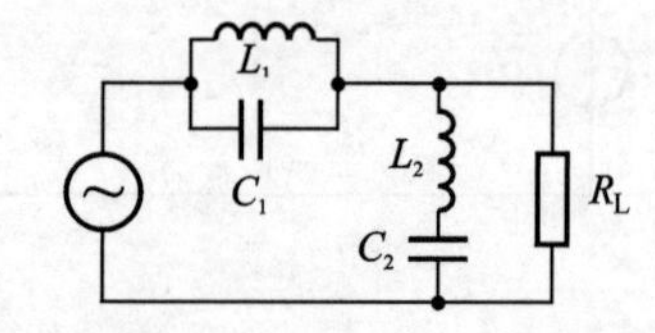

图6-11　谐波滤波器原理图

例6-4　图6-12(a)所示为一正弦电压全波整流的滤波电路,由电感$L=5$ H和电容$C=10\ \mu$F组成。负载电阻$R=2\ \text{k}\Omega$。设施加在滤波电路上的电压波形如图6-12(b)所示,其中$U_m=157$ V。求负载两端电压的各谐波分量的幅值。设$\omega=314$ rad/s。

解　将给定的电压u展开为傅里叶级数,并取到四次谐波,得

$$u = \frac{4}{\pi}U_m\left(\frac{1}{2} + \frac{1}{3}\cos 2\omega t - \frac{1}{15}\cos 4\omega t\right)$$

将$U_m=157$ V代入,得

$$u = 100 + 66.7\cos 2\omega t - 13.33\cos 4\omega t\ \text{V}$$

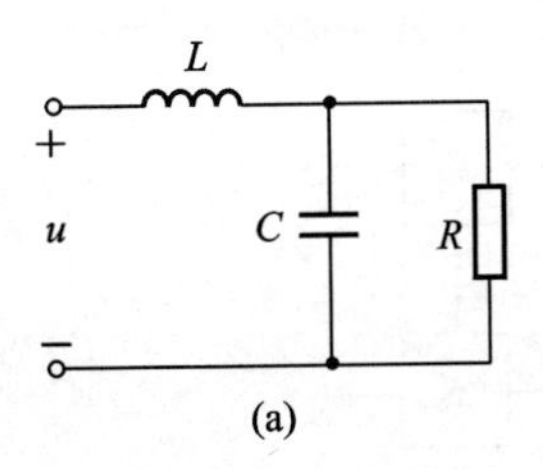

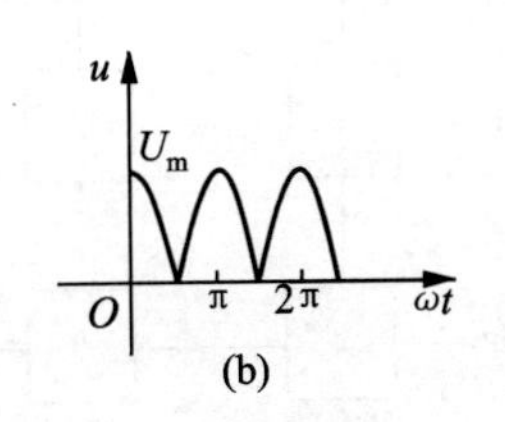

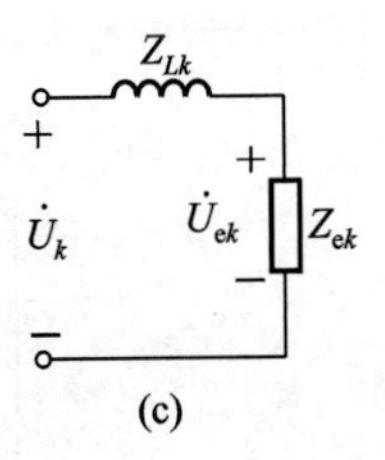

图 6-12　例 6-4 图

对直流分量来说,电感相当于短路,电容相当于开路,故负载电压的直流分量

$$U_0 = 100\ \text{V}$$

对二次、四次谐波来说,可用图 6-12(c)的电路来计算,其中

$$Z_{Lk} = \text{j}k\omega L, \qquad k = 2,4$$

$$Z_{ek} = R\ \frac{1}{\text{j}k\omega C} \Big/ \left(R + \frac{1}{\text{j}k\omega C}\right), \quad k = 2,4$$

负载两端的 k 次谐波电压为

$$\dot{U}_{ek} = \dot{U}_k\ \frac{Z_{ek}}{Z_{Lk} + Z_{ek}}$$

$\dot{U}_k$ 为电压 u 的 k 次谐波相量,代入数据进行计算,有

$$Z_{e2} = 158\ \underline{/-85.4^\circ}\ \Omega$$

$$Z_{L2} + Z_{e2} = 2983\ \underline{/-89.8^\circ}\ \Omega$$

$$Z_{e4} = 79.5\ \underline{/-87.7^\circ}\ \Omega$$

$$Z_{L4} + Z_{e4} = 6200\underline{/89.9^\circ}\ \Omega$$

故各次谐波的振幅为

$$U_{e2m} = U_{2m}\ \frac{|Z_{e2}|}{|Z_{L2} + Z_{e2}|} = 66.7 \times \frac{158}{2983} = 3.53\ \text{V}$$

$$U_{e4m} = U_{4m}\ \frac{|Z_{e4}|}{|Z_{L4} + Z_{e4}|} = 13.33 \times \frac{79.5}{6200} = 0.171\ \text{V}$$

由于感抗与频率成正比,容抗与频率成反比。图 6-12(a)的滤波电路就是利用电感对高频分量的抑制作用及电容对高频电流的分流(旁路)作用使负载 R 中的谐波成分大大削弱。原电压 $u(t)$的二次谐波幅值为直流分量的 66.7%,经滤波后下降至 3.5%,四次谐波削弱更多。

滤波的一个典型应用是按键式电话的按键,如图 6-13 所示。按键面上有 12 个钮以四行三列安排。这种安排按两组 7 种频率提供了 12 个不同的信号。这两组是低频组(697～941 Hz 共四个)和高频组(1209～1477 Hz 共三个)。按下某个钮时即产生与该钮对应的唯一一对频率的两个正弦量之和。例如,按“6”就产生频率为 770 Hz 和 1477 Hz 的两个正弦量。

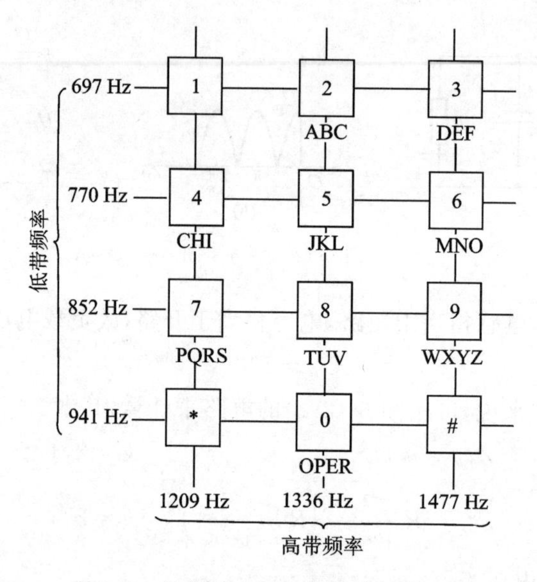

图 6-13　按键式电话机拨号的频率设置

按键钮打电话时,一组信号就传送到电话局,在那里,检测这一组信号的频率对按键号解码。图 6-14 所示为检测系统的方框图。进来的信号首先进行放大,并通过低通滤波器(LP)和高通滤波器(HP)将信号分开到各自的对应组中去。限幅器(L)用于将分开的信号转换为方波。之后,每个各自的信号频率由 7 个带通滤波器(BP)来识别出来,每个带通滤波器只通过一个频率而阻止其他的频率,每个滤波后面还跟着一个检测器,当它的输入电压超过某个电平时,就触发工作。检测器的输出给出一个直流信号,从而推动开关系统而连接到对方的电话上去。

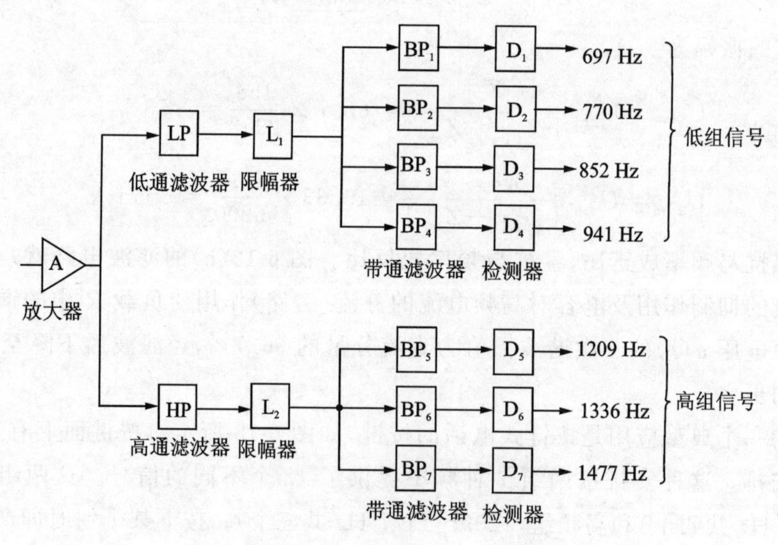

图 6-14　拨号检测系统的方框图

例 6-5 在电话电路中，用标准的 600 Ω 电阻和串联 RLC 电路，设计图 6-14 中的带通滤波器 BP_2。

解 带通滤波器的电路是如图 6-15 所示的串联 RLC 电路，因为 BP_2 通过的频率是 697～852 Hz，其中心频率在 $f_0=770$ Hz，所以滤波器的带宽是

$$BW=2\pi(f_2-f_1)=2\pi(852-697)=973.89\ \text{rad/s}$$

由式(5-40)得

$$BW=\frac{\omega_0}{Q}=\frac{\omega_0}{\dfrac{\omega_0 L}{R}}=\frac{R}{L}$$

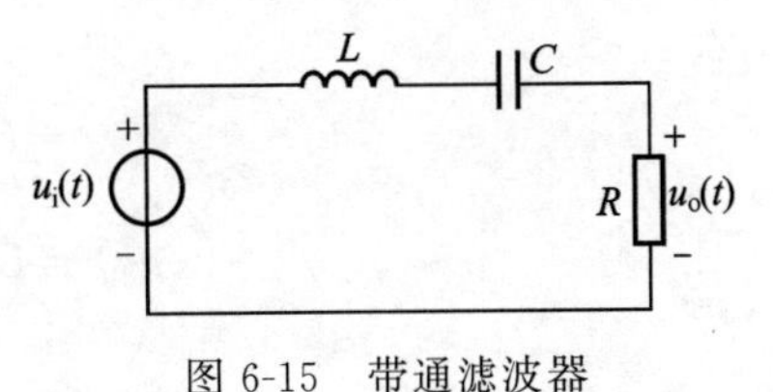

图 6-15 带通滤波器

所以

$$L=\frac{R}{BW}=\frac{600}{973.89}=0.616\ \text{H}$$

而由式(5-32a)有

$$C=\frac{1}{\omega_0^2 L}=\frac{1}{4\pi^2 f_0^2 L}=\frac{1}{4\pi^2\times 770^2\times 0.616}=69.36\ \text{nF}$$

*6.4 对称三相电路中的高次谐波

实际的三相电源电压受到干扰时波形或多或少有些畸变，与严格的正弦波有些差别。也就是说，在对称三相电路中电压与电流都含有一定的高次谐波分量，如高次谐波相对基波而言极其微小，则可忽略不计仍作为正弦电路进行分析。本节讨论对称三相电路中电源电压为非正弦周期函数时，各电压、电流中所含高次谐波的情况。

对称三相电路中，电源各相电压的波形相同而在时间上依次相差 1/3 周期，通常非正弦周期电压的波形都是具有半波对称性质的奇谐波函数。如将 A 相的电压表示为

$$u_A=u(t)$$

则 B 相电压

$$u_B=u\left(t-\frac{T}{3}\right)$$

C 相电压

$$u_C=u\left(t-\frac{2T}{3}\right)=u\left(t+\frac{T}{3}\right)$$

将各相电压展开为傅里叶级数，其中不含直流分量和偶次谐波，即

$$u_A=\sum_{k=1}^{+\infty}U_{km}\cos(k\omega_1 t+\psi_k),\quad k=1,3,5,7,\cdots$$

$$u_B=\sum_{k=1}^{+\infty}U_{km}\cos\left[k\omega_1\left(t-\frac{T}{3}\right)+\psi_k\right]$$

因为式中 ω_1 为基波角频率，有 $k\omega_1 T=2k\pi$，所以

$$u_B=\sum_{k=1}^{+\infty}U_{km}\cos\left(k\omega_1 t+\psi_k-\frac{2k\pi}{3}\right)$$

$$u_{\mathrm{C}}=\sum_{k=1}^{+\infty}U_{k\mathrm{m}}\cos\left[k\omega_1\left(t+\frac{T}{3}\right)+\psi_k\right]$$

$$=\sum_{k=1}^{+\infty}U_{k\mathrm{m}}\cos\left(k\omega_1 t+\psi_k+\frac{2k\pi}{3}\right)$$

可以看出,以上三个展开式中,同一次谐波分量构成一组对称三相电压。

对于 $k=3n+1$ 次的谐波分量($n=0,2,4,6,\cdots$。下同),即1、7、13、19次谐波分量,则有

$$u_{\mathrm{A}k}=U_{k\mathrm{m}}\cos(k\omega_1 t+\psi_k)$$

$$u_{\mathrm{B}k}=U_{k\mathrm{m}}\cos\left(k\omega_1 t+\psi_k-\frac{2\pi}{3}\right)$$

$$u_{\mathrm{C}k}=U_{k\mathrm{m}}\cos\left(k\omega_1 t+\psi_k+\frac{2\pi}{3}\right)$$

是一组幅值大小相等、相位互差120°的对称三相电压,且相序与基波相同,故构成**正序**(positive sequence)对称组。

对于 $k=3n-1$ 次谐波(如5、11、17次),则有

$$u_{\mathrm{A}k}=U_{k\mathrm{m}}\cos(k\omega_1 t+\psi_k)$$

$$u_{\mathrm{B}k}=U_{k\mathrm{m}}\cos\left(k\omega_1 t+\psi_k+\frac{2\pi}{3}\right)$$

$$u_{\mathrm{C}k}=U_{k\mathrm{m}}\cos\left(k\omega_1 t+\psi_k-\frac{2\pi}{3}\right)$$

也是一组大小相等、相位互差120°的对称三相电压,但其相序与基波相反,故构成**负序**(negative sequence)对称组。

当 $k=3(n+1)$ 时,各相的 k 次谐波大小相等、相位相同,不存在相序问题,故它们构成的是零序对称组。即3、9、15次谐波均为**零序**(zero sequence)。

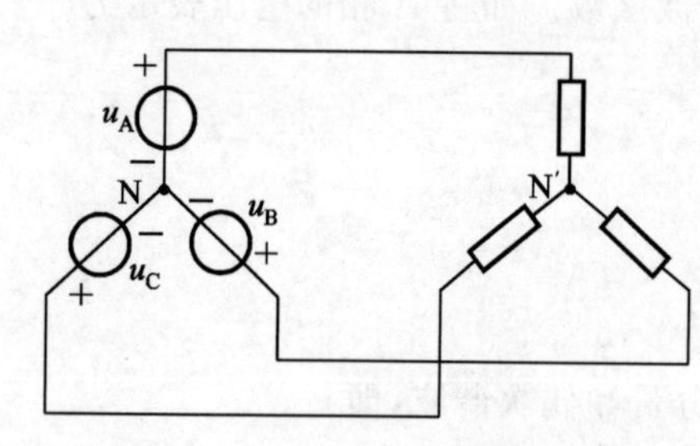

图6-16　Y-Y联接时的高次谐波

对正序及负序的谐波进行分析时,方法与对称三相电路相同,在图6-16所示的星形联接电路中,线电压与相电压有效值的关系为

$$U_{l1}=\sqrt{3}U_{\mathrm{p}1},\quad U_{l5}=\sqrt{3}U_{\mathrm{p}5},\quad U_{l7}=\sqrt{3}U_{\mathrm{p}7},\quad\cdots$$

而零序对称组在三相对称电路中的情况就不同,在电源作星形联接时,线电压为两相电压之差。因零序谐波各相大小相等且同相,故线电压中不含零序分量。线电压的有效值为

$$U_l=\sqrt{U_{l1}^2+U_{l5}^2+U_{l7}^2+\cdots}=\sqrt{3}\sqrt{U_{\mathrm{p}1}^2+U_{\mathrm{p}5}^2+U_{\mathrm{p}7}^2+\cdots}$$

而电源相电压的有效值为

$$U_{\mathrm{p}}=\sqrt{U_{\mathrm{p}1}^2+U_{\mathrm{p}3}^2+U_{\mathrm{p}5}^2+U_{\mathrm{p}7}^2+\cdots}$$

可见,由于线电压中不含零序分量即3、9、15等次谐波,线电压的有效值小于电源相电压的$\sqrt{3}$倍。

即 $$U_l < \sqrt{3}U_p$$

对于零序谐波的电流而言，图 6-16 电路中因没有中线构成返回路径而零序电流不能流通，这样负载的相电流、相电压及线电流中均不含零序[$3(n+1)$次谐波]分量，所以负载的线电压仍为相电压的$\sqrt{3}$倍。而电源中点和负载中点之间将出现零序谐波电压，其有效值为电源的零序分量有效值

$$U_{N'N} = \sqrt{U_{p3}^2 + U_{p9}^2 + \cdots}$$

当在图 6-16 中 NN′间接有中线即三相四线制时，中线构成了零序谐波的通路，负载相电流及相电压中将含有零序谐波分量。中线电流为每相零序分量的三倍，即

$$I_N = 3\sqrt{I_{p3}^2 + I_{p9}^2 + \cdots}$$

当对称三相电源作三角联接时，如图 6-17(a)所示，若电源中存在零序谐波分量，则三角形回路中电源电压之和不等于零，而是每相零序谐波分量的三倍。假设零序组中只有三次谐波比较显著需要考虑，则回路中电压之和为 $3U_{p3}$（U_{p3} 是电源相电压中三次谐波的有效值），此值可由接在三角形开口处的伏特计读出[见图 6-17(b)]。

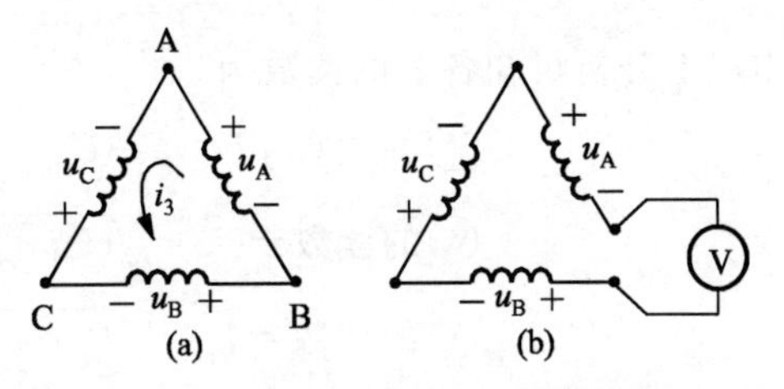

图 6-17　三角形联接时电源中的高次谐波

三次谐波电压使图 6-17(a)的三角形回路中出现三次谐波的环行电流，其有效值为

$$I_3 = \frac{3U_{p3}}{3\,|Z_3|} = \frac{U_{p3}}{|Z_3|}$$

Z_3 为电源每相绕组对三次谐波的阻抗。因为电源电动势的三次谐波和其阻抗压降正好互相抵消，故线电压（各相输出电压）中不含三次谐波，同样负载电压、电流也不含任何零序谐波分量。

例 6-6　图 6-18(a)的电路中，已知三相对称电源的 A 相电压为 $u_A = 308\cos\omega t + 100\cos3\omega t$ V，感性负载对基波的阻抗 $Z_1 = 10 + j4\ \Omega$，中线阻抗 $Z_{N1} = j2\ \Omega$。求图中各仪表（电磁式）的读数。

解　对基波分量，中线电流为零。可用图 6-18(b)的单相电路来计算。

$$U_{A1} = \frac{308}{\sqrt{2}} = 218\ \text{V} = U_{p1}$$

$$I_1 = \frac{U_{A1}}{|Z_1|} = \frac{218}{\sqrt{10^2 + 4^2}} = 20.2\ \text{A}$$

对三次谐波 $$U_{A3} = \frac{100}{\sqrt{2}} = 70.7\ \text{V} = U_{p3}$$

因为中线上的三次谐波（零序）电流是每一相的三倍，求 A 相的电流时，由 KVL 得

$$\dot{U}_{A3} = Z_3\dot{I}_{A3} + 3Z_{N3}\dot{I}_{A3}$$

故三次谐波的单相计算电路如图 6-18(c)所示。三次谐波电流的有效值为

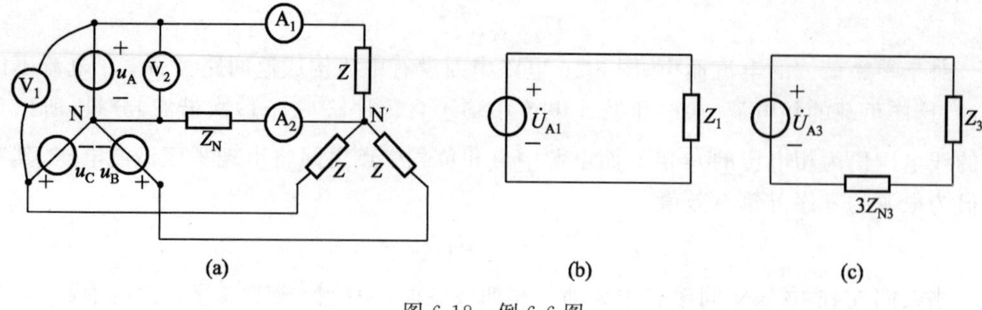

图 6-18 例 6-6 图

$$I_3=\frac{U_{A3}}{|Z_3+3Z_{N3}|}=\frac{70.7}{|10+j12+j18|}=2.23\ A$$

由以上分析可知各表的读数为

$$Ⓥ_1\text{的读数}=U_l=\sqrt{3}U_{p1}=\sqrt{3}\times 218=378\ V$$

$$Ⓥ_2\text{的读数}=U_p=\sqrt{U_{p1}^2+U_{p3}^2}=\sqrt{218^2+70.7^2}=229\ V$$

$$Ⓐ_1\text{的读数}=I_l=\sqrt{I_1^2+I_3^2}=\sqrt{20.2^2+2.23^2}=20.3\ A$$

$$Ⓐ_2\text{的读数}=I_N=3I_3=3\times 2.23=6.69\ A$$

*6.5 谐波污染与谐波治理

6.5.1 谐波污染及危害

理想的供电网络提供的电压应该是单一固定频率以及确定的电压幅值。而谐波电压和谐波电流的存在是对公用供电网的一种污染，它使用电设备所处的环境恶化，谐波引起的各种故障和事故不断发生。谐波污染对公用电网和其他用电系统的危害大致有以下几方面。

(1) 谐波使公用电网中的元件产生了附加的谐波损耗，降低了发电、输电及用电设备的效率，大量的三次谐波流过中线时会使线路过热甚至发生火灾。

(2) 谐波影响各种电气设备的正常工作。谐波对电机的影响除引起附加损耗外，还会产生机械振动、噪声和过电压，使变压器局部严重过热。谐波使电容器、电缆等设备过热、绝缘老化、寿命缩短以至损坏。

(3) 谐波引起的供电网中局部的并联谐振和串联谐振，使谐波含量增大，使谐波危害加大，甚至引起严重事故。

(4) 谐波会导致继电保护和自动装置误动作，并使电气测量仪表计量不准确。

(5) 谐波会对邻近的通信系统产生干扰，轻者产生噪声，降低通信质量；重者导致数据丢失，使通信系统无法正常工作。

当电网的谐波污染程度小于国家标准的规定，通常不会对系统造成影响。随着污染程度的增加，谐波的影响就逐渐显现出来，在严重超标的情况下，不进行治理往往会造成很严重的后果。

6.5.2 谐波治理

常用的谐波治理方法有两种,无源滤波和有源滤波。

1. 无源谐波滤除装置

无源谐波的主要结构是用电抗器与电容器组成 LC 串联单元并联于系统中,图 6-19 所示为无源滤波示意图。将 LC 单元的谐振频率设定在需要滤波的谐波频率中,例如 5 次、7 次、11 次谐振点上,达到滤除这些谐波的目的。无源滤波装置简单,成本低,在滤除谐波的同时,在基波时对系统进行无功补偿,但是其滤波效果不太好,滤不干净;若谐振频率设定的不好,会与系统产生谐振。虽然滤波效果较差,但只要满足国家对谐波的限制标准和电力部门对无功的要求,也是被认可的。一般而言,低压 0.4 kV 系统大多采用无源滤波方式,高压 10 kV 也基本采用这种方式进行谐波治理。

2. 有源谐波滤除装置

有源谐波滤除装置主要是由电力电子元件组成电路,产生一个与系统的谐波同频率、同幅度,但相位相反的谐波电流与系统中的谐波电流相抵消。图 6-20 所示为有源滤波装置示意图,这种装置的主要元件是大功率电力电子器件,由于受到电力电子元件耐压、额定电流的限制,它的成本较高,其主要的应用范围是计算机控制系统的供电系统。

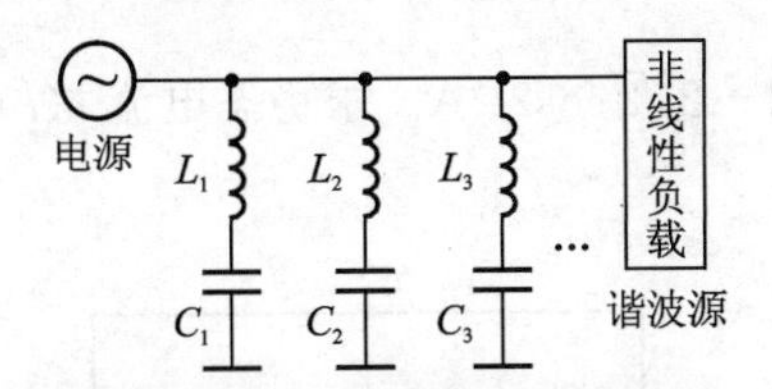

图 6-19 无源滤波示意图

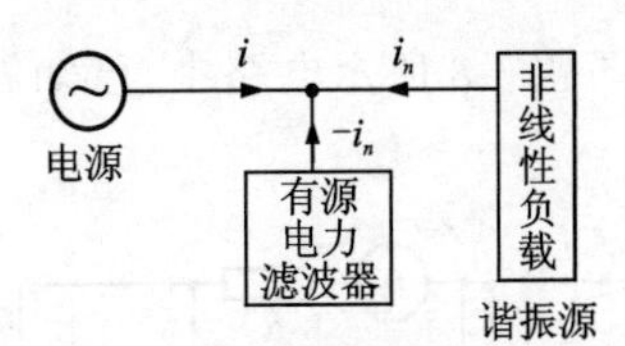

图 6-20 有源滤波示意图

习题

6-1 试求图题 6-1 所示正弦半波整流电压的傅里叶级数展开式。

6-2 试求图题 6-2 所示锯齿波电压的傅里叶级数。

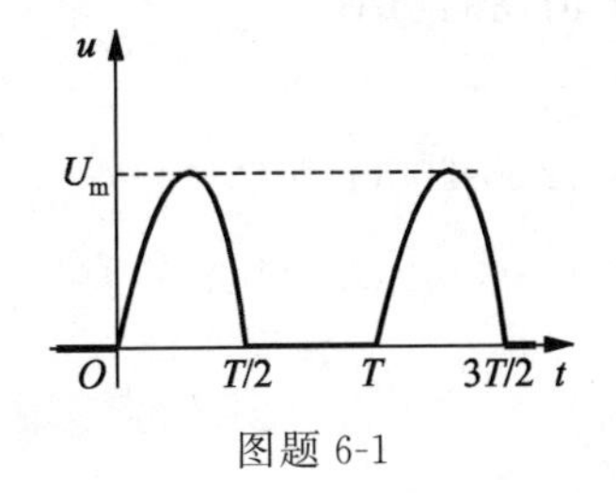

图题 6-1

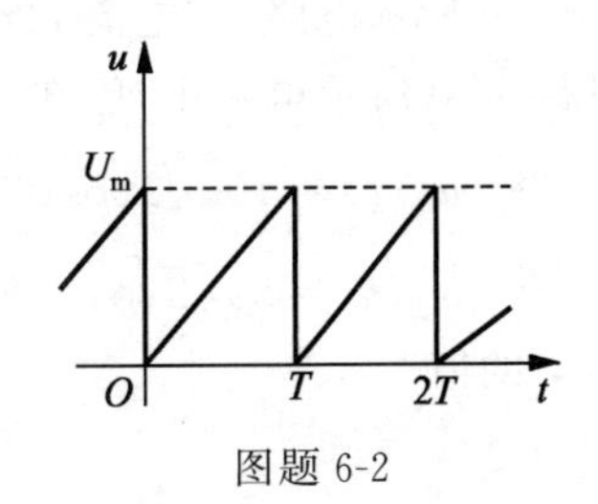

图题 6-2

6-3　图题 6-3 所示矩形脉冲电压,其振幅为 U_m,脉宽时间为 Δt,求其有效值 U 和平均值 U_{av}。

6-4　已知一无源二端网络端口电压和电流分别为

$$u=141\sin(\omega t-90^\circ)+84.6\sin 2\omega t+56.4\sin(3\omega t+90^\circ)\ \text{V}$$

$$i=10+5.64\sin(\omega t-30^\circ)+3\sin(3\omega t+60^\circ)\ \text{A}$$

试求:(1) 电压、电流的有效值;(2) 网络消耗的平均功率。

6-5　图题 6-5 所示电路,已知 $u(t)=15+100\sin 314t-40\cos 628t$ V,$i(t)=0.8+1.414\sin(314t+19.3^\circ)+0.94\sin(628t-35.4^\circ)$ A。求功率表的读数。

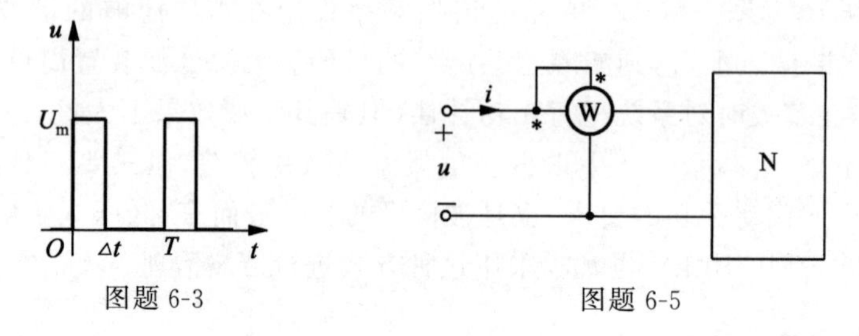

图题 6-3　　　　图题 6-5

6-6　流过一个 10 Ω 电阻的电流 $i(t)=10+2\cos 314t+1.4\cos(942t+45^\circ)$ A,试求:(1) 该电阻两端的电压 $u(t)$;(2) 电压、电流的有效值;(3) 电阻消耗的平均功率。

6-7　在图题 6-7 所示电路中,已知电源电压 $u(t)=50+100\cos 1000t+15\cos 2000t$ V,$L=40$ mH,$C=25\ \mu$F,$R=30\ \Omega$。试求电压表Ⓥ及电流表A_1和A_2的读数(电表指示为有效值)。

6-8　图题 6-8 所示电路中,已知 $i_S(t)=1+2\sqrt{2}\cos 2t$ A。求稳态电流 $i(t)$ 及电路消耗的功率。

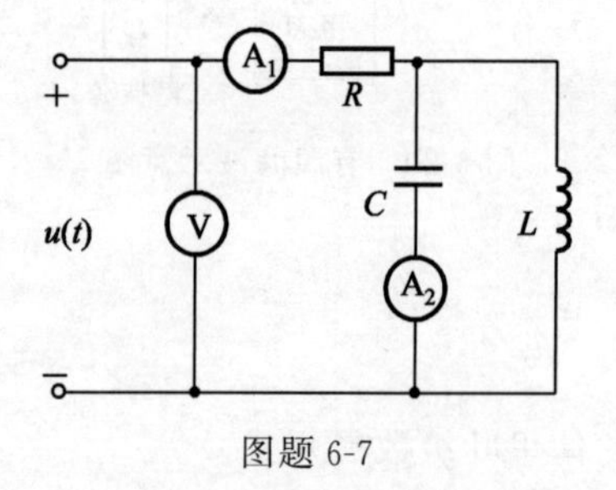

图题 6-7

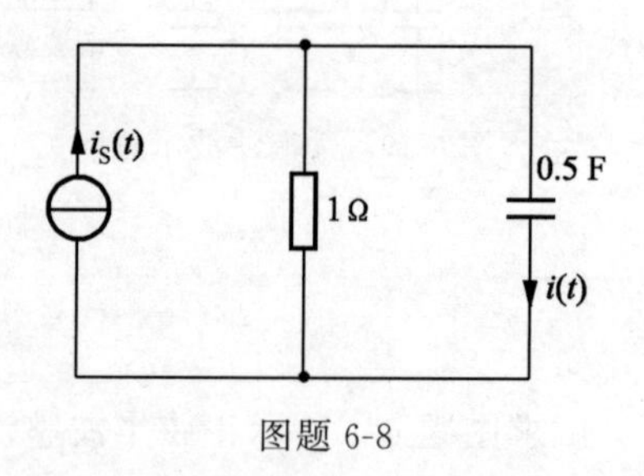

图题 6-8

6-9　图题 6-9 所示电路,求电流 $i(t)$ 及电阻消耗的功率。

6-10　图题 6-10 所示电路中,已知

$$u_1(t)=100\sqrt{2}\cos 1000t+30\sqrt{2}\cos 2000t\ \text{V}$$

$$u_2(t)=80\sqrt{2}\cos(1000t-\varphi_1)+30\sqrt{2}\cos 2000t\ \text{V}$$

试求 L、C 及 φ_1 的值。

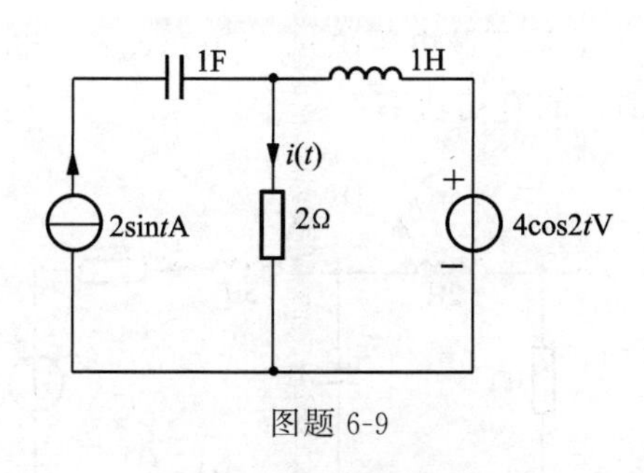

图题 6-9

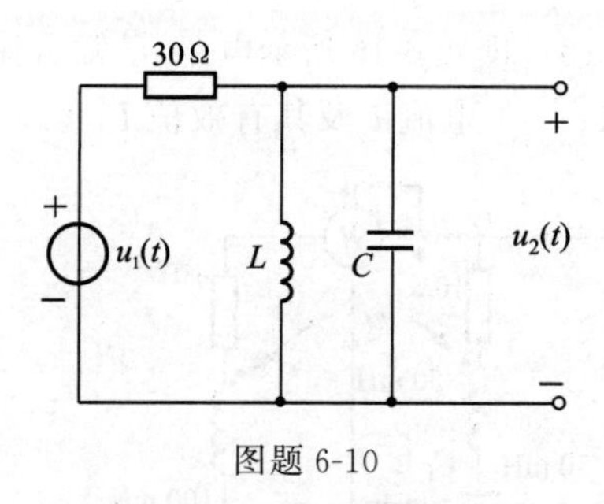

图题 6-10

6-11　图题 6-11 所示电路,已知 $u_1(t)=10+10\sqrt{2}\cos\omega t+10\sqrt{2}\cos3\omega t$ V,$\omega L=1$ Ω,$1/(\omega C)=9$ Ω。求 $u_2(t)$。

6-12　图题 6-12 所示为一滤波器电路,它阻止基波电流通过负载 R_L,而使 9 次谐波全部加在负载上。已知 $C=0.04$ μF,基波频率 $f=50$ kHz。求电感 L_1 及 L_2。

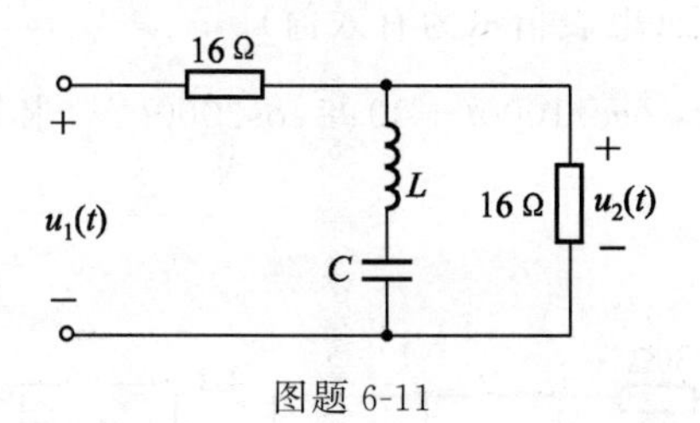

图题 6-11

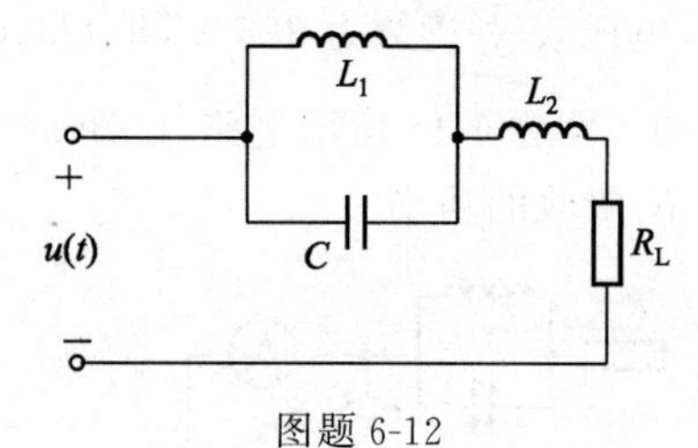

图题 6-12

6-13　图题 6-13 所示电路中,$u_S=141\cos\omega t+14.1\cos(3\omega t+30°)$ V,基波频率 $f=500$ Hz,$C_1=C_2=3.18$ μF,$R=10$ Ω,电压表内阻视为无限大,电流表内阻视为零。已知基波电压单独作用时,电流表读数为零;三次谐波电压单独作用时,电压表读数为零。求电感 L_1、L_2 和电容 C_2 两端的电压 u_0。

6-14　图题 6-14 所示电路中,$u_S(t)=[100+180\cos\omega_1 t+50\cos2\omega_1 t]$ V,$\omega_1 L_1=90$ Ω,$\omega_1 L_2=30$ Ω,$\dfrac{1}{\omega_1 C}=120$ Ω。

求:(1) 稳态时的 $u_R(t)$和 $i_1(t)$;

(2) 电源 u_S 发出的平均功率。

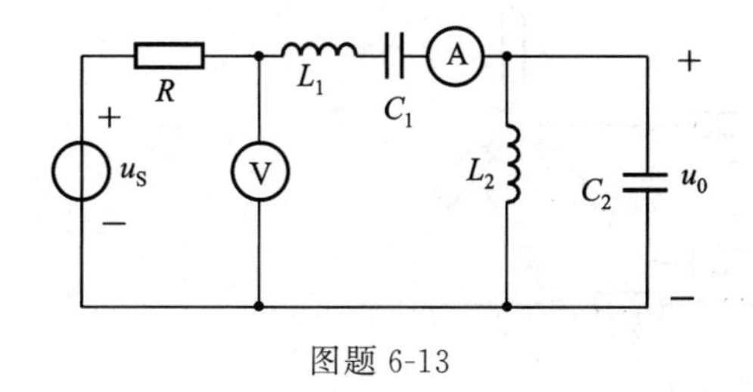

图题 6-13

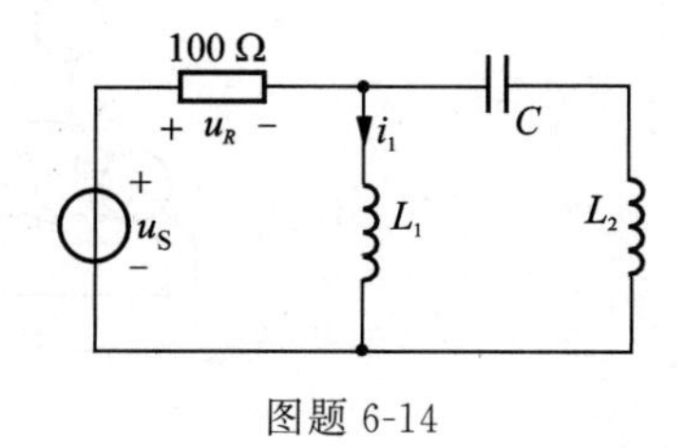

图题 6-14

6-15　图题 6-15 所示电路,已知 $u(t)=100+u_1(t)$ V,其中 $u_1(t)$为正弦电压,其相量 $\dot{U}_1=60+\mathrm{j}120$ V,角频率 $\omega=1000$ rad/s。求功率表的读数。

6-16　图题 6-16 所示电路，已知直流源 $I_S=4$ A，正弦电压源 $u_S=10\sqrt{2}\cos(t+30°)$ V。求：(1) 电流 i 及其有效值 I；(2) 电路消耗的有功功率。

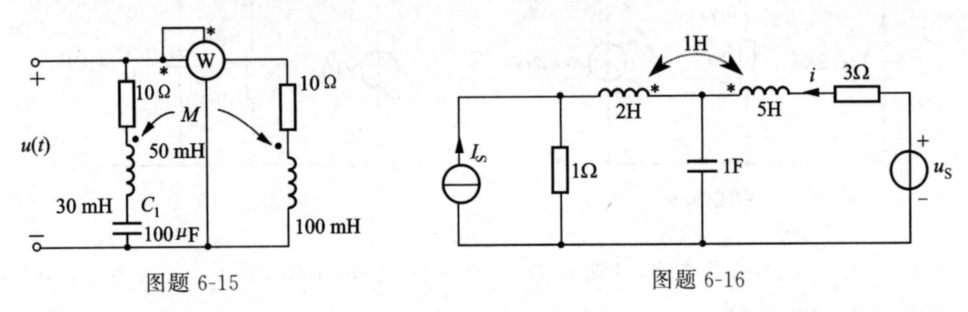

图题 6-15　　图题 6-16

6-17　图题 6-17 所示电路中，$u(t)=U_0+U_{1m}\cos\omega t+U_{3m}\cos3\omega t$ V，已知 $\omega L_1=\omega L_2=1/(\omega C_2)=20\ \Omega$，$1/(\omega C_1)=180\ \Omega$，$R_1=30\ \Omega$，$R_2=10\ \Omega$，电流表Ⓐ₁、Ⓐ₂ 的读数均为 4 A，电压表Ⓥ读数为 225 V，求 U_0、U_{1m}、U_{3m}（电表指示为有效值）。

6-18　图题 6-18 所示电路，已知 $u=6+100\sqrt{2}\cos1000t+30\sqrt{2}\cos2000t$ V，求 7.5 Ω 的电阻 R 吸收的功率？

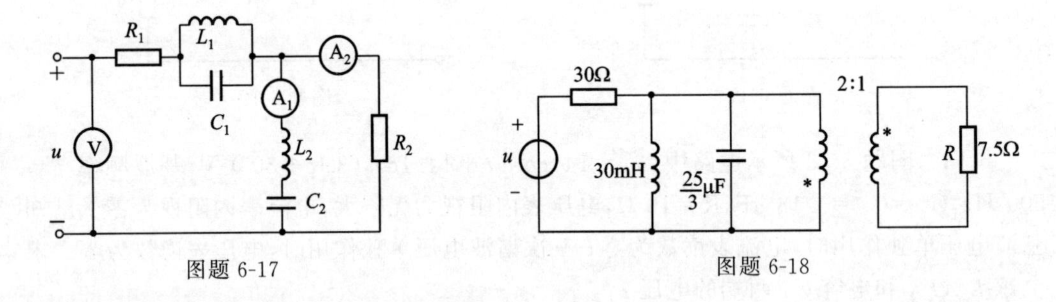

图题 6-17　　图题 6-18

6-19　对称三相发电机的 A 相电势为

$$e_A=141\cos\omega t+42.5\cos3\omega t+5\cos5\omega t\,\text{V}$$

供给三相四线制的负载如图题 6-19 所示。基波阻抗为 $Z=4+\text{j}4.8\Omega$，$Z_N=\text{j}1\ \Omega$，$Z_l=0.5+\text{j}0.5\ \Omega$。求负载的相电流及中线电流的瞬时表达式。

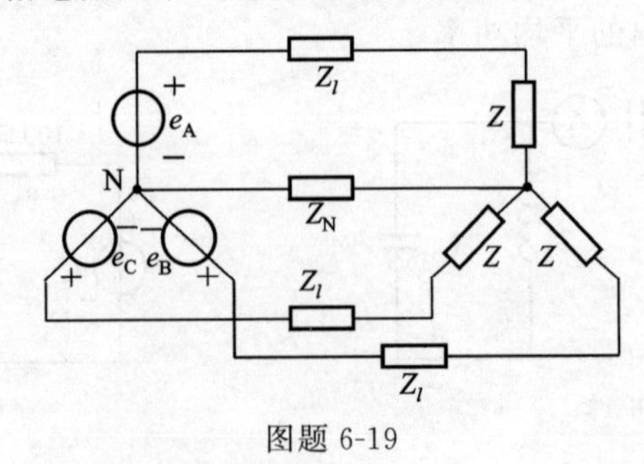

图题 6-19

6-20　图题 6-20 所示为三相变压器的副线圈，设 A 相电势为

$$e_A=310\cos\omega t+48\cos3\omega t+36\cos5\omega t\ \text{V}$$

(1) 如图题 6-20(a)所示,副线圈接成三角形,求电压表的读数;

(2) 如图题 6-20(b)所示,副线圈接成开口三角形,并接入开关 S,求开关 S 断开与接通时电压表的读数;

(3) 如图题 6-20(c)副线圈接成 Y 形,求电压表$\textcircled{V_1}$和$\textcircled{V_2}$的读数。

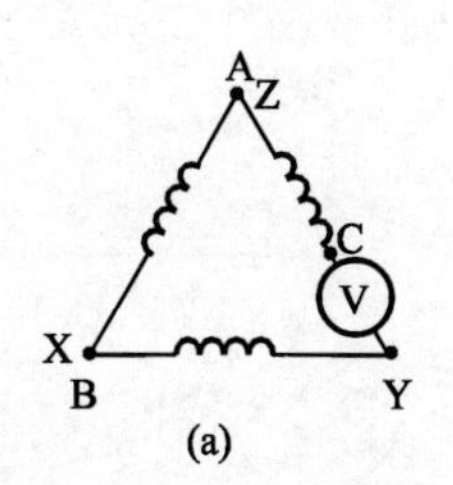

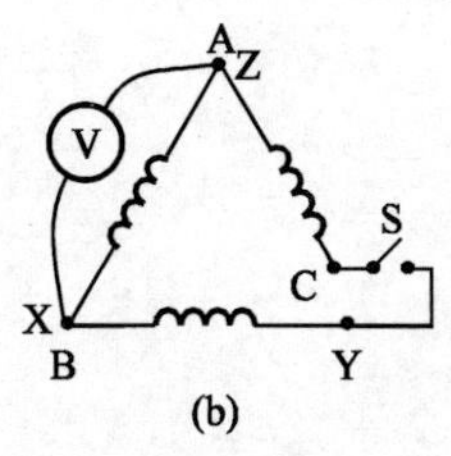

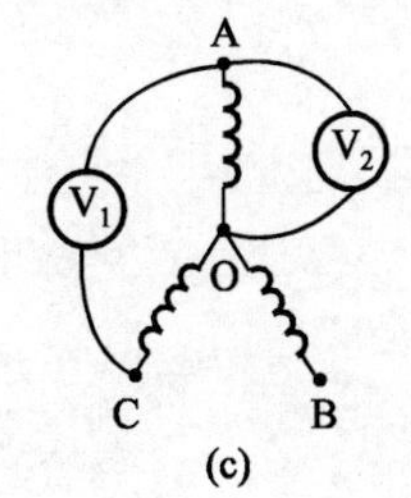

图题 6-20

第7章 二端口网络

第 2 章已经介绍了无源一端口电阻网络等效为一个电阻,有源一端口网络等效为有伴电压源或有伴电流源。电路分析中往往还会遇到两个端口与外电路联接的情况,如含变压器电路、含运算放大器电路等所谓的二端口网络。对于复杂的二端口网络而言,如果对其内部网络不需要探究,而只需要考虑其外接电路情况,则更多关心其端口的外特性。本章将重点介绍描述二端口网络外特性的方程及参数、二端口网络等效电路及其联接方式、有载二端口网络的分析计算,特勒根定理、互易定理及二端口元件(回转器、负阻抗变换器、滤波器等)。

7.1 二端口网络概述

二端口网络具有两对与外部电路联接的端子,如图 7-1(a)所示。一对端子构成一个端口,端口的条件是:流入一个端子的电流恒等于流出另一个端子的电流,如图 7-1(a)中从端子 1 流入网络的电流 i_1 就等于从网络流入端子 1′电流。二端口网络也称为**双口网络**(two-port network)。所以二端口网络与图 7-1(b)所示四端口网络是不同的,四端口网络亦具有四个可联接的端子,但其端子电流可以各不相同,它们不受端口条件的约束。

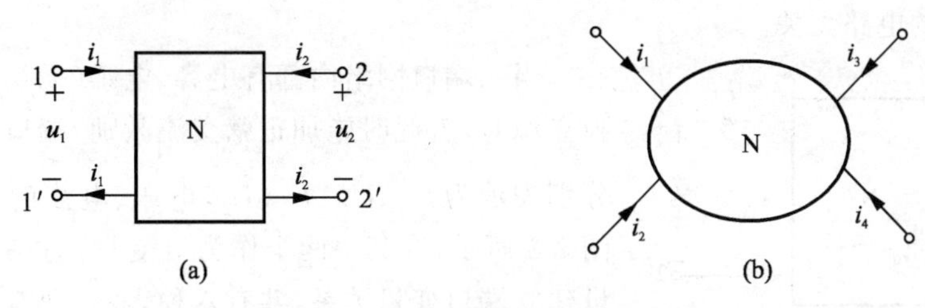

图 7-1 二端口网络与四端口网络

在工程实际问题中,"大"网络可根据需要作如图 7-2 所示划分,其中 N_1、N_2 为单口网络,N 则为一对外具有两个端口的双口网络。作为一个例子,N_1、N_2 分别视为信号源网络和负载网络,双口网络 N 则为放大电路部分。

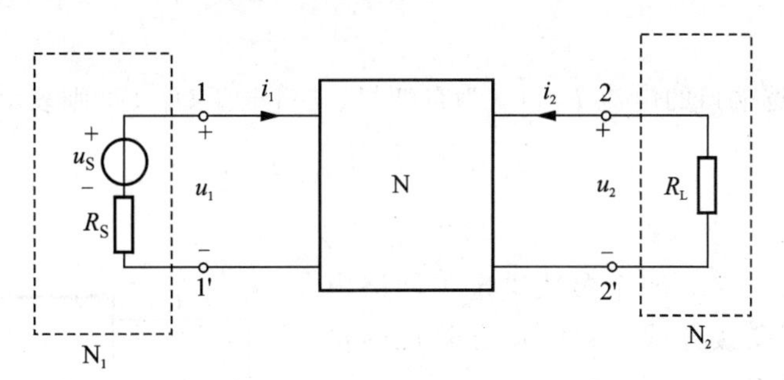

图 7-2 放大电路示例

来自 N_1 的信号经 N 放大后传送给 N_2。在这种情况下,双口的一个端口是信号的输入端口,另一端口则为处理后信号的输出端口。习惯上,输入端口称为端口 1,输出端口称为端口 2。

在理论分析中，划分端口也是十分有益的。图 7-2 所示划分中，N_1、N_2 可能是含源的线性电阻网络或是非线性电阻网络或是动态网络，而 N 是线性网络。也可能 N_1、N_2 是线性的，而 N 是非线性的。划分后，双口网络的端口电压、电流往往是分析的主要对象，突出了分析的重点。

二端口网络是一种常见的网络。实际电路中，晶体管、变压器的电路模型都是二端口网络。常用的放大器、滤波器等因为只有一个输入端口和一个输出端口，也都是二端口网络。另外，在分析网络中某一激励和某一响应之间的关系时，可将该激励支路和响应支路抽出，剩下的电路就构成了一个二端口网络。

本章仅限于研究无源二端口网络，即网络不含独立源，仅含 R、L、C（L、C 初始状态为零）等无源元件和受控源构成的无源二端口网络。

7.2 二端口网络的方程和参数

一端口网络的外部特性是用端口的电压和电流的关系表示。二端口网络的外特性则要用两个端口变量的关系来表示，它与一端口网络一样决定于网络的结构和参数，而与外部联接的电路无关。

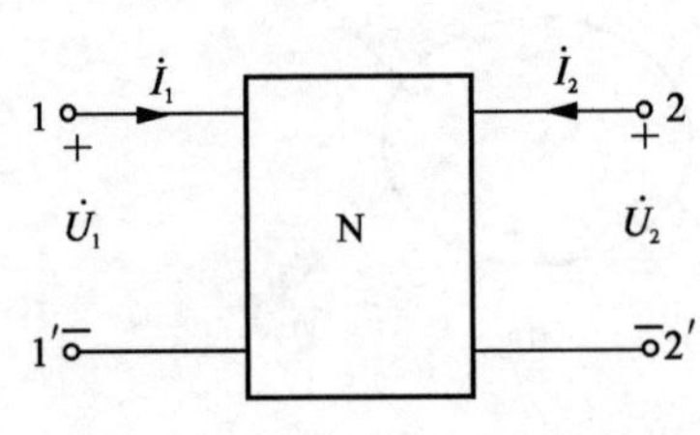

图 7-3 端口变量的参考方向

当二端口网络内部有电容、电感（无初始储能）、无独立源时，若此时施加正弦交流激励，端口变量用相量分别表示为 $\dot{U}_1$、$\dot{U}_2$、$\dot{I}_1$、$\dot{I}_2$，电压、电流的参考方向如图 7-3 所示，取其中两个作为自变量，另两个作为因变量建立端口变量关系，共有六种表示，即有六种特性方程，其对应的网络参数也有六种，常用的有四种，分别为 Z 参数、Y 参数、T 参数和 H 参数。

7.2.1 Z 参数方程

在图 7-4 中选端口的电流 $\dot{I}_1$、$\dot{I}_2$ 为自变量、端口电压 $\dot{U}_1$、$\dot{U}_2$ 则表示为

$$\left.\begin{aligned}\dot{U}_1 &= Z_{11}\dot{I}_1 + Z_{12}\dot{I}_2 \\ \dot{U}_2 &= Z_{21}\dot{I}_1 + Z_{22}\dot{I}_2\end{aligned}\right\} \tag{7-1}$$

式中，Z_{11}、Z_{12}、Z_{21}、Z_{22} 四个参数决定于网络内部电路元件及其联接方式。它们具有阻抗的量纲，其意义可从式(7-1)看出，即

$$Z_{11} = \frac{\dot{U}_1}{\dot{I}_1}\bigg|_{\dot{I}_2=0}$$

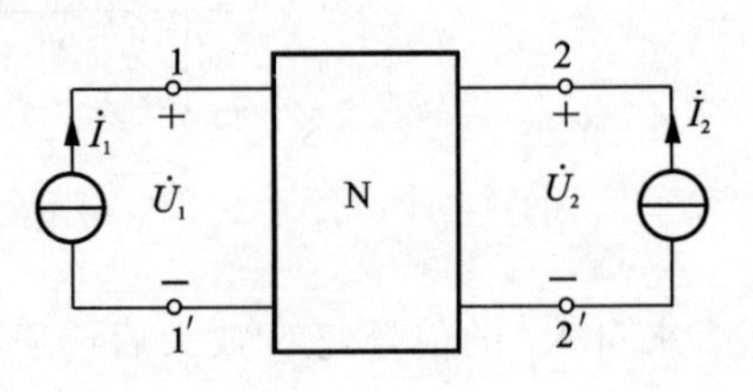

图 7-4 二端口网络选 $\dot{I}_1$、$\dot{I}_2$ 为自变量

为 2-2′端口开路时，1-1′端口的输入阻抗，

$$Z_{22}=\frac{\dot{U}_2}{\dot{I}_2}\bigg|_{\dot{I}_1=0}$$

为 1-1′端口开路时，2-2′端口的输入阻抗，

$$Z_{12}=\frac{\dot{U}_1}{\dot{I}_2}\bigg|_{\dot{I}_1=0}$$

为 1-1′端口开路时，端口 2 对端口 1 的转移阻抗，

$$Z_{21}=\frac{\dot{U}_2}{\dot{I}_1}\bigg|_{\dot{I}_2=0}$$

为 2-2′端口开路时，端口 1 对端口 2 的转移阻抗。

将式(7-1)写成矩阵形式为

$$\begin{bmatrix}\dot{U}_1\\ \dot{U}_2\end{bmatrix}=\begin{bmatrix}Z_{11} & Z_{12}\\ Z_{21} & Z_{22}\end{bmatrix}\begin{bmatrix}\dot{I}_1\\ \dot{I}_2\end{bmatrix}=\boldsymbol{Z}\begin{bmatrix}\dot{I}_1\\ \dot{I}_2\end{bmatrix} \tag{7-2}$$

其中

$$\boldsymbol{Z}=\begin{bmatrix}Z_{11} & Z_{12}\\ Z_{21} & Z_{22}\end{bmatrix}$$

称为二端口网络的 Z 参数矩阵，Z 参数亦称**开路阻抗参数**(open-circuit impedance parameter)。对于无受控源网络有 $Z_{12}=Z_{21}$。若二端口网络无 L、C 元件或网络工作在直流激励，则 Z 参数变为 R 参数，R 参数矩阵中四个元素分别为 R_{11}、R_{12}、R_{21} 和 R_{22}。

例 7-1 试确定图 7-5 所示二端口网络的 R 参数。

解 本例二端口网络是电阻网络，对于电阻网络，电压、电流也可用瞬时值来表示。设 2-2′端开路，1-1′端接电流源 i_1，如图 7-6(a)所示。列 KVL 方程，有

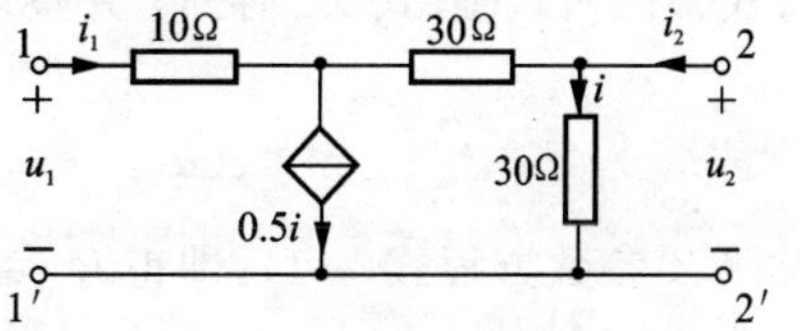

$$u_1=10i_1+60i$$

$$u_2=30i$$

图 7-5 例 7-1 网络

又 $i_1=0.5i+i$，即 $i=i_1/1.5$，所以

$$u_1=50i_1,\quad u_2=20i_1$$

因而

$$R_{11}=\frac{u_1}{i_1}\bigg|_{i_2=0}=50\ \Omega$$

$$R_{21}=\frac{u_2}{i_1}\bigg|_{i_2=0}=20\ \Omega$$

设 1-1′端开路，2-2′端接电流源 i_2，如图 7-6(b)所示，有

$$u_2=30i$$

$$u_1=30i-30\times0.5i$$

又 $i_2=i+0.5i$，所以 $i=i_2/1.5$，故

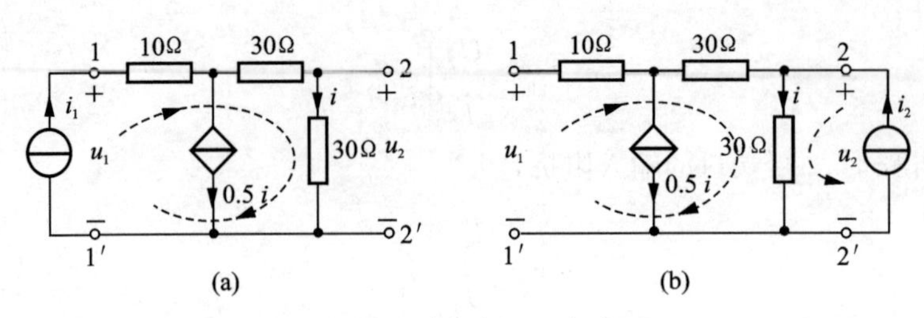

图 7-6　求解例 7-1 电路

$$u_1 = 10i_2,\quad u_2 = 20i_2$$

因而
$$R_{12} = \left.\frac{u_1}{i_2}\right|_{i_1=0} = 10\ \Omega,\quad R_{22} = \left.\frac{u_2}{i_2}\right|_{i_1=0} = 20\ \Omega$$

R 参数矩阵为

$$\boldsymbol{R} = \begin{bmatrix} 50 & 10 \\ 20 & 20 \end{bmatrix}\ \Omega$$

本题的另一种解法是应用电路定律直接在原电路图 7-5 中列写方程，由对应系数来确定 R 参数。为此在图 7-5 中，其 KVL 方程为

$$10i_1 + 30(i - i_2) + 30i = u_1 \qquad ①$$

$$30i = u_2 \qquad ②$$

又由广义节点用 KCL 得
$$i_1 + i_2 = 0.5i + i \qquad ③$$

即
$$i = \frac{1}{1.5}(i_1 + i_2) \qquad ④$$

将式④代入式①、式②，消去 i 并整理，得

$$u_1 = 50i_1 + 10i_2$$

$$u_2 = 20i_1 + 20i_2$$

对照 Z 参数方程式(7-1)，即得 R 参数为 $R_{11} = 50\ \Omega$，$R_{12} = 10\ \Omega$，$R_{21} = 20\ \Omega$，$R_{22} = 20\ \Omega$。

7.2.2　Y 参数方程

在图 7-7 中选端口的电压 $\dot{U}_1$、$\dot{U}_2$ 为自变量，相当于在两个端口接入电压源 $\dot{U}_1$ 与 $\dot{U}_2$，$\dot{I}_1$ 与 $\dot{I}_2$ 为网络的响应，则端口的电流 $\dot{I}_1$、$\dot{I}_2$ 表示为

$$\left.\begin{aligned} \dot{I}_1 &= Y_{11}\dot{U}_1 + Y_{12}\dot{U}_2 \\ \dot{I}_2 &= Y_{21}\dot{U}_1 + Y_{22}\dot{U}_2 \end{aligned}\right\} \qquad (7\text{-}3)$$

由式(7-3)可知各参数的意义为

$$Y_{11} = \left.\frac{\dot{I}_1}{\dot{U}_1}\right|_{\dot{U}_2=0},\quad Y_{22} = \left.\frac{\dot{I}_2}{\dot{U}_2}\right|_{\dot{U}_1=0}$$

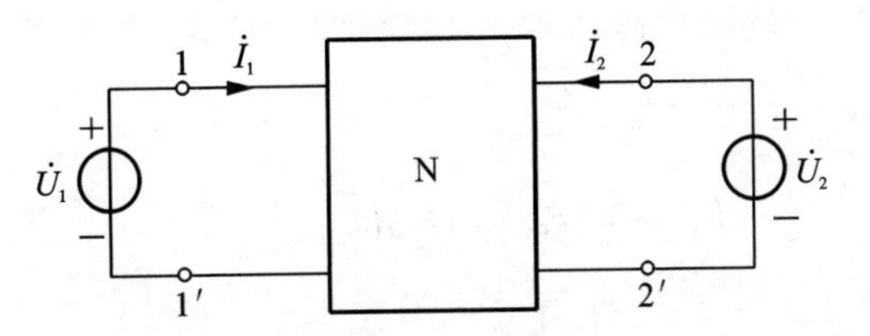

图 7-7 二端口网络选 $\dot{U}_1$、$\dot{U}_2$ 为自变量

$$Y_{21}=\frac{\dot{I}_2}{\dot{U}_1}\bigg|_{\dot{U}_2=0},\quad Y_{12}=\frac{\dot{I}_1}{\dot{U}_2}\bigg|_{\dot{U}_1=0}$$

它们分别表示一个端口短路时的输入导纳和转移导纳。

将式(7-3)写成矩阵形式为

$$\begin{bmatrix}\dot{I}_1\\ \dot{I}_2\end{bmatrix}=\begin{bmatrix}Y_{11} & Y_{12}\\ Y_{21} & Y_{22}\end{bmatrix}\begin{bmatrix}\dot{U}_1\\ \dot{U}_2\end{bmatrix}=\boldsymbol{Y}\begin{bmatrix}\dot{U}_1\\ \dot{U}_2\end{bmatrix}\tag{7-4}$$

式中

$$\boldsymbol{Y}=\begin{bmatrix}Y_{11} & Y_{12}\\ Y_{21} & Y_{22}\end{bmatrix}$$

称为 Y 参数矩阵，Y 参数亦称**短路导纳参数**(short-circuit admittance parameter)，对于无受控源网络，$Y_{12}=Y_{21}$。若二端口网络中无 L、C 元件或工作在直流激励下，则 Y 参数变为 G 参数，G 参数矩阵中四个元素分别为 G_{11}、G_{12}、G_{21} 和 G_{22}。

由式(7-2)可得

$$\begin{bmatrix}\dot{I}_1\\ \dot{I}_2\end{bmatrix}=\boldsymbol{Z}^{-1}\begin{bmatrix}\dot{U}_1\\ \dot{U}_2\end{bmatrix}$$

所以

$$\boldsymbol{Y}=\boldsymbol{Z}^{-1}\ 或\ \boldsymbol{Z}=\boldsymbol{Y}^{-1}\tag{7-5}$$

例 7-2 求图 7-8(a)所示网络的 G 参数。

解 在直流电路中，电压、电流常用大写 U、I 表示。按照参数定义，设 2-2′端短路，1-1′端接入电压源 U_1 如图 7-8(b)所示。1-1′端等效电路如图 7-8(c)所示。

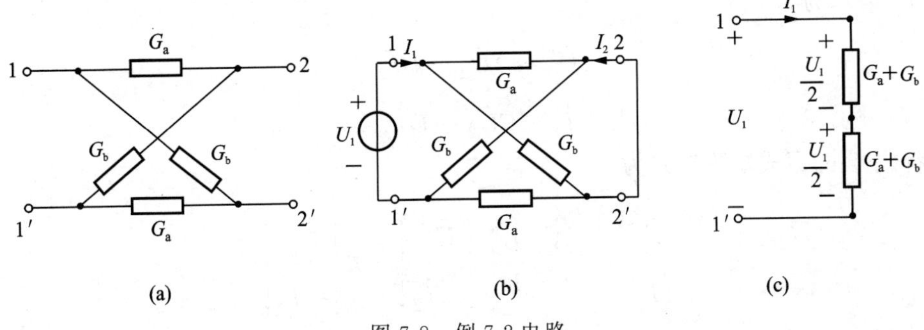

图 7-8 例 7-2 电路

则
$$I_1=\frac{G_a+G_b}{2}U_1$$
在图 7-8(b) 中得
$$I_2=\frac{1}{2}(G_b-G_a)U_1$$
所以
$$G_{11}=\frac{I_1}{U_1}\bigg|_{U_2=0}=\frac{1}{2}(G_a+G_b)$$
$$G_{21}=\frac{I_2}{U_1}\bigg|_{U_2=0}=\frac{1}{2}(G_b-G_a)$$
再将 1-1′端短路,2-2′端接入电压源,求得 G_{22} 和 G_{12}。显然,由电路的对称性也可知
$$G_{22}=G_{11},\quad G_{12}=G_{21}$$
所以 G 参数矩阵为
$$\boldsymbol{G}=\begin{bmatrix}\frac{1}{2}(G_a+G_b) & -\frac{1}{2}(G_a-G_b)\\ -\frac{1}{2}(G_a-G_b) & \frac{1}{2}(G_a+G_b)\end{bmatrix}$$

若网络仅由 R、L、C 元件构成,则有 $Y_{12}=Y_{21}$,此种网络称为**互易网络**(reciprocity network)。表示互易二端口网络特性的独立参数只有三个。一般来说,含有受控源的网络为非互易网络。

对称的二端口网络,除了 $Y_{12}=Y_{21}$(或 $Z_{12}=Z_{21}$)外,还有 $Y_{11}=Y_{22}$(或 $Z_{11}=Z_{22}$),故对称二端口网络只有两个独立参数。

对称二端口网络的物理意义是,将两个端口互换位置后与外电路连接,其端口特性保持不变。电路结构对称的二端口网络[例如图 7-8(a)所示],必然在电路性能上也一定是对称的。但要注意,在电路性能上对称,其电路结构则不一定对称。

7.2.3 *T* 参数方程

在图 7-3 中选择输出端口电压 $\dot{U}_2$ 和电流($-\dot{I}_2$)为自变量,则输入端口的电压 $\dot{U}_1$ 和电流 $\dot{I}_1$ 表示为
$$\left.\begin{aligned}\dot{U}_1&=A\dot{U}_2-B\dot{I}_2\\ \dot{I}_1&=C\dot{U}_2-D\dot{I}_2\end{aligned}\right\}\tag{7-6}$$
将式(7-6)写成矩阵形式为
$$\begin{bmatrix}\dot{U}_1\\ \dot{I}_1\end{bmatrix}=\begin{bmatrix}A & B\\ C & D\end{bmatrix}\begin{bmatrix}\dot{U}_2\\ -\dot{I}_2\end{bmatrix}=\boldsymbol{T}\begin{bmatrix}\dot{U}_2\\ -\dot{I}_2\end{bmatrix}\tag{7-7}$$
其中

$$\boldsymbol{T}=\begin{bmatrix}A & B\\ C & D\end{bmatrix}$$

称为 ***T* 传输参数矩阵**(transmission parameter matrix)。

按式(7-6)得出各参数的意义为

$$\left.\begin{aligned}&A=\left.\frac{\dot{U}_1}{\dot{U}_2}\right|_{\dot{I}_2=0}, \quad B=-\left.\frac{\dot{U}_1}{\dot{I}_2}\right|_{\dot{U}_2=0}\\ &C=\left.\frac{\dot{I}_1}{\dot{U}_2}\right|_{\dot{I}_2=0}, \quad D=-\left.\frac{\dot{I}_1}{\dot{I}_2}\right|_{\dot{U}_2=0}\end{aligned}\right\} \tag{7-8}$$

其中,B 有阻抗的量纲,C 有导纳的量纲,A、D 无量纲,A 为电压比,D 为电流比。

7.2.4 *H* 参数方程

若在图 7-3 中选择输入端口电流 $\dot{I}_1$ 和输出端口的电压 $\dot{U}_2$ 为自变量,则输入端口的电压 $\dot{U}_1$ 和输出端口的电流 $\dot{I}_2$ 表示为

$$\left.\begin{aligned}\dot{U}_1&=H_{11}\dot{I}_1+H_{12}\dot{U}_2\\ \dot{I}_2&=H_{21}\dot{I}_1+H_{22}\dot{U}_2\end{aligned}\right\} \tag{7-9}$$

其矩阵形式为

$$\begin{bmatrix}\dot{U}_1\\ \dot{I}_2\end{bmatrix}=\boldsymbol{H}\begin{bmatrix}\dot{I}_1\\ \dot{U}_2\end{bmatrix}$$

其中

$$\boldsymbol{H}=\begin{bmatrix}H_{11} & H_{12}\\ H_{21} & H_{22}\end{bmatrix}$$

称为 ***H* 混合参数矩阵**(hybrid parameter matrix)。

按式(7-9)得出各参数的意义为

$$\left.\begin{aligned}&H_{11}=\left.\frac{\dot{U}_1}{\dot{I}_1}\right|_{\dot{U}_2=0}, \quad H_{12}=\left.\frac{\dot{U}_1}{\dot{U}_2}\right|_{\dot{I}_1=0}\\ &H_{21}=\left.\frac{\dot{I}_2}{\dot{I}_1}\right|_{\dot{U}_2=0}, \quad H_{22}=\left.\frac{\dot{I}_2}{\dot{U}_2}\right|_{\dot{I}_1=0}\end{aligned}\right\} \tag{7-10}$$

H_{11} 是 2-2′端口短路时 1-1′端口的驱动点阻抗,H_{22} 是 1-1′端口开路时 2-2′端口的驱动点电导纳。H_{12} 为 1-1′端口开路时的转移电压比,H_{21} 是 2-2′端口短路时的转移电流比。H 参数常用于分析晶体管电路。

7.2.5 二端口网络各参数之间的关系

已知网络的某一个参数矩阵，通过参数方程的转换就可求得其他参数矩阵。只要这个矩阵是存在的。如已知 Z 参数，由式(7-5)得

$$\boldsymbol{Y}=\boldsymbol{Z}^{-1}=\frac{1}{\Delta_Z}\begin{bmatrix} Z_{22} & -Z_{12} \\ -Z_{21} & Z_{11} \end{bmatrix}$$

Δ_Z 为 Z 参数矩阵的行列式，即 $\Delta_Z=Z_{11}Z_{22}-Z_{12}Z_{21}$，也可以通过方程间转换得到。

如果要求 H 参数，由 Z 参数方程

$$\begin{cases} \dot{U}_1=Z_{11}\dot{I}_1+Z_{12}\dot{I}_2 \\ \dot{U}_2=Z_{21}\dot{I}_1+Z_{22}\dot{I}_2 \end{cases}$$

第二式解得

$$\dot{I}_2=-\frac{Z_{21}}{Z_{22}}\dot{I}_1+\frac{1}{Z_{22}}\dot{U}_2=H_{21}\dot{I}_1+H_{22}\dot{U}_2$$

将上式代入 Z 参数方程的第一式，得

$$\dot{U}_1=\left(Z_{11}-\frac{Z_{12}Z_{21}}{Z_{22}}\right)\dot{I}_1+\frac{Z_{12}}{Z_{22}}\dot{U}_2=H_{11}\dot{I}_1+H_{12}\dot{U}_2$$

所以 H 参数矩阵为

$$\boldsymbol{H}=\begin{bmatrix} \dfrac{\Delta_Z}{Z_{22}} & \dfrac{Z_{12}}{Z_{22}} \\ -\dfrac{Z_{21}}{Z_{22}} & \dfrac{1}{Z_{22}} \end{bmatrix}$$

同理亦可求得 T 参数，也可在原方程中通过定义式求出其他参数。现将各参数相互转换关系列于表 7-1 中。

表 7-1 二端口网络外部特性方程参数的转换关系

	Z	**Y**	**T**	**H**
Z	$\begin{matrix} Z_{11} & Z_{12} \\ Z_{21} & Z_{22} \end{matrix}$	$\begin{matrix} \dfrac{Y_{22}}{\Delta_Y} & -\dfrac{Y_{12}}{\Delta_Y} \\ -\dfrac{Y_{21}}{\Delta_Y} & \dfrac{Y_{11}}{\Delta_Y} \end{matrix}$	$\begin{matrix} \dfrac{A}{C} & \dfrac{\Delta_T}{C} \\ \dfrac{1}{C} & \dfrac{D}{C} \end{matrix}$	$\begin{matrix} \dfrac{\Delta_H}{H_{22}} & \dfrac{H_{12}}{H_{22}} \\ -\dfrac{H_{21}}{H_{22}} & \dfrac{1}{H_{22}} \end{matrix}$
Y	$\begin{matrix} \dfrac{Z_{22}}{\Delta_Z} & -\dfrac{Z_{12}}{\Delta_Z} \\ -\dfrac{Z_{21}}{\Delta_Z} & \dfrac{Z_{11}}{\Delta_Z} \end{matrix}$	$\begin{matrix} Y_{11} & Y_{12} \\ Y_{21} & Y_{22} \end{matrix}$	$\begin{matrix} \dfrac{D}{B} & -\dfrac{\Delta_T}{B} \\ -\dfrac{1}{B} & \dfrac{A}{B} \end{matrix}$	$\begin{matrix} \dfrac{1}{H_{11}} & -\dfrac{H_{12}}{H_{11}} \\ \dfrac{H_{21}}{H_{11}} & \dfrac{\Delta_H}{H_{11}} \end{matrix}$
T	$\begin{matrix} \dfrac{Z_{11}}{Z_{21}} & \dfrac{\Delta_Z}{Z_{21}} \\ \dfrac{1}{Z_{21}} & \dfrac{Z_{22}}{Z_{21}} \end{matrix}$	$\begin{matrix} -\dfrac{Y_{22}}{Y_{21}} & -\dfrac{1}{Y_{21}} \\ -\dfrac{\Delta_Y}{Y_{21}} & -\dfrac{Y_{11}}{Y_{21}} \end{matrix}$	$\begin{matrix} A & B \\ C & D \end{matrix}$	$\begin{matrix} -\dfrac{\Delta_H}{H_{21}} & -\dfrac{H_{11}}{H_{21}} \\ -\dfrac{H_{22}}{H_{21}} & -\dfrac{1}{H_{21}} \end{matrix}$

续表

	Z		Y		T		H	
H	$\frac{\Delta_Z}{Z_{22}}$	$\frac{Z_{12}}{Z_{22}}$	$\frac{1}{Y_{11}}$	$-\frac{Y_{12}}{Y_{11}}$	$\frac{B}{D}$	$\frac{\Delta_T}{D}$	H_{11}	H_{12}
	$-\frac{Z_{21}}{Z_{22}}$	$\frac{1}{Z_{22}}$	$\frac{Y_{21}}{Y_{11}}$	$\frac{\Delta_Y}{Y_{11}}$	$-\frac{1}{D}$	$\frac{C}{D}$	H_{21}	H_{22}

注：$\Delta_Z=Z_{11}Z_{22}-Z_{12}Z_{21}$，$\Delta_Y=Y_{11}Y_{22}-Y_{12}Y_{21}$，$\Delta_T=AD-BC$，$\Delta_H=H_{11}H_{22}-H_{12}H_{21}$。

对互易二端口网络，其 Z 参数中有

$$Z_{12}=Z_{21} \tag{7-11}$$

其 Y 参数中有

$$Y_{12}=Y_{21} \tag{7-12}$$

根据表 7-1 中参数换算关系，可知 T 参数及 H 参数中分别有以下关系：

$$\Delta_T=AD-BC=1 \tag{7-13}$$

$$H_{12}=-H_{21} \tag{7-14}$$

一个二端口网络是否为互易网络，可由式(7-11)～式(7-14)中任意一个来进行判断。互易二端口网络的参数只有三个是独立的。

对于某一个二端口网络，以上四种参数不一定都存在。如 Z 参数矩阵是奇异的，Y 参数就不存在，反之亦然。又如传输参数中 $C=0$ 时，Z 参数不存在。例如一个理想变压器构成的二端口网络如图 7-9 所示。因为端口伏安关系 $u_1=nu_2$，$i_1=-\frac{1}{n}i_2$，可知其传输参数矩阵为

$$\boldsymbol{T}=\begin{bmatrix} n & 0 \\ 0 & \frac{1}{n} \end{bmatrix}$$

H 参数矩阵为

$$\boldsymbol{H}=\begin{bmatrix} 0 & n \\ -n & 0 \end{bmatrix}$$

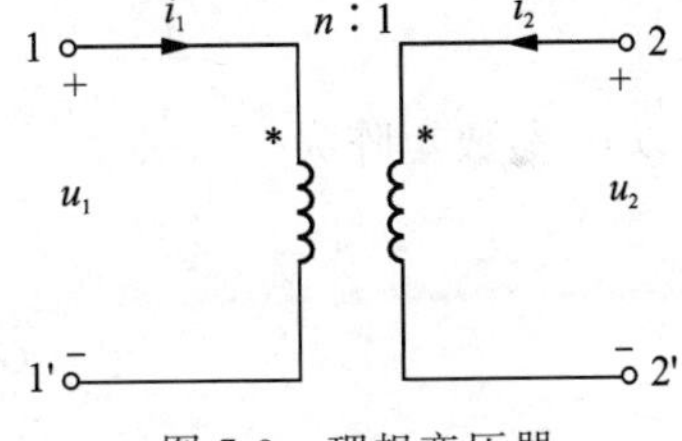

图 7-9　理想变压器

而不存在 Z 参数与 Y 参数。在传输线中，常用传输参数分析端口电压、电流关系，混合参数在电子电路中得到广泛应用。高频电路中 Y 参数用得较多。

耦合电感线圈如前所述是二端口元件，由式(7-10)写出其 Z 参数矩阵方程

$$\begin{bmatrix} \dot{U}_1 \\ \dot{U}_2 \end{bmatrix}=\begin{bmatrix} R_1+\mathrm{j}\omega L_1 & \pm\mathrm{j}\omega M \\ \pm\mathrm{j}\omega M & R_2+\mathrm{j}\omega L_2 \end{bmatrix}\begin{bmatrix} \dot{I}_1 \\ \dot{I}_2 \end{bmatrix} \tag{7-15}$$

式中，$R_1+\mathrm{j}\omega L_1$、$R_2+\mathrm{j}\omega L_2$ 为耦合电感线圈的自阻抗，$\pm\mathrm{j}\omega M$ 为两线圈的互阻抗，“+”“−”号与两线圈的同名端及端口电压、电流的参考方向有关。

例 7-3　试求图 7-10 所示二端口网络 T、H、Y、Z 等四种参数矩阵。

解　电路为电阻二端口网络，由 KVL 及端口定义得

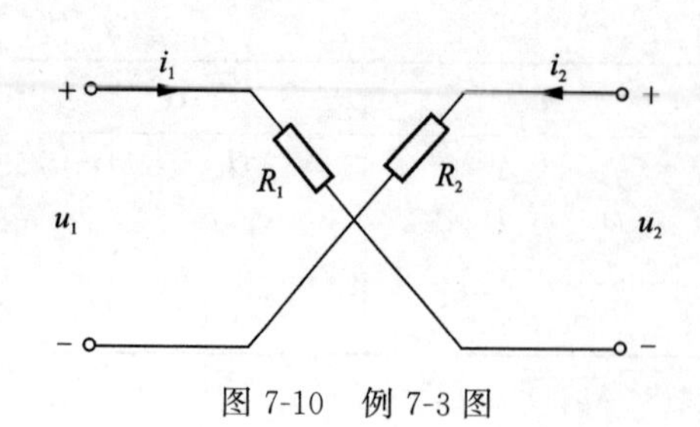

图 7-10 例 7-3 图

$$u_1 = R_1 i_1 - u_2 + R_2 i_2 \quad ①$$

$$i_1 = i_2 \quad ②$$

式②代入式①得

$$\begin{cases} u_1 = -u_2 + (R_1 + R_2) i_2 \\ i_1 = i_2 \end{cases} \quad ③$$

由端口方程表示成矩阵形式为

$$\begin{bmatrix} u_1 \\ i_1 \end{bmatrix} = \begin{bmatrix} -1 & -(R_1 + R_2) \\ 0 & -1 \end{bmatrix} \begin{bmatrix} u_2 \\ -i_2 \end{bmatrix}$$

所以 T 参数矩阵为

$$\boldsymbol{T} = \begin{bmatrix} -1 & -(R_1 + R_2) \\ 0 & -1 \end{bmatrix}$$

转换端口方程组③得

$$\begin{cases} i_1 = \dfrac{1}{R_1 + R_2} u_1 + \dfrac{1}{R_1 + R_2} u_2 \\ i_2 = \dfrac{1}{R_1 + R_2} u_1 + \dfrac{1}{R_1 + R_2} u_2 \end{cases} \quad ④$$

将端口方程组④表示成矩阵形式

$$\begin{bmatrix} i_1 \\ i_2 \end{bmatrix} = \begin{bmatrix} \dfrac{1}{R_1 + R_2} & \dfrac{1}{R_1 + R_2} \\ \dfrac{1}{R_1 + R_2} & \dfrac{1}{R_1 + R_2} \end{bmatrix} \begin{bmatrix} u_1 \\ u_2 \end{bmatrix}$$

所以 G 参数矩阵为

$$\boldsymbol{G} = \begin{bmatrix} \dfrac{1}{R_1 + R_2} & \dfrac{1}{R_1 + R_2} \\ \dfrac{1}{R_1 + R_2} & \dfrac{1}{R_1 + R_2} \end{bmatrix}$$

进一步通过方程转换,分别得 $\boldsymbol{H} = \begin{bmatrix} R_1 + R_2 & -1 \\ 1 & 0 \end{bmatrix}$

R 参数不存在。

7.3 二端口网络的等效电路及联接

对于一个不含独立源的一端口网络,不管其内部电路如何复杂,从外部特性来看,总可以用一个阻抗(或导纳)来等效代替。同理,一个二端口网络亦可用一个简单的等效电路来代替,二端口的等效电路与原网络必须具有相同的外部特性,即具有相同的方程及参数。

对于不含受控源的互易网络，$Z_{12}=Z_{21}$，$Y_{12}=Y_{21}$，其外部特性是由三个独立参数所确定的，所以其最简等效电路是由三个阻抗(或导纳)所构成的T形或Π形网络，如图7-11所示。

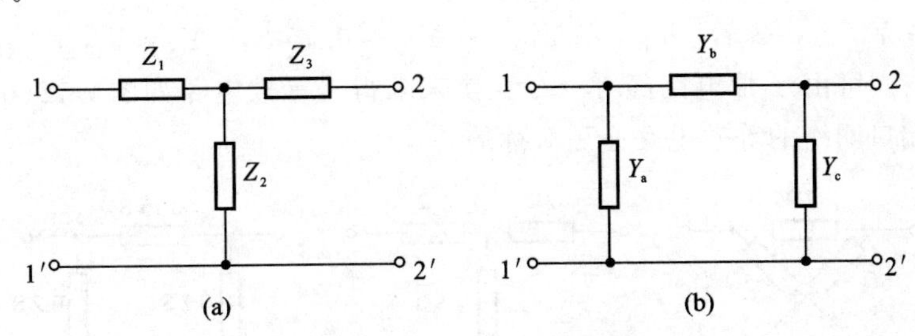

图7-11 互易网络的等效电路

7.3.1 T形等效电路

如给定二端口网络的 Z 参数，可方便地确定图7-11(a)中的各阻抗。对图示T形网络，其 Z 参数为 $Z_{11}=Z_1+Z_2$，$Z_{12}=Z_{21}=Z_2$，$Z_{22}=Z_3+Z_2$，它应与原网络 Z 参数相等，因而T形等效电路的各参数为

$$Z_1=Z_{11}-Z_{12},\quad Z_2=Z_{12}=Z_{21},\quad Z_3=Z_{22}-Z_{12}$$

7.3.2 Π形等效电路

如给定的是二端口网络的 Y 参数，按等效网络的参数相等原则，可确定图7-11(b)所示Π形等效电路中各导纳的值为

$$Y_a=Y_{11}+Y_{12},\quad Y_b=-Y_{12}=-Y_{21},\quad Y_c=Y_{22}+Y_{12}$$

如给定的是传输参数，对于互易网络，$\Delta_T=1$，根据 T 参数与 Z、Y 参数之关系(表7-1)，就可将图7-11中各阻抗或导纳用 T 参数表示，对于图7-11(a)所示T形网络有

$$Z_1=\frac{A-1}{C},\quad Z_2=\frac{1}{C},\quad Z_3=\frac{D-1}{C}$$

对于图7-11(b)的等效Π形网络有

$$Y_a=\frac{D-1}{B},\quad Y_b=\frac{1}{B},\quad Y_c=\frac{A-1}{B}$$

例7-4 求图7-12(a)所示二端口网络的T形和Π形等效电路。

解 由例7-2可知，图7-12(a)所示二端口的 Y 参数矩阵为

$$\boldsymbol{Y}=\begin{bmatrix}0.35 & -0.15\\ -0.15 & 0.35\end{bmatrix}\text{ S}$$

Z 参数矩阵为

$$\boldsymbol{Z}=\boldsymbol{Y}^{-1}=\begin{bmatrix}3.5 & 1.5\\ 1.5 & 3.5\end{bmatrix}\ \Omega$$

所以T形电路的元件值为

$$Z_1=Z_{11}-Z_{12}=2\ \Omega,\quad Z_2=Z_{12}=Z_{21}=1.5\ \Omega,\quad Z_3=Z_{22}-Z_{12}=2\ \Omega$$

Π形电路中各元件值为

$$Y_a=Y_{11}+Y_{12}=0.2\ \text{S},\quad Y_b=-Y_{12}=-Y_{21}=0.15\ \text{S},\quad Y_c=Y_{22}+Y_{12}=0.2\ \text{S}$$

Π形等效电路亦可由T形电路经Y→Δ变换来求得。等效电路如图7-12(b)、(c)所示。可见对称二端口网络的等效电路亦是对称的。

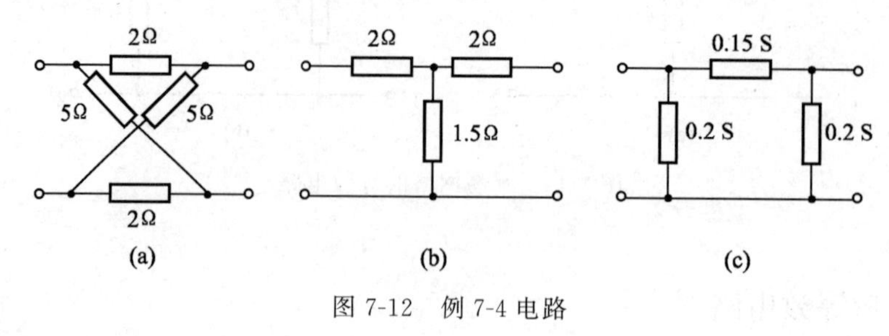

图7-12 例7-4电路

7.3.3 非互易网络的等效电路

含有受控源的二端口网络一般不具有互易性，四个参数都是独立的，其等效电路可以有多种形式。如给定二端口网络的 Z 参数，可用图7-13的等效电路来表示。对于图7-13(a)的电路，Z 参数方程为

$$\dot{U}_1=Z_{11}\dot{I}_1+Z_{12}\dot{I}_2$$

$$\dot{U}_2=Z_{21}\dot{I}_1+Z_{22}\dot{I}_2$$

对于图7-13(b)的T形电路，端口电压与电流的关系为

$$\dot{U}_1=(Z_{11}-Z_{12})\dot{I}_1+Z_{12}(\dot{I}_1+\dot{I}_2)$$

$$\dot{U}_2=(Z_{21}-Z_{12})\dot{I}_1+(Z_{22}-Z_{12})\dot{I}_2+Z_{12}(\dot{I}_1+\dot{I}_2)$$

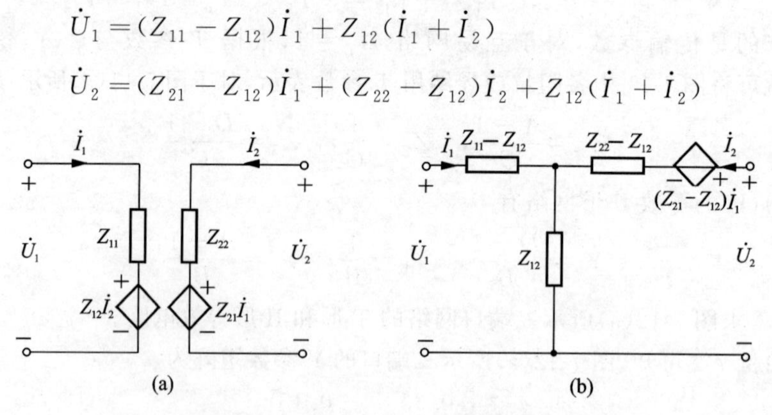

图7-13 非互易网络的等效电路

显然，它们具有同样的 Z 参数方程。观察图7-13(b)和图7-11(a)可知，非互易网络用T形等效时，仅仅由于 $Z_{21}\neq Z_{12}$，而在输出端多了一个受控电压源，控制量为输入端电流

i_1,控制系数为非互易的两个系数差值($Z_{21}-Z_{12}$)。据此可快速地由 Z 参数得到非互易网络的T形等效电路。

根据二端口网络的 Y 参数方程,可得出用 Y 参数表示的等效电路,如图7-14(a)及(b)所示。图7-14(b)与图7-11(b)比较,也只是输出口并联了一个电压控制电流源。

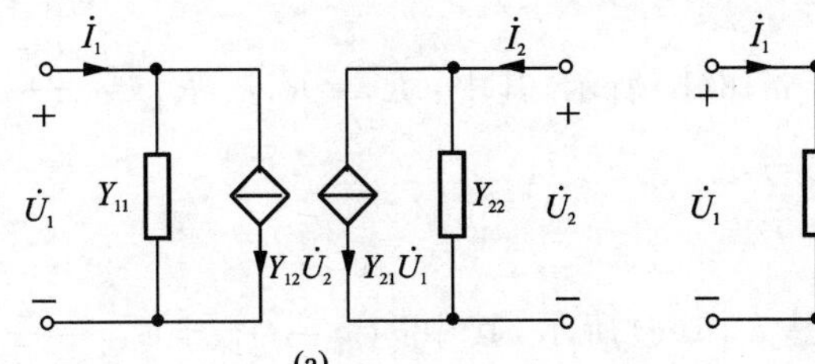

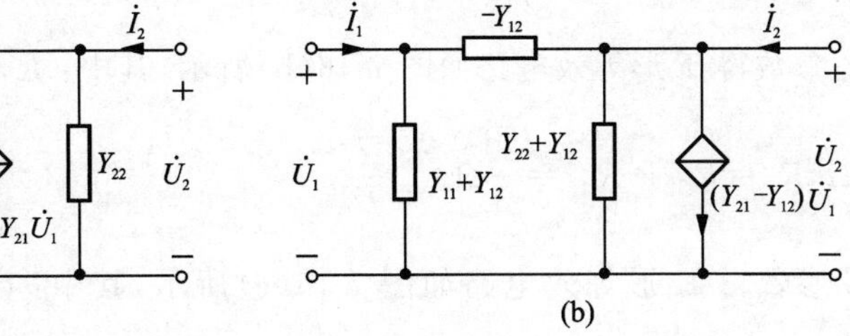

图7-14　非互易网络的等效电路

晶体管是常用的二端口元件,其特性通常用 H 参数表示,由 H 参数方程

$$\dot{U}_1=H_{11}\dot{I}_1+H_{12}\dot{U}_2$$

$$\dot{I}_2=H_{21}\dot{I}_1+H_{22}\dot{U}_2$$

可得出用 H 参数表示的等效电路,如图7-15所示。

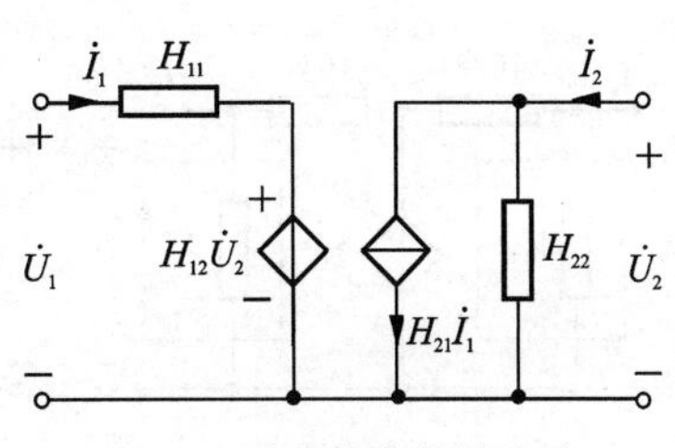

图7-15　晶体管等效电路

例7-5　图7-16(a)所示二端口网络,求其最简等效电路。

解　标出电路中端口的电压和电流,对所取回路列出KVL方程

$$10\left(I_1-\frac{U_1}{2}\right)+2U_2=U_1 \tag{①}$$

$$10\left(I_2-\frac{U_2}{5}\right)+2U_2=U_2 \tag{②}$$

整理得 R 参数方程

$$\begin{cases} U_1=\dfrac{5}{3}I_1+\dfrac{10}{3}I_2 & ③ \\ U_2=10I_2 & ④ \end{cases}$$

由此得 R 参数为

$$\boldsymbol{R}=\begin{bmatrix} \dfrac{5}{3} & \dfrac{10}{3} \\ 0 & 10 \end{bmatrix}\Omega$$

由式③、式④经方程转换得 G 参数方程

$$\begin{cases} I_1=\dfrac{3}{5}U_1-\dfrac{1}{5}U_2 \\ I_2=\dfrac{1}{10}U_2 \end{cases}$$

由此得 G 参数为

$$\boldsymbol{G}=\begin{bmatrix}\frac{3}{5} & -\frac{1}{5}\\ 0 & \frac{1}{10}\end{bmatrix}\text{S}$$

由 R 参数得 T 形等效电路如图 7-16(b)所示,其中:$R_1=R_{11}-R_{12}=-\frac{5}{3}\Omega$,$R_2=R_{12}=\frac{10}{3}\Omega$,$R_3=R_{22}-R_{12}=\frac{20}{3}\Omega$。

由 G 参数得 Π 形等效电路如图 7-16(c)所示,其中:$G_a=G_{11}+G_{12}=\frac{2}{5}\text{S}$,$G_b=-G_{12}=\frac{1}{5}\text{S}$,$G_c=G_{22}+G_{12}=-\frac{1}{10}\text{S}$。

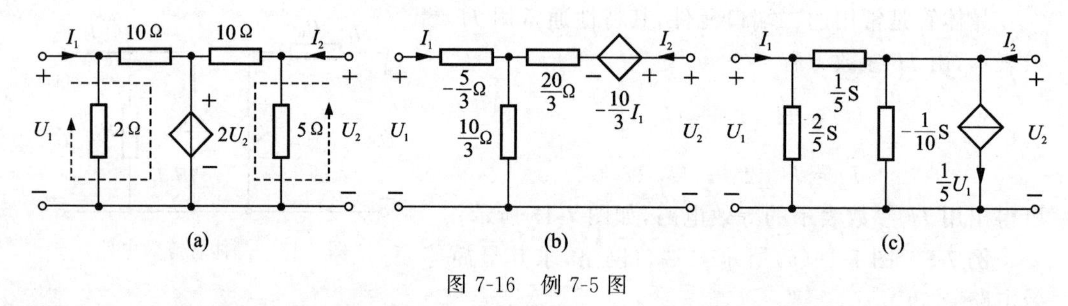

图 7-16　例 7-5 图

7.3.4　二端口网络的联接

在确定一个复杂二端口网络参数时,若能将其看作由若干简单二端口适当联接而成,则可使分析得到简化。另外,在网络设计中,将一些性能不同的二端口按一定方式联接起来,可以复合成一个所需特性的二端口网络。

二端口网络可按多种不同的方式相互联接起来。图 7-17(a)、(b)、(c)分别表示两个二端口网络的级联、串联和并联。除了这三种联接方式外,还有串并联和并串联等。由于级联用得最多,故下面重点讨论这种联接方式。

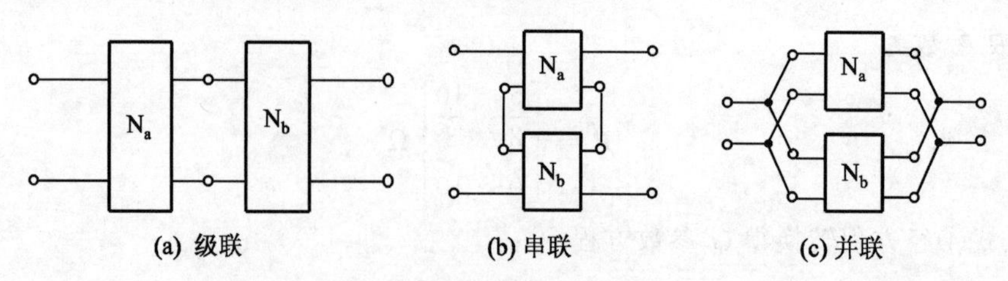

图 7-17　二端口网络的联接

将一个网络 N_a 的输出端口与另一个网络 N_b 的输入端口直接联在一起,而构成一个复合二端口网络,如图 7-18 所示,称为二端口网络的**级联**(cascade connection),也称链联。

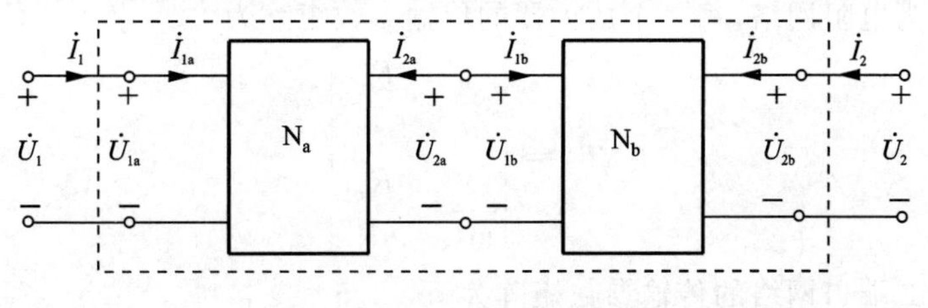

图 7-18　二端口网络的级联

用传输参数表示二端口网络的特性对级联分析最为方便。设网络 N_a 的传输参数方程为

$$\begin{bmatrix}\dot{U}_{1a}\\ \dot{I}_{1a}\end{bmatrix}=\boldsymbol{T}_a\begin{bmatrix}\dot{U}_{2a}\\ -\dot{I}_{2a}\end{bmatrix}$$

网络 N_b 的传输参数方程为

$$\begin{bmatrix}\dot{U}_{1b}\\ \dot{I}_{1b}\end{bmatrix}=\boldsymbol{T}_b\begin{bmatrix}\dot{U}_{2b}\\ -\dot{I}_{2b}\end{bmatrix}$$

因为 $\dot{U}_{2a}=\dot{U}_{1b}$，$-\dot{I}_{2a}=\dot{I}_{1b}$，所以

$$\begin{bmatrix}\dot{U}_1\\ \dot{I}_1\end{bmatrix}=\begin{bmatrix}\dot{U}_{1a}\\ \dot{I}_{1a}\end{bmatrix}=\boldsymbol{T}_a\begin{bmatrix}\dot{U}_{1b}\\ \dot{I}_{1b}\end{bmatrix}=\boldsymbol{T}_a\boldsymbol{T}_b\begin{bmatrix}\dot{U}_{2b}\\ -\dot{I}_{2b}\end{bmatrix}=\boldsymbol{T}_a\boldsymbol{T}_b\begin{bmatrix}\dot{U}_2\\ -\dot{I}_2\end{bmatrix}=\boldsymbol{T}\begin{bmatrix}\dot{U}_2\\ -\dot{I}_2\end{bmatrix}$$

即得

$$\boldsymbol{T}=\boldsymbol{T}_a\boldsymbol{T}_b \tag{7-16}$$

可见级联时，复合二端口的 T 参数矩阵等于两个二端口网络 T 参数矩阵的乘积。矩阵之积按级联的先后次序排列。

按上述推导过程可以看出，若有 n 个二端口网络级联，则复合二端口的 T 参数矩阵等于 n 个网络的 T 参数矩阵之积，即

$$\boldsymbol{T}=\boldsymbol{T}_1\boldsymbol{T}_2\cdots\boldsymbol{T}_n \tag{7-17}$$

例 7-6　两个相同的放大器级联，电路模型如图 7-19 所示。求输出端开路时的电压放大倍数 u_2/u_1。

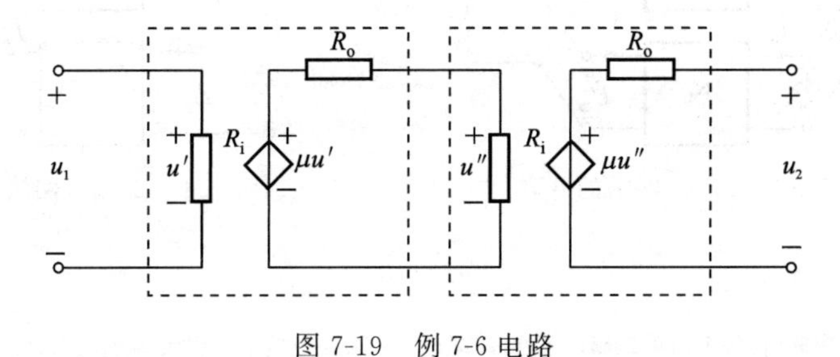

图 7-19　例 7-6 电路

解　网络为电阻网络，每一个放大器的传输参数矩阵为

$$\boldsymbol{T}_1=\begin{bmatrix}\dfrac{1}{\mu} & \dfrac{R_o}{\mu}\\ \dfrac{1}{\mu R_i} & \dfrac{R_o}{\mu R_i}\end{bmatrix}$$

级联后的复合二端口网络的传输参数矩阵为

$$\boldsymbol{T}=\boldsymbol{T}_1\boldsymbol{T}_2=\begin{bmatrix}\dfrac{1}{\mu^2}+\dfrac{R_o}{\mu^2 R_i} & \dfrac{R_o}{\mu^2}+\dfrac{R_o^2}{\mu^2 R_i}\\ \dfrac{1}{\mu^2 R_i}+\dfrac{R_o}{\mu^2 R_i^2} & \dfrac{R_o}{\mu^2 R_i}+\dfrac{R_o^2}{\mu^2 R_i^2}\end{bmatrix}=\begin{bmatrix}A & B\\ C & D\end{bmatrix}$$

当输出端开路时，$i_2=0$，由式(7-6)可知

$$\frac{u_2}{u_1}=\frac{1}{A}=\frac{\mu^2 R_i}{R_i+R_o}$$

如图7-20所示，网络 N_a 与 N_b 的输入端口并联，输出端口亦并联，称为二端口网络的并联。由图中可看出

$$\dot{I}_1=\dot{I}_{1a}+\dot{I}_{1b}\qquad \dot{I}_2=\dot{I}_{2a}+\dot{I}_{2b}$$

$$\dot{U}_1=\dot{U}_{1a}=\dot{U}_{1b}\qquad \dot{U}_2=\dot{U}_{2a}=\dot{U}_{2b}$$

设两个简单二端口网络 N_a、N_b 的 Y 参数矩阵分别为 $\boldsymbol{Y}_a$、$\boldsymbol{Y}_b$，复合二端口网络的 Y 参数矩阵为 $\boldsymbol{Y}$，则可证明有

$$\boldsymbol{Y}=\boldsymbol{Y}_a+\boldsymbol{Y}_b \tag{7-18}$$

如图7-21所示，网络 N_a 和 N_b 的输入端口相互串联，输出端口亦串联，称为二端口网络的串联①。由图中看出

$$\dot{I}_1=\dot{I}_{1a}=\dot{I}_{1b}\qquad \dot{I}_2=\dot{I}_{2a}=\dot{I}_{2b}$$

$$\dot{U}_1=\dot{U}_{1a}+\dot{U}_{1b}\qquad \dot{U}_2=\dot{U}_{2a}+\dot{U}_{2b}$$

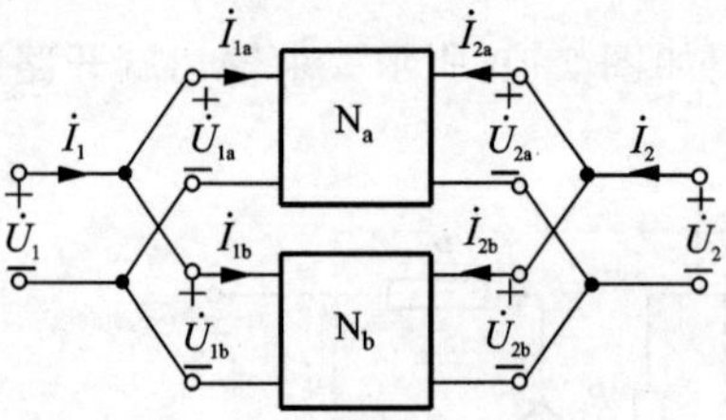

图7-20　二端口网络的并联

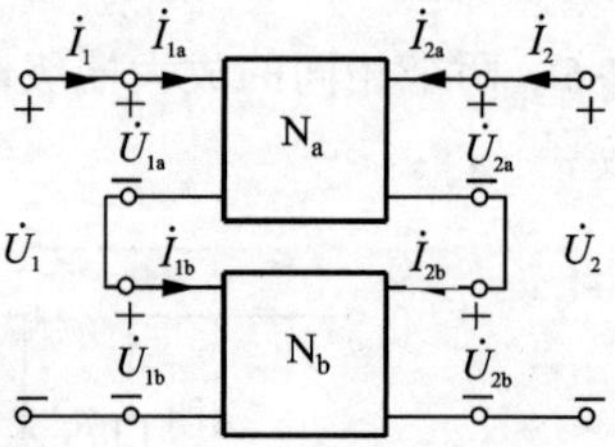

图7-21　二端口网络的串联

① 二端口网络串联时，每个简单二端口条件（即端口上流入一个端子的电流等于流出另一个端子的电流）不能被破坏，否则所得结论和公式不再适用。对于并联、串并联、并串联也同样。这个条件称为二端口网络联接的有效性条件。而对于级联其结论总是有效的。

设两个简单的二端口网络 N_a、N_b 的 Z 参数矩阵分别为 $\boldsymbol{Z}_a$、$\boldsymbol{Z}_b$，复合二端口网络的 Z 参数矩阵为 $\boldsymbol{Z}$，则可证明有

$$\boldsymbol{Z}=\boldsymbol{Z}_a+\boldsymbol{Z}_b \tag{7-19}$$

7.4 有载二端口网络

在二端口网络的输出端口处接上支路阻抗为 Z_L 的负载，在输入端口处接上一个内阻抗为 Z_S、端电压为 $\dot{U}_S$ 的电压源，如图 7-22 所示。这样就构成一个有载二端口网络，也称为端接二端口网络。在实际应用中，常常需要研究这种二端口网络的输入阻抗和输出阻抗。

所谓有载二端口网络的输入阻抗，是指入口处的电压 $\dot{U}_1$ 和电流 $\dot{I}_1$ 的比值 Z_i，如图 7-23 所示。

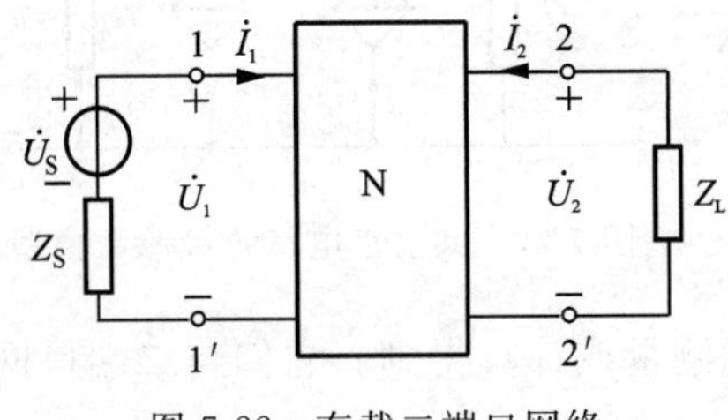

图 7-22　有载二端口网络

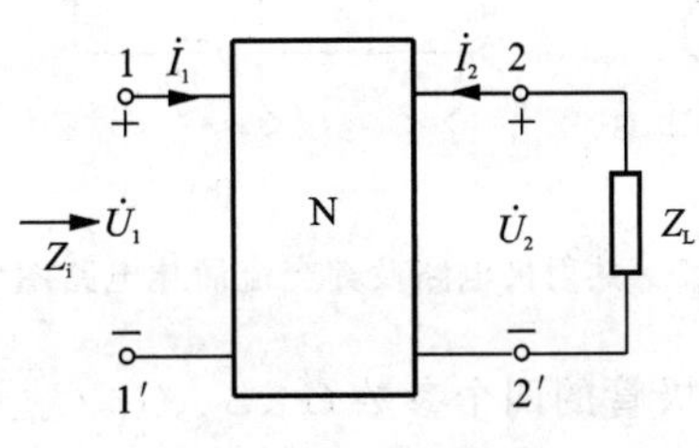

图 7-23　输入阻抗

应用传输参数方程

$$\dot{U}_1=A\dot{U}_2-B\dot{I}_2$$

$$\dot{I}_1=C\dot{U}_2-D\dot{I}_2$$

及

$$\dot{U}_2=-Z_L\dot{I}_2$$

可得 1-1′端口的输入阻抗

$$Z_i=\frac{\dot{U}_1}{\dot{I}_1}=\frac{A\dot{U}_2-B\dot{I}_2}{C\dot{U}_2-D\dot{I}_2}=\frac{AZ_L+B}{CZ_L+D} \tag{7-20}$$

一般情况下，$Z_i\neq Z_L$，对不同的二端口，Z_i 与 Z_L 的关系不同；对同一个二端口，Z_L 的不同将会使 Z_i 不同。从这个意义上来说，二端口网络具有变换阻抗的能力。

反之，如在 1-1′端除源，如图 7-24 所示，则 2-2′端即输出端口电压 $\dot{U}_2$ 与电流 $\dot{I}_2$ 之比 Z_o 称为二端口网络的输出阻抗

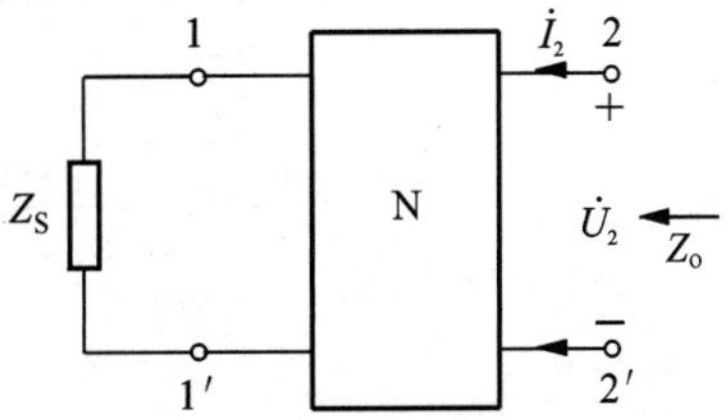

图 7-24　输出阻抗

$$Z_o=\frac{DZ_S+B}{CZ_S+A} \tag{7-21}$$

从有载二端口网络的输入、输出阻抗定义可以导出其与其他种参数的关系式。下面以常用的晶体管共射极电路为例,导出有载二端口网络的输入电阻和输出电阻与 G 参数的关系式。1-1′端口有源时,求得 2-2′端口的开路电压 u_{oc},则可得 2-2′看进去的戴维南等效电路。

晶体管共射极电路及其相应的交流简化电路图①如图 7-25 所示。将晶体管看成一个二端口网络如图 7-26 所示,其 G 参数矩阵方程为

$$\begin{bmatrix} i_b \\ i_c \end{bmatrix} = \begin{bmatrix} G_i & G_r \\ G_f & G_o \end{bmatrix} \begin{bmatrix} u_b \\ u_c \end{bmatrix} \tag{7-22}$$

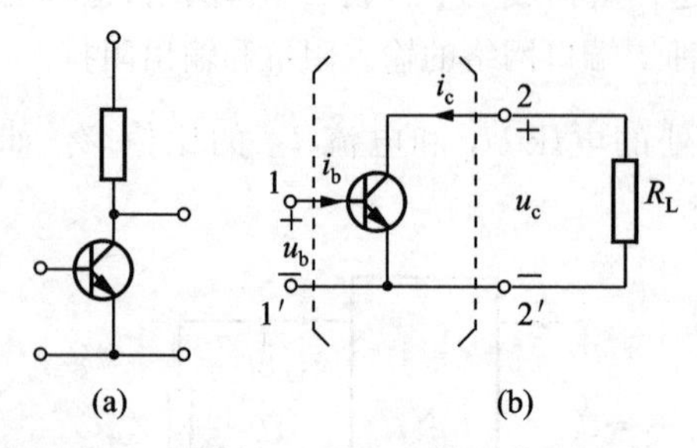

图 7-25　共射极电路及其交流简化电路图

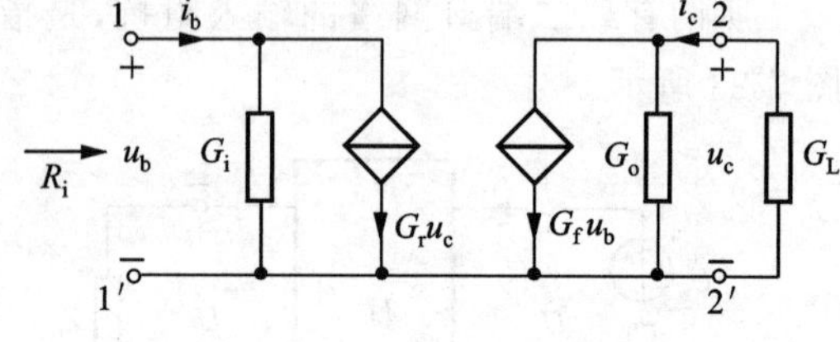

图 7-26　共射极电路的 G 参数模型

晶体三极管的四个参数 G_i、G_r、G_f、G_o 可以通过测量或计算得到。它们与二端口网络 G 参数矩阵的对应关系是

$$\begin{bmatrix} G_{11} & G_{12} \\ G_{21} & G_{22} \end{bmatrix} = \begin{bmatrix} G_i & G_r \\ G_f & G_o \end{bmatrix}$$

这样,图 7-25(b)是一个有载二端口网络。参数模型如图 7-26 所示,输出口由节点法可知

$$u_c = -\frac{G_f u_b}{G_o + G_L}$$

即

$$\frac{u_c}{u_b} = -\frac{G_f}{G_o + G_L} \tag{7-23}$$

又因为

$$i_c = -G_L u_c \qquad i_b = G_i u_b + G_r u_c$$

从而

$$\frac{i_c}{i_b} = \frac{-G_L u_c}{G_i u_b + G_r u_c} = \frac{-G_L u_c}{-G_i \dfrac{G_o + G_L}{G_f} u_c + G_r u_c}$$

$$= \frac{G_f G_L}{G_i G_o - G_r G_f + G_i G_L} = \frac{G_f G_L}{\Delta_G + G_i G_L} \tag{7-24}$$

① 晶体管交流简化电路图,是指在增量分析中,电路系统中的直流电源通常是由其等效电阻代替,这些电阻往往被认为是零,采用这个条件后,所得到的电路图称为交流简化电路图。

其中，$\Delta_G = G_i G_0 - G_r G_f$ 为式(7-22)G 参数行列式的值。

由此导出输入电阻

$$R_i = \frac{u_b}{i_b} = \frac{u_b}{u_c}\frac{u_c}{i_b} = \frac{u_b}{u_c}\frac{i_c}{i_b}\left(-\frac{1}{G_L}\right)$$

将式(7-23)和式(7-24)代入上式得

$$R_i = \frac{G_o + G_L}{\Delta_G + G_i G_L}$$

即

$$R_i = \frac{G_{22} + G_L}{\Delta_G + G_{11} G_L} \tag{7-25}$$

欲求该有载二端口网络的输出电阻，只要比较图7-26和图7-27所示电路，由对称性可知，若在输入电阻的表达式中，用 G_S 替换 G_L 就可得到如下的输出电阻表达式：

$$R_{i2} = \frac{G_i + G_S}{\Delta_G + G_o G_S}$$

即

$$R_{i2} = \frac{G_{11} + G_S}{\Delta_G + G_{22} G_S} \tag{7-26}$$

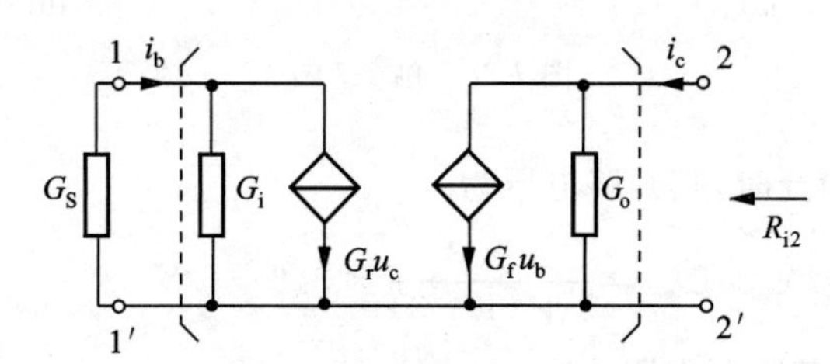

图7-27 共射极输出电阻电路模型

顺便指出，式(7-23)所描绘的物理意义是晶体管共射极电路的电压增益。式(7-24)所描绘的物理意义是晶体管共射极电路的电流增益。电压增益、电流增益、输入电阻和输出电阻是研究晶体管电路基本性能的重要指标。由此看出，二端口网络理论为分析晶体管电路又开辟了一条新途径。

例7-7 图7-28(a)所示电路，已知线性二端口电阻网络 N_R 的 R 参数为 $\boldsymbol{R} = \begin{bmatrix} 4 & 3 \\ 3 & 5 \end{bmatrix}\Omega$，求其输出端口所接电阻 R_L 为何值时可获得最大功率，此时最大功率 P_{max} 为何值。

解 此为最大功率传输的问题，所以需求出图7-28(a)2-2′端口以左部分的戴维南等效电路，可以通过列写方程的方法求出2-2′端口的开路电压 U_{oc} 以及除源电阻 R_i。

由 R 参数列出二端口网络 N_R 的方程

$$\begin{cases} U_1 = 4I_1 + 3I_2 & ① \\ U_2 = 3I_1 + 5I_2 & ② \end{cases}$$

输入端口有

$$U_1 = 5(3.6 - I_1) \qquad ③$$

当输出端口开路时,$I_2=0$,此时开路电压为

$$U_{oc}=U_2$$

将式③代入式①得

$$I_1=2\text{ A} \tag{④}$$

将式④代入式②得

$$U_{oc}=6\text{ V}$$

求除源电阻 R_i 时,输入端口有 $U_1=-5I_1$,代入式①并与式②联立求得

$$R_i=\frac{U_2}{I_2}=4\ \Omega$$

也可用互易网络 N_R 的 T 形等效电路图 7-28(b)求解。

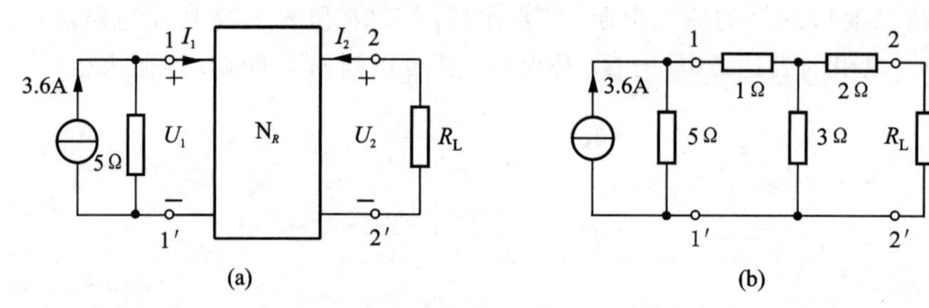

图 7-28　例 7-7 图

当电阻 R_L 支路断开时,其开路电压为

$$U_{oc}=\frac{5\times3}{5+(1+3)}\times3.6=6\text{ V}$$

当电流源开路时,其除源电阻为

$$R_i=2+\frac{6\times3}{6+3}=4\ \Omega$$

当 $R_L=R_i=4\ \Omega$ 时,获得的最大功率为

$$P_{max}=\frac{U_{oc}^2}{4R_i}=\frac{6^2}{4\times4}=2.25\text{ W}$$

7.5 二端口电阻网络的互易定理

对于一个仅含线性电阻的二端口网络,端口的一侧为激励,另一侧为响应,则激励与响应具有一定的互易特性。互易定理的依据是**特勒根定理**(Tellegen's theorem)。

视频 7-1
电工先驱
——特勒根

7.5.1 特勒根定理

特勒根定理是电路理论中一个普遍适用的定理。它是由基尔霍夫定律导出的,故适用于任何集总参数电路。

特勒根定理一：对于一个具有 n 个节点和 b 条支路的电路，若其各支路电流和电压取关联参考方向，并令 $(i_1,i_2,\cdots,i_b)$ 和 $(u_1,u_2,\cdots,u_b)$ 分别为 b 条支路的电流和电压，则恒有

$$\sum_{k=1}^{b} u_k i_k = 0 \tag{7-27}$$

定理证明通过 KCL、KVL 即能证得。特勒根定理一实质上是功率守恒定律。

特勒根定理二：如果有两个具有 n 个节点和 b 条支路的电路，它们的拓扑结构相同，对应支路中的元件可能不同。设两网络的对应支路编号一致，所取关联参考方向相同。并分别用 $(i_1,i_2,\cdots,i_b)$、$(u_1,u_2,\cdots,u_b)$ 和 $(\hat{i}_1,\hat{i}_2,\cdots,\hat{i}_b)$，$(\hat{u}_1,\hat{u}_2,\cdots,\hat{u}_b)$ 表示两个电路中 b 条支路的电流和电压，则恒有

$$\sum_{k=1}^{b} u_k \hat{i}_k = 0 \tag{7-28}$$

及

$$\sum_{k=1}^{b} \hat{u}_k i_k = 0 \tag{7-29}$$

为简化证明，设两个电路具有 4 个节点和 6 条支路，如图 7-29(a)、(b)所示。

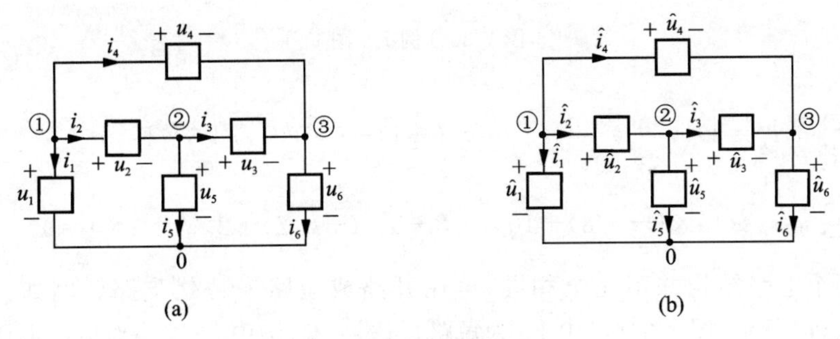

图 7-29　特勒根定理二

对图 7-29(a)电路，将支路电压用节点电压表示

$$\left.\begin{aligned} &u_1 = u_{n1},u_2 = u_{n1} - u_{n2},u_3 = u_{n2} - u_{n3} \\ &u_4 = u_{n1} - u_{n3},u_5 = u_{n2},u_6 = u_{n3} \end{aligned}\right\} \tag{7-30}$$

对图 7-29(b)电路的节点①、②、③，由 KCL 得

$$\left.\begin{aligned} \hat{i}_1 + \hat{i}_2 + \hat{i}_4 &= 0 \\ -\hat{i}_2 + \hat{i}_3 + \hat{i}_5 &= 0 \\ -\hat{i}_3 - \hat{i}_4 + \hat{i}_6 &= 0 \end{aligned}\right\} \tag{7-31}$$

将式(7-30)代入式(7-28)，整理后可得

$$\sum_{k=1}^{6} u_k \hat{i}_k = u_{n1}(\hat{i}_1 + \hat{i}_2 + \hat{i}_4) + u_{n2}(-\hat{i}_2 + \hat{i}_3 + \hat{i}_5) + u_{n3}(-\hat{i}_3 - \hat{i}_4 + \hat{i}_6)$$

再将式(7-31)代入，即有

$$\sum_{k=1}^{6} u_k \hat{i}_k = 0$$

式(7-29)也可用类似方法证明。

定理二并不能用功率守恒来解释,因为它涉及两个相同拓扑结构的电路(或者是同一电路在不同时刻的支路电压和电流)所必然遵循的规律。它具有类似功率之和的形式,故有时称为**"似功率守恒"**(quasi-power theorem)。同样,定理二适用于任何集总参数电路,不论元件是线性还是非线性,是时变还是非时变,激励源是电压还是电流,特勒根定理总是成立的。

例 7-8 网络 N 如图 7-30(a)所示,网络 $\hat{N}$ 如图 7-30(b)所示。两电路结构相同,但支路元件性质不同。电路中的各支路电流、电压已求出,试验证特勒根定理二。

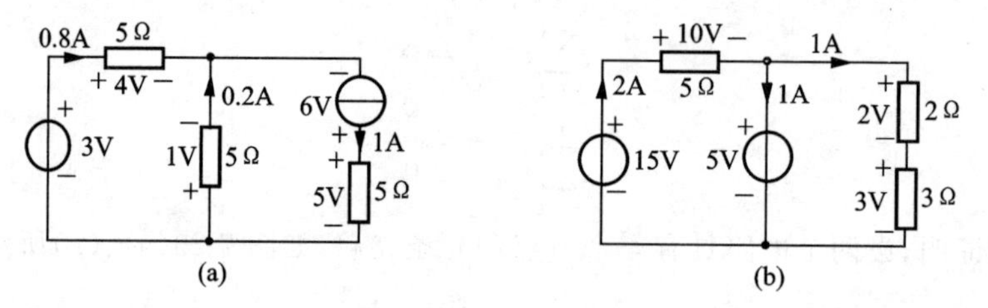

图 7-30 例 7-8 图

解
$$\sum_{k=1}^{b} u_k \hat{i}_k = 3\times(-2)+4\times2+1\times(-1)+6\times(-1)+5\times1=0$$

$$\sum_{k=1}^{b} \hat{u}_k i_k = 15\times(-0.8)+10\times0.8+5\times(-0.2)+2\times1+3\times1=0$$

有时两个电路结构并不完全相同,可用开路或短路来替代支路。例如,两电路如图 7-31(a)、(b)所示,图 7-31(a)中 bc 为短路,与图 7-31(b)中 bc 支路对应。而图 7-31(b)中 bd 间开路,与图 7-31(a)中的电流源支路对应。

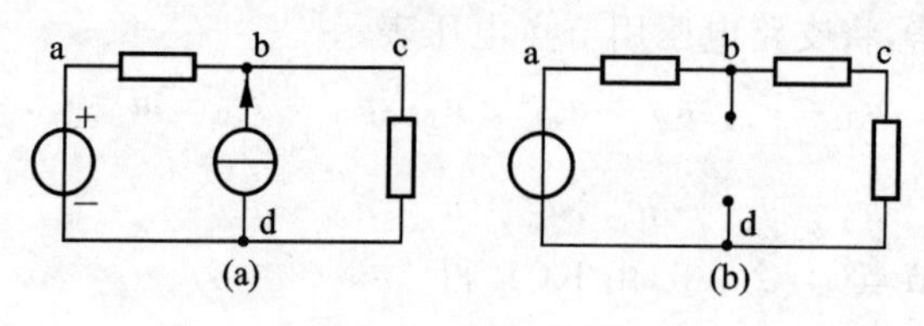

图 7-31 同结构图

7.5.2 互易定理

互易定理(reciprocity theorem)是特勒根定理的特例。互易定理有三种形式,现分述如下。

第一种形式:电路如图 7-32(a)所示,接在 1-1′端的支路 1 为电压源 u_S,接在 2-2′端的支路 2 为短路,电流 i_2 是激励 u_S 所产生的响应。电路其余部分 N 由线性电阻支路组成。若将电压源移至2-2′端，而支路1短路，如图7-32(b)所示(注意：N与$\hat{N}$内部是完全相同的)。互易定理指出

$$\hat{i}_1 = i_2$$

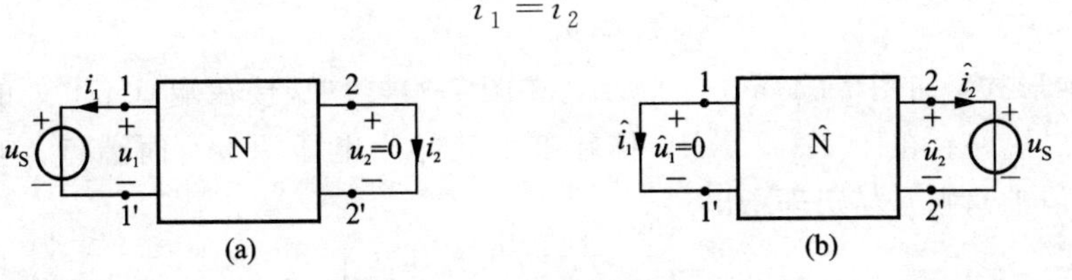

图7-32　互易定理(一)

用特勒根定理来证明这一结论，设图7-32(a)、(b)中的b条支路电流、电压分别为$i_1,i_2,\cdots,i_b$；$u_1,u_2,\cdots,u_b$和$\hat{i}_1,\hat{i}_2,\cdots,\hat{i}_b$；$\hat{u}_1,\hat{u}_2,\cdots,\hat{u}_b$，则有

$$u_1\hat{i}_1 + u_2\hat{i}_2 + \sum_{k=3}^{b} u_k\hat{i}_k = 0$$

$$\hat{u}_1 i_1 + \hat{u}_2 i_2 + \sum_{k=3}^{b} \hat{u}_k i_k = 0$$

由于方框内部$(b-2)$条支路均为线性电阻，有$u_k = R_k i_k$，$\hat{u}_k = R_k\hat{i}_k$，将其分别代入上式，得

$$u_1\hat{i}_1 + u_2\hat{i}_2 + \sum_{k=3}^{b} R_k i_k\hat{i}_k = 0$$

$$\hat{u}_1 i_1 + \hat{u}_2 i_2 + \sum_{k=3}^{b} R_k\hat{i}_k i_k = 0$$

所以
$$u_1\hat{i}_1 + u_2\hat{i}_2 = \hat{u}_1 i_1 + \hat{u}_2 i_2 \tag{7-32}$$

在图7-32(a)中$u_1 = u_S$，$u_2 = 0$；在图7-32(b)中$\hat{u}_2 = u_S$，$\hat{u}_1 = 0$，代入上式得

$$u_S\hat{i}_1 = u_S i_2$$

所以
$$\hat{i}_1 = i_2 \tag{7-33}$$

第二种形式：将上述形式中的电压源改为电流源i_S，短路改为开路(开路为一条电流为零的支路)，如图7-33所示。互易定理指出

$$\hat{u}_1 = u_2$$

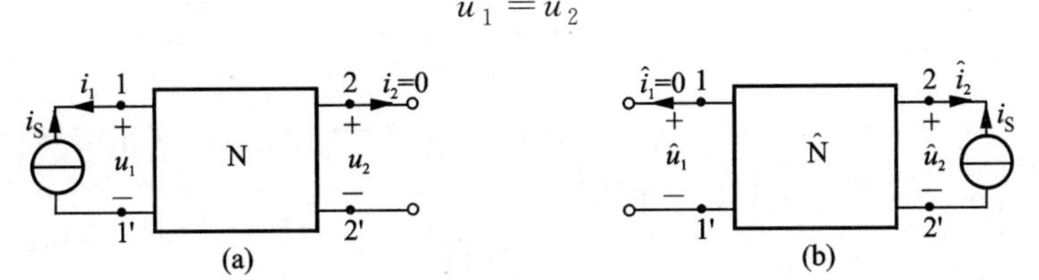

图7-33　互易定理(二)

证明方法与前面类似，式(7-31)仍成立，为

$$u_1\hat{i}_1 + u_2\hat{i}_2 = \hat{u}_1 i_1 + \hat{u}_2 i_2$$

这里 $i_1=-i_S, i_2=0, \hat{i}_2=-i_S, \hat{i}_1=0$。代入上式得

$$-u_2 i_S=-\hat{u}_1 i_S$$

所以

$$\hat{u}_1=u_2 \tag{7-34}$$

第三种形式：如图 7-34(a)、(b)所示，在图 7-34(a)中，接在端口 1-1′处的是电流源 i_S，端口 2-2′短路；在图 7-34(b)中，接在 2-2′处的为电压源 u_S，而端口 1-1′开路。若 $u_S=i_S$(数值上)，则互易定理指出

$$\hat{u}_1=i_2 \quad （数值上） \tag{7-35}$$

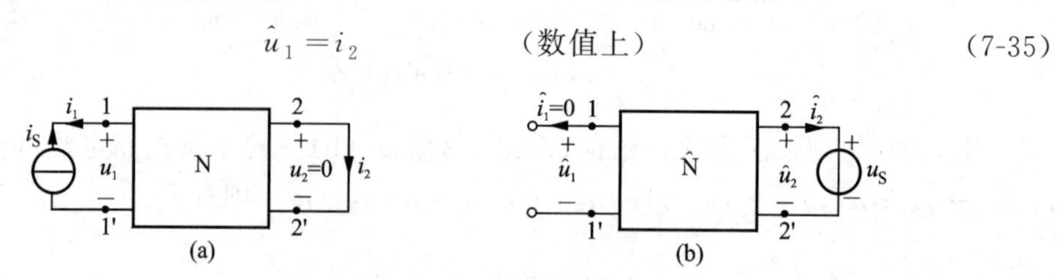

图 7-34　互易定理(三)

证明方法同上，读者可自行推证。

互易定理是特勒定理的特例，它仅适用于二端口线性电阻网络，应用时不仅要注意端口电压、电流数量关系，还要注意其参考方向。

例 7-9　线性无源电阻网络 N_R 如图 7-35(a)所示。若 $U_S=100$ V 时，$U_2=20$ V，当电路改为图 7-35(b)时，求 I。

解法 1　将 10 Ω 和 5 Ω 电阻看成电阻网络 N_R' 的一部分，如图 7-35(c)所示。直接用互易定理第三种形式，在图 7-35(c)中为电压源 U_S 激励，U_2 为开路电压，在图 7-35(b)中为电流源激励，I 为短路电流。如果激励在数值上相等，则响应在数值也相等。所以有

$$100:20=5:I$$

得

$$I=\frac{20\times 5}{100}=1 \text{ A}$$

解法 2　将 $\frac{U_2}{5}=\frac{20}{5}=4$ A 看成短路电流，如图 7-35(d)所示。将图 7-35(b)有伴电流源等效为有伴电压源，如图 7-35(e)所示。用互易定理第一种形式有

$$100:4=25:I$$

得

$$I=\frac{4\times 25}{100}=1 \text{ A}$$

解法 3　将入端有伴电压源等效为有伴电流源，如图 7-35(f)所示。将图 7-35(b)改成图 7-35(g)所示。由互易定理第二种形式有

$$10:20=5:\hat{U}_1$$

得

$$\hat{U}_1=\frac{20\times 5}{10}=10 \text{ V}$$

所以

$$I=\frac{10}{10}=1 \text{ A}$$

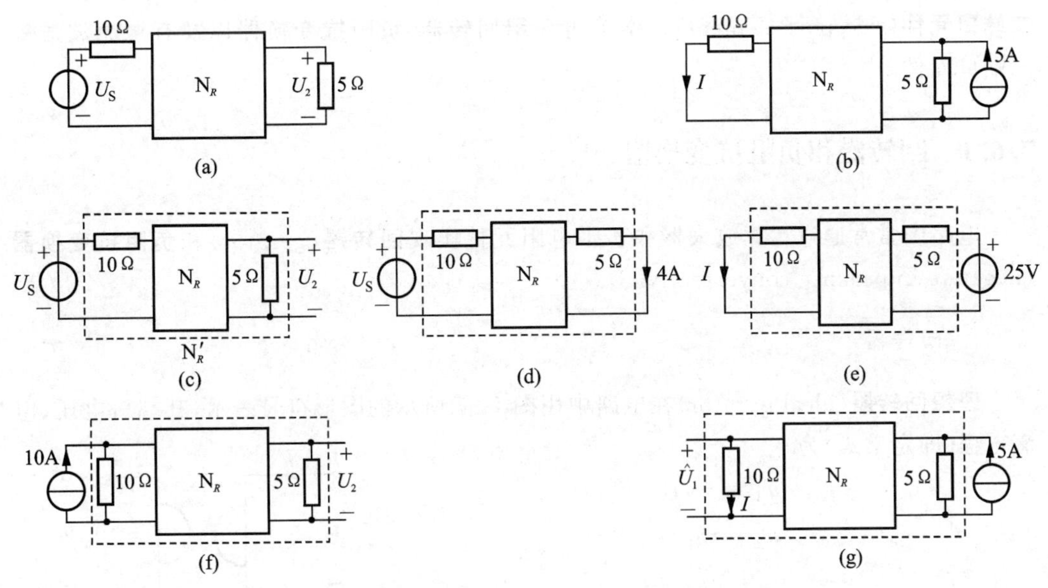

图 7-35 例 7-9 图

例 7-10 图 7-36 所示电路，求电流 I。

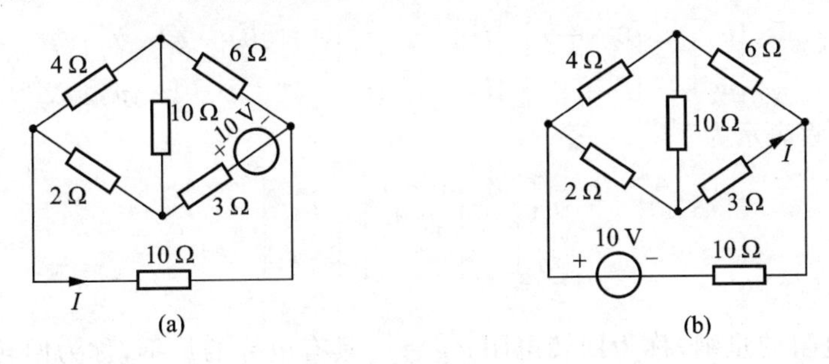

图 7-36 例 7-10 图

解 此例若在图 7-36(a)中直接求解稍有困难。仔细观察电路发现，如果 3 Ω 支路上没有 10 V 电压源，正好是一个桥形电路，且电桥处于平衡状态，此时应用互易定理第一种形式，将 10 V 电压源移至求电流支路 10 Ω 处，如图 7-36(b)所示，3 Ω 支路电流 I 即为例题所要求电流 I。

图 7-36(b)为处于平衡状态的桥形电路，桥 10 Ω 支路视为开路，求得

$$I=\frac{10}{10+\dfrac{5\times 10}{5+10}}\times\frac{10}{5+10}=0.5\ \text{A}$$

7.6 二端口元件

前面介绍学习过的耦合电感、变压器，以由运算放大器构成的加法器、减法器等运算电路都是二端口网络，因其电路具有特定的功能，作为一个整体，从广义上说通常也称为

二端口元件(two-port element)。本节再介绍回转器、负阻抗变换器以及有源滤波器等二端口元件。

7.6.1 回转器和负阻抗变换器

电路中常常通过运算放大器和若干电阻元件实现**回转器**(gyrator)和**负阻抗变换器**(negative impedance converter,NIC)。

1. 回转器

理想回转器(ideal gyrator)在电路中用图 7-37 所示的图形符号表示,其端口电压、电流方程(即定义式)为

$$\left.\begin{aligned} u_1 &= -ri_2 \\ u_2 &= ri_1 \end{aligned}\right\} \tag{7-36}$$

或

$$\left.\begin{aligned} i_1 &= gu_2 \\ i_2 &= -gu_1 \end{aligned}\right\} \tag{7-37}$$

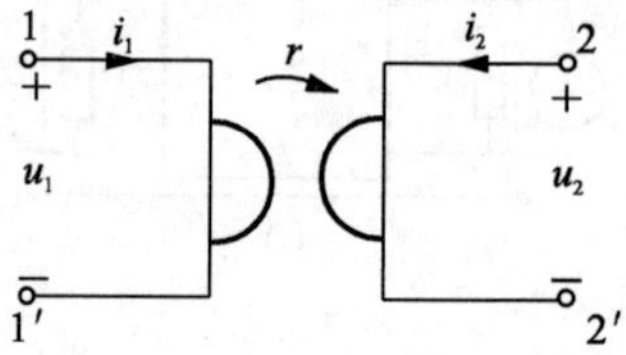

图 7-37 回转器的电路符号

写成矩阵形式为

$$\begin{bmatrix} u_1 \\ u_2 \end{bmatrix} = \begin{bmatrix} 0 & -r \\ r & 0 \end{bmatrix} \begin{bmatrix} i_1 \\ i_2 \end{bmatrix}, \quad \begin{bmatrix} i_1 \\ i_2 \end{bmatrix} = \begin{bmatrix} 0 & g \\ -g & 0 \end{bmatrix} \begin{bmatrix} u_1 \\ u_2 \end{bmatrix}$$

用传输参数方程表示为

$$\begin{bmatrix} u_1 \\ i_1 \end{bmatrix} = \begin{bmatrix} 0 & r \\ \dfrac{1}{r} & 0 \end{bmatrix} \begin{bmatrix} u_2 \\ -i_2 \end{bmatrix}$$

式中,r 具有电阻的量纲,称为回转电阻;$g=\dfrac{1}{r}$具有电导的量纲,称为回转电导;r 与 g 统称为回转常数。根据端口电压、电流关系,可知回转器的 Z、Y、T 参数矩阵为

$$\boldsymbol{Z} = \begin{bmatrix} 0 & -r \\ r & 0 \end{bmatrix}, \quad \boldsymbol{Y} = \begin{bmatrix} 0 & g \\ -g & 0 \end{bmatrix}, \quad \boldsymbol{T} = \begin{bmatrix} 0 & r \\ \dfrac{1}{r} & 0 \end{bmatrix}$$

在任一瞬时,输入回转器的功率由式(7-36)可知

$$u_1 i_1 + u_2 i_2 = -ri_1 i_2 + ri_1 i_2 = 0$$

所以理想回转器与理想变压器一样,是既不消耗能量亦不储存能量的元件。另外,从它的参数矩阵可以看出回转器不具有互易性。综上所述,理想回转器是一个线性、无源、无损、非互易的电阻性元件。

式(7-36)及式(7-37)说明,回转器具有将一个端口的电流(或电压)"回转"为另一端口的电压(或电流)的性质,所以它具有既能变换阻抗数值又能变换阻抗性质的功能。如图 7-38(a)所示回转器 2-2′端接一阻抗 Z,因为

$$\dot{U}_1=-r\dot{I}_2, \dot{U}_2=r\dot{I}_1, \dot{I}_2=-\frac{\dot{U}_2}{Z}$$

可得

$$Z_{\mathrm{i}}=\frac{\dot{U}_1}{\dot{I}_1}=\frac{-r\dot{I}_2}{\dot{U}_2/r}=\frac{r^2}{Z} \tag{7-38}$$

可见输入阻抗 Z_{i} 与 Z 成反比，此即为**阻抗逆变换**(inverse impedance transform)作用。图 7-38(b)为其等效电路。

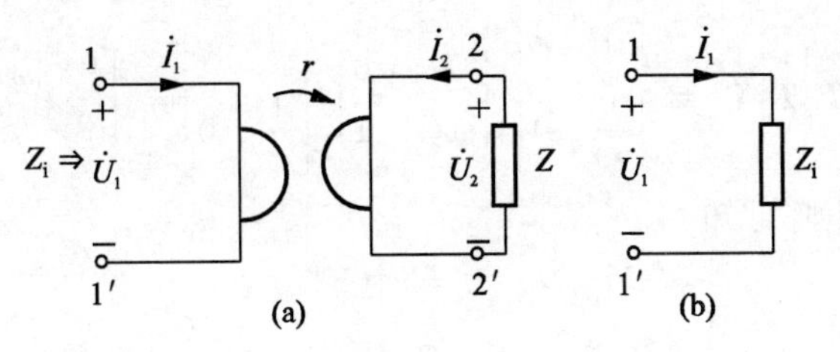

图 7-38　回转器的阻抗逆变换作用

从式(7-38)看出：Z_{i} 与 Z 的性质相反，即能将 R、L、C 相应回转为电导 g^2R、电容 g^2L、电感 r^2C。特别是将电容回转成电感这一性质尤为重要。因为到目前为止，在集成电路中要实现一个电感还有困难，但实现一个电容却很容易。利用回转器将电容 C 回转成电感 $L=r^2C$ 的电路如图 7-39 所示。只要将 $Z=\frac{1}{\mathrm{j}\omega C}$代入式(7-38)即可证明。

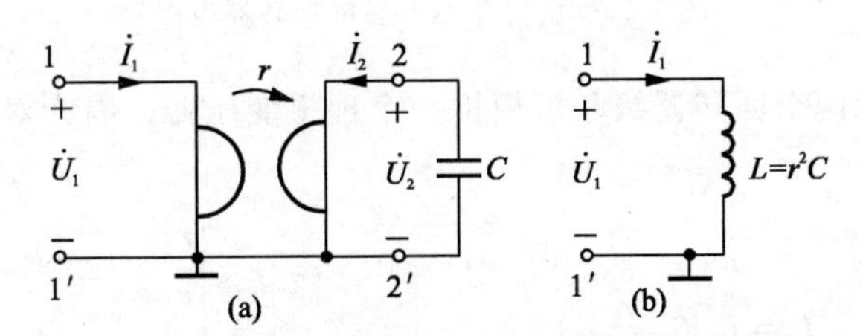

图 7-39　回转器将电容 C 回转为电感 L

当 $Z=0$ 时，$Z_{\mathrm{i}}=\infty$，即当一个端口短路时，相当于另一个端口开路。当 $Z=\infty$时，$Z_{\mathrm{i}}=0$，即当一个端口开路时，相当于另一个端口短路。

一个端口的串联(并联)联接回转成另一个端口为并联(串联)联接，其中的一种如图 7-40 所示。其他三种读者自行推证。

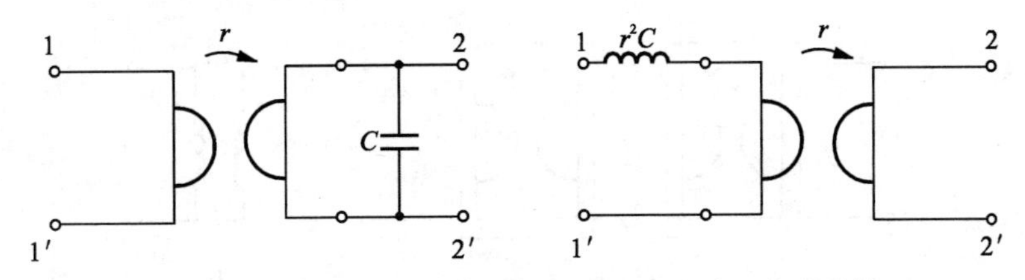

图 7-40　一个端口并联联接回转成另一个端口串联联接

由于图 7-41 中回转器的两个端口有公共的接“地”端,故得到的等效电感 L 也是接“地”的,称为接地电感。现为获得不接地的电感(称为浮地电感),可采用图 7-41(a)的所示电路,图 7-41(b)则为其等效电路。可见等效电感 L 已经“浮地”了。现推证如下:

图 7-41(b)传输参数矩阵为

$$\boldsymbol{T}=\begin{bmatrix}1 & \mathrm{j}\omega L\\ 0 & 1\end{bmatrix}$$

而图 7-41(a)的传输参数矩阵可用级联的方法求得,即

$$\boldsymbol{T}=\boldsymbol{T}_1\boldsymbol{T}_2\boldsymbol{T}_3=\begin{bmatrix}0 & r\\ \dfrac{1}{r} & 0\end{bmatrix}\begin{bmatrix}1 & 0\\ \mathrm{j}\omega C & 1\end{bmatrix}\begin{bmatrix}0 & r\\ \dfrac{1}{r} & 0\end{bmatrix}=\begin{bmatrix}1 & \mathrm{j}\omega r^2 C\\ 0 & 1\end{bmatrix}$$

对比两个传输参数矩阵可知

$$L=r^2C$$

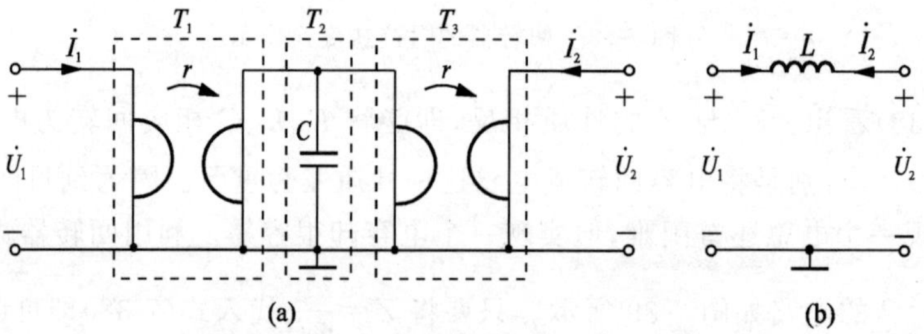

图 7-41　获得浮地电感的回转器电路

图 7-42(a)所示两个回转器级联可模拟一个理想变压器。因为对于图 7-42(a),传输参数矩阵为

$$\boldsymbol{T}=\boldsymbol{T}_1\boldsymbol{T}_2=\begin{bmatrix}0 & r_1\\ \dfrac{1}{r_1} & 0\end{bmatrix}\begin{bmatrix}0 & r_2\\ \dfrac{1}{r_2} & 0\end{bmatrix}=\begin{bmatrix}\dfrac{r_1}{r_2} & 0\\ 0 & \dfrac{r_2}{r_1}\end{bmatrix}$$

而对于图 7-42(b)的理想变压器,其传输参数矩阵为

$$\boldsymbol{T}=\begin{bmatrix}n & 0\\ 0 & \dfrac{1}{n}\end{bmatrix}$$

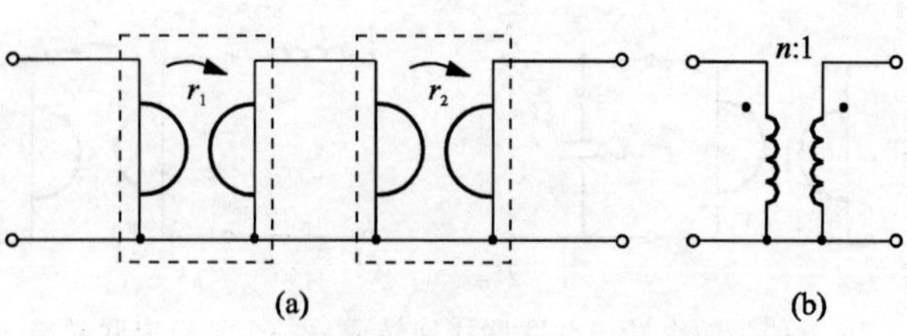

图 7-42　与理想变压器等效的回转器电路

可见回转电阻分别为 r_1、r_2 的两个回转器级联后可等效为一个变比为 $n=r_1/r_2$ 的理想变压器。

2. 负阻抗变换器

负阻抗变换器(negative impedance coverter,NIC)是一种二端口元件,其电路符号如图 7-43(a)所示,分为电流倒置型(CNIC)与电压倒置型(VNIC)两种。在理想情况下,前者的伏安关系为

$$\left.\begin{aligned}\dot{U}_1&=\dot{U}_2\\\dot{I}_1&=K_1\dot{I}_2\end{aligned}\right\}\tag{7-39}$$

后者的伏安关系为

$$\left.\begin{aligned}\dot{U}_1&=-K_2\dot{U}_2\\\dot{I}_1&=-\dot{I}_2\end{aligned}\right\}\tag{7-40}$$

式中,K_1、K_2 均为大于 0 的实常数。

由式(7-39)可见,输入电压 $\dot{U}_1$ 经传输后等于输出电压 $\dot{U}_2$,大小和极性均未改变,但电流 $\dot{I}_1$ 经传输后变为 $K_1\dot{I}_2$,即大小和方向都变了,故名电流倒置型;由式(7-40)可见,经传输后,电流的大小和方向未变,但电压的大小和正负极性都变了,故名电压倒置型。

今在 NIC 的输出端接以阻抗 Z,如图 7-43(b)所示,则其输入阻抗可由式(7-39)求得为

$$Z_{\mathrm{i}}=\frac{\dot{U}_1}{\dot{I}_1}=\frac{\dot{U}_2}{K_1\dot{I}_2}=\frac{\dot{U}_2}{-K_1(-\dot{I}_2)}=-\frac{1}{K_1}Z$$

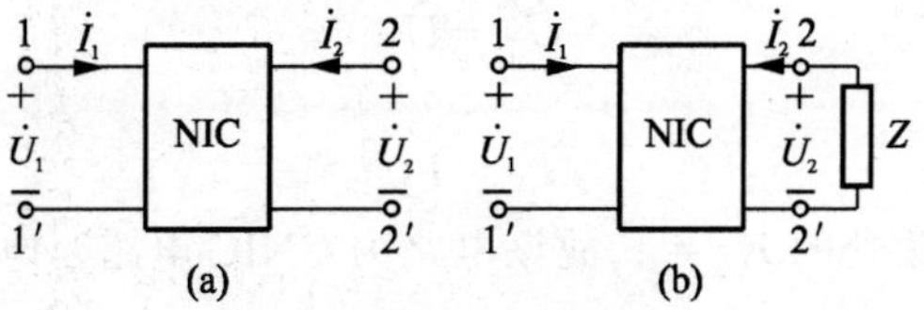

(a) (b)

图 7-43 负阻抗变换器

或由式(7-40)得

$$Z_{\mathrm{i}}=\frac{\dot{U}_1}{\dot{I}_1}=\frac{-K_2\dot{U}_2}{-\dot{I}_2}=-K_2Z$$

可见 Z_{i} 为 Z 的 $\left(-\frac{1}{K_1}\right)$ 倍或($-K_2$)倍,即把正阻抗 Z 变换成了负阻抗,即能把 R、L、C 元件分别变换为 $-\frac{1}{K_1}R$、$-\frac{1}{K_1}L$、$-\frac{1}{K_1}C$(或 $-K_2R$、$-K_2L$、$-K_2C$),故名负阻抗变换器。

3. 用运算放大器实现回转器和负阻抗变换器

实现回转器的电路有多种。图 7-44 所示由两个运算放大器和若干电阻构成的电路就实现了一个回转电阻为 R 的回转器。读者可参考 3.4.2 节含运算放大器电路节点法分析自行推证。

实际中可用运算放大器来实现 NIC，其电路如图 7-45 所示。考虑运算放大器的虚短、虚断特性，由图有

$$\dot{U}_1=\dot{U}_2$$

$$\dot{I}_1=\dot{I}_3=\frac{\dot{U}_1-\dot{U}_0}{R}$$

$$\dot{I}_2=\dot{I}_4=\frac{\dot{U}_2-\dot{U}_0}{R}=\frac{\dot{U}_1-\dot{U}_0}{R}=\dot{I}_1$$

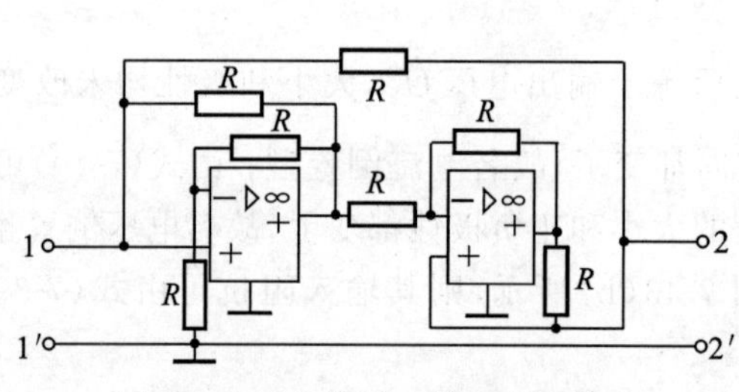

图 7-44　用运算放大器实现回转器

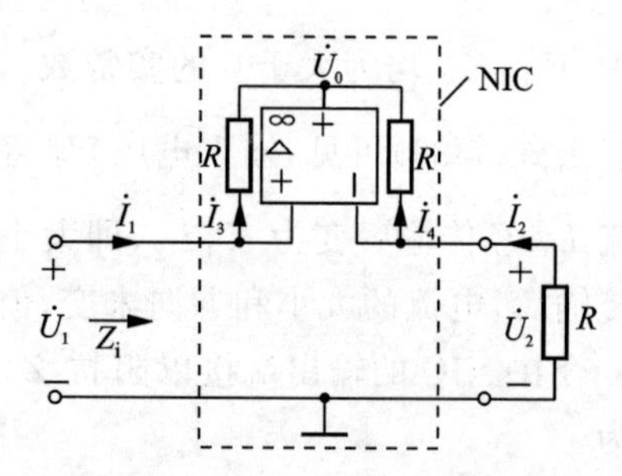

图 7-45　用运算放大器实现 NIC

归并写在一起为

$$\left.\begin{aligned}\dot{U}_1&=\dot{U}_2\\ \dot{I}_1&=\dot{I}_2\end{aligned}\right\}$$

与式(7-39)全同，只是此处的 $K_1=1$，故该电路为 CNIC 电路。电路的输入阻抗为

$$Z_i=\frac{\dot{U}_1}{\dot{I}_1}=\frac{\dot{U}_2}{\dot{I}_2}=-\frac{\dot{U}_2}{-\dot{I}_2}=-R$$

可见它把一个正电阻变换成了一个负电阻。

7.6.2　RC 有源滤波器

对不同频率的信号具有选择性的电路称为滤波网络或**滤波器**(filter)，它只允许一些频率的信号通过，同时又衰减或抑制另一些频率的信号。过去的滤波器大都是由 R、L、C 等无源元件组成，称为**无源滤波器**(passive filter)，如图 7-46 所示的带通滤波和带阻滤波器。无源滤波器幅频特性较简单，读者可自行推导。目前的滤波器大都是由 R、C 元

件与有源器件(如运算放大器)组成,称为 RC 有源滤波器。有源滤波器与无源滤波器相比,其除了具有滤波特性外,还具有电压、电流放大的特性。

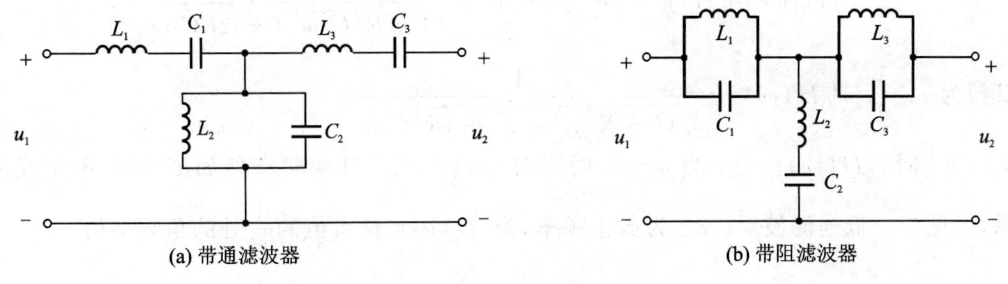

图 7-46　无源滤波器

常见滤波器的类型有低通滤波器、高通滤波器、带阻滤波器、带通滤波器、全通滤波器等。

1. RC 有源低通滤波器

低通滤波器(low pass filter,LPF)允许低频信号通过,而衰减或抑制高频信号。理想低通滤波器的幅频(或称模频)特性如图 7-47 中虚线所示,其中 ω_c 为**截止频率**(cut-off frequency)。

图 7-48 所示为 RC 有源低通滤波器电路。考虑运放虚短、虚断特性。由图可列出方程

$$\left.\begin{aligned}\dot{I}_1&=\dot{I}_{C1}+\dot{I}_R\\ \dot{I}_R&=\dot{I}_{C2}\end{aligned}\right\}$$

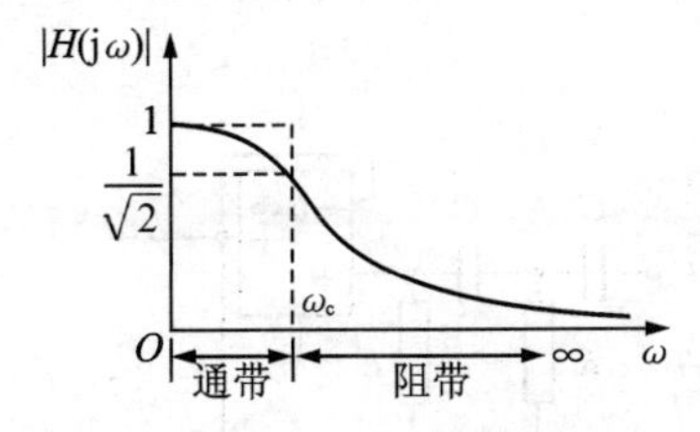

图 7-47　低通滤波器的幅频特性

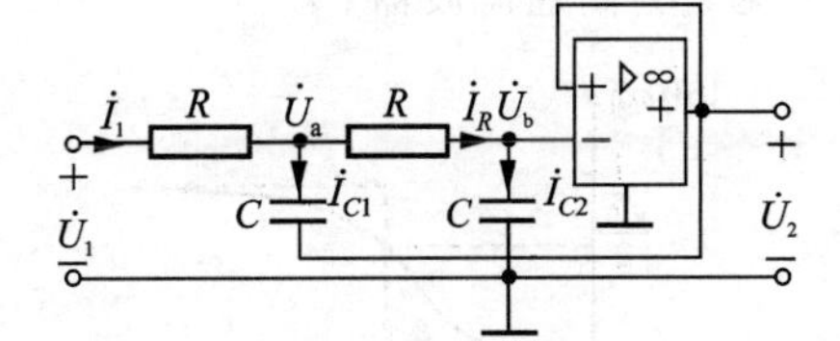

图 7-48　RC 有源低通滤波器电路

即

$$\frac{\dot{U}_1-\dot{U}_a}{R}=\frac{\dot{U}_a-\dot{U}_2}{\frac{1}{\mathrm{j}\omega C}}+\frac{\dot{U}_a-\dot{U}_b}{R}$$

$$\frac{\dot{U}_a-\dot{U}_b}{R}=\frac{\dot{U}_b}{\frac{1}{\mathrm{j}\omega C}}$$

又有　$$\dot{U}_b=\dot{U}_2$$

以上三式联解即得电压传输函数①为

$$H(\mathrm{j}\omega)=|H(\mathrm{j}\omega)|\mathrm{e}^{\mathrm{j}\varphi(\omega)}=\frac{\dot{U}_2}{\dot{U}_1}=\frac{1}{(1-R^2C^2\omega^2)+\mathrm{j}2RC\omega}$$

其模为 $$|H(\mathrm{j}\omega)|=\frac{1}{\sqrt{(1-R^2C^2\omega^2)^2+4R^2C^2\omega^2}}$$

当 $\omega=0$ 时，$|H(\mathrm{j}\omega)|=1$；当 $\omega=\infty$ 时，$|H(\mathrm{j}\omega)|=0$。其幅频特性如图 7-47 中实线所示，可见为一低通滤波器。ω_c 为截止频率，为 $|H(\mathrm{j}\omega)|$ 最大值的 $\frac{1}{\sqrt{2}}$ 处的角频率值。

2. RC 有源高通滤波器

高通滤波器(high pass filter，HPF)允许高频信号通过，而衰减或抑制低频信号。理想高通滤波器的幅频特性如图 7-49 中虚线所示，ω_c 为截止频率。

图 7-50 所示为 RC 有源高通滤波器电路。由图可求得电压传输函数为

$$H(\mathrm{j}\omega)=\frac{\dot{U}_2}{\dot{U}_1}=\frac{1}{1-\frac{1}{R^2C^2\omega^2}-\mathrm{j}\frac{2}{RC\omega}}$$

其模为

$$|H(\mathrm{j}\omega)|=\frac{1}{\sqrt{\left(1-\frac{1}{R^2C^2\omega^2}\right)^2+\left(\frac{2}{RC\omega}\right)^2}}$$

当 $\omega=0$ 时，$|H(\mathrm{j}\omega)|=0$；当 $\omega=\infty$ 时，$|H(\mathrm{j}\omega)|=1$。其幅频特性如图 7-49 中实线所示，可见其为高通滤波器。

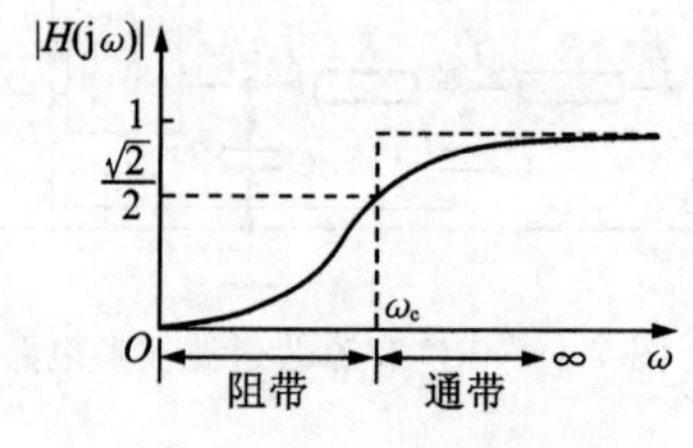

图 7-49　高通滤波器的幅频特性

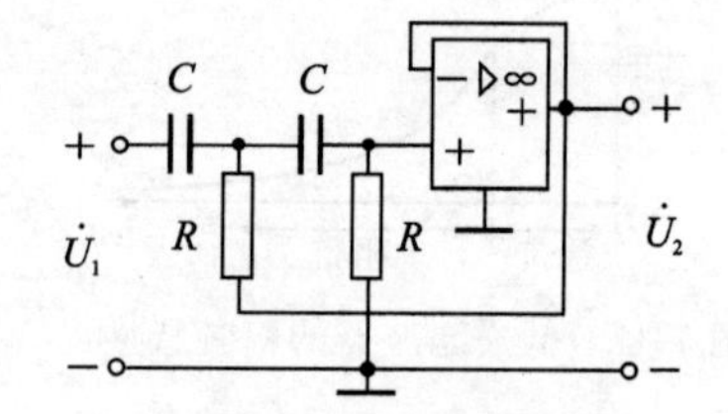

图 7-50　RC 有源高通滤波器电路

3. RC 有源带阻滤波器

带阻滤波器(band elimination filter，BEF)，也称为**陷波器**(notch filter)衰减或抑制某一频率范围内的信号，而允许此频率范围以外的频率的信号通过。理想带阻滤波器的

① 网络函数定义为响应相量与激励相量之比，即网络函数 $H(\mathrm{j}\omega)=\frac{\text{响应相量}}{\text{激励相量}}$，响应与激励在同一端口，称为策动点函数；而响应与激励在不同端口，称为转移函数(或传输函数)，有关内容在“信号与系统”课程中介绍。

幅频特性如图 7-51 中虚线所示，ω_{c2} 与 ω_{c1} 分别为上、下截止频率。

图 7-52 所示为 RC 有源带阻滤波器电路。由图可求得电压传输函数为

$$H(j\omega)=\frac{\dot{U}_2}{\dot{U}_1}=\frac{1}{1+j\dfrac{2RC\omega}{1-R^2C^2\omega^2}}$$

其模为
$$|H(j\omega)|=\frac{1}{\sqrt{1+\left(\dfrac{2RC\omega}{1-R^2C^2\omega^2}\right)^2}}$$

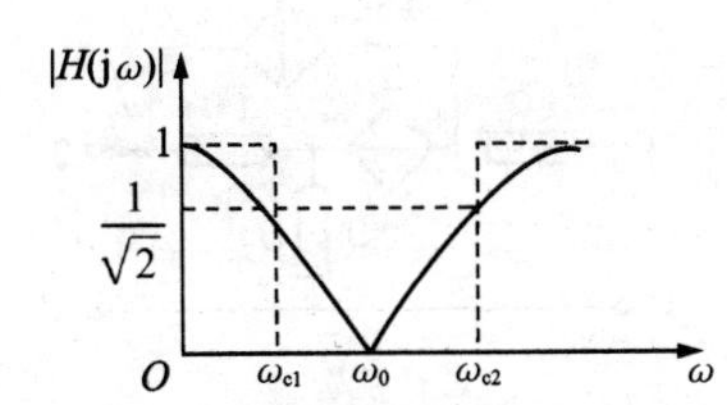

图 7-51　带阻滤波器的幅频特性

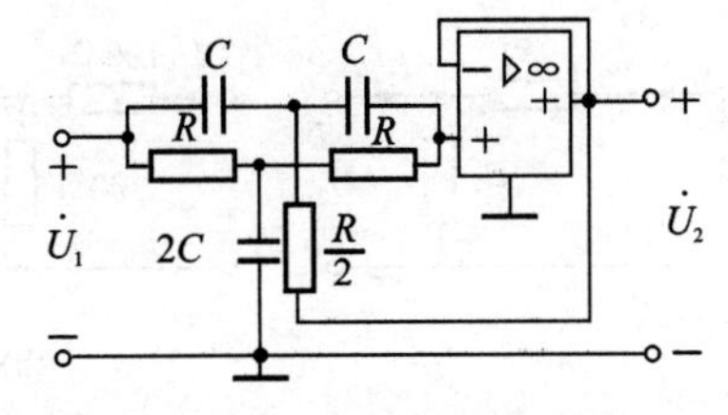

图 7-52　RC 有源带阻滤波器电路

当 $\omega=0$ 时，$|H(j\omega)|=1$；当 $\omega=\omega_0=\dfrac{1}{RC}$时，$|H(j\omega)|=0$，$\omega_0$ 称为无输出频率；当 $\omega=\infty$ 时，$|H(j\omega)|=1$。其幅频特性如图 7-51 中实线所示，可见其为带阻滤波器。

4. RC 有源带通滤波器

带通滤波器(band pass filter，BPF)允许某一频率范围内的信号通过，而衰减或抑制此频率范围以外的频率的信号。理想带通滤波器的幅频特性如图 7-53 中虚线所示，ω_{c2} 和 ω_{c1} 分别为上、下截止频率。

图 7-54 所示为 RC 有源带通滤波器电路。由图 7-54 可求得电压传输函数为

$$H(j\omega)=\frac{\dot{U}_2}{\dot{U}_1}=-\frac{2}{1+j\left(RC\omega-\dfrac{1}{RC\omega}\right)}$$

其模为
$$|H(j\omega)|=\frac{2}{\sqrt{1+\left(RC\omega-\dfrac{1}{RC\omega}\right)^2}}$$

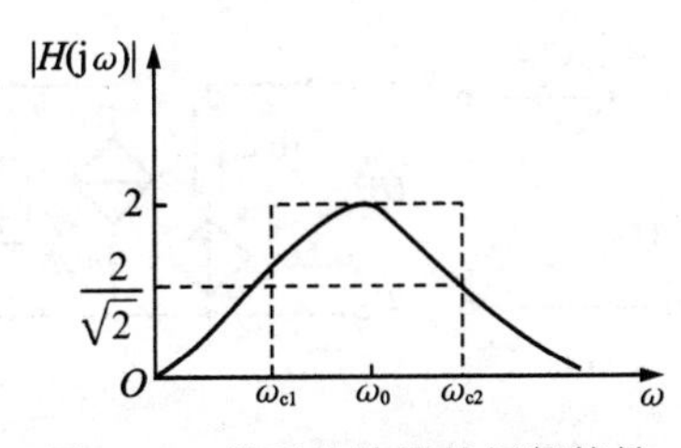

图 7-53　带通滤波器的幅频特性

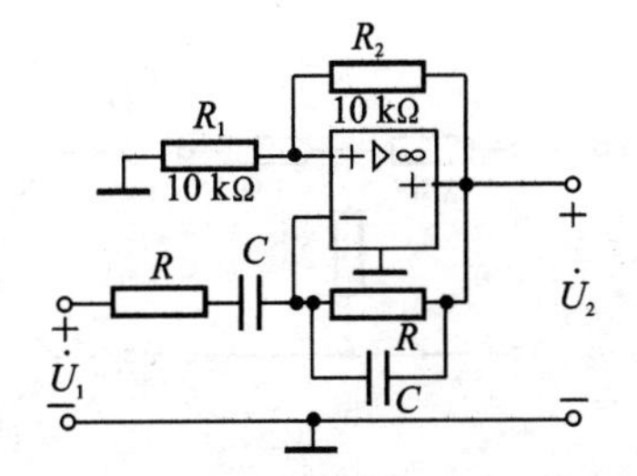

图 7-54　RC 有源带通滤波器电路

当 $\omega=0$ 时,$|H(\mathrm{j}\omega)|=0$;当 $\omega=\omega_0=\dfrac{1}{RC}$时,$|H(\mathrm{j}\omega)|=2$;当 $\omega=\infty$时,$|H(\mathrm{j}\omega)|=0$。其幅频特性如图 7-53 中实线所示,可见为带通滤波器。当$|H(\mathrm{j}\omega)|$为常数时,则为**全通滤波器**(all pass filter,APF)。

习题

7-1 写出图题 7-1 所示二端口网络的 R 参数矩阵。

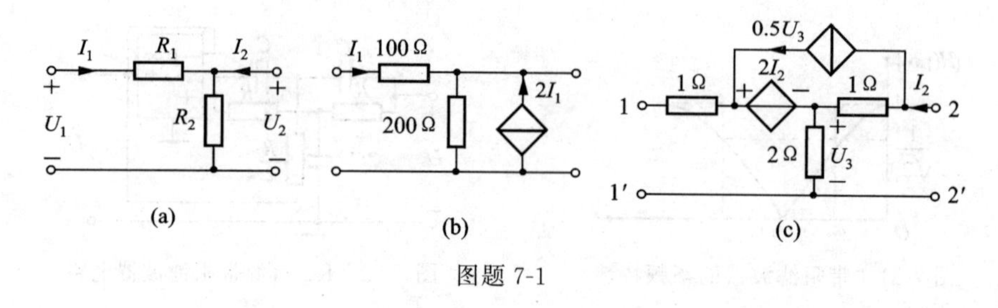

图题 7-1

7-2 写出图题 7-2 所示二端口网络的 G 参数和 R 参数矩阵。

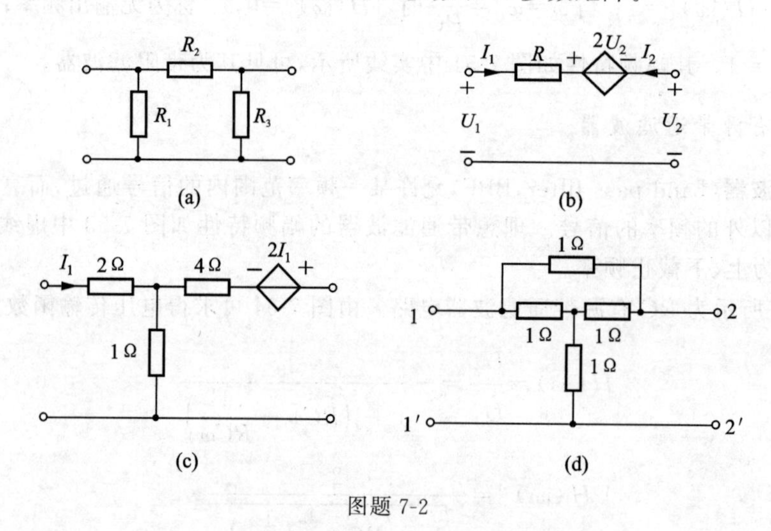

图题 7-2

7-3 写出图题 7-3 所示二端口网络的传输参数矩阵。

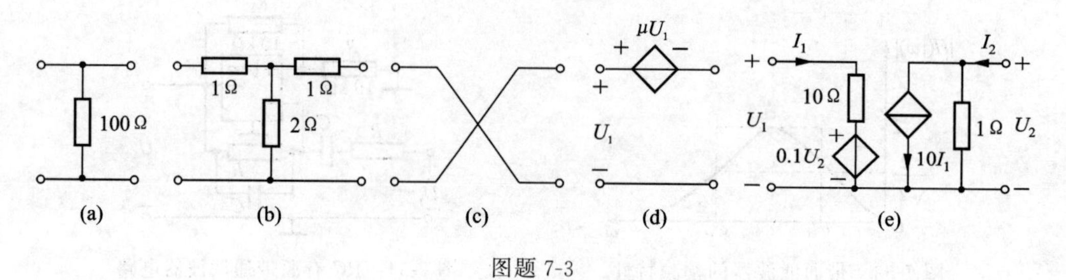

图题 7-3

7-4　写出图题 7-4 所示二端口网络的 H 参数矩阵。

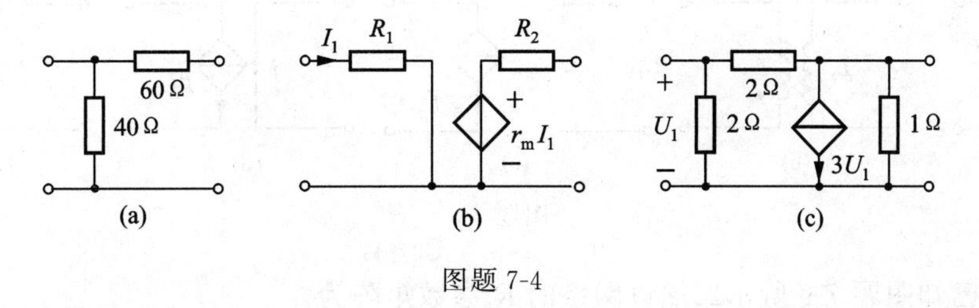

图题 7-4

7-5　求图题 7-5 所示二端口网络的 Z、Y 参数矩阵。

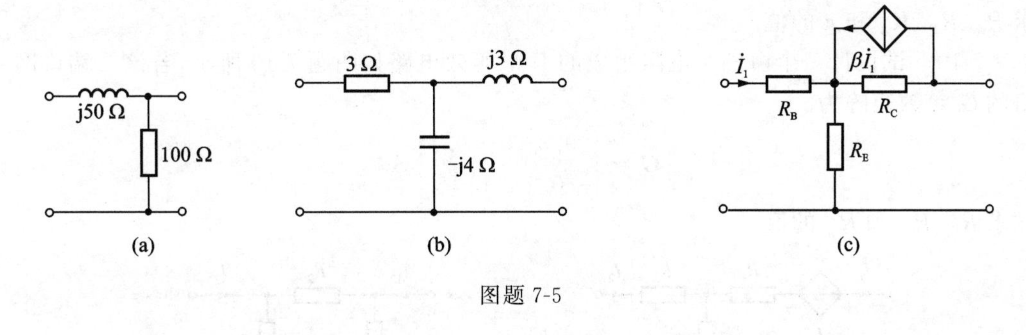

图题 7-5

7-6　求图题 7-6 所示二端口网络的传输参数矩阵。

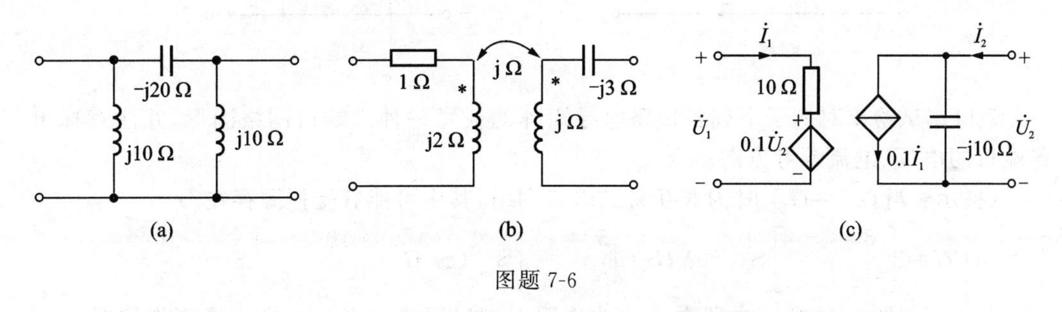

图题 7-6

7-7　写出图题 7-7 所示二端口网络的 H 参数矩阵。

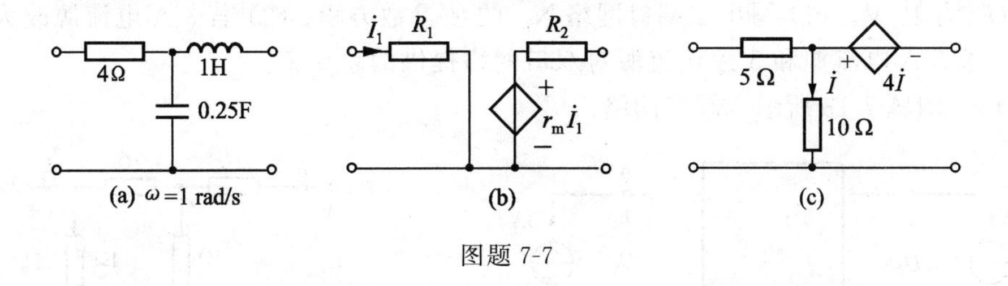

图题 7-7

7-8　图题 7-8 所示各电路，选择四种参数（Z、Y、H、T）中最易确定的一种，写出其参数矩阵，并说明各电路有哪些参数是不存在的。

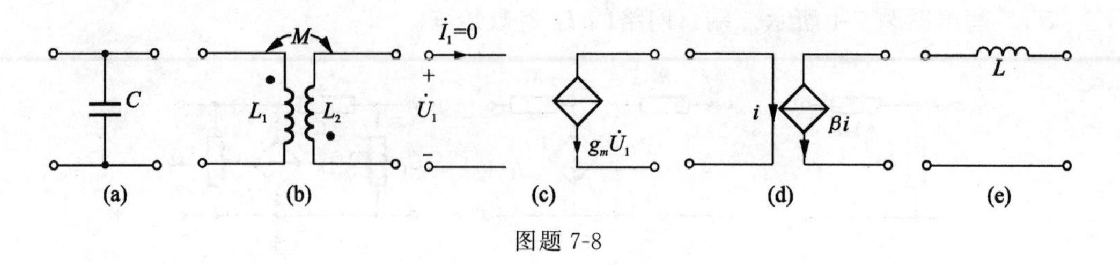

图题 7-8

7-9　已知图题 7-9 所示二端口网络的 R 参数矩阵为

$$\boldsymbol{R}=\begin{bmatrix}10 & 8\\ 5 & 10\end{bmatrix}\Omega$$

求 R_1、R_2、R_3 和 r 的值。

7-10　试设计一个由三个电阻组成的Ⅱ形等效电路如图题 7-10 所示,若该二端口网络的 G 参数矩阵为

$$\boldsymbol{G}=\begin{bmatrix}0.3 & -0.1\\ -0.1 & 0.15\end{bmatrix}\mathrm{S}$$

试求 R_1、R_2 和 R_3 的值。

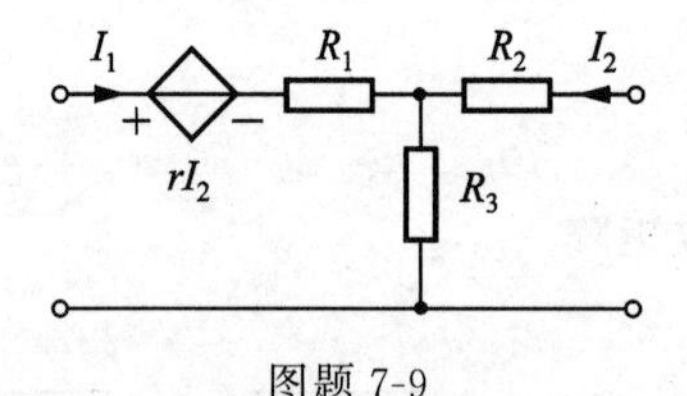

图题 7-9

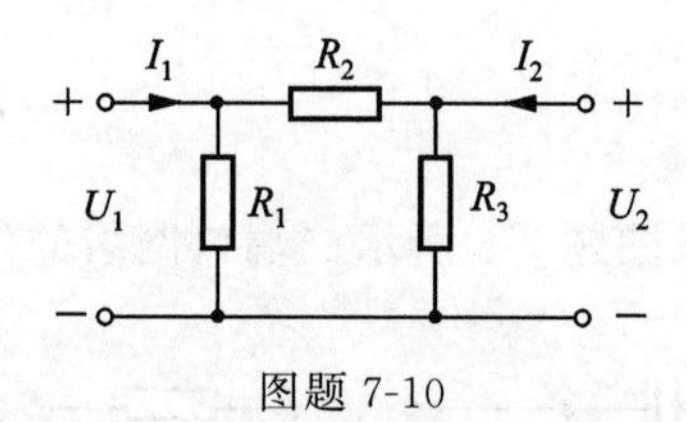

图题 7-10

7-11　试绘出对应于下列各短路电导矩阵的任意一种二端口网络图形,并注意标出各端口的电压、电流参考方向。

(提示:当 $G_{12}\neq G_{21}$ 时为非互易二端口网络,其中可能有受控源存在。)

(a) $\boldsymbol{G}=\begin{bmatrix}5 & -2\\ -2 & 3\end{bmatrix}\mathrm{S}$　(b) $\boldsymbol{G}=\begin{bmatrix}5 & -2\\ 0 & 3\end{bmatrix}\mathrm{S}$　(c) $\boldsymbol{G}=\begin{bmatrix}10 & 0\\ -5 & 20\end{bmatrix}\mathrm{S}$

7-12　图题 7-12 所示电路中,N_R 为电阻二端口网络。当 3 A 电流源不作用时,2 A 电流源向电路提供 28 W 功率,且 U_2 为 8 V;当 2 A 电流源不作用时,3 A 电流源提供 54 W,U_1 为 12 V。(1) 写出二端口网络 N_R 的 R 参数方程;(2) 若 3 A 电流源改为 5 A 电流源,求 2 A 电流源和 5 A 电流源对双口网络提供的总功率。

7-13　图题 7-13 所示二端口网络。

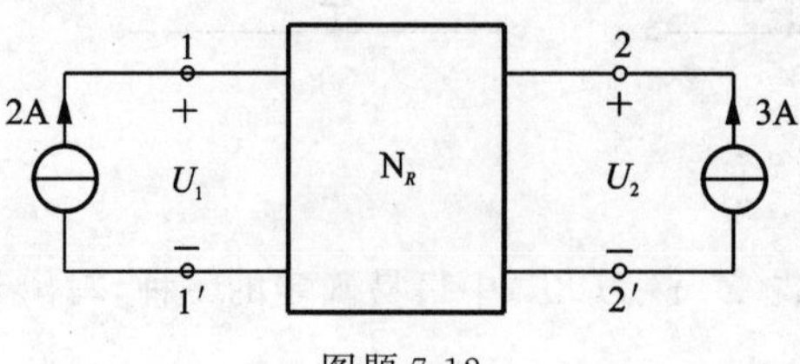

图题 7-12

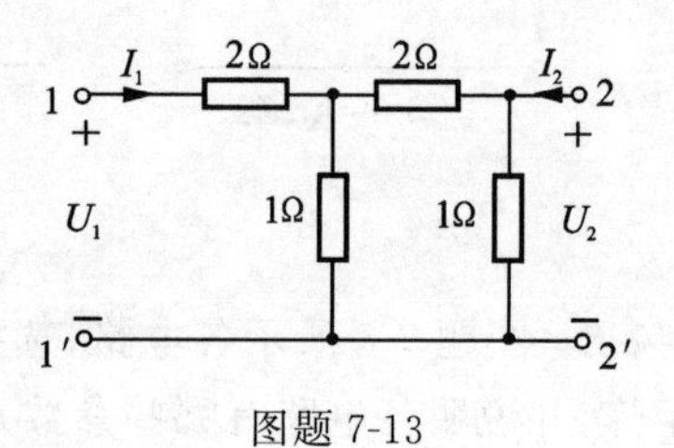

图题 7-13

(1) 求 T 参数；

(2) 求T形等效电路；

(3) 当2-2′端口加10 V电压,1-1′端口接2 Ω负载时。求负载所吸收的功率。

7-14 将图题7-14所示电路分成若干简单二端口的级联,计算出每个简单的二端口的 T 参数,然后算出整个网络的 T 参数。

7-15 试将图题7-15所示电路先分解为两个简单二端口网络的并联或串联,计算出简单网络的有关参数,再求整个网络的 G 或 R 参数。

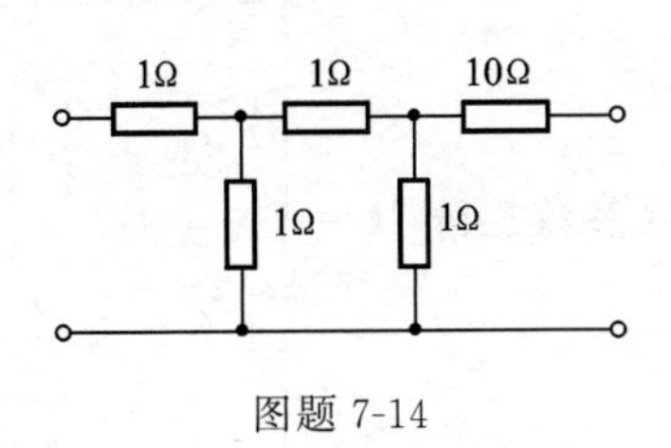

图题 7-14

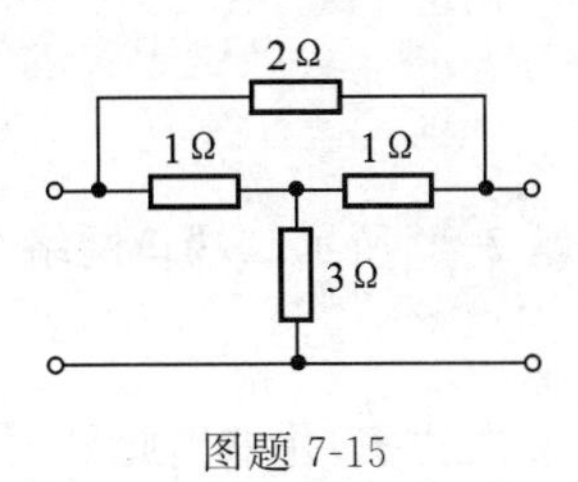

图题 7-15

7-16 图题7-16所示的二端口网络中,已知电阻双口网络 N_R 的 R 参数为 $\boldsymbol{R}=\begin{bmatrix}\frac{5}{3} & \frac{4}{3}\\ \frac{4}{3} & \frac{5}{3}\end{bmatrix}\Omega$。求二端口网络的传输参数。

7-17 图题7-17所示为具有终端负载的复合二端口网络。已知 $\boldsymbol{T}_1=\begin{bmatrix}1 & 10\Omega\\ 0 & 1\end{bmatrix}$,$\boldsymbol{T}_2=\begin{bmatrix}1 & 0\\ 0.05\text{S} & 1\end{bmatrix}$,求负载电压 U_2。

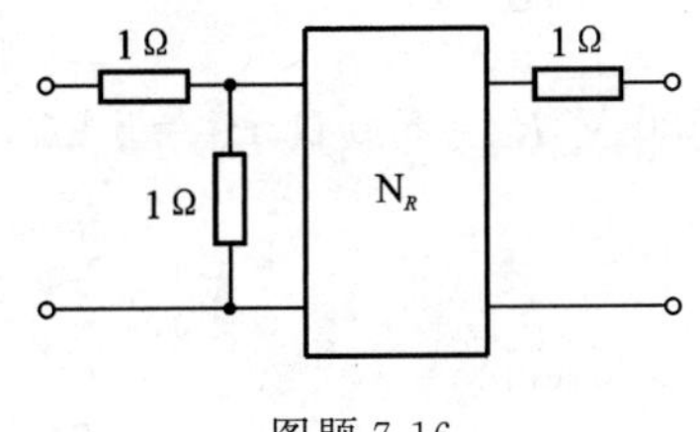

图题 7-16

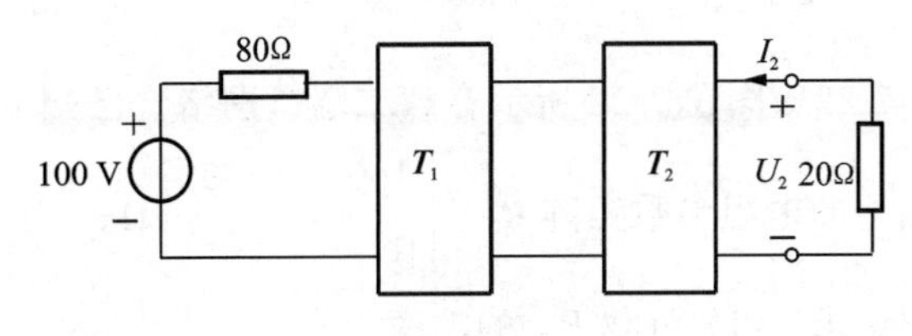

图题 7-17

7-18 图题7-18所示有载二端口网络。已知双口网络 N_R 的传输参数矩阵 $\boldsymbol{T}=\begin{bmatrix}5\times10^{-4} & -10\Omega\\ -10^{-6}\text{S} & -10^{-2}\end{bmatrix}$,电流源 $I_S=70.7\ \mu$A。求:(1) 负载 $R_L=10$ kΩ时的功率;(2) 负载 R_L 为何值时,它将获得最大功率,计算此时的最大功率值 P_{max}。

7-19 图题7-19所示二端口网络,

(1) 二端口网络N的 R 参数;

(2) R_L 为何值时可获得最大功率?求此最大功率 P_{max}。

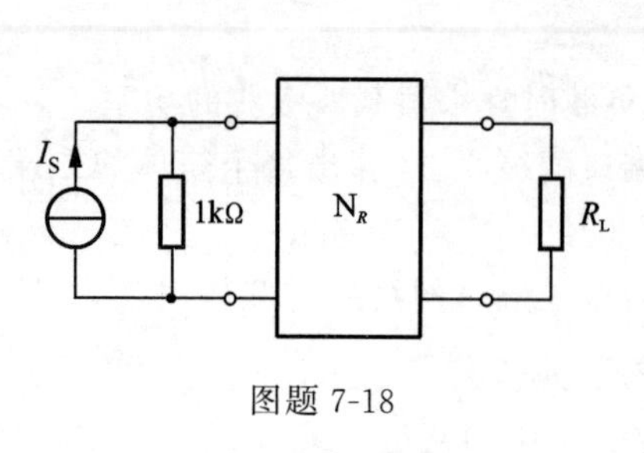

图题 7-18

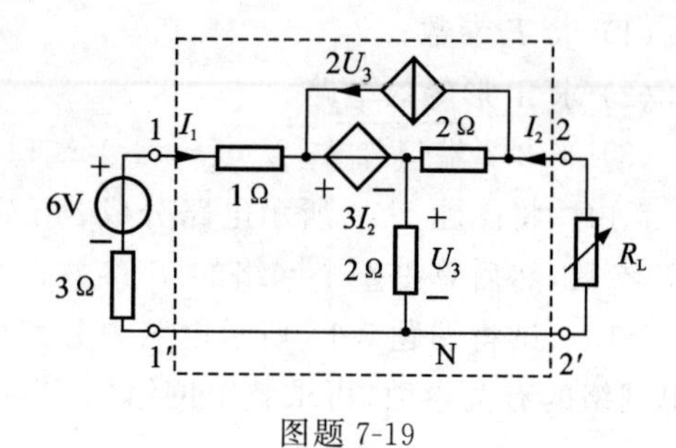

图题 7-19

7-20　图题 7-20 所示二端口网络 N 的混合参数矩阵 $\boldsymbol{H}=\begin{bmatrix}\frac{10}{3}\Omega & \frac{2}{3}\\ -\frac{2}{3} & \frac{1}{6}\text{ S}\end{bmatrix}$。求 R_L 为何值时可获得最大功率，并求出此最大功率 P_{max}。

7-21　图题 7-21 所示电路中，方框部分 N_S 为含独立源和电阻的网络。当端口 ab 短接时，电阻 R 支路中电流 $I=I_{S1}$；当端口 ab 开路时，电阻 R 支路中电流 $I=I_{S2}$。当端口 ab 间接电阻 R_f 时，R_f 获得最大功率。试证明当端口 ab 间接电阻 R_f 时，流过 R 支路的电流 $I=\dfrac{I_{S1}+I_{S2}}{2}$。

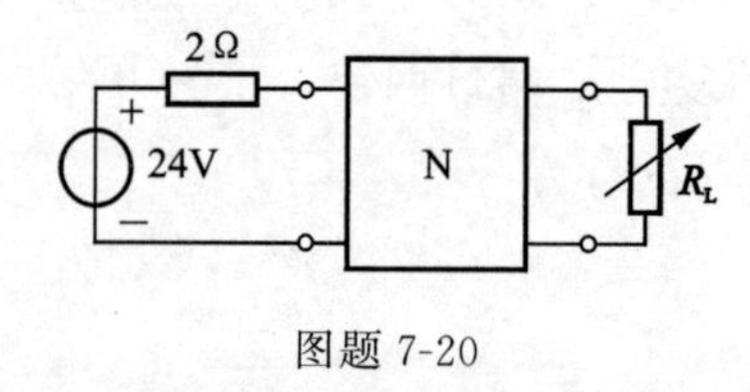

图题 7-20

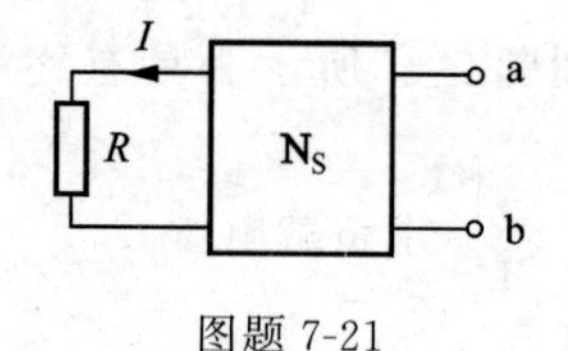

图题 7-21

7-22　图题 7-22 所示有载二端口网络。已知 $u_S=500\text{ V}$，$R_S=500\text{ }\Omega$，$R_L=5\text{ k}\Omega$，双口网络的电阻参数矩阵 $\boldsymbol{R}=\begin{bmatrix}100 & -500\\ 1000 & 10^4\end{bmatrix}\Omega$。

试求：(1) 负载 R_L 的功率；

(2) 输入端口的功率；

(3) 负载 R_L 获得最大功率时的电阻值；

(4) 负载获得的最大功率。

7-23　图题 7-23 所示电路，已知双口网络 N 的电导参数 $\boldsymbol{G}=\begin{bmatrix}0.3 & -0.2\\ -0.2 & 0.25\end{bmatrix}\text{S}$，

求：(1) 1-1′端口向左部分的戴维南等效电路；

(2) 负载 R_L 吸收的功率；

(3) 10 V 电压源发出的功率。

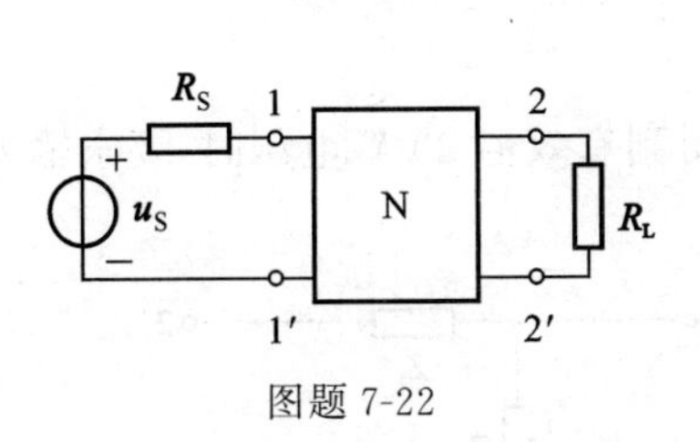

图题 7-22

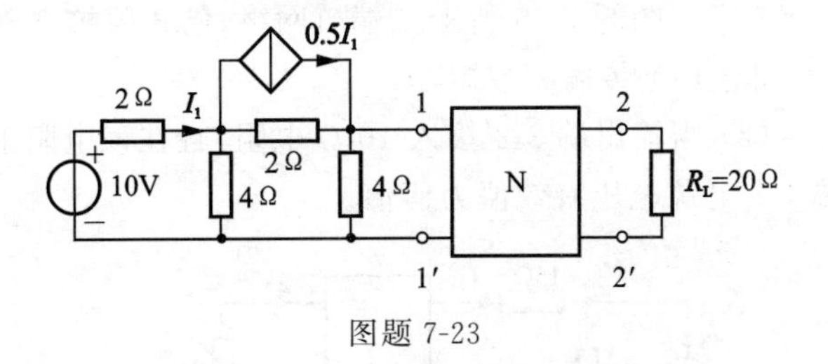

图题 7-23

7-24　图题 7-24 所示网络中，已知 $\omega L_1=0.75\ \Omega$，$\omega L_2=6\ \Omega$，$\dfrac{1}{\omega C}=6\ \Omega$，$u_S(t)=(10+100\sqrt{2}\cos\omega t+10\sqrt{2}\cos 3\omega t)$ V，$\boldsymbol{T}=\begin{bmatrix}2.5 & 55\ \Omega\\ 0.05\ \text{S} & 1.5\end{bmatrix}$，求 $i(t)$ 及其有效值 I。

7-25　图题 7-25 所示电路，已知 $u_S(t)=[6+10\sqrt{2}\cos(100t+45^\circ)]$ V。

(1) 写出二端网络 N 的 T 参数($\omega=100$ rad/s)；

(2) 求 $u_C(t)$ 及其有效值 U_C。

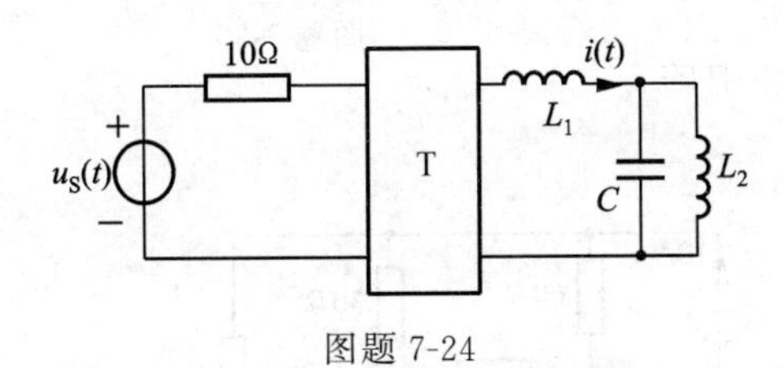

图题 7-24

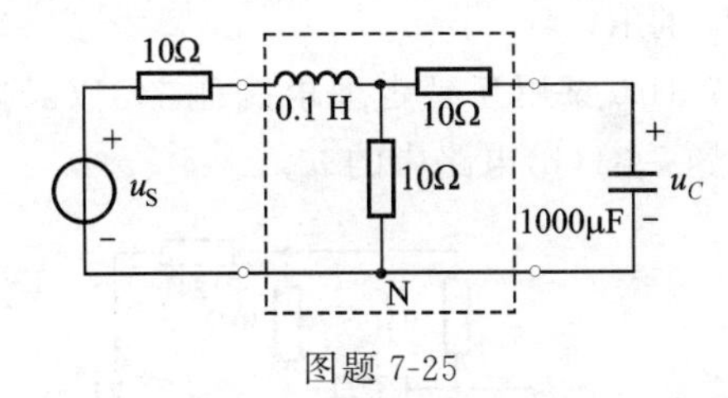

图题 7-25

7-26　图题 7-26 所示网络 N 的阻抗参数矩阵 $\boldsymbol{Z}=\begin{bmatrix}4 & 3\\ 3 & 3\end{bmatrix}\Omega$，电源 $u_S=(2+22\cos\omega t)$V。求：(1) 电流 $i(t)$；(2) 4 Ω 电阻消耗的平均功率；(3) 电源发出的平均功率。

7-27　图题 7-27 所示电路，已知 $u_S=10\sqrt{2}\cos 100t$ V，求：(1) 由虚线框所示二端口网络 N 的 Z 参数矩阵；(2) Z_L 为何值时可获得最大功率，求出此时的最大功率 $P_{\max}$。

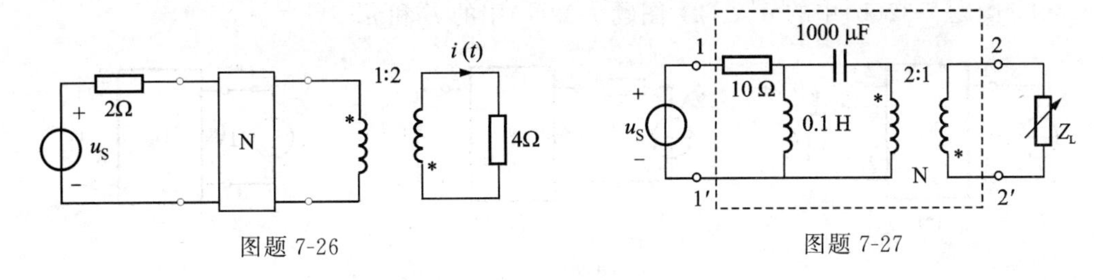

图题 7-26　　图题 7-27

7-28　图题 7-28 所示电路中，正弦电流有效值 $I_S=1$ A，二端口网络 N 的传输参数矩阵

$$\boldsymbol{T}=\begin{bmatrix}0.5 & \text{j}25\ \Omega\\ \text{j}0.02\ \text{S} & 1\end{bmatrix}$$

求负载 Z_L 为何值时，它将获得最大功率，并求此最大功率。

7-29　图题 7-29 所示二端口网络,已知阻抗 $Z_1=Z_2=10+\mathrm{j}20\ \Omega$。

求:(1) 传输参数矩阵;

(2) 当输出端 2-2′接入 10 Ω 电阻,且在该电阻上得到有效值 20 V 电压时,要求输入端 1-1′电源电压有效值为何值。

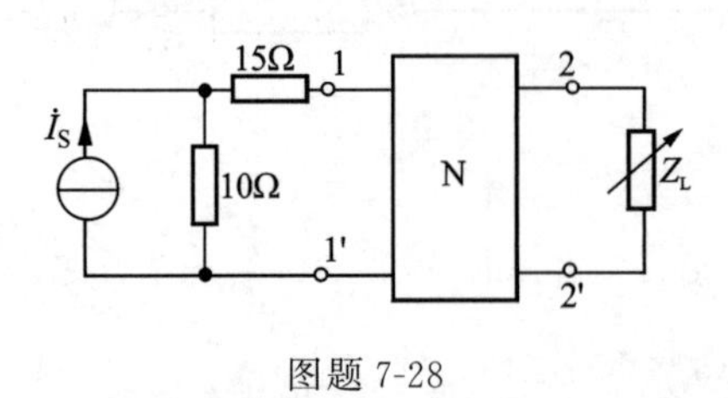

图题 7-28

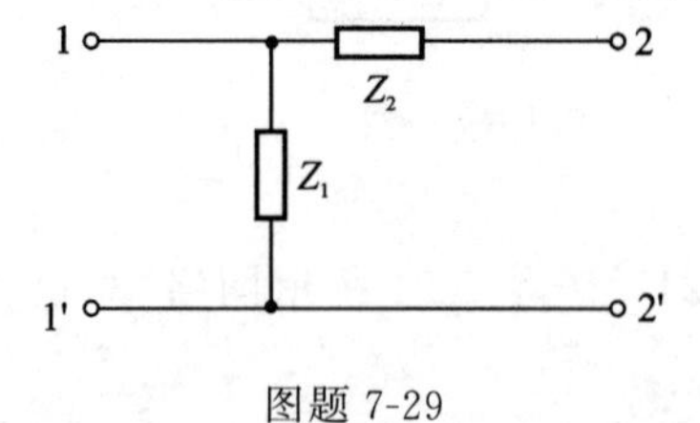

图题 7-29

7-30　图题 7-30 中 N_R 为线性无源电阻网络,当 $R_1=R_2=2\ \Omega$,且 $U_S=8$ V 时,$I_1=2$ A,$U_2=2$ V;当 $R_1=1.4\ \Omega$,$R_2=0.8\ \Omega$,且 $\hat{U}_S=9$ V 时,$\hat{I}_1=3$ A,求 $\hat{U}_2$ 的值。

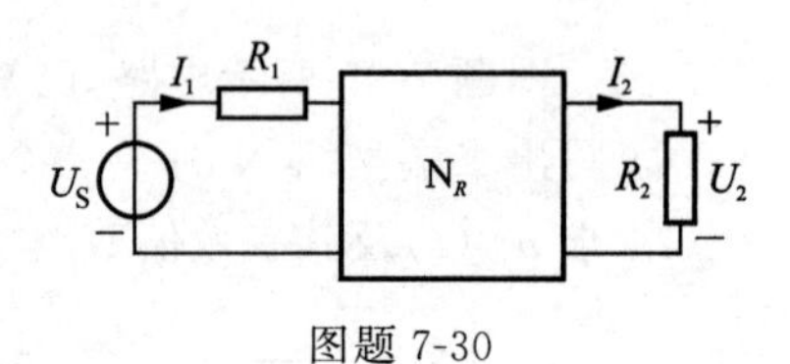

图题 7-30

7-31　试用互易定理求图题 7-31(a)电路中的 i 和图题 7-31(b)电路中的 u。

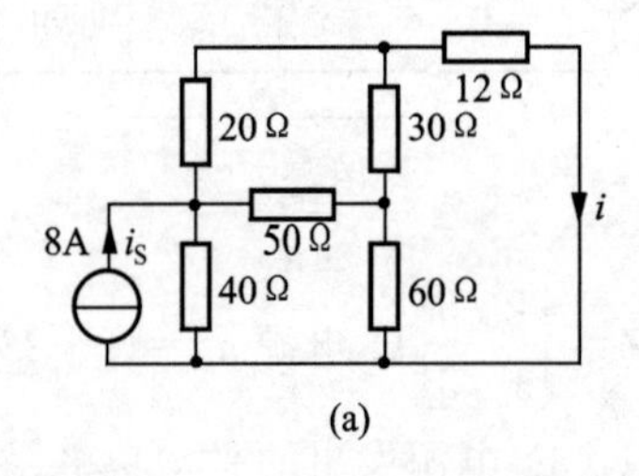

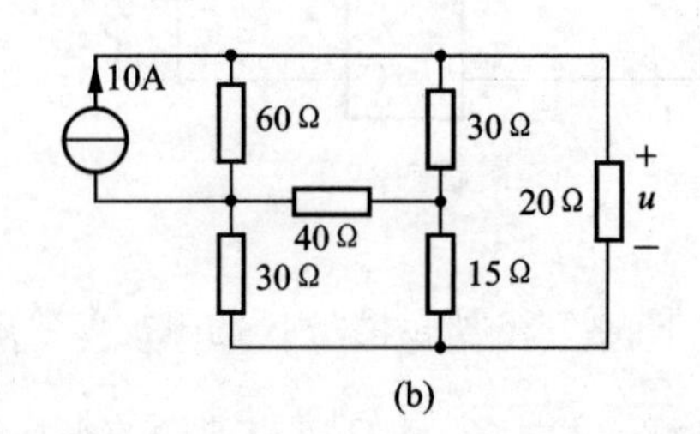

图题 7-31

7-32　图题 7-32(a)、(b)、(c)中,N_R 为同一线性无源电阻网络,$R=10\ \Omega$。求:(1) 图题 7-32(b)中的 u_1';(2) 图题 7-32(c)中的 i_1'' 和 u_2''。

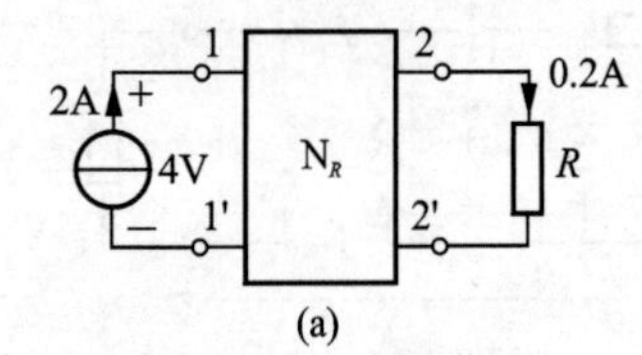

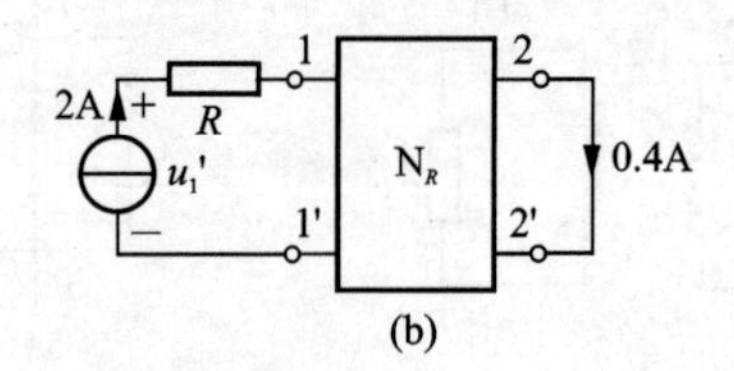

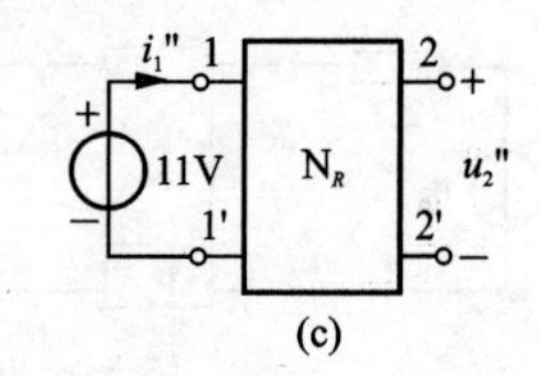

图题 7-32

7-33　图题 7-33 中 N 为互易性(满足互易定理)网络。试根据图题中的已知条件计算电阻 R。

7-34　N_0 为无源线性电阻网络,工作状态如图题 7-34(a)所示,现将 1-1′端口支路置换成图题 7-34(b)所示,则 2-2′端口输出的电压 U_2 为何值。

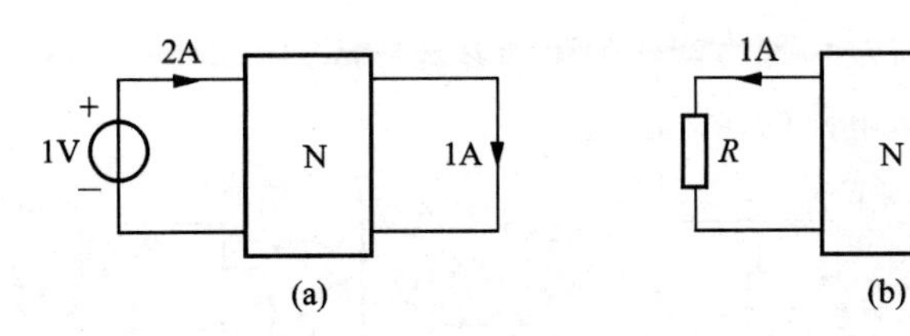

图题 7-33

7-35 图题 7-35 所示电路，N 为仅含线性电阻的网络，ab 端的输入电阻 $R_{\mathrm{i}}=1\ \Omega$，$U_{\mathrm{S}}=10\ \mathrm{V}$，ab 端的开路电压 $U_{\mathrm{oc}}=3\ \mathrm{V}$；当 $R=2\ \Omega$ 时，$I=0.5\ \mathrm{A}$。求当 $R=\infty$（即 ab 端开路）时，电流 I 的值。

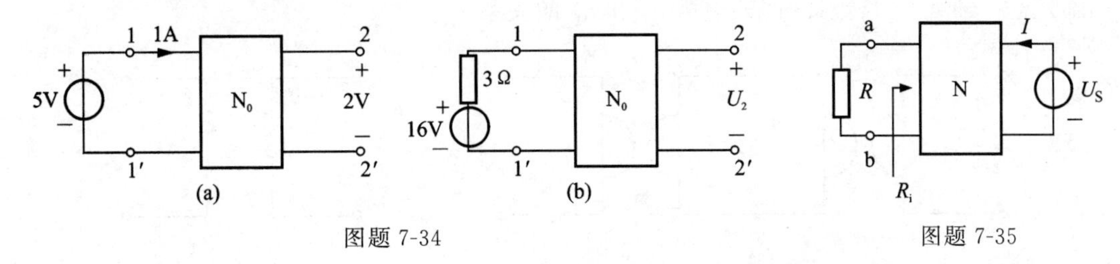

图题 7-34　　图题 7-35

7-36 图题 7-36 所示为一含理想运算放大器的二阶低通电路。已知 $R_1=R_3=R_4=1\ \Omega$，$C_2=0.5\ \mathrm{F}$，$C_5=2\ \mathrm{F}$。试求 $\dot{U}_{\mathrm{o}}/\dot{U}_{\mathrm{S}}$（设角频率为 ω）。

7-37 图题 7-37 所示电路中，若 $u(t)=100\sqrt{2}\cos(1000t+30^{\circ})\ \mathrm{V}$。求电流相量 $\dot{I}$。

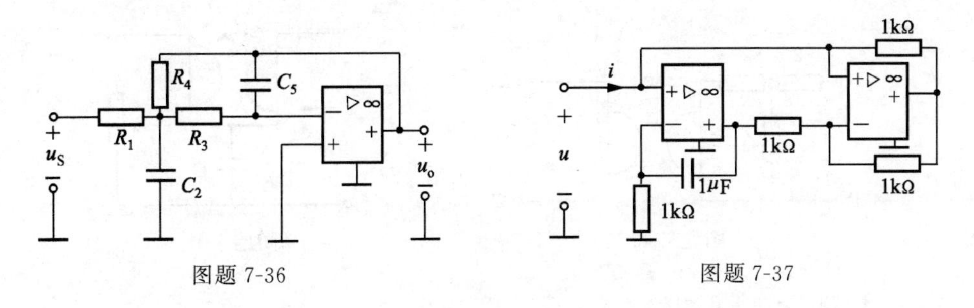

图题 7-36　　图题 7-37

7-38 图题 7-38 所示为模拟电感电路，即该电路可等效为一个模拟电感，若图中所有电阻都相等，且 $R=10\ \mathrm{k\Omega}$，$C=0.1\ \mu\mathrm{F}$。求其模拟电感 L 的值。

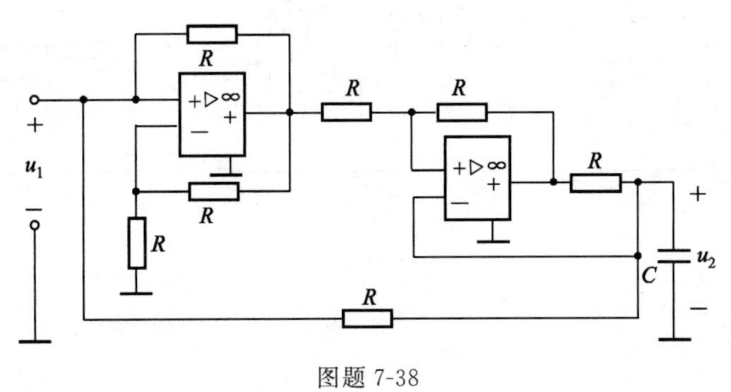

图题 7-38

7-39　写出图题 7-39 所示二端口网络的传输参数矩阵。

7-40　求图题 7-40 所示电路的输入阻抗。

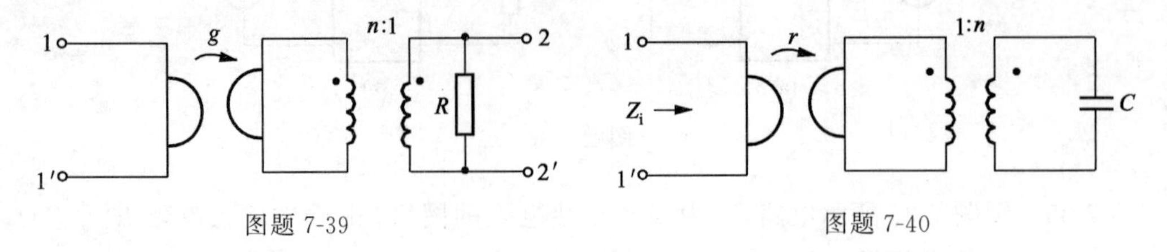

图题 7-39　　图题 7-40

7-41　试证明图题 7-41(a)所示二端口网络与图题 7-41(b)理想变压器等效。并求出变比 n 与两个回转器的回转电阻 r_1 和 r_2 的关系。

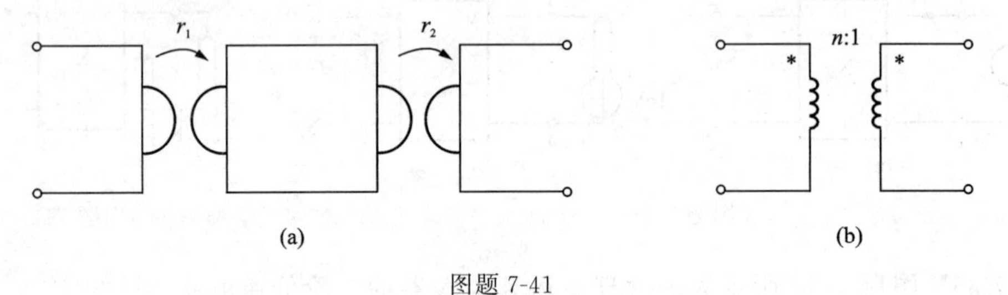

图题 7-41

7-42　求出图题 7-42 所示二端口网络的传输参数矩阵。

7-43　求图题 7-43 所示电路的入端阻抗。

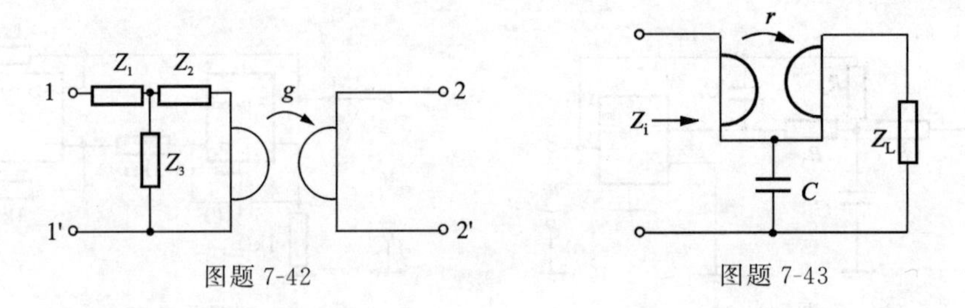

图题 7-42　　图题 7-43

7-44　图题 7-44 所示电路。

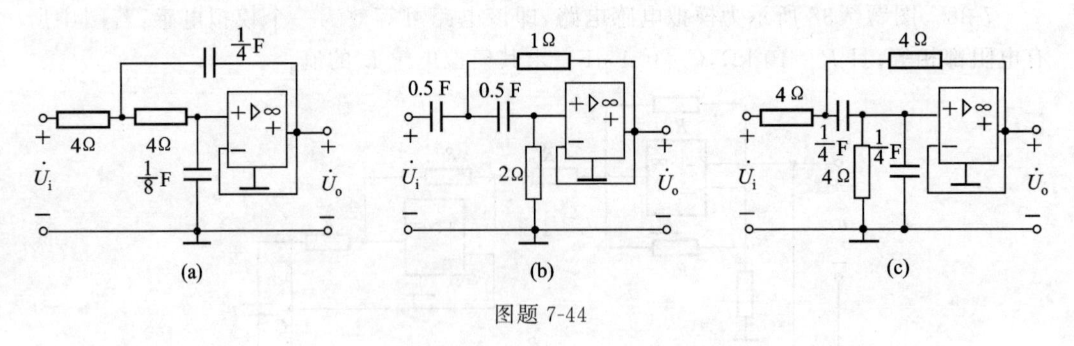

图题 7-44

（1）求电压传输函数 $H(\mathrm{j}\omega)=\dfrac{\dot{U}_{\mathrm{o}}}{\dot{U}_{\mathrm{i}}}$；

（2）绘出幅频特性草图，说明电路实现了怎样的滤波特性。

*7-45　图题7-45是高阶带通电路，其频率特性要在很宽的频率范围内才能看出来，为了展宽频率视野，用对数方式取频率坐标。试用计算机软件求输出电压 U_{o} 的频率特性（f 为 $0\sim10^{9}$ Hz）。

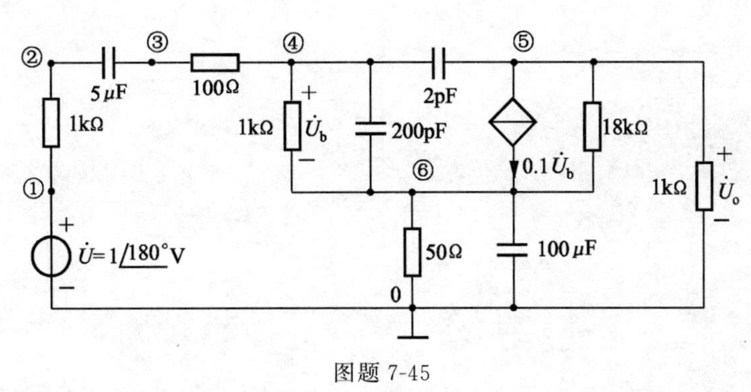

图题7-45

第8章 非线性电路

前面各章讨论的是线性元件及独立源构成的线性电路，线性元件的电气特性曲线是一条通过原点的直线。本章研究含有非线性元件的电路——**非线性电路**（nonlinear circuit）。

严格地说，实际电路元件都是非线性的，但对于很多非线性较微弱的元件，在一定的工作范围内将其作为线性元件处理不会产生明显的误差。然而对具有显著非线性特性的元件，如作为线性元件处理就无法解释所发生的现象，且由于误差太大致使分析结果无效，故必须另作考虑。目前电工技术中出现的众多新器件大多是属于非线性的，因而非线性电路的研究也越来越显得重要。

本章将对非线性元件及非线性电阻电路常用分析方法作简要介绍。

8.1 非线性元件

本节主要介绍非线性电阻元件、非线性电容元件和非线性电感元件。此外，某些非线性元件在特定工作区间内起到开关的作用，称为开关元件，本节介绍电路中常用的几种开关元件。

8.1.1 非线性电阻元件

非线性电阻元件的伏安关系不满足欧姆定律，而遵循某种特定的非线性函数关系，一般来说，可用下列函数式表示：

$$u = f(i) \tag{8-1}$$

或

$$i = g(u) \tag{8-2}$$

其电路符号如图 8-1(a)所示。

对于式(8-1)来说，电阻元件的端电压是其电流的单值函数，对于同一电压，电流可能是多值的。例如图 8-1(b)所示某充气二极管的伏安特性，此种元件称为**电流控制型非线性电阻**（current-controlled nonlinear resistance）。

对于式(8-2)来说，元件中的电流是其端电压的单值函数，对于同一电流，电压可能是多值的，这种元件称为**电压控制型非线性电阻**（voltage-controlled nonlinear resistor）。例如隧道二极管就是压控电阻元件，其伏安特性如图 8-1(c)所示。

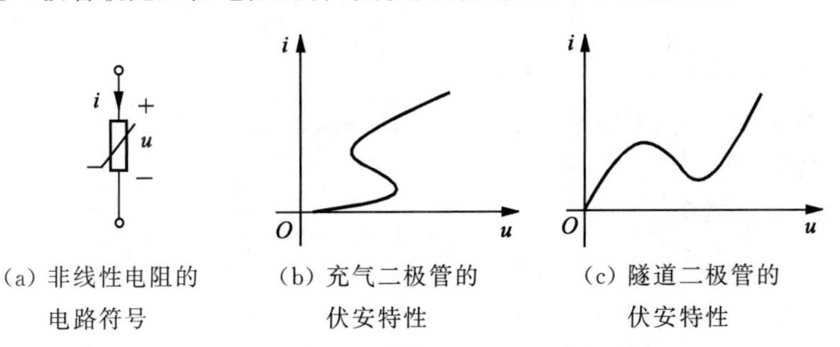

(a) 非线性电阻的电路符号　(b) 充气二极管的伏安特性　(c) 隧道二极管的伏安特性

图 8-1 非线性元件符号和伏安特性

另一种非线性电阻属于单调型,其伏安特性是单调增长或单调下降的,它既是电流控又是电压控。典型的实例是P-N结二极管,二极管的电路符号如图8-2(a)所示,其伏安特性如图8-2(b)所示。二极管伏安特性将在8.1.4节中详细介绍。

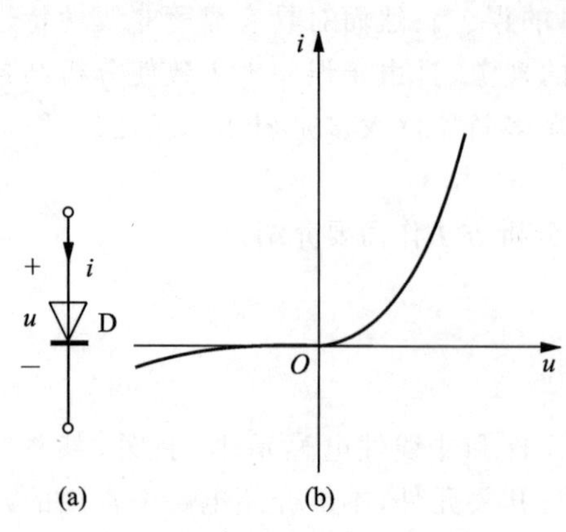

图8-2 二极管的电路符号及其伏安特性

从图8-2(b)所示的伏安特性曲线看出,当二极管的端电压方向如图8-2(a)所示时,伏安特性为第一象限的曲线,而当外加电压反向时,电流很小,如第三象限的曲线所示。说明施加于二极管的电压方向不同时,流过它的电流完全不同。故称这种非线性元件具有**单向性**(unilateral)。若电流、电压关系与方向无关,即伏安特性曲线对称于原点,则称为**双向性**(bilateral)元件。双向性元件接入电路时,两个端子互换不会影响电路工作,而互换单向性元件的两个端子就会产生完全不同的结果,所以两个端子必须明确区分,不能接错。

非线性电阻的伏安特性不是一条通过原点的直线,特性曲线上每一点的电压与电流的比值不同,且由于电压变化引起的电流变化亦不同。为说明元件某一点的工作特性,有时引用**静态电阻**(static resistance)R 和**动态电阻**(dynamic resistance)R_{d} 的概念,它们的定义分别为

$$\begin{aligned} R &\triangleq \frac{u}{i} \\ R_{\mathrm{d}} &\triangleq \frac{\mathrm{d}u}{\mathrm{d}i} \end{aligned} \tag{8-3}$$

显然静态电阻 R 与动态电阻 R_{d} 一般都是电压 u 或电流 i 的函数。对于图8-1(b)、(c)的特性均有一下倾段。在这段范围内,电流随电压的增加而下降,其动态电阻为负值。因此工作在这段范围内的元件具有"负电阻"的性质。

例8-1 设有一个非线性电阻,其伏安特性为 $u=f(i)=100i+i^3$。

(1) 试分别求出 $i_1=2\ \mathrm{A}$、$i_2=2\sin 314t\ \mathrm{A}$ 和 $i_3=10\ \mathrm{A}$ 时的对应电压 u_1、u_2 和 u_3 的值;

(2) 若 $i=i_1+i_2$,试问 u 是否等于(u_1+u_2);

(3) 如果忽略式中 i^3,即把此电阻作为 $100\ \Omega$ 的线性电阻,当 $i=10\ \mathrm{mA}$ 时,由此产生的误差为多大?

解 (1) 当 $i_1=2\ \mathrm{A}$ 时

$$u_1=100\times 2+2^3=208\ \mathrm{V}$$

当 $i_2=2\sin 314t\ \mathrm{A}$ 时

$$u_2=100\times 2\sin 314t+8\sin^3 314t$$

利用三角恒等式 $\sin 3\theta=3\sin\theta-4\sin^3\theta$ 得

$$u_2 = 200\sin 314t + 6\sin 314t - 2\sin 942t$$
$$= 206\sin 314t - 2\sin 942t \text{ V}$$

当 $i_S = 10$ A 时

$$u_3 = 100 \times 10 + 10^3 = 2000 \text{ V}$$

(2) 若 $i = i_1 + i_2$

$$u = 100(i_1 + i_2) + (i_1 + i_2)^3$$
$$= 100(i_1 + i_2) + (i_1^3 + i_2^3) + 3i_1 i_2 (i_1 + i_2)$$
$$= u_1 + u_2 + 3i_1 i_2 (i_1 + i_2)$$

所以 $$u \neq u_1 + u_2$$

(3) 当 $i = 10$ mA 时

$$u = 100 \times 10^{-2} + (10^{-2})^3 = 1 + 10^{-6} \text{ V}$$

如忽略 i^3 项，$u = 100 \times 10^{-2} = 1$ V。因此所产生的误差为 10^{-6} V，即 0.0001%。

由以上分析可以看到非线性电阻的一些特点，例如叠加定理不再适用：单一频率正弦量经过非线性电阻作用会产生自身频率几倍的分量，此功能称为**倍频**（multiple frequency），此例是三次方运算的非线性电阻，产生三倍频率的信号。若有"平方"运算的非线性电阻，则可以产生二倍频率的信号，利用非线性电阻可以产生不同于激励的新的频率分量。当输入信号很小时，把非线性电阻作为线性电阻处理所产生的误差不大。

8.1.2 非线性电容元件

电容元件的电气特性是用其库伏特性曲线来表示的。线性电容的库伏特性 $q = Cu$，在 q-u 平面上是一条通过原点的直线。而非线性电容元件的库伏特性一般可用以下函数式表示：

$$q = f(u)$$
$$u = h(q)$$

或用 q-u 平面上的一条曲线表示，例如图 8-3(a)，其电路符号如图 8-3(b)所示。

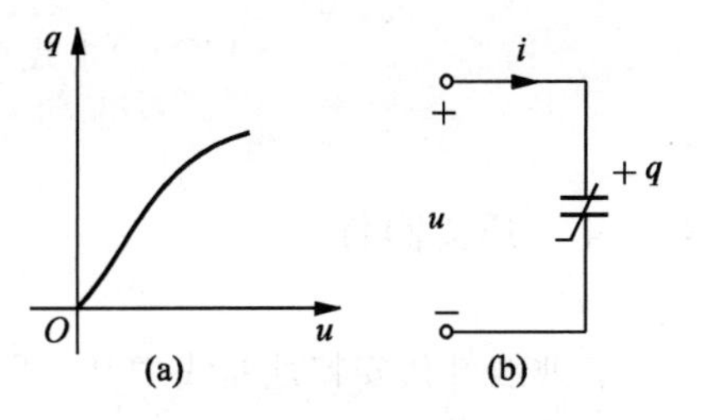

图 8-3 非线性电容的库伏特性及电路符号

根据库伏特性，非线性电容可分为荷控型、压控型及单调型。

为了计算需要，有时引用**静态电容**（static capacitance）C 和**动态电容**（dynamic capacitance）C_d 的概念。它们的定义为

$$C_d \triangleq \frac{dq}{du}, \quad C \triangleq \frac{q}{u} \tag{8-4}$$

8.1.3 非线性电感元件

电感元件的电气特性是用磁通链与电流的关系即韦安特性来表征的,线性电感元件的韦安特性 $\psi=Li$,是 ψ-i 平面上的一条通过原点的直线。若电感元件的韦安特性不是一条通过原点的直线[例如图 8-4(a)],则称为非线性电感元件,其电感符号如图 8-4(b)所示。

非线性电感的韦安特性一般亦用下列函数关系表示:

$$i=h(\psi)$$

$$\psi=f(i)$$

为计算方便,有时也引用**静态电感**(static inductance)L 与**动态电感**(dynamic inductance)L_{d} 的概念,它们的定义为

$$L_{\mathrm{d}} \triangleq \frac{\mathrm{d}\psi}{\mathrm{d}i},\quad L \triangleq \frac{\psi}{i} \tag{8-5}$$

根据其磁链与电流的关系(韦安特性)的不同,电感元件可分为磁控型、流控型及单调型。不过实际上大多数非线性电感器是具有铁芯的线圈,由于铁磁材料的磁滞现象,其 ψ-i 特性曲线具有回线的形状,这种电感既非流控又非磁控。图 8-4(c)表示一般铁芯线圈的 ψ-i 特性曲线、图 8-4(d)表示具有矩形磁滞回线的材料制成的铁芯线圈的韦安特性曲线。

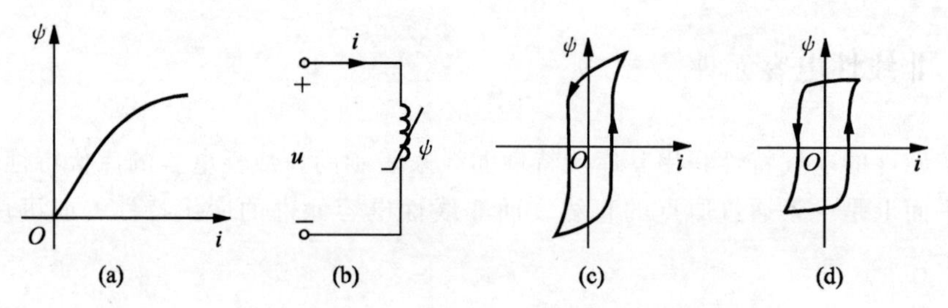

图 8-4 非线性电感的电路符号及其韦安特性

8.1.4 开关器件

若非线性伏安特性曲线中某一段与电压轴或电流轴非常接近,则与电流轴接近的一段,元件上电压近似为零,相当于短路,与电压轴接近的一段,元件上电流近似为零,相当于开路。在这个过程中,元件在电路中起的作用与开关相似,称为**开关元件**(switching element)。电路中常用的开关元件有二极管、晶体管等电子元件。

1. 二极管

二极管(diode)是一种具有两个电极的装置,只允许电流由单一方向流过,在 u-i 平

面上绘制的典型二极管特性曲线如图 8-5(a)所示。

当二极管电压超过开启电压 U_{on} 时，电流开始按指数规律增大，二极管呈现正向导通特性。当端电压小于零时，二极管呈现反向截止特性，I_S 称为反向饱和电流，数值非常小。当反向电压超过 U_{BR}（U_{BR} 为反向击穿电压）时出现击穿现象，同时电流倍增。根据特性曲线，可定义二极管的四个工作区，分别为导通区（$u>U_{on}$）、死区（$0<u<U_{on}$）、截止区（$-U_{BR}<u<0$）和击穿区。二极管用于开关作用时，主要使用前三个工作区。而在电路分析时，为简便起见往往用**理想二极管**（ideal diode）代替。理想二极管仅考虑其正向导通和反向截止特性，忽略其他参数，其特性曲线如图 8-5(b)所示，伏安关系可以表示为

$$\begin{cases} u=0, & \text{当 } i>0 \text{ 时} \\ i=0, & \text{当 } u<0 \text{ 时} \end{cases} \tag{8-6}$$

式(8-6)表示当二极管加正向电压时，二极管瞬间导通，电压钳位到零，相当于短路，工作特性可以看作开关闭合状态；当二极管加反向电压时，二极管瞬间截止，电流为零，相当于开路，工作特性可以看作开关打开状态。当二极管电压、电流参考方向与图 8-2(a)所示的不同情况时，二极管伏安特性曲线出现在 u-i 平面上的其他象限。

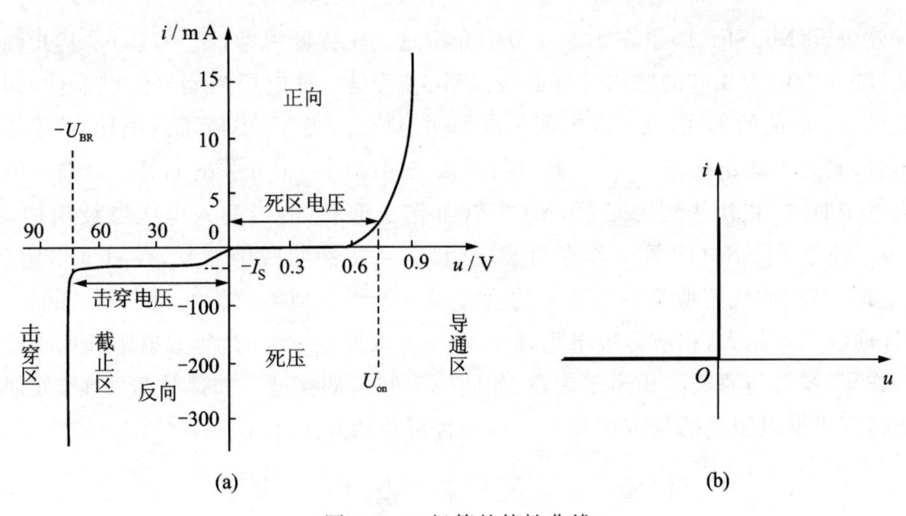

图 8-5　二极管的特性曲线

2. 晶体管

在 1.3.3 节流控受控源元件模型中已介绍过晶体三极管。图 8-6(a)是一种共射极联接电路，图 8-6(b)给出了晶体管在不同的基极电流 i_b 下的集电极和发射极之间电压 u_{ce} 与集电极电流 i_c 之间的关系曲线，称为三极管的输出特性曲线。

从图 8-6(b)可知，当晶体管饱和时，$u_{ce}\approx 0$，发射极与集电极之间如同一个开关的接通，其间电阻很小；当晶体管截止时，$i_c\approx 0$，发射极与集电极之间如同一个开关的断开，其间电阻很大，此时晶体管也看作开关元件。

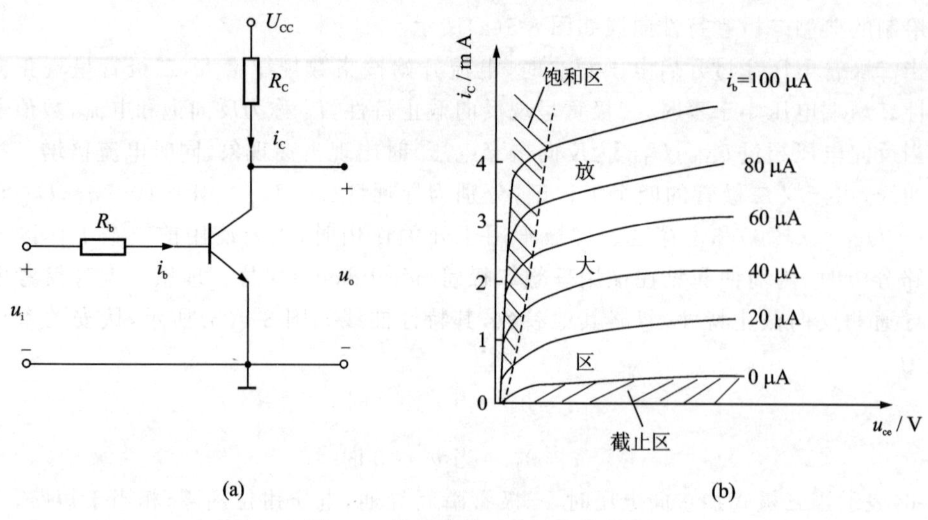

图 8-6 晶体管的三种工作状态

*3. 场效应管

场效应管(MOSFET)也在 1.3.6 节中介绍过其压控源模型,图 8-7(a)是其共源极联接电路,图 8-7(b)为相应的输出特性曲线。MOS 管是一种电压控制电流型器件,即随着栅源电压 u_{gs} 取值的不同,其 d、s 极间呈现不同的特性,当 MOS 管输入电压 u_i 小于其开启电压时,其处于截止状态,$i_d \approx 0$,栅极与源极之间如同一个开关的断开;当输入电压大于开启电压时,i_d 很快达到稳定值,MOS 管工作在饱和区,当输入电压继续增加,i_d 增加,但 u_{ds} 随之下降,MOS 管工作在可变电阻区,从特性曲线中看到,在可变电阻区,当 u_{gs} 一定时,特性曲线近似是一条过零的直线,d、s 间可近似等效为线性电阻,而且 u_{gs} 越大,特性曲线斜率越大,相应等效电阻越小,当 u_{gs} 取值足够大时,等效电阻远远小于 R_d,近似看作零,栅极与源极间相当于短路,如同一个开关的接通。与晶体管类似,分别工作于截止区或可变电阻区的场效应管可看作一种可控的开关元件。

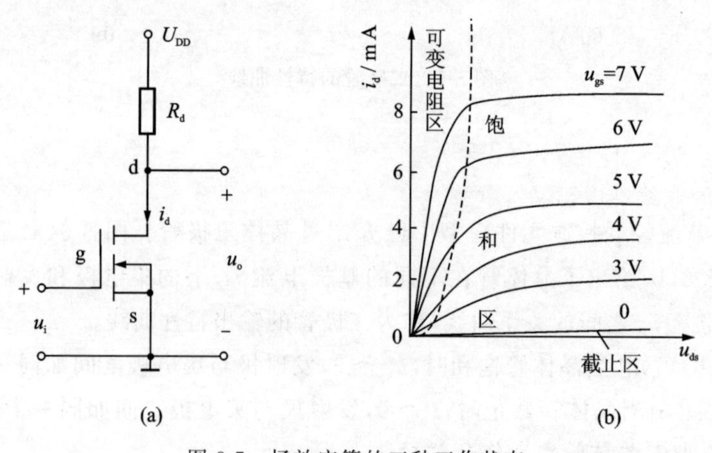

图 8-7 场效应管的三种工作状态

此外，MOS管工作于饱和区时，则实现类似于晶体管工作于放大区的信号放大功能，组成各种放大电路，将在后续有关课程作详细介绍，这里不再赘述。

8.2 非线性电阻的串联和并联

非线性电阻的串、并联分析在原则上与线性电阻相仿。图8-8所示为两个非线性电阻的串联电路，按KCL和KVL，有

$$i = i_1 = i_2$$

$$u = u_1 + u_2$$

设两个非线性电阻均为流控型，其伏安特性可分别表示为

$$u_1 = f_1(i_1)$$

$$u_2 = f_2(i_2)$$

若将串联电路当作一端口网络，则端口的伏安特性(VCR)称为此端口的驱动点特性，可表示为

$$u = f(i) = f_1(i) + f_2(i) \tag{8-7}$$

或者说，该一端口网络等效于一个流控的非线性电阻，其伏安特性为式(8-7)。

两个非线性电阻的并联如图8-9所示。设两电阻均为压控型，其伏安特性为

$$i_1 = g_1(u_1), \quad i_2 = g_2(u_2)$$

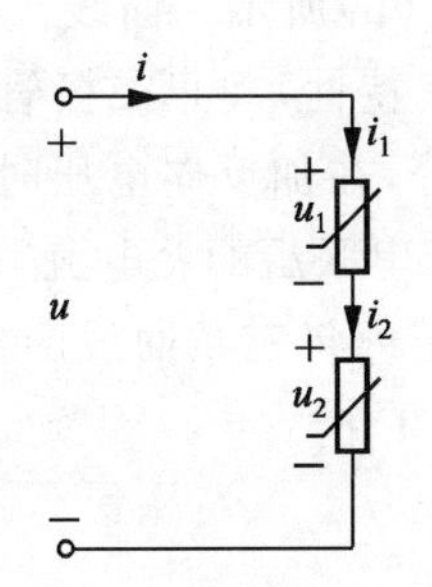

图8-8 非线性电阻串联

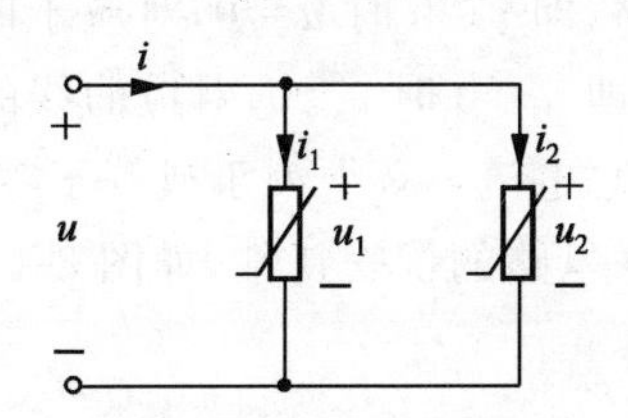

图8-9 非线性电阻并联

按KVL和KCL，有

$$u = u_1 = u_2$$

$$i = i_1 + i_2$$

所以两个压控的非线性电阻并联组成的一端口网络等效于一个压控的非线性电阻，该电阻的伏安特性为

$$i = g(u) = g_1(u) + g_2(u) \tag{8-8}$$

非线性电阻的伏安特性常用 u-i 平面上的曲线表示，因此串、并联后等效元件的伏安特性常常在 u-i 平面上用图解法来求得。若两个电阻中一个是流控型一个是压控型，则无法写出如式(8-7)或式(8-8)的解析形式，然而用图解法就不难获得等效非线性电阻的伏安特性。

图8-10(a)为线性电阻 R_1 与非线性电阻 R_2 串联，两元件的VAR如图8-10(b)中曲

线 1 与 2。在同一电流下,将两元件的电压相加,便可得到串联后等效电阻的伏安特性,即 ab 端的驱动点特性,如图 8-10(b)中的曲线 3。

图 8-11(a)为线性电阻 R_1 与压控非线性电阻 R_2 并联,两元件 VAR 为图 8-11(b)中的曲线 1 和 2,将两曲线的电流坐标相加,即可得出 ab 端的驱动点特性,如图 8-11(b)中曲线 3。

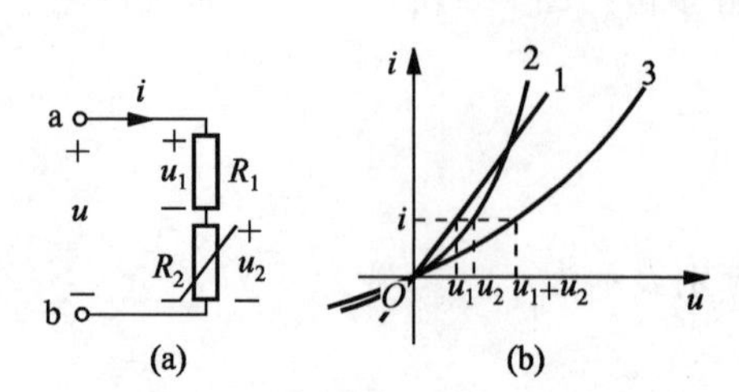

图 8-10　线性电阻与非线性电阻串联

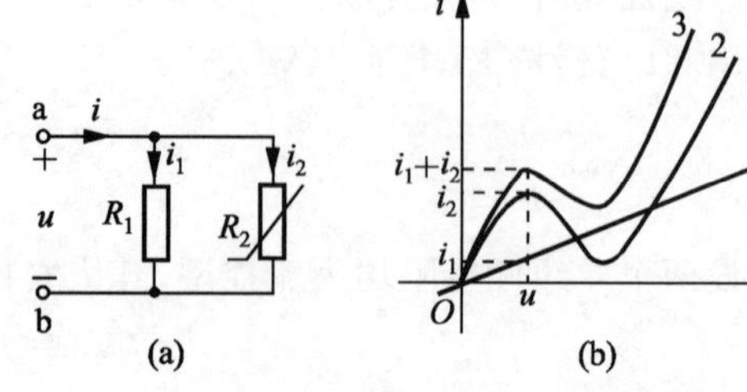

图 8-11　线性电阻与非线性电阻并联

以上图解方法可用于 m 个非线性电阻的串联或并联,其中也可以含线性电阻或独立电源。对混联电路,则与线性电阻电路类似,逐步按串、并联进行,只是图解法工作量更大而已。

例 8-2　如图 8-12(a)所示为线性电阻 R、理想二极管 D 和电压源 E 三者串联。试绘出该电路的伏安特性曲线。

解　先分别画出三个元件的伏安特性曲线,如图 8-12(b)所示。曲线 1、曲线 3 为线性电阻和电压源的伏安特性,曲线 2 是理想二极管的伏安特性,理想二极管在正向导通时相当于短路,即 $i>0$ 时 $u=0$,对应于曲线 2 的垂直部分,在加反向电压时理想二极管相当于开路,即 $u<0$ 时 $i=0$,对应曲线的水平部分。由于串联后的总电流就是二极管 D 中的电流,故总电流 i 必须大于或等于零。在 $i\geqslant0$ 的范围内将三条曲线的横坐标相加,就得出该串联电路的伏安特性,如图 8-12(c)所示。当 $u<E$ 时,$i=0$(因为此时二极管两端电压小于零)。

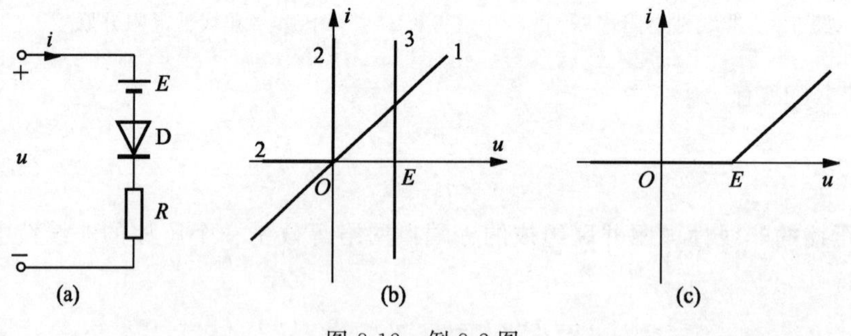

图 8-12　例 8-2 图

此例题也可以通过分析电路得到结果,影响整个电路伏安关系是二极管的开关特性,所以先将二极管断开,令其端口电压 U_D,方向上正下负,则为 $U_D=u-E$,当 $u_D>0$,即 $u>E$ 时,二极管导通,二极管相当于短路,此时,$u=E+Ri$,所以在 u-i 平面上 $u>E$

的区域画出伏安特性曲线如图 8-12(c)所示的斜线部分,当 $u_D<0$,即 $u<E$ 时,二极管处于截止状态,整个电路电流 i 都为零,所以在 u-i 平面上 $u<E$ 的区域,画出 $i=0$ 的直线,即 u 轴的一部分,如图 8-12(c)所示。

例 8-3 图 8-13 所示电路中,R 为线性电阻,D 为理想二极管,试分析电路输入 u_i 为正弦波形如图 8-14(a)所示时,输出电压 u_o 的波形。

解 此题分析方法同例 8-2,应用二极管的开关特性,分别画出图 8-13(a)、(b)输出电压 u_{o1}、u_{o2} 的波形如图 8-14(b)、(c)所示。

图 8-13(b)电路称为限幅电路,常用来将输出信号的幅值限制在某个范围,比如整流电路,此时,当 $u_i>U$ 时,二极管处于导通状态,$u_{o2}>u_i$;当 $u_i<U$ 时,二极管处于截止状态,$u_{o2}=U$。本例也可据 8.3 节的 DP 图法完成,请读者自行完成。

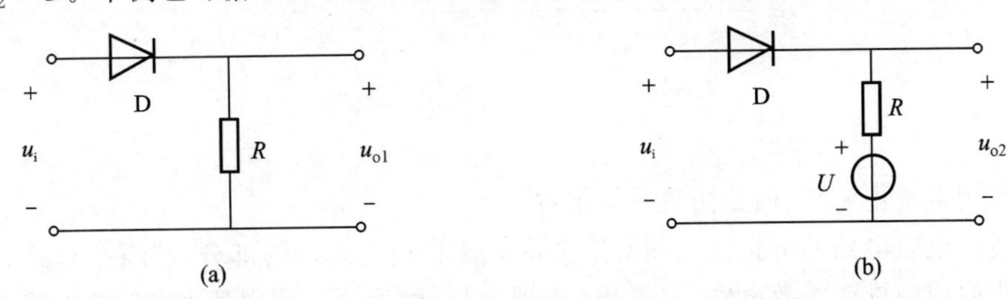

图 8-13 例 8-3 图

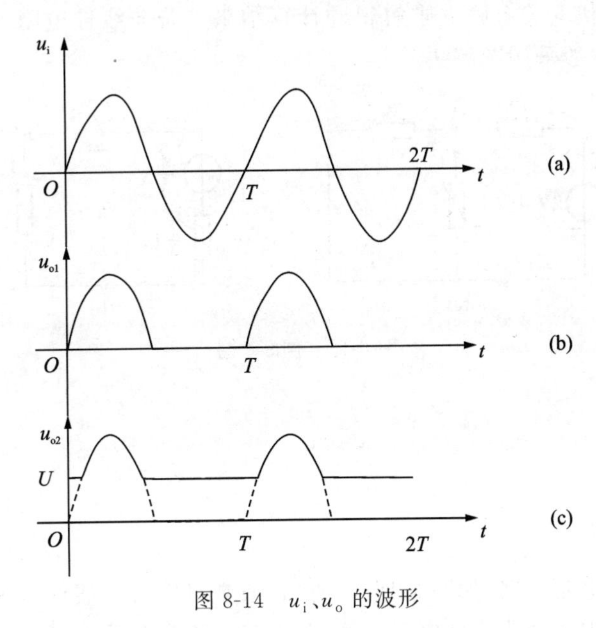

图 8-14 u_i、u_o 的波形

8.3 非线性电阻电路的解析法和图解法

8.3.1 解析法

若非线性电阻元件的电压电流函数关系能用解析式精确表达,则能根据 KCL、KVL

和元件的 VAR 对电路列出简单的方程,从而解出结果。

例 8-4 在图 8-15(a)所示电路中,若非线性电阻的伏安关系为

$$i=u+0.13u^2$$

试求电流 i。

解 在节点①处运用 KCL,得

$$\frac{u-2}{1}+\frac{u}{2}+i=0$$

将 $i=u+0.13u^2$ 代入上式得

$$0.13u^2+2.5u-2=0$$

所以

$$u=\frac{-2.5\pm\sqrt{6.25+1.04}}{0.26}=\begin{cases}0.769\ \text{V}\\-20\ \text{V}\end{cases}$$

$$i=\begin{cases}0.846\ \text{A}\\32\ \text{A}\end{cases}$$

本题也可用戴维南定理、回路法等方法求解。

非线性电阻电路的解析法及图解法常将不含非线性元件的部分,即线性有源二端网络等效化简成戴维南等效电路,如例 8-4 中图 8-15(b)所示。利用戴维南等效电路的外特性与非线性电阻的伏安关系联立求解得到计算结果。若非线性电阻元件的伏安关系用图形曲线给出,则一般采用图解法。

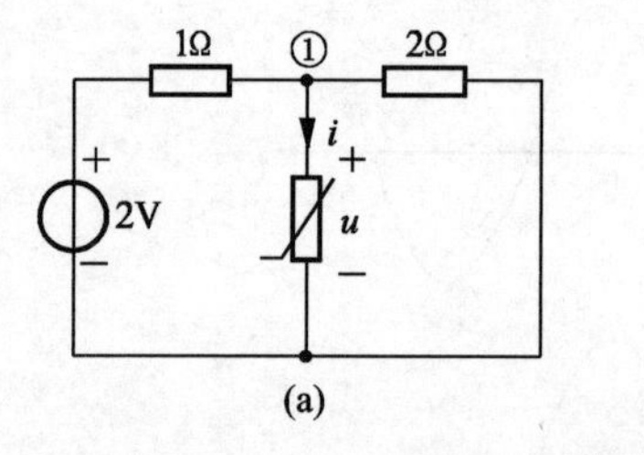

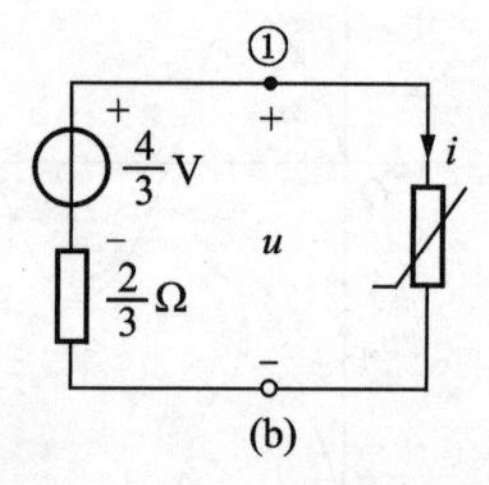

图 8-15 例 8-4 图

8.3.2 图解法

1. 曲线相交法

对一个非线性电阻电路,如图 8-16(a)所示,通常可将含非线性电阻元件的二端网络用串并联方法等效为一个非线性电阻元件,而将其余不含非线性元件的部分用一个戴维南等效电路来代替,如图 8-16(b)所示。

设图 8-16(b)中等效非线性电阻 R 的伏安特性可表示为

$$i=g(u) \tag{8-9}$$

此电路的 KVL 方程为

$$U_{\text{oc}}=R_{\text{i}}i+u$$

或
$$u = U_{oc} - R_i i \tag{8-10}$$
式(8-10)就是图 8-16 中虚线 AB 左端的含源一端口的伏安特性，在 u-i 平面上表示为一条直线，因为

$$i = 0, \quad u = U_{oc}$$
$$u = 0, \quad i = U_{oc}/R_i$$

这样就确定了该直线与 u、i 轴的两个交点。如图 8-16(c)中的直线①，该直线的斜率为 $-\dfrac{1}{R_i}$，在电子电路中，直流电压源通常表示偏置电压，而 R_i 表示负载，所以由式(8-10)确定的直线称为直流负载线，或称**静态负载线**(static load line)。曲线②为等效非线性电阻的伏安特性，与式(8-9)对应。

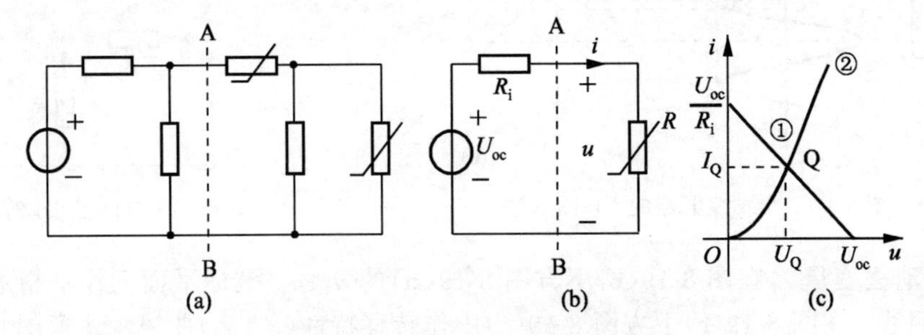

图 8-16　含非线性电阻电路图解法

图 8-16(c)中两曲线的交点 $Q(U_Q, I_Q)$ 同时满足式(8-9)和式(8-10)，它就是电路的直流工作点，或称**静态工作点**(quiescent point)。电路工作点亦可由求解联立方程式(8-9)和式(8-10)而得出。

求出电流 I_Q 和电压 U_Q 后，若要求图 8-16(a)虚线左端含源一端口网络内各支路电流或电压，可应用第 2、3 章中所述的方法；至于非线性一端口网络内各支路电流、电压，可根据各元件的伏安特性及 KCL、KVL 逐个求得。

2. *DP 图法和 TC 图法*

若给定电路输入激励的波形(或时间函数)，欲求输出(响应)的波形，通常需要先求出输出量与输入量的关系曲线。当输出、输入为同一端口的电压和电流时，此曲线即为该一端口网络等效电阻的伏安特性曲线，称为该端口的驱动点特性曲线(简称 DP 图)。若输入与输出是不同端口的电压或电流，其关系曲线称为转移特性曲线(简称 TC 图)。根据输入量与输出量是电压或是电流的不同，转移特性有四种，即 u_o-u_i 曲线，u_o-i_i 曲线，i_o-u_i 曲线及 i_o-i_i 曲线。

一端口网络的驱动点特性曲线一般可用非线性电阻串、并联的图解法求得。当已知一端口的驱动点特性(DP 图)和激励波形时，则响应波形可用图解法求出。如图 8-17(a)的一端口网络具有图 8-17(b)的 DP 图，当正弦电压作用时，先按图 8-17(c)画出激励 u 的波形，图中将激励电压的 u 轴与 DP 图的 u 轴平行，原点及坐标均对齐，画出 t-t 角分线如图 8-17(d)所示，图中一个 t 轴与图 8-17(c)中 t 轴平行，则起点相同，另一个 t 轴与之

垂直,就可方便地由电压波形上的一点通过DP图找出该时刻相应的电流值,如图中虚线所示,从而在图8-17(e)中画出响应电流的波形。

求网络转移特性(TC图)的图解法以图8-18的电路为例来说明,图中输入电压为u_i,输出电压为u_o。若非线性电阻R_1、R_2的伏安特性如图8-19(a)和(b)所示。先用图解法求得两非线性电阻串联后的特性曲线,如图8-19(c)所示。由于$u_2=u_o$,$i_1=i_2=i$,所以只要利用图8-19(b)与(c),消去变量i,即可得出u_o-u_i曲线。

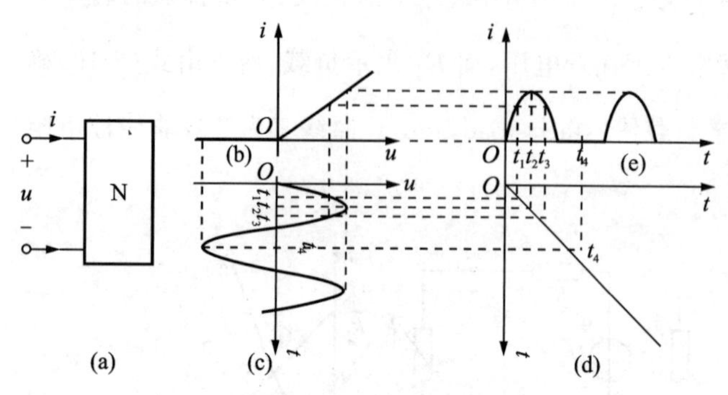

图8-17 非线性电路的DP图解法

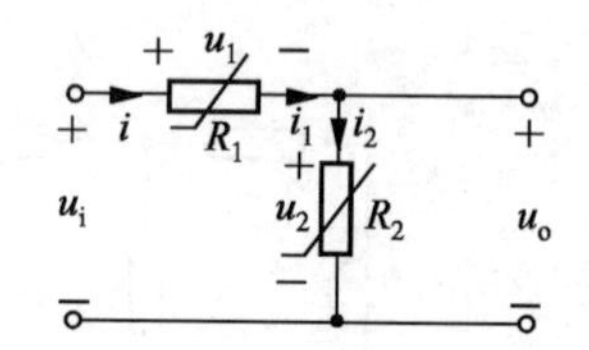

图8-18 非线性电路转移特性

为了消去变量i,在图8-19(b)下方图8-19(d)的u_o-u_o坐标平面上作一根通过原点的45°反照线;在图8-19(c)下方图8-19(e)中作转移特性(u_o-u_i)曲线。注意图与图之间坐标轴刻度必须对准。在图8-19(b)、(c)中对同一个i值,可找出对应的u_i与u_o值,经45°反照线可得出u_o-u_i曲线上的一个点。

具体作法是:对应图8-19(e)的横坐标轴上某一电压u_{i1},作垂线向上交于图8-19(c)u_i-i曲线的a点,从a点向左作一水平线交图8-19(b)u_o-i曲线于b点,再从b点作垂线向下交图8-19(d)45°线于c点,然后由c点向右作水平线交图8-19(e)纵坐标轴得u_{o1},则由坐标(u_{i1},u_{o1})确定的d点就是待求u_o-u_i曲线上的一个点。取若干不同的u_i值重复以上步骤,可以得出u_o-u_i曲线上的若干点,连接所有的点就得出了要求的转移特性曲线。

当已知一个非线性二端口的转移特性后,则对给定的激励,可用类似DP图解法求出其响应。例如,已知某二端口网络的转移特性(u_o-u_i)曲线如图8-20(a)所示,当激励u_i为三角波时,响应u_o的波形用图解法可得出,如图8-20(d)所示。

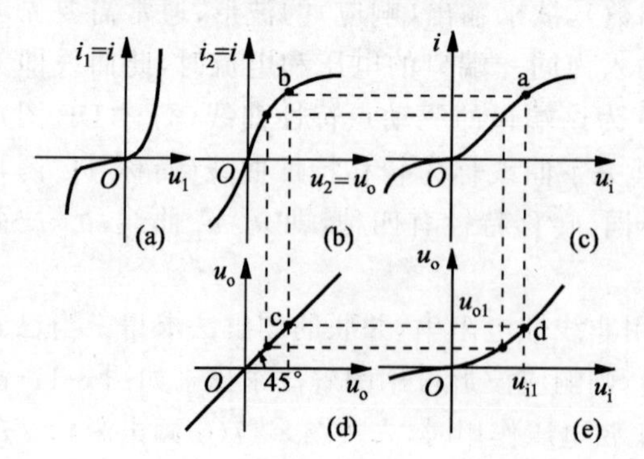

图8-19 非线性电路的TC图

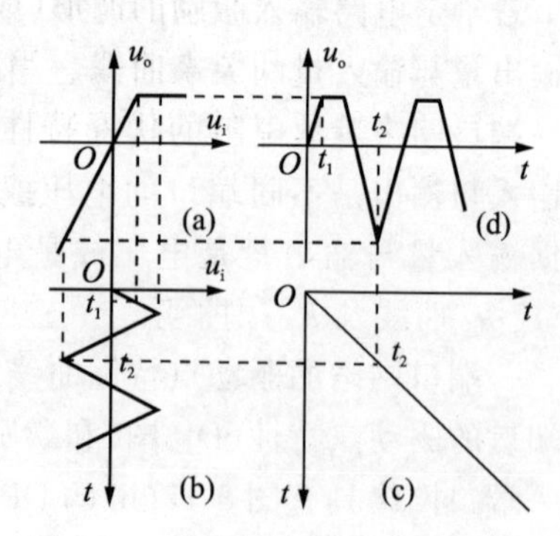

图8-20 非线性电路的TC图解法

8.4 分段线性化法

分段线性化法又称**折线法**,是研究非线性电阻电路的一种有效方法。其特点在于能把非线性电路的求解过程分成几个线性区段来进行,因而可应用线性电路的分析方法。

非线性电阻的伏安特性曲线可粗略地用一些直线段来逼近。例如图 8-21(a)所示的二极管伏安特性,可用图 8-21(b)所示的折线来近似。当二极管加正向电压($u>0$)时,它相当于一个线性电阻;当电压反向($u<0$)时,它相当于开路。

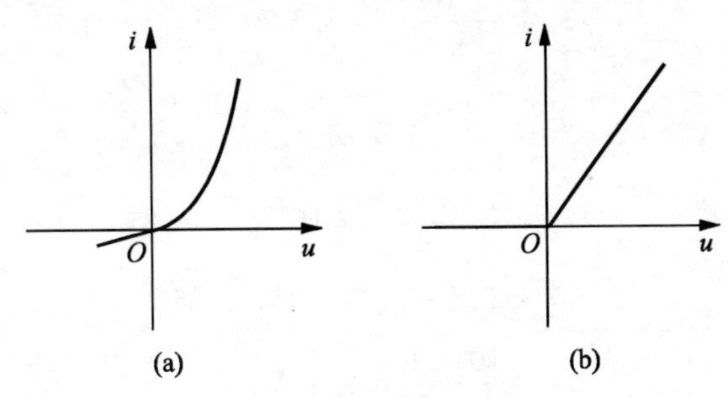

图 8-21 非线性电阻伏安特性的折线表示

为说明用分段线性化法求解非线性电阻电路的过程,先研究只含一个非线性电阻的简单电路如图 8-22(a)所示。图中非线性电阻的伏安特性可用图 8-22(b)的折线表示。折线由三段直线构成,对于每一段直线,非线性电阻可用一个戴维南等效电路(或诺顿电路)来替换。根据该段直线的斜率及延长后在 u 轴上的截距可确定等效电路的参数 R_K 及 U_K。为计算方便,对应每段直线的参数及定义区域 $D_K(u)$、$D_K(i)$列表如表 8-1 所示。

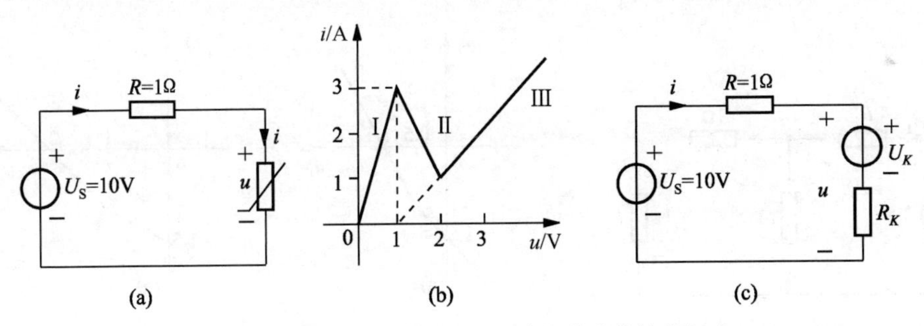

图 8-22 含一个非线性电阻电路的分段线性化解法

表 8-1 各线段参数

K	R_K	U_K	$D_K(u)$	$D_K(i)$
1	1/3	0	(0,1]	(0,3]
2	−0.5	2.5	[1,2]	[1,3]
3	1	1	[2,∞)	[1,∞)

非线性电阻用戴维南等效支路替换后,原电路变为图 8-22(c)的线性电阻电路。其 KVL 方程为

$$Ri + R_K i + U_K = U_S$$

可得电流
$$i = \frac{U_S - U_K}{R + R_K}$$

及电压
$$u = U_K + iR_K \tag{8-11}$$

如果事先不知道非线性电阻工作在哪一直线段上，就必须对每一段进行分析，求解三个结构相同而参数不同的线性电路。现将相应各直线段的等效电路参数分别代入式(8-11)，得

线段 Ⅰ
$$i_1 = \frac{10}{1+1/3} = 7.5\ \text{A}$$
$$u_1 = 7.5 \times \frac{1}{3} = 2.5\ \text{V}$$

线段 Ⅱ
$$i_2 = \frac{10-2.5}{1-0.5} = 15\ \text{A}$$
$$u_2 = 2.5 - 0.5 \times 15 = -5\ \text{V}$$

线段 Ⅲ
$$i_3 = \frac{10-1}{1+1} = 4.5\ \text{A}$$
$$u_3 = 1 + 1 \times 4.5 = 5.5\ \text{V}$$

分析以上计算结果可知，u_1 及 u_2 的值并不在线段Ⅰ及Ⅱ对应的定义区域内，故结果无效，只有 u_3、i_3 在线段Ⅲ的定义区域内，所以 u_3、i_3 就是要求的解答。

下面举例说明应用分段线性化方法分析具有多个非线性电阻的电路的计算过程。如图 8-23 所示的非线性电阻电路，其中非线性电阻 R_1、R_2 的伏安特性可用折线近似，如图 8-24(a)、(b)所示。

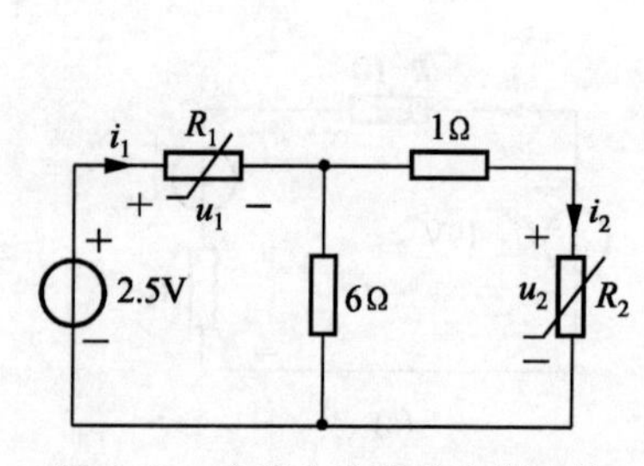

图 8-23 含两个非线性电阻电路

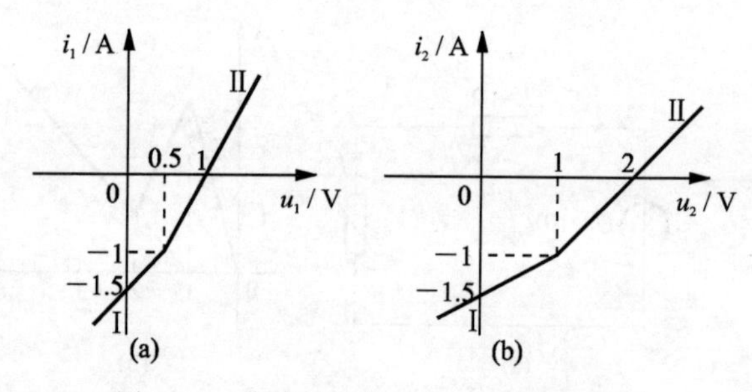

图 8-24 非线性电阻 R_1、R_2 的伏安特性

在求电流 i_1 及 i_2 时，同样先求出两非线性电阻特性曲线各直线段对应的等效电路参数和定义区域，并列出表 8-2 和表 8-3。

表 8-2 非线性电阻 R_1 的参数

K	R_{1K}	U_{1K}	$D_{1K}(u)$	$D_{1K}(i)$
1	1	1.5	$(-\infty, 0.5]$	$(-\infty, -1]$
2	0.5	1	$[0.5, \infty)$	$[-1, \infty)$

表 8-3　非线性电阻 R_2 的参数

K	R_{2K}	U_{2K}	$D_{2K}(u)$	$D_{2K}(i)$
1	2	3	$(-\infty,1]$	$(-\infty,-1]$
2	1	2	$[1,\infty)$	$[-1,\infty)$

原电路中的非线性电阻用戴维南等效电路替换后，变为图 8-25 所示的线性电阻电路。可用网孔法进行分析。其网孔方程为

$$(6+R_{1K})i_1-6i_2=2.5-U_{1K}$$

$$-6i_1+(7+R_{2K})i_2=-U_{2K}$$

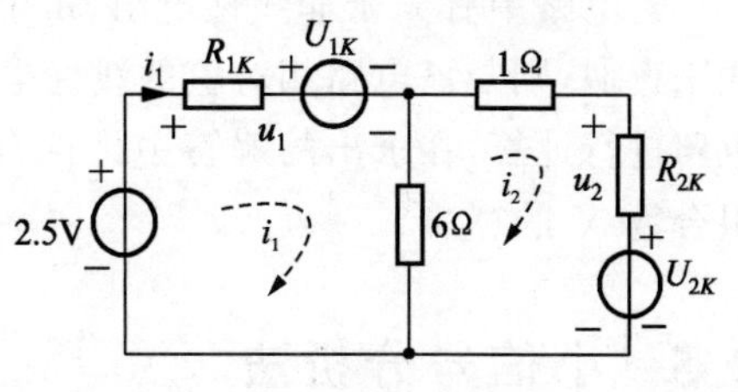

图 8-25　分段线性化法

由以上方程可解得

$$\left.\begin{aligned} i_1&=\frac{2.5(7+R_{2K})-(7+R_{2K})U_{1K}-6U_{2K}}{(6+R_{1K})(7+R_{2K})-36} \\ i_2&=\frac{15-6U_{1K}-(6+R_{1K})U_{2K}}{(6+R_{1K})(7+R_{2K})-36} \end{aligned}\right\} \tag{8-12}$$

由于 i_1、i_2 的解可能在 R_1、R_2 特性的不同线段上，每个元件都有两个直线段，对应的有两个戴维南等效电路，因此戴维南等效电路(结构相同而参数不同)共有 $2\times2=4$ 种组合。一般来说，必须对这 4 种组合逐一进行计算。为简单起见，将 R_1 的线段 K_1 和 R_2 的线段 K_2 的组合表示为组合(K_1,K_2)。

现设 R_1 及 R_2 均工作在直线段Ⅰ上，对应两元件的等效电路参数为 $R_{11}=1\ \Omega$，$U_{11}=1.5\ \text{V}$；$R_{21}=2\ \Omega$，$U_{21}=3\ \text{V}$。代入式(8-9)得组合(1,1)的计算结果为

$$i_1=-\frac{1}{3}\ \text{A}$$

$$i_2=-\frac{5}{9}\ \text{A}$$

不难看出，以上 i_1 和 i_2 之值都超出了 R_1 和 R_2 特性曲线段Ⅰ的定义区域，故此结果无效。

对组合(1,2)，将相应参数代入式(8-12)，算得

$$i_1=-\frac{1}{5}\ \text{A}$$

此时 i_1 的值已在定义区域 $D_{11}(i)$ 之外而无效，故不必再计算其他值。

对组合(2,1)，可算得

$$i_1=-\frac{1}{5}\ \text{A}$$

$$i_2=-\frac{7}{15}\ \text{A}$$

此时，因 i_2 的值在定义区域 $D_{21}(i)$ 之外，故计算结果亦无效。

对组合(2,2)，可得

$$i_1=0$$

$$i_2=-\frac{1}{4}\ \text{A}$$

此时 i_1、i_2 均在相应的定义区域内,故计算结果有效,该结果就是图 8-23 电路中的电流 i_1 和 i_2。

由已知电流值,根据图 8-24(a)、(b)的伏安特性即可求得两个非线性电阻的电压为

$$u_1=1\ \text{V},\quad u_2=1.75\ \text{V}$$

若电路中有 n 个非线性电阻,每个非线性电阻的伏安特性用 $m_i(i=1,2,\cdots,k)$ 段直线来近似,则与该电路相对应的线性电路有 $N=m_1m_2\cdots m_k$ 个,一般来说,要对这 N 个电路进行计算,在求出的解答中挑选合理的作为原电路的解。顺便指出,目前已有减小组合数 N 的算法。

8.5 小信号分析法

小信号分析法(small-signal analysis)是电子工程中很有用的一种分析方法。在有些电子电路中,交变信号的幅度相当小,此时非线性电阻工作点邻域的特性曲线可用该工作点的切线来近似。这样,非线性电阻可用一线性电阻来代替,因而可用线性电路的分析方法求解。现以图 8-26(a)所示电路为例来阐明小信号分析法的基本概念。

在图 8-26(a)中,非线性电阻 R 的伏安特性如图 8-26(b)所示,或用函数式表示为

$$i=g(u) \tag{8-13}$$

R_0 是线性电阻,U_S 是直流电压源,实际电路中称为偏置电源,$u_S(t)$是交变电源,相当于实际电路中的输入信号。信号 $u_S(t)$的幅值比直流电源 U_S 要小得多,任何时刻均有 $|u_S(t)|\ll U_S$。

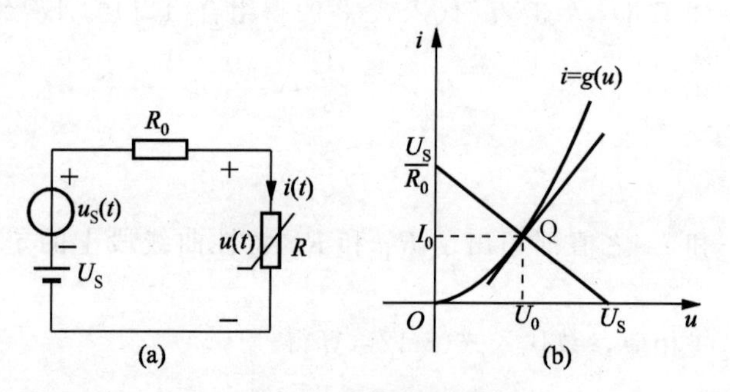

图 8-26 小信号分析法

电路的 KVL 方程为

$$U_S+u_S(t)=R_0i(t)+u(t) \tag{8-14}$$

先假设 $u_S(t)=0$,电路中只有直流电源作用时,按式(8-13)及式(8-14),非线性电阻的电压 U_0 及电流 I_0 应满足

$$U_S=R_0I_0+U_0 \tag{8-15}$$

$$I_0=g(U_0) \tag{8-16}$$

应用图解法求得非线性电阻的特性曲线和负载线的交点,即非线性电阻的直流工作点(U_0,I_0),亦称为静态工作点,如图 8-26(b)所示。

若 $u_S(t)\neq 0$，则 $u(t)$、$i(t)$必定在工作点(U_0,I_0)附近变动，因而可表示为

$$u(t)=U_0+u_1(t)$$

$$i(t)=I_0+i_1(t)$$

将以上两式代入式(8-14)，得 KVL 方程为

$$U_S+u_S(t)=R_0[I_0+i_1(t)]+[U_0+u_1(t)] \tag{8-17}$$

$u_1(t)$及 $i_1(t)$可看成在工作点(U_0,I_0)附近的扰动，这个扰动是由小信号电源引起的小信号响应。在(U_0,I_0)点附近，非线性元件的特性曲线可用该点的切线来近似。所以对于 $u_1(t)$、$i_1(t)$来说，可以把非线性元件看作线性元件，这可用泰勒级数来加以说明。

将非线性电阻的伏安特性式(8-13)在 $u=U_0$ 附近展开为泰勒级数

$$i=g(u)=g(U_0)+\left.\frac{\mathrm{d}g(u)}{\mathrm{d}u}\right|_{U_0}(u-U_0)+\cdots$$

因为$(u-U_0)=u_1(t)$很小，可略去级数的高次项，只取前两项，得

$$i(t)=I_0+i_1(t)\approx g(U_0)+\left.\frac{\mathrm{d}g(u)}{\mathrm{d}u}\right|_{U_0}u_1(t)$$

由于 $I_0=g(U_0)$，由上式可得

$$i_1(t)=\left.\frac{\mathrm{d}g(u)}{\mathrm{d}u}\right|_{U_0}u_1(t)$$

又因为
$$\left.\frac{\mathrm{d}g(u)}{\mathrm{d}u}\right|_{U_0}=\left.\frac{\mathrm{d}i}{\mathrm{d}u}\right|_{U_0}=G_d=\frac{1}{R_d}$$

G_d 为非线性电阻在工作点(U_0,I_0)处的动态电导，所以

$$\left.\begin{aligned}i_1(t)&=G_d u_1(t)\\ u_1(t)&=R_d i_1(t)\end{aligned}\right\} \tag{8-18}$$

或

将式(8-15)及式(8-18)代入式(8-17)，可得

$$u_S(t)=R_0 i_1(t)+u_1(t)=R_0 i_1(t)+R_d i_1(t)$$

由此可得出非线性电阻在工作点(U_0,I_0)处的小信号等效电路，如图 8-27 所示。于是

$$i_1(t)=\frac{u_S(t)}{R_0+R_d}$$

$$i(t)=I_0+i_1(t)=I_0+\frac{u_S(t)}{R_0+R_d}$$

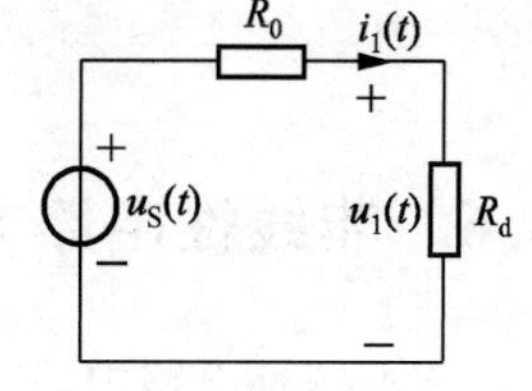

图 8-27　小信号等效电路

如上所述，对一般电路，首先求出各非线性元件的直流工作点，以及相应的动态参数。然后将原电路中直流电源移去，各非线性元件用其相应的动态电阻（动态电容或动态电感）代替，得到小信号等效电路。应用线性电路的计算方法即可求得小信号响应。

例 8-5　图 8-28(a)所示电路中的非线性电阻为压控型，其伏安特性如图 8-28(b)所示，或用函数表示为

$$i=\begin{cases}u^2, & u>0\\ 0, & u<0\end{cases}$$

直流电流源 $I_S=10$ A，$R_0=\frac{1}{3}$ Ω，小信号电流源 $i_S(t)=0.05\cos t$ A。试求工作点和工作点处由小信号电源所产生的电压和电流。

解 先求直流工作点，令 $i_S(t)=0$，并可设 $u>0, i=u^2$，于是，由 KCL 得

$$3u+u^2=10$$

解方程得工作点电压 $U_0=2$ V，电流 $I_0=U_0^2=4$ A。

非线性电阻在工作点处的动态电导为

$$G_d=\left.\frac{di}{du}\right|_{u=U_0}=2U_0\,|_{U_0=2}=4\ \text{S}$$

动态电阻 $$R_d=\frac{1}{G_d}=\frac{1}{4}\ \Omega$$

作出小信号等效电路如图 8-28(c)所示，从而求出小信号产生的电压和电流为

$$u_1(t)=\frac{R_0R_d}{R_0+R_d}i_S(t)=\frac{0.05}{7}\cos t=0.00714\cos t\ \text{V}$$

$$i_1(t)=\frac{u_1(t)}{R_d}=0.0286\cos t\ \text{A}$$

从而有

$$u=U_0+u_1(t)=2+0.00714\cos t\ \text{V}$$

$$i=I_0+i_1(t)=4+0.0286\cos t\ \text{A}$$

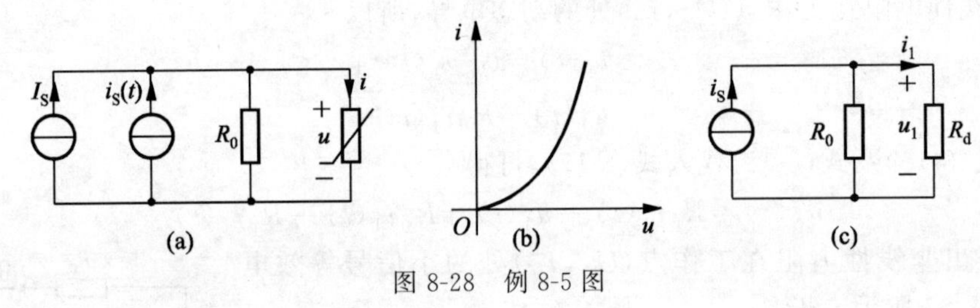

图 8-28 例 8-5 图

*8.6 非线性电路方程的列写

在非线性电路中，各部分电流、电压同样是由两种约束关系来确定的。反映电路联接方式的拓扑约束是基尔霍夫定律，而元件约束是表示元件特性的非线性函数关系。对于非线性电阻电路，按这些关系列出的电路方程是一组非线性代数方程，非线性动态电路的方程是一组非线性微分方程，通常写成状态方程（第 9 章介绍）的形式。非线性方程的求解较线性方程要困难得多，一般都借助于计算机来进行数值计算。本节举例说明非线性电路方程的列写方法。

8.6.1 非线性电阻电路的节点方程

应用元件的伏安特性，将各支路电流用节点电压表示，列写以节点电压为独立变量

的 KCL 方程。

例 8-6 图 8-29 所示的电路中，G_1、G_2 为线性电阻的电导，其余三个非线性电阻都是压控的，它们的伏安特性分别为

$$i_3=5u_3^{0.5}$$

$$i_4=10u_4^{0.3}$$

$$i_5=15u_5^{0.4}$$

试列出电路的节点电压方程。

解 根据 KCL 及元件伏安关系，可直接写出节点电压方程为

节点 ① $\quad G_1(u_{n1}-U_S)+G_2(u_{n1}-u_{n3})+5(u_{n1}-u_{n2})^{0.5}=0$

节点 ② $\quad -5(u_{n1}-u_{n2})^{0.5}+15u_{n2}^{0.4}+10(u_{n2}-u_{n3})^{0.3}=0$

节点 ③ $\quad G_2(u_{n3}-u_{n1})-10(u_{n2}-u_{n3})^{0.3}=I_S$

例 8-7 图 8-30 所示电路中，R_2、R_3 为线性电阻，其电导分别为 $G_2=\dfrac{1}{R_2}$，$G_3=\dfrac{1}{R_3}$，非线性电阻 R_1、R_4 的伏安特性分别为

$$i_1=3u_1^2,\quad u_4=2i_4+5i_4^2$$

试列写该电路的节点方程。

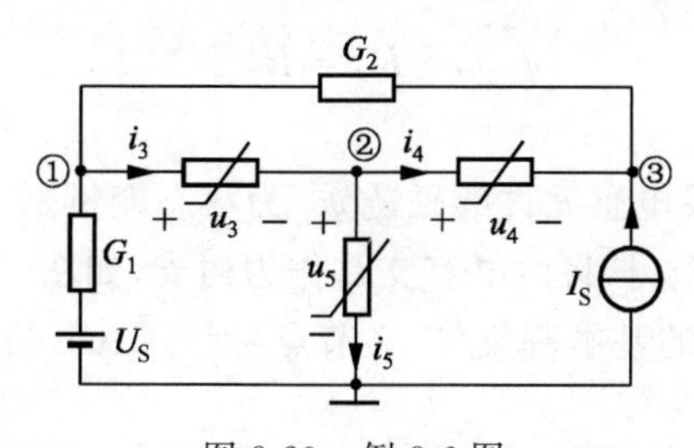

图 8-29 例 8-6 图

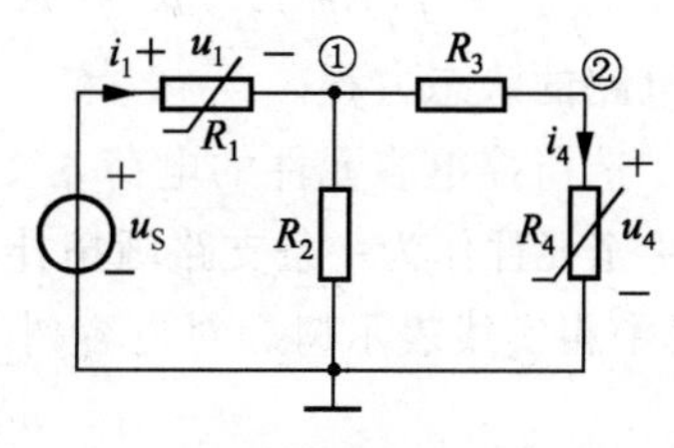

图 8-30 例 8-7 图

解 对于流控非线性电阻 R_4 支路，以 i_4 为变量列写节点方程，即

节点 ① $\quad -3(U_S-u_{n1})^2+G_2u_{n1}+G_3(u_{n1}-u_{n2})=0$

节点 ② $\quad G_3(u_{n2}-u_{n1})+i_4=0$

于是，方程中多了一个变量 i_4，因而须增加 R_4 支路的方程，即

$$u_{n2}=2i_4+5i_4^2$$

8.6.2 非线性动态电路的状态方程①

描述非线性动态电路的状态方程是一组一阶非线性常微分方程。列写的基本步骤与线性电路相同，但不具有线性状态方程的标准矩阵形式。

① 这部分内容将在 9.14 节之后讲述。

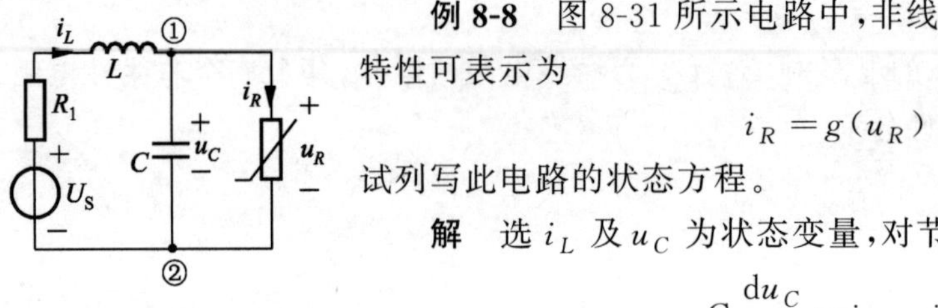

图 8-31　例 8-8 图

例 8-8　图 8-31 所示电路中，非线性电阻是压控的，其伏安特性可表示为

$$i_R = g(u_R)$$

试列写此电路的状态方程。

解　选 i_L 及 u_C 为状态变量，对节点①列 KCL 方程，有

$$C\frac{\mathrm{d}u_C}{\mathrm{d}t} = i_L - i_R$$

对 U_S、R_1、L、C 回路列 KVL 方程，有

$$L\frac{\mathrm{d}i_L}{\mathrm{d}t} = U_S - i_L R_1 - u_C$$

消去上面两式中的非状态变量，因为 $u_R = u_C$，所以 $i_R = g(u_C)$，代入即得电路的状态方程

$$\frac{\mathrm{d}u_C}{\mathrm{d}t} = \frac{i_L}{C} - \frac{1}{C}g(u_C)$$

$$\frac{\mathrm{d}i_L}{\mathrm{d}t} = -\frac{u_C}{L} - \frac{R_1}{L}i_L + \frac{U_S}{L}$$

例 8-9　在图 8-32(a)的电路中，电阻是线性的，两个非线性电容是荷控的，非线性电感是磁控的。它们的特性可分别表示为

$$u_1 = f_1(q_1),\quad u_2 = f_2(q_2),\quad i_3 = f_3(\psi_3),\quad R_4 = R_5 = 1\ \Omega$$

试写出电路的状态方程。

解　选荷控电容元件的电荷 q_1、q_2 及磁控电感元件的磁链 ψ_3 为状态变量。

将一个元件作为一条支路画拓扑图，选一个树，将两电容支路作为树支，如图 8-32(b)所示，其中粗实线表示树。对电容树支所确定的基本割集（广义节点）列写 KCL 方程

$$\frac{\mathrm{d}q_1}{\mathrm{d}t} = I_S - i_4 - i_3$$

$$\frac{\mathrm{d}q_2}{\mathrm{d}t} = i_3 - i_5$$

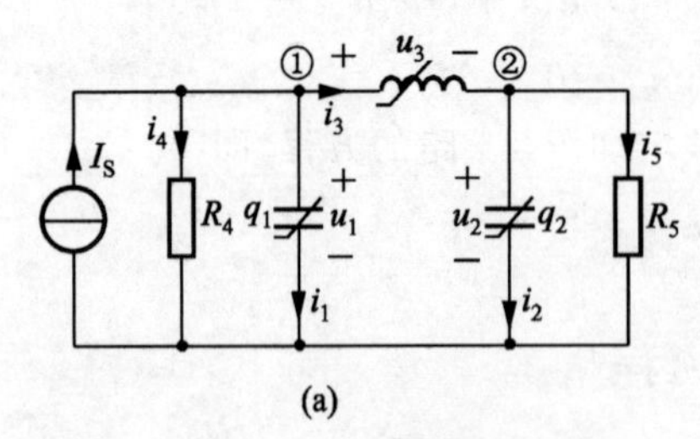

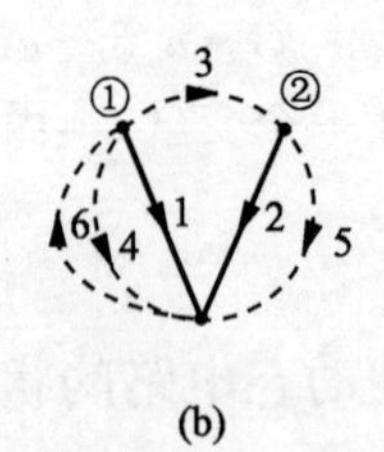

图 8-32　例 8-9 图

对电感连支确定的基本回路列写 KVL 方程

$$\frac{\mathrm{d}\psi_3}{\mathrm{d}t} = u_1 - u_2$$

根据元件特性方程，有

$$u_1=f_1(q_1),\quad u_2=f_2(q_2),\quad i_3=f_3(\psi_3),$$

$$i_5=\frac{u_2}{R_5}=\frac{1}{R_5}f_2(q_2),\quad i_4=\frac{u_1}{R_4}=\frac{1}{R_4}f_1(q_1)$$

将以上关系代入前面的三个一阶微分方程，消去非状态变量的状态方程为

$$\frac{\mathrm{d}q_1}{\mathrm{d}t}=-\frac{1}{R_4}f_1(q_1)-f_3(\psi_3)+I_S$$

$$\frac{\mathrm{d}q_2}{\mathrm{d}t}=f_3(\psi_3)-\frac{1}{R_5}f_2(q_2)$$

$$\frac{\mathrm{d}\psi_3}{\mathrm{d}t}=f_1(q_1)-f_2(q_2)$$

非线性动态电路的状态方程是一组一阶非线性微分方程，一般可写成如下形式：

$$\frac{\mathrm{d}x_1}{\mathrm{d}t}=f_1(x_1,x_2,\cdots,x_m,t)$$

$$\frac{\mathrm{d}x_2}{\mathrm{d}t}=f_2(x_1,x_2,\cdots,x_m,t)$$

$$\cdots$$

$$\frac{\mathrm{d}x_m}{\mathrm{d}t}=f_m(x_1,x_2,\cdots,x_m,t)$$

或

$$\dot{\boldsymbol{x}}=f(\boldsymbol{x},t)$$

对于只含定常元件和直流电源的电路称为自治电路。其状态方程中自变量 t 除在 $\frac{\mathrm{d}x}{\mathrm{d}t}$ 中隐含出现外，不以任何显含形式出现，状态方程的形式为

$$\dot{\boldsymbol{x}}=f(\boldsymbol{x})$$

例 8-9 所研究的电路就是一个自治电路，状态向量 $\boldsymbol{x}=[q_1\ q_2\ \psi_3]^{\mathrm{T}}$。如非线性电容是压控的，应选择电容电压为状态变量，对流控电感元件应选电流为状态变量。

非线性状态方程的求解主要应用数值计算方法，对此读者可参阅有关书籍。

*8.7 牛顿-拉夫逊法

分析非线性电阻电路的**数值计算法**(numerical analysis)可借助计算机完成。它可以给出较准确的数字解答，但只能给出一个答案，对具有多个解答的电路应首先判断解答的个数及其大致的范围。因而，若将分段线性化法及数值分析法结合起来，将能有效地处理一般的非线性电阻电路的问题。

在可供使用的多种数值计算法中，最常用的是牛顿-拉夫逊法。本节将通过对具有一个未知量的非线性代数方程的求解来阐明牛顿-拉夫逊法的基本思想及计算过程。该方程一般可表示为

$$f(x)=0 \tag{8-19}$$

设方程有解 x^*，则有 $f(x^*)=0$。

首先选取一个适当的值 x^0 作为解 x^* 的初估值，若恰巧 $f(x^0)=0$，则方程的解 $x^*=x^0$。一般来说，$f(x^0)\neq 0$，于是在 x^0 附近将非线性函数 $f(x)$ 展开为泰勒级数，即

$$f(x)=f(x^0)+f'(x^0)(x-x^0)+\frac{1}{2}f''(x^0)(x-x^0)^2+\cdots$$

略去上式中二次以上的高阶导数项，得

$$f(x)=f(x^0)+f'(x^0)(x-x^0)$$

这样，可在 x^0 邻域用线性方程

$$f(x^0)+f'(x^0)(x-x^0)=0$$

代替式(8-19)的非线性方程。于是，只要 $f'(x^0)\neq 0$，便可得出第一次修正值 x^1

$$x^1=x^0-\frac{f(x^0)}{f'(x^0)}$$

将 x^1 代入方程式(8-19)，若 $f(x^1)=0$，x^1 就是要求的解，若 $f(x^1)\neq 0$，则再用上述方法求出由 x^1 确定的第二次修正值 x^2。如此继续迭代，在求得第 K 次修正值 x^K 后，x^{K+1} 应为

$$x^{K+1}=x^K-\frac{f(x^K)}{f'(x^K)} \tag{8-20}$$

式(8-20)称为牛顿迭代公式。

若 $f(x^{K+1})=0$，则解 $x^*=x^{K+1}$，通常要使 x^{K+1} 满足 $f(x^{K+1})=0$ 是很困难的。一般是事先规定一个足够小的数 ε，当满足 $|f(x^{K+1})|\leqslant\varepsilon$ 时，迭代即停止，并认为 x^{K+1} 就是所求的解。

图 8-33 是对牛顿-拉夫逊法迭代过程的几何解释。方程 $f(x)=0$ 的解 x^* 为曲线 $f(x)$ 与横坐标 x 轴的交点，对应于某个 $x=x^K$ 的值，在 $f(x)$ 曲线上的点为$[x^K, f(x^K)]$，该点的切线与 x 轴的交点就是 x^{K+1}，即下一次的迭代值，重复上述过程可得到一系列的交点。从图 8-33(a)中可以看到序列$\{x^K\}$将收敛于解 x^*。牛顿-拉夫逊算法也可能不收敛，如图 8-33(b)的曲线 $f(x)$，如选择初始迭代值为 x_1^0 时，此算法将收敛于 x^* 点。然而若选择 x_2^0 为初始值，迭代过程将来回振荡而不再收敛。说明选择合适的初始值是重要的，只要初始值 x^0 距解 x^* 足够近，这个算法总是收敛的。为了检验迭代过程是否收敛太慢或者发散，往往预先规定迭代次数，如计算达到规定次数结果仍不合要求，就停止计算另取初始值。

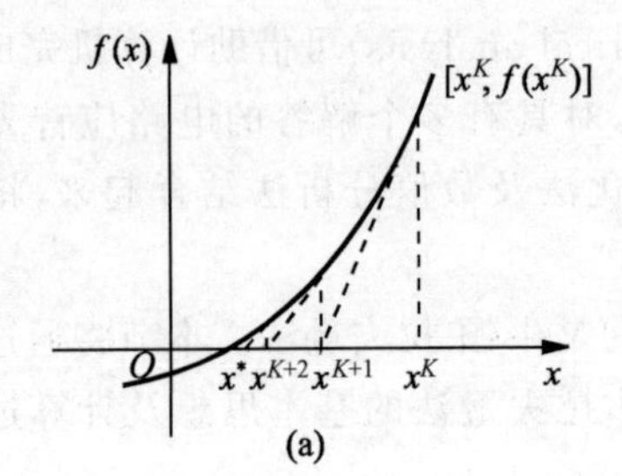

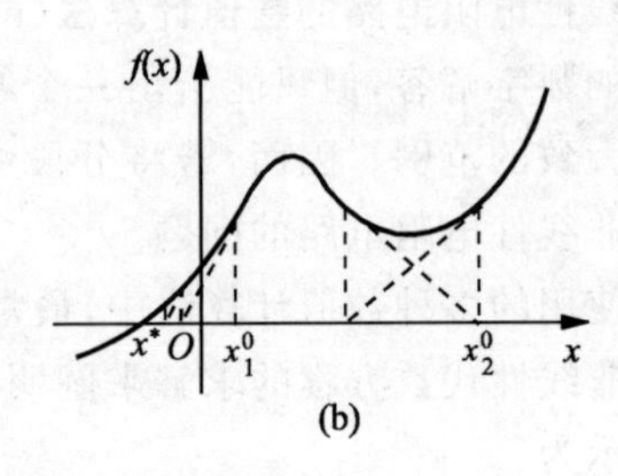

图 8-33　牛顿-拉夫逊法的几何解释

例 8-10 图 8-34 所示电路中，$i_S=0.66\ \mathrm{A}$，$R=0.4\ \Omega$，非线性电阻的特性方程为 $i=0.1(\mathrm{e}^{40u}-1)\ \mathrm{A}$。求电阻两端电压 u，计算精度取 $\varepsilon=10^{-3}$。

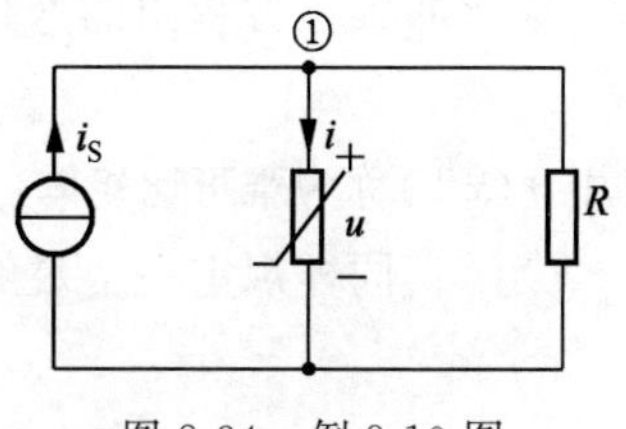

图 8-34　例 8-10 图

解　列写图中节点①的 KCL 方程，并用待求 u 来表示为

$$0.1(\mathrm{e}^{40u}-1)+2.5u=0.66$$

将方程右端项移至方程的左端，得

$$f(u)=0.1(\mathrm{e}^{40u}-1)+2.5u-0.66=0$$

求解以上非线性代数方程。取初始迭代值 $u^0=0$，用式(8-20)求出此方程的各次迭代值，并将其列于表 8-4 中。

表 8-4　迭代值

K	0	1	2	3	4	5	6
u^K	0	0.1015	0.0790	0.0604	0.0496	0.0467	0.0465
$f(u^K)$	−0.66	5.3002	1.7908	0.5125	0.0914	0.0047	0.00001

迭代 6 次后 $f(u^6)<\varepsilon$，迭代停止，$u=0.0465\ \mathrm{V}$。

现在来讨论非线性代数方程组的求解。设非线性方程组为

$$\begin{cases} f_1(x_1,x_2,\cdots,x_n)=0 \\ f_2(x_1,x_2,\cdots,x_n)=0 \\ \cdots \\ f_n(x_1,x_2,\cdots,x_n)=0 \end{cases}$$

令 $\boldsymbol{x}^K=[x_1^K,x_2^K,\cdots,x_n^K]^{\mathrm{T}}$ 是方程组的近似解，在 $\boldsymbol{x}^K$ 附近将 $f_i(x)$ 展开成泰勒级数，略去高阶导数项，得

$$\begin{aligned} f_i(x) &= f_i(x_1,x_2,\cdots,x_n) \\ &= f_i(x_1^K,x_2^K,\cdots,x_n^K)+\sum_{j=1}^{n}\frac{\partial f_i}{\partial x_j}\bigg|_{x=x^K}(x_j-x_j^K) \end{aligned}$$

于是便得出线性代数方程组

$$f_i(x^K)+\sum_{j=1}^{n}\frac{\partial f_i}{\partial x_j}\bigg|_{x=x^K}(x_j-x_j^K)=0,\quad i=1,2,\cdots,n$$

令

$$\boldsymbol{J}(\boldsymbol{x}^K)=\begin{bmatrix} \dfrac{\partial f_1}{\partial x_1} & \dfrac{\partial f_1}{\partial x_2} & \cdots & \dfrac{\partial f_1}{\partial x_n} \\ \dfrac{\partial f_2}{\partial x_1} & \dfrac{\partial f_2}{\partial x_2} & \cdots & \dfrac{\partial f_2}{\partial x_n} \\ \vdots & \vdots & \ddots & \vdots \\ \dfrac{\partial f_n}{\partial x_1} & \dfrac{\partial f_n}{\partial x_2} & \cdots & \dfrac{\partial f_n}{\partial x_n} \end{bmatrix}_{x=x^K}$$

可得求解非线性方程组的迭代公式的矩阵形式为

$$\boldsymbol{f}(\boldsymbol{x}^K)+\boldsymbol{J}(\boldsymbol{x}^K)(\boldsymbol{x}-\boldsymbol{x}^K)=0 \tag{8-21}$$

式中 $\boldsymbol{J}(\boldsymbol{x}^K)$ 称为**雅可比矩阵**(Jacobian matrix)。已知第 K 次迭代值 $\boldsymbol{x}^K$,求解方程(8-21)得 $\boldsymbol{x}=\boldsymbol{x}^{K+1}$。同样规定一个足够小的正数 ε,若 $\boldsymbol{x}^{K+1}$ 满足条件

$$\max|f_i(\boldsymbol{x}^{K+1})|\leqslant\varepsilon$$

则迭代结束,$\boldsymbol{x}^{K+1}$ 便是所要求的解,否则再重复上述迭代过程。要使计算较快地收敛于 $\boldsymbol{x}^*$,应合理地选择初始值 $\boldsymbol{x}^0$。

习题

8-1 已知下列电阻的伏安特性为

(a) $u=i^2$ (b) $u+10i=0$ (c) $i+3u=10$ (d) $u=(\cos 2t)i+3$

(e) $i=\mathrm{e}^{-u}$ (f) $i=\ln(u+2)$ (g) $i=u+(\cos 2t)u$

试指出它们是线性还是非线性的,时变还是定常的,双向还是单向的,压控还是流控的。

8-2 已知非线性电阻的伏安特性为 $u=50i^3$。试求 $i=0.01\cos\omega t$ A 时的电压 $u(t)$,并说明电压中出现哪些频率成分。

8-3 已知两个非线性电阻的 VAR 为(a)$u=2i+\dfrac{1}{3}i^3$,(b)$i=u^2$,试求:(1) 非线性电阻(a)在 $i=1$ A 和 $i=3$ A 时的动态电阻;(2) 非线性电阻(b)在 $u=1$ V 和 $u=2$ V 时的动态电阻。

8-4 非线性电感器的韦安特性为 $\psi=10^{-2}(i-i^3)$ Wb,试求当 $i=0.5$ A 时的静态电感和动态电感。

8-5 图题 8-5 所示电路中,D 为理想二极管,试绘出各电路的 U-I 关系曲线。

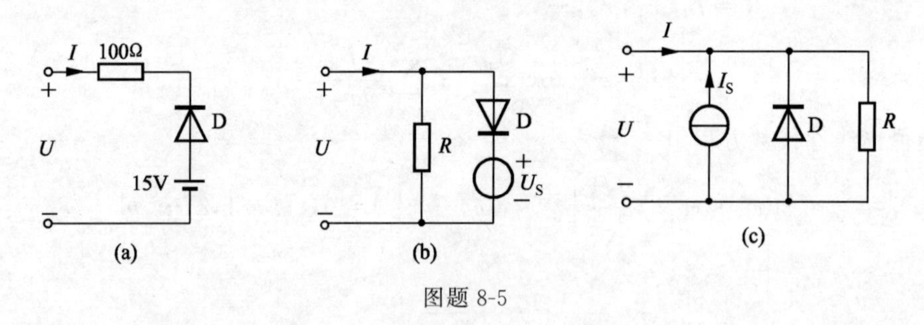

图题 8-5

8-6 两个非线性电阻的伏安特性曲线如图题 8-6(a)、(b)所示,求两个电阻按图题 8-6(c)顺向串联和图题 8-6(d)逆向串联后的伏安特性。

8-7 图题 8-7(a)电路中的两个非线性电阻元件的特性曲线如图题 8-7(b)、(c)所示。试就下列情况求出电压 u:

(a) $i_S=1$ A; (b) $i_S=5$ A; (c) $i_S=\cos t$ A。

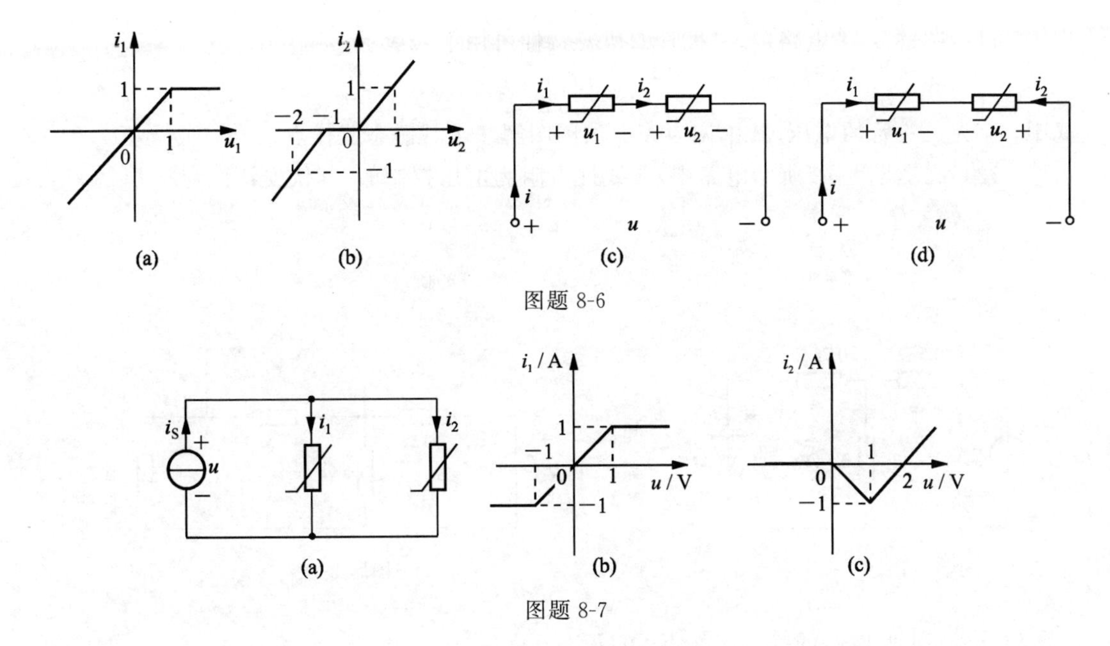

图题 8-6

图题 8-7

8-8　图题 8-8(a)电路中，非线性电阻的伏安特性如图题 8-8(b)所示，求工作点以及流过两线性电阻的电流。

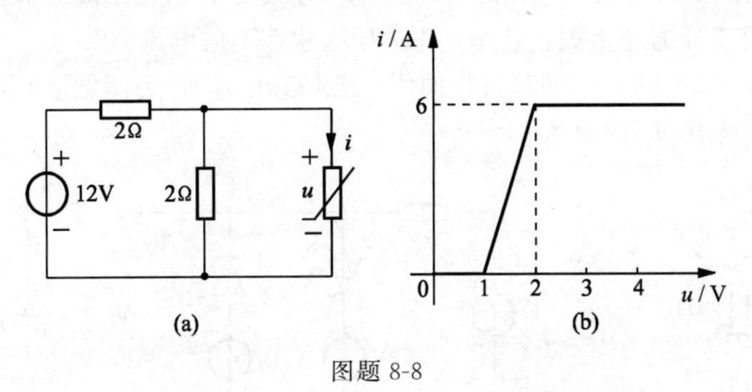

图题 8-8

8-9　图题 8-9 所示电路，已知 $R_1=2\ \Omega$，$R_2=6\ \Omega$，非线性电阻的伏安关系为 $u_3=2i_3^2+1$，$I_S=2\ \text{A}$，$U_S=7\ \text{V}$。试求 U_{R1}。

8-10　图题 8-10 所示电路中，非线性电阻的伏安特性为 $u=i^2(i>0)$。试求 u、i 和 i_1。

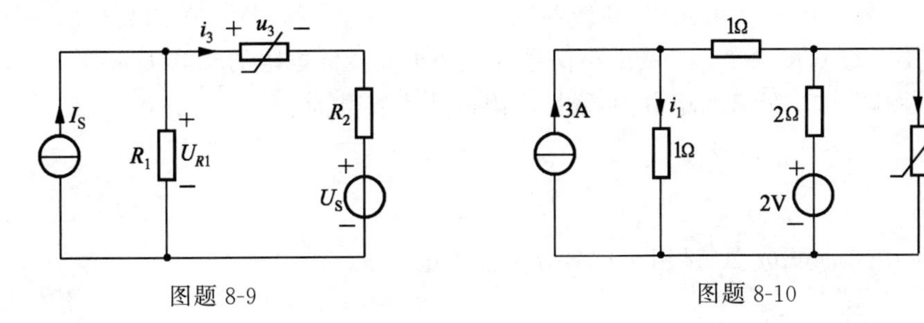

图题 8-9　　图题 8-10

8-11　图题 8-11 电路中，二极管的伏安特性可用下式表示：

$$i_d = 10^{-6}(e^{40u_d} - 1)\text{A}$$

式中，u_d 为二极管的电压，其单位为 V。试用图解法求其静态工作点。

8-12　在图题 8-12 所示电路中，非线性电阻为电压控制的，其伏安特性为

$$i = g(u) = \begin{cases} u^2, & u > 0 \\ 0, & u < 0 \end{cases}$$

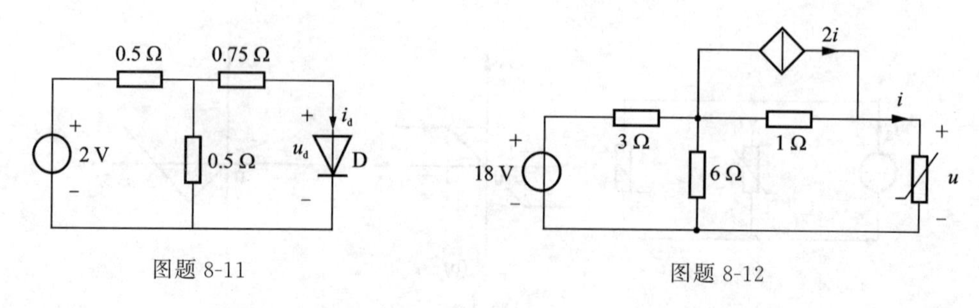

图题 8-11　　　　图题 8-12

试求：(1) 此电路的静态工作点 Q(U_Q、I_Q)；

(2) 此时 6 Ω 电阻消耗的功率 P。

8-13　含理想二极管电路如图题 8-13 所示，开关 S 分别处于断开和闭合状态时，试确定二极管是处于导通还是截止状态；并求导通状态下的电流 i。

8-14　绘出电路的 u_o-u_i 转移特性曲线。若输入电压 u_i 为图题 8-14(b)所示的三角波。试绘出输出电压 u_o 的波形。

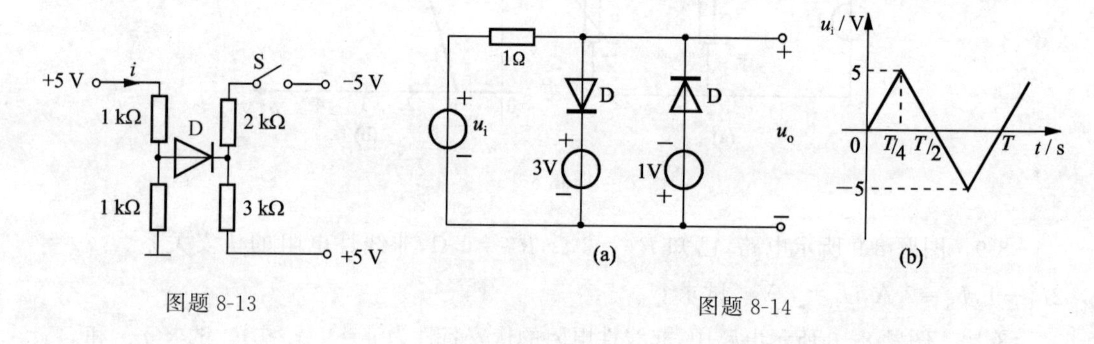

图题 8-13　　　　图题 8-14

8-15　图题 8-15 所示电路中，非线性电阻的特性为 $i = 2u^2 (u > 0)$，已知 $I_S = 10$ A，$i_{S1}(t) = 0.1\cos t$ A，$R_1 = 1$ Ω。试用小信号分析法求非线性电阻的端电压 u。

8-16　图题 8-16 所示电路中，非线性电阻的伏安特性为

$$i = \begin{cases} u^2, & u > 0 \\ 0, & u < 0 \end{cases}$$

已知 $i_S(t) = 0.05\cos 20t$ A，试用小信号分析法求电压 $u(t)$。

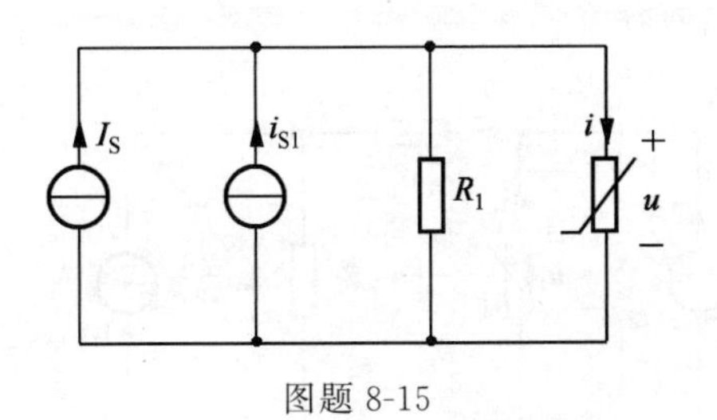

图题 8-15

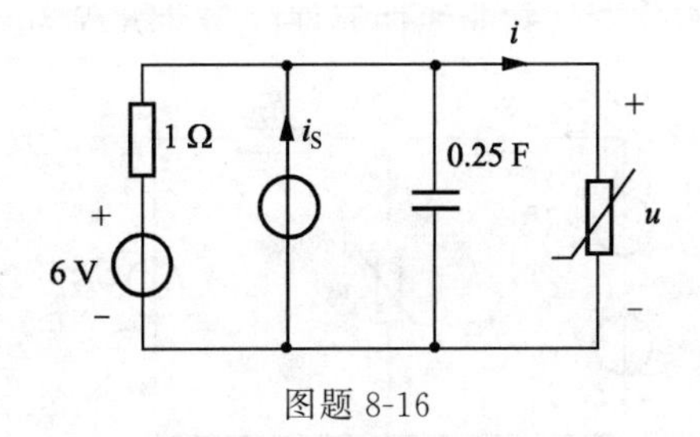

图题 8-16

8-17　图题 8-17(a)中非线性电阻的伏安特性如图题 8-17(b)所示，已知 $i_S=0.06\cos 2t$ A，试用小信号分析法求 $u(t)$。

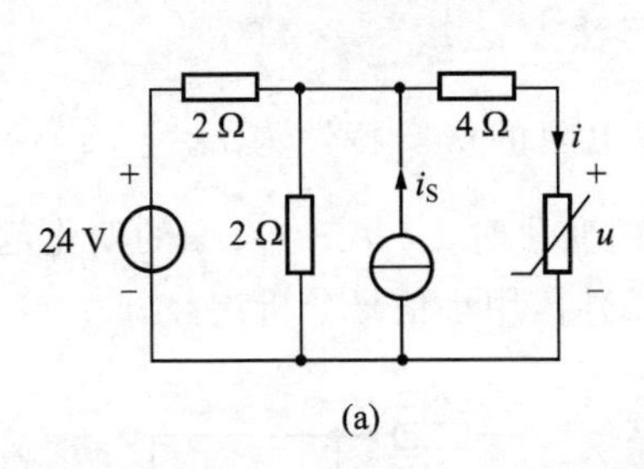

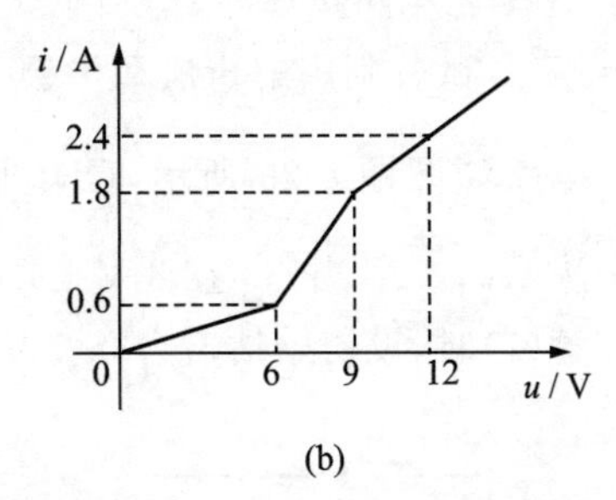

图题 8-17

8-18　图题 8-18 所示电路，线性二端口网络 N 的传输参数矩阵 $\boldsymbol{T}=\begin{bmatrix}2 & 5\ \Omega\\ 1\ \text{S} & 1\end{bmatrix}$，非线性电阻 R 特性为 $u=2i$，($i\leqslant 1$ A，u，i 单位分别为 V，A)，电压源 $u_S=(10+0.2\cos 100t)$ V，试用小信号分解法求非线性电阻 R 的端电压 u。

8-19　图题 8-19 所示电路，已知 $\psi_1=i_1^3$ Wb，$\psi_2=i_2^3$ Wb，$u_C=e^q$ V，$R=4\ \Omega$。

(1) 当 $U_S=2$ V 和 4 V 时，求动态电感和动态电容的值。并作出小信号等效电路图；

(2) 若 $u_1(t)=10^{-3}\cos\omega t$ V 时，求在直流电压源 $U_S=2$ V 和 4 V 情况下 $u_C(t)$ 的表达式(设 $\omega=1$ rad/s)。

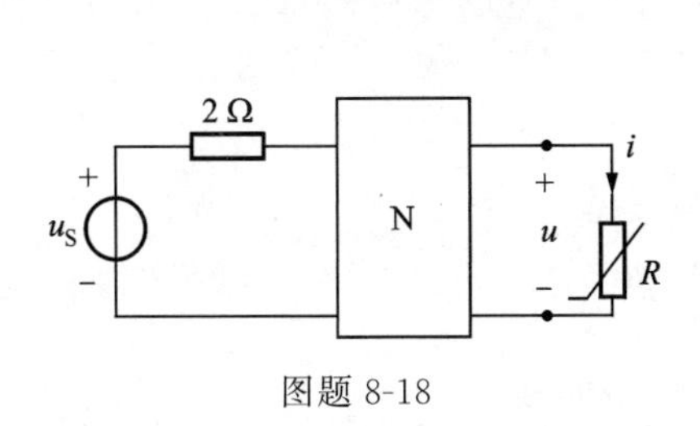

图题 8-18

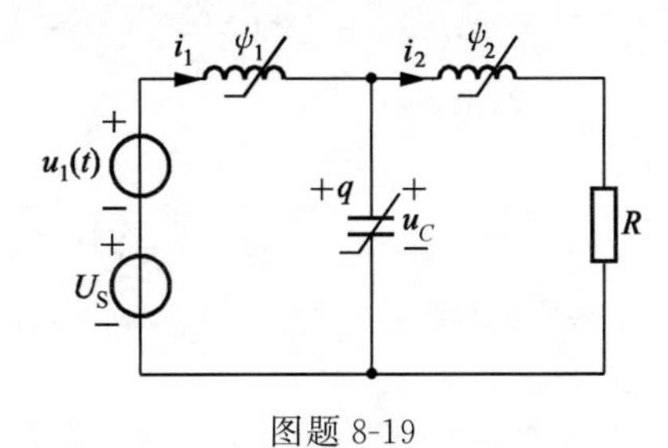

图题 8-19

8-20　图题 8-20 所示电路中，已知 $R_1=R_2=2\ \Omega$，非线性电阻的伏安特性为 $i_3=u_3^2$($u_3>0$)，$U_{S1}=1$ V，$U_{S2}=3$ V，$u_1(t)=2\times 10^{-3}\cos 628t$ V。求 $i_3(t)$。

*8-21　写出图题 8-21 所示非线性电阻电路的节点方程，并写出迭代算法所用的雅可

比矩阵。已知非线性元件的特性方程为 $i_1=2u_1^2, i_2=u_2^3$。

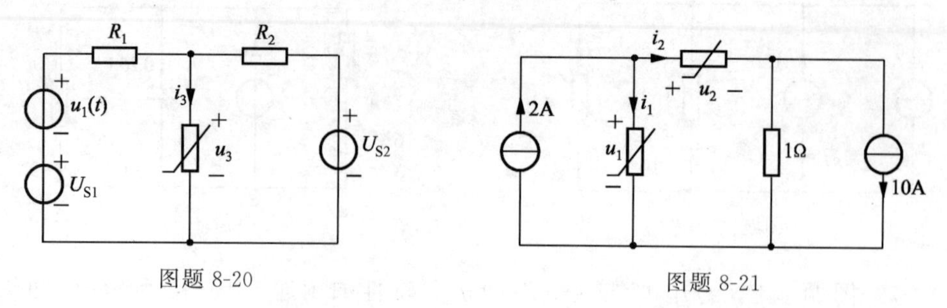

图题 8-20　　图题 8-21

*8-22　图题 8-22 所示电路,已知 $U_S=2$ V,$R_1=R_2=2$ Ω,非线性电阻的伏安特性为 $i=f(u)=2u^2$。试分别用解析法和牛顿-拉夫逊法求 u、i。

*8-23　电路如图题 8-23 所示,已知非线性电阻的伏安特性为 $i=f(u)=\dfrac{5}{3}u^3$ A。(1) 求 u、i、i_1、i_2;(2) 当 U_S 在 8 V±40 mV 内变化时,求 u、i、i_1、i_2 的变化范围。

提示:解(1)时,设初估值为 0.5 V;解(2)时,用小信号分析法。

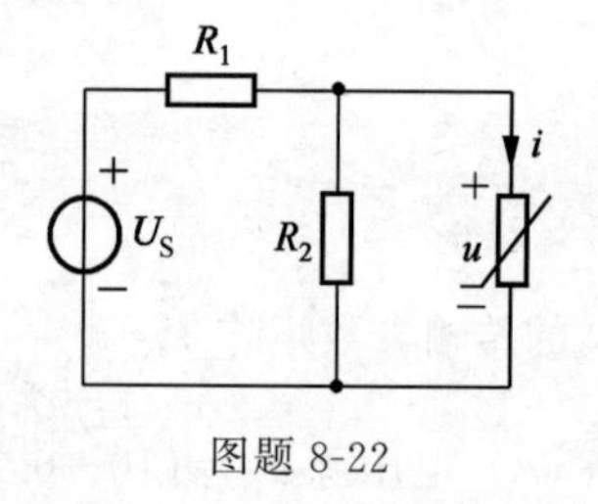

图题 8-22

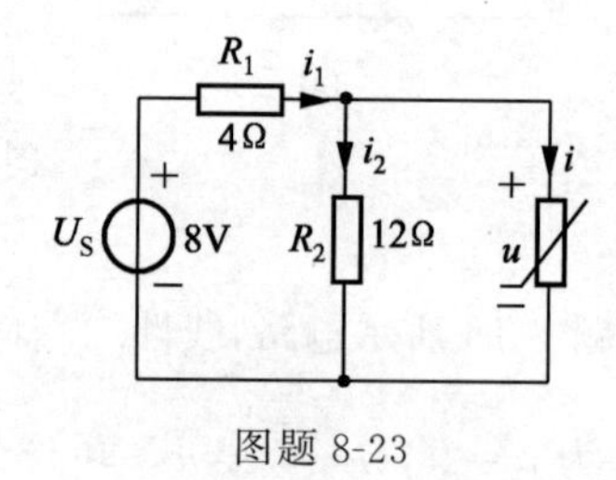

图题 8-23

第9章 动态电路过渡过程的时域分析

前几章对线性电路的分析都是针对激励源已经作用了很久时间或者说激励源一直在作用,电路结构和参数不变的所谓稳态分析。本章研究电路另一种状态,即过渡状态。动态电路中由于开关动作(接通或关断)或电路参数变动,原来的稳定状态(简称**稳态**,steady state)被破坏,储能元件的存在使电路不能立即进入新的稳态,因而产生了一个**过渡**(transition)过程。电路的过渡过程通常都是很短暂的,但其过渡特性常被工程上的各个领域所应用。例如示波器、电视机等显示设备中的扫描电压(或电流),就是利用重复性过渡过程而获得的。另一方面,电路在过渡过程中可能会出现过电压和过电流现象,这在设计电气设备时必须加以考虑,以确保其安全可靠地运行。可见,研究过渡过程具有十分重要的意义。

过渡过程的存在是由于储能元件储存能量或释放能量需要时间,所以储能元件又称为动态元件,含有动态元件的电路称为**动态电路**(dynamic circuit)。本章讨论含有电容和(或)电感等储能元件的动态电路。在动态电路分析中,激励和响应均为时间的函数,描述这类电路的方程是微分方程。采用微分方程求解和分析的方法,称为时域分析法。对于只含有一个储能元件或经简化后只含一个独立储能元件的电路,它的微分方程是一阶的,故称为一阶电路。本章首先分析动态电路的初始值、一阶电路的零输入响应、零状态响应、全响应以及阶跃响应、冲激响应等重要内容。然后介绍二阶电路的零输入响应、零状态响应和全响应,主要研究这种电路在过阻尼、欠阻尼和临界状态下的电压电流关系和能量转换情况。对二阶以上的高阶电路,仅介绍其状态方程的列写,对其具体分析,将在复频域中进行。

9.1 动态电路方程

图 9-1 是含 RC 元件的动态电路的示例,为叙述上的方便,把电路结构的改变(如开关的接通或关断)或参数的变化,统称为**换路**(switching),并认为换路是在 $t=0$ 时刻(瞬间)完成(当然也可以设在 $t=t_0$ 瞬间完成),$t=0$ 或 $t=t_0$,称为换路时刻(瞬间)。另外把换路前趋近于换路时的一瞬间,记为 $t=0_-$(或 $t=t_{0-}$),把换路后的初始时刻(瞬间)记为 $t=0_+$(或 $t=t_{0+}$)。换路后,我们认为 $t=\infty$ 时,电路达到新的稳态。电路过渡过程的分析就是确定时间从 $t=0_-$($t=t_{0-}$)到 $t=0_+$($t=t_{0+}$)再到 $t=\infty$ 整个时间区域电路的变化规律。此过程中,$t=0_+$($t=t_{0+}$)时各电压、电流值称为**初始值**(initial value);$t=\infty$ 时各电压、电流值称为换路后的**稳态值**(steady value)。电路过渡过程中仍遵循基尔霍夫定律以及元件的伏安关系约束规律。图 9-1 中开关 S 在 $t=0$ 时闭合后,据 KVL 有

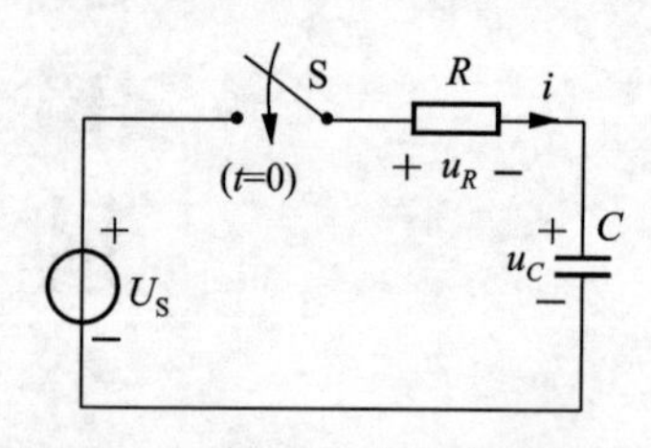

图 9-1 含 RC 元件的动态电路示例

$$u_R + u_C = U_S$$

将 $u_R = Ri$,$i = C\dfrac{du_C}{dt}$ 代入上式得

$$RC\frac{\mathrm{d}u_C}{\mathrm{d}t}+u_C=U_S \tag{9-1}$$

这就是换路后 $u_C(t)$ 所遵循的方程，显然它是一阶常系数、线性微分方程。

9.2 初始条件和初始状态

在直接求解常微分方程时，必须根据电路的初始条件来确定其通解中的积分常数。所谓初始条件，对于一阶电路而言，就是电路中所求电流或电压的初始值。对于 n 阶电路，待求变量与激励的关系是一个 n 阶常微分方程，通解中有 n 个待定积分常数，初始条件为待求变量的初始值和 $1\sim(n-1)$ 阶导数的初始值。

电容电压和电感电流的初始值表示了该元件的初始储能状况，因而与换路前(即 $t\leqslant 0$)时的电路状态有关，称为**状态量**(state quantity)。其他电路变量的初始值与换路前的状态无直接关系，由 $t=0_+(t=t_{0_+})$ 时的 u_C、i_L 及独立源的初始值求得，称其为非状态量。电容电压 $u_C(0_+)$ 或 $u_C(t_{0_+})$ 和电感电流 $i_L(0_+)$ 或 $i_L(t_{0_+})$ 称为电路的**初始状态**(initial state)；而将 $u_C(0_-)$ 或 $u_C(t_{0_-})$ 和 $i_L(0_-)$ 或 $i_L(t_{0_-})$ 称为**原始状态**(original state)。

对于线性电容，在任意时刻 t，其电压(电荷)与电流的关系为

$$u_C(t)=u_C(t_0)+\frac{1}{C}\int_{t_0}^{t}i_C(\xi)\mathrm{d}\xi$$

$$q(t)=q(t_0)+\int_{t_0}^{t}i_C(\xi)\mathrm{d}\xi$$

若令 $t_0=0_-$，$t=0_+$，则有

$$q(0_+)=q(0_-)+\int_{0_-}^{0_+}i_C(\xi)\mathrm{d}\xi \tag{9-2a}$$

$$u_C(0_+)=u_C(0_-)+\frac{1}{C}\int_{0_-}^{0_+}i_C(\xi)\mathrm{d}\xi \tag{9-2b}$$

从式(9-2a)、式(9-2b)可以看出，若在换路前后，即 $t=0_-$ 到 $t=0_+$ 的瞬间，电流 $i_C(t)$ 为有限值，式中右边的积分项将为零，则有

$$q(0_+)=q(0_-) \tag{9-3a}$$

$$u_C(0_+)=u_C(0_-) \tag{9-3b}$$

此式表明电容上的电荷和电压，换路前后不发生跃变(这是以换路瞬间 $i_C(t)$ 是有限值为前提的。如果不满足这一条件，则可以发生跃变，将在9.12节讨论)。

对于换路前不带电荷的电容来说，在换路瞬间其电流为有限值时，电容电压初始值 $u_C(0_+)=u_C(0_-)=0$，即在换路一瞬间，此电容相当于短路，电容为零状态。

同理，对于线性电感，其磁链、电流的关系式为

$$\psi(0_+)=\psi(0_-)+\int_{0_-}^{0_+}u_L(\xi)\mathrm{d}\xi \tag{9-4a}$$

$$i_L(0_+)=i_L(0_-)+\frac{1}{L}\int_{0_-}^{0_+}u_L(\xi)\mathrm{d}\xi \tag{9-4b}$$

从式(9-4a)、式(9-4b)可以看出,若在换路前后,即 0_- 到 0_+ 的瞬间,电压 $u_L(t)$ 为有限值,式中右边的积分项将为零,即

$$\psi(0_+)=\psi(0_-) \tag{9-5a}$$

$$i_L(0_+)=i_L(0_-) \tag{9-5b}$$

此式表明,电感中的磁链和电流在换路前后不发生跃变。

对于一个 $t=0_-$ 时电流为零的电感来说,在换路瞬间不发生跃变的情况下,有 $i_L(0_+)=i_L(0_-)=0$,即在换路的一瞬间,此电感相当于开路,电感为零状态。

式(9-3)、式(9-5)也称为**换路定律**(law of switching)。就是说换路瞬间,当电容电压、电感电流为有限值时,电路换路前后状态量保持不变,电路的初始状态由原始状态确定。对于电路中其他电压、电流在 $t=0_+$ 时的值,可通过求得的初始状态及独立电源的初始值求得。具体方法为:把 $t=0_+$ 时的电容和电感分别用电压源和电流源来替代,电压源的电压为电容的初始状态、电流源电流为电感的初始状态。对于电路中原有的独立电源,则可取其 $t=0_+$ 时的值,这样就获得了一个 $t=0_+$ 时刻的计算电路,称为 0_+ 等效电路。用此电路便可计算出电路中其他量的初始值。

例 9-1 电路如图 9-2(a)所示,已知 $U_S=15$ V,$R_1=100\ \Omega$,$R_2=200\ \Omega$,$L=0.15$ H,$C=20\ \mu$F。在开关 S 断开前电路已达稳态,在 $t=0$ 时断开 S。试求 $u_C(0_+)$,$i_L(0_+)$,$i_C(0_+)$,$u_L(0_+)$和 $u_{R_2}(0_+)$。

解 先根据 $t=0_-$ 时刻的电路计算 $u_C(0_-)$和 $i_L(0_-)$,由题意,$t=0_-$ 时,开关处于闭合状态,电路处于直流稳态,亦即电容相当于开路,电感相当于短路,电路如图 9-2(b)所示。于是有

$$i_L(0_-)=\frac{U_S}{R_1+R_2}=\frac{15}{100+200}=0.05\ \text{A}$$

$$u_C(0_-)=\frac{R_2}{R_1+R_2}U_S=\frac{200}{100+200}\times 15=10\ \text{V}$$

根据换路定律得

$$i_L(0_+)=i_L(0_-)=0.05\ \text{A}$$

$$u_C(0_+)=u_C(0_-)=10\ \text{V}$$

将电感用电流源替代,电容用电压源替代,得到 0_+ 等效电路,如图 9-2(c)所示。由此电路可以求得

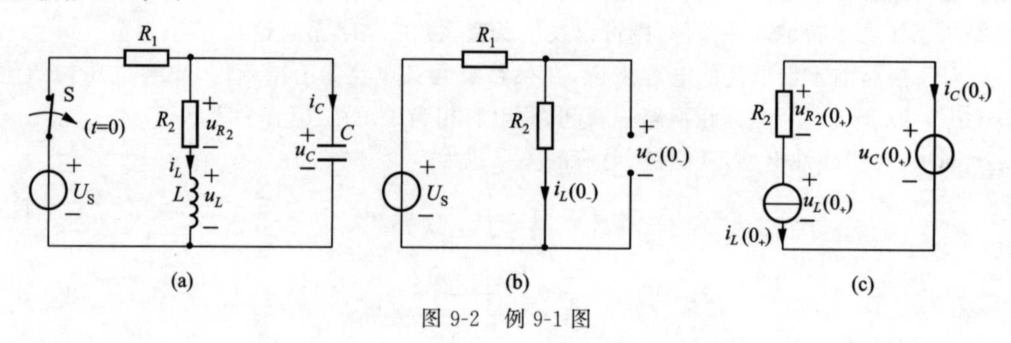

图 9-2 例 9-1 图

$$i_C(0_+) = -i_L(0_+) = -0.05\ \text{A}$$

$$u_{R_2}(0_+) = R_2 i_L(0_+) = 200 \times 0.05 = 10\ \text{V}$$

$$u_L(0_+) = u_C(0_+) - R_2 i_L(0_+) = 0$$

在求解二阶常微分方程时，要确定两个积分常数，因此需要两个初始条件。其一是变量在 $t=0_+$ 时的值，另一个则是变量的一阶导数在 $t=0_+$ 时的值。现举例说明变量一阶导数初始值的求法。

例 9-2 求例 9-1 电路换路后的 $\left.\dfrac{du_C}{dt}\right|_{0_+}$，$\left.\dfrac{di_L}{dt}\right|_{0_+}$，$\left.\dfrac{di_C}{dt}\right|_{0_+}$，$\left.\dfrac{du_L}{dt}\right|_{0_+}$ 以及 $\left.\dfrac{du_{R_2}}{dt}\right|_{0_+}$。

解 换路后的电路如图 9-3 所示。由例 9-1 知，$u_C(0_+)=10\ \text{V}$，$i_L(0_+)=0.05\ \text{A}$。

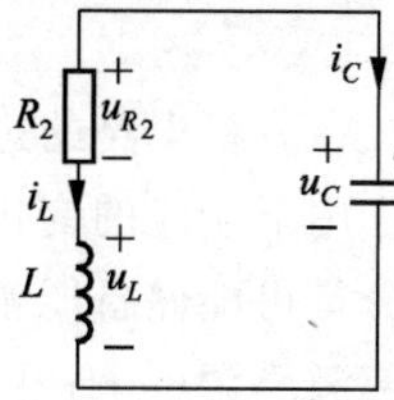

因为 $i_C = C\dfrac{du_C}{dt}$，所以 $\dfrac{du_C}{dt}=\dfrac{1}{C}i_C$，于是有

$$\left.\frac{du_C}{dt}\right|_{0_+} = \frac{1}{C}i_C(0_+) = -2500\ \text{V/s}$$

图 9-3 例 9-2 图

因为 $u_L = L\dfrac{di_L}{dt}$，所以 $\dfrac{di_L}{dt}=\dfrac{1}{L}u_L$，于是有

$$\left.\frac{di_L}{dt}\right|_{0_+} = \frac{1}{L}u_L(0_+) = 0$$

由图 9-3 中的参考方向可知

$$i_C = -i_L$$

两边对 t 求导得

$$\frac{di_C}{dt} = -\frac{di_L}{dt}$$

所以

$$\left.\frac{di_C}{dt}\right|_{0_+} = -\left.\frac{di_L}{dt}\right|_{0_+} = -\frac{1}{L}u_L(0_+) = 0$$

由 KVL 有

$$u_L = u_C - R_2 i_L$$

两边对 t 求导得

$$\frac{du_L}{dt} = \frac{du_C}{dt} - R_2\frac{di_L}{dt}$$

所以

$$\left.\frac{du_L}{dt}\right|_{0_+} = \left.\frac{du_C}{dt}\right|_{0_+} - R_2\left.\frac{di_L}{dt}\right|_{0_+} = -2500\ \text{V/s}$$

因为

$$u_{R_2} = R_2 i_L$$

两边对 t 求导得

$$\frac{du_{R_2}}{dt} = R_2\frac{di_L}{dt}$$

所以

$$\left.\frac{du_{R_2}}{dt}\right|_{0_+} = R_2\left.\frac{di_L}{dt}\right|_{0_+} = 0$$

以上说明，根据 $t=0_+$ 时的电容电压和电感电流，连同该时刻的外施激励，就可完全确定电路的其他初始条件，进而才可以确定电路的响应。初始状态的电容电压 $u_C(0_+)$ 及电感电流 $i_L(0_+)$ 亦是确定电路响应所必须知道的最少的信息（数据）。因为电路储能是由 u_C 的电场能 $w_C=\frac{1}{2}Cu_C^2$，i_L 的磁场能 $w_L=\frac{1}{2}Li_L^2$ 表明的，也就是说，初始状态反映了电路初始储能状况，电路中状态量一般不跃变，非状态量的值不一定不跃变，此例中 i_C 发生了跃变，u_L 没有。因此 $t=0_-$ 只确定状态变量 u_C 和 i_L 的值就可以了，其他值的确定没有实际意义。

9.3 一阶电路的零输入响应

在分析电路的过渡过程时，主要是分析电路中电气量的变化规律，也就是电路在激励作用下响应的变化。此时电路中激励包括两部分：一部分是电路自身的独立源，另一部分是可能储备能量的储能元件，前者称为**外部激励源**(external excitation)，后者称为**内部激励源**(internal excitation)，也就是初始状态。仅由初始状态引起的响应称为**零输入响应**(zero input response)，因为在这种情况下电路的外部（激励源）为零；仅由独立电源所引起的响应，称为**零状态响应**(zero state response)，因为在这种情况下，电路的原始状态为零；由独立电源和初始状态共同引起的响应，则称为**全响应**(complete response)。电路中仅含一个储能元件或经等效变换后只含一个独立储能元件的电路，它对应的电路方程是一阶微分方程，所以电路也称为**一阶电路**(first order circuit)。本节讨论一阶电路的零输入响应。

9.3.1 RC 电路的零输入响应

在图 9-4 所示电路中，电容原已充电，其电压为 U_0，$t=0$ 时，开关 S 闭合，电容电压加在电阻上经电阻放电产生电流，此电流流过电容迫使电容产生电压变化率，由于 u_C、i 为非关联参考方向，其变化率为负，电容电压变小导致电阻电压变小，从而电流变小，进一步使电容电压变化率变小，电容电压缓慢减小，如此往复，最后使得电容电压为零。此过程是电容能量释放的过程，也就是电容经电阻的放电过程。由图 9-4 所示参考方向，根据 KVL 及元件的 VAR $\left(u_C=u_R, u_R=Ri, i=-C\frac{\mathrm{d}u_C}{\mathrm{d}t}\right)$，可得以 u_C 为变量的微分方程

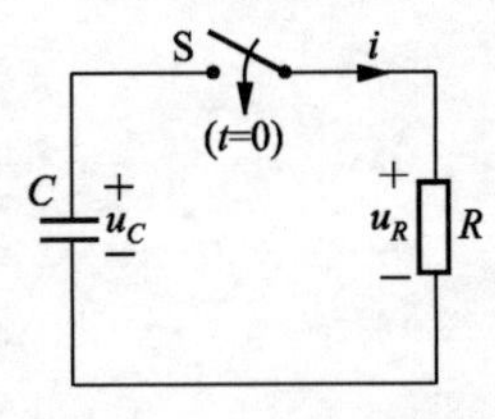

图 9-4 RC 零输入电路

$$RC\frac{\mathrm{d}u_C}{\mathrm{d}t}+u_C=0, \qquad (t\geqslant 0) \tag{9-6}$$

式(9-6)是线性常系数一阶齐次微分方程，其通解的形式为

$$u_C=A\mathrm{e}^{pt} \tag{9-7}$$

式中，A 为待定的积分常数，p 为与式(9-6)对应的特征方程的特征根。式(9-6)的特征方程为

$$RCp+1=0$$

所以特征根为

$$p=-\frac{1}{RC} \tag{9-8}$$

根据初始状态 $u_C(0_+)=u_C(0_-)=U_0$，代入式(9-7)可得积分常数 $A=u_C(0_+)=U_0$。因此，电容电压的零输入响应为

$$u_C=u_C(0_+)\mathrm{e}^{-\frac{t}{RC}}=U_0\mathrm{e}^{-\frac{t}{RC}},\quad t\geqslant 0 \tag{9-9a}$$

电路中的电流为

$$i=-C\frac{\mathrm{d}u_C}{\mathrm{d}t}=-C\frac{\mathrm{d}}{\mathrm{d}t}(U_0\mathrm{e}^{-\frac{t}{RC}})=\frac{U_0}{R}\mathrm{e}^{-\frac{t}{RC}},\quad t>0 \tag{9-9b}$$

电阻上的电压为

$$u_R=u_C=U_0\mathrm{e}^{-\frac{t}{RC}},\quad t>0 \tag{9-9c}$$

从上面这些式子可以看出，换路后电压 u_C、u_R 和电流 i 都是按照同样的指数规律变化，这是因为电路的特征方程和特征根仅取决于电路的结构和元件的参数，而与变量的选择无关。由于是负指数，所以随着时间的推移，按指数规律衰减，最后趋于零。图 9-5 画出了 u_C、u_R 和 i 随时间变化的曲线。由于电容电压不跃变，换路后从 U_0 开始按指数规律衰减到零；而电阻上电压在换路瞬间由零跃变到 U_0，然后同电容上电压以相同规律衰减。电路中电流在换路瞬间，从零跃变到 U_0/R，然后按同样的指数规律衰减到零。注意：式(9-9b)和式(9-9c)中 $t>0$ 的时间区间。这就是电容器通过电阻的放电过程。

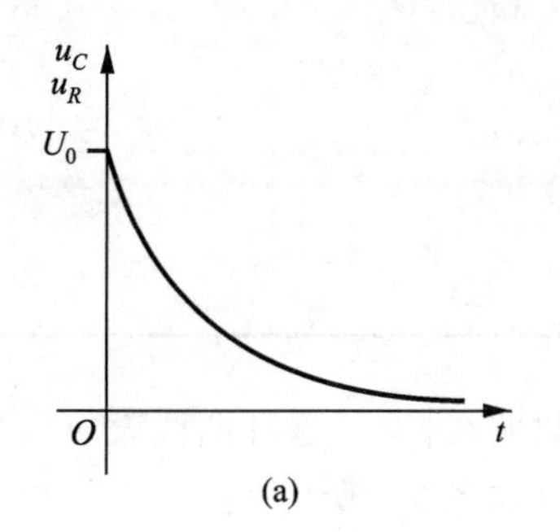

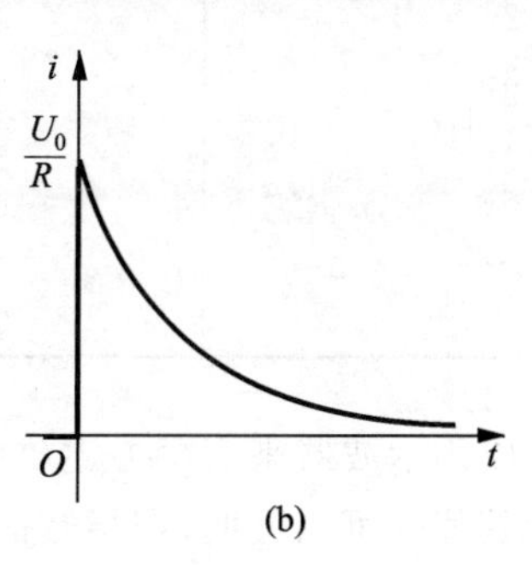

图 9-5 u_C、u_R 和 i 的变化曲线

放电过程实质上是电场能量逐渐减少的过程，电容不断放出能量，电阻则不断消耗能量，在整个放电过程中，电阻消耗的电能为

$$W_R=\int_0^{+\infty} i^2R\,\mathrm{d}t=\int_0^{+\infty}\frac{U_0^2}{R}\mathrm{e}^{-\frac{2t}{RC}}\mathrm{d}t=\frac{1}{2}CU_0^2$$

即放电结束时，电容中原先储存的电场能量全部被电阻转换成热能而散失掉。

由式(9-9)可见电路变量衰减的快慢取决于衰减系数 $1/(RC)$，若令 $\tau=RC$，则

$$u_C = U_0 e^{-\frac{t}{\tau}}, \quad t \geqslant 0 \tag{9-10a}$$

$$i = \frac{U_0}{R} e^{-\frac{t}{\tau}}, \quad t > 0 \tag{9-10b}$$

$$u_R = U_0 e^{-\frac{t}{\tau}}, \quad t > 0 \tag{9-10c}$$

当 R 的单位为 Ω,C 的单位为 F 时,τ 的单位为 s(秒),具有时间的量纲,故称为 RC 电路的**时间常数**(time constant)。显然,τ 越大(即 C 越大或 R 越大),则电压 u_C(或 i)衰减得越慢,即电容放电过程越慢。这是因为 C 越大,电容原始储能 $\frac{1}{2}CU_0^2$ 越大;R 越大,其瞬时功率,即能量消耗的速率 u_C^2/R 就越小。所以 τ 的大小表征放电过程进行的快慢。

下面用数学分析进一步阐明 τ 的含义,以 u_C 为例,由式(9-10a)

$$u_C(t_1 + \tau) = U_0 e^{-\frac{t_1+\tau}{\tau}} = e^{-1} U_0 e^{-\frac{t_1}{\tau}} = 0.368 u_C(t_1)$$

上式表明,零输入响应在任一时刻 t_1 的值,经过一个时间常数 τ 后,衰减到原值的 36.8%,表 9-1 列出了 $t=\tau$、2τ、3τ、……瞬间的电压 u_C 值。由表 9-1 可以看出,RC 放电电路中,从 $t=0$ 开始,经过 5τ 时间后,u_C 已衰减到初始值的 1.0%以下,可以认为放电过程已基本结束。

表 9-1 放电过程中 u_C 的变化

t	$e^{-\frac{t}{\tau}}$	u_C
0	$e^{-0}=1$	U_0
τ	$e^{-1}=0.368$	$0.368U_0$
2τ	$e^{-2}=0.135$	$0.135U_0$
3τ	$e^{-3}=0.050$	$0.050U_0$
4τ	$e^{-4}=0.018$	$0.018U_0$
5τ	$e^{-5}=0.007$	$0.007U_0$
…	…	…
∞	0	0

工程上可以用示波器来观察上述放电指数曲线,有了这种曲线就可以根据时间常数的含义来估计其值。可以证明,在指数曲线上(如图 9-6 所示)任一点 P 作切线,其切距的长度 ab 就等于时间常数 τ。

时间常数(或过渡过程的快慢)可以用改变电路参数的办法来加以调节或控制。图 9-7 绘出了 RC 放电电路在三种不同 τ 值下电压 u_C 随时间变化的曲线,其中 $\tau_3>\tau_2>\tau_1$,图中可看出,τ 越大,曲线越接近直线。

在式(9-8)中,特征根 $p=-\frac{1}{RC}=-\frac{1}{\tau}$,具有频率的量纲,它仅取决于电路的结构和参数,反映了电路的固有特性,所以称为电路的**固有频率**(natural frequency)。它是线性电路中的一个重要概念,读者需在以后的学习中逐步加深理解。

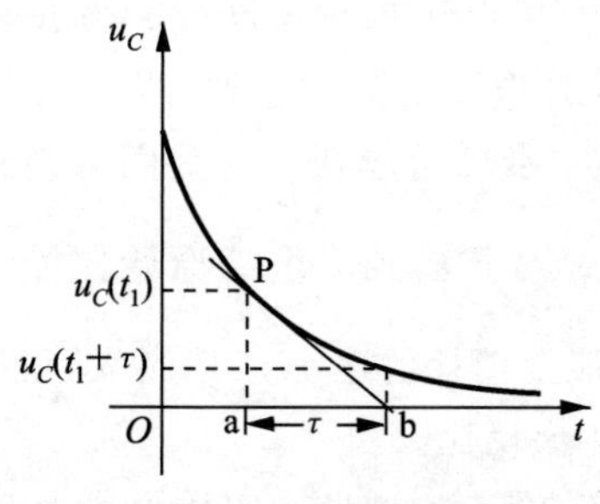

图 9-6　时间常数的图示

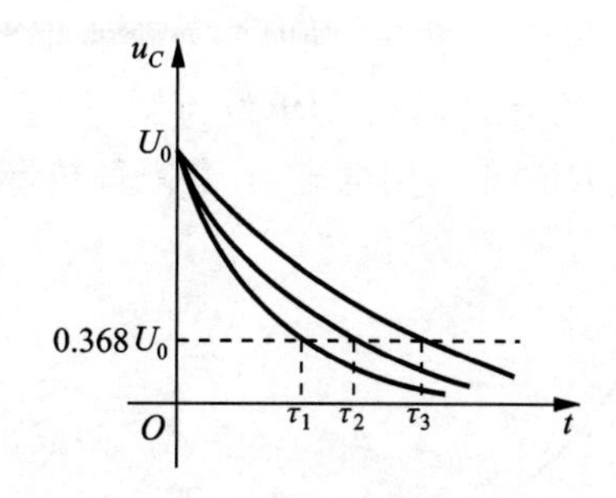

图 9-7　不同 τ 值下的 u_C 变化曲线

9.3.2　RL 电路的零输入响应

在图 9-8 所示电路中，电路已达稳态。换路后，电路响应的定性分析类似 RC 电路。在 $t=0$ 时开关 S 断开，根据 KVL 有

$$L\frac{\mathrm{d}i_L}{\mathrm{d}t}+Ri_L=0,\qquad t\geqslant 0 \tag{9-11}$$

初始状态　$i_L(0_+)=i_L(0_-)=\dfrac{U_0}{R_0}=I_0$

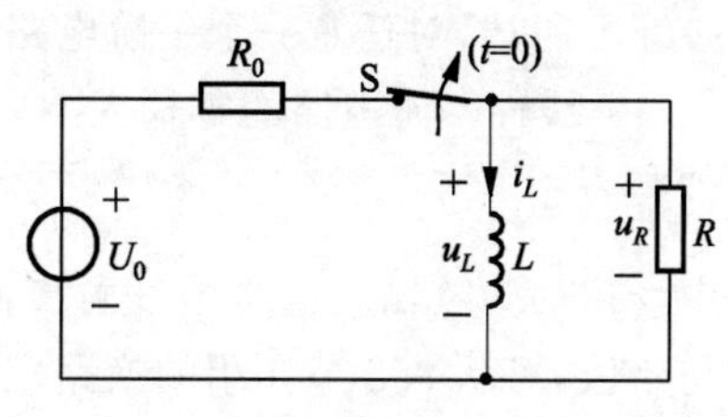

图 9-8　RL 零输入电路

式(9-11)为一阶齐次微分方程，其通解为

$$i_L=A\mathrm{e}^{pt}$$

与原方程对应的特征方程为

$$Lp+R=0$$

其特征根为

$$p=-\frac{R}{L}$$

故电流为　　$i_L=A\mathrm{e}^{-\frac{R}{L}t},\quad t\geqslant 0$

将初始状态 $i_L(0_+)=I_0$ 代入上式，可求得 $A=i_L(0_+)=I_0$。

从而有

$$i_L=i_L(0_+)\mathrm{e}^{-\frac{R}{L}t}=I_0\mathrm{e}^{-\frac{R}{L}t},\quad t\geqslant 0$$

电感电压为

$$u_L=L\frac{\mathrm{d}i_L}{\mathrm{d}t}=-RI_0\mathrm{e}^{-\frac{R}{L}t},\quad t>0$$

令 $\tau=\dfrac{L}{R}$，则

$$i_L=I_0\mathrm{e}^{-\frac{t}{\tau}},\qquad t\geqslant 0 \tag{9-12a}$$

$$u_L=-RI_0\mathrm{e}^{-\frac{t}{\tau}},t>0 \tag{9-12b}$$

图 9-9 画出了 i_L 和 u_L 随时间变化的曲线,其中 u_L 在 $t=0$ 时发生跃变。当 R 的单位为 Ω,L 的单位为 H 时,τ 的单位为 s。这里,τ 称为 RL 电路的时间常数。显然,τ 越大(即 L 越大或 R 越小),则电流 i_L 衰减得越慢;反之,i_L 衰减得越快。这是因为当初始电流 $i_L(0)=I_0$ 一定时,L 越大电感原始储能 $\frac{1}{2}LI_0^2$ 越大,R 越大,能量消耗的速率 i_L^2R 越大,说明 τ 与 L 成正比,与 R 成反比。

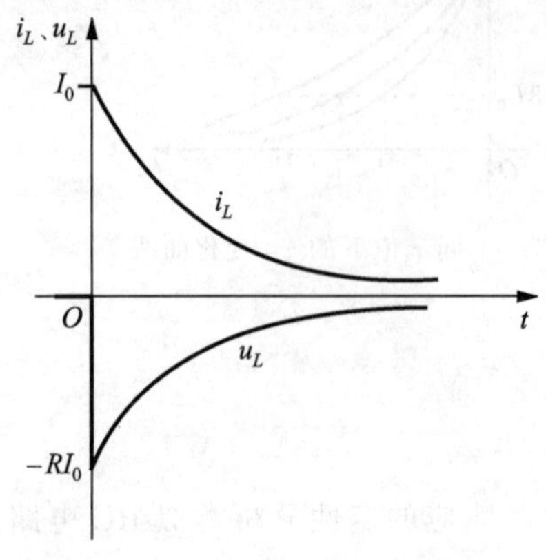

图 9-9 i_L、u_L 变化曲线

RL 电路的零输入响应,实质上就是磁场能量逐渐衰减的过程,即电感中原先储存的磁场能量逐渐为电阻所消耗而转化为热量的过程。电流 i_L 流经电阻 R 时,消耗的功率为

$$p=i_L^2R$$

在整个过渡过程中,消耗于电阻 R 的能量为

$$W_R=\int_0^{+\infty}i_L^2R\,\mathrm{d}t=\int_0^{+\infty}I_0^2R\mathrm{e}^{-\frac{2R}{L}t}\,\mathrm{d}t=\frac{1}{2}LI_0^2$$

这正是原来储存在电感中的磁场能量。

综上所述,对任意一个一阶电路,其零输入响应都可以归纳如下。

(1) 线性一阶电路的零输入响应具有下列模式:

$$r_{\mathrm{zi}}(t)=r_{\mathrm{zi}}(0_+)\mathrm{e}^{-\frac{t}{\tau}},\quad t>0$$

式中,$r_{\mathrm{zi}}(t)$为零输入电路中任意支路的电压或电流,$r_{\mathrm{zi}}(0_+)$是该电压或电流在换路后的初始值,可从 9.2 节介绍的换路定律和 0_+ 等效电路求得。

(2) 时间常数 τ 决定于电路结构及元件参数。在 RC 电路中为 $\tau=RC$,在 RL 电路中为 $\tau=L/R$。式中 R 是电容 C(或电感 L)移去后其两端钮间的入端电阻。

(3) 线性一阶电路的零输入响应与初始状态呈线性关系。

例 9-3 如图 9-10 所示的电路原已稳定,$t=0$ 时开关 S 断开。若 $I_S=0.2$ A,$L=1$ H,$R_S=R_1=10$ Ω,$R_2=5$ Ω。求换路后的 i_L 和 u_2。

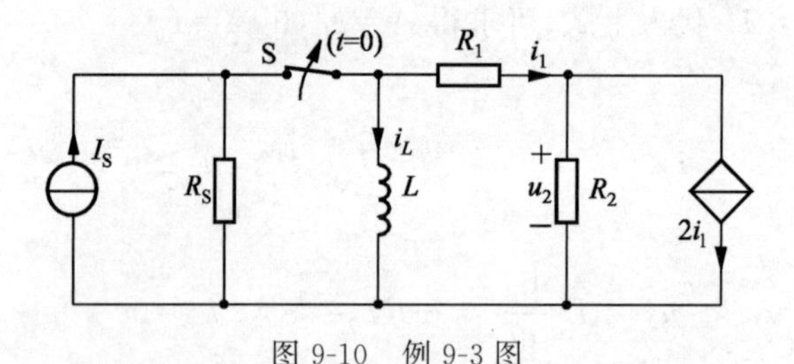

图 9-10 例 9-3 图

解 换路前电路已达稳态,故 $t=0_-$ 时,电感相当于短路,则

$$i_L(0_-)=I_S=0.2\ \mathrm{A}$$

由换路定律,$i_L(0_+)=i_L(0_-)=0.2$ A,0_+ 等效电路如图 9-11(a)所示,这时

$$i_1(0_+)=-i_L(0_+)=-0.2\ \mathrm{A}$$

$$i_2(0_+)=i_1(0_+)-2i_1(0_+)=0.2\ \text{A}$$
$$u_2(0_+)=R_2i_2(0_+)=1\ \text{V}$$

再由换路后的电路,如图 9-11(b)所示,由电感 L 两端向右看进去的入端电阻为

$$R=\frac{R_1i_1+R_2i_2}{i_1}=\frac{R_1i_1+R_2(i_1-2i_1)}{i_1}=5\ \Omega$$

所以
$$\tau=\frac{L}{R}=\frac{1}{5}\ \text{s}$$

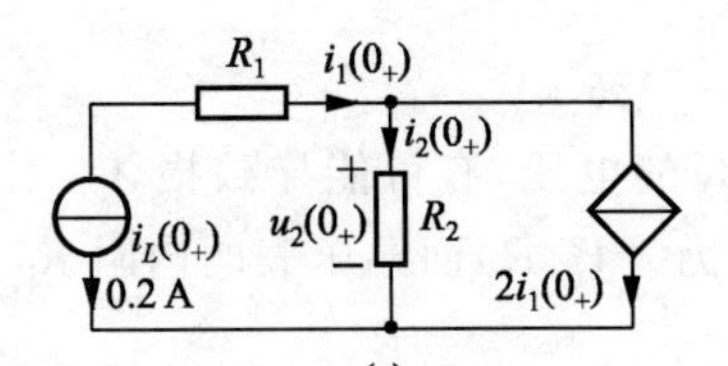

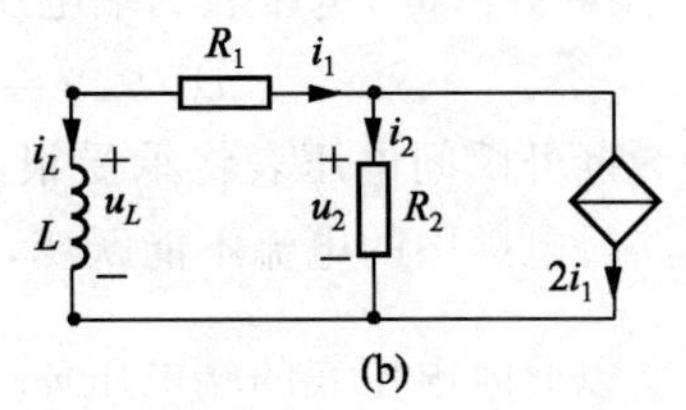

图 9-11　换路后的电路

根据零输入响应的模式,有

$$i_L=i_L(0_+)\mathrm{e}^{-\frac{t}{\tau}}=0.2\mathrm{e}^{-5t}\ \text{A},\quad t\geqslant 0$$
$$u_2=u_2(0_+)\mathrm{e}^{-\frac{t}{\tau}}=\mathrm{e}^{-5t}\ \text{V},\qquad t>0$$

此例可以不用求图 9-11(a)的 0_+ 等效电路中初始值,而在状态量 i_L 求解出来后,在图 9-11(b)中用 KVL 等关系求出 u_2,如

$$u_2=u_L-R_1i_1=L\frac{\mathrm{d}i_L}{\mathrm{d}t}+R_1i_L$$
$$=-\mathrm{e}^{-5t}+2\mathrm{e}^{-5t}=\mathrm{e}^{-5t}\ \text{V},\quad t>0$$

比较两种方法可以发现,求初值法比较简捷。

例 9-4　图 9-12 所示某发电机励磁电路。已知励磁线圈的电阻 $R=0.189\ \Omega$,电感 $L=0.398$ H,直流电压 $U=35$ V,电压表的量程为 50 V,内阻为 $R_V=5\ \text{k}\Omega$,开关 S 未断开时,电路中电流已经稳定不变。在 $t=0$ 时,将开关 S 断开。求:(1) R、L 回路的时间常数;(2) 电流 i 的初始值和开关 S 断开后的最终值;(3) 电流 i 和电压表的端电压 u_V;(4) 开关 S 刚断开瞬间电压表的两端电压。

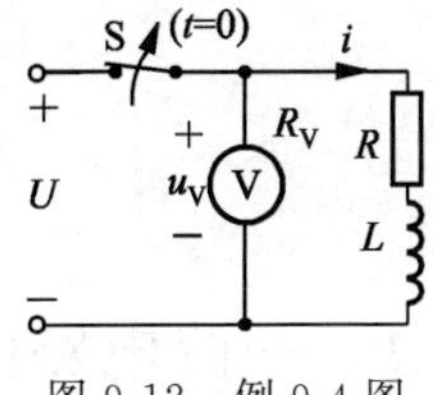

图 9-12　例 9-4 图

解　(1) 时间常数

$$\tau=\frac{L}{R+R_V}=\frac{0.398}{0.189+5\times 10^3}\approx\frac{1}{12560}\ \text{s}=79.6\ \mu\text{s}$$

(2) 开关 S 断开前电路已达稳态,电感 L 两端电压为零(相当短接),故

$$i(0_-)=\frac{U}{R}=\frac{35}{0.189}=185.2\ \text{A}$$

根据换路定律,$i(0_+)=i(0_-)=185.2$ A。

开关 S 断开后，电流 i 的最终值等于零。

(3) 按零输入响应模式，有

$$i=i(0_+)\mathrm{e}^{-\frac{t}{\tau}}=185.2\mathrm{e}^{-12560t}\ \mathrm{A},\quad t\geqslant 0$$

电压表两端的电压为

$$\begin{aligned}u_{\mathrm{V}}&=-R_{\mathrm{V}}i=-5\times10^{3}\times185.2\mathrm{e}^{-12560t}\\&=-926\mathrm{e}^{-12560t}\ \mathrm{kV},\quad t>0\end{aligned}$$

(4) 开关 S 刚断开瞬间，电压表的端电压为

$$u_{\mathrm{V}}(0_+)=-926\ \mathrm{kV}$$

可见，开关 S 断开瞬间电压表将承受很高的电压，有可能导致损坏。出现这么高的电压，是由于换路时电感中的电流不能跃变，仍为 U/R，而电压表的内阻 R_{V} 远大于励磁线圈的电阻 R，所以此时电压表的端电压 $u_{\mathrm{V}}=-R_{\mathrm{V}}i=-\frac{R_{\mathrm{V}}}{R}U$，其绝对值将远大于直流电源的电压 U。这个电压通过电源加在开关两端，可能在开关两端引起电弧。由此可见，切断电感电流时必须考虑磁场能量的释放。若磁场能量较大，而又必须在短时间内完成电流的切断，一般均采用带熄弧装置的开关。在功率电子电路中，有些电子器件处在“开关”状态下，若电路中有大电感时，常采用如图 9-13 所示的措施，即在电感线圈两端并联一个二极管。当“S”闭合(on)时，如图 9-13(a)由于二极管负极电位高于正极，这时截止不导通，对电路无影响；当“S”断开(off)时，如图 9-13(b)所示，原来线圈中的电流通过二极管形成回路续流，以防止电感产生高压加于“开关”两端而损坏器件。该二极管一般称为续流二极管。

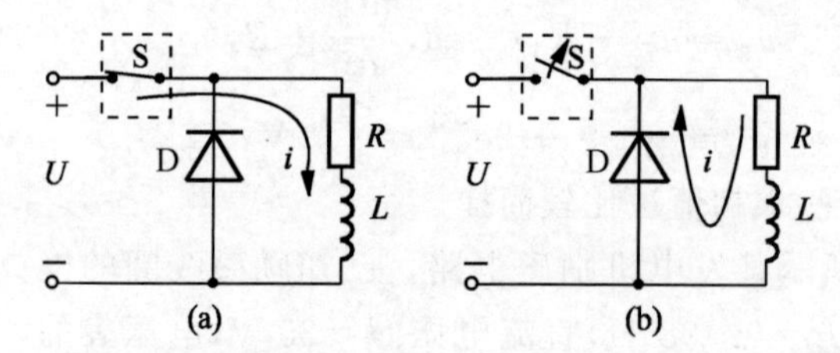

图 9-13　带熄弧(续流二极管)装置电路示例

9.4　一阶电路的零状态响应

电路初始状态为零，仅由输入(独立电源)引起的响应称为零状态响应。

9.4.1　RC 电路在直流输入时的零状态响应

在图 9-14 所示的电路中，直流电压源的电压为 U_{S}，在开关 S 闭合之前，电容器未充电，即电路处于零状态，$u_C(0_-)=0$，$t=0$ 时，开关 S 闭合，由于 $u_C(0_+)=u_C(0_-)=0$ 电容被充电。$t\geqslant 0$ 时，由 KVL 得

$$u_R + u_C = U_S$$

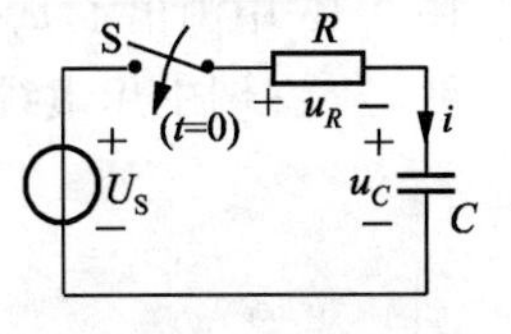

图 9-14　RC 零状态电路

把 $u_R = Ri$，$i = C\dfrac{du_C}{dt}$代入，得到以 u_C 为变量的微分方程

$$RC\frac{du_C}{dt} + u_C = U_S, \quad t \geqslant 0 \tag{9-13}$$

这是一阶线性常系数非齐次微分方程，此类方程的解由两个分量组成，一个**特解**(particular solution)，一个对应齐次方程的**通解**(general solution)，即

$$u_C = u_{Cp} + u_{Cg} \tag{9-14}$$

式中，u_{Cp} 是非齐次微分方程式(9-13)的一个特解。在图 9-14 所示电路中，开关 S 闭合很长时间以后，电容充电完毕，这时电容电压已趋稳定，即$\left.\dfrac{du_C}{dt}\right|_{t\to\infty} = 0$，于是电容电压等于外加电源电压，即

$$u_{Cp} = u_C(\infty) = U_S \tag{9-15}$$

亦即，可将最后的稳态解 $u_C(\infty)$作为其特解。

而 u_{Cg} 则是对应的齐次微分方程

$$RC\frac{du_C}{dt} + u_C = 0 \tag{9-16}$$

的通解，表达式为

$$u_{Cg} = Ae^{pt} = Ae^{-\frac{t}{RC}} = Ae^{-\frac{t}{\tau}} \tag{9-17}$$

式中，A 为待定的积分常数，$p = -\dfrac{1}{RC}$为特征根，$\tau = RC$ 是时间常数。

将式(9-15)、式(9-17)代入式(9-14)得

$$u_C = U_S + Ae^{-\frac{t}{\tau}}$$

根据初始条件 $u_C(0_+) = u_C(0_-) = 0$，可得 $A = -U_S$，于是 u_C 的解为

$$u_C = U_S - U_S e^{-\frac{t}{\tau}} = U_S(1 - e^{-\frac{t}{\tau}}), \quad t \geqslant 0 \tag{9-18}$$

从以上过程可以看出，非齐次微分方程的特解与输入激励有关，其形式一般与激励形式相同，称为**强制响应**(forced response)分量。在直流或周期函数激励下，一般取电路达到稳定状态的解作为特解，故也将特解称为稳态解或**稳态响应**(steady state response)分量。而齐次方程通解的形式与输入无关，故称为**固有响应**(natural response)分量，它与零输入响应具有相同的模式，通常它随着时间的推移而趋于零，也就是说它是电路处于过渡过程期间才存在的一个分量，所以也称为暂态解或**暂态响应**(transient response)分量。

在图 9-14 的参考方向下，$i = C\dfrac{du_C}{dt}$，将式(9-18)代入得

$$i = \frac{U_S}{R}e^{-\frac{t}{\tau}}, \quad t > 0 \tag{9-19}$$

视频 9-1 零状态响应仿真

图 9-15 中画出了 u_C 和 i 的波形。$u_R=Ri$，其波形与 i 相似。电压 u_C 的两个分量 u_{Cp} 和 u_{Cg} 在图中用虚线画出。

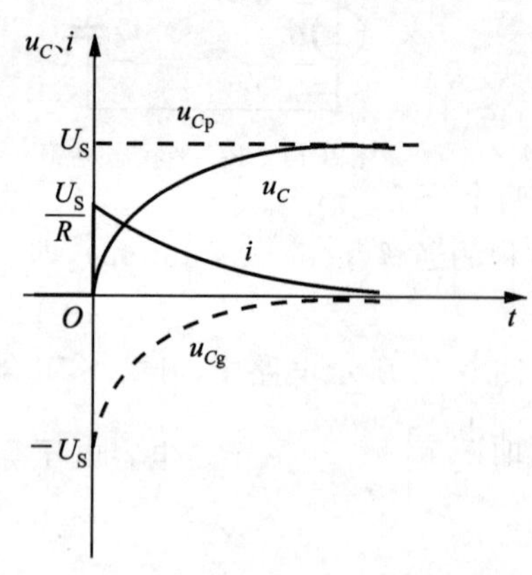

图 9-15　u_C、i 零状态响应曲线

从图 9-15 可以看出，u_C 从初始值 $u_C(0_+)=0$ 开始逐渐增加，最后达到稳态值 $u_C(\infty)=u_{Cp}=U_S$；而电流 i 在开关 S 闭合瞬间最大，等于 U_S/R，然后逐渐衰减到零。这是因为开关 S 在 $t=0$ 刚接通瞬间 $u_C(0_+)=0$，电源电压 U_S 全部加在电阻 R 上产生电流 i，所以 i 最大。电流大意味着向电容器极板上迁移电荷的速率就快，所以开始时 u_C 增加较快；当 u_C 逐渐增大时，$i=(U_S-u_C)/R$ 随之减小，导致 u_C 上升速率降低，i 下降的速率也减小，曲线变得越来越平坦，最后 $i\to 0$，$u_C\to U_S$。

由于电路中有电阻，充电过程中电源提供的能量，一部分转换成电场能量储存在电容中，一部分被电阻消耗掉。在充电结束时 $u_C=U_S$，电容获得的能量为

$$W_C=\frac{1}{2}CU_S^2$$

在整个充电过程中，电阻所消耗的电能为

$$W_R=\int_0^{+\infty} i^2R\,\mathrm{d}t=\int_0^{+\infty}\left(\frac{U_S}{R}\mathrm{e}^{-\frac{t}{RC}}\right)^2R\,\mathrm{d}t=\frac{1}{2}CU_S^2$$

可见 $W_R=W_C$，这说明在零状态下电容开始充电，电源提供的能量只有一半转换成电场能量储存于电容中，充电效率为 50%，而且与电阻、电容的数值无关。

9.4.2　RL 电路在直流输入时的零状态响应

在图 9-16 所示的电路中，在开关 S 闭合之前，电感中无电流，电路处于零状态，$i_L(0_-)=0$，$t=0$ 时开关 S 闭合，定性分析类似 RC 电路，这里做定量分析。根据 KVL 写出 $t\geqslant 0$ 时的电路方程

$$u_L+u_R=U_S$$

而 $u_L=L\dfrac{\mathrm{d}i_L}{\mathrm{d}t}$，$u_R=Ri_L$，代入上式得

$$L\frac{\mathrm{d}i_L}{\mathrm{d}t}+Ri_L=U_S,\quad t\geqslant 0 \tag{9-20}$$

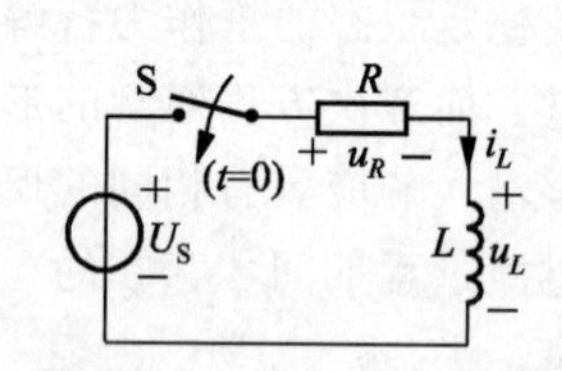

图 9-16　RL 零状态电路

这也是非齐次微分方程，其解由两部分组成，即

$$i_L=i_{Lp}+i_{Lg}$$

其中稳态分量为

$$i_{Lp}=i_L(\infty)=\frac{U_S}{R}$$

暂态分量为

$$i_{Lg}=A\mathrm{e}^{pt}=A\mathrm{e}^{-\frac{R}{L}t}=A\mathrm{e}^{-\frac{t}{\tau}}$$

式中，$p=-R/L$ 为特征根，$\tau=L/R$ 为电路的时间常数，A 为待定积分常数。

$$i_L=\frac{U_S}{R}+A\mathrm{e}^{-\frac{t}{\tau}},\quad t\geqslant 0$$

根据初始条件 $i_L(0_+)=i_L(0_-)=0$，得

$$A=-\frac{U_S}{R}$$

所以

$$i_L=\frac{U_S}{R}-\frac{U_S}{R}\mathrm{e}^{-\frac{t}{\tau}}=\frac{U_S}{R}(1-\mathrm{e}^{-\frac{t}{\tau}}),\quad t\geqslant 0$$

$$u_L=L\frac{\mathrm{d}i_L}{\mathrm{d}t}=U_S\mathrm{e}^{-\frac{t}{\tau}},\quad t>0$$

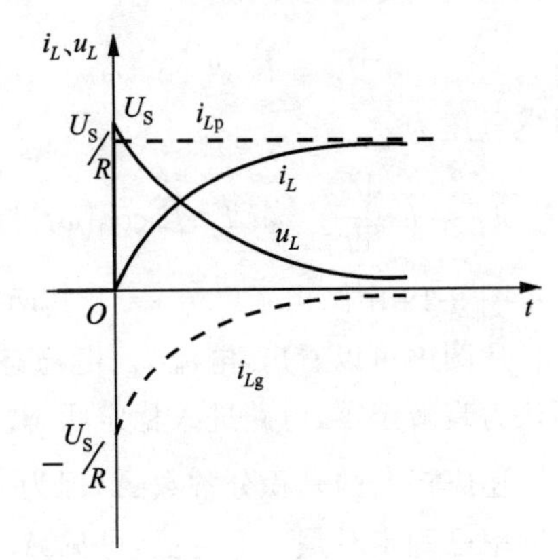

图 9-17 i_L、u_L 零状态响应曲线

图 9-17 中画出了 i_L 与 u_L 的波形，i_L 的两个分量 i_{Lp} 和 i_{Lg} 如图中虚线所示。

9.4.3 RL 电路接入正弦激励的零状态响应

图 9-18 所示的电路中，$i_L(0_-)=0$，$t=0$ 时接通正弦电压源 $u_S=U_m\cos(\omega t+\psi)$，其中 ψ 为接通电路时电源电压的初相角，它取决于电路接通的时刻，所以又称接入相位角，或简称合闸角。电路接通后的微分方程为

$$L\frac{\mathrm{d}i_L}{\mathrm{d}t}+Ri_L=U_m\cos(\omega t+\psi),\quad t\geqslant 0$$

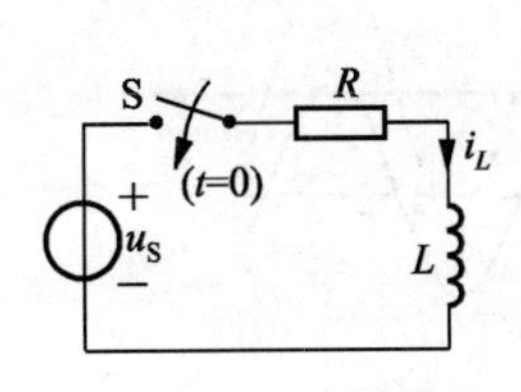

图 9-18 RL 电路接入正弦电压源

该非齐次微分方程的解同样由两部分构成，即

$$i_L=i_{Lp}+i_{Lg}$$

特解（稳态分量）i_{Lp} 可用第 4 章介绍的相量法计算，即

$$\dot{I}_{Lp}=\frac{\dot{U}}{R+\mathrm{j}\omega L}=\frac{U}{\sqrt{R^2+(\omega L)^2}}\angle\psi-\theta=I_L\angle\psi-\theta$$

式中，$\theta=\arctan\frac{\omega L}{R}$，$I_L=\frac{U}{\sqrt{R^2+(\omega L)^2}}$

所以 $$i_{Lp}=I_L\sqrt{2}\cos(\omega t+\psi-\theta)$$

对应齐次方程的通解（暂态分量）为

$$i_{Lg}=A\mathrm{e}^{pt}=A\mathrm{e}^{-\frac{R}{L}t}=A\mathrm{e}^{-\frac{t}{\tau}}$$

式中，A、p、τ 的含义同前。

所以

$$i_L = I_L\sqrt{2}\cos(\omega t+\psi-\theta)+A\mathrm{e}^{-\frac{t}{\tau}}$$

根据初始条件 $i_L(0_+)=i_L(0_-)=0$,可得

$$A=-I_L\sqrt{2}\cos(\psi-\theta)$$

所以电流的零状态响应为

$$i_L = I_L\sqrt{2}\cos(\omega t+\psi-\theta)-I_L\sqrt{2}\cos(\psi-\theta)\mathrm{e}^{-\frac{t}{\tau}},\quad t\geqslant 0$$

电感电压为

$$u_L = L\frac{\mathrm{d}i_L}{\mathrm{d}t}=\omega LI_L\sqrt{2}\cos\left(\omega t+\psi-\theta+\frac{\pi}{2}\right)+RI_L\sqrt{2}\cos(\psi-\theta)\mathrm{e}^{-\frac{t}{\tau}},\quad t>0$$

图 9-19 中画出了电流 i_L 及其两个分量 i_{Lp} 和 i_{Lg} 的波形。

从图中可以看出,电流 i_L 由稳态分量 i_{Lp} 和暂态分量 i_{Lg} 组成。i_{Lg} 经过$(4\sim5)\tau$ 即认为衰减至零,电路进入稳定状态。

还应提及的是积分常数 A,因为 $A=-I_L\sqrt{2}\cos(\psi-\theta)$,式中 I_L、θ 在电路参数和电源频率已确定时是一个定值,可见 A 与合闸角 ψ 有关,也就是说暂态分量的大小与开关闭合的时刻有关。若$(\psi-\theta)=\pm\frac{\pi}{2}$,则 $A=0$,电路将没有过渡过程,合闸后立即进入稳定状态;若$(\psi-\theta)=0$,则 $A=-I_L\sqrt{2}$,此时如果电路的时间常数又较大,暂态分量衰减较慢,电流的最大值将接近于稳态最大值的两倍。图 9-20 画出了$(\psi-\theta)=0$ 时的 i_L 波形,在合闸后的半个周期附近,电流出现最大值 $i_{L\max}$,它接近稳态最大值的两倍,工程上称为过电流现象,这在防止设备因瞬时电流过大而损坏时要考虑。

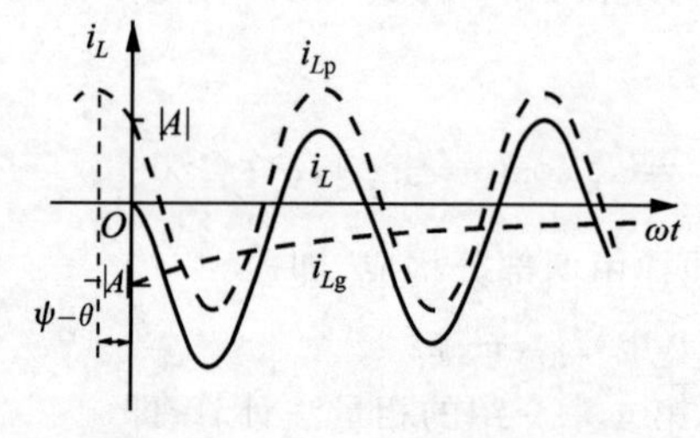

图 9-19　图 9-18 电路的响应

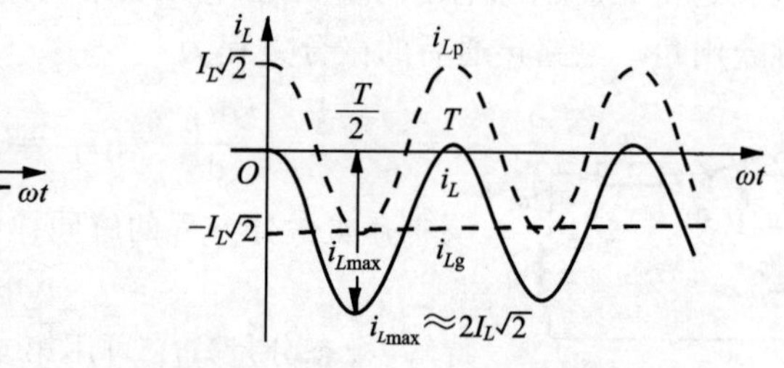

图 9-20　$\psi=\theta$ 时的 i_L 波形

从以上讨论,一阶电路的零状态响应可归纳如下:

直流激励下的一阶电路零状态响应,u_C(或 i_L)从零开始增加,经过 $4\tau\sim5\tau$ 的时间(理论上为∞)达到稳态值。在一般情况下,可将换路后的电路中储能元件(C 或 L)以外的电路部分(含独立源的电阻电路)用戴维南或诺顿等效电路替换,如图 9-21(a)或(b),则 u_C 和 i_L 零状态响应具有下列模式:

$$u_{Czs}=U_{\mathrm{oc}}(1-\mathrm{e}^{-\frac{t}{\tau}}),\quad t\geqslant 0$$

式中,时间常数 $\tau=R_{\mathrm{i}}C$。

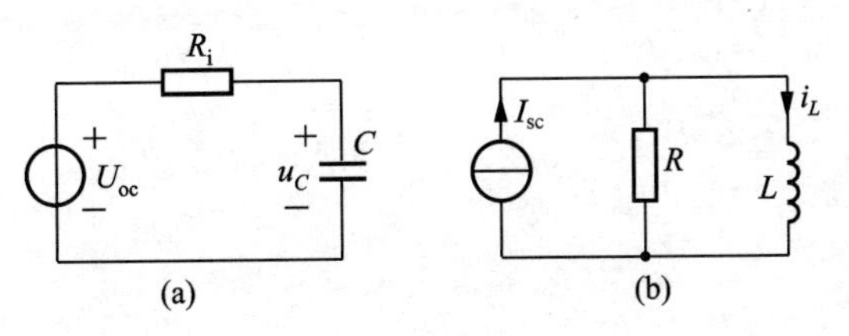

图 9-21 等效一阶电路

$$i_{Lzs}=I_{sc}(1-e^{-\frac{t}{\tau}}),\quad t\geqslant 0$$

式中，时间常数 $\tau=L/R_i$。

RL 电路在正弦激励下的零状态响应为

$$i_{Lzs}=i_{Lp}(t)-i_{Lp}(0_+)e^{-\frac{t}{\tau}}$$

RC 电路在正弦激励下的零状态响应为

$$u_{Czs}=u_{Cp}(t)-u_{Cp}(0_+)e^{-\frac{t}{\tau}}$$

式中，$i_{Lp}(t)$、$u_{Cp}(t)$为稳态分量，可借助第 4 章的相量法求出。

至于其他电压、电流则可由 u_C（或 i_L）按电路换路后的基本约束关系逐步求出，见例 9-5。当然也可直接列出求解变量的微分方程来求解，但有时较烦琐。

例 9-5 图 9-22(a)所示电路中 $R_1=40\ \text{k}\Omega$，$R_2=60\ \text{k}\Omega$，$C=20\ \mu\text{F}$，$u_C(0_-)=0$，$U_S=10\ \text{V}$，开关 S 在 $t=0$ 时闭合。求各支路电流。

解 因为 $u_C(0_-)=0$，属零状态响应。S 闭合后，图 9-22(a)虚线框内的电路可用戴维南等效电路代替，如图 9-22(b)所示，其中

$$U_{oc}=U_S\frac{R_2}{R_1+R_2}=10\times\frac{60}{40+60}=6\ \text{V}$$

$$R_i=\frac{R_1R_2}{R_1+R_2}=\frac{40\times 60}{40+60}=24\ \text{k}\Omega$$

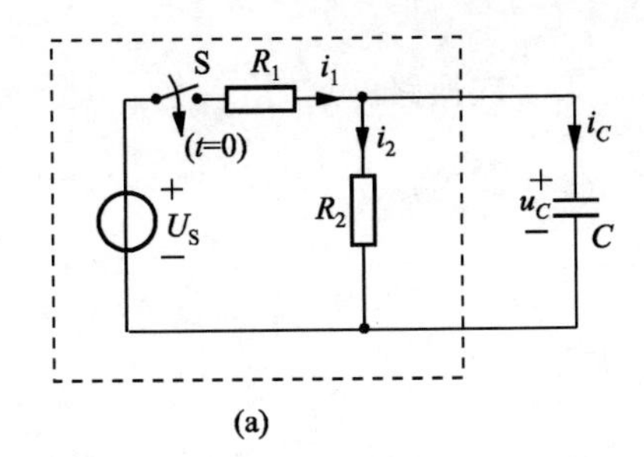

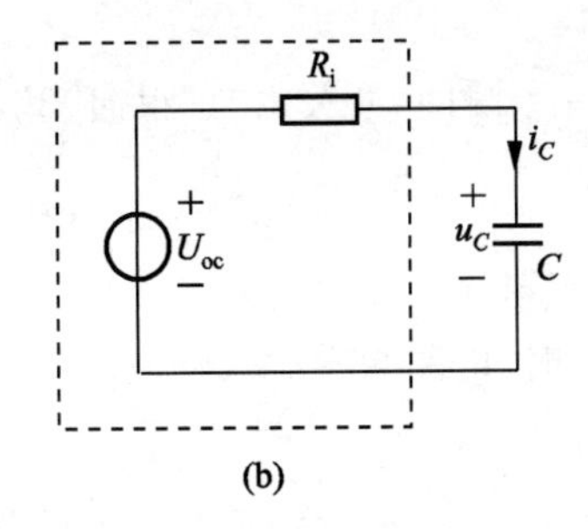

图 9-22 例 9-5 图

根据 u_C 的零状态响应模式，

$$\tau=R_iC=24\times 10^3\times 20\times 10^{-6}=0.48\ \text{s}$$

$$u_C = U_{oc}(1-e^{\frac{t}{\tau}}) = 6(1-e^{-\frac{t}{0.48}})\ \text{V}, \quad t \geqslant 0$$

$$i_C = C\frac{\mathrm{d}u_C}{\mathrm{d}t} = 0.25e^{-\frac{t}{0.48}}\ \text{mA}, \quad t > 0$$

回到图 9-22(a)

$$i_2 = \frac{u_C}{R_2} = 0.1(1-e^{-\frac{t}{0.48}})\ \text{mA}, \quad t \geqslant 0$$

$$i_1 = i_2 + i_C = 0.1 + 0.15e^{-\frac{t}{0.48}}\ \text{mA}, \quad t > 0$$

各变量的波形如图 9-23 所示。

例 9-6 在图 9-24 所示电路中,$u_C(0_-)=0$,在 $t=0$ 时,开关 S 扳向"1",经过 t_1 s 再扳向"2"。求 u_C、i_C 并画出波形图。

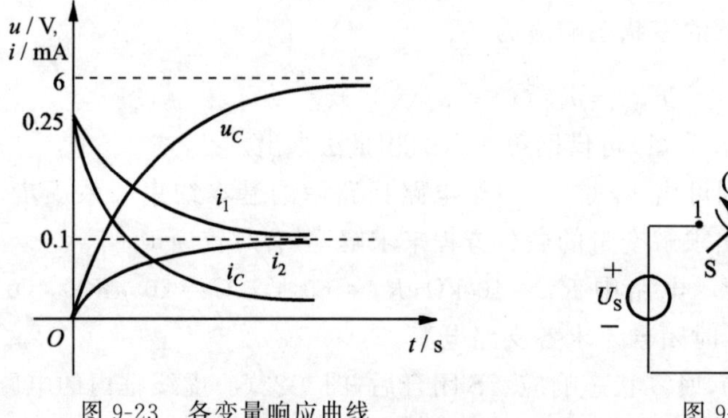

图 9-23 各变量响应曲线

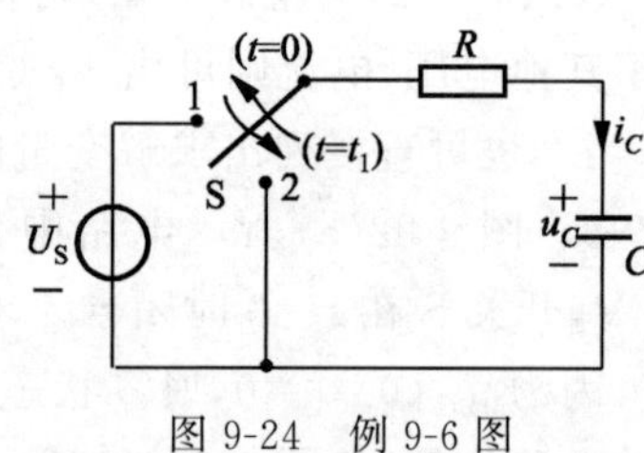

图 9-24 例 9-6 图

解 在 $0 \leqslant t \leqslant t_1$ 时,电路属零状态响应。

$$u_C = U_S(1-e^{-\frac{t}{RC}}), \qquad 0 \leqslant t \leqslant t_1$$

$$i_C = C\frac{\mathrm{d}u_C}{\mathrm{d}t} = \frac{U_S}{R}e^{-\frac{t}{RC}}, \quad 0 < t < t_1$$

在 $t=t_1$ 瞬间,开关由"1"扳向"2",即进行第二次换路。这时

$$u_C(t_{1-}) = U_S(1-e^{-\frac{t_1}{RC}})$$

根据换路定律 $u_C(t_{1+}) = u(t_{1-})$

$t \geqslant t_1$ 时,电路为零输入响应。

$$u_C = u_C(t_{1+})e^{-\frac{t-t_1}{RC}} = U_S(1-e^{-\frac{t_1}{RC}})e^{-\frac{t-t_1}{RC}}, \quad t \geqslant t_1$$

$$i_C = C\frac{\mathrm{d}u_C}{\mathrm{d}t} = -\frac{U_S}{R}(1-e^{-\frac{t_1}{RC}})e^{-\frac{t-t_1}{RC}}, \qquad t > t_1$$

它们随时间变化的曲线如图 9-25 所示。图 9-25(a)为 τ 较大时的情况,u_C 的波形近似为三角形;图 9-25(b)为 τ 较小时的情况,u_C 的波形近似为方波。

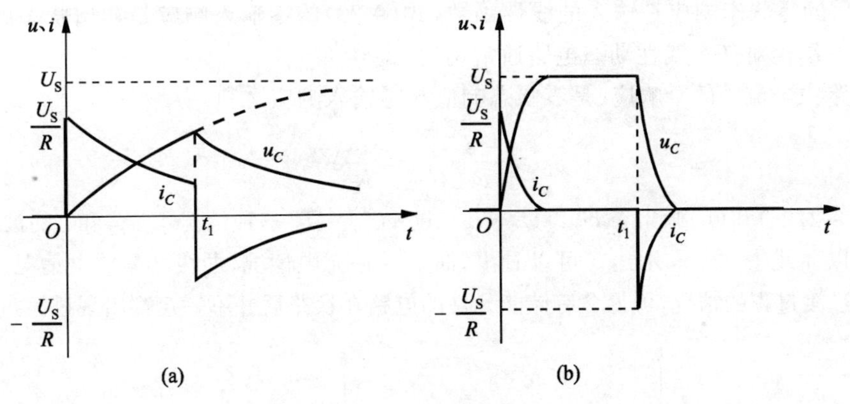

图 9-25　不同 τ 值时的响应波形

9.5　一阶电路的全响应——三要素法

前面讨论了线性一阶电路的零输入响应和零状态响应。若电路既有外施激励源又具有非零初始状态时，即两者同时存在所引起的响应，则为全响应。因为初始状态与电路原始储能相关，在它们单独作用下电路将产生零输入响应，故电容的非零初始电压和电感的非零初始电流也被看成一种"激励"。对线性电路，由叠加定理可知，全响应为零输入响应和零状态响应之和。下面以 RC 电路为例进行讨论。

在图 9-26(a)所示的电路中，电容的初始电压为 U_0，在 $t=0$ 时接通直流电压源 U_S。全响应可分解为图 9-26(b)电路的零状态响应 u_{Czs} 和图 9-26(c)电路的零输入响应 u_{Czi} 之和，即

$$u_{Czs}=U_S(1-e^{-\frac{t}{RC}}) \tag{9-21}$$

$$u_{Czi}=U_0e^{-\frac{t}{RC}} \tag{9-22}$$

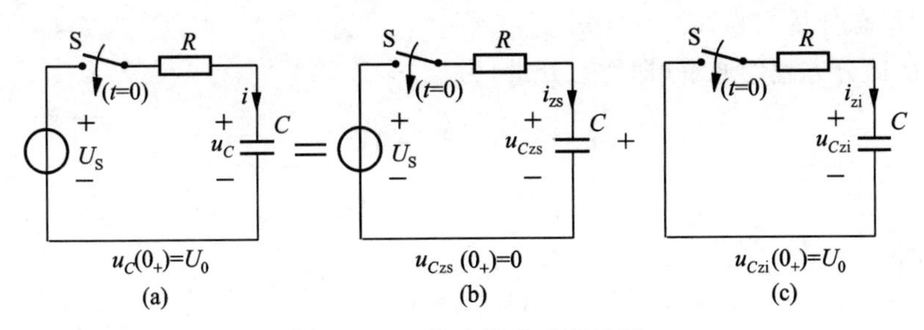

图 9-26　一阶电路全响应示例

则全响应为

$$u_C=u_{Czs}+u_{Czi}=U_S(1-e^{-\frac{t}{RC}})+U_0e^{-\frac{t}{RC}} \tag{9-23}$$

即　　　　　　全响应=零状态响应+零输入响应

式(9-21)的零状态响应是输入的线性函数,式(9-22)的零输入响应是初始状态的线性函数。这一结论对任一线性动态电路通常均适用。

电路中电流 i 的全响应(是零状态响应与零输入响应之和)为

$$i=\frac{U_S}{R}e^{-\frac{t}{RC}}-\frac{U_0}{R}e^{-\frac{t}{RC}} \tag{9-24}$$

图 9-27(a)和(b)画出了 $U_S>U_0$、$U_S<U_0$、$U_S=U_0$ 三种情况下 u_C 和 i 的波形,在图中分别以曲线①、②、③示出。可以看出,曲线①是充电情况,曲线②是放电情况。而曲线③是无过渡过程的情况,可见含有储能元件的电路在换路后并不一定都出现过渡过程。

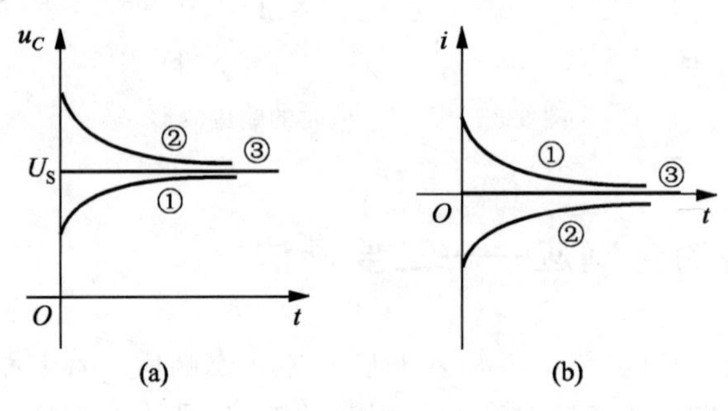

图 9-27 三种情况下 u_C 和 i 的波形

以上是把全响应看作零状态响应与零输入响应之和,显然零状态响应或零输入响应都是全响应的一种特殊情况。此外,全响应还可分解为稳态分量与暂态分量之和,或强制分量与自由分量之和。即

全响应 = 稳态分量 + 暂态分量

或　　全响应 = 强制分量 + 自由分量

仍以图 9-26(a)所示的电路为例,换路后电路的微分方程为

$$RC\frac{du_C}{dt}+u_C=U_S$$

其特解(即稳态分量)为　$u_{Cp}=U_S$

其对应齐次微分方程的通解(即暂态分量)为

$$u_{Cg}=Ae^{-\frac{t}{RC}}=Ae^{-\frac{t}{\tau}}$$

则有　$u_C=u_{Cp}+u_{Cg}=U_S+Ae^{-\frac{t}{\tau}}$

当 $t=0_+$ 时　$u_C(0_+)=u_C(0_-)=U_0$

得　$A=U_0-U_S$

所以全响应为

$$u_C=U_S+(U_0-U_S)e^{-\frac{t}{\tau}} \tag{9-25}$$

$$i=C\frac{du_C}{dt}=-\frac{U_0-U_S}{R}e^{-\frac{t}{\tau}} \tag{9-26}$$

可将式(9-25)、式(9-26)改写为

$$u_C = U_S(1-e^{-\frac{t}{\tau}}) + U_0 e^{-\frac{t}{\tau}}$$

$$i = \frac{U_S}{R} e^{-\frac{t}{\tau}} - \frac{U_0}{R} e^{-\frac{t}{\tau}}$$

分别与式(9-23)、式(9-24)完全一致。

综上所述,电路的全响应既可分解为零状态响应与零输入响应之和,也可以分解为稳态分量与暂态分量之和。前一种方法是两个分量分别与输入激励和初始状态有明显的因果关系和线性关系,便于分析计算。后一种分法则能明显地反映电路的工作状态,便于描述电路过渡过程的特点。注意,稳态分量、暂态分量与零状态响应、零输入响应的概念是不相同的,必须加以区分。例如上述的 u_C,其各分量之间的关系如下所示:

$$u_C = \overbrace{U_S - U_S e^{-\frac{t}{\tau}}}^{\text{零状态响应}} + \overbrace{U_0 e^{-\frac{t}{\tau}}}^{\text{零输入响应}} = \underbrace{U_S}_{\text{稳态分量}} \underbrace{- U_S e^{-\frac{t}{\tau}} + U_0 e^{-\frac{t}{\tau}}}_{\text{暂态分量}} \tag{9-27}$$

应该指出,当激励为常量(直流)或正弦函数(周期交流)时,强制分量也就是稳态分量,自由分量与暂态分量也通用。如果激励是衰减的指数函数(非周期函数),则强制分量也将是以相同规律衰减的指数函数,这时只能称为强制分量,不能再称为稳态分量。

从求解微分方程可知,电路的全响应可分为稳态分量(特解)和暂态分量(齐次方程通解)两部分。暂态分量的形式为 $Ae^{-\frac{t}{\tau}}$,所以全响应为

$$r(t) = r_p(t) + r_g(t) = r_p(t) + Ae^{-\frac{t}{\tau}}$$

式中,积分常数 A 可根据初始条件来确定,即 $t=0_+$ 时,

$$r(0_+) = r_p(0_+) + A$$

所以

$$A = r(0_+) - r_p(0_+)$$

因此全响应为

$$r(t) = r_p(t) + [r(0_+) - r_p(0_+)]e^{-\frac{t}{\tau}} \tag{9-28}$$

由式(9-28)可知,有了稳态分量 $r_p(t)$,初始值 $r(0_+)$ 和时间常数 τ,电路的全响应就可随之确定。稳态分量、初始值和时间常数称为一阶电路的三个要素,按式(9-28)来求全响应的方法称为“三要素法”。

式(9-28)即为三要素法公式,它对任一线性一阶电路中的任一电路变量都适用,只要算出它的三个要素,代入公式便能很快地写出全响应,这是一种快捷算法。由于零状态响应和零输入响应都是全响应的特殊情况,所以三要素法也适用于计算一阶电路的零状态响应和零输入响应。

在直流激励下的一阶电路,因稳态分量是恒定的,常用 $r(\infty)$ 表示,且有

$$r_p(t) = r_p(0_+) = r(\infty)$$

所以式(9-28)可写成

$$r(t) = r(\infty) + [r(0_+) - r(\infty)]e^{-\frac{t}{\tau}} \tag{9-29}$$

例 9-7 在图 9-28(a)所示电路中,$U_S=10\ \text{V}, I_S=2\ \text{A}, R=2\ \Omega, L=4\ \text{H}$。试求 S 闭合后电路中的电流 i_L 和 i。

解 根据换路定律有

$$i_L(0_+)=i_L(0_-)=-I_S=-2\ \text{A}$$

换路后,将电感 L 以外的电路变换成戴维南等效电路,如图 9-28(b)所示,其中

$$U_{oc}=U_S-RI_S=10-2\times2=6\ \text{V}$$

$$R_i=R=2\ \Omega$$

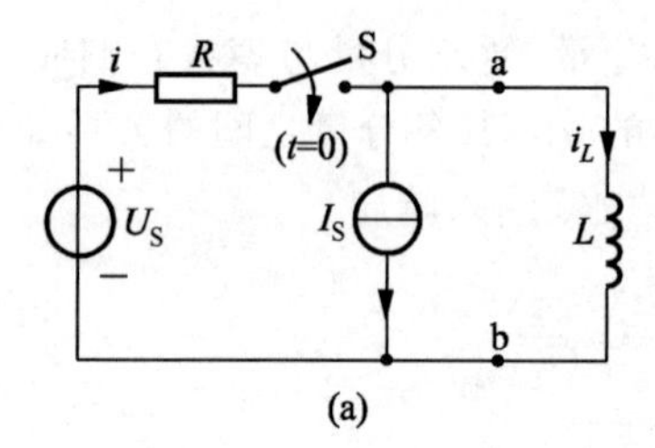

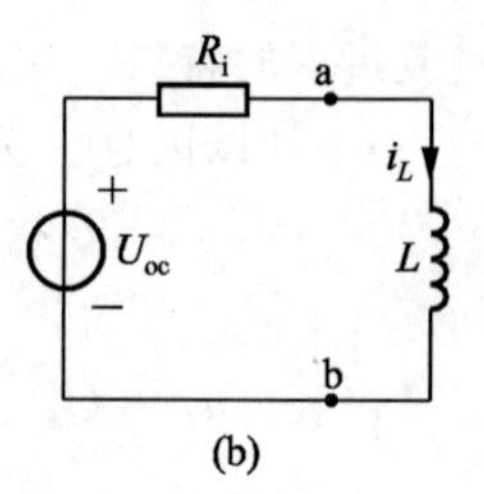

图 9-28 例 9-7 图

所以达到稳态时,电感 L 的电流为

$$i_L(\infty)=\frac{U_{oc}}{R_i}=\frac{6}{2}=3\ \text{A}$$

时间常数为

$$\tau=\frac{L}{R_i}=\frac{4}{2}=2\ \text{s}$$

代入三要素法公式(9-29)得

$$i_L=3+(-2-3)\mathrm{e}^{-\frac{t}{2}}=3-5\mathrm{e}^{-0.5t}\ \text{A},\quad t\geqslant0$$

i_L 随时间变化的曲线如图 9-29 所示。

电流 i 可回到图 9-28(a)根据 KCL 求得为

$$i=I_S+i_L=5-5\mathrm{e}^{-0.5t}\ \text{A},\quad t>0$$

电流 i 也可由三要素法直接求出,由图 9-30 所示的 0_+ 等效电路,由 KCL

$$i(0_+)=I_S-i_L(0_+)=0$$

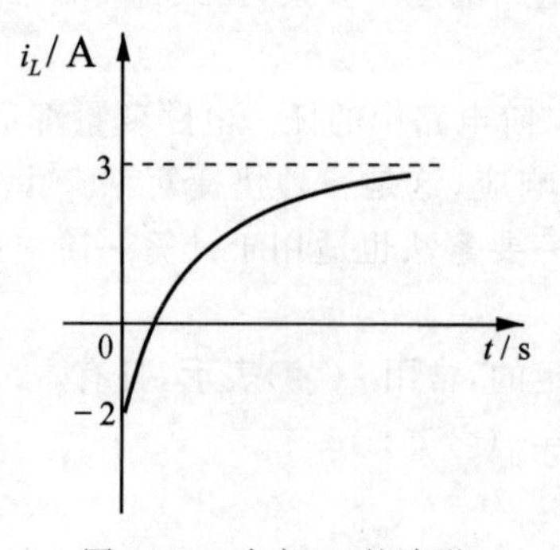

图 9-29 响应 i_L 的波形

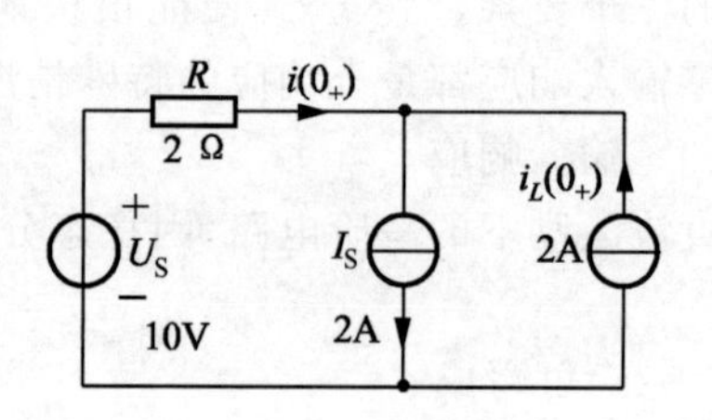

图 9-30 0_+ 等效电路

电路达到稳态时，电感 L 相当于短路，所以有

$$i(\infty)=\frac{U_S}{R}=\frac{10}{2}=5\ \text{A}$$

时间常数与前一致

$$\tau=\frac{L}{R_i}=2\ \text{s}$$

代入三要素法公式(9-29)得

$$i=5+(0-5)e^{-\frac{t}{2}}=5-5e^{-0.5t}\ \text{A},\quad t>0$$

结果与前一致。

例 9-8 在图 9-31 所示电路中，已知 $U_S=12\ \text{V}$，$R_1=R_2=R_3=3\ \text{k}\Omega$，$C=1000\ \text{pF}$，$u_C(0_-)=0$，开关 S 在 $t=0$ 时断开，经 $t_1=2\ \mu\text{s}$ 后又合上，求 u_C 和 u_3。

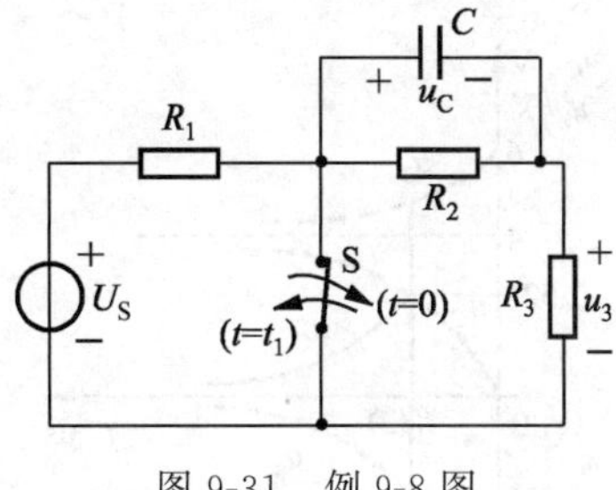

图 9-31 例 9-8 图

解 (1) 当 $0\leqslant t\leqslant t_1$ 时，为开关 S 断开情况。

① 初始值

由于 $u_C(0_+)=u_C(0_-)=0$，在 0_+ 时刻电容相当于短路，所以 $u_3(0_+)$ 应由 R_1 与 R_3 分压确定，即

$$u_3(0_+)=\frac{R_3}{R_1+R_3}U_S=6\ \text{V}$$

② 稳态分量

电路达到稳态时，电容相当于开路，这时 $u_C(\infty)$、$u_3(\infty)$ 可由 R_1、R_2、R_3 串联分压确定，即

$$u_C(\infty)=\frac{R_2}{R_1+R_2+R_3}U_S=4\ \text{V}$$

$$u_3(\infty)=\frac{R_3}{R_1+R_2+R_3}U_S=4\ \text{V}$$

③ 时间常数

入端电阻为

$$R_i=\frac{(R_1+R_3)R_2}{R_1+R_3+R_2}=2\ \text{k}\Omega$$

所以 $\tau_1=R_iC=2\times10^3\times1000\times10^{-12}\ \text{s}=2\ \mu\text{s}$

代入三要素法公式(9-29)即得

$$u_C=4+(0-4)e^{-\frac{t}{\tau_1}}=4(1-e^{-5\times10^5t})\ \text{V},\quad 0\leqslant t\leqslant t_1$$

$$u_3=4+(6-4)e^{-\frac{t}{\tau_1}}=4+2e^{-5\times10^5t}\ \text{V},\quad 0<t<t_1$$

(2) 在 $t\geqslant t_1$ 时，即开关 S 又合上的情况。

① 初始值

由换路定律 $u_C(t_{1+})=u_C(t_{1-})$，图 9-31 中，$t=t_1$ 时 S 已闭合，故 $u_3(t_{1+})=-u_C(t_{1+})$ 而

$$u_C(t_{1+})=4(1-\mathrm{e}^{-5\times10^5 t_1})$$
$$=4(1-\mathrm{e}^{-5\times10^5\times2\times10^{-6}})=2.528\ \mathrm{V}$$

所以 $$u_3(t_{1+})=-u_C(t_{1+})=-2.528\ \mathrm{V}$$

② 稳态分量

当 $t\geqslant t_1$ 时,U_S、R_1 支路被短路,所以有 $u_C(\infty)=0$,$u_3(\infty)=0$。

③ 时间常数

这时的入端电阻为

$$R_i=\frac{R_2R_3}{R_2+R_3}=1.5\ \mathrm{k\Omega}$$

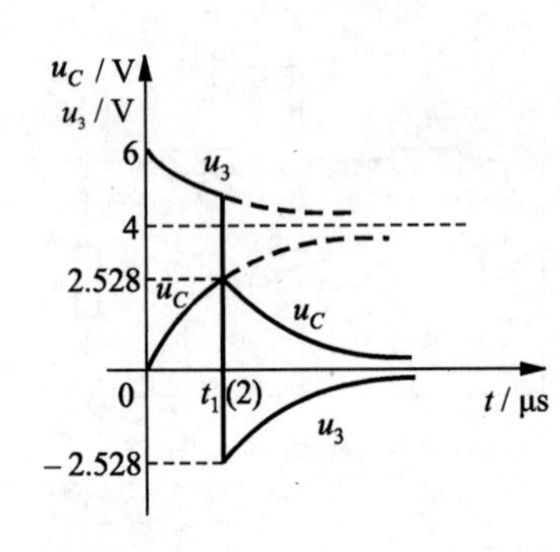

图 9-32 响应 u_C、u_3 的波形

所以 $\tau_2=R_iC=1.5\ \mu\mathrm{s}$

再令 $t'=t-t_1$,当 $t=t_1$ 时 $t'=0$

将以上各要素代入三要素法公式(9-29)得

$$u_C=2.528\mathrm{e}^{-\frac{t'}{\tau_2}}$$
$$=2.528\mathrm{e}^{-6.67\times10^5(t-t_1)}\ \mathrm{V},\quad t\geqslant t_1$$
$$u_3=-2.528\mathrm{e}^{-6.67\times10^5(t-t_1)}\ \mathrm{V},\quad t>t_1$$

它们随时间变化的波形如图 9-32 所示。

例 9-9 电路如图 9-33(a)所示,设开关 S 闭合前电路已达稳态,$t=0$ 时开关 S 闭合。求 $t\geqslant0$ 时的电压 u_0。

解 (1) 初始值

因换路前电路已达稳态,则有 $u_C(0_-)=U_{S2}$,由换路定律

$$u_C(0_+)=u_C(0_-)=U_{S2}$$

则 $$u_0(0_+)=u_C(0_+)=U_{S2}$$

(2) 稳态分量

S 闭合后达到稳态时,电容相当于开路,故有

$$u_0(\infty)=U_{S2}-\beta i_bR_2$$

而 $$i_b=\frac{U_{S1}}{R_1}$$

所以 $$u_0(\infty)=U_{S2}-\beta\frac{R_2}{R_1}U_{S1}$$

(3) 时间常数

入端电阻 R_i 可由图 9-33(b)所示的电路求得,即

$$R_i=\frac{u_{in}}{i_{in}}=\frac{(i_b+\beta i_b)R_2}{i_b}=(1+\beta)R_2$$

所以 $$\tau=R_iC=(1+\beta)R_2C$$

代入三要素法公式(9-29)得

$$u_0=\left(U_{S2}-\beta\frac{R_2}{R_1}U_{S1}\right)+\left[U_{S2}-\left(U_{S2}-\beta\frac{R_2}{R_1}U_{S1}\right)\right]e^{-\frac{t}{\tau}}$$

$$=U_{S2}-\beta\frac{R_2}{R_1}U_{S1}(1-e^{-\frac{t}{(1+\beta)R_2C}}),\quad t\geqslant 0$$

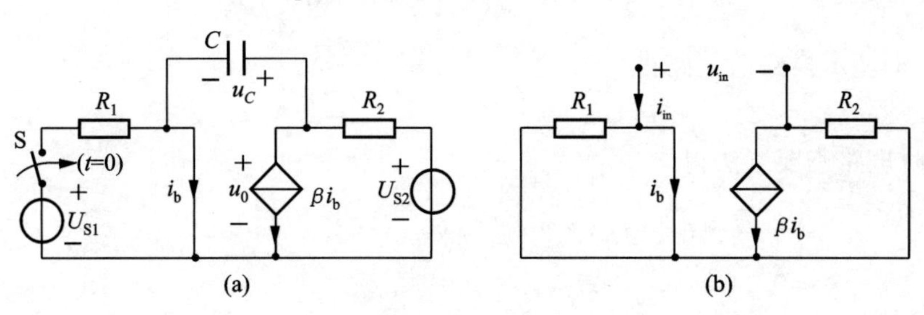

图 9-33 例 9-9 图

例 9-10 电路如图 9-34 所示，已知纯电阻二端口网络 N 的传输参数 $\boldsymbol{T}=\begin{bmatrix}3 & 4\ \Omega\\ 2\ \mathrm{S} & 3\end{bmatrix}$，电压源 $U_S=5$ V，电流源 $I_S=2$ A，$L=0.25$ H，在 $t=0$ 时将开关 S 由"1"扳向"2"。求电感电流 i_L。

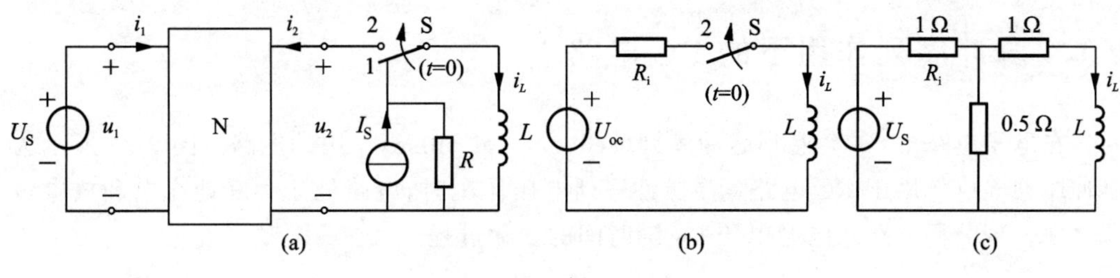

图 9-34 例 9-10 图

解法 1 标出二端口网络 N 的端口电压、电流参考方向如图 9-34(a)所示，写出其传输参数方程

$$u_1=3u_2-4i_2$$
$$i_1=2u_2-3i_2$$

当 $i_2=0$ 时，得输出端口开路电压

$$U_{oc}=\frac{U_S}{3}=1.67\ \mathrm{V}$$

当 $u_2=0$ 时，得输出端口短路电流

$$I_{sc}=-\frac{U_S}{4}=-1.25\ \mathrm{A}$$

由此得双口网络输出电阻

$$R_i=-\frac{U_{oc}}{I_{sc}}=\frac{4}{3}\ \Omega\approx 1.33\ \Omega$$

画出其等效电路如图 9-34(b)所示。换路后电流稳态值为

$$i_L(\infty)=\frac{U_{\mathrm{oc}}}{R_{\mathrm{i}}}=1.25\ \mathrm{A}$$

时间常数为

$$\tau=\frac{L}{R_{\mathrm{i}}}=\frac{0.25}{4/3}=\frac{3}{16}=0.1875\ \mathrm{s}$$

据图 9-34(a)所示换路前电路得

$$i_L(0_+)=i_L(0_-)=I_{\mathrm{S}}=2\ \mathrm{A}$$

由一阶电路三要素法得

$$i_L(t)=i_L(\infty)+[i_L(0_+)-i_L(\infty)]\mathrm{e}^{-\frac{t}{\tau}}$$

$$=1.25+0.75\mathrm{e}^{-\frac{16}{3}t}\ \mathrm{A},\quad t\geqslant 0$$

解法 2 由已知条件得知纯电阻二端口网络为对称双口网络,它可用 T 形或 Π 形网络等效,其换路后等效 T 形电路如图 9-34(c)所示。由此电路直接求得

$$i_L(\infty)=1.25\ \mathrm{A}$$

$$\tau=0.1875\ \mathrm{s}$$

具体计算请读者自行完成。

*9.6 脉冲序列作用下的 RC 电路

在电子电路中,常会遇到**脉冲序列**(sequence of pulse)作用的电路。图 9-35 所示为脉冲序列电压作用于 RC 电路。当脉冲序列电压作用时,电路处于不断地充电和放电过程之中。现分析电路中电容电压 u_C 随时间的变化过程。

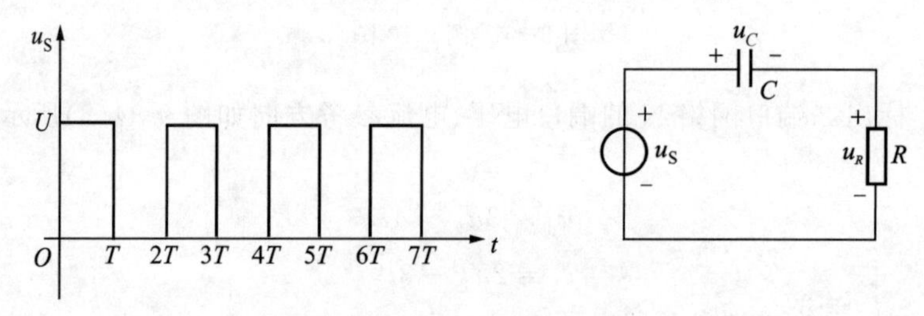

图 9-35 脉冲序列电压作用于 RC 电路

现在先分析一种特殊情况,$T\gg\tau(\tau=RC)$。当时间在$(0\sim T)$间隔内,电源电压 $u_{\mathrm{S}}=U$,电容处于充电过程,因设 T 远大于电路的时间常数 τ,可以认为 $t=T$ 时电容电压 u_C 早已达到稳态值 U。这段时间$(0\sim T)$其响应为零状态响应。

当时间在$(T\sim 2T)$间隔内,电源电压 $u_{\mathrm{S}}=0$,电容处于放电过程,当 $t=2T$ 时电容电压早已衰减到接近于零。故该段时间的响应为零输入响应。在以后的$(2T\sim 3T)$,$(3T\sim 4T)$,…间隔内不断地重复上述充、放电过程,u_C,u_R 波形如图 9-36 中所示。

下面着重讨论 $T<\tau(\tau=RC)$的一般情况。图 9-37 中画出了在这一情况下 u_C 曲线图。在$(0\sim T)$时间内,电容充电,u_C 从零开始上升,但因时间常数 $\tau>T$,在 $t=T$ 时 u_C

还未达到稳态值 U 时，输入方波就变为零，电容转而放电，u_C 开始下降，到 $t=2T$ 时，u_C 还未降到零，输入方波又变到 U，电容又开始充电，但这次充电时，u_C 的起始值已不再是零，比上一次要高。在最初若干周期，每个周期开始充电时，u_C 的起始电压都在不断升高，直到经过足够多的充、放电周期后，这个起始电压就稳定在一定的数值上（图 9-37 中所示的 U_{10} 值），这时 u_C 在一个周期开始电容充电时的起始值就等于该周期结束时电容放电所下降到的值，u_C 也就进入了周期变化的稳态过程。在分析这一电路时，应该注意到：①在充电或放电的动态过程中，u_C 都是由该过程的起始值向其稳态值 U 变化，但由于时间常数 τ 较大，在 u_C 尚未达到稳态时值，电路又发生了换路，于是又开始了下一个过程；②u_C 的每一个局部过程（如 $0\sim T, T\sim 2T,\cdots$），都是 RC 电路的充电或放电的过渡过程，可以用分析过渡过程的方法进行分析，但就 u_C 变化的全部过程而言，也可把它分成过渡过程和稳态过程（在经过 $3\tau\sim5\tau$ 时间之后）两个不同阶段。

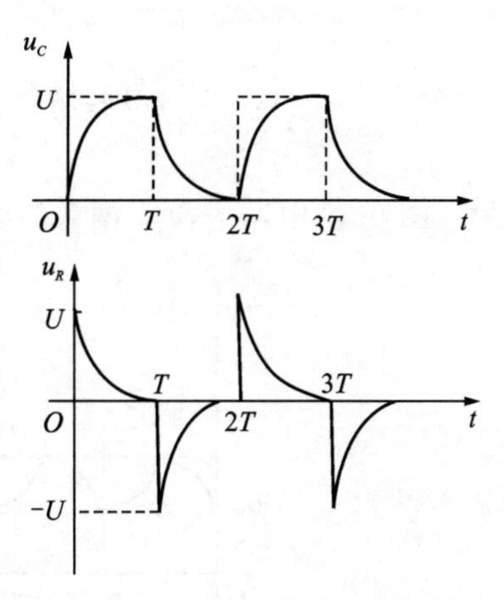

图 9-36　u_C，u_R 随时间变化的曲线（$T\gg\tau$ 的情况）

视频 9-2 RC 电路脉冲序列响应演示

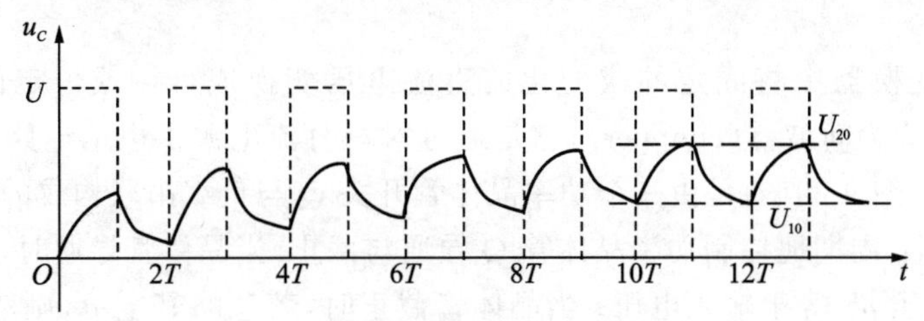

图 9-37　u_C 随时间变化的曲线（$T<\tau$ 的情况）

在实际问题中，有时感兴趣的是稳态响应，达到稳态时 u_C 的 U_{10} 和 U_{20} 值（图 9-37）可按下述方法求出。

设 U_{10} 为稳态情况下充电过程的起始值，则经过时间 T 后，u_C 将增加到 U_{20}，有

$$U_{20}=U_{10}+(U-U_{10})(1-\mathrm{e}^{-T/\tau}) \tag{9-30}$$

因 U_{20} 又为放电过程的起始值，经过时间 T 后，u_C 将下降到 U_{10}，有

$$U_{10}=U_{20}\mathrm{e}^{-T/\tau} \tag{9-31}$$

由式(9-30)、式(9-31)两式解得

$$U_{20}=U\frac{1-\mathrm{e}^{-T/\tau}}{1-\mathrm{e}^{-2T/\tau}}=\frac{U}{1+\mathrm{e}^{-T/\tau}}$$

$$U_{10}=U\frac{(1-\mathrm{e}^{-T/\tau})\mathrm{e}^{-T/\tau}}{1-\mathrm{e}^{-2T/\tau}}=\frac{U\mathrm{e}^{-T/\tau}}{1+\mathrm{e}^{-T/\tau}}$$

求出了 U_{10}、U_{20}，也就不难得出 u_C 的稳态分量 u_{Cs}，如图 9-37 中所示。

要求出在脉冲序列作用下 u_C 的全响应，只需再加上暂态分量，即

$$u_C = u_{Cs} + u_{Ct}$$

暂态分量 $u_{Ct} = A e^{-t/\tau}$,由起始条件 $u_C(0)=0$ 可知

$$u_{Ct} = -U_{10} e^{-t/\tau}$$

显然,图 9-38 中,u_{Cs},u_{Ct} 两条曲线相加就等于图 9-37 中 u_C 的曲线。

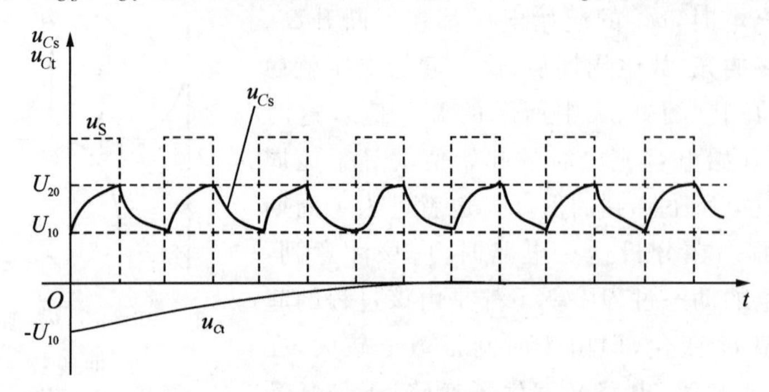

图 9-38　u_C 的稳态分量 u_{Cs} 和暂态分量 u_{Ct}

*9.7　直流斩波电路

电力电子变换器中将固定的或变化的直流电压变换成可调或恒定的直流电压的 DC/DC 变换器称为**斩波器**(chopper),它是通过对一直流电源供电的电路进行快速通断控制来完成的。图 9-39(a)是由一个功率晶体管开关 Q 与负载串联构成的斩波电路。

驱动信号 u_b 周期地控制功率晶体管 Q 导通与截止,当晶体管导通时,若忽略其饱和压降,则输出电压 u_o 等于输入电压;当晶体管截止时,若忽略其电流,则输出电压为零,各电压波形如图 9-39(b)所示。

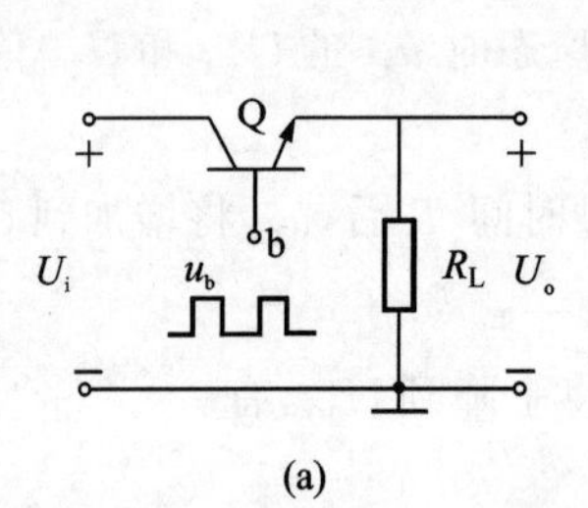

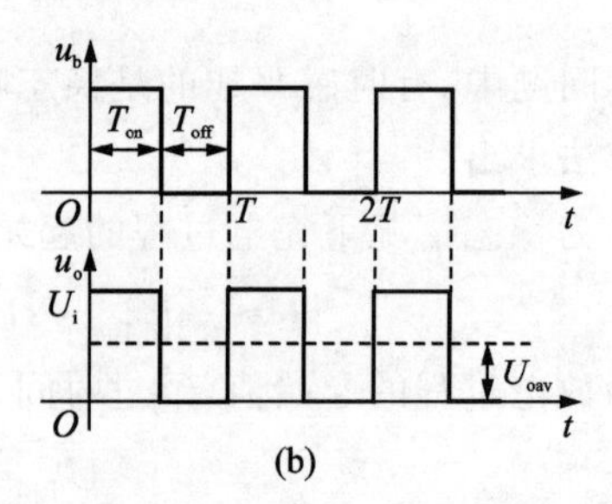

图 9-39　斩波器原理图

输出电压的平均值为

$$U_{oav} = \frac{1}{T}\int_0^{T_{on}} u_o \mathrm{d}t = \frac{T_{on}}{T} U_i = DU_i \tag{9-32}$$

输出电压的有效值

$$U_o = \sqrt{\frac{1}{T}\int_0^{T_{on}} u_o^2 \mathrm{d}t} = \sqrt{D}\, U_i$$

式中，$T=\frac{1}{f}$是开关周期，f 为斩波频率，T_{on} 是晶体管 Q 导通时间，T_{off} 是晶体管 Q 截止时间，定义 $D=\frac{T_{on}}{T}$为斩波**占空度(Duty cycle)**，也称为**占空比**(Duty Ratio)。

负载电流的平均值

$$I_{oav}=\frac{U_o}{R_L}=\frac{DU_i}{R_L}$$

假设斩波器没有损耗，其输入功率等于输出功率

$$P_i=P_o=\frac{1}{T}\int_0^{T_{on}} U_i i\,dt=D\frac{U_i^2}{R_L}$$

可见，改变占空比 D 就可改变输出电压 U_o，并控制了输出功率，由于 $D<1$，所以斩波器是降压斩波器。

图 9-39(b)所示斩波器输出电压波形可以看出，输出电压的脉动(一般称为**纹波** ripple wave)很大，这在负载上会产生很大的谐波。为了降低纹波，对电路作改进如图 9-40(a)所示，输出端接入电感 L，D 为续流二极管。

图 9-40(a)中，当晶体管 Q 导通时，二极管 D 处于截止状态，电路如图 9-40(b)所示，电路是一阶 RL 电路的零状态响应，电感中电流从零开始逐渐增大，电感储存能量；当晶体管 Q 关断时，由于电感中的电流不能突变，感应电动势反向，迫使二极管 D 导通，续流电路如图 9-40(c)所示，电路是一阶 RL 电路的零输入响应，电感中电流减小，释放能量。现分析电路中电压 u_o 随时间变化的过程。

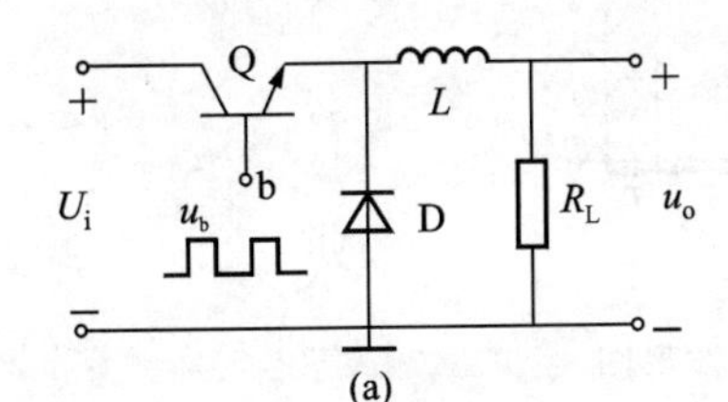

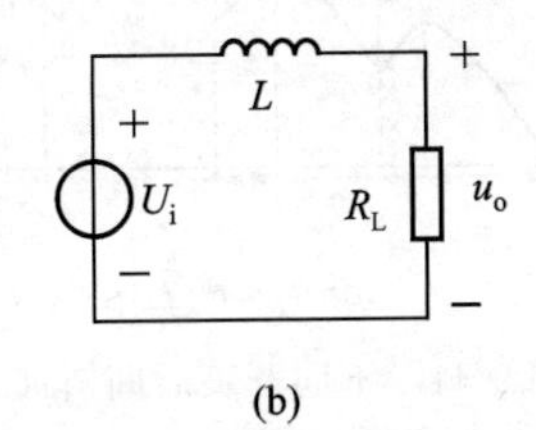

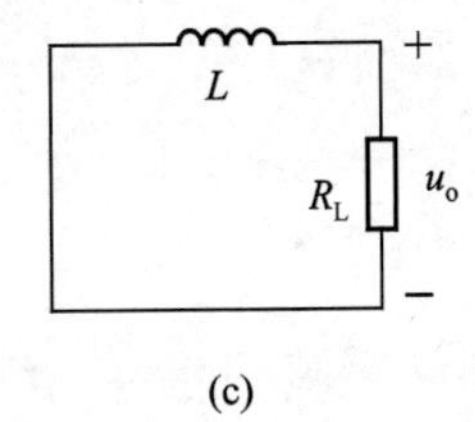

图 9-40　改进斩波器原理图

(1) $T_{on}\gg\tau$，$T_{off}\gg\tau$

$\tau=\frac{L}{R}$是时间常数，当晶体管 Q 导通和关断的持续时间远大于电路的时间常数 τ 时，电路很快达到新的稳态，输出电压表达式为

$$u_o=U_i(1-e^{-\frac{t}{\tau}}),\quad 0<t<T_{on}$$

$$u_o=U_i e^{-\frac{t-T_{on}}{\tau}},\qquad T_{on}<t\leqslant T$$

波形如图 9-41(b)所示，显然，这种参数选择没有达到平滑纹波的目的。

(2) $T_{on}<\tau$，$T_{off}<\tau$，且 $T_{on}>T_{off}$

此时，由于晶体管 Q 导通和关断的持续时间小于电路的时间常数，因此，电路的输

出电压在晶体管Q导通和关断的持续时间内都不能达到新的稳态值，由于 $T_{on}>T_{off}$ 值，电感电流上升后再下降，再上升，但每次上升的初始值都比上一次要大，经过足够多的周期后，电路会达到一个周期性变化的稳定状态。如图9-41(c)所示，若设 U_1 为稳态时每个周期输出电压的最大值，U_2 为其最小值，根据一阶电路的三要素法可以写出整个稳态时斩波电路输出电压的表达式，为了计算方便，将稳态的计时起点设为零。

$$u_o = U_i + (U_2 - U_i)e^{-\frac{t}{\tau}}, \quad 0 < t \leqslant T_{on} \tag{9-33a}$$

$$u_o = U_1 e^{-\frac{t-T_{on}}{\tau}}, \quad T_{on} < t < T \tag{9-33b}$$

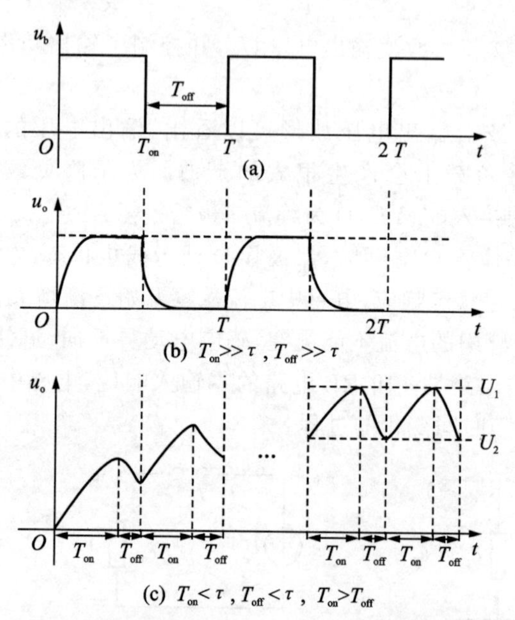

图9-41 不同开关时间斩波器输出波形图

将电感电流上升结束的时刻 $t=T_{on}$ 代入式(9-33a)得

$$U_i + (U_2 - U_i)e^{-\frac{T_{on}}{\tau}} = U_1 \tag{9-34a}$$

将电感电流下降结束的时刻 $t=T_{on}+T_{off}$ 代入式(9-33b)得

$$U_1 e^{-\frac{T_{off}}{\tau}} = U_2 \tag{9-34b}$$

联立式(9-34a)、式(9-34b)解得

$$U_1 = \frac{U_i(1-e^{-\frac{T_{on}}{\tau}})}{1-e^{-T/\tau}} \tag{9-35a}$$

$$U_2 = \frac{U_i(1-e^{-\frac{T_{on}}{\tau}})}{e^{T_{off}/\tau}-e^{-T_{on}/\tau}} \tag{9-35b}$$

从输出电压及其波形都可以看出，输出电压的纹波减小，且开关频率越高，纹波越小。

在实际的降压斩波器中，为了使输出电压的纹波减小，常在负载两端并联一个大电容，也就是所谓的降压式(Buck)变换器。

9.8 单位阶跃函数和单位冲激函数

电路中的开关切换以及短时间有很大能量注入电路，如闪电等可以用单位阶跃函数和单位冲激函数模拟，这两个函数均为奇异函数。

9.8.1 单位阶跃函数

单位阶跃函数(unit step function)用符号 $\varepsilon(t)$ 表示，其定义为

$$\varepsilon(t)=\begin{cases}0, & t<0\\ 1, & t>0\end{cases} \tag{9-36}$$

其波形如图 9-42(a)所示。

若单位阶跃函数延迟了 t_0 才出现，如图 9-42(b)所示，称为延迟单位阶跃函数，参照式(9-36)，记作 $\varepsilon(t-t_0)$，即

$$\varepsilon(t-t_0)=\begin{cases}0, & t<t_0\\ 1, & t>t_0\end{cases} \tag{9-37}$$

若阶跃的幅度为 K，则应分别写成 $K\varepsilon(t)$ 或 $K\varepsilon(t-t_0)$。

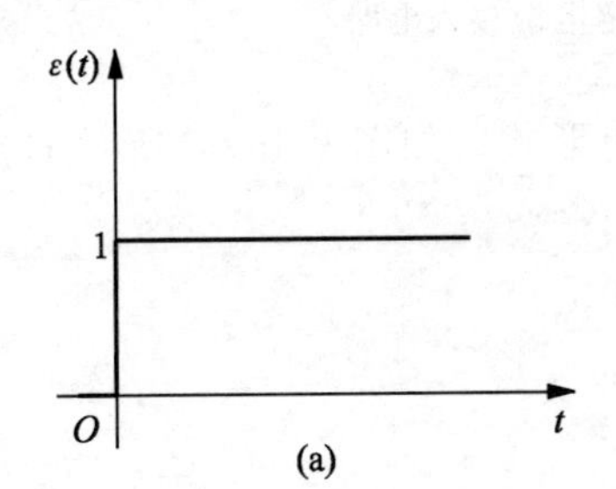

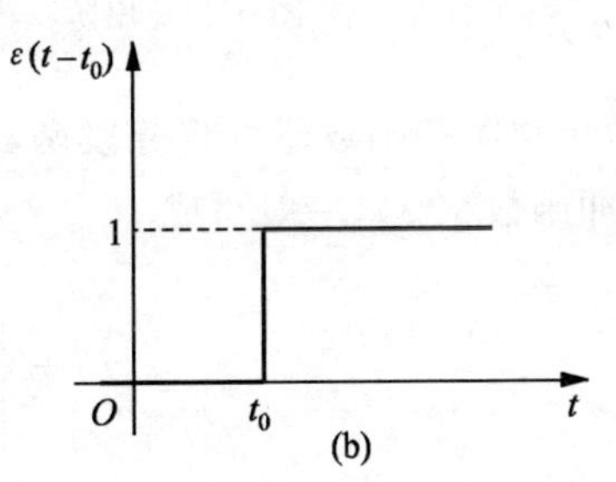

图 9-42 单位阶跃函数的波形

任何一个函数 $f(t)$，设其波形如图 9-43(a)所示，借助单位阶跃函数可描述其定义域，如：

$$f(t)\varepsilon(t)=\begin{cases}0, & t<0\\ f(t), & t>0\end{cases} \tag{9-38a}$$

$$f(t)\varepsilon(t-t_0)=\begin{cases}0, & t<t_0\\ f(t), & t>t_0\end{cases} \tag{9-38b}$$

$$f(t-t_0)\varepsilon(t-t_0)=\begin{cases}0, & t<t_0\\ f(t-t_0), & t>t_0\end{cases} \tag{9-38c}$$

各波形如图 9-43(b)、(c)、(d)所示。应注意图 9-43(c)与图 9-43(d)的区别。

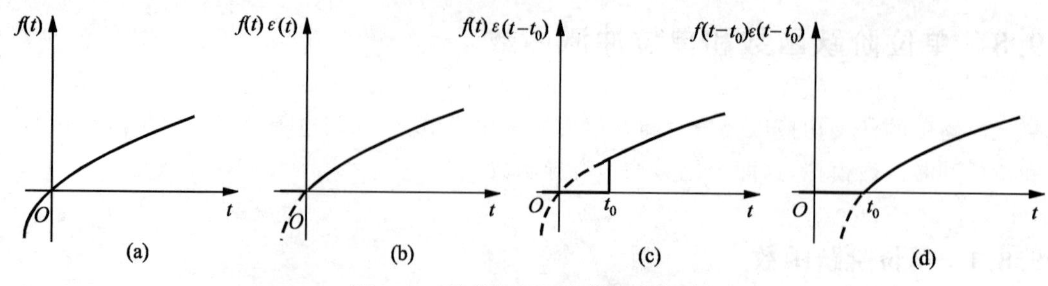

图 9-43　单位阶跃函数的起始作用

可见单位阶跃函数具有切换的作用,可以用来规定任意波形的起始点。例如图 9-44(a)及图 9-44(c)中,开关 S 在 $t=0$ 时刻由"1"扳向"2",可用阶跃激励电路代替,如图 9-44(b)及图 9-44(d)所示。

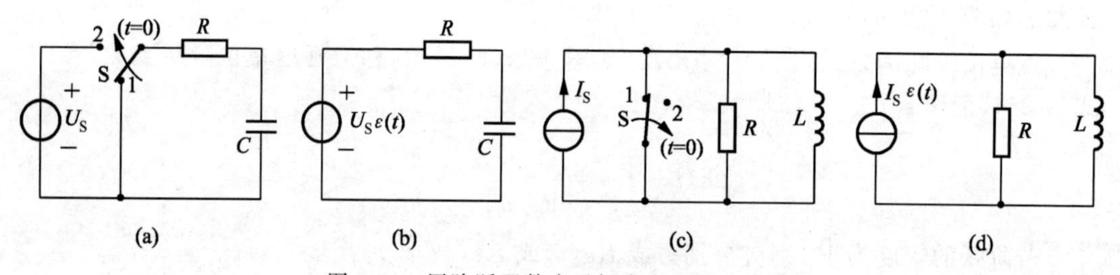

图 9-44　用阶跃函数表示恒定电源接入电路

此外,单位阶跃函数还可将分段函数写成封闭形式。如图 9-45(a)所示的幅值为 1 的矩形脉冲函数 $f(t)$,一般写成

$$f(t)=\begin{cases}0, & t<0\\ 1, & 0<t<t_1\\ 0, & t>t_1\end{cases}$$

若将其看作如图 9-45(b)、(c)两个单位阶跃函数之差,则可写成下列封闭形式:

$$f(t)=\varepsilon(t)-\varepsilon(t-t_1) \tag{9-39}$$

此式又称为闸门函数。

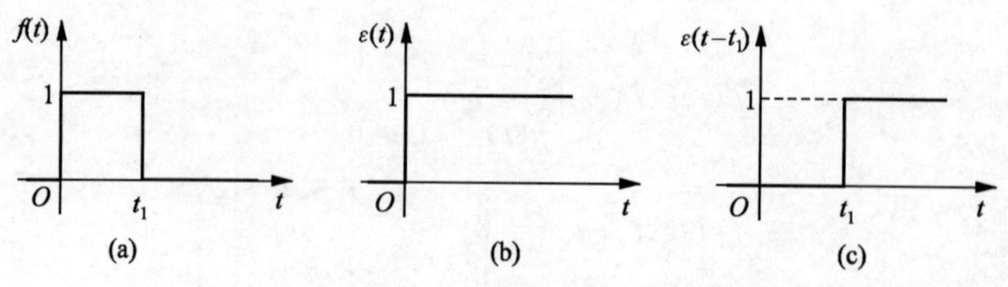

图 9-45　用阶跃函数合成脉冲函数

再如图 9-46 所示的函数 $f(t)$，分段表示为

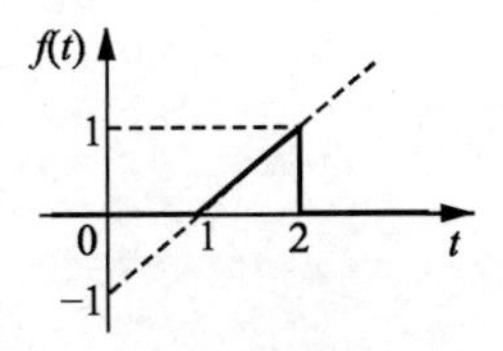

图 9-46　阶跃函数合成斜坡函数

$$f(t)=\begin{cases}0, & t<1\\ t-1, & 1<t<2\\ 0, & t>2\end{cases}$$

借助闸门函数可写成下列封闭形式：

$$\begin{aligned}f(t)&=(t-1)[\varepsilon(t-1)-\varepsilon(t-2)]\\&=(t-1)\varepsilon(t-1)-(t-1)\varepsilon(t-2)\end{aligned}$$

或　　$$f(t)=(t-1)\varepsilon(t-1)-(t-2)\varepsilon(t-2)-\varepsilon(t-2)$$

9.8.2　单位冲激函数

单位冲激函数(unit impulse function)又称 $\delta(t)$ 函数，其定义为

$$\left.\begin{array}{ll}\delta(t)=0, & t\neq 0\\ \delta(t)\rightarrow\infty, & t=0\\ \int_{-\infty}^{+\infty}\delta(t)\mathrm{d}t=1 & \end{array}\right\}\tag{9-40}$$

由上述定义可知，$\delta(t)$函数可看作单位面积脉冲函数的一种极限。如图 9-47(a)所示为一单位面积矩形脉冲函数 $P_\Delta(t)$，其宽度为 Δ，幅度为 $1/\Delta$，所以其波形与横轴所包围的面积等于 1，当脉冲宽度 Δ 变得越来越窄时，其幅度 $1/\Delta$ 将越来越大，但其所包围的面积仍为 1，当脉宽 $\Delta\rightarrow 0$ 时，则幅度 $1/\Delta\rightarrow\infty$，但其面积仍为 1，这时函数 $P_\Delta(t)$就成为式(9-40)所定义的单位冲激函数 $\delta(t)$。

单位冲激函数的波形如图 9-47(b)所示，用粗线箭头表示 $\delta(t)$。或在箭头旁标明 1，表示该冲激函数的“波形面积”或“强度”为 1。同理，可以用 $K\delta(t)$表示一个“波形面积”或“强度”为 K 的冲激函数，如图 9-47(c)所示，可在箭头旁标明 K。

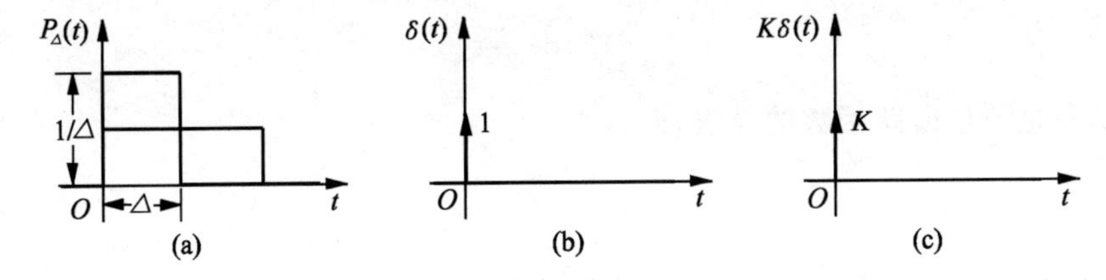

图 9-47　冲激函数的实际意义

若单位冲激函数在 $t=t_1$ 时出现，用 $\delta(t-t_1)$表示，如图 9-48(a)所示，也称延时的单位冲激函数。若“波形面积”或“强度”为 K 的冲激函数在 $t=t_1$ 时出现，则用 $K\delta(t-t_1)$表示，如图 9-48(b)所示。

由于当 $t\neq 0$ 时，$\delta(t)=0$，所以对任意在 $t=0$ 时为连续的函数 $f(t)$，将有

$$f(t)\delta(t)=f(0)\delta(t)$$

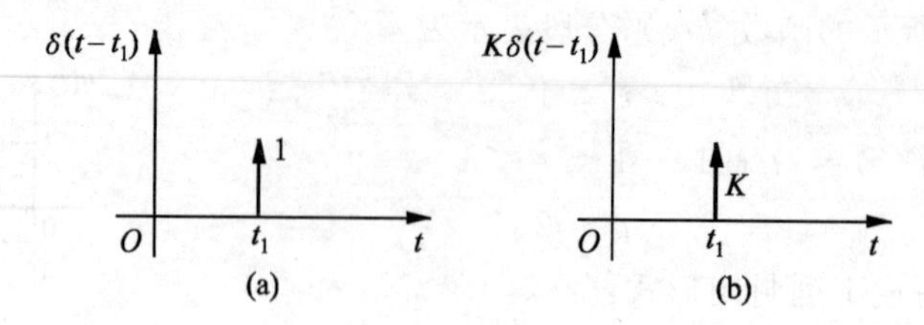

图 9-48　冲激函数的波形

因此

$$\int_{-\infty}^{+\infty} f(t)\delta(t)\mathrm{d}t = f(0)\int_{-\infty}^{+\infty}\delta(t)\mathrm{d}t = f(0)$$

同理，对于任意在 $t=\tau$ 时连续的函数 $f(t)$，将有

$$f(t)\delta(t-\tau) = f(\tau)\delta(t-\tau)$$

因此

$$\int_{-\infty}^{+\infty} f(t)\delta(t-\tau)\mathrm{d}t = f(\tau)$$

这些都说明，δ 函数有把一个函数在某一瞬间的值“筛”出来的作用，这一性质称为 δ 函数的“筛分”性质。

9.8.3　单位冲激函数与单位阶跃函数之间的关系

单位阶跃函数是 δ 函数的积分

$$\int_{-\infty}^{t}\delta(\xi)\mathrm{d}(\xi) = \begin{cases} 0, & t<0 \\ 1, & t>0 \end{cases}$$

根据单位阶跃函数的定义式(9-36)，与上式比较可得

$$\int_{-\infty}^{t}\delta(\xi)\mathrm{d}\xi = \varepsilon(t) \tag{9-41}$$

反之，δ 函数是单位阶跃函数的导数，即

$$\delta(t) = \frac{\mathrm{d}}{\mathrm{d}t}\varepsilon(t) \tag{9-42}$$

从传统的数学观点看，这样求导是不成立的。如果从图 9-49 所示的取极限过程来看，式(9-42)也是一种极限状况。如图 9-49(a)，对 $P_1(t)$求导，在 $0<t<1$ 时，导数为 1，$t>1$ 时导数为 0，其波形如图 9-49(a)中的 $P_\Delta(t)$，亦即 $P_\Delta(t)=\frac{\mathrm{d}}{\mathrm{d}t}P_1(t)$。图 9-49(b)也有类似的关系。若 $P_1(t)$的前沿上升速率无限增加至图 9-49(c)中的 $\varepsilon(t)$，则 $P_\Delta(t)=\frac{\mathrm{d}}{\mathrm{d}t}P_1(t)$的宽度 $\Delta\to 0$，幅度$\to\infty$，而面积仍为 1，即成为 $\delta(t)$。

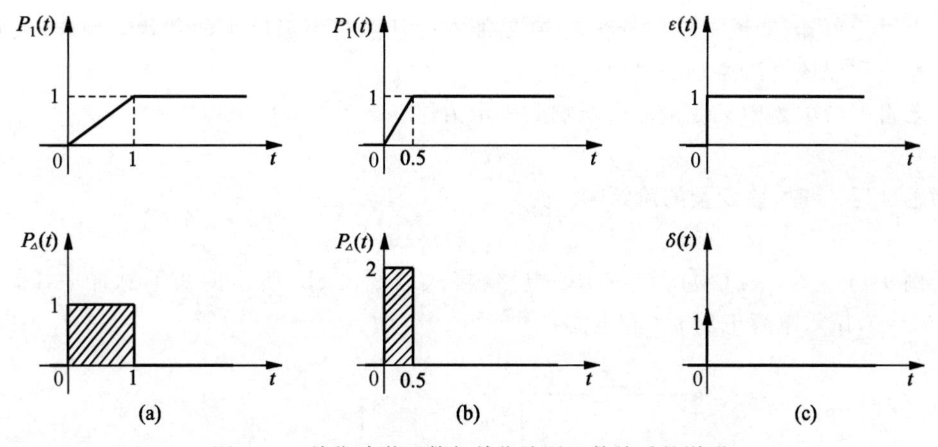

图 9-49　单位冲激函数与单位阶跃函数关系的说明

9.9　一阶电路的阶跃响应和冲激响应

9.9.1　阶跃响应

零初始状态电路,在单位阶跃电压或电流的激励下所引起的响应称为**单位阶跃响应**(unit step response),简称阶跃响应,记为 $g(t)$。响应可以是电压,也可以是电流。它的求解方法与 9.4 节相同,只要在直流输入情况下的零状态响应的公式中,令输入为 $\varepsilon(t)$ 就获得了该电路的单位阶跃响应。

例如对于图 9-14 所示电路的单位阶跃响应,只要令 $U_S=\varepsilon(t)$,电路如图 9-50 所示。这时 u_C 和 i 的阶跃响应为

$$u_C=(1-e^{-\frac{t}{\tau}})\varepsilon(t)$$

$$i=\frac{1}{R}e^{-\frac{t}{\tau}}\varepsilon(t)$$

同理,可将图 9-14 改画成图 9-51 所示的情况,其零状态响应为

$$u_C=U_S(1-e^{-\frac{t}{\tau}})\varepsilon(t)$$

$$i=\frac{U_S}{R}e^{-\frac{t}{\tau}}\varepsilon(t)$$

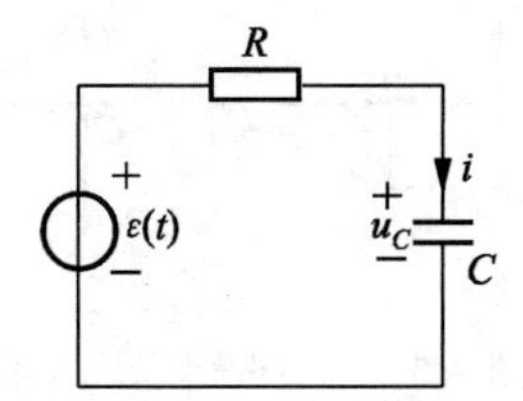

图 9-50　RC 电路的单位阶跃响应

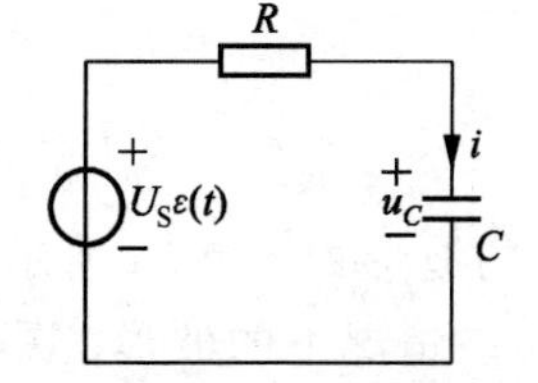

图 9-51　直流激励下的零状态响应

从以上讨论可知,知道了单位阶跃响应,就能求得任意直流激励下的零状态响应,只要把阶跃响应乘以该直流激励的量值即可。

若将一阶电路中某变量的阶跃响应表示为

$$g(t)\varepsilon(t)$$

则激励延迟 t_1 时,该变量的阶跃响应为

$$g(t-t_1)\varepsilon(t-t_1)$$

例 9-11 图 9-52(a)所示的 RC 电路,接入图 9-52(b)所示的矩形脉冲电压,已知 $u_C(0)=0$,试求电容电压 u_C 和电流 i。

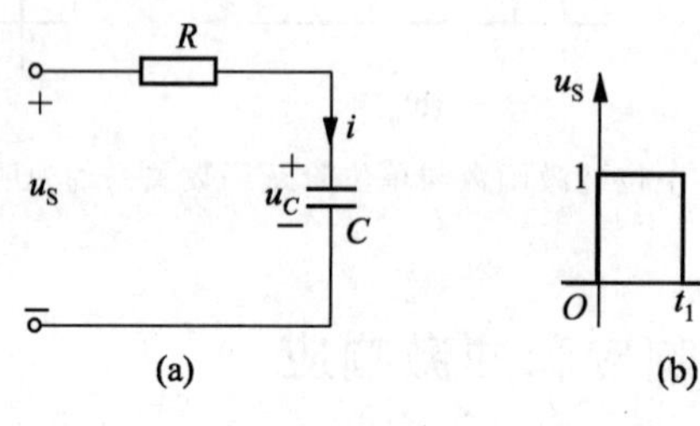

图 9-52 例 9-11 图

解 因为 $u_S=\varepsilon(t)-\varepsilon(t-t_1)$ 是由两个阶跃函数构成,因此 u_C 和 i 都可看作由两个阶跃响应组成。当 $\varepsilon(t)$ 作用时,响应为

$$u_C^{(1)}=(1-e^{-\frac{t}{\tau}})\varepsilon(t),\quad \tau=RC$$

$$i^{(1)}=\frac{1}{R}e^{-\frac{t}{\tau}}\varepsilon(t)$$

当 $-\varepsilon(t-t_1)$ 作用时,其响应为

$$u_C^{(2)}=-(1-e^{-\frac{t-t_1}{\tau}})\varepsilon(t-t_1)$$

$$i^{(2)}=-\frac{1}{R}e^{-\frac{t-t_1}{\tau}}\varepsilon(t-t_1)$$

所以在 $u_S=\varepsilon(t)-\varepsilon(t-t_1)$ 作用下,由线性电路的叠加性得其响应为

$$u_C=u_C^{(1)}+u_C^{(2)}$$

$$=(1-e^{-\frac{t}{\tau}})\varepsilon(t)-(1-e^{-\frac{t-t_1}{\tau}})\varepsilon(t-t_1)$$

$$i=i^{(1)}+i^{(2)}$$

$$=\frac{1}{R}e^{-\frac{t}{\tau}}\varepsilon(t)-\frac{1}{R}e^{-\frac{t-t_1}{\tau}}\varepsilon(t-t_1)$$

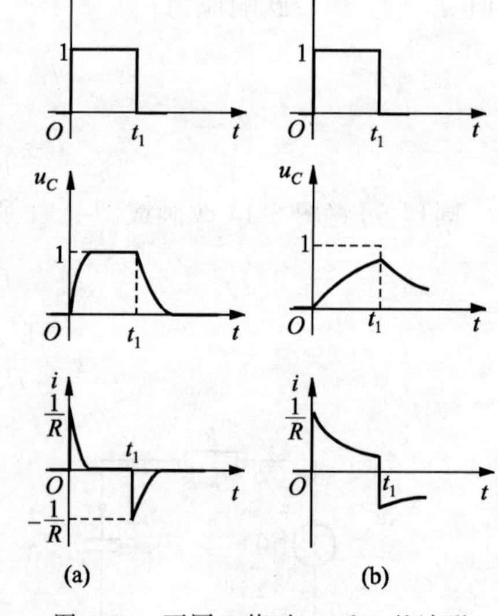

图 9-53 不同 τ 值时 u_C 和 i 的波形

u_C 和 i 的波形如图 9-53 所示。图 9-53(a)是对应于 $\tau\ll t_1$ 情况下的波形;图 9-53(b)是对应于 $\tau>t_1$ 情况下的波形。

引入阶跃响应后，类似图 9-35 的脉冲序列作用下的响应，也可以用一系列延时阶跃响应的叠加求解，请读者自行体会。

9.9.2 冲激响应

零初始状态电路在单位冲激函数激励下所引起的响应称为**单位冲激响应**，简称冲激响应，记为 $h(t)$。响应可以是电压，也可以是电流。求解单位冲激响应时，可分为两步进行。第一步：在 $t=0_-$ 到 0_+ 的“区间”内，这时电路在冲激函数 $\delta(t)$ 的作用下，使电容电压 u_C 或电感电流 i_L 发生跃变，亦即使储能元件获得能量（非零“初始状态”）；第二步：$t=0_+$ 以后，$\delta(t)=0$，电路中的响应相当于由初始状态引起的零输入响应。可见求解冲激响应的关键是在 $t=0_-$ 到 0_+ 的“区间”内，如何求得 $\delta(t)$ 引起的初始状态，即 $u_C(0_+)$ 或 $i_L(0_+)$。

图 9-54(a)为 RC 并联电路，下面讨论此电路在单位冲激电流源激励下的冲激响应 u_C 和 i_C。

$t=0$ 时，根据 KCL 有

$$C\frac{\mathrm{d}u_C}{\mathrm{d}t}+\frac{1}{R}u_C=\delta(t) \tag{9-43}$$

而 $u_C(0_-)=0$，为了求得 $u_C(0_+)$ 的值，可将上式在 0_- 到 0_+“区间”内积分

$$\int_{0_-}^{0_+}C\frac{\mathrm{d}u_C}{\mathrm{d}t}\mathrm{d}t+\int_{0_-}^{0_+}\frac{1}{R}u_C\,\mathrm{d}t=\int_{0_-}^{0_+}\delta(t)\,\mathrm{d}t$$

上式左侧第二项积分只有在 u_C 为冲激函数时才不为零。但若 u_C 是冲激函数，则 $C\frac{\mathrm{d}u_C}{\mathrm{d}t}$ 将是冲激函数的一阶导数 $\delta'(t)$（称为冲激偶），这样式(9-43)将不能成立，因此 u_C 不可能是冲激函数，所以上式左侧第二项积分应为零，而 $\int_{0_-}^{0_+}C\frac{\mathrm{d}u_C}{\mathrm{d}t}\mathrm{d}t=C\int_{u_C(0_-)}^{u_C(0_+)}\mathrm{d}u_C$，于是得

$$C[u_C(0_+)-u_C(0_-)]=1$$

所以

$$u_C(0_+)=\frac{1}{C}+u_C(0_-)=\frac{1}{C}$$

可见，在冲激激励下，$u_C(0_+)\neq u_C(0_-)$，电容电压发生跃变，即在 $t=0$ 瞬间，电容电压立即由零跃变到 $1/C$。$t>0$ 时，由于 $\delta(t)=0$，即此时电路的输入为零，电路如图 9-54(b)所示，所以电路的冲激响应相当于由 $u_C(0_+)=1/C$ 所引起的零输入响应。因此 u_C 的冲激响应为

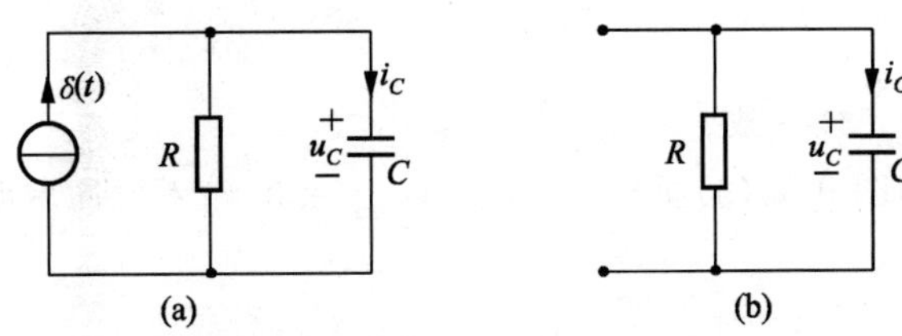

图 9-54 RC 电路的单位冲激响应

$$u_C = u_C(0_+)\mathrm{e}^{-\frac{t}{\tau}}\varepsilon(t) = \frac{1}{C}\mathrm{e}^{-\frac{t}{RC}}\varepsilon(t)$$

i_C 的冲激响应为

$$i_C = C\frac{\mathrm{d}u_C}{\mathrm{d}t} = -\frac{1}{RC}\mathrm{e}^{-\frac{t}{RC}}\varepsilon(t) + \mathrm{e}^{-\frac{t}{RC}}\delta(t)$$

$$= \delta(t) - \frac{1}{RC}\mathrm{e}^{-\frac{t}{RC}}\varepsilon(t)$$

它们随时间变化的曲线如图 9-55 所示。可见,在 $t=0$ 瞬间,有一冲激电流 $\delta(t)$ 通过电容,使电容瞬间充得电压为$\frac{1}{C}$。$t>0$ 时,电容放电,电流的实际方向与参考方向相反。

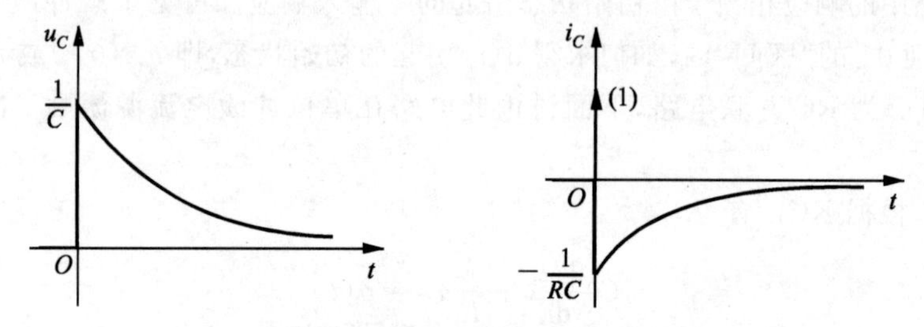

图 9-55　冲激响应随时间 t 变化的曲线

电路的冲激响应还有另一种分析方法,由 9.8.3 节分析可知,单位冲激函数是单位阶跃函数的一阶导数,即 $\delta(t)=\frac{\mathrm{d}}{\mathrm{d}t}\varepsilon(t)$。所以,在线性电路中,单位冲激响应是单位阶跃响应的一阶导数。则有

$$h(t) = \frac{\mathrm{d}}{\mathrm{d}t}g(t) \tag{9-44}$$

图 9-54(a)电路中 u_C 的阶跃响应为

$$g(t) = R(1-\mathrm{e}^{-\frac{t}{RC}})\varepsilon(t)$$

则其冲激响应为

$$h(t) = \frac{\mathrm{d}}{\mathrm{d}t}g(t) = \frac{\mathrm{d}}{\mathrm{d}t}[R(1-\mathrm{e}^{-\frac{t}{RC}})\varepsilon(t)]$$

$$= R(1-\mathrm{e}^{-\frac{t}{RC}})\delta(t) + \frac{1}{C}\mathrm{e}^{-\frac{t}{RC}}\varepsilon(t)$$

$$= \frac{1}{C}\mathrm{e}^{-\frac{t}{RC}}\varepsilon(t)$$

与前述方法所得结果完全一致。

例 9-12　电路如图 9-56(a)所示,已知 $i_L(0_-)=0$,输入为冲激电压源。试求 i_L 和 u_L 的冲激响应。

解　方法一

当 $t=0$ 时,根据 KVL 有

$$L\frac{\mathrm{d}i_L}{\mathrm{d}t}+Ri_L=\delta(t)$$

两边从 $t=0_-$ 到 0_+ 积分得

$$\int_{0_-}^{0_+}L\frac{\mathrm{d}i_L}{\mathrm{d}t}\mathrm{d}t+\int_{0_-}^{0_+}Ri_L\,\mathrm{d}t=\int_{0_-}^{0_+}\delta(t)\mathrm{d}t$$

由于 i_L 不可能是冲激函数,所以第二项积分为零,于是得

$$L[i_L(0_+)-i_L(0_-)]=1$$

所以 $\quad i_L(0_+)=\dfrac{1}{L}$

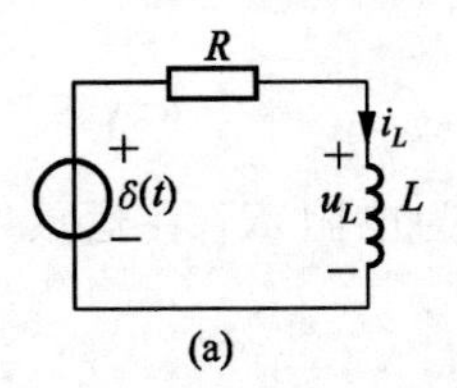

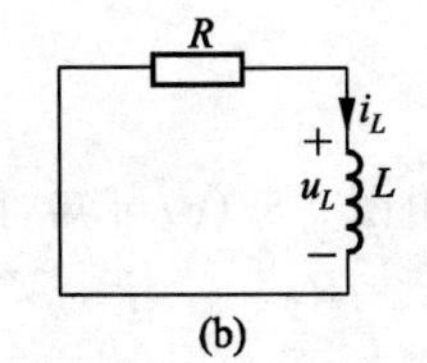

图 9-56　例 9-12 图

当 $t>0$ 时,$\delta(t)=0$,电路如图 9-56(b),因此,i_L 的冲激响应为

$$i_L=i_L(0_+)\mathrm{e}^{-\frac{t}{\tau}}\varepsilon(t)=\frac{1}{L}\mathrm{e}^{-\frac{R}{L}t}\varepsilon(t)$$

而

$$u_L=L\frac{\mathrm{d}i_L}{\mathrm{d}t}=\mathrm{e}^{-\frac{R}{L}t}\delta(t)-\frac{R}{L}\mathrm{e}^{-\frac{R}{L}t}\varepsilon(t)$$

$$=\delta(t)-\frac{R}{L}\mathrm{e}^{-\frac{R}{L}t}\varepsilon(t)$$

方法二

i_L 的阶跃响应为

$$\frac{1}{R}(1-\mathrm{e}^{-\frac{R}{L}t})\varepsilon(t)$$

则其冲激响应为

$$i_L=\frac{\mathrm{d}}{\mathrm{d}t}\left[\frac{1}{R}(1-\mathrm{e}^{-\frac{R}{L}t})\varepsilon(t)\right]$$

$$=\frac{1}{R}(1-\mathrm{e}^{-\frac{R}{L}t})\delta(t)+\frac{1}{L}\mathrm{e}^{-\frac{R}{L}t}\varepsilon(t)$$

$$=\frac{1}{L}\mathrm{e}^{-\frac{R}{L}t}\varepsilon(t)$$

方法三

由于 $i_L(0_-)=0$,电感相当于开路,$t=0$ 时,电源电压 $\delta(t)$ 施加在电感上,则有

$$i_L(0_+)=\frac{1}{L}\int_{0_-}^{0_+}u_L(t)\mathrm{d}t=\frac{1}{L}\int_{0_-}^{0_+}\delta(t)\mathrm{d}t=\frac{1}{L}$$

当 $t>0$ 时,$\delta(t)=0$,由电感电流初始值引起的零输入响应为

$$i_L(t)=i_L(0_+)\mathrm{e}^{-\frac{R}{L}t}\varepsilon(t)=\frac{1}{L}\mathrm{e}^{-\frac{R}{L}t}\varepsilon(t)$$

三种方法结果一致。

例 9-13　电路如图 9-57(a)所示,已知 $u_C(0_-)=0$,运放为理想的运放。设(1)$u_{\mathrm{i}}=U\varepsilon(t)$;(2)$u_{\mathrm{i}}=\delta(t)$。试求输出电压 u_{o}。

解　(1) 可用三要素法求阶跃响应。

$$u_o = -u_C$$

$$u_C(0_+) = u_C(0_-) = 0$$

所以

$$u_o(0_+) = 0$$

当 $t \to \infty$ 时，电路达稳态，电容相当于开路，如图 9-57(b)所示，此时电路为反相比例运算放大电路，于是

$$u_o(\infty) = -\frac{R_2}{R_1} U\varepsilon(t)$$

由图 9-57(c)可知，因为电阻 R_1 在运放"虚短"特性下，相当于被短路，"虚断"后则有 $R_i = R_2$。

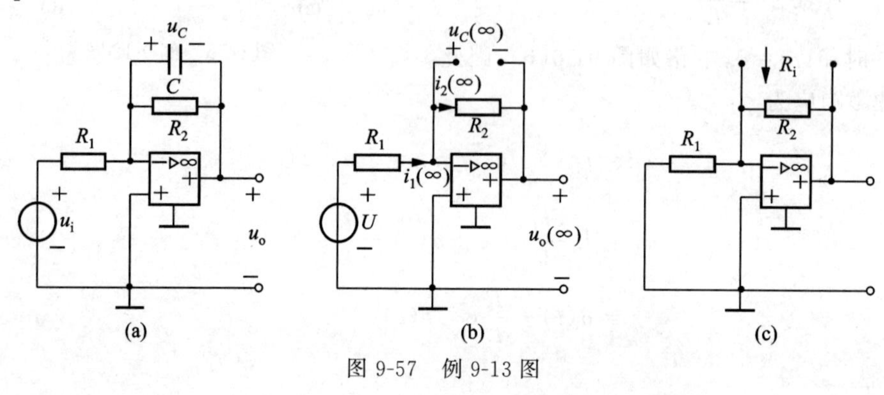

图 9-57　例 9-13 图

所以

$$\tau = R_2 C$$

代入三要素法公式得

$$u_o = -\frac{R_2}{R_1} U\varepsilon(t) + \frac{R_2}{R_1} U e^{-\frac{t}{R_2 C}} \varepsilon(t)$$

$$= -\frac{R_2}{R_1} U (1 - e^{-\frac{t}{R_2 C}}) \varepsilon(t)$$

即单位阶跃响应为

$$u_{o\varepsilon} = -\frac{R_2}{R_1} (1 - e^{-\frac{t}{R_2 C}}) \varepsilon(t)$$

(2) 当 $u_i = \delta(t)$ 时，可对(1)中的单位阶跃响应求导即得

$$u_{o\delta} = -\frac{R_2}{R_1} (1 - e^{-\frac{t}{R_2 C}}) \delta(t) - \frac{1}{R_1 C} e^{-\frac{t}{R_2 C}} \varepsilon(t)$$

$$= -\frac{1}{R_1 C} e^{-\frac{t}{R_2 C}} \varepsilon(t)$$

图 9-57(a)所示电路中若取掉与电容 C 并联的电阻 R_2，则电路为典型的积分电路如图 9-58 所示。由"虚短"特性知

$$i_1 = \frac{u_i}{R_1}$$

由"虚断"特性知

$$i_C = i_1 = \frac{u_i}{R_1}$$

$$u_o = -u_C = -\frac{1}{C}\int_{-\infty}^{t} i_C(\tau)\mathrm{d}\tau$$

$$= -\frac{1}{R_1 C}\int_0^t u_i \mathrm{d}\tau$$

$$= -\frac{u_i}{R_1 C} t\varepsilon(t)$$

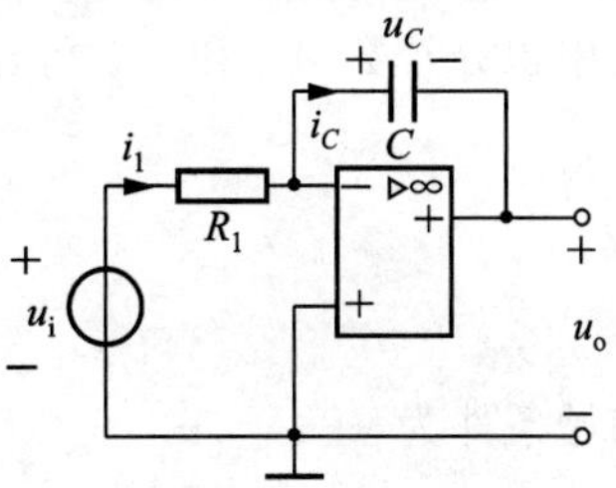

图 9-58 积分电路

由此看出，输出电压 u_o 随时间线性增加，受运放饱和电压限制，此电压增加到一定量就不再增加。积分电路在自动控制系统中常用于调节电路。

9.10 二阶电路的零输入响应

二阶电路(second order circuit)是含有两个独立储能元件的线性电路，其电路方程是二阶微分方程。RLC 串联电路或三者并联电路，是最简单的典型二阶电路。本节通过 RLC 串联电路的零输入响应来研究二阶电路的过渡过程。

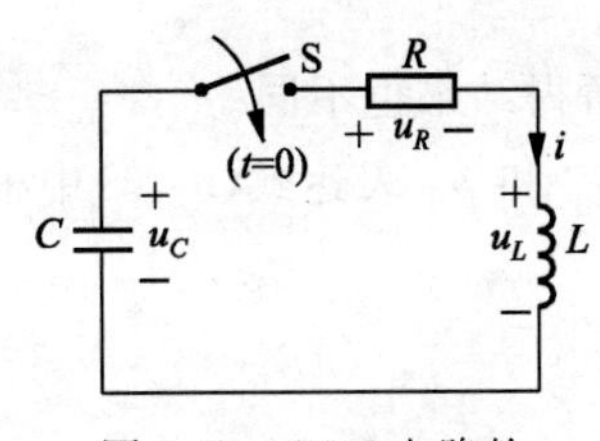

图 9-59 RLC 电路的零输入响应

电路如图 9-59 所示，设开关 S 闭合前电容已充电，其电压为 U_0，电感中无电流。

换路后，在图示参考方向下，根据 KVL 有

$$-u_C + u_R + u_L = 0$$

而 $i = -C\frac{\mathrm{d}u_C}{\mathrm{d}t}$，$u_R = Ri = -RC\frac{\mathrm{d}u_C}{\mathrm{d}t}$，$u_L = L\frac{\mathrm{d}i}{\mathrm{d}t} = -LC\frac{\mathrm{d}^2 u_C}{\mathrm{d}t^2}$

代入 KVL 方程得

$$LC\frac{\mathrm{d}^2 u_C}{\mathrm{d}t^2} + RC\frac{\mathrm{d}u_C}{\mathrm{d}t} + u_C = 0 \tag{9-45}$$

这是二阶常系数线性齐次微分方程，其特征方程为

$$LCp^2 + RCp + 1 = 0$$

其根为

$$\left.\begin{aligned} p_1 &= -\frac{R}{2L} + \sqrt{\left(\frac{R}{2L}\right)^2 - \frac{1}{LC}} = -\delta + \sqrt{\delta^2 - \omega_0^2} \\ p_2 &= -\frac{R}{2L} - \sqrt{\left(\frac{R}{2L}\right)^2 - \frac{1}{LC}} = -\delta - \sqrt{\delta^2 - \omega_0^2} \end{aligned}\right\} \tag{9-46}$$

式中，$\delta = \frac{R}{2L}$，称为电路的衰减常数，单位为 $\frac{1}{\mathrm{s}}$；$\omega_0 = \frac{1}{\sqrt{LC}}$，称为电路的固有振荡角频率，也称为谐振角频率，单位为 rad/s。特征根 p_1、p_2 也称为电路的固有频率或自然频率。

微分方程式(9-45)的通解为

$$u_C = A_1 \mathrm{e}^{p_1 t} + A_2 \mathrm{e}^{p_2 t} \tag{9-47}$$

其中积分常数 A_1 和 A_2 可由初始条件 $u_C(0_+)$ 和 $\left.\frac{du_C}{dt}\right|_{0_+}$ 确定。对式(9-47)求一阶导数得

$$\frac{du_C}{dt}=p_1A_1e^{p_1t}+p_2A_2e^{p_2t}$$

初始条件为

$$u_C(0_+)=u_C(0_-)=U_0$$

$$\left.\frac{du_C}{dt}\right|_{0_+}=\frac{i(0_+)}{-C}=0$$

所以

$$\left.\begin{aligned}A_1+A_2&=U_0\\p_1A_1+p_2A_2&=0\end{aligned}\right\}\tag{9-48}$$

联立求解式(9-48)便可得常数 A_1 和 A_2 为

$$\left.\begin{aligned}A_1&=\frac{p_2}{p_2-p_1}U_0\\A_2&=\frac{-p_1}{p_2-p_1}U_0\end{aligned}\right\}\tag{9-49}$$

式(9-49)是根据既定的初始条件求出的,若初始条件不同,则所得结果也不同。

将式(9-49)代入式(9-47)即为所需求的解。下面将根据 p_1 和 p_2 表达式(9-46)中根号内 $\left(\frac{R}{2L}\right)^2$ 与 $\frac{1}{LC}$ 两项的相对大小,分三种情况加以讨论。

1. $\left(\frac{R}{2L}\right)^2>\frac{1}{LC}$ 即 $R>2\sqrt{\frac{L}{C}}$

在这种情况下,两个特征根 p_1 和 p_2 是不等的负实根。电容电压为

$$\begin{aligned}u_C&=A_1e^{p_1t}+A_2e^{p_2t}\\&=\frac{U_0}{p_2-p_1}(p_2e^{p_1t}-p_1e^{p_2t})\end{aligned}\tag{9-50}$$

电流(考虑到 $p_1p_2=\frac{1}{LC}$)为

$$\begin{aligned}i&=-C\frac{du_C}{dt}=-\frac{CU_0p_1p_2}{p_2-p_1}(e^{p_1t}-e^{p_2t})\\&=-\frac{U_0}{L(p_2-p_1)}(e^{p_1t}-e^{p_2t})\end{aligned}\tag{9-51}$$

电感电压为

$$u_L=L\frac{di}{dt}=-\frac{U_0}{p_2-p_1}(p_1e^{p_1t}-p_2e^{p_2t})\tag{9-52}$$

图 9-60(a)画出了 u_C、i、u_L 随时间变化的曲线。其中,电容电压 u_C 从 U_0 逐渐衰减

至零,表明电容在整个过程中一直释放原储存的电场能量,呈非振荡放电情况。电流 i 从零开始逐渐增大,增大到一定数值后(在 $t=t_m$ 时最大)转而衰减,直至为零,表明在 $0\sim t_m$ 时间范围内,电感吸收能量储存在磁场中,t_m 时刻以后则又放出。在整个过程中电阻始终消耗能量,直至电路中原储存的能量消耗尽。能量传递方向见图 9-60(b)、(c) 的箭头方向,图中电压、电流方向均为实际方向。

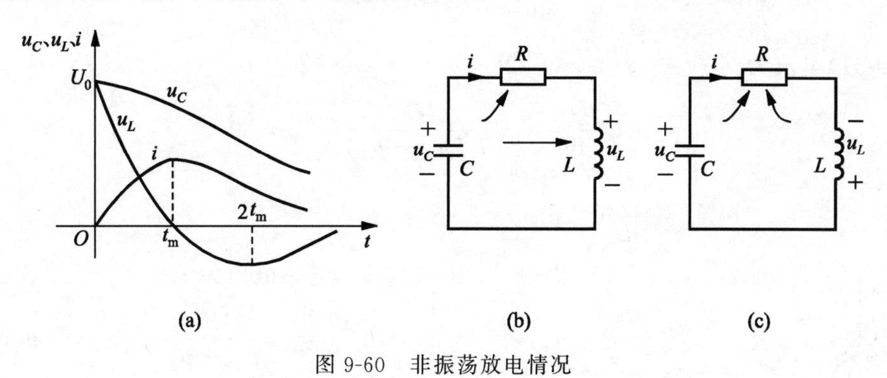

图 9-60 非振荡放电情况

t_m 的大小决定于电路的参数,在 $t=t_m$ 时 i 最大,u_L 为零。可令式(9-50)等于零,即 $u_L(t_m)=0$,便可求出 t_m 为

$$t_m=\frac{\ln\dfrac{p_2}{p_1}}{p_1-p_2}$$

2. $\left(\dfrac{R}{2L}\right)^2<\dfrac{1}{LC}$ 即 $R<2\sqrt{\dfrac{L}{C}}$

在这种情况下,两个特征根 p_1 和 p_2 是一对共轭复根。可改写成

$$\begin{aligned}p_{1、2}&=-\delta\pm\sqrt{\delta^2-\omega_0^2}=-\delta\pm \mathrm{j}\sqrt{\omega_0^2-\delta^2}\\&=-\delta\pm \mathrm{j}\omega\end{aligned}\tag{9-53}$$

式中

$$\omega=\sqrt{\omega_0^2-\delta^2}$$

它称为电路的自由振荡角频率。δ、ω_0 与 ω 之间满足直角三角形的关系,如图 9-61 所示。因此有

$$\theta=\arctan\frac{\omega}{\delta},\quad \delta=\omega_0\cos\theta,\quad \omega=\omega_0\sin\theta$$

再由欧拉公式 $\mathrm{e}^{\mathrm{j}\theta}=\cos\theta+\mathrm{j}\sin\theta,\mathrm{e}^{-\mathrm{j}\theta}=\cos\theta-\mathrm{j}\sin\theta$

于是 p_1、p_2 也可写成指数形式

$$p_1=-\omega_0\mathrm{e}^{-\mathrm{j}\theta},p_2=-\omega_0\mathrm{e}^{\mathrm{j}\theta}$$

这样,电容电压为

$$u_C=\frac{U_0}{p_2-p_1}(p_2\mathrm{e}^{p_1t}-p_1\mathrm{e}^{p_2t})$$

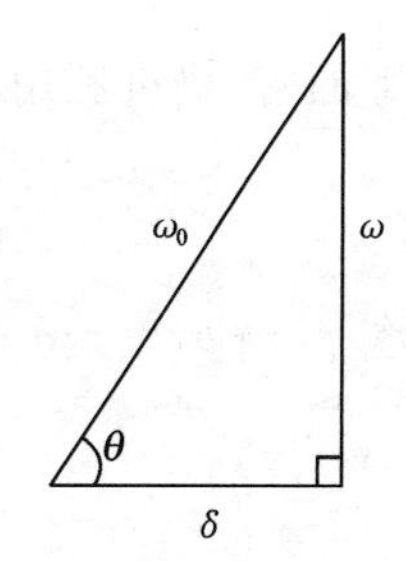

图 9-61 ω、ω_0、δ 三者关系

$$=\frac{U_0}{\mathrm{j}2\omega}\left[-\omega_0\mathrm{e}^{\mathrm{j}\theta}\mathrm{e}^{(-\delta+\mathrm{j}\omega)t}+\omega_0\mathrm{e}^{-\mathrm{j}\theta}\mathrm{e}^{(-\delta-\mathrm{j}\omega)t}\right]$$

$$=\frac{U_0\omega_0}{\omega}\mathrm{e}^{-\delta t}\left[\frac{\mathrm{e}^{\mathrm{j}(\omega t+\theta)}-\mathrm{e}^{-\mathrm{j}(\omega t+\theta)}}{\mathrm{j}2}\right]$$

$$=\frac{U_0\omega_0}{\omega}\mathrm{e}^{-\delta t}\sin(\omega t+\theta) \tag{9-54}$$

由式(9-51)电流为

$$i=-C\frac{\mathrm{d}u_C}{\mathrm{d}t}=-\frac{U_0}{L(p_2-p_1)}(\mathrm{e}^{p_1t}-\mathrm{e}^{p_2t})$$

$$=\frac{U_0}{\omega L}\mathrm{e}^{-\delta t}\sin\omega t \tag{9-55}$$

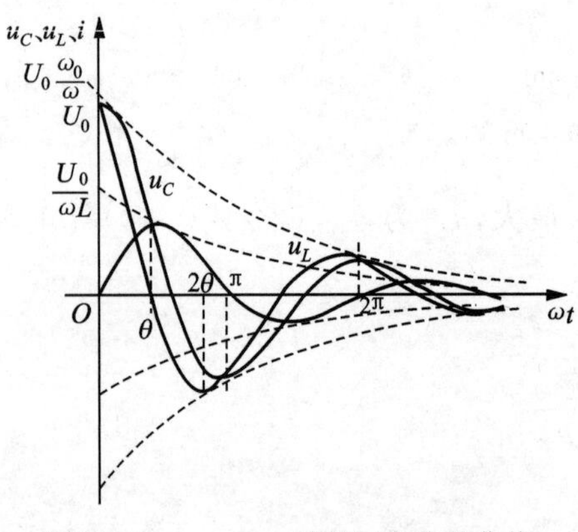

图 9-62　u_C、u_L、i 随时间变化的曲线

视频 9-3
LC 振荡
电路

由式(9-52)电感电压为

$$u_L=L\frac{\mathrm{d}i}{\mathrm{d}t}=-\frac{U_0}{p_2-p_1}(p_1\mathrm{e}^{p_1t}-p_2\mathrm{e}^{p_2t})$$

$$=-\frac{U_0\omega_0}{\omega}\mathrm{e}^{-\delta t}\sin(\omega t-\theta) \tag{9-56}$$

图 9-62 画出了 u_C、u_L、i 随时间变化的曲线。它们都呈现衰减振荡的特性，在整个过程中，它们周期性地改变方向，储能元件 L 和 C 也周期性地交换能量。可见整个过程为衰减的周期性振荡放电。振荡周期为

$$T=\frac{2\pi}{\omega}$$

称为自由振荡周期(注意，它与电路的固有振荡周期 $T_0=\frac{2\pi}{\omega_0}$不同)。

3. $\left(\frac{R}{2L}\right)^2=\frac{1}{LC}$即$R=2\sqrt{\frac{L}{C}}$

在 $R=2\sqrt{\frac{L}{C}}$ 的条件下，两特征根为重根，即 $p_1=p_2=-\frac{R}{2L}=-\delta$。为了求得这种情况下的解，仍可利用非振荡衰减过程的解。以 u_C 为例，由式(9-50)

$$u_C=\frac{U_0}{p_2-p_1}(p_2\mathrm{e}^{p_1t}-p_1\mathrm{e}^{p_2t})$$

然后令 $p_2\to p_1=-\delta$ 取极限。根据洛必达法则可得

$$u_C=U_0\lim_{p_2\to p_1}\frac{\frac{\mathrm{d}}{\mathrm{d}p_2}(p_2\mathrm{e}^{p_1t}-p_1\mathrm{e}^{p_2t})}{\frac{\mathrm{d}}{\mathrm{d}p_2}(p_2-p_1)}$$

$$=U_0(e^{p_1 t}-p_1 t e^{p_1 t})$$

$$=U_0 e^{-\delta t}(1+\delta t) \tag{9-57}$$

于是有

$$i=-C\frac{du_C}{dt}=\frac{U_0}{L}t e^{-\delta t} \tag{9-58}$$

$$u_L=L\frac{di}{dt}=U_0 e^{-\delta t}(1-\delta t) \tag{9-59}$$

若按以上各式画出它们的波形，仍为非振荡衰减过程，其变化规律与图 9-60(a)所示的波形相似，这里就不再重画了。不过，此时 $t_m=1/\delta$。

从以上讨论可以看出，在 RLC 串联电路中，当电阻值大于或等于 $2\sqrt{\frac{L}{C}}$ 时，电路中的响应是非振荡性质的；当电阻小于此值时，便是振荡性质的。因此，也称 $R=2\sqrt{\frac{L}{C}}$ 为**临界电阻**(critical resistance)。通常又把 $R<2\sqrt{\frac{L}{C}}$ 的情况称为**欠阻尼**(under-damped)情况；$R>2\sqrt{\frac{L}{C}}$ 的情况称为**过阻尼**(over-damped)情况；$R=2\sqrt{\frac{L}{C}}$ 的情况称为**临界阻尼**(critical-damped)情况；而 $R=0$ 的情况称为**无阻尼**(undamped)情况，响应波形为等幅振荡，此时自由振荡周期 $T=\frac{2\pi}{\omega}$ 与固有振荡周期 $T_0=\frac{2\pi}{\omega}$ 相等，即 $T=T_0$。

注意，以上所导出的公式，仅适用于 R、L、C 串联电路，在 $u_C(0_+)\neq 0, i(0_+)=0$ 情况下的放电过程。但根据特征根的性质所表现出的过渡过程三种状态，则可推广用于一般的二阶电路，其公式的普遍形式为

(1) $p_1\neq p_2$(不相等负实根)

$$r_{zi}=A_1 e^{p_1 t}+A_2 e^{p_2 t} \tag{9-60}$$

(2) $p_1=p_2^*$(共轭复根)　$p_{1、2}=-\delta\pm j\omega$

$$r_{zi}=A e^{-\delta t}\sin(\omega t+\theta) \tag{9-61}$$

(3) $p_1=p_2=p$(重根)

$$r_{zi}=(A_1+A_2 t)e^{pt} \tag{9-62}$$

式中，A_1 和 A_2(或 A 和 θ)等常数要根据电路的初始条件而定。

例 9-14 电路如图 9-63 所示，$U_S=20$ V，$R=R_S=10\ \Omega$，$L=1$ mH，$C=10\ \mu$F，电路原已达稳态，$t=0$ 时，开关 S 断开。求电容电压的零输入响应。

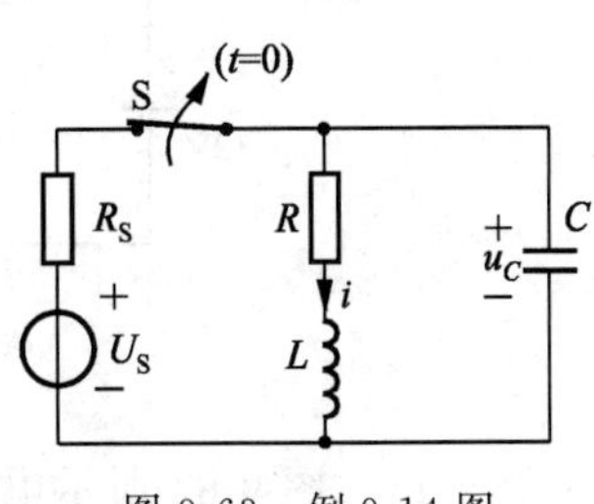

图 9-63　例 9-14 图

解　开关 S 断开前

$$i(0_-)=\frac{U_S}{R_S+R}=\frac{20}{10+10}=1\ \text{A}$$

$$u_C(0_-)=Ri(0_-)=10\ \text{V}$$

$t>0$,开关 S 断开,RLC 组成串联回路,此时

$$2\sqrt{\frac{L}{C}}=2\sqrt{\frac{10^{-3}}{10\times10^{-6}}}=20\ \Omega$$

因为 $R<2\sqrt{\frac{L}{C}}$,所以属欠阻尼振荡衰减过程,故 u_C 的零输入响应可取式(9-61)形式,即

$$u_C=A\mathrm{e}^{-\delta t}\sin(\omega t+\theta) \qquad ①$$

式中

$$\delta=\frac{R}{2L}=5\times10^3\ 1/\mathrm{s},\omega=\sqrt{\omega_0^2-\delta^2}=8.66\times10^3\ \mathrm{rad/s}$$

由电路参考方向和式①可得

$$i=-C\frac{\mathrm{d}u_C}{\mathrm{d}t}=-CA[\omega\mathrm{e}^{-\delta t}\cos(\omega t+\theta)-\delta\mathrm{e}^{-\delta t}\sin(\omega t+\theta)] \qquad ②$$

因为

$$u_C(0_+)=u_C(0_-)=10\ \mathrm{V}$$
$$i(0_+)=i(0_-)=1\ \mathrm{A}$$

将初始值代入式①、②得

$$\begin{cases}A\sin\theta=10\\-CA(\omega\cos\theta-\delta\sin\theta)=1\end{cases}$$

解得

$$\begin{cases}A=11.5\\\theta=120^\circ\end{cases}$$

于是得电容电压的零输入响应为

$$u_C=11.5\mathrm{e}^{-5000t}\sin(8660t+120^\circ)\ \mathrm{V},\quad t\geqslant0$$

RLC 电路可以应用于控制和通信电路的许多方面,如振铃电路、峰值电路、振荡电路和滤波器等。这里讨论汽车点火系统(或称电压发生系统)。它的电路模型如图 9-63 所示,图中 12 V 电源来自于汽车电池和交流发电机,4 Ω 电阻是系统导线的电阻值,点火线圈用一个 8 mH 的电感表示,与开关(称作电子点火器)并联的为 1 μF 的电容器。下例则说明图 9-64 这样一个 RLC 电路是如何产生高压的。

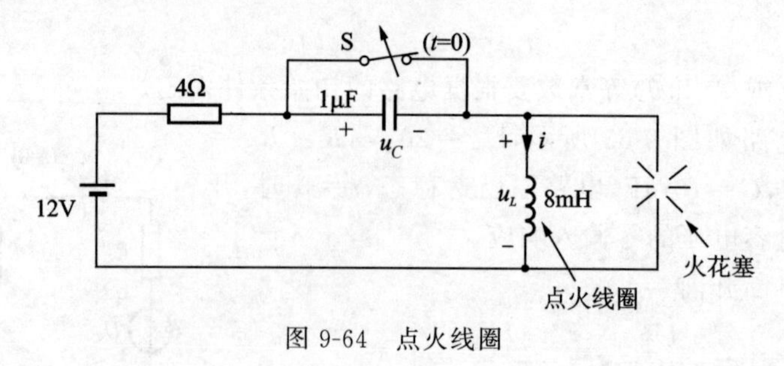

图 9-64　点火线圈

例 9-15　图 9-64 所示电路,开关 S 闭合时电路处于稳定状态,$t=0$ 时开关 S 断开,求电感电压 u_L,$t>0$。

解 $t=0_-$时开关闭合，且电路处于稳态，则

$$i(0_-)=\frac{12}{4}=3\ \text{A},\quad u_C(0_-)=0$$

由换路定律知

$$i(0_+)=3\ \text{A},\quad u_C(0_+)=0$$

由 $t=0_+$ 等效电路得

$$u_L(0_+)=0,\left.\frac{\mathrm{d}i}{\mathrm{d}t}\right|_{0_+}=\frac{u_L(0_+)}{L}=0$$

列出电路的 KVL 方程

$$L\frac{\mathrm{d}i}{\mathrm{d}t}+Ri+u_C=12$$

两边求导数

$$L\frac{\mathrm{d}^2 i}{\mathrm{d}t^2}+R\frac{\mathrm{d}i}{\mathrm{d}t}+\frac{i}{C}=0$$

代入 RLC 各元件的数值并整理得

$$\frac{\mathrm{d}^2 i}{\mathrm{d}t^2}+500\frac{\mathrm{d}i}{\mathrm{d}t}+1.25\times10^8 i=0$$

对应特征方程

$$p^2+500p+1.25\times10^8=0$$

特征根为

$$p_{1,2}=-250\pm \mathrm{j}11180$$

电流 $i(t)$的表达式

$$i(t)=A\mathrm{e}^{-250t}\sin(11180t+\theta)$$

代入初始条件 $i(0_+)=3\ \text{A},\left.\frac{\mathrm{d}i}{\mathrm{d}t}\right|_{0_+}=0$ 得

$$\begin{cases}A\sin\theta=3\\-250A\sin\theta+11180A\cos\theta=0\end{cases}$$

解得

$$\begin{cases}A=3\\\theta=88.72^\circ\end{cases}$$

故

$$i(t)=3\mathrm{e}^{-250t}\sin(11180t+88.72^\circ)\ \text{A}\approx 3\mathrm{e}^{-250t}\cos(11180t)\ \text{A},\quad t\geqslant 0$$

$$u_L=L\frac{\mathrm{d}i}{\mathrm{d}t}=-6\mathrm{e}^{-250t}\cos(11180t)-268\mathrm{e}^{-250t}\sin(11180t)\ \text{V},\qquad t>0$$

当 $\sin(11180t)=1$ 时，即 $11180t_0=\frac{\pi}{2}$或 $t_0=140.5\ \mu\text{s}$ 时，电压 u_L 达最大值，所以时间达到 t_0 时，电感电压达到峰值

$$u_L(t_0) = -268e^{-250t_0} = -259 \text{ V}$$

虽然该电压值远小于一般汽车点火要求的电压(6000～10000 V),但是可以用变压器将它提升到所要求的电压水平。

例 9-16 电路如图 9-65 所示,已知 $i_L(0_+) = -3$ A,$u_C(0_+) = 4$ V,$L = 1$ H,$C = 0.5$ F,$R_1 = 4\ \Omega$,$R_2 = 2\ \Omega$,求电压 u_C 的零输入响应。

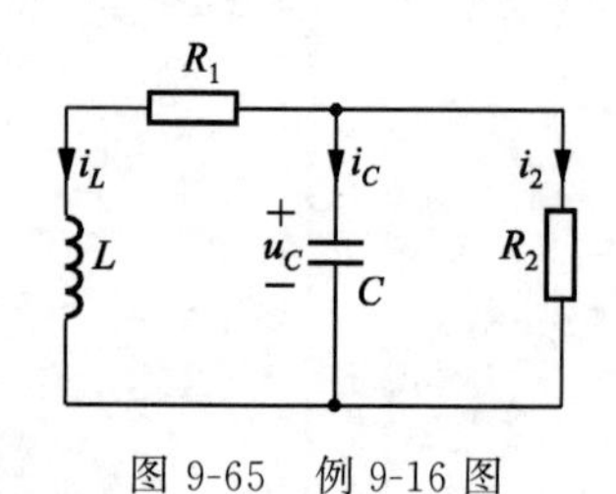

图 9-65 例 9-16 图

解 电路结构与图 9-59 所示的电路不同,不能简单地套用上述讨论结果。必须重新列写电路方程。由 KCL、KVL 可写出

$$i_L + i_C + i_2 = 0 \quad ①$$

$$u_C - R_1 i_L - L\frac{\mathrm{d}i_L}{\mathrm{d}t} = 0 \quad ②$$

$$u_C - R_2 i_2 = 0 \quad ③$$

由式③得 $$i_2 = \frac{1}{R_2}u_C$$

由式①得 $$i_L = -i_C - i_2 = -C\frac{\mathrm{d}u_C}{\mathrm{d}t} - \frac{1}{R_2}u_C \quad ④$$

对式④两边求导得 $$\frac{\mathrm{d}i_L}{\mathrm{d}t} = -C\frac{\mathrm{d}^2u_C}{\mathrm{d}t^2} - \frac{1}{R_2}\frac{\mathrm{d}u_C}{\mathrm{d}t} \quad ⑤$$

将式④、式⑤代入式②,并整理后,得

$$LC\frac{\mathrm{d}^2u_C}{\mathrm{d}t^2} + \left(R_1C + \frac{L}{R_2}\right)\frac{\mathrm{d}u_C}{\mathrm{d}t} + \left(1 + \frac{R_1}{R_2}\right)u_C = 0$$

代入数据得 $$0.5\frac{\mathrm{d}^2u_C}{\mathrm{d}t^2} + 2.5\frac{\mathrm{d}u_C}{\mathrm{d}t} + 3u_C = 0$$

即 $$\frac{\mathrm{d}^2u_C}{\mathrm{d}t^2} + 5\frac{\mathrm{d}u_C}{\mathrm{d}t} + 6u_C = 0$$

这是齐次微分方程,其特征方程为

$$p^2 + 5p + 6 = 0$$

即 $$(p+2)(p+3) = 0$$

所以特征根为两不相等实根,即

$$p_1 = -2, p_2 = -3$$

故其零输入响应取式(9-60)的形式,即

$$u_C = A_1 e^{p_1 t} + A_2 e^{p_2 t} = A_1 e^{-2t} + A_2 e^{-3t}$$

$$\frac{\mathrm{d}u_C}{\mathrm{d}t} = -2A_1 e^{-2t} - 3A_2 e^{-3t}$$

$t = 0_+$ 时有 $$u_C(0_+) = 4 \text{ V}$$

$$\left.\frac{\mathrm{d}u_C}{\mathrm{d}t}\right|_{0_+}=\frac{1}{C}i_C(0_+)=\frac{1}{C}[-i_L(0_+)-i_2(0_+)]$$

$$=\frac{1}{C}\left[-i_L(0_+)-\frac{u_C(0_+)}{R_2}\right]=\frac{1}{0.5}\left(3-\frac{4}{2}\right)=2$$

所以有

$$\begin{cases}A_1+A_2=4\\-2A_1-3A_2=2\end{cases}$$

解得

$$\begin{cases}A_1=14\\A_2=-10\end{cases}$$

因此 $$u_C=14\mathrm{e}^{-2t}-10\mathrm{e}^{-3t}\ \mathrm{V},\quad t\geqslant 0$$

9.11 二阶电路的零状态响应和全响应

本节讨论二阶电路的零状态响应，主要讨论激励为恒定输入时的零状态响应。

电路如图 9-66 所示，$u_C(0_-)=0$，$i(0_-)=0$，开关 S 在 $t=0$ 时闭合。$t\geqslant 0$ 时电路的微分方程为

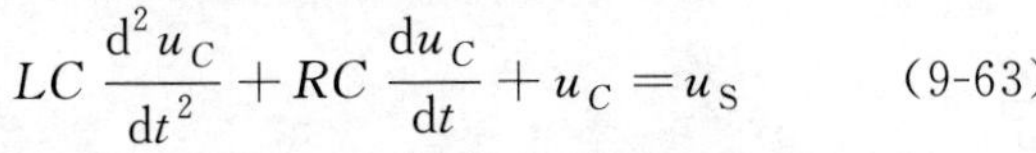

$$LC\frac{\mathrm{d}^2u_C}{\mathrm{d}t^2}+RC\frac{\mathrm{d}u_C}{\mathrm{d}t}+u_C=u_S \tag{9-63}$$

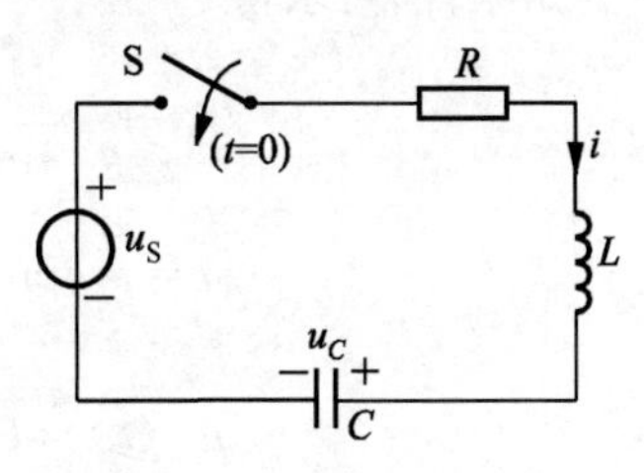

图 9-66 二阶电路示例

这是非齐次微分方程，其解由非齐次方程的特解和对应的齐次方程的通解组成，下面分析 u_S 为阶跃函数、冲激函数时，电路零状态响应的求法。

9.11.1 激励为阶跃函数的零状态响应

设 $u_S=U_S$ 为常数，若 $U_S=\varepsilon(t)$ 时，则响应为单位阶跃响应。由于 $u_C(0_-)=0$，$i(0_-)=0$，故初始条件为

$$u_C(0_+)=u_C(0_-)=0,\ i(0_+)=i(0_-)=0$$

$$\left.\frac{\mathrm{d}u_C}{\mathrm{d}t}\right|_{0_+}=\left.\frac{i}{C}\right|_{0_+}=0$$

电路求解问题为

$$\left.\begin{aligned}&LC\frac{\mathrm{d}^2u_C}{\mathrm{d}t^2}+RC\frac{\mathrm{d}u_C}{\mathrm{d}t}+u_C=U_S\\&u_C(0_+)=0\\&\left.\frac{\mathrm{d}u_C}{\mathrm{d}t}\right|_{0_+}=0\end{aligned}\right\} \tag{9-64}$$

其中 u_C 的特解为 U_S,因电容最后被充电至 U_S,故电路的稳态解为其特解,而非齐次方程的通解形式将由电路的参数确定,它可以是非振荡的,也可以是振荡的,甚至正好处于临界状态,即通解形式可分为三种,与 9.10 节的式(9-60)、式(9-61)和式(9-62)的零输入响应形式相同。

若 p_1 和 p_2 为两个不相等的负根,电路处于非振荡状态,式(9-64)的完全解为

$$u_C = A_1 e^{p_1 t} + A_2 e^{p_2 t} + U_S$$

式中,p_1 和 p_2 由式(9-64)初始条件确定,可求得

$$A_1 = \frac{p_2}{p_1 - p_2} U_S, A_2 = \frac{-p_1}{p_1 - p_2} U_S$$

故

$$u_C = U_S + \frac{U_S}{p_1 - p_2}(p_2 e^{p_1 t} - p_1 e^{p_2 t}) \tag{9-65}$$

$$i = C\frac{du_C}{dt} = \frac{U_S}{L(p_1 - p_2)}(e^{p_1 t} - e^{p_2 t})$$

若 p_1 和 p_2 为一对共轭复根(实部为负值),电路呈现振荡性,则完全解形式为

$$u_C = U_S + A e^{-\delta t}\sin(\omega t + \theta)$$

由初始条件,可求得

$$A = -\frac{U_S}{\sin\beta} = -\frac{\omega_0}{\omega}U_S$$

$$\theta = \arctan\frac{\omega}{\delta}$$

故

$$u_C(t) = U_S - \frac{\omega_0}{\omega}U_S e^{-\delta t}\sin\left(\omega t + \arctan\frac{\omega}{\delta}\right)$$

$$i(t) = C\frac{du_C}{dt} = \frac{U_S}{\omega L}e^{-\delta t}\sin\omega t$$

$$u_L(t) = L\frac{di}{dt} = -\frac{\omega_0}{\omega}U_S e^{-\delta t}\sin\left(\omega t - \arctan\frac{\omega}{\delta}\right)$$

若 p_1、p_2 为相等的负实根,电路处临界情况时,其解由读者自行讨论。

9.11.2 激励为冲激函数的零状态响应

在图 9-66 中,当 $u_S = \delta(t)$时,其零状态响应与一阶电路的冲激响应相似,可按电路的物理过程分两步求解。第一步:在 0_- 到 0_+ 时间内,电容短路,电感开路,故电感电压等于 $\delta(t)$,电容电压和电流的初始值分别为

$$u_C(0_+) = u_C(0_-) = 0$$

$$i(0_+) = i(0_-) + \frac{1}{L}\int_{0_-}^{0_+}\delta(t)dt = 0 + \frac{1}{L} = \frac{1}{L}$$

第二步:$t > 0_+$ 时,$\delta(t) = 0$,即输入为零,根据第一步求得的初始值按零输入响应模式求

解即可。

由于 $i(0_+)=C\dfrac{\mathrm{d}u_C}{\mathrm{d}t}\bigg|_{0_+}=\dfrac{1}{L}$，故$\dfrac{\mathrm{d}u_C}{\mathrm{d}t}\bigg|_{0_+}=\dfrac{1}{LC}$，这时电路的微分方程为

$$LC\frac{\mathrm{d}^2u_C}{\mathrm{d}t^2}+RC\frac{\mathrm{d}u_C}{\mathrm{d}t}+u_C=0$$

初始条件为

$$u_C(0_+)=0,\frac{\mathrm{d}u_C}{\mathrm{d}t}\bigg|_{0_+}=\frac{1}{LC}$$

此微分方程是齐次方程，其求解的方法与 9.10 节中零输入响应相同，这里不再重复。

总之，电路在冲激函数激励下的过渡过程，实际上分成两个阶段。第一是跃变阶段，求变量在 $t=0_+$ 时的值，第二是零输入响应阶段。

例 9-17 电路如图 9-67(a)所示，已知 $R=1\ \Omega, L=1\ \mathrm{H}, C=1\ \mathrm{F}, u_C(0_-)=0$，$i_L(0_-)=0$，试求冲激响应 $i_L(t)$ 及 $u_C(t)$。

解 第一步求 $i_L(0_+)$ 和 $u_C(0_+)$。作出冲激电压源作用瞬间（$t=0$ 时）的等效电路如图 9-67(b)所示，这时 $u_L=0, i_C=\dfrac{1}{R}\delta(t)$。所以

$$i_L(0_+)=i_L(0_-)+\frac{1}{L}\int_{0_-}^{0_+}u_L\,\mathrm{d}t=0$$

$$u_C(0_+)=u_C(0_-)+\frac{1}{C}\int_{0_-}^{0_+}i_C\,\mathrm{d}t=\frac{1}{RC}=1\ \mathrm{V}$$

$$\frac{\mathrm{d}i_L}{\mathrm{d}t}\bigg|_{0_+}=\frac{1}{L}u_L(0_+)=\frac{1}{L}u_C(0_+)=\frac{1}{L}=1\ \mathrm{A/s}$$

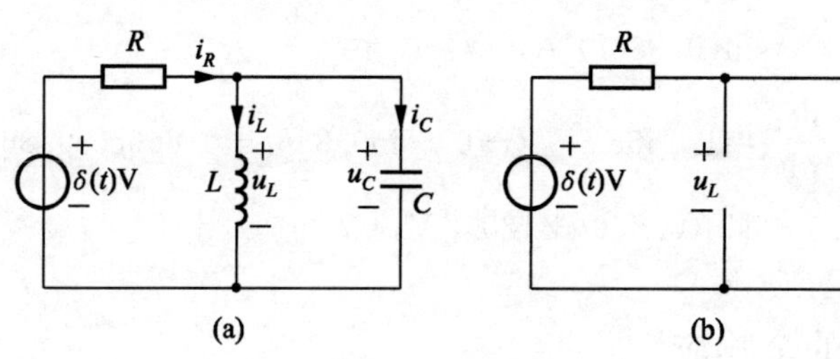

图 9-67 例 9-17 图

第二步列出以 i_L 为变量的齐次微分方程，求零输入响应（因为 $t>0_+$ 时，$\delta(t)=0$）。由 KCL、KVL 及 VCR 得

$$i_R-i_C-i_L=0 \qquad ①$$

$$u_C=u_L=L\frac{\mathrm{d}i_L}{\mathrm{d}t} \qquad ②$$

$$i_C=C\frac{\mathrm{d}u_C}{\mathrm{d}t}=LC\frac{\mathrm{d}^2i_L}{\mathrm{d}t^2} \qquad ③$$

$$i_R=\frac{-u_C}{R}=-\frac{L}{R}\frac{\mathrm{d}i_L}{\mathrm{d}t} \quad ④$$

将式③、式④代入式①并经整理得

$$LC\frac{\mathrm{d}^2 i_L}{\mathrm{d}t^2}+\frac{L}{R}\frac{\mathrm{d}i_L}{\mathrm{d}t}+i_L=0$$

代入数据得

$$\frac{\mathrm{d}^2 i_L}{\mathrm{d}t^2}+\frac{\mathrm{d}i_L}{\mathrm{d}t}+i_L=0$$

特征方程为

$$p^2+p+1=0$$

特征根为

$$p_{1、2}=\frac{-1\pm\sqrt{1-4}}{2}=-\frac{1}{2}\pm \mathrm{j}\frac{\sqrt{3}}{2}=-0.5\pm \mathrm{j}0.866$$

属振荡情况，所以有

$$i_L=A\mathrm{e}^{-0.5t}\sin(0.866t+\theta)$$

而

$$\frac{\mathrm{d}i_L}{\mathrm{d}t}=A[-0.5\mathrm{e}^{-0.5t}\sin(0.866t+\theta)+0.866\mathrm{e}^{-0.5t}\cos(0.866t+\theta)]$$

将第一步求得的初始条件 $i_L(0_+)=0,\left.\frac{\mathrm{d}i_L}{\mathrm{d}t}\right|_{0_+}=1$ 代入得

$$\begin{cases}A\sin\theta=0\\-0.5A\sin\theta+0.866A\cos\theta=1\end{cases}$$

比较两式，$A\neq 0$，只有可能 $\sin\theta=0$，所以 $\theta=0, A=\frac{1}{0.866}=1.155$。于是

$$i_L=1.155\mathrm{e}^{-0.5t}\sin(0.866t)\ \mathrm{A},\quad t\geqslant 0$$

$$\begin{aligned}u_C=u_L=L\frac{\mathrm{d}i_L}{\mathrm{d}t}&=1.155\mathrm{e}^{-0.5t}(-0.5\sin 0.866t+0.866\cos 0.866t)\\&=1.155\mathrm{e}^{-0.5t}\sin(0.866t+120°)\ \mathrm{V},\quad t>0\end{aligned}$$

9.11.3　二阶电路的全响应

与一阶电路相同，在线性电路中，全响应可分解为零输入响应和零状态响应的叠加，也可分解为强制分量和自由分量的叠加。这是叠加性质在动态电路中的体现。作为例子，在图 9-66 的电路中，设原始状态 $u_C(0_-)=U_0, i(0_-)=0$，接通阶跃电压 U_S，即可按这两种方法计算。

设电路为非振荡性的(不包括临界状态)，由式(9-50)的零输入响应和式(9-65)的零状态响应，电路的全响应为

$$u_C=\frac{U_0}{p_1-p_2}(p_1\mathrm{e}^{p_2 t}-p_2\mathrm{e}^{p_1 t})+U_S+\frac{U_S}{p_1-p_2}(p_2\mathrm{e}^{p_1 t}-p_1\mathrm{e}^{p_2 t})$$

$$=U_S+\frac{U_S-U_0}{p_1-p_2}(p_2 e^{p_1 t}-p_1 e^{p_2 t}) \tag{9-66}$$

若通过强制分量(特解)和自由分量(通解)求全响应,电路的初始条件 $u_C(0_+)=U_0, \left.\frac{du_C}{dt}\right|_{0_+}=\left.\frac{1}{C}i\right|_{0_+}=0$,$u_C$ 的强制分量 $u_{Cp}=U_S$,自由分量 $u_{Cg}=A_1 e^{p_1 t}+A_2 e^{p_2 t}$,故全响应为

$$u_C=U_S+A_1 e^{p_1 t}+A_2 e^{p_2 t} \tag{9-67}$$

代入初始条件,可求得

$$\begin{cases} A_1=\dfrac{(U_S-U_0)p_2}{p_1-p_2} \\ A_2=\dfrac{-(U_S-U_0)p_1}{p_1-p_2} \end{cases}$$

代入式(9-67),结果与式(9-66)求出的相同。

例 9-18 图 9-68 所示含运算放大器电路中,已知 $u_S=10\varepsilon(t)\text{mV}$,$R_1=R_2=10\ \text{k}\Omega$,$C_1=20\ \mu\text{F}$,$C_2=100\ \mu\text{F}$,电容初始储能为零,求输出电压 u_o。

解 标出节点序号①、②如图所示,由"虚短"知,$u_o=u_{C1}=u_{n2}$,考虑"虚断",对节点①、②分别列出 KCL 方程

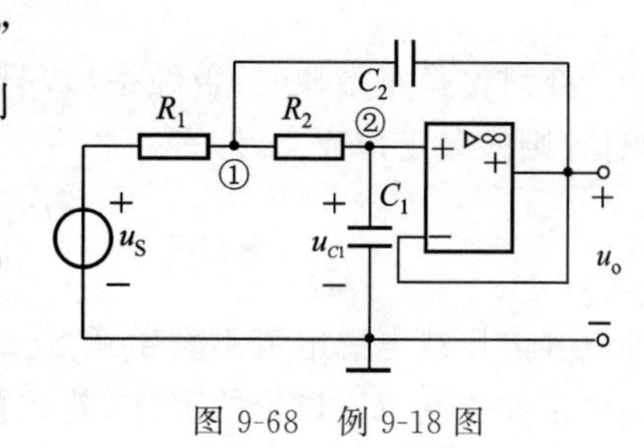

图 9-68 例 9-18 图

$$\begin{cases} \dfrac{u_S-u_{n1}}{R_1}=C_2\dfrac{d(u_{n1}-u_o)}{dt}+C_1\dfrac{du_o}{dt} & ① \\ \dfrac{u_{n1}-u_o}{R_2}=C_1\dfrac{du_o}{dt} & ② \end{cases}$$

联立求解得

$$\frac{d^2 u_o}{dt^2}+\frac{R_1+R_2}{R_1R_2C_2}\frac{du_o}{dt}+\frac{u_o}{R_1R_2C_1C_2}=\frac{u_S}{R_1R_2C_1C_2}$$

代入给定数据

$$\frac{d^2 u_o}{dt^2}+2\frac{du_o}{dt}+5u_o=5u_S$$

对应特征方程

$$p^2+2p+5=0$$

特征根为

$$p_1=-1+j2,\quad p_2=-1-j2$$

据式(9-61),共通解为

$$u_{og}=Ae^{-t}\sin(2t+\theta)$$

特解形式与激励相同,为 $t\to\infty$ 电路的稳态值

$$u_{op}=u_o(\infty)=10\ \text{mV}$$

所以完全解为

$$u_{o}=u_{og}+u_{op}=10+A\mathrm{e}^{-t}\sin(2t+\theta) \quad ③$$

由电路初始条件

$$u_{o}(0_{+})=u_{C1}(0_{+})=u_{C1}(0_{-})=0 \quad ④$$

$$\left.\frac{\mathrm{d}u_{o}}{\mathrm{d}t}\right|_{0_{+}}=\frac{1}{C}i_{C}(0_{+})=0 \quad ⑤$$

将式④、式⑤分别代入完全解式③得

$$\begin{cases}10+A\sin\theta=0\\ -A\sin\theta+2A\cos\theta=0\end{cases}$$

联立求解得

$$A=-5\sqrt{5},\theta=63.43°$$

所以输出电压为

$$u_{o}=[10-5\sqrt{5}\mathrm{e}^{-t}\sin(2t+63.43°)]\varepsilon(t)\ \mathrm{mV}$$

*9.12 电容电压和电感电流的跃变

在讨论换路定律时,曾经指出,只要在换路瞬间电容电流为有限值或电感电压为有限值,则换路定律成立,即有

$$u_{C}(0_{+})=u_{C}(0_{-})$$
$$i_{L}(0_{+})=i_{L}(0_{-})$$

即电容电压或电感电流不发生跃变。

正如9.9节所讨论的那样,若在换路瞬间,流过电容的电流或加于电感的电压是冲激函数,则 u_C 或 i_L 将发生跃变。

另外,在某些理想情况下,也可能导致 u_C 或 i_L 发生跃变。

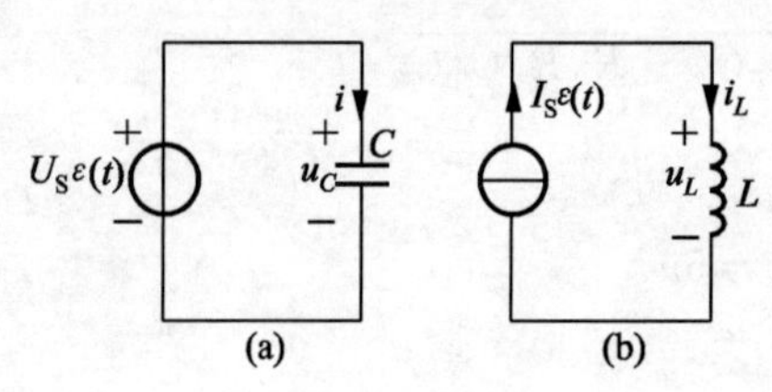

图9-69 电容电压、电感电流的跃变

在图9-69(a)中,若 $u_C(0_-)=0$,在 $t=0_+$ 时,根据KVL,电容电压将跃变为 $u_C(0_+)=U_S$ 可见,充电立即完成,即

$$u_{C}=U_{S}\varepsilon(t)$$

则充电电流 i 必然是冲激函数,即

$$i=C\frac{\mathrm{d}u_{C}}{\mathrm{d}t}=CU_{S}\delta(t)$$

又如,在图9-69(b)中,$i_L(0_-)=0$,在 $t=0_+$ 时,有

$$i_{L}(0_{+})=I_{S}$$

电感电流为

$$i_{L}=I_{S}\varepsilon(t)$$

而电感端电压为

$$u_{L}=L\frac{\mathrm{d}i_{L}}{\mathrm{d}t}=LI_{S}\delta(t)$$

可见,在 $t=0$ 时,电感两端出现冲激电压,所以导致 i_L 的跃变。

再看图 9-70(a)和(b)所示的电路。

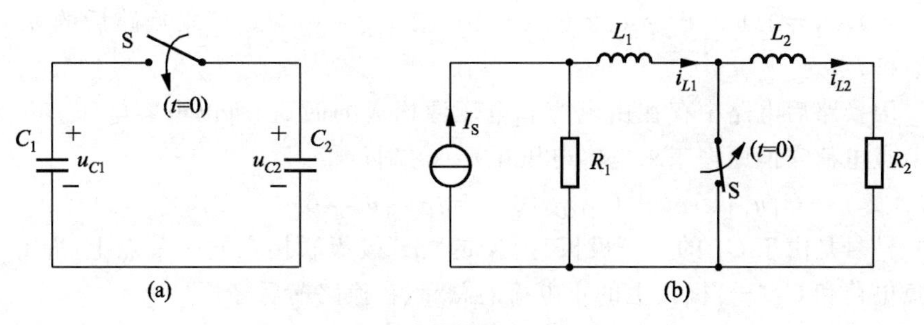

图 9-70　电路结构改变引起的跃变

在图 9-70(a)所示的电路中，若开关 S 闭合之前 C_1 已充电、C_2 未充电。设 $u_{C1}(0_-)=U_0$，$u_{C2}(0_-)=0$。$t=0$ 时，开关 S 闭合，根据 KVL 应有

$$u_{C1}(0_+)=u_{C2}(0_+)$$

它们的数值既不是 U_0 也不是 0，而应根据电荷守恒原理(换路前后，两电容在电路中某个节点上的总电荷量应不变)来求得，即

$$C_1u_{C1}(0_+)+C_2u_{C2}(0_+)=C_1u_{C1}(0_-)+C_2u_{C2}(0_-)=C_1U_0$$

考虑到　　$u_{C1}(0_+)=u_{C2}(0_+)$

联立求解上列两式，可得

$$u_{C1}(0_+)=u_{C2}(0_+)=\frac{C_1U_0}{C_1+C_2}$$

可见，u_{C1} 和 u_{C2} 在换路瞬间均发生了跃变。

在图 9-70(b)所示电路中，设开关 S 未断开时，电路已达稳态，$t=0_-$ 时，$i_{L1}(0_-)=I_S$，$i_{L2}(0_-)=0$。在 $t=0$ 时，开关 S 断开，根据 KCL，有

$$i_{L1}(0_+)=i_{L2}(0_+)$$

再根据一个回路中磁链在换路前后守恒原理，有

$$L_1i_{L1}(0_+)+L_2i_{L2}(0_+)=L_1i_{L1}(0_-)+L_2i_{L2}(0_-)=L_1I_S$$

于是可得　　$i_{L1}(0_+)=i_{L2}(0_+)=\dfrac{L_1I_S}{L_1+L_2}$

由以上讨论结果，可将 u_C 或 i_L 发生跃变的情况归纳如下。

1. 电容电压 u_C 在下列情况下可能发生跃变

(1) 换路瞬间电容中有冲激电流通过；

(2) 换路后，电路中存在仅由电容(或电容与电压源)构成的回路，亦称纯电容回路。

2. 电感电流 i_L 在下列情况下可能发生跃变

(1) 换路瞬间电感两端出现冲激电压；

(2) 换路后，电路中存在仅由电感(或电感与电流源)构成的割集(广义节点)，亦称纯电感割集。

例 9-19 电路如图 9-71 所示，在 $t=0$ 时，开关 S 闭合。设 $u_{C1}(0_-)=1\ \text{V}$，$u_{C2}(0_-)=0$，$C_1=0.1\ \text{F}$，$C_2=0.2\ \text{F}$，$R=100\ \Omega$，$U_S=10\ \text{V}$。试求换路后的 u_{C1} 和 u_{C2} 以及 i_{C1} 和 i_{C2}。

解 因换路后电路中存在由电容和电压源构成的回路，所以电容电压有可能跃变，应根据节点电荷守恒原理来求电容电压在 $t=0_+$ 时的值。

$$-C_1u_{C1}(0_+)+C_2u_{C2}(0_+)=-C_1u_{C1}(0_-)+C_2u_{C2}(0_-)$$

式中的"$-$"号是由于 C_1 的"$-$"极板与 C_2 的"$+$"极板联接在同一节点上，即 C_1"$-$"极板上的负电荷和 C_2"$+$"极板上的正电荷的总和，在换路前后守恒。

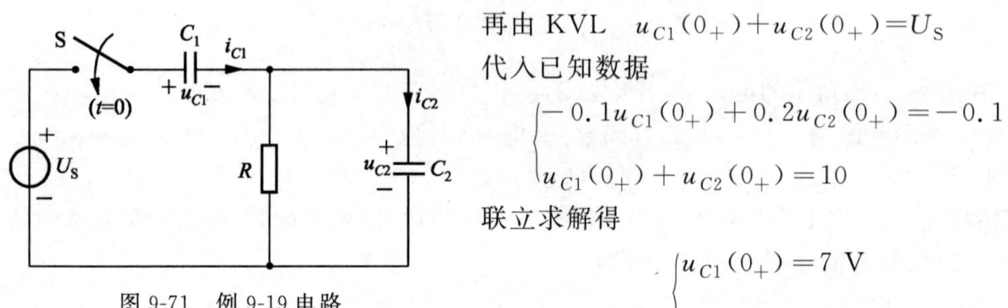

图 9-71 例 9-19 电路

再由 KVL $u_{C1}(0_+)+u_{C2}(0_+)=U_S$

代入已知数据

$$\begin{cases}-0.1u_{C1}(0_+)+0.2u_{C2}(0_+)=-0.1\\ u_{C1}(0_+)+u_{C2}(0_+)=10\end{cases}$$

联立求解得

$$\begin{cases}u_{C1}(0_+)=7\ \text{V}\\ u_{C2}(0_+)=3\ \text{V}\end{cases}$$

此电路虽含两个储能元件，但不难证明其微分方程仍为一阶的（即 C_1 与 C_2 相当于并联），所以可用三要素法求解。因为

$$\tau=R(C_1+C_2)=100(0.1+0.2)=30\ \text{s}$$
$$u_{C1}(\infty)=U_S=10\ \text{V}$$
$$u_{C2}(\infty)=0$$

所以

$$\begin{aligned}u_{C1}&=u_{C1}(\infty)+[u_{C1}(0_+)-u_{C1}(\infty)]\mathrm{e}^{-\frac{t}{\tau}}\\&=10-3\mathrm{e}^{-\frac{t}{30}}\ \text{V},\qquad t>0\end{aligned}$$

$$u_{C2}=3\mathrm{e}^{-\frac{t}{30}}\ \text{V},\qquad t>0$$

由于 u_{C1}、u_{C2} 在换路前后发生跃变，为了便于由求导得出电容电流，先根据跃变情况并利用阶跃函数将 u_{C1}、u_{C2} 中的初始值和由阶跃激励引起的响应分开表示为

$$u_{C1}=1+(9-3\mathrm{e}^{-t/30})\varepsilon(t)\ \text{V}$$
$$u_{C2}=3\mathrm{e}^{-t/30}\varepsilon(t)\ \text{V}$$

故

$$i_{C1}=C_1\frac{\mathrm{d}u_{C1}}{\mathrm{d}t}=0.6\delta(t)+0.01\mathrm{e}^{-\frac{t}{30}}\varepsilon(t)\ \text{A}$$

$$i_{C2}=C_2\frac{\mathrm{d}u_{C2}}{\mathrm{d}t}=0.6\delta(t)-0.02\mathrm{e}^{-\frac{t}{30}}\varepsilon(t)\ \text{A}$$

各电压、电流的波形如图 9-72 所示。

电容电压和电感电流的跃变问题应用复频域分析方法更为简便，此内容将在第 10 章中介绍。

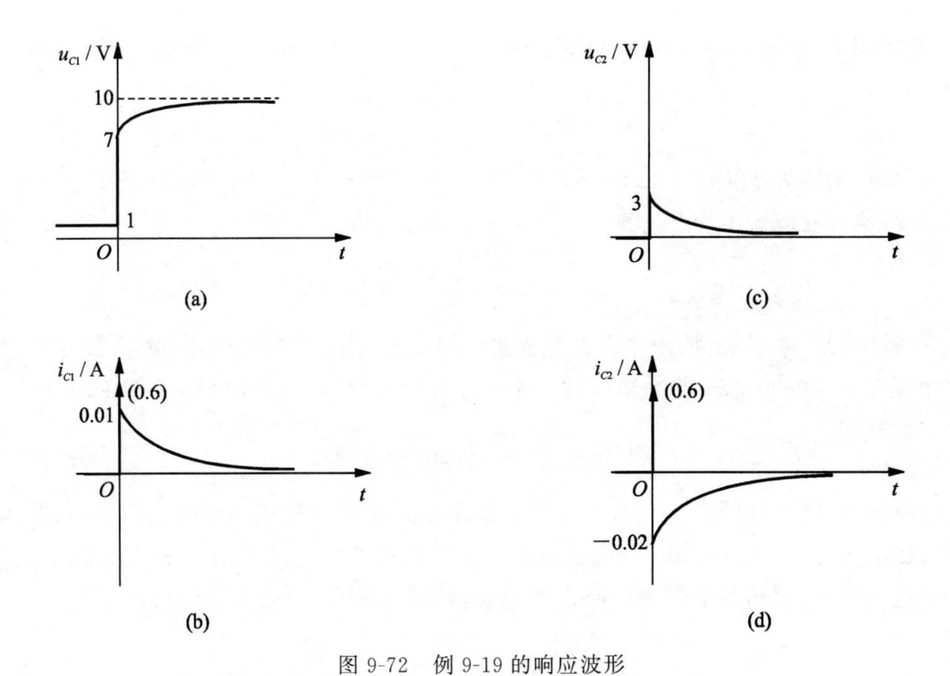

图 9-72　例 9-19 的响应波形

*9.13　任意激励下的零状态响应——卷积积分

动态电路的输入为任意波形时，欲求其全响应，可把全响应分解成零输入响应和零状态响应，先求出这两种响应之后再叠加成全响应。零输入响应与输入无关，前面已讨论过，不再重复；而零状态响应与电路的初始状态无关，求解时，其特解形式由输入决定。前面已讨论过直流激励(或阶跃激励)和冲激激励下的零状态响应以及一阶电路在正弦激励下的零状态响应，当输入形式比较复杂时，则特解较难确定。本节将讨论电路在任意输入激励下，如何借助冲激响应来求其零状态响应。

9.13.1　卷积积分

图 9-73 所示为从 $t=0$ 开始作用于电路的激励函数 $f(t)$ 的波形，为求得某时刻 t 的零状态响应，在 $0\sim t$ 区间用 n 个宽度为 $\Delta\tau$ 的矩形脉冲来近似 $f(t)$，如图 9-73 所示。

第一个脉冲，幅度为 $f(0)$，可表示为 $f(0)[\varepsilon(t)-\varepsilon(t-\Delta\tau)]$

第二个脉冲，幅度为 $f(\Delta\tau)$，可表示为 $f(\Delta\tau)[\varepsilon(t-\Delta\tau)-\varepsilon(t-2\Delta\tau)]$

…

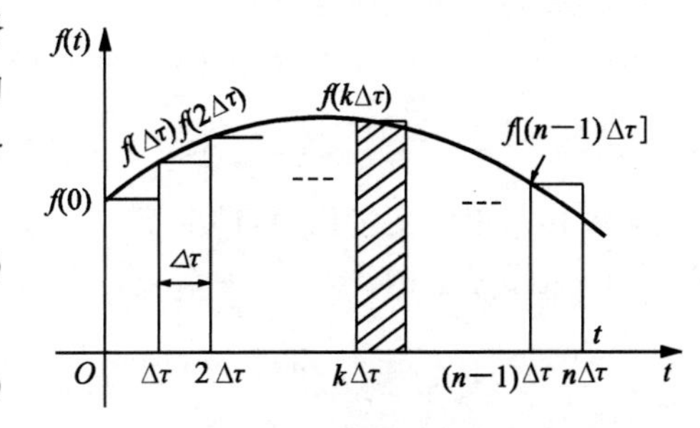

图 9-73　任意输入激励函数 $f(t)$ 的波形

第 $k+1$ 个脉冲,幅度为 $f(k\Delta\tau)$,可表示为

$$f(k\Delta\tau)\{\varepsilon(t-k\Delta\tau)-\varepsilon[t-(k+1)\Delta\tau]\}$$

…

第 n 个脉冲,幅度为 $f[(n-1)\Delta\tau]$,可表示为 $f[(n-1)\Delta\tau]\{\varepsilon[t-(n-1)\Delta\tau]-\varepsilon(t-n\Delta\tau)\}$
这样 $f(t)$ 便可近似表示为

$$f(t)\approx\sum_{k=0}^{n-1}f(k\Delta\tau)\{\varepsilon(t-k\Delta\tau)-\varepsilon[t-(k+1)\Delta\tau]\} \tag{9-68}$$

显然,n 越大,$\Delta\tau$ 越小,该脉冲序列就越逼近于 $f(t)$。当 $\Delta\tau$ 足够小时,矩形脉冲可近似为一个强度为 $f(k\Delta\tau)\Delta\tau$ 的冲激函数。于是 $f(t)$ 可近似表示为冲激函数序列之和

$$f(t)\approx\sum_{k=0}^{n-1}f(k\Delta\tau)\Delta\tau\delta(t-k\Delta\tau) \tag{9-69}$$

电路的冲激响应用 $h(t)$ 表示,它是在单位冲激函数 $\delta(t)$ 作用下的零状态响应,若为线性非时变电路,在 $f(k\Delta\tau)\Delta\tau\delta(t-k\Delta\tau)$ 作用下的零状态响应为 $f(k\Delta\tau)\Delta\tau h(t-k\Delta\tau)$。

由叠加原理,可得在 t 时刻电路对激励函数 $f(t)$ 的零状态响应近似为

$$r(t)\approx\sum_{k=0}^{n-1}f(k\Delta\tau)\Delta\tau h(t-k\Delta\tau) \tag{9-70}$$

当 n 趋于无限大,$\Delta\tau$ 趋于无限小时,式中 $\Delta\tau$ 变为 $\mathrm{d}\tau$,$k\Delta\tau$ 变为连续变量 τ,求和变为积分,$r(t)$ 的近似解变为准确解,式(9-70)变为以下的积分式:

$$r(t)=\int_0^t f(\tau)h(t-\tau)\mathrm{d}\tau \tag{9-71}$$

此式称为函数 $f(t)$ 与 $h(t)$ 的卷积积分,简称卷积。在数学中简记成

$$r(t)=f(t)*h(t) \tag{9-72}$$

由以上的讨论可知,卷积的物理意义为:线性非时变电路在任一时刻 t 时任意激励的零状态响应,等于从激励开始作用时到该时刻 t 的区间内强度不同、作用时刻不同的无穷个冲激响应之和。t 为观测电路响应的时刻,τ 为某冲激作用的时刻。因为是对所有冲激响应求和,所以积分限应从 $f(t)$ 作用时刻到 t。严格地说,式(9-71)中积分下限应从 0_- 开始。然而,在被积函数中不包含冲激函数的情况下,积分下限取 0 还是 0_- 是无关紧要的,为简单起见,积分下限均用 0 表示。

卷积运算满足交换律,即

$$\left.\begin{aligned}&f(t)*h(t)=h(t)*f(t)\\ \text{或}\quad&\int_0^t f(\tau)h(t-\tau)\mathrm{d}\tau=\int_0^t h(\tau)f(t-\tau)\mathrm{d}\tau\end{aligned}\right\} \tag{9-73}$$

只要作简单的变量代换,即令 $\tau'=t-\tau$ 代入,即可证明式(9-73)两边是全等的,因而式(9-71)亦可写为

$$r(t)=\int_0^t h(\tau)f(t-\tau)\mathrm{d}\tau \tag{9-74}$$

例 9-20 在图 9-74 所示的电路中,设 $RC=1$,电容电压的冲激响应为 $h(t)=\mathrm{e}^{-t}\varepsilon(t)$。试求 $u_S=\varepsilon(t)$ 时的零状态响应 $u_C(t)$。

解 根据卷积公式(9-71)可得

$$u_C(t)=\int_0^t u_S(\tau)h(t-\tau)\mathrm{d}\tau$$
$$=\int_0^t \mathrm{e}^{-(t-\tau)}\varepsilon(\tau)\varepsilon(t-\tau)\mathrm{d}\tau$$
$$=\mathrm{e}^{-t}\int_0^t \mathrm{e}^{\tau}\varepsilon(\tau)\varepsilon(t-\tau)\mathrm{d}\tau$$

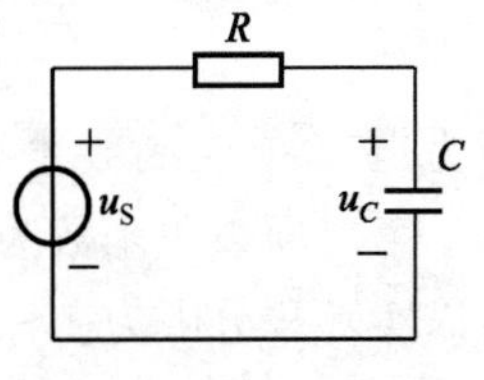

图 9-74 例 9-20 图

式中，τ 是自变量，t 是参变量，仅当 $0<\tau<t$ 时，才有 $\varepsilon(t)$ 与 $\varepsilon(t-\tau)$ 同时为非零且都为1，所以在 $t<0$ 时，原积分为零，而在 $0<\tau<t$ 区间内，$\varepsilon(t)\varepsilon(t-\tau)=1$，故

$$u_C(t)=\mathrm{e}^{-t}\left[\int_0^t \mathrm{e}^{\tau}\mathrm{d}\tau\right]\varepsilon(t)=\mathrm{e}^{-t}\left[\mathrm{e}^{\tau}\Big|_0^t\right]\varepsilon(t)$$
$$=(1-\mathrm{e}^{-t})\varepsilon(t)$$

也可用式(9-74)的积分形式来计算，即

$$u_C(t)=\int_0^t h(\tau)u_S(t-\tau)\mathrm{d}\tau=\int_0^t \mathrm{e}^{-\tau}\varepsilon(\tau)\varepsilon(t-\tau)\mathrm{d}\tau$$
$$=\left[-\mathrm{e}^{-\tau}\Big|_0^t\right]\varepsilon(t)=(1-\mathrm{e}^{-t})\varepsilon(t)$$

显然，用两种方式进行计算，所得结果相同。

例 9-21 设图 9-75(a)为某电路的单位冲激响应 $h(t)$ 的波形，图 9-75(b)为激励函数 $u_S(t)$ 的波形。试求此激励函数作用下电路的零状态响应。

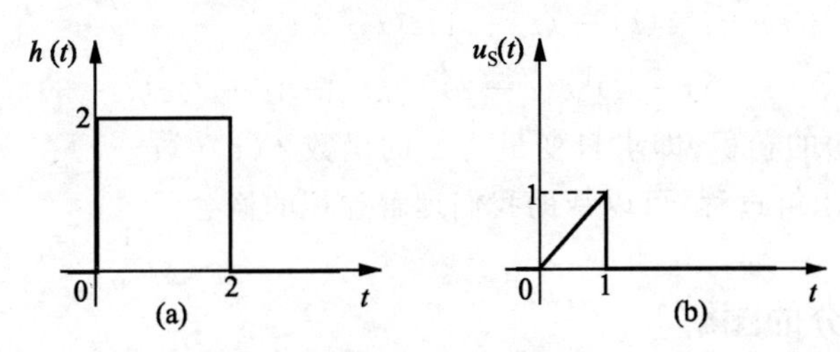

图 9-75 例 9-21 图

解 $u_S(t)=t[\varepsilon(t)-\varepsilon(t-1)]=t\varepsilon(t)-t\varepsilon(t-1)$

$h(t)=2[\varepsilon(t)-\varepsilon(t-2)]=2\varepsilon(t)-2\varepsilon(t-2)$

$$r(t)=u_S(t)*h(t)=\int_0^t u_S(\tau)h(t-\tau)\mathrm{d}\tau$$
$$=\int_0^t[\tau\varepsilon(\tau)-\tau\varepsilon(\tau-1)][2\varepsilon(t-\tau)-2\varepsilon(t-\tau-2)]\mathrm{d}\tau$$
$$=\int_0^t 2\tau\varepsilon(\tau)\varepsilon(t-\tau)\mathrm{d}\tau-\int_0^t 2\tau\varepsilon(\tau-1)\varepsilon(t-\tau)\mathrm{d}\tau-$$
$$\int_0^t 2\tau\varepsilon(\tau)\varepsilon(t-\tau-2)\mathrm{d}\tau+\int_0^t 2\tau\varepsilon(\tau-1)\varepsilon(t-\tau-2)\mathrm{d}\tau$$

第一项被积函数为 $2\tau\varepsilon(\tau)\varepsilon(t-\tau)$，当 $0<\tau<t$ 时，$\varepsilon(t)\varepsilon(t-\tau)=1$，而当 $\tau<0$ 或 $\tau>t$ 时，$\varepsilon(\tau)\varepsilon(t-\tau)=0$，所以实际积分限就是 $0\sim t$，于是有

$$\int_0^t 2\tau\varepsilon(\tau)\varepsilon(t-\tau)\mathrm{d}\tau=[\tau^2|_0^t]\varepsilon(t)=t^2\varepsilon(t)$$

因为当 $t>0$ 时函数才不为零,故后面要乘以 $\varepsilon(t)$。

第二项被积函数为 $2\tau\varepsilon(\tau-1)\varepsilon(t-\tau)$,两个阶跃函数相乘等于1的范围是 $1<\tau<t$,所以实际积分限为 $1\sim t$,于是有

$$\int_0^t 2\tau\varepsilon(\tau-1)\varepsilon(t-\tau)\mathrm{d}\tau=[\tau^2|_1^t]\varepsilon(t-1)=(t^2-1)\varepsilon(t-1)$$

因为当 $t>1$ 时,此函数才不为零,故后面要乘以 $\varepsilon(t-1)$。

同理,第三项的实际积分限为 $0\sim(t-2)$,即

$$\int_0^t 2\tau\varepsilon(\tau)\varepsilon(t-\tau-2)\mathrm{d}\tau=[\tau^2|_0^{(t-2)}]\varepsilon(t-2)$$

$$=(t-2)^2\varepsilon(t-2)$$

因为当 $(t-2)>0$(即 $t>2$)时,此函数才不为零,故后面要乘以 $\varepsilon(t-2)$。

第四项的实际积分限为 $1\sim(t-2)$,即

$$\int_0^t 2\tau\varepsilon(\tau-1)\varepsilon(t-\tau-2)\mathrm{d}\tau=[\tau^2|_1^{(t-2)}]\varepsilon[(t-2)-1]$$

$$=(t^2-4t+3)\varepsilon(t-3)$$

因为当 $(t-2)>1$(即 $t>3$)时,此函数才不为零,故后面要乘以 $\varepsilon(t-3)$。

综合以上结果可得

$$r(t)=t^2\varepsilon(t)-(t^2-1)\varepsilon(t-1)-$$

$$(t-2)^2\varepsilon(t-2)+(t^2-4t+3)\varepsilon(t-3)$$

求 $f(t)$ 与 $h(t)$ 的卷积,即求自变量为 τ 的函数 $f(\tau)h(t-\tau)$ 在 $0\sim t$ 区间的积分。下面利用图解说明求解过程,可以帮助我们理解卷积的概念。

9.13.2 卷积积分的图解

如已知某电路的冲激响应 $h(t)=2\mathrm{e}^{-t}\varepsilon(t)$,激励函数为 $f(t)=\varepsilon(t)$。若以式(9-71)求卷积,下面以图解法来阐述该式的几何意义。

首先改换自变量,把 $f(t)$ 和 $h(t)$ 分别写作 $f(\tau)$ 和 $h(\tau)$,此时函数图形未变,只是横坐标换作 τ,如图 9-76(a)、(b)所示。$h(-\tau)$ 与 $h(\tau)$ 以纵轴互相对称,因此将 $h(\tau)$ 曲线绕纵坐标轴翻转180°即得到 $h(-\tau)$,如图 9-76(c)所示。再将此曲线向右移动 t s即得到 $h(t-\tau)$ 的图形,如图 9-76(d)所示。然后将 $f(\tau)$ 与 $h(t-\tau)$ 相乘,所得曲线如图 9-76(e)所示。这个曲线与横轴所限定的面积就是 t s时电路的零状态响应值。取 t 的不同值,可求得相应的积分值,从而可画出零状态响应随 t 变化的波形。

从以上图解分析可以看出,卷积运算过程由翻转、平移、相乘、积分等几部分组成。在平移过程中,如两函数图形不交叠,则其乘积为零。根据这一点可以正确地确定积分限。当 $f(t)$ 或 $h(t)$ 是分段连续函数时,应用图解分析可以方便地确定分段积分的上下限,详见下例。

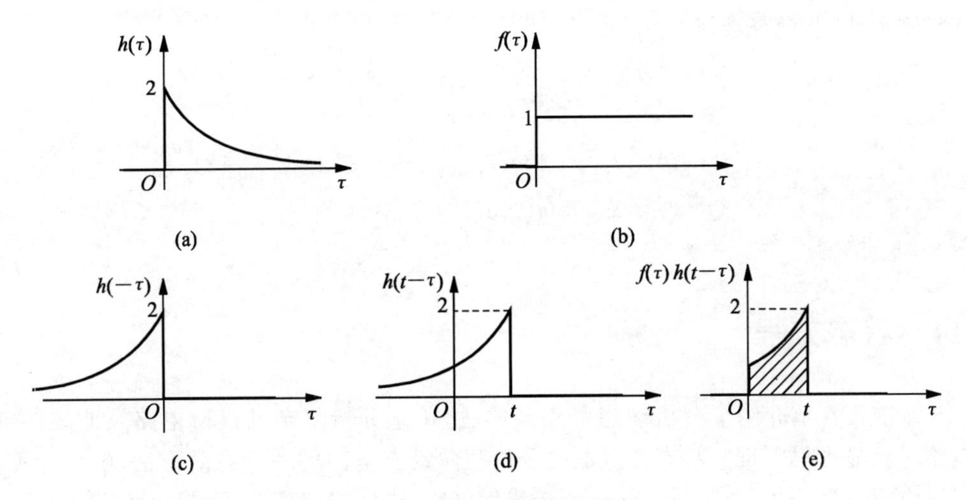

图 9-76 卷积积分的图解示例

例 9-22 借助图解法重解例 9-21。

解 当 $0<t<1$ 时，如图 9-77(a)。所以

$$r(t)=\int_0^t 2\tau \mathrm{d}\tau=\tau^2\big|_0^t=t^2$$

当 $1<t<2$ 时，如图 9-77(b)。所以

$$r(t)=\int_0^1 2\tau \mathrm{d}\tau=\tau^2\big|_0^1=1$$

当 $2<t<3$ 时，如图 9-77(c)。所以

$$r(t)=\int_{t-2}^1 2\tau \mathrm{d}\tau=\tau^2\big|_{t-2}^1=1-(t-2)^2=-t^2+4t-3$$

当 $t>3$ 时，如图 9-77(d)。所以

$$r(t)=0$$

综合可得

$$r(t)=\begin{cases}t^2 & (0<t<1)\\ 1 & (1<t<2)\\ -t^2+4t-3 & (2<t<3)\\ 0 & (t>3)\end{cases}$$

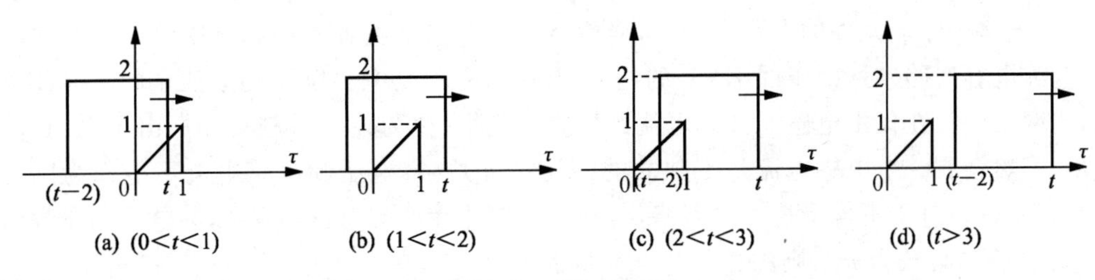

图 9-77 例 9-22 图

写成封闭形式,并经整理得

$$\begin{aligned} r(t) &= t^2[\varepsilon(t)-\varepsilon(t-1)]+[\varepsilon(t-1)-\varepsilon(t-2)]+ \\ &\quad (-t^2+4t-3)[\varepsilon(t-2)-\varepsilon(t-3)] \\ &= t^2\varepsilon(t)-(t^2-1)\varepsilon(t-1)-(t-2)^2\varepsilon(t-2)+ \\ &\quad (t^2-4t+3)\varepsilon(t-3) \end{aligned}$$

与例 9-21 的结果一致。

9.14 状态方程

本章前面几节介绍了分析动态电路经典法,用它分析复杂的高阶电路及非线性、时变电路时就显得很困难。状态变量法是分析高阶动态电路的一种有效方法,随着计算机的普遍应用更显出其优点,它不仅适用于线性网络,同样适用于非线性及时变网络。

9.14.1 状态和状态变量

"状态"是电路和系统理论中的一个重要概念。

电路在任一时刻的状态是指在该时刻电路所必须具备的最少信息的集合。已知该时刻的状态及此时开始的输入,就能完全地确定电路在该时刻及此后任一时刻的所有响应。如某二阶电路,根据已知元件参数和输入函数列出待求变量的微分方程后,知道电路的初始状态就能对电路进行完整的分析。电路的初始状态是由 $i_L(0)$ 及 $u_C(0)$ 来表示的。也就是说,对一给定电路,已知初始状态及 $t\geqslant 0$ 时的输入,就可以求得 $t\geqslant 0$ 时电路中任一部分的电压或电流。

描述网络状态的一组数量最少的变量称为状态变量。例如含电容和电感的二阶电路,电容电压 u_C 和电感电流 i_L 就可以是一组状态变量,亦可取电容电荷 q 及电感磁链 ψ 作为状态变量。对 n 阶网络则有 n 个状态变量。由状态变量构成的列向量称为状态向量,用 $\boldsymbol{x}$ 表示

$$\boldsymbol{x}=[x_1 \quad x_2 \quad \cdots \quad x_n]^{\mathrm{T}}$$

式中,$x_1,x_2,\cdots,x_n$ 是网络的 n 个独立的状态变量。

网络中独立状态变量的数目就等于网络微分方程的阶数(网络的阶数),一般地说,也就是电路中储能元件的个数。但是,当网络中存在仅由电容元件和电压源构成的回路(称为纯电容回路)时,由于受 KVL 的约束,其中必有一个电容电压是不独立的。与此类似,当网络中存在仅由电感元件和电流源构成的割集(称为纯电感割集)时,由于 KCL 的约束,必然会有一个电感电流是不独立的,不独立的电容电压和电感电流不能作为网络的状态变量。对于不含受控源的网络,若网络中储能元件的总数为 n_{CL},纯电容回路数为 n_C,纯电感割集数为 n_L,则独立的状态变量数为

$$n=n_{CL}-n_C-n_L$$

网络的独立状态变量数(即独立电感电流数和独立电容电压数之和)通常称为网络

复杂性的阶，或网络的阶。例如，图 9-78 所示的网络中，有一个由 u_S、C_1、C_2 构成的纯电容回路和一个由 L_1、L_2 构成的纯电感割集，该网络的复杂性的阶为 $5-1-1=3$，故只有三个独立的状态变量。

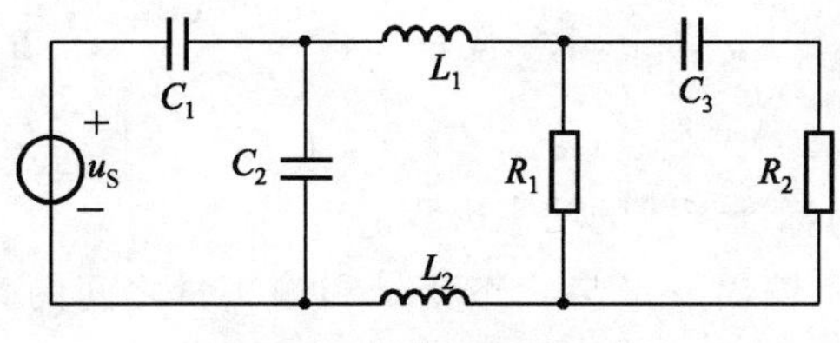

图 9-78 网络的阶的示例

既无纯电容回路、又无纯电感割集的网络称为**常态网络**。在线性非时变的常态网络中，所有电容电压和电感电流都是独立的，一般选取所有电容电压和电感电流作为状态变量。下面讨论的主要是常态网络。

9.14.2 状态方程和输出方程

状态方程是表示状态变量与激励函数之间关系的一阶微分方程组。现通过一个最简单的 RLC 串联电路(图 9-79)的分析来说明，取 u_C 和 i_L 为状态变量，则可列出下列方程：

$$C\frac{\mathrm{d}u_C}{\mathrm{d}t}=i_L$$

$$L\frac{\mathrm{d}i_L}{\mathrm{d}t}+u_C+Ri_L=u_S$$

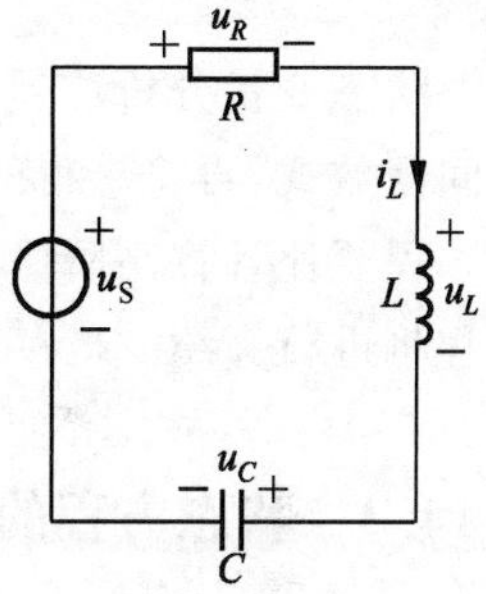

对以上两个方程适当进行整理，使方程左边为状态变量的一阶导数，方程右边为含有状态变量与激励函数的代数式，即

$$\left.\begin{aligned}\frac{\mathrm{d}u_C}{\mathrm{d}t}&=\frac{i_L}{C}\\ \frac{\mathrm{d}i_L}{\mathrm{d}t}&=-\frac{u_C}{L}-\frac{R}{L}i_L+\frac{u_S}{L}\end{aligned}\right\}\tag{9-75}$$

图 9-79 列写状态方程示例

式(9-75)就是图 9-79 电路的状态方程，写成矩阵形式为

$$\begin{bmatrix}\dfrac{\mathrm{d}u_C}{\mathrm{d}t}\\ \dfrac{\mathrm{d}i_L}{\mathrm{d}t}\end{bmatrix}=\begin{bmatrix}\dot{u}_C\\ \dot{i}_L\end{bmatrix}=\begin{bmatrix}0 & \dfrac{1}{C}\\ -\dfrac{1}{L} & -\dfrac{R}{L}\end{bmatrix}\begin{bmatrix}u_C\\ i_L\end{bmatrix}+\begin{bmatrix}0\\ \dfrac{1}{L}\end{bmatrix}[u_S]\tag{9-76}$$

对于一个具有 n 个状态变量($x_1,x_2,\cdots,x_n$)、m 个激励($u_1,u_2,\cdots,u_m$)的线性网络，状态方程的一般形式可写为

$$\dot{\boldsymbol{x}}=\boldsymbol{A}\boldsymbol{x}+\boldsymbol{B}\boldsymbol{u}\tag{9-77}$$

式中，$\boldsymbol{x}=[x_1\quad x_2\quad\cdots\quad x_n]^{\mathrm{T}}$ 称为状态向量，$\dot{\boldsymbol{x}}$ 是状态向量的一阶导数；$\boldsymbol{u}=[u_1\quad u_2\quad\cdots\quad u_m]^{\mathrm{T}}$ 称为输入(激励)向量；$\boldsymbol{A}$ 和 $\boldsymbol{B}$ 是与网络结构及元件参数有关的系

数矩阵，$\boldsymbol{A}$ 是 $n\times n$ 阶方阵，$\boldsymbol{B}$ 是 $n\times m$ 阶矩阵，有时 $\boldsymbol{B}$ 又称为控制矩阵或驱动矩阵。对于图 9-79 的电路，

$$\boldsymbol{x}=\begin{bmatrix}u_C\\ i_L\end{bmatrix},\quad \boldsymbol{u}=[u_S],\quad \boldsymbol{A}=\begin{bmatrix}0 & \dfrac{1}{C}\\ -\dfrac{1}{L} & -\dfrac{R}{L}\end{bmatrix},\quad \boldsymbol{B}=\begin{bmatrix}0\\ \dfrac{1}{L}\end{bmatrix}$$

式(9-76)和式(9-77)称为标准形式的状态方程。

输出方程是一组表示输出变量与状态变量和输入量之间的关系方程。它是一组线性代数方程，每一个方程表示一个输出量为状态变量和输入量的线性组合。在线性网络中，输出方程的矩阵形式一般为

$$\boldsymbol{y}=\boldsymbol{C}\boldsymbol{x}+\boldsymbol{D}\boldsymbol{u} \tag{9-78}$$

式中，$\boldsymbol{y}$ 为输出向量，$\boldsymbol{x}$ 为状态向量，$\boldsymbol{u}$ 为输入向量，$\boldsymbol{C}$ 与 $\boldsymbol{D}$ 是与电路结构和元件值有关的系数矩阵，例如，图 9-79 所示电路的输出是电感电压 u_L 和电阻电压 u_R，则

$$u_L=u_S-i_LR-u_C$$
$$u_R=i_LR$$

写成矩阵形式的输出方程为

$$\begin{bmatrix}u_L\\ u_R\end{bmatrix}=\begin{bmatrix}-1 & -R\\ 0 & R\end{bmatrix}\begin{bmatrix}u_C\\ i_L\end{bmatrix}+\begin{bmatrix}1\\ 0\end{bmatrix}[u_S]$$

状态变量分析法须首先建立状态方程和输出方程，然后解状态方程得出状态变量的时间函数式，再将求得的状态变量代入输出方程，从而求得网络的输出。计算机求解状态方程要比计算高阶微分方程容易，对于高阶动态电路一般采用状态变量法，有关后续课程将进行介绍。

9.14.3 状态方程的列写

1. 直观法列写

一个状态方程中只含有某一个状态变量的一阶导数。对于线性常态网络通常选取电容电压和电感电流为状态变量。由于电容电流为 $C\dfrac{\mathrm{d}u_C}{\mathrm{d}t}$，电感电压为 $L\dfrac{\mathrm{d}i_L}{\mathrm{d}t}$，若对只含一个电容的节点(或割集)列 KCL 方程，对只含一个电感的回路列 KVL 方程，则状态方程的建立过程就可得以简化。对于较简单的电路，根据这个思路用直观法可迅速列出。

例 9-23 列写图 9-80 电路的标准形式状态方程。

解 选 u_C、i_{L1} 和 i_{L2} 作为状态变量。对与电容支路关联的节点②列 KCL 方程

$$C\frac{\mathrm{d}u_C}{\mathrm{d}t}=i_{L1}+i_{L2}$$

对只含一个电感的回路Ⅰ和Ⅱ列 KVL 方程

$$L_1\frac{\mathrm{d}i_{L1}}{\mathrm{d}t}=u_S-i_1R_1-u_C$$

$$L_2\frac{\mathrm{d}i_{L2}}{\mathrm{d}t}=u_S-i_1R_1-u_C-i_2R_2$$

设法消去非状态变量 i_1 和 i_2。从图中不难看出

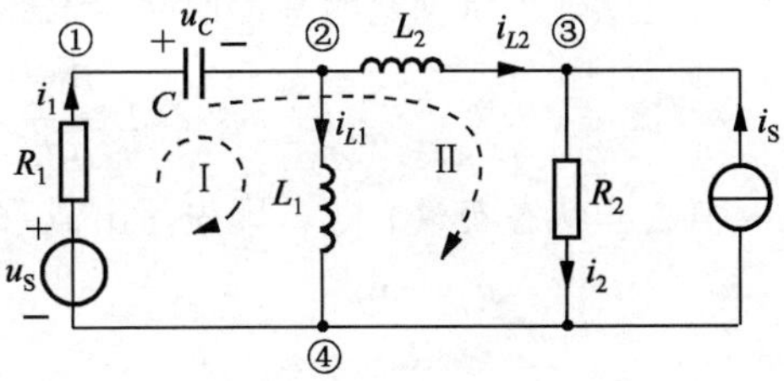

$$i_1=i_{L1}+i_{L2}$$

$$i_2=i_S+i_{L2}$$

图 9-80　例 9-23 图

将以上 i_1、i_2 代入前面三个方程，适当整理即可得出标准形式的状态方程为

$$\begin{bmatrix}\dfrac{\mathrm{d}u_C}{\mathrm{d}t}\\[2mm]\dfrac{\mathrm{d}i_{L1}}{\mathrm{d}t}\\[2mm]\dfrac{\mathrm{d}i_{L2}}{\mathrm{d}t}\end{bmatrix}=\begin{bmatrix}0 & \dfrac{1}{C} & \dfrac{1}{C}\\[2mm] -\dfrac{1}{L_1} & -\dfrac{R_1}{L_1} & -\dfrac{R_1}{L_1}\\[2mm] -\dfrac{1}{L_2} & -\dfrac{R_1}{L_2} & -\dfrac{(R_1+R_2)}{L_2}\end{bmatrix}\begin{bmatrix}u_C\\ i_{L1}\\ i_{L2}\end{bmatrix}+\begin{bmatrix}0 & 0\\[2mm] \dfrac{1}{L_1} & 0\\[2mm] \dfrac{1}{L_2} & -\dfrac{R_2}{L_2}\end{bmatrix}\begin{bmatrix}u_S\\ i_S\end{bmatrix}$$

2. 系统法列写

对于比较复杂的电路，利用**特有树**(proper tree)的概念来列写状态方程(亦称为系统法)是方便的。将电路中每一元件作为一条支路画有向图，特有树是这样一种树，它包含电路中所有的电压源和电容支路，而不含任何电流源和电感支路。对于不含纯电容回路和纯电感割集的常态网络，至少可以选出一个特有树，在选定特有树后，对每一个单电容树支割集列写 KCL 方程，对每一个单电感连支回路列写 KVL 方程，然后消去方程中的非状态变量。最后整理并写成标准形式的状态方程。

例 9-24　图 9-81(a)所示的电路，输出为 u_o，试列写状态方程和输出方程。

解　选取电容电压 u_{C1}、u_{C2} 及电感电流 i_L 为状态变量，画有向图，如图 9-81(b)所示，选定特有树(树支用粗黑线表示)。

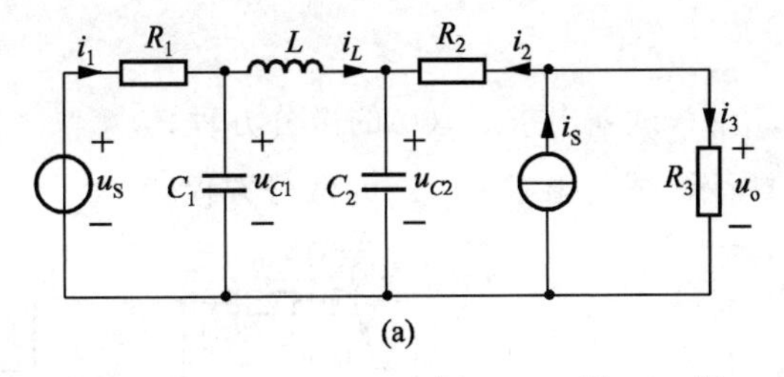

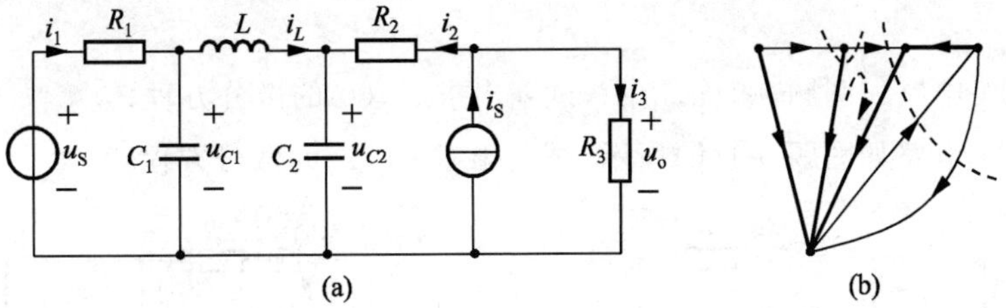

(b)

图 9-81　例 9-24 图

对电容树支确定的基本割集列写 KCL 方程

$$C_1\frac{\mathrm{d}u_{C1}}{\mathrm{d}t}=i_1-i_L$$

$$C_2\frac{\mathrm{d}u_{C2}}{\mathrm{d}t}=i_L+i_S-i_3$$

对电感连支所确定的基本回路列KVL方程

$$L\frac{\mathrm{d}i_L}{\mathrm{d}t}=u_{C1}-u_{C2}$$

消去非状态变量i_1、i_3，即先写出i_1、i_3与状态变量、输入的如下关系式：

$$i_1=\frac{u_S-u_{C1}}{R_1}$$

$$i_3=\frac{R_2}{R_2+R_3}i_S+\frac{u_{C2}}{R_2+R_3}\left(因为\ i_3=i_S-i_2,i_2=\frac{i_3R_3-u_{C2}}{R_2}\right)$$

再将i_1、i_3的表达式代入前面的三个一阶微分方程，经适当整理即可得状态方程的矩阵形式为

$$\begin{bmatrix}\frac{\mathrm{d}u_{C1}}{\mathrm{d}t}\\ \frac{\mathrm{d}u_{C2}}{\mathrm{d}t}\\ \frac{\mathrm{d}i_L}{\mathrm{d}t}\end{bmatrix}=\begin{bmatrix}-\frac{1}{R_1C_1} & 0 & -\frac{1}{C_1}\\ 0 & \frac{-1}{(R_2+R_3)C_2} & \frac{1}{C_2}\\ \frac{1}{L} & -\frac{1}{L} & 0\end{bmatrix}\begin{bmatrix}u_{C1}\\ u_{C2}\\ i_L\end{bmatrix}+\begin{bmatrix}\frac{1}{R_1C_1} & 0\\ 0 & \frac{R_3}{(R_2+R_3)C_2}\\ 0 & 0\end{bmatrix}\begin{bmatrix}u_S\\ i_S\end{bmatrix}$$

输出电压u_o为

$$u_o=i_3R_3=\frac{R_2R_3}{R_2+R_3}i_S+\frac{R_3}{R_2+R_3}u_{C2}$$

写成式(9-78)的矩阵形式为

$$u_o=\begin{bmatrix}0 & \frac{R_3}{R_2+R_3} & 0\end{bmatrix}\begin{bmatrix}u_{C1}\\ u_{C2}\\ i_L\end{bmatrix}+\begin{bmatrix}0 & \frac{R_2R_3}{R_2+R_3}\end{bmatrix}\begin{bmatrix}u_S\\ i_S\end{bmatrix}$$

习题

9-1 (1) 电路如图题9-1(a)所示，试列出求$u_C(t)$的微分方程；

(2) 电路如图题9-1(b)所示，试列出求$u_L(t)$的微分方程。

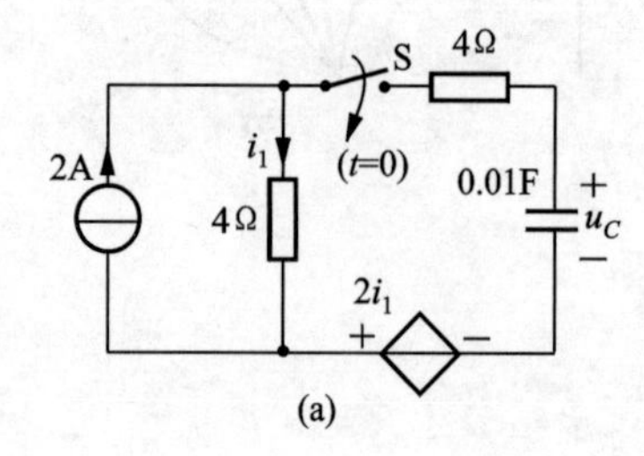

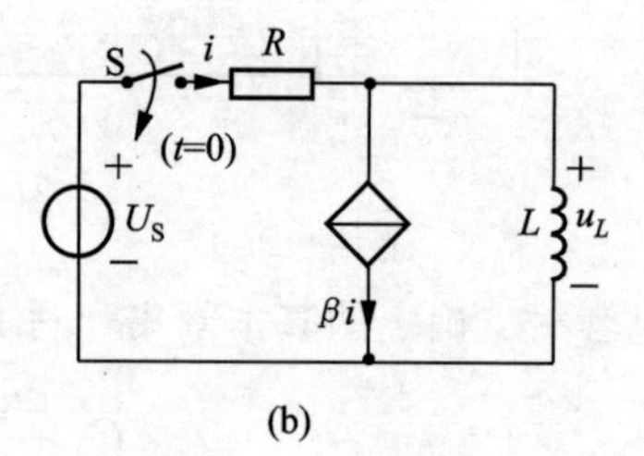

图题9-1

9-2　图题 9-2 中各电路在换路前已处稳定状态，试求换路后各电路中的初始值 $u(0_+)$ 和 $i(0_+)$。

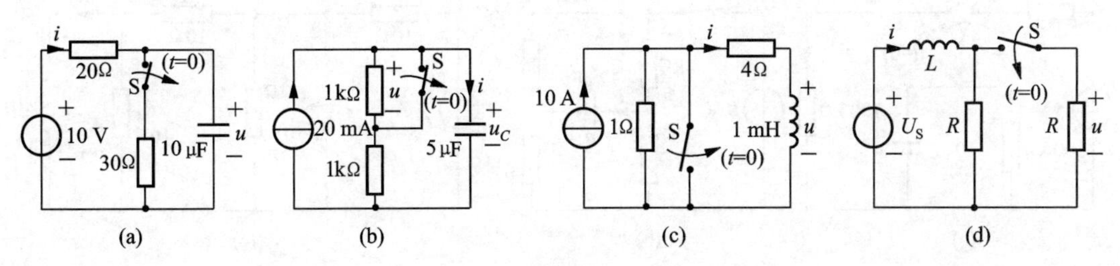

图题 9-2

9-3　电路如图题 9-3 所示，换路前电路已达稳态。试求 $i_L(0_+)$，$u_C(0_+)$，$\left.\frac{\mathrm{d}i_L}{\mathrm{d}t}\right|_{0_+}$，$\left.\frac{\mathrm{d}u_C}{\mathrm{d}t}\right|_{0_+}$。

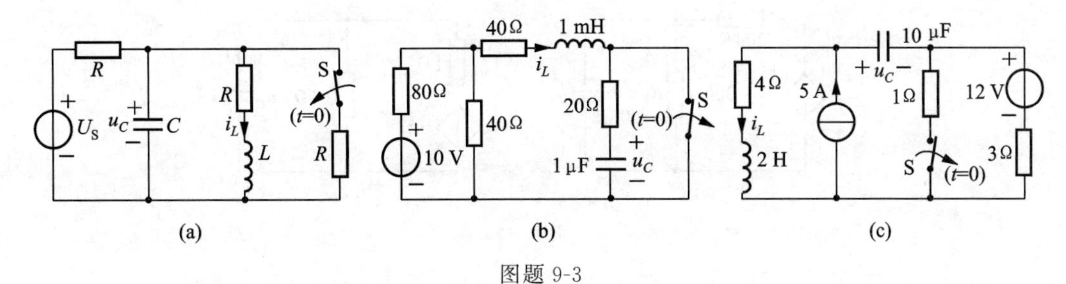

图题 9-3

9-4　图题 9-4 所示电路原先未储能，$t=0$ 时开关 S 合上。试求 $i_1(0_+)$，$i_2(0_+)$，$\left.\frac{\mathrm{d}i_1}{\mathrm{d}t}\right|_{0_+}$，$\left.\frac{\mathrm{d}i_2}{\mathrm{d}t}\right|_{0_+}$。

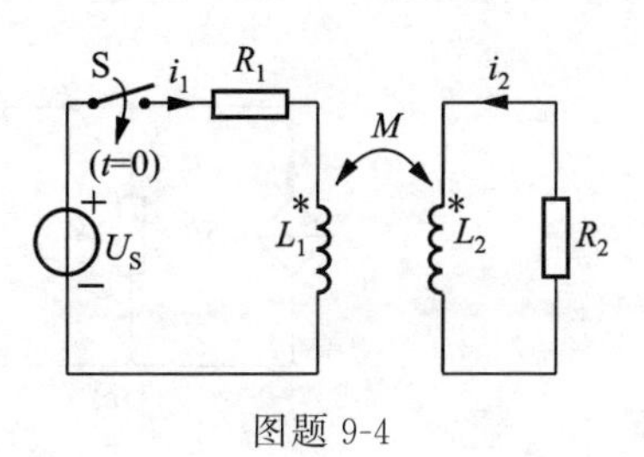

图题 9-4

9-5　图题 9-5 所示电路。

(1) 求图题 9-5(a)电路中的 $i(0_+)$；

(2) 求图题 9-5(b)电路中的 $u(0_+)$；

(3) 求图题 9-5(c)电路中的 $u_C(0_+)$、$\left.\frac{\mathrm{d}u_C}{\mathrm{d}t}\right|_{0_+}$ 及换路后的稳态值 $u_C(\infty)$。

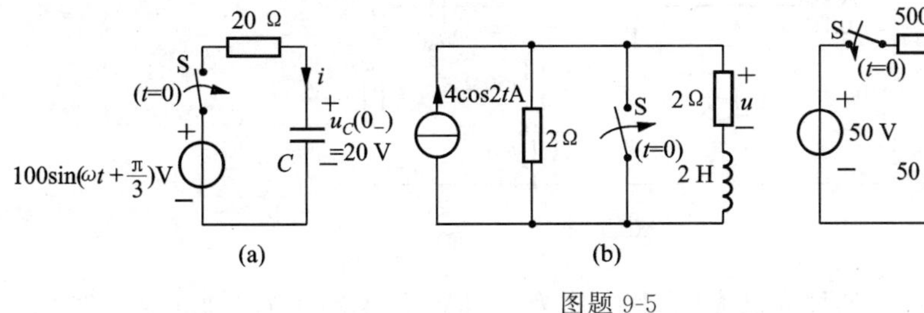

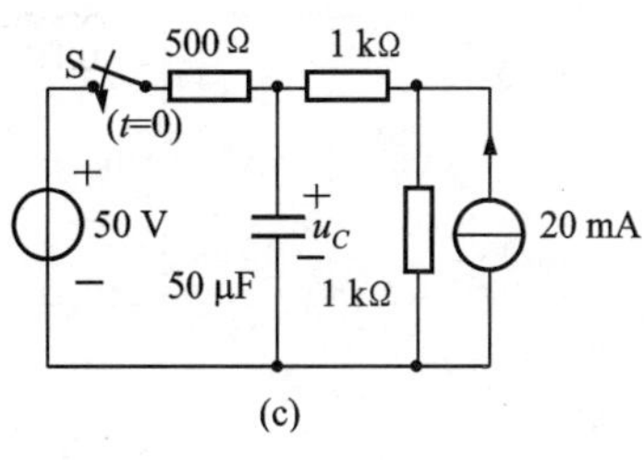

图题 9-5

9-6　如图题 9-6 电路,原已达稳态,$t=0$ 时,将开关 S 换路,试求 $t\geqslant 0$ 时的 $u(t)$ 及 $i(t)$。

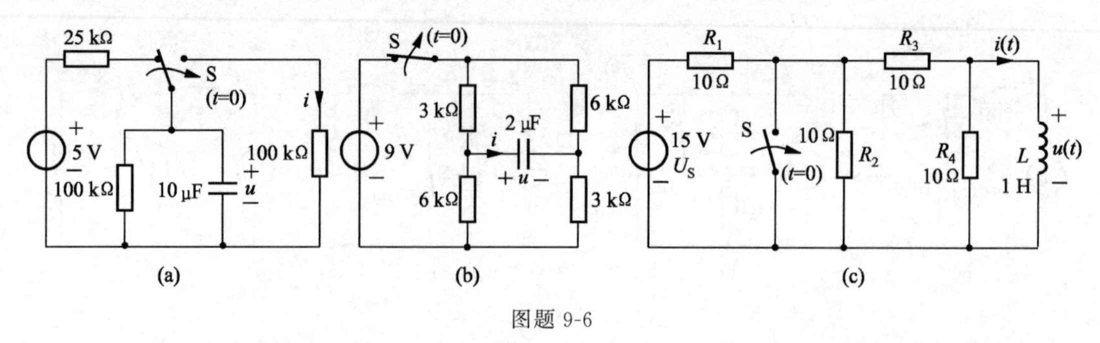

图题 9-6

9-7　先求出图题 9-7 所示电路从电容端口向左看的等效电阻,进而求出电路的零输入响应 $u_C(t)$,并绘出其变化曲线(已知 $u_C(0_-)=10$ V)。

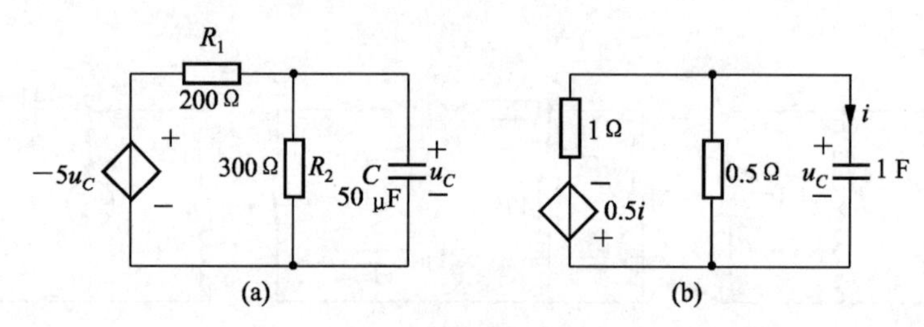

图题 9-7

9-8　电路如图题 9-8 所示,$i_L(0)=2$ A,求 $i_L(t)$及 $u(t)$,$t\geqslant 0$。

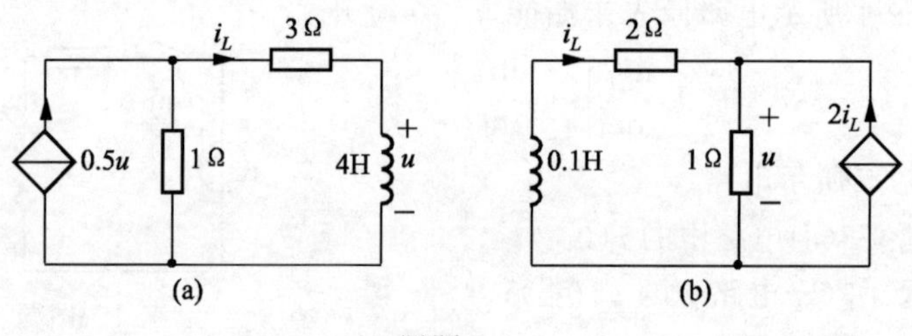

图题 9-8

9-9　换路前图题 9-9 所示电路已达稳态。试求 $i(t)$,$t\geqslant 0$。

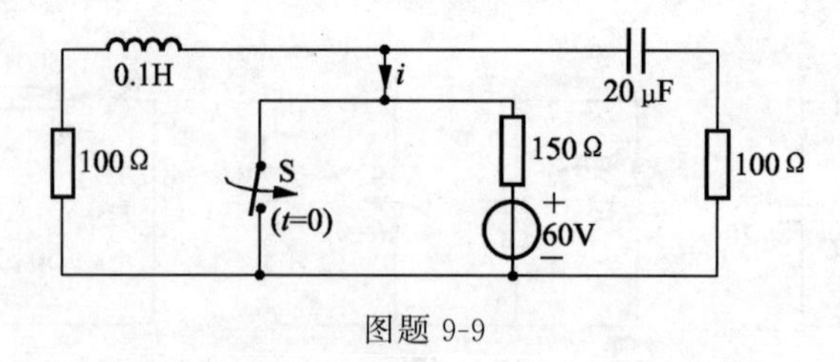

图题 9-9

9-10　一个高压电容器原先已充电,其电压为 10 kV,从电路中断开后,经过 15 min 它的电压降低为 3.2 kV(电容器与其绝缘电阻构成回路)。

(1) 再过 15 min 电压将降为多少?

(2) 如果电容 $C=15\ \mu\text{F}$,那么它的绝缘电阻是多少?

(3) 需经多少时间,可使电压降至 30 V 以下?

(4) 如果以一根电阻为 $0.2\ \Omega$ 的导线将电容短接放电,最大放电电流是多少?若认为在 5τ 时间内放电完毕,那么放电的平均功率是多少?

9-11 试求图题 9-11 所示各电路的零状态响应 $u_C(t)$,$t\geqslant 0$。

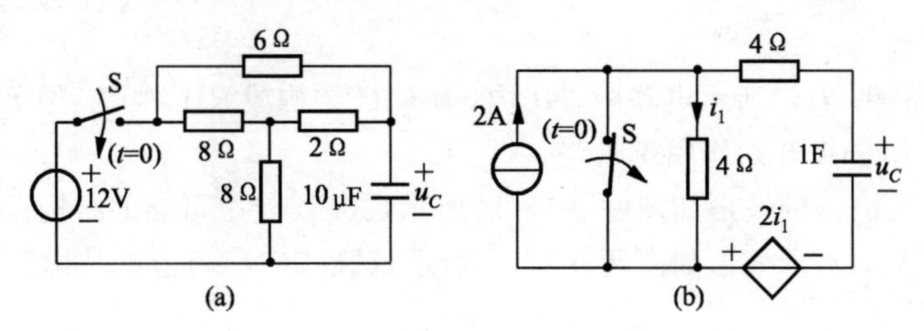

图题 9-11

9-12 图题 9-12 所示电路中,各电源均在 $t=0$ 时开始作用于电路,求 $i(t)$并绘出其变化曲线。已知电容电压初始值为零。

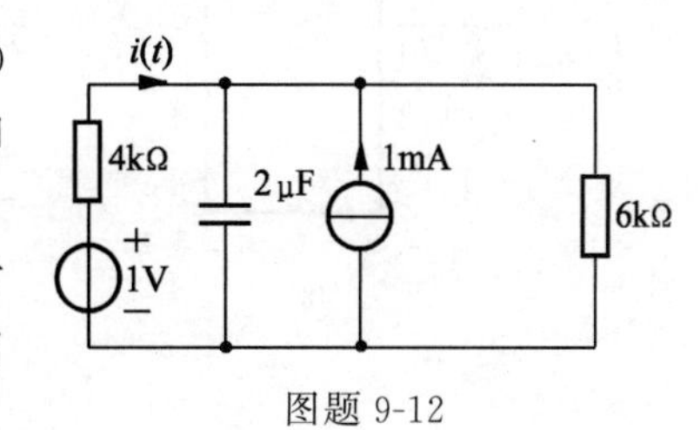

图题 9-12

9-13 电路如图题 9-13 所示,开关 S 在 $t=0$ 时闭合,求 $t=15\ \mu\text{s}$ 时 u_a 及各电阻中的电流。设 S 闭合前电容上无电荷。

9-14 图题 9-14 所示含理想运算放大器电路,已知电路初始储能为零,求换路后的输出电压 $u_o(t)$。

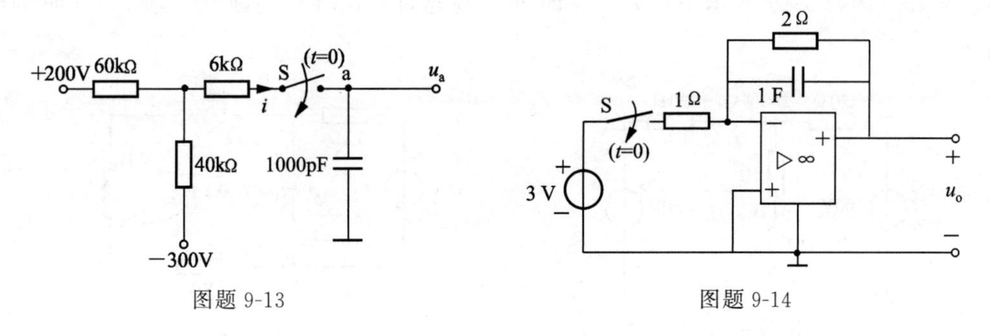

图题 9-13　　　　图题 9-14

9-15 电路如图题 9-15 所示,已知 $u_S(t)=10\cos\pi t$ V。设 $i_2(0)=0$,试求换路后的 $i_1(t)$、$i_2(t)$和 $i(t)$。

9-16 图题 9-16 所示电路中,N 内部只含电源及电阻,若 1 V 的直流电压源于 $t=0$ 时作用于电路。输出端所得零状态响应为 $u_o(t)=\dfrac{1}{2}+\dfrac{1}{8}\text{e}^{-0.25t}$ V,$t\geqslant 0$;问若把电路中的电容换为 2 H 的电感,输出端的零状态响应 $u_o(t)$将如何?

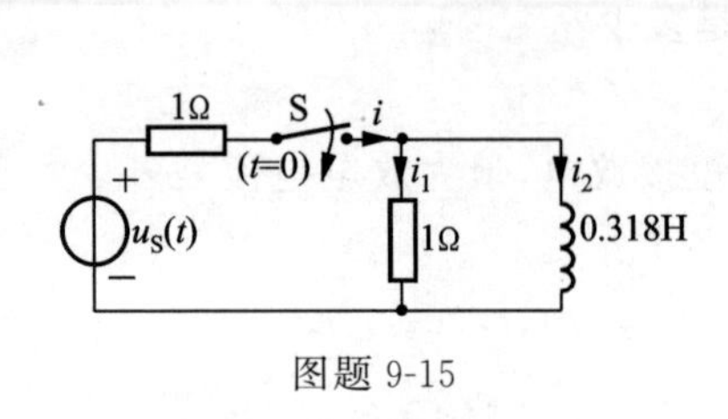

图题 9-15

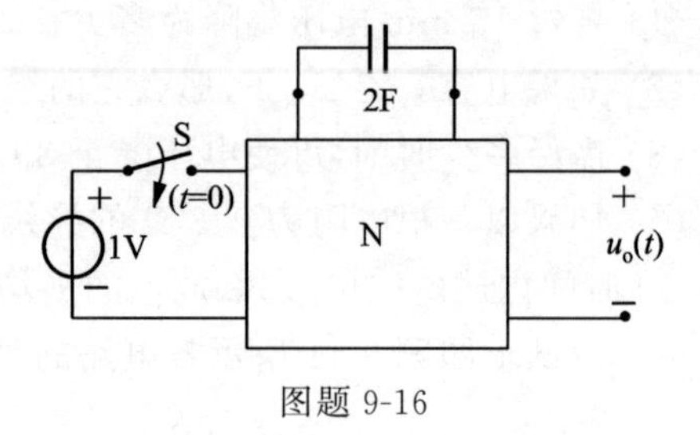

图题 9-16

9-17　图题 9-17(a)所示电路中,N_1 内(为 R-C 结构或 R-L 结构)原无储能,在 $t=0$ 时电流 $i(t)=15$ mA 开始作用于电路。

(1) 若电压 $u(t)$的波形如图题 9-17(b)所示,试确定 N_1 可能的结构。

(2) 若电压 $u(t)$的波形如图题 9-17(c)所示,试确定 N_1 可能的结构。

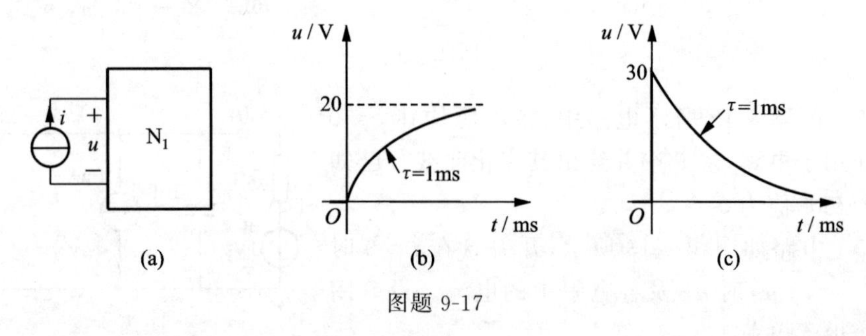

图题 9-17

9-18　图题 9-18 所示电路,开关 S 闭合前已处于稳态。在 $t=0$ 时,S 闭合,试求 $t\geqslant 0$ 时的 $u_L(t)$。

9-19　图题 9-19 所示电路,$t<0$ 时处于稳态,$t=0$ 时开关断开。求 $t>0$ 时的电压 u。

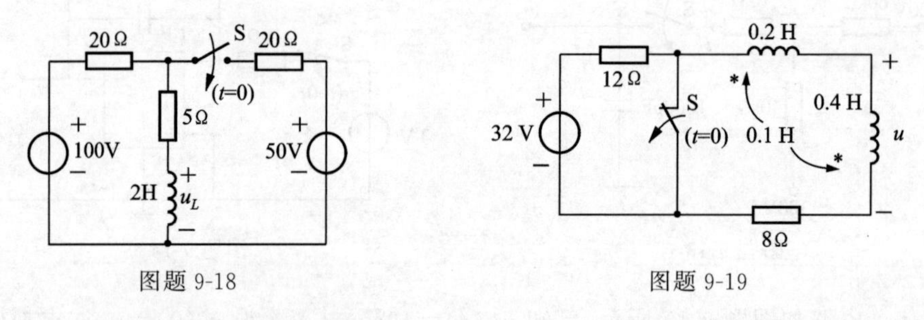

图题 9-18　　图题 9-19

9-20　在图题 9-20 所示电路中,已知当 $u_S(t)=1$ V,$i_S(t)=0$ 时,$u_C(t)=\left(2\mathrm{e}^{-2t}+\dfrac{1}{2}\right)$ V,$t\geqslant 0$;若 $i_S(t)=1$ A 时,$u_S(t)=0$ 时,$u_C(t)=\left(\dfrac{1}{2}\mathrm{e}^{-2t}+2\right)$ V,$t\geqslant 0$。电源在 $t=0$ 时作用于电路。(1) 求 R_1、R_2 和 C;(2) 当 $u_S(t)=1$ V,$i_S(t)=1$ A 时,求电路的响应 $u_C(t)$,其暂态分量等于多少?为什么?

9-21　图题 9-21 所示电路中,已知 $t<0$ 时 S 在"1"位置,电路已达稳定状态,现于 $t=0$ 时刻将 S 扳到"2"位置。

(1) 试用三要素法求 $t\geqslant 0$ 时的响应 $u_C(t)$；(2) 求 $u_C(t)$经过零值的时刻 t_0。

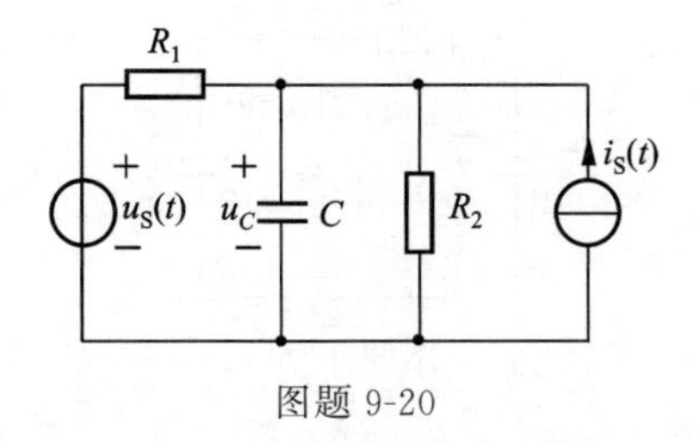

图题 9-20

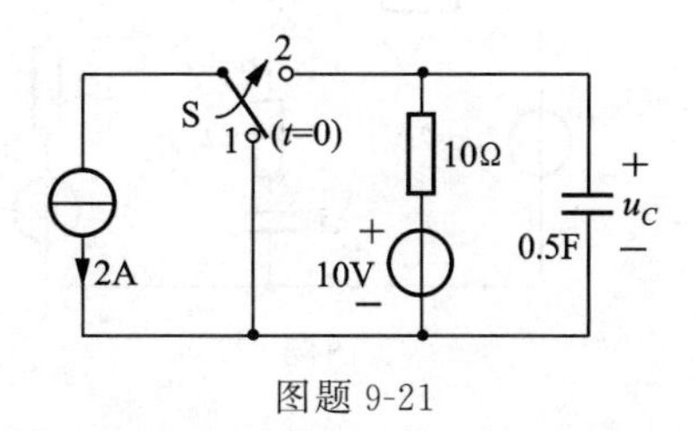

图题 9-21

9-22　图题 9-22 所示电路，开关 S 闭合前，电路已达稳态，$t=0$ 时将开关 S 闭合。

(1) 试用三要素法求换路后的 $u_C(t)$，并画出波形图；

(2) 从已求得的响应 $u_C(t)$中，分解出零输入响应和零状态响应。

9-23　图题 9-23 所示电路，开关 S 打开前电路处于稳态。$t=0$ 时开关 S 打开，求换路后的 $u(t)$，并画出其波形图。

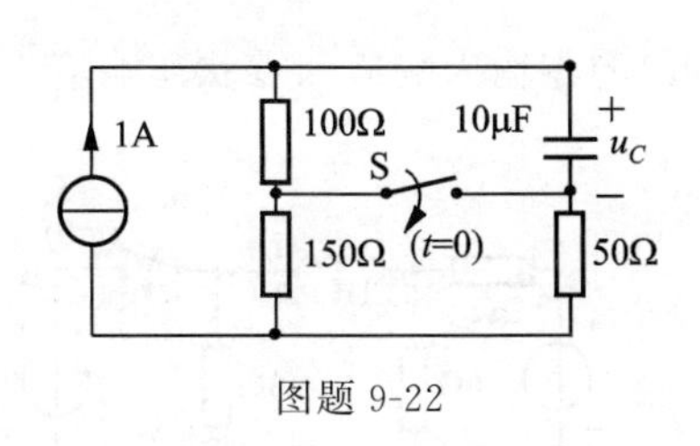

图题 9-22

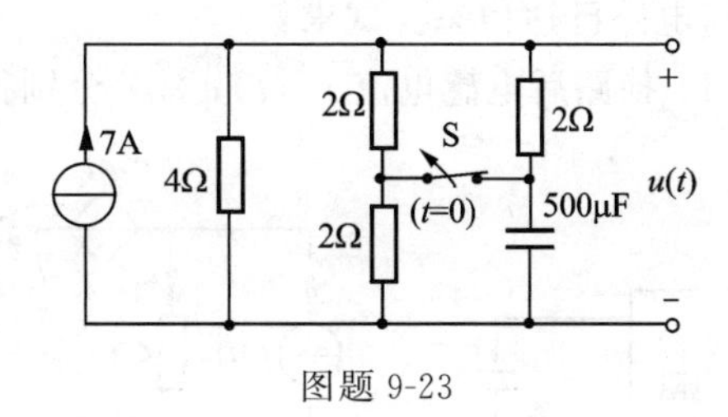

图题 9-23

9-24　试用三要素法求图题 9-24 所示各电路中的响应 $u(t)$，并作出其变化曲线。

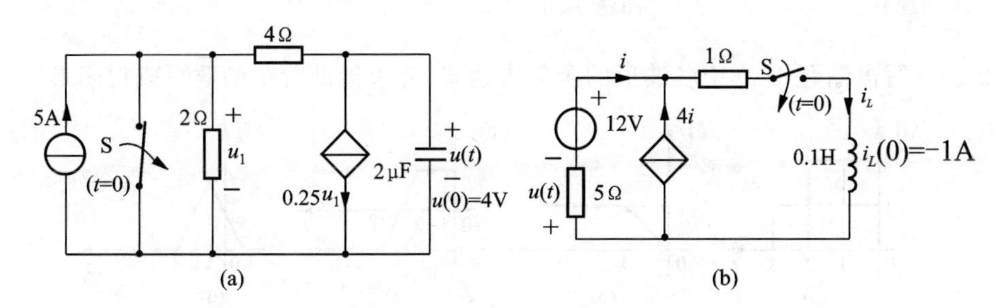

图题 9-24

9-25　图题 9-25 所示电路中，$t<0$ 时 S 在 a 点，电路已达稳态。今于 $t=0$ 时将开关 S 扳到 b 点。求 $t>0$ 时的全响应 $u(t)$，并定性画出其波形。

9-26　电路如图题 9-26 所示，当电容 C_1 原已充电至 5 V，$t=0$ 时，开关 S 闭合，C_1 对 C_2 充电（C_2 原未充电）。

(1) 求 $t\geqslant 0$ 时的 i、u_{C1}、u_{C2}；

(2) $t=0$ 时储藏在电容中的能量为多少？

(3) $t\to\infty$ 储藏在电容中的能量和电阻中消耗的总能量为多少？

(4) 在这些能量之间有没有关系？如有试叙述之。

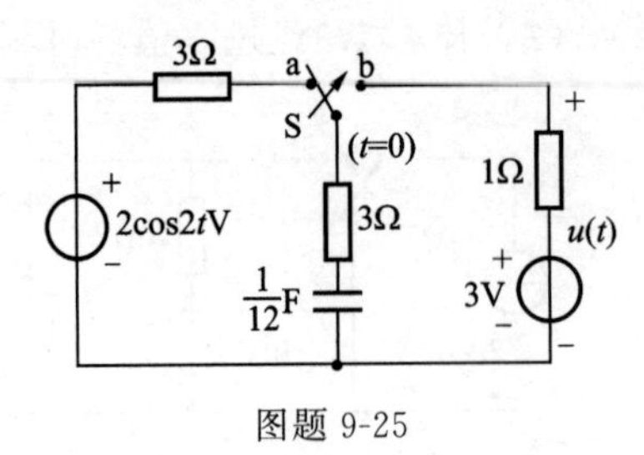

图题 9-25

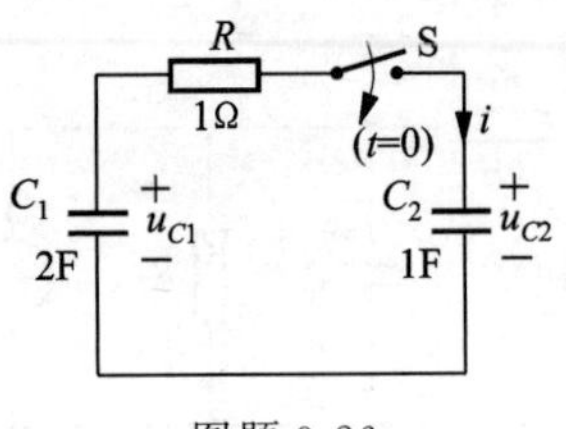

图题 9-26

9-27　图题 9-27 所示电路中,已知 $C=0.2$ F 时零状态响应 $u_C=20(1-\mathrm{e}^{-\frac{t}{2}})$V。现若 $C=0.05$ F,且 $u_C(0_-)=5$ V,其他条件不变,求 $t\geqslant 0$ 时的 $u_C(t)$。

9-28　电路如图题 9-28 所示,已知 $i_S(t)=\sin 7t$ A,且 $i(0)=1$ A,求开关 S 闭合后 $i(t)$ 的全响应。

9-29　图题 9-29 所示电路中,已知 $u_S(t)=2\cos 2t$ V,$t=0$ 时开关 S 闭合,且开关 S 闭合前电路已达稳态。试求:

(1) 换路后电感电流 $i_L(t)$;(2) 分别得到 $i_L(t)$ 的零输入响应和零状态响应。

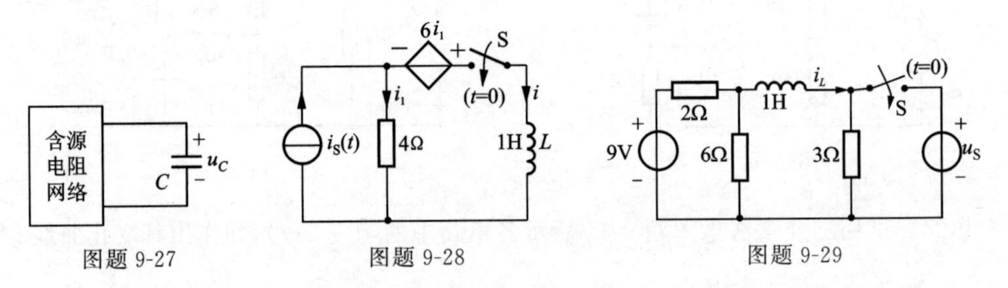

图题 9-27　图题 9-28　图题 9-29

9-30　写出图题 9-30 中各波形的函数表达式(要求借助阶跃函数写成封闭形式)。

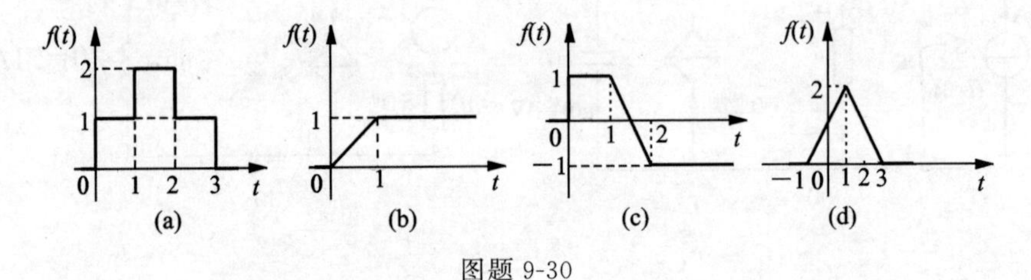

图题 9-30

9-31　画出与下列函数表达式相对应的波形。

(1) $\varepsilon(2t)$　(2) $\varepsilon(-t)$　(3) $\varepsilon(3-2t)$

(4) $t\varepsilon(t-1)$　(5) $t\varepsilon(t+1)$　(6) $\varepsilon(t-1)\varepsilon(t-2)$

(7) $\mathrm{e}^{-5t}[\varepsilon(t)-\varepsilon(t-1)]$　(8) $(t-1)\varepsilon(t-1)-(t-2)\varepsilon(t-2)$

(9) $5\mathrm{e}^{-2t}\delta(t-1)$　(10) $\delta(t)-\delta(t-1)+2\delta(t-2)$

9-32　试用单位冲激函数的采样性质,计算下列各式的积分值。

(1) $\int_{-\infty}^{+\infty}\delta(t)f(t-t_1)\mathrm{d}t$;

(2) $\int_{-\infty}^{+\infty}(t+\cos t)\delta\left(t-\frac{\pi}{3}\right)\mathrm{d}t$；

(3) $\int_{-\infty}^{+\infty}f(t_1-t)\delta(t)\mathrm{d}t$。

9-33　试求图题 9-33 所示电路的阶跃响应 $u_C(t)$。

9-34　图题 9-34 所示电路中，开关在 $t=0$ 时闭合，且设 $t=0$ 时电路已处于稳态，在 $t=100\ \mathrm{ms}$ 时又打开，求 $u_{ab}(t)$，并绘出波形图。

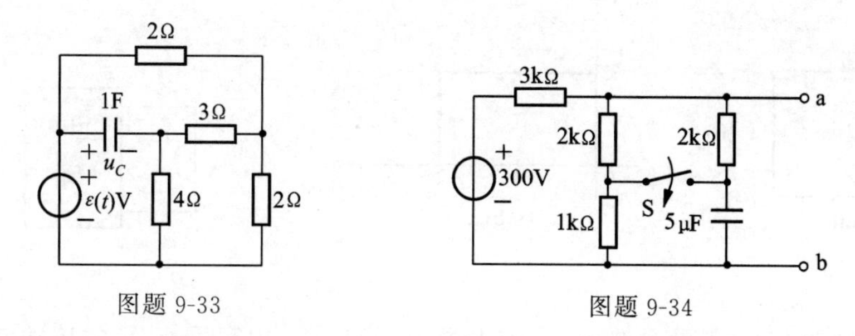

图题 9-33　　图题 9-34

*9-35　图题 9-35(b)电路中，作用于电路的电压 $u(t)$ 如图题 9-35(a)所示，设在 $t<0$ 时，电路已达直流稳态。求解 $u_1(t)$ 和 $u_2(t)$，并绘出它们的波形图。

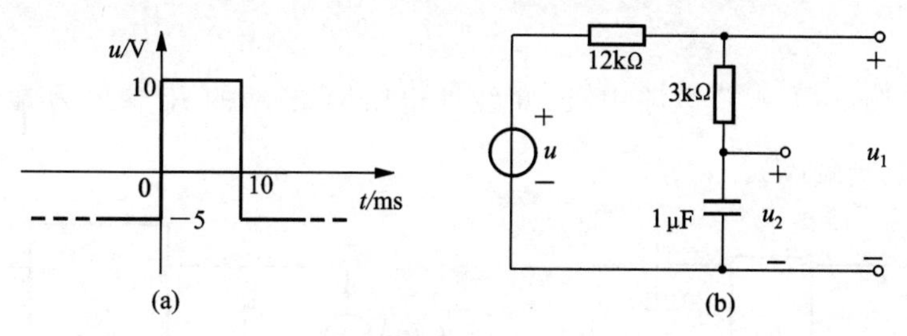

图题 9-35

9-36　图题 9-36(a)的所示电路，电流 $i_S(t)$ 的波形如图题 9-36(b)所示。求：(1) 零状态响应 $i_L(t)$，$t\geqslant 0$，并定性画出其波形；(2) 电压 $u_L(t)$。

9-37　图题 9-37 所示含源电阻网络 N_S 电路，当 $R=3\ \Omega$ 时，$U=6\ \mathrm{V}$；$R=8\ \Omega$，$U=8\ \mathrm{V}$。$t=0$ 时将开关 S 由 a 打向 b，求 $t\geqslant 0$ 时的零状态响应 $u_C(t)$。

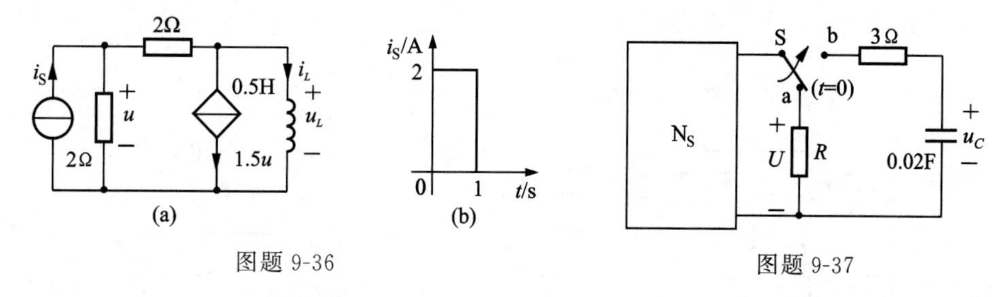

图题 9-36　　图题 9-37

9-38　初始状态不为零的一阶网络 N，如图题 9-38(a)所示。当 1-1′端激励电压为 $4\varepsilon(t)$ 时，2-2′端响应电压 $r_1(t)=2+\mathrm{e}^{-t}$；当 1-1′端激励电压为 $-4\varepsilon(t)$ 时，2-2′端响应电

压 $r_2(t)=-2-3\mathrm{e}^{-t}$；如 1-1′端激励电压 u_i 为图题 9-38(b)所示波形时，求 2-2′端响应电压 $r(t)$。

9-39　电路如图题 9-39 所示，电容的初始储能不为零。若 $u_\mathrm{S}(t)=(1+2\cos)\varepsilon(t)$ V，$u_C(t)=\left[1-\mathrm{e}^{-t}+\sqrt{2}\cos\left(t-\frac{\pi}{4}\right)\right]\varepsilon(t)$ V；若 $u_\mathrm{S}(t)=\cos t\varepsilon(t)$ V，且电容初始储能不变，当 $t\geqslant 0$ 时，试求电压 $u_C(t)$。

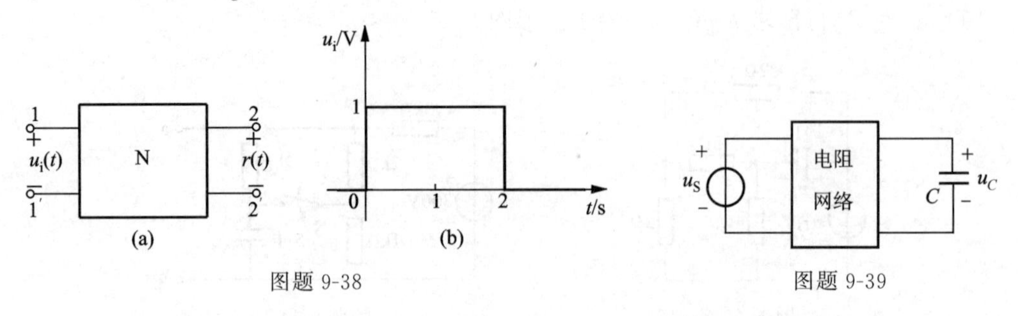

图题 9-38　　　　图题 9-39

9-40　图题 9-40 所示电路中，直流电源 $U_\mathrm{S}=10$ V，电阻网络 N 的传输参数矩阵为 $\boldsymbol{T}=\begin{bmatrix}2 & 10\ \Omega\\ 0.1\ \mathrm{S} & 1\end{bmatrix}$，$t<0$ 时电路处于稳态，$t=0$ 时开关 S 由 a 打向 b。求 $t>0$ 时的响应 $u(t)$。

9-41　图题 9-41 所示电路中，已知线性电阻网络 N 的 R 参数为 $\boldsymbol{R}=\begin{bmatrix}4 & 3\\ 3 & 5\end{bmatrix}\Omega$，$i_L(0_-)=2$ A，求响应 $i_L(t)$，$t\geqslant 0$。

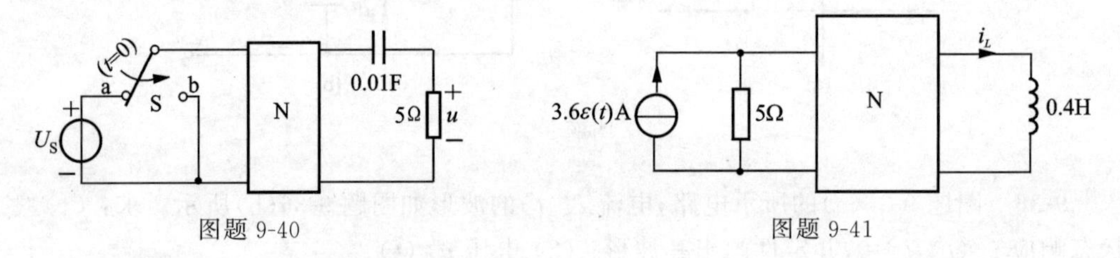

图题 9-40　　　　图题 9-41

9-42　图题 9-42 所示电路。(1) 写出二端口网络 N 的传输参数 $\boldsymbol{T}$ 矩阵；(2) 若 $u_1=10$ V，$t=0$ 时开关 S 闭合，求换路后的 $i_L(t)$。

9-43　图题 9-43 所示电路初始状态不详。已知 $u_\mathrm{S}(t)=2\cos t\varepsilon(t)$ V，$i_L(t)=1-3\mathrm{e}^{-t}+\sqrt{2}\cos\left(t-\frac{\pi}{4}\right)$ A，$t\geqslant 0$。试求：

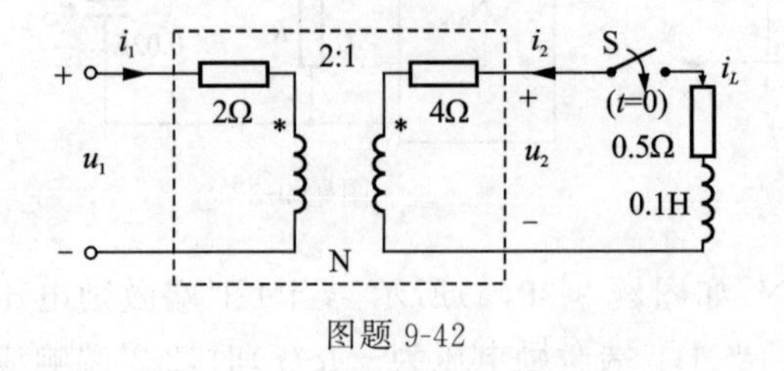

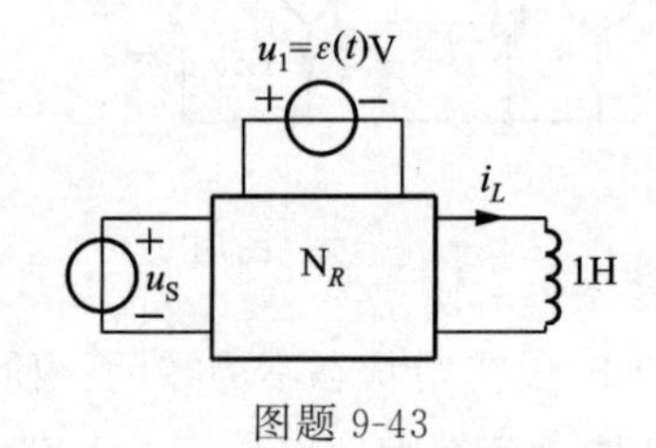

图题 9-42　　　　图题 9-43

(1) 在同样初始状态下,$u_S(t)=0$ 时,求 $i_L(t)$。

(2) 在同样初始状态下,两个电源均为 0,求 $i_L(t)$。

(3) 在同样初始状态下,$u_1=3\varepsilon(t)$ V,$u_S=10\sin t\varepsilon(t)$ V,求 $i_L(t)$。

*9-44　555 型定时器是一个具有多种用途的集成电路,对外有 8 个端钮。在图题 9-44 中是将 555(方框部分)与 R_A、R_B、C 连接成一个自由间歇振荡器(不必追究其含义),在此情况下,555 的性能如同一个电压控制开关。当电压 U_S 加上后,电流由电源 U_S 经 R_A 和 R_B 使电容 C 充电,此时输出端与电源 U_S 相连,使输出电压等于 U_S。当电容电压 $u_C(t)$ 达到 $\frac{2}{3}U_S$ 时,端钮 7 接地,电容经 R_B 放电,此时输出端也接地,其电压等于零。当电容电压下降到 $\frac{1}{3}U_S$ 时,端钮 7 断开,使电容再度经 R_A 和 R_B 由电源 U_S 充电,且使输出端又与电源 U_S 相连,输出电压为 U_S。当 $u_C(t)$ 达到 $\frac{2}{3}U_S$ 时,电容再次放电,依次重复。

(1) 假定加上电源 U_S 时,u_C 初始值为零,试画出电容电压 $u_C(t)$ 及输出电压波形图;

(2) 试证明振荡器的周期为

$$T=0.693(R_A+2R_B)C$$

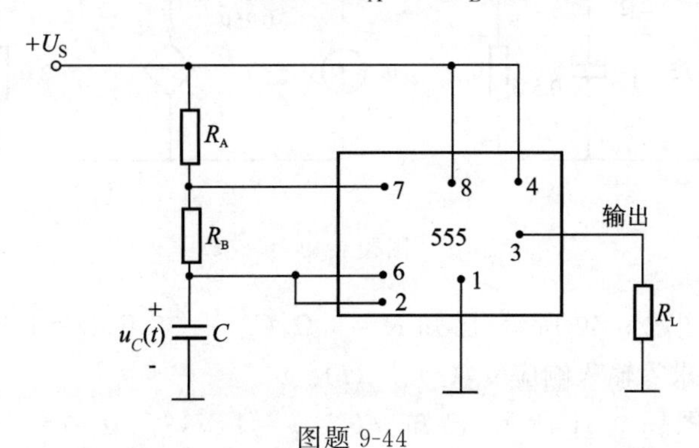

图题 9-44

9-45　图题 9-45 所示电路中,$u_C(0_-)=0$,试求:

(1) $u_S(t)=\varepsilon(t)$时,电流 i_2 的阶跃响应;

(2) $u_S(t)=\delta(t)$时,电流 i_2 的冲激响应。

9-46　电路如图题 9-46 所示。

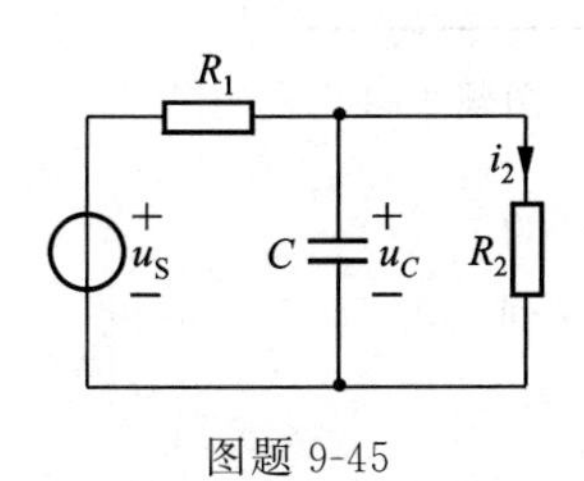

图题 9-45

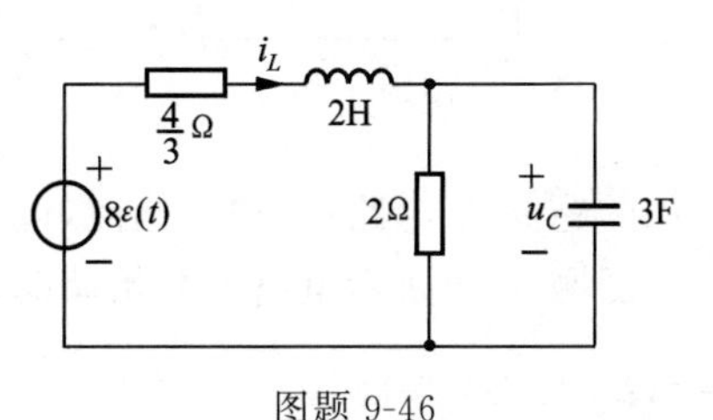

图题 9-46

(1) 列出求 $u_C(t)$的微分方程；

(2) 列出求 $i_L(t)$的微分方程；

(3) 比较两方程的系数,可得出什么结论?

9-47　求图题 9-46 电路特征根的值,并判断该电路的过渡过程是欠阻尼还是过阻尼的。

9-48　试判断图题 9-48 所示两电路的过渡过程是欠阻尼还是过阻尼的。

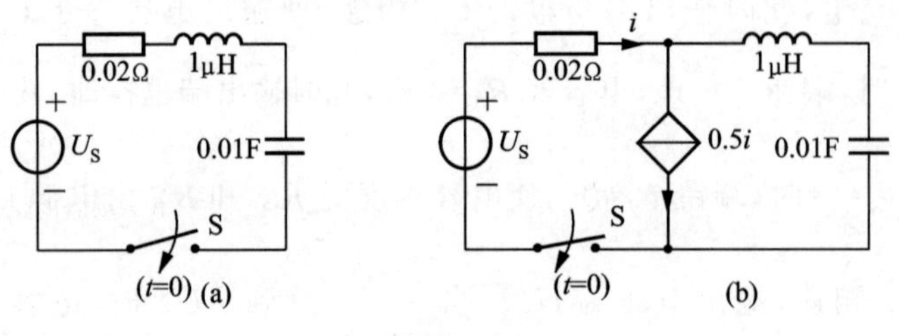

图题 9-48

9-49　电路如图题 9-49 所示,试确定零输入响应的阻尼状态。

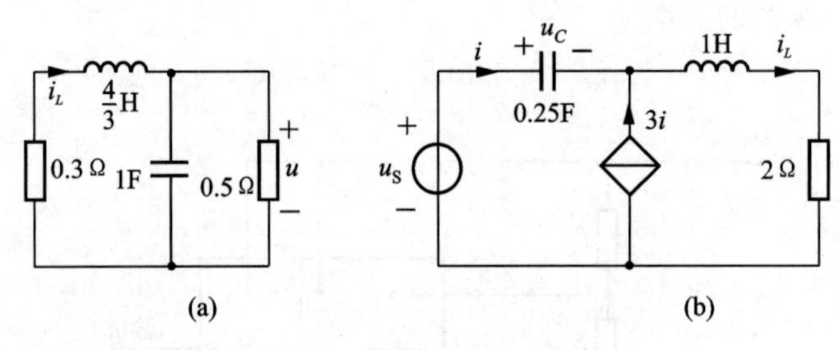

图题 9-49

9-50　电路如图题 9-50 所示,已知 $R=9\ \Omega, C=0.05\ \text{F}, L=1\ \text{H}, i_L(0_+)=2\ \text{A}$, $u_C(0_+)=20\ \text{V}$,试求零输入响应 $u_C(t)$、$i_L(t)$。

9-51　电路如图题 9-51 所示,已知 $u(0_-)=1\ \text{V}, i_L(0_-)=2\ \text{A}$,试求 $t\geqslant 0$ 时的 $u(t)$。

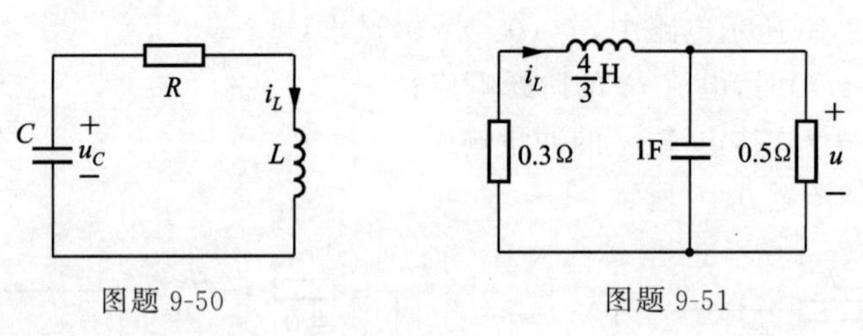

图题 9-50　　图题 9-51

9-52　如图题 9-52 电路,无初始储能,试求 $t>0$ 时的 $i_L(t)$。

9-53　如图题 9-53 所示电路无初始储能,试求在下列情况下 $t>0$ 时的 $i_L(t)$:
(1) $L=\frac{8}{3}$ H; (2) $L=2$ H。

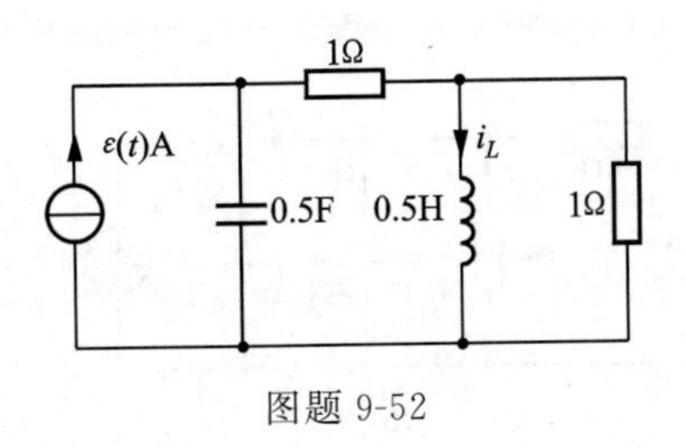

图题 9-52

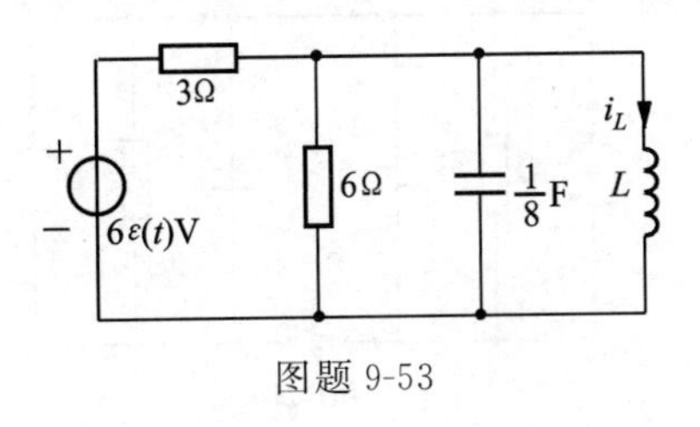

图题 9-53

9-54 如图题 9-54 所示电路无初始储能，已知 $u_S(t)=2\cos t$ V，试求 $t>0$ 时的 $u_o(t)$。

9-55 图题 9-55 所示电路在开关 S 闭合前已达稳态，已知 $u_C(0_-)=-100$ V，求电流 $i_L(t)$，$t\geqslant 0$。

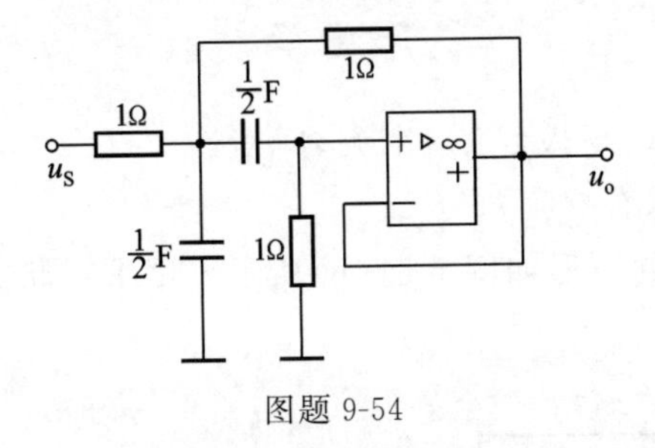

图题 9-54

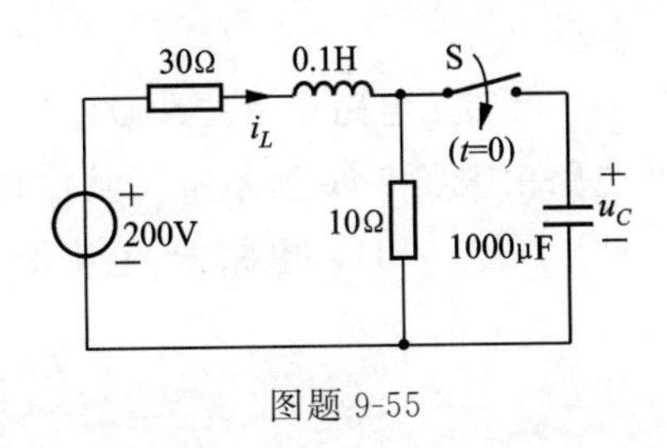

图题 9-55

9-56 试求图题 9-56 所示电路的零状态响应 $u_C(t)$。

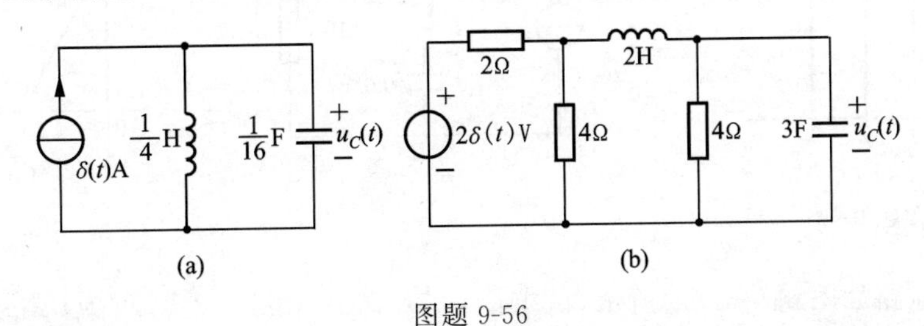

图题 9-56

9-57 图题 9-57 所示电路中，开关在 $t=0$ 时打开，打开前电路已达稳态，求 $i_1(t)$ 及 $u_2(t)$，$t\geqslant 0$。

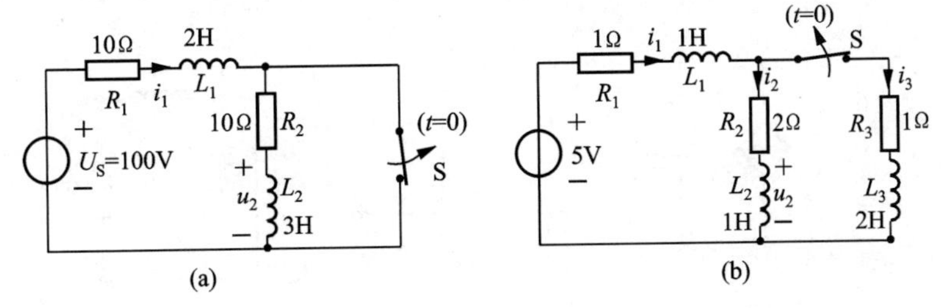

图题 9-57

9-58 图题 9-58 所示电路中，开关在 $t=0$ 时换接，换路前电路已达稳态，试求 $t>0$ 时的 $u(t)$ 及 $i(t)$。

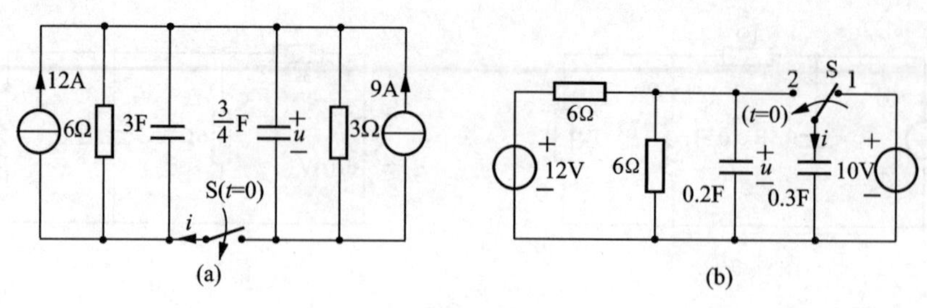

图题 9-58

9-59　求 $f_1(t) * f_2(t)$，若

(1) $f_1(t)=\mathrm{e}^{-t}\varepsilon(t-1)$，$f_2(t)=\mathrm{e}^{-t}\varepsilon(t-2)$；

(2) $f_1(t)=t\varepsilon(t)-t\varepsilon(t-1)$，$f_2(t)=\delta(t-1)$。

9-60　已知某电路在单位冲激电压激励下的零状态响应电流为 $h(t)=2\mathrm{e}^{-2t}\varepsilon(t)$ A，试求此电路由图题 9-60 所示电压激励时的零状态响应 $i(t)$。

9-61　图题 9-61(a)电路中，电流源 $i_S(t)$ 的波形如图 9-61(b)所示。试求零状态响应 $u(t)$。

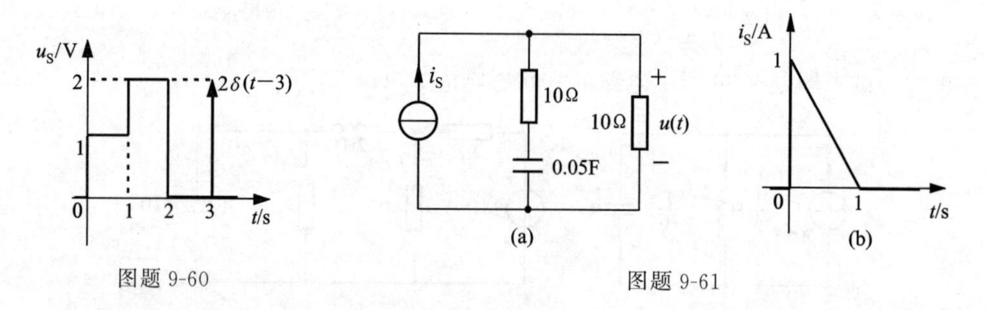

图题 9-60　　图题 9-61

*9-62　电路如图题 9-62(a)所示，试求：

(1) 冲激响应 $h_{uo}(t)$；

(2) 若 $i_S(t)$ 如图题 9-62(b)所示，用卷积法求零状态响应 $u_o(t)$。

9-63　写出图题 9-63 所示网络的标准形式状态方程。

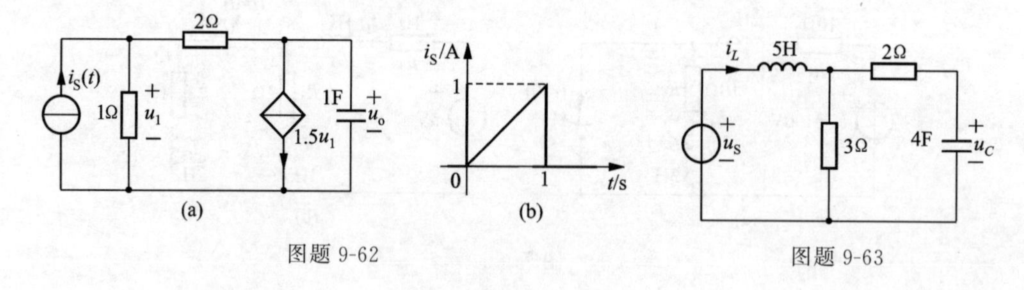

图题 9-62　　图题 9-63

9-64　写出图题 9-64 所示电路标准形式的状态方程。

9-65　列出图题 9-65 所示电路标准形式的状态方程。

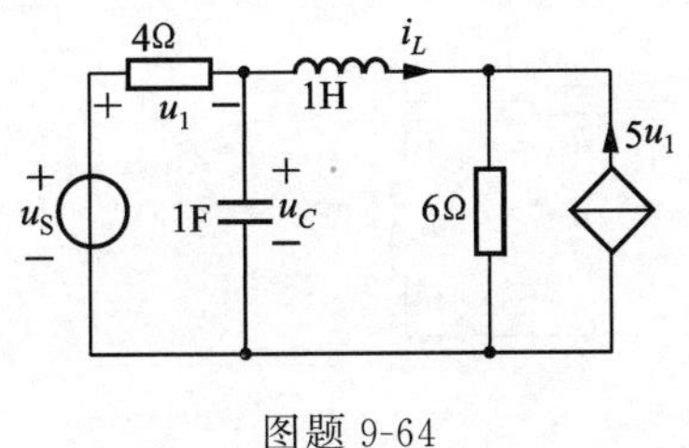

图题 9-64

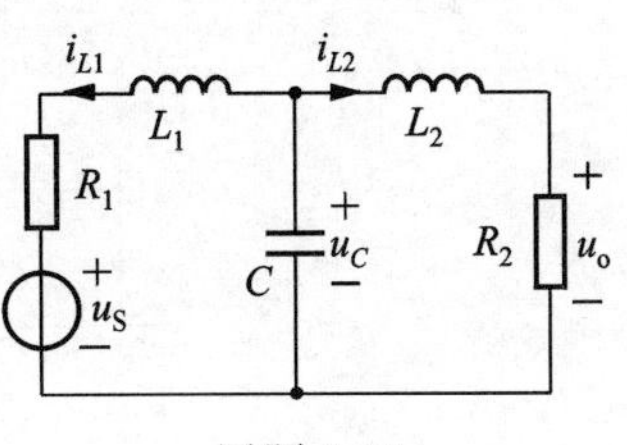

图题 9-65

9-66　写出图题 9-66 所示电路的标准形式状态方程和以 u_o 为输出量的输出方程。

9-67　图题 9-67 所示电路。

(1) 试确定电路的复杂性的阶；

(2) 选 u_{C1}、u_{C2}、i_L 为状态变量列出状态方程(图题 9-67(a)用直观法；图题 9-67(b)用系统法)，并列出以 u_o 为输出量的输出方程。

图题 9-66

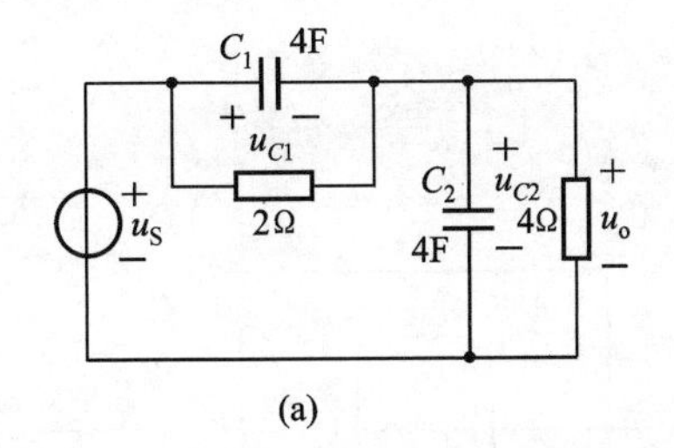

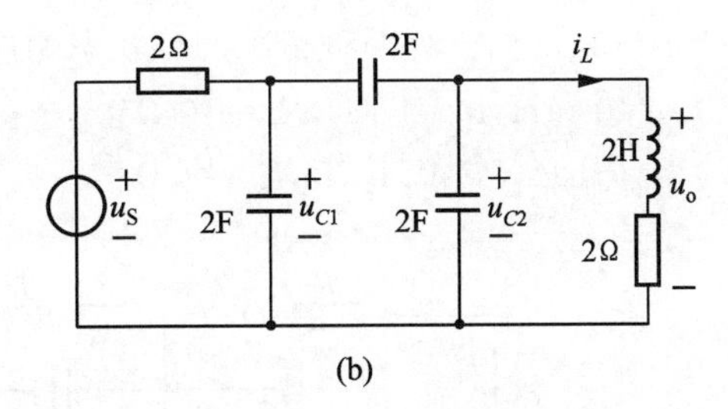

图题 9-67

9-68　图题 9-68 所示电路。(1) 列出以 u_C、i_L 为变量的标准形式状态方程；(2) 若 $u_S=12\cos 2t$ V，$i_S=6$ A(直流)，求电流 i_L 及其有效值 I_L。

*9-69　写出图题 9-69 所示网络标准形式的状态方程。

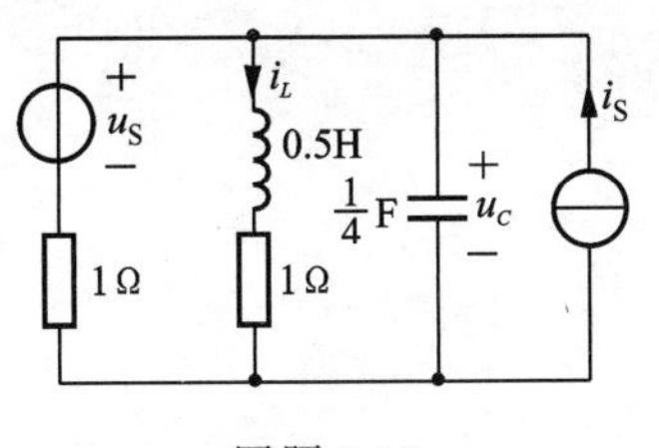

图题 9-68

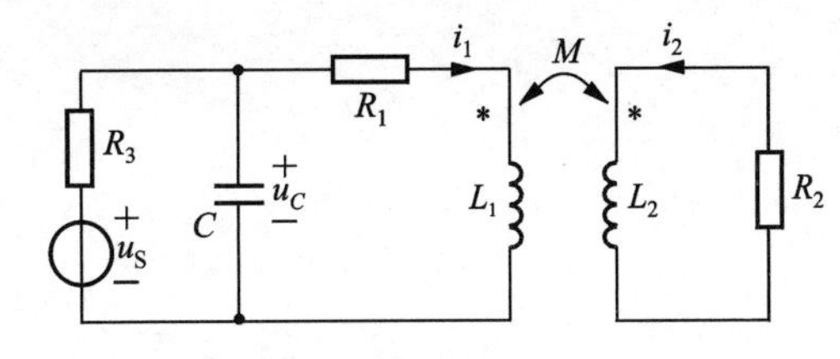

图题 9-69

9-70　图题 9-70 所示电路，利用计算机软件分析计算 $t=0\sim0.1$ s 内的零状态响应 $i(t)$。分析计算，完成后观察 $i(R)$ 波形。

9-71　图题 9-71 所示电路，利用计算机软件分析计算 $t=0\sim1$ ms 内的 $i_C(t)$ 和 $i_L(t)$，分析计算完成后观察 $u_{①}$ 对阶跃信号的响应波形。

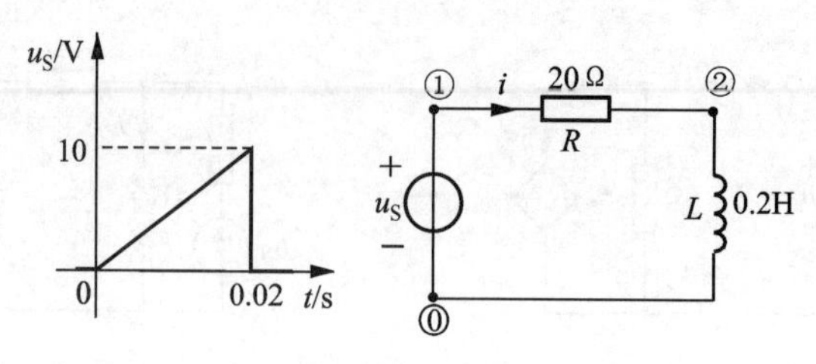

图题 9-70

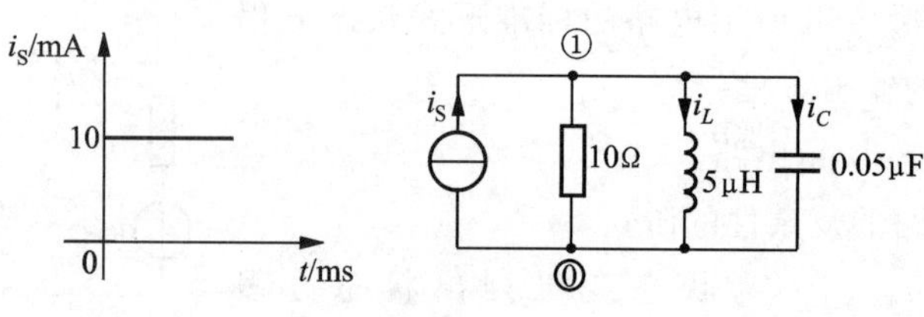

图题 9-71

9-72　图题 9-72 所示电路中，已知 $C=0.001\ \mu\text{F}$，$C_1=0.04\ \mu\text{F}$。利用计算机软件分析计算 $t=0\sim3\ \mu\text{s}$ 内下列两种情况的零状态响应 $u_o(t)$：

(1) $L=10\ \text{mH}$，$R=1\ \text{k}\Omega$，$R_i=10\ \Omega$；

(2) $L=1\ \text{mH}$，$R=0.1\ \text{k}\Omega$，$R_i=1\ \Omega$。

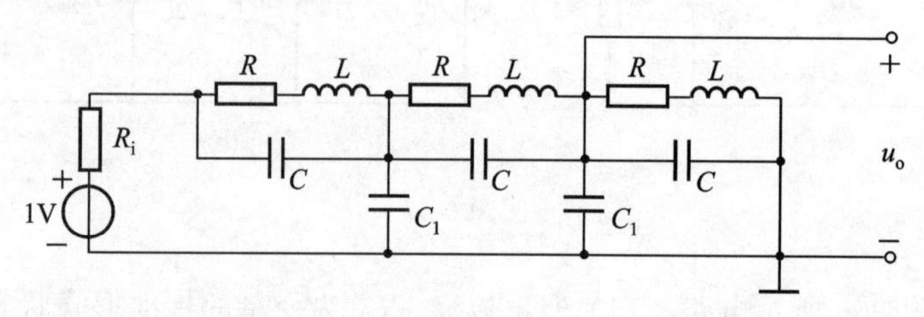

图题 9-72

第10章 动态电路过渡过程的复频域分析

动态电路过渡过程的时域分析,主要用经典法求解微分方程,其优点是物理概念清楚,常用来求解简单动态电路的过渡过程。当分析复杂动态电路时,由于方程组的个数较多、方程的阶数较高,列写和求解微分方程具有一定的困难。

拉普拉斯变换(Laplace transform)是研究动态电路的一个十分有用的工具,在电路理论中占有重要的地位,且在自动控制、电子技术等众多领域内得到广泛的应用。

拉普拉斯变换是一种积分变换,它把时间函数变换为复频率的函数,从而把时域中求解电路微分方程的问题变为复频域中求解代数方程的问题,在求得复频域的响应后,再进行反变换得出响应的时间函数。这种分析方法称为拉普拉斯变换分析法,也称为复频域分析法。

本章首先介绍拉普拉斯变换的基本概念——定义、基本性质及反变换的常用方法。然后研究应用拉普拉斯变换法,即复频域分析法来分析电路,在此基础上介绍网络函数在电路时域分析和复频域分析中的意义和应用。

视频 10-1 电工先驱——拉普拉斯

10.1 拉普拉斯变换的定义

一个在 $0 \leqslant t < +\infty$ 区间内定义的时间函数 $f(t)$,且积分$\int_{0_-}^{+\infty} f(t)\mathrm{e}^{-st}\,\mathrm{d}t$ 在复频率 s 的某一域内收敛,则此积分所确定的函数

$$F(s)=\int_{0_-}^{+\infty} f(t)\mathrm{e}^{-st}\,\mathrm{d}t$$

就是函数 $f(t)$的拉普拉斯变换式,以下简称拉氏变换。$F(s)$称为 $f(t)$的**象函数**(image function),而 $f(t)$则称为 $F(s)$的**原函数**(original function)。$s=\sigma+\mathrm{j}\omega$ 是一个复变量,其量纲与频率的量纲相同,故 s 亦称为**复频率**(complex frequency)。拉氏变换①一般记为

$$F(s)=\mathscr{L}[f(t)]=\int_{0_-}^{+\infty} f(t)\mathrm{e}^{-st}\,\mathrm{d}t \tag{10-1}$$

符号 $\mathscr{L}[\cdot]$为一算子,表示对括号内的时间函数 $f(t)$进行拉氏变换。

可以证明②,若 $f(t)$在任一有限区间内分段连续,且在 t 充分大后满足不等式

$$|f(t)| \leqslant M\mathrm{e}^{ct}$$

式中,M 和 c 均为正实常数,则拉氏变换一定存在,且是唯一的。电路中的物理量一般均满足这个条件。定义中拉氏变换的积分从 $t=0_-$ 开始,是考虑到 $t=0$(换路时刻)时 $f(t)$中可能包含冲激函数,故从 $t=0_-$ 开始积分就可以把 $t=0$ 时可能出现的冲激函数包括进去。

由象函数 $F(s)$求原函数 $f(t)$的拉普拉斯反变换式定义为

① 这里的积分限因取为 $0_- \sim +\infty$,故称为单边拉普拉斯变换,简称单边拉氏变换。本书提到的拉氏变换,均指单边拉氏变换。

② 本书着重介绍拉氏变换在电路分析中的应用,关于式(10-1)存在的条件以及 s 的取值问题等有关拉氏变换的数学理论问题,可参阅有关书籍。

$$f(t)=\frac{1}{2\pi \mathrm{j}}\int_{c-\mathrm{j}\infty}^{c+\mathrm{j}\infty}F(s)\mathrm{e}^{st}\mathrm{d}s \tag{10-2}$$

式(10-2)可简单记为

$$f(t)=\mathscr{L}^{-1}[F(s)]$$

符号$\mathscr{L}^{-1}[\cdot]$也称为一算子，表示对括号内的象函数$F(s)$进行拉氏反变换。拉氏变换是一种积分变换，它将时间函数$f(t)$变换为复频率s的函数。第9章中所述的动态电路分析是直接对时间函数$u(t)$、$i(t)$来进行的，称为电路的时域分析；而应用拉氏变换法进行电路分析称为电路的复频域分析方法，又称为运算法或变换域法。式(10-1)及式(10-2)也可简称为拉普拉斯变换及反变换。为方便起见，书刊中常将两式用双箭头表示$f(t)$和$F(s)$的变换对应关系，记为$f(t)\leftrightarrow F(s)$。

下面以几个简单函数为例，应用式(10-1)求它们的象函数。

例10-1 求以下函数的象函数：

(1) 单位阶跃函数；

(2) 单位冲激函数；

(3) 指数函数。

解 (1) 单位阶跃函数的象函数

$$f(t)=\varepsilon(t)$$

$$F(s)=\mathscr{L}[f(t)]=\int_{0_-}^{+\infty}\varepsilon(t)\mathrm{e}^{-st}\mathrm{d}t=\int_{0_-}^{+\infty}\mathrm{e}^{-st}\mathrm{d}t$$

$$=-\frac{1}{s}\mathrm{e}^{-st}\Big|_{0_-}^{+\infty}=\frac{1}{s}$$

(2) 单位冲激函数的象函数

$$f(t)=\delta(t)$$

$$F(s)=\mathscr{L}[f(t)]=\int_{0_-}^{+\infty}\delta(t)\mathrm{e}^{-st}\mathrm{d}t$$

$$=\int_{0_-}^{0^+}\delta(t)\mathrm{e}^{-st}\mathrm{d}t=\mathrm{e}^{-s(0)}=1$$

上式说明，式(10-1)的积分下限取$t=0_-$，就可计及$t=0$时的冲激函数，这给分析存在冲激函数的电路带来方便。

(3) 指数函数的象函数

$$f(t)=\mathrm{e}^{\alpha t}(\alpha\text{ 为实数})$$

$$F(s)=\mathscr{L}[f(t)]=\int_{0_-}^{+\infty}\mathrm{e}^{\alpha t}\mathrm{e}^{-st}\mathrm{d}t$$

$$=\frac{1}{-(s-\alpha)}\mathrm{e}^{-(s-\alpha)t}\Big|_{0_-}^{+\infty}$$

$$=\frac{1}{s-\alpha}$$

动态电路分析时，这几个函数经常用到，请关注。

10.2 拉普拉斯变换的基本性质

拉普拉斯变换有许多性质,本节仅介绍与分析线性电路有关的一些基本性质。利用这些性质可以方便地求得一些较复杂时间函数的象函数,并可将时域内的线性常微分方程变换为复频域的线性代数方程。

10.2.1 线性性质

若时间函数 $f_1(t)$和 $f_2(t)$的拉氏变换式分别为 $F_1(s)$和 $F_2(s)$,A_1 和 A_2 是两个任意实常数,则

$$\begin{aligned}\mathscr{L}[A_1f_1(t)+A_2f_2(t)] &= A_1\mathscr{L}[f_1(t)]+A_2\mathscr{L}[f_2(t)] \\ &= A_1F_1(s)+A_2F_2(s)\end{aligned}$$

证明
$$\begin{aligned}\mathscr{L}[A_1f_1(t)+A_2f_2(t)] &= \int_{0_-}^{+\infty}[A_1f_1(t)+A_2f_2(t)]\mathrm{e}^{-st}\mathrm{d}t \\ &= A_1\int_{0_-}^{+\infty}f_1(t)\mathrm{e}^{-st}\mathrm{d}t+A_2\int_{0_-}^{+\infty}f_2(t)\mathrm{e}^{-st}\mathrm{d}t \\ &= A_1F_1(s)+A_2F_2(s)\end{aligned}$$

利用线性性质可将复杂函数分解为简单的易求象函数的函数,由已知简单函数的象函数求出复杂函数的象函数。

例 10-2 若:(1) $f(t)=\sin\omega t$,(2) $f(t)=(1-\mathrm{e}^{-\alpha t})$,上述函数的定义域为$[0,+\infty]$,求其象函数 $F(s)$。

解 (1)
$$\begin{aligned}\mathscr{L}[\sin\omega t] &= \mathscr{L}\left[\frac{1}{2\mathrm{j}}(\mathrm{e}^{\mathrm{j}\omega t}-\mathrm{e}^{-\mathrm{j}\omega t})\right] \\ &= \frac{1}{2\mathrm{j}}\left(\frac{1}{s-\mathrm{j}\omega}-\frac{1}{s+\mathrm{j}\omega}\right) \\ &= \frac{\omega}{s^2+\omega^2}\end{aligned}$$

(2)
$$\begin{aligned}\mathscr{L}[(1-\mathrm{e}^{-\alpha t})] &= \mathscr{L}[1]-\mathscr{L}[\mathrm{e}^{-\alpha t}] \\ &= \frac{1}{s}-\frac{1}{s+\alpha} \\ &= \frac{\alpha}{s(s+\alpha)}\end{aligned}$$

因为 $t>0$ 时,$\varepsilon(t)=1$,所以常数 1 的象函数就是$\frac{1}{s}$。

10.2.2 时域微分

若 $\mathscr{L}[f(t)]=F(s)$,则 $f'(t)=\frac{\mathrm{d}f(t)}{\mathrm{d}t}$的象函数为

$$\mathscr{L}\left[\frac{\mathrm{d}f(t)}{\mathrm{d}t}\right]=sF(s)-f(0_-)$$

证明 $$\mathscr{L}\left[\frac{\mathrm{d}f(t)}{\mathrm{d}t}\right]=\int_{0_-}^{+\infty}\frac{\mathrm{d}f(t)}{\mathrm{d}t}\mathrm{e}^{-st}\mathrm{d}t=\int_{0_-}^{+\infty}\mathrm{e}^{-st}\mathrm{d}f(t)$$

应用分部积分法，设 $u=\mathrm{e}^{-st}$，$\mathrm{d}v=\frac{\mathrm{d}f(t)}{\mathrm{d}t}\mathrm{d}t=\mathrm{d}f(t)$，则 $\mathrm{d}u=-s\mathrm{e}^{-st}\mathrm{d}t$，$v=f(t)$。由于 $\int u\mathrm{d}v=uv-\int v\mathrm{d}u$，所以

$$\begin{aligned}\mathscr{L}\left[\frac{\mathrm{d}f(t)}{\mathrm{d}t}\right]&=\int_{0_-}^{+\infty}\mathrm{e}^{-st}\mathrm{d}f(t)=\mathrm{e}^{-st}f(t)\Big|_{0_-}^{+\infty}-\int_{0_-}^{+\infty}f(t)(-s\mathrm{e}^{-st})\mathrm{d}t\\&=-f(0_-)+s\int_{0_-}^{+\infty}f(t)\mathrm{e}^{-st}\mathrm{d}t\\&=sF(s)-f(0_-)\end{aligned}$$

例 10-3 利用时域微分性质求下列函数的象函数：

(1) $f(t)=\cos\omega t$；

(2) $f(t)=\delta(t)$。

解 (1) 由于 $\frac{\mathrm{d}\sin\omega t}{\mathrm{d}t}=\omega\cos\omega t$

$$\cos\omega t=\frac{1}{\omega}\frac{\mathrm{d}\sin\omega t}{\mathrm{d}t}$$

而 $\mathscr{L}[\sin\omega t]=\frac{\omega}{s^2+\omega^2}$ （例 10-2 中已求得），

所以 $$\begin{aligned}\mathscr{L}[\cos\omega t]&=\mathscr{L}\left[\frac{1}{\omega}\frac{\mathrm{d}\sin\omega t}{\mathrm{d}t}\right]=\frac{1}{\omega}\left(s\frac{\omega}{s^2+\omega^2}-0\right)\\&=\frac{s}{s^2+\omega^2}\end{aligned}$$

(2) 由于 $\delta(t)=\frac{\mathrm{d}}{\mathrm{d}t}\varepsilon(t)$，而 $\mathscr{L}[\varepsilon(t)]=\frac{1}{s}$，所以

$$\mathscr{L}[\delta(t)]=\mathscr{L}\left[\frac{\mathrm{d}}{\mathrm{d}t}\varepsilon(t)\right]=s\frac{1}{s}-0=1$$

此结果与例 10-1 所得结果完全相同。

重复应用时域微分性质，可以导出 $f(t)$ 的二阶导数及高阶导数的象函数与 $F(s)$ 的关系式。

$$\begin{aligned}\mathscr{L}[f''(t)]&=\mathscr{L}\left[\frac{\mathrm{d}f'(t)}{\mathrm{d}t}\right]=s\mathscr{L}[f'(t)]-f'(0_-)\\&=s^2F(s)-sf(0_-)-f'(0_-)\end{aligned}$$

$$\mathscr{L}[f^{(n)}(t)]=s^nF(s)-s^{n-1}f(0_-)-s^{n-2}f'(0_-)\cdots-f^{(n-1)}(0_-)$$

例 10-4 应用 $f(t)$ 的二阶导数性质求 $\sin\omega t$ 的象函数。

解 由于

$$\frac{\mathrm{d}}{\mathrm{d}t}\sin\omega t=\omega\cos\omega t$$

$$\frac{\mathrm{d}^2}{\mathrm{d}t^2}\sin\omega t=-\omega^2\sin\omega t$$

对上式两边取拉氏变换，应用时域导数性质及线性性质，故有

$$s^2\mathscr{L}[\sin\omega t]-\omega=-\omega^2\mathscr{L}[\sin\omega t]$$

即
$$(s^2+\omega^2)\mathscr{L}[\sin\omega t]=\omega$$

所以
$$\mathscr{L}[\sin\omega t]=\frac{\omega}{s^2+\omega^2}$$

由此也方便地导出了与例 10-2 相同的结果。

利用时域微分性质可将电路的微分方程变换为相应的代数方程，如 RC 串联电路与电压源 $u_{\mathrm{S}}(t)$接通后的电路微分方程为

$$RC\frac{\mathrm{d}u_C}{\mathrm{d}t}+u_C=u_{\mathrm{S}}(t)$$

对上式两边取拉氏变换，$u_C(t)$与 $u_{\mathrm{S}}(t)$的象函数为 $U_C(s)$和 $U_{\mathrm{S}}(s)$，得

$$RC[sU_C(s)-u_C(0_-)]+U_C(s)=U_{\mathrm{S}}(s)$$

所以

$$U_C(s)=\frac{U_{\mathrm{S}}(s)+RCu_C(0_-)}{RCs+1}$$

对上式进行反变换，即可求得时间函数 $u_C(t)$。

10.2.3 时域积分

若 $\mathscr{L}[f(t)]=F(s)$，则积分 $\int_{0_-}^{t}f(\xi)\mathrm{d}\xi$ 的象函数为

$$\mathscr{L}\left[\int_{0_-}^{t}f(\xi)\mathrm{d}\xi\right]=\frac{1}{s}F(s)$$

证明
$$\text{令 } g(t)=\int_{0_-}^{t}f(\xi)\mathrm{d}\xi$$

则
$$\frac{\mathrm{d}g(t)}{\mathrm{d}t}=f(t)$$

根据时域微分性质，有

$$\mathscr{L}[f(t)]=F(s)=s\mathscr{L}[g(t)]-g(0_-)$$

显然，$g(0_-)=0$，因而

$$\mathscr{L}[g(t)]=\mathscr{L}\left[\int_{0_-}^{t}f(\xi)\mathrm{d}\xi\right]=\frac{1}{s}F(s)$$

10.2.4 时域平移(时域延时)

若

$$\mathscr{L}[f(t)\varepsilon(t)]=F(s)$$

则

$$\mathscr{L}[f(t-t_0)\varepsilon(t-t_0)]=\mathrm{e}^{-st_0}F(s),\quad t_0>0$$

证明

$$\mathscr{L}[f(t-t_0)\varepsilon(t-t_0)]=\int_{0_-}^{+\infty}f(t-t_0)\varepsilon(t-t_0)\mathrm{e}^{-st}\mathrm{d}t$$

$$=\int_{t_{0-}}^{+\infty}f(t-t_0)\mathrm{e}^{-st}\mathrm{d}t$$

令 $x=t-t_0$,则 $t=x+t_0$,$\mathrm{d}t=\mathrm{d}x$,于是上式可写为

$$\mathscr{L}[f(t-t_0)\varepsilon(t-t_0)]=\int_{0_-}^{+\infty}f(x)\mathrm{e}^{-sx}\mathrm{e}^{-st_0}\mathrm{d}x$$

$$=\mathrm{e}^{-st_0}\int_{0_-}^{+\infty}f(x)\mathrm{e}^{-sx}\mathrm{d}x$$

$$=\mathrm{e}^{-st_0}F(s)$$

例 10-5 求图 10-1(a)所示矩形脉冲信号的拉氏变换。

解 矩形脉冲信号 $f(t)$可以分解为阶跃信号 $A\varepsilon(t)$与延迟阶跃信号 $A\varepsilon(t-t_0)$之差,如图 10-1(b)与(c)所示。由于

$$f(t)=A\varepsilon(t)-A\varepsilon(t-t_0)$$

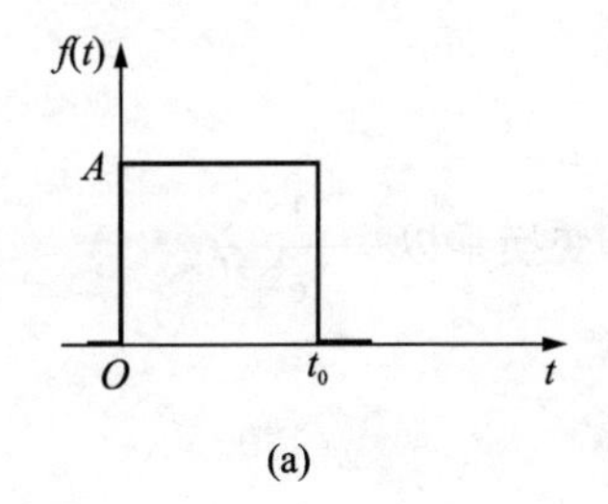

(a)

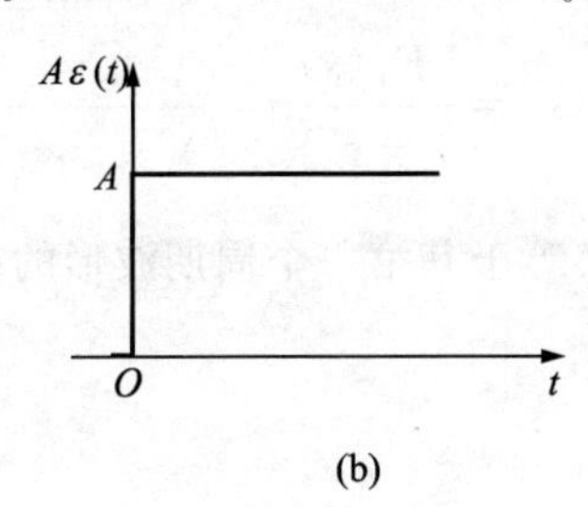

(b)

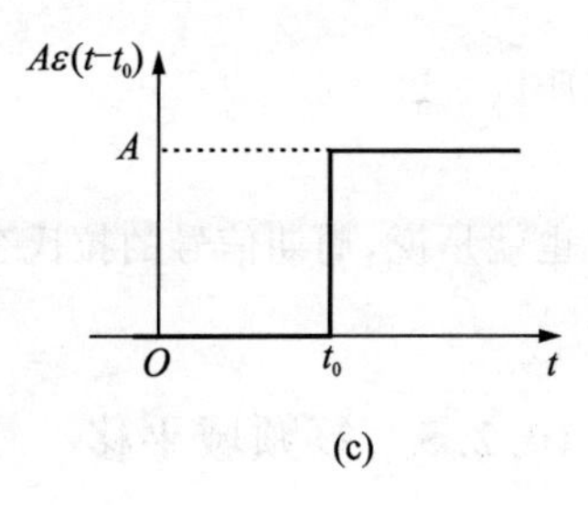

(c)

图 10-1 例 10-5 图

由线性性质

$$\mathscr{L}[A\varepsilon(t)]=\frac{A}{s}$$

由延时性质

$$\mathscr{L}[A\varepsilon(t-t_0)]=\frac{A}{s}\mathrm{e}^{-st_0}$$

所以

$$F(s)=\mathscr{L}[f(t)]=\mathscr{L}[A\varepsilon(t)-A\varepsilon(t-t_0)]=\frac{A}{s}(1-\mathrm{e}^{-st_0})$$

例 10-6 求图 10-2 所示周期性脉冲信号的象函数。

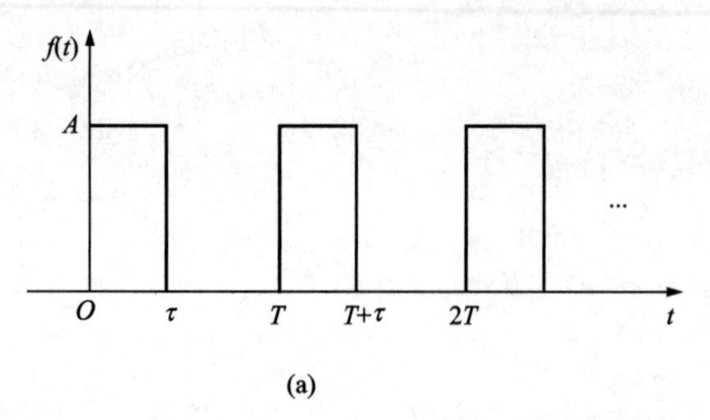

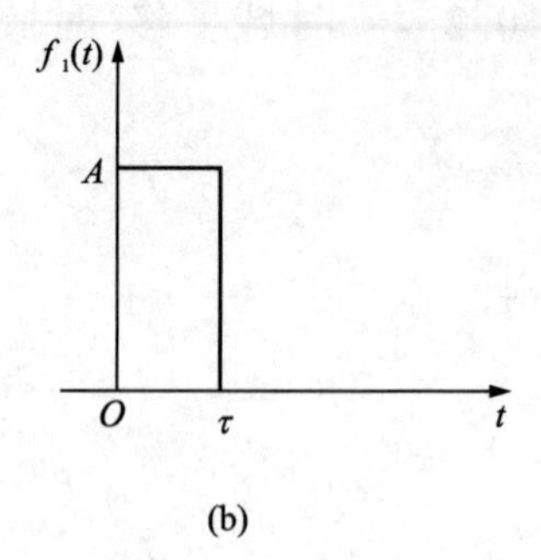

图 10-2 例 10-6 图

解 $f_1(t)$表示单个矩形脉冲,如图 10-2(b)所示,其象函数由例 10-5 可知为

$$F_1(s)=\mathscr{L}[f_1(t)]=\frac{A}{s}(1-\mathrm{e}^{-s\tau})$$

周期性矩形脉冲函数为

$$f(t)=f_1(t)\varepsilon(t)+f_1(t-T)\varepsilon(t-T)+f_1(t-2T)\varepsilon(t-2T)+\cdots$$

根据拉氏变换的线性和时移特性可得

$$\begin{aligned}F(s)=\mathscr{L}[f(t)]&=F_1(s)+F_1(s)\mathrm{e}^{-sT}+F_1(s)\mathrm{e}^{-2sT}+\cdots\\&=F_1(s)(1+\mathrm{e}^{-sT}+\mathrm{e}^{-2sT}+\cdots)\end{aligned}$$

据几何级数的性质:当$|x|<1$时,有

$$1+x+x^2+\cdots=\frac{1}{1+x}$$

所以

$$F(s)=\frac{F_1(s)}{1-\mathrm{e}^{-sT}}=\frac{A}{s}\,\frac{1-\mathrm{e}^{-s\tau}}{1-\mathrm{e}^{-sT}}$$

也就是说,周期信号的拉氏变换等于其第一个周期波形的拉氏变换乘以$\dfrac{1}{1-\mathrm{e}^{-sT}}$。

10.2.5 复频域平移

若 $\mathscr{L}[f(t)]=F(s)$

则 $\mathscr{L}[\mathrm{e}^{-\alpha t}f(t)]=F(s+\alpha)$

证明 $\mathscr{L}[\mathrm{e}^{-\alpha t}f(t)]=\int_{0_-}^{+\infty}f(t)\mathrm{e}^{-(s+\alpha)t}\mathrm{d}t=F(s+\alpha)$

例 10-7 求 $\mathrm{e}^{-\alpha t}\sin\omega t$ 的象函数。

解 例 10-2(1)中已求得 $\mathscr{L}[\sin\omega t]=\dfrac{\omega}{s^2+\omega^2}$,根据复频域平移性质,得

$$\mathscr{L}[\mathrm{e}^{-\alpha t}\sin\omega t]=\frac{\omega}{(s+\alpha)^2+\omega^2}$$

10.2.6 卷积定理

若 $f_1(t)$ 和 $f_2(t)$ 的象函数分别为 $F_1(s)$ 和 $F_2(s)$，则卷积 $f_1(t)*f_2(t)$ 的象函数为 $F_1(s)$ 和 $F_2(s)$ 的乘积。即

$$\mathscr{L}[f_1(t)*f_2(t)]=\mathscr{L}\left[\int_{0_-}^{t}f_1(\tau)f_2(t-\tau)\mathrm{d}\tau\right]$$

$$=F_1(s)F_2(s)$$

证明 对于单边拉氏变换，考虑到 $f_1(t)=f_1(t)\varepsilon(t)$，$f_2(t)=f_2(t)\varepsilon(t)$，由卷积定义写出

$$\mathscr{L}[f_1(t)*f_2(t)]=\int_0^{+\infty}\int_0^{+\infty}f_1(\tau)\varepsilon(\tau)f_2(t-\tau)\varepsilon(t-\tau)\mathrm{d}\tau\mathrm{e}^{-st}\mathrm{d}t$$

交换积分次序并引入符号 $x=t-\tau$，得到

$$\mathscr{L}[f_1(t)*f_2(t)]=\int_0^{+\infty}f_1(\tau)\left[\int_0^{+\infty}f_2(t-\tau)\varepsilon(t-\tau)\mathrm{e}^{-st}\mathrm{d}t\right]\mathrm{d}\tau$$

$$=\int_0^{+\infty}f_1(\tau)\left[\mathrm{e}^{-s\tau}\int_0^{+\infty}f_2(x)\mathrm{e}^{-sx}\mathrm{d}x\right]\mathrm{d}\tau$$

$$=F_1(s)F_2(s)$$

在应用变换法求解电路响应中，时域卷积定理是一个简便而又重要的定理。

例 10-8 已知某线性网络的冲激响应 $h(t)=\mathrm{e}^{-t}\varepsilon(t)$，激励电源 $f(t)=\varepsilon(t)$，求其零状态响应 $y_\mathrm{f}(t)$。

解 由第 9 章可知，线性电路的零状态响应

$$y_\mathrm{f}(t)=f(t)*h(t)=\int_0^{+\infty}f(t)h(t-\tau)\mathrm{d}\tau$$

根据时域卷积定理有

$$Y_\mathrm{f}(s)=F(s)H(s)$$

式中 $H(s)=\mathscr{L}[h(t)]$，称为网络函数。由于

$$\mathscr{L}[f(t)]=F(s)=\frac{1}{s}$$

$$\mathscr{L}[h(t)]=H(s)=\frac{1}{s+1}$$

故

$$Y_\mathrm{f}(s)=F(s)H(s)=\frac{1}{s}\,\frac{1}{s+1}=\frac{1}{s}-\frac{1}{s+1}$$

对上式取拉普拉斯反变换，得

$$y_\mathrm{f}(t)=\varepsilon(t)-\mathrm{e}^{-t}\varepsilon(t)=(1-\mathrm{e}^{-t})\varepsilon(t)$$

关于网络函数及求解电路响应的问题将在后续节中详细介绍。

拉普拉斯变换还有时频展缩、复频域微分和复频域积分等性质，读者可参阅有关参考书。表 10-1 列出了常用的时间函数及其对应的象函数(单边拉氏变换)。

表 10-1　常用函数的拉普拉斯变换

原函数 $f(t)$	象函数 $F(s)$	原函数 $f(t)$	象函数 $F(s)$
$\delta(t)$	1	$e^{-\alpha t}\sin\omega t$	$\frac{\omega}{(s+\alpha)^2+\omega^2}$
$A\varepsilon(t)$	$\frac{A}{s}$	$e^{-\alpha t}\cos\omega t$	$\frac{s+\alpha}{(s+\alpha)^2+\omega^2}$
$Ae^{-\alpha t}$	$\frac{A}{s+\alpha}$	$te^{-\alpha t}$	$\frac{1}{(s+\alpha)^2}$
$\sin\omega t$	$\frac{\omega}{s^2+\omega^2}$	t	$\frac{1}{s^2}$
$\cos\omega t$	$\frac{s}{s^2+\omega^2}$	$\frac{1}{2}t^2$	$\frac{1}{s^3}$
$\sin(\omega t+\psi)$	$\frac{s\sin\psi+\omega\cos\psi}{s^2+\omega^2}$	$\frac{t^n}{n!}$	$\frac{1}{s^n+1}$
$\cos(\omega t+\psi)$	$\frac{s\cos\psi-\omega\sin\psi}{s^2+\omega^2}$	$\frac{1}{n!}t^n e^{-\alpha t}$	$\frac{1}{(s+\alpha)^{n+1}}$

10.3　拉普拉斯反变换

在应用拉氏变换分析电路时，首先将已知的时间函数变换为象函数（拉氏正变换），然后从求解得到的象函数求与之对应的原函数（拉氏反变换）。本节主要介绍求拉氏反变换的常用方法——部分分式展开法，并对应用留数定理求拉氏反变换作一般介绍。

10.3.1　部分分式展开法

由于线性时不变电路分析中所求得的象函数通常都是复变量 s 的实有理函数，可表示为两个有理多项式之比，即

$$F(s)=\frac{N(s)}{D(s)}=\frac{b_m s^m+b_{m-1}s^{m-1}+\cdots+b_1 s+b_0}{s^n+a_{n-1}s^{n-1}+\cdots+a_1 s+a_0} \tag{10-3}$$

式中，$a_0,a_1,\cdots,a_{n-1}$ 和 $b_0,b_1,\cdots,b_m$ 等均为实系数；m 和 n 均为正整数。部分分式展开法是将式(10-3)分解为一些最简分式之和，而每一简单分式的拉氏变换可在表 10-1 中直接查出。

欲将 $F(s)$展开成部分分式，首先应将式(10-3)化成真分式($m<n$)。当 $m\geqslant n$ 时，应先用长除法将 $F(s)$表示成一个 s 的多项式与一个余式$\frac{N_0(s)}{D(s)}$之和，即

$$F(s)=A_{m-n}s^{m-n}+\cdots+A_1 s+A_0+\frac{N_0(s)}{D(s)}$$

这样余式$\frac{N_0(s)}{D(s)}$已为一真分式，对应于多项式 $Q(s)=A_{m-n}s^{m-n}+\cdots+A_1 s+A_0$ 各项的

时间函数是冲激函数的各阶导数与冲激函数本身。所以，在下面的分析中，均按 $F(s)=\frac{N(s)}{D(s)}$ 已是真分式的情况讨论。

1. 分母多项式 $D(s)=0$ 的根为 n 个单根 $p_1,p_2,\cdots,p_n$

由于 $D(s)=0$ 时，$F(s)=\infty$，故称 $D(s)=0$ 的根 $p_i(i=1,2,\cdots,n)$ 为 $F(s)$ 的**极点**(pole)。此时可将分母多项式 $D(s)$ 进行因式分解，则式(10-3)写成如下形式，并展开成部分分式，即

$$F(s)=\frac{N(s)}{D(s)}=\frac{b_m s^m+b_{m-1}s^{m-1}+\cdots+b_1 s+b_0}{(s-p_1)(s-p_2)\cdots(s-p_i)\cdots(s-p_n)}$$

$$=\frac{K_1}{s-p_1}+\frac{K_2}{s-p_2}+\cdots+\frac{K_i}{s-p_i}+\cdots+\frac{K_n}{s-p_n} \tag{10-4}$$

式中，$K_i(i=1,2,\cdots,n)$ 为待定常数，可按下式求得，即

$$K_i=\frac{N(s)}{D(s)}(s-p_i)\Big|_{s=p_i} \tag{10-5}$$

现对上式推导如下：

给式(10-4)等号两端同乘以 $(s-p_i)$，得

$$F(s)(s-p_i)=\frac{K_1}{s-p_1}(s-p_i)+\frac{K_2}{s-p_2}(s-p_i)+\cdots+K_i+\cdots+\frac{K_n}{s-p_n}(s-p_i)$$

当取 $s=p_i$ 代入时，并考虑到 $p_1\neq p_i,p_2\neq p_i,\cdots,p_n\neq p_i$，故得

$$F(s)(s-p_i)\big|_{s=p_i}=0+0+\cdots+K_i+\cdots+0$$

于是式(10-5)得证。

可见，所有的待定常数均求出后，则 $F(s)$ 的原函数 $f(t)$ 即为

$$f(t)=\mathscr{L}^{-1}[F(s)]=K_1\mathrm{e}^{p_1 t}+K_2\mathrm{e}^{p_2 t}+\cdots+K_i\mathrm{e}^{p_i t}+\cdots+K_n\mathrm{e}^{p_n t}$$

$$=\sum_{i=1}^{n}K_i\mathrm{e}^{p_i t},\quad t\geqslant 0$$

例 10-9 求象函数 $F(s)=\frac{s^2+s+2}{s^3+3s^2+2s}$ 的原函数 $f(t)$。

解 $D(s)=s^2+3s^2+2s=s(s+1)(s+2)=0$ 的根(即极点)为 $p_1=0,p_2=-1,p_3=-2$。这是单实根的情况，故 $F(s)$ 的部分分式为

$$F(s)=\frac{s^2+s+2}{s(s+1)(s+2)}=\frac{K_1}{s+0}+\frac{K_2}{s+1}+\frac{K_3}{s+2} \tag{10-6}$$

其中

$$K_1=\frac{s^2+s+2}{s(s+1)(s+2)}(s+0)\Big|_{s=0}=1$$

$$K_2=\frac{s^2+s+2}{s(s+1)(s+2)}(s+1)\Big|_{s=-1}=-2$$

$$K_3=\frac{s^2+s+2}{s(s+1)(s+2)}(s+2)\bigg|_{s=-2}=2$$

代入式(10-6)有
$$F(s)=\frac{1}{s}-\frac{2}{s+1}+\frac{2}{s+2}$$

故得
$$f(t)=\varepsilon(t)-2\mathrm{e}^{-t}\varepsilon(t)+2\mathrm{e}^{-2t}\varepsilon(t)=(1-2\mathrm{e}^{-t}+2\mathrm{e}^{-2t})\varepsilon(t)$$

2. 单根中含有一对共轭复根

对于实系数有理分式 $F(s)=\dfrac{N(s)}{D(s)}$，若 $D(s)=0$ 有复根，则必然共轭成对出现，而且在展开式中相应分式项系数亦互为共轭①。注意到上述特点，会给简化系数计算带来方便。

如果 $D(s)=0$ 的复根 $p_{1,2}=-\alpha\pm \mathrm{j}\omega$，则 $F(s)$ 可展开为

$$F(s)=\frac{N(s)}{(s+\alpha-\mathrm{j}\omega)(s+\alpha+\mathrm{j}\omega)}=\frac{K_1}{s+\alpha-\mathrm{j}\omega}+\frac{K_2}{s+\alpha+\mathrm{j}\omega}$$
$$=\frac{K_1}{s+\alpha-\mathrm{j}\omega}+\frac{K_1^*}{s+\alpha+\mathrm{j}\omega}$$

式中，$K_2=K_1^*$。令 $K_1=|K_1|\mathrm{e}^{\mathrm{j}\theta_1}$，则有

$$F(s)=\frac{|K_1|\mathrm{e}^{\mathrm{j}\theta_1}}{s+\alpha-\mathrm{j}\omega}+\frac{|K_1|\mathrm{e}^{-\mathrm{j}\theta_1}}{s+\alpha+\mathrm{j}\omega} \tag{10-7}$$

由复频域平移和线性性质，得 $F(s)$ 的原函数为

$$f(t)=\mathscr{L}^{-1}[F(s)]=[|K_1|\mathrm{e}^{\mathrm{j}\theta_1}\mathrm{e}^{(-\alpha+\mathrm{j}\omega)t}+|K_1|\mathrm{e}^{-\mathrm{j}\theta_1}\mathrm{e}^{(-\alpha-\mathrm{j}\omega)t}]\varepsilon(t)$$
$$=|K_1|\mathrm{e}^{-\alpha t}[\mathrm{e}^{\mathrm{j}(\omega t+\theta_1)}+\mathrm{e}^{-\mathrm{j}(\omega t+\theta_1)}]\varepsilon(t)$$
$$=2|K_1|\mathrm{e}^{-\alpha t}\cos(\omega t+\theta_1)\varepsilon(t) \tag{10-8}$$

式(10-7)和式(10-8)组成的变换对可作为一般公式使用。对于 $F(s)$ 的一对共轭复根 $p_1=-\alpha+\mathrm{j}\omega$ 和 $p_2=-\alpha-\mathrm{j}\omega$，只需要计算出系数 $K_1=|K_1|\mathrm{e}^{\mathrm{j}\theta_1}$（与 p_1 对应），然后把 $|K_1|$、θ_1、α、ω 代入式(10-8)，就可得到这一对共轭复数根对应的部分分式的原函数。

例 10-10 已知 $F(s)=\dfrac{2s+8}{s^2+4s+8}$，求 $F(s)$ 的拉氏反变换 $f(t)$。

解 $D(s)=s^2+4s+8=0$，其根 $p_{1,2}=-2\pm \mathrm{j}2$ 为一对共轭复数根。

$F(s)$ 可以表示为

$$F(s)=\frac{2s+8}{(s+2-\mathrm{j}2)(s+2+\mathrm{j}2)}=\frac{K_1}{s+2-\mathrm{j}2}+\frac{K_2}{s+2+\mathrm{j}2}$$

根据式(10-5)求出 K_1、K_2，得

$$K_1=(s+2-\mathrm{j}2)F(s)|_{s=-2+\mathrm{j}2}=1-\mathrm{j}=\sqrt{2}\underline{/-45^\circ}$$

① 由于 $D(s)$ 是 s 的实系数多项式，故复数根必然以共轭的形式成对出现，有关证明可参阅有关教材。

$$K_2=(s+2+\mathrm{j}2)F(s)\big|_{s=-2-\mathrm{j}2}=1+\mathrm{j}=\sqrt{2}\ \underline{/45^\circ}$$

于是得

$$F(s)=\frac{\sqrt{2}\ \underline{/-45^\circ}}{s+2-\mathrm{j}2}+\frac{\sqrt{2}\ \underline{/45^\circ}}{s+2+\mathrm{j}2}$$

根据式(10-7)和式(10-8)知：$|K_1|=\sqrt{2},\theta_1=-45^\circ,\alpha=2,\omega=2$,于是得

$$f(t)=\mathscr{L}^{-1}[F(s)]=2\sqrt{2}\mathrm{e}^{-2t}\cos(2t-45^\circ)\varepsilon(t)$$

本例可据观察将 $D(s)=(s+2)^2+2^2$ 代入分解得原函数,其原函数为正弦、余弦函数之和,再将其合并,结果与上述相同。

3. $D(s)=0$ 的根含有重根

现设 $D(s)$中含有$(s-p_1)^3$ 的因式,p_1 为 $D(s)=0$ 的三重根,p_2 为 $D(s)$的一个单根,$F(s)$可分解为

$$F(s)=\frac{N(s)}{D(s)}=\frac{N(s)}{(s-p_1)^3(s-p_2)}$$

$$=\frac{K_{11}}{s-p_1}+\frac{K_{12}}{(s-p_1)^2}+\frac{K_{13}}{(s-p_1)^3}+\frac{K_2}{s-p_2}$$

为了求出 K_{13},可将上式等号两端同乘以$(s-p_1)^3$,得

$$(s-p_1)^3F(s)=K_{13}+K_{12}(s-p_1)+K_{11}(s-p_1)^2+(s-p_1)^3\frac{K_2}{s-p_2} \tag{10-9}$$

则
$$K_{13}=(s-p_1)^3F(s)|_{s=p_1}$$

将式(10-9)两边对 s 求导一次,K_{12} 被分离出来,即

$$\frac{\mathrm{d}}{\mathrm{d}s}[(s-p_1)^3F(s)]=0+K_{12}+2K_{11}(s-p_1)+\frac{\mathrm{d}}{\mathrm{d}s}\left[(s-p_1)^3\frac{K_2}{s-p_2}\right] \tag{10-10}$$

所以
$$K_{12}=\frac{\mathrm{d}}{\mathrm{d}s}[(s-p_1)^3F(s)]_{s=p_1}$$

再将式(10-10)两边对 s 求导一次(即对式(10-9)求二阶导数),得

$$\frac{\mathrm{d}^2}{\mathrm{d}s^2}[(s-p_1)^3F(s)]=0+0+2K_{11}+\frac{\mathrm{d}^2}{\mathrm{d}s^2}\left[(s-p_1)^3\frac{K_2}{s-p_2}\right]$$

所以
$$K_{11}=\frac{1}{2}\frac{\mathrm{d}^2}{\mathrm{d}s^2}[(s-p_1)^3F(s)]_{s=p_1}$$

从以上分析过程可以推论得出,当 $D(s)=0$ 的根含有 m 阶重根 p_1 时,则待定系数 K_{1r} 为

$$K_{1r}=\frac{1}{(m-r)!}\frac{\mathrm{d}^{(m-r)}}{\mathrm{d}s^{(m-r)}}[(s-p_1)^mF(s)]_{s=p_1}\quad(r=1,2,\cdots,m) \tag{10-11}$$

若 $D(s)=0$ 具有多个重根,则对每个重根分别利用上述方法即可得到各系数。

例 10-11 求 $F(s)=\dfrac{s+2}{(s+1)^2(s+3)s}$ 的原函数 $f(t)$。

解 $D(s)=(s+1)^2(s+3)s=0$ 的根为 $p_1=-1$(二重根),$p_2=-3$,$p_3=0$,故 $F(s)$ 的部分分式展开为

$$F(s)=\frac{K_{12}}{(s+1)^2}+\frac{K_{11}}{s+1}+\frac{K_2}{s+3}+\frac{K_3}{s} \tag{10-12}$$

式中

$$K_{12}=\frac{s+2}{(s+1)^2(s+3)s}(s+1)^2\bigg|_{s=-1}=-\frac{1}{2}$$

$$K_{11}=\frac{\mathrm{d}}{\mathrm{d}s}\left[\frac{s+2}{(s+1)^2(s+3)s}(s+1)^2\right]=\frac{-s^2-4s-6}{s^2(s+3)^2}\bigg|_{s=-1}=-\frac{3}{4}$$

$$K_2=\frac{s+2}{(s+1)^2(s+3)s}(s+3)\bigg|_{s=-3}=\frac{1}{12}$$

$$K_3=\frac{s+2}{(s+1)^2(s+3)s}(s+0)\bigg|_{s=0}=\frac{2}{3}$$

代入式(10-12)有

$$F(s)=-\frac{1}{2}\times\frac{1}{(s+1)^2}-\frac{3}{4}\times\frac{1}{s+1}+\frac{1}{12}\times\frac{1}{s+3}+\frac{2}{3}\times\frac{1}{s}$$

故得

$$f(t)=-\frac{1}{2}t\mathrm{e}^{-t}-\frac{3}{4}\mathrm{e}^{-t}+\frac{1}{12}\mathrm{e}^{-3t}+\frac{2}{3},\quad t\geqslant 0$$

例 10-12 求 $F(s)=\dfrac{s^3+5s^2+9s+7}{s^2+3s+2}$ 的原函数 $f(t)$。

解 因 $F(s)$ 是有理假分式(即 $m=3>n=2$),故应先化为有理真分式,然后再展开成部分分式。$D(s)=s^2+3s+2=(s+1)(s+2)=0$ 的根为 $p_1=-1$,$p_2=-2$,故有

$$F(s)=s+2+\frac{s+3}{s^2+3s+2}=s+2+\frac{2}{s+1}-\frac{1}{s+2}$$

所以有

$$f(t)=\mathscr{L}^{-1}[F(s)]=\delta'(t)+2\delta(t)+(2\mathrm{e}^{-t}-\mathrm{e}^{-2t})\varepsilon(t)$$

除部分分式展开法之处,应用拉普拉斯变换的性质结合常用变换对也是求拉普拉斯反变换的方法之一。下面举例说明这种方法。

例 10-13 已知 $F(s)=\dfrac{(s+4)\mathrm{e}^{-2s}}{s(s+2)}$,求 $F(s)$ 的拉氏反变换。

解 $F(s)$ 不是有理分式,但 $F(s)$ 可以表示为

$$F(s)=F_1(s)\mathrm{e}^{-2s}$$

式中

$$F_1(s)=\frac{s+4}{s(s+2)}=\frac{2}{s}-\frac{1}{s+2}$$

由线性和常用变换对得到

$$f_1(t)=\mathscr{L}^{-1}[F_1(s)]=(2-\mathrm{e}^{-2t})\varepsilon(t)$$

由时域平移性质得

$$f(t)=\mathscr{L}^{-1}[F(s)]=[2-\mathrm{e}^{-2(t-2)}]\varepsilon(t-2)$$

10.3.2 留数法(围线积分法)

拉氏反变换式为

$$f(t)=\frac{1}{2\pi \mathrm{j}}\int_{\sigma-\mathrm{j}\infty}^{\sigma+\mathrm{j}\infty}F(s)\mathrm{e}^{st}\mathrm{d}s,\quad t>0$$

这是一个复变函数的线积分,其积分路径是 s 平面内平行于 $\mathrm{j}\omega$ 轴的 $\sigma=C_1>\sigma_0$ 的直线 AB(即直线 AB 必须在收敛轴以右),如图 10-3 所示。直接求这个积分是困难的,但从复变函数论知,可将求此线积分的问题转化为求 $F(s)$的全部极点在一个闭合回线内部的全部留数的代数和。这种方法称为留数法,也称**围线积分法**(contour integral method)。闭合回线确定的原则是:必须把 $F(s)$ 的全部极点都包围在此闭合回线的内部。因此,从普遍性考虑,此闭合回线应是由直线 AB 与直线 AB 左侧半径 $R=\infty$的圆 C_R 所组成,如图 10-3 所示。这样,求拉氏反变换的运算就转化为求被积函数 $F(s)\mathrm{e}^{st}$ 在 $F(s)$的全部极点上留数的代数和,即

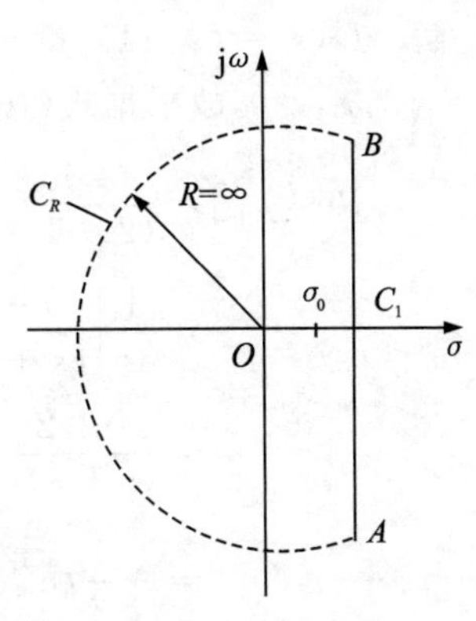

图 10-3 $F(s)$的围线积分途径

$$\begin{aligned}f(t)&=\frac{1}{2\pi \mathrm{j}}\int_{\sigma-\mathrm{j}\infty}^{\sigma+\mathrm{j}\infty}F(s)\mathrm{e}^{st}\mathrm{d}s\\&=\frac{1}{2\pi \mathrm{j}}\int_{AB}F(s)\mathrm{e}^{st}\mathrm{d}s+\frac{1}{2\pi \mathrm{j}}\int_{C_R}F(s)\mathrm{e}^{st}\mathrm{d}s\\&=\frac{1}{2\pi \mathrm{j}}\oint_{AB+C_R}F(s)\mathrm{e}^{st}\mathrm{d}s=\sum_{i=1}^{n}\mathrm{Res}[p_i]\end{aligned}$$

式中
$$\int_{AB}F(s)\mathrm{e}^{st}\mathrm{d}s=\int_{\sigma-\mathrm{j}\infty}^{\sigma+\mathrm{j}\infty}F(s)\mathrm{e}^{st}\mathrm{d}s,\quad \int_{C_R}F(s)\mathrm{e}^{st}\mathrm{d}s=0$$

$p_i(i=1,2,\cdots,n)$为 $F(s)$的极点,即 $D(s)=0$ 的根;$\mathrm{Res}[p_i]$为极点 p_i 的留数。以下分两种情况介绍留数的具体求法。

(1) 若 p_i 为$D(s)=0$ 的单根[即为 $F(s)$的一阶极点],则其留数为

$$\mathrm{Res}[p_i]=F(s)\mathrm{e}^{st}(s-p_i)\big|_{s=p_i}\tag{10-13}$$

(2) 若 p_i 为$D(s)=0$ 的 m 阶重根[即为 $F(s)$的 m 阶极点],则其留数为

$$\mathrm{Res}[p_i]=\frac{1}{(m-1)!}\frac{\mathrm{d}^{m-1}}{\mathrm{d}s^{m-1}}[F(s)\mathrm{e}^{st}(s-p_i)^m]\bigg|_{s=p_i}\tag{10-14}$$

将式(10-13)、式(10-14)分别与式(10-5)、式(10-11)相比较,可看出部分分式的系数与留数的差别,部分分式法与留数法的差别。它们在形式上有差别,但在本质上是一致的。

与部分分式法相比,留数法的优点是:不仅能处理有理函数,也能处理无理函数,因此,其适用范围较部分分式法为广。但运用留数法反求原函数时应注意到,因为冲激函数及其导数不符合约当引理,因此当原函数 $f(t)$ 中包含有冲激函数或其导数时,需先将 $F(s)$ 分解为多项式与真分式之和,由多项式决定冲激函数或其导数项,再对真分式求留数决定其他各项。若 $F(s)$ 有重阶极点,此时用留数法求拉氏反变换要略为简便些(见例 10-14)。

例 10-14 用留数法求 $F(s)=\dfrac{s+2}{(s+1)^2(s+3)s}$ 的原函数 $f(t)$。

解 $D(s)=(s+1)^2(s+3)s=0$ 的根(极点)为 $p_1=-1$(二重根,即二阶极点),$p_2=-3$,$p_3=0$,故根据式(10-13)和式(10-14)可求得各极点上的留数为

$$\begin{aligned}\text{Res}[p_1]&=\frac{1}{(2-1)!}\frac{\mathrm{d}^{2-1}}{\mathrm{d}s^{2-1}}\left[\frac{s+2}{(s+1)^2(s+3)s}\mathrm{e}^{st}(s+1)^2\right]\Bigg|_{s=-1}\\&=\frac{\mathrm{d}}{\mathrm{d}s}\left[\frac{s+2}{(s+3)s}\mathrm{e}^{st}\right]\Bigg|_{s=-1}\\&=\frac{s+2}{(s+3)s}t\mathrm{e}^{st}\Bigg|_{s=-1}+\frac{s(s+3)-(s+2)(2s+3)}{s^2(s+3)^2}\mathrm{e}^{st}\Bigg|_{s=-1}\\&=-\frac{1}{2}t\mathrm{e}^{-t}-\frac{3}{4}\mathrm{e}^{-t}\end{aligned}$$

$$\text{Res}[p_2]=\frac{s+2}{(s+1)^2(s+3)s}\mathrm{e}^{st}(s+3)\Bigg|_{s=-3}=\frac{1}{12}\mathrm{e}^{-3t}$$

$$\text{Res}[p_3]=\frac{s+2}{(s+1)^2(s+3)s}\mathrm{e}^{st}s\Bigg|_{s=0}=\frac{2}{3}$$

故得

$$\begin{aligned}f(t)&=\sum_{i=1}^{3}\text{Res}[p_i]=\text{Res}[p_1]+\text{Res}[p_2]+\text{Res}[p_3]\\&=\left(-\frac{1}{2}t\mathrm{e}^{-t}-\frac{3}{4}\mathrm{e}^{-t}+\frac{1}{12}\mathrm{e}^{-3t}+\frac{2}{3}\right)\varepsilon(t)\end{aligned}$$

与例 10-11 的结果全同,但计算过程要比例 10-11 中的稍简便些。

10.4 电路定律的复频域形式

10.4.1 电路的 s 域模型

对于具体电路,可以不必先列出微分方程再取拉氏变换,而是通过导出的复频域电路模型,直接列写复频域形式的电路方程。下面从电路拓扑约束和元件约束两方面讨论它们在 s 域的形式。

时域的 KCL 方程描述了在任意时刻流出(或流入)任一节点(或割集)电流的方程,它是各电流的一次函数,若各电流 $i_k(t)$ 的象函数为 $I_k(s)$(称其为象电流),则由拉普拉斯变换线性性质有

$$\sum_{k=1}^{n} I_k(s)=0 \tag{10-15}$$

式(10-15)表明,对任一节点(或割集),流出(或流入)该节点的象电流的代数和恒等于零。虽然它是象函数表达式,习惯上仍称其为 KCL。

同理,时域的 KVL 方程 $\sum_{k=1}^{n} u_k(t)=0$ 也是回路中各支路电压的一次函数,若各支路电压 $u_k(t)$ 的象函数为 $U_k(s)$(称其为象电压),则有

$$\sum_{k=1}^{n} U_k(s)=0 \tag{10-16}$$

式(10-16)表明,对任一回路,沿着回路各支路象电压的代数和恒等于零,习惯上同样称其为 KVL。

对于线性非时变二端元件 R、L、C,若规定其端电压 $u(t)$ 与电流 $i(t)$ 为关联参考方向,其相应的象函数分别为 $U(s)$ 和 $I(s)$,则由拉普拉斯变换的线性和微分、积分性质可得到它们的 s 域电路模型。

1. 电阻 R

因为时域的伏安关系为 $u_R(t)=Ri_R(t)$,取拉普拉斯变换有

$$U_R(s)=RI_R(s) \quad 或 \quad I_R(s)=\frac{1}{R}U_R(s)=GU_R(s)$$

2. 电感 L

对于含有初始值 $i_L(0_-)$ 的电感 L,因为时域的伏安关系有微分形式和积分形式两种,对应的 s 域模型也有两种形式:

$$u_L(t)=L\frac{\mathrm{d}i_L(t)}{\mathrm{d}t} \longleftrightarrow U_L(s)=sLI_L(s)-Li_L(0_-)$$

$$i_L(t)=i_L(0_-)+\frac{1}{L}\int_{0_-}^{t} u_L(\tau)\mathrm{d}\tau \longleftrightarrow I_L(s)=\frac{1}{sL}U_L(s)+\frac{i_L(0_-)}{s}$$

式中,$U_L(s)=\mathscr{L}[u_L(t)]$,$I_L(s)=\mathscr{L}[i_L(t)]$;$Ls$ 称为电感 L 的复频域感抗,其倒数 $\frac{1}{Ls}$ 称为电感 L 的复频域感纳;$\frac{1}{s}i_L(0_-)$ 为电感元件初始电流 $i_L(0_-)$ 的象函数,可等效表示为附加的独立电流源;$Li_L(0_-)$ 可等效表示为附加的独立电压源。$\frac{1}{s}i_L(0_-)$ 和 $Li_L(0_-)$ 均称为电感 L 的内激励。根据以上两式即可画出电感元件的复频域电路模型,前者为串联电路模型,后者为并联电路模型,两者实为有伴电源的等效关系,如表 10-2 所示。

表 10-2　电路元件的 s 域模型

		电　阻	电　感	电　容
时域	基本关系	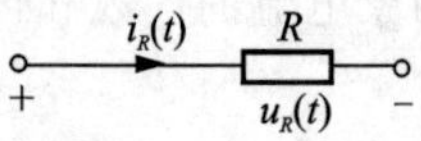 $i_R(t)$　R　+　$u_R(t)$　−	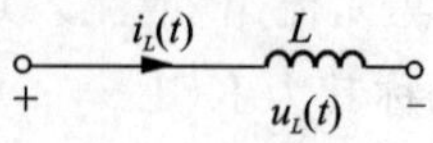 $i_L(t)$　L　+　$u_L(t)$　−	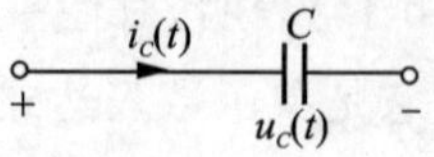 $i_C(t)$　C　+　$u_C(t)$　−
		$u_R(t)=Ri_R(t)$ $i_R(t)=\dfrac{1}{R}u_R(t)=Gu_R(t)$	$u_L(t)=L\dfrac{\mathrm{d}i_L(t)}{\mathrm{d}t}$ $i_L(t)=\dfrac{1}{L}\int_{0_-}^{t}u_L(\tau)\mathrm{d}\tau+i_L(0_-)$	$u_C(t)=\dfrac{1}{C}\int_{0_-}^{t}i_C(\tau)\mathrm{d}\tau+u_C(0_-)$ $i_C(t)=C\dfrac{\mathrm{d}u_C(t)}{\mathrm{d}t}$
s 域模型	串联形式	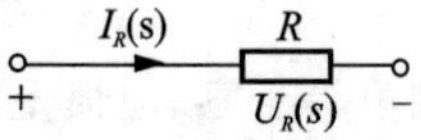 $I_R(s)$　R　+　$U_R(s)$　−	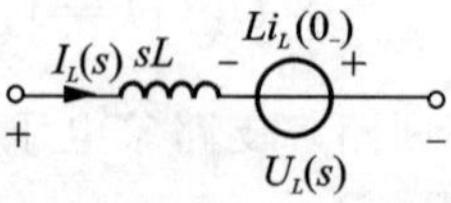 $I_L(s)$　sL　−　$Li_L(0_-)$　+　$U_L(s)$　−	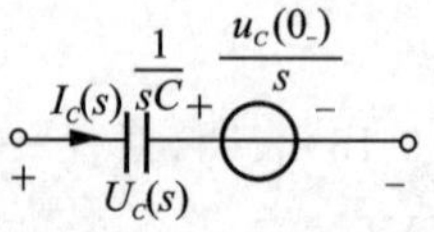 $I_C(s)$　$\dfrac{1}{sC}$　+　$\dfrac{u_C(0_-)}{s}$　−　+　$U_C(s)$　−
		$U_R(s)=RI_R(s)$	$U_L(s)=sLI_L(s)-Li_L(0_-)$	$U_C(s)=\dfrac{1}{sC}I_C(s)+\dfrac{u_C(0_-)}{s}$
	并联形式	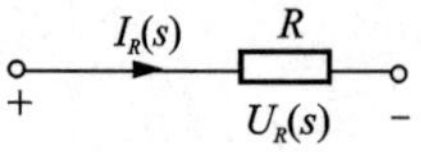 $I_R(s)$　R　+　$U_R(s)$　−	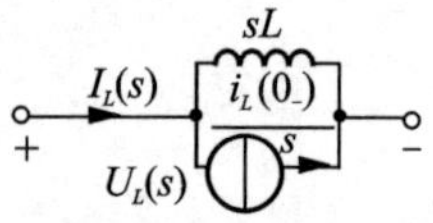 sL　$I_L(s)$　$\dfrac{i_L(0_-)}{s}$　+　$U_L(s)$　−	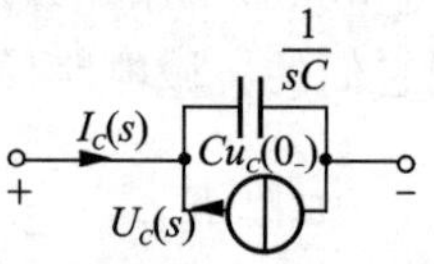 $\dfrac{1}{sC}$　$I_C(s)$　$Cu_C(0_-)$　+　$U_C(s)$　−
		$I_R(s)=\dfrac{1}{R}U_R(s)$	$I_L(s)=\dfrac{1}{sL}U_L(s)+\dfrac{i_L(0_-)}{s}$	$I_C(s)=sCU_C(s)-Cu_C(0_-)$

3．电容 C

对于含有初始值 $u_C(0_-)$的电容 C,用与分析电感 s 域模型类似的方法,同理可得电容 C 的 s 域模型为

$$u_C(t)=\frac{1}{C}\int_{0_-}^{t}i_C(\tau)\mathrm{d}\tau+u_C(0_-)\longleftrightarrow U_C(s)=\frac{1}{sC}I_C(s)+\frac{u_C(0_-)}{s}$$

$$i_C(t)=C\frac{\mathrm{d}u_C(t)}{\mathrm{d}t}\longleftrightarrow I_C(s)=sCU_C(s)-Cu_C(0_-)$$

式中,$I_C(s)=\mathscr{L}[i_C(t)]$,$U_C(s)=\mathscr{L}[u_C(t)]$;$\dfrac{1}{Cs}$称为电容 C 的复频域容抗,其倒数 Cs 称为电容 C 的复频域容纳;$\dfrac{1}{s}u_C(0_-)$为电容元件初始电压 $u_C(0_-)$的象函数,可等效表示为附加的独立电压源;$Cu_C(0_-)$可等效表示为附加的独立电流源。$\dfrac{1}{s}u_C(0_-)$和 $Cu_C(0_-)$均称为电容 C 的内激励。根据以上两式即可画出电容元件的复频域电路模型,前者为串联电路模型,后者为并联电路模型,同样,二者也为电源等效关系。

三种元件(R、L、C)的时域和 s 域关系都列在表 10-2 中。

4. 耦合电感元件

耦合电感元件的时域电路模型如图 10-4(a)所示,其时域伏安关系为

$$u_1(t)=L_1\frac{\mathrm{d}i_1(t)}{\mathrm{d}t}+M\frac{\mathrm{d}i_2(t)}{\mathrm{d}t}$$

$$u_2(t)=M\frac{\mathrm{d}i_1(t)}{\mathrm{d}t}+L_2\frac{\mathrm{d}i_2(t)}{\mathrm{d}t}$$

对上两式求拉氏变换,即得其复频域伏安关系为

$$U_1(s)=L_1sI_1(s)-L_1i_1(0_-)+MsI_2(s)-Mi_2(0_-)$$

$$U_2(s)=MsI_1(s)-Mi_1(0_-)+L_2sI_2(s)-L_2i_2(0_-)$$

式中,$U_1(s)=\mathscr{L}[u_1(t)]$,$U_2(s)=\mathscr{L}[u_2(t)]$,$I_1(s)=\mathscr{L}[i_1(t)]$,$I_2(s)=\mathscr{L}[i_2(t)]$;$i_1(0_-)$,$i_2(0_-)$分别为电感 L_1,L_2 中的初始电流;Ms 称为耦合电感元件的复频域互感抗;$L_1i_1(0_-)$,$L_2i_2(0_-)$,$Mi_1(0_-)$,$Mi_2(0_-)$均可等效表示为附加的独立电压源,均为耦合电感元件的内激励。根据以上两式即可画出耦合电感元件的复频域电路模型,如图 10-4(b)所示。

若将图 10-4(a)所示耦合电感的去耦等效电路画出,则如图 10-4(c)所示,与之对应的 s 域电路模型如图 10-4(d)所示。

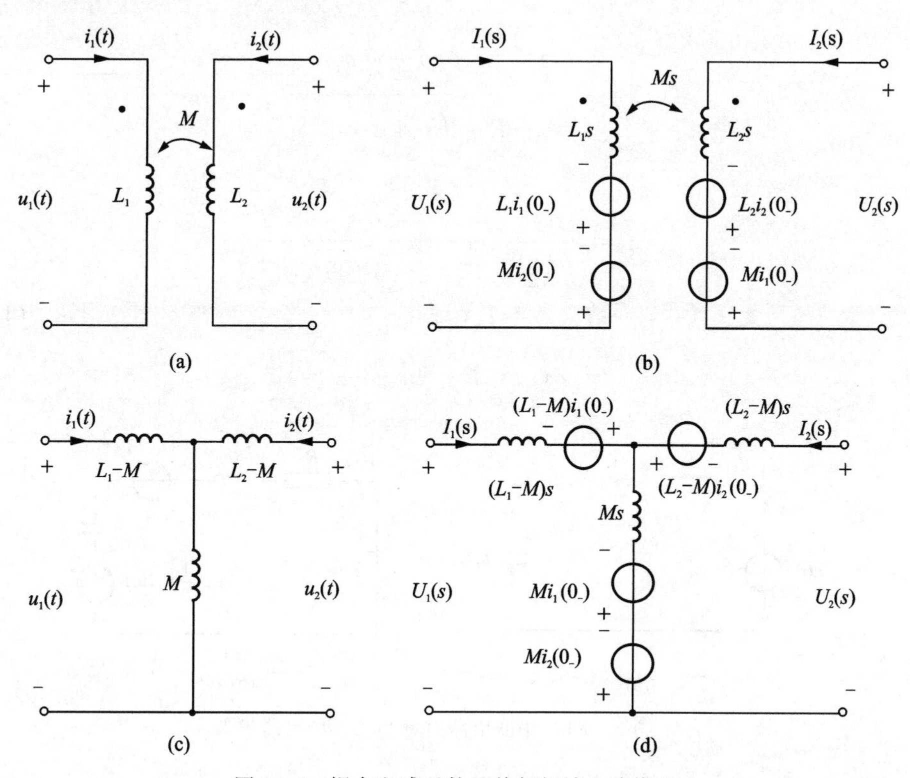

图 10-4 耦合电感元件及其复频域电路模型

10.4.2 复频域阻抗与复频域导纳

零状态二端无源网络端口电压 $U(s)$ 与电流 $I(s)$ 之比定义为复频域阻抗或运算阻抗,记为 $Z(s)$,即

$$Z(s)=\frac{U(s)}{I(s)} \tag{10-17}$$

零状态二端无源网络端口电流 $I(s)$ 与电压 $U(s)$ 之比定义为复频域导纳或运算导纳,记为 $Y(s)$,即

$$Y(s)=\frac{I(s)}{U(s)} \tag{10-18}$$

显然

$$Y(s)=\frac{1}{Z(s)} \tag{10-19}$$

图 10-5(a)所示为时域 RLC 串联电路模型,设电感 L 中的初始电流为 $i(0_-)$,电容 C 上的初始电压为 $u_C(0_-)$。于是可作出其复频域电路模型如图 10-5(b)所示,进而可写出其 KVL 方程为

$$U(s)=\left(R+Ls+\frac{1}{Cs}\right)I(s)-Li(0_-)+\frac{1}{s}u_C(0_-)$$

故得

$$\begin{aligned}I(s)&=\frac{U(s)+Li(0_-)-\frac{1}{s}u_C(0_-)}{R+Ls+\frac{1}{Cs}}\\&=\underbrace{\frac{U(s)}{Z(s)}}_{s\text{域零状态响应}}+\underbrace{\frac{Li(0_-)-\frac{1}{s}u_C(0_-)}{Z(s)}}_{s\text{域零输入响应}}\\&=I_{\mathrm{f}}(s)+I_{\mathrm{x}}(s)\end{aligned} \tag{10-20}$$

式中

$$Z(s)=R+Ls+\frac{1}{Cs}$$

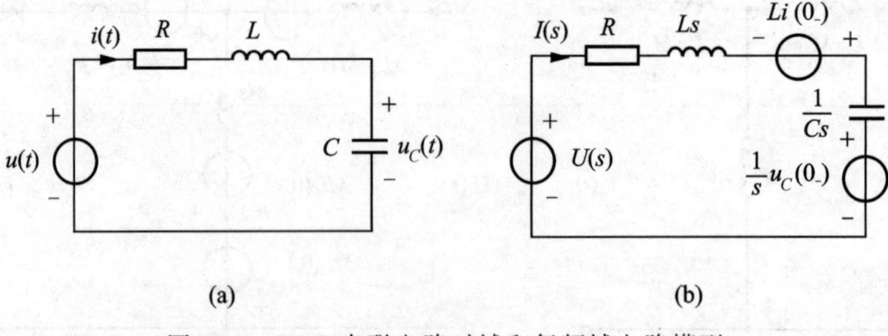

图 10-5 RLC 串联电路时域和复频域电路模型

$Z(s)$ 称为支路的复频域阻抗,它只与电路参数 R、L、C 及复频率 s 有关,而与电路的激励(包括内激励)无关。

令
$$Y(s)=\frac{1}{Z(s)}=\frac{1}{R+Ls+\frac{1}{Cs}}$$

$Y(s)$称为支路的复频域导纳。可见$Y(s)$与$Z(s)$互倒，即有$Y(s)Z(s)=1$。

式(10-20)中等号右端的第一项只与激励$U(s)$有关，故为s域中的零状态响应，用$I_f(s)$表示；等号右端的第二项则只与初始条件(原始状态)$i(0_-)$，$u_C(0_-)$有关，故为s域中的零输入响应，用$I_x(s)$表示；等号左端的$I(s)$则为s域中的全响应。

若$i(0_-)=u_C(0_-)=0$，则式(10-20)变为

$$\left.\begin{aligned}I(s)&=\frac{U(s)}{Z(s)}=Y(s)U(s)\\ \text{或}\quad U(s)&=Z(s)I(s)=\frac{I(s)}{Y(s)}\end{aligned}\right\}\tag{10-21}$$

式(10-21)即为复频域形式的欧姆定律。

不难看出，这里引入的阻抗及导纳的概念比正弦稳态分析中为完成相量计算而引入的概念更具有普遍性，它把阻抗、导纳考虑为复变量s的函数而不是纯虚数变量$j\omega$的函数，因此它把元件或二端网络的零状态响应的拉氏变换和任意输入的拉氏变换联系起来，而不仅是把正弦稳态的输出相量和输入相量联系起来。

同时也不难得出线性时不变电路的一个重要规则：若电路为**零初始状态**，则处理拉氏变换的规律与处理相量的规律完全相同，只需把s换以$j\omega$即可。相量法中的相量模型在把$j\omega$换以s后即可得到同一电路的s域模型，当然这一模型只适用于零状态分析，激励的拉氏变换也应根据具体情况而定。

10.5 应用拉普拉斯变换分析线性动态电路

由于复频域形式的KCL、KVL、欧姆定律，在形式上与相量形式的KCL、KVL、欧姆定律全同，因此关于电路分析的各种方法(节点法、割集法、网孔法、回路法)、各种定理(齐次定理、叠加定理、戴维南定理和诺顿定理、替代定理、互易定理等)以及电路的各种等效变换方法与规则，均适用于复频域电路的分析，只是此时必须在复频域中进行，所有电气量用相应的象函数表示，各无源支路用复频域阻抗或复频域导纳代替，相应的运算为复数运算。其一般步骤如下：

(1) 根据换路前的电路(即$t<0$时的稳态电路)求$t=0_-$时刻电感的初始电流$i_L(0_-)$和电容的初始电压$u_C(0_-)$；

(2) 求电路激励(电源)的拉氏变换(即象函数)；

(3) 画出换路后电路(即$t\geqslant0$时的电路)的复频域电路模型；

(4) 应用节点法、割集法、网孔法、回路法及电路的各种等效变换、电路定理，对复频域电路模型列写方程组，并求解此方程组，从而求得全响应解的象函数；

(5) 对所求得的全响应解的象函数进行拉氏反变换，即得时域中的全响应解，有时还画出其波形。

例 10-15 试求图 10-6(a)所示的电流 $i(t)$。已知 $R=6\ \Omega, L=1\ \text{H}, C=0.04\ \text{F}$, $u_{\text{S}}(t)=12\sin(5t)\varepsilon(t)\ \text{V}$,初始状态 $i_L(0_-)=5\ \text{A}, u_C(0_-)=1\ \text{V}$。

解 本题 s 域模型如图 10-6(b)所示,其中

$$U_{\text{S}}(s)=12\times\frac{5}{s^2+5^2}=\frac{60}{s^2+5^2}$$

$$Li_L(0_-)=1\times5=5$$

$$\frac{1}{s}u_C(0_-)=\frac{1}{s}\times1=\frac{1}{s}$$

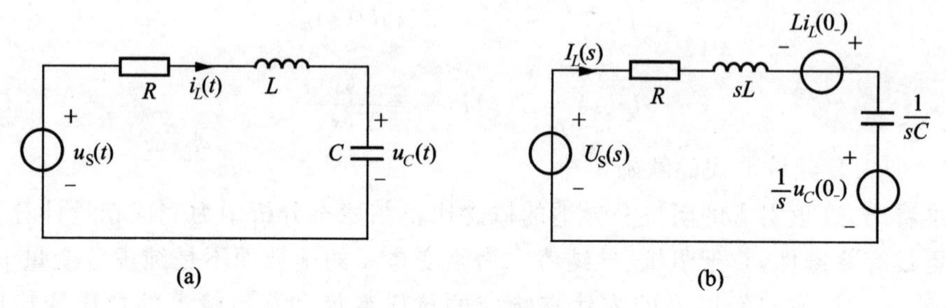

图 10-6 例 10-15 图

由 KVL 可得

$$\left(R+sL+\frac{1}{sC}\right)I_L(s)=U_{\text{S}}(s)+Li_L(0_-)-\frac{1}{s}u_C(0_-)$$

由此可得

$$I_L(s)=\frac{U_{\text{S}}(s)}{R+sL+\dfrac{1}{sC}}+\frac{Li_L(0_-)-\dfrac{1}{s}u_C(0_-)}{R+sL+\dfrac{1}{sC}}=I_{\text{f}}(s)+I_{\text{x}}(s)$$

其中

$$I_{\text{f}}(s)=\frac{U_{\text{S}}(s)}{R+sL+\dfrac{1}{sC}}$$

为零状态响应的象函数,是由输入引起的;

$$I_{\text{x}}(s)=\frac{Li_L(0_-)-\dfrac{1}{s}u_C(0_-)}{R+sL+\dfrac{1}{sC}}$$

为零输入响应的象函数,是由原始状态引起的。

先计算 $I_{\text{f}}(s)$。将 R、L、C 的数值代入得

$$I_{\text{f}}(s)=\frac{U_{\text{S}}(s)}{R+sL+\dfrac{1}{sC}}=\frac{60s}{[(s+3)^2+4^2](s^2+5^2)}$$

应用部分分式展开式,可写成

$$I_f(s)=\frac{K_1}{s+3-j4}+\frac{K_1^*}{s+3+j4}+\frac{K_2}{s-j5}+\frac{K_2^*}{s+j5}$$

式中

$$K_1=(s+3-j4)I_f(s)\big|_{s=-3+j4}=j1.25=1.25\angle 90^\circ$$

$$K_2=(s-j5)I_f(s)\big|_{s=j5}=-j=1\angle -90^\circ$$

求拉氏反变换

$$\begin{aligned}i_f(t)&=\mathscr{L}^{-1}[I_f(s)]=[2.5e^{-3t}\cos(4t+90^\circ)+2\cos(5t-90^\circ)]\varepsilon(t)\\&=(-2.5e^{-3t}\sin 4t+2\sin 5t)\varepsilon(t)\end{aligned}$$

再计算 $I_x(s)$。将 R、L、C 及 $i(0_-)$,$u_C(0_-)$ 值代入

$$I_x(s)=\frac{Li_L(0_-)-\frac{1}{s}u_C(0_-)}{R+sL+\frac{1}{sC}}=\frac{5s-1}{(s+3)^2+4^2}$$

$$=\frac{K_3}{s+3-j4}+\frac{K_3^*}{s+3+j4}$$

且 $$K_3=(s+3-j4)I_x(s)\big|_{s=-3+j4}=2.5+j2=3.2\angle 38.6^\circ$$

求拉氏反变换

$$\begin{aligned}i_x(t)&=\mathscr{L}^{-1}[I_x(s)]=6.4e^{-3t}\cos(4t+38.6^\circ)\\&=5e^{-3t}\cos 4t-4e^{-3t}\sin 4t,\quad t\geqslant 0\end{aligned}$$

于是完全响应

$$\begin{aligned}i_L(t)&=i_f(t)+i_x(t)\\&=5e^{-3t}\cos 4t-6.5e^{-3t}\sin 4t+2\sin 5t\\&=8.2e^{-3t}\cos(4t+52.43^\circ)+2\sin 5t\ \text{A},\quad t\geqslant 0\end{aligned}$$

例 10-16 图 10-7(a)所示电路,已知 $t<0$ 时 S 闭合,电路已工作于稳定状态。今于 $t=0$ 时刻打开 S,求 $t>0$ 时开关 S 两端的电压 $u(t)$。已知 $R_1=30\ \Omega$,$R_2=R_3=5\ \Omega$,$C=10^{-3}$ F,$L=0.1$ H,$U_S=140$ V。

解 因 $t<0$ 时 S 闭合,电路已工作于稳态,且电路中作用的是直流电压源 U_S,此时电感 L 相当于短路,电容 C 相当于开路,故有

$$i_1(0_-)=\frac{U_S}{R_1+R_2}=4\ \text{A}$$

$$u_C(0_-)=R_2i_1(0_-)=20\ \text{V}$$

于是可作出 $t\geqslant 0$ 时的复频域电路模型,如图 10-7(b)所示,进而可写出网孔的 KVL 方程为

$$\left(R_1+Ls+\frac{1}{Cs}\right)I_1(s)-\frac{1}{Cs}I_2(s)=\frac{1}{s}U_S+Li_1(0_-)-\frac{1}{s}u_C(0_-)$$

$$-\frac{1}{Cs}I_1(s)+\left(R_2+R_3+\frac{1}{Cs}\right)I_2(s)=\frac{1}{s}u_C(0_-)$$

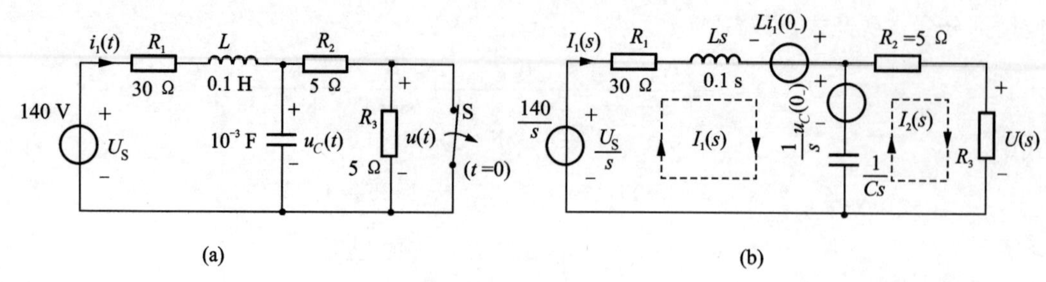

图 10-7　例 10-16 图

将已知数据代入并求解即得

$$I_2(s)=\frac{3.5}{s}-\frac{1.5s+400}{s^2+400s+40\ 000}$$

又　　$U(s)=R_3I_2(s)=5\left(\frac{3.5}{5}-\frac{1.5s+400}{s^2+400s+40\ 000}\right)=\frac{17.5}{s}-\frac{7.5s+2\ 000}{(s+200)^2}$

$$=\frac{17.5}{s}-\frac{500}{(s+200)^2}-\frac{7.5}{s+200}$$

故得　　$u(t)=\mathscr{L}^{-1}[U(s)]=[17.5-500t\mathrm{e}^{-200t}-7.5\mathrm{e}^{-200t}]\varepsilon(t)$ V

此例中电源 U_S 一直作用于电路，$t<0$ 时提供电路的状态值，$t>0$ 时提供外激励。

例 10-17　图 10-8(a)所示电路，已知 $R_1=2\ \Omega, R_2=\frac{1}{2}\ \Omega, L=2$ H, $C=\frac{1}{2}$ F, $r_m=-\frac{1}{2}\ \Omega, u_C(0_-)=0.5$ V, $i_L(0_-)=-1$ A，求 $i_L(t)$。

解　此题是冲激激励，而且有受控源，初始状态又不为零，用时域法就很麻烦，而用复频域分析法就很方便。由于是线性受控源，根据拉氏变换的线性性质，则此 CCVS 的复频域形式如图 10-8(b)中所示。由图 10-8(b)所示的复频域电路，应用网孔法就可得到所求的响应。

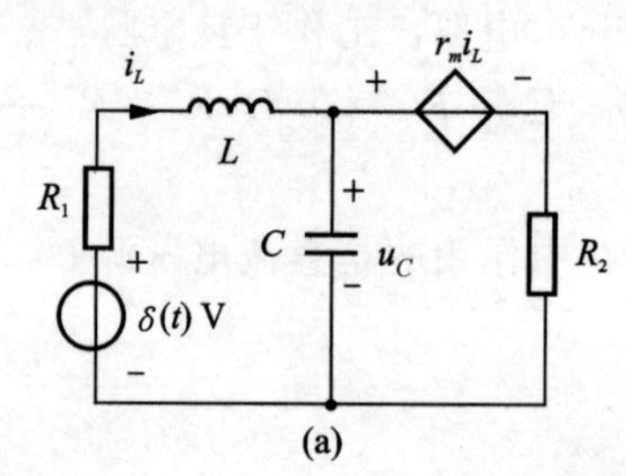

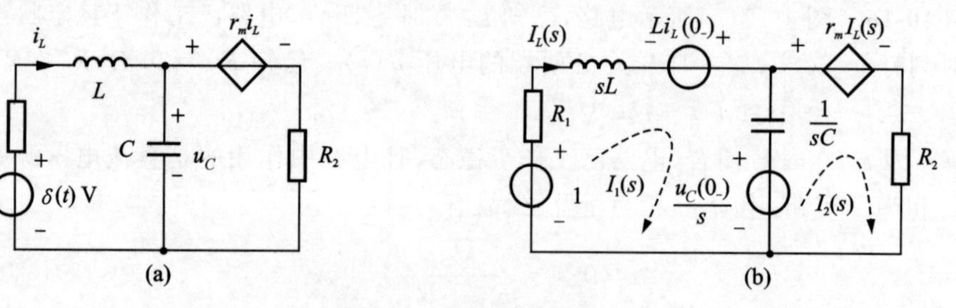

图 10-8　例 10-17 图

设网孔电流为 $I_1(s)$ 和 $I_2(s)$，方向如图 10-8(b)中所示，则回路方程为

$$\left(2+2s+\frac{2}{s}\right)I_1(s)-\frac{2}{s}I_2(s)=1-\frac{0.5}{s}-2$$

$$-\frac{2}{s}I_1(s)+\left(\frac{2}{s}+\frac{1}{2}\right)I_2(s)=\frac{0.5}{s}+\frac{1}{2}I_L(s)$$

$$I_L(s)=I_1(s)$$

解得

$$I_L(s)=\frac{-0.5s-\dfrac{9}{4}}{s^2+5s+4}=\frac{-\dfrac{7}{12}}{s+1}+\frac{\dfrac{1}{12}}{s+4}$$

所以

$$i_L(t)=\left(-\frac{7}{12}\mathrm{e}^{-t}+\frac{1}{12}\mathrm{e}^{-4t}\right)\ \mathrm{A},\quad t\geqslant 0$$

例 10-18 图 10-9(a)所示电路。已知 $C_1=1$ F,$C_2=2$ F,$R=3\ \Omega$,$u_1(0_-)=10$ V,$u_2(0_-)=0$。今于 $t=0$ 时刻闭合 S,求 $t\geqslant 0$ 时的响应 $i_1(t)$,$u_1(t)$,$u_2(t)$,$i_2(t)$,$i_R(t)$,并画出波形。

解 $t\geqslant 0$ 时的 s 域电路模型如图 10-9(b)所示,进而可列出独立节点的 KCL 方程为

$$\left(C_1s+C_2s+\frac{1}{R}\right)U_2(s)=\frac{1}{s}u_1(0_-)C_1s=10$$

代入数据解得

$$U_2(s)=\frac{30}{9s+1}=\frac{\dfrac{10}{3}}{s+\dfrac{1}{9}}$$

故得
$$u_2(t)=\mathscr{L}^{-1}[U_2(s)]=\frac{10}{3}\mathrm{e}^{-\frac{1}{9}t}\ \mathrm{V},\quad t\geqslant 0$$

又有
$$U_2(s)=\frac{1}{s}u_1(0_-)-\frac{1}{C_1s}I_1(s)$$

故
$$\frac{1}{C_1s}I_1(s)=\frac{1}{s}u_1(0_-)-U_2(s)$$

即
$$\frac{1}{s}I_1(s)=\frac{10}{s}-\frac{30}{9s+1}=\frac{10(6s+1)}{s(9s+1)}$$

故
$$I_1(s)=10\,\frac{6s+1}{9s+1}=10\left[\frac{2}{3}+\frac{\dfrac{1}{3}}{9s+1}\right]=10\left[\frac{2}{3}+\frac{1}{27}\,\frac{1}{s+\dfrac{1}{9}}\right]$$

$$=\frac{20}{3}+\frac{10}{27}\,\frac{1}{s+\dfrac{1}{9}}$$

故得
$$i_1(t)=\left[\frac{20}{3}\delta(t)+\frac{10}{27}\mathrm{e}^{-\frac{1}{9}t}\right]\ \mathrm{A},\quad t\geqslant 0$$

又
$$I_2(s)=C_2sU_2(s)=2s\,\frac{30}{9s+1}$$

$$=60\left(\frac{s}{9s+1}\right)=60\left[\frac{1}{9}-\frac{\dfrac{1}{9}}{9s+1}\right]=\frac{20}{3}-\frac{20}{27}\,\frac{1}{s+\dfrac{1}{9}}$$

故得
$$i_2(t)=\left[\frac{20}{3}\delta(t)-\frac{20}{27}\mathrm{e}^{-\frac{1}{9}t}\right]\ \mathrm{A},\quad t\geqslant 0$$

又
$$I_R(s)=\frac{U_2(s)}{R}=\frac{1}{3}\ \frac{30}{9s+1}=\frac{10}{9}\ \frac{1}{s+\frac{1}{9}}$$

故得
$$i_R(t)=\frac{10}{9}\mathrm{e}^{-\frac{1}{9}t}\ \mathrm{A},\quad t\geqslant 0$$

可以验证有 $i_1(t)=i_2(t)+i_R(t)$。

也可以用以下方法求 $u_1(t)$、$i_1(t)$、$i_2(t)$、$i_R(t)$。从图 10-9(a)可看出有
$$u_1(t)=u_2(t)=\frac{10}{3}\mathrm{e}^{-\frac{1}{9}t}\ \mathrm{V},\quad t\geqslant 0$$

故
$$i_1(t)=-C_1\frac{\mathrm{d}u_1(t)}{\mathrm{d}t}=\left[\frac{20}{3}\delta(t)+\frac{10}{27}\mathrm{e}^{-\frac{1}{9}t}\right]\ \mathrm{A},\quad t\geqslant 0$$
$$i_2(t)=C_2\frac{\mathrm{d}u_2(t)}{\mathrm{d}t}=\left[\frac{20}{3}\delta(t)-\frac{20}{27}\mathrm{e}^{-\frac{1}{9}t}\right]\ \mathrm{A},\quad t\geqslant 0$$
$$i_R(t)=\frac{1}{R}u_2(t)=\frac{10}{9}\mathrm{e}^{-\frac{1}{9}t}\ \mathrm{A},\quad t\geqslant 0$$

其波形如图 10-9(c)、(d)、(e)所示。可见 $i_1(t)$和 $i_2(t)$中出现了冲激,这是因为电路中有纯电容回路存在,在电路的换路瞬间(即 $t=0$ 时刻),C_1、C_2 上的电压 $u_1(t)$、$u_2(t)$发生了跃变。

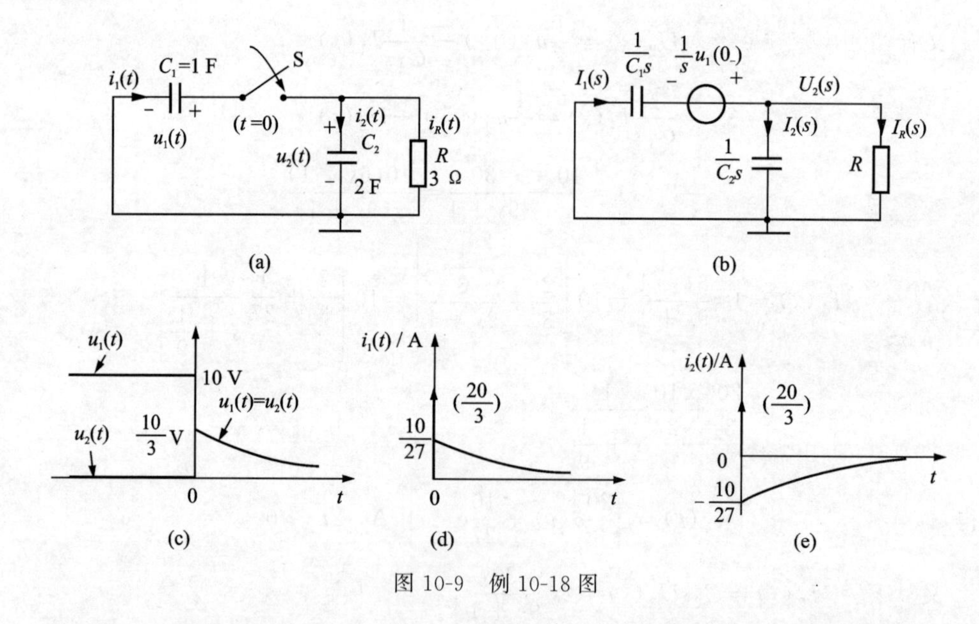

图 10-9　例 10-18 图

复频域分析顺利解决了电容电压、电感电流跃变这类问题,读者自行比较时域分析和复频域分析两种分析方法的优缺点。

例 10-19　图 10-10(a)所示含耦合电感的电路。求 $u_0(t)$,$t>0$。

解 $t>0$ 时的 s 域电路模型如图 10-10(b)所示，用网孔法列出 KVL 方程为

$$\begin{cases}(2s+1)I_1(s)+sI_2(s)=\dfrac{6}{s}\\ sI_1(s)+(s+2)I_2(s)=0\end{cases}$$

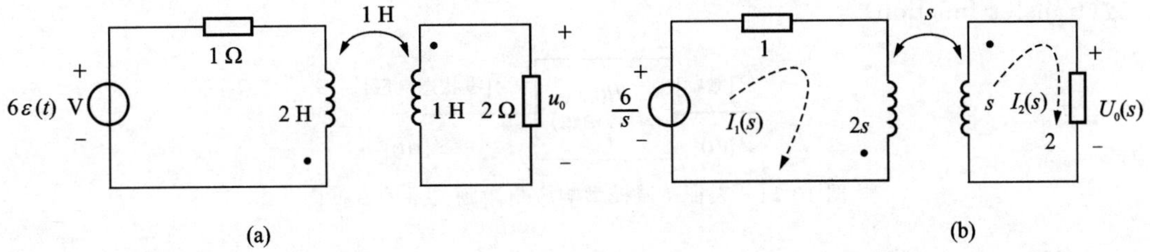

图 10-10　例 10-19 图

应用行列式解得

$$I_2(s)=\frac{\begin{vmatrix}2s+1 & \dfrac{6}{s}\\ s & 0\end{vmatrix}}{\begin{vmatrix}2s+1 & s\\ s & s+2\end{vmatrix}}=\frac{-6}{s^2+5s+2}=\frac{1.455}{s+4.562}-\frac{1.455}{s+0.438}$$

又　$U_0(s)=sI_2(s)=2.91\left(\dfrac{1}{s+4.562}-\dfrac{1}{s+0.436}\right)$

所以　$u_0(t)=2.91(\mathrm{e}^{-4.562t}-\mathrm{e}^{-0.436t})\varepsilon(t)$ V

10.6 网络函数

电路(或称网络)的响应一方面与激励有关，同时也与电路本身的结构和元件参数有关。网络函数就是描述电路自身特性，它在电路与系统理论中占有重要地位，是信号处理技术中一个非常重要的概念。本节将介绍网络函数的定义、物理意义、分类和求法。

10.6.1 网络函数的定义与分类

线性时不变电路在单一激励情况下，零状态响应的象函数 $Y_\mathrm{f}(s)$ 与激励的象函数 $F(s)$ 之比[①]即

$$H(s)=\frac{Y_\mathrm{f}(s)}{F(s)}\tag{10-22}$$

式中，$H(s)$ 称为复频域网络函数，简称**网络函数**(network function)。

由于 $H(s)$ 是响应与激励的象函数之比，所以 $H(s)$ 与网络的激励和响应的具体数值

① 请注意，$Y(s)$ 既表示响应 $\mathscr{L}[y(t)]$，又表示复频域导纳，需结合上下文加以区别。

无关，它只与网络本身的结构与元件参数有关。它充分、完整地描述了电路本身的特性。因此，研究电路的特性，也就归结为对网络函数 $H(s)$ 的研究。

在具体问题中，见图 10-11，激励 $\mathscr{L}[f(t)]$、零状态响应 $\mathscr{L}[y(t)]$ 可以是 $U(s)$ 或 $I(s)$，网络函数也可分为**驱动点（也称策动点）函数**（driving function）和**转移（或传输）函数**（transfer function）。

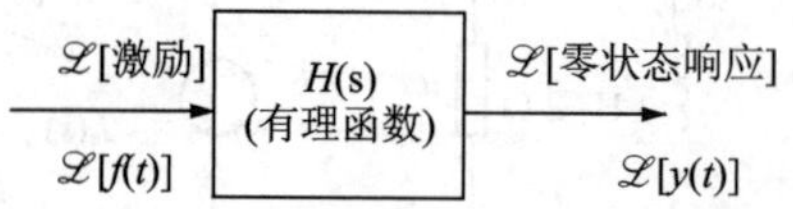

$\mathscr{L}$[激励]　$\mathscr{L}[f(t)]$ → H(s)（有理函数） → $\mathscr{L}$[零状态响应]　$\mathscr{L}[y(t)]$

图 10-11　表征 s 域模型响应与激励关系的方框图

当响应与激励是在同一个端口时，网络函数称为驱动点函数，其比值称为驱动点阻抗或驱动点导纳；当响应与激励是在不同的端口时，网络函数称为转移函数，其比值为转移阻抗、转移导纳或电压比、电流比。

驱动点函数与转移函数在电路理论中统称为网络函数，在系统理论中也称**系统函数**（system function）。

10.6.2　网络函数的物理意义与求法

设电路的激励 $f(t)=\mathrm{e}^{st}$，e^{st} 称为 s 域本征信号或单元信号。此时电路的零状态响应为

$$\begin{aligned}y_{\mathrm{f}}(t)&=h(t)*\mathrm{e}^{st}=\int_{-\infty}^{+\infty}h(\tau)\mathrm{e}^{s(t-\tau)}\,\mathrm{d}\tau\\&=\mathrm{e}^{st}\int_{-\infty}^{+\infty}h(\tau)\mathrm{e}^{-s\tau}\,\mathrm{d}\tau\\&=H(s)\mathrm{e}^{st}\end{aligned}$$

式中，$H(s)=\int_{-\infty}^{+\infty}h(\tau)\mathrm{e}^{-s\tau}\,\mathrm{d}\tau=\mathscr{L}[h(t)]$，为 $h(t)$ 的拉普拉斯变换。可见，$H(s)$ 就是当激励为 e^{st} 时电路零状态响应的加权函数。

根据 s 域模型，不难求得指定响应对激励的网络函数。若已知网络函数 $H(s)$ 和 $F(s)$，根据网络函数的定义，则零状态响应 $Y_{\mathrm{f}}(s)$ 可求得为

$$Y_{\mathrm{f}}(s)=H(s)F(s)$$

若 $F(s)=1$，则 $Y_{\mathrm{f}}(s)=H(s)$，即网络函数就是该响应的象函数，而当 $F(s)=1$ 时，$f(t)=\delta(t)$，所以网络函数的原函数 $h(t)$ 是电路的单位冲激响应，即

$$h(t)=\mathscr{L}^{-1}[H(s)]=\mathscr{L}^{-1}[Y_{\mathrm{f}}(s)]=y_{\mathrm{f}}(t) \tag{10-23}$$

例 10-20　图 10-12(a)所示电路激励为 $i_{\mathrm{S}}(t)=\delta(t)$，求冲激响应电容电压 $u_C(t)$。

解　复频域电路模型如图 10-12(b)所示，由于此冲激响应为电路端电压，与冲激电流激励属于同一端口，因而网络函数为驱动点阻抗，即

$$H(s)=\frac{Y_{\mathrm{f}}(s)}{I_{\mathrm{S}}(s)}=\frac{U_C(s)}{1}=Z(s)=\frac{1}{sC+G}=\frac{1}{C}\,\frac{1}{s+\dfrac{1}{RC}}$$

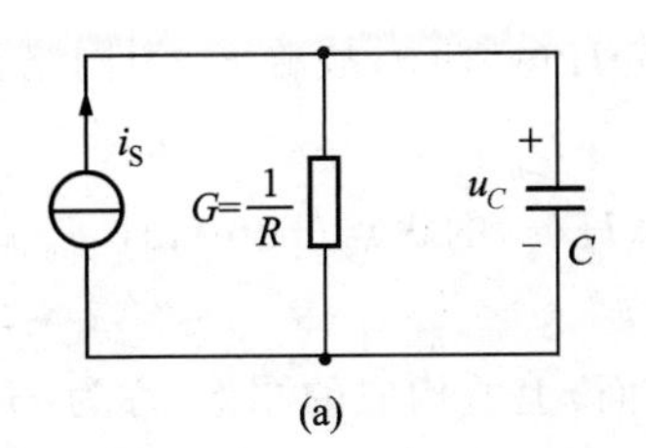

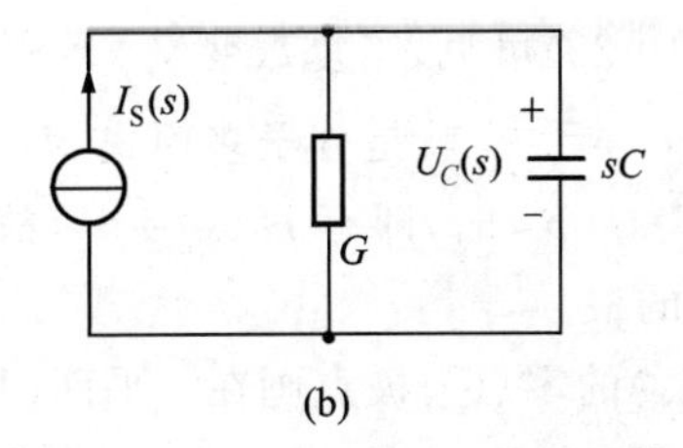

图 10-12 例 10-20 图

由式(10-23)得

$$h(t)=u_C(t)=\mathscr{L}^{-1}[H(s)]=\frac{1}{C}\mathrm{e}^{-\frac{t}{RC}}\varepsilon(t)$$

例 10-21 确定图 10-13 所示电路的传输函数 $H(s)=\dfrac{U_0(s)}{I(s)}$。

解 由分流公式知

$$I_2(s)=\frac{(s+4)I(s)}{s+4+2+1/2s}$$

而 $$U_0(s)=2I_2(s)=\frac{2(s+4)I(s)}{s+6+1/2s}$$

所以 $$H(s)=\frac{U_0(s)}{I(s)}=\frac{4s(s+4)}{2s^2+12s+1}$$

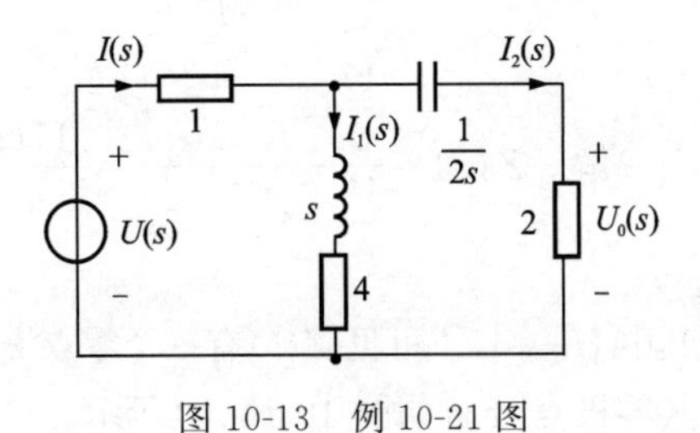

图 10-13 例 10-21 图

10.7 网络函数的应用

10.7.1 *H*(*s*)的零点和极点

网络函数 $H(s)$一般形式为复数变量 s 的两个实系数多项式之比，即

$$H(s)=\frac{N(s)}{D(s)}=\frac{b_m s^m+b_{m-1}s^{m-1}+\cdots+b_1 s+b_0}{a_n s^n+a_{n-1}s^{n-1}+\cdots+a_1 s+a_0} \tag{10-24}$$

对于线性时不变电路，式(10-24)中的 n、m 均为正整数，系数 $a_r(r=1,2,\cdots,n)$，$b_i(i=1,2,\cdots,m)$均为实数；式中的 m 可大于、等于、小于 n。将式(10-24)等号右边的分子 $N(s)$、分母 $D(s)$多项式各自分解因式(若设为单根情况)，即可将其写成如下形式：

$$\begin{aligned}H(s)&=\frac{b_m(s-z_1)(s-z_2)\cdots(s-z_i)\cdots(s-z_m)}{a_n(s-p_1)(s-p_2)\cdots(s-p_r)\cdots(s-p_n)}\\&=H_0\frac{\prod\limits_{i=1}^{m}(s-z_i)}{\prod\limits_{r=1}^{n}(s-p_r)}\end{aligned} \tag{10-25}$$

式中，H_0 为实常数；符号 $\prod$ 表示连乘；$p_r(r=1,2,\cdots,n)$为 $D(s)=0$ 的根；$z_i(i=1,2,\cdots,m)$为 $N(s)=0$ 的根。

由式(10-25)可见，当复数变量 $s=z_i$ 时，即有 $H(s)=0$，故称 z_i 为网络函数 $H(s)$ 的**零点**(zero)，且 z_i 就是分子多项式 $N(s)=b_m s^m+b_{m-1}s^{m-1}+\cdots+b_1 s+b_0=0$ 的根；当复数变量 $s=p_r$ 时，即有 $H(s)=\infty$，故称 p_r 为 $H(s)$ 的**极点**(pole)，且 p_r 就是分母多项式 $D(s)$ 的根。

将 $H(s)$ 的零点与极点画在 s 平面(复频率平面)上所构成的图形，称为 $H(s)$ 的零极点分布图，或简称为网络函数 $H(s)$ 的**零极点图**(zero-pole diagram)。其中零点用符号"∘"表示，极点用符号"×"表示，同时在图中将 H_0 的值也标出。若 $H_0=1$，则不予以标出。

零极点图表示了 $H(s)$ 的特性，由零点、极点在复平面上处的位置，可定性确定相应的时间函数及其波形。由此不难看出，在描述电路特性方面，$H(s)$ 与零极点图是等价的。

例 10-22 求图 10-14(a)所示电路的驱动点阻抗 $Z(s)$，并画出零极点图。已知 $R=3\ \Omega, L=0.5\ \text{H}, C=\frac{1}{17}\ \text{F}$。

解
$$Z(s)=\frac{\frac{17}{s}(3+0.5s)}{\frac{17}{s}+3+0.5s}=\frac{17(s+6)}{s^2+6s+34}=\frac{17(s+6)}{(s+3-\text{j}5)(s+3+\text{j}5)}$$

其中 $H_0=17$。可见 $Z(s)$ 有一个零点 $z_1=-6$；有两个极点：$p_1=-3+\text{j}5, p_2=-3-\text{j}5=\overset{*}{p}_1$。其零极点分布如图 10-14(b)所示。

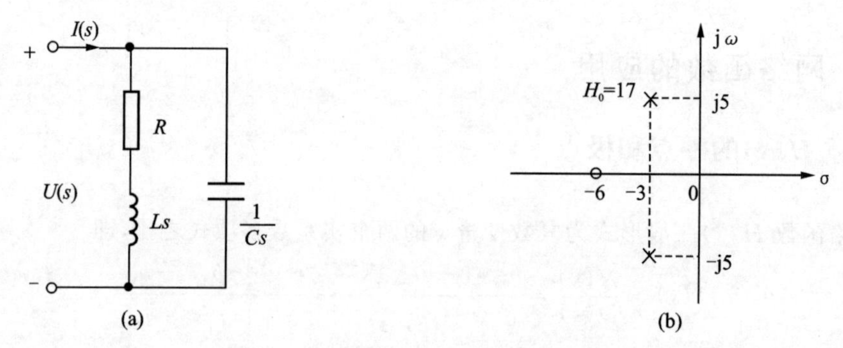

图 10-14　例 10-22 图

例 10-23 求图 10-15(a)所示网络的转移导纳函数 $H(s)=\frac{I_2(s)}{U_1(s)}$，并画出零极点图。已知 $R_1=R_2=R_3=1\ \Omega, C_1=C_2=1\ \text{F}$。

解 对三个网孔列网孔电流方程为

$$\left(\frac{1}{C_1 s}+R_2\right)I_1(s)+R_2 I_2(s)-\frac{1}{C_1 s}I_3(s)=U_1(s)$$

$$R_2 I_1(s)+\left(R_2+R_3+\frac{1}{C_2 s}\right)I_2(s)+\frac{1}{C_2 s}I_3(s)=0$$

$$-\frac{1}{C_1 s}I_1(s)+\frac{1}{C_2 s}I_2(s)+\left(\frac{1}{C_1 s}+\frac{1}{C_2 s}+R_1\right)I_3(s)=0$$

代入数据联解得

$$H(s)=\frac{I_2(s)}{U_1(s)}=-\frac{s^2+2s+1}{s^2+5s+1}=-\frac{(s+1)^2}{(s+0.21)(s+4.79)}$$

其中 $H_0=-1$。可见 $H(s)$有一个二重零点 $z_1=-1$；有两个极点：$p_1=-0.21$，$p_2=-4.79$，其分布如图 10-15(b)所示。图中零点旁边写以(2)，表示该零点是二重的。

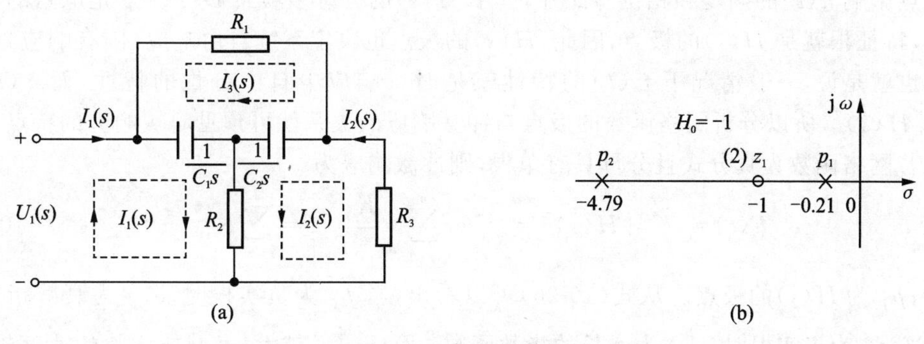

图 10-15　例 10-23 图

由于该电路中只有一种性质的动态元件(即只有电容而无电感)，故其极点一定是位于负实轴上。

例 10-24　图 10-16(a)所示电路，激励是电压源 $u_1(t)$。已知 $R=1\ \Omega, C=1\ \text{F}$。求转移电压比函数 $H(s)=\dfrac{U_2(s)}{U_1(s)}$，并画出零极点图。

解　画出 s 域电路如图 10-16(b)所示。由欧姆定律和 KVL 得

$$U_2(s)=\frac{U_1(s)}{1+\dfrac{1}{s}}\frac{1}{s}-\frac{U_1(s)}{\dfrac{1}{s}+1}\times 1=-\frac{s-1}{s+1}U_1(s)$$

故

$$H(s)=\frac{U_2(s)}{U_1(s)}=-\frac{s-1}{s+1}$$

其中 $H_0=-1$。可见 $H(s)$有一个零点 $z_1=1$，一个极点 $p_1=-1$，其分布如图 10-16(c)所示。可见零点与极点的分布是以 jω 轴左右对称，其幅频特性是常数，具有这种特性的网络，称为**全通网络**。

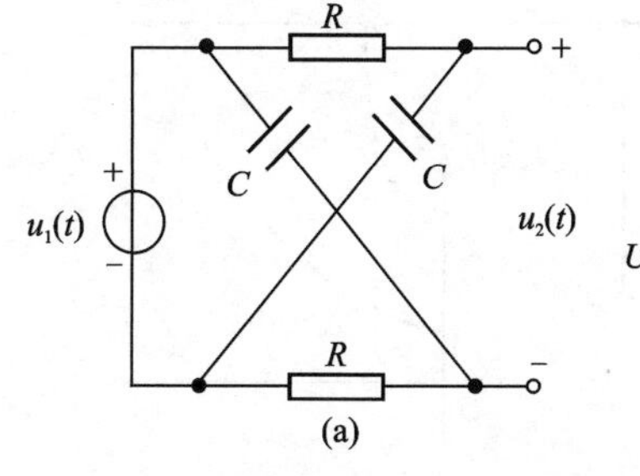

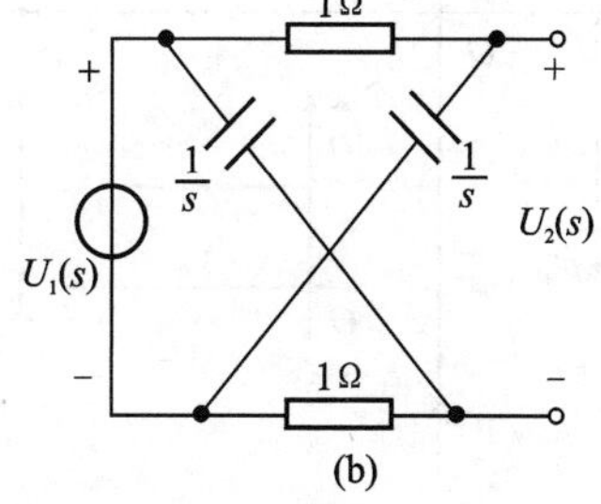

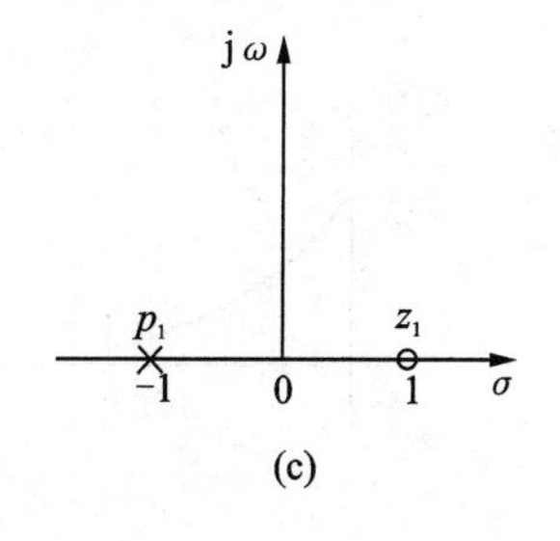

图 10-16　例 10-24 图

10.7.2 $H(s)$的极点、零点与冲激响应

如前所述,线性时不变电路的网络函数$H(s)$的原函数是冲激响应$h(t)$。$H(s)$极点的性质(实数、虚数、复数、阶数)以及极点在复平面上的具体位置决定$h(t)$的形式,$H(s)$的零点影响$h(t)$的幅度和相位。此外,由于$H(s)$的分母多项式$D(s)=0$是电路的特征方程,特征根就是$H(s)$的极点,因此,$H(s)$的极点也决定系统自由响应(固有响应)的形式。也就是说,一般情况下$h(t)$的特性就是时域响应中自由分量的特性,而$h(t)=\mathscr{L}^{-1}[H(s)]$,所以分析网络函数的极点与冲激响应的关系就可预见时域响应的特点。

若网络函数为真分式且分母具有单根,则冲激响应为

$$h(t)=\mathscr{L}^{-1}[H(s)]=\mathscr{L}^{-1}\left[\sum_{i=1}^{n}\frac{K_i}{s-p_i}\right]=\sum_{i=1}^{n}K_i\mathrm{e}^{p_i t} \tag{10-26}$$

式中,p_i为$H(s)$的极点。从式(10-26)可以看出,当p_i为负实根时,$\mathrm{e}^{p_i t}$为衰减指数函数;当p_i为正实根时,$\mathrm{e}^{p_i t}$为增长的指数函数;而且$|p_i|$越大,衰减或增长的速度越快。这说明若$H(s)$的极点都位于负实轴上,则$h(t)$将随t的增大而衰减,这种电路是稳定的;若有一个极点位于正实轴上,则$h(t)$将随t的增长而增长,这种电路是不稳定的。当极点p_i为共轭复数时,根据式(10-26)可知$h(t)$是以指数曲线为包络线的正弦函数,其实部的正或负确定增长或衰减的正弦项。当p_i为虚根时,则$h(t)$将是等幅正弦项。图10-17画出了网络函数的一阶极点分别为负实数、正实数、虚数以及共轭复数时,对应的时域响应的波形。图中"×"号表示极点。

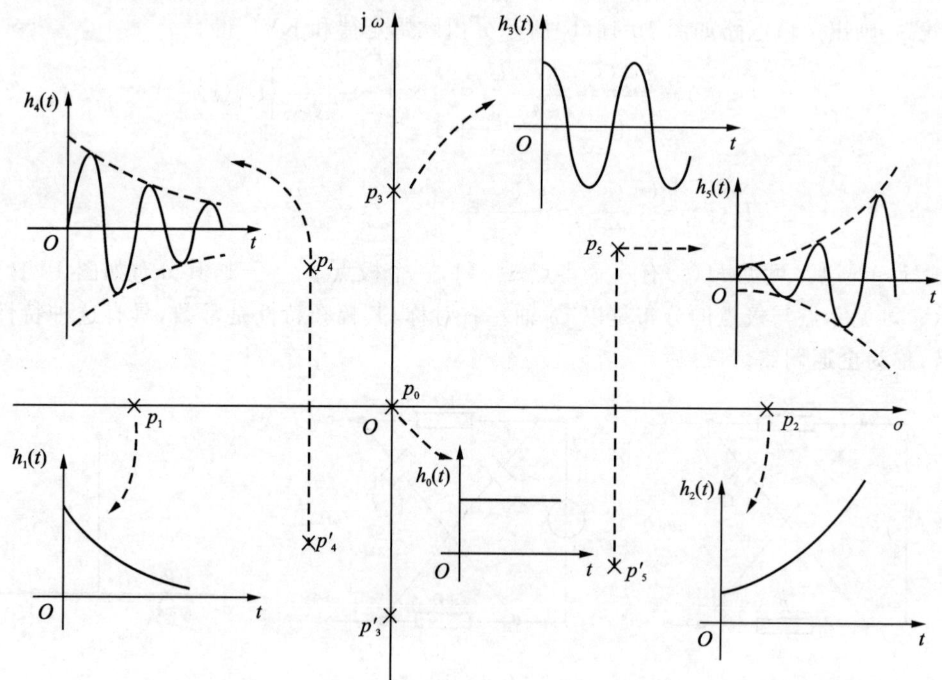

图10-17 $H(s)$的极点与冲激响应的对应关系

由以上讨论得到如下结论：

$H(s)$在左半平面的极点无论一阶极点或重极点，它们对应的时域函数都是按指数规律衰减的，当$t\to\infty$时，时域函数的值趋于零，故电路是稳定的。

$H(s)$在虚轴上的一阶极点对应的时域函数是幅度不随时间变化的阶跃函数或正弦函数，故电路是临界稳定的。$H(s)$在虚轴上的二阶极点或二阶以上极点对应的时域函数随时间的增长而增大，当$t\to\infty$时，时域函数的值趋于无穷大，故电路是不稳定的。

$H(s)$在右半平面极点无论一阶极点或重极点，它们对应的时域函数随时间的增长而增大，当$t\to\infty$时，时域函数的值趋于无穷大，故电路是不稳定的。

从式(10-26)还可以看出，p_i 仅由系统的结构及元件值确定，因而将 p_i 称为电路的自然频率或固有频率。

$H(s)$的零点分布只影响$h(t)$波形的幅度和相位，不影响$h(t)$的时域波形模式。但$H(s)$零点阶次的变化，则不仅影响$h(t)$的波形幅度和相位，还可能使其波形中出现冲激函数$\delta(t)$。

例 10-25 分别画出下列各网络函数的零极点分布及冲激响应$h(t)$的波形。

(1) $H(s)=\dfrac{s+1}{(s+1)^2+2^2}$；

(2) $H(s)=\dfrac{s}{(s+1)^2+2^2}$；

(3) $H(s)=\dfrac{(s+1)^2}{(s+1)^2+2^2}$。

解 所给三个系统函数的极点均相同，即均为 $p_1=-1+\mathrm{j}2, p_2=-1-\mathrm{j}2=\overset{*}{p}_1$，但零点是各不相同的。

(1) $h(t)=\mathscr{L}^{-1}\left[\dfrac{s+1}{(s+1)^2+2^2}\right]=\mathrm{e}^{-t}\cos 2t\varepsilon(t)$

(2) $h(t)=\mathscr{L}^{-1}\left[\dfrac{s}{(s+1)^2+2^2}\right]=\mathscr{L}^{-1}\left[\dfrac{s+1}{(s+1)^2+2^2}-\dfrac{1}{2}\dfrac{2}{(s+1)^2+2^2}\right]$

$$=\mathrm{e}^{-t}\cos 2t\varepsilon(t)-\frac{1}{2}\mathrm{e}^{-t}\sin 2t\varepsilon(t)=\mathrm{e}^{-t}\left(\cos 2t-\frac{1}{2}\sin 2t\right)\varepsilon(t)$$

$$=\frac{\sqrt{5}}{2}\mathrm{e}^{-t}\cos(2t+26.57^\circ)\varepsilon(t)$$

(3) $h(t)=\mathscr{L}^{-1}\left[\dfrac{(s+1)^2}{(s+1)^2+2^2}\right]=\mathscr{L}^{-1}\left[1-2\dfrac{2}{(s+1)^2+2^2}\right]$

$$=\delta(t)-2\mathrm{e}^{-t}\sin 2t\varepsilon(t)=\delta(t)-2\mathrm{e}^{-t}\cos(2t-90^\circ)\varepsilon(t)$$

它们的零极点分布及其波形分别如图 10-18(a)、(b)、(c)所示。

从上述分析结果和图 10-18 看出，当零点从-1移到原点 0 时，$h(t)$的波形幅度与相位发生了变化；当-1处的零点由一阶变为二阶时，则不仅$h(t)$波形的幅度和相位发生了变化，而且其中还出现了冲激函数$\delta(t)$。

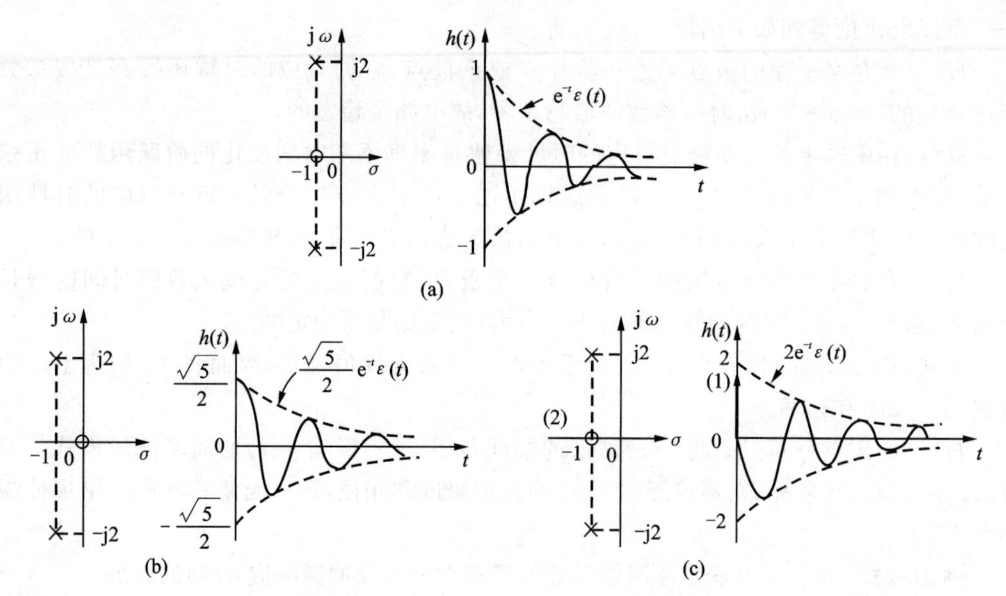

图 10-18　$H(s)$的零点对冲激响应的影响

10.7.3　$H(s)$与频率特性

若用相量法求图 10-16(a)所示电路在正弦稳态下的电压转移函数，则图 10-16(b)中的$\frac{1}{sC}$将是$\frac{1}{\mathrm{j}\omega C}$，输入电压$U_1(s)$和输出电压$U_2(s)$将是相量$\dot{U}_1$ 和$\dot{U}_2$。不难求得

$$\dot{U}_2=-\frac{\mathrm{j}\omega-1}{\mathrm{j}\omega+1}\dot{U}_1$$

$$\frac{\dot{U}_2}{\dot{U}_1}=-\frac{\mathrm{j}\omega-1}{\mathrm{j}\omega+1}$$

可见，若把例 10-24 的解$H(s)$中的s用$\mathrm{j}\omega$代替，则$H(\mathrm{j}\omega)=\frac{\dot{U}_2}{\dot{U}_1}$，就是说，在$s=\mathrm{j}\omega$处计算所得网络函数$H(s)$即$H(\mathrm{j}\omega)$，而$H(\mathrm{j}\omega)$是角频率为$\omega$时正弦稳态情况下的输入相量与输出相量之比。

由$H(s)$的极点与冲激响应的对应关系分析可知，对于稳定和临界稳定电路，可令$H(s)$中的$s=\mathrm{j}\omega$而求得$H(\mathrm{j}\omega)$[①]。即对于某一固定角频率ω，$H(\mathrm{j}\omega)$一般为$\mathrm{j}\omega$的复数函数，故可写为

$$H(\mathrm{j}\omega)=|H(\mathrm{j}\omega)|\mathrm{e}^{\mathrm{j}\varphi(\omega)}=|H(\mathrm{j}\omega)|\underline{/\varphi(\omega)} \tag{10-27}$$

式中，$|H(\mathrm{j}\omega)|$和$\varphi(\omega)$分别称为网络函数在ω处的幅频特性（幅频响应）与相频特性（相

① 对于不稳定的电路不存在$H(\mathrm{j}\omega)$，不能用式$H(s)|_{s=\mathrm{j}\omega}=H(\mathrm{j}\omega)$求$H(\mathrm{j}\omega)$。

频响应),统称**频率特性**(frequency property),也称频率响应。根据式(10-25)有

$$H(\mathrm{j}\omega)=H_0\frac{\prod_{i=1}^{m}(\mathrm{j}\omega-z_i)}{\prod_{r=1}^{n}(\mathrm{j}\omega-p_r)} \tag{10-28}$$

设零点矢量因子

$$(\mathrm{j}\omega-z_i)=N_i\mathrm{e}^{\mathrm{j}\psi_i}$$

极点矢量因子

$$(\mathrm{j}\omega-p_r)=M_r\mathrm{e}^{\mathrm{j}\theta_r}$$

则式(10-28)又可以表示为

$$H(\mathrm{j}\omega)=|H(\mathrm{j}\omega)|\mathrm{e}^{\mathrm{j}\varphi(\omega)}=H_0\frac{\prod_{i=1}^{m}N_i\mathrm{e}^{\mathrm{j}\psi_i}}{\prod_{r=1}^{n}M_r\mathrm{e}^{\mathrm{j}\theta_r}} \tag{10-29}$$

故得幅频与相频特性为

$$|H(\mathrm{j}\omega)|=H_0\frac{\prod_{i=1}^{m}N_i}{\prod_{r=1}^{n}M_r}=H_0\frac{N_1N_2\cdots N_i\cdots N_m}{M_1M_2\cdots M_r\cdots M_n}$$

$$\begin{aligned}\varphi(\omega)&=\sum_{i=1}^{m}\psi_i-\sum_{r=1}^{n}\theta_r\\&=(\psi_1+\psi_2+\cdots+\psi_i+\cdots+\psi_m)-(\theta_1+\theta_2+\cdots+\theta_r+\cdots+\theta_n)\end{aligned}$$

所以若已知网络函数的零点和极点,则按式(10-29)便可以计算对应的频率响应,同时还可以通过 s 平面上作图的方法定性描绘出频率响应。也就是说,式(10-29)中的 N_i、ψ_i、M_r、θ_r 均可用图解法求得,如图 10-19 所示。故当 ω 沿 jω 轴变化时,即可根据上式求得 $|H(\mathrm{j}\omega)|$ 与 $\varphi(\omega)$。

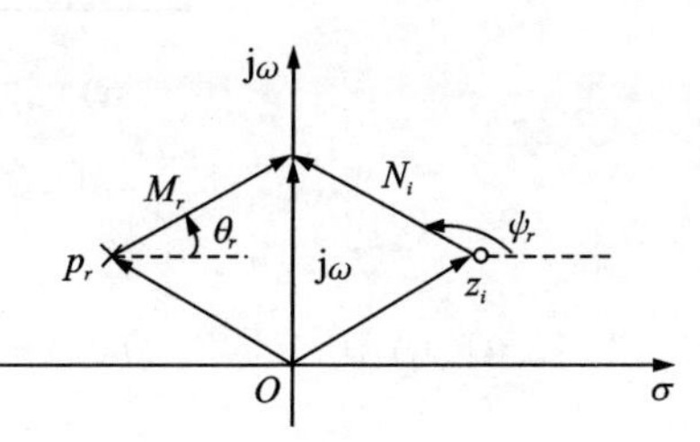

图 10-19　$H(s)$零点、极点的矢量表示及差矢量表示

系统函数的频率特性可用解析法或图解法求得。具体求法用以下例子说明。

例 10-26　用解析法求图 10-20 所示两个电路的频率特性。图 10-20(a)所示为一阶低通滤波电路,图 10-20(b)所示为一阶高通滤波电路。

解　图 10-20(a) 中 $H(s)=\dfrac{U_2(s)}{U_1(s)}=\dfrac{\frac{1}{Cs}}{R+\frac{1}{Cs}}=\dfrac{1}{1+CRs}$

故得 $$H(\mathrm{j}\omega)=|H(\mathrm{j}\omega)|\mathrm{e}^{\mathrm{j}\varphi(\omega)}=\frac{1}{1+\mathrm{j}\omega RC}$$

即 $$|H(\mathrm{j}\omega)|=\frac{1}{\sqrt{1+(\omega RC)^2}}$$

$$\varphi(\omega)=-\arctan(RC\omega)$$

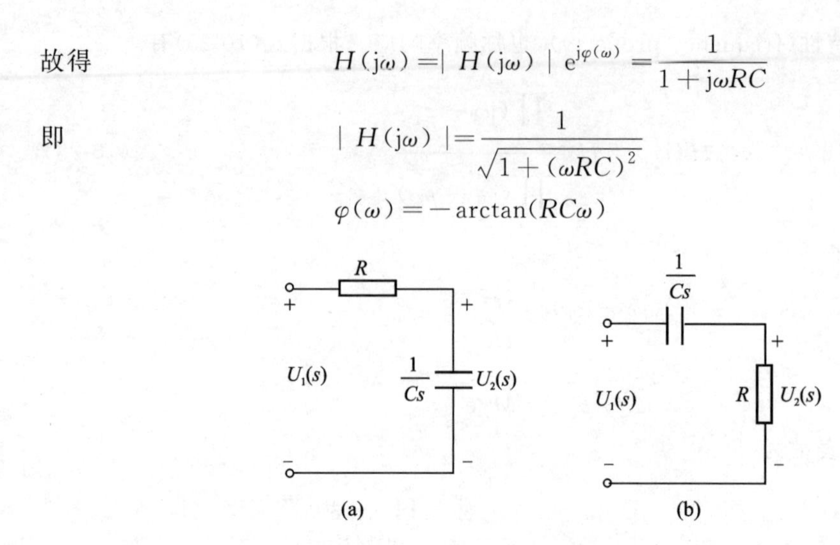

图 10-20　例 10-26 图

根据以上两式即可画出幅频特性与相频特性，如图 10-21 所示，可见电路为低通滤波器。当 $\omega=\omega_c=\frac{1}{RC}$时，$|H(\mathrm{j}\omega)|=\frac{1}{\sqrt{2}}$，$\varphi(\omega)=-45°$。$\omega_c=\frac{1}{RC}$为截止频率，$0\sim\omega_c$ 的频率范围为低通滤波器的通频带。

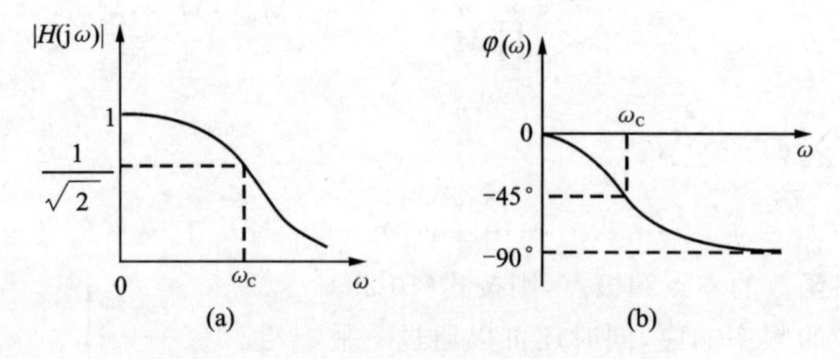

图 10-21　图 10-20(a)的幅频特性和相频特性

图 10-21(b)中 $$H(s)=\frac{U_2(s)}{U_1(s)}=\frac{R}{R+\frac{1}{Cs}}=\frac{RCs}{RCs+1}$$

故得 $$H(\mathrm{j}\omega)=|H(\mathrm{j}\omega)|\mathrm{e}^{\mathrm{j}\varphi(\omega)}=\frac{\mathrm{j}\omega RC}{\mathrm{j}\omega RC+1}$$

即 $$|H(\mathrm{j}\omega)|=\frac{RC\omega}{\sqrt{1+(RC\omega)^2}}$$

$$\varphi(\omega)=\mathrm{acrtan}\,\frac{1}{RC\omega}$$

其频率特性如图 10-22 所示，可见电路为高通滤波器。当 $\omega=\omega_c=\frac{1}{RC}$时，$|H(\mathrm{j}\omega)|=\frac{1}{\sqrt{2}}$，

$\varphi(\omega)=45°$。$\omega_c=\dfrac{1}{RC}$为其截止频率，$\omega_C\sim+\infty$的频率范围为其通频带。

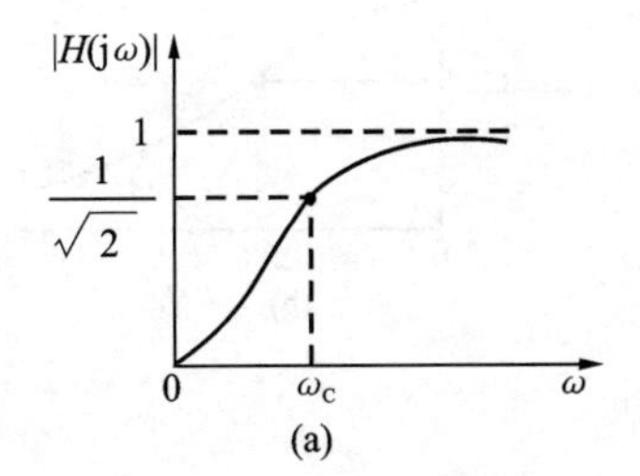

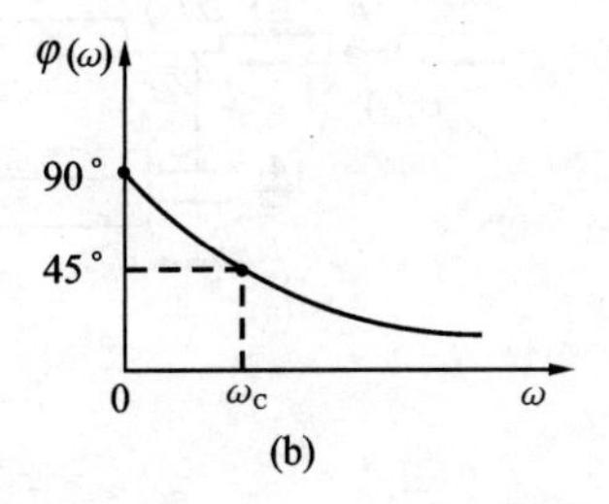

图 10-22　图 10-20(b)的频率特性

例 10-27　用解析法求图 10-23(a)所示有源二阶电路的频率特性。

解　对节点①、②列写节点电压方程为

$$\text{节点①}\quad \left(\frac{1}{2}+\frac{1}{2}+\frac{1}{\frac{2}{s}}\right)U_1(s)-\frac{1}{2}U(s)-\frac{1}{2}U_2(s)-\frac{U_0(s)}{\frac{2}{s}}=0$$

$$\text{节点②}\quad \left(\frac{1}{2}+\frac{1}{\frac{4}{s}}\right)U_2(s)-\frac{1}{2}U_1(s)=0$$

由虚短特性

$$U_2(s)=U_0(s)$$

联解得

$$H(s)=\frac{U_0(s)}{U(s)}=\frac{2}{s^2+2s+2}$$

由于 $H(s)$的分母多项式为二次多项式，各项中的系数均为正实数，故电路必为稳定的。故得

$$H(\mathrm{j}\omega)=|H(\mathrm{j}\omega)|\mathrm{e}^{\mathrm{j}\varphi(\omega)}=\frac{2}{(\mathrm{j}\omega)^2+\mathrm{j}2\omega+2}=\frac{2}{(2-\omega^2)+\mathrm{j}2\omega}$$

$$=\frac{2}{\sqrt{(2-\omega^2)^2+4\omega^2}}\mathrm{e}^{-\mathrm{j}\arctan\frac{2\omega}{2-\omega^2}}$$

故

$$|H(\mathrm{j}\omega)|=\frac{2}{\sqrt{(2-\omega^2)^2+4\omega^2}}=\frac{2}{\sqrt{4+\omega^4}}$$

$$\varphi(\omega)=-\arctan\frac{2\omega}{2-\omega^2}$$

当 $\omega=0$ 时，$|H(\mathrm{j}\omega)|=1$；当 $\omega=\omega_c=\sqrt{2}\,\mathrm{rad/s}$ 时，$|H(\mathrm{j}\omega)|=\dfrac{1}{\sqrt{2}}$；当 $\omega=\infty$时，$|H(\mathrm{j}\omega)|=0$。

其幅频特性如图 10-23(b)所示，可见为一有源二阶 RC 低通滤波器。$\omega_c=\sqrt{2}\,\mathrm{rad/s}$ 为其截止频率。

需要指出，含有运算放大器的 RC 电路，其$|H(\mathrm{j}\omega)|$的最大值是可以设计成$\geqslant1$的。

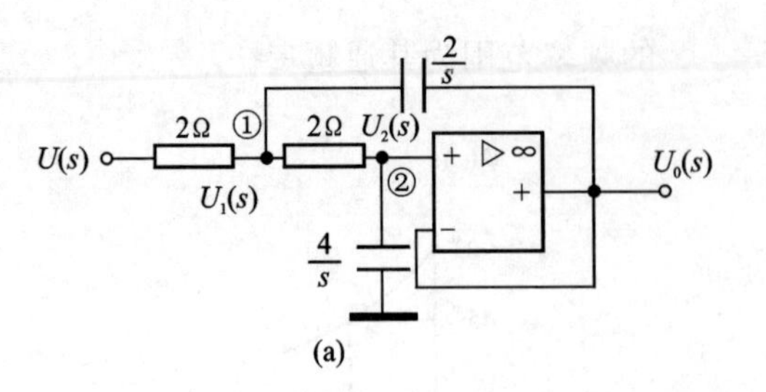

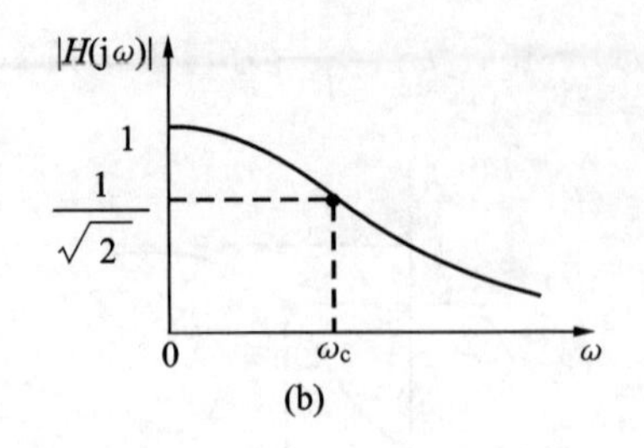

图 10-23　例 10-27 图

10.7.4　复频域二端口网络

二端口网络的外部特性由端口变量间关系决定，当端口变量用象函数表示为 $U_1(s)$、$U_2(s)$、$I_1(s)$ 和 $I_2(s)$ 时，电压、电流的参考方向如图 10-24 所示，则其端口特性也有 6 种方程，相应地有 6 组参数，它们为复频域形式的 $Z(s)$ 参数、$Y(s)$ 参数、$T(s)$ 参数和 $H(s)$ 参数等，具体形式与相量形式的参数方程类似，相应的特性也完全相同，这里不再重复，动态元件的原始状态设为零。

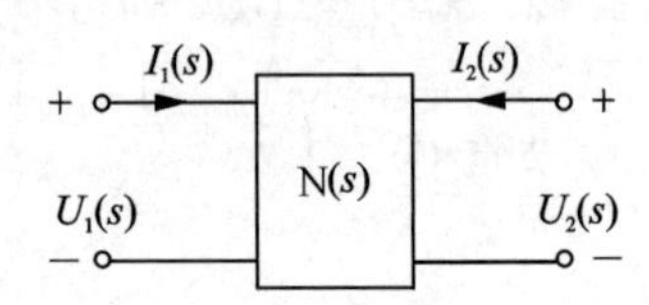

图 10-24　复频域二端口网络

例 10-28　图 10-25(a)所示二端口网络，求复频域 $Z(s)$ 和 $Y(s)$。

解　建立二端口网络 s 域模型如图 10-25(b)所示，并标出端口电压、电流参考方向，选取网孔电流，为方便计算，设 $\frac{1}{sC_1}=Z_1(s)$，$\frac{1}{sC_2}=Z_2(s)$，$sL=Z_3(s)$。应用网孔法，列出网孔电流方程为

$$\begin{cases}[Z_1(s)+Z_3(s)]I_1(s)-Z_1(s)I(s)+Z_3(s)I_2(s)=U_1(s)\\ Z_3(s)I_1(s)+Z_2(s)I(s)+[Z_2(s)+Z_3(s)]I_2(s)=U_2(s)\\ -Z_1(s)I_1(s)+[R+Z_1(s)+Z_2(s)]I(s)+Z_2(s)I_2(s)=0\end{cases}$$

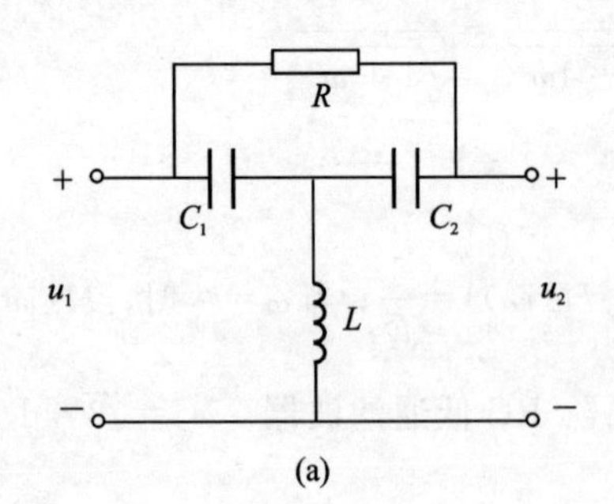

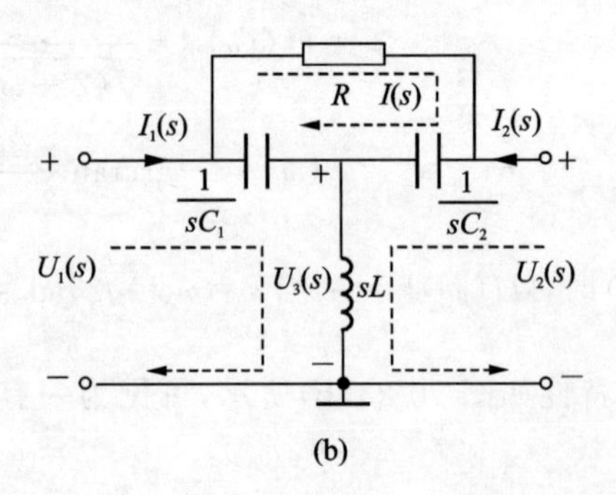

图 10-25　例 10-28 图

消去非端口变量 $I(s)$，经整理得 Z 参数方程

$$\begin{cases} U_1(s)=\left[Z_1(s)+Z_3(s)-\dfrac{Z_1^2(s)}{R+Z_1(s)+Z_2(s)}\right]I_1(s)+ \\ \qquad\qquad \left[Z_3(s)+\dfrac{Z_1(s)Z_2(s)}{R+Z_1(s)+Z_2(s)}\right]I_2(s) \\ U_2(s)=\left[Z_3(s)+\dfrac{Z_1(s)Z_2(s)}{R+Z_1(s)+Z_2(s)}\right]I_1(s)+ \\ \qquad\qquad \left[Z_2(s)+Z_3(s)-\dfrac{Z_2^2(s)}{R+Z_1(s)+Z_2(s)}\right]I_2(s) \end{cases}$$

将 $Z_1(s)=\dfrac{1}{sC_1}, Z_2(s)=\dfrac{1}{sC_2}, Z_3(s)=sL$ 分别代入 Z 参数方程，得 Z 参数矩阵为

$$\boldsymbol{Z}(s)=\begin{bmatrix} sL+\dfrac{sRC_2+1}{s2RC_1C_2+s(C_1+C_2)} & sL+\dfrac{1}{s^2RC_1C_2+s(C_1+C_2)} \\ sL+\dfrac{1}{s^2RC_1C_2+s(C_1+C_2)} & sL+\dfrac{sRC_1+1}{s^2RC_1C_2+s(C_1+C_2)} \end{bmatrix}$$

选取参考节点如图 10-25(b)所示，应用节点法，列出节点电压方程为

$$\begin{cases} I_1(s)=(\dfrac{1}{R}+sC_1)U_1(s)-\dfrac{1}{R}U_2(s)-sC_1U_3(s) \\ I_2(s)=-\dfrac{1}{R}U_1(s)+(\dfrac{1}{R}+sC_2)U_2(s)-sC_2U_3(s) \\ 0=(sC_1+sC_2+\dfrac{1}{sL})U_3(s)-sC_1U_1(s)-sC_2U_2(s) \end{cases}$$

消去非端口变量 $U_3(s)$，经整理得 Y 参数方程

$$\begin{cases} I_1(s)=\left[\dfrac{1}{R}+\dfrac{sC_1(s^2LC_2+1)}{s^2L(C_1+C_2)+1}\right]U_1(s)-\left[\dfrac{1}{R}+\dfrac{s^3LC_1C_2}{s^2L(C_1+C_2)+1}\right]U_2(s) \\ I_2(s)=-\left[\dfrac{1}{R}+\dfrac{s^3LC_1C_2}{s^2L(C_1+C_2)+1}\right]U_1(s)+\left[\dfrac{1}{R}+\dfrac{sC_2(s^2LC_1+1)}{s^2L(C_1+C_2)+1}\right]U_2(s) \end{cases}$$

由 Y 参数方程得短路导纳矩阵

$$\boldsymbol{Y}(s)=\begin{bmatrix} \dfrac{1}{R}+\dfrac{sC_1(s^2LC_2+1)}{s^2L(C_1+C_2)+1} & -\dfrac{1}{R}-\dfrac{s^3LC_1C_2}{s^2L(C_1+C_2)+1} \\ -\dfrac{1}{R}-\dfrac{s^3LC_1C_2}{s^2L(C_1+C_2)+1} & \dfrac{1}{R}+\dfrac{sC_2(s^2LC_1+1)}{s^2L(C_1+C_2)+1} \end{bmatrix}$$

本例也可以将二端口网络分解为两个简单二端口网络的并联，用并联的二端口网络的导纳参数矩阵求和得到。应用电路中的对偶关系，开路阻抗参数矩阵亦可用串联的两个端口网络的阻抗参数矩阵求和的结论得到，具体过程请读者自行体会。

例 10-29 图 10-26 所示二端口网络，已知其中的双口网络 N 的 T 参数矩阵为 $\boldsymbol{T}_{\mathrm{N}}=\begin{bmatrix}1 & 0\\1 & 1\end{bmatrix}$。求二端口网络的 T 参数矩阵；写出其传输参数方程。

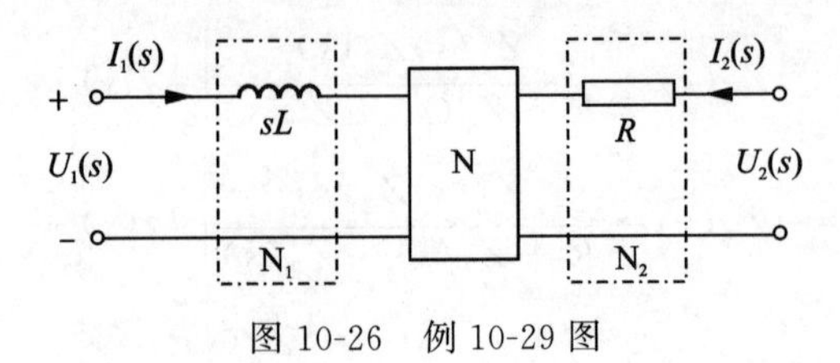

图 10-26　例 10-29 图

解　将图 10-26 中二端口网络分解成三个简单双口网络 N_1、N、N_2 的级联，分别求得 N_1 和 N_2 的传输参数矩阵为

$$\boldsymbol{T}_1=\begin{bmatrix}1 & sL\\0 & 1\end{bmatrix}\qquad \boldsymbol{T}_2=\begin{bmatrix}1 & R\\0 & 1\end{bmatrix}$$

所以

$$\boldsymbol{T}=\boldsymbol{T}_1\boldsymbol{T}_{\mathrm{N}}\boldsymbol{T}_2=\begin{bmatrix}1 & sL\\0 & 1\end{bmatrix}\begin{bmatrix}1 & 0\\1 & 1\end{bmatrix}\begin{bmatrix}1 & R\\0 & 1\end{bmatrix}=\begin{bmatrix}1+sL & R+s(R+1)L\\1 & 1+R\end{bmatrix}$$

其传输参数方程为

$$\begin{bmatrix}U_1(s)\\I_1(s)\end{bmatrix}=\begin{bmatrix}1+sL & R+s(R+1)L\\1+ & 1+R\end{bmatrix}\begin{bmatrix}U_2(s)\\-I_2(s)\end{bmatrix}$$

10.7.5　对给定激励 $f(t)$ 求系统的零状态响应 $y_{\mathrm{f}}(t)$

设
$$F(s)=\mathscr{L}[f(t)]$$
$$Y_{\mathrm{f}}(s)=\mathscr{L}[y_{\mathrm{f}}(t)]$$

则根据式(10-22)

$$Y_{\mathrm{f}}(s)=H(s)F(s)$$

进行反变换即得零状态响应为

$$y_{\mathrm{f}}(t)=\mathscr{L}^{-1}[Y_{\mathrm{f}}(s)]=\mathscr{L}^{-1}[H(s)F(s)]$$

若 $Y_{\mathrm{f}}(s)$ 的分子、分母没有公因式相消，则 $Y_{\mathrm{f}}(s)$ 的极点中包括了 $H(s)$ 和 $F(s)$ 的全部极点。其中 $H(s)$ 的极点确定了零状态响应 $y_{\mathrm{f}}(t)$ 中自由响应分量的时间模式；而 $F(s)$ 的极点则确定了 $y_{\mathrm{f}}(t)$ 中强迫响应分量的时间模式（见例 10-30）。

例 10-30　图 10-27(a)所示电路。已知 $f(t)=20\mathrm{e}^{-2t}\varepsilon(t)$，求零状态响应 $u(t)$。

解　其复频域电路如图 10-27(b)所示。

$$H(s)=\frac{U(s)}{F(s)}=\frac{1}{2+\frac{1}{1+0.5s}}\,\frac{1}{1+0.5s}=\frac{1}{s+3}$$

$$F(s)=\mathscr{L}[f(t)]=\frac{20}{s+2}$$

$$U(s)=H(s)F(s)=\frac{1}{s+3}\frac{20}{s+2}=\frac{-20}{s+3}+\frac{20}{s+2}$$

故得

$$u(t)=\underbrace{\underbrace{\underbrace{-20\mathrm{e}^{-3t}\varepsilon(t)}_{\text{自由响应}}+\underbrace{20\mathrm{e}^{-2t}\varepsilon(t)}_{\text{强迫响应}}}_{\text{瞬态响应}}}_{\text{零状态响应}}$$

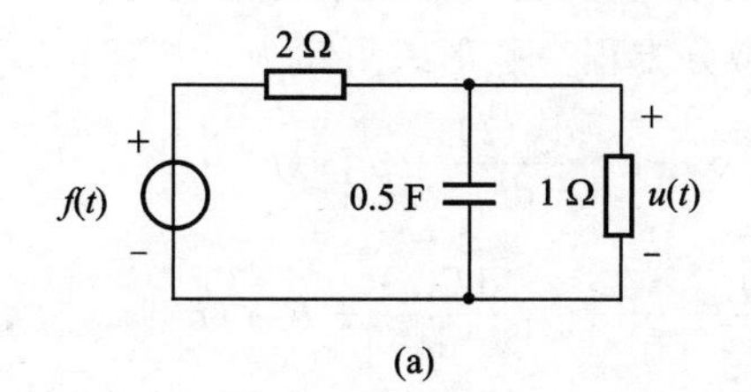

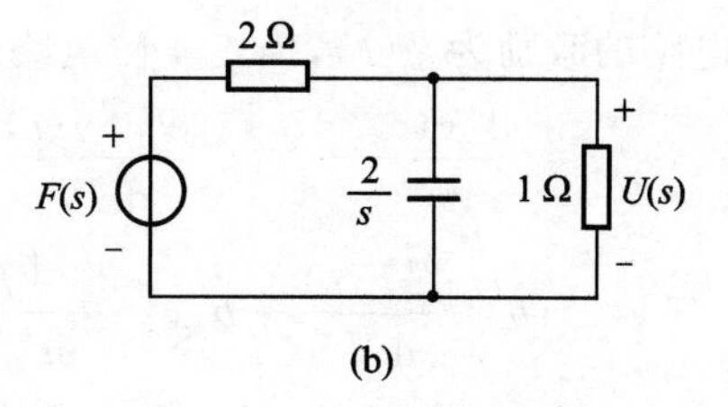

图 10-27　例 10-30 图

例 10-31　若 $f(t)=4\sin(2t)\varepsilon(t)$，$h(t)=3\mathrm{e}^{-5t}\varepsilon(t)$，利用卷积定理求 $y_{\mathrm{f}}(t)=f(t)*h(t)$。

解　由卷积定理知　$f(t)*h(t)=\mathscr{L}^{-1}[F(s)H(s)]$

而

$$F(s)=\frac{8}{s^2+2^2}$$

$$H(s)=\frac{3}{s+5}$$

所以

$$\begin{aligned}y_{\mathrm{f}}(t)=f(t)*h(t)&=\mathscr{L}^{-1}\left[\frac{8}{s^2+2^2}\frac{3}{s+5}\right]\\&=\mathscr{L}^{-1}\left[\frac{24}{29}\left(-\frac{s-5}{s^2+2^2}+\frac{1}{s+5}\right)\right]\\&=\frac{24}{29}[2.5\sin(2t)-\cos(2t)+\mathrm{e}^{-5t}]\varepsilon(t)\end{aligned}$$

10.7.6　根据 $H(s)$ 写出微分方程

若 $H(s)$ 的分子、分母多项式无公因式相消，则可根据 $H(s)$ 的表达式写出它所联系的响应 $y(t)$ 与激励 $f(t)$ 之间关系的微分方程。例如设

$$H(s)=\frac{s+2}{s^3+4s^2+5s+10}$$

则其微分方程为

$$\frac{\mathrm{d}^3}{\mathrm{d}t^3}y(t)+4\frac{\mathrm{d}^2}{\mathrm{d}t^2}y(t)+5\frac{\mathrm{d}y(t)}{\mathrm{d}t}+10y(t)=\frac{\mathrm{d}f(t)}{\mathrm{d}t}+2f(t)$$

*10.8 用拉普拉斯变换解微积分方程

拉普拉斯变换是分析线性动态电路的有效方法,它将描述电路的时域微分积分方程变换为 s 域的代数方程,因而便于运算和求解;同时,它将电路的原始状态自然地包含在象函数方程中,既可分别求得零输入响应、零状态响应,也可同时求得全响应。

设电路的激励为 $f(t)$,描述 n 阶电路的微分方程一般形式可写为

$$\begin{aligned}&\frac{\mathrm{d}^n y(t)}{\mathrm{d}t^n}+a_{n-1}\frac{\mathrm{d}^{n-1} y(t)}{\mathrm{d}t^{n-1}}+\cdots+a_1\frac{\mathrm{d}y(t)}{\mathrm{d}t}+a_0 y(t)\\&=b_m\frac{\mathrm{d}^m f(t)}{\mathrm{d}t^m}+b_{m-1}\frac{\mathrm{d}^{m-1} f(t)}{\mathrm{d}t^{m-1}}+\cdots+b_1\frac{\mathrm{d}f(t)}{\mathrm{d}t}+b_0 f(t)\end{aligned}\tag{10-30}$$

对式(10-30)两边取拉氏变换,并假定 $f(t)$ 在 $t=0$ 时作用于电路,即 $t<0$ 时,$f(t)=0$,因而

$$f(0_-)=f'(0_-)=f''(0_-)=\cdots=f^{(n-1)}(0_-)=0$$

利用时域微分性质,有

$$\left.\begin{aligned}&\mathscr{L}\left[\frac{\mathrm{d}^n y(t)}{\mathrm{d}t^n}\right]=s^nY(s)-s^{n-1}y(0_-)-s^{n-2}y'(0_-)-\cdots-y^{(n-1)}(0_-)=0\\&\mathscr{L}\left[a_{n-1}\frac{\mathrm{d}^{n-1} y(t)}{\mathrm{d}t^{n-1}}\right]=a_{n-1}[s^{n-1}Y(s)-s^{n-2}y(0_-)-\cdots-y^{(n-2)}(0_-)\\&\cdots\\&\mathscr{L}\left[a_1\frac{\mathrm{d}y(t)}{\mathrm{d}t}\right]=a_1[sY(s)-y(0_-)]\\&\mathscr{L}[a_0y(t)]=a_0Y(s)]\end{aligned}\right\}\tag{10-31}$$

和

$$\left.\begin{aligned}&\mathscr{L}\left[b_m\frac{\mathrm{d}^m f(t)}{\mathrm{d}t^m}\right]=b_ms^mF(s)\\&\mathscr{L}\left[b_{m-1}\frac{\mathrm{d}^{m-1} f(t)}{\mathrm{d}t^{m-1}}\right]=b_{m-1}s^{m-1}F(s)\\&\cdots\\&\mathscr{L}\left[b_1\frac{\mathrm{d}f(t)}{\mathrm{d}t}\right]=b_1sF(s)\\&\mathscr{L}[b_0f(t)]=b_0F(s)\end{aligned}\right\}\tag{10-32}$$

式(10-31)中 $y^{(i)}(0_-)$ 表示响应 $y(t)$ 的 i 阶导数的原始状态。将式(10-31)与式(10-32)代入式(10-30),可得

$$\begin{aligned}&(s^n+a_{n-1}s^{n-1}+\cdots+a_1s+a_0)Y(s)\\&=[b_ms^m+b_{m-1}s^{m-1}+\cdots+b_1s+b_0]F(s)+(s^{n-1}+a_{n-1}s^{n-2}+\cdots+a_1)y(0_-)+\\&\quad(s^{n-2}+a_{n-1}s^{n-3}+\cdots+a_2)y'(0_-)+\cdots+(s+a_{n-1})y^{(n-2)}(0_-)+y^{(n-1)}(0_-)\end{aligned}\tag{10-33}$$

设
$$A_0(s)=s^{n-1}+a_{n-1}s^{n-2}+\cdots+a_1$$
$$A_1(s)=s^{n-2}+a_{n-1}s^{n-3}+\cdots+a_2$$
$$\cdots$$
$$A_{n-2}(s)=s+a_{n-1}$$
$$A_{n-1}(s)=1$$

代入式(10-33)，则得

$$(s^n+a_{n-1}s^{n-1}+\cdots+a_1s+a_0)Y(s)$$
$$=(b_ms^m+b_{m-1}s^{m-1}+\cdots+b_1s+b_0)F(s)+\sum_{i=0}^{n-1}A_i(s)y^{(i)}(0_-)$$

可见，时域的微分方程通过取拉普拉斯变换化成复频域的代数方程，并且自动地引入了原始状态。响应的拉普拉斯变换为

$$Y(s)=\frac{b_ms^m+b_{m-1}s^{m-1}+\cdots+b_1s+b_0}{s^n+a_{n-1}s^{n-1}+\cdots+a_1s+a_0}F(s)+\frac{\sum_{i=0}^{n-1}A_i(s)y^{(i)}(0_-)}{s^n+a_{n-1}s^{n-1}+\cdots+a_1s+a_0}$$
$$=Y_f(s)+Y_x(s) \tag{10-34}$$

式(10-34)表示响应由两部分组成。一部分是由激励产生的零状态响应；另一部分是由电路初始(原始)状态产生的零输入响应。因此电路的复频域框图可用图10-28表示。它由两个子框图和一个加法器构成。左边框图是零状态响应的拉普拉斯变换与激励的拉普拉斯变换之比，它们为网络函数或传递函数 $H(s)$，即

$$H(s)=\frac{Y_f(s)}{F(s)}=\frac{b_ms^m+b_{m-1}s^{m-1}+\cdots+b_1s+b_0}{s^n+a_{n-1}s^{n-1}+\cdots+a_1s+a_0}=\frac{N(s)}{D(s)}$$

式中，$N(s)$和$D(s)$分别是$H(s)$的分子多项式和分母多项式。

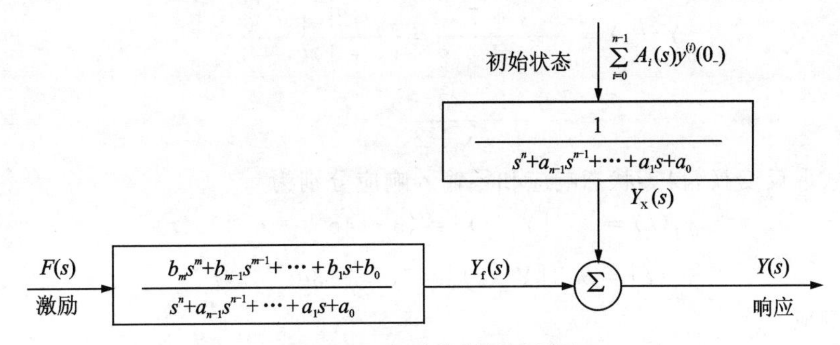

图10-28 电路的复频域框图

若令 $T(s)=\sum_{i=0}^{n-1}A_i(s)y^{(i)}(0_-)$，则式(10-34)可写为

$$Y(s)=Y_f(s)+Y_x(s)=H(s)F(s)+\frac{1}{D(s)}T(s)$$

电路全响应 $y(t)$ 为

$$y(t)=y_f(t)+y_x(t)=\mathscr{L}^{-1}[Y(s)]$$
$$=\mathscr{L}^{-1}[H(s)F(s)]+\mathscr{L}^{-1}\left[\frac{1}{D(s)}T(s)\right]$$

这种方法是利用拉普拉斯变换把时域微分方程变换为复频域的代数方程,运算后再求反变换得到全响应,这是拉普拉斯变换分析法求解复杂动态电路的优点。

例 10-32 描述某线性动态电路的微分方程为

$$\frac{d^2y(t)}{dt^2}+3\frac{dy(t)}{dt}+2y(t)=2\frac{df(t)}{dt}+6f(t)$$

已知输入激励 $f(t)=\varepsilon(t)$,原始状态 $y(0_-)=2$,一阶导数原始状态 $y'(0_-)=1$。试求电路的零输入响应、零状态响应和完全响应。

解 对微分方程进行拉氏变换,可得

$$s^2Y(s)-sy(0_-)-y'(0_-)+3sY(s)-3y(0_-)+2Y(s)=2sF(s)+6F(s)$$

即

$$(s^2+3s+2)Y(s)-[sy(0_-)+y'(0_-)+3y(0_-)]=2(s+3)F(s)$$

可解得

$$Y(s)=Y_f(s)+Y_x(s)=\frac{2(s+3)}{s^2+3s+2}F(s)+\frac{sy(0_-)+y'(0_-)+3y(0_-)}{s^2+3s+2}$$

将 $F(s)=\mathscr{L}[\varepsilon(t)]=\frac{1}{s}$和各原始状态值代入上式,得

$$Y_f(s)=\frac{2(s+3)}{s^2+3s+2}\frac{1}{s}=\frac{2(s+3)}{s(s+1)(s+2)}$$
$$=\frac{3}{s}-\frac{4}{s+1}+\frac{1}{s+2}$$
$$Y_x(s)=\frac{2s+7}{s^2+3s+2}=\frac{2s+7}{(s+1)(s+2)}$$
$$=\frac{5}{s+1}-\frac{3}{s+2}$$

对以上两式取反变换,得零状态响应和零输入响应分别为

$$y_f(t)=\mathscr{L}^{-1}[Y_f(s)]=(3-4e^{-t}+e^{-2t})\varepsilon(t)$$
$$y_x(t)=\mathscr{L}^{-1}[Y_x(s)]=5e^{-t}-3e^{-2t},\quad t\geqslant 0$$

电路的全响应

$$y(t)=y_f(t)+y_x(t)=3+e^{-t}-2e^{-2t},\quad t>0$$

或直接对 $Y(s)$取拉氏反变换,亦可求得全响应

$$y(t)=\mathscr{L}^{-1}[Y(s)]=3+e^{-t}-2e^{-2t},\quad t>0$$

直接求全响应时,零状态响应分量和零输入响应分量已经叠加在一起,看不出不同原因引起的各个响应分量的具体情况。这时拉氏变换作为一种数学工具,自动引入了原始状态。简化了微分方程的求解。

必须指出,零状态响应 $y_f(t)$,当 $t<0$ 时,$y_f(t)=0$,所以 $y_f(t)$可以表示成乘以 $\varepsilon(t)$

的形式。但零输入响应 $y_x(t)$，当 $t<0$ 时，$y_x(t)$ 不一定为零，只可以标明 $t\geqslant 0$。当把两部分合在一起时，只应标明 $t>0$，即解从 $t>0$ 后才满足原微分方程。

例 10-33 如图 10-29 所示电路中，已知 $C=\frac{1}{2}$ F，$R_1=2\ \Omega$，$R_2=2\ \Omega$，$L=2$ H，激励 $i_S(t)$ 为单位阶跃电流 $\varepsilon(t)$A，电阻 R_1 上电压的原始状态 $u_1(0_-)=1$ V，一阶导数原始状态 $u_1'(0_-)=2$ V，试求该电路的响应电压 $u_1(t)$。

解法一 先列写该电路的数学方程

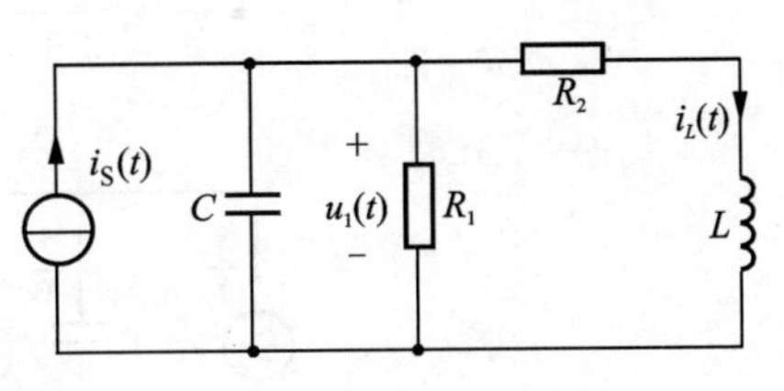

图 10-29 例 10-33 图

由 KCL

$$C\frac{\mathrm{d}u_1(t)}{\mathrm{d}t}+\frac{u_1(t)}{R_1}+i_L(t)=i_S(t)$$

由 KVL

$$u_1(t)-R_2i_L(t)-L\frac{\mathrm{d}i_L(t)}{\mathrm{d}t}=0$$

代入元件值，消去中间参量 $i_L(t)$ 可得微分方程

$$\frac{\mathrm{d}^2u_1(t)}{\mathrm{d}t^2}+2\frac{\mathrm{d}u_1(t)}{\mathrm{d}t}+2u_1(t)=2\frac{\mathrm{d}i_S(t)}{\mathrm{d}t}+2i_S(t)$$

对上式两边取拉氏变换，可得

$$s^2U_1(s)-su_1(0_-)-u_1'(0_-)+2[sU_1(s)-u_1(0_-)]+2U_1(s)=2sI_S(s)+2I_S(s)$$

整理后可得

$$\begin{aligned}U_1(s)&=\frac{2s+2}{s^2+s+2}I_S(s)+\frac{(s+2)u_1(0_-)+u'(0_-)}{s^2+2s+2}\\&=U_{1f}(s)+U_{1x}(s)\end{aligned}$$

将输入 $I_S(s)=\mathscr{L}[\varepsilon(t)]=\frac{1}{s}$，$u_1(0_-)=1$，$u_1'(0_-)=2$ 代入

$$U_1(s)=\frac{2s+2}{s^2+2s+2}\frac{1}{s}+\frac{s+4}{s^2+2s+2}$$

零状态响应为

$$U_{1f}(s)=\frac{2s+2}{s^2+2s+2}\frac{1}{s}=\frac{1}{s}-\frac{s+1}{(s+1)^2+1}+\frac{1}{(s+1)^2+1}$$

因此

$$u_{1f}(t)=\mathscr{L}^{-1}[U_{1f}(s)]=(1-\mathrm{e}^{-t}\cos t+\mathrm{e}^{-t}\sin t)\varepsilon(t)\ \mathrm{V}$$

零输入响应为 $$U_{1x}(s)=\frac{s+4}{s^2+2s+2}=\frac{s+1}{(s+1)^2+1}+\frac{3}{(s+1)^2+1}$$

因此 $$u_{1x}(t)=\mathscr{L}^{-1}[U_{1x}(s)]=\mathrm{e}^{-t}\cos t+3\mathrm{e}^{-t}\sin t,\quad t\geqslant 0$$

全响应为

$$u_1(t)=u_{1f}(t)+u_{1x}(t)=1+4\mathrm{e}^{-t}\sin t\ \mathrm{V},\quad t>0$$

解法二 据题意，$u_1(0_-)=u_C(0_-)=1$ V

$$i_C(0_-)=C\frac{\mathrm{d}u_C}{\mathrm{d}t}\bigg|_{0_-}=\frac{1}{2}\times 2=1\ \mathrm{A}$$

当 $t=0_-$ 时，$i_S(t)=0$，由 KCL 得

$$i_L(0_-)=-i_C(0_-)-\frac{u_1(0_-)}{2}=-1.5\ \text{A}$$

据电路原始状态画出 s 域电路模型如图 10-30 所示，由节点法对节点①列出节点电压方程

$$\left(\frac{s}{2}+\frac{1}{2}+\frac{1}{2+2s}\right)U_1(s)=\frac{1}{s}+\frac{1}{2}+\frac{3}{2+2s}$$

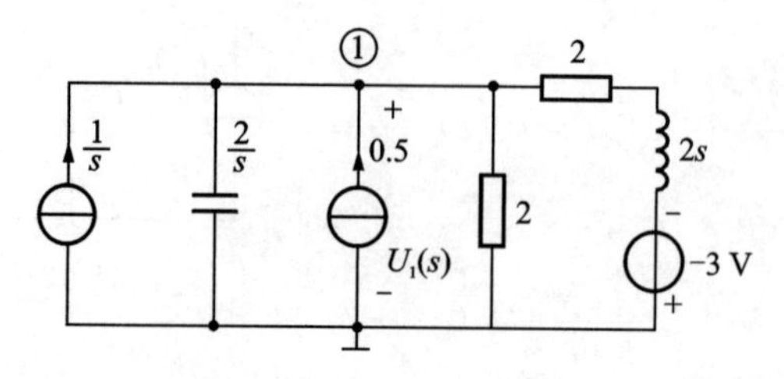

图 10-30 例 10-33 图

经整理有

$$U_1(s)=\frac{s^2+6s+2}{s(s^2+2s+2)}$$

部分分式展开

$$U_1(s)=\frac{1}{s}+\frac{-\mathrm{j}2}{s+1-\mathrm{j}}+\frac{\mathrm{j}2}{s+1+\mathrm{j}}$$

经反变换得

$$u_1(t)=1+4\mathrm{e}^{-t}\cos(t-90°)=1+4\mathrm{e}^{-t}\sin t\ \text{V},\quad t>0$$

此例两种解法比较，在给出具体电路及元件参数的情况下，应用复频域电路模型求解方便些。

习题

10-1 根据拉氏变换定义，求下列函数的拉氏变换。

(1) $\varepsilon(t-2)$　　(2) $(\mathrm{e}^{2t}+\mathrm{e}^{-2t})\varepsilon(t)$

(3) $2\delta(t-1)-3\mathrm{e}^{-4t}\varepsilon(t)$　　(4) $\cos(\omega t+\theta)$

10-2 利用拉氏变换的基本性质，求下列函数的拉氏变换。

(1) t^2+2t　　(2) $\sin(\omega t+\frac{\pi}{4})$

(3) $1+(t-2)\mathrm{e}^{-t}$　　(4) $t^2\mathrm{e}^{-5t}\varepsilon(t-1)$

(5) $\mathrm{e}^{-t}[\varepsilon(t)-\varepsilon(t-2)]$　　(6) $\mathrm{e}^{-t}\cos 2t-5\mathrm{e}^{-2t}$

(7) $\mathrm{e}^{-2t}+\mathrm{e}^{-(t-1)}\varepsilon(t-1)+\delta(t-2)$　　(8) $\frac{\mathrm{d}}{\mathrm{d}t}[\sin 2t\varepsilon(t)]$

10-3　求图题 10-3 所示函数 $f(t)$ 的拉氏变换。

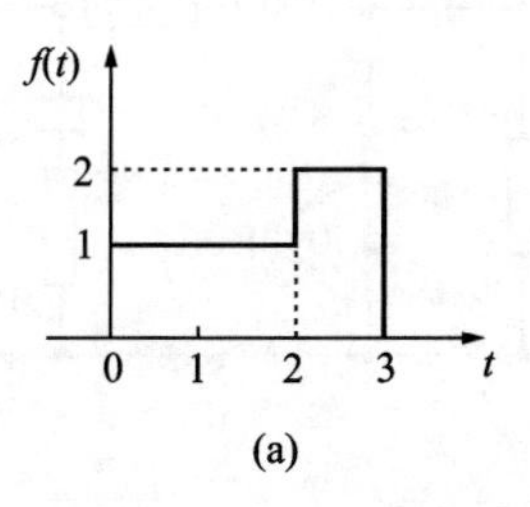

(a)

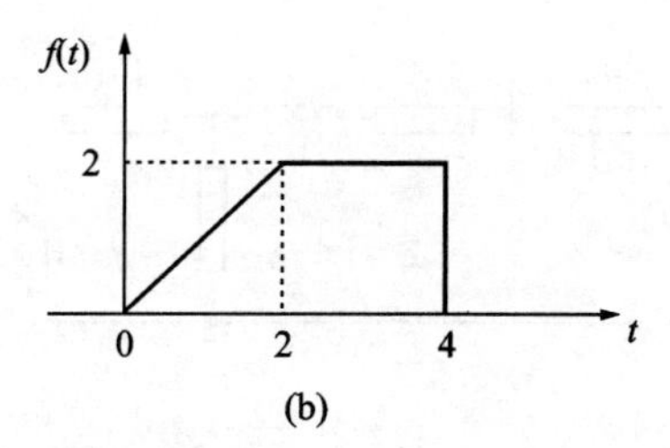

(b)

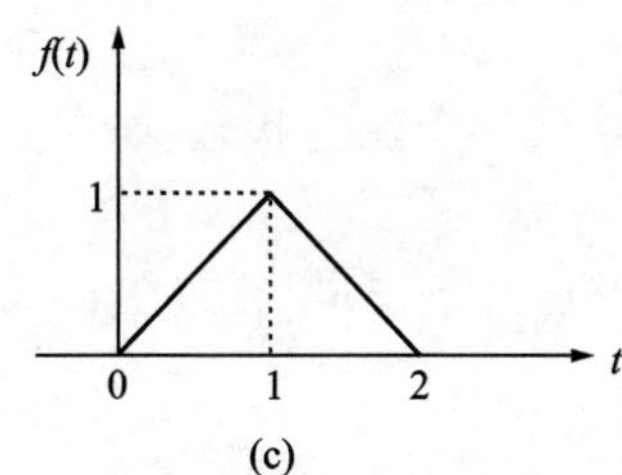

(c)

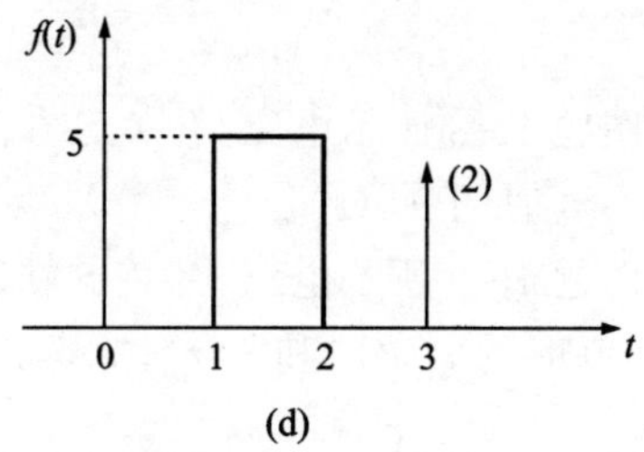

(d)

图题 10-3

10-4　已知 $f_1(t)$ 的波形如图题 10-4 所示，设 $f_2(t)=\frac{\mathrm{d}}{\mathrm{d}t}[f_1(t)]$。求象函数 $F_1(s)$ 和 $F_2(s)$。

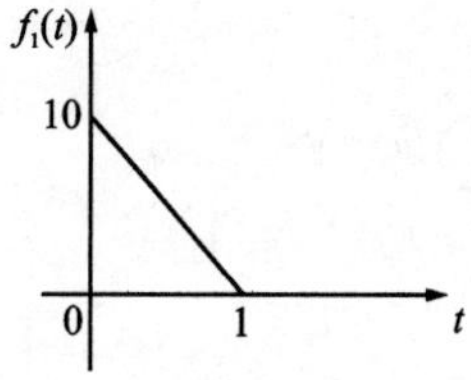

$f_1(t)$ 10 0 1 t

图题 10-4

10-5　求下列函数的拉氏反变换。

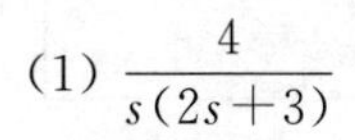

(1) $\dfrac{4}{s(2s+3)}$　　(2) $\dfrac{3s}{s^2+6s+8}$

(3) $\dfrac{s^2+2}{s^2+1}$　　(4) $\dfrac{6s^2+19s+15}{(s+1)(s^2+4s+4)}$

10-6　求下列各象函数的原函数。

(1) $\dfrac{s-1}{s^2+2s+2}$　　(2) $\dfrac{1}{s^2(s+2)}$

(3) $\dfrac{s^2+4s+1}{s(s+1)^2}$　　(4) $\dfrac{1-\mathrm{e}^{-2s}}{s^2+7s+12}$

10-7　已知图题 10-7 所示各电路原已达稳态，且图题 10-7(a)中 $u_{C2}(0)=0$。若 $t=0$ 时开关 S 换接，试画出复频域电路模型。

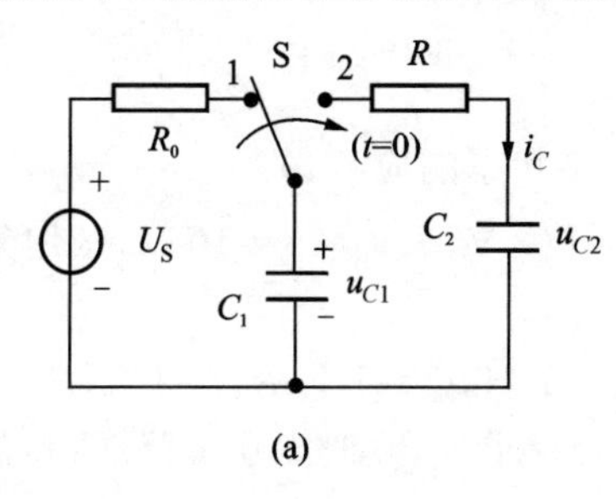

(a)

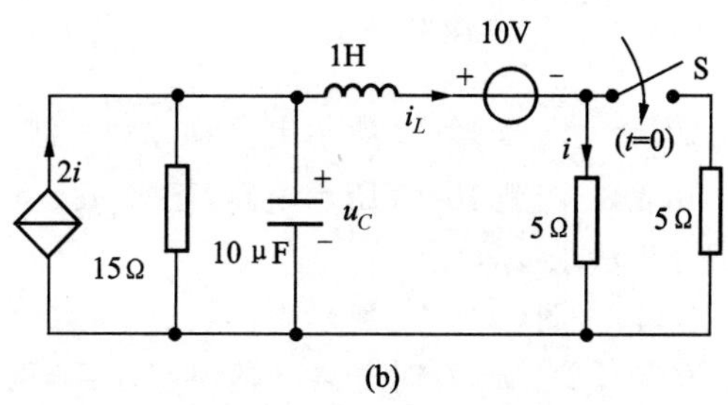

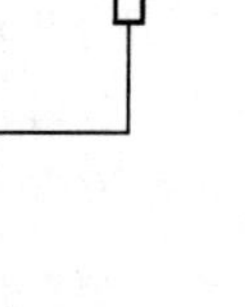
(b)

图题 10-7

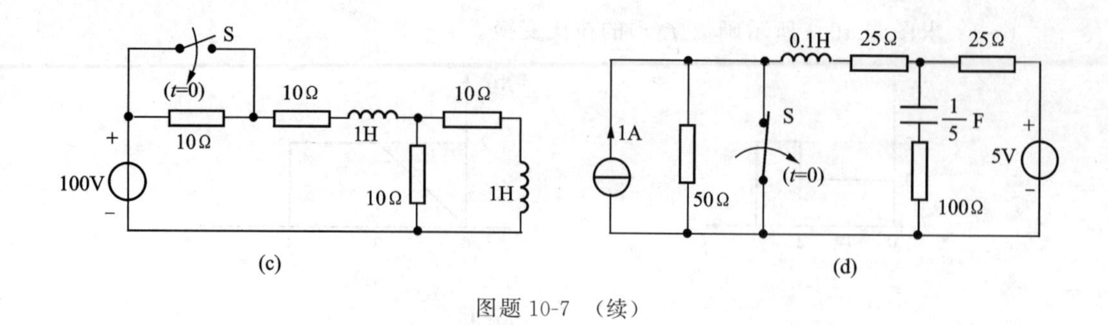

图题 10-7 （续）

10-8　图题 10-8 所示电路，开关 S 在闭合时电路已处于稳定状态，如在 $t=0$ 时将 S 打开，试求 $t\geqslant 0$ 时的 $u_C(t)$。

10-9　图题 10-9 所示电路，开关 S 在闭合时电路已处于稳定状态，在 $t=0$ 时将 S 打开。试求 $t\geqslant 0$ 时的 $i_{L_1}(t)$ 和 $u(t)$。

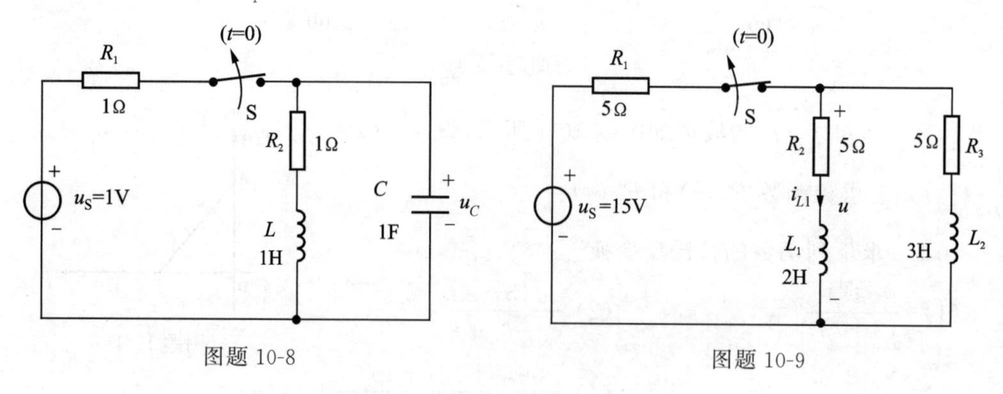

图题 10-8　　　　图题 10-9

10-10　图题 10-10 所示电路，$f(t)$ 为激励，$i(t)$ 为响应。求单位冲激响应 $h(t)$ 与单位阶跃响应 $g(t)$。

10-11　图题 10-11 所示电路，$i(0_-)=1$ A，$u_C(0_-)=2$V。求零输入响应 $u_{Cx}(t)$。

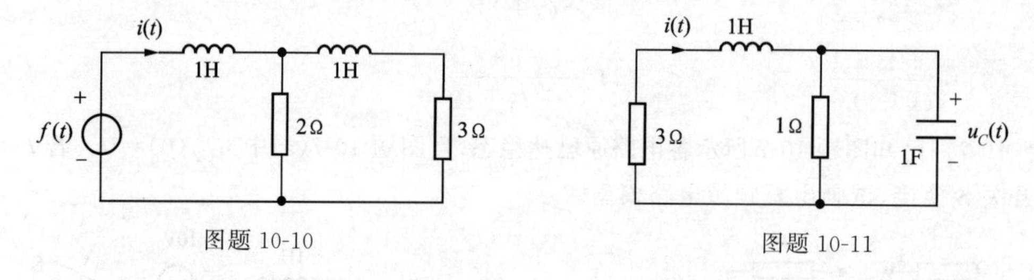

图题 10-10　　　　图题 10-11

10-12　图题 10-12 所示电路，$u_S(t)=10\varepsilon(t)$ V。求零状态响应 $i(t)$。

10-13　图题 10-13 所示电路，已知 $u_S(t)=\mathrm{e}^{-t}\cos 2t\varepsilon(t)$ V，$u_C(0_-)=10$ V，试用复频域分析法求 $u_C(t)$。

10-14　图题 10-14 所示电路，已知 $u_S(t)=12$ V，$L=1$ H，$C=1$ F，$R_1=3$ Ω，$R_2=2$ Ω，$R_3=1$ Ω。$t<0$ 时电路已达稳态，$t=0$ 时开关 S 闭合。求 $t\geqslant 0$ 时电压 $u(t)$ 的零输入响应、零状态响应和完全响应。

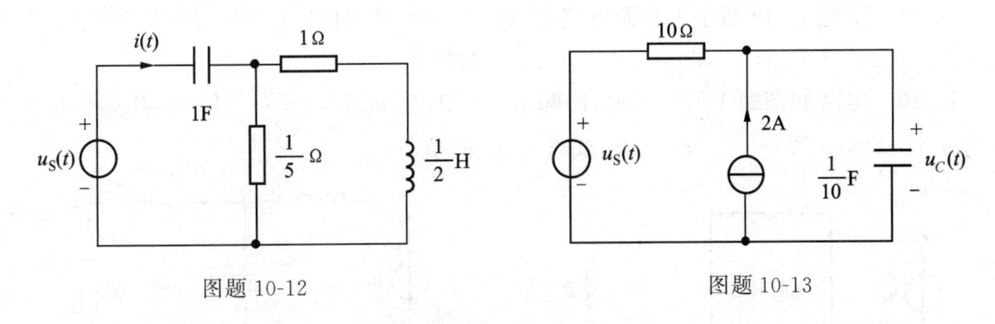

图题 10-12　　图题 10-13

10-15　图题 10-15 所示理想变压器电路，求电流 $i_o(t)$。

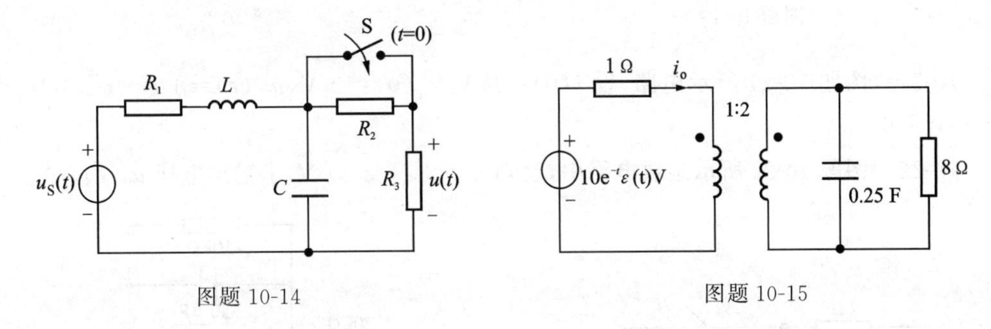

图题 10-14　　图题 10-15

10-16　图题 10-16 所示电路，已知 $i_1(0_-)=1$ A，$u_2(0_-)=2$ V，$u_3(0_-)=1$ V，试用拉氏变换法求 $t\geqslant 0$ 时的电压 $u_2(t)$ 和 $u_3(t)$。

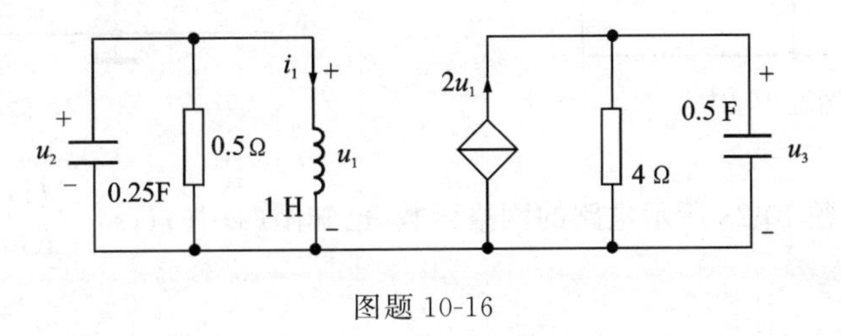

图题 10-16

10-17　图题 10-17 所示电路原已达稳态，$t=0$ 时将开关 S 合上，试用复频域分析法求 $u(t)$，$t>0$。

10-18　图题 10-18 所示电路，$t<0$ 时处于稳定状态，且 $u_C(0_-)=0$，$t=0$ 时开关 S 闭合。求 $t>0$ 时的 $u_2(t)$。

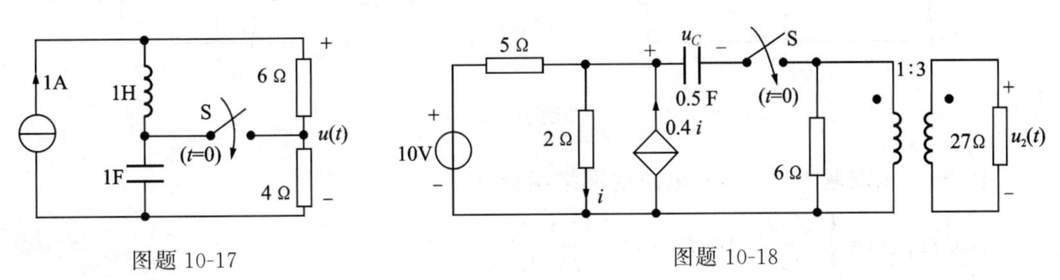

图题 10-17　　图题 10-18

10-19　图题10-19所示零状态电路，$u_S(t)=4\varepsilon(t)$ V时，$i_L(t)=(2-2e^{-t})$ A，$t\geqslant 0$；若$u_S(t)=2\varepsilon(t)$ V，且$i_L(0)=2$ A。求$t\geqslant 0$时的$i_L(t)$。

10-20　电路如图题10-20所示，已知$R=1\ \Omega$，当$u_S(t)=\delta(t)$ V时，其单位冲激响应为$u_o(t)=6(e^{-3t}-e^{-6t})\varepsilon(t)$ V，试求L、C的值。

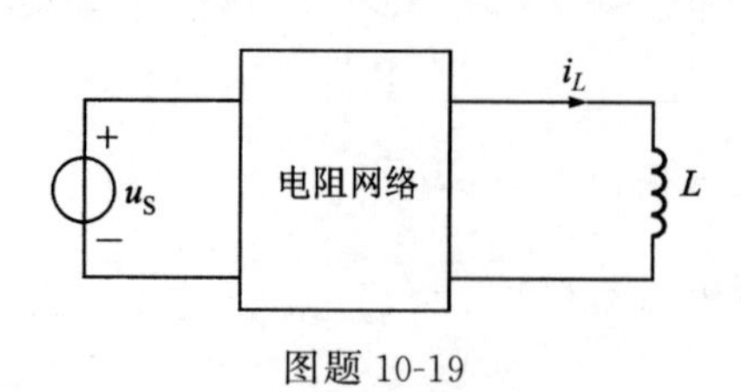

图题10-19

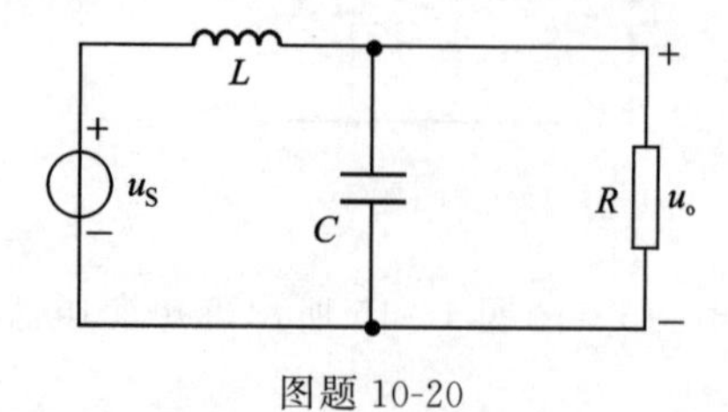

图题10-20

10-21　图题10-21所示电路，设$i(0)=1$ A，$u_o(0)=2$ V，$u_S(t)=4\ e^{-2t}\varepsilon(t)$ V，求$u_o(t)$，$t\geqslant 0$。

10-22　图题10-22所示运放电路中，已知$u_S=3e^{-5t}\varepsilon(t)$ V，求输出电压$u_o(t)$，$t>0$。

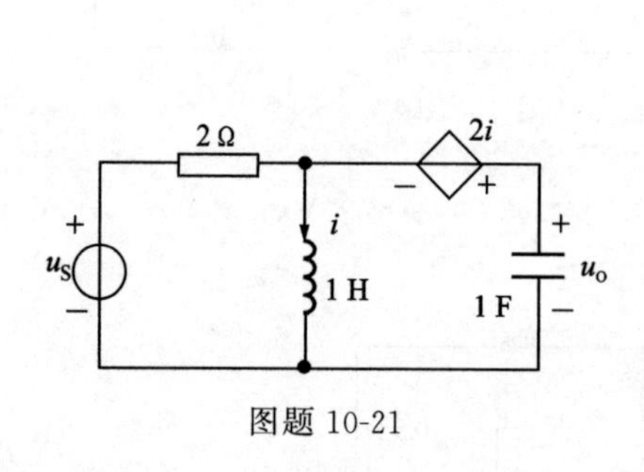

图题10-21

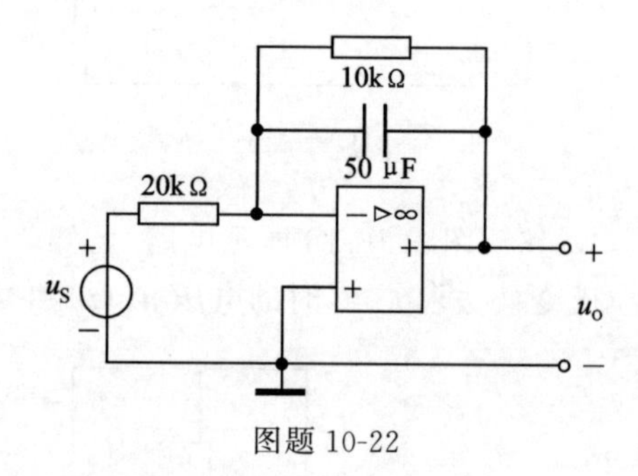

图题10-22

10-23　求图题10-23所示电路的网络函数，已知图(a)中$H(s)=\dfrac{I(s)}{F(s)}$，图题10-23(b)中$H(s)=\dfrac{U(s)}{F(s)}$。

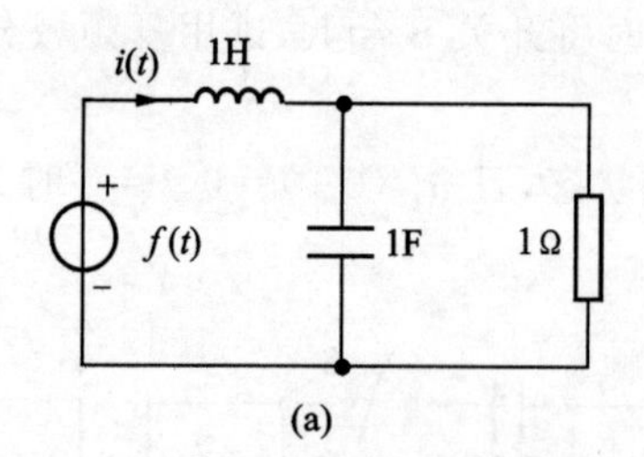

(a)

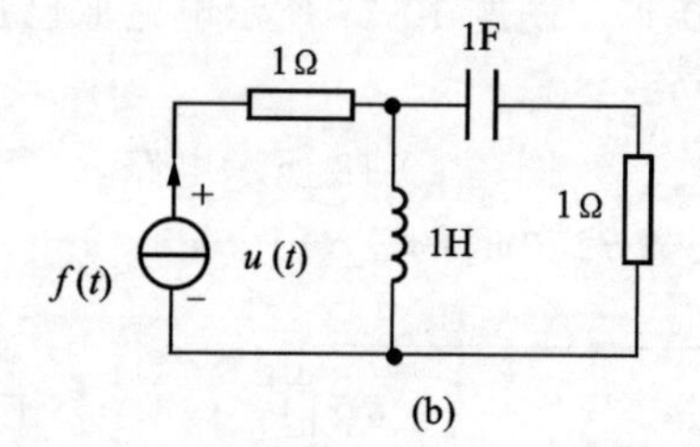

(b)

图题10-23

10-24　求图题10-24所示电路的网络函数，已知

(a) $H_1(s)=\dfrac{U_o(s)}{U_S(s)}$，(b) $H_2(s)=\dfrac{U_o(s)}{I(s)}$。

10-25　图题 10-25 所示电路。(1) 求 $H(s)=\dfrac{U_2(s)}{U_1(s)}$；(2) 求冲激响应 $h(t)$ 与阶跃响应 $g(t)$。

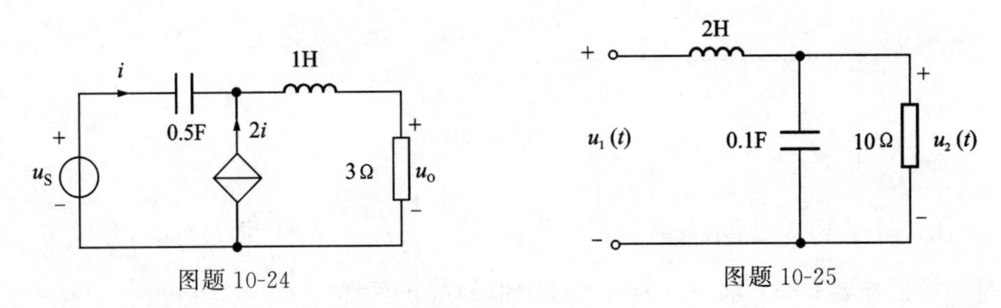

图题 10-24　　图题 10-25

10-26　试求图题 10-26 所示电路的冲激响应 $h(t)=u(t)$。并求 $u(0_+)$，如发生跃变，试解释之。

10-27　电路如图题 10-27 所示，试求 $u(t)$，$t\geqslant 0$。并求在 $t=0$ 瞬间 i_1 和 i_2 的跃变情况。

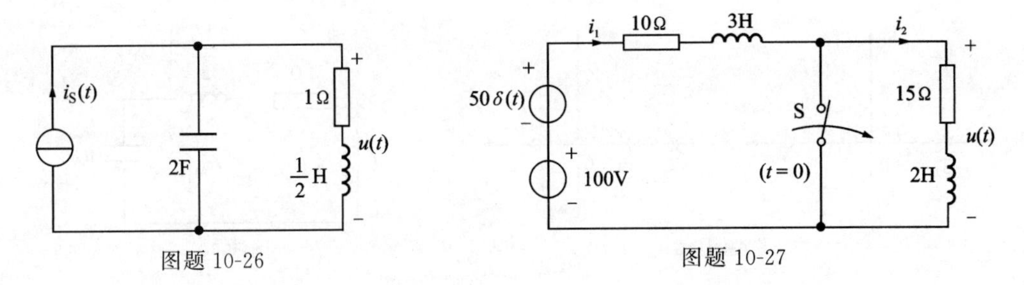

图题 10-26　　图题 10-27

10-28　电路如图题 10-28 所示，$f(t)$ 为激励，$u(t)$ 为响应。

(1) 求网络函数 $H(s)$，画出其零极点分布图；

(2) 已知 $f(t)=\varepsilon(t)\,\mathrm{A}$，$i_1(0_-)=2\,\mathrm{A}$，$i_2(0_-)=0$，求全响应 $u(t)$。

10-29　电路如图题 10-29 所示，要求其传递函数是

$$\frac{U_2(s)}{U_1(s)}=\frac{2s}{s^2+2s+6}$$

选定 $R=1\,\mathrm{k\Omega}$，求 L 和 C。

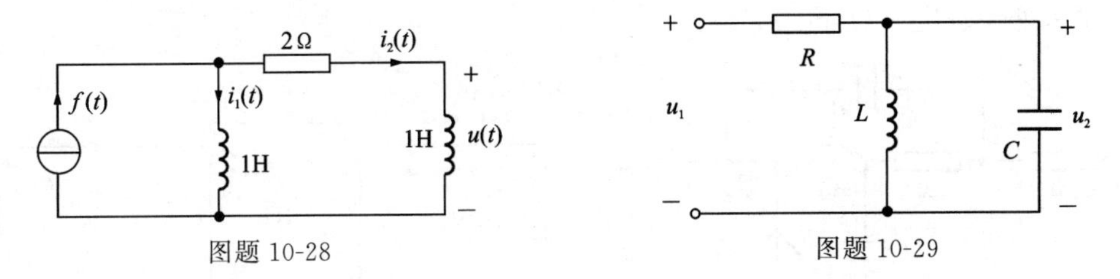

图题 10-28　　图题 10-29

10-30　已知图题 10-30(a) 所示电路驱动点阻抗函数 $Z(s)$ 的零极点分布如图题 10-30(b) 所示，且知 $Z(0)=1$，求 R、L、C 的值。

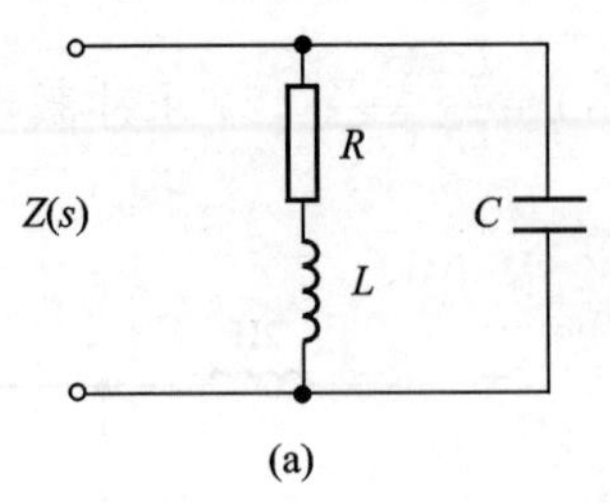

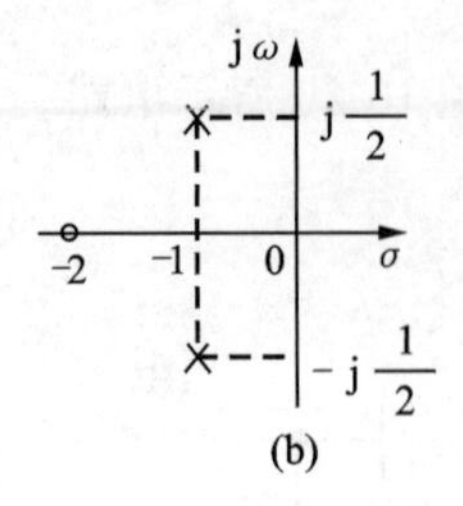

图题 10-30

10-31　图题 10-31 所示电路。(1) 求 $H(s)=\dfrac{U_2(s)}{U_1(s)}$；(2) 求 $H(\mathrm{j}\omega)$，并说明该电路属于哪一类滤波器；(3) 求 $|H(\mathrm{j}\omega)|$ 的最大值和截止频率 ω_c。

10-32　已知某电路的网络函数 $H(s)$ 的零极点分布如图题 10-32 所示。

(1) 若 $H(\infty)=1$，求图题 10-32(a) 对应电路的 $H(s)$；

(2) 若 $H(0)=-\dfrac{1}{2}$，求图题 10-32(b) 对应电路的 $H(s)$；

(3) 求电路频率响应 $H(\mathrm{j}\omega)$，粗略画出其幅频特性和相频特性曲线。

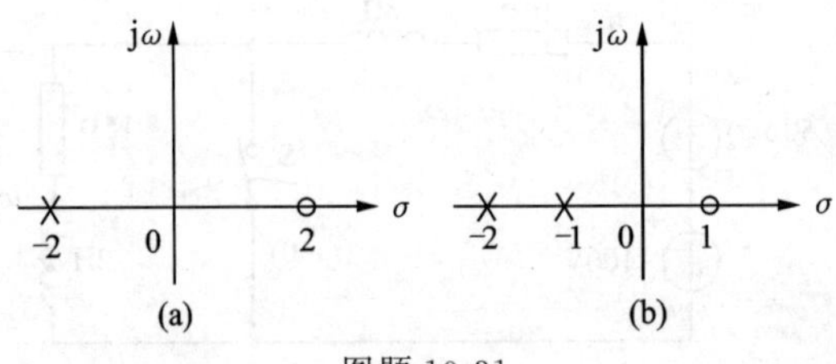

图题 10-31

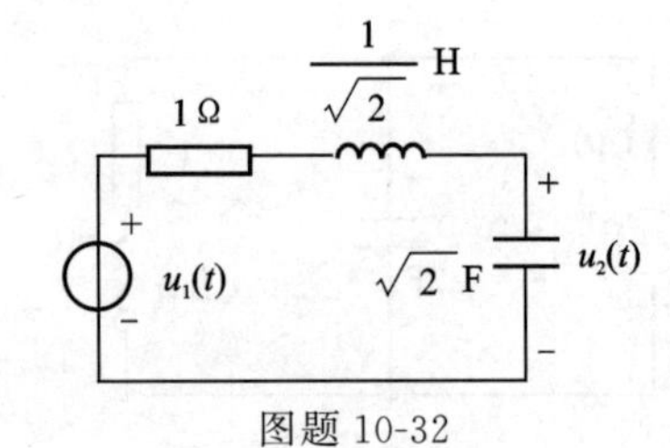

图题 10-32

10-33　图题 10-33 所示电路。试求：

(1) 网络函数 $H(s)=\dfrac{U_3(s)}{U_1(s)}$，并绘出幅频特性示意图；

(2) 求冲激响应 $h(t)$。

10-34　图题 10-34 所示双口网络的 Y 参数为

$$\boldsymbol{Y}(s)=\begin{bmatrix}\dfrac{s^2+1}{s} & -s \\ -s & s+1\end{bmatrix}$$

试求冲激响应 $i_1(t)$ 和 $u_2(t)$。

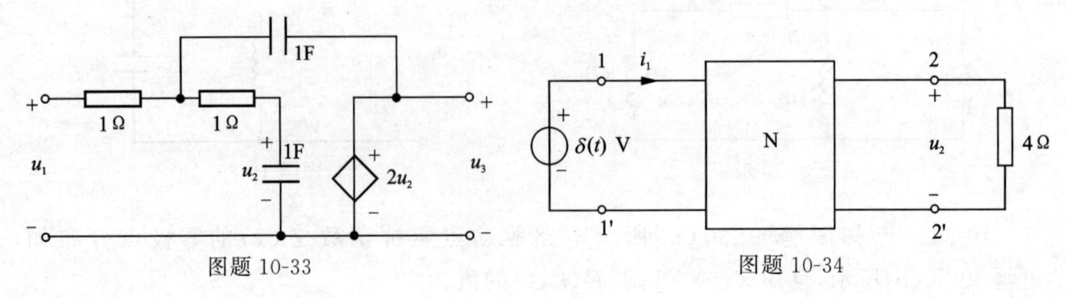

图题 10-33　　　　图题 10-34

10-35 图题10-35(a)所示电路中N网络的开路阻抗矩阵为 $\mathbf{Z}(s)=\begin{bmatrix} s+1 & s \\ s & 1+s+\dfrac{1}{s} \end{bmatrix}$，$u_S(t)$的波形如图题10-35(b)所示。

(1) 求网络函数 $H(s)=\dfrac{U_o(s)}{U_S(s)}$；

(2) 绘出 $H(s)$的零极点图；

(3) 求在 $u_S(t)$作用下的零状态响应 $u_o(t)$。

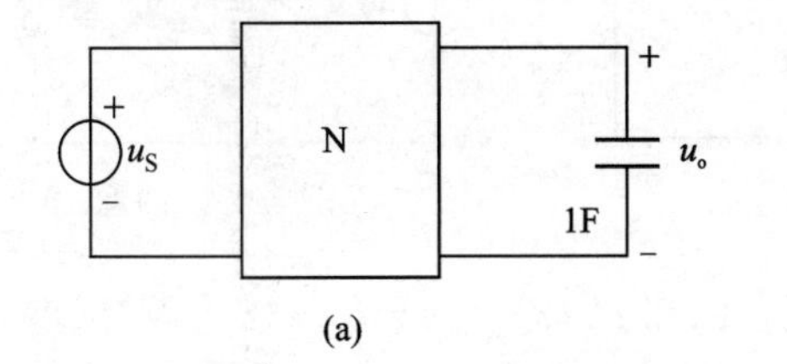

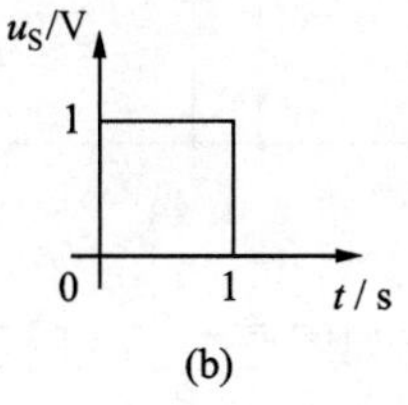

图题10-35

10-36 图题10-36所示为含理想运算放大器电路。求：

(1) 转移函数 $H(s)=\dfrac{U_o(s)}{U_i(s)}$；

(2) 若激励 $u_i(t)=2\varepsilon(t)$ V，求零状态响应 $u_o(t)$。

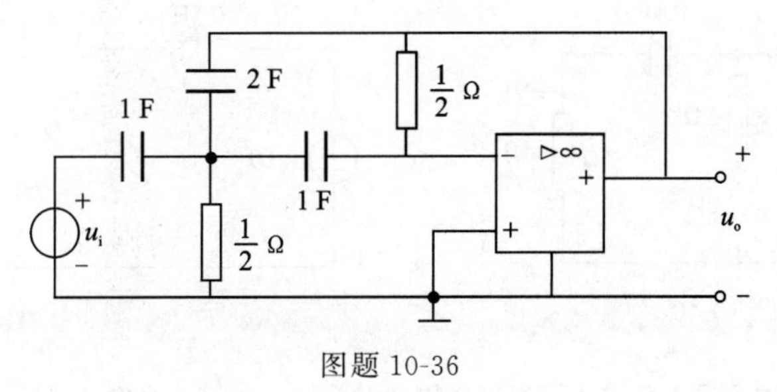

图题10-36

10-37 图题10-37所示电路中，$R=1\ \Omega$，$C=1$ F。

(1) 求网络函数 $H(s)=\dfrac{U_2(s)}{U_1(s)}$；

(2) 画出 $H(s)$的零极点分布图；

(3) 当输入电压 $u_1(t)=3\sin(2t+30°)$ V时，求输出电压 $u_2(t)$的稳态响应。

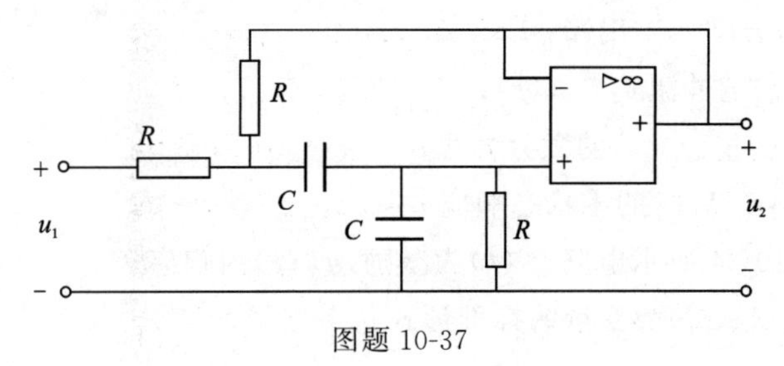

图题10-37

10-38　图题 10-38 所示电路已达稳态，在 $t=0$ 时闭合开关 S，求 $i(t)$ 及 $u_C(t)$ 的变化规律。

10-39　电路如图题 10-39 所示，开关 S 闭合前电路处于稳定状态，开关于 $t=0$ 时闭合，求电流 $i_1(t)$ 和 $i_2(t)$，$t\geqslant 0$。在 $t=0$ 时 i_1、i_2 是否跃变?

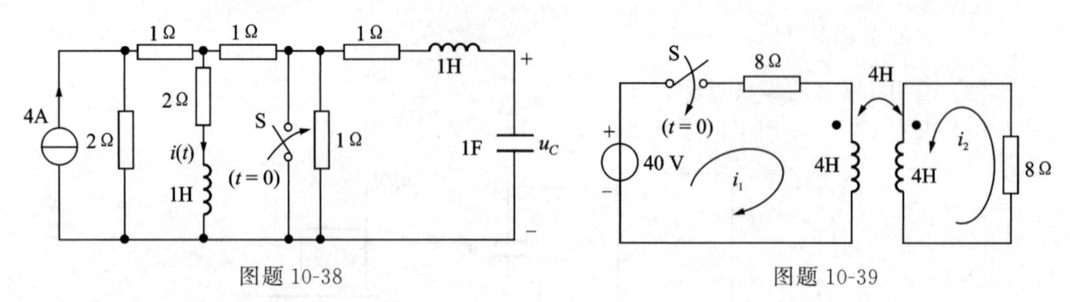

图题 10-38　　　　图题 10-39

10-40　电路如图题 10-40 所示，已知 $u_S(t)=[4-e^{-t}\varepsilon(t)]$ V，试求 $u(t)$，$t\geqslant 0$。

10-41　图题 10-41 所示电路，若 $u_S(t)=\sqrt{2}\cos(2t+45^\circ)\varepsilon(t)$ V，u_R 为响应，试求：

(1) 网络函数 $H(s)=\dfrac{U_R(s)}{U_S(s)}$；

(2) 零状态响应 $u_R(t)$；

(3) 正弦稳态响应 $u_R(t)$。

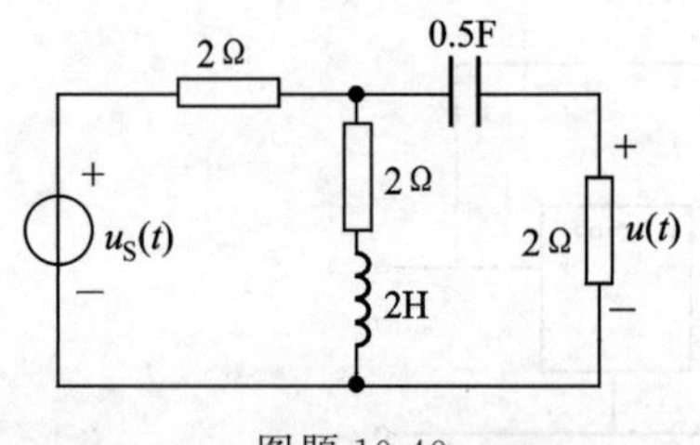

图题 10-40

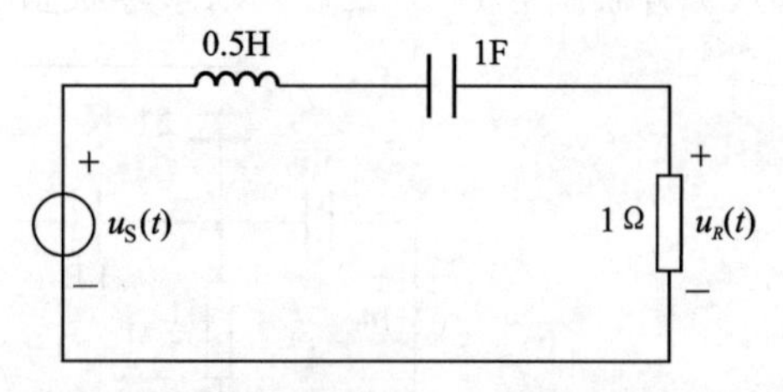

图题 10-41

10-42　电路如图题 10-42 所示，u_S 和 i 分别为电路的激励和响应。求：

(1) 网络函数 $H(s)=\dfrac{I(s)}{U_S(s)}$；

(2) 当 $u_S=3e^{-t}\cos 6t$ V 时的零状态响应；

(3) 当 $u_S=(2+\cos 2t)$ V 时的稳态响应。

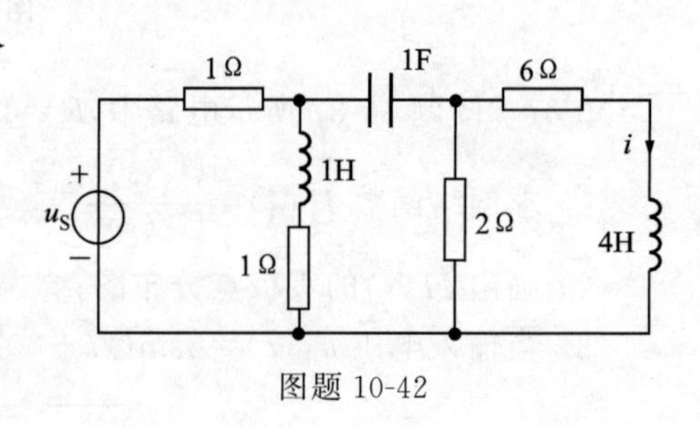

图题 10-42

10-43　图题 10-43 所示电路，求：

(1) 关于 $u_C(t)$ 的冲激响应 $h(t)$；

(2) 写出关于变量 $u_C(t)$ 的微分方程；

(3) $u_S(t)=\varepsilon(t)$ V 时的零状态响应 $u_C(t)$。

10-44　图题 10-44 所示电路，$f(t)$ 为激励，$u_C(t)$ 为响应。

(1) 列写出以 u_C，i_L 为变量的标准形式状态方程；

(2) 求网络函数 $H(s)$,并画出其零极点图;

(3) 若 $f(t)=\varepsilon(t)\mathrm{V}$,$i_L(0_-)=0$,$u_C(0_-)=1\ \mathrm{V}$,求全响应 $u_C(t)$。

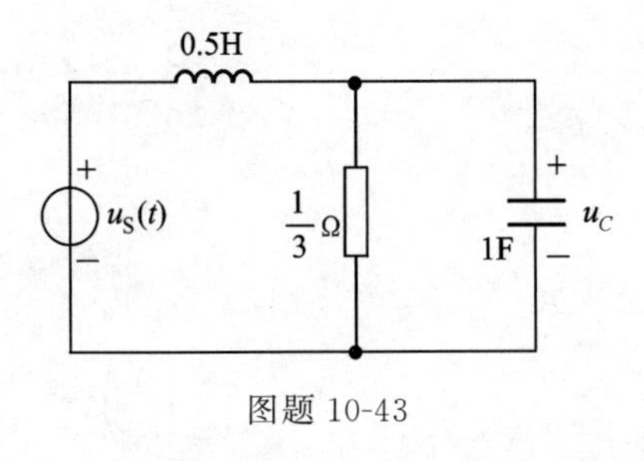

图题 10-43

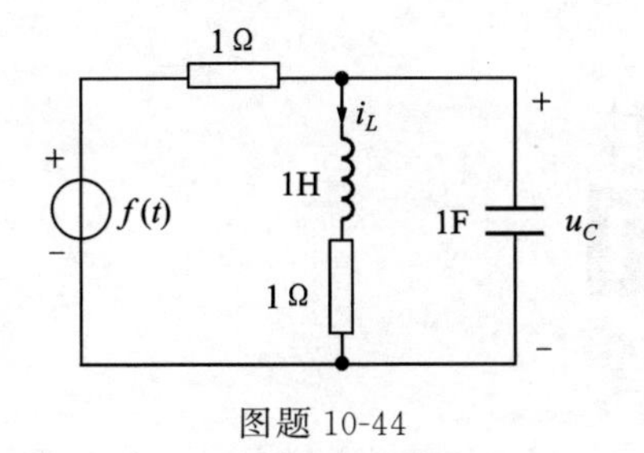

图题 10-44

10-45 用拉氏变换法求解下列微积分方程,设 $y(0)=1$:

$$\frac{\mathrm{d}y(t)}{\mathrm{d}t}+9\int_0^t y(\tau)\mathrm{d}\tau=\cos 2t$$

10-46 用拉普拉斯变换法求下面的微分方程,若 $y'(0)=y(0)=1$:

$$\frac{\mathrm{d}^2 y(t)}{\mathrm{d}t^2}+4\frac{\mathrm{d}y(t)}{\mathrm{d}t}+4y(t)=\mathrm{e}^{-t}$$

10-47 已知 $x(0)=0$,$y(0)=0$,试用拉氏变换解下列微分方程组:

$$\begin{cases}\dfrac{\mathrm{d}x}{\mathrm{d}t}+y=2\\[2mm]\dfrac{\mathrm{d}y}{\mathrm{d}t}-x=1\end{cases}$$

10-48 利用拉氏变换,求解下列方程组:

$$\begin{cases}\dfrac{\mathrm{d}y(t)}{\mathrm{d}t}+y(t)+\dfrac{\mathrm{d}x(t)}{\mathrm{d}t}+x(t)=1\\[2mm]\dfrac{\mathrm{d}y(t)}{\mathrm{d}t}-y(t)-2x(t)=0\end{cases}$$

已知初始条件为:在 $t\geqslant 0$ 时,$x(0)=0$,$y(0)=1$。

10-49 用拉氏变换法求解例 9-15。

10-50 描述某二阶电路的微分方程为

$$\frac{\mathrm{d}^2 y(t)}{\mathrm{d}t^2}+3\frac{\mathrm{d}y(t)}{\mathrm{d}t}+2y(t)=5\mathrm{e}^{-3t}\varepsilon(t)$$

已知初始条件 $y(0_-)=1$,$\left.\dfrac{\mathrm{d}y(t)}{\mathrm{d}t}\right|_{0_-}=0$,用拉氏变换法求其零输入响应 $y_x(t)$、零状态响应 $y_f(t)$及全响应 $y(t)$。

第11章 磁路和带铁芯线圈的交流电路

在物理学和 4.1 节中已学习过一些关于磁学的知识，如**磁感应强度** B（magnetic induction strength）（简称磁感强度，又称磁通密度）、**磁场强度** H（magnetic field strength）、磁通 Φ（flux）、磁链、电磁感应定律等，这些都是比较熟知的内容。在分析电气设备中发生的物理过程和电磁现象，尤其是在研究电机、变压器等电磁器件的运行性能和结构优化时，还必须具备关于物质磁化和磁路计算等方面的理论知识。

本章将在已有磁学基础上，介绍铁磁材料的磁特性，磁路基本定律和计算方法，铁质磁饱和与磁滞作用对电压电流及磁通波形的影响，铁芯交变磁化产生的损耗，最后介绍含铁芯线圈的交流电路及变压器分析方法和小功率变压器的设计。

11.1 磁路的概念和铁磁材料的磁特性

视频 11-1 电工先驱——特斯拉

11.1.1 磁路概念

如果电流是集中在较小的空间范围比如导体之内，不是分散很宽，就可用电路的观点研究电流的运动变化规律和它产生的各种效应及其分析计算方法。磁路也是这样，如果磁通是集中在一定路径之内，便可用磁路的方法研究。**磁路**（magnetic circuit）是指磁通所通过的主要由铁磁性材料所构成的（包括气隙）路径。如果磁通分布较广，就必须作为磁场问题处理，磁场与磁路仅是相对的看法，并没有严格的界限。关于场的一些较深刻较严密的分析，将在“电磁场”课程中讨论。

视频 11-2 电场与磁场关系

磁通最容易集中在有铁磁媒质的路径上，所以电工理论中遇到的磁路大都是含有铁磁物质的。磁路与电路不同，磁路中的铁磁材料虽有良好的导磁性能，与附近的空间相比，磁导率可能高几百倍甚至几千倍，但仍难避免有一小部分磁通从铁芯中漏出来通过磁路之外的空间，而电流却几乎全部通过导线，不是很高电压时，通过绝缘介质的漏电流接近于零。

通过磁路的磁通称为**主磁通**（main magnetic flux），而通过磁路之外空间的磁通则称为**漏磁通**（leakage flux）。一般来说，主磁通用来进行能量转换和传递，是电机电器赖以正常工作的基础，所以又称为工作磁通。例如在图 11-1 所示的磁路里，Φ 通过用铁芯限定的路径为主磁通，它是变压器赖以正常工作的磁通；而 Φ_σ 的路径有一部分在铁芯之外的空间，所以是漏磁通。此外，有时磁路中必须留有空气隙，作为磁路的一部分，这时主磁通必须穿过空气隙闭合。为了对磁路作定量计算，必须对构成磁路的铁磁材料的特性有所了解，这是本节要讨论的主要内容之一。

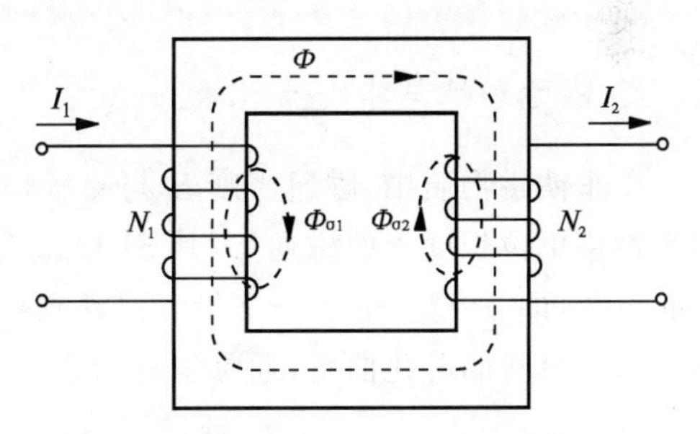

图 11-1　主磁通与漏磁通

11.1.2 铁磁材料的主要特性及磁滞回线

铁磁材料主要是铁、镍、钴以及它们的合金,它具有高导磁性、磁饱和性及磁滞性。

1. 高导磁性($\mu \gg \mu_0$)

高导磁性的形成是由于铁磁物质内部存在着许多很小、强烈磁化了的自然磁化区域,好似一些小磁铁,称为磁畴。没有外磁场作用时,这些磁畴杂乱排列,其磁场互相抵消,对外界不显示磁性,如图 11-2(a)所示。但在有外磁场的作用时,这些磁畴沿着外磁场的方向作有规则的取向;或者顺着外磁场方向的磁畴区域扩大,逆方向的区域缩小,即畴壁发生位移,两种作用使诸磁畴的磁场不再互相抵消,而形成附加磁场叠加到外磁场上,如图 11-2(b)所示。强烈磁化的磁畴产生的附加磁感应强度很强,远比非铁磁物质在同一外磁场作用下所产生的附加磁场大得多,因此铁磁物质的磁导率比非铁磁物质[近似等于真空的磁导率 $\mu_0=4\pi\times10^{-7}$(H/m)]大得多。

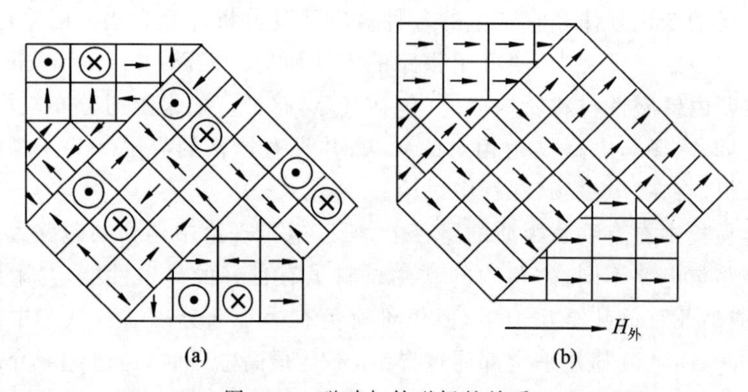

图 11-2 磁畴与外磁场的关系

2. 磁饱和性与非线性

在非铁磁物质中,磁通密度 B 与磁场强度 H 成正比例(磁场强度在工程上定义为作用于磁路单位长度上的磁通势,其 SI 单位为 A/m),它们的相互关系为一条通过坐标原点的直线,即 $\mu=B/H$ 为一常量。但铁磁物质却不同,它的 B 与 H 的关系是一条曲线,称为该种材料的磁化曲线,通常也称为 B-H 曲线。

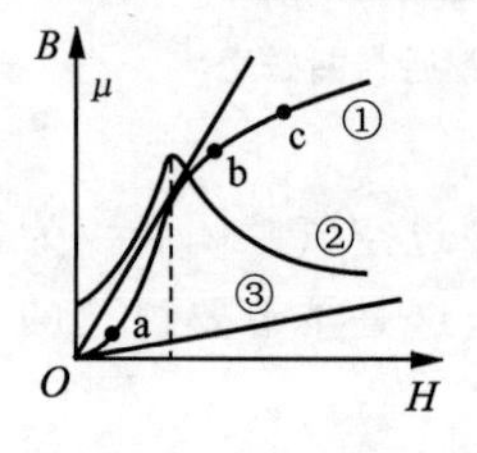

图 11-3 B-H、μ-H 曲线

通过实验,从 $B=0$、$H=0$ 的状态开始,测得对应于不同 H 值下的磁通密度 B,便可逐点描绘出 B-H 曲线,如图 11-3 曲线①所示,称为被测试铁磁材料的**起始磁化曲线**(initial magnetization curve)。该曲线基本上可以分为三段:在开始的 oa 段,B 值随着 H 缓慢增加;以后在 ab 段,B 迅速上升;再以后在 bc 段,B 值又转为缓慢上升,称饱和段。过了 c 点,达到磁饱和,曲线几乎变成像非铁磁物质的磁化曲线(图中直线③)那

样趋近于一条直线。

曲线形状发生如此变化的原因是：当外磁场 H 较小时(oa 段)，畴壁位移使 B 值缓慢增加。当 H 较强时(ab 段)，畴壁位移过程继续进行，且与此同时，逆着 H 方向的磁畴开始翻转到外磁场的方向，故 B 值迅速增加。当 H 更强时(如 bc 段)，所有磁畴几乎都转到外磁场的方向，它们产生的附加磁通密度接近于最大值，即使再增大 H，B 的增加也很有限，最后出现了磁饱和。

在图 11-3 中还按 B 与 H 的比值画出了 μ 随磁场强度 H 变化的曲线②。显然，由于 B 与 H 的关系是非线性的，μ 不是一个常量。开始时 μ 较小，以后迅速增加达到它的最大值(对应于由 O 点所作 B-H 曲线的切线的切点)，最后出现饱和时，μ 的量值趋近于真空的磁导率 μ_0，即此时铁磁材料的相对磁导率 μ_r 接近于 1。工程上，磁路一般工作在未饱和状态，此时铁磁物质的磁导率比真空的磁导率大得多，为其数十倍，乃至数万倍。通常把此倍数称为相对磁导率 μ_r，即 $\mu=\mu_r\mu_0$。

3. 磁滞性与磁滞回线

若磁场强度从未磁化(完全去磁后)的状态开始逐渐增加到使磁化达饱和状态的 H_m 值，B 沿着起始磁化曲线上升到 c 点，如图 11-4 所示，然后 H 由 H_m 下降，B 值也随着减小，但是不按照起始磁化曲线而是沿着 cd 曲线变化。当 H 值下降到零时，B 值并不为零，保留着 B_{r1} 值(od)，称为剩余磁通密度，简称**剩磁**(remanence)。要退磁使 B 值降到零(e 点)，必须将 H 的方向反过来并达到 $H=-H_{c1}$，这个使 $B=0$ 的反向磁场 $-H_{c1}$ 称为矫顽磁场强度，简称**矫顽力**(coercivity)。继续增大反向磁场，便进入反向的磁化过程，B 变为负值。到 $H=-H_m$(f 点)后再减小反向磁场，则 B 的绝对值也随着减小，到 $H=0$ 时，又保留着反方向的剩磁(og)。再将 H 的方向反过来增加到 H_{c1}，又使 $B=0$(h 点)。再继续增大 H 的值到 H_m，这时的 B 值比第一次 $H=H_m$ 时的 B 值稍低，即 c′点略低于 c 点，这是由于起始磁化曲线是从 $B=0$ 时进行磁化，而第二次是从 B 等于一定的负值(og)时进行磁化，所以两次的 B 值稍有不同。

上述反复磁化过程每次的变化曲线并不完全对称，但经过多次循环以后，将得到一个十分接近对称于原点的闭合曲线，如图 11-5 所示。可以看出，铁磁物质由于外磁场的方向和绝对值变化而反复磁化与退磁的过程中，磁通密度 B 的变化总是滞后于磁场强度 H 的变化，这种现象称为**磁滞**(hysteresis)，这样得到的闭合磁化曲线称为**磁滞回线**(hysteresis loop)。

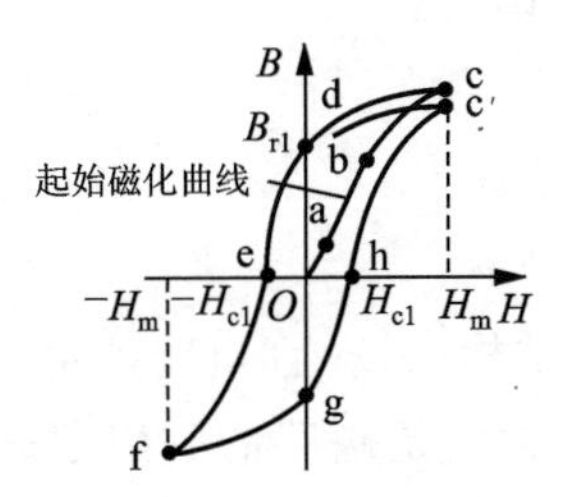

图 11-4　起始磁化曲线

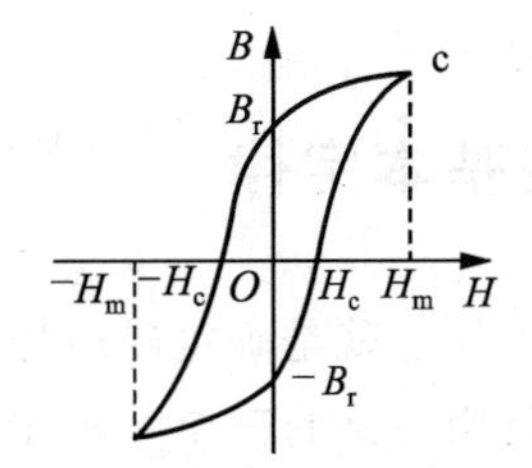

图 11-5　磁滞回线

不同的铁磁材料有不同的磁滞回线，因而有不同的矫顽力和剩磁。矫顽力大的材料称为"硬"磁材料，如钨钢、碳钢、钴钢及镍钴合金等，这类材料被磁化后，其剩磁不易消失，故适宜于用来制造永久磁铁。矫顽力较小的材料称为"软"磁材料，如纯铁、铸铁、铸钢、硅钢、铁淦氧磁体及坡莫合金等，适用于制作电机、变压器及各种电磁器件的铁芯。此外，锰镁铁氧体和锂锰铁氧体的磁滞回线很接近于矩形，故常称为矩磁材料，可用于制作电子计算机内部存储器的磁心和外部设备中的磁鼓、磁带及磁盘等。

铁磁物质的磁性与温度有很大关系。在一定的磁场强度下，温度升高，磁导率将减小。每种铁磁物质有一临界温度，称为**居里点**(Curie point)，当温度升到该值时，铁磁物质将变为非铁磁物质，磁导率下降到μ_0。铁的居里点约为1040 K，镍的约为630 K，钴的约为1388 K。反之，在居里点以下，即足够的低温下，顺磁性物质(相对磁导率稍大于1，例如铝，$\mu_r=1.00002$)可以变成铁磁性物质，例如明矾的居里点约为0.03 K。另有所谓反磁性物质，μ_r略小于1，例如铜，$\mu_r=0.999991$。在工程上顺磁性和反磁性物质的相对磁导率均可认为等于1，即与真空无异。

4. 基本磁化曲线(平均磁化曲线)

从磁滞回线可以看出，B是H的多值函数，对应于一个H值，应是哪个B值，要看是励磁还是退磁，这取决于过去的磁化状况。这样使得从H值求B值的问题变得很复杂。在工程上，除了某些特殊情况必须根据磁滞回线来分析外，一般可用简单的**基本磁化曲线**(fundamental magnetization curve)来确定B与H之间的关系。

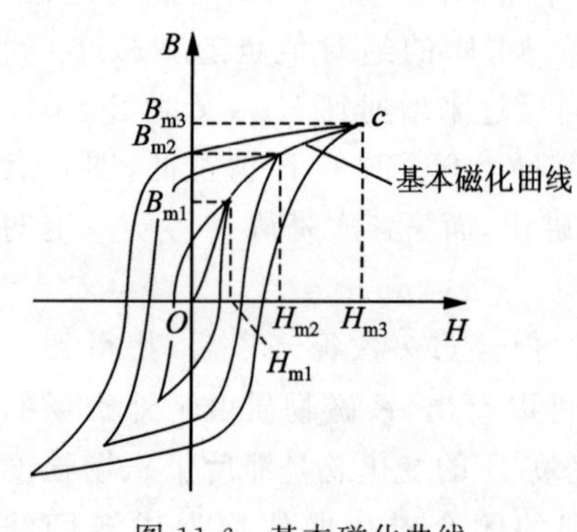

图11-6　基本磁化曲线

所谓基本磁化曲线，是对一种磁铁材料取多个不同的H_m值，得到一系列不同的对称磁滞回线(如图11-6所示)，再把各磁滞回线的正顶点联成的曲线(Oc)。基本磁化曲线亦称平均磁化曲线。它是一条比较稳定的曲线，在工程上简称磁化曲线。电工手册中给出的B-H曲线都是基本磁化曲线或是给出相应的B、H数据表。本章将在例题和习题的适当位置给出一些铁磁材料的磁化曲线或磁化数据表。从图11-4和图11-6不难看出，基本磁化曲线的形状和起始磁化曲线很相似，都是非线性的，B与H都互为单值函数。

11.2　磁路基本定律

磁路的基本问题就是确定磁通势、磁通和磁路结构(材料、形状、尺寸)三者之间的关系。这一关系是用磁路的三个基本定律来表述的，它们是磁路的欧姆定律、磁路的基尔霍夫磁通定律(又称基尔霍夫第一定律)和磁路的基尔霍夫磁位差(磁压)定律(又称基尔霍夫第二定律)。在形式上磁路的定律与电路的定律很相似，通过对比，便于学习与掌握，但又必须注意它们的区别和磁路的特点。下面将分别加以介绍。

11.2.1 磁路欧姆定律

图 11-7 是最简单的磁路，设一铁芯上绕有 N 匝线圈，通以电流 I，并假定不考虑漏磁，则沿整个磁路的 Φ 值相同。

设铁芯的平均长度为 l，截面积为 S，铁芯材料的磁导率为 μ，考虑铁芯饱和，μ 不是常量，随 B、H 或 Φ 的大小而变化。

沿着平均长度 l 路径，H 的大小不变，方向与 l 平行。应用物理学中的**安培环路定律**（Ampere's circuital law），可得

$$\oint_l \boldsymbol{H} \cdot \mathrm{d}\boldsymbol{l} = Hl = NI$$

因 $$H = \frac{B}{\mu}, B = \frac{\Phi}{S}$$

故得 $$\frac{\Phi l}{\mu S} = NI$$

即 $$\Phi = \frac{NI}{\dfrac{l}{\mu S}}$$

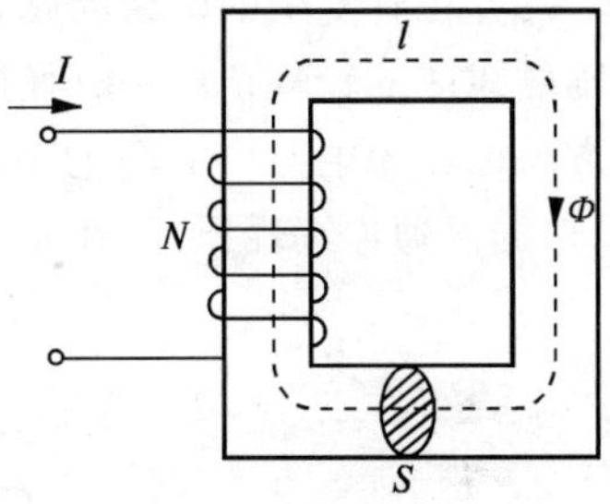

图 11-7 磁路

从上式看出，NI 越大，则 Φ 越大，$\dfrac{l}{\mu S}$越大，则 Φ 越小。

在工程上把 NI 称为**磁通势**（magnetomotive force），一般也称为安匝数，是产生磁通的源，用符号 F 表示，SI 单位是 A；$\dfrac{l}{\mu S}$称为**磁阻**（reluctance），用 R_{m} 表示，其 SI 单位是 1/H，记为 H^{-1}，即

$$[R_{\mathrm{m}}] = \frac{[l]}{[\mu][S]} = \frac{\mathrm{m}}{(\mathrm{H/m})\mathrm{m}^2} = \mathrm{H}^{-1}$$

于是有

$$\Phi = \frac{NI}{\dfrac{l}{\mu S}} = \frac{F}{R_{\mathrm{m}}} \tag{11-1}$$

式(11-1)与电路的欧姆定律相似，故称为磁路的欧姆定律。与电导的概念相似，磁阻的倒量称为**磁导**（permeance），用 Λ 表示，即 $\Lambda = \dfrac{\mu S}{l}$，因此磁路的欧姆定律也可以写成

$$\Phi = F\Lambda \tag{11-2}$$

对于一段材料一致且截面相同的局部磁路，若其长度为 l，则有

$$\oint_l \boldsymbol{H} \cdot \mathrm{d}\boldsymbol{l} = Hl = \frac{\Phi}{\mu S} l = \Phi R_{\mathrm{m}}$$

式中，Hl 称为**磁压降**（magnetic potential difference），也称磁压或磁位差，用 U_{m} 表示，其

SI 单位是 A。于是有

$$\Phi = \frac{U_m}{R_m}$$

必须指出，由磁路欧姆定律可知，只有在磁路的气隙或非铁磁物质部分 R_m 是常数，才保持磁通与磁通势或磁位差成正比例的关系。在有铁磁材料的各段，R_m 因 μ 随 B 或 Φ 变化而不是常数，这时必须利用 B 与 H 的非线性曲线，由 B 决定 H 或由 H 决定 B，这就是磁路计算的困难所在，将在 11.3 节详细讨论。

11.2.2 基尔霍夫磁通定律

计算比较复杂的磁路问题，常涉及分岔点上多个磁通的关系。如图 11-8 所示为有两个励磁线圈的较复杂磁路。设磁路分为三段，各段的磁通分别为 Φ_1、Φ_2 和 Φ_3，它们的参考方向标在图中，H 和 B 的参考方向与磁通一致（相关联），故未另标出。如忽略漏磁通，根据磁通连续性原理，在 Φ_1、Φ_2、Φ_3 的汇合处作一闭合面 S，必有

$$\oint_S B_n \mathrm{d}S = 0 \text{ 或 } \Sigma\Phi = 0 \tag{11-3}$$

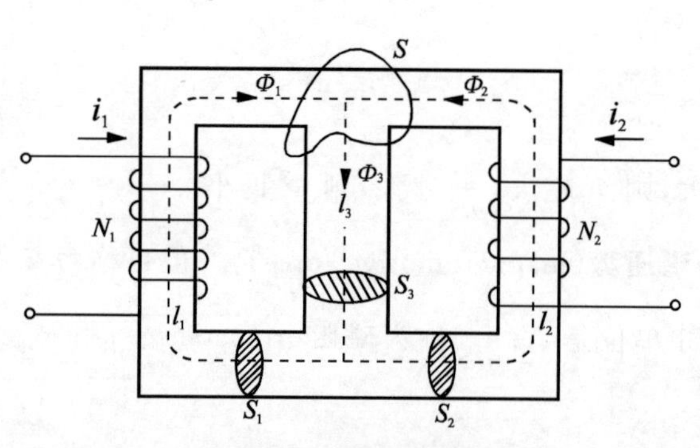

图 11-8 有分支磁路

即穿入任一封闭面的总磁通量为零，也就是穿入的磁通等于穿出的磁通。式(11-3)与电路的 KCL 形式相似，故称为基尔霍夫磁通定律。若把穿出闭合面 S 的磁通前面取正号，则穿入闭合面 S 的磁通前面应取负号，即各分支磁路联接处闭合面上磁通代数和等于零。即

$$-\Phi_1 - \Phi_2 + \Phi_3 = 0$$

如考虑有漏磁通，磁通连续性原理和基尔霍夫磁通定律仍然成立，不过要把漏磁计算在内。

11.2.3 基尔霍夫磁位差(磁压)定律

仍采用图 11-8 的磁路，设沿 l_1 和 l_3 两段的 H 值分别为 H_1 和 H_3，并处处与 l_1、l_3 平行。沿着 l_1、l_3 组成的闭合路径，根据安培环路定律，有

$$N_1 i_1 = \oint \boldsymbol{H} \cdot \mathrm{d}\boldsymbol{l} = H_1 l_1 + H_3 l_3 = \Phi_1 R_{m1} + \Phi_3 R_{m3}$$

同理，沿 l_1、l_2 所组成的闭合路径，应用安培环路定律，有

$$N_1 i_1 - N_2 i_2 = H_1 l_1 - H_2 l_2 = \Phi_1 R_{m1} - \Phi_2 R_{m2}$$

$N_2 i_2$ 项前面有负号是因为闭合路径的绕行方向与 i_2 的参考方向不符合右螺旋法则，$H_2 l_2$ 即 $\Phi_2 R_{m2}$ 项前有负号是因为绕行方向与第二段路径上的 H_2、B_2、Φ_2 的参考方向相反。

根据上述例子，可以总结得出一般规律如下：在磁路中，沿任意闭合路径磁通势的代数和等于磁位差的代数和，即等于磁阻压降的代数和。其中，若假定一绕行方向，当 I 的参考方向与绕行方向符合右手螺旋法则时，$NI(F)$取正号，否则取负号。而 Φ(即 B、H)的参考方向与绕行方向相同时，$\Phi R_m(Hl)$取正号，否则取负号。即

$$\begin{aligned} \Sigma F &= \Sigma U_m = \Sigma \Phi R_m \\ \Sigma NI &= \Sigma Hl = \Sigma \Phi R_m \end{aligned} \tag{11-4}$$

式(11-4)在形式上与电路中的 KVL 相似，称为磁路的基尔霍夫磁位差定律。但在有磁通势的回路中，一般不存在 $\Sigma U_m = 0$ 形式的基尔霍夫磁位差定律。

当激磁电流为直流时，磁路中产生恒定磁通，此磁路称为恒定磁通磁路；当激磁电流为交流时，产生交变磁通，此磁路称交变磁通磁路。

11.3 恒定磁通磁路计算

磁路计算根据已知量和待求量可以分为两类。第一类是已知磁通 Φ 求磁通势 F；第二类是相反的问题，即从已知磁通势 F 求磁通 Φ。工程实际中，磁路计算大多数是第一类问题，即已知 Φ 求 F，所以本节以讨论此类问题为主，对第二类问题仅提供解决的思路。

根据磁路结构，又可分为无分支磁路和分支磁路。本课程主要要求掌握无分支磁路的计算方法。

11.3.1 无分支磁路计算

先计算第一类问题，即已知磁通和磁路的结构、材料、尺寸，求磁通势。

无分支磁路仅含一个磁通回路，且忽略漏磁，所以处处磁通 Φ 相同。但各段材料、长度和截面积可能不同，故各段的磁通密度和磁场强度都可能不同，在计算时，必须分段考虑，可按下列步骤进行：

(1) 根据磁路中各部分的材料和截面进行分段，要求每一段磁路均匀(材料相同和截面积相等)。

(2) 根据磁路尺寸算出各段的截面积和平均长度(一般沿中心线计算)。在计算截面积时，必须注意由涂有绝缘漆的硅钢片堆叠而成的铁芯，根据几何尺寸计算出来的面积

是视在面积。磁感应线通过的面积应按有效面积来计算,所以应除去叠片间绝缘的厚度。设**填充系数**(fill factor)也称**叠加系数**(lamination factor)为 k,则有效面积$=k\times$视在面积。k 值随硅钢片厚度和所用绝缘漆厚度而定,一般约为 0.9。

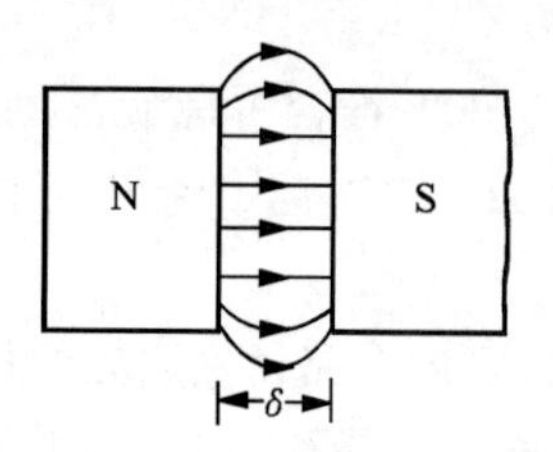

图 11-9　空气隙中磁通的边缘效应

在空气隙中,磁通会向外扩张,造成**边缘效应**(edge effect)(见图 11-9),因而增大了空气隙的有效截面积。当空气隙的长度 δ 很短时,其有效截面积可按下列近似公式估算。对于截面积为矩形的铁芯,设它的长、宽分别为 a、b,则空气隙的有效面积为

$$S_0\approx(a+\delta)(b+\delta)\approx ab+(a+b)\delta$$

对于截面积为圆形,且其半径为 r 的铁芯,空气隙的有效面积为

$$S_0\approx\pi\left(r+\frac{\delta}{2}\right)^2\approx\pi r^2+\pi r\delta$$

(3) 根据已知的磁通计算各段的磁感应强度 $B=\dfrac{\Phi}{S}$。

(4) 根据每一段的磁感应强度求磁场强度。对于铁磁材料,可查其基本磁化曲线或相应的 B、H 数据表;对于空气隙,用公式 $H_0=B_0/\mu_0$,或采用下列近似公式:

$$H_0=\frac{B_0}{4\pi\times10^{-7}}\approx0.8\times10^6B_0$$

(5) 根据每一段的磁场强度和平均长度求出每一段的 Hl 值。

(6) 根据基尔霍夫磁位差定律求所需的磁通势

$$F=NI=\Sigma Hl=H_0l_0+H_1l_1+H_2l_2+\cdots$$

上述步骤可归纳为如下的计算程序:

$$\Phi\rightarrow B\rightarrow H\rightarrow Hl\rightarrow\Sigma Hl=NI$$

例 11-1　有一闭合铁芯磁路,铁芯的截面积 $S=9\times10^{-4}\ \text{m}^2$,磁路平均长度 $l=0.3\ \text{m}$,铁芯磁导率 $\mu=5\times10^3\ \mu_0$,套装在铁芯上的绕组为 500 匝。试求在铁芯中产生 1 T 的磁通密度,需多少励磁磁动势和励磁电流?

解　这是所谓的正面问题,已知磁通求磁势。据磁通密度求出磁场强度

$$H=\frac{B}{\mu}=\frac{1}{5\times10^3\times4\pi\times10^{-7}}=159\ \text{A/m}$$

由磁路第 2 定律得磁动势

$$F=Hl=159\times0.3=47.7\ \text{A}$$

由此得励磁电流

$$I=\frac{F}{N}=\frac{47.7}{500}=95.4\ \text{mA}$$

例 11-2　对图 11-10(a)所示磁路,其尺寸(单位为 mm)已注明在图上,所用硅钢片的基本磁化曲线如图 11-10(b)。设填充系数 $k=0.9$,励磁绕组的匝数为 120,求在该磁路中获得 $\Phi=15\times10^{-4}$ Wb 所需的电流。

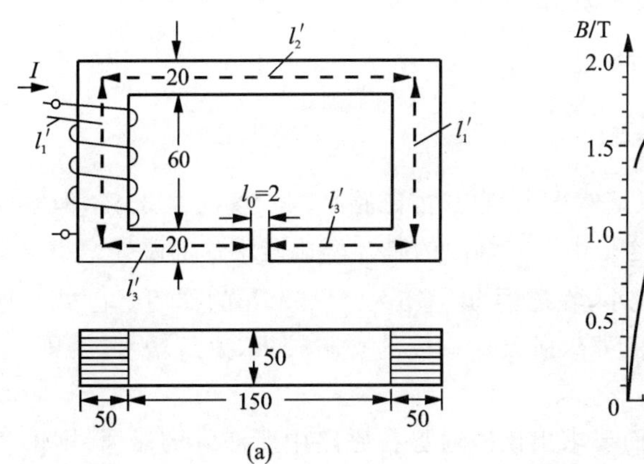

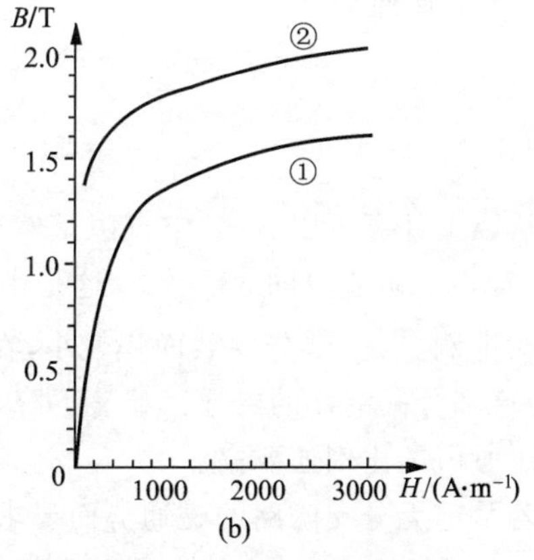

图 11-10　例 11-2 图

解　此磁路由硅钢片和空气隙构成，而硅钢片部分有两种截面积，因此分 3 段来计算。

(1) 各段的截面积和平均长度为

$$S_1=50\times50\times0.9=2250\ \text{mm}^2=22.5\times10^{-4}\ \text{m}^2$$

$$S_2=50\times20\times0.9=900\ \text{mm}^2=9\times10^{-4}\ \text{m}^2$$

$$S_0=20\times50+(20+50)\times2=1140\ \text{mm}^2=11.4\times10^{-4}\ \text{m}^2$$

$$l_1=2l_1'=(100-20)\times2=160\ \text{mm}=0.16\ \text{m}$$

$$l_2=l_2'+2l_3'=(250-50)\times2-2=398\ \text{mm}=0.398\ \text{m}$$

$$l_0=2\ \text{mm}=0.002\ \text{m}$$

(2) 各段的磁感应强度为

$$B_1=\frac{\Phi}{S_1}=\frac{15\times10^{-4}}{22.5\times10^{-4}}=0.667\ \text{T}$$

$$B_2=\frac{\Phi}{S_2}=\frac{15\times10^{-4}}{9\times10^{-4}}=1.667\ \text{T}$$

$$B_0=\frac{\Phi}{S_0}=\frac{15\times10^{-4}}{11.4\times10^{-4}}=1.316\ \text{T}$$

(3) 求各段的磁场强度。

由图 11-10(b)所示曲线查得(由曲线①查得即为 H 的实际值，而由曲线②查得数值应乘以 10 才是 H 值)

$$H_1=170\ \text{A/m},\quad H_2=4500\ \text{A/m}$$

空气隙中　$H_0=0.8\times10^6B_0=10.53\times10^5\ \text{A/m}$

(4) 各段的 Hl 为

$$H_1l_1=170\times0.16=27.2\ \text{A}$$

$$H_2l_2=4500\times0.398=1791\ \text{A}$$

$$H_0l_0=10.53\times10^5\times0.002=2106\ \text{A}$$

(5) 总磁通势

$$F=NI=H_1l_1+H_2l_2+H_0l_0=3924\ \text{A}$$

$$I=\frac{3924}{120}=32.7\ \text{A}$$

从以上计算可以看出，空气隙虽然很短，它只占磁路平均长度的0.35%，但空气隙的H_0l_0却占总磁通势的53.7%。这是由于空气隙的磁导率比硅钢片的磁导率小很多的缘故。在本例中，l_2部分的截面积较小，在磁通$\Phi=15\times10^{-4}$ Wb的作用下已处于饱和状态，使这部分硅钢片的磁导率显著下降，所以这一段的磁阻较大，磁压增大，否则，空气隙的磁压所占的比例还要高。

若给定无分支磁路的磁通势而要求出该磁通势在磁路中所激发的磁通，则由于磁路各段的磁导率不是常数，因此需要采用试探法或图解法来求解。试探法的步骤见下例。

例 11-3 给定磁路如图11-11(a)所示，空气隙的长度$l_0=1$ mm，磁路的横截面积$S=16\ \text{cm}^2$，中心线长度$l=50$ cm。线圈的匝数$N=1250$，励磁电流$I=800$ mA。求磁路中的磁通。磁路的材料为铸钢，其基本磁化曲线如图11-11(b)所示。

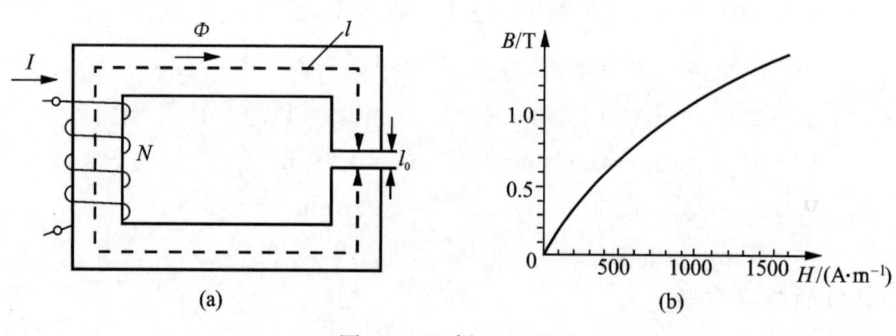

图 11-11　例 11-3 图

解　$NI=1250\times800\times10^{-3}=1000$ A

此磁路由2段构成，铸钢段的平均长度

$$l_1\approx l=50\ \text{cm}=0.5\ \text{m}$$

铸钢段的截面积

$$S=16\ \text{cm}^2=16\times10^{-4}\ \text{m}^2$$

空气隙长度$l_0=0.1\ \text{cm}=1\times10^{-3}$ m。为简化起见，忽略空气隙的边缘效应，即设$S_0=16\times10^{-4}\ \text{m}^2$。

空气隙的磁阻较大，故暂设整个磁路的磁通势全部都用于空气隙中，于是取第1次试探值为Φ^1，

$$\Phi^1=B_0^1S_0=\frac{NI}{l_0}\times\mu_0\times S_0$$

$$=\frac{1000\times16\times10^{-4}}{1\times10^{-3}}\times4\pi\times10^{-7}$$

$$=20.11\times10^{-4}\ \text{Wb}$$

由于设 $S_0=S$，故铸钢中磁感应强度

$$B_1^1=B_0^1=\frac{20.11\times10^{-4}}{16\times10^{-4}}=1.26\ \mathrm{T}$$

按图 11-11(b)的磁化曲线，查得

$$H_1^1=1410\ \mathrm{A/m}$$

空气隙中的磁场强度

$$H_0^1=0.8\times10^6\times B_0^1=10.08\times10^5\ \mathrm{A/m}$$

磁路的磁通势

$$F^1=H_1^1l_1+H_0^1l_0=1713\ \mathrm{A}$$

由于 $F^1>F(=NI=1000\ \mathrm{A})$，所以磁通的第 2 次试探值可以取得小一些。以此类推，将几次试探结果列于表 11-1 中，试探过程可以编写程序，由计算机完成。

表 11-1　磁路计算试探法数据表

	Φ /Wb	$B_1=B_0$/T	H_1/(A·m^{-1})	H_0/(A·m^{-1})	F/A
1	20.11×10^{-4}	1.26	1410	10.08×10^5	1713
2	15×10^{-4}	0.9375	820	7.5×10^5	1160
3	12×10^{-4}	0.750	630	6.0×10^5	915
4	14×10^{-4}	0.875	770	7.0×10^5	1085
5	13×10^{-4}	0.8125	690	6.5×10^5	995

可见第 5 次试探结果，$F^5=995$ A 与给定的 1000 A 已很接近，故可以认为待求磁通 $\Phi=13\times10^{-4}$ Wb。

另一种方法是根据上述多次试算的结果，将每次假定的磁通值 Φ^1、Φ^2、Φ^3、……和计算所得对应的磁通势值 F^1、F^2、F^3、……，在坐标纸上描出一条 $\Phi=f(F)$ 的曲线(见图 11-12)。再利用作图内插法按所给定的磁通势 F 从曲线上直接查出所相应的磁通 Φ。

求解这类问题的图解法与非线性电阻电路的图解法相似。以例 11-3 的无分支磁路为例，它可以看作由两段磁路串联组成，一段是空气隙，其磁阻 R_{m0} 是线性的(μ_0 为常数)，另一段磁阻 R_{m1} 是非线性的。R_{m1} 可以用韦安特性即磁通 Φ 与磁位差 $U_{m1}(=H_1l_1)$的关系曲线 $\Phi(U_{m1})$来表示，它可以根据该段磁路的截面积和平均长度，按基本磁化曲线上的磁感应强度值和对应的磁场强度值逐点求出。至于 R_{m0} 则可表示为 $R_{m0}=l_0/(\mu_0S_0)$。这样可以获得计算磁路图如图 11-13(a)，其中 $F_m=NI$ 相当于电路中的电压源的电压。于是可以用类似于非线性电阻电路中的曲线相交法得出图 11-13(b)，从两条曲线的交点即可求得所需要的磁通。

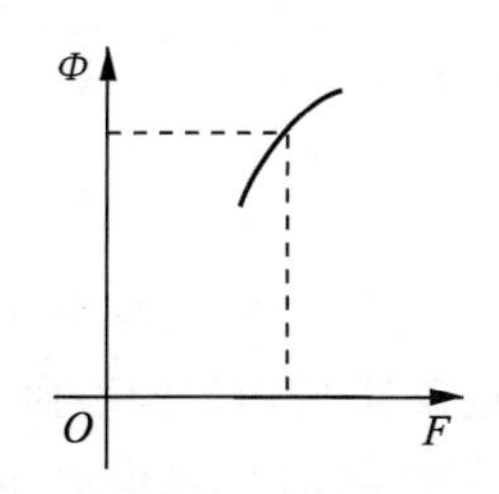

图 11-12　$\Phi=f(F)$曲线

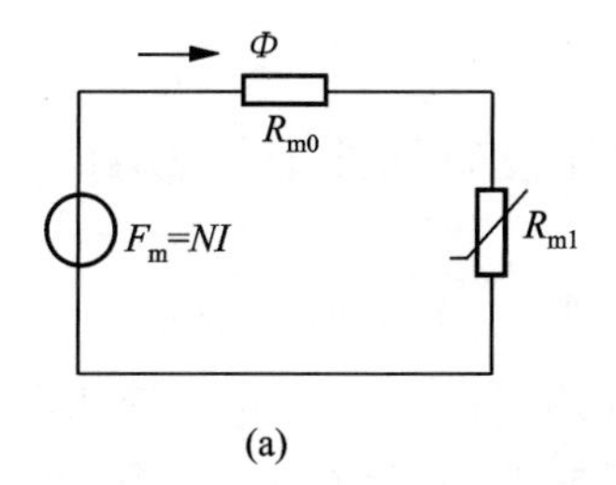

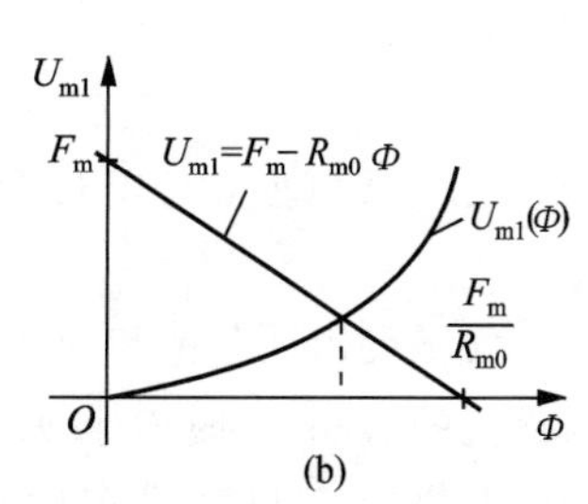

图 11-13　计算磁路图及其图解法

若给定无分支磁路由几段不同的磁路组成,则其计算磁路图可以看作由几个磁阻串联而成的磁路。同样可以用图解法来求解。

11.3.2 分支磁路计算

有两个或两个以上回路的磁路就是有分支磁路。有分支的恒定磁通磁路的计算比较复杂。下面通过一个具体例子介绍计算方法的思路。

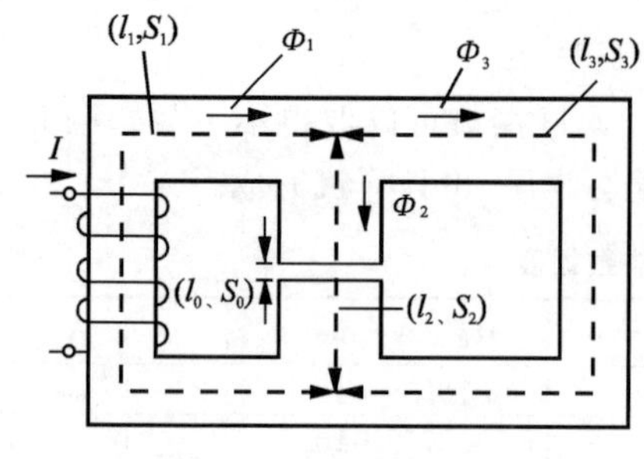

图 11-14 有分支磁路

图 11-14 是具有一个磁通势的分支磁路。按所假设的各磁通的参考方向和磁路定律,式(11-3)和式(11-4)有下列关系式:

$$\Phi_1=\Phi_2+\Phi_3$$

$$H_2l_2+H_0l_0=H_3l_3$$

$$H_1l_1+H_3l_3=NI$$

若给定的为通过空气隙的磁通 Φ_2,则可以直接求出所需要的磁通势。主要步骤如下:

(1) 从给定的 Φ_2 可以求出 B_2,并从相应的基本磁化曲线(或 B、H 数据表格)求出 H_2。然后求出空气隙中的 B_0 和 H_0。再通过 $H_3l_3=H_2l_2+H_0l_0$ 求出 H_3;

(2) 由 H_3 可以求出 Φ_3;

(3) 按 $\Phi_1=\Phi_2+\Phi_3$,求出 Φ_1;

(4) 从 Φ_1 求出 H_1l_1;

(5) 最后按 $NI=H_1l_1+H_3l_3$ 可以求出所需要的磁通势。

若给定的是其他支路的磁通,则有一部分非采用试探法或图解法计算不可。若给定的是磁通势,需求各磁通,则必须用试探法或图解法来求解。

11.4 磁饱和与磁滞对电压、电流及磁通波形的影响

当激磁电流为交流时,交变的磁通使铁芯处于反复磁化中,此时,由于铁芯的饱和性和磁滞作用都会对线圈电压、电流及磁通的波形发生一定的影响,现在分别进行讨论。

11.4.1 磁饱和对电压电流及磁通波形的影响

为了突出铁芯饱和的非线性特点,暂时忽略漏磁、线圈电阻的功率损耗,也忽略磁滞与涡流的影响,这时 B 与 H 的关系可用平均磁化曲线来描述。设磁路是均匀的一段,这样铁芯磁通 Φ 与 B 是正比。由于 H 与 i 也是正比,因此 Φ 与 i 之间的关系可以用与 B-H 曲线相似的曲线来表示,见图 11-15(b)。

(1) 假设外加励磁电压为正弦波,其值为

$$u=U_{\mathrm{m}}\sin\left(\omega t+\frac{\pi}{2}\right)=U_{\mathrm{m}}\cos\omega t \tag{11-5}$$

在求磁通 $\Phi(t)$ 及电流 i 的波形时,按图 11-15(a)中假设各量的参考方向并忽略上述各因素后,则励磁电压与主磁通变化感应的电动势平衡,有

$$u=-e=N\frac{\mathrm{d}\Phi}{\mathrm{d}t} \tag{11-6}$$

式中,N 为线圈匝数。将 u 代入求 Φ,有

$$\Phi(t)=\frac{1}{N}\int u(t)\mathrm{d}t=\frac{1}{N}\int U_{\mathrm{m}}\cos\omega t\,\mathrm{d}t=\frac{U_{\mathrm{m}}}{N\omega}\sin\omega t+C$$

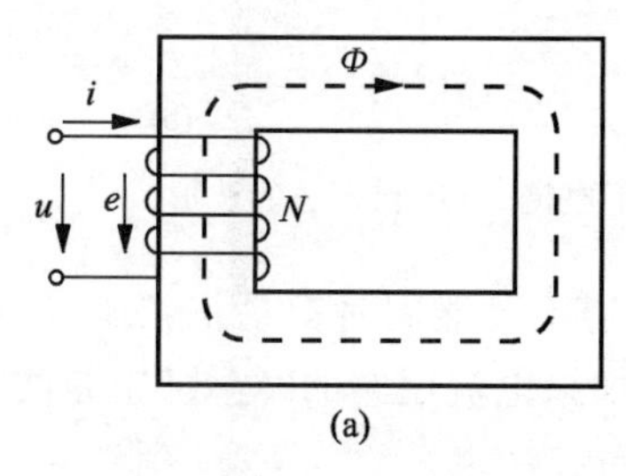

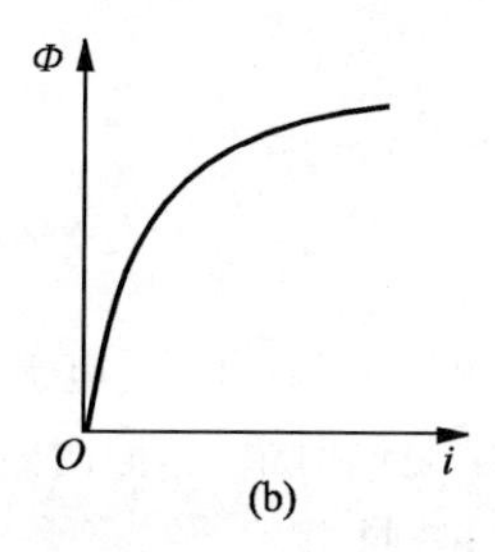

图 11-15 带铁芯的线圈

因外加电压 u 不含直流分量,且忽略了铁芯的磁滞作用,磁通不含直流分量,故 $\Phi(t)$ 中的积分常数 $C=0$,于是

$$\Phi(t)=\frac{U_{\mathrm{m}}}{N\omega}\sin\omega t=\Phi_{\mathrm{m}}\sin\omega t \tag{11-7}$$

式中,$\Phi_{\mathrm{m}}=U_{\mathrm{m}}/(N\omega)$ 为磁通的最大值即幅值,从而得励磁电压幅值与主磁通幅值的比例关系

$$U_{\mathrm{m}}=\omega N\Phi_{\mathrm{m}}=2\pi fN\Phi_{\mathrm{m}} \tag{11-8}$$

$$U=\sqrt{2}\pi fN\Phi_{\mathrm{m}}\approx 4.44fN\Phi_{\mathrm{m}}$$

式(11-8)说明在不计漏磁、线圈损耗,忽略磁滞和涡流影响时,励磁线圈的电压、频率、匝数一定,则铁芯中的主磁通幅值就可确定。主磁通为正弦波,相位滞后电压 90°。

在图 11-16(a)中先作出 $u(t)=U_{\mathrm{m}}\cos\omega t$ 及 $\Phi(t)=\Phi_{\mathrm{m}}\sin\omega t$ 的曲线,再根据图 11-15(b)的 Φ-i 曲线(或 i-Φ 曲线),便可从 $\Phi(t)$ 曲线逐点投影到 i-Φ 曲线上求出(同瞬间)相应的电流瞬时值,从而绘出电流 $i(t)$ 的曲线。

从图 11-16(a)的曲线可以得到这样的结论,当 $u(t)$ 及 $\Phi(t)$ 为正弦波时,$i(t)$ 不是正弦波,而是对称的尖顶波,其中有很强的三次谐波,还有一定含量的五次谐波。因此,线圈上外加电压不能超过额定值过多,否则磁路过于饱和,除波形严重畸变外,还可能因电流有效值过大,导致线圈过热而损坏。

(2) 假如线圈中电流是正弦波 $i(t)=I_{\mathrm{m}}\sin\omega t$,由 $i(t)$ 和 $\Phi(i)$ 曲线可作出 $\Phi(t)$ 的曲线,又由 $u=N\dfrac{\mathrm{d}\Phi}{\mathrm{d}t}$ 得到 $u(t)$ 的曲线如图 11-16(b)所示。可以看出,$i(t)$ 是正弦波时,

$\Phi(t)$是平顶波,$u(t)$则是畸变极严重的尖顶波,在某些情况,必须注意,u 的峰值过高,可能损坏线圈绝缘。

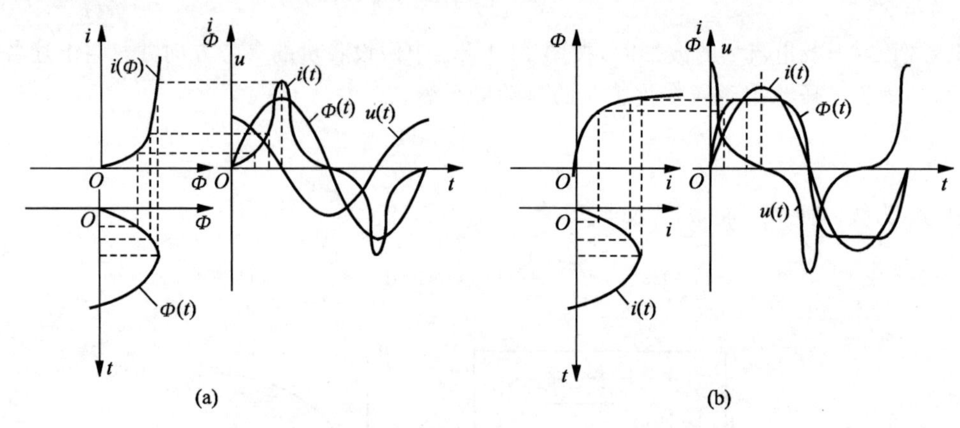

图 11-16　交变磁化下电流、电压和磁通的波形

综合上述可知,由于磁饱和,电流与磁通不可能同时都是正弦波,但在上述两种情况下,$i(t)$和 $\Phi(t)$都是同时最大,同时过零,如果电流用它的“等效”正弦波或基波分量代替时,电流和磁通总是同相。

例 11-4　需设计绕制一个铁芯线圈。已知电源电压为 220 V,频率为 50 Hz,测得铁芯截面积为 30.2 cm^2,铁芯由 D23 硅钢片叠成,叠片间隙系数为 0.91。

(1) 如取铁芯中 $B_m=1.2$ T,问线圈需要绕多少匝?

(2) 若磁路(无气隙)平均长度为 60 cm,问励磁电流为多大?

解　(1) 铁芯有效面积

$$S=30.2\ \text{cm}\times 0.91\ \text{cm}=27.5\ \text{cm}^2=2.75\times 10^{-3}\ \text{m}^2$$

忽略漏磁、线圈损耗、磁滞和涡流影响,则

$$N=\frac{U}{4.44fB_mS}=\frac{220}{4.44\times 50\times 1.2\times 2.75\times 10^{-3}}=300\ \text{匝}$$

(2) 当 $B_m=1.2$ T,查 D23 硅钢片磁化数据表(表题 11-4),得

$$H_m=6.52\ \text{A/cm}$$

由磁路定律

$$NI_m=H_ml$$

所以

$$I=\frac{H_ml}{\sqrt{2}N}=\frac{6.52\times 60}{\sqrt{2}\times 300}=0.92\ \text{A}$$

11.4.2　磁滞对电压电流及磁通波形的影响

考虑磁滞现象时,B 与 H 之间的关系不能用平均磁化曲线而必须用磁滞回线来描述。相应地,铁芯磁通 Φ 与线圈电流 i 之间的函数关系 $\Phi=F(i)$的曲线,在忽略线圈电

阻和铁芯的漏磁及涡流损耗时，将与磁滞回线 $B=F(H)$ 的形状完全相似，也是一条闭合回线。

假设线圈两端外加电压为正弦波 $u=U_{\mathrm{m}}\cos\omega t$，则在上述条件下，有 $u=N\dfrac{\mathrm{d}\Phi}{\mathrm{d}t}$，同样可得如式(11-7)的磁通波 $\Phi=\Phi_{\mathrm{m}}\sin\omega t$，其相位滞后于 u 的相角 90°。将 $\Phi(t)$ 的曲线绘于图 11-17，然后从 $\Phi(t)$ 曲线逐点投影到 $\Phi(i)$ 回线上求出(同瞬间)相应的电流瞬时值，从而可绘出电流 $i(t)$ 的曲线。

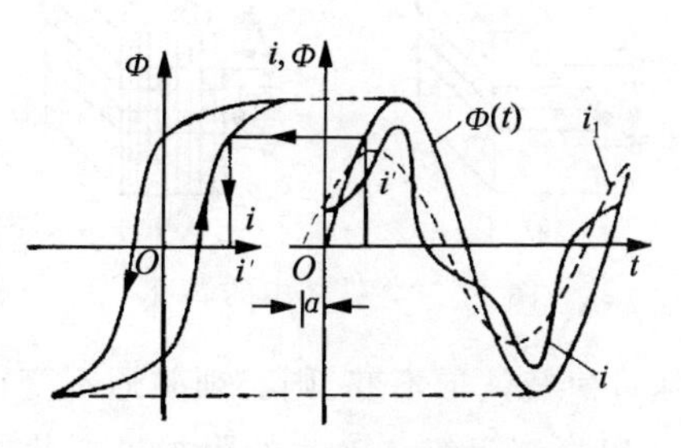

图 11-17　磁滞对电流波形的影响

从图 11-17 中所绘出的 $i(t)$ 曲线可以看出，它不对称于纵轴，也不对称于原点。电流与磁通的曲线虽同时到达最大值，但不同时过零，电流基波 i_1 的曲线(如图 11-17 中的虚线所示)比磁通的曲线要超前一个不大的角度 α，此角称为磁滞角。$i(t)$ 除了基波分量之外，它还有很强的三次谐波和其他一些较弱的奇次谐波。

如果线圈电流 $i(t)$ 是时间的正弦波，用上述类似的方法绘制磁通和电压曲线，结果磁通的波形是圆钝的，根据 $u=N\dfrac{\mathrm{d}\Phi}{\mathrm{d}t}$，电压波便是尖削的形状，比不考虑磁滞特性时畸变更为显著。

由以上分析可知，当考虑磁滞影响时，电压 $u(t)$ 仍然超前 $\Phi(t)$ 90°，但是电流 $i(t)$ 超前 $\Phi(t)$ 一个角度 α，这就使得励磁线圈的电压和电流相位差不再是 90°，而是 $90°-\alpha$，小于 90°，故带有铁芯线圈时其电压和电流构成了有功功率，即所谓的铁耗。

11.5　铁芯中的功率损耗

在恒定磁通磁路中铁芯内没有功率损耗。但在交变磁路中，铁芯内由于交变磁化将产生功率损耗，称为磁损耗，在工程上常简称**铁损**(iron loss)或铁耗。铁损是由于涡流和磁滞作用产生的，分别称为涡流损耗和磁滞损耗，通常用 P_{e} 和 P_{h} 表示。

11.5.1　涡流和涡流损耗

根据电磁感应原理，交变磁通在导体中产生感应电流，这个电流在垂直于磁通方向的平面内围绕磁感应线 B 呈旋涡状流动(如图 11-18 中虚线所示)，因此称为**涡流**(eddy current)，用 i'_{e} 表示。涡流在导体中流动将产生两种效应，一是磁效应，因它将建立磁通势作用于磁路中，使原来的磁通分布变得不均匀，二是涡流在导体中产生焦耳热效应，形成功率损耗，即所谓**涡流损耗** P_{e}(eddy current loss)。

在电机电器等电磁设备中，普遍不用像图 11-18(a)所示那样的整块铁芯，因为整块铁芯内上述两种效应都很强烈。而用图 11-18(b)所示含硅 1%～5%的电工硅钢片叠装成的铁

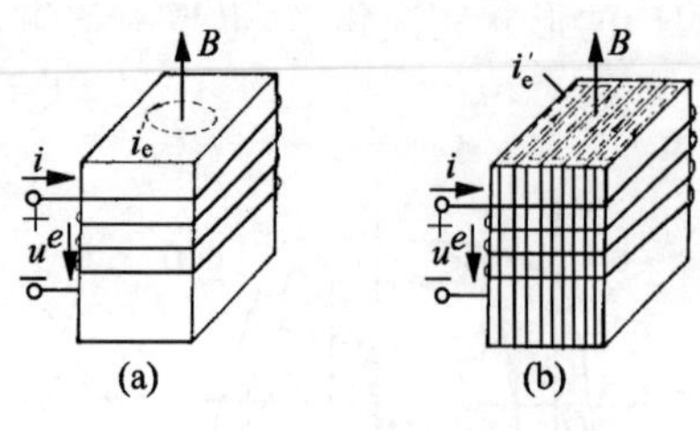

图 11-18　铁芯中的涡流

芯，片间加绝缘涂料，以阻隔涡流，使涡流的作用大为削弱。因硅钢片很薄，可以近似认为每一薄片的截面内磁通均匀分布；钢片含硅后使电阻率增大几倍，涡流减小，且片间相互绝缘使在每片中起推动涡流作用的感生电动势降低，因而涡流损耗降低。

在现代工业中，许多场合利用涡流的两种效应制成有益的装置。因为若铁芯上线圈两端外加电压量值及波形不变，则必须磁通不变，考虑涡流磁效应后，线圈电流 i 必须增加一个分量 i_e，以抵消涡流 i'_e 产生的附加磁通势的作用，维持磁通不变。这样，线圈中 i_e 的出现，或者说 i 的变化成了反映铁芯（或其他金属体）中涡流存在的信号。根据此原理可制成一种实现无损检测工件内部的伤痕和断裂情况的传感器。利用涡流的热效应可制成感应式电炉和金属感应热处理装置，这时线圈电流中的附加分量 i_e 还起到引入电功率，经电磁耦合传输到铁芯中转化为热能的作用。引入的电功率就是 P_e，在电机电器中就是涡流损耗。

经过详细的分析推导，若铁芯是由平行于磁感应强度向量的钢片叠成，单位体积内涡流损耗的计算公式为

$$P_{e0}=\frac{1}{6}\sigma\pi^2 f^2 d^2 B_m^2 \tag{11-9}$$

可见涡流损耗与铁芯材料的电导率 σ 成正比，与每一叠片厚度 d、电源频率 f 及磁通密度的幅值 B_m 三者平方成正比。故减小叠片厚度是降低涡流损耗十分有效的措施，在工频时采用 d 为 0.35 mm 和 0.5 mm 的两种硅钢片，在音频范围厚度应减小到 0.02～0.05 mm。而在高频时则常改用粉末铁芯或铁淦氧磁体，效果更好。

在工程上，常把式(11-9)的涡流计算公式简化为

$$P_{e0}=\sigma_e f^2 B_m^2$$

若在一段体积为 V 的铁芯内，磁通和涡流损耗都均匀分布，则体积 V 内的总涡流损耗为

$$P_e=\sigma_e f^2 B_m^2 V \tag{11-10}$$

式中，σ_e 是决定于铁芯材料电导率与叠片厚度的系数。实际上，在电机变压器等设备的铁芯中，磁通密度和涡流损耗很少是均匀分布的，所以严格地计算涡流损耗必须用场的数值分析法，这将在“电磁场”课程中有所介绍。

11.5.2　磁滞损耗

磁滞损耗(hysteresis loss)是铁芯在交变磁化下，内部磁畴不断改变排列方向和发生畴壁位移而造成的能量损耗。磁滞损耗的能量也是由线圈中引入的电功率经电磁耦合传输到铁芯中的，它转变为热能使铁芯温度升高。可以证明，磁滞回线包围的面积乘以纵横坐标的比例尺就等于单位体积的铁磁物质反复磁化一周的磁滞损耗。

现以图 11-7 所示具有均匀截面的磁路为例来加以论证。若忽略漏磁通和线圈导线

电阻的焦耳功率损耗 i^2R(常称铜损或铜耗),则由线圈电压电流所决定(由电源在交变磁化过程中提供)的功率瞬时值为

$$p=ui=iN\frac{d\Phi}{dt}=Hl\frac{d\Phi}{dt}$$

当铁芯截面上磁通 Φ 均匀分布时 $\Phi=BS$,得

$$p=Hl\frac{d(SB)}{dt}=lSH\frac{dB}{dt}=VH\frac{dB}{dt}$$

式中,$V=lS$ 为均匀截面铁芯的体积。所以电源供给的平均功率(有功功率)为

$$P=\frac{1}{T}\int_0^T p\,dt=\frac{1}{T}\int_0^T VH\frac{dB}{dt}dt=\frac{V}{T}\oint H\,dB=fV\oint H\,dB$$

式中,$f=\frac{1}{T}$ 为线圈所接交流电源的频率,$\oint H\,dB$ 即沿图 11-5 所示磁滞回线所取的闭合路径积分,可以证明它与磁滞回线的面积是正比。

因为当磁场强度从 $-H_m$ 增加到 $+H_m$ 的过程中[见图 11-19(a)],能量由 edl 及 clg 两块面积之和来决定。但面积 edl 是正的,因为 $H>0$、$dB>0$,而面积 clg 是负的,因为 $H<0$、$dB>0$,所以实际上决定于两块面积的绝对值之差。

同理,当磁场强度从 $+H_m$ 降低到 $-H_m$ 的过程中,能量由 kcg 及 ked 两块面积的绝对值之差来决定(见图 11-19(b),注意此时 $dB<0$)。

将图 11-19(a)与图 11-19(b)叠合起来得图 11-19(c),就证明了磁滞损耗与回线面积是正比的论断。令 P_{h0} 代表铁芯交变磁化一个循环,单位体积的磁滞损耗,则有

$$P_{h0}=\oint H\,dB$$

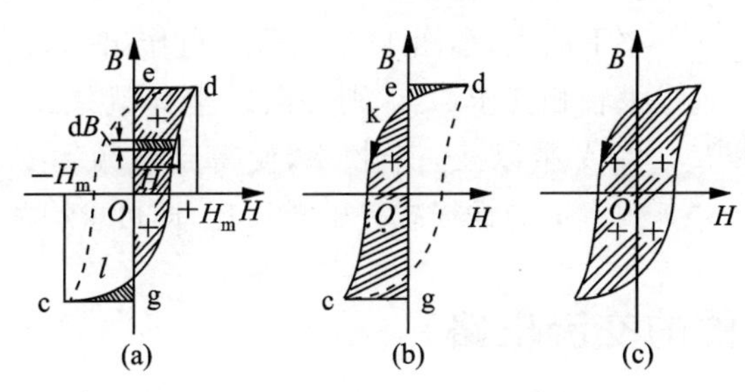

图 11-19　磁滞损耗与回线面积是正比

斯坦麦兹提出了一个经验公式:

$$P_{h0}=\sigma_h B_m^n$$

计入电源频率 f 及铁芯体积 V,则计算磁滞损耗的经验公式为

$$P_h=\sigma_h fVB_m^n \tag{11-11}$$

式中,σ_h 是与铁芯材料性质和选用单位有关的系数,可由实验确定或从手册查到。n 值在 $B_m<1$ T 时可取 1.6,在 $B_m>1$ T 时宜取 2。

实践表明,在正常运行的电机和变压器中,磁滞损耗常较涡流损耗大 2～3 倍,因此减小铁芯的磁滞损耗特别值得重视。由上述可知,要磁滞损耗小,必须磁滞回线的面积

小,软磁材料磁滞回线的面积远小于硬磁材料的回线面积,所以电磁设备的铁芯普遍采用软磁材料。20 世纪 70 年代发展起来的非晶态合金,磁滞回线的面积极小,磁滞损耗也就特别小,并且非晶态合金的电导率极低,因此涡流损耗也极小。综合起来,这种材料的磁损耗(铁损)比普通电工硅钢片的磁损耗小得多,用来制造变压器时,其铁损只有同容量普通变压器的 20%左右。

11.5.3 磁损耗(铁损)

将式(11-10)与式(11-11)相加,便得到一段均匀磁路磁损耗 P_{Fe} 的计算公式

$$P_{Fe}=P_h+P_e=(\sigma_h fB_m^n+\sigma_e f^2B_m^2)V \quad (W) \tag{11-12}$$

利用磁滞损耗和涡流损耗对频率的不同依赖关系,在保持磁通密度幅值不变的条件下,用改变电源频率的方法,可以用图解法将两种损耗分解开来。保持 B_m 不变,式(11-12)可以改写成

$$P_{Fe}=Af+Bf^2 \tag{11-13}$$

式中,$A=\sigma_h B_m^n V$,$B=\sigma_e B_m^2 V$,均为与频率 f 无关的常数,于是有

$$\frac{P_{Fe}}{f}=A+Bf \tag{11-14}$$

在两种不同频率下(如 $f=f_1$ 及 $f=f_2$)测出 P_{Fe} 便可决定常数 A 和 B,从而将两种损耗分开。

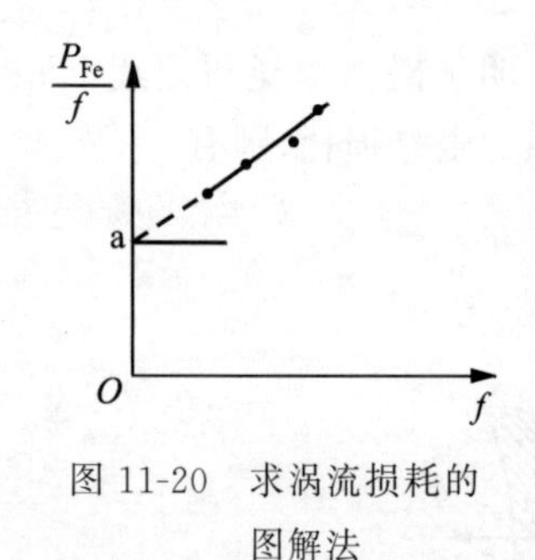

图 11-20 求涡流损耗的图解法

为了更精确起见,可用功率表测出对应于几种频率的铁损,并在图上以 P_{Fe}/f 为纵坐标,以 f 为横坐标,画出不同频率下的点,如图 11-20 所示,可作出一条直线。延长此直线与纵轴相交于 a 点,则 a 点纵坐标就是式(11-14)中的常数 A。将 A 乘以某一个频率,便得到该频率下的磁滞损耗,从同一频率下的铁损减去磁滞损耗,即可求得涡流损耗。

11.6 带铁芯线圈的交流电路

本节研究带**铁芯线圈**(coil with iron core)的电路在正弦电压作用下的物理过程。

如图 11-21 所示,线圈两端加以交变电压 $u(t)$时,线圈中就产生交变电流 $i(t)$,此电流在线圈上产生电阻压降 iR,同时发生焦耳热损耗。这个电流还建立通过铁芯闭合的主磁通 $\Phi(t)$和部分路径在铁芯附近空气中闭合的漏磁通 $\Phi_\sigma(t)$,主磁通和漏磁通将在线圈中分别感应主电动势 $e(t)$和漏磁电动势 $e_\sigma(t)$,当电流 $i(t)$流过线圈时就有抵偿这两种电动势的电压 $u_0=-e$ 和 $u_\sigma=-e_\sigma$。其中漏磁通与励磁电流呈线性关系,因此按

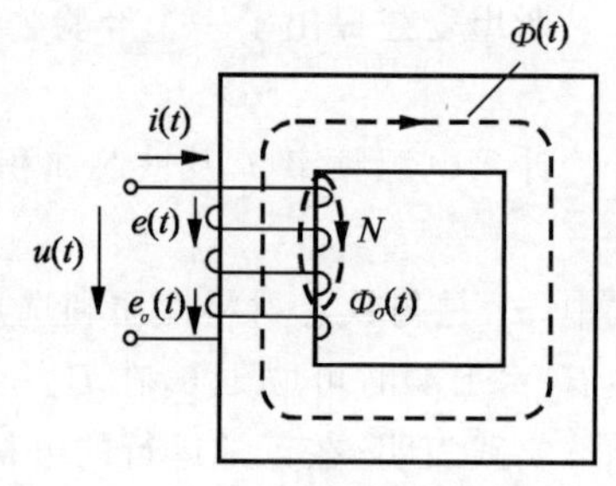

图 11-21 正弦磁通磁路

图中规定的各种物理量的参考方向，根据KVL，可列出电路的（瞬时值）电压平衡方程式

$$\begin{aligned} u(t) &= Ri(t) + u_\sigma(t) + u_0(t) \\ &= Ri(t) + N\frac{\mathrm{d}\Phi_\sigma}{\mathrm{d}t} + N\frac{\mathrm{d}\Phi}{\mathrm{d}t} \\ &= Ri(t) + L_\sigma\frac{\mathrm{d}i}{\mathrm{d}t} + N\frac{\mathrm{d}\Phi}{\mathrm{d}t} \end{aligned} \tag{11-15}$$

若用等效正弦波代替非正弦波作近似计算，则上式可以写成相量形式：

$$\dot{U} = R\dot{I} + \mathrm{j}\omega L_\sigma\dot{I} + \dot{U}_0 = \dot{I}(R + \mathrm{j}X_\sigma) + \dot{U}_0 \tag{11-16}$$

式(11-16)中 $\dot{U}_0$ 就是不计线圈损耗、漏磁时的励磁电压，其超前主磁通 90°。因此由式(11-8)得

$$\dot{U}_0 = \mathrm{j}4.44fN\dot{\Phi}_\mathrm{m},\quad \dot{E} = -\dot{U}_0 = -\mathrm{j}4.44fN\dot{\Phi}_\mathrm{m} \tag{11-17}$$

式(11-16)便可改写成

$$\dot{U} = \dot{I}(R + \mathrm{j}X_\sigma) - \dot{E} \tag{11-18}$$

$\dot{E}$ 为主磁通感应的电动势，式(11-16)或式(11-18)是带铁芯线圈正弦交流电路稳态情况下的基本方程式。依式(11-16)或式(11-18)可作出铁芯线圈的电路模型如图 11-22 所示，其铁芯本身是一个典型的交变磁通的磁路。

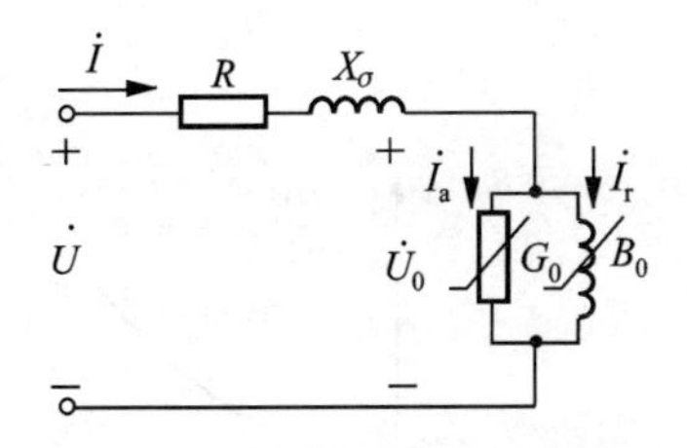

图 11-22 铁芯线圈的电路模型

电路模型中各参数的意义如下：

R——线圈的交流电阻(有效电阻)，其量值由铜损 $P_\mathrm{Cu} = RI^2$ 来确定，或者用线圈的直流电阻乘以反映集肤效应的系数。

X_σ——反映漏磁通作用的感抗，称为漏电抗。$X_\sigma = \omega L_\sigma$。漏磁通只与线圈的部分线匝相交链，现在等效为全部线圈 N 匝相交链，因此，$L_\sigma = \dfrac{\Psi_\sigma}{i} = \dfrac{N\Phi_\sigma}{i}$。因为漏磁通的路径在空气部分的磁阻比铁芯内部的磁阻大得多，可以认为 L_σ 是线性电感，与铁芯的饱和程度无关。

G_0——反映磁损耗 P_Fe 的电导。因此应有 $G_0U_0^2 = P_\mathrm{Fe}$，或 $G_0 = \dfrac{P_\mathrm{Fe}}{U_0^2} = \dfrac{I_\mathrm{a}}{U_0}$($I_\mathrm{a}$ 为补偿铁损的电流分量，即电流的有功分量与铁损相对应，简称铁损电流)。G_0 是变化的量值与铁芯饱和程度有关，即与主磁通的量值有关，因而与它的感应电动势有效值 E 有关，随着 E 值的增大而略微增大，其变化趋势大致如图 11-23 所示，图中曲线可由试验测量获得或查阅有关手册。

B_0——反映激励起主磁通的电纳，其值也是变化的，与铁芯的饱和程度有关，将随着 E 值的增大而增大，如图 11-23 所示。因 B_0 是反映励磁作用的电纳，属于感性电纳，故流过 B_0 支路的电流 $\dot{I}_\mathrm{r}$(见图 11-24)应滞后于电压 $\dot{U}_0$ 90°，而 $\dot{I}_\mathrm{a}$ 为有功分量，与 $\dot{U}_0$ 同

相，用复数表示得

$$\dot{I}=\dot{I}_a+\dot{I}_r=\dot{U}_0(G_0+jB_0)=(-\dot{E})(G_0+jB_0)=(-\dot{E})Y_0 \tag{11-19}$$

式中，$Y_0=G_0+jB_0$ 称为励磁导纳，G_0、B_0 分别称为励磁电导和励磁电纳。$\dot{I}_r=jU_0B_0$ 为电流无功分量，常称**励磁电流**（exciting current）。

根据铁芯线圈的电路模型或根据电压平衡方程式(11-18)及电流表达式(11-19)，可以绘出铁芯线圈电路的相量图，如图 11-24 所示。图中首先在水平方向画出 $\dot{\Phi}_m$ 作参考正弦量，作出 $\dot{I}_r$ 与 $\dot{\Phi}_m$ 重合，$\dot{E}$ 滞后于 $\dot{\Phi}_m 90°$，在超前于 $\dot{\Phi}_m 90°$的方向作出 $\dot{U}_0=-\dot{E}$ 及 $\dot{I}_a$，然后求 $\dot{I}_r$ 与 $\dot{I}_a$ 的相量和得 $\dot{I}$，再在 $\dot{U}_0$ 的末端作平行于电流 $\dot{I}$ 的电阻压降 $\dot{U}_R=R\dot{I}$，在 $\dot{U}_R$ 的末端作超前于 $\dot{U}_R 90°$的漏抗压降 $\dot{U}_\sigma=jX_\sigma\dot{I}$，最后从原点 O 作出电压 $\dot{U}$ 的相量，便得一个完整的相量图。图 11-24 中 φ 是对应于此种运行情况下的功率因数角，α 则是此时的铁损角，因 $I_a=P_{Fe}/U_0$ 取决于全部铁损，以致 α 比单考虑磁滞损耗的磁滞角略大。

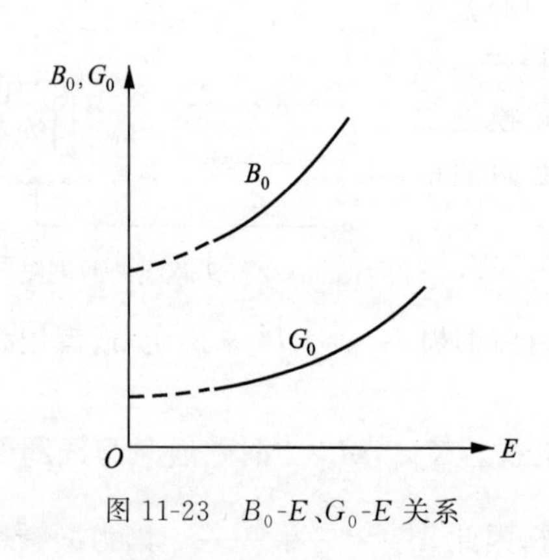

图 11-23 B_0-E、G_0-E 关系

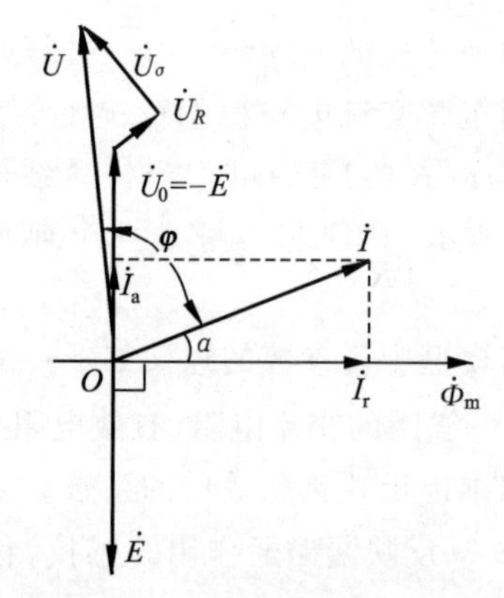

图 11-24 铁芯线圈电路的相量图

如果引入励磁阻抗 Z_0 的概念，有

$$Z_0=\frac{1}{Y_0}=\frac{\dot{U}_0}{\dot{I}}=R_0+jX_0$$

即

$$\dot{U}_0=\dot{I}(R_0+jX_0),\quad Z_0=\frac{1}{G_0+jB_0}$$

式中，$R_0=\dfrac{G_0}{G_0^2+B_0^2}$，$X_0=\dfrac{-B_0}{G_0^2+B_0^2}$，再根据基本方程式(11-16)，则可作出如图 11-25 所示铁芯线圈的串联电路模型。图中 R_0 是反映磁损耗的电阻，称为励磁电阻，R_0 的大小应由 $P_{Fe}=R_0I^2$ 来确定；X_0 是反映主磁通感应电动势作用的电抗，称为激磁电抗，$X_0=\sqrt{|Z_0|^2-R_0^2}$。显然，R_0 和 X_0 都与主磁通的大小有关，即在一定程度上，受铁芯饱和的

影响。

在大多数情况下，例如在通常的变压器中，由于线圈电阻较小，漏磁通相对主磁通也很小，因此，在忽略线圈电阻和漏磁通的情况下，线圈两端电压可近似表示为

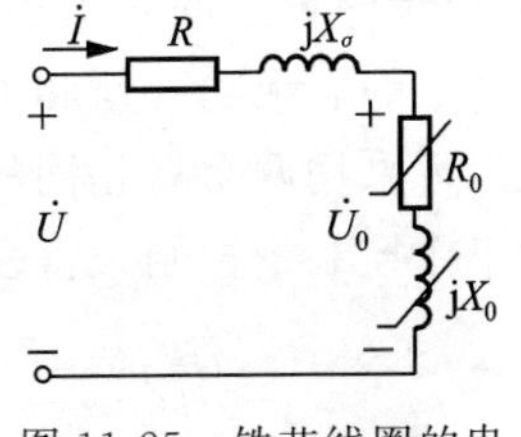

图 11-25　铁芯线圈的串联电路模型

$$u(t) \approx N\frac{\mathrm{d}\Phi}{\mathrm{d}t}$$

由式(11-15)～式(11-18)分析得知

$$U = 4.44fN\Phi_m = 4.44fNB_mS \tag{11-20}$$

式中，B_m 的单位为 T，S 的单位为 m^2，U 的单位为 V，f 的单位为 Hz。

通常，在交流磁路中我们关心的是磁通或磁通密度的最大值 Φ_m 或 B_m，因这涉及磁路是否饱和的问题。而外施电压则常以有效值表示，因此，变压器设计中常采用式(11-20)，它是电磁器件理论中的一个极其重要的公式。

从以上分析看出，铁芯线圈是电与磁相互作用的复杂问题，若只研究电压、电流、功率问题时，工程上可以依据电路模型进行近似计算，从而把铁芯线圈复杂问题的研究转变为对它的电路模型的研究，使问题得以简化。

例 11-5　一铁芯线圈已知线圈电阻 $R=0.5\ \Omega$，漏电抗 $X_\sigma=1\Omega$，在外加工频电压 $U=100$ V 时，测得 $I=10$ A，$P=200$ W。试求铁损和主磁通的感应电动势 E 与磁化电流 I_r，并作出其相量图。

解　已知 $R=0.5\ \Omega$，$I=10$ A，则铜损为

$$P_{Cu} = I^2R = 50\ \text{W}$$

铁损为

$$P_{Fe} = P - P_{Cu} = 200 - 50 = 150\ \text{W}$$

而

$$\dot{U} = \dot{I}(R + jX_\sigma) + \dot{U}_0$$

令

$$\dot{I} = I\angle 0^\circ = 10\angle 0^\circ\ \text{A}$$

因

$$\cos\varphi = \frac{P}{UI} = \frac{200}{100\times 10} = 0.2$$

得

$$\varphi = 78.5^\circ$$

则

$$\dot{U} = U\angle\varphi = 100\angle 78.5^\circ$$

故

$$\dot{U}_0 = 100\angle 78.5^\circ - 10(0.5 + j1) = 89.2\angle 80.4^\circ\ \text{V}$$

即主磁通感应电动势为

$$E = U_0 = 89.2\ \text{V}$$

磁化电流为

$$I_r = I\sin(\widehat{\dot{U}_0,\dot{I}}) = 10\sin 80.4^\circ = 9.86\ \text{A}$$

作出相量图如图 11-26 所示(此图仅表示各相量的相位关系，为清楚起见，将部分相量量值增大)。

在现代工程实际中，常常用到有直流偏磁的交流铁芯线圈。其作用是改变直流的大

小，以调整铁芯的磁饱和程度，从而改变交流线圈的等效电感和相应的电抗。例如在电力系统静态无功补偿和电力拖动控制系统中用的饱和电抗器，图 11-27 为其原理示意图。此外可采用两个有相同的交、直流同时供电的线圈组成的磁放大器等，即用较小的直流功率作控制量控制大得多的交流功率，这在控制系统中有很大的作用。

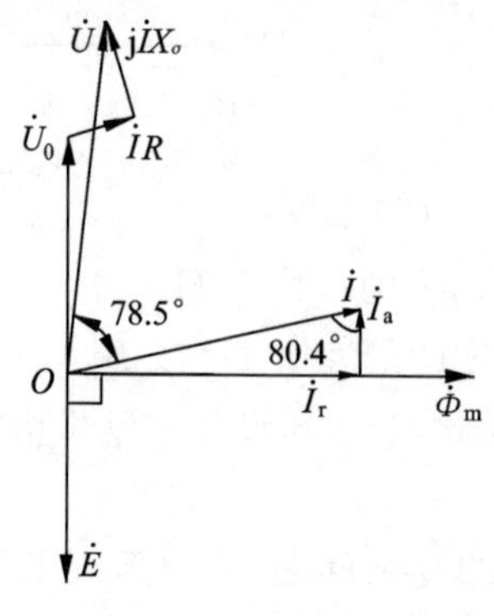

图 11-26　相量图

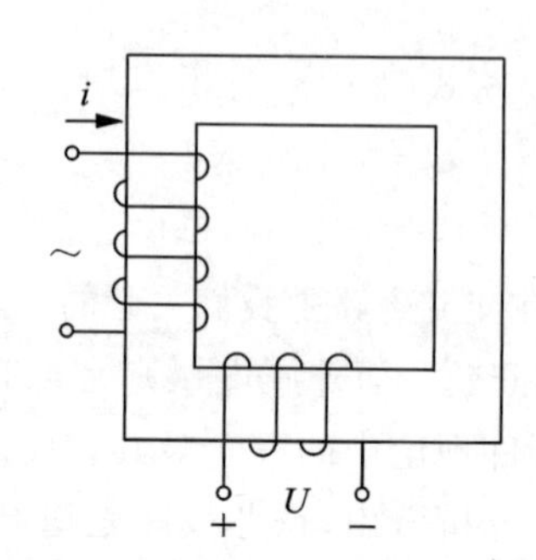

图 11-27　饱和电抗器原理示意图

11.7　铁芯变压器

在第 5 章中曾分析了空心变压器的工作原理，它是由两个套绕在非铁磁材料上的线圈构成，线圈上的励磁电流与产生的磁通呈线性关系，变压器的两个绕组可以看成两个线性耦合电感线圈，其常用于高频电子线路中。而用于电能传输的电力变压器，则是由套在一闭合铁芯上的两个或多个线圈构成，即所谓的铁芯变压器。本节从磁路的角度分析铁芯变压器的工作原理及其电压、电流关系。

图 11-28 是一铁芯变压器的工作原理示意图，与空心变压器类似，将与电源相联的线圈称为原边线圈(原绕组或初级绕组)，与负载相联的线圈称为副边线圈(副绕组或次级绕组)，有时也称变压器电源侧为一侧，负载侧为二次侧，为了减少磁通变化所引起的涡流损耗，变压器的铁芯常用厚度为 0.35～0.5 mm 硅钢片叠成，片间用绝缘层隔开，此外绕组与绕组之间，绕组与铁芯间也相互绝缘。为了分析方便，这里以正弦交流激励为例分析变压器的工作情况。

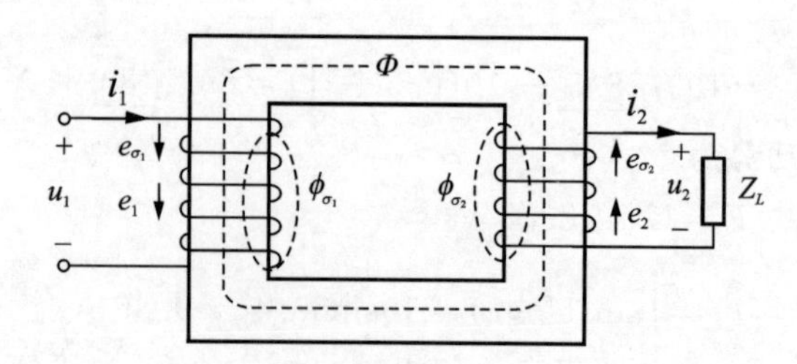

图 11-28　铁芯变压器工作原理

1. 变压器空载运行

变压器原边绕组接上额定交变电压,副边开路,称为**空载**(no-load)运行,此时变压器为一带铁芯线圈,如图 11-29(a)所示,由式(11-18)得原边绕组电压方程

$$\dot{U}_1=(R_1+\mathrm{j}X_{\sigma1})\dot{I}_0-\dot{E}_1 \tag{11-21}$$

不计原边绕组铜损电阻 R_1 和漏感 $X_{\sigma1}$,则由式(11-21)得

$$\dot{U}_1=-\dot{E}_1=\mathrm{j}4.44fN_1\dot{\Phi}_\mathrm{m} \tag{11-22}$$

空载时,副边绕组开路,由图 11-29(a)中线圈的绕向可判断副边感应电动势方向,因此有

$$\dot{U}_{20}=\dot{E}_2=-\mathrm{j}4.44fN_2\dot{\Phi}_\mathrm{m} \tag{11-23}$$

联立式(11-22)和式(11-23)有

$$\frac{\dot{U}_1}{\dot{U}_{20}}=-\frac{N_1}{N_2}=-n \tag{11-24}$$

式中 n 为相对匝比,据图 11-29(a)绕组在铁芯上的绕向和式(11-24)得出空载时变压器电路模型如图 11-29(b)所示。式(11-24)表明变压器在全耦合、无损耗时,原副边电压之比为其匝数之比,极性相对于同名端一致,换句话说,在图 11-29 中,原副边电压极性在同名端处都同标为"+"或同标为"-",则式(11-24)中匝比 n 前为"+"。

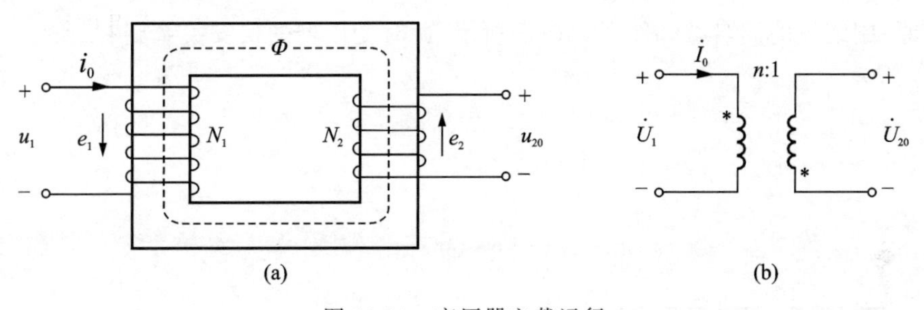

图 11-29 变压器空载运行

空载时,u_1 作用下原边线圈有交变电流 i_0 产生,这个电流称为空载电流,又称为激励电流,它与原线圈匝数 N_1 的乘积 i_0N_1 称为激励磁动势,在铁芯中建立主磁通 Φ_m,空载电流有效值 I_0 一般都很小,为额定电流的 3%~8%。

2. 变压器负载运行

图 11-30(a)所示为变压器带负载状态下运行。

根据图 11-30(a)线圈绕行方向,副边绕组电压方程

$$\dot{U}_2=\dot{E}_2-R_2\dot{I}_2-\mathrm{j}X_{\sigma_2}\dot{I}_2 \tag{11-25}$$

不计副边绕组铜损电阻 R_2 及漏感 X_{σ_2},则有

$$\dot{U}_2=\dot{E}_2=-\mathrm{j}4.44fN_2\dot{\Phi}_\mathrm{m}$$

仍有

$$\frac{\dot{U}_1}{\dot{U}_2}=-\frac{N_1}{N_2}=-n$$

所以，变压器原副边电压关系空载与带载时是一样的。其电路符号如图 11-30(b)所示。

当变压器副边绕组接上负载后，因为有感应电动势的存在，负载上必然有电流 i_2 流过。由于原边所加电压的幅值和频率不变，所以铁芯中的主磁通不变；而整个磁路结构不变，那么铁芯中的磁压降也不变，所以有负载时，原副边绕组产生的总磁动势也和空载时一样为 i_0N_1，由图 11-30(a)原、副绕组中电流方向知其磁动势是相互加强的，故有

$$i_1N_1+i_2N_2=i_0N_1 \tag{11-26a}$$

$$\dot{I}_1N_1+\dot{I}_2N_2=\dot{I}_0N_1 \tag{11-26b}$$

由于空载时电流很小，可忽略不计，则有

$$\dot{I}_1N_1+\dot{I}_2N_2=0$$

即

$$\frac{\dot{I}_1}{\dot{I}_2}=-\frac{N_2}{N_1}=-\frac{1}{n} \tag{11-27}$$

式(11-27)表明变压器在全耦合、无损耗时，原、副边电流之比与其匝数成反比，方向相对于同名端一致。

若原、副绕组的同名端如图 11-30(c)所示，此时变压器的伏安关系则有

$$\left.\begin{aligned}\frac{\dot{U}_1}{\dot{U}_2}&=n\\ \frac{\dot{I}_1}{\dot{I}_2}&=\frac{1}{n}\end{aligned}\right\} \tag{11-28}$$

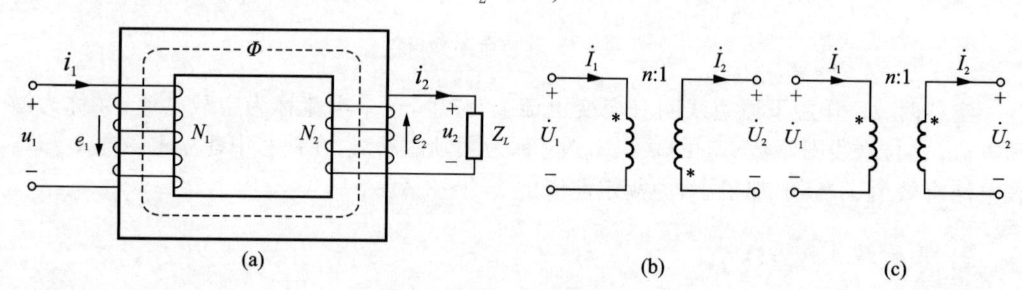

图 11-30　变压器负载运行

综上所述，变压器的伏安关系是在不计绕组损耗、漏感、铁芯损耗的情况下导出的，实质上是假设变压器无损耗、全耦合、电感与互感量均无穷大的理想情况下这些关系近似成立。实际变压器与理想变压器的差别将在后续“电机学”课程中进一步讨论，在此不再详细阐述。

*11.8 小功率变压器的设计

变压器可能是最大、最重，也常常是最贵的电路元件。但是，它却是电路中不可缺少的无源设备，在众多高效装置中，变压器的效率一般为95%，而达到99%也是可能的。变压器有许许多多的应用。例如：

(1) 提升或降低电压和电流，使变压器在电力输送和配电方面显得很有用。

(2) 将电路的一部分与另一部分隔离开来(在没有任何电连接的情况下传送功率)。

(3) 变压器用作阻抗匹配装置，以实现最大功率输送。

(4) 用于感应性响应的选频电路中。

由于变压器应用的多样性，所以有许多专用变压器，如电力变压器、电压互感器、电流变换器、功率转换器、配电变压器、阻抗匹配变压器、声频变压器、单相变压器、三相变压器、整流变压器、小功率电源变压器。

本节简要地介绍小功率电源变压器的设计计算。设计计算所需要的数据一般都需查手册，在学习时最主要的并不是这一计算过程本身，而是对这一过程在原理上的理解。

在无线电设备中常用的小功率电源变压器，其容量一般不超过几百伏安。设计任务通常是给定初级的输入电源电压和频率以及变压器次级各绕组输出的电压和电流，要求对以下各项进行设计计算：

(1) 铁芯尺寸的计算和铁芯的选用；

(2) 初、次级绕组匝数的计算；

(3) 初、次级绕组线径的计算和选用；

(4) 绕组层数和绝缘层厚度的计算；

(5) 线包尺寸的计算，并校核是否与铁芯窗口相适应。

常见的设计方法均大同小异，下面介绍较为简单的一种。

11.8.1 铁芯尺寸的计算和铁芯的选用

小功率变压器的铁芯材料有热轧钢片冲制成的EI型冲片和冷轧C型硅钢带两种。现在介绍使用前一种铁芯的设计方法。至于使用C型铁芯，其计算方法大体相似，只是有关数据不尽相同。

EI型冲片可以交叉堆叠成有分支的磁路如图11-31所示。它的主要几何参数有两个。一个是通过主磁通的磁路截面积。因为铁芯采用叠片式，它的有效截面积小于根据变压器几何尺寸计算出来的面积，$S_c=k_c ab$，而填充系数$k_c<1$，一般取$k_c=0.9$。初次级绕组就套在中间的一条磁路上；另一个是为装配绕组所留的窗口，其面积$S_0=hc$。上述诸量中a、b、c、h等尺寸对各种不同型号的硅钢片有不同的规定值(见表11-2)，b的

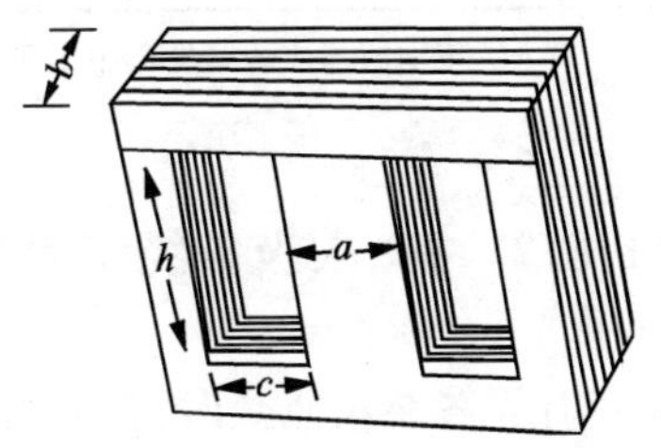

图11-31 用EI型冲片堆叠的有分支铁芯

尺寸因叠片多少有一定伸缩性，一般取 $b=(1\sim2)a$。

铁芯的尺寸要根据变压器容量来计算，为此先要计算出次级各绕组的总伏安数，然后根据效率求出初级输入的伏安数，变压器的效率根据不同容量可由表11-3查得。有了初级伏安数 U_1I_1 后，电源频率为50 Hz时，可由下列经验公式计算磁路截面积

$$S_c=1.25\sqrt{U_1I_1}\ \text{cm}^2$$

式中的系数1.25也可以稍有变动。

确定了 S_c，根据 $S_c=k_cab$ 的关系，就可以选用适当型号的硅钢片。

表 11-2　EI型硅钢片尺寸数据

型　　号	a/cm	b/cm①	c/cm	h/cm
EI-8	0.8	0.8～1.6	0.7	2.0
EI-9	0.9	0.9～1.8	1.1	3.0
EI-11	0.11	1.1～2.2	1.15	3.4
EI-12	1.2	1.2～2.4	1.4	4.0
EI-15	1.5	1.5～3.0	1.35	2.4
EI-16	1.6	1.6～3.2	1.8	5.0
EI-19	1.9	1.9～3.8	1.7	4.6
EI-20	2.0	2.0～4.0	1.0	3.0
EI-24	2.4	2.4～4.8	1.3	3.9
EI-25	2.5	2.5～5.0	2.5	6.0
EI-30	3.0	3.0～6.0	1.5	4.5
EI-40	4.0	4.0～8.0	3.0	7.0

注：①尺寸 b 栏两个数值是其上下限，可在此范围内选用。

表 11-3　有关变压器设计的一些经验数据

变压器容量/VA	磁通密度幅值①/T	效　率	导线电流密度/(A·mm^{-2})	漆包线线径/mm
＜10	0.5～0.6	0.6～0.7	2.5～3	$0.7\sqrt{I}$
10～30	0.7	0.7～0.8	2.5	
30～50	0.8	0.8～0.85	2～2.5	
50～100	1.0	0.85～0.9	2～2.5	
＞100	1.1	0.9	2	$0.8\sqrt{I}$

注：①本表所列磁通密度适用于热轧硅钢片，对于冷轧硅钢带为1.7～1.8 T。

11.8.2　初、次级各绕组匝数的计算

计算各绕组匝数时，常先将每伏匝数算出。由式(11-20)有

$$U=4.44fN\Phi_m=4.44fNB_mS_c\ \text{V}$$

式中，f 为电源频率，N 为绕组匝数，B_m 为磁通密度的幅值(T)；S_c 为铁芯主磁通磁路

截面积(m^2)。当 $f=50$ Hz 时,每伏匝数为

$$n_1=\frac{N}{U}=\frac{4.5\times10^{-3}}{B_m S_c}$$

式中,B_m 的选择视变压器的容量大小而异,其值可由表 11-3 查得。由上式可见,当电压、磁通密度、频率等都确定时,绕组匝数和铁芯截面积成反比关系,就是说在设计变压器时,减少硅钢片就要多用铜线。

有了每伏匝数,即可求得初级绕组的匝数 $N_1=n_1U_1$。但是考虑到初、次级绕组中均有电位降,端电压与感应电压并不等同。因此,次级不能用同样的每伏匝数来进行计算,而须把次级绕组的每伏匝数较初级提高 5%~10%,即

$$n_2=(1.05\sim1.1)n_1$$

于是次级绕组的匝数为

$$N_2=n_2U_2$$

11.8.3 初、次级绕组线径的计算和选用

线径是由各绕组的电流大小和相应的电流密度确定的,变压器容量较小时,散热比较容易,可取较大的电流密度;反之容量较大时,要取较小的电流密度。不同容量变压器导线的电流密度也可由表 11-3 查得。作为近似计算,当电流密度为 2.5 A/mm² 时,线径 $d=0.7\sqrt{I}$ mm,当电流密度为 2 A/mm² 时,线径 $d=0.8\sqrt{I}$ mm。

根据计算所得的线径,再由表 11-4 选用适当的标准规格的漆包线。

11.8.4 绕组层数和绝缘层厚度的计算

用漆包线绕制成的线包如图 11-32 所示。线包是空心的,可容硅钢片从中间插入,所以中间空心部分的尺寸 a'、b'应当和铁芯截面尺寸 a、b 相等,而线包高度 h'和线包厚度 c',则应分别比铁芯窗口的尺寸 h 和 c 略小。

各绕组的线径一经决定,则每层能绕多少匝就可以由表 11-4 中各种漆包线每厘米可绕匝数乘以线包高度 h'算得,而线包高度 h'要比窗口高度 h 小 2~3 mm,再以各绕组匝数分别除以其每层匝数,即得各绕组的层数。

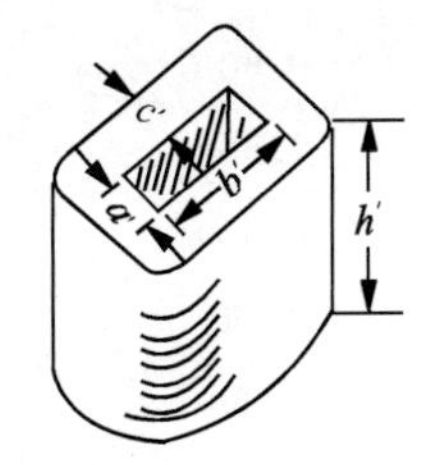

图 11-32 线包示意图

变压器绕组的匝间、层间、各绕组之间以及内层绕组和铁芯之间都应敷设绝缘,以防短路和电击穿。绕组匝间电压一般都在 1 V 以下,漆包线漆膜的绝缘强度已经足够;层间电压差就比较大,通常线径小于 0.5 mm 时,用厚度为 0.05 mm 绝缘纸一层;当电压不超过 500 V 时,绕组之间的绝缘可用 0.12 mm 的绝缘纸三层或厚度相当的多层薄绝缘纸;内层绕组与铁芯间一般用硬绝缘纸做成框架来衬垫,其厚度为 1~2 mm。

表 11-4　我国标准线规 CWG

直径/mm	截面积/mm^2	每厘米可绕匝数	载流量/A（载流密度为 2.5 A/mm^2）
0.050	0.0020	151.51	0.005
0.065	0.0025	138.88	0.006
0.063	0.0032	125.00	0.008
0.071	0.0040	110.11	0.010
0.080	0.0050	104.77	0.013
0.090	0.0063	90.90	0.016
0.100	0.0080	83.33	0.020
0.112	0.010	76.52	0.025
0.125	0.012	66.66	0.031
0.140	0.016	62.50	0.039
0.160	0.020	55.55	0.050
0.180	0.025	47.62	0.064
0.200	0.032	43.47	0.079
0.210	0.035	42.60	0.087
0.224	0.040	38.46	0.099
0.250	0.050	35.71	0.124
0.280	0.063	32.25	0.154
0.290	0.066	30.30	0.165
0.315	0.080	28.57	0.195
0.355	0.100	25.00	0.248
0.380	0.113	23.80	0.284
0.400	0.125	22.72	0.315
0.450	0.160	20.00	0.398
0.500	0.200	18.18	0.491
0.560	0.250	16.40	0.616
0.630	0.315	14.70	0.779
0.710	0.400	12.98	0.989
0.800	0.500	10.67	1.26
0.900	0.630	10.30	1.59
1.000	0.800	9.90	1.96
1.12	1.00	8.33	2.46
1.25	1.25	7.96	3.06
1.40	1.60	6.66	3.85

11.8.5 漆包尺寸的计算和校核

由各绕组漆包线的线径和层数，就可计算出各绕组的导线厚度。再加上层间和绕组间等的绝缘厚度，可求得线包总厚度 c'。另外，还要考虑到线包受热体积增大的因素，线包实际厚度可按上面所得结果再加 10%计算。核算结果：若它略小于铁芯窗口尺寸 c（一般可小 0.3～0.5 cm），则设计即可完成；若线包厚度大于窗口尺寸，线包将无法装入，这时就要重选窗口尺寸较大型号的硅钢片，再重复上述各步的设计。

例 11-6 设计一个电源变压器，要求初级输入电压 $U_1=220$ V，次级有三组输出，分别为 $U_2=700$ V，$I_2=100$ mA；$U_3=6.3$ V，$I_3=1.6$ A；$U_4=5$ V，$I_4=2$ A。

解 （1）确定铁芯尺寸和硅钢片型号。

首先计算各次级绕组的总伏安数 S_2

$$S_2=U_2I_2+U_3I_3+U_4I_4=700\times0.1+6.3\times1.6+5\times2=90\ \text{VA}$$

其次计算初级绕组伏安容量 S_1，由表 11-3 取效率 $\eta=0.9$，则

$$S_1=U_1I_1=\frac{S_2}{\eta}=\frac{90}{0.9}=100\ \text{VA}$$

由此可得初级电流

$$I_1=\frac{S_1}{U_1}=\frac{100}{220}=0.455\ \text{A}$$

再次计算铁芯截面积 S_c，选用 EI 型硅钢片，则

$$S_c=1.25\sqrt{U_1I_1}=1.25\sqrt{100}=12.5\ \text{cm}^2$$

由此值按表 11-2 可以选用 EI-25 型的硅钢片，它的尺寸 $a=2.5$ cm，$c=2.5$ cm，$h=6$ cm，b 可取 5 cm，实际铁芯有效截面积 $k_cab=0.9\times2.5\times5=11.25\ \text{cm}^2$，因为系数 1.25 可以略有伸缩，所以实际 S_c 值虽略小于 12.5 cm^2，仍无妨。

（2）计算初、次级绕组的匝数。

由表 11-3，选取 $B_m=1$ T，初级绕组的每伏匝数为

$$n_1=\frac{4.5\times10^{-3}}{B_m\times S_c}=\frac{4.5\times10^{-3}}{1\times10.3\times10^{-4}}=3.98\ \text{匝/V}$$

次级绕组的每伏匝数为

$$n_2=1.05\times n_1=1.05\times3.98=4.18\ \text{匝/V}$$

由此得初级绕组的匝数为

$$N_1=n_1U_1=3.98\times220=875\ \text{匝}$$

次级绕组的匝数为

$$N_2=n_2U_2=4.18\times700=2930\ \text{匝}$$

$$N_3=n_2U_3=4.18\times6.3=26.3（\text{即 27 匝}）$$

$$N_4=n_2U_4=4.18\times5=20.9（\text{即 21 匝}）$$

（3）确定初、次级绕组的线径。

由表 11-3，选取电流密度为 2 A/mm^2，则漆包线线径为 $d=0.8\sqrt{I}$，由此得

初级绕组线径为　$d_1=0.8\sqrt{0.455}=0.54\ \text{mm}$

次级绕组线径为　$d_2=0.8\sqrt{0.1}=0.253\ \text{mm}$

$d_3=0.8\sqrt{1.6}=1.01\ \text{mm}$

$d_4=0.8\sqrt{2}=1.13\ \text{mm}$

按上述各值分别由表 11-4 选用标准线径得

初级绕组为　$d_1=0.560\ \text{mm}$

次级绕组为　$d_2=0.250\ \text{mm}$

$d_3=1.00\ \text{mm}$

$d_4=1.12\ \text{mm}$

(4) 绕组层数、绝缘层厚度和线包尺寸的计算。

由表 11-4 查得上述几种导线的排绕数据为

线径/mm	0.56	0.25	1.0	1.12
每厘米可绕匝数	16.4	35.71	9.90	8.33

取线包高度 $h'=h-0.3=6-0.3=5.7\ \text{cm}$，由此计算各绕组的层数 m 和厚度 C 得

初级绕组为　$m_1=\dfrac{875}{5.7\times16.4}=9.36$　（即 10 层）

$$C'_1=\frac{10}{16.4}=0.61\ \text{cm}$$

次级绕组为　$m_2=\dfrac{2930}{5.7\times35.71}=14.4$　（即 15 层）

$$C'_2=\frac{15}{35.71}=0.42\ \text{cm}$$

$$m_3=\frac{27}{5.7\times9.90}=0.478\quad（即 1 层）$$

$$C'_3=\frac{1}{9.90}=0.10\ \text{cm}$$

$$m_4=\frac{21}{5.7\times8.33}=0.484\quad（即 1 层）$$

$$C'_4=\frac{1}{8.33}=0.12\ \text{cm}$$

绝缘层厚度：初级绕组层间用 0.12 mm 绝缘纸，总厚度 $0.012\times10=0.12\ \text{cm}$；700 V 次级绕组层间用 0.05 mm 绝缘纸，总厚度 $0.005\times15=0.075\ \text{cm}$；各绕组间用 0.5 mm 或 1 mm 绝缘纸；内层绕组与铁芯间用 2 mm 硬绝缘纸。总厚度约为 0.5 cm。以上绝缘层全部厚度总计为 0.70 cm。

线包总厚度 $C'=1.1\times(0.61+0.42+0.10+0.12+0.70)=2.15\ \text{cm}$

EI-25 型硅钢片窗口尺寸 C 为 2.5 cm，还留有 0.35 cm 余量，所以设计是恰当的。

(5) 总结以上设计结果如下：

铁芯选用 EI-25 型硅钢片，叠片厚度 b 为 5 cm；

初级绕组线径为 0.56 mm，绕 875 匝，分 10 层；

700 V 绕组线径为 0.25 mm，绕 2930 匝，分 15 层；

6.3 V 绕组线径为 1.0 mm，绕 27 匝，1 层；

5 V 绕组线径为 1.12 mm，绕 21 匝，1 层。

习题

11-1 图题 11-1 所示磁路，已知 i_1、i_2、N_1、N_2。

(1) 求 $\oint_l \boldsymbol{H} \cdot \mathrm{d}\boldsymbol{l}$。

(2) 如果 i_2 反向，求 $\oint_l \boldsymbol{H} \cdot \mathrm{d}\boldsymbol{l}$。

(3) 如果在 ab 处切开，形成一段空气，在左右线圈磁通势均不变的情况下，求 $\oint_l \boldsymbol{H} \cdot \mathrm{d}\boldsymbol{l}$。

(4) 将(1)、(3)铁芯中的 B、H 量值进行比较。

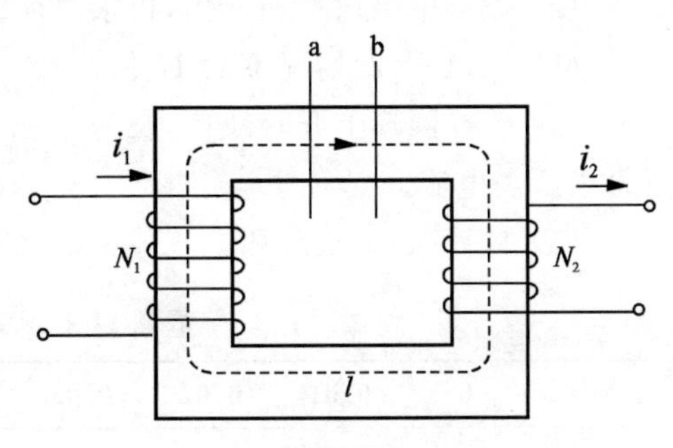

图题 11-1

11-2 图题 11-2 所示两个大小完全相同的圆环形磁路，一个用铁磁材料，一个用木材(磁导率视为 μ_0)，两圆环的磁通势相等。

(1) 沿 l 积分，两个环的 $\oint_l \boldsymbol{H} \cdot \mathrm{d}\boldsymbol{l}$ 是否相等？

(2) 两环中的 B、H 是否相等？

(3) 分别在环上开一大小相同的缺口，两环中 $\oint_l \boldsymbol{H} \cdot \mathrm{d}\boldsymbol{l}$ 以及 B、H 的量值如何变化？

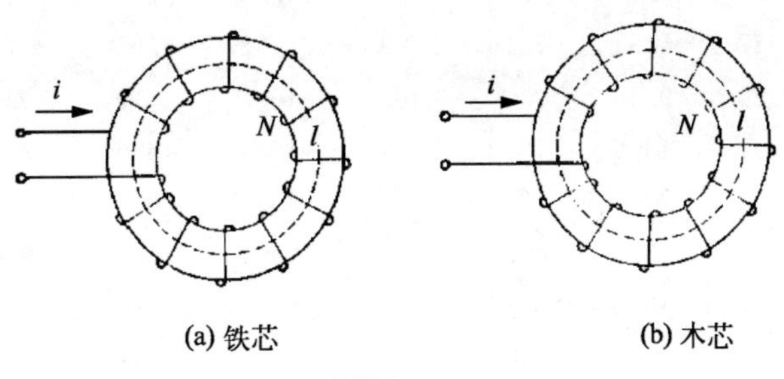

图题 11-2

11-3 图题 11-3 所示一电机槽，内置两根直导线，i_1、i_2 参考方向规定如图所示。

(1) 求 $\oint_l \boldsymbol{H} \cdot \mathrm{d}\boldsymbol{l}$。

(2) 对于此闭合路径来说，磁位差主要是在空气隙中还是在铁芯中，为什么？

11-4 图题 11-4 所示用 D23 硅钢片做成的环形磁路，其平均长度为 70 cm，截面积为 6 cm^2（必要数据查表题 11-4）。

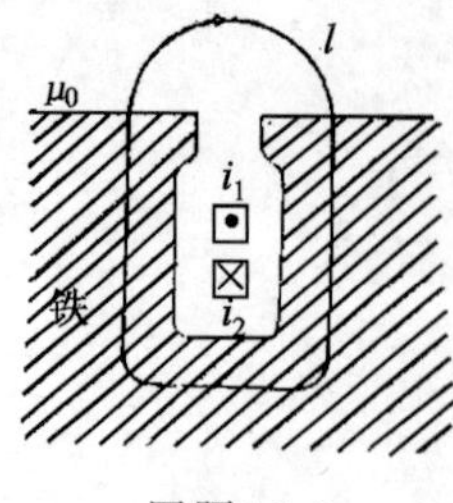

图题 11-3

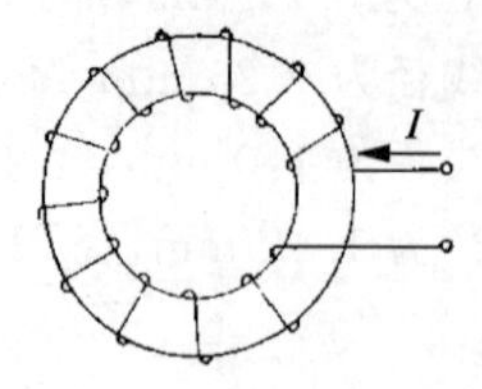

图题 11-4

（1）设环中磁通为 5×10^{-4} Wb，当线圈匝数为 10 000 匝时，求所需通过的电流。

（2）设环中磁通增加一倍，再求电流。

（3）求（1）、（2）情况下的 H 值。

（4）若在圆环上开一缺口，长为 1 cm，不考虑气隙边缘效应。当磁通为 5×10^{-4} Wb 时，求所需电流。

（5）计算（4）中铁芯和空气隙中 H 的值。

表题 11-4　D23 硅钢片磁化数据表　　　单位：$H/(\mathrm{A\cdot cm^{-1}})$

B/T	**0**	**0.01**	**0.02**	**0.03**	**0.04**	**0.05**	**0.06**	**0.07**	**0.08**	**0.09**
0.4	1.38	1.40	1.42	1.44	1.46	1.48	1.50	1.52	1.54	1.56
0.5	1.58	1.60	1.62	1.64	1.66	1.69	1.71	1.74	1.76	1.78
0.6	1.81	1.84	1.86	1.89	1.91	1.94	1.97	2.00	2.03	2.06
0.7	2.10	2.13	2.16	2.20	2.24	2.28	2.32	2.36	2.40	2.45
0.8	2.50	2.55	2.60	2.65	2.70	2.76	2.81	2.87	2.93	2.99
0.9	3.06	3.13	3.19	3.26	3.33	3.41	3.49	3.57	3.65	3.74
1.0	3.83	3.92	4.01	4.11	4.22	4.33	4.44	4.56	4.67	4.80
1.1	4.93	5.07	5.21	5.36	5.52	5.68	5.84	6.00	6.16	6.33
1.2	6.52	6.72	6.94	7.16	7.38	7.62	7.86	8.10	8.36	8.62
1.3	8.90	9.20	9.50	9.80	10.1	10.5	10.9	10.3	10.7	12.1
1.4	12.6	13.1	13.6	14.2	14.8	15.5	16.3	17.1	18.1	19.1
1.5	20.1	21.2	22.4	23.7	25.0	26.7	28.5	30.4	32.6	35.1
1.6	37.8	40.7	43.7	46.8	50.0	53.4	56.8	60.4	64.6	67.8
1.7	72.0	76.4	80.8	85.4	90.2	95.0	100	105	110	116
1.8	122	128	134	140	146	152	158	165	172	180

说明：第一列和第一行都为 B 值，其余格子中都为 H 值。例如 $B=0.41$ T 时，$H=1.40$ A/cm；$B=0.42$ T 时，$H=1.42$ A/cm；以此类推。

11-5　图题 11-5 所示磁路由铸钢和电工钢片构成，其尺寸单位为 mm。若要使铸钢中的磁通为 3.2×10^{-4} Wb，求所需的磁通势。可不考虑填充系数。铸钢和电工钢片的磁化数据见表题 11-5。

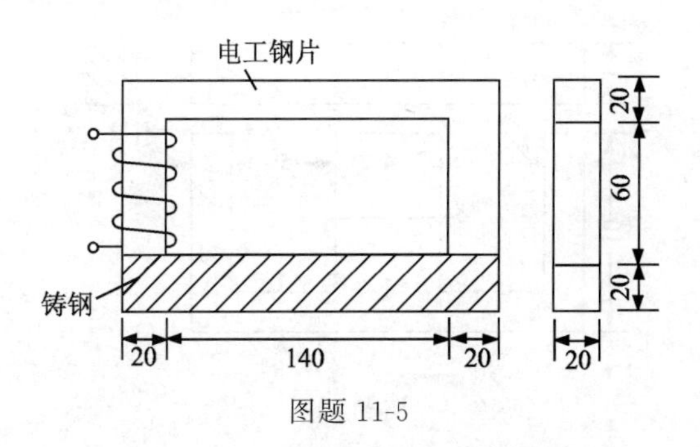

图题 11-5

表题 11-5　铸钢和电工钢片磁化数据表

铸钢	$H/(\mathrm{A\cdot m^{-1}})$	200	300	400	500	600	700	800	900	1000	1100
	B/T	0.27	0.39	0.50	0.61	0.72	0.82	0.90	0.98	1.05	1.11
电工钢片	$H/(\mathrm{A\cdot m^{-1}})$	40	60	80	100	120	140	160	180	200	
	B/T	0.12	0.30	0.45	0.57	0.65	0.70	0.76	0.80	0.85	

11-6　图题 11-6 所示恒定磁通磁路，已知 $l=40$ cm，$S=20\ \mathrm{cm}^2$，$\mu=0.01$ H/m，$N_1=800$ 匝，$N_2=600$ 匝，欲使铁芯中磁通 $\Phi=0.002$ Wb，不计漏磁，求线圈中的电流 I。

11-7　图题 11-7 所示控制磁路电路，铁芯平均长度 $l=20$ cm，截面积 $S=20\ \mathrm{cm}^2$，匝数 $N=200$，磁导率 $\mu=10^{-2}$ H/m，线圈直流电阻 1 Ω，气隙长度 $l_0=0.01$ cm，不计漏磁，欲使铁芯中的磁通为 0.01 Wb，求电源电压 U_S。

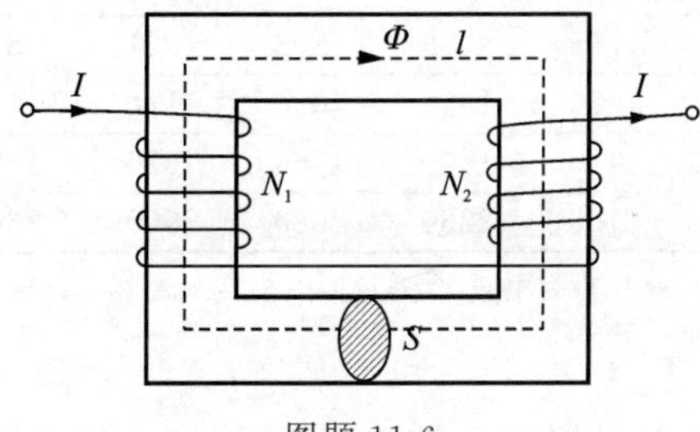

图题 11-6

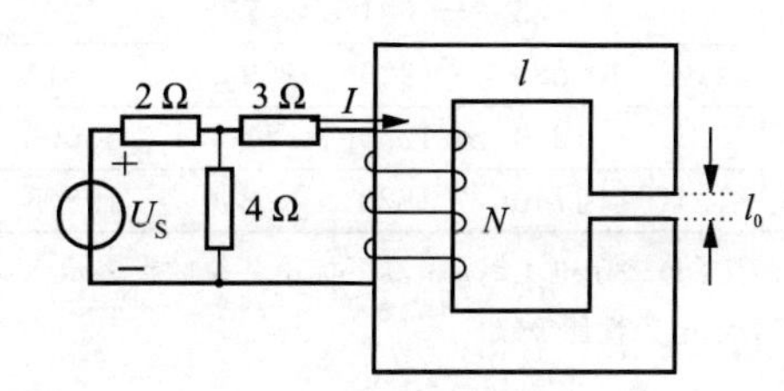

图题 11-7

11-8　有一匝数为 1000 匝的线圈，绕在由铸铁制成的均匀闭合铁芯上。铁芯的有效截面积 $S=20\ \mathrm{cm}^2$，平均长度 $l=50$ cm，要在铁芯中产生 $\Phi=0.002$ Wb 磁通，试问线圈中应通入多大的直流电流？若在铁芯中开一气隙，其他条件不变，则铁芯中的磁感应强度 B 将如何变化？（附铸铁的 B-H 数据如右侧简表）

B/T	$H/(\mathrm{A\cdot m^{-1}})$
0.6	488
0.8	682
1.0	924
1.2	1290

11-9　对称分支磁路如图题 11-9 所示。铁芯①为铸铁，②为 D_{21} 电工钢片。已知侧柱中的 $\Phi=4.8\times10^{-4}$ Wb。(1) 求所需磁动势；(2) 若线圈匝数为 4000 匝，求电流。(图中尺寸单位为 cm，必要数据查表题 11-9。)

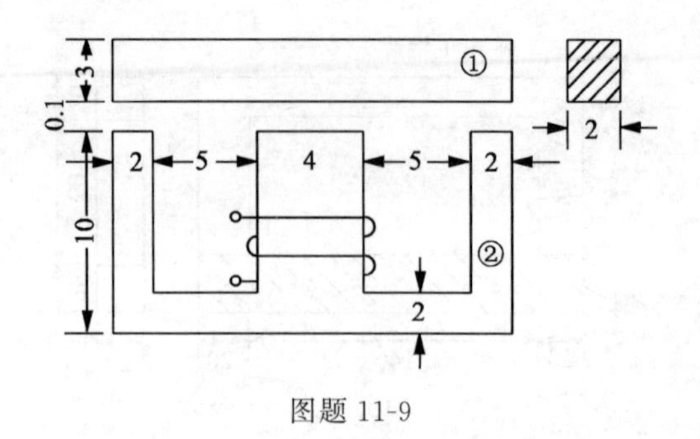

图题 11-9

表题 11-9　　　　单位：$H/(\mathrm{A \cdot m^{-1}})$

	B/T	**0**	**0.01**	**0.02**	**0.03**	**0.04**	**0.05**	**0.06**	**0.07**	**0.08**	**0.09**
铸铁基本磁化曲线数据表	0.5	2200	2260	2350	2400	2470	2550	2620	2700	2780	2860
	0.6	2940	3030	3130	3220	3320	3420	3520	3620	3720	3820
	0.7	3920	4050	4180	4320	4460	4600	4750	4910	5070	5230
	0.8	5400	5570	5750	5930	6160	6300	6500	6710	6930	7140
	0.9	7360	7500	7780	8000	8300	8600	8900	9200	9500	9800
	1.0	10100	10500	10800	11200	11600	12000	12400	12800	13200	13600
	1.1	14000	14400	14900	15400	15900	16500	17000	17500	18100	18600

	B/T	**0**	**0.01**	**0.02**	**0.03**	**0.04**	**0.05**	**0.06**	**0.07**	**0.08**	**0.09**
D_{21}电工钢片磁化曲线数据表	0.7	272	278	281	289	295	300	305	315	321	329
	0.8	340	348	356	364	372	380	389	398	407	416
	0.9	425	435	445	455	465	475	488	500	512	524
	1.0	536	549	562	575	588	602	616	630	645	660
	1.1	675	691	708	726	745	765	786	808	831	855
	1.2	880	906	933	961	990	1020	1050	1090	1120	1160
	1.3	1200	1250	1300	1350	1400	1450	1500	1560	1620	1680
	1.4	1740	1820	1890	1980	2060	2160	2260	2380	2500	2640

注：D表示电工钢片；其下标第一位数字表示含硅量等级，例如 D_2 为中硅，含硅量为1.81%～2.80%；第二位数字表示电磁性能等级。

11-10　图题 11-10(a)表示一个拍合式的直流接触器的磁路图，其磁路尺寸如下：气隙的平均长度 $\delta=1\ \mathrm{cm}$；铁芯、衔铁、支架的总和的平均长度为 40 cm；铁芯、衔铁、支架都是用工程纯铁做成的，它们的截面积都是 $2\ \mathrm{cm^2}$。衔铁被吸引的磁力可按 $F=\dfrac{B^2}{2\mu_0}S$ 计算，式中 B 为气隙中的均匀磁通密度，S 为气隙磁通分布的截面积，F、B 和 S 的单位分别为 N、T 和 $\mathrm{m^2}$。计算时必要数据可查图题 11-10(b)。

(1) 衔铁在最大气隙 $\delta=1\ \mathrm{cm}$ 时，要产生 20 N 的吸力，需要多大的磁通势？

(2) 衔铁吸合后，若线圈电压不变，吸力有多大？

(3) 吸合后，串入电阻使电流减少一半，吸力又有多大？

11-11　一铁芯线圈在电压 $U=220\ \mathrm{V}$ 和频率 $f=50\ \mathrm{Hz}$ 下运行时，$P_{\mathrm{h}}:P_{\mathrm{e}}=3$。若电压不变，而频率为 55 Hz，求 $P_{\mathrm{h}}:P_{\mathrm{e}}$（设 P_{h} 与 $B_{\mathrm{m}}^{1.6}$ 成正比）。

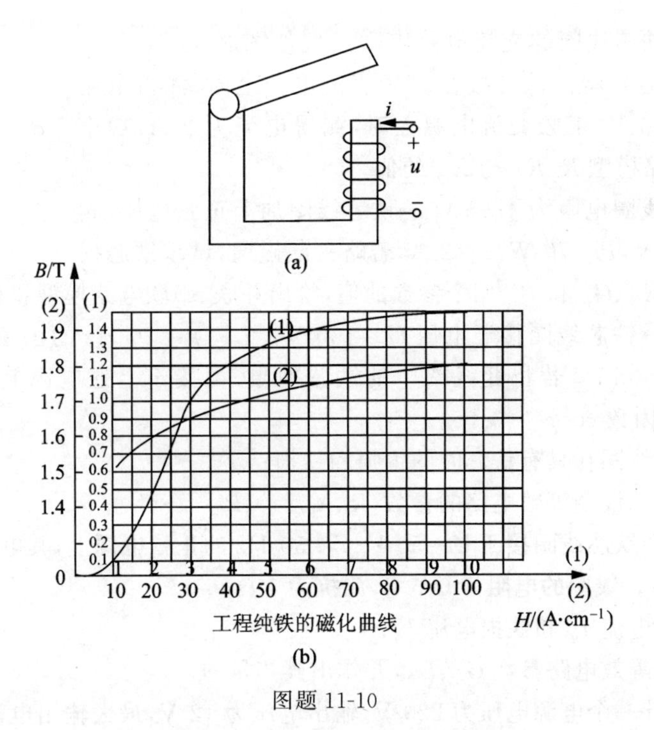

图题 11-10

11-12　某铁芯线圈在工频 50 Hz 时，其涡流损耗等于磁滞损耗，且总的铁损为 1 kW。如果在频率 60 Hz 时，铁芯中磁通密度最大值保持不变，求此时的铁损。

11-13　某铁芯在 $f=50$ Hz 的正弦交变磁通势的作用下，铁芯中交变磁通最大值 $\Phi_m=2.25\times10^{-3}$ Wb，现在此铁芯上绕一线圈，若欲得到 100 V 的感应电动势，问线圈的匝数应为多少？

11-14　磁路横截面积 $S=33\ \text{cm}^2$，励磁线圈匝数 $N=300$，所加工频正弦电压 $U=220$ V，不计线圈电阻和漏磁。试求磁感应强度的最大值 B_m。

11-15　图题 11-15(a)所示磁路厚度 40 mm，其他尺寸如图，单位为 mm。材料的 B-H 关系见图题 11-15(b)中的表，线圈所加电压为 111 V，50 Hz，匝数 $N=200$。求线圈中电流的最大值。

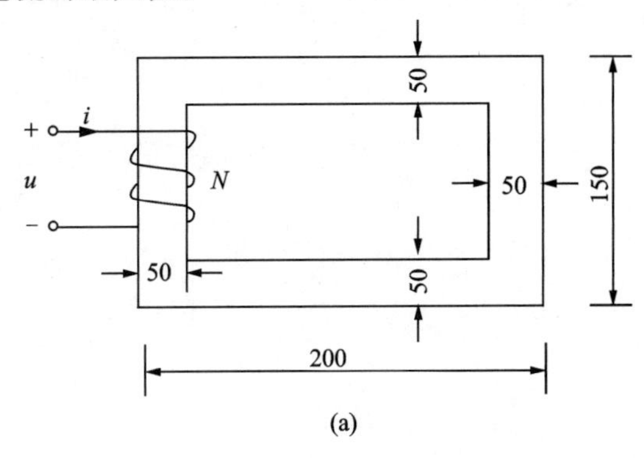

(a)

B/T	H/(A·cm⁻¹)
0.95	2.4
1.15	4
1.25	6
1.35	10

(b)

图题 11-15

11-16　某铁芯线圈的交流电路串联模型如图题 11-16 所示（忽略铁芯漏磁通），将该铁芯接在 3 V 直流电源上时，测得电流 1.5 A；接在 160 V、工频交流电源上时，测得电流为 2 A，功率 24 W。试求电路模型 R、R_0 与 X_0 的值。

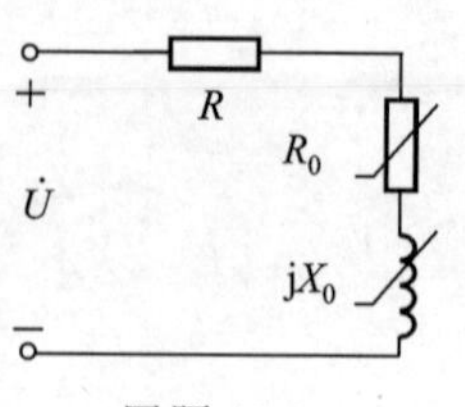

图题 11-16

11-17　一线圈电阻为 1.75 Ω 的铁芯线圈加上正弦电压，测得电压 $U=120$ V，$P=70$ W，$I=2$ A，若略去漏磁通，试求铁芯损耗，并计算 R_0、X_0、G_0 和 B_0 四个参数的值，绘出并联、串联电路模型和相量图。

11-18　将一铁芯线圈接于电压 $U=100$ V，频率 $f=50$ Hz 的正弦电源上，其电流 $I_1=5$ A，$\cos\varphi_1=0.7$。若将此线圈中的铁芯抽出，再接于上述电源上，则线圈中电流 $I_2=10$ A，功率因数 $\cos\varphi_2=0.05$。

(1) 试求此线圈在具有铁芯时的铜损和铁损；

(2) 试求铁芯线圈等效电路的参数(R、$X_\sigma=0$、R_0 及 X_0)。

11-19　一个铁芯线圈接于 $U=50$ V、$f=50$ Hz 的正弦电源上，其电流为 10 A，吸取的功率为 100 W。线圈的电阻为 0.5 Ω，漏抗为 1 Ω。

(1) 求磁化电流 I_r 和铁损电流 I_a；

(2) 求并联等效电路参数 G_0、B_0，并作出其相量图。

*11-20　设计一个电源电压为 220 V，输出电压为 12 V，最大输出电流为 4 A 的电源变压器，选用 EI 型钢片。

附录　电路计算机辅助分析与仿真

随着计算机技术的飞速发展，电路设计可以通过计算机辅助分析和仿真技术来完成，电路**仿真**(simulation)就是将设计好的电路通过仿真软件进行实时模拟、分析改进，最后实现电路的优化设计。通过仿真可以直观、高效地理解电路，形象地展示电路性能，验证电路设计的正确性，仿真代替了大量的实验，减少了复杂电路的计算量，减轻了验证阶段的工作量，满足了**电子设计自动化**(electronic design automation，EDA)的需求。一般说到EDA软件就是指电路仿真软件。目前进入我国并具有广泛影响的EDA软件如下。

(1) OrCAD/PSpice集成了电路原理图绘制、印制电路板设计、模拟/数字电路仿真、可编程逻辑器件设计等若干功能模块。这些功能模块既可单独使用，也可以联合起来使用以完成整个电路的设计任务。而PSpice是这个系列软件的一部分，它可以进行各种各样的电路仿真、激励建立、温度与噪声分析、模拟控制、波形输出、数据输出，并可在同一窗口内同时显示模拟与数字的仿真结果，可自行建立元器件及元器件库。

(2) MATLAB有众多的面向具体应用的工具箱和仿真块，它配备的电力系统工具包(power system blockset)可以用于电路仿真。Power System的仿真是基于MATLAB的Simulink图形环境，使用起来与PSpice一样方便。Simulink对C语言代码提供了很好的支持，其既可以工作在交互式图形环境下，也可以工作在MATLAB指令语言模式的批处理模式下。

(3) Multisim是EWB(electronic workbench)的升级版，它可以进行复杂的模拟和数字电路混合仿真，并且在桌面上提供了万用表、示波器、信号发生器、扫频仪、逻辑分析仪、数字信号发生器、逻辑转换器和电压表、电流表等仪器仪表，界面直观，易学易用。它的很多功能模仿了Spice的设计，但分析功能比PSpice稍少。此外，它可以进行简单的印制电路板PCB(printed circuit board)的设计和简单的单片机仿真。

(4) Saber和PSpice、Multisim相类似，可用于系统仿真和电源仿真，在电源仿真方面有很大的优势，尤其是大电流分析与计算。

(5) Protel可以进行简单的模拟和数字电路混合仿真，具有强大的PCB的设计功能。

(6) Proteus可以进行直观的模拟和数字电路混合仿真、单片机、ARM处理器的仿真，也可以进行简单的PCB的设计。

(7) Keil C主要用于51单片机的软件编写，包括8051系列、89S51系列、STC单片机的汇编及C语言编写。

(8) ADS主要用于高频电子线路仿真，可进行PCB的验证设计、集成电路IC(integrated circuit)的验证设计及系统的验证设计。

(9) Hyperlynx 主要用于 PCB 的板前和板后验证,可以验证 3G 或 6G 数字信号完整性 SI(signal integrity)及电磁兼容性 EMC(electromagnetic compatibility)。

(10) SIwave 是顶级的三维信号完整性 SI 和电源完整性 PI(power integrity)验证设计软件。

EDA 软件很多都可以进行电路设计与仿真,同时可以进行 PCB 自动布局布线,可输出多种网表文件与第三方软件接口。电路课程是读者首门接触的电类课程,主要进行电路基本原理和基本分析方法的学习,为了让读者及早接触电路仿真软件并快速入门,循序渐进地学习下去,我们以电路课程学习内容为切入点介绍电路设计与仿真中最常用的 PSpice、MATLAB 和 Multisim 三款软件。

附录 A　PSpice 软件

A.1　OrCAD/PSpice 简介
A.2　OrCAD/PSpice 功能
A.3　OrCAD/PSpice 运用

PDF A
PSpice 软件

附录 B　MATLAB 软件

B.1　MATLAB 简介
B.2　Simulink 运用

PDF B
MATLAB
软件

附录 C　Multisim 软件

C.1　Multisim 简介
C.2　Multisim 应用实例

PDF C
Multisim 软件

电路仿真软件在教学、科研、产品设计与制造等各方面都发挥着巨大的作用。科研方面主要利用电路仿真工具(MATLAB 或 PSpice 或 Multisim)进行电路设计与仿真,利用虚拟仪器进行产品测试,将 CPLD/FPGA 器件应用到仪器设备中,从事 PCB 设计和 ASIC 设计等;在产品设计与制造方面,包括前期的计算机仿真,产品开发中的仿真软件的应用、系统级模拟及测试环境的仿真,生产流水线的仿真技术应用、产品测试等各个环节,如 PCB 的制作、电子设备的研制与生产、电路板的焊接、ASIC 的流片过程等。从应用领域来看,仿真技术已经渗透到各行各业,包括机械、电子、通信、航空航天、化工、矿产、生物、医学、军事等各个领域,都有仿真技术的应用。另外,仿真软件的功能日益强大,原来功能比较单一的软件现在也增加了很多新用途,使得仿真软件更加完善。随着计算机通信技术、网络技术、数据库技术、面向对象技术、Internet 技术以及软件标准化技术的飞速发展，系统仿真软件将向网络化、专业化、实时化和具有更高的开放性、可移植性和可扩展性方向发展。系统仿真软件也将逐步向全过程动态仿真和大规模实时仿真系统方向发展。

本附录的仿真软件的学习主要是了解仿真的基本概念和基本原理，掌握逻辑综合的理论和算法，使用仿真软件进行电子电路课程的实验并从事简单系统的设计，为今后进一步学习打下基础。

部分习题答案

请扫描二维码获取部分习题答案。

部分习题答案

参 考 文 献

[1] 邱关源原著,罗先觉主编.电路[M].6版.北京:高等教育出版社,2022.

[2] 李瀚荪.电路分析基础[M].5版.北京:高等教育出版社,2017.

[3] 陈洪亮,张峰,田社平.电路基础[M].5版.北京:高等教育出版社,2015.

[4] 于歆杰,朱桂萍,陆文娟.电路原理[M].北京:清华大学出版社,2007.

[5] 江缉光,刘秀成.电路原理[M].2版.北京:清华大学出版社,2007.

[6] 朱桂萍,于歆杰,刘秀成.电路原理试题选编[M].4版.北京:清华大学出版社,2019.

[7] 钟洪声,吴涛,孙利佳.简明电路分析[M].北京:机械工业出版社,2014.

[8] Alexander C K,Sadiku M N O.电路基础[M].段哲民,周巍,李宏,等译.北京:机械工业出版社,2014.

[9] Floyd TL,Buchla D M.交直流电路基础系统方法[M].殷瑞祥,殷粤捷,译.北京:机械工业出版社,2014.

图书资源支持

感谢您一直以来对清华大学出版社图书的支持和爱护。为了配合本书的使用，本书提供配套的资源，有需求的读者请扫描下方的“书圈”微信公众号二维码，在图书专区下载，也可以拨打电话或发送电子邮件咨询。

如果您在使用本书的过程中遇到了什么问题，或者有相关图书出版计划，也请您发邮件告诉我们，以便我们更好地为您服务。

我们的联系方式：

地　　址：北京市海淀区双清路学研大厦 A 座 714

邮　　编：100084

电　　话：010-83470236　010-83470237

资源下载：http://www.tup.com.cn

客服邮箱：tupjsj@vip.163.com

QQ：2301891038（请写明您的单位和姓名）

教学资源・教学样书・新书信息

人工智能科学与技术
人工智能|电子通信|自动控制

资料下载・样书申请

书圈

用微信扫一扫右边的二维码，即可关注清华大学出版社公众号。